AF611014

L'UNIVERS.

HISTOIRE ET DESCRIPTION
DE TOUS LES PEUPLES.

ESPAGNE.

TOME SECOND.

PARIS.
TYPOGRAPHIE DE FIRMIN DIDOT FRÈRES,
JACOB, 56.

ESPAGNE,

PAR

M. JOSEPH LAVALLÉE,

MEMBRE DE LA SOCIÉTÉ ARCHÉOLOGIQUE DE MADRID.

TOME SECOND.

PARIS,

FIRMIN DIDOT FRÈRES, ÉDITEURS,

IMPRIMEURS-LIBRAIRES DE L'INSTITUT DE FRANCE,

RUE JACOB, N° 56.

M DCCC XLVII.

L'UNIVERS.

HISTOIRE ET DESCRIPTION

DE TOUS LES PEUPLES.

SUITE DE

L'ESPAGNE,

ILES BALÉARES ET PITHYUSES,

SARDAIGNE ET CORSE.

PARIS.
TYPOGRAPHIE DE FIRMIN DIDOT FRÈRES,
RUE JACOB, N° 56.

ESPAGNE,

DEPUIS L'EXPULSION DES MAURES JUSQU'A L'ANNÉE 1847,

PAR M. JOSEPH LAVALLÉE,

MEMBRE DE LA SOCIÉTÉ ARCHÉOLOGIQUE DE MADRID.

ILES BALÉARES ET PITHYUSES,

PAR M. FRÉDÉRIC LACROIX.

BIBLIOTHÈQUE IMPÉRIALE

SARDAIGNE,

PAR M. LE PRÉSIDENT DE GRÉGORY.

CORSE,

PAR M. FRIESS DE COLONNA.

PARIS,

FIRMIN DIDOT FRÈRES, ÉDITEURS,

IMPRIMEURS DE L'INSTITUT DE FRANCE,

RUE JACOB, 56.

M DCCC XLVII.

1864

L'UNIVERS

HISTOIRE ET DESCRIPTION

DE TOUS LES PEUPLES

SUITE DE

L'ESPAGNE

ILES BALÉARES ET PITHYUSES

SARDAIGNE ET CORSE

PARIS,
TYPOGRAPHIE DE FIRMIN DIDOT FRÈRES, FILS ET Cie
RUE JACOB, N° 56.

ESPAGNE

DEPUIS L'EXPULSION DES MAURES JUSQU'A L'ANNÉE 1847

PAR M. JOSEPH LAVALLÉE

MEMBRE DE LA SOCIÉTÉ ARCHÉOLOGIQUE DE MADRID

ILES BALÉARES ET PITHYUSES

PAR M. FRÉDÉRIC LACROIX

SARDAIGNE

PAR M. LE PRÉSIDENT DE GRÉGORY

CORSE

PAR M. FRIESS DE COLONNA

BIBLIOTHÈQUE IMPÉRIALE IMPR.

PARIS

FIRMIN DIDOT FRÈRES, FILS ET Cie, ÉDITEURS

IMPRIMEURS DE L'INSTITUT DE FRANCE

RUE JACOB, 56

M DCCC LXIII

1864

SUITE
DE L'ESPAGNE.

SUITE DU RÈGNE DE FERDINAND ET D'ISABELLE. — EXPULSION DES JUIFS. — DÉCOUVERTE DU NOUVEAU MONDE. — RESTITUTION DU ROUSSILLON. — GUERRE DE NAPLES. — MARIAGES DES ENFANTS DES ROIS CATHOLIQUES. — NOUVELLE GUERRE DE NAPLES. — MORT D'ISABELLE. — FERDINAND ÉPOUSE GERMAINE DE FOIX. — IL S'EMPARE DE LA NAVARRE. — MORT DE FERDINAND LE CATHOLIQUE.

En écrivant la préface de son histoire d'Espagne, Mariana avait annoncé l'intention de terminer son récit à la prise de Grenade. En effet, cette guerre de huit cents ans, que les Espagnols ont soutenue pour délivrer leur patrie du joug des mahométans, est si pleine d'intérêt, elle forme tellement une période à part, qu'après avoir raconté l'expulsion des Maures, tout historien doit être tenté de s'arrêter. Jusqu'à cet instant l'Espagne avait vu toutes ses forces absorbées par cette lutte à laquelle le reste de l'Europe n'avait pris aucune part. Elle s'était trouvée en quelque sorte isolée des autres nations; ce n'était que passagèrement et à de rares intervalles qu'elle s'était mêlée à leurs disputes. Mais, dès qu'elle fut débarrassée de l'adversaire qui l'avait exclusivement occupée, elle vint se jeter au milieu des autres peuples; elle ne demeura plus étrangère à leurs querelles; elle prit parti dans toutes leurs guerres. Son histoire perd donc le caractère qui lui était propre. Jusqu'à présent l'Espagne avait été seul acteur du drame. Maintenant d'autres personnages vont paraître sur la scène. Son histoire n'est plus à elle seule; elle lui devient commune avec d'autres nations. C'est en quelque sorte une ère nouvelle qui commence.

Lors de la prise de Grenade, l'Espagne n'était pas arrivée au dernier degré de grandeur qu'elle devait atteindre, et cependant elle renfermait déjà des éléments de dissolution. Elle n'avait pas encore acquis toute sa puissance, et déjà le germe de sa décadence commençait à se développer. L'inquisition, l'intolérance religieuse, ces bourreaux de tout ce qui est progrès et liberté, occupaient une large place dans ses institutions et s'appliquaient à tarir les sources de la prospérité publique. L'expulsion des juifs, qui suivit de peu de jours la reddition de l'Alhambra, fut un des événements qui devaient avoir pour l'avenir de l'Espagne les conséquences les plus funestes. Le succès que les chrétiens venaient de remporter sur les infidèles avait exaspéré les passions religieuses. L'inquisiteur Torquemada, dont le fanatisme absurde ne connaissait pas de bornes, demandait que les nombreux Israélites qui vivaient dans les États de Ferdinand fussent contraints à recevoir le baptême, ou qu'ils fussent chassés du royaume. Il portait contre eux ces accusations que le fanatisme invente et que la sottise répète. Il disait que les juifs dérobaient des enfants chrétiens pour les crucifier. Il leur imputait les mêmes crimes que les païens avaient imputés aux premiers chrétiens, dans les plus mauvais jours de la persécution. De son côté, Ferdinand, qui voyait ses finances épuisées par les dépenses énormes que la guerre de Grenade avait entraînées, prêtait à ces accusations une oreille facile; car il pensait qu'en expulsant les juifs il pourrait les dépouiller des immenses richesses qu'ils avaient amassées par l'usure ou par le commerce. Les juifs, avertis du péril dont ils étaient menacés, firent offrir au roi la somme de 32,000 ducats s'il consentait à les laisser pratiquer tranquillement leur religion. Ferdinand hésitait. Torquemada en fut prévenu; et, soit qu'il n'ait été inspiré que par son fanatisme, soit qu'il ait joué une odieuse comédie, pour exciter les esprits et ren-

[library stamp]

dre plus facile la mesure qu'il sollicitait, il se présenta devant les rois Ferdinand et Isabelle; et, leur tendant un crucifix qu'il portait à la main, il leur adressa ces paroles : « Judas a vendu le Christ « pour trente deniers; vous voulez à « votre tour le vendre pour trente-deux « mille pièces d'argent. Le voici! pre- « nez-le et livrez-le aux juifs. » Cette allocution n'avait pas le mérite d'être neuve. Elle était la parodie d'un des mots spirituels qui échappaient souvent à Alphonse V [1]. Au reste, le grand inquisiteur s'embarrassait peu d'être plagiaire, pourvu qu'il arrivât à son but; et ses paroles eurent l'effet qu'il en attendait. Le 31 mars 1492, Ferdinand rendit une ordonnance qui enjoignit à tous les juifs de sortir de ses États avant le 31 juillet. Ce fut seulement un délai de quatre mois, qui leur fut laissé pour quitter leur patrie.

On les autorisa à emporter tous leurs biens; mais cette permission ne fut qu'un acte d'hypocrisie, pour déguiser la honteuse spoliation qu'on n'osait pas avouer; car on ne leur laissa pas un délai suffisant pour réaliser leur fortune. D'ailleurs il ne leur était permis de faire sortir du royaume ni or, ni bijoux, ni aucune des denrées dont les lois prohibaient l'exportation, et la liste des prohibitions était considérable : on ne pouvait exporter ni les blés, ni les armes, ni les chevaux; les laines payaient à la sortie un droit considérable; en sorte que la permission donnée à ces infortunés d'emporter leurs richesses était une amère dérision. Aussi André Bernaldez raconte-t-il dans son Histoire des rois catholiques, qu'il a vu donner par des juifs une maison pour un âne, et une vigne pour un peu de drap. Quelques-uns de ces malheureux, pour ne pas être obligés de quitter leur pays, reçurent le baptême; mais l'inquisition leur prouva bientôt que leur conversion n'était pas sincère. La plupart d'entre eux furent condamnés comm relaps et leurs biens furent confisqué Au dire des historiens contemporain il sortit d'Espagne en cette circonstan plus de huit cent mille âmes qui a lèrent porter à l'étranger leur industri et les débris de leur fortune. Malgré l défense qui leur en avait été faite, il parvinrent à emporter une grande quan tité d'or cachée dans les bâts et dan les selles de leurs montures, dans d'au tres endroits secrets et jusque dans leur propres intestins. Aussi, plusieurs d ceux qui s'étaient réfugiés sur les côte d'Afrique furent-ils égorgés par le Maures, qui cherchaient de l'or dan leurs entrailles.

C'est ainsi que l'intolérance des moi nes et l'avarice du souverain concou raient à dépeupler le royaume. Si à c nombre de huit cent mille Israélites qu furent chassés d'Espagne, vous joigne celui des infortunés que l'inquisition a fai périr; si vous y ajoutez dix-sept mille fa milles maures qui furent contraintes d s'expatrier pour échapper à la persécu tion, car, malgré les capitulations qu leur promettaient le libre exercice d leur religion, les Maures furent forcés d quitter l'Espagne, vous trouverez qu Ferdinand et Isabelle, sans honneur pou eux-mêmes, sans avantage pour l'État appauvrirent le pays de plus d'un millio d'habitants. Les émigrations pour le nou veau monde, qui commencèrent sous leu règne, furent encore une cause de dépo pulation; mais au moins celle-ci ne fu pas sans compensation. La découvert et la conquête de l'Amérique formen un des plus glorieux épisodes de c règne.

Christophe Colomb, né en 1441 dans l'État de Gênes, s'étant adonné à l'étude de la cosmographie, jugea qu notre hémisphère ne pouvait pas former le monde entier. Il pensa qu'e naviguant vers le couchant on rencon trerait nécessairement des terres qu devaient servir de contre-poids à l'an cien continent. Il disait d'ailleurs que puisque la terre était ronde, si l'on n trouvait pas un second hémisphère e allant dans la direction de l'ouest, o ferait le tour du globe; qu'on arrive rait ainsi aux rives qui forment la par tie orientale de notre continent; qu'o

[1] Un marchand bon chrétien, mais issu de parents israélites, voulait vendre au roi Alphonse V une précieuse image de saint Jean. Il en demandait cinq cents écus d'or. « Par Notre-Dame, lui dit ce prince, vous entendez mieux les affaires que vos aïeux. Vous demandez cinq cents écus pour un disciple, tandis que les Juifs ont livré son maître, Notre-Seigneur Jésus-Christ pour trente deniers. » ANTONIUS PANORMITÆ.

trouverait cette terre de Cypangu, décrite par Marco-Paulo; qu'on découvrirait la ville aux toits d'or. Ces discours, où quelques rêveries se trouvaient mêlées à beaucoup de vérités, firent regarder Christophe Colomb comme un visionnaire. On se moqua de lui, quand il proposa à la seigneurie de Gênes d'aller découvrir un nouveau monde. Rebuté dans son pays, Christophe Colomb vint offrir ses services à Ferdinand et à Isabelle; mais les rois catholiques, engagés dans la guerre de Grenade, n'avaient pas le loisir de s'occuper d'une expédition maritime dont tout le monde regardait le succès comme au moins incertain. Christophe Colomb alla successivement offrir ses services au Portugal et à l'Angleterre. Ses projets furent considérés comme une extravagance, et ses offres furent repoussées. Il se détermina donc à revenir en Andalousie. Quand la ville de Grenade se fut rendue aux rois catholiques, Christophe Colomb leur présenta de nouveau sa demande. Il fut encore refusé. Il songeait à se retirer; mais il fut retenu par un religieux du couvent de la Ravida, auquel il avait expliqué ses projets. Ce moine promit de parler à la reine, dont il avait l'honneur d'être connu. Il tint parole, et sut si bien faire valoir les raisons que Colomb alléguait en faveur de son entreprise, qu'Isabelle résolut d'en hasarder les frais. Mais elle manquait d'argent, et pour se procurer la somme de 17,000 ducats que devait coûter l'armement jugé nécessaire, elle était sur le point d'engager ses bijoux, lorsque don Luiz de Saint-Angel, qui était attaché à sa personne, lui fournit les fonds dont elle avait besoin. Christophe Colomb se rendit à Palos de Moguer, petit port situé sur la côte occidentale de l'Espagne, à l'embouchure du rio Tinto. Les préparatifs furent promptement achevés, et il en partit le 3 août 1492. On lui avait donné pour accomplir ce dangereux voyage trois caravelles, qui n'étaient pas même pontées et dont on ne voudrait pas aujourd'hui pour caboter. Celle de ces caravelles qui portait Christophe Colomb était nommée la *Santa-Maria*. C'était la seule qui eût un château, c'est-à-dire une proue élevée, comme on en construisait alors. Il n'y avait dans ces navires que cet endroit qui fût abrité; tout le reste était découvert, et les vivres même n'étaient pas garantis. C'est avec ces faibles ressources que Christophe Colomb entreprit ce hasardeux voyage. Il gagna d'abord les Canaries; puis de là, faisant voile à l'ouest, il navigua pendant trente-cinq jours, et dans la nuit du 11 au 12 octobre, il découvrit la première des Lucayes, à laquelle il donna le nom de San-Salvador. Pendant cette courte traversée, ses équipages ne cessèrent de murmurer; et il lui fallut toute l'énergie dont il était doué pour mettre à fin son entreprise. Il découvrit aussi Espanola, que nous avons appelée Saint-Domingue, du nom de sa capitale. Un des bâtiments qui lui avaient été confiés périt dans la traversée. Les deux autres, malgré les affreuses tempêtes dont ils furent tourmentés à leur retour, entrèrent à Palos de Moguer, au commencement d'avril 1493. Christophe Colomb partit aussitôt pour Barcelone, où se trouvaient les rois catholiques. Il conduisait avec lui plusieurs Indiens, qu'il avait enlevés, et il apportait l'or et les objets curieux qu'il avait recueillis. Ferdinand et Isabelle le reçurent comme il le méritait. Ils voulurent qu'il se couvrît en leur présence; qu'il leur parlât assis. Ils le créèrent amiral du nouveau monde et duc de Veraguas. Ils l'anoblirent lui, sa famille et toute sa postérité, et le renvoyèrent, la même année, à la tête d'une flotte de dix-sept vaisseaux, pour continuer ses découvertes, et pour prendre possession des pays dont il avait enrichi la couronne. Christophe Colomb employa plusieurs années à faire ce second voyage. Le récit de ses découvertes appartient à l'histoire du nouveau monde, et ce n'est pas le lieu de s'en occuper ici; mais il est impossible de passer sous silence l'ingratitude avec laquelle ce grand homme fut récompensé. Des envieux profitèrent de son absence pour le calomnier. Ils l'accusèrent de vouloir se faire souverain des pays qu'il avait découverts. Des juges, envoyés pour surveiller sa conduite, le firent arrêter, le firent charger de chaînes et le ramenèrent en Espagne. Quatre années se passèrent avant qu'il eût obtenu justice. Enfin son innocence fut proclamée. On le renvoya encore dans son nouveau monde. C'est dans cette dernière expédition qu'il atteignit le continent. De retour en Espagne, il mourut à Valladolid en 1506. Il n'avait pas oublié à ses derniers moments l'injustice avec laquelle il avait été traité. Aussi, ordonna-t-il par son testament qu'on renfermât dans son cercueil les fers dont il avait été chargé. Il demanda aussi que sa dépouille mortelle fût portée à Española. Ses dernières volontés furent accomplies; et ses ossements ont reposé pendant longtemps dans la cathédrale de Saint-Domingue. Lorsque les Espagnols cédèrent cette ville à la France, ils enlevèrent les ossements de Christophe Colomb, et les portèrent dans l'île de Cuba, où ils sont encore ensevelis, près du maître-autel, dans la cathédrale de la Havane.

Pendant que Christophe Colomb augmentait les États de Ferdinand d'une immense étendue de terre, ce prince, sans recourir à la voie des armes et sans épuiser ses finances, recouvrait deux provinces que son père avait aliénées pendant ses discussions avec le prince de Viane. Il y avait déjà trente ans que don Juan II avait remis à Louis XI le Roussillon et la Cerdagne, comme garantie du payement d'une somme de 200,000 écus d'or. Ferdinand, débarrassé de la guerre de Grenade, fit demander la restitution de ces deux provinces. Charles VIII était en mésintelligence avec l'empereur Frédéric. Il venait de renvoyer la fille de ce souverain, à laquelle il avait été fiancé; il avait épousé Anne de Bretagne, et par ce mariage il avait également mécontenté l'empereur et l'Angleterre. Il avait donc intérêt à s'assurer l'alliance du roi d'Espagne. Charles se proposait d'ailleurs de réclamer le royaume de Naples, en vertu des droits de la maison d'Anjou; et ce projet lui rendait l'amitié de l'Espagne encore plus nécessaire. On négocia; et, le 19 janvier 1492, il intervint un traité par lequel Ferdinand et Isabelle s'engagèrent à ne jamais marier leurs enfants avec les souverains d'Autriche ou d'Angleterre ni avec les descendants de ces princes, ni avec aucun autre ennemi déclaré du roi de France. Ils firent a Charles VIII alliance contre tous le ennemis, quels qu'ils fussent. En co dération de cette alliance Charles V sans exiger le payement des 200,(écus qui étaient dus à la France, re à Ferdinand le Roussillon et la C dagne, qu'il se réservait de repren dans le cas où le traité serait enfrein

Charles VIII exécuta ces conventio malgré les représentations de son c seil et malgré les réclamations des l bitants de Perpignan, qui voulaient r ter Français. Il espérait assurer ains succès de l'expédition qu'il allait ten en Italie, où il était appelé par Ludo Sforce, duc de Milan, par une partie seigneurs napolitains qui étaient meurés dévoués à la maison d'Anjo et par le pape lui-même.

Le fils naturel d'Alphonse V régn encore à Naples, accablé d'années, chargé de la haine de ses sujets. apprenant que ses ambassadeurs avai été renvoyés de France et que la ré lution de Charles VIII était inébran ble, il fut frappé d'une attaque d'a plexie, et il mourut le 25 janv 1494, laissant pour héritier son fils phonse. Le pape, qui déjà se repent d'avoir appelé le roi de France en Ital s'empressa de donner à Alphonse l'i vestiture du royaume de Naples. Néa moins, Charles VIII, qui avait rasse blé son armée, franchit les Alpes, e arriva jusqu'à Rome sans rompre u lance. Ce fut là surtout qu'il commen à se convaincre du mauvais vouloir ceux qu'il avait considérés comme s alliés. Il fut sur le point d'assiéger pape dans le château Saint-Ange. De fois il fit préparer son artillerie; ne fallut pas moins que cette mena pour empêcher le saint-père de montrer ouvertement hostile et po le contraindre à conclure avec le r de France un nouveau traité d'allianc

Jusqu'alors le royaume de Napl était resté tranquille; mais, quand on Charles VIII arrivé à Rome, les pop lations commencèrent à s'agiter, l'Abruzze se souleva en faveur de

[1] Le texte entier de ce traité se trouve da le premier volume de la collection publ par Frédéric Léonard; Paris, 8 vol. in-1643.

France. Alphonse, qui était haï de ses sujets autant que l'avait été son père, ne vit d'autre remède que d'abdiquer la couronne en faveur de son fils Ferdinand, jeune prince qui avait su mériter l'amour des Napolitains.

Le roi d'Espagne avait bien reçu de Charles VIII la Cerdagne et le Roussillon pour prix de l'alliance qu'il lui avait promise. Il avait consenti à ce qu'il entreprît la conquête de Naples ; car il n'avait pas pensé que ce prince pût faire en Italie des progrès aussi rapides ; mais, en voyant les Français arrivés jusqu'à Rome, il réfléchit que s'ils se rendaient maîtres de Naples, ils deviendraient pour la Sicile de dangereux voisins. Il prit donc la résolution de faire tous ses efforts pour leur susciter autant d'embarras que cela serait en son pouvoir. Il commença par leur envoyer comme ambassadeurs Antonio de Fonseca et Juan de Albion. Lorsque ceux-ci arrivèrent à Rome, le roi de France venait de sortir de cette ville. Ils se hâtèrent de le rejoindre; et ce prince leur donna audience à Vélitri, le 29 janvier 1495. Antonio de Fonseca exposa que Ferdinand le Catholique ayant un droit personnel sur le royaume de Naples, Charles VIII ne devait pas trouver mauvais que l'Espagne s'opposât à son entreprise. Le roi répondit qu'en vertu du traité par lequel il avait rendu le Roussillon et la Cerdagne, Ferdinand s'était engagé par serment à ne point s'opposer à la conquête du royaume de Naples. Il eût été difficile de repousser cet argument par quelque bonne raison : aussi, Antonio de Fonseca ne l'essaya-t-il pas. Mais il tenait à la main l'original du traité de Barcelone ; il le lacéra en présence du roi, comme si, pour dégager son maître de la parole jurée, il suffisait de joindre l'impudence à la mauvaise foi. Au reste, cette protestation du roi d'Espagne n'arrêta pas un instant la marche de l'armée française. Ce fut en vain que Ferdinand de Naples essaya de défendre ses États; lâchement abandonné par ses soldats, il fut obligé de fuir et de se réfugier à Ischia. Charles VIII entra à Naples, le 22 février; et bientôt il fut maître de tout le royaume, à l'exception de quelques villes et de quelques ports qui lui parurent de trop peu d'importance pour qu'il en pressât vivement la conquête.

Cependant, le roi de Castille ne s'était pas borné à de simples protestations. Il avait fait équiper une flotte à Alicante, et il en avait donné le commandement au comte de Trivento. Il avait aussi mis Gonzalve de Cordoue à la tête de cinq cents lances qui devaient aider le roi de Naples à se défendre; mais la conquête avait été faite si rapidement, qu'elle était achevée avant que ses secours fussent arrivés. Au reste, les Français ne la conservèrent que peu de temps.

Ferdinand le Catholique parvint à former, sous le nom de *sainte ligue,* une coalition entre l'empereur, le pape, le duc de Milan et la république de Venise. Le but avoué de ces puissances était de défendre l'Italie contre les attaques des Turcs; le but secret était de remettre sur le trône Ferdinand de Naples, de barrer le chemin à Charles VIII, lorsqu'il voudrait retourner en France, de manière à s'emparer de sa personne, pour forcer de cette manière les Français à abandonner tout ce qu'ils avaient conquis. Cette affaire fut conduite avec tant de secret que Comines, ambassadeur du roi de France auprès de la république de Venise, n'en eut connaissance que peu d'instants avant que le doge lui-même la lui eût publiquement annoncée. Les coalisés assemblaient des troupes pour réaliser leur projet. En de semblables circonstances, il n'eût pas été prudent à Charles VIII d'attendre que ses ennemis fussent en mesure de lui couper la retraite. Il confia au comte de Montpensier le gouvernement du royaume de Naples : il lui laissa la plus grande partie de son armée, et il reprit la route de France, à la tête d'environ neuf mille hommes. Les coalisés avaient réuni une armée, qui, suivant Guicciardin, n'était que de vingt mille hommes, mais qui s'élevait à plus de trente-cinq mille, d'après ce que rapporte Comines. Ils attendaient Charles VIII dans les plaines de la Lombardie. Ce prince les rencontra près de Fornoue, le 6 juillet 1495; et il se fraya un chemin vers la France, en remportant sur eux une victoire.

Pendant ce temps, Ferdinand de Naples, avec le secours des Espagnols que Gonzalve de Cordoue lui avait amenés, attaquait les Français, commandés par le comte de Montpensier. Ceux-ci se défendirent avec courage; mais, trahis par les Napolitains, ne recevant aucun secours de France, et accablés par le nombre, ils se virent successivement enlever toutes les villes, toutes les positions qu'ils occupaient; et le roi détrôné reconquit entièrement son royaume.

L'Italie ne fut pas le seul théâtre de la guerre. Ferdinand le Catholique fit encore faire des courses dans le Languedoc; mais il ne tarda pas à s'en repentir; Albon de Saint-André, qui commandait dans ce pays, non-seulement contraignit les Espagnols à la retraite, mais encore il alla attaquer la ville de Salses, place du Roussillon, et il s'en rendit maître en dix heures de temps. Quoiqu'il n'ait pas conservé cette ville, la vigueur avec laquelle il avait agi ôta aux Espagnols l'envie de faire la guerre de ce côté. On entama des négociations; le roi catholique fit demander une trêve, qui fut renouvelée à plusieurs reprises, et qui durait encore quand le roi Charles VIII mourut, frappé d'une attaque d'apoplexie, le 7 avril 1498. Louis XII, qui lui succéda sur le trône de France, convertit cette trêve en une paix définitive.

On ne reproduisit en aucune manière, à cette occasion, la principale clause du traité par lequel Charles VIII avait restitué le Roussillon. Les rois catholiques s'étaient engagés à cette époque à ne marier aucun de leurs enfants à un ennemi déclaré de la France; mais cette disposition n'avait pas été respectée par eux plus qu'ils n'avaient respecté les autres. Pour resserrer l'alliance qu'ils avaient contractée avec l'empereur Maximilien, en formant la sainte ligue, un double mariage avait été convenu, entre l'archiduc Philippe, et doña Juana, leur seconde fille; entre Marguerite, fille de l'empereur, et don Juan, leur fils, prince des Asturies et présomptif héritier de la monarchie espagnole. Mais on eût dit que le ciel voulait punir sur les enfants la mauvaise foi de leur père. Toutes ces unions furent malheureuses. Le prince des Asturies épousa la princesse M[illegible] guerite, le 4 août 1497; mais bien[illegible] atteint d'une fièvre violente, il mou[illegible] soixante jours après son mariage; e[illegible] veuve, qu'il avait laissée enceinte, [illegible] coucha d'un enfant mort.

Les rois catholiques furent accal[illegible] de douleur par la mort de don Ju[illegible] il était le seul héritier mâle auquel [illegible] pussent transmettre leur couronne[illegible] leurs autres enfants étaient des fill[illegible]

Doña Isabelle, qui était l'aînée, av[illegible] déjà été mariée à l'infant don Alon[illegible] fils unique du roi don Juan de Portug[illegible] mais, au bout de neuf mois de maria[illegible] l'infant don Alonzo était mort d'[illegible] chute de cheval. Il y avait six ann[illegible] qu'elle était veuve, lorsque don Manu[illegible] qui avait succédé à don Juan sur le trô[illegible] de Portugal, demanda sa main. Ces no[illegible] velles noces furent célébrées sous [illegible] funestes auspices. Elles suivirent [illegible] peu de jours la mort du prince des A[illegible] turies. Isabelle et son nouveau mari [illegible] rent proclamés, par les cortès, hériti[illegible] présomptifs de la monarchie espagno[illegible] Mais le 23 août de l'année suivan[illegible] (1498) doña Isabelle mourut en m[illegible] tant au monde un enfant, qu'on app[illegible] don Miguel: ce prince n'accomplit [illegible] sa deuxième année.

On reconnut alors pour héritière [illegible] la couronne, la seconde fille des r[illegible] catholiques: c'était doña Juana, mari[illegible] à l'archiduc Philippe. Cette prince[illegible] eut plusieurs enfants. Le 15 novemb[illegible] 1498, elle mit au monde une fille, à [illegible] quelle on donna le nom de Léonor; de[illegible] années plus tard, le 24 février 1500, e[illegible] accoucha d'un fils, qu'on nomma Cha[illegible] les, en mémoire du duc de Bourgogn[illegible] son aïeul. Le 15 août 1501, elle m[illegible] au jour une fille, qu'on nomma Isabel[illegible] Enfin, le 10 mars 1503, elle donna na[illegible] sance à l'infant Ferdinand, qui fut e[illegible] pereur et roi de Hongrie. Cette de[illegible] nière couche eut pour Juana des suit[illegible] funestes; et, si elle ne lui coûta pas [illegible] vie, elle altéra sa raison.

Doña Marie, troisième fille des r[illegible] catholiques, remplaça, sur le trône [illegible] Portugal, Isabelle, sa sœur aînée. E[illegible] épousa le roi don Manuel, à la fin [illegible] l'année 1500. Elle fut le seul des enfa[illegible] de Ferdinand dont le mariage ne se[illegible] bla pas frappé de la malédiction céles[illegible]

Quant à Catherine, la quatrième et la dernière fille de Ferdinand, mariée le 14 novembre 1501, à Arthur, prince de Galles, elle perdit son mari au bout de cinq mois. Elle épousa en secondes noces Henri VIII, qui, plus tard, fit annuler son mariage, afin de s'unir à Anne de Boulen, dont il était épris.

Toutes ces alliances avec l'Autriche, avec l'Angleterre, avaient été contractées dans une pensée hostile à la France[1].

La paix qui fut faite avec Louis XII sembla un instant avoir fait disparaître tout motif d'inimitié entre les deux pays. Cependant, la bonne intelligence fut de courte durée. Louis XII était petit-fils de Valentine Visconti. Il avait, du chef de cette princesse, des droits incontestables au duché de Milan. C'était justice, d'ailleurs, de punir Ludovic Sforce, qui, après avoir usurpé le duché de Milan, avait appelé Charles VIII en Italie, l'avait ensuite trahi pour s'allier à l'empereur, au roi d'Espagne, à la république de Venise, et qui avait ainsi été cause de la malheureuse issue de cette expédition. Louis XII envahit le Milanais; et, le duc Ludovic étant tombé entre ses mains, il le fit enfermer dans le château de Loches, où ce prince mourut vers l'année 1510. Ferdinand le Catholique, voyant le roi de France maître du Milanais et de l'État de Gênes, craignit que l'envie ne lui vînt de tenter la conquête de Naples. Déjà le fils d'Alphonse II ne régnait plus sur ce pays. A peine avait-il achevé de reconquérir sa couronne, avec le secours des Espagnols, qu'il était tombé malade des suites de ses fatigues, et il était mort de la dyssenterie, le 7 octobre 1496, à Monte di Somma. Il avait eu pour successeur Frédéric son oncle.

Le roi catholique fit représenter à Louis XII que Frédéric n'avait aucun droit réel à la couronne de Naples; qu'Alphonse le Magnanime n'avait pu la transmettre à son fils naturel, qui, par l'illégitimité de sa naissance, en était indigne; que les descendants de ce bâtard, c'est-à-dire Alphonse II, Ferdinand et Frédéric, ne pouvaient avoir plus de droit qu'il n'en avait eu lui-même; que la couronne de Naples ne pouvait appartenir qu'au roi catholique en qualité d'héritier légitime d'Alphonse V, son oncle, ou bien au roi de France, comme représentant le duc d'Anjou, adopté par la reine Jeanne; que le débat ne pouvait s'établir qu'entre ces deux prétendants; que, pour trancher toute difficulté, il lui proposait de partager le royaume de Naples.

Cet arrangement fut accepté par Louis XII, et il fut convenu que le roi d'Espagne aurait pour sa part la Calabre et la Pouille. Celle du roi de France devait se former de la capitale avec le reste du royaume et le titre de roi de Naples et de Jérusalem. Jusqu'à ce que l'armée fût arrivée dans les environs de Rome, ce traité resta secret, et Frédéric, qui n'était pas en état de résister aux attaques du roi de France, avait réclamé l'assistance de Ferdinand le Catholique; il avait même reçu des troupes espagnoles dans quelques villes de la Calabre et de la Pouille. Quand les ambassadeurs de France et d'Espagne eurent publié, à Rome, la convention arrêtée entre leurs souverains, cela seul suffit pour faire abandonner Frédéric de tous ses sujets. La résistance ne lui parut pas possible; il fit au profit de Louis XII l'abandon de ses droits sur la moitié du royaume de Naples, et il se retira en France, où le roi lui assigna quelques domaines. Les Français exécutèrent les conditions du partage avec tant de bonne foi, qu'ils aidèrent Gonzalve de Cordoue à se mettre en possession de la portion attribuée à l'Espagne. Mais, quand on en vint à régler les limites

[1] On lit dans Ascargorta, livre 10 : « Louis XII, successeur de Charles VIII, envahit avec succès le Piémont et le Monferrat; il s'empara en peu de temps de toute la Lombardie et de l'État de Gênes, et fit craindre au roi catholique qu'il ne voulût se rendre maître également de la Calabre, de la Sicile et de la Sardaigne. Pour l'en empêcher, Ferdinand fit une ligue avec l'empereur Maximilien Ier. Le lien qui servit à resserrer cette ligue fut le mariage de doña Juana, princesse de Castille, qui ensuite avec l'archiduc Philippe hérita du trône d'Espagne. »

Il y a dans cette manière d'exposer les faits plusieurs inexactitudes : la sainte ligue ne fut pas formée contre Louis XII, mais contre Charles VIII.

Le mariage de doña Juana et de l'archiduc Philippe fut convenu par un traité passé en mars 1495, et il fut contracté le 19 octobre 1496, c'est-à-dire deux ans avant l'avénement de Louis XII. Il ne fut donc pas le lien d'une coalition formée contre ce roi.

de chaque lot, il s'éleva des difficultés, Chacun des partageants prétendait avoir droit à la possession de la Capitanate et de la Basilicate. Pour la première de ces deux provinces le droit pouvait être douteux; mais pour la seconde les prétentions du roi de France paraissent avoir été parfaitement fondées. Néanmoins Ferdinand ne voulut rien entendre, et Gonzalve commença la guerre en attaquant un poste français qui se trouvait à Tripalda.

Dans les premiers temps les affaires ne tournèrent pas comme Ferdinand l'avait espéré. Les Français se rendirent maîtres presque en totalité des provinces en litige, et les Espagnols se virent réduits aux dernières extrémités; mais le roi catholique sut bien forcer la fortune à se montrer plus favorable. L'archiduc Philippe était venu en Espagne, afin d'assister aux cortès où il devait être reconnu conjointement avec l'infante doña Juana pour héritier présomptif de la couronne. Après cette cérémonie, il voulut passer par la France, pour retourner en Allemagne; et il proposa de servir de médiateur afin de rétablir la paix entre la France et l'Espagne.

Ferdinand n'y consentit qu'en restreignant les pouvoirs du négociateur dans des limites très-étroites. En même temps il écrivit à Gonzalve de Cordoue de n'obtempérer en aucune manière aux ordres qu'il pourrait recevoir de l'archiduc et de regarder comme non avenus tous les traités de paix que ce prince pourrait consentir. Enfin il s'occupa de faire passer beaucoup de troupes en Italie.

Cependant l'archiduc, étant arrivé à Lyon, convint, avec Louis XII, d'une paix avantageuse pour la couronne d'Espagne. Louis XII envoya le traité au général de l'armée française, et l'archiduc l'adressa à Gonzalve. Les exprès qui les leur portaient leur transmirent l'ordre de cesser toute hostilité. Gonzalve répondit que, dans l'état actuel des choses, il ne pouvait obéir aux instructions de l'archiduc, sans avoir reçu auparavant des ordres directs de son souverain. Tout étrange que dût paraître cette réponse, les Français ne s'en inquiétèrent pas, et la paix paraissait tellement avantageuse à l'Espagne, qu'il ne put venir à p sonne dans l'idée que Ferdinand v lût la violer. Louis XII fit susp dre le départ des troupes qui étai sur le point de s'embarquer pour l' lie; il fit rétrograder celles qui d étaient en route; Gonzalve de Cordo au contraire, rassembla ses forces. tira chaque jour de nouveaux seco de Sicile; et bientôt il eut assez de fo pour chasser les Français du royau de Naples. La mauvaise foi de Fer nand avait préparé ce succès; la pı dence et les hauts faits de Gonza firent le reste. Les détails de ce guerre ne sauraient trouver place i mais il faut dire que les talents c Gonzalve y déploya l'ont placé au ra des généraux les plus illustres; son n est une des gloires de l'Espagne, quoiqu'on puisse reprocher à Gc zalve d'avoir manqué souvent de bon foi, ses adversaires eux-mêmes l'c surnommé le grand capitaine.

On fit aussi la guerre dans le Rou sillon sans succès de part ni d'autre; Ferdinand, qui n'avait rien à gagner ce côté, fit proposer une trêve qui lui accordée. On convint qu'elle durer trois années et qu'elle ne concerner que les frontières des Pyrénées; cet a rangement fut conclu le 30 mars 150 Le roi de France eût désiré sign une paix définitive; mais les préte tions de son adversaire étaient tell ment exagérées, qu'il ne fut pas pos ble de s'entendre. Il résolut donc de tourner d'un autre côté, afin de bris la ligue qui avait été formée contre l L'archiduc Philippe était justement i rité de ce que son beau-père se fût se de lui pour tromper Louis XII. Il r gardait comme un déshonneur d'avo été l'instrument, même involontair de la perfidie qui avait assuré le royaum de Naples aux armes espagnoles. I roi de France profita de cette mési telligence, qui divisait le roi d'E pagne et l'archiduc, pour conclure av ce dernier prince et avec l'empereur u traité particulier. Cette convention, s gnée à Blois, le 22 septembre 1504, e de la plus grande importance; car, pl tard elle servit de base aux prétentio que Charles V fit valoir sur le Milana et sur le duché de Bourgogne. Vo quelles en étaient les principales clauses : Il était convenu que Charles de Luxembourg, fils de l'archiduc et de doña Juana, et petit-fils du roi des Romains, épouserait Claude de France, fille aînée de Louis XII ;

Que l'empereur donnerait à Louis XII, l'investiture du duché de Milan pour lui et pour ses hoirs mâles, et à leur défaut pour sa fille aînée et pour le duc de Luxembourg ;

Que le duché de Bourgogne, les comtés d'Aussonne, d'Auxerre, de Mâconnais et de Bar-sur-Seine, avec les duchés de Milan, de Bretagne, de Gênes, les comtés d'Ast et de Blois, et tous les biens patrimoniaux du roi, formeraient la dot de la princesse ;

Que dans le cas où le mariage ne s'effectuerait pas par la volonté du roi, les duchés de Milan, de Bourgogne et d'Ast, demeureraient au fils de l'archiduc.

Ce traité, fait sans le concours du roi d'Espagne, blessa vivement ce souverain et augmenta la mésintelligence qui existait entre lui et son gendre. Aussi, quand la reine Isabelle se sentit atteinte de la maladie qui la conduisit au tombeau, on fit de vaines instances pour déterminer l'archiduc à passer en Espagne. Il se méfiait de son beau-père, et ne voulait pas aller se livrer à un prince ambitieux et capable de tout. Ce n'était peut-être pas sans raison qu'il redoutait le sort de l'infortuné don Carlos de Viane. Il motiva son refus de passer en Espagne sur la guerre qu'il faisait contre le duc de Gueldre, et il resta dans les Pays-Bas. Cependant, la maladie de la reine Isabelle faisait tous les jours de nouveaux progrès. Enfin, cette pieuse princesse mourut le 26 novembre 1504. Cet événement remplit ses sujets de douleur ; car Isabelle fut une des reines les plus sages qui aient jamais porté la couronne. Elle avait les talents et les qualités de Ferdinand, sans en avoir la duplicité.

Isabelle, avant de mourir, fit un testament. Elle institua pour héritière universelle de ses royaumes doña Juana, sa fille ; et comme la folie de cette princesse la rendait incapable de diriger elle-même le gouvernement de l'État, elle ordonna que Ferdinand conserverait la régence jusqu'à ce que son petit-fils Charles de Luxembourg eût atteint l'âge de vingt ans.

Ces dispositions n'étaient pas de nature à calmer l'irritation qui existait déjà entre Philippe et Ferdinand. L'archiduc regardait comme une grave injustice la clause qui lui enlevait l'administration du royaume. Il commença donc à rassembler des troupes en Flandre, afin de se présenter en Espagne, à la tête d'une puissante armée. Ferdinand, de son côté, se mit en état de défense, et chercha à se faire des alliés. Il demanda au roi de France la main de sa nièce Germaine de Foix, promettant d'assurer la couronne de Naples aux enfants qu'il aurait de cette princesse. Louis XII, qui avait pour sa nièce la plus vive tendresse, consentit volontiers à ce mariage. Il donna pour dot à Germaine de Foix les droits qu'il avait à la moitié du royaume de Naples et renonça au titre qu'il portait de roi de Naples et de Jérusalem.

Ce mariage fut un coup très-sensible pour l'archiduc. Il perdait un allié qui pouvait lui être fort utile, et Ferdinand, n'ayant que cinquante-trois ans, était encore en âge d'avoir des enfants [1]. Si sa femme lui eût donné un fils, les royaumes d'Aragon, de Naples et de Grenade eussent été perdus pour l'archiduc Philippe, dont toutes les espérances à cet égard se seraient trouvées déçues. Ce prince crut que c'était un motif nouveau pour se hâter de passer en Espagne, où il comptait sur de nombreux partisans. Cependant, Maximilien, plus prudent ou plus timide, désapprouvait une résolution qui pouvait causer des maux incalculables. Il offrit de servir de médiateur ; et Philippe consentit à ce que la difficulté fût tranchée d'une manière amiable. Un accommodement fut conclu à Salamanque. Il fut convenu que l'administration du royaume serait partagée entre doña Juana, qui en était propriétaire, Philippe son mari et Ferdinand, qui en resterait gouverneur perpétuel. Charles de Luxembourg fut reconnu pour présomptif héritier de la

[1] Ferdinand eut en effet un fils de sa femme Germaine de Foix. Mais ce jeune prince, auquel on donna le nom de D. Juan, vécut seulement quelques jours.

Lemaître direxit

Prison de l'Inquisition à Cordoue.
Cárcel de la Inquisicion en Córdoba.

tholique; et malgré la vive résistance qu'il rencontra, il sut le faire prévaloir. Pour prix de cet important service, il reçut le chapeau de cardinal, que Ferdinand lui rapporta en revenant d'Italie, où les affaires du royaume de Naples avaient nécessité sa présence. Dès que le roi fut de retour en Espagne, il rétablit la tranquillité, calma les esprits et rendit aux lois toute leur puissance.

Non content d'avoir détruit en Espagne la puissance des musulmans, il alla porter la guerre sur les côtes d'Afrique, où les Espagnols firent d'importantes conquêtes. Enfin, aux couronnes d'Aragon, de Castille, de Naples et de Sicile qu'il portait déjà il ajouta une couronne nouvelle. Pour bien se rendre compte des événements qui ont amené la réunion de la Navarre à la monarchie espagnole, il faut se rappeler quelle était alors la position des puissances européennes. Le pape Jules II, né au village d'Abbezale, près Savone, dans les États de Gênes, souffrait impatiemment que son pays natal fût soumis à la domination française. Il eût voulu chasser tous les étrangers qui se disputaient la souveraineté de l'Italie. Il eût voulu exterminer à la fois les Espagnols, les Français et les Impériaux; mais, sentant bien que les forces de l'Italie étaient insuffisantes pour une semblable tâche, il cherchait à les détruire l'un par l'autre. Il les brouillait ou les raccommodait l'un avec l'autre, suivant ses intérêts; ce fut en grande partie le caractère turbulent de ce pontife qui causa toutes les guerres de cette époque. La république de Venise avait profité de la sainte ligue formée contre Charles VIII, pour s'emparer de quelques ports de la Pouille, de quelques villes dépendantes du saint-siége, du duché de Milan ou des domaines de l'Empire. Le pape voulait avant tout dépouiller les Vénitiens des conquêtes qu'ils avaient faites sur le patrimoine de Saint-Pierre. Il parvint à se liguer contre eux avec la France, l'Espagne et l'empereur. Cette coalition, fameuse dans les annales de l'Italie, reçut le nom de *ligue de Cambrai*. Une armée, envoyée par Louis XII, battit les forces vénitiennes. Tous les alliés profitèrent de cette victoire que les armes françaises avaient seules remportée. Les Espagnols recouvrèrent ceux des ports du royaume de Naples que les Vénitiens avaient usurpés. Les terres du domaine de Saint-Pierre furent rendues au pape. Quand Jules eut ainsi atteint le premier but qu'il s'était proposé, il songea à détruire en Italie la puissance des Français; et, n'osant attaquer sans motif ceux avec lesquels il venait de jurer amitié, il commença par s'en prendre au duc de Ferrare, qui était leur allié. Louis XII refusa d'abandonner le duc à la vengeance du pape. Ce fut pour Jules un motif suffisant de rupture. Il attira dans son parti l'empereur, la république de Venise, l'Espagne et l'Angleterre. Cette nouvelle coalition avait pour but de chasser les Français d'Italie; et, de même que celle dirigée contre Charles VIII, elle prit le nom de *sainte ligue*. Mais l'armée des coalisés fut battue par les Français, auprès de Ravenne, le 11 avril 1512. Au reste, le pape ne s'était pas contenté d'employer contre ses adversaires les armes temporelles. Il avait fulminé l'excommunication contre Louis XII, et il avait mis le royaume de France en interdit. Louis XII, de son côté, en avait appelé au futur concile; il avait fait convoquer, par les cardinaux dévoués à la France, un concile général qui s'était réuni à Pise. Jules II proclama ce concile schismatique. Il déclara tous ceux qui s'y rendraient ou qui le soutiendraient ennemis de Dieu et fauteurs d'hérésie. La France, en ce moment, se trouvait abandonnée de presque tous ses alliés; cependant, le roi de Navarre lui était resté fidèle.

Quand, en 1479, la reine Léonore de Navarre avait senti la mort s'approcher, elle avait mis par son testament la couronne de Navarre sous la protection de la France, parce qu'elle se méfiait de la perfidie de Ferdinand, son frère consanguin. Elle eut pour successeur François Phébus, son petit-fils. Il était à peine sur le trône, que Ferdinand et Isabelle firent de pressantes démarches auprès de Madeleine, sa mère, pour qu'il épousât une de leurs filles. Madeleine, pour ne pas être contrainte de céder à leurs obsessions, se retira dans les domaines qu'elle possédait en

France. Le 30 janvier 1483, elle était à peine arrivée à Pau, que François Phébus mourut. Il n'était âgé que de quinze ans, et n'avait pas encore accompli la quatrième année de son règne. On pensa qu'il avait été empoisonné; mais l'intérêt que Ferdinand avait à se défaire d'un prince qui repoussait son alliance fut peut-être le seul motif qui fit croire à l'existence de ce crime, dont les historiens ne rapportent aucune preuve. Après la mort de François Phébus, sa sœur Catherine hérita de la couronne de Navarre. Isabelle et Ferdinand s'empressèrent de faire demander la main de Catherine pour don Juan, leur fils; mais la reine mère répondit qu'elle ne pouvait prendre aucune résolution sans avoir consulté le roi de France. Le 14 juin de l'année suivante, la reine Catherine fut mariée à Jean d'Albret, comte de Périgord. En 1512, lorsque Jules II réunit presque toute l'Europe contre la France, Catherine et Jean d'Albret refusèrent d'entrer dans la coalition. Le roi catholique leur fit demander qu'au moins ils livrassent un passage par la Navarre aux troupes espagnoles qu'il voulait envoyer en Guyenne, où le roi d'Angleterre devait porter la guerre. Jean d'Albret répondit qu'il désirait garder une stricte neutralité. Alors Ferdinand fit rassembler des troupes nombreuses dans l'Alava, sous le prétexte de les faire passer en Guyenne par les ports de la Guipuscoa. Le 8 juin, une flotte anglaise de quatre-vingts voiles vint aborder au Passage et mit à terre une armée anglaise, commandée par le duc d'Orset. Ferdinand, au lieu d'employer ces troupes en Guyenne, ainsi que cela était convenu avec le roi d'Angleterre, profita de leur présence pour envahir la Navarre. L'armée espagnole, sous la conduite du duc d'Albe, s'empara de Pampelune. Cette capitale se rendit, sans faire la moindre résistance; et son exemple fut suivi par toutes les villes de la Navarre, à l'exception de Tudèle, d'Estella et de la Vallée d'Escua.

A l'approche du danger, la reine Catherine et ses enfants s'étaient retirés en Béarn. Jean d'Albret s'était d'abord enfermé à Pampelune, avec l'intention de s'y défendre; mais, trahi par la faction des Beaumont, qui faisait ca
commune avec les Castillans, il fut obl
de se réfugier de l'autre côté des P
rénées. Au mois d'octobre, il revi
à la tête d'une armée française, ass
ger Pampelune; mais il ne put se re
dre maître de cette capitale, il
obligé de repasser les Pyrenées, et
Navarre entière resta au pouvoir
Castillans. Quant aux Anglais, ils
retirèrent furieux d'avoir été pris p
dupes, et d'avoir fait un coûteux
mement pour venir assister à la c
quête que Ferdinand avait faite de
royaume. Beaucoup d'historiens es
gnols [1] s'attachent à justifier, en ce
circonstance, la conduite de Ferdina
Ils trouvent tout naturel que ce pri
ait détrôné sa petite-nièce, qui n'av
fait contre lui aucun acte d'hostili
Il me semble cependant qu'il su
d'exposer les faits pour que la co
cience de tout homme de bien
qualifie.

La conquête de la Navarre fut la d
nière action d'une grande importa
qui ait signalé le règne de Ferdina
le Catholique. Trois ans plus ta
le 23 janvier 1516, ce prince ren
son âme à Dieu.

Les jugements les plus opposés o
été portés sur ce roi. En général,
écrivains, pour baser leur opinion
son égard, ont consulté leurs prop
passions plus souvent que la vér
des faits. Ainsi, les auteurs espagno
cédant presque tous à un sentime
de fierté nationale, ne veulent pas s
vouer à eux-mêmes que la mauvaise
de Ferdinand a servi à l'agrandis

[1] Au reste, ce n'est qu'en dénaturant les fai
qu'en oubliant les dates que ces panégyris
de l'usurpation savent écrire l'histoire.

Voici, par exemple, un passage d'Ascargor
livre X, dernier alinéa : « Si Ferdinand le Cat
« lique avait sollicité pour son fils aîné
« main de Catherine de Navarre, ce n'était p
« *comme le pensent quelques auteurs étra*
« *gers*, pour joindre à ses vastes domai
« cette riche portion de la Péninsule, m
« pour garantir de ce côté ses frontières con
« les invasions des Français, qui lui dis
« taient *alors* (*entonces*) ses droits au royau
« de Naples. »

Voici les dates : c'est en 1483 que Ferdina
a fait demander la main de Catherine; c'
en 1484 que cette princesse a épousé Jean d'A
bret. Or, il n'était pas question à cette époq
de la guerre de Naples, qui n'a commen
que onze ans plus tard, c'est-à-dire en 14

ment de leur pays. Ils inventent les sophismes les plus extravagants pour justifier toutes les actions de ce roi. Les auteurs étrangers, au contraire, se laissent souvent aller à un sentiment de jalousie. Ils vont jusqu'à nier les grandes qualités dont ce prince était doué. Cependant, il a su faire la guerre avec courage et avec bonheur. Ce dont il faut surtout le louer, c'est qu'il a su rétablir l'ordre et la tranquillité dans des États bouleversés depuis tant d'années par les discordes civiles; il a rendu la force aux lois; il a institué une milice chargée de poursuivre le vol et le brigandage; aux royaumes qu'il avait reçus de ses aïeux il a joint les royaumes de Grenade, de Naples et de Navarre. Il a fait aussi des conquêtes en Afrique. C'est sous son règne que le nouveau monde a été découvert; enfin, quand on pense aux grands événements qui s'accomplirent de son temps, on oublie involontairement ce qu'il y avait dans son caractère de perfidie et de cruauté.

RÈGNE DE CHARLES V. — MORT DE XIMENEZ DE CISNEROS. — LA GERMANIA DE VALENCE ET LES COMUNEROS DE CASTILLE. — LETTRE DE DON JUAN DE PADILLA. — GUERRES EN FRANCE, EN ITALIE ET EN ALLEMAGNE. — CONQUÊTE DE TUNIS. — TENTATIVE CONTRE ALGER. — ABDICATION DE CHARLES V.

A peine connut-on en Flandre la maladie du roi Ferdinand, que le conseil de l'archiduc Charles envoya en Espagne, avec des instructions secrètes, Adrien Boyens, qui était précepteur de ce jeune prince, afin qu'il déjouât par sa présence toutes les intrigues qui auraient pu porter préjudice aux intérêts de son élève. Aussitôt que Ferdinand fut mort, Adrien essaya de s'emparer du pouvoir pour gouverner l'Espagne, au nom de Charles, jusqu'à ce que celui-ci fût venu prendre lui-même les rênes de l'État. Cependant, cette prétention n'était pas entièrement fondée; car Charles n'avait pas encore atteint la majorité de vingt ans, fixée par le testament d'Isabelle; et, d'un autre côté, Ferdinand avait, par son acte de dernière volonté, laissé le gouvernement de l'Espagne au cardinal Ximenez de Cisneros, jusqu'à ce que Charles fût en âge de gouverner par lui-même. Ces discussions donnèrent lieu à quelques troubles. Mais la sagesse d'Adrien et de Ximenez les eut bientôt apaisés; ces deux ministres, malgré la différence de leurs caractères, convinrent de gouverner en commun. Cet arrangement ne satisfit pas tout le monde. Il y eut des grands qui voulurent s'opposer à la régence du cardinal, et qui exigèrent qu'il leur justifiât des pouvoirs en vertu desquels il gouvernait la monarchie. Ximenez essaya de les contenter en leur montrant le testament de Ferdinand; et, comme ils répondaient que cela n'était point suffisant; que Ferdinand, simple gouverneur de la Castille, n'avait pu déléguer un pouvoir qu'il n'exerçait lui-même qu'à un titre précaire, le cardinal fit approcher les grands d'une des fenêtres de son palais, et leur montrant deux mille hommes de vieilles troupes rangés en bataille et soutenus par une nombreuse artillerie : « Voilà encore, leur dit-il, les pouvoirs en vertu desquels je gouvernerai l'Espagne jusqu'à l'arrivée du roi. »

De son côté, Charles, voulant assurer la tranquillité des Pays-Bas, avant de se rendre dans la péninsule, avait envoyé M. de Chièvres comme ambassadeur à François Ier; et par un traité, signé à Noyon le 13 août 1516, il fut convenu que Charles épouserait Louise, fille aînée du roi de France; qu'il payerait à ce souverain cent mille écus pour le désintéresser de ses droits au royaume de Naples; enfin, que, dans l'espace de six mois, il rendrait la Navarre à Henri, fils de Jean d'Albret. Ce fut seulement une année après la signature de cette convention que Charles s'embarqua pour l'Espagne. Il aborda le 19 septembre à Villa viciosa, port des Asturies; et, après s'être reposé quelques jours dans cette ville des fatigues de la mer, il se mit en route pour Burgos. En allant au-devant de lui, le cardinal Ximenez mourut dans la ville de Roa. Bien des auteurs prétendent qu'il mourut empoisonné. Le poison, disent-ils, lui fut donné dans un pâté de truites par des personnes intéressées à ce que le jeune roi ne reçût pas ses conseils salutaires. Mais les historiens n'allèguent aucune preuve, et il n'est pas besoin de recourir à la supposition d'un crime pour expliquer la mort d'un vieillard de quatre-vingt et un ans. Ximenez de Cisneros est un des plus grands hommes dont l'Espagne puisse se glorifier. Ministre d'Isabelle et de Ferdinand, il n'usa jamais de l'autorité qui lui fut confiée que dans l'intérêt du pays. Sa modération et sa modestie ne le mirent pas à l'abri des attaques de l'envie; mais il méprisait les calomnies et les libelles dirigés contre lui. Il répondit à quelques personnes, qui l'excitaient à en tirer vengeance : « Laissons-les parler, puisqu'ils nous laissent faire. Si ce qu'ils disent est mensonger, il faut en rire; si cela est vrai, tâchons de nous corriger. » Issu d'une famille obscure, il s'éleva par son mérite seul aux plus hautes dignités. Il fut confesseur d'Isabelle, archevêque de Tolède, cardinal et ministre. Doté d'immenses revenus, il sut les administrer avec tant d'économie, qu'il put avec ses épargnes lever une armée, à la tête de laquelle il conquit la ville d'Oran.

Il fonda et il dota richement l'université d'Alcala de Hénarez. Voulant empêcher que le rite mozzarabe ne se perdît entièrement, il fonda dans la chapelle de Tolède un chapitre de chanoines, auxquels il imposa l'obligation d'officier selon ce rite. Versé dans la connaissance des langues orientales, il consacra des sommes énormes à l'acquisition de précieux manuscrits hébreux, grecs, latins et chaldaïques de la Bible, et c'est à ses soins qu'est due la première Bible polyglotte.

Personne ne fut plus simple que Ximenez de Cisneros dans sa vie privée. Au temps de sa plus grande élévation, il alla visiter ses parents, qui étaient dans une position modeste. Il les combla de bienfaits; mais il ne voulut pas les tirer de l'humble condition dans laquelle ils étaient nés. Étant arrivé à la porte d'une paysanne, qui était sa proche parente, il la surprit au moment où elle était occupée à pétrir le pain de sa famille. Cette femme voulait changer de vêtement et mettre un costume plus convenable pour le recevoir. « Non! non, lui dit-il; ce costume et cette occupation vous siéent à merveille. Ne vous embarrassez que de votre pain, de peur qu'il ne se perde. »

Après la mort de Ximenez, Charle rendit d'abord à Burgos et ensui Valladolid, où les cortès de Cas étaient convoquées. Ce ne fut pas peine qu'il s'y fit reconnaître con roi. Cette assemblée, fidèle aux anc usages de la monarchie, voulait m tenir les droits de la reine Jeann n'obtint son consentement qu'à la dition expresse que le nom de sa m précéderait le sien sur tous les ac et qu'elle rentrerait dans tous ses dr si jamais elle venait à recouvrer l'u de la raison. Avant de prêter le serm les députés voulurent exiger que le je roi jurât d'observer et de maintenir fueros et les libertés du royaume. réclamèrent surtout l'exécution d règlement, fait en 1511, dans les co de Burgos, qui défendait de don aucun emploi à des étrangers. M évêque de Burgos, qui présidait cortès, et qui parlait au nom du promit que ce prince confirmerait priviléges de la nation. Charles donc proclamé roi, le 7 février 1518 il obtint, en même temps, des cortès don gratuit de 600,000 ducats, pa bles en trois ans. Mais il ne tarda gu à manquer à la parole donnée en nom. Il éleva un étranger à la dig de chancelier de Castille. Guillaume Croy, neveu de Chièvres, bien q n'eût pas même l'âge canonique, aussi nommé archevêque de Tolè Enfin, la rapacité des Flamands, qui maient la cour de ce prince, augme encore le mécontentement général. se plaignait de ce qu'ils faisaient so tout le numéraire du royaume. Ch vres, qui, par ses exactions, avait massé des sommes immenses, les a fait passer dans les Pays-Bas; et monnaie d'or était devenue si rare q quand on en trouvait une pièce, on disait :

Doblon de a dos nora buena estec pues con vos no topó Xebres.

« Petit doublon, soyez le bien-venu, p que Chièvres ne vous a pas enc trouvé. »

Au mois de mai, Charles passa Aragon, où il éprouva, relativement à reconnaissance comme roi, les mê difficultés qui lui avaient été faites

Castille. Il ne fut proclamé à Saragosse que le 22 septembre. Il rencontra encore les mêmes objections, lorsqu'il se rendit en Catalogne, au commencement de l'année suivante. Il ne fut reconnu comte de Barcelone que le 13 avril. Il était en cette ville, quand il reçut la nouvelle de la mort de Maximilien, son aïeul. Les sommes énormes qu'il avait tirées des Espagnols lui servirent à acheter le suffrage du corps germanique. Il fut proclamé empereur, sous le nom de Charles V, le 28 juin 1519 ; et le duc de Bavière vint, en qualité d'ambassadeur des électeurs, lui apporter, en Catalogne, la nouvelle officielle de sa nomination. A partir de ce moment, Charles crut devoir changer le titre qui jusque-là lui avait été donné. Il prit celui de Majesté, que les autres souverains ont bientôt adopté, puis il se prépara à passer en Allemagne, pour aller y recevoir la couronne impériale. Cependant, il n'avait pas encore visité tous ses royaumes de la Péninsule; et les troubles qui commençaient à se manifester à Valence y eussent rendu sa présence nécessaire. Sous le prétexte de se tenir en garde contre les tentatives des Maures, qui, disait-on, étaient restés en relation avec les musulmans d'Afrique, les corps de métiers de Valence avaient formé une association armée que, dans leur dialecte, ils avaient appelée *Germania*. Ce nom répond au mot espagnol *Hermandad*, c'est-à-dire fraternité. Les associés se donnaient le nom de *Germanats* ou fraternisants. Ils avaient pour but réel, en faisant cette confédération, de se défendre mutuellement contre les violences et les vexations des nobles et des ecclésiastiques. Ils avaient élu trente d'entre eux, qu'ils avaient chargés du soin de veiller à leurs intérêts communs et de faire rendre la justice. Pendant que ces éléments de discorde fermentaient à Valence, le roi, qui était pressé de se rendre en Allemagne, envoya demander en cette ville que les trois bras du royaume lui fissent le serment accoutumé, en le dispensant d'assister aux cortès. Les trois bras s'assemblèrent; et, après avoir longtemps conféré, ils décidèrent qu'il n'était pas possible de condescendre aux désirs du roi, parce que cela était contraire aux lois du royaume. Néanmoins, le roi, persistant dans sa résolution de se rendre en Allemagne le plus promptement possible, jura sur le livre des Évangiles d'observer les lois et priviléges des Valenciens. Il chargea son précepteur Adrien, qu'il avait fait nommer cardinal, d'aller présider en son nom les cortès de Valence, d'y présenter aux députés le livre sur lequel le serment avait été prêté par lui et de leur en répéter les termes. Mais le bras noble et le bras ecclésiastique ne voulurent pas se contenter de cet accommodement. Ils refusèrent de laisser enfreindre leurs priviléges. Le roi fut si mécontent de cette obstination des cortès de Valence, qu'il rendit à la confédération des Germanats le privilége qu'il lui avait retiré de se maintenir en armes et de se nommer des syndics. Avant de partir pour l'Allemagne, Charles était dans la nécessité de réunir les cortès de Castille et de Léon. Les dons gratuits qui lui avaient été accordés étaient déjà dépensés. Probablement une grande partie de ces subsides avaient servi à acheter les suffrages du corps germanique; de nouvelles sommes lui étaient nécessaires pour faire face aux frais de son voyage et de son couronnement. Il convoqua donc les cortès de Castille et de Léon dans la ville de Saint-Jacques de Compostelle. Le choix de cette ville fut un nouveau sujet de mécontentement, jamais les cortès n'y avaient été réunies. Aussi, les députés de Tolède, de Salamanque et de quelques autres cités allèrent-ils à Valladolid au-devant du roi, pour lui faire des représentations; mais il refusa de les recevoir, et il leur fit dire qu'il les entendrait à Tordesillas, où il se rendait pour prendre congé de sa mère. Dès que cette réponse fut connue, le bruit se répandit que Charles voulait emmener avec lui la reine Jeanne en Allemagne. Le peuple de Valladolid se souleva. Au son de la cloche d'alarme de la paroisse San-Miguel, plus de cinq mille hommes se réunirent sur la place publique en criant: *Vive le roi D. Carlos! périssent ses mauvais conseillers!* Ils étaient déterminés à mettre à mort M. de Chièvres et les autres Flamands; mais le premier parvint à s'échapper, et les autres pressèrent le roi de sortir de la ville. Le roi monta aussitôt à cheval; il trouva à la porte de la ville un peloton de séditieux qui voulurent le retenir; mais sa garde lui ayant ouvert un passage au milieu d'eux, il sortit et se rendit à Tordesillas. Après son départ, l'émeute de Valladolid s'apaisa; ce qui permit au roi de continuer promptement son voyage. Après être resté un jour seulement avec sa mère, il se remit en route pour Santiago de Compostelle, où les cortès furent ouvertes, le Ier avril 1520. On tint inutilement beaucoup de séances, parce que les députés de Tolède, de Salamanque, de Séville, de Cordoue, de Toro, de Çamora, d'Avila et d'autres cités, refusèrent d'accorder le subside qui était l'objet principal de cette assemblée. Charles, vivement irrité de ce refus, transporta les cortès à la Corogne; et si les circonstances le lui eussent permis, il aurait prouvé son ressentiment, en punissant les députés; mais il se contenta pour le moment d'exiler le représentant de Tolède, qui avait montré le plus de fermeté. A cet acte de tyrannie, Tolède se souleva. Cette ville prit les armes pour la défense de ses fueros et de ses priviléges. Un des principaux habitants, nommé Juan de Padilla, qui avait pour femme Maria Pacheco, fille du comte de Tendilla, fut choisi pour chef par les révoltés. Ce fut inutilement que Charles voulut faire arrêter les personnes qui se trouvaient à la tête de ce mouvement; ses ordres ne servirent qu'à exaspérer la multitude. Non-seulement le peuple empêcha l'arrestation, mais encore il aurait mis à mort le corrégidor et le grand alguazil, s'ils ne s'étaient dérobés par la fuite à la vengeance populaire. On donna le nom de *Comuneros* aux mécontents, parce qu'ils défendaient les priviléges de la commune. Réunis au nombre de plus de vingt mille, ils s'emparèrent de l'alcazar, des portes de la ville, et ils chassèrent de Tolède les officiers du roi.

Les cortès de la Corogne furent fermées au commencement de mai, et, malgré l'opposition d'un grand nombre de cités, le roi Charles obtint un subside de deux cents millions de maravédis, payable en trois ans. Les députés prés rent au roi un mémoire contenar demandes des villes. Ils insistèrent tout pour que le roi revînt prom ment en Espagne et pour qu'il se riât. Ils demandèrent qu'à son re il n'amenât avec lui aucun étrange pour le gouvernement politique ni | le gouvernement militaire; qu'il re sa maison avec économie, comme vaient fait les rois catholiques; e que le gouvernement de la monar fût confié uniquement à des Espagn

Charles ne tint aucun compte de réclamations, et, avant de partir p l'Allemagne, il nomma pour gouvern du royaume le cardinal Adrien, au il adjoignit le président et les con lers de la chancellerie de Valladolid vice-roi de Valence, don Diégo de M doza; le justicier d'Aragon, don Jua Lanuza. Il confia le commandement néral de l'armée à Antonio Fons Les représentations qu'on put faire roi sur le choix de ces gouverneurs furent pas écoutées, et il mit à la v le 20 mai 1520.

La nouvelle du départ du roi et condescendance que les cortès ava montrée à l'égard de ses dernières mandes, en lui accordant un subsi firent éclater partout le feu de l'ins rection. Le premier mouvement lieu à Ségovie. Un des deux députés cette ville qui avait voté le subside, drigo de Tordesillas, fut pendu par la pulace entre les cadavres de deux alg zils, qu'elle avait attachés la veille gibet.

A Çamora, les députés de la ville raient éprouvé le même traitement, s comte d'Albe n'était parvenu à les fa échapper. A Valladolid, ils furent a obligés de se soustraire par la fuite vengeance populaire. La révolte se c muniqua de proche en proche avec telle rapidité, qu'en un instant les vi de Burgos, d'Avila, de Madrid, Guadalaxara, de Cuenca, de Medina Campo, de Sigüenza, de Jaen, de Ba d'Alcala, de Léon, en un mot, pres toutes les villes du royaume embra rent le parti des comuneros. gouverneurs que Charles avait lai pour administrer le royaume, sur par la violence de ce soulèvement, p sèrent qu'ils en arrêteraient les progrès en punissant avec vigueur quelques-uns des séditieux. Ils chargèrent Ronquillo, *alcade de casal y corte,* d'aller à Ségovie et de frapper d'un châtiment sévère toutes les personnes qui avaient pris part aux excès commis dans cette ville. Ce magistrat, ayant rassemblé quelques troupes, s'avança vers Ségovie. Il n'avait pas assez de forces pour s'en rendre maître. Les habitants avaient fermé les portes, et s'étaient préparés à une résistance désespérée. Il se borna à s'établir dans le voisinage et à couper les vivres aux assiégés.

Ceux-ci envoyèrent demander des secours aux comuneros des autres villes. Des députés des communes de Tolède, d'Avila, de Salamanque, de Toro, de Çamora et de Léon, s'assemblèrent à Avila, et formèrent une assemblée ou, comme on dit en Espagne, une *junte*, pour s'occuper des affaires du pays. Les membres qui la composaient jurèrent, dans le chapitre de la cathédrale, sur la croix et les Évangiles qu'ils n'avaient d'autre vue que de défendre le royaume et d'y rétablir le bon ordre. On choisit pour commander les troupes des comuneros don Juan de Padilla, qui s'était distingué dans toutes les occasions comme un des plus zélés patriotes. Il avait pour concurrent don Pedro Lasso de la Vega; celui-ci se vengea plus tard de n'avoir pu l'emporter sur son rival. Les troupes de Tolède, réunies à celles de Ségovie, chassèrent Ronquillo de la position qu'il avait choisie; elles lui tuèrent quelques hommes, lui firent quelques prisonniers, lui enlevèrent une grande partie de son bagage et prirent sa caisse militaire, où se trouvaient deux millions en argent[1].

Cependant le cardinal, persistant dans la volonté de réduire par la force les habitants de Ségovie, donna l'ordre à Antonio de Fonseca de réunir autant de monde qu'il le pourrait pour les assiéger, et d'aller chercher l'artillerie qui etait conservée à Medina del Campo. A l'approche de Fonseca, les habitants de cette ville prirent les armes. Ils refusèrent de laisser enlever les canons, et résistèrent avec avantage aux troupes qui voulaient s'en emparer de vive force. Alors, Fonseca fit mettre le feu aux maisons, espérant que les bourgeois quitteraient le combat pour aller éteindre l'incendie. Cette conduite atroce augmenta, au contraire, leur courage; ils chargèrent les troupes de Fonseca avec une nouvelle furie et les obligèrent à se retirer; mais ce succès leur coûta cher, car la ville presque tout entière fut réduite en cendres. Elle était alors une des plus considérables du royaume; on y tenait, chaque année, quatre foires, célèbres dans toute l'Espagne; c'était le marché pour les soieries de Burgos et de Tolède et pour les étoffes de laine de Ségovie, qui, à cette époque, étaient déjà célèbres. Les ravages de l'incendie furent épouvantables. Neuf cents maisons furent réduites en cendres; quelques femmes et quelques enfants périrent dans les flammes, et la plupart des habitants furent entièrement ruinés. Le jour même on apprit à Valladolid l'incendie de Medina. Le peuple en devint furieux. Il sonna la cloche d'alarme de la paroisse de San-Miguel, et courut incendier la maison de Pedro Portello, député de la ville qui avait voté le don gratuit, et celle de Fonseca, qu'ils réduisirent en cendres. Le régent, effrayé de l'effet que ses ordres avaient produit, protesta que c'était contre sa volonté que l'on avait agi. Pour le prouver, il rappela Fonseca; mais ce général ne voulut pas venir se livrer aux comuneros; il passa en Portugal et de là en Flandre, où, dit-on, il fut très-mal reçu par l'empereur.

En apprenant ce qui s'était passé à Médina, un grand nombre de villes qui n'avaient pas encore embrassé le parti des *comuneros* se soulevèrent, et envoyèrent des députés à la junte d'Avila, qui alors se trouva formée des représentants des villes de Tolède, de Madrid, de Guadalaxara, de Soria, de Murcie, de Cuenca, de Ségovie, d'Avila, de Salamanque, de Toro, de Çamora, de Léon, de Valladolid, de Burgos et de Ciudad-Rodrigo.

Ce qui manquait surtout aux comuneros, c'était un chef, dont le nom

[1] Probablement deux millions de maravédis. Le maravédis valant un centime un quart, cette somme représente 25,000 francs de notre monnaie.

pût légitimer tout ce qu'ils avaient fait. Padilla s'empara de Tordesillas, où était la reine Jeanne, sous la garde du marquis de Denia. La junte d'Avila se transporta à Tordesillas; la reine, qui était dans un instant lucide, approuva tous les actes des comuneros. Ceux-ci, de leur côté, répandirent le bruit que la reine avait recouvré la raison, qu'elle réclamait l'exercice de ses droits, et ils n'agirent plus qu'au nom de la reine. Ils décrétèrent l'arrestation du président et des conseillers de la chancellerie de Valladolid, et ils prirent des mesures pour que cette arrestation eût lieu. Mais ces magistrats reçurent avis du danger qui les menaçait, et purent prendre la fuite à l'aide de différents déguisements. Le cardinal lui-même, ne se trouvant plus en sûreté à Valladolid, fut obligé de se déguiser pour sortir de la ville et pour se réfugier à Rioseco. Jusqu'à ce moment les affaires des comuneros avaient été prospères; mais cette assemblée renfermait les éléments de ruine qui se trouvent presque toujours dans les réunions populaires. L'envie ne tarda pas à diviser les différents chefs de ce parti et, d'un autre côté, la junte de Tordesillas ne fut pas assez prudente pour s'apercevoir qu'en demandant la réforme de tous les abus, elle allait s'attirer de nombreux et de redoutables ennemis. Tant que les comuneros avaient parlé seulement de défendre contre l'autorité royale les priviléges de la commune, les nobles et le clergé s'en étaient peu émus; mais, quand la junte réclama l'annulation de toutes les aliénations du domaine royal qui avaient été faites en faveur de la noblesse, quand elle réclama l'interdiction de prêcher aucune indulgence dans tout le royaume, avant que le but en eût été examiné et reconnu légal par les cortès, elle souleva contre elle et la noblesse et le clergé. Charles, averti par le cardinal de l'état désastreux où se trouvait le pays, avait donné une demi-satisfaction à l'opinion publique en associant au cardinal, pour gouverner les affaires, l'almirante de Castille don Fadrique Enriquez et le connétable don Iñigo de Velasco. Burgos déposa les armes, et plusieurs villes imitèrent son exemple. Les nobles Castille et de Léon rassemblèrent troupes dans leurs domaines, et bien ils purent opposer aux comune une armée de plus de dix mille homm Celle des bourgeois était encore p nombreuse, mais elle n'était plus co mandée par Padilla. On avait nomm sa place don Pedro Giron, fils aîné comte d'Ureña. Ce seigneur, pens qu'il y avait plus à gagner à se réc cilier avec le roi, qu'à rester dans parti des communes, convint avec connétable de lui livrer la reine. En fet, il se mit en marche avec son arm sous prétexte d'aller attaquer Vil pando, où il n'avait que faire. Il lai Tordesillas presque sans défense, et troupes royales coururent s'en empar Les comuneros rendirent alors commandement à Juan de Padilla. chef s'empara de Torrelobaton, v qui appartenait en propre à l'almiran Mais, sachant qu'il allait être attaq dans ce poste désavantageux par tou les forces des royalistes, il prit la ré lution de se retirer à Toro, où il était plus facile d'opposer une défe vigoureuse. Les royalistes étaient i truits de toutes les démarches et tous les projets des comuneros | don Pedro de Laso, qui se venge par cette infâme trahison de ce qu lui avait préféré un autre géné Attaqué dans sa marche auprès de V lalar, Padilla vit bien qu'il était per A l'approche de l'armée ennemie, tr bannières et trois cents lances l'aband nèrent. Pour comble de malheur il s vint une pluie violente qui donn dans le visage de ses soldats et les e pêchait d'avancer. Le désordre dev général, et les soldats se mirent à fu Ils arrachèrent de leurs habits les cr rouges, qui étaient la marque des co munes, pour les remplacer par des cr blanches, qui étaient le signe des ro listes. Padilla, voyant que tout é perdu, saisit sa lance, leva sa visière e jeta au milieu des ennemis, en cria *Saint Jacques et liberté.* Mais une la blessure qu'il reçut à la cuisse le renve à terre, et il fut obligé de se renc Les régents tinrent conseil pendan nuit, et décidèrent que Padilla et principaux chefs tombés au pouvoir vainqueurs seraient suppliciés. Prévenu de cette décision, Padilla demanda un confesseur; et, après avoir rempli ses devoirs religieux, il écrivit à la ville de Tolède et à sa femme les deux lettres suivantes [1].

Lettre de don Juan de Padilla à la ville de Tolède.

« A toi, couronne d'Espagne et lumière du monde, libre depuis le temps des Goths; à toi, qui en n'épargnant pas ton sang pour verser celui de l'ennemi, as conquis la liberté pour toi et pour les autres villes, je m'empresse de faire savoir que moi, Juan de Padilla, ton fils légitime, je vais rafraîchir de mon sang le souvenir de tes anciennes victoires. Si le destin n'a pas permis que mes exploits fussent placés parmi ceux qui te rendent illustre, la faute en est à ma mauvaise fortune, et non à ma bonne volonté. Je te prie d'accepter mon sacrifice comme une bonne mère, puisque Dieu ne m'avait pas donné plus à risquer que ce que je perds pour toi. Je tiens plus au souvenir que je te laisse de moi qu'à ma vie. La fortune est changeante; mais je vois avec joie que c'est moi, le moindre de tes enfants, qui souffrirai la mort pour toi. Tu en as nourri dans ton sein d'autres qui me vengeront. Bien des langues te raconteront mes derniers instants : quant à moi, je les ignore encore en ce moment. Je sais seulement qu'ils sont proches, et ma mort te prouvera ma bonne volonté. Je te recommande mon âme, comme à la patronne de la chrétienté. Je ne parle pas de mon corps, puisqu'il n'est plus à moi. Je ne puis t'écrire davantage; car dans ce moment j'ai le couteau sur la gorge, et je crains plus ton mécontentement que la mort qui me menace. »

Lettre de don Juan de Padilla à sa femme.

« Madame, si votre douleur ne m'affligeait pas plus que ma mort, je me regarderais comme très-heureux; car comme tout le monde doit mourir, je rends grâce à Dieu de ce qu'il me fait mourir à son service, et pleuré de bien des gens. Il faudrait plus de temps que je n'en ai pour écrire des consolations; je ne demande pas qu'on retarde le moment où je dois recevoir la couronne qui m'attend, et mes ennemis ne me l'accorderaient pas. Pleurez votre perte, madame, mais ne pleurez pas ma mort; car elle est trop honorable pour être pleurée. Je vous lègue mon âme, qui est la seule chose qui me reste. Traitez-la comme ce qui vous a le plus aimée. Je n'écris pas à mon père Pedro Lopez, parce que je ne l'ose pas; car, quoique j'aie hérité de son courage, en osant risquer ma vie je n'ai point hérité de sa bonne fortune. Je n'en écrirai pas plus long pour ne pas faire attendre le bourreau, et pour qu'on ne croie point que j'allonge ma lettre pour allonger mes jours. Mon domestique Lossa, qui sera spectateur de ma mort et à qui j'ai confié mes plus secrètes pensées, vous dira ce que je ne puis écrire; je termine dans l'attente de l'instrument de vos chagrins et de ma délivrance. »

Après avoir écrit ces lettres, Padilla se prépara à marcher au supplice. Ainsi que Bravo, commandant des troupes de Ségovie, il fut placé sur une mule, et un crieur les précédait en répétant : « Voici la justice que le roi et en son nom les régents et le connétable font exécuter contre les gentilshommes traîtres et rebelles. » « Tu mens ! s'écria Bravo en entendant ces paroles. Nous n'avons pas été traîtres. Nous avons défendu le bien public et la liberté. » L'alcade Cornejo le frappa rudement de sa baguette. Comme Juan Bravo se mettait en défense, Padilla l'arrêta, en lui disant : Bravo, nous avons combattu hier comme des hommes; mourons aujourd'hui comme des chrétiens. Padilla tomba sous la hache du bourreau, et avec lui périrent toutes les anciennes libertés de la Castille. Valladolid, effrayé par la déroute des comuneros, implora le pardon des vainqueurs. Une amnistie générale lui fut accordée. On n'en excepta que

[1] Le texte de ces deux lettres se trouve dans Sandoval. J'emprunte la traduction qu'en a donnée M. Ternaux-Compans, dans son excellente histoire des comuneros. Pour tout ce qui a trait à la révolte des communes, j'ai suivi les détails contenus dans cet ouvrage; car il est impossible de trouver un meilleur guide.

dix-huit personnes. Ségovie, Salamanque, Médina del Campo et les autres villes suivirent l'exemple de Valladolid. Tolède, au contraire, loin de se laisser intimider par le supplice de Padilla, en reçut un nouvel élan. Ceux des habitants qui favorisaient le parti des royalistes ouvrirent les portes de la ville au marquis de Villena. Mais la veuve de Padilla, la vaillante Maria de Pacheco, se renferma dans l'alcazar; et non-seulement elle put s'y maintenir, elle parvint encore à chasser les royalistes de Tolède. Alors la ville fut assiégée par l'armée de la noblesse; mais les comuneros, animés par Maria de Pacheco, se défendirent avec la plus grande intrépidité. Ils manquaient de vivres et de munitions; mais ils allaient en chercher dans le camp même des assiégeants, où ils se précipitaient avec cette furie que donne le désespoir. Ces combats, dont ils sortirent souvent vainqueurs, se répétaient chaque jour; mais, dans une de ces rencontres, on leur tua seize cents hommes; et cette perte épuisa leurs moyens de défense. La ville capitula, et par l'intervention du clergé elle obtint une amnistie. Tout le monde déposa les armes, à l'exception de Maria Pacheco. Cette héroïne, qui n'espérait ni ne demandait de pardon, se renferma dans l'alcazar. On l'y assiégea, mais elle se défendit pendant trois mois. On parvint à forcer cette citadelle; cependant Maria ne se rendit pas encore; elle se retrancha dans sa maison. Enfin, quand toute défense fut devenue impossible, elle s'échappa déguisée en paysanne, et avec son fils elle se rendit en Portugal auprès de l'archevêque de Braga son parent. Son fils y mourut bientôt, et elle-même ne tarda pas à succomber.

Pendant que l'Espagne était agitée de ces discordes intestines, Henri d'Albret essaya de recouvrer le royaume de ses pères. François Ier, ayant inutilement demandé plusieurs fois que la Navarre fût rendue à ce prince, ainsi que cela avait été convenu par le traité de Noyon, crut que les circonstances étaient favorables. Une armée française entra en Navarre. Elle se présenta devant Pampelune, qui, se trouvant sans défense, lui ouvrit ses portes. La c delle voulut faire quelque résistar mais elle fut bientôt forcée de capitu Ce fut dans cette circonstance qu'Igr de Loyola fut blessé à la jambe d éclat de pierre. Pendant qu'il était tenu par sa blessure, on lui donna q ques livres de dévotion. Cette lect détermina sa vocation religieuse, e fonda plus tard la compagnie de Jés Toute la Navarre suivit l'exemple Pampelune; mais l'armée française, lieu de s'y établir solidement com elle l'aurait dû, voulut entrer en C tille pour donner secours aux méc tents. Elle alla mettre le siége dev Logroño. La ville se défendit c rageusement, et l'armée de la noble castillane étant venue au secours d place, les Français furent défaits d les plaines d'Esquiros, le 30 juin 15 La garnison française de Pampel abandonna la ville, et la Navarre perdue aussi rapidement qu'elle a été conquise.

A cette époque le siége de Saint-Pie étant venu à vaquer par la mort Léon X, l'empereur Charles V parv à faire tomber les votes du conclave le cardinal Adrien, son ancien préc teur. Ce prélat ne porta la tiare pendant une année, mais Charles V p fita du règne de ce pape, qui lui dev tout, pour obtenir du saint-siége que couronne d'Espagne conserverait l'ad nistration perpétuelle des maîtrises ordres militaires. Il fit aussi confirr le droit qu'avait le roi catholique présenter à tous les évêchés qui vi draient à vaquer dans son royaume.

La guerre de Navarre était heurer ment terminée, la révolte des comr nes était apaisée, quand Charles V vint en Espagne au commencement mois de juillet 1522. Sa modération e clémence contribuèrent à pacifier pays. La *Germania* cependant exist encore. Cette association, qui s'é répandue dans presque toutes les vi du royaume de Valence, les av remplies de désordres, de crimes et brigandages. Malgré les excès de to espèce auxquels ils s'étaient livrés, *Germanats* avaient paru moins red tables que les *Comuneros*, aussi avait-on combattus avec moins de gueur. Ils étaient encore maîtres de Xativa et de plusieurs autres villes. On envoya contre eux des forces auxquelles ils ne purent résister. Ils furent battus en plusieurs rencontres; et l'association de la *Germania* fut entièrement détruite.

Débarrassé de la guerre de Navarre et de ces agitations intestines, Charles V se vit bientôt engagé dans une lutte plus longue et plus sanglante. Le nombre de ses États, l'étendue de sa puissance excitaient la défiance et l'envie de toute l'Europe. Le moindre prétexte devait nécessairement amener la guerre. Une difficulté entre un seigneur, nommé d'Aimeries, et les héritiers du prince de Chimay, relativement à la possession de la ville d'Hierge dans les Ardennes, fut la première étincelle qui enflamma cet incendie. Robert Lamarck, duc de Bouillon, avait pris le fait et cause des mineurs de Chimay. Il entra sur les terres de l'empereur, qui se montrait favorable aux prétentions du seigneur d'Aimeries. Les troupes impériales, à leur tour, ne se bornèrent pas à dévaster la souveraineté de Robert de Lamarck; elles firent le siége de Mézières, et la guerre entre la France et Charles V se trouva commencée sur les bords de la Meuse. Elle éclata aussi en Italie, où François Ier essaya de reconquérir le Milanais. De son côté, Charles V fit une invasion en Provence, et ses troupes allèrent mettre le siége devant Marseille, le 19 août 1524; mais les Marseillais se défendirent avec tant de courage que les Espagnols furent obligés de se retirer. Cependant François Ier avait rassemblé une nombreuse armée; il s'avançait pour faire lever le siége, quand il apprit que les ennemis s'étaient retirés. Alors il se jeta en Italie, Milan lui ouvrit ses portes. Il n'en fut pas de même de Pavie, qui était défendue par don Antonio de Leyva. François Ier, à la tête de son armée, alla mettre le siége devant cette ville. Il y avait près de quatre mois que le siége durait, quand l'armée française fut attaquée dans ses lignes par le marquis de Pesquaire et par le connétable de Bourbon, qui commandaient les troupes de l'empereur. L'armée française fut entièrement défaite; François Ier, après avoir tué plusieurs ennemis de sa main, fut lui-même fait prisonnier. Henri d'Albret tomba aussi entre les mains des vainqueurs; mais il parvint à gagner les soldats qui le gardaient et à repasser les Alpes. Le roi de France fut conduit à Madrid, et d'abord il refusa de souscrire aux conditions que Charles V voulait lui imposer pour prix de sa rançon. Ensuite, ennuyé de sa captivité, il promit tout ce qu'on demanda. Par un traité signé à Madrid le 14 janvier 1526, il déclara renoncer à toutes ses prétentions sur les États de Gênes, de Milan, de Naples et sur les Pays-Bas. Il s'engagea à restituer la Bourgogne à l'empereur, qui soutenait y avoir droit comme petit-fils de Charles le Téméraire. Il donna en otage ses deux fils aînés; mais à peine fut-il en liberté qu'il protesta contre les engagements qu'on lui avait arrachés par la contrainte. Il répondit aux ambassadeurs de l'empereur qui demandaient la ratification du traité de Madrid, que ce traité ne concernait pas seulement sa personne, mais encore toute la France, et qu'il ne pouvait rien faire à cet égard sans consulter les états généraux du royaume.

Pendant la durée des négociations pour le rachat du roi de France, les souverains italiens, effrayés de l'accroissement qu'avait pris la puissance espagnole, firent ensemble une ligue qu'ils appelèrent la *ligue de la liberté italienne,* ou bien la *Clémentine,* parce que le pape Clément VII en était l'âme. La république de Venise, le duc de Milan, Florence et presque tous les princes italiens entrèrent dans cette confédération, ainsi que les rois de France et d'Angleterre. Le connétable de Bourbon, à la tête des troupes impériales, marcha droit à Rome, décidé à prendre d'assaut cette capitale du monde chrétien. Il marcha l'un des premiers pour escalader les murailles, mais il fut tué d'un coup de mousquet. Sa mort n'arrêta pas ses soldats, qui, après avoir escaladé les remparts, livrèrent la ville au pillage et la saccagèrent pendant sept jours. Le pape avec quelques cardinaux se réfugia dans le château Saint-Ange. Il s'y défendit pendant un mois; mais enfin, manquant de vivres, de munitions et d'argent, il se rendit, le 6 juin 1527. Il prit l'engagement de payer quatre cent mille ducats, de livrer aux Impériaux Civita Vecchia, Parme, Plaisance, Modène, et de rester six mois prisonnier entre les mains des Espagnols, afin que, pendant ce temps, les conditions du traité pussent être accomplies. Mais, avant que ces conventions eussent été exécutées, le pape parvint à s'évader à l'aide d'un déguisement, et il se réfugia à Orvieto, place forte qui était défendue par les troupes de la ligue.

En apprenant la nouvelle du sac de Rome, Charles V feignit d'être vivement affecté. Il ordonna de suspendre les réjouissances publiques qu'on célébrait à Valladolid pour l'heureux accouchement de l'impératrice doña Isabelle. Elle venait de mettre au monde son fils aîné, le prince Philippe II. Mais sans doute, ces démonstrations de l'empereur n'avaient rien de bien sincère; car lorsqu'il feignait de déplorer la captivité de Clément VII, il eût suffi d'un ordre de sa part pour la faire cesser. Le roi de France, sous le prétexte de délivrer le saint-père, entra en Italie, à la tête d'une armée nombreuse. Il obtint d'abord de grands avantages, il s'empara de Gênes et de Pavie, et alla mettre le siége devant Naples. La flotte française, commandée par Filippini Doria, remporta une victoire complète sur celle des Espagnols; et la garnison, réduite aux dernières extrémités, ne pouvait espérer d'être secourue. La reddition de la ville paraissait assurée, quand la trahison vint changer la face des choses. André Doria, mécontent de ce que le roi de France avait enlevé à Gênes le trafic exclusif du sel pour le transporter à Savone, et séduit par les offres avantageuses qui lui étaient faites de la part de l'empereur, donna l'ordre à Filippini Doria, son neveu et son lieutenant, d'abandonner le parti des Français et d'introduire dans Naples des secours d'hommes, de vivres et de munitions. Cette défection et les maladies qui se répandirent dans le camp français forcèrent de lever le siége. Toutes les conquêtes que François Ier avait faites lui furent enlevées en peu de temps. Enfin ce prince, fatigué de lutter contre un adversaire dont les armes étaient constamment heureuses, fit demander la paix, qui fut signée à Cambrai, le 5 a 1529. Le roi de France s'engagea à pa pour la rançon de ses deux fils aîn qu'il avait donnés en otage, deux m lions d'écus d'or au soleil; il promit é lement de retirer ses troupes d'Itali de renoncer à toutes ses prétentions ce pays. Cette paix fut commune au d'Angleterre, à tous les princes et à t tes les républiques de l'Italie, à l'exc tion de Florence, qui, dans le princi se refusa avec obstination à tout arr gement, mais qui, en définitive, fut o gée de se mettre à la discrétion du va queur. Charles V passa aussitôt à B logne, où il reçut des mains du pape couronne impériale. Il se rendit ensu en Allemagne, et il fit couronner com roi des Romains son frère l'infant F dinand, qui réunissait déjà aux Et héréditaires de la maison d'Autricl les royaumes de Bohême et de Hongr

De retour en Espagne, l'empere s'occupa de préparer la guerre contre corsaire Chéredin Barberousse, qu après avoir désolé les côtes de la M diterranée, s'était emparé du royau de Tunis et en avait chassé Muley Ha cen, vassal du roi d'Espagne. Charles prit sous sa protection le prince détr né. Il se présenta devant la Goulette av une flotte de quatre cents voiles, et emporta de vive force cette citadelle q défend l'entrée du port de Tunis, quo qu'elle passât alors pour inexpugnab Il chassa Barberousse de Tunis, et re dit à Muley Hascen la couronne qu avait perdue.

Le règne de Charles V présente u suite continuelle de guerres. La mort François Sforce, duc de Milan, fut u nouveau motif qui vint troubler enco la paix de l'Italie. Le roi de France fit r vivre ses prétentions sur le Milanais, son armée obtint de brillants succès da le Piémont. De son côté, Charles V ent en Provence à la tête de plus de quaran mille hommes; il se rendit maître c plusieurs places, et alla une seconde fo assiéger Marseille. Dans le camp imp rial on se croyait tellement certain c succès, qu'on se partagea d'avan les dépouilles du royaume de Franc Mais l'événement vint démentir tout ces bravades. L'armée française, sa s'exposer aux chances d'une bataill harcelait sans relâche les assiégeants; elle leur coupait les vivres; et comme on avait eu soin d'enlever tous les grains et tous les fourrages, les hommes et les chevaux souffraient également. La dyssenterie ne tarda pas à désoler l'armée espagnole, dont la moitié périt par les maladies. Charles V fut obligé de lever le siége, le 10 septembre 1536, et de se retirer à Nice. Il abandonna dans sa marche précipitée une partie de ses malades et des bagages de l'armée. C'est dans cette retraite que fut tué le célèbre Garcilaso de la Vega y Guzman. Ce poëte ne se bornait pas au culte des muses; il suivait aussi la carrière des armes. Étant encore très-jeune, il avait accompagné Charles V dans ses principales expéditions. Il avait assisté au siége de la Goulette et avait été blessé à la prise de Tunis. Lorsqu'en se retirant l'armée impériale fut arrivée près de Fréjus, Garcilaso de la Vega fut chargé d'attaquer une tour défendue par cinquante paysans français. Il monta le premier à l'assaut, et fut atteint à la tête d'un coup de pierre. Cette blessure était mortelle, il expira après vingt et un jours de souffrances. L'empereur, irrité, fit pendre les cinquante prisonniers, comme si, dit un auteur espagnol, une atrocité pouvait réparer un malheur. L'intervention du pape Paul III détermina Charles V et François Ier à convenir d'une trêve de dix années, qui fut signée à Nice, le 18 juin 1538.

Une lutte si longue et si acharnée avait nécessairement entraîné d'immenses dépenses; le trésor était épuisé. Il fallut recourir à de nouveaux impôts. Quelques villes refusèrent de se soumettre à ces charges nouvelles. Gand se révolta et prit les armes, pour ne point payer les sommes qu'on lui demandait. On craignait un soulèvement de tous les Pays-Bas. La présence de l'empereur pouvait seule empêcher la sédition de se propager. Comme en de pareilles circonstances, il faut avant tout se presser, Charles V, se confiant à la bonne foi de François Ier, lui fit demander la permission de traverser la France. Sa demande lui fut accordée sans la moindre difficulté. Il fut reçu à Paris avec les plus grands témoignages d'affection et de cordialité. François Ier le reçut dans son propre palais, et le traita avec une généreuse magnificence. On engagea François Ier à saisir l'occasion qui se présentait et à retenir l'empereur prisonnier, jusqu'à ce que ce prince lui eût rendu le Milanais. Mais le roi de France ne voulut pas violer les lois de l'hospitalité. Charles sortit librement de France, et sa présence dans les Pays-Bas suffit pour y apaiser les révoltes. A voir cette conduite généreuse, on aurait dû croire que la réconciliation entre les deux rivaux serait sincère et durable. Cependant une année s'était à peine écoulée, que la trêve était rompue. Deux ambassadeurs que le roi de France envoyait auprès de la république de Venise et de la Sublime Porte furent assassinés, à l'embouchure du Tésin, par la garnison espagnole de Pavie. Les assassins avaient pour but de s'emparer de papiers importants dont ils supposaient que les ambassadeurs étaient chargés. Mais ceux-ci les avaient laissés entre les mains de Langey, lieutenant général, qui commandait en Piémont. Le marquis del Vasto, gouverneur espagnol du Milanais, protesta en vain qu'il était étranger à ce crime, et que des bandits déterminés par le seul appât du pillage avaient attaqué les ambassadeurs pour les dépouiller de l'argent qu'ils portaient. On n'ajouta pas foi à ses dénégations, et François Ier, justement irrité, fit demander à Charles V raison de cette violation du droit des gens. Au reste, l'empereur s'embarrassa peu de la colère du roi de France; car il ne le croyait pas en ce moment en état de faire la guerre. Il se disposa donc lui-même à une autre entreprise. Il réunit une flotte de près de soixante-dix galères et de près de trois cents batiments à voiles de différentes forces pour aller attaquer Alger, qui était défendu par un lieutenant de Barberousse. Mais l'armée espagnole fut à peine à terre qu'une horrible tempête dissipa la flotte et fit périr une partie des bâtiments. Privé par ce désastre de vivres et de munitions, l'empereur fut forcé de se rembarquer, non sans avoir auparavant éprouvé des pertes douloureuses. Le roi de France saisit cette occasion pour tirer vengeance de l'assassinat de ses ambassadeurs. Ses armées envahirent à la fois le Piémont, le Brabant, le Luxembourg et le Roussillon. Le dauphin assiégea Perpignan, à la tête d'une armée de quarante-quatre mille hommes; mais la place se défendit avec tant de courage, qu'il fallut lever le siége. Les armes françaises furent plus heureuses dans le Luxembourg, dans le Brabant et surtout dans le Piémont, où le comte d'Enghien gagna la célèbre bataille de Cérisoles. Mais l'empereur, ayant détaché le roi d'Angleterre de l'alliance de la France, se jeta sur la Champagne : il fut arrêté sept semaines par la courageuse défense de la petite ville de Saint-Dizier. Déjà il manquait de vivres et de fourrages, et ne pouvant subsister longtemps dans ce pays, ruiné par son armée et par celle du dauphin, il aurait été bientôt forcé de se retirer, s'il ne fût parvenu à surprendre Épernay et Château-Thierry, où se trouvaient des magasins bien approvisionnés. Mais comme l'armée du dauphin était postée à la Ferté-sous-Jouarre, il n'osa pas continuer sa marche sur Paris. Il se jeta dans le Soissonnais, espérant y faire subsister plus facilement son armée. Il désirait la paix aussi ardemment que François Ier lui-même, et, comme le dit alors Luiggi Alamani, gentilhomme florentin qui était au service de France, « la paix se fera, parce que l'un la veut et que l'autre en a besoin. » Il accueillit les premières ouvertures qui lui furent faites, et la paix fut conclue à Crépy en Valois, le 18 septembre 1544. On convint de se rendre réciproquement tout ce qui avait été pris de part et d'autre depuis la trêve de Nice. L'empereur s'engagea à donner sa fille Marie pour femme au duc d'Orléans, second fils du roi, et promit de lui constituer pour dot tous les Pays-Bas avec les comtés de Bourgogne et de Charolais; mais, le duc d'Orléans étant mort le 22 janvier suivant, cette seconde partie du traité ne fut pas exécutée.

L'empereur, débarrassé de la guerre avec la France, tourna ses armes contre les princes protestants d'Allemagne. Ils avaient fait une ligue redoutable et avaient réuni une armée de plus de cent mille hommes. Néanmoins, il parvint à les vaincre; l'électeur de Saxe fut pris à la suite d'une bataille qu'il avait perdue; le landgrave de Hesse, autre c
de cette ligue, fut forcé de venir
mettre lui-même à la discrétion de l'
pereur, qui le retint prisonnier, mal
la promesse qu'il lui avait faite de resp
ter sa vie et sa liberté et de lui lais
une partie de ses États. Les membres
corps germanique, qui avaient eng
le landgrave à venir se remettre entre
mains de l'empereur et qui s'étaient r
dus garants que la liberté ne lui se
pas ôtée, furent vivement irrités de
conduite de Charles V; mais ils atter
rent que l'occasion se présentât d'en
rer vengeance. Cette captivité dura c
années. Pendant ce temps, le roi Fr
çois Ier était mort (en 1547), et av
été remplacé sur le trône par Henri
son fils. Les Impériaux ayant voulu
lever le duché de Parme à Octave F
nèse, que le roi de France protégea
la guerre s'était rallumée en Italie, e
maréchal de Brissac avait obtenu s
les Espagnols de nombreux avantag
C'est dans ces circonstances que M
rice de Saxe, qui avait succédé à l'él
teur prisonnier, l'électeur de Bran
bourg, le duc de Deux-Ponts, le marq
de Bade et d'autres princes allema
formèrent une ligue contre l'empere
Le roi Henri II fit partie de cette c
fédération, et il fut convenu qu'il pr
drait en main la défense de la libe
germanique; qu'il fournirait aux co
dérés quarante mille écus d'or; enf
qu'il se rendrait maître des quatre
les impériales qui n'étaient pas de
langue germanique, savoir, Camb
Toul, Metz et Verdun.

Ces villes ouvrirent presque sans
ficultés leurs portes à l'armée frança
Henri II s'empara aussi de la Lorra
dont la duchesse était nièce de l'en
reur. Les princes allemands, de leur c
avaient rassemblé une nombreuse arn
et ils s'avançaient vers Inspruck, e
vant dans leur marche toutes les v
qui leur résistaient. L'empereur, qui
vait pas de troupes en Allemagne,
obligé de prendre la fuite, et, ne pouv
résister par la force, il eut recours
négociations; par un traité signé à
sau, le 20 juillet 1552, il fut conv
qu'il y aurait une entière liberté de c
cience dans tous les domaines des p
ces d'Allemagne; que le landgrav

Hesse serait relâché et que ses États lui seraient rendus; mais on ne décida rien à l'égard du roi de France.

Cependant l'empereur, rassuré par le traité de Passau et par les troupes qui lui venaient d'Espagne et d'Italie, essaya de reprendre les villes dont Henri II s'était emparé. A la tête d'une armée de cent vingt-six mille hommes, il alla faire le siége de Metz. La défense vigoureuse du duc de Guise, la rigueur de la saison et les maladies qui désolèrent le camp des assiégeants, firent périr à peu près le quart de l'armée impériale, et le 10 janvier 1553 elle fut forcée de lever le siége, qui durait depuis quatre-vingt-quatre jours. Ce revers fut encore plus sensible à l'empereur que celui qu'il avait essuyé devant Marseille. Il commença à regarder la couronne avec dégoût. L'année suivante, son armée ayant encore été mise en déroute par les Français auprès de Renty, dans l'Artois, il reçut la nouvelle de cette défaite en homme désabusé des gloires de ce monde. « On voit bien, dit-il, que la fortune est une courtisane, qui n'aime que les jeunes gens et qui fait les barbes grises. » Néanmoins, avant de renoncer au pouvoir, il voulut agrandir encore par une alliance les États qui dépendaient de la couronne d'Espagne. Le mariage de doña Juana avec Philippe le Beau avait ajouté les Pays-Bas aux royaumes laissés par Ferdinand le Catholique. Charles V voulut y joindre encore l'Angleterre. Édouard VI était mort, laissant pour héritière Marie, sa sœur consanguine, fille de Henri VIII et de Catherine d'Aragon. L'empereur demanda pour son fils Philippe II la main de cette reine. Elle avait déjà trente-neuf ans. Philippe, né le 21 mai 1527, n'en avait encore que vingt-six. Il avait été marié en premières noces à Maria, infante de Portugal; mais il y avait déjà neuf années que cette princesse était morte, en donnant le jour à l'infant don Carlos. Charles V abdiqua en faveur de son fils les royaumes de Naples et de Sicile, afin que ce prince ne fût inférieur ni en titre, ni en puissance, à la reine qu'il épousait. Le mariage fut célébré en Angleterre, le 25 juillet 1554. Une année s'était à peine écoulée, que, le 25 octobre 1555, Charles V, fatigué des affaires, accablé d'infirmités, se démit encore en faveur de Philippe de la souveraineté des Pays-Bas. Cette cérémonie se fit avec beaucoup de pompe, mais Charles V en voulut mettre encore davantage lorsque, deux mois plus tard, c'est-à-dire le 6 janvier 1556, il lui abandonna tous ses autres royaumes. Après avoir fait cette renonciation, l'empereur s'embarqua pour l'Espagne, et se retira dans le couvent de Saint-Just, auprès de Placencia. Il mourut dans ce monastère, le 21 septembre 1558.

L'impératrice Isabelle lui avait donné trois fils, nommés Philippe, Ferdinand et Juan; mais ces deux derniers moururent peu de mois après leur naissance. Elle avait aussi mis au monde deux filles, doña Maria et doña Juana, qui survécurent à leur mère. Enfin, Charles V avait payé son tribut aux faiblesses humaines. Il avait eu hors de mariage une fille nommée Marguerite. Cette infante fut mariée, en 1536, à Côme de Médicis, duc de Toscane, et après la mort de ce prince, à Octave Farnèse. Il eut aussi d'une Allemande un fils nommé don Juan; ce jeune prince jusqu'à la mort de son père fut élevé par Luis de Guixada sans connaître son illustre origine.

RÈGNE DE PHILIPPE II. — BATAILLE DE SAINT-QUENTIN. — MORT DE LA REINE MARIE. — PAIX DE CATEAU-CAMBRESIS. — MARIAGE DE PHILIPPE AVEC ÉLISABETH, FILLE DE HENRI II. — TROUBLES DES PAYS-BAS. — SUPPLICE DES COMTES D'EGMONT ET DE HORN. — MORT DE L'INFANT DON CARLOS. — RÉVOLTE DES MAURISQUES. — GUERRE CONTRE LES TURCS. — BATAILLE DE LÉPANTE. — LE PORTUGAL EST JOINT A L'ESPAGNE. — DÉFAITE DE LA FLOTTE INVINCIBLE. — ABOLITION DES LIBERTÉS DE L'ARAGON. — EFFORTS DE PHILIPPE POUR FAIRE RECONNAITRE SA FILLE REINE DE FRANCE. — IL ÉCHOUE DANS SON ENTREPRISE. — IL ABANDONNE A SA FILLE ET A L'ARCHIDUC, SON GENDRE, CE QUI LUI RESTE DES PAYS-BAS. — SA MORT.

Philippe, en héritant des États de son père, avait hérité aussi de la guerre contre les Français. La reine d'Angleterre, qui avait à cœur de voir le règne de son mari commencer d'une manière pacifique, parvint à conclure une trêve entre les deux couronnes. Cette négociation fut terminée à l'abbaye de Vauxelles;

près Cambrai, le 5 février 1556. Elle était faite pour cinq années entières; mais à peine dura-t-elle douze mois. Le pape Paul IV travaillait à chasser les Espagnols de l'Italie, et le roi de France, au mépris du traité qui venait d'être signé, lui avait envoyé de puissants secours. La guerre recommença donc avec une nouvelle fureur en France et au delà des Alpes. Le duc d'Albe, vice-roi de Naples, qui commandait les troupes espagnoles, s'empara du port d'Ostie et s'avança jusqu'à la vue de Rome. Cette capitale du monde chrétien aurait probablement éprouvé le même sort qu'au temps de Charles V, si le pape ne s'était empressé de solliciter la paix, qui lui fut généreusement accordée.

En Picardie, l'armée des Espagnols et des Anglais ne fut pas moins heureuse. Commandée par Emmanuel-Philibert, duc de Savoie, elle alla mettre le siége devant Saint-Quentin, place forte des bords de la Somme, où s'était jeté l'amiral de Coligny. Le connétable de Montmorency, chargé de secourir la ville, s'avança à la tête de toute l'armée française; puis, après avoir jeté quelques troupes dans un marais, d'où elles gagnèrent Saint-Quentin, il voulut se retirer; mais il fut attaqué dans sa retraite et fut complétement battu. Un grand nombre d'officiers français restèrent sur le champ de bataille; un plus grand nombre encore furent faits prisonniers. Tous les bagages tombèrent entre les mains des vainqueurs, ainsi que l'artillerie, à l'exception de quelques pièces que le brave Bourdillon parvint à conduire à la Fère. Philippe, en apprenant la défaite des Français, éprouva la joie la plus vive; et, plus tard, pour en perpétuer le souvenir, il fit élever, à sept lieues de Madrid, le superbe couvent de l'Escurial, qu'il plaça sous l'invocation de saint Laurent, parce que la bataille a été donnée le 10 août, jour où l'on célèbre la fête de ce martyr. Philippe, qui lors de cette bataille n'était pas au camp, s'y rendit quatre jours après la victoire. Le siége de Saint-Quentin fut pressé avec toute la vigueur possible; mais la place se défendit avec obstination, et ce fut seulement dix-sept jours après la bataille que les Espagnols purent s'en rendre maîtres. La ville fut emportée d'assaut et la plus grande parti de la garnison fut passée au fil de l'épé Les auteurs espagnols pensent que, s l'armée victorieuse avait marché imm diatement vers Paris, où tout le mond était dans la consternation, elle s'e serait emparée sans éprouver de résis tance. Quand Charles V, retiré dan son couvent, apprit les détails de la ba taille, il demanda si Philippe était Paris. Néanmoins les généraux espa gnols, appréciant peut-être leurs ressou ces et les difficultés qu'ils auraient surmonter, mieux que ne le font tou ces historiens, ne jugèrent pas à propo de marcher en avant, sans s'être rendu maîtres des principales villes de la Picar die. Les garnisons de toutes ces place fortes auraient pu se joindre aux débri de l'armée vaincue, que le duc de Never rassemblait sous les murs de Laon. Il auraient pu tomber sur les derrière des Espagnols. Aussi, les généraux d Philippe, craignant une résistance qu la présence de Henri II à Paris rendai certaine, n'osèrent pas s'avancer, à qua rante lieues de leurs frontières, dans un pays ennemi, où ils n'auraient eu au cun magasin pour faire subsister leu armée, aucune place pour s'abriter e cas de revers. Ils se contentèrent d s'emparer encore de Ham, du Catelet et de surprendre Noyon. Au reste, l'ex périence a prouvé que la cause de l France était loin d'être désespérée. L bataille de Saint-Quentin avait été livré le 10 août 1557, jour de la fête de sain Laurent. Cinq mois s'étaient à pein écoulés, que les Français avaient réun une armée formidable, et qu'au cœu de l'hiver, ils reprenaient en huit jour aux Anglais les villes de Calais et d Guines. Au commencement du prin temps suivant (1558), ils assiégèrent e prirent Thionville. Un autre corps d'ar mée, sous les ordres du maréchal d Thermes, prit Dunkerque et Bergues Saint-Vinok; mais cette expédition s termina par une défaite. Le comt d'Egmont attaqua les Français auprè de Gravelines. Le maréchal de Ther mes avait rangé son armée sur le rivag de la mer; et, quoique les troupes espa gnoles fussent supérieures en nombre il leur résistait avec avantage. Mais de vaisseaux anglais, attirés par le bruit d la bataille, vinrent s'embosser près du rivage. Leur artillerie jeta le désordre dans les rangs des Français, qui furent entièrement défaits. Ces vicissitudes de fortune déterminèrent les rois de France et d'Espagne à songer sérieusement à la paix. On convint d'abord d'une trêve; mais il se présentait de graves difficultés pour arriver à un arrangement définitif. Les Anglais voulaient avant tout que Calais leur fût rendu, et le roi de France était fermement décidé à conserver cette place. Dans ces entrefaites, la reine Marie vint à mourir, au mois de novembre de l'année 1558. Philippe II ne conservait aucune autorité en Angleterre, et rien ne l'engageait à ménager les intérêts de ce royaume. La ville de Calais fut laissée à la France, et la paix fut signée à Cateau-Cambresis, le 3 avril 1559. Pour la rendre plus durable, on stipula que le duc de Savoie épouserait Marguerite, sœur du roi de France, et que Philippe II recevrait pour femme Élisabeth, fille de Henri II, qui, dans le principe, avait été promise à l'infant don Carlos. A l'occasion de cette paix, et pour célébrer les noces du duc de Savoie, Henri II fit annoncer un pas d'armes qui devait durer trois jours. A la fin de la deuxième journée, le roi de France, en luttant avec Montgomeri, fut atteint par un éclat de lance qui lui entra fort avant dans l'œil droit. Il mourut de cette blessure, après dix jours de souffrances, le 10 juillet 1559. Cette mort n'empêcha pas que le traité de Cateau-Cambresis ne fût exécuté. Philippe, qui n'était pas retourné en Espagne depuis que la couronne lui avait été abandonnée, se rendit en ce pays, où la jeune Élisabeth lui fut amenée. Avant de quitter la Flandre, il prit des mesures dans le but d'assurer la bonne administration de ces provinces. Il en confia le gouvernement à Marguerite, duchesse de Parme, fille naturelle de Charles V. Ce choix mécontenta la noblesse flamande, qui aurait préféré Christierne, duchesse-douairière de Lorraine. Le prince d'Orange, Guillaume de Nassau, fut surtout blessé de ce choix; car il avait espéré obtenir pour épouse la fille de madame de Lorraine; mais le roi d'Espagne s'étant opposé à cette union, le prince d'Orange se maria à la fille de l'électeur de Saxe, qui avait embrassé la secte de Luther. Les doctrines de ce réformateur commençaient à se répandre dans les Pays-Bas. La gouvernante et le cardinal Granvelle, son ministre, cherchaient en vain à arrêter les progrès rapides que faisaient les sectaires. Ils publièrent contre eux les édits les plus sévères; ils employèrent les mesures les plus rigoureuses. Ils essayèrent même d'introduire l'inquisition en Flandre; mais ils éprouvèrent de la part de la noblesse une vive résistance. Le seigneur de Brederode et le comte Louis de Nassau, accompagnés d'un grand nombre de personnes les plus importantes du pays, allèrent trouver la gouvernante. Ils lui présentèrent un mémoire où ils demandaient que la rigueur des édits royaux fût mitigée et que toute espèce d'inquisition disparût des Pays-Bas. Le peuple suivit ce premier élan donné par la noblesse; il prit les armes, et Philippe II, pour réprimer la révolte, qui était devenue générale, envoya dans les Pays-Bas une armée, sous le commandement de don Ferdinand Alvarez de Tolède, duc d'Albe. A l'approche de ce chef, dont la cruauté était connue, un grand nombre de religionnaires se réfugièrent en Allemagne. Les autres prirent en apparence le parti de la soumission.

A peine arrivé à Bruxelles, le duc d'Albe y convoqua tous les gouverneurs des provinces et fit arrêter, au sortir du conseil, les comtes de Horn et d'Egmont, qui avaient commis l'imprudence d'assister à cette assemblée. Il fit aussi sommer à son de trompe le prince d'Orange de venir rendre compte de sa conduite; mais ce seigneur, ainsi que Louis de Nassau, son frère, s'étaient prudemment retirés dans les Etats des princes protestants. Le duc d'Albe s'était imaginé qu'il pourrait étouffer la révolte et l'hérésie, en répandant la terreur de tous les côtés. Il institua un tribunal de douze juges, chargés de faire le procès des rebelles. Ce conseil fit mettre à mort tant de monde, que le peuple ne le désignait plus que sous le nom du *conseil de sang*. Beaucoup de bourgeois ou de nobles s'enfuirent en France ou en Angleterre. Quelques malheureux abandonnèrent leurs maisons, et se retirèrent, avec leurs familles, dans les bois, d'où ils sortaient de nuit, comme des furieux, pour massacrer les Espagnols qu'ils rencontraient. Pendant ce temps, le prince d'Orange et son frère s'occupaient à rassembler des troupes. Le comte Louis de Nassau entra dans la Frise, à la tête d'une armée; et cette première tentative fut signalée par un succès. Le comte d'Aremberg, envoyé contre lui par le duc d'Albe, fut vaincu et tué dans la déroute. Le duc, ému par le danger où le mettait cette victoire, résolut d'aller en personne combattre Louis de Nassau, mais avant de partir il fit exécuter les arrêts de mort prononcés contre plus de trente seigneurs flamands, et il fit décapiter, sur la place publique de Bruxelles, les comtes de Horn et d'Egmont. Ensuite ayant conduit son armée en Frise, il força le camp de Louis de Nassau, et mit en une déroute complète l'armée de ce général, qui fut obligé de se réfugier de nouveau en Allemagne. Après cette victoire, le duc d'Albe ramena en toute hâte ses troupes dans le Brabant, pour s'opposer au prince d'Orange, qui s'avançait à la tête de trente-cinq mille hommes. Il ne voulut pas lui livrer bataille; et, sachant que ce général manquait de vivres et d'argent, il se contenta de le harceler et de le fatiguer par des contre-marches. Les deux armées, toujours en présence, parcoururent ainsi le Brabant, la province de Namur et le Hainaut. A la fin de cette promenade, le prince d'Orange se trouva sans armée; une grande partie de ses soldats avaient déserté, parce qu'ils manquaient de vivres; les autres étaient morts dans des escarmouches; et il fut obligé de se réfugier en France, à la tête de trois mille hommes, nus et mourants de faim. C'étaient les restes des forces avec lesquelles il était entré en Flandre. Le général espagnol, couvert de gloire, retourna à Bruxelles. Il avait, dit Grégoire Leti, étouffé jusqu'aux murmures. Mais, pour assurer d'une manière plus certaine la soumission des Flamands, il voulut élever de tous les côtés des citadelles. Il manquait d'argent pour entreprendre ces travaux et pour solder ses troupes. Il prétendit imposer, sur toutes les marchandises vendues un impôt d'un dixième, semblable à l'*alcavala*, qui se percevait en [Es]pagne. Les Flamands trouvèrent int[olé]rable d'être opprimés et de payer enc[ore] les instruments de leur servitude. [Un] nouveau soulèvement éclata. La Zéla[nde] d'abord, puis la Hollande s'insurgère[nt], ainsi que plusieurs villes situées p[rès] des frontières de France. Louis de N[as]sau s'empara de Mons. Le duc d'A[lbe] courut aussitôt mettre le siége dev[ant] cette ville. Le prince d'Orange s'avan[ça] pour secourir la place, mais il ne pu[t y] parvenir; et le massacre de la Saint-B[ar]thélemy ayant privé les religionnai[res] flamands des secours qu'ils attendai[ent] de la part des calvinistes de France, [le] prince d'Orange fut obligé de se retir[er] repoussé plutôt que vaincu. Il se ré[fu]gia dans les provinces de Zélande et [de] Hollande, où la révolte se trouva c[on]centrée. Ces contrées sont défend[ues] par la mer et par de larges coura[nts] d'eau. Une flotte eût été nécessa[ire] pour les attaquer; mais le duc d'A[lbe] n'avait ni flotte ni argent. Elles furen[t le] noyau où vinrent se rattacher les aut[res] Provinces-Unies, que, dès ce mome[nt], on peut regarder comme à jamais p[er]dues pour la monarchie espagn[ole]. Elles s'étaient soulevées d'abord p[our] défendre leurs priviléges violés; el[les] combattirent ensuite pour conserver [la] liberté qu'elles avaient conquise.

Le duc d'Albe demandait, dep[uis] quelque temps, la permission de reto[ur]ner en Espagne. Le duc de Médina-C[œli] fut envoyé pour lui succéder dans l'[ad]ministration des Pays-Bas. Mais ce [gé]néral, en voyant l'irritation des popu[la]tion et l'état désespéré des affaires, [re]fusa le commandement qui lui ét[ait] offert; et le gouvernement fut co[nfié] en 1573 à don Louis de Zuñiga y [Re]quesens, grand commandeur de C[as]tille.

Ce ne fut pas seulement en Flan[dre] et dans les provinces bataves que [ces] luttes firent des victimes; peut-ê[tre] faut-il compter l'infant don Carlos [au] nombre des infortunés dont elles cau[sè]rent la mort. Dans les premiers ten[ps] du soulèvement, et lorsque Margue[rite] de Parme gouvernait encore les Pa[ys-]Bas, les seigneurs mécontents avai[ent] envoyé deux ambassadeurs en Espa[gne] pour exposer leurs griefs au roi: c'étai[t] le marquis de Berghe et le frère du comte de Horn, Florent de Montmorency, seigneur de Montigny. Cette ambassade fut assez mal reçue par Philippe et par ses ministres; mais elle trouva un accueil plus favorable auprès du prince des Asturies, don Carlos. Les mécontents sollicitaient secrètement le fils de Philippe de passer en Flandre et de s'emparer du gouvernement des Pays-Bas. Ils promettaient que ces provinces n'hésiteraient pas à reconnaître son autorité. Ces démarches étant venues à la connaissance de Philippe II, il fit emprisonner le seigneur de Montigny dans l'alcazar de Ségovie, et plus tard il le fit supplicier. Mais don Carlos conserva l'impression qu'il avait reçue, et il se montra désormais le partisan avoué des Flamands, contre lesquels son père ne prenait que des mesures rigoureuses. Au reste, ce n'était pas par humanité qu'il s'intéressait à leur cause, et tout sentiment généreux semblait étranger à l'âme de ce jeune prince. Lorsque Charles V, après son abdication, était revenu en Espagne, il avait désiré connaître son petit-fils, dont il avait presque toujours vécu séparé; mais il avait porté sur l'héritier de la monarchie un triste jugement. « Il me semble, avait-« il dit, que Philippe, mon fils, est mal « pourvu en enfant; les traits, l'air et « le naturel de don Carlos, dans cette « première jeunesse, ne me plaisent pas; « je n'en augure rien de bon pour l'a-« venir. Je ne sais ce qui arrivera lors-« qu'il sera parvenu à un âge plus « avancé[1] » Ce prince, étant encore enfant, s'amusait à égorger lui-même les lapins qu'on lui apportait de la chasse. Il se plaisait à les voir palpiter et mourir.

Philippe II, espérant corriger le caractère cruel et emporté de son fils, l'avait envoyé pour étudier à l'Université d'Alcala de Hénarez, et il lui avait donné pour compagnons don Juan d'Autriche et Alexandre Farnèse, qui étaient à peu près de son âge. Don Carlos profita peu des leçons et des bons exemples qu'il recevait. Il n'apprit rien; et une chute qu'il fit à l'âge de dix-sept ans dans l'escalier de son palais, vint affaiblir encore ses facultés mentales. En tombant, il se blessa à la tête, et il s'y amassa une si grande quantité d'humeur, que, pour l'en débarrasser, il fallut lui ouvrir le crâne. Cette opération sauva la vie du prince; mais il resta sujet à des douleurs dans le cerveau, qui ne lui permettaient pas de se livrer avec attention à l'étude et qui lui causaient quelquefois un certain désordre dans les idées. Il ne pouvait supporter la contradiction. Il frappait les domestiques ou les gentilshommes qui n'obéissaient pas assez vite à ses premiers ordres. Quelquefois ses actes de fureur ressemblaient à la folie; et l'on rapporte qu'un cordonnier lui ayant apporté des bottes trop étroites, il entra en fureur; il ordonna de les couper par morceaux, de les faire cuire, et il contraignit ce malheureux artisan à les manger.

Quand don Carlos apprit, en 1567, que son père venait de nommer le duc d'Albe gouverneur de la Flandre, il s'abandonna à toute la violence de son caractère. Ce général, étant venu prendre congé de lui, prononça quelques paroles pour l'apaiser; mais ces excuses ne firent que l'irriter davantage. Il tira son poignard, se jeta sur le duc pour l'en frapper. « Je vous empêche-« rai bien, lui dit-il, d'aller en Flan-« dre; je vous percerai le cœur avant « que vous partiez. » Le duc d'Albe évita le coup qui lui était porté. Il saisit le prince à bras-le-corps, de manière à l'empêcher de faire aucun mouvement, et il poussa des cris pour qu'on vînt à son secours.

Don Carlos, déterminé à se rendre en Flandre, fit emprunter l'argent qui lui était nécessaire pour une semblable entreprise. Il écrivit à presque tous les grands d'Espagne, pour leur demander leur appui dans un projet qu'il avait formé. Il fit aussi connaître ses intentions à don Juan d'Autriche, qu'il désirait avoir pour compagnon de sa tentative. Don Juan promit tout ce que le prince lui demanda; mais il ne l'eut pas plutôt quitté, qu'il s'empressa d'aller donner avis à Philippe des confidences qu'il avait reçues. Don Carlos voulait partir dans la nuit du samedi 17 janvier 1568. Mais le roi, qui en ce moment était absent, ayant été averti

[1] Gregorio Leti, Vie de Philippe II; première partie, livre X.

par don Juan, arriva inopinément à Madrid; sa présence empêcha le départ du prince. La nuit suivante, Philippe présida lui-même à l'arrestation de son fils. Voici comment ces faits sont rapportés par l'huissier même de la chambre de don Carlos :

« Il y avait, dit-il, plusieurs jours « que le prince, mon maître, ne pouvait « goûter un moment de repos : il di- « sait continuellement qu'il voulait « tuer un homme qu'il haïssait. Il fit « part de ce dessein à don Juan d'Autri- « che, à qui il cacha le nom de la per- « sonne à qui il en voulait. Le roi alla « à l'Escurial, d'où il envoya chercher « don Juan. On ignore quel fut le su- « jet de leur entretien ; on croit seule- « ment qu'il roula sur les sinistres pro- « jets du prince. Don Juan découvrit « sans doute ce qu'il savait. Aussitôt « le roi envoya chercher en poste le « docteur Velasco ; il causa avec lui de « ses projets et des ouvrages de l'Escu- « rial, donna des ordres, et ajouta « qu'il n'y reviendrait pas de si tôt. Sur « ces entrefaites, arriva le jour du ju- « bilé, que toute la cour était dans l'u- « sage de gagner aux fêtes de Noël ; le « prince alla le soir du samedi au cou- « vent de Saint-Jérôme. J'étais de garde « auprès de sa personne ; Son Altesse « Royale, s'étant confessée dans ce cou- « vent, ne put obtenir l'absolution, à « cause des mauvais desseins qu'elle « avait. Elle s'adressa à un autre con- « fesseur, qui la refusa aussi ; le prince « lui dit : Décidez-vous plus vite ; le « moine lui répondit : Que Votre Altesse « fasse consulter ce cas par des sa- « vants. Il était huit heures du soir ; le « prince envoya chercher dans sa voi- « ture les théologiens du couvent d'A- « tocha. Il en vint quatorze, deux à « deux ; il nous envoya à Madrid cher- « cher deux moines encore, l'un au- « gustin, et l'autre mathurin ; il disputa « avec eux tous, et s'obstina à être ab- « sous, en répétant toujours qu'il en « voudrait à un homme jusqu'à ce qu'il « l'eût tué. Tous ces religieux ayant « dit que ce que le prince demandait « était impossible, il imagina un autre « moyen, et voulut qu'on lui donnât une « hostie non consacrée, afin que la « cour crût qu'il avait rempli les mêmes « devoirs que les autres membres de « famille royale. Cette proposition je « tous les religieux dans la plus gran « consternation ; il se traita, dans cet « conférence, beaucoup d'autres poin « d'une extrême délicatesse, qu'il « m'est pas permis de répéter. To « allait très-mal : le prieur du couve « d'Atocha prit le prince à part, et che « cha adroitement à lui faire dire qu « était le rang de l'individu qu'il vo « lait tuer ; il répondit que c'était u « homme d'une très-haute qualité, « il s'en tenait là. Enfin, le prieur « trompa en lui disant : Seigneur, dite « quel homme c'est ; il sera peut-êt « possible de vous donner l'absolutio « suivant le genre de satisfaction qu « Votre Altesse se propose de tirer. L « prince dit alors que c'était au roi so « père qu'il en voulait, et qu'il enten « dait avoir sa vie. Le prieur lui di « alors avec calme : Votre Altesse veut « elle tuer seule le roi son père, o « bien se servir de quelqu'un ? Le princ « tint si fortement à son projet, qu'i « n'obtint pas l'absolution, et ne pu « gagner le jubilé. Cette scène finit « deux heures du matin ; tous les reli « gieux se retirèrent, accablés de tris « tesse, et son confesseur plus que le « autres. Le lendemain, j'accompagna « le prince à son retour au palais, e « l'on envoya à l'Escurial informer l « roi de tout ce qui venait d'arriver.

« Le monarque se transporta à Ma « drid le samedi. Le lendemain, il alla « accompagné de son frère et des prin « ces, entendre la messe en public. Do « Juan, malade de chagrin, fut voir do « Carlos ce jour-là. Celui-ci fit ferme « les portes, et lui demanda quel avai « été le sujet de sa conversation avec l « roi son père. Don Juan lui répondi « qu'il avait été question des *galères* [1]. « Le prince le questionna beaucoup pou « savoir quelque chose de plus. Lors- « qu'il vit que son oncle ne lui en disait « pas davantage, il tira l'épée ; don « Juan recula jusqu'à la porte, et, la « trouvant fermée, il se mit en garde, « en disant : Que Votre Altesse s'arrête. « Ceux qui étaient dehors l'ayant en-

[1] On armait en ce moment des galères, dont le commandement devait être confié à don Juan.

« tendu, ouvrirent les portes : don Juan « se retira dans son hôtel. Le prince, se « sentant indisposé, se coucha jusqu'à « six heures du soir ; alors il se leva, et « mit une robe de chambre : comme il « était encore à jeun à huit heures, il se « fit porter un chapon bouilli ; à neuf « heures et demie il se remit au lit : j'étais « encore de service ce jour-là, et je sou- « pai au palais. A onze heures du soir, « je vis le roi qui descendait de l'esca- « lier ; il était accompagné du duc de « Feria, du grand prieur, du lieutenant « général des gardes et de douze de ces « derniers : ce monarque était armé par- « dessus ses habits, et avait la tête cou- « verte d'un casque ; il s'achemina vers « la porte où j'étais ; il me fut ordonné « de la fermer et de ne l'ouvrir à qui que « ce fût. Tous les personnages étaient « déjà entrés dans la chambre du prince « quand il cria : Qui est là ? Les officiers « s'étaient approchés de son lit et s'é- « taient emparés de son épée et de sa « dague ; le duc de Feria avait pris aussi « une arquebuse chargée de deux balles. « Le prince ayant jeté des cris et s'étant « répandu en menaces, on lui répondit : « Le conseil d'État est ici. Il voulut se « saisir de ses armes et en faire usage, « et il sautait déjà de son lit, lorsque le « roi entra ; son fils lui dit alors : Qu'est- « ce que Votre Majesté veut de moi ? « — Vous allez le savoir, lui répondit le « monarque. On condamna bientôt les « portes et les fenêtres : le roi dit à don « Carlos de rester tranquille dans cette « chambre jusqu'à ce qu'il lui envoyât des « ordres ultérieurs. Il appela ensuite le « duc de Feria, et lui dit : « Je vous charge « de la personne du prince, afin que vous « en preniez soin et que vous le gardiez. » « S'adressant ensuite à Louis Quijada, au « comte de Lerma et à don Rodrigo de « Mendoza, il leur dit : « Je vous charge « de servir et de contenter le prince ; ne « faites rien de ce qu'il vous comman- « dera, sans que j'en sois auparavant « averti. J'ordonne que tout le monde « le garde fidèlement, sous peine d'être « déclaré traître. » A ces mots, le prince « commença à jeter les hauts cris, en « disant, Votre Majesté ferait mieux de « me tuer que de me tenir prisonnier : « c'est un grand scandale pour le royau- « me : si elle ne le fait, je saurai bien « me tuer moi-même. Le roi lui répon- « dit qu'il se gardât bien de le faire, « parce que de telles actions n'apparte- « naient qu'à des fous. Le prince lui ré- « pliqua : Votre Majesté me traite si mal « qu'elle me forcera d'en venir à cette « extrémité, non comme fou, mais « comme désespéré. Il y eut encore d'au- « tres choses dites de part et d'autre et « rien de terminé, parce que ni le temps « ni le lieu ne le permettaient. »

Dès les premiers jours de sa captivité, don Carlos s'était abandonné au désespoir. Son sang, allumé par la colère et par le défaut d'exercice, s'échauffa au point que rien ne pouvait le calmer : il faisait un usage continuel d'eau glacée ; et, dans l'espoir d'obtenir un peu de fraîcheur, il faisait mettre de la glace dans son lit. Au mois de juin, il refusa toute nourriture, et ne prit pendant onze jours que de l'eau glacée ; puis, changeant tout à coup de régime, il se mit à manger plus que son estomac ne pouvait le supporter. Ces excès eurent bientôt détruit le peu de forces qui lui restaient. Il fut atteint de la dyssenterie, et il mourut dans sa prison, le 24 juillet 1568. Le roi ordonna qu'on fît à ce malheureux prince de magnifiques obsèques.

C'est une opinion assez généralement admise, que la mort de don Carlos ne fut pas entièrement naturelle et qu'il fut empoisonné. Ce qui paraît certain, c'est que le 20 juillet le docteur Olivarez fit prendre une médecine au malade. Quelle était la nature de ce breuvage ? on ne saurait le dire ; mais voici ce qu'on lit dans un auteur contemporain [1] : « Cette médecine « ne fut suivie d'aucun bon résultat ; et, « la maladie paraissant mortelle, le mé- « decin annonça au malade qu'il était ur- « gent qu'il se disposât à mourir en bon « chrétien et à recevoir les sacrements. » Quant à ce que beaucoup d'historiens ont écrit de la part que l'inquisition aurait prise dans cette affaire, ou d'un prétendu jugement qui aurait été rendu contre don Carlos, ce sont autant d'erreurs ; et Llorente l'a parfaitement démontré dans son histoire de l'inquisition [2]. Quant à la supposition d'une intrigue amoureuse entre don Carlos et sa belle-mère, il faut la laisser aux

[1] Luis Cabrera, Histoire de Philippe II.
[2] Ch. XXXI.

romanciers. La mort malheureuse de la reine, qui suivit de peu de jours celle de don Carlos, est la seule circonstance qui ait donné quelque semblant de vérité à toutes ces fables. Il ne restait plus à Philippe II d'enfants de son mariage avec doña Maria de Portugal. Il n'en avait jamais eu de Marie d'Angleterre, sa seconde femme. Élisabeth, qu'il avait épousée le 24 juin 1559, lorsqu'elle n'avait encore que treize ans et quelques mois, lui avait déjà donné deux filles, Isabelle-Claire-Eugénie, née le 12 août 1566, et Catherine, venue au monde le 10 octobre 1567. Une troisième grossesse faisait espérer au roi la naissance d'un fils, lorsque la reine mourut, le 23 octobre 1568, des suites d'une fausse couche. Cependant, Philippe, voulant donner un héritier à la monarchie, fit choix d'une quatrième épouse. Il jeta les yeux sur Anne d'Autriche, sa nièce, fille de sa sœur Marie et de l'empereur Maximilien. Il épousa cette jeune princesse, qu'on avait eu la pensée d'unir à l'infant don Carlos, et le sort voulut que deux fois Philippe prît pour femmes les princesses qui avaient été fiancées à son fils.

Une des causes qui avaient amené le soulèvement des Pays-Bas, l'intolérance religieuse, occasionna également une révolte dans le royaume de Grenade. Quand Isabelle et Ferdinand avaient soumis les Maures, ils s'étaient engagés à laisser aux vaincus leurs lois, leurs usages et le libre exercice de leur religion. Mais on avait bientôt trouvé des prétextes pour violer ces promesses. Les inquisiteurs revendiquèrent comme appartenant à l'Église tous ceux qui descendaient d'anciens chrétiens, devenus musulmans, et qu'on nommait *Elchès*. Ils prétendirent les contraindre à recevoir le baptême. Ces musulmans, ayant refusé de changer de religion, furent cruellement tourmentés par l'inquisition. Cette persécution occasionna de violentes émeutes sous les règnes de Ferdinand et de Charles V. Les Espagnols avaient profité de ces révoltes pour rompre la capitulation, et ils n'avaient plus laissé aux Maures que l'alternative ou de quitter le royaume en acquittant une rançon, ou de se faire chrétiens. Le plus grand nombre de ces infortunés, trop pauvres pour payer la somme qu'on exigeait, se déterminèrent recevoir le baptême. On donna nom de *Maurisques* à ces musu mans ainsi convertis par force. Quai aux Maures qui, avant cette époque avaient volontairement embrassé christianisme, qui étaient restés dar les lieux occupés par les chrétiens, qı avaient combattu avec eux et sous leuı bannières, on les appelait *Mudejare*. Pour ceux-là leur religion était sincère on n'en doutait pas; mais ceux qui n'a vaient été convertis que par l'épée n'e taient, disait-on, chrétiens que d'appa rence; au fond du cœur ils étaient re: tés musulmans; ils faisaient, dans leuı demeures, les prières enseignées par prophète; ils observaient en secret le pratiques de l'islamisme. L'inquisitio ne leur laissait pas de relâche; aussi un nombre immense d'infortunés, s voyant menacés par cet horrible tribu nal, prenaient la fuite; et, de mêm que les malfaiteurs, avec lesquels il étaient obligés de s'associer, ils se reti raient dans les montagnes, d'où ils n descendaient plus que pour se livrer à de actes de brigandage. Tous ces gens v vaient en hostilité permanente contr la société; et quelle qu'eût été d'ai leurs la cause de leur fuite, ils rece vaient le nom de *Monfis*, qui, dans l langue des Maures, répond à notre mc de bandits. Chaque jour le nombre d ces fugitifs devenait plus considérable Chaque jour aussi les plaintes de l'inqui sition devenaient plus ardentes; et Phi lippe II, désirant extirper dans ses État jusqu'aux derniers germes du mahomé tisme, rendit contre les Maurisque les ordonnances les plus oppressive: Il était prescrit à tous les descendant des Maures d'apprendre en trois année la langue castillane. Passé ce temps, leur était défendu de converser en arabe de lire ou de garder des livres écrits e cette langue, sous quelque prétexte que c fût. Ces ordonnances prescrivaient au Maurisques de s'habiller comme le chrétiens. Il était interdit à leurs femme de se voiler le visage, lorsqu'elles so tiraient de leurs maisons. Leurs chant nationaux, leurs danses, les cérémonie en usage chez leurs ancêtres étaient pr hibés. Les portes de leurs maisons d vaient rester ouvertes les vendredis les jours des fêtes mahométanes. Enfin, ils devaient quitter leurs noms et surnoms maures pour prendre des noms chrétiens. Quand cette ordonnance fut publiée, au commencement de l'année 1567, Philippe avait à soutenir la guerre contre les religionnaires des Pays-Bas. La plus grande partie de ses forces était engagée dans cette lutte; et le moment parut bien choisi aux Maurisques pour tenter une révolte. Après avoir adressé de vaines réclamations, afin d'obtenir la révocation de l'ordonnance, ils commencèrent à comploter. Il leur était défendu de tenir des assemblées. Ils demandèrent la permission d'élever pour les Maurisques un hôpital en l'honneur de la Sainte-Résurrection; et, sous le prétexte de solliciter la charité de leurs compatriotes, ils envoyèrent des émissaires dans tous les villages des Alpuxarras. La révolte fut organisée. Il fut convenu qu'elle éclaterait dans la nuit qui précéderait le jour de Noël (1568). Par suite de cette conjuration, à l'instant indiqué, dix mille Maurisques s'étaient mis en route pour venir surprendre Grenade; mais il tomba tant de neige dans la montagne, que ces troupes ne purent pas arriver à temps. Cependant, Aben-Farax, à la tête de cent quatre-vingts Maurisques seulement, pénétra dans l'Albaicin. Il tenta de faire soulever les musulmans qui habitaient ce quartier; mais ceux-ci, voyant les révoltés en si petit nombre, n'osèrent pas bouger. Aben-Farax fut obligé de se retirer; et le marquis de Mondejar, gouverneur de Grenade, averti par cette tentative, prit des mesures pour rendre à l'avenir une semblable surprise à peu près impossible. Ce premier contre-temps n'empêcha pas les Maurisques des montagnes de se soulever et de se choisir un roi. Au sommet des Alpuxarras, non loin d'Ugijar, dans le village de Valor, vivait une famille dont on faisait remonter l'origine aux anciens émirs de Cordoue. A raison du lieu qu'ils habitaient, on les avait nommés de Valor, ou les Valoris. Ce fut dans cette famille que les Maurisques élurent leur roi. Un alfaqui donna lecture de quelques anciennes prophéties, qui annonçaient la délivrance des Maures du royaume de Grenade. Elles prédisaient qu'ils devraient leur liberté à un jeune homme de race royale qui aurait été baptisé, et qui serait hérétique, selon leur loi; car il aurait en public professé la foi des chrétiens. L'alfaqui démontra que toutes ces indications se rapportaient à Ferdinand de Valor; et qu'en considérant le cours du temps et la marche des étoiles, on reconnaissait que l'instant de la délivrance était arrivé. On mit donc à Ferdinand un vêtement de pourpre, on lui ceignit le cou et les épaules d'une écharpe de couleur; ensuite on étendit à terre quatre bannières dirigées vers les quatre points cardinaux. Le nouveau roi s'accroupit au centre de cette croix, et le visage tourné vers l'Orient, il fit sa prière, que les musulmans appellent *cala*. Il jura de vivre et de mourir en la foi de Mahomet. Il fit serment de combattre pour protéger la religion musulmane et pour défendre son royaume et ses sujets. Ensuite il se leva : alors Aben-Farax, pour montrer que les Maurisques reconnaissaient la souveraineté du nouveau roi, se prosterna devant lui, et baisa la terre où il avait posé le pied. Cela fait, les assistants prirent Ferdinand sur leurs épaules, et l'élevèrent en criant : Qu'Allah protége Mohamed ben-Ommyah, roi de Grenade et de Cordoue.

La plus grande partie des Alpuxarras, des Albuñuelas et des Salarès se soulevèrent; Orgiba, Poqueyra, Jubiles, Laroles, Andarax, Dalia et une foule de villages embrassèrent le parti de la révolte, et massacrèrent les chrétiens. Le marquis de Mondejar commença la guerre contre les insurgés. Il remporta contre eux quelques avantages; mais, comme il voulait surtout apaiser la rébellion en employant la douceur, on trouva qu'il n'agissait pas avec assez d'énergie. Ce fut à don Juan d'Autriche que Philippe II confia la mission d'exterminer les rebelles. Une des premières mesures que prit le nouveau général fut de déporter en masse tous les Maurisques de la ville de Grenade : on craignait qu'ils ne tramassent quelques complots avec les émissaires de Ben-Ommyah. On disait qu'ils servaient d'espions aux révoltés et qu'ils

[1] *La Sainte-Résurrection*, suivant Diego de Mendoza. *La Sainte-Trinité*, suivant Ferreras.

les avertissaient de tous les mouvements des chrétiens. Pour éviter la possibilité d'une trahison, Philippe ordonna que toute cette population fût transportée dans la Castille ou dans d'autres parties éloignées du royaume. Cet ordre fut exécuté avec une excessive barbarie : on convoqua les Maurisques dans leurs paroisses, sans leur dire le motif de cette réunion; quand ils furent assemblés, on leur annonça qu'ils allaient abandonner leur patrie. Ils furent tous arrêtés, attachés en chaîne, la corde au cou, et, sans plus de forme ni de délai, traînés dans l'intérieur de l'Espagne. Ce fut un triste spectacle de voir ces infortunés de tout âge, la tête baissée, les mains en croix, le visage baigné de larmes, accablés de douleur, qu'on arrachait de leurs maisons, de leur patrie, et qui ne savaient dans quelle contrée on allait les conduire. Tous ceux qui purent échapper à cette horrible exécution, se jetèrent dans les montagnes, et allèrent augmenter le nombre des Monfis de Ben-Ommyah. Les insurgés, dont les rangs s'étaient renforcés de tous ces fugitifs, et qui avaient reçu en même temps des renforts d'Afrique, remportèrent quelques avantages sur les troupes chrétiennes; mais la discorde se mit parmi leurs capitaines. Plusieurs d'entre eux, mécontents du roi, s'emparèrent de sa personne, et le firent étrangler. Ils élurent pour lui succéder un chef nommé Aben-Aboo. Ce nouveau roi continua la guerre, d'abord avec succès; mais on envoya à don Juan des forces imposantes : il poursuivit les insurgés avec activité; il gagna sur eux plusieurs victoires. Tous les Maurisques, dont il obtenait la soumission, étaient enlevés et conduits dans le centre de l'Espagne; de cette manière, en peu de temps, les Alpuxarras se trouvèrent dépeuplées. Il ne restait que quelques bandes, forcées de se cacher dans les rochers et dans les cavernes. Néanmoins, Aben-Aboo ne voulait pas déposer les armes; et sans doute il aurait pu se défendre encore pendant longtemps, s'il n'eût provoqué la haine de plusieurs de ses compagnons d'armes. Un des principaux insurgés, nommé Seniz, avait fait construire une barque, afin de pouvoir, en cas de désastre, se réfugier en Af que. Aben-Aboo, l'ayant appris, don l'ordre de brûler cet esquif. Seniz en f vivement irrité; et, le hasard l'aya mis en rapport avec des émissaires d don Juan, il demanda qu'on lui assur un pardon entier pour lui et pour to ceux qui l'accompagneraient; et, à cet condition, il s'engagea à livrer Aben Aboo mort ou vivant. Pour accompli sa promesse, il assomma Aben-Abo d'un coup de crosse de fusil; ensuit il lui ouvrit le corps, en retira les en trailles; et, pour empêcher que le ca davre ne se corrompît, il le couvrit d sel, il le bourra de paille; et, l'ayan revêtu des habits qu'il portait habitue lement, il l'attacha sur un mulet d manière à ce qu'il s'y tînt comme s' eût été encore en vie. Dans cet état, le conduisit à Grenade. Il marchait suiv de tous les insurgés qui voulurent pro fiter du pardon promis par don Jua d'Autriche. Il fut reçu au bruit de salves que tirait l'artillerie de l'Alham bra. Il alla remettre au duc d'Arcos l corps, le cimeterre et le fusil d'Aben Aboo. « J'ai fait, dit-il en les lui pré « sentant, comme le bon berger, qui n « pouvant ramener la brebis à son maî « tre, en rapporte au moins la toison. »

La tête d'Aben-Aboo fut clouée dans une cage, au-dessus de la porte de Gre nade qui conduit aux Alpuxarras. Tous les Maurisques firent leur soumission ils furent dispersés dans l'intérieur de l'Espagne. Il ne resta plus dans le royaume de Grenade que des Mudejares et des chrétiens vieux. Ce pays, si flo rissant sous l'administration des Mau res, devint désert et stérile; c'est ains que Philippe II dévastait volontairement ses États, et qu'il ruinait à jamais ses plus riches provinces.

Pendant cette guerre, qui n'avait pas duré moins de deux années, don Juan d'Autriche avait montré de grands talents comme capitaine et comme administrateur : aussi, lui déféra-t-on le commandement de la flotte qu'on rassemblait pour combattre les Turcs. Les escadres de Sélim II ne cessaient de ravager les côtes de la Sicile, de l'Italie, et même de l'Espagne. En dernier lieu, le Grand Seigneur avait entrepris la conquête de l'île de Chypre qui apparte nait aux Vénitiens : il avait déjà enlevé aux chrétiens la ville de Nicosie et celle de Famagouste. Afin de mettre un terme aux progrès des musulmans, la république de Venise fit une ligue avec le pape Pie V et avec le roi d'Espagne. Les confédérés armèrent une flotte de plus de deux cents voiles : on en déféra le commandement à don Juan d'Autriche. Ce jeune capitaine rencontra la flotte des Turcs, forte de trois cents voiles, dans le golfe de Lépante, auprès de Céphalonie, le 7 octobre 1571. Après une lutte acharnée, il remporta la victoire. Aly, qui commandait les Turcs, fut tué; sa capitane tomba au pouvoir des chrétiens. Il y eut trente galères turques coulées à fond; vingt-cinq furent brûlées, et les chrétiens en prirent cent trente. On porte à trente mille le nombre des Turcs qui perdirent la vie. On fit dix mille esclaves, et l'on délivra quinze mille chrétiens qui ramaient sur les galères ennemies.

Les historiens reprochent aux confédérés de n'avoir pas su profiter de leur victoire, et de s'être retirés à Corfou, au lieu de faire voile pour Constantinople, dont ils auraient pu s'emparer. On ne fait pas attention que sept mille chrétiens étaient morts dans la bataille; qu'il y avait sur la flotte de don Juan un grand nombre de blessés, dont plus de mille étaient mortellement frappés; qu'enfin, les bâtiments, dans une lutte aussi acharnée, avaient éprouvé de nombreuses avaries. La flotte avait donc besoin de se réparer et de se renforcer. La nouvelle de cette victoire fut reçue en Espagne et en Italie par des acclamations de joie générales. Philippe II, soit par modération, soit par jalousie de la gloire de son frère, reçut d'un air impassible les félicitations qui lui furent adressées. « Monsieur, répondit-il à l'ambassadeur de Venise, « ce n'est pas à don Juan, mais à Dieu, « qui dirige, selon son bon plaisir, le « succès des armes chrétiennes contre « les infidèles, qu'il faut donner l'honneur et la gloire d'un aussi mémorable événement. » Il dit au nonce du pape : « Don Juan a beaucoup risqué; « il est sorti victorieux; mais il aurait « pu perdre la bataille. » Pie V reçut bien différemment la nouvelle de cette victoire; et, dans l'élan de sa joie, en entendant le récit du combat, il répéta ces paroles de l'Évangéliste : « Il y eut « un homme envoyé de Dieu, et cet « homme se nommait Jean. »

L'année suivante, les confédérés ne purent tomber d'accord sur les opérations qu'ils devraient entreprendre; et toute la saison favorable s'écoula sans qu'ils eussent rien fait de profitable. Les Vénitiens abandonnèrent bientôt la ligue, et firent la paix avec les Turcs. Cette défection imprévue n'empêcha pas les Espagnols de s'emparer de Tunis. Don Juan d'Autriche, à la tête de deux cents voiles et de vingt-deux mille hommes de débarquement, se présenta, en 1573, devant le fort de la Goulette; et il s'en empara sans éprouver presque de résistance. Il prit de même Tunis, que sa garnison avait abandonné; et il remit le royaume à Muley-Hamet, fils de Muley-Hacem, avec qui Charles V avait usé d'une semblable générosité. Pour assurer la sûreté de la place, don Juan ordonna d'élever un fort entre Tunis et la Goulette; puis il se retira en Sicile. L'année suivante, avant qu'on eût achevé les fortifications qu'il avait prescrit de construire, les beys d'Alger et de Tripoli, soutenus par une formidable escadre turque et par cinquante mille hommes de débarquement, vinrent assiéger cette place. La défense courageuse de don Pedro de Porto Carrero ne put empêcher qu'ils ne se rendissent bientôt maîtres de la Goulette : Tunis résista plus longtemps; ils ne purent s'en emparer qu'après un mois de combats, après que toutes les défenses de la place eurent été ruinées, et lorsque la garnison se trouva réduite à trente hommes seulement.

Ces revers, que les armes espagnoles venaient d'essuyer en Afrique, ne furent pas les seuls qui affligèrent l'orgueil de Philippe II. Don Luiz de Requesens y Zuniga avait, en 1573, succédé au duc d'Albe dans le gouvernement des Pays-Bas; son administration n'avait pas été plus heureuse que celle de son prédécesseur. Il avait, à la vérité, remporté quelques victoires contre les religionnaires; mais n'ayant pas d'argent pour payer ses troupes, il les vit plusieurs fois se mutiner; et leur indiscipline lui avait fait perdre tous les avantages que leur valeur lui avait obtenus. Les fatigues qu'il se donna pour apaiser un nouveau soulèvement de ses soldats, le chagrin qu'il éprouva du mauvais succès de ses entreprises, le conduisirent en peu de jours au tombeau. Il mourut le 5 mars 1576. Il fut remplacé dans le commandement par don Juan d'Autriche. Philippe II, jaloux de la gloire que son frère avait acquise, et toujours rempli de méfiance contre les chefs qu'il employait, avait placé en qualité de secrétaire auprès de don Juan un nommé Escovedo. C'était un espion que le roi avait prétendu mettre auprès de ce jeune prince; mais Escovedo, loin de remplir le but qu'on s'était proposé, fit germer, dit-on, dans l'esprit de don Juan les projets les plus ambitieux : il entretint des correspondances secrètes avec le duc de Guise et avec la cour de Rome. Ces intrigues parurent si dangereuses pour la tranquillité de l'État, que le marquis de los Velez, consulté sur ce point, répondit : Si on me demandait quelle personne il importe le plus de faire périr, ou de Juan Escovedo ou de quelque autre personne des plus dangereuses, eussé-je l'hostie dans la bouche, je dirais que c'est Juan Escovedo[1]. Un procès contre un semblable coupable aurait présenté les plus grands inconvénients. Philippe II jugea qu'il fallait le faire périr par le poison ou par un assassinat : Antonio Perez, ministre du roi, fut chargé de faire exécuter ce crime. S'il faut en croire quelques auteurs contemporains, il accepta cette commission avec d'autant plus d'empressement, qu'il avait contre Escovedo des motifs personnels de vengeance; et il avait lui-même excité le roi à prendre cette détermination. Escovedo, que don Juan avait envoyé à Madrid, y fut assassiné vers la fin de mars 1578.

Don Juan éprouva un grand chagrin de la mort d'Escovedo, et lui-même ne survécut que peu de mois à son confident. Les fatigues qu'il supporta pour soutenir la guerre dans les Pays-Bas, les inquiétudes dont il était accablé, lui causèrent une fièvre violente dont il mourut dans les premiers jours du mois d'octobre 1578. On crut généralement que le poison n'avait pas été étranger à cette mort prématurée. Néanmoins Philippe II en témoigna une douleur profonde; mais on peut croire que son chagrin ne fut pas plus sincère que celui qu'il montra la même année en apprenant la défaite de dom Sébastien de Portugal. Ce prince infortuné avait porté la guerre en Afrique; il fut vaincu à la bataille d'Alcazar-Kébir, et mourut dans le combat. Il laissait pour héritier du trône le cardinal dom Enrique son oncle, qui était âgé de soixante-dix ans. Ce prince ne régna qu'environ dix-huit mois, et mourut le dernier jour de janvier 1580, sans avoir désigné celui des prétendants à la couronne qui serait appelé à lui succéder. Philippe II était, par sa mère, le plus proche parent du dernier roi; il avait d'ailleurs pour appuyer ses droits une puissante armée, commandée par le duc d'Albe. Il envahit le Portugal, et ce royaume fut réuni à la couronne d'Espagne[1].

Le prieur Antoine de Crato, bâtard de l'infant dom Luiz, deuxième fils du roi Emmanuel, tenta d'inutiles efforts pour disputer la couronne. Il fut vaincu, et ne put résister à la puissance de Philippe II, bien qu'il eût reçu des secours de la France et de l'Angleterre. Cette dernière puissance ne cessait de provoquer par ses agressions la colère du roi d'Espagne. Depuis que les Provinces-Unies s'étaient soulevées, l'Angleterre leur avait constamment prêté son appui. Les sommes énormes que les Espagnols tiraient du nouveau monde étaient une des principales sources de la puissance de Philippe II; les corsaires anglais commencèrent à attaquer les flottes espagnoles, à intercepter l'arrivée des galions. Le célèbre amiral François Drake vint incendier une flotte dans la rade même de Cadix. Il alla aussi le premier porter dans les colo-

[1] Relaciones de Antonio Perez. Memorial del hecho de su causa parte 2ª.

[1] Quoique le récit de la bataille d'Alcazar-Kébir et la réunion du Portugal à l'Espagne présentent le plus grand intérêt, je n'ai pas dû les rapporter ici; ils auraient fait double emploi avec les détails qui se trouvent dans une autre partie de cette collection, dans l'excellente histoire de Portugal qu'a écrite M. Ferdinand Denis.

nies espagnoles de l'Amérique les ravages et la désolation. Philippe II, pour se venger de ces insultes, fit construire, en 1588, à Lisbonne, une flotte considérable. Elle se composait de bâtiments plus élevés que tous ceux qu'on avait vus jusqu'à ce jour; elle était armée d'une nombreuse artillerie, et portait vingt mille hommes de débarquement : aussi, les Espagnols, dans leur présomption, l'avaient-ils appelée la flotte *Invincible*. L'événement ne répondit pas au nom superbe qu'elle avait reçu; à peine eut-elle doublé le cap Finistère, qu'elle fut battue par la tempête. On eût dit que c'était un présage de la funeste destinée qui l'attendait. Elle se réfugia dans les ports des Asturies et de la Biscaye; et, après s'y être réparée, elle reprit la mer, et se rendit sur les côtes de la Hollande, où elle fut assaillie par de nouveaux coups de vent. Les bâtiments, dispersés par la tempête, et n'ayant pas un port ami où ils pussent trouver un refuge, furent attaqués par les flottes de l'Angleterre et de la Hollande, qui, composées de vaisseaux plus légers et meilleurs voiliers, ne combattaient qu'avec avantage. Pour éviter une entière destruction, la flotte invincible fut obligée de se jeter dans la mer du Nord et de doubler l'extrémité septentrionale de l'Écosse. Les débris de cet immense armement regagnèrent les ports de l'Espagne dans l'état le plus lamentable. Tout le monde fut dans la consternation en apprenant un semblable désastre. Philippe seul conserva son caractère impassible. Il répondit à ceux qui déploraient le malheur de ses vaisseaux : « Je « les avais envoyés pour combattre les « Anglais et non pas les tempêtes. » Élisabeth, enorgueillie par cette victoire, fit désoler les côtes de la Galice par une flotte de soixante-dix voiles. Sept ans plus tard, en 1596, les Anglais vinrent attaquer Cadix; ils détruisirent la flotte espagnole, s'emparèrent de la ville, et retournèrent en Angleterre, après avoir fait un immense butin.

Pendant qu'à l'extérieur les armes de Philippe éprouvaient ces désastres, à l'intérieur, son royaume était agité par les troubles les plus graves; et l'un de ces événements qui décident de l'avenir des peuples s'accomplissait en Aragon. Parmi les ministres auxquels Philippe avait donné sa confiance, Antonio Perez occupait un des premiers rangs. C'était lui que le roi chargeait des affaires les plus importantes; c'était à lui qu'il avait confié le soin de faire périr Escovedo. Au reste, ses fonctions ne s'étaient pas bornées à des actes politiques, et il avait servi d'intermédiaire entre Philippe et la princesse d'Éboli. On dit même que, non content du rôle de confident, il avait osé être dans cette intrigue le rival et le rival heureux de son maître[1]. On dit que Philippe, averti que sa maîtresse et son confident le trompaient, résolut d'en tirer vengeance. Les fils d'Escovedo accusèrent hautement de l'assassinat de leur père Antonio Perez et la princesse d'Éboli. Mais ils manquaient de preuves, et le ministre de Philippe II n'était pas de ces hommes dont on peut facilement se défaire. Perez connaissait tous les secrets de Philippe; il avait entre les mains des papiers dont la publication pouvait compromettre l'honneur du roi et les intérêts de la monarchie. On usa d'abord de ménagements avec lui; on parla d'arrangement, de transaction : le père Chavez, confesseur du roi, s'entremit dans cette négociation. Antonio Perez fut emprisonné, puis relâché; mais, quand bien des années se furent écoulées, Philippe pensa que les faits étaient assez éloignés pour que les révé-

[1] Les amours d'Antonio Perez avec la princesse d'Eboli ont été révoqués en doute par beaucoup d'auteurs. Cependant ils sont excessivement probables; en effet, on ne peut donner aucune autre raison de l'acharnement avec lequel Philippe II a persécuté son ancien ministre. Le savant M. Mignet vient de publier la vie d'Antonio Perez. Il a puisé dans les archives du ministère des affaires étrangères et dans les papiers de Simancas une foule de documents curieux qui jusqu'à ce jour étaient restés inédits. Il cite notamment les dépositions reçues dans le cours de l'instruction criminelle; et les témoins se sont clairement expliqués sur la nature des relations qui existaient entre Perez et la princesse d'Eboli. Mais doit-on considérer comme une preuve irrécusable cette procédure dirigée par Philippe contre un malheureux qu'il voulait perdre? cette enquête reçue par des juges ennemis déclarés de l'accusé? ces déclarations faites par des gens dont plusieurs ont été convaincus de faux témoignage?

Ne disons donc pas que les faits sont prouvés, et contentons-nous de dire qu'ils sont probables.

lations de son secrétaire présentassent moins d'inconvénients, il le laissa accuser une seconde fois du meurtre d'Escovedo. Perez fut de nouveau incarcéré; il fut traité d'abord avec douceur; mais quand le père Diego Chavez, confesseur du roi, et les autres personnes qu'il employait, furent arrivés par l'adresse, aussi bien que par la violence, à se faire remettre les papiers qu'Antonio Perez avait entre les mains, on crut que ce malheureux ministre était entièrement désarmé; on le traita avec la dernière rigueur, et il fut appliqué à la torture. Alors il se décida à dire toute la vérité. Il déclara que c'était, en effet, lui qui avait fait assassiner Escovedo; mais il ajouta qu'en commettant ce crime, il avait agi par ordre du roi. Il avait eu la précaution de conserver plusieurs lettres de Philippe II; il produisit des billets écrits de la main de ce prince, qui ne pouvaient laisser aucun doute sur la vérité de ce qu'il avançait. En effet, dans un de ces billets, on trouve ce passage : « Ne prenez nul souci de « tout ce qu'ils font et de tout ce qu'ils « disent; je ne vous ferai pas défaut, « et la passion ne pourra rien faire con- « tre vous. » Et plus bas, le roi ajoute: « Il faut surtout avoir soin de ne pas « laisser entendre que cette mort a eu « lieu par mon ordre[1]. »

Philippe, persuadé que toutes ses lettres lui avaient été remises par Antonio Perez, ne s'attendait pas à voir produire de semblables preuves; sa colère redoubla, et le prisonnier devait tout redouter de sa part; aussi ne voulut-il pas attendre l'effet de sa vengeance. Il parvint à s'évader de la prison; et quoique brisé par la torture, il courut la poste jusqu'en Aragon. Il invoqua les priviléges de ce royaume, où il était né, et il demanda à être jugé par le tribunal suprême de la Manifestation. Pour sa défense, il produisit un mémoire où tous les faits de sa cause sont expliqués. Pour prouver la véracité de ses allégations, il y joignit en original plusieurs lettres émanées de la main du roi lui-même. Cependant Philippe prétendait que l'accusé fût reconduit en Castille; car c'était là qu'il

[1] Relaciones de Antonio Perez. Genève, 1644, page 66.

voulait le faire condamner; mais
Justicia répondit que les *fueros* de l
ragon ne permettaient pas qu'un A
gonais fût remis à un tribunal étrang
lorsqu'il avait saisi de sa cause les m
gistrats de son pays. Il refusa donc
livrer la personne d'Antonio Perez,
il retint devant sa juridiction suprê
l'instruction du procès. Philippe II vo
lut alors avoir recours à l'inquisitio
Don Diego de Mendoça, marquis d'
menara, qui suivait à Saragosse ce
affaire dans l'intérêt du roi, subor
des témoins, qui accusèrent Anto
Perez d'hérésie. Les agents de l'inqui
tion vinrent demander que l'accu
leur fût remis. Ils le tirèrent malgré s
protestations, de la prison de la Ma
festation, et le conduisirent à l'Alj
feria. C'était l'ancien palais des r
maures; il servait aux inquisiteurs
tribunal et de prison. Il y avait, da
la manière dont l'accusé était enlevé
la juridiction ordinaire du pays, u
violation manifeste des fueros de l'
ragon; aussi, le peuple se souleva-t
pour maintenir ses priviléges. On co
rut investir la maison du marquis d'A
menara. On s'empara de sa personn
on l'accabla d'injures, de coups et
blessures dont il mourut quelques jou
après qu'il eut été renfermé dans la pr
son. L'irritation des esprits était
vive, les Aragonais étaient tellem
exaspérés contre ce seigneur, que, po
pouvoir porter son corps en Castille,
fallut le cacher dans une peau de bœu
car, dit Antonio Perez dans ses m
moires, si le peuple avait senti son c
davre, il l'aurait mis en pièces. Pe
dant qu'on attaquait la maison du ma
quis d'Almenara, une autre partie
peuple alla investir l'Aljaferia et m
naça de l'incendier, si Antonio Per
n'était pas reconduit dans la prison
la Manifestation. Il fallut que les inqu
siteurs cédassent; et, pour cette foi
ils lâchèrent leur proie, non sans
poir de la ressaisir. Quelques jours pl
tard, le 24 septembre 1591, les inqui
teurs, ayant rassemblé une assez gran
quantité d'hommes de guerre, vi
rent encore enlever Antonio Perez
la prison de la Manifestation. A la v
de cette nouvelle violation de leu
droits, les habitants de Saragosse cour

rent aux armes, attaquèrent les soldats, les mirent en fuite et coupèrent les jarrets aux mules du carrosse où l'on conduisait Perez, qui fut mis en liberté.

Depuis longtemps les rois d'Espagne attendaient, avec impatience, un prétexte pour abolir la constitution et les priviléges de l'Aragon. Isabelle la Catholique avait dit un jour : « Mon plus « grand désir est que les Aragonais « se révoltent pour avoir une occasion « de détruire leurs fueros. »

Philippe II ne laissa pas échapper celle qui se présentait. Il fit rassembler sur la frontière de l'Aragon une armée de dix mille fantassins et de deux mille chevaux. C'étaient, disait-on, des troupes que don Alonzo de Vargas devait conduire en France au secours des ligueurs. Un des fueros aragonais défend au roi d'introduire en Aragon des troupes étrangères; aussi, dès qu'on sut qu'une armée se réunissait sur la frontière, les Aragonais, de leur côté, prirent les armes. Le *justicia* procéda juridiquement contre les violateurs des fueros. Il prononça une sentence de mort contre Alonzo de Vargas et contre l'armée qu'il commandait, pour le cas où il entrerait dans le royaume d'Aragon. Quatre huissiers furent chargés d'aller lui notifier cette décision. Ils le trouvèrent sur l'extrême frontière et lui intimèrent la défense dont ils étaient porteurs. Don Alonzo fit peu de cas de cette déclaration. Il s'avança vers Saragosse. Les troupes des Aragonais, mal conduites et mal disciplinées, ne purent arrêter sa marche. Il entra dans la capitale, où il fit mettre à mort les principaux chefs de l'insurrection. Juan de la Nuça, *justicia* d'Aragon, eut la tête tranchée sur la place publique, et les libertés de l'Aragon périrent avec lui, de même que, sous le règne précédent, celles de la Castille étaient mortes avec le malheureux Padilla.

Quant à Antonio Perez, il sortit de Saragosse deux jours avant l'arrivée de Vargas. Il se retira en France. L'acharnement avec lequel Philippe le poursuivit encore en ce pays prouve qu'il voulait à tout prix se défaire d'un homme qui avait été l'exécuteur de ses crimes et qui restait le dépositaire de ses secrets. Il tenta plusieurs fois de le faire assassiner [1].

Mais Antonio Perez trouva une protection efficace auprès de Henri IV, qui faisait alors la guerre à Philippe. La France, à cette époque, n'avait pas une frontière qui ne touchât aux possessions espagnoles : au nord c'étaient les Pays-Bas, à l'est c'était la Franche-Comté; au pied des Alpes nous trouvions encore les Espagnols comme nous les trouvions au pied des Pyrénées. La France était en quelque sorte une enclave au milieu des domaines de la maison d'Autriche. Aussi Philippe, dans l'espoir de s'emparer de cette proie magnifique, ne cessa-t-il pas de fomenter en France des troubles et des rébellions. Pendant nos malheureuses guerres de religion, il s'était déclaré le protecteur de la ligue. Lorsqu'en 1590 Henri IV tenait Paris assiégé, le duc de Parme, Alexandre Farnèse, qui avait succédé à don Juan d'Autriche dans le gouvernement des Pays-Bas, fut chargé par Philippe II de venir au secours des assiégés. A la tête de quatorze mille fantassins et de trois mille chevaux, il marcha vers Paris, et força Henri IV de lever le siége; et, après avoir jeté dans cette ville des hommes et des vivres, il se retira, sans livrer bataille, quoique le roi de France fît tous ses efforts pour l'y engager. Deux années plus tard, en 1592, le duc de Parme entra encore en France, et fit lever le siége de la ville de Rouen que Henri IV tenait étroitement serrée. Pendant ce temps, Mendoza et Ibarra, les représentants du roi catholique, prodiguaient les trésors de l'Espagne pour acheter des partisans. Le projet de Philippe était de mettre sur le trône de France sa fille l'infante Isabelle-Claire-Eugénie, qu'il avait eue de son mariage avec la fille de Henri II. Cette prétention ne fut pas plutôt hautement avouée par lui, qu'elle indisposa Mayenne et les autres chefs de la li-

[1] Gaspar Burcès fut condamné à Bordeaux, pour avoir tenté d'empoisonner Antonio Perez. Il fut gracié sur la demande de celui-ci (*Relaciones de Antonio Perez*, p. 174). Rodrigo de Mur, seigneur de Pinilla, fut aussi condamné à mort à Paris, pour une tentative d'assassinat exécutée contre Antonio Perez ; et il fut supplicié (*Mémoires de l'Étoile*. 19 janvier 1596).

gue. S'il fallait qu'ils reconnussent un souverain, ils aimaient mieux obéir à un prince français qu'à un étranger. Ils songèrent donc à faire leur paix avec Henri IV. Celui-ci, de son côté, pour mettre un terme à la guerre civile, abjura le calvinisme; et, dès qu'il eut été réconcilié avec l'Église, presque tous les Français reconnurent son autorité, les uns par amour pour lui, les autres par haine des prétentions espagnoles. Philippe n'en continua pas moins à donner des secours aux débris de la ligue. Cependant, il finit par se lasser de dépenser ainsi des sommes immenses dont il ne tirait aucun profit. Il sentait d'ailleurs sa fin s'approcher, et ne voulait pas laisser à son fils, qui avait à peine vingt ans, un ennemi aussi redoutable que le roi de France. Il conclut donc la paix avec ce monarque. Ce traité, signé à Vervins, le 2 mai 1598, ne laissait plus à Philippe II l'espoir de faire asseoir sa fille sur le trône de France. Il voulut au moins lui assurer une souveraineté. L'archiduc Ernest avait succédé au duc de Parme dans le gouvernement des Pays-Bas; mais il était mort au bout de peu de temps, et il avait été remplacé par l'archiduc Albert, qui était cardinal. Ce fut lui qui, après avoir obtenu les dispenses nécessaires, fut choisi pour époux de l'infante. Philippe donna en dot à sa fille le comté de Bourgogne et ce qui restait des Pays-Bas. Ainsi cette province, dont la conservation avait, depuis trente-neuf ans, coûté à l'Espagne tant d'hommes et tant d'argent, fut distraite de la monarchie. Philippe maria aussi le seul fils qui lui restât à Marguerite d'Autriche.

Ce fut le dernier acte important de son règne. Bientôt, accablé par la maladie, couvert d'ulcères, il expira à l'Escurial, après de longues souffrances, le 13 septembre 1598.

Les auteurs espagnols considèrent le règne de Philippe II comme une des époques les plus glorieuses de la monarchie. En effet, sous le fils de Charles V, l'Espagne avait atteint le plus haut degré de puissance où elle se soit jamais élevée. Elle embrassait toute la péninsule ibérique, les Baléares, les Pityuses, la Sicile, la Sardaign Naples et presque toute l'Italie; Roussillon, la Franche-Comté, les Pay Bas, une grande partie de la côte se tentrionale de l'Afrique, les deux Am riques, les Açores, les Canaries, l Philippines; c'était sans exagératic qu'on disait à cette époque : Quar l'Espagne se meut, le monde trembl Cependant, si l'on contemple d'un œ calme et sans prévention les événemen de ce règne, on s'aperçoit bient qu'au milieu de tout ce développemen de force et de grandeur, il devait s trouver des causes de dissolution d'affaiblissement. Presque toutes le entreprises de Philippe II ont échoué. a voulu étouffer dans les Pays-Bas l'e prit de réforme et de liberté; mais apr trente-neuf ans d'une lutte acharnée, le Pays-Bas ont été séparés de la monarchi Il n'a su obtenir la tranquillité dans royaume de Grenade qu'en le ruinant en en faisant un désert. La guerre cor tre les Turcs a couvert son pavillon d gloire; mais il n'en a tiré aucun profi La victoire même de Lépante lui coûté des sommes énormes et ne lui rapporté qu'un honneur stérile. Il conquis Tunis; mais il en a été chass l'année suivante. Il a rassemblé contr l'Angleterre la flotte la plus redouta ble qui soit sortie des ports de la Pé ninsule; mais cette flotte, qu'on ava surnommée l'Invincible, a été détruite Il n'a cessé d'exciter en France les trou bles et la rébellion; il a dépensé de sommes énormes pour soutenir la li gue; il voulait faire monter sa fille su le trône de saint Louis; mais tous se efforts n'ont abouti qu'à une paix de savantageuse. De tous les princes d son temps il était celui dont les reve nus étaient les plus considérables. L quantité de métaux précieux que l'Es pagne tirait chaque année du nouvea monde ne s'élevait pas à moins de onz millions de piastres [1]. Eh bien, malgr ces immenses ressources, il vit sou vent ses finances dans un tel état d pénurie qu'il ne pouvait payer ses trou pes et que plus d'une fois elles se mu tinèrent, parce qu'elles ne recevaien

[1] 57,200,000 livres : mais, en tenant compte d la dépréciation du numéraire, cette somme r présenterait 171,600,000 fr. de notre époque.

pas leur solde. Comment donc cette monarchie, si grande et si puissante, a-t-elle tout à coup éprouvé tant de revers? Sans doute c'est que les causes qui avaient fait sa prospérité n'existaient plus; c'est que la sagesse et la modération, qui avaient autrefois présidé à ses conseils, s'étaient retirées. C'est que les anciennes constitutions nationales avaient été détruites; c'est que le despotisme avait été substitué à une monarchie tempérée par des institutions libérales. Don Juan II avait, en Aragon et en Catalogne, commencé la lutte contre les franchises du pays. Ferdinand le Catholique l'avait continuée avec plus de succès, et l'inquisition lui avait servi à la fois à pressurer son peuple et à détruire ceux de ses sujets qui lui paraissaient trop puissants. Charles V avait mis plus de franchise dans ses attaques. Vainqueur dans la guerre des *Comuneros* et dans celle des *Germanats*, il avait anéanti toutes les libertés de la Castille et du royaume de Valence. Philippe II avait suivi le même système de destruction contre les institutions qui pouvaient entraver son pouvoir. En Flandre, il échoua dans son entreprise; il s'efforça en vain d'anéantir les priviléges du pays; la Flandre se souleva; et, après une lutte sanglante et prolongée, elle fut séparée de la monarchie. En Aragon, au contraire, ce prince parvint à étouffer les derniers restes de la liberté espagnole. Alors, le pouvoir despotique resta sans contre-poids dans la Péninsule, et c'est ce qui a perdu la monarchie; car, dit Montesquieu, « comme les démocraties se perdent, lorsque le peuple dépouille le sénat, les magistrats et les juges de leurs fonctions; les monarchies se corrompent lorsqu'on ôte peu à peu les prérogatives des corps ou les priviléges des villes. »

Après l'abolition des libertés publiques, il n'y eut plus en Espagne d'autre règle que la volonté du prince. Le souverain fut maître d'entreprendre tout ce qu'il voulut. Non-seulement le pouvoir modérateur des cortès, qui avait souvent arrêté l'ambition des rois, ne conservait plus aucune autorité, il n'était même plus consulté. Les dix-sept dernières années du règne de Charles V s'écoulèrent sans que les cortès fussent assemblées une seule fois. Sous Philippe, on les réunit seulement pour leur faire prêter serment au roi et aux infants, qui furent successivement proclamés héritiers de la couronne. Une seule fois on les convoqua pour s'occuper des affaires de l'État. Ce fut en juin 1590. Le trésor était vide; et Philippe II se détermina à demander un subside aux représentants de la nation; mais soit par crainte, soit par indifférence, les électeurs ne se rendirent pas aux assemblées où les députés devaient être nommés. Il fallut que les choix fussent faits par le conseil municipal de chaque ville. Philippe II, resté maître absolu de l'Espagne, put concevoir les desseins les plus gigantesques; il put tout oser; mais ses ressources ne répondaient pas à la grandeur de ses entreprises. Aussi, Alexandre Farnèse, appréciant à leur juste valeur tous ces vastes projets, ne put-il s'empêcher de laisser échapper ces paroles. « Sa Majesté embrasse trop. Dieu veuille que tout aille bien [1]. Antonio Perez disait aussi : « Je crains beaucoup, si les hommes ne se modèrent pas et s'ils continuent à se faire Dieu sur la terre, que Dieu ne se fatigue des monarchies, ne les bouleverse, et ne donne une autre forme au monde [2]. » Philippe II embrassait trop. A sa couronne il voulait joindre les couronnes de France et d'Angleterre. Ce fut cette chimère qu'il poursuivit pendant tout son règne. Croyant toujours l'atteindre, il prodigua les richesses et le sang de ses sujets. Il amena par sa politique envahissante et oppressive la décadence de la monarchie et ne laissa à son successeur que des États épuisés d'hommes et d'argent.

RÈGNE DE PHILIPPE III. — TRÊVE AVEC LA HOLLANDE. — EXPULSION DES MAURISQUES. — RÈGNE DE PHILIPPE IV. — SOULÈVEMENT DE LA CATALOGNE. — LE PORTUGAL SE SÉPARE DE LA MONARCHIE.

La dette, que les désastres du règne précédent avaient léguée au nouveau

[1] Gregorio Leti. Vie de Philippe II. Partie deuxième, livre XVI.

[2] Vie d'Antonio Perez, par M. Mignet, p. 208.

roi, s'élevait à cent quarante millions de ducats[1]. Toutes les affaires du pays étaient dans l'état le plus déplorable. Pour ramener la prospérité dans la Péninsule, il eût fallu un prince d'une profonde sagesse, qui eût allié la modération à la fermeté, qui eût joint l'esprit d'ordre à l'amour du bien public. Philippe III n'était doué d'aucune de ces qualités. Agé seulement de vingt et un ans, lorsqu'il monta sur le trône, il n'avait aucune expérience des affaires. Il était doux ; et certainement ses intentions étaient bonnes; mais son caractère indolent et faible le rendait incapable de supporter le poids du gouvernement. Il fut obligé de s'abandonner à des favoris. Il n'eut ni un esprit assez éclairé pour voir qu'on faisait le mal, ni une volonté assez énergique pour empêcher qu'on l'accomplît. Il donna d'abord toute sa confiance au duc de Lerme; et ce ministre eut à son tour des confidents. Il partagea le soin des affaires avec un homme ambitieux et obscur, un nommé Rodrigo Calderon, qui avait été son page. Ces favoris, bien plus occupés de leur propre fortune que des intérêts de l'État, continuèrent le système ruineux de politique qu'ils trouvèrent établi. L'Espagne, malgré son épuisement, malgré le malheur des circonstances, n'abandonna rien de ses prétentions. Le duc de Lerme fit préparer une flotte de cinquante vaisseaux pour porter la guerre en Angleterre; mais cette flotte, à peine sortie du port, fut dispersée par la tempête, sans avoir rencontré l'ennemi (1599). Ce revers ne le découragea pas. L'Irlande s'étant soulevée contre Élisabeth, don Juan de Aguilar fut chargé de conduire six mille hommes au secours des révoltés; mais quand les Espagnols arrivèrent, les Irlandais avaient déjà été vaincus (1602). L'armée du comte de Aguilar fut obligée d'abandonner l'Irlande, et quelques années plus tard (en 1604), après la mort de la reine Élisabeth, l'Espagne fit la paix avec l'Angleterre.

Pendant que Philippe III employait de ce côté une partie de ses forces, il envoyait aussi une flotte pour réduire Alger; mais une tempête brisa co la côte d'Afrique une partie de vaisseaux; et les débris de ce malheu armement furent obligés de regag les ports de la Sicile. Il semblait qu s'appliquât à copier en petit tout qu'on avait fait sous Philippe II.

Le fils de Charles V avait ané les libertés de l'Aragon; sous l lippe III on s'en prit aux libertés la Biscaye. Les trois provinces forment cette seigneurie conservai encore leurs fueros. Elles ne pouvai être arbitrairement soumises à l'imp ce qu'elles payaient au roi était toujo considéré comme un don volontai Le duc de Lerme, sans tenir compte ces franchises qu'il voulait abolir, publier une ordonnance pour soum tre la seigneurie à des impôts arbit res. Les Basques réclamèrent a énergie, et leurs députés réunis, le mai 1601, sous l'arbre de Guernica rédigèrent cette remontrance :

« Ayant appris qu'en récompe « des nombreux et loyaux services « cette seigneurie a rendus à « couronne, Votre Majesté veut e « piéter sur nos droits, en ord « nant que nous acquittions certa « impôts auxquels les Castillans so « soumis, nous avons convoqué une « semblée à Guernica, et nous avons « solu, conformément à nos fueros « les rois vos prédécesseurs nous « accordés et que l'ont veut révoq « aujourd'hui avec tant de rigueur, « nous adresser humblement à vo « et de vous supplier d'annuler l' « donnance qui nous concerne. Ce q « nous demandons est juste; et, si l' « ne fait droit à notre prière, no « prendrons les armes pour défen « notre bien-aimée patrie; dussio « nous voir brûler nos maisons et « campagnes, mourir nos femmes « nos enfants; dussions-nous cherch « ensuite un autre seigneur pour no « protéger et nous défendre. »

Le ton ferme de cette remontra

[1] 1,166,600,000 francs.

[1] Guernica est un bourg, situé à trois lie au sud de Bermeo. Les juntes générales de seigneurie de Biscaye y tenaient leurs asse blées, sous un arbre qui portait le nom d'ar de Guernica. Les archives étaient conserv dans un ermitage voisin, mais hors du te toire du bourg.

effraya Philippe III; on rapporta l'ordonnance; on renonça à la perception de l'impôt. Le trésor cependant était dans la plus grande détresse. Quelle que fût, au reste, la pénurie où se trouvait l'Espagne, elle n'en persista pas moins dans le système qui avait détruit ses finances.

A Rome, à Gênes, à Venise, elle continua à solder la bienveillance des principaux seigneurs. Elle payait des pensions au duc d'Urbino, aux Orsini, aux Césarini, aux Gaëtani, à une foule de cardinaux; et, comme dit Montesquieu, « elle ne se maintint dans l'I-« talie qu'à force de l'enrichir et de se « ruiner; car ceux qui auraient voulu « se défaire du roi d'Espagne n'étaient « pas pour cela d'humeur à renoncer à « son argent. »

En Flandre, l'Espagne continua la guerre désastreuse qui avait dévoré les trésors de Philippe II. Ce prince, avant de mourir, avait donné les Pays-Bas en dot à sa fille; mais en même temps il avait stipulé que ces domaines feraient retour à la couronne d'Espagne, si l'infante Claire-Eugénie venait à mourir sans laisser d'enfants. Aussi, les provinces bataves, qui avaient conquis leur liberté, refusèrent-elles de reconnaître l'autorité des nouveaux souverains que l'Espagne leur envoyait. Elles disaient que l'archiduc Albert, de quelque titre qu'on l'eût décoré, n'était en réalité qu'un gouverneur espagnol; qu'il avait des troupes espagnoles et qu'il recevait des ordres du cabinet de Madrid. Elles disaient qu'en vain on cherchait, au moyen d'un mariage, qu'on savait devoir être stérile, à les faire rentrer sous le joug de l'Espagne; que c'était un piége grossier et qu'elles ne s'y laisseraient pas prendre. La guerre continua donc; et tout le fardeau en fut supporté par l'Espagne. Les flottes hollandaises lui enlevèrent les Moluques, désolèrent ses colonies dans les Indes et dans l'Amérique. Chaque jour les Provinces-Unies s'enrichissaient de ses dépouilles, tandis que la partie des Pays-Bas soumise à l'archiduc souffrait la plus horrible misère. La paix lui était devenue indispensable; mais les Hollandais refusèrent d'accorder même une simple suspension d'armes, avant que leur indépendance eût été reconnue. On négocia pendant plus de deux années. Enfin, un traité fut signé à Anvers en 1609. On y convint d'une trêve de douze années; mais, avant tout, il y fut reconnu que les sept provinces de Gueldre, de Frise, de Hollande, de Zélande, d'Utrecht, d'Over-Yssel et de Groninghen, étaient libres, et que ni le roi d'Espagne ni l'archiduc n'avaient rien à y prétendre. Elles furent à jamais perdues pour la monarchie.

A l'égard de la France, le cabinet de Madrid continua également la politique de Philippe II. Il travailla sans relâche à y tramer des conspirations. Henri IV se trouva entouré de tous les côtés par les intrigues de l'Espagne. Les délibérations les plus secrètes de son conseil étaient livrées au duc de Lerme par Nicolas Lhoste, employé principal de Villeroy. Le chiffre secret de Henri IV avait été vendu par le premier commis d'un de ses ministres. Sa maîtresse elle-même, la marquise de Verneuil, était en correspondance avec Philippe III. Un gentilhomme, nommé Louis Meyrargues, qui allait entrer en fonctions comme premier magistrat de Marseille, avait aussi été gagné; il s'était engagé à livrer cette ville aux Espagnols; mais ce complot fut découvert, avant qu'il pût être mis à exécution, et Meyrargues fut condamné à mort comme coupable de haute trahison. Henri IV, pour se débarrasser de toutes ces intrigues, s'apprêtait à faire la guerre à l'Espagne. Il avait conclu une alliance avec le duc de Savoie, Charles-Emmanuel, et avait pris l'engagement de lui fournir un corps de seize mille hommes pour l'aider à enlever le Milanais à la maison d'Autriche. Tout était préparé pour la guerre, quand Henri IV mourut assassiné.

Marie de Médicis, ainsi que les conseillers auxquels elle donnait sa confiance, le duc d'Épernon, le maréchal d'Ancre et Léonore Galigaï étaient dans les intérêts de l'Espagne; aussi, l'on s'empressa de cimenter une double alliance, à laquelle Henri IV s'était toujours montré contraire. On conclut le mariage de Louis XIII avec Anne d'Autriche, fille de Philippe III, et celui d'Élisabeth de France avec le prince des Asturies.

Le duc de Savoie, délaissé par la France, se trouva seul exposé à la colère de l'Espagne, qui ne tarda pas à lui chercher querelle relativement à la succession du duché de Montferrat. Charles-Emmanuel prétendait avoir droit à cet État comme héritier du duc François, son beau-frère. La propriété lui en était contestée par le duc de Mantoue, dont les Espagnols embrassèrent la défense. La guerre éclata, et d'abord la fortune fut peu favorable au duc de Savoie. Mais, après la mort du maréchal d'Ancre, qui avait toujours fait prévaloir l'influence espagnole, les Français passèrent les Alpes, et leur intervention en faveur de Charles-Emmanuel eut pour résultat de ramener la paix. Il fut convenu que de part et d'autre on se rendrait les prisonniers, ainsi que les places qui avaient été prises; néanmoins, le Montferrat fut adjugé au duc de Mantoue.

A cette époque, le marquis de Bedmar, qui était ambassadeur d'Espagne à Venise, trama contre cette république un des complots les plus hardis dont l'histoire ait gardé le souvenir. Quinze cents hommes de vieilles troupes, choisis dans la garnison de Milan, devaient être introduits secrètement dans la ville de Venise. Le marquis de Bedmar s'était chargé de leur procurer des armes. Il avait aussi gagné les officiers des régiments étrangers qui étaient au service de la république. Le feu devait être mis à l'arsenal, et les conjurés, profitant du tumulte, devaient massacrer les sénateurs et s'emparer de la ville au nom du roi d'Espagne. Un des conjurés trahit le secret. On arrêta les agents du marquis de Bedmar. Plus de cinq cents furent noyés dans les lagunes, et le sénat de Venise, content d'avoir échappé au danger, n'osa pas accuser l'Espagne de cet odieux attentat.

A l'intérieur du royaume, de même qu'au dehors, le duc de Lerme continua la politique adoptée par le roi précédent. Sous Philippe II, on avait persécuté les Maurisques; sous Philippe III, on résolut de les expulser entièrement de l'Espagne. Lors de la guerre des Alpuxarres, on avait enlevé ceux qui habitaient le royaume de Grenade, on les avait disséminés dans diverses par de la Péninsule. Cependant, malgré l isolement, malgré les conditions d vorables dans lesquelles ces infortu se trouvaient placés, ceux d'entre qui avaient survécu à cette cruelle portation excitaient par leur prospé la jalousie des vieux chrétiens. Le c fre de leur population allait sans cesse s'accroissant ; car ils ne quittaient leur pays pour aller chercher fortune Italie ou en Amérique, et il n'y av parmi eux ni moines ni monastères. recensement fait, en 1563, dans le roy me de Valence seulement, y avait port nombre des familles maurisques à 19,8 Quarante années plus tard, en 1602 ne s'élevait pas à moins de 30,000. accroissement était surtout remarq ble lorsque le nombre des chréti vieux diminuait rapidement par su de la guerre ou des émigrations da le nouveau monde. On disait que l'on n'y mettait ordre, les Maurisq seraient bientôt en état de se rend maîtres du pays. Sobres, laborieu économes, ils faisaient consister to leur ambition à entasser de l'arge et ils retenaient entre leurs mains plus grande partie du numéraire q existait dans la Péninsule. Dans to les états ils fournissaient les meilleu ouvriers. A l'habitude du travail, alliaient l'amour du lucre, l'esprit d'o dre et même l'avarice. Ils gagnaie beaucoup et ils dépensaient peu ; aus dit un auteur contemporain, quand réal avait été touché par l'un d'eux, était condamné à une prison perpétuel Voilà les populations industrieuses qu' voulait dépouiller de leurs richesses qu'on allait chasser du royaume. Il fall trouver un prétexte pour cet acte d'i quité. On supposa que les Maurisqu étaient en correspondance avec les Ma res de Barbarie ; qu'ils avaient écrit roi de Maroc pour l'engager à pass en Espagne. Ils avaient, disait-on, pr mis de se soulever à son approche po lui faciliter la conquête du pays. Cet accusation servit à motiver un édit ren contre eux, le 11 septembre 1609. Cet ordonnance enjoignait à tous ces m heureux de se rendre sous le délai trois jours dans l'endroit qui leur ser indiqué, pour être conduits de là au li de l'embarcation et pour être transportés sur les côtes d'Afrique : ces trois jours passés, il était permis à toute personne de les arrêter, s'ils étaient trouvés hors de l'endroit qui leur aurait été désigné, ou même de les tuer en cas de résistance. En prononçant un bannissement général, l'ordonnance apportait cependant à cette mesure quelques rares exceptions. Celui qui pouvait prouver par une attestation de son curé qu'il remplissait exactement depuis longtemps et avec sincérité ses devoirs de bon chrétien, pouvait obtenir la permission de rester dans le pays. Les seigneurs dont ils étaient les vassaux étaient autorisés à en désigner, par chaque cent, six qui demeureraient en Espagne pour enseigner à la population chrétienne la culture et l'exploitation de la canne à sucre, la conservation des grains, l'entretien des canaux, et enfin une foule d'industries dans lesquelles ils excellaient et dont eux seuls connaissaient les procédés. Dans le royaume de Valence, où ils étaient nombreux, où l'on pouvait craindre qu'ils ne tentassent de se soulever, on leur accorda la permission d'emporter tout ce qu'ils pourraient porter sur eux. Dans l'Andalousie, dans les deux Castilles, dans les royaumes de Grenade et de Murcie, il leur fut défendu, sous peine de mort, de faire sortir du royaume ni or ni argent. En Catalogne, on déclara leurs biens confisqués pour garantie des dettes qu'ils avaient pu contracter envers des chrétiens vieux. Ces dispositions furent exécutées avec la plus excessive cruauté. Trente-deux de ces infortunés, sur lesquels on saisit de l'argent et des bijoux, furent pendus à Burgos. Malgré ces actes de rigueur, les Maurisques parvinrent à emporter une grande quantité de numéraire. On comprit à Madrid qu'il n'était pas possible d'exécuter à la lettre l'édit qui dépouillait ces infortunés. Une nouvelle ordonnance leur permit de disposer de leur or et de leur argent, à condition qu'ils en remettraient moitié aux commissaires royaux. Mais il n'entra qu'une petite partie de cet argent dans le trésor de l'État. Sur les sommes que cette spoliation produisit le duc de Lerme se fit donner 250,000 ducats. Le duc d'Uceda, son fils, en reçut 100,000, le comte de Lemos 100,000, la comtesse de Lemos, fille du duc de Lerme, 50,000 [1].

Cette ordonnance fut tenue secrète jusqu'au moment de l'exécution. On prit d'avance des mesures pour que les infortunés qu'on frappait avec tant de barbarie ne pussent avoir même la pensée de se défendre. Plus de soixante galères armées vinrent mouiller au Grao de Valence et dans les divers ports de Catalogne et d'Andalousie. Les milices du pays furent mises sous les armes; enfin on avait fait venir des troupes d'Italie. Quand l'ordonnance fut publiée à Valence, le 22 septembre 1609, elle remplit les Maurisques de douleur et d'épouvante; leur première pensée fut de résister; mais ils étaient sans armes, séparés les uns des autres et entourés de forces redoutables. Ils prirent le parti de la soumission : ils exposaient en vente leurs outils, leurs meubles et leurs bestiaux, et ils les abandonnaient pour le prix qu'on leur en offrait. Le plus beau cheval se donnait pour 20 ducats. Une chèvre se payait à peine un réal. Quant à leurs récoltes, quant à leurs maisons, ils ne pouvaient pas les vendre, et la peine de mort était prononcée contre eux s'ils les détruisaient. Ils s'exposaient à la même peine s'ils cachaient une partie de leurs biens; car tout ce qu'ils ne pouvaient pas emporter était confisqué au profit de leurs seigneurs. On n'avait donné que trois jours pour l'exécution de cet édit de bannissement, mais il fut impossible de se renfermer dans un délai aussi court. Le nombre des Maurisques était trop considérable pour qu'on pût les embarquer tous en même temps. On entreprit donc un premier voyage, et l'on élève à quarante mille le nombre des infortunés qui firent partie de cette expédition. A peine furent-ils montés sur les bâtiments qu'ils se virent en butte à des exactions et à des rapines de tout genre. Ils devaient être transportés gratuitement au terme de leur navigation; mais beaucoup de capitaines exigèrent qu'ils payassent le prix du trajet, et comme il s'en trouvait parmi eux un grand nombre qui ne

[1] En tout 500,000 ducats, c'est-à-dire 4,130,000 francs.

possédaient pas la somme qu'on exigeait, on contraignit les riches à payer pour ceux qui n'avaient pas le moyen d'acquitter le passage. On ne se fit aucun scrupule de dépouiller ces malheureux proscrits par tous les moyens possibles. Les galériens qui ramaient sur la flotte, dit un auteur contemporain, déployèrent surtout une merveilleuse dextérité pour faire disparaître leur bagage. Quand ils furent débarqués et qu'ils eurent vu l'âpreté du sol africain, l'aridité des collines, la stérilité des campagnes, ils se mirent à pleurer amèrement en songeant au beau pays de Valence. Ce n'était pas là, cependant, le terme de leurs infortunes : les Maures, au lieu de les accueillir comme des frères, leur reprochèrent le temps qu'ils avaient vécu sous la loi de Jésus-Christ. Ils les appelèrent apostats, et ils en massacrèrent le plus grand nombre pour leur enlever les débris de leur fortune. Il y eut aussi de ces bannis qu'on ne transporta même pas jusqu'en Afrique : les capitaines qui s'étaient chargés de les y conduire, les jetèrent à la mer pour s'emparer de leurs richesses. Un patron catalan, nommé Riera, et le Napolitain Giovani Battista, dénoncés par un de leurs complices au viguier de Barcelone, furent punis pour cet horrible crime; mais sans doute ils ne furent pas les seuls qui s'en rendirent coupables, et la mer rejeta tant de cadavres sur ses bords que les Provençaux, par une cruelle dérision, donnèrent aux sardines le nom de *Grenadines*, et pendant quelque temps ils s'abstinrent d'en manger en disant qu'elles n'étaient repues que de chair humaine.

Quand les infortunés qui étaient restés en Espagne connurent le traitement qui les attendait à bord des navires et le sort qui leur était réservé en Afrique, le désespoir s'empara d'eux. Ils prirent la résolution de se défendre. Dans l'intérieur du pays, ceux de Muela furent les premiers qui se soulevèrent. Ils choisirent pour roi Vincente Turigi, et sous son commandement ils se mirent à piller les églises et à massacrer les chrétiens. Ceux du bord de la mer prirent pour chef un meunier de Guadalest, appelé Mellini Saquien. Mais ils manquaient d'armes et de munitions sorte qu'ils furent bientôt vainc dispersés. Turigi fut pris avec sa fa et fut pendu. Les chrétiens couru dans les montagnes à la chasse Maurisques comme on va à la ch des bêtes fauves; car, dit un au contemporain, qui a eu le courag faire imprimer le panégyrique de atroce exécution, Sa Majesté payait par chaque tête de Maurisque qu'o menait morte ou vivante [1]. Ceux ne périrent pas en se défendant fu tous déportés; ceux de l'Aragon et Castille obtinrent la permission de tir par les ports des Pyrénées, et trouvèrent en France cette hospit généreuse qu'on n'y refuse jama l'infortune.

Il est impossible de dire d'une nière précise le chiffre de la popula que cette mesure fit perdre à l'Espa mais il sortit cent quarante mille M risques du seul royaume de Vale Les trois quarts des villages de la C logne restèrent déserts, la Sierra rena perdit presque tous ses habit et cessa d'être cultivée. L'agricul fut ruinée en Espagne. Une foule dustries que les Maurisques ava fait prospérer, ne tardèrent pas à d rir ; les procédés dont ils faisaient u furent perdus ; les bras manquèrent manufactures, qui commencèrent à guir et qui bientôt tombèrent enti ment. Tous ces événements désast pour l'Espagne se passèrent sous l ministration de don Francisco de R y Sandoval, duc de Lerme. Ce fa voulant assurer la durée de son pou avait fait choix de personnes qui étaient dévouées pour entourer le Son fils, le duc de Uceda, jeune ho d'un caractère adroit et insinuant, a été placé par lui auprès de Philipp Son neveu, le comte de Lemos, avai attaché à la personne du prince des turies, afin que montant sur l'hor en même temps que le nouveau so il pût affermir et perpétuer l'influ et le crédit de son oncle. Enfin, po pas négliger le plus important, le min avait donné au roi un confesseur il se croyait sûr. En fermant ainsi to

[1] *Fonseca*. Justa expulsion de los Mori Livre V, ch. IX.

les avenues il s'était pour longtemps assuré du pouvoir : non content des honneurs dont il était comblé, il ambitionna aussi les plus hautes dignités de l'Église. Après la mort de sa femme, il était entré dans l'état ecclésiastique et le pape Paul V lui avait envoyé le chapeau de cardinal. Cependant sa puissance devait avoir un terme. Ce fut, dit-on, son propre fils, le duc de Uceda, qui fut l'artisan de sa perte. Il fit connaître au roi les accusations portées par le public contre le duc de Lerme, et ce ministre reçut, en 1618, l'ordre de quitter la cour. Le comte de Lemos fut enveloppé dans sa disgrâce; mais la colère publique se déchaîna surtout contre son confident Rodrigo Calderon, qu'il avait fait marquis de Siete Iglesias et comte de la Oliva. Les grandes richesses que ce parvenu avait amassées, aussi bien que son caractère altier, lui avaient attiré d'innombrables ennemis. Il fut accusé des crimes les plus odieux, arrêté et mis en jugement; mais ce fut seulement sous le règne suivant qu'il fut déclaré coupable d'assassinat et qu'il fut puni du dernier supplice.

Le duc de Uceda remplaça son père dans l'administration du royaume; mais il ne jouit pas longtemps de la faveur de Philippe III. Trois années plus tard, le dernier jour de mars 1621, ce prince mourut victime de l'étiquette ridicule que la maison de Bourgogne avait apportée en Espagne.

« Sa maladie lui commença, dit Bassompierre, dès le premier vendredi « de carême, lorsque, étant sur les dépêches, le jour étant froid, on avoit mis « un violent brasier au lieu où il étoit, « dont la réverbération lui donnoit si fort « au visage que les gouttes de sueur en « dégouttoient; et de son naturel il ne « trouvoit jamais rien à redire, ni ne « s'en plaignoit. Le marquis de Pobar, « de qui j'ai appris ceci, me dit que, « voyant comme ce brasier l'incommo- « doit, il dit au duc d'Albe, gentilhomme « de sa chambre comme lui, qu'il fît « retirer ce brasier qui enflammait la « joue du roi. Mais, comme ils sont très- « ponctuels en leurs charges, il dit que « c'étoit au sommelier du corps, le duc « d'Uceda; sur cela le marquis de Pobar « l'envoya chercher en sa chambre; « mais, par malheur, il était allé voir son « bâtiment, de sorte que le roi, avant « que l'on eût fait venir le duc d'Uceda, « fut tellement grillé que le lendemain « son tempérament chaud lui causa une « fièvre, cette fièvre un érysipèle, et « cet érysipèle, tantôt s'apaisant tantôt « s'enflammant, dégénera enfin en pour- « pre qui le tua.[1] »

Philippe IV n'avait que seize ans lorsqu'il monta sur le trône. Trop jeune et surtout trop occupé de ses plaisirs pour gouverner par lui-même, il se laissa conduire par Gaspard de Guzman comte-duc d'Olivarez, comme son père avait été conduit par le duc de Lerme et par le duc de Uceda. L'avénement du jeune roi et le choix de son favori fut donc seulement un changement de personne, mais rien ne fut changé à la ligne de conduite suivie sous les règnes précédents. Loin de chercher à vivre en bonne intelligence avec les nations voisines, ainsi que l'affaiblissement du royaume et l'épuisement de finances devaient le conseiller, le nouveau ministre, homme d'un caractère dur et violent, ne sut garder aucun ménagement et se jeta à corps perdu dans des intrigues dangereuses et dans des guerres acharnées. Il ne cessa d'entretenir des troubles en France, et même de fomenter des discordes entre les membres de la famille royale. Anne d'Autriche était espagnole de cœur aussi bien que de naissance. Marie de Médicis, et Gaston d'Orléans étaient soumis à

[1] Philippe III avait eu sept enfants de son mariage avec Marguerite d'Autriche. L'aînée était Anne d'Autriche, née le 22 septembre 1601, mariée à Louis XIII, roi de France. Ensuite venait don Domingo Victor de la Cruz, né le 8 avril 1605, qui succéda à son père, sous le nom de Philippe IV; puis doña Maria, née le 18 août 1606 : cette infante fut fiancée en 1626 et mariée en 1630 à Ferdinand III, roi de Hongrie et plus tard empereur.

Don Carlos, né le 14 septembre 1607, mort le 16 juillet 1632. Don Ferdinand, né le 7 mai 1609, cardinal-infant; il fut nommé, en 1632, gouverneur des Pays-Bas, en remplacement de sa tante Isabelle-Claire-Eugénie, qui était veuve de l'archiduc Albert. Cette princesse mourut le 1er décembre de l'année suivante (1633), à l'âge de soixante-dix-sept ans.

Doña Margarita, née le 5 mai 1610. Cette infante se fit religieuse, sous le nom de sœur Margarita de la Cruz. Elle mourut le 6 juillet 1633. Le dernier de ces enfants fut don Alonzo, né le 22 septembre 1611. Il ne vécut pas une année.

l'influence du cabinet de Madrid ; tous deux quittèrent la France pour se réfugier dans les Pays-Bas, et ils firent des traités avec le gouvernement espagnol. Enfin tous ceux qui étaient mécontents de l'administration du cardinal de Richelieu trouvaient un appui assuré auprès du duc d'Olivarez. Les huguenots eux-mêmes reçurent des secours du roi catholique. Un traité intervint entre ce souverain et Clausel, agent du duc de Rohan, chef des protestants français. Cet acte leur promettait un subside annuel de 300,000 ducats. Toutes ces intrigues, tous ces mauvais procédés expliquent et motivent la persistance avec laquelle Richelieu s'attacha pendant toute sa vie à combattre la puissance de la maison d'Autriche; néanmoins ce ne fut pas contre la France que les armes du nouveau roi portèrent leurs premiers coups. La trêve d'Anvers, qui avait été conclue avec les Hollandais pour douze années, était expirée le 9 avril 1621, c'est-à-dire neuf jours après l'avénement de Philippe IV au trône. Le duc d'Olivarez fit recommencer la guerre, qui fut continuée avec des fortunes diverses jusqu'à la paix de Munster, conclue en 1648. La guerre ne tarda pas non plus à se rallumer dans les autres parties de la Flandre. L'archiduc Albert était mort, la première année du règne de Philippe IV, sans laisser de postérité. Par conséquent, la souveraineté des Pays-Bas, qui avait été donnée en dot à l'infante Isabelle-Claire-Eugénie, fit retour à la couronne d'Espagne. Mais les seigeurs flamands se refusèrent à reconnaître la veuve de l'archiduc comme gouvernante au nom de Philippe. Ils tentèrent de former une république à l'imitation de celle des provinces bataves. Ils ne réussirent pas dans cette entreprise. Le général Espinola parvint à les réduire, et la prudence de l'infante contribua davantage encore à les soumettre. En toutes les circonstances elle témoigna le respect le plus sincère pour les anciennes institutions et pour les priviléges des Flamands. Par la sagesse de cette conduite, elle rétablit pour quelque temps dans son gouvernement l'influence et la domination espagnoles.

L'affaire de la Valteline fut aussi un des premiers embarras légués au nouveau roi par son prédécesseur. Ce petite province, située entre le Tyrol la Lombardie, s'était soulevée con le gouvernement des Grisons, dont e dépendait. Elle s'était placée sous protection de l'Espagne, et cette pu sance n'avait pas laissé échapper u occasion si favorable d'acquérir u communication facile entre ses Éta d'Allemagne et d'Italie. Le duc Feria, gouverneur de Milan, avait c cupé la Valteline, et pour s'en assur la possession, il y avait fait construi plusieurs forts. Un semblable établiss ment ne pouvait manquer de donn de l'ombrage à la république de Veni et au duc de Savoie; ces deux Éta s'unirent à la France pour demand que la Valteline fût évacuée et qu'el fût rendue aux Grisons. Le pape lu même, interprète des plaintes de l'Itali avait écrit à Philippe III, et ce princ la veille même de sa mort, avait cons gné dans son testament la dispositic suivante : « D'autant que, le 27 mars c « la présente année, je reçus une lett « de la main de Sa Sainteté Gr « goire XV, par laquelle il m'exhorta « et enchargeoit qu'en sa considératic « et pour l'amour de lui, ayant égar « au bien public, j'avisasse de pacifie « l'affaire de la Valteline, et ôter tout « occasion de scandale qui en pourro « arriver, j'ordonne au sérénissim « prince mon très-cher et très-aim « fils de recevoir en ceci le conseil pa « ternel de Sa Sainteté dans la form « susdite, puisque ma principale inter « tion n'a été que pour le bien publi « et sûreté des catholiques de cett « vallée, dont Sa Sainteté prend soi « comme père universel, et que je veu « que ce même écrit soit tenu pou « clause spéciale de mon testament. Pour exécuter les dernières volonté de Philippe III, un traité fut signé Madrid, le 25 avril 1621, par deux com missaires du nouveau roi et par le ambassadeurs de France Fargis et d Bassompierre. Il fut convenu que S Majesté Catholique retirerait ses trou pes de la Valteline et que les forts se raient détruits. Néanmoins ce traité n fut pas exécuté, et, l'année suivante, l roi d'Espagne obtint que Fargis signâ un nouvel arrangement. On y stipulai que les forts de la Valteline seraient mis en séquestre entre les mains du pape, jusqu'à ce que les difficultés élevées entre la France et l'Espagne relativement à l'exécution du traité de Madrid eussent été levees. Louis XIII ne voulut pas ratifier cette concession arrachée à son ambassadeur. Il s'empressa de désavouer de Fargis. Les forts de la Valteline n'en furent pas moins remis entre les mains du pape. C'est en cet état que le cardinal de Richelieu trouva cette affaire lorsqu'il fut chargé du ministère. Il ne voulut pas souffrir cette dérogation au premier traité; il la regardait comme honteuse pour la France, et comme préjudiciable à ses intérêts. D'accord avec la république de Venise et avec le duc de Savoie, il envoya dans la Valteline, sous le commandement du marquis de Cœuvres, une armée qui chassa les garnisons mises par le pape; mais les Espagnols s'étant avancés au secours des troupes du saint-siége, la lutte devint moins inégale, et, après deux années de guerre, un traité fut conclu en 1626, à Monçon. On convint que la Valteline resterait au pouvoir des Grisons, sous la double garantie de l'Espagne et de la France.

Le cardinal de Richelieu ne fut pas entièrement satisfait des clauses accessoires de cette convention; mais il avait hâte de conclure la paix; car aussitôt que Louis XIII avait été engagé dans une guerre étrangère, les huguenots de France, qui avaient pour chefs les ducs de Rohan et de Soubise, avaient pris les armes, et le cardinal avait résolu de les mettre dans l'impossibilité de troubler à l'avenir la paix du royaume. Il attaqua la Rochelle, et se rendit maître de cette place après onze mois de siége. Cette expédition était à peine terminée que de nouvelles contestations s'élevèrent entre la France et l'Espagne. Vincent II, duc de Mantoue et marquis de Montferrat, mourut dans les derniers jours de 1627. Il avait par son testament institué pour son héritier Charles de Gonzague, duc de Nevers, qui était son parent au troisième degré. Ce prince était dévoué aux intérêts de la France, et par conséquent il était suspect à Philippe IV, qui s'empressa de soutenir les prétentions élevées par le duc de Guastalla. Celui-ci, bien qu'il ne fût héritier du duc de Mantoue qu'au huitième degré, voulut s'emparer de la succession. Il fut aidé dans cette entreprise par les troupes espagnoles. Mais Louis XIII conduisit lui-même en Italie l'armée victorieuse qui venait de réduire la Rochelle. Il força le pas de Suse, contraignit les Espagnols à lever le siége de Casal, et finit par assurer à Charles de Gonzague l'héritage du duc de Mantoue.

Cette lutte ne fut en quelque sorte que le prélude d'une guerre plus longue et plus sanglante. Le 8 février 1635, un traité d'alliance fut conclu entre Louis XIII et le prince d'Orange. Par cette convention les deux puissances s'engagèrent à faire la guerre à l'Espagne, si Philippe IV ne leur donnait pas satisfaction relativement aux différents griefs dont elles avaient à se plaindre. Cet acte contenait aussi un partage entre les parties contractantes de la Flandre, qu'elles espéraient conquérir. On n'attendait qu'un prétexte pour éclater. Les Espagnols ne tardèrent pas à le donner. L'électeur de Trèves avait irrité la maison d'Autriche en se plaçant sous la protection de Louis XIII. En mars 1635, les troupes espagnoles surprirent la capitale de l'électorat, en chassèrent la garnison française et enlevèrent l'électeur, qui fut conduit à Bruxelles. Les réclamations du roi de France pour qu'il fût remis en liberté étant restées sans résultat, Richelieu saisit cette occasion et déclara la guerre.

L'armée française rencontra auprès d'Avein, dans le pays de Liége, les Espagnols, commandés par le prince Thomas de Savoie, et remporta sur eux une victoire signalée. Ensuite elle alla auprès de Maestricht se joindre aux troupes du prince d'Orange. Mais les Hollandais commençaient à redouter la puissance des alliés qu'ils s'étaient donnés. Ils firent la guerre avec mollesse. et leur inertie paralysa l'ardeur des Français. Par des proclamations répandues de tous les côtés on avait déclaré que la seule intention de la France et de la Hollande était de rendre aux Pays-Bas leur liberté et leur

BIBLIOTHÈQUE RO

indépendance. On avait espéré que les Flamands se soulèveraient; mais ils restèrent fidèles à l'Espagne, parce qu'alors on respectait leurs priviléges comme on eût dû les respecter en tous les temps. Les avantages des Français en Flandre pour cette campagne se bornèrent donc à la victoire d'Avein. Ils eurent plus de succès dans la Valteline; le duc de Rohan chassa les Impériaux qui occupaient cette vallée, et, malgré tous leurs efforts, il s'y maintint à la tête d'une poignée de monde.

Dans le Milanais, au contraire, la fortune se montra favorable à Philippe IV. Le maréchal de Créqui assiégea inutilement la ville de Valence. La flotte du roi catholique, commandée par le marquis de Santa-Cruz, s'empara aussi des îles Sainte-Marguerite, et Saint-Honorat sur les côtes de Provence.

L'année suivante (1636) fut glorieuse pour les Espagnols. Le cardinal de Richelieu avait dégarni nos frontières du nord, pour porter toute la force des armes françaises dans la Franche-Comté et dans l'Italie; le cardinal infant profita de cette faute pour pénétrer dans la Picardie à la tête de trente mille hommes. Il prit la Capelle, le Catelet, Corbie, Noyon; il traversa la Somme; des détachements de son armée s'avancèrent jusque sur les bords de l'Oise, et l'alarme se répandit jusqu'à Paris; mais ce succès fut de peu de durée. Louis XIII eut le temps de rassembler, sous les murs de Compiègne, une armée aussi nombreuse que celle des Espagnols. Il contraignit le cardinal infant à repasser la Somme et à se retirer en Flandre. Il reprit Corbie. Pendant ce temps la guerre se fit en Italie avec quelques avantages pour l'Espagne. Il en fut de même au pied des Pyrénées. L'amirante de Castille traversa ces montagnes à Saint-Jean de Luz et ravagea une partie de la Guyenne.

En 1637, les Français reprirent partout l'offensive. Ils recouvrèrent les îles de Lerins. Ils attaquèrent les Espagnols qui avaient formé le siége de Leucate, forcèrent leurs retranchements, leur tuèrent deux mille hommes, leur enlevèrent trente-sept pièces de canon et les contraignirent à quitter le Languedoc.

Sur la frontière des Pyrénées, le p[illegible] de Condé fit le siége de Fontarab[illegible] incendia douze vaisseaux qui apport[illegible] un secours de vivres et de muniti[illegible] Néanmoins l'amirante de Castille [illegible] vice-roi de Navarre l'attaquèrent [illegible] des forces supérieures et le forcère[illegible] se retirer. Pour se venger de ce rev[illegible] il alla prendre Salses en Roussillon. [illegible] nord et à l'est, les Français enlevè[illegible] Yvoi, la Capelle, Landrecies, Dam[illegible] lers, Hesdin, Arras, Gravelines, Co[illegible] trai, Dunkerque. Enfin, on se bat[illegible] sur toutes les frontières de France [illegible] cette guerre, qui ne dura pas moins [illegible] vingt-cinq années, acheva d'épuise[illegible] population et les finances de l'Espag[illegible]

La Catalogne était une des provin[illegible] qui avaient le plus souffert. Elle a[illegible] supporté presque tout le poids d[illegible] guerre qui se faisait dans le Roussil[illegible] Le fréquent passage et le séjour [illegible] troupes, les désordres auxquels e[illegible] manquaient rarement de se livrer ava[illegible] indisposé les habitants. Comme le [illegible] sor était vide, on voulut forcer les Ca[illegible] lans à entretenir les troupes qui étai[illegible] cantonnées chez eux et à fournir des [illegible] vres et des fourrages à celles qui [illegible] saient le siége de Salses dont les Fr[illegible] çais s'étaient emparés. Le comte [illegible] Santa-Coloma, qui les commandait, re[illegible] du premier ministre la lettre suivan[illegible]

« Non-seulement vous doutez [illegible] succès du siége entrepris, mais v[illegible] délibérez même si vous le lèverez [illegible] serait, à mon avis, le plus gr[illegible] déshonneur qui pût arriver à la mon[illegible] chie... Je me contenterai de vous di[illegible] à propos de la disette des vivres et [illegible] fourrages qui commence dans le cam[illegible] que si vous, le premier, tous les o[illegible] ciers de Sa Majesté dans la principau[illegible] la noblesse et les communautés, [illegible] bligez les peuples à porter sur le[illegible] épaules tout le blé, toute l'orge [illegible] toute la paille qui se trouveront, v[illegible] manquerez les uns et les autres à [illegible] que vous devez à Dieu, à votre roi, [illegible] sang qui coule dans vos veines et à [illegible] tre propre conservation. Si la néc[illegible] sité d'une juste défense et l'inté[illegible] de la religion permettent quelque[illegible] la vente des calices et des vases sacr[illegible] pourquoi ne ferait-on pas des cho[illegible] moins extraordinaires dans une occas[illegible] si pressante. Il est constant que partout où les Français mettent le pied, la secte de Calvin entre avec eux. Puisque l'État et la religion sont également menacés, je dois parler sans déguisement. Si l'on peut réussir sans donner aucune atteinte aux priviléges de la province, il faut les ménager; mais s'ils peuvent apporter seulement une heure de retardement aux affaires du roi, celui qui les allègue se déclare ennemi de Dieu, du roi, de son propre sang et de la patrie.

« Ne souffrez donc pas qu'il y ait un seul homme dans la province capable de travailler qui n'aille à la guerre, ni aucune femme qui ne serve à porter sur ses épaules de la paille et du foin et tout ce qui sera nécessaire pour la cavalerie et pour l'armée. C'est en cela que consiste le salut de tous. Il n'est pas temps de prier, mais de commander et de se faire obéir. Les Catalans sont naturellement légers, tantôt ils veulent, tantôt ils ne veulent pas; faites-leur entendre que le salut du peuple et celui de l'armée passe avant toutes les lois et tous les priviléges. Ayez soin que les soldats soient bien logés et qu'ils aient de bons lits; et si l'on en manque, prenez hardiment ceux des gentilshommes les plus qualifiés de la province. Il vaut mieux les réduire à coucher sur la terre que de laisser souffrir les soldats. »

Quelques jours plus tard Philippe IV écrivit à son tour au vice-roi de Catalogne : « Il m'a semblé bon de vous dire que la province ne peut pas s'acquitter plus mal de son devoir qu'elle ne le fait au regard des assistances qu'elle doit donner. Ce défaut vient de l'impunité. Si on avait puni de mort quelques-uns des fuyards de la province, la désertion n'aurait pas été si grande. En cas que vous trouviez dans les magistrats de la résistance ou de la mollesse pour l'exécution de mes ordres, mon intention est que vous procédiez contre ceux qui ne vous seconderont pas dans cette occasion où il s'agit de mon plus grand service. Faites arrêter, si bon vous semble, quelques-uns des magistrats, ôtez-leur l'administration des deniers publics, qui seront employés aux besoins de l'armée, et confisquez les biens de deux ou trois des plus coupables, afin de donner de la terreur à la province. Il est bon qu'il y ait quelque châtiment exemplaire. » Ces ordres furent exécutés avec la plus grande sévérité. Lorsque le comte de Santa-Coloma eut repris la ville de Salses, il mit son armée en cantonnement en Catalogne, où les troupes commirent des excès inouïs.

Philippe IV et le duc d'Olivarez s'étaient abusés lorsqu'ils avaient pensé que ces violences inspireraient la terreur aux Catalans. Ils connaissaient mal le caractère de ces populations laborieuses, mais dures et vindicatives. Ils n'avaient pas compris combien elles étaient attachées à leurs anciennes institutions. L'exemple de la Castille et de l'Aragon qui, après avoir perdu leurs fueros, s'étaient appauvris en peu de temps, rendait encore plus chers aux Catalans des priviléges qu'ils regardaient, avec raison, comme la garantie de leur prospérité. La partie de cette province qui s'étend le long de la Méditerranée, les vallées de l'Ebre, de la Ségré, étaient admirablement cultivées; mais il y avait aussi une partie du pays qui était couverte de bois et de montagnes, où se retiraient ceux qui se mettaient en hostilité avec la société, soit qu'ils eussent déjà commis quelque infraction aux lois, soit qu'ils eussent quelque vengeance à exercer [1]. « Ils nommaient ce bannissement volontaire *andar en trabajo*, aller à la peine. Dans les bois, ils se divisaient en *quadrilles* ou compagnies, sous des capitaines qui les faisaient vivre de brigandage. Ces chefs s'accoutumaient ainsi à la petite guerre; souvent ils passaient dans les armées, et y obtenaient les grades les plus élevés. Il y avait alors peu de Catalans qui n'eussent demeuré quelque temps *al trabajo* : ils n'y attachaient aucune honte, et ils étaient assurés de la sympathie comme de l'assistance de leurs parents et de leurs amis. Ils portaient tous, en bandoulière, une courte arquebuse; point d'épée, point de chapeau; mais un bonnet dont la couleur indiquait la quadrille dans laquelle ils s'étaient rangés; ils avaient pour chaussure des alpargatas; une large cape de serge blan-

[1] Melo.

che leur servait de tente et de lit aussi bien que de manteau ; ils avaient plusieurs pains secs, enfilés à la corde qui leur servait de ceinture et à laquelle pendait une gourde pleine d'eau ; car ils ne buvaient presque jamais de vin. C'est dans cet équipage qu'ils habitaient les bois, qu'ils pillaient les voyageurs et les officiers du roi, et qu'ils étaient reçus en bons voisins par les villageois de la plaine. »

C'est au milieu de ces hommes redoutables que l'armée vint prendre ses cantonnements. Elle y vécut comme en pays conquis, et les soldats mirent le feu à plusieurs villages qui refusaient de payer les contributions. Les églises furent pillées ou incendiées, et celle du bourg de Rio de Arenas fut réduite en cendres avant que l'on pût transporter ailleurs les hosties consacrées. Une sentence d'excommunication fut lancée, par l'évêque de Girone, contre les soldats qui avaient commis ce sacrilége. Les villageois vinrent invoquer la protection des magistrats pour avoir justice des violences qui avaient été commises par les soldats; ces plaintes devinrent si nombreuses et si vives que le vice-roi défendit aux juges et aux avocats de Barcelone de recevoir aucune accusation contre les militaires. Cet acte arbitraire ayant soulevé les réclamations de la députation de Catalogne, le vice-roi fit arrêter Tamarit, député de la noblesse au tribunal souverain de la province, et le chanoine Pablo Claris, député du clergé. Il fit également emprisonner deux conseillers, Francisco de Vergos et Leonardo Scura. Ces violations des priviléges de la Catalogne portèrent au dernier degré l'irritation des habitants; enfin l'insurrection éclata.

« Le mois de juin venait de commencer [1]. C'est l'usage antique de la province que dans ce mois descendent des montagnes sur Barcelone des bandes de moissonneurs, gens pour la plupart violents et hardis, qui vivent librement le reste de l'année sans occupation et sans habitation certaines. Ils portent le désordre et l'inquiétude partout où ils sont reçus; mais il paraît que le moment de la moisson venu on ne peut pas se passer d'eux. Cette ann[ée] les hommes de sens craignaient par[ti]culièrement leur arrivée, pensant bi[en] que les circonstances présentes favo[ri]seraient leur audace, au grand dom[]mage de la paix publique. Ils entraie[nt] habituellement à Barcelone la veil[le] de la fête du corps du Seigneur. Il [en] arriva plus tôt cette année, et le[ur] nombre plus grand qu'à l'ordinai[re] donna de plus en plus à penser à ce[ux] qui se défiaient de leurs projets. Le vic[e-]roi, averti de cette nouveauté, essa[ya] de détourner le danger. Il fit dire à [la] municipalité qu'il lui paraissait conv[e]nable, à la veille d'un jour si sacré, q[ue] l'entrée de la ville fût interdite a[ux] moissonneurs, de peur que leur nom[]bre n'encourageât le peuple, qui s'ag[i]tait déjà, à tenter quelque mauvais cou[p].

« Mais les conseillers de Barcelo[ne] (ainsi se nomment les magistrats mun[i]cipaux, qui sont au nombre de cinq) satisfaits en secret de l'irritation d[u] peuple, et espérant que de ce tumul[te] sortirait la voix qui appellerait un r[e]mède aux malheurs publics, s'excus[è]rent sur ce que les moissonneurs étaie[nt] hommes connus nécessaires pour [la] récolte. Ce serait, disaient-ils, u[ne] grande cause de trouble et de tristes[se] que de fermer les portes de la vill[e]. On ne savait d'ailleurs si la multitu[de] consentirait à obéir à l'ordre d'un sim[]ple héraut. Ils essayaient ainsi de fai[re] peur au vice-roi, pour qu'il adoucît [la] dureté de ses manières ; d'un autre côt[é] ils cherchaient à se ménager une justif[i]cation, quoi qu'il arrivât. Santa-Colom[a] leur répondit impérieusement, en i[n]sistant sur le péril qui les attendait s'i[ls] continuaient à recevoir de tels homme[s]; mais les magistrats lui répondirent, [à] leur tour, qu'ils n'osaient pas montr[er] à leurs concitoyens une telle méfiance[;] qu'on voyait déjà les effets de sembl[a]bles soupçons ; qu'ils faisaient arm[er] quelques compagnies de la milice po[ur] maintenir la tranquillité ; que da[ns] tous les cas, si leur faiblesse était insu[f]fisante, ils auraient recours à son aut[o]rité; car c'était à lui d'agir comme go[u]verneur de la province, tandis que l[es] conseillers de la ville n'avaient que d[es] avis à donner. Ces raisons arrêtère[nt] le vice-roi; il ne crut pas convenabl[e]

[1] Melo. Traduction de M. Léonce de Lavergne.

de prier, ne pouvant se faire obéir, et il craignit de montrer aux magistrats qu'ils étaient assez puissants pour avoir peut-être son sort dans les mains.

« Cependant arriva le jour où l'Église catholique célèbre la fête du Saint-Sacrement de l'autel; c'était, cette année-là, le 7 juin. L'affluence des moissonneurs qui entraient en ville dura toute la matinée. Il en vint près de deux mille qui, réunis à ceux des jours précédents, formaient un total de plus de deux mille cinq cents hommes, dont plusieurs avaient d'affreux antécédents. Beaucoup avaient ajouté, dit-on, des armes nouvelles à leurs armes ordinaires, comme s'ils avaient été convoqués pour quelque grand dessein. Ils se repandaient en entrant dans toute la ville; on les voyait se réunir par groupes bruyants dans les rues et sur les places. Dans chacun de ces groupes, il n'était question que des querelles du roi et de la province, de la violence du vice-roi, de l'emprisonnement des députés et des conseillers, des tentatives de la Castille et de la licence des soldats. Puis, frémissant de colère, ils marchaient en silence çà et là, leur fureur comprimée ne cherchant qu'une occasion pour éclater. Dans leur impatience, s'ils rencontraient quelque Castillan, ils le regardaient avec moquerie et insulte, quel que fût son rang, pour l'amener à un éclat. Enfin il n'y avait aucune de leurs démonstrations qui ne présageât une catastrophe.

« En ce temps-là se trouvaient à Barcelone, attendant la nouvelle de la campagne, un grand nombre de capitaines et d'officiers de l'armée, et d'autres serviteurs du roi catholique que la guerre de France avait appelés en Catalogne. Ils étaient vus en général avec déplaisir par les habitants. Les plus attachés au roi, avertis par le passé, mesuraient leurs démarches; les libres allures de la soldatesque étaient suspendues. Déjà plusieurs personnes de rang et de qualité avaient reçu des affronts que l'ombre de la nuit, ou la crainte avait tenus cachés. Les symptômes d'une rupture devenaient de plus en plus nombreux. Il y eut des maîtres de maison qui, s'apitoyant sur leurs hôtes, leur conseillèrent bien à l'avance de se retirer en Castille; d'autres qui, dans l'emportement de leur rage, les menaçaient, à la moindre occasion, du jour de la vengeance publique. Ces avertissements décidèrent un grand nombre d'entre eux, que leur emploi obligeait à accompagner le vice-roi, à se dire malades et dans l'impossibilité de le suivre; d'autres, dédaignant ou ignorant le danger, allèrent au-devant.

« L'émeute s'était bientôt déclarée sur tous les points; bourgeois et campagnards couraient en désordre. Les Castillans, terrifiés, se cachaient dans les lieux secrets, ou se confiaient à la fidélité suspecte des habitants, qu'ils tâchaient d'émouvoir, ceux-ci par la pitié, ceux-là par l'adresse. La force publique accourut pour comprimer les premiers mouvements, en cherchant à reconnaître et à saisir les auteurs du tumulte. Cette mesure, généralement mal accueillie, donna un nouvel aliment à la fureur populaire, comme des gouttes d'eau jetées sur une fournaise ne font qu'aviver le feu.

« On remarquait parmi les séditieux un moissonneur, homme féroce et terrible. Un officier subalterne de la justice le reconnut et essaya de l'arrêter. Il s'ensuivit une rixe; le paysan fut blessé; ses compagnons accoururent en foule à son secours. Chaque parti fit de grands efforts, mais l'avantage resta aux montagnards. Quelques soldats de la milice préposés à la garde du palais du vice-roi se dirigèrent vers le tumulte, que leur présence grossit au lieu de le calmer. L'air retentit de cris furieux. Les uns criaient vengeance; d'autres, plus ambitieux, appelaient la liberté de la patrie. Ici c'était : *Vivent la Catalogne et les Catalans!* là : *Meure le mauvais gouvernement de Philippe!* Formidables furent ces premières clameurs à l'oreille de ceux qu'elles menaçaient. Presque tous ceux qui ne les proféraient pas les écoutaient avec terreur, et n'auraient jamais voulu les entendre. L'incertitude, l'épouvante, le danger, la confusion, étaient égaux partout. Tous attendaient la mort par instant; car une populace irritée ne s'arrête guère que dans le sang. De leur côté, les rebelles s'excitaient mutuellement au carnage; l'un criait quand l'autre frappait, et celui-ci s'animait encore à la voix de celui-là. Ils apostrophaient les Espagnols des noms les plus infâmes et les cherchaient partout avec acharnement. Celui qui en découvrait un et qui le tuait était réputé par les siens vaillant, fidèle et heureux. La milice avait pris les armes sous le prétexte de rétablir la tranquillité, soit par l'ordre du vice-roi, soit par l'ordre de la municipalité; mais, au lieu de réprimer le désordre, elle ne fit que l'accroître.

« Plusieurs bandes de paysans, renforcées d'un grand nombre d'habitants de la ville, s'étaient portées sur le palais du comte de Santa-Coloma, pour le cerner. Les députés de la *générale* et les conseillers de la ville accoururent aussitôt. Cette précaution, loin d'être utile au vice-roi, augmenta son embarras. Là fut ouvert l'avis qu'il ferait bien de quitter Barcelone en toute hâte, vu que les choses n'étaient déjà plus au point où il fût possible d'y porter remède. Pour le déterminer, on lui cita l'exemple de don Hugo de Moncada, qui, dans une circonstance analogue, s'était retiré de Palerme à Messine. Deux galères génoises, à l'ancre près du môle, offraient encore une espérance de salut. Santa-Coloma écoutait ces propositions, mais avec l'esprit si troublé que sa raison ne pouvait déjà plus distinguer le faux du vrai. Peu à peu il se remit; il congédia d'abord presque tous ceux qui l'accompagnaient, soit qu'il n'osât pas leur dire autrement de songer à sauver leur vie, soit qu'il ne voulût pas avoir de si nombreux témoins dans le cas où il serait contraint de se retirer. Puis il rejeta le conseil qu'on lui donnait comme ayant de grands dangers, soit pour Barcelone, soit pour toute la province. Jugeant que la fuite était indigne de sa position, il sacrifia intérieurement sa vie à la dignité du mandat royal, et se disposa à attendre fermement à son poste toutes les chances de sa fortune.

« De la conduite des magistrats dans cette affaire, je n'en veux rien dire. Tantôt la crainte, tantôt le calcul les portait à agir ou à s'effacer, suivant leurs convenances. On donne pour certain qu'ils ne purent jamais croire que le peuple en viendrait à de telles extrémités, n'ayant guère tenu compte de ses premières démonstrations. De son côté, le misérable vice-roi continuait à s'agiter comme le naufragé qui travaille encor à atteindre le rivage. Il tournait et re tournait dans son esprit le mal et le re mède : dernier effort de son activité qu devait être le dernier acte de sa vie. Rer fermé dans son cabinet, il donnait de ordres par écrit et de vive voix; mais o n'obéissait déjà plus ni à ses écrits ni à se paroles. Les fonctionnaires royaux n cherchaient qu'à se faire oublier, et n pouvaient lui servir en rien; quant au fonctionnaires provinciaux, ils ne vou laient ni commander, ni encore moin obéir. Pour dernière ressource, il vou lut céder aux réclamations du peuple, e lui remettre la direction des affaires pu bliques; mais le peuple ne voulait déj plus recevoir de lui aucune concession car nul ne consent à devoir à un autr ce qu'il peut prendre par lui-même. I ne put seulement pas réussir à fair connaître sa résolution aux autres; l révolte avait tellement désorganisé l'ad ministration qu'aucun de ses ressort ne fonctionnait plus, comme il arrive au corps humain dans les maladies.

« A ce nouveau désappointement, i reconnut combien sa présence était inu tile, et ne songea plus qu'à sauver se jours. Peut-être n'y avait-il de moyen d calmer les mutins que de leur donne satisfaction en quittant la ville. Il l'es saya, mais sans succès. Ceux qui occu paient l'arsenal (la atarazana) et l boulevard de la mer avaient forcé, à coups de canon, une des galères à s'é loigner; d'ailleurs pour se rendre jus qu'au port il fallait passer sous la bou che des arquebuses. Il rentra donc, suiv d'un petit groupe, au moment où le séditieux forçaient les portes. Ceux qu gardaient le palais se mêlèrent aux as saillants, ou ne firent aucun effort pou les arrêter. En même temps, courai dans la ville une rumeur confuse d'ar mes et de cris. Chaque maison offrai une scène d'horreur : on incendiait le unes, on ruinait les autres; aucune n'é tait respectée par la fureur populaire La sainteté des temples était oubliée les asiles sacrés des cloîtres n'arrêtaien pas l'audace des assassins. Il suffisai d'être Castillan pour être mis en pièces sans autre examen. Les habitants eux mêmes étaient assaillis au moindre soup çon; quiconque ouvrait sa porte au victimes ou la fermait aux furieux était puni de sa pitié comme d'un crime. Les prisons furent forcées; les criminels en sortirent non-seulement pour être libres, mais pour commander.

« En entendant les cris de ceux qui le cherchaient, le comte comprit que sa dernière heure était arrivée. Déposant alors les devoirs du grand, il céda aux instincts de l'homme. Dans son trouble il revint à son premier projet d'embarquement. Il sortit une seconde fois pour se rendre au rivage; mais comme il n'y avait pas de temps à perdre, et que l'accablement retardait sa marche, il ordonna à son fils de prendre les devants avec sa faible suite, pour rejoindre le canot de la galère qui se tenait à portée, non sans péril, et de l'y attendre. Ne comptant pas sur sa fortune, il voulait assurer au moins la vie de son fils. Le jeune homme obéit et atteignit l'embarcation; mais il lui fut impossible de la retenir près du rivage, tant on redoublait d'efforts du côté de la ville pour la couler. Il navigua donc vers la galère, qui attendait hors du feu de la batterie. Le comte s'arrêta, et regarda le canot s'éloigner avec des larmes bien pardonnables, chez un homme qui se sépare à la fois de son fils et de son espérance : sûr de sa perte, il revint d'un pas chancelant par le rivage qui fait face aux coteaux de Saint-Bertrand, sur la route de Montjuich.

« Cependant son palais était envahi et sa disparition connue de tous; on le cherchait avec fureur de tous les côtés, comme si sa mort devait être le couronnement de cette journée. Ceux de l'arsenal ne le perdaient pas de vüe. Tous les yeux étant fixés sur lui, il vit bien qu'il ne pouvait échapper à ceux qui le suivaient. La chaleur du jour était grande, plus grande l'angoisse, certain le péril, vif et profond le sentiment de sa honte. L'arrêt avait été prononcé par un tribunal infaillible. Il tomba par terre en proie à un évanouissement mortel. C'est dans cet état qu'il fut trouvé par quelques-uns de ceux qui le cherchaient, et tué de cinq blessures à la poitrine. »

Le duc de Segorbe et de Cardone fut nommé vice-roi pour remplacer le comte de Santa-Coloma. Il était aimé en Catalogne, et peut-être fût-il parvenu par sa douceur et par son esprit conciliant à rétablir la tranquillité; mais une maladie l'enleva avant qu'il eût pu accomplir cette pacification. Toutes les villes suivirent l'exemple de Barcelone, et la province entière se mit en insurrection. A l'instigation de Richelieu, les Catalans s'érigèrent en république sous la protection de Louis XIII. Cependant le marquis de Los-Velez, nommé par Philippe IV vice-roi de Catalogne, entra dans cette principauté à la tête d'une armée nombreuse. Il s'empara de Tortose et Cambrils. Il incendiait les villes qui osaient lui résister, et il traitait les garnisons avec la plus horrible cruauté. Il faisait pendre aux créneaux les officiers qui se défendaient. Lorsque la garnison de Cambrils avait demandé à capituler, il avait répondu qu'il ne pouvait faire grâce à des rebelles sans commettre un sacrilége. Ces atrocités produisirent un effet opposé à celui que la cour de Madrid en attendait. La fureur des Catalans s'en accrut. La ville de Barcelone, assiégée par le marquis de Los-Velez, se défendit avec tout l'acharnement que donne le désespoir; mais les habitants, persuadés qu'ils ne pouvaient sans le secours d'un puissant protecteur lutter contre toutes les forces de la monarchie espagnole, résolurent de dissoudre leur république naissante et d'offrir au roi de France la seigneurie de la Catalogne avec le titre de comte de Barcelone. Les généraux français qui commandaient dans le Languedoc n'attendirent pas que ces offres eussent été officiellement acceptées, pour envoyer des secours aux Barcelonais; à l'aide de ces auxiliaires les assiégés parvinrent à chasser l'armée du marquis de Los-Velez, et le forcèrent à se retirer laissant sous les murs de la place deux mille hommes morts ou blessés. Le roi de France fut seul nommé comme souverain dans les prières publiques que firent les habitants pour célébrer la levée du siége. Cependant Louis XIII ne signa que neuf mois plus tard (le 18 septembre 1641) l'acte par lequel il accepta la souveraineté de la Catalogne. En même temps il fit serment de respecter les *fueros* de cette province.

Une armée française s'empara de Salses, de Perpignan et de toutes les autres places de la Cerdagne et du Roussillon;

des troupes et des munitions furent envoyées aux Catalans, qui se trouvèrent ainsi en état de résister à tous les efforts de l'Espagne. La guerre se fit avec des succès divers, il y eut des siéges obstinés, de valeureuses défenses, des rencontres sanglantes; mais nulle bataille rangée ne vint décider du sort de cette lutte, qui dura jusqu'en 1659.

L'insurrection de Catalogne amena une autre révolution qui eut pour l'Espagne des conséquences encore plus funestes. En 1640, le comte-duc, ayant enjoint au duc de Bragance et aux principaux chefs de la noblesse portugaise de venir à Madrid pour y voter de nouveaux subsides et pour prendre part à l'expédition que le roi se proposait de diriger en personne contre la Catalogne, ces ordres portèrent au dernier point le mécontentement des Portugais, qui ne supportaient qu'avec impatience le joug de l'Espagne. Ils se soulevèrent et proclamèrent le duc de Bragance roi de Portugal, sous le titre de Jean IV [1].

Philippe IV, occupé tout entier des plaisirs ruineux par lesquels le comte-duc s'appliquait à le distraire, ignorait encore cette révolution, quand toute l'Europe en était instruite. Il fallait cependant la lui faire connaître. Mais aucun de ses courtisans n'osait l'en instruire. Enfin, le duc d'Olivarez, l'abordant le sourire sur les lèvres, lui dit : « Votre Majesté vient de gagner douze millions. — Et comment? répondit le roi. — Oui! reprit le ministre, la tête a tourné au duc de Bragance. Il a eu la folie de se faire couronner roi de Portugal. Voilà tous ses biens confisqués de droit. — Eh bien, repartit, sans s'émouvoir, l'indolent monarque, il faudra y mettre ordre. » Néanmoins cet événement acheva de perdre le duc d'Olivarez, déjà discrédité par sa mauvaise administration. On attribuait à son caractère dur et inflexible les malheurs de la monarchie; tout le monde désirait sa chute. Le roi, quelque attaché qu'il fût à son favori, ne put se dispenser de l'éloigner de la cour; mais ce fut là que se borna la disgrâce de ce ministre, et ce fut la seule peine qu'il eut à subir pour tous les maux qu'il avait causés au pays.

Pendant que l'Espagne se trouvait engagée dans les guerres de Catalogne et de Portugal, la mort enleva Richelieu et Louis XIII. La minorité du jeune roi qui venait de monter sur le trône de France paraissait offrir aux Espagnols une occasion favorable de réparer leurs désastres. Ils la saisirent avec empressement. Ils pénétrèrent en Champagne et assiégèrent la ville de Rocroy. Mais le grand Condé les attaqua, les tailla en pièces; et les vieilles bandes espagnoles qui, depuis le règne de Ferdinand le Catholique, passaient pour la meilleure infanterie du monde, furent entièrement anéanties. L'Espagne, affaiblie par ces défaites, se décida enfin, en 1648, à faire la paix avec les Provinces-Unies, dont elle reconnut l'indépendance. A la même époque, on termina les négociations du congrès de Westphalie, où depuis quatre années on travaillait à asseoir les bases de la paix, et l'on signa, dans la ville de Munster, le fameux traité qui mit un terme aux contestations de la France et de l'Empire germanique. Philippe IV refusa de prendre part à cet arrangement, quoiqu'il restât seul pour soutenir la guerre; il ne voulut point se soumettre aux conditions qu'on prétendait lui imposer. Au reste, les révoltes qui troublèrent les premières années du règne de Louis XIV permirent à l'Espagne de lui résister quelque temps avec avantage.

En Catalogne, la guerre durait depuis onze ans, lorsque Barcelone fut prise par le marquis de Mortara et par le fils naturel de Philippe IV. Ce jeune prince, de même que le bâtard de Charles V, portait le nom de don Juan d'Autriche; et lui aussi se rendit célèbre par ses talents militaires. Il réussit à chasser les Français de la Catalogne; mais ceux-ci y rentrèrent l'année suivante, et restèrent maîtres de Roses, de Puycerda, de Vique, de Solsone et de plusieurs autres places importantes.

La France et surtout l'Espagne avaient besoin de la paix. Mazarin, pour en faciliter la conclusion, avait fait proposer un mariage entre le roi de France et la fille de Philippe IV. Mais ce dernier prince avait repoussé bien loin un semblable arrangement; car à cette époque,

[1] On trouve dans le savant travail de M. Ferdinand Denis les détails les plus curieux sur cette révolution.

n'avait pas de fils, et il ne voulait pas que les couronnes de France et d'Espagne pussent se trouver réunies sur la même tête. La reine sa femme, Élisabeth, fille de Henri IV, était morte le 6 octobre 1644. Elle avait eu cinq filles, dont une seule, doña Maria-Theresa-Bibiana, lui a survécu. Elle avait aussi mis au jour don Balthasar Carlos; mais ce prince était mort deux ans après sa mère. Philippe IV, désirant obtenir un héritier de sa couronne, épousa, en 1647, l'archiduchesse Marianne. Le 20 novembre 1657, cette princesse étant accouchée de l'infant don Philippe Prosper, les motifs qui avaient fait repousser la pensée d'un mariage entre Louis XIV et l'infante Marie-Thérèse n'existaient plus. De nouvelles négociations furent engagées. Elles eurent lieu dans l'île des Faisans, située au milieu de la Bidassoa, qui sert de limite entre les deux royaumes. Après trois mois de discussions on signa la convention fameuse connue sous le nom de traité des Pyrénées. Les plénipotentiaires mirent fin aux nombreux différends qui s'étaient élevés entre les deux couronnes. Aussi le traité ne contient-il pas moins de cent vingt-quatre articles. Les plus importants sont le trente-troisième, qui arrête et accorde le mariage entre le roi de France et l'infante Marie-Thérèse; et le quarante-deuxième, qui prend les Pyrénées pour ligne séparative des deux États. Cette dernière stipulation ayant présenté quelques difficultés dans l'application, et les commissaires n'ayant pu tomber d'accord sur ce qu'il fallait entendre par la ligne des Pyrénées, une nouvelle capitulation explicative de l'article quarante-deux intervint le 13 mai de l'année suivante. Il fut convenu que le roi de France demeurerait en possession des comté et viguerie de Roussillon et de Conflans, ainsi que de toutes les places, villes et bourgs qui en dépendent de quelque côté des Pyrénées qu'ils soient situés; et que le principat de Catalogne et la viguerie de Cerdagne avec tous les lieux qui en dépendent resteraient au roi catholique, à l'exception toutefois de la vallée de Carol, qui appartiendrait à la France. Une amnistie fut stipulée en faveur des Catalans, et le traité leur assura la conservation de leurs biens, de leurs emplois, de leurs honneurs et de leurs priviléges.

Le mariage fut célébré au mois de juin 1660, après que l'infante Marie-Thérèse eut fait en public, pour elle et pour ses descendants, une renonciation solennelle à tous les droits que sa naissance lui donnait à la couronne d'Espagne. Mais tout le monde reconnaissait déjà l'inutilité de cette vaine cérémonie; et Philippe IV lui-même laissa échapper ces paroles : *Esto es una patarata.*

Dès que Philippe IV se vit débarrassé de tous ses ennemis, il put concentrer toutes ses forces contre le Portugal. Dom Juan IV était mort en 1656, et sa veuve, dona Loisa de Guzman, femme du plus grand mérite, chargée de la tutelle de son fils Alphonse VI, gouvernait l'État avec autant de prudence que de succès. En voyant les préparatifs que faisait la Castille, elle crut qu'il valait mieux obtenir un arrangement honnête que de courir les chances incertaines et toujours funestes de la guerre. Mais Philippe IV fut inexorable, et la guerre prit une nouvelle activité. Don Juan d'Autriche, après bien des combats, parvint à se rendre maître d'Evora, d'Estremoz et de quelques autres places. Au reste, ces avantages furent largement compensés par les victoires que les Portugais remportèrent; et les Espagnols ayant mis le siége devant Ciudad Rodrigo, la garnison, réduite aux dernières extrémités, fit un effort désespéré : elle força les lignes des assiégeants, leur tua plus de douze cents hommes et les contraignit à la retraite. Une intrigue de cour acheva de ruiner les affaires de l'Espagne. L'influence que don Juan d'Autriche avait conquise par ses victoires en Catalogne, en Flandre et en Portugal, semblait chaque jour plus redoutable à la reine Marianne. Elle pensait que, dans le cas où le roi viendrait à mourir, don Juan pourrait avec succès lui disputer la régence, pendant la minorité du prince des Asturies. Elle était donc intéressée à détruire le crédit et la renommée de ce général. Peu scrupuleuse sur le choix des moyens, elle employa toute son influence pour empêcher qu'on ne fournît à don Juan les secours en hommes, en argent, en vivres et en munitions, sans lesquels il était impossible qu'il ne reçût pas la loi de l'ennemi. Don Juan se plaignit en vain de l'abandon où on le laissait, ses plaintes ne parvinrent pas jusqu'aux oreilles du roi. Enfin, voyant que ses réclamations ne produisaient aucun effet, il se démit du commandement qui lui avait été confié, se retira à Consuegra; et le commandement de l'armée passa au marquis de Caracena.

Les Portugais ne laissèrent pas échapper une occasion aussi favorable de porter un coup décisif. Une armée de gens affamés, à demi nus et mal armés, était un faible obstacle à opposer à des hommes qui étaient accoutumés à vaincre et qui combattaient pour leur patrie et pour leur liberté. Néanmoins, les troupes espagnoles, attaquées près de Villaviciosa par l'armée portugaise, opposèrent une noble résistance, et n'abandonnèrent le champ de bataille qu'après avoir perdu plus de quatre mille hommes. Cette mémorable bataille affermit la couronne de Portugal sur la tête de la maison de Bragance. Lorsque Philippe IV reçut la dépêche qui lui annonçait la fatale nouvelle, il la laissa tomber en disant : « Dieu le veut ! »

Les révolutions de Catalogne et de Portugal ne furent pas les seules qui désolèrent le règne de Philippe IV. En Sicile, un chaudronnier de Palerme se mit à la tête des mécontents; et, suivi d'une multitude effrénée, il s'abandonna aux plus grandes atrocités. La Sicile entière, à l'exception de Messine, imita les fureurs de la populace de Palerme. Le même rôle fut joué à Naples par un pêcheur d'Amalfi, nommé Thomas Anielio, ou, par abréviation, Mas-Aniello. Maître absolu de la ville, ce chef des révoltés fit commettre des cruautés inouïes; mais il fut bientôt, à son tour, victime de la fureur de la populace. Les Napolitains voulurent alors s'ériger en république, sous la protection de la France. Ils offrirent la présidence au duc de Guise qui, descendant des anciens princes de la maison d'Anjou, se croyait quelques droits au trône de Naples. Le duc accepta, sans réfléchir aux difficultés de l'entreprise dans laquelle il se jetait. Il arriva presque seul à Naples, où il fut reçu avec joie par le peuple. Il lui vint ensuite quelques secours de France. Mais il ne put empêcher le duc d'Arcos et don J[illegible] d'Autriche, aidés par la noblesse na[illegible] litaine, de comprimer la sédition. [illegible] duc de Guise tomba lui-même entre [illegible] mains des Espagnols, et il resta j[illegible] qu'en 1652 dans l'alcazar de Ségovi[illegible]

Philippe IV, accablé de douleur, [illegible] songeant à tous les désastres qui avai[illegible] affligé son règne, ne put surmon[illegible] le chagrin que lui avait causé la défa[illegible] de Villaviciosa. « Le roi catholiq[illegible] écrivit l'archevêque d'Embrun, amb[illegible] sadeur de France à Madrid, a resse[illegible] beaucoup de déplaisir de cette mécha[illegible] nouvelle, que l'on dit lui avoir ca[illegible] d'abord quelque indisposition. Il [illegible] laissa pas toutefois, le jour de la Sai[illegible] Jean, de se trouver par raison d'É[illegible] à une promenade fort solennelle [illegible] Prado-Viejo, près du Retiro, où à pei[illegible] il put faire un tour du cours, dans s[illegible] extrême faiblesse. »

Depuis ce moment, il ne cessa [illegible] s'affaiblir. Le 15 septembre, il reç[illegible] l'extrême-onction, il prit congé de [illegible] reine, donna sa bénédiction à ses e[illegible] fants, et dit à son jeune et faible hé[illegible] tier : « Dieu veuille que vous soyez pl[illegible] heureux que moi ! » Il expira, le 17 se[illegible] tembre 1665, trois mois après la de[illegible] nière défaite de ses soldats.

Il ne restait à Philippe IV de sa pr[illegible] mière femme qu'une seule fille, l'infan[illegible] Marie-Thérèse, qui avait épousé le r[illegible] de France. Il avait eu plusieurs enfan[illegible] de sa seconde femme; mais il n'exist[illegible] plus que l'infante Marguerite, qui f[illegible] mariée à l'empereur Léopold, et [illegible] prince des Asturies don Carlos, qui n'[illegible] tait âgé que de trois ans, dix mois [illegible] onze jours.

RÈGNE DE CHARLES II. — RÉGENCE DE LA REI[illegible] MARIANNE D'AUTRICHE. — PAIX AVEC LE PO[illegible] TUGAL. — GUERRE CONTRE LA FRANCE. [illegible] PAIX D'AIX-LA-CHAPELLE. — LA REINE [illegible] CONTRAINTE DE RENVOYER LE JÉSUITE NITHA[illegible] SON CONFESSEUR ET SON PREMIER MINIST[illegible] — RAVAGES DES FLIBUSTIERS. — NOUVEL[illegible] GUERRE CONTRE LA FRANCE. — SOULÈVEME[illegible] DE MESSINE. — PAIX DE NIMÈGUE. — MAJ[illegible] RITÉ DE CHARLES II. — ADMINISTRATION [illegible] MORT DE DON JUAN D'AUTRICHE. — LIG[illegible] D'AUGSBOURG. — GUERRE CONTRE LA FRAN[illegible] — PAIX DE RYSWICK. — TESTAMENT [illegible] MORT DE CHARLES II.

Les gens qui souffrent espèrent to[illegible]

jours que le changement apportera quelque soulagement à leur misère; aussi, les Espagnols accueillirent-ils l'avénement de Charles II comme devant porter remède à tous leurs maux. Cependant, il s'en fallait de beaucoup que ce prince fût capable de réparer les désastres de la monarchie. Il n'avait pas accompli sa quatrième année, et il était bien plus faible que ne le sont les enfants de son âge. Soit qu'on prît des précautions excessives, soit qu'il fût trop débile pour supporter une autre nourriture, il n'avait encore reçu pour aliment que le lait de sa nourrice. Il pouvait à peine se tenir debout; et déjà il avait atteint sa cinquième année, que sa gouvernante était encore obligée de le porter dans les bras. S'il faisait quelques pas, il la saisissait aussitôt par la main, afin de s'appuyer. Il était continuellement malade; et telle était sa faiblesse, qu'à chaque instant les médecins désespéraient de sa vie.

Le testament de Philippe IV avait confié à la reine Marianne d'Autriche la tutelle du jeune prince et le gouvernement de l'État, pendant tout le temps de sa minorité. Il avait institué un conseil de régence, composé de six membres, ayant seulement voix consultative. C'étaient le président de Castille, le vice-chancelier d'Aragon, l'inquisiteur général, l'archevêque de Tolède, le marquis d'Ayetona, comme représentant la grandesse d'Espagne, et le comte Peñaranda, membre du conseil d'État. La reine avait obtenu du roi qu'il n'y fît pas entrer don Juan d'Autriche, qu'elle regardait comme un rival dangereux. Cette omission parut à tout le monde une criante injustice. Il semblait que les services rendus par lui à l'État, aussi bien que les liens du sang qui l'unissaient au jeune roi, devaient naturellement lui assurer une place dans le conseil. On vit avec peine qu'il n'y fût pas appelé. Le mécontentement s'accrut quand on vit en quelles personnes la reine mettait sa confiance. Cette princesse, peu habile, mais très-obstinée, était dévouée à l'Allemagne, où elle était née. Elle avait pour confesseur le jésuite Évérard Nithard; ce religieux, qui était en correspondance avec la cour de Vienne, exerçait un empire absolu sur l'esprit de sa pénitente; la reine ne se borna pas à lui confier la direction de sa conscience; elle lui livra l'administration de l'État; elle l'éleva à la dignité d'inquisiteur général; ce qui le rendit, de droit, membre de la junte de gouvernement. Mais ce favori n'avait aucune des qualités nécessaires pour tirer la monarchie de la détresse où elle était arrivée. L'Espagne était sans flotte et sans armée; elle était obligée de s'adresser aux Génois et aux Anglais pour maintenir ses communications avec ses colonies. Il n'y avait pas vingt mille hommes de troupes dans la Péninsule; et cependant la guerre contre le Portugal continuait. La reine et le père Nithard eussent bien consenti à reconnaître la souveraineté de la maison de Bragance et à signer la paix, mais l'orgueil national n'était pas encore résigné à avaler un morceau si amer. Les conseils de Castille, d'Aragon, de Flandre, les ordres de Saint-Jacques, d'Alcantara et de Calatrava, consultés par la reine, votèrent pour la continuation de la guerre, et la guerre continua; mais, deux années plus tard, il fallut bien se résoudre à reconnaître l'indépendance du Portugal. La paix fut signée le 13 février 1668. On restitua de part et d'autre toutes les places conquises, à l'exception de Ceuta, qui resta aux Espagnols. « Cet arrangement, dit le continuateur de Marianna, n'aurait pas eu lieu, si, à cette époque, le roi de France ne se fût préparé à envahir les Pays-Bas. La puissance espagnole, ayant deux ennemis à combattre, fut forcée de s'accommoder avec celui qui était le plus proche, afin de réunir toutes ses forces contre le plus redoutable. »

Louis XIV prétendait que l'acte par lequel Marie-Thérèse, sa femme, avait renoncé à ses droits à la couronne d'Espagne, ne devait produire aucun effet. Mais indépendamment des droits de Marie-Thérèse à la couronne, qui étaient purement éventuels, et qui ne pouvaient être invoqués tant que Charles II vivrait, il soutenait qu'une coutume des Pays-Bas attribuait immédiatement ces provinces à Marie-Thérèse. Aux termes de cette loi, l'époux qui se remariait, lorsqu'il lui restait des enfants de sa première femme, perdait par ce fait seul la propriété de tous ses biens patrimoniaux. Ces biens étaient à l'instant même *dévolus* aux enfants du premier lit. L'époux ne pouvait plus les aliéner. Il n'en conservait que l'usufruit, et il devait à sa mort les rendre à ses enfants du premier lit. Si cette coutume eût dû régler la succession du souverain, comme elle réglait les intérêts des simples particuliers, il eût été évident que Marie-Thérèse, seul enfant qui fût resté à Philippe IV de son premier mariage, aurait seule eu droit à la possession des provinces régies par cette coutume. A l'appui de ce droit, un peu contestable, Louis XIV invoqua le plus irrésistible des arguments, celui de la force. Il entra dans les Pays-Bas; en peu de mois il se rendit maître de Charleroi, d'Armentières, de Bergues-Saint-Vinox, de Furne, d'Ath, de Tournai, de Douai, de Courtrai, d'Oudenarde et de Lille. L'Espagne était dans l'impossibilité de résister; mais la Suède, la Hollande et l'Angleterre, effrayées des progrès de Louis XIV, formèrent une triple alliance et proposèrent leur médiation. Ces trois puissances, afin qu'on eût le temps de traiter, demandèrent qu'il y eût entre les parties une suspension d'armes. Le roi de France offrit une trêve de trois mois; mais le gouverneur des Pays-Bas, le marquis de Castel Rodrigo, ne voulut pas l'accepter, et il déclara qu'il se contenterait de la suspension d'armes que l'hiver imposerait aux troupes françaises. Louis XIV répondit à cet accès de la fierté castillane, en faisant, au cœur de l'hiver, la conquête de la Franche-Comté. Le prince de Condé s'empara en peu de jours de Besançon, de Salins, de Dôle, et la province tout entière fut subjuguée en moins de trois semaines. Cette conquête nouvelle engagea les puissances unies à renouveler leurs offres de médiation. Louis XIV les accepta, et la paix fut signée à Aix-la-Chapelle, le 2 mai 1668. La France restitua la Franche-Comté; mais elle conserva toutes les conquêtes qu'elle avait faites en Flandre.

Tandis que la guerre contre la France faisait perdre à l'Espagne une partie des Pays-Bas, l'intérieur du royaume était
troublé par des intrigues et par des
visions intestines. Don Juan d'Autri
était aimé par le peuple, et le cr
dont il jouissait portait ombrage
père Nithard. Ce ministre n'avait r
tant à cœur que d'éloigner ce prin
Il le regardait comme le seul obsta
qui pût entraver la marche de son p
voir arbitraire, et pour s'en débarras
il lui fit offrir le gouvernement
Pays-Bas; mais don Juan, devinant l
tention de son ennemi, et craignant u
trahison semblable à celle dont il av
été victime en Portugal, refusa ob
nément l'emploi qu'on voulait lui co
fier. On regarda sa réponse com
une insulte, et on lui intima l'ordre
se rendre à Consuegra. Ce n'était p
encore assez pour la haine du p
Nithard; et, dans le but de perdre
tièrement son ennemi, il eut recou
au tribunal de l'inquisition. Il trou
des gens qui, au mois de noveml
1668, accusèrent don Juan d'Autric
d'être luthérien, d'être ennemi
l'état ecclésiastique et des ordres re
gieux, et particulièrement des jésuit
A cette dénonciation il joignit l
même la copie d'une lettre écrite p
ce prince à la régente le 21 du m
précédent. Il en fit qualifier plusieu
propositions par des théologie
« Elles furent, dit Llorente, présent
dans l'ordre suivant : 1° J'aurais
tuer le père Nitard pour le bien
l'État et pour le mien; 2° cela m'a
conseillé par plusieurs théologie
respectables, qui m'ont pressé de
faire comme étant une action permis
3° je n'ai pas voulu l'exécuter, pour
pas avoir part à sa damnation éternel
car il est probable que le jésuite
rait alors en état de péché mortel. L
censeurs que l'inquisiteur général ch
gea de ce travail, qualifièrent la pr
mière proposition d'erronée et d'hér
tique; la seconde, de téméraire et d'i
sultante; la troisième de téméraire,
scandaleuse et d'offensante. » L'arre
tation de don Juan fut ordonnée; m
ce prince quitta Consuegra en tou
hâte. Il se réfugia dans une forteres
de l'Aragon. Là il fit démentir pub
quement l'accusation portée cont
lui, et pour réparation de l'insulte q
lui avait été faite, il exigea que le pè

Nithard fût éloigné des affaires. Ses réclamations n'ayant produit aucun effet, il se mit en marche pour Madrid, accompagné d'une escorte de sept cents hommes; et, à la tête de cette troupe qui s'avançait en ordre de bataille, il arriva à Torrejon, à trois lieues de Madrid. Le peuple, aussi bien que l'armée, était favorable à don Juan. La reine, consternée, s'empressa d'envoyer au-devant de lui le nonce du pape, pour lui notifier un bref du saint-père, qui lui enjoignait de s'accorder avec la reine. Don Juan se montra très-modéré dans ses prétentions. Presque partout on l'avait accueilli aux cris de *vive le roi don Juan!* Il n'avait qu'à se présenter pour s'emparer de Madrid. Il lui eût été facile de reléguer la régente dans un couvent et de prendre la direction des affaires; il aurait même pu se faire proclamer roi, tant il avait pour lui la faveur populaire. Il se contenta d'exiger que le jésuite Nithard fût exilé. La reine fut forcée de se soumettre à la nécessité; néanmoins, désirant congédier son ministre bien-aimé de la manière la plus honorable, elle rendit un décret excessivement flatteur pour sa personne; et elle l'envoya à Rome, en qualité d'ambassadeur extraordinaire. Don Juan se fit donner ensuite la vice-royauté de l'Aragon, de la Catalogne, de Valence et des Baléares; il établit sa résidence à Saragosse; et de cette manière, l'Espagne se trouva divisée entre deux cours rivales. L'éloignement du père Nithard ne fut pour la nation qu'un bien faible avantage. Ce favori fut bientôt remplacé par don Fernand de Valenzuela. Ce gentilhomme, exclu de la maison du duc de l'infantado, où il avait servi, en qualité de simple page, fit une fortune rapide. Il fut élevé à la grandesse. Il sut bientôt se rendre l'arbitre absolu de la volonté de la régente; et il conserva le pouvoir jusqu'à la majorité du roi.

La paix d'Aix-la-Chapelle avait, du côté des Pays-Bas, rendu la tranquillité à l'Espagne. Mais un nouveau fléau désolait ses colonies d'Amérique. Des aventuriers, connus sous le nom de *boucaniers* ou de *flibustiers,* s'étaient établis dans l'île de la Tortue, voisine de Saint-Domingue. Ces pirates, montés sur de simples barques, attaquaient les bâtiments les plus considérables et parvenaient à s'en emparer. Rien ne résistait à leur furie : nul pavillon n'était à couvert de leurs insultes; mais ils avaient surtout juré à l'Espagne une haine implacable; et, lorsqu'il s'agissait de nuire aux Espagnols, ils semblaient plus que des hommes. Sous le commandement d'un Anglais nommé Morgan, ils attaquèrent, en 1669, Porto-Bello, place forte, défendue par une bonne garnison, et où d'immenses richesses étaient en dépôt. Quoiqu'ils ne fussent guère que six cents, ils enlevèrent la citadelle d'assaut; et la ville ne se racheta du pillage qu'en leur payant une contribution d'un million de duros. Leur audace s'accrut à un point inouï; mais, manquant de principes, de prudence et de gouvernement, se livrant à tous les excès imaginables, ils auraient dû être bientôt dissipés, si l'Espagne avait pu sortir de la torpeur dans laquelle elle était engourdie.

Quatre ans ne s'étaient pas écoulés depuis la paix d'Aix-la-Chapelle, quand l'Espagne se vit de nouveau entraînée dans une guerre aussi funeste que la précédente. Louis XIV, irrité de ce que la triple alliance eût arrêté le cours de ses conquêtes, ne pouvait oublier que les Hollandais avaient été les auteurs de cette ligue, eux qui avaient si souvent reçu les secours de la France. Il avait pris la résolution de se venger de leur ingratitude et de faire la conquête de leur pays. Une intrigue habilement conduite isola la Hollande de l'Angleterre et de la Suède. Les Hollandais, pour détourner l'orage prêt à fondre sur eux, cherchèrent de nouveaux alliés. Il leur fut facile d'intéresser à leur cause l'Espagne, qui craignait pour les Pays-Bas, l'empereur d'Allemagne, l'électeur de Brandebourg, les princes de l'Empire, et finalement le Danemark, qui tous redoutaient également l'agrandissement de la France. Mais cette coalition, quelque puissante qu'elle fût, n'arrêta pas Louis XIV : il traversa le Rhin à Tholuis. En moins de trois mois il fut maître des provinces d'Utrecht, d'Over-Issel, de Gueldre, et de plus de quarante places fortes. Il s'empara avec le même succès, dans les Pays-Bas de Maëstricht, de Liége, de Limburg, de Condé, de Valenciennes, de Cambray, de Gand, de Saint-Omer, d'Ypres et d'Arras. Il fit de nouveau la conquête de la Franche-Comté, qui depuis est restée à la France; enfin, il remporta les victoires fameuses de Senef et de Cassel.

Pendant cette guerre, la ville de Messine, dont on avait violé les priviléges, se souleva contre les Espagnols. Elle implora la protection de Louis XIV et lui offrit la souveraineté de la Sicile. Le chevalier de Valbelle, envoyé au secours des insurgés, traversa toute la flotte espagnole et apporta aux habitants de Messine des vivres et des munitions. Duquesne et le maréchal de Vivonne arrivèrent, l'année suivante, avec une nouvelle escadre de douze vaisseaux, et ils contraignirent la flotte espagnole à la retraite. Ruyter vint à son tour attaquer les Français. Il leur livra bataille près des îles Lipari, et les combattit une seconde fois en vue du mont Etna. Dans ces deux rencontres, la victoire fut indécise; mais Ruyter mourut à Syracuse, des blessures qu'il avait reçues dans la dernière de ces affaires, et la mort de ce grand homme fut pour la France un avantage plus important que la victoire la plus signalée. Duquesne et le maréchal de Vivonne ne tardèrent pas à en donner la preuve : ils poussèrent leurs brûlots jusque dans le port de Palerme, où la flotte des Hollandais était entrée pour réparer ses avaries; ils en incendièrent la plus grande partie. Malgré ces succès, les Français, en voyant le caractère inconstant des Siciliens, en considérant les haines implacables qui les divisaient, ne pensèrent pas qu'il fût de leur intérêt de se maintenir dans un pays agité par tant de factions. Ils quittèrent la Sicile, abandonnant les Messinois à la vengeance des Espagnols. Le marquis de Las Navas, chargé par la cour de Madrid de châtier les révoltés, fit mourir sur l'échafaud le plus grand nombre de ceux qui s'étaient déclarés contre l'Espagne. Les priviléges de Messine furent abolis, et la charte originale qui les consacrait fut brûlée sur la place publique par la main du bourreau.

Il y avait huit années que la guerre durait, quand, le 17 septembre 1678, on signa la paix de Nimègue. La France rendit aux Espagnols les villes de Charleroi, d'Ath, de Binch, d'Oudenarde et de Courtrai, qu'ils avaient cédées par le traité d'Aix-la-Chapelle; mais elle conserva tout Franche-Comté, ainsi que les villes Valenciennes, de Condé, de Camb d'Aires, de Saint-Omer, d'Ypres e Maubeuge.

Il est à remarquer que le traité Nimègue ne contient aucune stipula relative à la Catalogne; et cependant, puis 1672, cette province avait ét théâtre de la guerre. On s'en tint conventions du traité des Pyrénées, fut expressément maintenu dans t les points auxquels ne dérogeaient pa traités d'Aix-la-Chapelle et de Nimè

Le roi atteignit sa majorité pendar révolte de Messine. Don Juan d'Autri au lieu de s'embarquer sur la flotte Ruyter, pour aller en Sicile prendre commandement des troupes espagn comme il en avait reçu l'ordre, s' pressa d'accourir à Madrid. Il espé succéder à la régente dans l'exercice l'autorité; mais il se vit trompé d son attente, et il fut obligé de reto ner à Saragosse : il y resta une ann Il rassembla ses partisans, et se mit nouveau en route pour Madrid, où il é appelé par le vœu général. Il conv avec ses amis que si les ordres du lui prescrivaient de retourner en Arag *on les respecterait, mais qu'on obéirait pas*. Lorsqu'on sut à Ma que don Juan était en route pour se r dre à la cour, le peuple se pronon vivement en sa faveur que la reine en troublée. Charles II, par une lettre date du 27 octobre 1676, engagea frère à venir partager avec lui le p des affaires. La reine elle-même écrivit, pour le presser de se hâter. I Juan fut nommé premier ministre président de tous les conseils de l'É La reine fut éloignée des affaires. lenzuela, dépouillé de tous ses emploi de tous les honneurs qui lui avaient prodigués, avait été se cacher dan couvent de l'Escurial; mais on l'arra de cette retraite, et il fut déporté Philippines. Le nouveau ministre s' cupa des réformes qui lui parurent le p urgentes. Il publia des lois somptu res; il supprima le conseil des Ind qui absorbait inutilement des somr immenses; mais il resta trop peu temps à la tête des affaires pour av pu rétablir l'ordre dans l'administrati il mourut au mois de septembre 1679. La reine fut rappelée à la cour et chargée des affaires, dans les circonstances les plus critiques. Les traités de Munster, d'Aix-la-Chapelle et de Nimègue présentaient quelques lacunes : on y avait indiqué les États dont la souveraineté était abandonnée à la France, mais on n'en avait pas déterminé les limites. Louis XIV, pour réparer cette omission, institua dans les parlements des chambres chargées de rechercher les domaines qui pouvaient avoir été séparés de ces provinces, et il prétendit imposer à l'Europe les décisions de ces commissions qui avaient reçu le nom de *Chambres de réunion*. En 1680, le parlement de Metz prononça la réunion à la France de tous les fiefs démembrés des Trois-Évêchés. Les Chambres de réunion ayant aussi décidé que le comté d'Alost et le vieux bourg de Gand feraient partie des domaines cédés, Louis XIV fit demander que l'Espagne les lui remît. La cour de Madrid répondit qu'il n'avait aucun droit à la possession des villes réclamées; qu'il ne les occupait même pas au moment où il avait signé la paix de Nimègue. Aussitôt Louis XIV fit investir Luxembourg. Cependant ayant appris que les Turcs faisaient de grands préparatifs contre la Hongrie, il ordonna la levée du blocus, pour laisser à la maison d'Autriche la liberté d'employer toutes ses forces contre les infidèles. Mais, l'année suivante, l'Espagne ayant persévéré dans ses refus, il s'empara de Courtray et de Dixmude. Il fit offrir de rendre ces deux places si on lui donnait en échange Luxembourg ou bien Pampelune et Fontarabie. A ces injustes provocations, l'Espagne répondit par une déclaration de guerre; mais elle n'avait pas des forces suffisantes pour résister à son redoutable adversaire. Les Pays-Bas furent dévastés par les troupes françaises, qui ne se retirèrent qu'après avoir frappé le pays d'énormes contributions et après avoir rasé les fortifications de Courtray et de Dixmude.

Il n'était pas possible que l'Europe restât longtemps tranquille spectatrice de l'agrandissement de la France. En 1687, à l'instigation de Guillaume de Nassau, prince d'Orange, fut formée la fameuse ligue d'Augsbourg, composée de l'empereur, des princes d'Allemagne et du roi de Suède. Ces puissances coalisées avaient pour but de détrôner le roi d'Angleterre, et de mettre à sa place Guillaume de Nassau; elles voulaient avec leurs forces réunies attaquer et abattre la France, la dépouiller de toutes ses conquêtes et les restituer à leurs anciens possesseurs. L'Espagne n'hésita pas à entrer dans cette coalition : elle espérait recouvrer les belles provinces qu'elle avait été obligée de céder à Louis XIV; mais tout ne réussit pas comme les confédérés s'en étaient flattés. Si Louis XIV ne put pas les empêcher de détrôner le roi d'Angleterre, il leur prouva qu'il ne leur serait pas si facile de mettre à exécution le reste de leurs projets. En Flandre il remporta les victoires de Fleurus, de Leuse, de Steinkerque; en Catalogne, celles du Ter et de Barcelone; en Italie, celles de Staffarda et de Marsailles. Il prit Urgel, Belver, Roses, Palamos, Girone, Hostalrich et Barcelone, Luxembourg, Mons, Charleroi et Namur. Enfin, au bout de huit années d'une guerre acharnée, les confédérés, voyant que tous leurs efforts étaient infructueux, qu'ils ne servaient qu'à procurer à la France une nouvelle gloire et un accroissement de pouvoir, commencèrent à se fatiguer. De son côté, Louis XIV avait offert de rendre la plus grande partie des conquêtes qu'il avait faites pendant cette dernière guerre. Il se contentait de la gloire d'avoir rendu vains tous les efforts de l'Europe conjurée contre lui. Il avait d'ailleurs ses vues sur la succession d'Espagne, et il désirait conclure la paix avant la mort de Charles II. Ce prince avait été marié en premières noces à Marie-Louise de Bourbon, fille aînée du duc d'Orléans. Après la mort de cette princesse, il avait épousé Marianne de Neubourg, fille du comte électeur palatin du Rhin; il n'avait d'enfants d'aucun de ces deux mariages; et les infirmités précoces dont il était atteint ne permettaient pas d'espérer qu'il pût laisser de descendants. Louis XIV voulut se montrer généreux envers un prince dont il convoitait l'héritage, et, par un traité de paix signé à Ryswick, le 20 septembre 1697, il lui remit toutes les places, villes et domaines qu'il avait conquis depuis la paix de Nimègue.

Le roi de la Grande-Bretagne ne s'abusa pas sur le véritable motif de ces généreuses restitutions, et, dans la crainte que la couronne d'Espagne, en passant sur la tête d'un prince français, ne rompît l'équilibre si vanté de l'Europe, il parvint à faire signer par la France, l'Angleterre et les Provinces-Unies, un partage anticipé de la succession de Charles II. On y attribuait la couronne d'Espagne avec les Indes et les Pays-Bas au fils de l'électeur de Bavière, comme représentant l'impératrice Marguerite, seconde sœur du roi d'Espagne. Le dauphin devait avoir la province de Guipuscoa et les royaumes de Naples et de Sicile avec tous les États que l'Espagne possédait en Italie, à l'exception du duché de Milan, qui était attribué au second fils de l'empereur Léopold. La mort inopinée du prince électoral de Bavière vint anéantir cette combinaison; mais aussitôt on rédigea un nouveau projet de partage : on y attribuait à l'archiduc d'Autriche, second fils de Léopold, l'Espagne et les Indes. On ajoutait la Lorraine aux États destinés au dauphin par le premier partage. Enfin on donnait le Milanais au duc de Lorraine, en échange de ses États. L'empereur, qui prétendait avoir la succession tout entière, protesta contre ce partage. Le roi de France avait les mêmes prétentions; mais il ne réclama pas, et il feignit d'être satisfait de la part qui lui était offerte; cependant il négociait à Madrid pour se faire attribuer tout l'héritage de Charles II. De son côté, le roi catholique ne put voir sans indignation que les cours étrangères prétendissent partager sa succession de son vivant, et lorsqu'il pouvait encore déclarer sa dernière volonté. Il chargea ses ambassadeurs d'exprimer hautement ses plaintes; et, pour empêcher que la monarchie espagnole ne fût démembrée après sa mort, il se détermina à faire choix d'un héritier. Désirant, avant tout, faire ce qui était juste et ce qui pouvait être avantageux au pays, il demanda le conseil des jurisconsultes et des théologiens; mais les personnes qu'il consulta répondirent différemment, suivant les intérêts qui les faisaient mouvoir. La diversité de ces avis augmenta l'irrésolution de Charles II. Les sympathies de ce prince étaient pour la maison d'Autriche, il était issu. Il était entretenu dan idées par la reine, par l'amirant Castille, par le marquis de Melg par le comte d'Oropeza. Ces deri seigneurs exerçaient sur l'esprit di l'influence la plus absolue. Charl n'agissait, ne voyait que par eux; a le peuple répétait qu'ils avaient emp la magie pour l'ensorceler. Le car Porto-Carrero et l'inquisiteur gé Roccaberti, qui favorisaient le parti maison de Bourbon, travaillèrent pandre cette croyance superstitie qui remplit de trouble et de défi l'âme de ce malheureux souverain. infirmités dont il était atteint achevè d'accréditer l'opinion qu'on lui avait un sort. Enfin, son confesseur, Froylan Diaz, croyant de bonne foi ces mensonges, faisait exorciser le par un capucin allemand, dont les res et les anathèmes terrifiaient le n de et augmentaient sa pusillani naturelle. Le peuple, mécontent, de da qu'on écartât de la cour ceux disait-on, avaient jeté le sort. L obéit au vœu populaire. La ma d'Autriche vit éloigner de cette ma re ses plus chauds partisans. Charle dont la conscience était tourmenté la diversité des avis qu'il recevait, lut de consulter le pape lui-même une affaire aussi difficile et aussi im tante. Il forma aussi une réunion de seillers, prudents et intègres, pour miner quel devait être son hérit suivant les lois de la monarchie. L sultat de leur délibération fut favor aux prétentions de Louis XIV. Il pondirent que la couronne d'Esp devait revenir aux descendants de M Thérèse, sa sœur aînée, de préfér aux enfants de Marguerite, sa sec sœur, qui avait été mariée à l'empe Léopold. Quant à la renonciation couronne d'Espagne, que Marie-Th avait faite en épousant Louis XIV furent d'avis qu'il n'y avait pas lie s'y arrêter; d'abord, parce qu'elle irrégulière, qu'elle n'était pas cons librement, et qu'elle n'avait pas été prouvée par les cortès; enfin, parce le motif qui avait fait exiger cett nonciation, avait été la crainte de les couronnes de France et d'Esp réunies sur la même tête ; que cet inconvénient pouvait être facilement évité, puisque Marie-Thérèse avait laissé plusieurs petits-fils, dont l'un pouvait régner en France et l'autre en Espagne. Innocent II fut du même avis, et il répondit que les descendants de la sœur aînée devaient être préférés à ceux de la sœur puînée. A ces considérations, il s'en joignait encore une bien puissante : c'est que Louis XIV était seul en état d'empêcher que la monarchie ne fût morcelée. Après tant de consultations en faveur de la maison de Bourbon, il semble que Charles II ne devait plus hésiter. Cependant, le 9 septembre, il écrivit encore à son ambassadeur à Vienne d'engager l'archiduc à venir promptement en Espagne. Mais l'archiduc ne vint pas. Le roi s'affaiblissait chaque jour. Enfin, sentant que sa dernière heure s'approchait, il craignit d'avoir à répondre devant Dieu du sang qui serait versé, s'il laissait indécis le droit à sa succession. Il fit donc appeler le secrétaire des dépêches, Ubila, et lui dicta ses dernières volontés. Il nomma pour son héritier Philippe, duc d'Anjou, second fils du dauphin. Dans le cas où ce prince viendrait à mourir, ou bien à hériter de la couronne de France, il lui substitua le duc de Berry, son plus jeune frère, et à défaut de celui-ci le deuxième fils de l'empereur ; en dernier lieu, le duc de Savoie, de manière à ce que la couronne d'Espagne ne pût pas être réunie sur la même tête avec la couronne de France, ou avec la couronne impériale. Quand on lui fit la lecture de cet acte, ses yeux se remplirent de pleurs, et il, répondit tristement : *C'est Dieu seul qui donne les royaumes, parce qu'ils lui appartiennent.* Après qu'il eut signé ce testament, il se rendit à l'Escurial. Il voulut voir le lieu destiné à sa sépulture. Il fit ouvrir les tombes de ses ancêtres, et il baisa leurs os. Le cercueil de Marie-Louise d'Orléans, sa première femme, qu'il avait tendrement aimée, fut aussi ouvert. En la voyant, il se mit à fondre en larmes. Il voulut l'embrasser. On ne pouvait le déterminer à s'éloigner de ses restes. Quand il fallut qu'il la quittât, il lui adressa encore un triste adieu, et lui promit de venir lui tenir compagnie avant la fin de l'année. Il fut exact au rendez-vous : il ne fit plus que languir. On l'entendit souvent répéter avec amertume : *Déjà nous ne sommes plus rien.* Enfin, il mourut le Ier novembre 1700, et avec lui s'éteignit la branche aînée de la maison d'Autriche, qui régnait sur l'Espagne depuis deux siècles.

Quand la maison d'Autriche est montée sur le trône des rois catholiques, la monarchie espagnole était déjà la plus puissante et la plus riche du monde. Elle comprenait toute la Péninsule ibérique à l'exception du Portugal ; elle était maîtresse de Naples, de la Sicile et du nouveau monde. Le roi d'Espagne pouvait dire avec vérité, que le soleil ne se couchait jamais sur ses États. La maison d'Autriche vint joindre à ces nombreux domaines les Pays-Bas et la Franche-Comté. Enfin, sous Philippe II, le Portugal et toutes les conquêtes que les Portugais avaient faites en Afrique et en Asie furent ajoutés à cette puissance déjà si redoutable.

Deux siècles entiers ne s'étaient pas écoulés, qu'il restait à peine des vestiges de toute cette grandeur. Sous Charles II, l'Espagne n'avait plus ni armée ni marine : elle était, à cet égard, arrivée à un tel point de décadence, que, pour le transport des tabacs de la Havane et pour le courrier des Canaries, elle était forcée de recourir aux Anglais. Pour le service du nouveau monde, elle était réduite à emprunter des vaisseaux et des équipages aux Génois [1].

Par quels malheurs, par quelles fautes l'Espagne a-t-elle été amenée à ce point de décadence ? « Tous les rois de la « maison d'Autriche, dit M. Charles « Weiss, pratiquèrent à l'extérieur une « politique envahissante ; à l'intérieur une

1 M. Mignet (*Négociations relatives à la succession d'Espagne*, p. 29). Si on veut avoir une idée bien nette de l'abaissement où se trouvait alors l'Espagne, il faut lire l'introduction que M. Mignet a placée en tête de la grande collection des documents relatifs à la succession d'Espagne. Ces pages éloquentes contiennent le tableau le plus exact, le résumé le plus fidèle de l'état de décadence où était tombée la monarchie de Charles V.

On peut lire aussi *l'Espagne depuis Philippe II jusqu'à l'avénement des Bourbons*, par *M. Ch. Weiss.* C'est un livre excellent, où l'on trouve surtout une foule de documents statistiques du plus haut intérêt et de la plus scrupuleuse exactitude.

« politique oppressive, qui toutes deux « précipitèrent la monarchie dans un abî- « me de calamités, et consommèrent enfin « sa ruine, après une longue agonie. » « Sans aucun doute, a dit aussi M. Mi- « gnet, ce qui a perdu l'Espagne, c'est « cet ambitieux orgueil, c'est ce vaste « esprit d'entreprises, qui se sont empa- « rés d'elle, et l'ont jetée hors de ses « frontières naturelles, quand elle a dé- « bordé de toutes parts, et par terre et « par mer, sur l'Europe et sur l'Améri- « que. »

Cela est vrai. Cet esprit d'envahissement et de conquête a contribué à la perte de l'Espagne; mais il ne l'a pas causée : il a été l'instrument de sa ruine et n'en a pas été le motif. Raconter les guerres que la monarchie a soutenues, les désastres qu'elle a éprouvés, lorsqu'elle s'efforçait d'étendre sa domination, c'est dire comment et non pourquoi elle est tombée.

Cette ambition et ce désir d'agrandissement sont dans l'esprit de tous les hommes. Au temps de Charles V, de Philippe II, toutes les nations en étaient possédées. Est-ce que l'Angleterre ne couvait pas des yeux l'Écosse, la Guyenne, la Bretagne et la Normandie? Est-ce que la France n'ambitionnait pas la Lorraine et les Trois-Évêchés, la Corse et le Piémont, Naples et le Milanais? Est-ce qu'en bonne conscience Charles VIII, Louis XII et François Ier étaient moins ambitieux que Ferdinand, que Charles V et que Philippe II? Pourquoi donc cette soif de conquêtes, qui n'a causé en France que des malheurs réparables, a-t-elle été pour l'Espagne un élément de décadence?

Est-ce que dans cette période de deux siècles l'Espagne a manqué de bons capitaines? Au contraire, elle peut se vanter d'avoir mis à la tête de ses armées d'aussi grands hommes de guerre qu'aucun autre pays du monde. Elle cite avec orgueil Gonzalve de Cordoue, Philibert-Emmanuel, don Juan d'Autriche, le duc d'Albe, le prince de Parme. Est-ce que les ressources pécuniaires lui ont manqué? Elle avait plus de revenus qu'aucun autre pays. Elle tirait d'Amérique des métaux précieux en si grande quantité, que du commencement à la fin du seizième siècle la puissance du numéraire a diminué des quatre cinquièm

Est-ce qu'elle n'a pas eu des hon de génie en tous les genres, e qu'elle a manqué de poëtes, de lit teurs? Cette époque a produit des i glorieux; « Mais, dit M. Charles W « ce qui était arrivé pour la littér « en Italie arriva également pour « de l'Espagne; elles déclinèrent l'u « l'autre environ cinquante ans *a* « *que les deux pays eurent perdu* « *libertés.* »

Pourquoi chez un peuple qui réı sait tant d'éléments de grandeur e durée, cette soif des conquêtes a-t été une cause de ruine, quand el produisait pas les mêmes résultats d'autres nations? C'est que la v constitution de la monarchie avai détruite; c'est qu'il n'y avait plu Espagne aucun pouvoir qui pût r ner chez le souverain l'amour in déré de la domination. Quand En Ja le Conquérant voulut s'emparer de lence, les Aragonais, ne croyant que cette entreprise fût encore prc ble au pays, refusèrent de s'y asso Il fallut que le roi fît cette guerı partie à ses propres dépens et à la tê troupes levées en France. Mais les ı ces de la maison d'Autriche, en rece la couronne, trouvèrent la lutte cc les constitutions du pays commencée par don Juan II et par Ferdinand le tholique. Ils la poursuivirent avec ac nement. L'ambition de Charles V ı borna pas à vouloir acquérir des maines : il voulut aussi comprim pensée; il se déclara l'ennemi de t liberté religieuse ou politique. La gı qu'il fit aux communeros anéanti libertés de la Castille.

Son successeur suivit la même ma « Au moment où l'Europe subi tout entière une crise régénérat écrit M. Adolphe Guéroult, Philiı se fit contre l'esprit moderne le cl pion de tous les vieux pouvoirs; le c pion de l'autorité antique contre berté nouvelle, de l'ignorance c l'esprit d'examen. Ce fut dans lutte qu'il employa et dissipa les menses richesses de l'Espagne [2]. »

[1] Mémoires de l'Académie de l'Histo Madrid (t. VI, p. 293.)

[2] Lettres sur l'Espagne, p. 62.

La guerre désastreuse des Pays-Bas eut lieu, parce que Philippe essaya de violer les priviléges des Flamands. Le procès d'Antonio Pérez servit de prétexte pour faire disparaître les libertés de l'Aragon. Ainsi les princes de la maison d'Autriche détruisirent successivement toutes les vieilles institutions, sans rien créer pour les remplacer. Débarrassé du contrôle des cortès et de l'entrave des fueros, le souverain put s'abandonner à tous ses projets d'envahissement et de domination. L'examen des ordres du roi était devenu en Espagne un acte factieux; les représentations étaient considérées comme un crime de lèse-majesté. La monarchie put alors marcher droit à sa perte. Voilà quelle est la cause première de la décadence de ce pays. Au reste, cette cause n'avait pas échappé à l'œil pénétrant des agents de Louis XIV; et M. de Rébenac, ambassadeur en Espagne, l'avait signalée aussi clairement qu'il était permis de le faire, en écrivant à un souverain qui avait dit: L'État, c'est moi. « Si on examine de près le gouvernement de cette « monarchie, écrivait le comte de Rébenac, on trouvera que le désordre y « est excessif; mais que, dans l'état où « sont les choses, on ne peut presque y « apporter de changement sans s'exposer à des inconvénients plus à craindre « que le mal même; et il faudroit une « *révolution entière* avant d'établir un « ordre parfait dans cet État. Cette *révolution* ne peut se trouver qu'en « *changeant la forme de gouvernement;* « et les gens éclairés conviennent que « celui de la maison d'Autriche les conduit inévitablement à une ruine entière[1]. »

Qu'on y fasse bien attention; ce n'est pas un changement de personne que demande M. de Rébenac; c'est une révolution complète. Il faut, dit-il, changer la forme du gouvernement. La maison d'Autriche avait établi en Espagne le despotisme le plus absolu. Si on ne voulait pas se laisser entraîner à une ruine inévitable, il fallait changer; et comme je l'ai déjà dit, en invoquant l'autorité de Montesquieu, le pouvoir despotique était resté sans contre-poids dans la Péninsule; c'est ce qui a perdu la monarchie[1].

[1] Mémoires du comte de Rébenac sur son ambassade du 20 mai 1689. Manuscrits français de la Bibliothèque du roi, supplément français, n°.63, f° 224.

ÉTAT DES LETTRES ET DES BEAUX-ARTS DANS LA PÉNINSULE IBÉRIQUE JUSQU'A L'AVÉNEMENT DE LA MAISON DE BOURBON.

Chez tous les peuples, les premières chroniques ont été des chants populaires qui transmettaient d'âge en âge la mémoire des hauts faits et des belles actions. Presque toutes les nations ont oublié ces compositions primitives, tandis que l'Espagne est assez heureuse pour avoir conservé les siennes. Elle chante encore ses *Romances* à l'expression naïve, mâle et quelquefois sublime. La cause de cette différence est facile à saisir. Presque partout la langue a considérablement changé. Chez nous, par exemple, il est peu de personnes capables d'entendre le français qu'on parlait au temps de saint Louis. En Espagne, au contraire, depuis le treizième siècle la langue n'a presque pas varié. Sans doute des locutions ont pu vieillir; quelques tournures de phrase ont passé de mode, l'idiome a pris plus de souplesse; il s'est dépouillé de ce qu'il avait de trop rude; mais au fond il est resté ce qu'il était au temps d'Alphonse le Noble. Il n'est pas un Espagnol qui ne puisse comprendre le *fuero real* publié en 1212 par ce prince et par la reine Léonor. Dès la fin du treizième siècle le castillan était en Espagne la seule langue en usage pour les transactions civiles et pour les actes de l'autorité. Alphonse le Savant l'employa pour rédiger *las siete partidas*, et il prescrivit qu'à l'avenir tous les contrats et toutes les lois fussent écrits en

[1] En présentant ici sur les causes de la décadence de l'Espagne des considérations, qui peut-être ne paraîtront pas à tout le monde également bien fondées, je dois en assumer sur moi la responsabilité tout entière, et je suis obligé de rappeler une observation que j'ai insérée déjà à la fin de la page 403 du précédent volume. M. Adolphe Guéroult, qui devait être mon collaborateur et mon guide, et dont l'esprit plein de tact et de justesse devait me venir en aide dans de semblables appréciations, a quitté la France avant d'avoir pu prendre part au travail que nous devions faire en commun. Privé de son concours, j'ai commis sans doute bien des erreurs que son talent eût rectifiées. Il ne serait donc pas juste de lui imputer les fautes que renferme cet ouvrage.

JOSEPH LAVALLÉE.

castillan. Ce souverain, qui venait de faire un code pour les tribunaux de son pays, voulut être aussi le législateur du Parnasse : il modifia la forme du vers employé par les poëtes qui l'avaient précédé; il y opéra une réduction de quelques pieds; il le laissa mieux pondéré pour une langue qui n'a pas de syllabes muettes. Son vers, quoiqu'il fût encore un peu lourd, est resté en usage pour la haute poésie jusqu'au seizième siècle, où Boscan a fait prévaloir l'endécasyllabe italien.

Parmi les descendants de saint Ferdinand, Alphonse X ne fut pas le seul qui se livra au culte des Muses. L'infant don Juan Manuel, ce tuteur ambitieux et turbulent d'Alphonse le Vengeur, fut un écrivain distingué, et l'on trouve dans ses livres la sagesse et la modération qu'il n'apporta pas toujours dans sa conduite. Son apologue du *comte Lucanor* est un des meilleurs ouvrages qu'ait produits le quatorzième siècle. L'auteur suppose que le comte Lucanor est dirigé par un ministre qu'il consulte en toute circonstance et dont il reçoit les plus sages conseils sous forme d'apologues. Ces récits, remplis de verve et de naïveté, se distinguent par leur caractère moral. On n'y trouve rien de vague ni de déclamatoire; et, parmi les sentences nombreuses qu'on y rencontre, il en est beaucoup qui méritent d'être retenues. Dans cet ouvrage il faut louer à la fois la sage philosophie de l'auteur et la forme dont il a revêtu sa pensée. « Partout, dit Bouterwek, on « y reconnaît l'homme du grand monde « qui a bien vu et bien observé la nature « humaine. » Ainsi, dès le quatorzième siècle, les lettres étaient honorées en Espagne; elles y étaient cultivées avec succès, et si elles n'ont pas fait des progrès plus rapides, on en trouve facilement la cause dans les discordes qui déchirèrent ce pays jusqu'au règne de Ferdinand et d'Isabelle. Cependant, même au milieu de ces agitations sanglantes, les lettres ne cessèrent jamais d'être en honneur. Pédro Lopez de Ayala, qui portait à Najara l'étendard de don Enrique, lui qui fut pris à Aljubarrota, lorsqu'il combattait au premier rang, ne se borna pas à être un brave guerrier; il a écrit l'histoire des quatre rois sous lesquels il a vécu. Son récit est rapide, éne que et d'une admirable lucidité. Il simple surtout, et ce n'est pas un fai mérite pour l'époque où il vivait. C'é le temps des cours d'amour et du savoir, c'est le temps où Jean II d ragon envoyait une ambassade p qu'on cherchât en France et pour qu fît venir à sa cour les meilleurs trou dours de ce royaume. « En Fra « comme en Espagne, dit un de « critiques les plus judicieux, la gal « terie s'associait à l'honneur et à « religion; ces trois mots réunis p « vent résumer l'esprit du moyen â « Plus ardent néanmoins que le Fr « çais, l'Espagnol laisse déjà débor « sur tous ses sentiments le feu de « passion; chez lui l'hyperbole du l « gage est la mesure naturelle de l'ex « tation de la pensée; dévot pointille « romanesque, il exagère presque éga « ment les trois cultes auxquels il s' « voué [1]. »

La poésie était alors remplie de sub lités, c'était un mélange confus d'amo de mysticisme et de chevalerie; ma au milieu de cette exagération d'expr sion et de pensée, on rencontre enc souvent la grâce et la naïveté. En 14 Juan Alonzo de Baena, l'un des sec taires de don Juan II de Castille, prése à son maître un recueil de poésies meilleurs auteurs espagnols. Ce *canc nero* contient des vers de cinquante-ci poëtes différents, et plusieurs des piè dont il est composé renferment beautés véritables. Cependant il s' fallait que la littérature espagnole alors tout l'éclat dont elle devait bril plus tard; mais l'impulsion était d donnée, et quand l'imprimerie vint p pager les connaissances qui avaient jusque-là le privilége exclusif de qu ques gens studieux, l'Espagne se trou prête à suivre le mouvement que ce merveilleuse découverte allait amen dans les lettres et dans les sciences. y avait vingt-deux ans que Guttembe avait commencé à faire usage de car tères mobiles, lorsque l'imprimerie introduite dans la Péninsule. Le premi livre imprimé dans ce pays est un recu

[1] Histoire comparée des littératures es gnole et française. Par M. Adolphe de Puib que; Paris, 1844.

devers en l'honneur de l'immaculée Conception. Il est sorti, en 1474, des presses de Valence, les premières qui aient été établies en Espagne. En 1475, parurent dans la même ville un petit Traité sur la grammaire et une édition de Salluste. En cette même année, des imprimeurs s'établirent à Barcelone et à Saragosse; en 1476, à Séville; en 1480, à Salamanque et à Burgos.

C'est à cette époque qu'Antoine de Lebrixa, après avoir résidé dix années en Italie, revint dans son pays natal pour y répandre le goût de la littérature classique. Les cours qu'il fit dans les universités de Séville, de Salamanque et d'Alcala, atteignirent le but qu'il s'était proposé. Antoine de Lebrixa, contemporain et ami de Ximénès de Cisneros, a entrepris de raconter les grands événements qui se sont accomplis sous ses yeux. Il a écrit en latin deux décades du règne de Ferdinand et d'Isabelle. Fernando del Pulgar, qui ne le cède en rien à Antoine de Lebrixa, a écrit aussi l'histoire de cette époque; mais dans tous ses ouvrages il s'est servi de l'idiome national. Fernand del Pulgar ne s'est pas borné à rapporter les événements dont il avait été témoin; il a raconté la vie des grands hommes illustres de son pays, et il a mérité d'être surnommé le Plutarque espagnol.

Le règne de Ferdinand a vu paraître encore un livre remarquable par son titre, par le talent incontestable avec lequel il a été exécuté, par l'influence qu'il a exercée, et surtout par l'immense succès qu'il a obtenu. A l'époque à peu près où Ferdinand achevait la conquête de Grenade, le bachelier Fernando de Rojas faisait paraître *la Célestine, tragi-comédie de Calixte et Mélibée.* Le titre seul de tragi-comédie était alors une excessive nouveauté, car la comédie moderne n'existait pas. Aussi des critiques espagnols citent-ils la Célestine comme la source première d'où découle leur théâtre; mais, en réalité, la Célestine n'est aucunement une comédie; elle ne pourrait être représentée sur aucune scène. Le récit est dialogué; c'est en cela seulement que ce livre présente quelque analogie avec une œuvre théâtrale. Cet ouvrage a obtenu un succès immense. Il en existe vingt-huit éditions espagnoles; deux traductions italiennes, une allemande et six françaises [1]. Cependant il a été jugé par les critiques d'une manière bien diverse: les uns ont vanté la Célestine comme une œuvre de morale; les autres n'y ont vu qu'une composition infâme. Alejo de Venegas, se plaignant des maux causés par une semblable lecture, dit qu'il faut écrire *Scelestina* [2] plutôt que Celestina.

Voici quel est le sujet de l'ouvrage: Calixte ne pouvant se faire aimer par Mélibée, jeune fille d'une grande beauté, a recours pour la séduire à Célestine, qui, après avoir été courtisane, s'est faite entremetteuse. Les artifices que cette misérable emploie pour vaincre la chaste résistance de Mélibée, la fin malheureuse des amants et de ceux qui les aident, forment le nœud et le dénoûment de la fable. Le bachelier de Rojas a, dit-il, écrit son ouvrage pour prémunir les jeunes gens contre les dangers de l'amour. C'est pour leur inspirer l'horreur du vice qu'il a fait la peinture de la dépravation et du libertinage. Au milieu de ces récits de débauche, l'auteur a semé, dit-il, deux mille maximes de sagesse. Il ne faut donc pas douter de ses bonnes intentions; mais la nudité de ses tableaux n'en est pas moins d'un cynisme repoussant. Cependant on ne peut s'empêcher d'admirer, dans cet ouvrage, la diction de l'auteur, pure, élégante, naturelle, harmonieuse. Le caractère des personnages est toujours bien tracé, bien soutenu. L'esprit, les saillies, la verve, sont répandus à profusion dans ce livre, et, sous le point de vue de l'art, mais sous ce point de vue seulement, il est un excellent modèle.

Cependant ses nombreux imitateurs ont pensé que la Célestine devait aussi une partie de son succès à ce qu'elle a d'impudique. Pour réussir comme le bachelier de Rojas, ils ont, dans leurs imitations, exagéré les vices de cet ouvrage. Le scandale en est venu au point

[1] La dernière, qui remonte seulement à 1841, est due à la plume élégante de M. Germond de Lavigne. Le traducteur, avec un talent qu'on ne saurait assez louer, a su faire passer dans notre langue l'esprit, la grâce et les beautés de son modèle, tout en en voilant les défauts.

[2] *Scelesta*, profanée.

que l'Église s'en est alarmée, et un anathème a frappé tout ce qui portait en Espagne le nom de comédie. Ce fut là un des premiers obstacles qu'à sa naissance le théâtre eut à surmonter. Néanmoins l'élan dans la voie du progrès était donné, et les princes de la maison d'Autriche, en montant sur le trône de Castille, trouvèrent la littérature de ce pays toute préparée à la renaissance que le seizième siècle allait apporter. « Lorsque les splendeurs de la poésie italienne vinrent frapper les regards de l'Espagne, dit M. de Puibusque, elles ne l'éblouirent pas; c'était la lumière attendue, la révélation pressentie. »

Il en était de même des arts; l'Espagne n'était pas restée en arrière des autres nations de l'Europe. Ses monnaies, frappées au temps d'Alphonse le Savant [1], celles de Enrique de Trastamare [2], prouvent les progrès que la gravure avait faits dans la Péninsule. L'architecture y avait aussi produit des merveilles. On a vu que les monuments mauresques forment une richesse propre à l'Espagne. Mais à côté des magnificences de Grenade et de Cordoue, il est encore possible de citer des édifices d'un autre genre. A la fin du moyen âge l'architecture ogivale était seule en faveur dans la plus grande partie de l'Europe chrétienne; aussi lui attribua-t-on un caractère plus spécialement religieux. Il semblait que ses formes se confondissent nécessairement avec des idées de christianisme; et elle fut adoptée par les Espagnols pour les édifices consacrés au culte divin. Souvent chez eux cette architecture dut s'enrichir des détails du style mauresque. Les ruines du couvent des Carmélites, qu'on voit encore auprès de Burgos [3], présentent peut-être un exemple de ces emprunts; au moins dans l'espèce de rosace qui surmonte la porte, à la partie supérieure, on peut reconnaître une réminiscence de cette ogive particulière aux édifices des Maures. Au lieu de se rétrécir à partir de sa base, elle va d'abord en s'élargissant, pour se rétrécir ensuite comme celle qui décore la façade de la *Casa del carbon* [4].

[1] 4e de la planche 80.
[2] 6e de la planche 80.
[3] Pl. 61.
[4] Pl. 41.

C'est au treizième siècle que sont (les monuments les plus purs du st ogival. C'est à cette époque préci ment que saint Ferdinand a commen la cathédrale de Burgos. Cette église une des plus magnifiques constructic de ce genre qui existent maintenant Europe. Elle est fort élevée, et on a perçoit d'une très-grande distance. (pendant, elle est placée dans un creu sur le côté de la montagne, et ce situation est désavantageuse pour s effet général. Des deux côtés de sa çade principale [1] s'élèvent deux flècl fort élégantes et fort légères. Elle surchargée d'ornements de la plus gran délicatesse. On y trouve une profusi de statues dont plusieurs sont rem quables, surtout pour l'époque où el ont été sculptées. Santiago, le patron cette église, est placé sur son cheval bataille au milieu des clochetons (entourent une des flèches. Les arcad les piliers, les créneaux sont exécutés la manière la plus précieuse. Sous qu que point de vue qu'on la considère faut admirer le luxe des tourelles d(elle est surmontée, des sculptures d(elle est enrichie [2]. On doit pourtant dire avec regret, les réparations fai à cet édifice en ont quelquefois alt le caractère. Ainsi sous le portail de façade principale on a ajouté un front grec. Ces restaurations ont eu lieu p dant la première moitié du seizième s cle. Quand les princes allemands ar vèrent en Espagne, le goût qui do nait encore pour l'architecture était style ogival; pour la peinture c'ét l'école allemande des Van Eyck. Au au commencement du seizième siéc la plupart des peintres espagnols s' pliquèrent-ils à imiter Albert Dur On retrouve ce caractère d'une mani bien prononcée chez Gallegos, cl Vincent Joanez, chez Alonzo Sanc Coello, que l'on a surnommé le F tugais, parce qu'il passa une gra partie de sa vie à la cour de Lisbonn

Mais déjà en Italie une ère nouv avait commencé pour les arts. Léon de Vinci, Michel-Ange, Raphaël, F

[1] Pl. 51.
[2] Pl. 53.
[3] Il est né à Benifayro dans le roya de Valence.

mante, Sébastien del Piombo, avaient abandonné la voie suivie par leurs prédécesseurs. Nourris des chefs-d'œuvre de l'antiquité, ils s'efforçaient de faire revivre le siècle de Périclès. Déjà cette lumière de la renaissance commençait à poindre en Espagne. Des Espagnols, Becerra, Berruguete avaient reçu des leçons de Michel-Ange, et tous les deux, peintres, sculpteurs et architectes, comme l'était leur maître, travaillaient à propager dans leur pays l'influence italienne. Ce n'était pas sans résistance qu'une semblable révolution pouvait s'effectuer. On était accoutumé aux capricieux ornements du genre ogival, aux enroulements de l'arabesque; on ne pouvait accepter tout à coup la sévérité des monuments antiques. Il fallait une transition. On sacrifia un peu de la pureté des lignes pour avoir quelque chose de contourné, qui se rapprochât de l'ogive. On vit paraître ce style intermédiaire, qui caractérise la renaissance. Les innovateurs, croyant avoir tout concilié par cette espèce de transaction, appliquèrent partout leur découverte. Il fallait réparer cette belle cathédrale élevée par saint Ferdinand, il fallait y construire un escalier pour monter au grand orgue, on dessina un escalier du genre *renaissance*. Il est beau [1], on ne peut s'empêcher d'en convenir. Mais ne forme-t-il pas un véritable anachronisme placé dans une église du treizième siècle?

La cathédrale de Malaga [2] présente encore un exemple de cette lutte du gothique contre le style romain. « Les trois nefs de la cathédrale de Malaga, dit M. le comte de Raczynski dans son Histoire des arts en Portugal, sont dans le style de Bramante jusqu'au sommet des colonnes. Sur les voûtes les ornements, sans être gothiques, ont quelque chose qui rappelle ce genre d'architecture. » Cette église a été commencée en 1528; elle était déjà fort avancée en 1558; car on trouve en quelques endroits de ce monument les armes de Philippe II et celles de la reine Marie d'Angleterre. Or le mariage de ces deux souverains n'ayant duré que quatre années, du 25 juillet 1554 au 17 novembre 1558, leurs armes apposées ensemble sur ce bâtiment peuvent équivaloir à une date.

[1] Pl. 52.
[2] Pl. 62.

Cette cathédrale est vaste et sa masse est fort imposante. La façade principale a deux corps d'architecture, ornés chacun de huit colonnes de marbre. Elle est flanquée de deux tours, et l'on doit regretter que celle du nord seulement soit achevée, car elle est fort élégante et produit le meilleur effet.

Dans la chapelle royale de la cathédrale de Grenade on voit le tombeau de Ferdinand le Catholique [1]. Si l'histoire ne nous apprenait pas d'une manière précise l'époque à laquelle ce monument a été construit, il suffirait certainement pour la déterminer de jeter un coup d'œil sur les ornements qui le surchargent. Il serait impossible de ne pas reconnaître à quelle période artistique il appartient. Au reste, tous les détails de sculpture dont il est enrichi sont du meilleur goût, et il peut être cité comme un des plus beaux monuments de cette époque.

Le maître-autel de la cathédrale de Séville [2] a aussi été construit vers le commencement du seizième siècle; mais il faut avouer qu'il fait peu d'honneur au goût des artistes qui l'ont imaginé. Rien n'est plus lourd que ces ornements contournés sans motif et sans grâce. L'auteur fait serpenter ses profils de la manière la plus baroque. Il a décoré le maître-autel d'une foule de petites niches superposées. Chacune renferme un tableau en relief. Ces reliefs sont sculptés en bois de cèdre et rehaussés de peinture et de dorure. A cette époque, dit Céan Bermudez, pour bien des gens, le talent principal des artistes consistait dans la dorure et dans les ornements en peinture qu'ils ajoutaient aux reliefs. En 1508, le chapitre de Séville fit appeler Alexis Fernandez, et, content de la preuve qu'il fournit de son savoir, le reçut pour travailler au grand maître-autel, à la confection duquel il resta employé jusqu'en 1525. Arfian et Antoine Ruiz concoururent aussi, en 1551, à l'achèvement de cet ouvrage.

Les lettres et les beaux-arts marchaient en Espagne du même pas, et cet anta-

[1] Pl. 50.
[2] Pl. 55.

gonisme, qui existait en architecture entre les anciennes traditions et le genre nouveau, se manifesta également pour la poésie, entre les écrivains qui voulaient conserver à la littérature sa vieille physionomie espagnole, et ceux qui voulaient importer le genre italien. Plusieurs essais pour assouplir l'ancien rhythme avaient été inutilement tentés. Juan Boscan Almogaver, poëte, né à Barcelone, s'appliqua à imiter Pétrarque. Il étudia soigneusement le jeu de tous les mètres poétiques et ne prit à l'Italie que ceux qui lui parurent susceptibles de se plier au génie de la langue castillane. Il ne se borna pas à faire une poétique; il travailla à créer des modèles qui ne sont pas dénués de tout mérite. Il fit adopter l'endécasyllabe par les talents les plus distingués de l'Espagne. Les écrivains partisans de cette réforme reçurent le nom de *pétrarquistes*. Ceux, au contraire, qui voulaient maintenir l'ancien rhythme, qui persistaient à écrire en *coplas*, c'est-à-dire en courtes strophes, comme celles dont les *romanceros* sont composés, prirent le nom de *copleros*. Christoval de Castillejo, leur chef, fit pleuvoir sur les novateurs une grêle de sarcasmes. Dans ses épigrammes agiles, rapides, mordantes, il se moqua surtout des *pieds de plomb* de la poésie nouvelle. Le coup était bien adressé, et cette critique frappait juste, en parlant des œuvres de Boscan. Ce poëte était encore mal rompu à la facture de cette nouvelle versification, et il n'avait pas assez de talent pour en vaincre les difficultés; mais le reproche cessa d'être mérité quand Garcilasso de la Vega fut venu se ranger sous la bannière des *pétrarquistes*. Il trouva les améliorations que Boscan avait cherchées. Ses élégies remplies de grâce et de fraîcheur lui ont mérité le surnom du *roi de la douce plainte* (*Rey del blando llanto*). Ce fut lui qui eût l'honneur de faire pencher la balance. Une foule d'écrivains de mérite, qui étaient restés indécis entre les deux partis, se prononcèrent pour celui que Garcilasso avait embrassé. Ainsi la nouvelle manière fut adoptée par Hernando de Acuña qui traduisit en vers espagnols les Héroïdes d'Ovide, et les quatre premiers chants du Roland amoureux de Boyardo. Un autre écrivain, qui n'est pas moins célèbre, don Diego Hurtado de Menc vint aussi prêter à cette réforme l raire l'appui de son talent. Hurtad Mendoza, fils du deuxième comte de dilla, marquis de Mondejar, prit du vice dans l'armée d'Italie. Il fut suc sivement gouverneur de Sienne, am sadeur de Charles V à Venise, à R et au concile de Trente. Au milieu graves occupations que ses fonction imposaient, il savait trouver du te pour cultiver les Muses. Il existe de beaucoup de poésies. Il a écrit aus roman de *Lazarille de Tormes*. I tard, à l'avénement de Philippe II, H tado de Mendoza fut écarté des affai Alors il s'occupa uniquement des lett Il consacra sa fortune à rassembler manuscrits précieux. Il était versé d les littératures latine, grecque, héb que, arabe; et, quand don Juan d' triche vint exterminer les Maurisq Hurtado profita des circonstances p ramasser une immense quantité de vres arabes, que le fanatisme absu des inquisiteurs aurait abandonnés flammes. Sa bibliothèque, léguée par à Philippe II, forme encore la parti plus intéressante de la collection l'Escurial. Enfin, témoin de la guerre Maurisques, Hurtado en écrivit le ré C'est là son dernier ouvrage et son beau titre de gloire.

Il est une branche de la littérat que Charles V avait trouvée tout à dans l'enfance, c'est la comédie. A poque à peu près où paraissait la Cé tine [1], Juan de la Encina composa fit jouer des églogues. Il figura lui-mê plus d'une fois au nombre des acte

Vingt-cinq ans plus tard en 15 Torrès Nabarro fit imprimer, à Ro un recueil de comédies qu'il avait fait représenter. Quelques critiques p tendent que dans ces pièces il a imité auteurs italiens, d'autres soutienne au contraire, qu'il leur a servi de dèle. Ce qui est probable, c'est que T rès Nabarro a fait quelques empru aux Italiens, qui l'ont imité à leur to

[1] La première édition de la Célestine est imprimée en 1500 à Salamanque. Mais il est tain que cet ouvrage a commencé à être co en 1492, soit qu'il ait existé une édition aucun exemplaire n'est venu jusqu'à nous, que ce livre ait commencé à circuler en nuscrit.

Soit que le préjugé défavorable dont la Célestine et ses imitateurs avaient entouré toute œuvre théâtrale rejaillît jusque sur le livre de Naharro, soit que cet ouvrage contînt des attaques contre le gouvernement pontifical, il fut défendu, et l'auteur fut obligé de s'enfuir de Rome. Les comédies de Torrès Naharro sont les premières qui aient été divisées en cinq journées. A côté de ce poëte, qui tentait de soumettre la scène à une influence italienne, qui essayait pour le théâtre ce que Boscan avait fait pour le rhythme poétique, un autre parti s'était formé : c'était celui des gens qui voulaient faire revivre la comédie latine. Le nom de parti des *érudits* lui fut donné. Il eut pour chef don Francisco de Villalobos, qui avait été médecin de Ferdinand et d'Isabelle et qui avait conservé le même office auprès de Charles V. Villalobos traduisit, en 1515, l'Amphitryon de Plaute; et, quoique sa traduction ne reproduise pas toujours avec exactitude le sens de l'original, elle ne manque ni d'élégance, ni de correction. Fernand Perez de Oliva et Simon Abril suivirent la même route. Mais la plus grande partie des Espagnols n'entendait rien aux fables grecques ou romaines. Ce que le peuple voulait, c'était une scène nationale, un théâtre espagnol; aussi, les érudits échouèrent dans leur entreprise.

Enfin, un simple artisan de Séville, un batteur d'or, Lope de Rueda fut celui qui trouva le chemin que l'on avait inutilement cherché. Il se fit auteur et acteur. Aux grands applaudissements du public, il composa les pièces et les joua avec quelques-uns de ses camarades.

« Lope de Rueda, dit M. Adolphe de « Puibusque [1], était observateur et « peintre. Il avait toute l'originalité d'un « esprit qui n'a rien appris par les livres, « et toute la raison que la philosophie « peut donner. Sorti des derniers rangs « du peuple, sa seule ambition était « d'amuser la multitude. Il se mit donc « à traduire sur la scène les divers per« sonnages qu'il avait vus passer devant « sa boutique, des étudiants, des bache« liers, des licenciés, des docteurs, des « alguazils; il y ajouta quelques bohé« miens et quelques voleurs dont la re« nommée était descendue des monta« gnes pour courir les rues de Séville; « mais il aima mieux s'en tenir aux coups « de bâton que de faire jouer les cou« teaux : il se garda aussi de rendre ses « maris trop crédules ou ses niais trop « spirituels; en toute chose il sut rester « dans une juste mesure...... Toutes ses « intrigues, lors même qu'elles man« quent de vraisemblance, sont intéres« santes, parce qu'elles mettent en jeu « les passions et les caractères avec un « rare naturel; on est d'ailleurs captivé « par le charme du dialogue et la grâce « des détails... »

Ainsi, au temps de Charles V, Lope de Rueda avait trouvé la véritable comédie espagnole. Il restait sans doute bien des progrès à faire; le théâtre était encore jeune; mais il était débarrassé de ses langes. Boscan et Garcilasso avaient armé la poésie de mètres plus souples; sous la plume d'écrivains exercés la langue était devenue un instrument plus harmonieux et plus docile. Des améliorations analogues avaient eu lieu pour les beaux-arts. Le genre gothique avait cédé la place au style de Michel-Ange et de Raphaël. Tout marchait vers le bien; tout était préparé pour cette époque des trois Philippe qui fut pour l'Espagne l'âge d'or des beaux-arts et de la littérature.

Il serait beaucoup trop long de nommer tous les écrivains célèbres qui ont illustré le règne de Philippe II. Leur liste seule dépasserait les bornes de cet ouvrage, et je dois me restreindre à citer les plus notables, ceux qui par leur talent ont exercé une grande influence sur la littérature de leur pays. Il faut mentionner en commençant George de Monte-Mayor. Son roman de la Diane a été le modèle du genre pastoral. Malgré un peu d'afféterie, défaut que ce genre de compositions semble ne pouvoir pas éviter, l'ouvrage de George de Monte-Mayor est rempli de charme. On y trouve des vers délicieux et d'intéressantes nouvelles. Il n'est peut-être pas un des épisodes de ce roman qui n'ait donné naissance à une foule d'imitations et qui n'ait été reproduit sur la scène; mais en général cet auteur a porté malheur à ceux qui l'ont copié; presque tous n'ont pris de lui que ses défauts. A la fin du

[1] Ier vol., p. 218.

quatrième livre de sa Diane, George de Monte-Mayor raconte une aventure chevaleresque arrivée quelques années avant que Ferdinand le Catholique montât sur le trône d'Aragon. Rodrigo Narvaez [1] était alcayde d'Alora. Cette ville se trouvant sur l'extrême frontière des Maures, le brave alcayde et sa garnison s'occupaient sans relâche à faire des incursions dans le pays ennemi. Un soir qu'ils étaient en embuscade, ils entendirent un guerrier qui venait en chantant des vers arabes. « C'est à Grenade, disait-il, que je suis né. J'ai passé mes premières années à Cartame, je demeure sur la frontière d'Alora, mais c'est à Coyn que sont mes amours. »

Les Espagnols l'attaquèrent, et il se défendit avec courage; mais sa résistance fut inutile, il fallut qu'il se rendît au vaillant alcayde d'Alora. En se voyant au pouvoir des chrétiens, le prisonnier poussa des soupirs et ne put s'empêcher de laisser couler quelques larmes.

Étonné de voir pleurer un homme qui venait de combattre avec tant d'intrépidité, Narvaez lui demanda la cause de son affliction. « Je suis du sang des Abencerrages, répondit le captif, et mon nom est Abindarraez. Ce qui m'arrache des larmes, ce ne sont ni les blessures que j'ai reçues, ni la perte de ma liberté; mais je me rendais auprès de la dame que je sers. J'allais trouver la fille de l'alcayde de Coyn, la jolie Xarifa. Je devais ce soir m'unir à elle, et j'allais recevoir les premiers gages de son amour. Ne me demandez donc plus pourquoi je verse des larmes.

— Et si je vous laissais continuer votre route, promettriez-vous de revenir vous mettre entre mes mains?

— Si vous êtes assez généreux pour agir avec moi de cette manière, reprit l'Abencerrage, vous m'aurez donné plus que la vie. Mais quelle garantie voulez-vous que je vous laisse pour vous assurer que je remplirai les conditions que vous allez m'imposer?

— Narvaez appela ses compagnons. Señores, leur dit-il, je me rends garant de ce prisonnier. Je reste envers vous caution du paiement de sa rançon... Il prit ensuite la main droite de l'Abencerrage et lui dit : Vous promettez s[ur] votre foi de chevalier de venir dans tr[ois] jours vous rendre prisonnier à ma f[or]teresse d'Alora? — Je le promets, répo[ndit] Abindarraez.

— Eh bien, maintenant allez, et q[ue] Dieu vous soit en aide! »

Abindarraez fut bientôt auprès de [la] belle Xarifa. « Qu'avez-vous? lui dit-el[le], d'où vient votre tristesse? ne vous ai[-je] pas donné tout ce que vous désiriez[?] » Alors l'Abencerrage lui conta comme[nt] il avait été fait prisonnier. « A Dieu [ne] plaise que je reste libre quand vous ê[tes] captif, dit à son tour Xarifa; emmen[ez-]moi sur la croupe de votre cheval, c[ar] je veux partager en tout votre fortune[. »] Ils allèrent ainsi tous les deux se r[e]mettre entre les mains de l'alcay[de] d'Alora. On rapporte que Narvaez, to[u]ché du dévouement de la jeune femm[e] et de la loyauté de son captif, les re[n]voya sans rançon. Cette aventure, qu['on] assure-t-on, n'est pas imaginaire, e[st] racontée par George de Monte-May[or] avec une grâce qui aurait dû décour[a]ger les imitateurs. Néanmoins on [la] retrouve partout des copies plus [ou] moins défigurées : ainsi elle est racon[]tée dans le Romancero maurisque [1].

Le même sujet a fourni à Lope de Ve[ga] une comédie intitulée : *El Remedio en [la] desdicha*, Le Remède dans l'infortun[e].

L'éditeur de Conde, à la suite de l'Hi[s]toire des Arabes, a placé cette aventu[re] sous le titre d'anecdote curieuse; [et] M. Viardot l'a scrupuleusement traduit[e]. Mais toutes ces copies paraissent bie[n] pâles à côté de l'original. C'est, en gén[é]ral, le sort de toutes les imitations. [Il] faut avouer cependant que Gil Polo, da[ns] sa Diane amoureuse, s'est montré le d[i]gne émule de George de Monte-Mayo[r].

Puisque nous parlons d'aventures ch[e]valeresques, n'oublions pas les Guerr[es] civiles de Grenade publiées par Gin[es] Perez de Hita, sous le pseudonyme d'A[]ben-Hamin; car, par une singulière fat[a]lité, malgré le mérite de cet ouvrag[e,] presque tous les auteurs qui se sont o[c]cupés de la littérature espagnole o[nt] omis de le mentionner [2].

[1] C'était un des ancêtres du général Narvaez qui est aujourd'hui ministre de la guerre.

[1] Romancero Castellano, publié par M[.] Depping, 2e vol., p. 230.

[2] Il n'en est parlé ni dans Bouterweck, [ni] dans l'Essai sur la Littérature espagnole (1810[)] par M. *Malmontet*, attribué souvent par erreu[r]

Ce livre raconte les aventures imaginaires de la cour de Boabdil, le massacre des Abencerrages et la prise de Grenade. Soit que Perez ait été l'inventeur de ces contes, soit qu'il n'ait fait que recueillir les traditions qui existaient déjà de son temps, il a composé son livre avec tant d'art que ces fables ont acquis en Espagne parmi le peuple toute l'autorité de la vérité. Il s'est même trouvé des gens graves qui les ont acceptées pour une histoire sérieuse. De nos jours l'éditeur du *Romancero castillan* ne nomme Perez de Hita que l'*historien* des guerres civiles de Grenade. Cependant Nicolas Antonio, dans sa Bibliothèque espagnole, ne s'y était pas laissé prendre. Il appelle cet ouvrage un badinage poétique; néanmoins il ne peut s'empêcher d'ajouter que ce livre plaît beaucoup aux personnes oisives. En effet, il en est peu qui aient été lus avec autant d'empressement. Les Guerres civiles de Grenade ont été imprimées à Saragosse en 1595. Dès 1598, il en paraissait à Alcala de Hénarez une seconde partie. Il est vrai que cette continuation est loin de valoir le commencement; néanmoins on réimprima les deux parties à Alcala en 1664. La première parut aussi à Paris en 1606, avec des notes marginales par le père Fortan; depuis cette époque, les éditions de la première partie se sont succédé avec rapidité, et maintenant on en compterait peut-être plus de vingt. Mis en français presque aussitôt qu'il a été écrit, ce roman a été traduit une seconde fois en 1809 par M. Sané. Certainement un livre, dont le succès n'est pas épuisé après une épreuve de trois siècles, sort de la classe des romans ordinaires, et il ne méritait pas que les critiques le laissassent dans l'oubli. Peut-être aussi la vogue même dont a joui cet ouvrage a-t-elle contribué à faire naître la mauvaise humeur de plus d'un écrivain de cette époque. Le départ de Malique Alabez qui va combattre Manuel Ponce de Léon, commence par ces vers :

Ensilleys me el potro rucio
del alcayde de los Velez.

« Sellez le cheval gris que m'a donné l'al-
« cayde de los Velez. »

Un poëte, fatigué d'entendre le peuple chanter cette pièce de vers, a commencé une épigramme de cette manière :

Lleve el diablo el potro rucio
del alcayde de los Velez!

« Que le diable emporte le cheval gris
« de l'alcayde de los Velez! »

Gongorra a fait aussi une parodie du départ de Malique Alabez. Faria e Sousa parle de Perez de Hita avec dédain. « Voyez, dit-il, ce Perez de Hita qui est si lu et qui mérite si peu de l'être. » Il ne faut pas prendre au pied de la lettre les paroles de cet auteur. Les Guerres civiles de Grenade sont d'un bout à l'autre empreintes d'une teinte chevaleresque, et Walter Scott [1], dont le bon goût en matière de romans ne saurait être révoqué en doute, disait à propos d'une traduction anglaise qu'on lui présentait, que ce livre méritait bien qu'on apprît l'espagnol afin de pouvoir le lire dans l'original; et il ajouta que s'il eût connu plus tôt Gines de Hita, cela eût éveillé chez lui le désir de placer en Espagne la scène de quelques-uns de ses romans.

Gines Perez de Hita fut le contemporain de Cervantès, et quoique la première partie de don Quichotte n'ait paru qu'en 1605, lorsqu'il existait déjà trois éditions des Guerres civiles de Grenade, Cervantès, qui fait si gracieusement la guerre à tous les romans chevaleresques, n'a pas parlé de celui-ci. Il n'a fait aucune allusion aux aventures qui s'y trouvent racontées. C'est une retenue qu'il n'a pas eue à l'égard de Monte-Mayor. Quand don Quichotte, roué de coups par des marchands, est recueilli par un laboureur de son village, il le prend d'abord pour le marquis de Mantoue et ensuite pour Rodrigo Narvaez. Aussi, interrogé par le laboureur sur les douleurs qu'il ressent, il lui répond les paroles que l'Abencerrage captif adresse à l'alcayde d'Alora. Il les répète telles qu'il les avait lues dans la Diane.

L'admirable roman de don Quichotte, ce chef-d'œuvre que toutes les nations envient à la littérature espagnole, n'eut

à M. le Couteulx de Canteleu, ni dans l'Espagne poétique par Juan Maria de *Moury*, 1826, ni dans l'Histoire comparée des Littératures espagnole et française, par M. *Adolphe de Puibusque*

[1] Chroniques chevaleresques du Portugal et de l'Espagne, par M. Ferdinand Denis.

d'abord que peu de succès. Cervantès ne jouit pas de son vivant de la popularité que ses œuvres ont acquise par la suite. La nature même de son ouvrage explique pourquoi il a d'abord été mal accueilli par les Espagnols. C'est que ce livre, si plein de raison, contient d'un bout à l'autre la satire d'un travers national. Au temps de Philippe II, il n'était pas de peuple qui fût plus enclin à l'exagération que le peuple espagnol. Il portait tout à l'extrême; il mettait de l'emphase partout. Une ville en Espagne n'était pas seulement une ville : c'était une héroïque cité. Le moindre officier y était appelé un brillant guerrier, un invincible capitaine. Tout y prenait en paroles des dimensions immenses.

Cet esprit d'exagération avait été porté par les Espagnols dans les sentiments chevaleresques comme dans toute autre chose. C'est donc en Espagne que Don Quichotte devait être écrit; car la satire ne peut naître que là où l'abus existe. Par la même raison Cervantès, en frondant un ridicule, qui alors était presque général chez ses compatriotes, devait rencontrer des lecteurs peu bienveillants. Ceux qui comprenaient sa pensée et qui se sentaient atteints par ses railleries ne riaient que du bout des lèvres : ceux qui ne la comprenaient pas, accusaient l'auteur d'avoir jeté le ridicule sur des sentiments généreux. Ils ne voyaient pas que Cervantès n'en a ridiculisé que l'exagération. La morale de ce roman, c'est que les meilleurs principes deviennent une folie quand ils sont poussés jusqu'à leurs conséquences extrêmes. Don Quichotte, c'est la guerre faite à l'emphase, aux grands mots vides de sens. En un mot, c'est la guerre faite à toute espèce d'exagération. Cervantès avait trop de raison pour l'Espagne de son époque, c'est pour cela que son mérite demeura méconnu et que son existence fut constamment malheureuse. Né en 1547, à Alcala de Hénarez, ce grand homme suivit d'abord la carrière des armes, il assista à la bataille de Lépante, où il perdit la main gauche. Malgré sa blessure, il resta dans les troupes que l'Espagne entretenait en Sicile et y servit jusqu'en 1575. Dans le courant de cette année, lorsqu'il retournait en Espagne, il fut pris par un corsaire algérien et ne fut racheté qu'après ci[illegible] ans de captivité. De retour dans sa p[illegible]trie, Cervantès s'adonna à la littératur[illegible] Sa Galatée n'obtint aucun succès. [illegible] composa un grand nombre de pièc[illegible] de théâtre qui ne lui procurèrent aucu[illegible] renommée. Il fit enfin paraître D[illegible] Quichotte ainsi que des Nouvelles rem[illegible]plies de grâce et de naturel; mais il [illegible] fut pas compris de ses contemporain[illegible] Deux hommes seulement dans la P[illegible]ninsule, le comte de Lemos et l'arch[illegible]vêque de Tolède, don Bernardo de Sa[illegible]doval, encouragèrent ses travaux[illegible] encore faut-il avouer que leur prote[illegible]tion timide et la parcimonie de leu[illegible] secours laissèrent mourir dans l'ind[illegible]gence le plus grand écrivain que l'Esp[illegible]gne ait vu naître.

De même que Cervantès, Alonzo d[illegible] Ercilla y Zuñiga fut guerrier aussi bie[illegible] que poëte. Attaché à la cour, dès [illegible] règne de Charles V, il était page d[illegible] Philippe II, quand la guerre éclata en[illegible]tre les Espagnols et les Indiens Arau[illegible]cans, qui peuplent la partie méridional[illegible] du Chili. Alonzo de Ercilla s'embarqu[illegible] pour aller combattre cette nation sau[illegible]vage. Cette expédition, qui dura plu[illegible]sieurs années, forme le sujet de so[illegible] poëme : « Je ne chante, dit Alonzo d[illegible] « Ercilla, ni les dames ni l'amour, n[illegible] « les galanteries des chevaliers ; ma voi[illegible] « ne célèbre ni les sacrifices ni les tour[illegible] « ments des tendres affections, mais l[illegible] « valeur, les combats, les prouesses d[illegible] « ces Espagnols intrépides dont l'épé[illegible] « courba sous le joug le front indompt[illegible] « des Araucans. » Presque tout c[illegible] poëme a été écrit à l'instant même o[illegible] les faits avaient eu lieu. La journée s[illegible] passait à combattre, et Alonzo employai[illegible] une partie de la nuit à composer se[illegible] vers. On dit même que souvent il man[illegible]quait de papier ou de parchemin, e[illegible] c'était sur de petits morceaux de cui[illegible] qu'il inscrivait ses pensées.

On comprend qu'un ouvrage com[illegible]posé ainsi de passages écrits sous l'im[illegible]pression du moment doit briller davan[illegible]tage par le fini des détails que par l[illegible] plan général. C'est un bulletin en ver[illegible] plutôt qu'une épopée. Souvent l'intérê[illegible] s'égare et la courageuse résistance de[illegible] Indiens excite notre sympathie autan[illegible] que la valeur des conquérants. L'absenc[illegible] de plan, le manque d'unité, voilà le défaut de l'Araucania. Néanmoins, ce poëme contient de grandes beautés; et si l'on veut mettre à part le Tasse et le Camoëns, il ne reste plus, parmi les modernes, de poëte épique auquel Ercilla ne puisse disputer la première place.

Lope Félix de Véga Carpio fut aussi une des gloires littéraires du règne de Philippe II. Après avoir été le secrétaire du duc d'Albe, Lope de Véga, à la suite d'un duel où il blessa grièvement son adversaire, fut obligé de quitter sa maison. A la même époque, il perdit sa femme, et rien ne l'attachant plus au monde, il prit le parti de courir les aventures. Il s'embarqua sur la flotte *invincible;* mais le désastre de cette expédition fit sur son esprit une impression si vive, qu'il renonça à la carrière des armes, et il s'adonna tout entier à la poésie. Il n'est pas d'auteur qui ait été plus heureusement doué que Lope de Véga. Il possédait à la fois l'imagination qui invente et le génie qui met en œuvre. La facilité avec laquelle il écrivait tient du prodige. C'est par centaines qu'il faut compter ses comédies; et leur nombre ne s'élève pas à moins de dix-huit cents. Il y faut ajouter environ quatre cents *auto-sacramentales.* On y doit joindre aussi plusieurs poëmes : Circé, la Jérusalem conquise, les Triomphes de la Beauté; La Beauté d'Angélique; l'Arcadie; la Dragontéa; la Guerre des Chats; et enfin une multitude innombrable de poésies légères. Cette excessive fécondité ne laissait pas à Lope le temps de travailler ses ouvrages; il les improvisait sans s'inquiéter ni du développement qu'il donnerait à sa pensée ni de la manière dont il dénouerait son intrigue; mais la grâce de son style, le talent avec lequel il sait peindre font oublier ses imperfections. Lope sacrifie souvent une pièce entière pour arriver à quelques situations dramatiques; et l'on a dit de lui avec raison : C'est le poëte qui a fait le plus de bonnes scènes et le plus de mauvaises pièces. Au reste, Lope de Véga ne se faisait pas lui-même illusion sur ses défauts. « J'ai quelquefois écrit « selon les principes, dit-il dans son « Nouvel Art dramatique; mais, dès « que je vois le peuple courir en foule à « des ouvrages monstrueux, pleins d'ap« paritions magiques et de tableaux sur« naturels, et les femmelettes se pas« sionner pour ces absurdités, je reviens « à mes habitudes barbares. J'enferme « sous de triples verrous tous les pré« ceptes; j'éloigne de mon cabinet Plaute « et Térence, de peur d'entendre leurs « cris, et je compose suivant la mé« thode indiquée par ceux qui veulent « enlever les applaudissements de la « multitude. »

C'est à la multitude que Lope voulait plaire et non pas aux érudits. Or la multitude trouvait bon tout ce qui était capable de l'émouvoir, et les fables les plus extraordinaires étaient celles qui lui plaisaient davantage. Elle acceptait les incidents les plus bizarres, les plus invraisemblables, pourvu que les acteurs eussent une physionomie, une tournure espagnole : « Aussi, dit M. Ternaux « Compans [1], tous les personnages des « pièces espagnoles sont Espagnols. Ro« mains, Grecs, Hébreux, Chinois, tous « ont l'air de sortir du Prado ou de la « porte du Soleil; tous ont lu Amadis « et la Somme de saint Thomas. Ils « traitent l'amour en théologiens et la « théologie en héros de romans.

« Coriolan est un chevalier d'Alcan« tara, Jésabel une duègne de Séville, et « Appius Claudius un oydor au conseil « des Indes. Au premier abord il est « difficile de ne pas trouver cette mas« carade parfaitement ridicule; mais « appelez Coriolan don Pedro et Jésa« bel Elvire, et vous serez frappé de la « vérité des caractères et de la manière « dont ils sont tracés. »

Malgré ses défauts, Lope de Véga a fait l'admiration de ses contemporains; dès qu'il paraissait, on se le montrait comme un prodige de la nature, comme le phénix des esprits. Il n'est peut-être pas une de ses pièces où l'on ne rencontre des traces de la précipitation avec laquelle il travaillait, et cependant parmi les auteurs qui, après lui, ont illustré la scène, on aurait de la peine à en signaler un qui n'ait pas trouvé quelque emprunt à lui faire.

Parmi les auteurs contemporains de Philippe II, je veux en citer encore un, car il a jeté sur cette époque un double

[1] Coup d'œil sur le Théâtre en Espagne, inséré dans la Revue française et étrangère.

lustre et comme poëte et surtout comme peintre. Don Pablo de Cespédès avait étudié longtemps la peinture à Rome. Les fresques dont il a enrichi l'église d'Araceli, celles de la Trinità-del-Monte et la chapelle de l'Annonciata le firent surnommer, dans Rome même, le Raphaël espagnol. Cespédès ne se borna pas à cultiver la peinture : il en fut encore l'historien et le poëte. Il écrivit un traité de perspective ainsi qu'une dissertation intitulée : *Comparaison de la peinture et de la sculpture anciennes et modernes;* enfin il composa un poëme, dont on doit la conservation aux soins de Pacheco. C'est un petit chef-d'œuvre de versification. Il est impossible de rendre avec plus d'exactitude les détails techniques.

Sous Philippe II, la peinture fit, dans les États de ce prince, des progrès rapides. Plus d'un artiste espagnol devint célèbre; et à la tête de ceux qui se signalèrent à cette époque, il faut nommer Cespédès, Fernandez Navarrète surnommé le Muet, Moralès le Divin, Ribalta et Luiz de Vargas. Toutefois aucun de ces artistes n'avait une manière qui fût propre à l'Espagne. Ils avaient tous étudié en Italie; ils s'étaient pénétrés des qualités des maîtres italiens. Navarrète imitait le Titien. Ribalta avait travaillé pour s'approprier la manière de Sébastien del Piombo. Quant aux tableaux de Luiz de Vargas, ils vous font penser aux ouvrages de Jules Romain. Toutes ces œuvres étaient de la peinture italienne. Il y avait des artistes espagnols d'un grand mérite; mais, au temps de Philippe II, il n'y avait pas encore une école qui eût un caractère national. Quelques peintres imitaient aussi la manière des Flamands. Les tableaux de Pantoja de la Cruz présentent une grande analogie avec ceux d'Antoine Moor d'Utrecht.

En parlant de Pantoja, il ne faut pas oublier une anecdote qui peut faire le pendant de la fameuse histoire des raisins de Zeuxis. Velez de Arciniega, dans son *Traité des animaux utiles à la médecine* rapporte qu'un très-bel aigle barbu ayant été pris auprès du Prado, on s'empressa de l'apporter au palais, et que Philippe II ordonna que le portrait en fût peint par Pantoja. Cet artiste mit tant d'art et tant de vérité dans son travail que l'aigle en apercevant le tabl crut que c'était un aigle véritable. Il lança avec impétuosité pour le comba on ne put pas le retenir, et il mit la en pièces.

Sous le règne de Philippe II l'ai tecture n'a pas reçu moins d'enco gements que les autres arts. C'est les soins de ce prince que l'Escurial construit. Voulant rendre grâce à I de la victoire que l'armée espag avait remportée auprès de Saint-Q tin, il avait fait vœu d'élever un mo tère et de le placer sous l'invocatio saint Laurent, parce qu'on célèbre la de ce martyr le 10 août, jour où la taille a été livrée. Le choix de l'em cement où le monument s'élève dit-on, déterminé par plusieurs cons rations : cette contrée aride et dés située à mi-côte de la Sierra de Gua rama, plaisait, assure-t-on, au carac sombre et farouche de Philippe II. suite les rochers auxquels l'édifice adossé sont formés presque entière d'une pierre de taille grise appelée *be queña.* Ils ont fourni tous les matéri nécessaires.

C'est en 1562 que les travaux commencé sous la direction de J Bautista Manegro, de Tolède, qui e fourni le plan et les dessins. Cet ar tecte étant mort en 1567, l'édifice a continué par son élève Juan de Per Bustamante.

Tout, à l'Escurial, rappelle le ma de saint Laurent. Non-seulement o voit l'instrument sur les portes, sur fenêtres, sur les autels, sur les ritu sur les habits sacerdotaux [1]; « n « encore par une pieuse galanterie l « chitecte a donné à l'édifice lui-mê « la forme du gril sur lequel saint L « rent a été brûlé [2]. Extérieurem « le bâtiment forme un carré long « une tour placée à chaque angle fig « les pieds du gril; la galerie intérie « principale, où est située l'église, « forme le manche, et une multit « de galeries transversales qui se c

[1] Lettres sur l'Espagne, par M. Adol Guéroult, p. 266.

[2] P. 65.

[3] La façade principale a environ 207 mè de largeur et 16 mètres 79 c. d'élévation jus la corniche. Les tours qui forment les qu angles ont environ 58 mètres 50 c. de haut

« pent à angle droit en représentent les « barreaux. La bizarrerie de ce plan ne « nuit pas à l'effet. Ce n'est guère qu'en « montant sur le dôme qui couronne « l'église qu'on peut se rendre compte « de l'ensemble de la construction; « mais au dehors, les quatre faces de « l'édifice conçues dans un goût sévère, « uni, presque sans ornement, présen- « tent, indépendamment de leurs pro- « portions grandioses, un accord de « bon goût avec la destination austère « du monument. C'est bien un cloître, « un lieu de retraite, de silence et de « méditation. Soit que l'œil se dirige « vers la montagne grise et nue comme « les côtes de la Provence, soit qu'il « embrasse la plaine immense et déserte « au bout de laquelle Madrid ne paraît « plus qu'un point blanc, soit qu'il se « reporte vers les murailles du couvent « toutes en granit massif de couleur « grise, rien ne fait diversion aux « pensées de recueillement et d'austé- « rité. C'est, dit-on, le plus beau et le « plus vaste couvent qui soit au monde. « Le côté septentrional est réservé pour « les appartements royaux, le reste ap- « partient à Dieu et aux moines. L'é- « glise, en forme de croix grecque, est « vaste et construite comme le reste, « dans un goût parfait et d'une simpli- « cité admirable; quatre énormes pi- « liers carrés de plus de vingt pieds sur « chaque face supportent la double « voûte surmontée, au point de jonction, « par une coupole hardie. »

On monte par une vingtaine de marches au maître-autel, qui est orné de trois ordres d'architecture placés au-dessus les uns des autres. On n'a rien épargné pour sa décoration. Son tabernacle réunit la richesse et l'élégance; mais ce qu'il y a de véritablement beau, ce sont les deux tombeaux qui l'accompagnent. On voit d'un côté celui de Charles V, de l'autre celui de Philippe II. Ces deux souverains sont à genoux. Ils occupent le devant d'une espèce de chambre ouverte du côté de l'autel et revêtue intérieurement de marbre noir. Au-dessous même du sanctuaire est le caveau consacré à la sépulture de la famille royale; il est appelé le Panthéon. L'idée de ce monument fut donnée par Charles V, l'exécution en fut projetée par Philippe II; elle fut commencée par Philippe III et achevée par Philippe IV. On y descend par un escalier entièrement revêtu de marbre; et sur la porte on lit cette inscription :

Locus sacer mortalitatis exuviis
catholicorum regum
a restauratore vitæ, cujus aræ max.
austriacâ adhuc pietate subjacent
optatam diem expectantium.

Quam posthumam sedem sibi et suis
Carolus Cesarum max. in votis habuit,
Philippus II regum prudentiss. elegit,
Philippus III verè pius inchoavit,
Philippus IV,
clementiâ, constantiâ, religione, magn.
auxit, ornavit, absolvit,
anno Dom. MDCLIV.

Saint-Laurent de l'Escurial a des admirateurs enthousiastes et les Espagnols l'ont appelé la huitième merveille. Tout le monde cependant ne partage pas cette admiration. « La décoration extérieure « de cette énorme masse de bâtiments, « dit Swinburne, est extrêmement « simple et bien vilaine à mes yeux. Ces « tours hautes et étroites, les petites « fenêtres et les toits qui s'abaissent « trop rapidement, prouvent certaine- « ment un mauvais goût d'architecture; « mais les dômes ainsi que l'immense « étendue de sa façade en font un objet « grand et merveilleux. » Ce dont on est surtout frappé quand on voit l'Escurial, c'est de sa grandeur, et un voyageur a parfaitement exprimé ce sentiment lorsqu'il a dit: C'est une montagne de granit construite à mains d'hommes, qui est adossée à une montagne naturelle dont le voisinage ne l'écrase pas [1].

Au reste, l'architecture des monuments élevés sous les princes de la maison d'Autriche n'a pas toujours eu cet aspect simple et sévère. La façade du couvent de la Vierge à Cadix est pleine d'élégance; je dirai presque de coquetterie [2]. Sous Philippe II, les arts, la littérature avaient pris d'immenses développements; mais les mêmes causes qui entraînèrent rapidement la monarchie à sa ruine, furent pour les lettres

[1] Lettres sur l'Espagne, par M. A. Guéroult.

[2] Pl. 64.

et pour le bon goût des éléments de décadence. Néanmoins, Philippe III et Philippe IV virent encore fleurir les arts et la poésie. Durant leurs règnes, le théâtre et la peinture brillèrent de l'éclat le plus vif; et, semblables à ces arbres vigoureux, qui se couvrent encore de feuillage, lors même qu'ils ont été déracinés, ils survécurent pendant quelques années à la prospérité publique. Cependant, déjà dès le temps de Philippe II, le goût avait commencé à se pervertir. Une école s'était formée, qui, à l'imitation de Gongora, ne voulait rien dire d'une manière naturelle. Rien de ce qui est clair, rien de ce qui est simple ne convenait aux novateurs, et le besoin de l'inversion était tel chez Gongora qu'il en voulut mettre jusque dans son nom. Il était fils de Francisco Argote et de Léonor de Gongora; mais, contrairement à l'usage espagnol, il plaça le nom de sa mère le premier. Il lui fallait partout du bel esprit et du faux brillant. Sous le prétexte de rendre à la langue sa richesse première, il donna aux mots des acceptions inusitées et bouleversa les phrases par des inversions grecques ou latines.

« Au talent incontestable qu'il avait de couvrir la nullité de la pensée par les artifices du style, et de donner à la singularité un faux air d'originalité, il joignait une obscurité que tous les esprits à la suite prenaient pour de la profondeur. Ce n'était pas, à leurs yeux, un de ces poëtes vulgaires, qui s'expriment si simplement qu'un enfant pourrait les com. rendre : non, il fallait le deviner; et la difficulté de chaque énigme réservait à l'amour-propre du lecteur la satisfaction d'une découverte [1] ».

Ce mauvais goût se répandit avec la même rapidité qu'une maladie contagieuse. Les femmes et les donneurs de sérénades se déclarèrent pour le pathos à la mode. L'engouement pour ce nouveau genre était si ardent, que les meilleurs esprits n'osèrent pas s'opposer aux progrès du mal. Lope de Véga, qui, pour flatter ses spectateurs avait, sacrifié des règles qu'il reconnaissait bonnes et raisonnables, n'était certainement pas d'humeur à lutter contre l'entraînement

[1] M. Adolphe de Puibusque, Histoire comparée des Littératures espagnole et française.

général, ni à se faire contre tous le c pion du bon goût. Il se borna à n suivre la route tracée par Gongora; il ne chercha par à détromper ceux q engageaient. Quévédo lui-même, ce pitoyable railleur, lui qui avait des casmes pour tous les abus et pour tes les folies, osa à peine attaque Gongoristes; et, lorsqu'il le fit, il soin d'entourer ses critiques d foule de louanges. Au reste, Qué lui-même n'est pas à l'abri de tout re che, et ses traits satiriques ne son toujours du goût le plus pur. To qu'il écrit est plein de verve; mais, po qu'il raille, peu lui importe que ses lies soient assaisonnées de sel attiqu bien qu'elles approchent du burles Les épigrammes, les bons mots s'éc pent de sa plume, comme les étinc qui jaillissent du fer rouge frappé p forgeron; elles vous éblouissent, et ne peut ni les suivre ni les com

Les Songes de Quévédo sont de tires très-amusantes. Elles ont sur cela de particulier que l'auteur bien faire rire, mais il ne veut pas l ser. Il raille les vices en général; il taque pas les personnes. Le seul re che qu'on puisse lui adresser, est a trop souvent pris un ton sentenci c'est qu'il a joué trop souvent ave mots. Il fait véritablement abus de esprit. Aussi, ses imitateurs qui n'ava ni sa gaieté, ni sa verve intarissable, n' suivant l'usage, copié que ses défaut a servi de chef à cette école froide e mauvais goût qu'on a nommée *los e voquistas* et *los sentenciosos*. Ai lui-même a sans le vouloir, contr à la ruine de la littérature.

« En définitive, dit M. de Pui « que, il en fut de la décadence littér « comme de la décadence politique « malheurs et les mauvais ouvrages « vèrent à la fois. Le théâtre seul ne « vit pas une marche rétrograde. So « nu par Caldéron, il projeta jusq « seuil du dix-huitième siècle les ra « mourants de la poésie nationale.

Caldéron fut le roi des poëtes e gnols. S'il n'eut pas la prodigieuse fé dité de Lope de Véga, ses ouvrages plus de force et plus d'élévation. P les cent douze comédies que renf le recueil publié à Madrid en 1 plusieurs sont des chefs-d'œuvre qui ont été imités sur les scènes étrangères. Ainsi, la *Dama duende*, la Dame follet, a fourni le sujet de plusieurs pièces françaises. L'Alcalde de Zalaméa a été traduit presque littéralement. Le grand Corneille a tiré sa tragédie d'Héraclius de la pièce de Caldéron intitulée *Todo es verdad, todo es mentira; Tout est vérité, tout est mensonge.*

Mais lorsque je dis que beaucoup de pièces de Caldéron sont des chefs-d'œuvres, je n'entends pas les juger du point de vue où nous sommes placés en France. Il ne faut pas demander à Caldéron des comédies écrites d'après les règles de la poétique grecque. L'ancien théâtre espagnol ne s'astreint à aucune des trois unités. Les drames n'y sont pas divisés comme les nôtres en actes, mais bien en journées; et souvent le poëte suppose qu'un espace de temps assez long s'est écoulé dans l'intervalle d'une journée à l'autre. Les distances ne l'arrêtent pas davantage, et si la première journée se passe à Madrid, pendant la seconde les personnages peuvent se trouver à Naples ou en Allemagne. En général, les auteurs dramatiques de cette époque ne s'embarrassent ni des invraisemblances ni des anachronismes.

Montalvan commence sa comédie des Templiers par une décharge de mousqueterie. Caldéron, dans une de ses plus jolies pièces, a choisi pour principaux personnages de son intrigue don Pedro le Catholique et Marie de Montpellier, qui vivaient au douzième siècle. Il y fait aussi paraître un bouffon nommé Chocolate; et celui-ci raconte qu'on vient de le menacer en lui présentant un pistolet [1]. Si le poëte espagnol est embarrassé pour faire connaître aux spectateurs quelque détail nécessaire au développement de son intrigue, il saute par-dessus la difficulté. Une actrice vient sans plus de façons causer avec les assistants. « Je suis dans un nota-« ble embarras, dit un des personnages « de Caldéron. Il faut que je paraisse « seule et je dois faire un monologue « ou réciter un sonnet. Lequel des « deux choisirai-je? je préfère le mo-« nologue! Maintenant donc, mon dis-« cours, puisque nous voilà seuls, vous « et moi, parlons clairement : Ma maî-« tresse, constante autant que belle, « aime don Vincent. Elle est aimée du « roi don Pedro, etc. » Et la soubrette expose ainsi le sujet de la pièce [1].

Il ne faut pas chercher dans les drames espagnols l'observation des règles telles que nous les entendons. Ces pièces n'ont rien de tout cela, et leur mérite consiste dans une fable bien intriguée dont l'intérêt ne languit que rarement, dans un style brillant, dans des caractères bien soutenus; et Caldéron possédant ces qualités à un plus haut degré qu'aucun de ceux qui ont écrit pour la scène espagnole, ses compatriotes le considèrent comme le plus grand de leurs poëtes.

Indépendamment de ses comédies profanes, cet auteur a écrit encore une grande quantité de drames religieux, que les Espagnols appellent *autos sacramentales*. Ce sont des sujets tirés le plus souvent de l'histoire sainte et dont les personnages représentent quelquefois des êtres abstraits, comme la Grâce, la Foi, le Péché, la Mort. Caldéron a su donner à ce genre de composition un intérêt vif et soutenu. On y retrouve les mêmes qualités et les mêmes défauts que dans ses autres comédies.

Né en 1601, Caldéron est mort octogénaire. Il avait été précédé dans la tombe, d'une année seulement, par don Antonio de Solis y Ribadeneira, qui, après avoir consacré une partie de sa vie à la poésie, s'est ensuite adonné aux travaux plus sérieux de l'histoire. Il a écrit la conquête du Mexique, et c'est un des ouvrages les plus estimés de la littérature espagnole. Le seul reproche qu'on puisse adresser à cet historien, c'est de n'avoir pas oublié qu'il avait écrit des vers, et d'avoir donné à son sujet et surtout à son style une couleur trop poétique. Après la mort de ces deux hommes célèbres il ne resta plus personne en Espagne qui sût écrire avec goût, et les dernières années de Charles II furent pour la littérature une époque de décadence complète.

[1] Hallè me
en fin de dos abrazado,
y en el pecho un pistolete.
Gustos y disgustos no son más que imaginacion, troisième journée.

[1] *Gustos y disgustos...* première journée.

La peinture suivit la même progression. Sous Philippe II, elle était italienne ou flamande. Ribera, qui vécut du temps de Philippe III, était bien Espagnol par la naissance, mais son pinceau était italien. Élève du Caravagge, il s'appliqua surtout à reproduire la manière de ce grand maître. Ce fut Herrera le Vieux, qui, le premier parmi les Espagnols, se fit un genre à lui. On doit le considérer comme étant en réalité le fondateur de l'école nationale. En même temps que lui vécut Pacheco, et il faut citer celui-ci, car il fût le maître et le beau-père de Velazquez de Silva.

Le règne de Philippe IV vit fleurir les plus grands peintres espagnols : Velasquez de Silva, Zurbaran, Murillo et Alonzo Cano.

Velasquez étudia sous Pacheco; mais il s'appliqua surtout à copier la nature. C'est ainsi que cet artiste célèbre est parvenu à mettre tant de vérité dans ses ouvrages. Il réunit un coloris frais, brillant et naturel, au dessin le plus correct, et la critique n'aurait rien à lui reprocher, s'il n'avait quelquefois exagéré dans ses ouvrages la dureté des contours.

Zurbaran excelle surtout dans la peinture des draperies; ses moines sont d'une merveilleuse beauté; ses étoffes sont souples et ses plis admirablement refouillés. Il y a dans la plupart de ses ouvrages un caractère grave et religieux dont sont frappées les personnes même les plus étrangères aux beaux-arts. Il est à regretter que le même sentiment ne se retrouve pas dans les images de saintes que Zurbaran a retracées : elles sont trop mondaines, et leur grâce est presque de l'afféterie; mais les riches étoffes dont il les a revêtues sont toutes imitées avec une rare perfection.

Les vierges de Murillo sont d'une pureté toute divine; mais le pinceau de cet artiste a souvent quelque chose de flou, de trop moelleux. Les demi-teintes ont quelquefois une apparence grise et cotonneuse; mais d'autres fois aussi, car Murillo n'est pas toujours le même, son coloris prend toute la puissance des maîtres de l'école vénitienne; ainsi dans la *Vierge à la ceinture*, exposée au Musée sous le n° 156, les chairs ont tant de fraîcheur et de transparence, qu'on croirait voir le sang couler la peau. Les portraits qu'il a peints remplis de vie, de vérité et de vigu et c'est à juste titre que Murillo considéré comme le premier des pein espagnols. Cependant, j'ai peut-tort de l'avouer, les ouvrages d'Alc Cano me font en général plus de pla Sans doute; quelques-uns des tabl de Murillo sont préférables à ceux lonzo; mais il y a dans toutes les œu de celui-ci un charme auquel je ne pas résister; on y trouve une suavité l'a fait surnommer l'Albane espagn

Après la mort de ces artistes illust le goût de la bonne peinture s'est b tôt perdu en Espagne. Charles II a en vain tous ses efforts pour la faire naître. Son frère, don Juan d'Autri encourageait aussi les arts, et mên peignait sur porcelaine. Carreño di que si don Juan ne fût pas né sou pourpre, il eût, avec son talent, vivre comme un prince. Charles II air à visiter Carreño dans son atelier, et jour qu'il s'amusait à le regarder p dre, « De quel ordre es-tu ? lui dit-il Sire, je suis votre serviteur.—Pour n'en portes-tu pas les marques? » Et sitôt il lui fit donner une riche décora de Saint-Jacques.

Ces efforts pour ranimer une flan qui s'éteignait demeurèrent impuissa Carreño de Miranda mourut en 16 Il y avait trois ans que Murillo n'e tait plus, et l'on pouvait à peine co ter en Espagne quelques artistes talent. Ce n'était pas la protection manquait aux beaux-arts; mais, s Charles II, il n'y avait plus de sève Espagne, et le pays ne pouvait p produire. Cette impuissance n'exis pas seulement pour les lettres, pour arts, pour la politique : elle s'éten au commerce et à l'industrie. L'Espa avait été de tout temps renommée p la fabrication des armes; on conser l'*Armeria real* les armures de Fe nand le Catholique [1], de Charles et de don Juan d'Autriche [3]. Ce sont chefs-d'œuvre de ciselure; mais au te de Charles II, c'est à peine si l'on fa quait des armes à Tolède. Tout d

[1] Pl. 49.
[2] Pl. 59.
[3] Pl. 60.

rissait, et l'Espagne, privée de ses vieilles institutions, ressemblait à un corps atrophié faute de nourriture.

AVÉNEMENT DE LA MAISON DE BOURBON AU TRÔNE D'ESPAGNE. — RÈGNE DE PHILIPPE V. — LIGUE FORMÉE PAR L'ANGLETERRE, LA HOLLANDE ET L'AUTRICHE POUR DÉTRÔNER PHILIPPE V. — LA SAVOIE ET LE PORTUGAL ENTRENT DANS LA LIGUE. — LES ANGLAIS S'EMPARENT DE GIBRALTAR. — LA CATALOGNE ET L'ARAGON SE DÉCLARENT POUR L'ARCHIDUC. — SIÉGE DE BARCELONE PAR PHILIPPE V. — PHILIPPE ABANDONNE MADRID, QUI EST OCCUPÉ PAR LES PARTISANS DE L'ARCHIDUC. — CEUX-CI SONT A LEUR TOUR FORCÉS D'ABANDONNER LA CAPITALE. — BATAILLE D'ALMANSA. — BATAILLE D'ALMENARA. — BATAILLE DE SARAGOSSE. — PHILIPPE ABANDONNE UNE SECONDE FOIS MADRID, DONT L'ARCHIDUC SE REND MAITRE. — L'ARCHIDUC QUITTE A SON TOUR LA CAPITALE. — PRISE DE STANHOPE A BRIHUEGA. — BATAILLE DE VILLAVICIOSA. — PAIX D'UTRECHT ET DE BADE. — PHILIPPE V SOUMET LA CATALOGNE. — SON SECOND MARIAGE. — ALBERONI EST ÉLEVÉ AU MINISTÈRE.

Les dernières volontés de Charles II avaient été tenues secrètes. L'ambassadeur de Léopold les ignorait encore; mais il était persuadé que l'archiduc était désigné pour héritier de la couronne d'Espagne. Aussi, attendait-il avec confiance que les grands et les présidents des conseils, renfermés dans l'appartement du roi, pour entendre la lecture de son testament, vinssent lui présenter leurs félicitations. En voyant le duc d'Abrantès s'avancer vers lui, les bras ouverts pour l'embrasser, il s'empressa de l'assurer que l'empereur serait instruit de son zèle. Mais le duc le désabusa promptement. « Je viens, lui dit-il, prendre « congé de la maison d'Autriche. » Quand le peuple connut le successeur choisi par Charles II, la joie fut presque universelle. On craignit seulement que Louis XIV ne refusât ce legs, et qu'il ne trouvât plus avantageux de s'en tenir aux dispositions du dernier traité de partage. Pour détourner ce malheur, on fit à Madrid des prières publiques, et l'on adressa au roi de France les instances les plus pressantes. Après quelques jours d'hésitation, Louis XIV accepta pour son petit-fils le trône qui lui était offert, et le duc d'Anjou, proclamé roi d'Espagne, sous le nom de Philippe V, partit de Versailles le 4 octobre 1700, afin de se rendre au vœu du peuple qui l'appelait.

Quand Philippe le Beau et quand Charles V étaient montés sur le trône, ils avaient amené avec eux une foule de seigneurs flamands et autrichiens, auxquels ils avaient prodigué les places et les faveurs. Cette invasion des favoris étrangers avait été un des principaux griefs de la nation contre la dynastie autrichienne. Le nouveau roi ne commit pas la même faute. Il entra seul en Espagne; et, à l'exception du duc d'Harcourt, qui devait résider auprès de lui en qualité d'ambassadeur de Louis XIV, aucun Français ne l'accompagna.

Cette attention de Philippe V à ménager les susceptibilités de la nation, les grâces dont il était doué, et son affabilité naturelle, lui gagnèrent bientôt le cœur de presque tous les Espagnols. Cependant la maison d'Autriche comptait encore bien des partisans, et bientôt le petit-fils de Louis XIV, malgré les droits que lui donnait sa naissance, malgré la justice du testament de Charles II, malgré les vœux de la majorité, fut contraint de défendre par les armes la couronne qui lui avait été léguée. L'Europe entière voyait avec jalousie un Bourbon monter sur le trône de Charles V. Cependant, ni la Hollande ni l'Angleterre n'étaient alors en mesure de commencer la guerre. Ces deux puissances n'hésitèrent donc pas à reconnaître le nouveau souverain. Le pape Clément XI, don Pedro II de Portugal, Frédéric IV de Danemark et l'électeur de Bavière suivirent cet exemple. L'empereur Léopold, au contraire, ne voulant pas renoncer aux droits qu'il prétendait avoir à la couronne d'Espagne, prit aussitôt les armes, et la guerre commença en Italie. Philippe V, pour assurer au parti espagnol la prépondérance dans ce pays, épousa Marie-Louise-Gabrielle, seconde fille de Victor-Amédée, duc de Savoie. Le traité d'alliance fut la principale dot de cette princesse. Son père s'engagea à fournir quinze mille vieux soldats dont la France payerait l'entretien. Le commandement général des armées réunies de France et d'Espagne fut déféré à ce prince, au moins en apparence; car, en réalité, la conduite de la guerre était confiée au maréchal de

Catinat. Le duc de Savoie, qui était mécontent de ne pas exercer une entière autorité, et qui, d'ailleurs, voulait maintenir en Italie l'équilibre entre l'empereur et la maison de Bourbon, entrava par tous ses efforts les opérations de ce général. Le prince Eugène de Savoie, qui commandait les troupes impériales sut habilement profiter de ces dispositions ; et il remporta plusieurs avantages sur les troupes des deux couronnes. Le maréchal de Villeroi, envoyé au secours de Catinat, attaqua imprudemment auprès de Chiari les retranchements du prince Eugène, et une perte de trois mille hommes fut le résultat de sa confiance présomptueuse. Quelques mois plus tard, après que le maréchal de Catinat fut retourné en France, Villeroi se laissa surprendre dans Crémone, où il fut fait prisonnier. Pour réparer ces échecs, on envoya le duc de Vendôme en Italie, et Philippe V voulut aller partager les dangers et la gloire des braves qui défendaient ses États. Il passa d'abord à Naples, où les partisans de la maison d'Autriche avaient excité quelques troubles. Sa présence et la clémence avec laquelle il traita les révoltés éteignit promptement les dernières étincelles de l'insurrection. Son arrivée à l'armée fut signalée par des succès; M. de Vendôme enleva en peu de jours aux Impériaux tout le duché de Modène. Cette heureuse expédition fut suivie de la bataille de Luzara (15 août 1702), et quoique les deux partis se soient attribué l'honneur de la victoire, il est certain que l'avantage resta aux troupes de Philippe V, puisque le prince Eugène ne put les empêcher de prendre, sous ses yeux, la place de Luzara, où il avait une grande partie de ses magasins. Le duc de Vendôme fit aussi assiéger la ville de Guastalla, et il s'en rendit maître. Pendant que cette glorieuse campagne assurait à Philippe la possession de ses États d'Italie, une flotte ennemie venait attaquer Cadix. Dès le mois de septembre de l'année précédente, une alliance avait été conclue à la Haye entre la maison d'Autriche, le roi d'Angleterre et la Hollande. La but de cette ligue était de dépouiller le duc d'Anjou de la couronne d'Espagne. Mais Guillaume mourut avant d'avoir pu prendre part lui-même à l'exécution de cette conv tion. Ce prince était d'une faible san une chute de cheval qu'il fit à la chas le 4 mars 1702, détermina une mala dont il mourut quinze jours plus ta Anne Stuart lui succéda sur le tr d'Angleterre. Cette princesse, le j même de son couronnement (le 4 1702), déclara la guerre à la France e Philippe V. Elle s'empressa de renou ler l'alliance conclue avec Léopold avec la Hollande. On fit seulement q ques changements aux articles dont était convenu. Les Anglais se rés vèrent pour eux, dans la monarchie pagnole, l'île de Minorque, Gibralt Ceuta, et presque le tiers des Indes, d l'autre tiers fut promis aux Holland Le Milanais devait être incorporé a États héréditaires de la maison d'Aut che; on laissait le reste de la monarc espagnole à l'archiduc, et la ligue proclama roi, sous le nom de Charles I Il s'en fallait beaucoup que l'Espag fût préparée à soutenir une sembla lutte. Voici comment un auteur conte porain a décrit l'état déplorable où trouvait la monarchie [1] : « On ne p « aucun soin de fortifier les places et « tenir des garnisons; on devait reg « der celles d'Andalousie, de Valer « et de Catalogne, comme les clefs « royaume; et cependant l'indolence « daignait pas plus y jeter les yeux q « s'il n'eût pas été question de se « disputer. Les murs de toutes les fo « teresses tombaient en ruine. Les br « ches que le duc de Vendôme venait « faire à Barcelone [2] étaient enco « ouvertes; et de Roses à Cadix il n « avait ni château ni fort non-seuleme « qui eût une garnison, mais mêr « dont l'artillerie fût montée. On voy « la même négligence dans les ports « Biscaye et de Galice; les magasi « étaient sans munitions; les arsena « et les ateliers étaient vides; on ava « oublié l'art de construire les vaisseau « le roi n'avait que ceux qui faisaie « le commerce des Indes et quelqu « galions. Six galères, consumées par « temps et par l'inaction, étaient à l'a

[1] Don Vincente Bacallar y Sanna, marquis Saint-Philippe.

[2] Pendant la guerre de Catalogne qui av précédé la paix de Ryswick.

« cre à Carthagène. Tels étaient les « forces de l'Espagne et les préparatifs « d'une guerre inévitable, qui, suivant « les apparences, allait être opiniâtre et « sanglante. Les États que la mer sépa- « rait du continent n'étaient pas en « meilleur ordre; il y avait à peine dans « tout le royaume de Naples six compa- « gnies complètes de soldats, auxquels « une longue oisiveté n'avait que trop « donné le temps d'oublier la guerre et de « négliger la discipline militaire. Cinq « cents hommes défendaient la Sicile; « à peine en comptait-on deux cents « en Sardaigne; encore moins à Mayor- « que, peu aux Canaries et aucun dans « les Indes. On pensait que les milices « du pays pourraient suppléer dans les « occasions; mais elles n'avaient aucune « habitude de la guerre, tout se bornait « à avoir inscrit leurs noms dans un re- « gistre; et on avait imposé aux labou- « reurs et aux pâtres l'obligation d'a- « voir chez eux un fusil. On comptait huit « mille hommes en Flandre et six mille à « Milan. Le total des troupes à la solde « d'une si vaste monarchie ne passait « pas vingt mille hommes, et ses forces « maritimes consistaient seulement en « treize galères : on en payait six à Gê- « nes au duc de Tursis, et une à Étienne « Doria. C'est à un état si déplorable « que les princes autrichiens avaient ré- « duit les forces de l'Espagne. »

La garnison de Cadix ne montait pas à trois cents hommes, et le marquis de Villadarias, chargé de la défense de l'Andalousie, ne pouvait disposer que de cent cinquante hommes d'infanterie, de trente cavaliers, et des paysans qui consentiraient à prendre les armes. Au contraire, les flottes combinées de Hollande et d'Angleterre s'élevaient à cent soixante voiles. Elles portaient douze mille hommes de débarquement. Malgré cette immense disproportion entre les forces de l'attaque et celles de la défense, les Anglais échouèrent dans leur entreprise. Ils avaient espéré qu'à leur approche une partie de l'Andalousie embrasserait le parti de l'archiduc. Dès qu'ils furent arrivés dans la baie de Cadix, ils essayèrent, par leurs promesses, de déterminer les habitants à se soulever en faveur de Charles d'Autriche; mais ces tentatives de séduction étant restées sans effet, les coalisés mirent à terre un grand nombre de troupes. Ils s'emparèrent de Rota, que le gouverneur leur rendit sans essayer de se défendre. Ils prirent ensuite Port-Sainte-Marie, qu'ils saccagèrent de la plus horrible manière. Enfin ils commencèrent le siége du fort de Matagorda, qui défend l'entrée du port de Cadix; mais ils rencontrèrent une résistance énergique. Le marquis de Villadarias, à la tête des milices qu'il avait réunies, attaquait chaque nuit et détruisait leurs tranchées. Enfin, après avoir essuyé des pertes assez considérables, ils furent obligés de se rembarquer. Le gouverneur de Rota avait été le seul Espagnol qui eût embrassé le parti de Charles d'Autriche, et il expia bientôt sa trahison. Après le départ des ennemis, il tomba entre les mains de Villadarias, qui le fit pendre.

Les coalisés se dédommagèrent de l'échec qu'ils venaient d'éprouver, en frappant le commerce espagnol d'un terrible désastre. Les galions d'Amérique revenaient en Europe, escortés par une escadre française de vingt-trois vaisseaux. L'amiral de Château-Renaud, qui la commandait, ayant appris que les flottes coalisées croisaient devant Cadix, avait proposé de conduire les galions dans un port de France, où ils auraient été en sûreté; mais les Espagnols protestèrent contre cette résolution. Ils exigèrent qu'on entrât dans un port de la Galice, et ils forcèrent l'amiral de choisir celui de Vigo. La flotte anglaise était encore éloignée. On aurait eu le temps de débarquer les marchandises dont les galions étaient chargés et de les mettre en sûreté; mais une de ces stupides rivalités de villes et de provinces, qui ont toujours été et qui malheureusement seront encore longtemps une des plaies de l'Espagne, fut cause de la perte de toutes ces richesses. Les commerçants de Cadix prétendirent qu'aux termes de leurs priviléges les marchandises venant de l'Inde ne pouvaient être débarquées autre part que dans leur port : ils demandèrent au conseil des Indes, à Madrid, que ces bâtiments restassent en séquestre, avec leurs cargaisons, jusqu'à ce que les ennemis de la nation se fussent éloignés de leurs côtes. Avant que le conseil des Indes eût rendu sa décision, les Anglais se présentèrent, le 22 octobre 1702. Ils entrèrent dans la rade de Vigo, qui n'était défendue par aucune fortification. M. de Château-Renaud combattit avec courage; mais ses forces étaient de beaucoup inférieures à celles des ennemis; et, pour que ses vaisseaux ne tombassent pas entre leurs mains, il fut forcé d'y mettre lui-même le feu. L'or et l'argent dont était chargée la flotte, et quelques marchandises seulement, avaient été portés à terre. Tout le reste périt dans les flammes, ou devint la proie des Anglais, qui firent un immense butin.

Ces fâcheuses nouvelles forcèrent Philippe à repasser en Espagne, et son retour ne put empêcher les intrigues ourdies par les partisans de la maison d'Autriche. L'amirante don Thomas Enriquez de Cabreras, qui descendait des anciens rois de Castille, s'était montré sous Charles II un des adversaires les plus ardents de la maison de Bourbon. L'avénement de Philippe V l'avait rendu plus circonspect dans l'expression de ses sentiments; mais il ne les avait pas changés. Nommé ambassadeur auprès de Louis XIV, au lieu de se rendre en France, il se réfugia à la cour de Portugal, qui devint un foyer permanent de conspirations et un rendez-vous pour tous les mécontents. Enfin, le roi de Portugal, tenté par l'espoir d'agrandir son royaume aux dépens de l'Estrémadure et de la Galice, embrassa le parti de l'archiduc d'Autriche et signa, le 16 mai 1703, un traité avec l'Angleterre, la Hollande et l'empereur. A la même époque, le duc Victor-Amédée déserta la cause de son gendre. L'espoir d'ajouter à son duché le Montferrat et une partie du Milanais, lui fit abandonner la cause de la maison de Bourbon. Il signa, le 23 octobre, le traité par lequel il se déclara pour l'archiduc. Pendant que la diplomatie préparait ces défections, on se battait en Italie et en Allemagne. La guerre n'avait pas encore désolé l'Espagne; mais elle ne devait pas tarder à y porter ses ravages. Au commencement de 1704, une flotte puissante de vaisseaux anglais et hollandais amena l'archiduc Charles à Lisbonne. Ce prince s'était flatté que les Espagnols, en apprenant son arrivée, s'empresseraient de venir reconnaître son autorité par pure affection pour la maison d'Autriche. L'événement ne r[épondit] pas à son attente. Il trouva se[u]lement à Lisbonne l'amirante, le com[te] de la Corzana et quelques autres méco[n]tents. L'amirante lui présenta aussi qu[el]ques prisonniers espagnols qu'on ava[it] faits en Galice, afin qu'il reçût ce pr[e]mier hommage de ses sujets. La crain[te] obligea ces malheureux à baiser la ma[in] du prince; mais un enfant de dix ans q[ui] était avec eux refusa obstinément [de] lui rendre cet honneur. « Celui-là, dit-i[l], « n'est pas le roi, et, dût-on me tuer, on [ne] « me forcera pas à baiser la main d'un a[u]« tre que du roi légitime qui est à Madrid. »

Les Anglais avaient débarqué avec l'A[r]chiduc huit mille hommes de bonn[es] troupes. Malgré ce renfort, l'armée po[r]tugaise était encore inférieure à celle [de] Philippe, qui avait reçu un secours [de] troupes françaises, commandées par [le] maréchal de Berwick. L'année fut he[u]reuse pour les Espagnols; ils prirent a[ux] Portugais Salvatierra, Segura Peña-Ga[r]cia, Idaña, Montesanto, Portalègre, Ca[s]tel-Blanco, et plusieurs autres place[s]. Dans presque toutes les rencontres, le r[oi] paya de sa personne et s'exposa, comm[e] s'il n'eût été qu'un simple officier. On [le] vit souvent rester dans la tranchée, où [il] dîna debout; ce fut un tambour qui lui se[r]vit de table. D'un autre côté, le marquis [de] Villadarias, qui commandait une s[e]conde division de l'armée, pénétra au cœ[ur] du Portugal, où il mit tout à feu et à san[g]. Il prit d'assaut Castel-David; il s'empa[ra] de Marvan et soumit tout le pays voisi[n]. Quelques rencontres où les troupes po[r]tugaises abandonnèrent la victoire a[ux] Espagnols complétèrent la gloire de cet[te] campagne, qui dura seulement trois moi[s]. L'excès des chaleurs força de suspend[re] les hostilités. Philippe V étant retour[né] à Madrid, le roi de Portugal et l'Archid[uc] voulurent profiter de son absence po[ur] pénétrer dans le royaume de Léon, du cô[té] de Ciudad-Rodrigo; mais ils ne pure[nt] obtenir aucun avantage; et le maréch[al] de Berwick, qui n'avait en ce moment [à] leur opposer que des forces inférieure[s], ayant marché à leur rencontre, ils n'os[è]rent pas l'attendre et se retirèrent ho[n]teusement. Cependant un événeme[nt] funeste vint empoisonner la joie de c[es] succès. Les fortifications de Gibralt[ar] étaient dans l'état le plus délabré. La ga nison, commandée par Diégo de Salinas, se composait uniquement de quatre-vingts fantassins et de trente cavaliers. La flotte anglaise, après avoir fait une tentative inutile pour s'emparer de Barcelone, se présenta devant Gilbraltar, le 1er août 1704, et fit à l'instant au gouverneur sommation de se rendre. Sur son refus, la place fut attaquée. Le lendemain, l'artillerie des vaisseaux ayant ruiné toutes les fortifications du môle, les Anglais s'en emparèrent, et la garnison fut obligée de capituler. Le duc de Darmstadt, qui commandait pour l'empereur et pour l'Archiduc, voulut arborer aussitôt sur les remparts l'étendard impérial; mais les Anglais s'y opposèrent. Ils y élevèrent leur propre drapeau, et prirent possession de la ville au nom de la reine d'Angleterre. Venus comme alliés d'un prétendant à la couronne d'Espagne, ils commencèrent par s'approprier cette position importante que depuis ils ont conservée. Les Espagnols cherchèrent en vain à la recouvrer. Villadarias en fit le siége; mais il ne put empêcher que la place fût secourue. Possesseurs de Gibraltar, les Anglais tentèrent aussi de se rendre maîtres de l'autre côté du détroit. Ils allèrent attaquer Ceuta; mais, comme les Maures tenaient cette ville bloquée depuis beaucoup d'années, elle était à l'abri d'un coup de main. Ils essayèrent de séduire le marquis de Gironela, qui en était gouverneur. Ce brave capitaine repoussa les offres brillantes qu'on lui faisait au nom de l'Archiduc, et sa généreuse résistance contraignit les ennemis à abandonner cette entreprise. Ils remirent à la voile, et rentrèrent dans la Méditerranée. Ils y furent attaqués, près de Malaga, par la flotte française, que commandait le comte de Toulouse. Après treize heures de combat, la nuit et le changement de vent séparèrent les deux armées, sans que la victoire se fût déclarée pour aucun des deux partis. Tels sont les principaux événements arrivés en Espagne, dans le courant de l'année 1704. En Italie, M. de Vendôme battit en plusieurs rencontres les troupes du duc de Savoie. Il s'empara des villes de Verceil, de Suze, et commença le siége de Vérua. Mais, en Allemagne, la fortune se déclara pour les Impériaux; et l'armée française, commandée par les maréchaux de Tallard et de Marsin, fut défaite par Marlborough dans les plaines d'Hochstet. L'année 1705 fut encore plus favorable aux ennemis de Philippe V. La nécessité d'employer une partie de ses forces au siége de Gibraltar ne lui permit pas d'avoir sur la frontière du Portugal une armée aussi nombreuse que celle des coalisés. Les généraux Galloway, Fagel et le marquis das Minas, qui commandaient les troupes d'Angleterre, de Hollande et de Portugal, reprirent la ville de Salvatierra. Ils assiégèrent aussi Valencia de Alcantara. Le gouverneur de cette place était le marquis de Villafuerte, qui se défendit avec courage; il soutint cinq assauts sur la brèche, et ne se rendit que lorsque les blessures qu'il avait reçues l'eurent mis dans l'impossibilité de combattre. La garnison, réduite à cent douze hommes, fut obligée de se rendre prisonnière de guerre; et on la fit partir pour Lisbonne, sous la conduite d'une escorte de trente chevaux. Dans la route, les Espagnols se voyant gardés avec négligence, attaquèrent à l'improviste les Portugais, pendant que ceux-ci prenaient leur repas; ils les désarmèrent, leur lièrent les pieds et les poings, et se sauvèrent sur leurs chevaux.

Les coalisés, après s'être rendus maîtres de Valencia de Alcantara, allèrent assiéger Albuquerque. Cette ville ne résista pas plus de sept jours. Ils auraient pu s'avancer ensuite dans la Galice ou dans l'Estrémadure; mais le défaut d'accord entre les généraux mit obstacle à leurs progrès. Déjà les Portugais commençaient à se repentir d'avoir embrassé le parti de l'Archiduc; la conduite des Anglais à Gibraltar avait fait comprendre à don Pédro que cette guerre se faisait bien moins dans l'interêt de Charles d'Autriche que dans celui de l'Angleterre. Aussi, les Portugais s'efforcèrent-ils d'entraver, par leur inertie, toutes les opérations de la campagne. On ne s'entendait pas sur le plan qu'on devait suivre. Le prince de Darmstadt entretenait des intelligences en Catalogne, où il avait été gouverneur; par conséquent, il voulait que l'Archiduc commençât par débarquer à Barcelone; il promettait que bientôt il aurait soulevé la principauté tout entière en sa faveur.

L'amirante, au contraire, voulait que Charles d'Autriche entrât en Castille par l'Andalousie, ou par l'Estrémadure. Jamais, disait-il, les Castillans ne consentiront à se soumettre à un roi qui aura d'abord été proclamé en Catalogne ou en Aragon. Cette opinion était peut-être la plus raisonnable; mais elle ne prévalut pas. Pour accommoder tout le monde, on convint de tenter à la fois les deux entreprises. L'Archiduc s'embarqua sur la flotte anglaise avec le prince de Darmstadt, le comte de Péterborough et de nouvelles troupes que la reine d'Angleterre venait de lui envoyer. Les autres forces auxiliaires et les Portugais devaient continuer la guerre en Estrémadure. L'amirante se rendit à Estrémos, où l'armée se rassemblait. Mais désespéré d'exercer si peu d'influence dans les conseils d'un prince pour lequel il avait sacrifié sa fortune et son honneur, il ne put résister à son chagrin; il fut frappé d'une attaque d'apoplexie, et il mourut le 29 juin. Le siége de Badajoz fut entrepris par les troupes coalisées; mais, pendant tous ces conseils et toutes ces tergiversations, la ville avait été mise en état de faire une vigoureuse défense, et le maréchal de Tessé étant venu la secourir à la tête de 6,000 Français, les assiégeants furent obligés de se retirer précipitamment et de jeter dans la Guadiana une partie de leur artillerie.

S'il existait peu d'accord dans les conseils de Charles d'Autriche, il faut avouer que la division s'était également glissée à la cour de Philippe V. Ce prince n'avait pas entièrement persévéré dans la sage résolution qu'il avait prise, en montant sur le trône, de ne s'entourer que d'Espagnols. On avait donné la surintendance de la maison de la reine à une dame française, à Marie-Anne de la Trimouille, veuve du prince des Ursins. Les seigneurs espagnols se plaignaient de ce qu'elle n'usait qu'en faveur des Français de l'influence que lui donnait sa place de *Camerera-mayor*. Afin de rétablir les finances que Charles II avait laissées dans le plus grand désordre, on avait aussi eu recours à un Français, à M. Orry, homme d'un caractère intègre, qui portait jusqu'à la rudesse et jusqu'à la dureté l'esprit d'ordre et d'économie. Les réformes tent[illegible] par ce ministre blessèrent beauco[illegible] d'intérêts. Pour faire face aux fr[illegible] de la guerre, auxquels les ressour[illegible] ordinaires ne pouvaient suffire, il vo[illegible]lut établir un nouvel impôt; il essa[illegible] d'introduire en Espagne la capitatio[illegible] Cette tentative rencontra tant de rés[illegible]tance, qu'il fallut y renoncer; mais c[illegible] exigences fiscales, aussi bien que les i[illegible]trigues de la cour, répandaient le méco[illegible]tentement dans les esprits. Chez bi[illegible] des gens, déjà l'aigreur avait pris [illegible] place des sentiments d'affection que [illegible] caractère de Philippe V avait d'abo[illegible] inspirés. C'est dans ces circonstanc[illegible] que la flotte de Charles d'Autriche [illegible] présenta sur les côtes de la Méditerrané[illegible] A Alicante elle fut reçue à coups [illegible] canon; mais à Denia elle obtint plus [illegible] succès. On mit à terre un Valencie[illegible] nommé Basset, que l'Archiduc revêtit [illegible] titre de vice-roi. Cet homme, en pr[illegible]mettant la suppression de tous les in[illegible]pôts, parvint bientôt à faire soulever [illegible] populace de Denia et de Vico. C[illegible] commencements de sédition eussent é[illegible] facilement réprimés, si deux mille An[illegible]glais qu'on débarqua ne fussent ven[illegible] se joindre aux rebelles. Rendue plus ha[illegible]die par ce secours, la révolte ne tar[illegible] pas à envahir une grande partie [illegible] royaume de Valence. Pendant que de [illegible] côté la rébellion faisait des progrès r[illegible]pides, l'Archiduc se rendit en Catalogn[illegible] et sa flotte alla jeter l'ancre deva[illegible] Barcelone. Les habitants étaient divis[illegible] en deux factions; l'une voulait rester [illegible]dèle au roi que la nation avait reconn[illegible] l'autre était dévouée aux princes a[illegible]trichiens. Cette dernière, composée [illegible] la partie la plus nombreuse et la plus tu[illegible]bulente de la population, ne répugnait [illegible] aucun moyen pour faciliter à l'Archid[illegible] l'accès de la ville. A peine la flotte se fu[illegible] elle présentée devant le port que cet[illegible] faction se déclara hautement. Elle [illegible] venir aux portes de Barcelone u[illegible] multitude de bandits qui bloquèrent [illegible] ville, de manière à n'y laisser entrer [illegible] vivres ni aucune espèce de secours. L[illegible] autres partisans de l'Archiduc se répa[illegible]dirent dans la province, pour soulever l[illegible] populations par des promesses exagéré[illegible] et l'insurrection se répandit de proc[illegible] en proche avec une célérité effrayan[illegible]

Bientôt, la capitale de la principauté se trouva réduite à la situation la plus déplorable. Elle manquait d'armes, de vivres, de munitions. La garnison n'était pas assez nombreuse pour contenir en même temps les ennemis du dedans et pour faire face à ceux du dehors. Aussi, les troupes de l'Archiduc débarquèrent sans rencontrer la moindre résistance, et elles commencèrent le siége de Barcelone. Elles tentèrent de s'emparer par surprise du fort de Mont-Joui; mais cette entreprise échoua; et le prince de Darmstadt, qui la dirigeait, y perdit la vie. Cependant cette citadelle ne résista pas longtemps. Trois jours plus tard, une bombe étant tombée sur un magasin à poudre, l'explosion détruisit une partie des fortifications. Le gouverneur, plusieurs officiers et plus de cinquante soldats furent écrasés sous les décombres. La garnison n'eut d'autre ressource que de se rendre. Elle était réduite à trois cents hommes, qui furent faits prisonniers de guerre. La prise de Mont-Joui devait accélérer celle de Barcelone. Le siége fut pressé avec activité; et le 3 octobre, la brèche était praticable. Cependant don Velasco, gouverneur de la province, déterminé à se défendre jusqu'à la dernière extrémité, avait fait construire des retranchements en arrière de la brèche; mais la fermentation était si grande dans la ville, et même parmi les troupes de la garnison, qu'il avait à craindre une révolte générale, et qu'il fut forcé de capituler. Le traité fût signé le 9 octobre. La garnison obtint les honneurs de la guerre. Les personnes qui voulurent rester fidèles à Philippe V eurent la liberté de quitter Barcelone et d'emporter tous leurs biens. Un grand nombre des plus nobles familles de la Catalogne profitèrent de cette permission et se retirèrent à Madrid. Tarragone ne tarda pas à suivre l'exemple de Barcelone. Quant aux villes de Girone, de Tortose, de Figuières et de Lérida, elles se rendirent sans combattre. En peu de temps, toute la principauté, à l'exception de Rosas et de Cervera, eut proclamé Charles d'Autriche pour roi. La révolte ne s'arrêta pas en Catalogne; elle passa en Aragon; elle y fit des progrès rapides, et bientôt il n'y resta plus à Philippe que la ville de Jaca. Ce prince, attaqué vivement du côté de l'Estrémadure par le marquis das Minas et par Galloway, dépouillé des trois provinces de Valence, de Catalogne, d'Aragon, et voyant que le mécontentement et les murmures avaient remplacé l'enthousiasme et les acclamations avec lesquels il avait été reçu, prit le seul parti qui pût sauver sa couronne : il se mit lui-même à la tête de son armée; il s'avança pour reconquérir les provinces qu'on lui avait enlevées; et dans les premiers jours du mois d'avril 1706, il commença le siége de Barcelone, où l'Archiduc s'était renfermé. Une flotte française de vingt-sept vaisseaux privait les assiégés des communications qu'ils auraient pu avoir du côté de la mer. Malgré la résistance acharnée des partisans de l'Archiduc, Philippe s'empara de Mont-Joui et réduisit la ville aux dernières extrémités. Les défenseurs de Barcelone, vivement pressés par terre et par mer, menacés de l'assaut et désespérant d'être secourus, tentaient en vain quelque sorties et se précipitaient en furieux dans le camp des assiégeants, pour y chercher la mort ou la victoire; mais ils étaient constamment repoussés. Presque toutes les défenses de la place étaient ruinées, et l'on s'attendait à chaque instant à la voir capituler. L'Archiduc s'y était enfermé; et, s'il fût tombé entre les mains de Philippe, c'eût été le terme des maux qui déchiraient l'Espagne; mais une escadre anglaise vint secourir la ville. La flotte française, moins forte et moins nombreuse, fut obligée de se retirer. Cet abandon changea totalement la position des parties. L'armée de Philippe se vit dans la nécessité de lever le siége et de se retirer en Roussillon. Elle fut harcelée, pendant toute la route, jusqu'à la frontière de France, par les paysans insurgés et par les miquelets. De là Philippe V retourna à Madrid; et l'Archiduc, encouragé par cette heureuse délivrance, sortit de Barcelone, pénétra en Aragon, s'empara de Saragosse, qui était presque sans défense. A la faveur de cette diversion, les Portugais, réunis aux troupes de Hollande et d'Angleterre, pénétrèrent en Castille. Déjà maîtres d'Alcantara, de Ciudad-Rodrigo et de Salamanque, ils marchaient sur Madrid, sans rien trouver qui pût les retenir.

Philippe se voyait en danger d'être cerné dans sa capitale par l'armée portugaise qui s'approchait en traversant l'Estrémadure et le royaume de Léon, tandis que l'Archiduc s'avançait du côté de l'Èbre. Il transporta le siége du gouvernement à Burgos. La reine et tous les tribunaux se rendirent en cette ville; et le roi se tint à Sopetran, où se trouvait campée la plus grande partie de ses troupes. A peine fut-il sorti de Madrid que les Portugais arrivèrent devant cette ville. L'archiduc Charles y fut proclamé roi. Les confédérés pensaient que l'occupation de Madrid suffisait pour assurer la couronne à l'Archiduc. Ils se conduisirent avec autant d'imprudence et de légèreté que si la lutte eût été entièrement achevée. Il n'en était rien cependant. Les Castillans se disaient que, si Charles d'Autriche parvenait à s'affermir sur le trône, toute l'influence serait assurée aux Portugais, qu'ils méprisaient, et aux Anglais, qu'ils détestaient. La haine que ces étrangers inspiraient était générale, et les courtisanes elles-mêmes se signalèrent en cette circonstance par un dévouement digne de leur infâme métier. Toutes celles qui se sentaient atteintes du venin, fruit de la débauche, se rendirent au camp des alliés, sur les bords du Maçanarès. En peu de jours les hôpitaux furent remplis de soldats malades, et il en périt plus de six mille.

Néanmoins, la position de Philippe était excessivement critique. Il n'avait que peu de troupes, et les secours qu'il attendait de France tardaient à arriver. Aussi, conseillait-on à ce prince de repasser les Pyrénées, ou bien de se réfugier à Mexico, en transportant dans cette dernière ville le siége de la monarchie espagnole. Philippe repoussa ces conseils pusillanimes. Il répondit qu'il n'abandonnerait jamais les sujets qui lui avaient donné tant de marques de dévouement; et il promit, sur sa parole royale, de mourir à la tête du dernier escadron qui lui resterait. Ces généreuses résolutions ranimèrent le courage de ses partisans. Les lenteurs et l'inaction des alliés lui laissèrent le temps de réorganiser son armée. On lui ramena de France les troupes qui avaient fait le siége de Barcelone. Il put rentrer à Madrid et y rappeler sa cour, tandis que les confédérés, dans l'impossibilité d[e] se maintenir au milieu de population[s] qui se montraient si hostiles, furen[t] obligés de se retirer vers le royaume d[e] Valence. C'est alors que le comte d[e] Péterborough, désespérant de la caus[e] de l'Archiduc, écrivit à Londres, qu[e] l'Europe entière, conjurée contre le du[c] d'Anjou, ne parviendrait pas à le dépouiller de la couronne d'Espagne. La fortune commençait à redevenir favorabl[e] à Philippe V. Les Navarrais repoussèren[t] les irruptions des Aragonais, qui soutenaient le parti de l'Archiduc. Les habitants de Salamanque résistèrent à un[e] seconde invasion des Portugais et les contraignirent à se retirer avec beaucoup de perte. Les Canaries ne se montrèrent pas moins fidèles : elles repoussèrent courageusement une escadre anglaise qui se présenta devant Ténériffe et qui somma inutilement cette île de se rendre. Il n'en fut pas de même à Mayorque. Les habitants se soulèverent contre le comte de Cerbellon, qui était vice-roi : ils le forcèrent à se rendre; et bientôt les Anglais furent maîtres de toutes les Baléares.

Les disgrâces qui, pendant le commencement de cette année 1706, avaient accablé en Espagne le parti de Philippe V, s'étaient également étendues à l'Italie et aux Pays-Bas. En Flandre, les Impériaux gagnèrent la célèbre bataille de Ramillies, et se rendirent maîtres de Bruxelles, de Louvain, de Bruges, de Gand, d'Ostende, en un mot, de tout ce que la France et l'Espagne y possédaient. En Italie, le maréchal de Vendôme mit en déroute les Allemands, auprès de Calcinato; il força le prince Eugène à se retirer dans le Trentin, pour y attendre des secours; mais ce maréchal ayant été remplacé par le duc d'Orléans, les Français furent défaits devant Turin. Les bagages, les munitions, la caisse militaire tombèrent au pouvoir des ennemis, qui se rendirent maîtres de tout le Piémont, du Milanais et plus tard de l'État de Modène, du Mantouan, même du royaume de Naples; et la glorieuse victoire que l'Espagne et la France remportèrent à Castillon ne les dédommagea pas de toutes ces pertes.

Cependant, la fortune qui, à la fin de

cette année, avait commencé à se montrer favorable aux armes de Philippe V conserva le même caractère pendant toute l'année 1707. L'armée des confédérés qui, depuis sa retraite, se tenait cantonnée dans les villages de la Manche, limitrophes du royaume de Valence et de Murcie, informée que Louis XIV envoyait à son petit-fils des secours considérables, résolut de forcer le maréchal de Berwick à une action décisive avant l'arrivé de ces renforts. Les armées se rencontrèrent auprès de la ville d'Almanza, dans le royaume de Murcie : elles s'attaquèrent avec courage. Après une lutte sanglante et acharnée, les Espagnols restèrent maître de la victoire. Des bataillons entiers de Portugais, d'Anglais et de Hollandais se virent forcés à rendre les armes. La perte des confédérés, suivant les relations contemporaines, s'éleva à environ dix-huit mille hommes tués, blessés ou pris. Toute l'artillerie, les munitions, les bagages et un grand nombre de fourgons, chargés de vivres, restèrent au pouvoir du vainqueur. C'est à cette victoire que Philippe V dut sa couronne; et ce prince le reconnut lui-même, en élevant une pyramide sur le champ de bataille d'Almanza. Cet heureux événement entraîna la réduction de Requena, de Valence, d'Alcira, d'Alcoy. Au contraire, Jativa, se fiant à ses remparts, voulut se défendre; mais la ville fut emportée de vive force; et les vainqueurs, irrités, la livrèrent aux flammes et au pillage. Après la soumission du royaume de Valence, l'armée victorieuse passa dans l'Aragon, qui ne tarda pas à rentrer entièrement sous l'obéissance de Philippe V. Enfin elle pénétra en Catalogne et soumit, dans le courant de 1708, les villes importantes de Tortose, de Lérida, de Puiycerda et toute la Cerdagne. A la même époque, les Espagnols remportèrent sur les Portugais, dans les environs d'Évora, la bataille de Gudina, et ils leur enlevèrent Moura, Serpa, Ciudad-Rodrigo. Les affaires des confédérés étaient dans l'état le plus déplorable. Leurs forces étaient réduites à cinq ou six mille hommes. Il ne paraissait pas possible qu'ils résistassent longtemps aux armes victorieuses de Philippe. Mais, l'année suivante, en 1709, les affaires changèrent encore de face. L'Archiduc reçut de puissants renforts. Il recouvra Tortose, et les triomphes des coalisés dans les Pays-Bas réduisirent l'Espagne à la situation la plus critique.

Le prince Eugène, profitant du peu d'accord qui existait entre les généraux français, les vainquit près d'Oudenarde. Il remporta ensuite la victoire de Malplaquet; et il semblait que rien ne pouvait plus l'arrêter jusqu'à Paris. Douay, Béthune, Saint-Venant, Aire, toutes les barrières de la France tombaient les unes après les autres au pouvoir des alliés. Louis XIV se vit dans la nécessité de retirer d'Espagne, pour la défense de ses propres États, les troupes auxiliaires qu'il y avait envoyées. Au contraire, Staremberg, qui commandait l'armée de Charles d'Autriche, reçut d'Angleterre de puissants renforts, attaqua Philippe V auprès d'Almenara, et le mit en déroute. Ce prince fut forcé de se retirer à Lérida avec les débris de son armée; mais, ne pouvant se maintenir dans cette position, faute de vivres, il se replia sur l'Aragon. Cette retraite, ou plutôt cette fuite, augmenta le découragement de l'armée. On y disait hautement que Louis XIV, accablé par ses disgrâces, cessait de soutenir son petit-fils; que ce prince lui-même n'attendait qu'une occasion favorable pour abandonner un trône qu'il ne pouvait plus conserver. La désertion se mit parmi ses troupes; enfin le roi, ne voyant d'autre moyen pour faire taire ces bruits et pour arrêter les progrès de l'Archiduc, prit la résolution de livrer bataille. Il attendit l'ennemi auprès de Saragosse; mais son armée, démoralisée, marcha au combat sans avoir foi ni en son courage, ni en sa fortune : elle fut complétement battue. La victoire fut peu sanglante; car le nombre de morts ne s'éléva pas à quatre cents; mais on fit beaucoup de prisonniers. Après que la bataille fut perdue, le roi se retira à Madrid; et, ne s'y trouvant pas encore en sûreté, il abandonna, pour la seconde fois, cette capitale. Il transporta la cour et les tribunaux à Valladolid; et lui-même il se mit à la tête des restes de son armée, dont le maréchal de Vendôme vint prendre le commandement. En ces tristes circonstances le roi reçut de ses sujets les plus grandes preuves de constance et de dévouement. Les provinces qui étaient restées fidèles firent des efforts incroyables pour le soutenir sur le trône. Celle de Soria entretint seule, pendant plusieurs mois, les débris de son armée. L'arrivée du maréchal de Vendôme rendit le courage à ses partisans; et ses forces, qui avaient été dissipées plutôt que détruites, se réorganisèrent promptement.

Cependant, l'Archiduc, après avoir saccagé une partie de la Nouvelle-Castille, entra en triomphateur à Madrid; mais il trouva les rues de cette ville désertes. Toutes les fenêtres restèrent fermées sur son passage. Les seules acclamations qui l'accueillirent furent celles de quelques enfants, ou de quelques individus de la plus infime populace dont on avait salarié les manifestations. Charles put rester persuadé que ni les écrits qu'il faisait publier, ni la force des armes, ne parviendraient à faire aimer par les Castillans la domination autrichienne. Il fut forcé de comprendre que, s'il était maître de la ville, le cœur des habitants appartenait à Philippe V. Les villages voisins refusaient de fournir des vivres aux alliés, et donnaient, à chaque instant, les preuves les moins équivoques de l'impatience avec laquelle ils supportaient leur présence. La population tout entière était soulevée contre les étrangers, non-seulement par l'amour qu'elle portait à Philippe V, mais encore par le fanatisme religieux. Les Castillans n'ignoraient pas les impiétés commises par les Anglais. Ils avaient horreur de ces hérétiques; et, pour augmenter encore chez le peuple l'exagération de ces sentiments, on avait inventé des miracles. On disait qu'à Tartanedo les hosties, profanées par les Anglais, avaient taché de sang le linge dans lequel elles étaient enveloppées. On ne négligeait aucun moyen d'exciter la fureur du peuple contre les étrangers.

L'armée confédérée, campée aux portes de Madrid, s'abandonnait à l'ivresse, à la débauche et aux autres vices inséparables de l'oisiveté. Les hôpitaux furent bientôt remplis de malades, et l'Archiduc y perdit plus de soldats qu'il n'en avait laissé sur le champ de bataille. Enfin, la subsistance de ses troupes : tait point assurée. Ses convois étai arrêtés ou détruits par les lieutenant: Philippe qui, maîtres de tous les pas ges, venaient enlever des chariots vivres aux portes mêmes de Mad: Ainsi harcelé de tous les côtés, cœur d'un pays qui ne lui offrait auc ressource, l'Archiduc reçut encore nouvelle que le duc de Noailles se dis sait à pénétrer en Catalogne, à la tête quinze mille Français, de manière à ôter toute possibilité de retraite. C était à craindre; car une grande pa des passages était déjà occupée par garnisons espagnoles que Philippe av laissées dans ce pays. Il se determ donc à quitter Madrid, le 9 octobre 17 A peine la ville fut-elle délivrée des étr gers, que Philippe V y fut de nouv proclamé; et les démonstrations de j furent si bruyantes, que de son ca l'Archiduc entendait le son des clocl et des acclamations. A la tête de h cents cavaliers, il prit la route de B celone, tandis que son armée se p tait sur Tolède, dans le but d'y att dre une division portugaise. Mais maréchal de Vendôme avait occ les ponts d'Almaraz, d'Alcantara et l'Archevêque, sur le Tage. En s'e parant de ces positions, il avait déc certé les plans de Staremberg, et l'av privé de toute communication avec Portugal. Staremberg feignit de s'é blir à Tolède, dans l'espoir que le n réchal de Vendôme ferait quelques m vements; mais, le voyant inébranlab et n'ayant pas de vivres pour subsis sur les bords du Tage, il se déterm à se replier sur l'Aragon. Les confédér pour rendre leur mouvement plus faci avaient divisé leur armée en deux cor Celui qui marchait en avant était comp d'Allemands et de Portugais; Stare berg le commandait en personne. L'a tre, qui suivait à quelque distance, ét formé d'Anglais et de Hollandais; avait pour chef le général Stanho Cette division s'étant arrêtée à Brihue ville située sur la rive droite du T juña, le maréchal de Vendôme fit oc per Torija, pour couper la retraite Stanhope, et il se plaça de manière à soler de Staremberg. Il fit ensuite at quer Brihuega, où les ennemis s'étai retranchés. Cette affaire fut une des plus sanglantes de cette guerre, et le combat dura jusqu'à deux heures du matin. Les Anglais défendirent le terrain pied à pied. Néanmoins, il fallut qu'ils cédassent; et cinq mille hommes, avec leur général Stanhope, furent obligés de se rendre prisonniers (9 décembre 1710).

Staremberg, ne croyant pas qu'en un seul jour il fût possible de forcer un corps de plus de six mille hommes retranché dans une ville, revint sur ses pas pour secourir Stanhope. Il n'était plus qu'à quelques lieues, quand les Anglais furent forcés de capituler. Le lendemain, Staremberg continua à s'avancer, en tirant de temps en temps des coups de canon, pour prévenir, s'il en était encore temps, les Anglais de son approche. Le maréchal de Vendôme l'attendit dans les plaines de Villaviciosa. Staremberg, en arrivant, trouva l'armée de Philippe V rangée en bataille. En voyant l'étendue que présentait le front des Espagnols, il aurait voulu se retirer; mais on ne lui en laissa pas la liberté. Il fut bientôt attaqué; ses deux ailes furent enfoncées par la cavalerie espagnole. Au centre, le combat dura jusqu'à la nuit; enfin, il parvint à fuir à la faveur de l'obscurité, en abandonnant son artillerie et tous ses bagages. Après cette bataille, son armée se trouva réduite à six mille hommes; le reste avait péri ou était tombé entre les mains des vainqueurs. Philippe V, qui, depuis trois jours, ne s'était pas déshabillé, passa la nuit sur le champ de bataille. On raconte qu'après cette journée, le roi ne sachant où se coucher, le maréchal de Vendôme lui dit : « Je vais vous faire donner le « plus beau lit sur lequel jamais roi ait « dormi; » et il fit faire un matelas des étendards et des drapeaux pris sur les vaincus. Le marquis de Saint-Philippe, auteur contemporain, dit seulement que le roi coucha sur le champ de bataille; n'ayant pour abri que son carrosse.

Le général allemand prit la route de l'Aragon avec les débris de son armée; il publiait partout, sur son chemin, qu'il avait remporté une victoire complète sur les troupes de Philippe, et qu'il avait entièrement soumis la Castille; mais ces nouvelles paraissaient peu en harmonie avec la précipitation et avec le désordre de sa marche. Néanmoins, elles produisirent l'effet qu'il en attendait : elles empêchèrent qu'on ne l'arrêtât dans sa route : on lui laissa le passage libre; c'était ce qu'il désirait.

Philippe poursuivit de près l'armée vaincue. Il entra en triomphateur dans Saragosse. Il régla l'organisation des tribunaux de l'Aragon, de même qu'il l'avait fait antérieurement pour les tribunaux de Valence; il les assujettit aux lois de Castille; et, pour punir la province de sa rébellion, il abolit le peu qui restait de ses anciens priviléges.

Staremberg fut forcé de se retirer en Catalogne; et, comme ses forces étaient trop réduites pour qu'il osât les compromettre par quelque entreprise importante, il resta tranquille spectateur des progrès du duc de Noailles, qui, entré dans cette province à la tête de quinze mille Français, s'empara de vive force, au cœur de l'hiver, de la ville de Girone, pénétra dans les plaines de Vique, de Venasque et dans la vallée d'Aran. Bientôt Philippe fut maître de presque toute la Catalogne; et il ne resta plus, pour ainsi dire, à l'archiduc Charles que Barcelone et Tarragone. Les confédérés ne pouvaient espérer de rétablir leurs affaires en Espagne : ils pouvaient encore moins espérer d'arracher à Philippe une couronne qu'il défendait avec tant de courage et avec tant de gloire. Ils commencèrent à se dégoûter de la guerre, et la mort de l'empereur Joseph Ier (17 avril 1711) acheva de déconcerter la ligue. Il ne laissait pas d'enfant et tous ses droits passèrent à l'archiduc Charles, son frère, qui fut bientôt élu empereur. L'Angleterre et la Hollande, en se coalisant contre Philippe, avaient eu pour but d'empêcher que la maison de Bourbon ne réunît à la couronne de France celle d'Espagne, d'Amérique, de Lombardie, de Naples et de Sicile. Mais que devenait l'équilibre européen, pour lequel on combattait depuis tant d'années, si tous ces États se trouvaient joints, avec l'empire d'Allemagne, entre les mains du même prince? Il est évident qu'on eût de cette manière reconstitué la puissance de Charles V, qui avait inspiré de si justes défiances à l'Europe tout entière. Il était nécessaire de changer de système et de mettre un terme aux calamités qui désolaient l'Europe, en conciliant, autant que possible, par une paix équitable, les intérêts et la sécurité des différentes puissances. L'Angleterre fut la première à entrer dans des voies de conciliation. Les négociations durèrent assez longtemps. Enfin, par cinq traités séparés, signés à Utrecht, le 11 avril 1713, Louis XIV fit la paix avec l'Angleterre, le duc de Savoie, le roi de Portugal, le roi de Prusse et les États généraux des Provinces-Unies. Il fut expressément stipulé par ces traités que les couronnes de France et d'Espagne ne pourraient jamais être réunies sur la même tête; qu'aucune province des Pays-Bas espagnols ne pourrait jamais, à aucun titre, être cédée ni transportée à la France; enfin, la Gueldre espagnole fut abandonnée au roi de Prusse. La paix entre l'Espagne et l'Angleterre présentait plus de difficultés. Il fallut quelques mois de plus pour la conclure : elle fut également signée à Utrecht; mais seulement le 13 juillet 1713. La principale clause de ce traité est que jamais les couronnes de France et d'Espagne ne pourront être réunies. Ensuite l'Espagne abandonna à l'Angleterre l'île de Minorque et la ville de Gibraltar. « Mais, est-il dit dans le traité, afin de prévenir les abus et les fraudes qui se pourraient commettre par le transport des marchandises, le roi catholique veut et entend que ladite propriété soit cédée à la Grande-Bretagne, sans aucune juridiction territoriale et sans aucune communication ouverte par terre avec les pays d'alentour... La garnison peut seulement tirer par terre des provisions des villes voisines; mais ces provisions ne peuvent être achetées qu'argent comptant; et, au cas qu'on transportât des marchandises de Gibraltar, soit pour faire un échange avec lesdites provisions, soit sous quelque autre prétexte, elles seront confisquées... » Enfin, par l'art. 12 du même traité, l'Angleterre, qui n'était pas, comme aujourd'hui, animée de sentiments négrophiles, se réservait, pendant trente années, le droit exclusif de fournir les esclaves noirs dont auraient besoin les colonies espagnoles.

Par le même acte, l'Espagne céda au duc de Savoie le royaume de Sicile; mais elle se réservait le droit de retour sur c[e] royaume à défaut d'héritier mâle de l[a] maison de Savoie.

Les Portugais furent compris dans l[a] paix générale; mais le seul avantag[e] qu'ils en obtinrent fut la restitution de[s] places qui leur avaient été enlevées.

L'empereur seul n'avait pas adhér[é] à toutes ces conventions; mais il fu[t] contraint par les succès de Villars [à] demander la paix. Elle fut signée [à] Bade l'année suivante (le 7 septembr[e] 1714), mais seulement entre la Franc[e] et l'empereur. Par ce traité les Pays-Ba[s] espagnols, à l'exception de la Gueldre déjà cédée au roi de Prusse, furent abandonnés à l'empereur. Le roi de Franc[e] s'engagea à ne point troubler l'empereur dans la possession du royaume d[e] Naples, du duché de Milan et de l'î[le] de Sardaigne. De son côté, l'empereu[r] s'obligea à respecter la neutralité d[e] tous les princes d'Italie. Il est à remarquer que l'empereur, ne voulant pa[s] se dépouiller d'un titre que les princes de la maison d'Autriche portaien[t] depuis si longtemps, prit encore dans c[e] traité la qualité de roi de Castille, d[e] Léon et d'Aragon; « Mais, est-il dit dan[s] un article séparé, comme quelques-un[s] des titres que Sa Majesté impériale emploie ne peuvent être reconnus pa[r] Sa Majesté très-chrétienne, il a été convenu, par cet article, signé avant l[e] traité, que ces titres ne seront jamai[s] censés donner aucun droit, ou porte[r] aucun préjudice à l'une ou à l'autre de[s] parties contractantes. »

Il n'intervint pas de traité entre l[e] roi d'Espagne et l'empereur Charles VI[;] mais l'empereur, tout en refusant d'adhérer aux traités d'Utrecht, ou de renoncer à ses prétentions sur la couronn[e] d'Espagne, avait retiré presque toute[s] ses troupes de la Péninsule. Philippe[,] pour rester tranquille possesseur de se[s] États, n'avait plus à recouvrer que celle[s] des îles Baléares qui n'avaient pas ét[é] cédées aux Anglais, et la Catalogne. [Il] est vrai que cette dernière province[,] quoique réduite à ses propres forces[,] persistait dans sa rébellion. Les exhortations du roi, qui aurait voulu épargne[r] le sang de ses sujets, ne purent calme[r] les Catalans. Abandonnés par l'empereur, ils s'érigèrent en république indé pendante, et ils poussèrent la folie jusqu'à réclamer le secours de la Turquie. Les refus qui accueillirent leurs propositions ne les empêchèrent pas de persévérer dans une résistance insensée. Enfin, l'armée castillane pénétra en Catalogne; Solsone, Manresa, Hostalrich tombèrent en son pouvoir. Les autres villes du principat se virent, en peu de temps, contraintes à reconnaître l'autorité de Philippe V. Barcelone refusa seule de se rendre. Cette capitale fut bloquée par terre et par mer. Le maréchal de Berwick, envoyé par Louis XIV avec une armée de 15,000 Français, fit ouvrir la tranchée, le 15 mai 1714. Les assiégés se défendirent pendant quatre mois avec opiniâtreté. Quand la brèche fut praticable (le 11 septembre 1714), ils soutinrent l'assaut, avec un courage digne d'une meilleure cause. Chassés des remparts, ils se retranchèrent dans les rues et s'y battirent pendant trente heures encore, après que la brèche eut été emportée. Enfin, forcés de reconnaître l'impuissance de leurs efforts, ils se rendirent à discrétion. Philippe traita les vaincus avec clémence. Il accorda un pardon général. Quelques-uns des chefs de la rébellion payèrent seulement, par la perte de leur liberté, l'obstination de leur défense. Cependant le roi, pour punir la Catalogne de son obstination, abolit ses antiques priviléges, comme il avait aboli ceux des royaumes de Valence et d'Aragon. L'année suivante, 1715, le roi recouvra les îles de Mayorque, d'Iviça et de Formentera, les seules qui ne se fussent pas encore soumises.

Rétabli de cette manière dans la possession de l'Espagne entière, Philippe mit tous ses soins à faire le bonheur de ses sujets et à réparer les maux que la guerre avait causés. Cependant, son excessive déférence pour la princesse des Ursins, *Camerera Mayor* de la reine, l'influence que cette femme ambitieuse était parvenue à exercer sur les affaires de l'État, eût sans doute fait avorter toutes ces bonnes dispositions, si un accident imprévu n'était venu mettre un terme à ses intrigues et à sa domination. La reine Marie-Louise-Gabrielle était morte, le 14 février 1714. Philippe, encore jeune et d'une santé vigoureuse, voulut chercher dans une seconde union un lien dont la douceur l'aidât à supporter le poids de la couronne. Parmi les différentes princesses qui lui avaient été proposées par Louis XIV, il choisit Isabelle Farnèse, fille du duc de Parme et de Plaisance. Ce mariage fut préparé, dit-on, par les intrigues et par l'adresse d'Albéroni, prélat italien, que le duc de Vendôme avait amené en Espagne, et qui était resté dans ce pays en qualité d'agent du duc de Parme. Au reste, la princesse Isabelle était une des femmes les plus accomplies de son époque. Elle ne tarda pas à donner des preuves de l'énergie de son caractère et de sa présence d'esprit. Elle avait été avertie de l'influence qu'exerçait la princesse des Ursins et de la nécessité qu'il y avait de l'éloigner de la cour. Aussi, la favorite, qui était venue à sa rencontre jusqu'à Xadraque, à quinze lieues environ de Madrid, lui ayant adressé quelques observations peu convenables, la jeune reine ordonna, à haute voix, au commandant des gardes du corps, qui l'escortait, de faire retirer cette folle, de la mettre dans un carrosse et de la conduire hors des terres d'Espagne. On lui obéit sur-le-champ; et la princesse des Ursins fut conduite comme une prisonnière à la frontière d'Espagne. L'arrivée de la reine, et plus encore le départ de la princesse des Ursins, remplirent la cour de joie. On éloigna des affaires toutes les créatures de la favorite; et Albéroni, soutenu par la nouvelle reine, fut bientôt élevé au ministère. Cet homme avait toute la capacité nécessaire pour rétablir l'ordre dans les finances et dans l'administration; mais, au lieu de se borner à ces utiles travaux, il voulut ôter à l'empereur ce que les traités d'Utrecht et de Bade lui assuraient; et sa turbulente ambition ne tarda pas à rallumer la guerre.

LES ESPAGNOLS ENVAHISSENT LA SARDAIGNE. — DESCENTE EN SICILE. — TRAITÉ DE LONDRES. — CONSPIRATION DE CELLAMARE. — GUERRE AVEC LA FRANCE. — CHUTE D'ALBÉRONI. — PHILIPPE V ADHÈRE AU TRAITÉ DE LONDRES. — CONGRÈS DE CAMBRAI. — ABDICATION DE PHILIPPE V EN FAVEUR DE SON FILS DON LUIS. — MORT DE DON LUIS — PHILIPPE V REMONTE SUR LE TRÔNE. — NÉGOCIATION, MINISTÈRE ET DIS-

GRACE DE RIPERDA. — DON CARLOS EST MIS EN POSSESSION DU DUCHÉ DE PARME.—GUERRE NOUVELLE PROVOQUÉE PAR L'ÉLECTION DU ROI DE POLOGNE. — CONQUÊTE DE NAPLES PAR L'INFANT DON CARLOS. — IL REÇOIT LA COURONNE DES DEUX-SICILES. — MORT DE PHILIPPE.

A peine les traités d'Utrecht et de Bade eurent-ils pacifié l'Europe, que Louis XIV fut enlevé à la France (1er septembre 1715) avant d'avoir pu réparer les maux qui avaient désolé les dernières années de son règne. « Soulagez vos peuples le plus tôt que vous le pourrez, et faites ce que j'ai eu le malheur de ne pouvoir pas faire, » avait-il dit, avant de mourir, à son successeur. Le prince à qui ces recommandations étaient adressées, n'avait encore que cinq ans, lorsqu'il monta sur le trône. La régence fut déférée au duc d'Orléans, qui se trouvait le premier prince du sang, au moyen des renonciations faites par Philippe V, lorsqu'il avait reçu la couronne d'Espagne, renonciations qu'il venait de renouveler à l'occasion des traités d'Utrecht. Néanmoins, Philippe V prétendit que la possession d'un sceptre étranger ne devait pas le priver en France d'un droit qu'il tenait de sa naissance. Il se plaignit amèrement de ce que la régence ne lui eût pas été confiée. Albéroni s'appliqua encore à fomenter ce mécontentement. Toutefois, ce prélat ambitieux se garda bien, dans le principe, de laisser apercevoir ses dispositions turbulentes. Il désirait, avant tout, obtenir le chapeau de cardinal. Il eût craint que ses projets sur l'Italie n'alarmassent le pape. Il s'appliqua à gagner les bonnes grâces du saint-père, en lui promettant le secours de l'Espagne pour repousser les Turcs qui menaçaient les Etats pontificaux. Il envoya, en effet, une flotte dont l'approche contraignit à la retraite les musulmans, qui assiégeaient Corfou, en sorte que Clément XI, séduit par ces apparences, éleva, en 1717, Albéroni à la dignité de cardinal. Tout le monde, il est vrai, n'avait pas la même sécurité que le pape, relativement aux intentions de l'Espagne; et pour se prémunir contre les projets qu'elle cachait encore, une triple alliance fut conclue, le 4 janvier 1717, entre la France, l'Angleterre et la Hollande. Par ce traité, ces trois puissan[ces] se rendirent garantes de l'exécuti[on] des traités d'Utrecht : cette démonstr[ation] n'arrêta pas Albéroni. A peine e[ut-]il obtenu l'objet de ses désirs qu'u[ne] puissante escadre, équipée dans l[es] ports de la Péninsule, et portant une a[r]mée de plus de 8,000 hommes, abor[da] en Sardaigne. En moins de deux m[ois] Philippe eut reconquis cette portion [de] ses Etats, dont l'empereur avait été m[is] en possession.

Le succès de cette première entr[e]prise engagea le ministre espagnol [à] mettre à exécution la seconde partie [de] son plan. Il essaya de s'emparer [de] la Sicile, sous le prétexte que le d[uc] de Savoie était sur le point de céder cet[te] île à la maison d'Autriche, moye[n]nant une indemnité qui lui serait do[n]née en Lombardie, ce qui détruisa[it] l'équilibre bien ou mal établi par l[es] traités d'Utrecht. En cette circonstanc[e] Albéroni fit connaître à l'Europe l[es] prodigieuses ressources de la monarch[ie] espagnole. Quand tout le monde, apr[ès] une guerre aussi longue et aussi ru[i]neuse, la croyait épuisée, anéanti[e], incapable du moindre effort, on f[ut] surpris de voir sortir de ses ports u[ne] expédition de trente vaisseaux parfa[i]tement équipés. Cet armement répa[n]dit l'alarme parmi les puissances g[a]rantes des traités d'Utrecht; mais, [ni] leurs représentations ni leurs menac[es] ne purent arrêter l'Espagne. Une arm[ée] de trente mille hommes débarqua en S[i]cile, le 1[er] juillet 1718. Cette agressi[on] détermina la France, l'Angleterre [et] l'empereur à conclure une nouvel[le] alliance. Par ce traité, signé à Londres, [le] 2 août, la maison d'Autriche renonce[a à] ses droits sur l'Espagne, à conditi[on] que, de son côté, Philippe renonce[rait] à toutes ses prétentions sur les provi[n]ces d'Italie et de Flandre, qui avaie[nt] appartenu à la monarchie espagnole. L[e] cabinet de Madrid repoussa ces cond[i]tions avec hauteur. Ses troupes étaie[nt] déjà maîtresses de Palerme et d'u[ne] grande partie de la Sicile, et sans dou[te] elles auraient fait des progrès enco[re] plus rapides, si une flotte anglaise n'e[ût] attaqué et détruit l'escadre espagnol[e].

Albéroni s'était flatté que le réger[nt] ne se déterminerait jamais à prend[re] parti contre un petit-fils de Louis XIV; que la guerre une fois allumée, la France se laisserait entraîner malgré elle, et qu'elle soutiendrait la cause de l'Espagne. Mais il eût fallu pour cela violer ouvertement les engagements pris par les traités d'Utrecht et de Bade Je sais bien que beaucoup d'écrivains ont blâmé le régent de ne l'avoir pas fait; cependant, sa conduite, en cette circonstance, a été à la fois prudente et loyale. Eût-il fallu, avec des finances épuisées, avec une dette de deux milliards six cents millions, laissée par Louis XIV, qu'il recommençât la guerre désastreuse de la succession? Quand il l'eût voulu, est-ce que les conventions existantes n'étaient pas là pour l'arrêter? Est-ce qu'il n'y a pas pour les peuples, de même que pour les honnêtes gens, une bonne foi qui défend de manquer à la parole donnée? Le régent s'unit donc avec l'Angleterre et avec l'empereur pour assurer l'exécution des traités signés par Louis XIV. Albéroni, pour s'en venger, conçut l'idée de le dépouiller de la régence et de la faire remettre à Philippe V. Il régnait déjà beaucoup d'agitation en Bretagne, et Albéroni y faisait filer des troupes déguisées en faux-sauniers. Une conspiration, ourdie à Paris par le prince de Cellamare, ambassadeur d'Espagne, était au moment d'éclater. Les conjurés avaient le projet d'enlever le régent et de le conduire dans une citadelle d'Espagne; ils devaient ensuite assembler les états généraux, faire casser l'arrêt du parlement qui lui avait déféré la régence et la transférer au roi d'Espagne. Par ce moyen, Albéroni, autrefois simple clerc sonneur à la cathédrale de Plaisance, devenait le premier ministre de France et d'Espagne, et se flattait de régler les destinées de l'Europe entière. Des papiers dérobés par une courtisane, dans un lieu de débauche, à l'abbé Porto-Carrero, l'un des conjurés, firent connaître les détails de ce complot. Le prince de Cellamare et les principaux conjurés furent arrêtés; ce qui fit avorter cette entreprise.

Ce n'était pas seulement l'Italie et la France que le ministre espagnol voulait bouleverser; il prétendait renverser le roi d'Angleterre et soutenait le parti du prétendant Jacques III, qui était connu sous le nom du chevalier de Saint-Georges. Il négociait en même temps avec le czar Pierre le Grand et avec le roi de Suède, Charles XII. Il voulait rallumer la guerre dans le nord de l'Europe, afin que l'empereur, occupé à défendre ses États d'Allemagne, lui présentât moins de résistance en Sicile et en Italie. Charles XII avait accepté avec empressement l'alliance que lui avait offerte Albéroni; mais, dans la nuit du 11 au 12 décembre 1718, ce prince fut tué d'un coup de fauconneau, au moment où il inspectait les travaux du siége de Frédérichshall, en Norwége. Cette mort inattendue vint déranger les combinaisons d'Albéroni, sans que ce ministre abandonnât cependant aucun de ses projets. Il continua par ses libelles et par ses intrigues à exciter la mésintelligence entre la France et l'Espagne. Enfin le régent se détermina à déclarer la guerre. Les Français, sous les ordres du maréchal de Berwick, pénétrèrent en Navarre, s'emparèrent de Fontarabie, de Saint Sébastien; et ils auraient pu se rendre maîtres de la Biscaye et de toute la Navarre, s'ils n'avaient pas préféré porter leurs armes du côté de la Catalogne.

Une flotte espagnole, armée pour opérer une descente en Écosse, fut dissipée et détruite par la tempête. Les Anglais, au contraire, insultèrent les côtes de Galice; une de leurs escadres s'empara du port de Vigo. En Sicile, les affaires n'étaient pas plus prospères. Quoique les Espagnols eussent vaincu les Impériaux en plusieurs rencontres, Charles VI, qui était maître du détroit de Messine, faisait continuellement passer des secours en Sicile et il inondait ce royaume de ses troupes, tandis que les Espagnols, privés de leur flotte et n'ayant presque pas de communication avec leur patrie, devaient nécessairement finir par succomber. A la vue d'un semblable résultat, le cardinal Albéroni, regardé d'abord comme un génie bienfaisant, qui avait su réveiller l'Espagne de sa léthargie, ne parut plus qu'un imprudent et qu'un brouillon. Le roi, regrettant d'avoir cédé à ses conseils, lui ôta le pouvoir et lui enjoignit de sortir de Madrid dans huit jours, et des terres d'Espagne dans trois semaines (5 décembre 1719). Aussitôt qu'Albéroni fut renversé, les négociations pour la paix commencèrent; et, par une convention, signée à la Haye le 17 février 1720, Philippe V accepta le traité de Londres. Il restitua la Sardaigne, qui fut donnée au duc de Savoie, en échange de la Sicile. Cette dernière île fut attribuée à la maison d'Autriche; et la succession aux duchés de Parme et de Plaisance fut assurée à l'infant don Carlos, qui était né à Philippe de son second mariage.

Depuis l'adhésion du roi d'Espagne au traité de Londres, et l'évacuation de la Sardaigne et de la Sicile, on eût pu croire qu'il ne manquait plus rien à la paix. Cependant, lorsqu'on voulut exécuter les clauses de ce traité, on rencontra une foule de difficultés qu'on n'avait pas prévues. L'empereur refusa longtemps à l'infant d'Espagne l'investiture des duchés de Parme et de Plaisance; et lorsque plus tard il se détermina à la donner, il le fit en de tels termes, qu'elle ne put être acceptée par Philippe V. L'empereur prétendait que, lorsque la succession serait ouverte, l'infant se rendît à Vienne et lui prêtât serment de fidélité comme son feudataire. Cela était contraire à l'article 5 du traité de Londres. Philippe réclama avec vivacité auprès des cours qui s'étaient engagées à l'exécution de cette transaction. Pour aplanir ce différend, on ouvrit un congrès à Cambrai, mais les négociations traînèrent en longueur et l'on ne conclut rien. Cependant le duc d'Orléans profita de ces discussions pour unir plus étroitement les cours de Versailles et de Madrid. Il fit proposer un triple mariage. Le fils aîné de Philippe V, le prince des Asturies, don Luis, épousa mademoiselle de Montpensier, fille aînée du duc d'Orléans. Sa quatrième fille, mademoiselle de Beaujolais, fut envoyée en Espagne et fiancée à don Carlos, infant d'Espagne, que Philippe avait eu de son mariage avec Élisabeth Farnèse. Enfin l'infante doña Marie-Anne, âgée seulement de quatre ans, fut demandée en mariage pour Louis XV, qui n'avait alors que onze ans. Elle fut conduite en France, pour y être élevée, en attendant l'époque où cette union pourrait se réaliser. Ces arrangements de famille inspirèrent de la méfiance aux autres cabinets qui voyaient a crainte l'intimité se rétablir entre deux branches de la maison de Bourb Ils craignaient que, si elles étaient un elles ne fissent pencher la balance leur côté et ne rompissent l'équili qu'on avait voulu établir en Euro aussi montra-t-on beaucoup de mauva volonté en ce qui touchait l'affaire duché de Parme. Les débats du c grès de Cambrai continuèrent s aboutir à rien. Il y avait trois ans ces négociations duraient, lorsque P lippe V étonna l'Europe par une ré lution à laquelle on était loin de s' tendre. Quoique jeune encore, car n'avait que trente-neuf ans, et la re n'en avait que trente et un, le 14 j vier 1724, il renonça à tous ses États, faveur de don Luis, son fils, prince Asturies; et il se retira avec la re au palais de Saint-Ildephonse, ne se servant, pour son entretien, qu'une p sion de six cent mille ducats. l heureuses qualités du nouveau roi p mettaient à l'Espagne un règne f tuné; mais, avant la fin de l'année, 31 août 1724, don Luis mourut de petite vérole; et Philippe V, pressé pa reine, par la noblesse, par la nat entière, consentit à quitter sa paisi retraite et à reprendre les rênes du g vernement.

A cette époque, le roi de France ét majeur depuis une année; le duc d' léans était mort à la fin de l'année 17 et le duc de Bourbon, qui lui avait succ dans la place de premier ministre, n' sita pas à prendre une résolution d le roi d'Espagne fut profondément bles Il prétendait que l'infante était beauc trop jeune pour Louis XV, puisq eût fallu attendre encore dix années p que le mariage projeté pût s'effectu Aussi, le 5 avril 1725, sans préve Philippe V, sans adoucir la du d'une telle démarche par la plus lég excuse, il fit partir l'infante pour l' pagne. On chargea seulement l'abbé Livri-Sanguin de faire connaître au et à la reine d'Espagne cette déter nation. Philippe V éprouva un j ressentiment et, par représailles, il r voya en France les deux filles du d'Orléans : la première était veuve roi don Luis; l'autre, mademoisell

Beaujolais, était fiancée à don Carlos.

Au congrès de Cambrai, la France et l'Angleterre s'étaient posées comme médiatrices entre l'empereur et le roi d'Espagne. Mais, après ce qui venait de se passer, il répugnait à ce dernier souverain de s'en rapporter à la médiation de la France, dont il venait de recevoir une injure. Il rappela les plénipotentiaires et envoya secrètement un négociateur à Vienne; ce fut le Hollandais Guillaume Riperda. Ce diplomate, après avoir résidé quelque temps en Espagne en qualité d'ambassadeur des États-Généraux, avait été rendre compte de sa mission, et était revenu en Espagne où il avait embrassé la religion catholique et où il s'était marié. Comme c'était un homme fort intelligent, on lui avait donné la direction des manufactures. Sous le prétexte d'aller choisir en Allemagne de bons ouvriers pour la fabrication des draps, il s'était rendu à Vienne, sans que les ministres des autres puissances pussent deviner le but véritable de ses démarches. Il parvint à faire conclure entre Philippe V et Charles VI un traité qui avait celui de Londres pour base; cependant il en différait en quelques points. A son retour, Riperda, considéré comme un dieu tutélaire qui avait su mettre fin à une inimitié de vingt-cinq années, fut comblé d'honneurs, créé duc et grand d'Espagne. Il fut chargé, en qualité de premier ministre, de toutes les affaires de la marine, de la guerre et des finances. Son aptitude particulière pour la direction des fabriques et des manufactures lui fit également confier l'inspection de toutes les branches de l'industrie nationale. Les progrès, les améliorations qu'on y remarqua bientôt firent présager que l'époque n'était pas loin où l'Espagne sortirait de la dépendance où la tenaient les fabriques étrangères.

Il est à croire qu'un pronostic si flatteur se fût réalisé, si Riperda eût pu conserver longtemps le pouvoir; mais la faveur dont il jouissait, lui attira de nombreux et de puissants ennemis qui surent profiter des occasions de le discréditer auprès du roi et auprès du public. D'un autre côté, il faut avouer que sa capacité n'était pas à la hauteur d'une administration aussi vaste, et que, peu instruit du caractère national, des règles du gouvernement espagnol et de ses relations politiques, il était impossible qu'il ne fît pas quelques fautes capables d'entraîner de graves conséquences. Il fut renvoyé des affaires, éloigné de la cour et emprisonné dans l'alcazar de Ségovie. Comme sa conduite ne présentait rien d'assez grave pour qu'on lui fît son procès, il y resta quelque temps détenu jusqu'à ce qu'une jeune Espagnole parvint à le faire évader. Il passa avec elle en Portugal, et de là en Angleterre. Ensuite il se retira en Hollande; mais, ne s'y trouvant pas en sûreté, parce que l'Espagne le réclamait comme criminel d'État, il sollicita un asile en Russie. Sur ces entrefaites, l'ambassadeur de Maroc, résidant à la Haye, lui offrit un établissement en Afrique. Riperda, voyant que l'Europe ne lui présentait pas une retraite sûre, passa dans la régence; et, après une foule d'aventures qui ne figureraient pas mal dans un roman, il mourut à Tétuan, accablé de chagrins et d'infortunes.

L'arrangement conclu à Vienne, si rapidement et avec tant de secret, surprit les cours médiatrices. En voyant deux puissances si longtemps ennemies se rapprocher tout à coup, elles craignirent que cette conciliation ne cachât quelque projet menaçant pour la tranquillité des autres nations. Afin de contre-balancer l'effet produit par l'étroite union qui se manifestait entre les cours de Madrid et de Vienne, la France et l'Angleterre firent un traité d'alliance défensive avec la Hollande et la Prusse. Presque à la même époque une flotte anglaise alla bloquer Porto-Bello. Les Espagnols, de leur côté, entreprirent le siége de Gibraltar. En un mot, l'Europe se voyait menacée de nouvelles calamités. La sagesse et le caractère pacifique du cardinal Fleury, qui avait remplacé auprès de Louis XV le prince de Bourbon dans les fonctions de premier ministre, sut arrêter la guerre quand elle paraissait le plus inévitable. Enfin, par un traité conclu à Séville, en 1729, il parvint à rétablir la bonne harmonie entre l'Espagne, la France et l'Angleterre.

Par cette convention on accordait au roi catholique la faculté d'introduire six mille hommes de troupes espagnoles dans les villes de Livourne, de Porto-Ferrajo, de Parme et de Plaisance, pour assurer les droits à venir de l'infant don Carlos sur ces États.

La Hollande accéda sans difficulté à ce traité. L'empereur, au contraire, se refusa ouvertement à l'introduction des six mille Espagnols dans les États de Parme et de Toscane; et, pour empêcher qu'elle n'eût lieu, il fit passer en Italie plus de quatre-vingt mille hommes; il renforça ses garnisons et se prépara très-activement à soutenir ses prétentions. La mort d'Antoine Farnèse, dernier prince de cette maison, vint mettre un terme à ces contestations. Le duc don Antoine n'avait pas d'enfants; mais, pensant qu'il laissait enceinte la duchesse sa femme, il avait, par son testament, désigné pour son héritier son fils posthume, et à défaut de celui-ci, l'infant don Carlos, fils de sa nièce Élisabeth Farnèse, reine d'Espagne. Charles VI séquestra aussitôt la succession, déclarant qu'il la restituerait à l'infant don Carlos, si la grossesse de la duchesse ne se vérifiait pas. Bientôt il fut avéré que la duchesse n'était pas enceinte; et, en vertu d'une convention, conclue à Vienne, au mois de septembre 1731, l'infant don Carlos s'embarqua, à Barcelone, sur les escadres combinées d'Espagne et d'Angleterre, qui le conduisirent à Livourne, le mirent en possession du duché de Parme, et le firent reconnaître comme devant succéder au duc de Toscane.

Après tant de secousses, l'Europe commençait à peine à goûter les bienfaits de la paix, quand un événement imprévu vint de nouveau ranimer la discorde. Le roi de Pologne, Frédéric-Auguste, mourut en 1733. Les Polonais élurent pour lui succéder Stanislas Leczinski. En 1704, ce prince avait déjà porté cette couronne; mais il en avait été dépouillé par la Russie. Un seul électeur refusa sa voix au souverain que ses compatriotes venaient de nommer. Il se retira de l'assemblée avec ses troupes, et fit, de son côté, proclamer roi le fils de Frédéric-Auguste. Ce jeune prince fut appuyé par les Russes et par l'empereur Charles VI. Le roi de France, au contraire, était gendre de Stanislas; et, quelque ami de la paix que fût le cardinal Fleury, il ne put se dispenser de prendre parti pour le père de la reine. Cependant, les sec[illegible] qu'il lui envoya furent impuissants [illegible] le maintenir sur le trône. Mais ce ne [illegible] pas seulement au bord de la Vistule [illegible] l'élection du roi de Pologne fit écl[illegible] la guerre. La France, la Sardaigne [illegible] l'Espagne attaquèrent ensemble Cl[illegible] les VI, et elles lui firent expier le sté[illegible] honneur d'avoir imposé un roi à la P[illegible] gne.

Trente mille Espagnols entrèrent [illegible] Italie, sous la conduite du duc de M[illegible] temar et de l'infant don Carlos, [illegible] de Parme, que son père avait nom[illegible] généralissime de cette armée. Ils s'[illegible] parèrent, sans rencontrer de résista[illegible] de presque tout le royaume de Nap[illegible] Cependant sept mille Allemands éta[illegible] réunis dans la terre de Bari. Ils [illegible] vaient, disait-on, y être rejoints bi[illegible] tôt par six mille Croates. Monte[illegible] ne crut pas devoir laisser opérer c[illegible] jonction. A la tête de quinze mille h[illegible] mes, il courut vers eux; il les tro[illegible] retranchés auprès de Bitonto, les [illegible] taqua avec intrépidité, et resta ma[illegible] du champ de bataille après une l[illegible] qui coûta deux mille hommes aux [illegible] périaux. Les drapeaux, les bagag[illegible] l'artillerie, les munitions, tout r[illegible] au pouvoir des vainqueurs; et ceux [illegible] Allemands qui ne furent pas faits [illegible] sonniers ne durent leur salut qu'à [illegible] fuite. Cette victoire fut suivie de la s[illegible] mission des villes de Gaëte, de Corto[illegible] de Capoue, les seules qui restasse[illegible] conquérir. Don Carlos fut accueilli [illegible] tout avec le plus vif enthousiasme; [illegible] la joie des Napolitains s'accrut enc[illegible] quand ils reçurent, quelques jours [illegible] tard, un décret par lequel Philippe [illegible] renonçait, en faveur de don Carlos [illegible] tous les droits qui appartenaient à l'[illegible] pagne sur le royaume des Deux-Sicil[illegible] et par lequel il l'autorisait à prendre [illegible] couronne et à se constituer monar[illegible] indépendant. Il y avait près de 230 [illegible] que le royaume de Naples en était [illegible] duit à ne plus former qu'une provin[illegible] soumise à une puissance étrangère [illegible] était abandonné au caprice des vice-r[illegible] aussi, les Napolitains reçurent-ils a[illegible] des témoignages de reconnaissance [illegible] d'allégresse l'indépendance nouvelle [illegible] leur était octroyée.

La conquête de la Sicile présenta

core moins de difficultés. Une flotte espagnole, qui portait vingt mille hommes de débarquement, se présenta devant Palerme. Cette ville, qui était sans défense, proclama immédiatement don Carlos pour roi. Messine suivit l'exemple de Palerme, et l'année suivante (1735), à peine restait-il un seul Allemand dans toute la Sicile.

La Hollande et l'Angleterre, qui jusque-là étaient restées neutres, commencèrent à s'alarmer, en voyant l'accroissement de la maison de Bourbon. Elles menacèrent de prendre la défense de l'empereur, si la guerre continuait. L'Espagne n'était pas disposée à écouter des propositions pacifiques. Elle eût voulu chasser entièrement l'empereur d'Italie; et déjà le duc de Montemar était à la tête d'un corps de vingt mille hommes, et sur le point d'entrer en Lombardie; mais les négociations commencèrent entre les cabinets de Vienne et de Versailles. Il intervint un traité, auquel la cour de Madrid fut forcée d'acquiescer, pour ne pas rester seule et exposée au ressentiment des autres puissances. Par cet arrangement, il fut convenu que Stanislas renoncerait une seconde fois au trône de Pologne, mais qu'il conserverait le titre de roi, avec les honneurs de la souveraineté; qu'il recevrait comme indemnité les duchés de Bar et de Lorraine, et qu'après sa mort ces États seraient dévolus à la couronne de France; que le duc de Lorraine recevrait en échange le duché de Toscane, mais seulement après la mort du grand-duc Jean-Gaston, qui en était en possession, et que, jusqu'à la mort de ce prince, la France lui payerait une pension annuelle de trois millions cinq cent mille livres. Au reste, cette pension ne fut servie que pendant peu de temps; car le duc Gaston mourut le 9 juillet 1737. Ce traité ne fut pas moins avantageux à l'Espagne. Naples et la Sicile furent abandonnés à don Carlos, à la charge par lui de renoncer à ses droits sur la Toscane et le Parmesan. Le dernier de ces États et le duché de Plaisance furent rendus à la maison d'Autriche. Enfin, le roi de Sardaigne prit aussi une part dans les dépouilles du vaincu.

On eût dit que Philippe V était destiné à vivre dans un état continuel de guerre. A peine ses contestations avec l'Empire furent-elles terminées que des difficultés s'élevèrent entre l'Espagne et l'Angleterre. On se rappelle qu'aux termes du traité d'Utrecht les Anglais s'étaient réservé la fourniture exclusive des nègres dans les colonies espagnoles, à raison de trente-trois piastres par tête. Pour l'exécution de cette convention, la compagnie anglaise du Sud, qui avait été chargée d'exécuter le marché, et qui avait reçu le nom de compagnie *del asiento de los negros* (du contrat des nègres), jouissait du privilége d'envoyer, chaque année, au Mexique, un navire du port de cinq cents tonneaux, avec des marchandises à bord. Plus tard et de l'aveu des Espagnols, le tonnage de ce bâtiment fut augmenté; puis, sous le prétexte de fournir des rafraîchissements à ce navire, on lui en adjoignit un second qui allait et venait sans cesse des colonies britanniques au navire de permission, dans lequel il transbordait de nouvelles marchandises anglaises, de sorte que le vaisseau était toujours plein et faisait toute l'année un trafic excessivement préjudiciable au commerce espagnol et aux droits du fisc. Les plaintes adressées à l'Angleterre étant restées inutiles, les gardes-côtes espagnols reçurent l'ordre de repousser par la force les contrebandiers anglais. Des collisions eurent lieu. Les négociants de la Jamaïque firent parvenir au parlement anglais le récit des tortures que leurs marins avaient éprouvées dans les ports espagnols. Un patron de bâtiment, nommé Jenkins, se présenta devant la chambre des communes, le nez fendu et les oreilles coupées. Interrogé sur ce qu'il faisait, quand il s'était trouvé entre les mains des barbares qui l'avaient ainsi mutilé, il répondit : « *Je recommandais mon âme à Dieu, et ma vengeance à mon pays.* » La guerre fut déclarée par l'Angleterre à l'Espagne. L'amiral Vernon, à la tête d'une flotte puissante, désola les côtes de l'Amérique et se rendit maître de Porto-Bello. Il essaya de s'emparer aussi de Carthagène des Indes; mais la garnison espagnole, commandée par don Sébastien de Eslaba, repoussa ses attaques avec intrépidité, et le contraignit à abandonner cette entreprise. Les Anglais n'eurent pas une meilleure réussite dans l'île de Cuba. Ils furent forcés de se rembarquer précipitamment, après avoir fait des pertes considérables. Une autre escadre anglaise, qui se présenta devant la Guaira et devant Porto-Cabello, dans la province de Venezuela, fut également obligée de se retirer avec désavantage.

Cette guerre maritime entre l'Espagne et l'Angleterre durait encore, lorsque la mort de l'empereur vint mettre toute l'Europe en feu (20 octobre 1740). Charles VI ne laissait pas de descendant mâle. Mais par un édit qu'il avait rendu en 1735, lors de la paix de Vienne, il avait réglé sa succession et désigné Marie-Thérèse, sa fille, pour son héritière. Quoique cet acte eût été, lors de sa promulgation, approuvé par presque tous les cabinets, dès que l'empereur fut mort, de nombreux compétiteurs se présentèrent pour lui succéder. L'électeur de Bavière et celui de Saxe prétendirent également avoir droit à la couronne. Le roi d'Espagne, Philippe V, qui descendait d'Anne d'Autriche, quatrième femme de Philippe II, et fille de l'empereur Maximilien, pouvait aussi revendiquer tout l'héritage de Charles VI. Mais l'Europe eût été justement alarmée en voyant un Bourbon en possession de tout ce qui avait appartenu à la maison d'Autriche. Cette considération le détermina à modérer ses prétentions. Il se borna à réclamer les provinces que l'empereur possédait en Lombardie, afin d'y établir l'infant don Philippe, second fils qu'il avait eu de son mariage avec Élisabeth Farnèse, de même qu'il avait établi l'aîné, don Carlos, sur le trône des Deux-Siciles.

A la fin de l'anné 1741, il envoya en Italie quinze mille Espagnols, sous les ordres de Montemar, qui, depuis la bataille remportée par lui sur les Impériaux, dans la terre de Bari, avait reçu le titre de duc de Bitonto. Ils furent joints à Orbitello par un nombre égal de troupes auxiliaires qu'envoyait le roi de Naples. On avait compté sur l'alliance du roi de Sardaigne, qui réclamait lui-même une partie du Milanais, mais ce prince, qui d'abord s'était montré favorable aux projets de l'Espagne, changea soudainement de politique. Il voyait avec en don Carlos sur le trône de Sicile. Il a rait craint de se donner un voisin tr puissant en établissant l'infant don P lippe dans le Parmesan et le Milana Il jugea qu'il lui serait plus avantage de se rapprocher de Marie-Thérèse. joignit ses troupes à celles de cette pri cesse; et Montemar ne put empêcher Austro-Sardes d'occuper les duchés Modène et de Reggio. On attribua mauvais succès au général espagnol : conduite fut défigurée par l'envie; et lui ôta le commandement de l'arm L'infant don Philippe ne fut pas pl heureux. Il devait pénétrer en Italie p la Savoie, que le roi de Sardaigne av abandonnée pour couvrir des poir plus importants; mais il fallut qu'il bornât à passer l'hiver dans la capita de ce duché. Quant au roi de Naples, avait la prétention de rester neutre; quoiqu'il eût envoyé un corps de tro pes auxiliaires à l'armée de son pèr il n'avait pas pensé que cet acte dût faire considérer comme puissance bel gérante. Néanmoins les Anglais, q étaient en guerre avec l'Espagne, et q s'étaient déclarés pour Marie-Thérès se présentèrent devant Naples. Le escadre menaça de bombarder la vill si le roi n'ordonnait pas à ses troupes quitter l'armée espagnole. Ils ne lui lai sèrent qu'une heure pour se décider. D Carlos, qui n'était pas préparé à se d fendre, fut forcé de céder à la néce sité. Il signa la promesse de rappel ses soldats.

En 1743, le comte de Gages, successe de Montemar, franchit le Tanaro, da l'intention d'attaquer l'armée austr sarde, et de faciliter, par cette diversio l'entrée du Piémont à l'infant don Ph lippe. Les ennemis, prévenus de ce mo vement, attendirent les Espagnols a lieu nommé Campo-Santo. La batail fut sanglante, et les deux partis s'attr buèrent également la victoire. Mais est certain que les Espagnols retourn rent à Bologne avec leurs rangs cons dérablement éclaircis. Leurs comp gnies manquaient d'officiers; leurs cha étaient chargés de blessés; leurs équ pages étaient en désordre; tout attesta combien le combat avait été désastreu Le comte de Gages, affaibli par cette a tion, par la retraite des troupes napolitaines, par la désertion et par les maladies, ne pouvait lutter avec avantage contre un ennemi qui recevait chaque jour de nouveaux renforts. Il batailla, pendant une année entière, se retirant, s'arrêtant, disputant pied à pied le Bolonais, le pays de Ferrare et la Marche d'Ancône, jusqu'à ce qu'enfin le général Lobkowitz, à la tête de trente mille hommes, l'eût pressé au point de le forcer à se réfugier dans le royaume de Naples. Le général espagnol exposa à don Carlos la nécessité qui l'avait contraint à violer la neutralité de ses États. La position de ce souverain était fort embarrassante, il hésita pendant quelque temps sur le parti qu'il aurait à prendre. Enfin convaincu, par les mouvements de l'armée autrichienne, que l'intention de Marie-Thérèse était d'envahir le royaume de Naples, il résolut de la prévenir et de conduire lui-même ses troupes au secours des Espagnols.

A cette époque, il y avait à Toulon seize vaisseaux espagnols, destinés à porter des vivres et des munitions à l'armée de l'infant don Philippe. Mais ils ne pouvaient quitter le port : ils en étaient empêchés par la flotte anglaise, qui était maîtresse de la Méditerranée. Les équipages espagnols étaient peu instruits. On les exerça pendant quatre mois dans le port de Toulon ; et, quand ils eurent acquis assez d'habileté, on fit sortir la flotte. Elle n'était que de douze vaisseaux, les Espagnols n'ayant pas assez de monde pour armer les quatre derniers. Elle fut renforcée par quatorze vaisseaux, quatre frégates et trois brûlots français. Les forces des Anglais étaient de moitié plus nombreuses : ils comptaient quarante-cinq vaisseaux et cinq frégates. Les deux armées navales se rencontrèrent le 22 février 1744 ; on combattit pendant toute la journée ; et, malgré la disproportion des forces, la victoire resta indécise. Cependant, en réalité, l'avantage fut du côté des Espagnols et des Français, puisque l'amiral anglais fut momentanément contraint de s'éloigner, et que les navires espagnols purent porter à l'armée de l'infant don Philippe les munitions dont elle avait le plus grand besoin. Cette bataille fut à la fois glorieuse et profitable pour les armes espagnoles. On ne peut également donner que des éloges à la conduite du roi de Naples. Il réunit ses troupes aux débris de l'armée qu'avait amenée le comte de Gages ; voulant éviter que son pays ne devînt le théâtre de la guerre, il entra dans les États pontificaux et s'y établit, afin de barrer aux Impériaux le chemin du royaume de Naples. Dans ce but, il concentra tout son monde dans les environs de Vellétri, et il établit son quartier général dans cette ville, située sur une éminence, à six lieues de Rome.

Lobkowitz se dirigea également de ce côté, avec l'intention d'en déloger le prince ; mais, en voyant combien sa position était avantageusement choisie, il n'osa pas l'attaquer dans ses retranchements : il se contenta de camper en vue de l'armée espagnole dont il resta séparé par une vallée profonde. Il y eut entre les deux armées de fréquentes escarmouches ; et, quoiqu'elles n'eussent rien de décisif, l'avantage était en réalité pour don Carlos, puisqu'il fermait aux ennemis l'accès de tout le pays qu'il avait derrière lui. Les choses restèrent assez longtemps dans cette position, jusqu'à ce que Lobkowitz essaya de surprendre Vellétri de même que le prince Eugène avait surpris Crémone. Le 11 août 1744, au point du jour, six mille Autrichiens, conduits par le général Brown, attaquèrent Vellétri de différents côtés. Les sentinelles furent égorgées. Tous ceux qui tentèrent de se défendre furent passés au fil de l'épée. Les troupes allemandes inondaient les rues de la ville, et, si leur entreprise eût été achevée aussi heureusement qu'elle était commencée, la guerre eût été terminée ; car ils se fussent rendus maîtres en même temps du royaume de Naples et de son souverain. Mais don Carlos, plus heureux que ne l'avait été Villeroi à Crémone, parvint à s'échapper ; il gagna son camp.

Les Allemands, au lieu de poursuivre les fuyards et de s'établir dans les postes importants, se mirent à piller. Les Espagnols et les Napolitains en profitèrent pour se rallier. Ils tombèrent avec intrépidité sur les agresseurs. En un instant ils semèrent les rues de cadavres, culbutèrent les ennemis et recouvrèrent la ville. Pendant ce temps Lobkowitz attaqua les retranchements des Espagnols; mais l'alarme était donnée. Les Autrichiens furent reçus par un feu meurtrier qui les contraignit bientôt à se retirer. Les pertes que firent les deux partis dans cette circonstance furent assez considérables; mais elles ne changèrent en aucune manière leur position respective. Les deux armées restèrent pendant plus de deux mois en présence l'une de l'autre en s'observant réciproquement sans rien entreprendre d'important Enfin, Lobkowitz, convaincu qu'il ne lui serait pas possible de pénétrer dans le royaume de Naples, comme il s'en était flatté, se détermina à lever son camp. Don Carlos ne le laissa pas effectuer tranquillement sa retraite : il le poursuivit jusqu'à ce qu'il fût parvenu à le faire sortir des États pontificaux.

Pendant ce temps, l'infant don Philippe. que le roi de Sardaigne avait chassé de la Savoie, s'était de nouveau trouvé à même de prendre l'offensive. Soutenu par vingt mille Français que commandait le prince de Conti, il avait passé le Var, et soumis le comté de Nice; mais pour avancer davantage il fallait forcer des retranchements élevés dans les Alpes. Le prince de Conti se présenta au pas de Villefranche haut de près de deux cents toises et l'une des meilleures barrières du Piémont. Ce poste était défendu par les Piémontais et par des Anglais que l'amiral Mathews avait débarqués. Cette position, réputée inaccessible, fut en un instant couverte de Français et d'Espagnols. L'amiral anglais et ses matelots furent sur le point d'être faits prisonniers. L'armée enleva aussi en plein jour des retranchements élevés au sommet d'un roc escarpé. En vain le roi de Sardaigne lui-même, placé derrière ces fortifications, encourageait ses troupes; ni ses efforts ni la puissante artillerie dont ces remparts étaient garnis ne purent arrêter l'impétuosité des Français; et ce qui est à peine croyable, ce fut par les embrasures mêmes du canon ennemi que les grenadiers entrèrent dans les retranchements. Ils saisissaient pour passer le moment où les pièces, après avoir tiré, reculaient par leur propre mouvement. Le comte de Gages, témoin de leur i trépidité, écrivit au marquis de la M na : « Il se présentera quelques occ sions où nous ferons aussi bien que l Français; car il n'est pas possible faire mieux. »

On tourna ensuite les barricades él vées dans la vallée de la Stura. On p Château-Dauphin et la forteresse de D mont; alors l'armée, maîtresse du passa des Alpes, put librement s'étendre da les plaines du Piémont. Elle commen le siége de Coni. La garnison ten plusieurs sorties; mais elle fut toujou forcée de se réfugier promptement de rière ses remparts. Le roi de Sardaig vint attaquer dans leurs lignes les Fra çais et les Espagnols; son armée éta plus nombreuse que celle des assi geants : cependant il fut vaincu, et laissa cinq mille hommes sur le cha de bataille. Malgré cette déroute, la vil continua à se défendre. La saison éta trop avancée; et le mauvais temps co traignit l'armée de l'infant à lever siége et à repasser les Alpes.

L'année suivante, la campagne s'o vrit d'une manière encore plus heureus Gênes, qui jusqu'à cette époque ava gardé une stricte neutralité, se vit fo cée, pour conserver son indépendance d'embrasser le parti des Espagnols. El leur ouvrit l'entrée de la Lombardie, l'armée de l'infant don Philippe, com mandée par M. le maréchal de Maill bois et par le comte de Gages, attaqua roi de Sardaigne sur les bords du T naro, le battit, et le força à reculer ju que sous les murs de Casal en Piémon Vers la fin de l'année, l'infant don Ph lippe se trouva maître du Montferra de l'Alexandrin, du Tortonais, du Pav san, de Parme, de Plaisance, de Milan de presque tout le Milanais.

La campagne suivante ne fut p aussi heureuse. Le roi de Prusse aya conclu à Dresde la paix avec Mari Thérèse, cette princesse put faire pa ser en Italie un grand nombre de tro pes qui ne lui étaient plus indispensabl en Allemagne. Leur arrivée fut cau d'un revirement de fortune. L'armée co binée de France et d'Espagne était éte due outre mesure pour couvrir un te ritoire trop vaste et tout à fait en di proportion avec ses forces. Le maréch de Maillebois écrivit au mois de décembre 1745 : « Je prédis une destruction « totale, si on s'obstine à rester dans le « Milanais. » Ces prudents avertissements furent négligés Les troupes du roi de Sardaigne et celles de Marie-Thérèse inondèrent la Lombardie. Il fallut évacuer précipitamment Milan, Parme, Guastalla, et tout ce que l'infant don Philippe avait conquis pendant la campagne précédente, au prix de tant de dépenses et de tant de sang. La malheureuse bataille de Plaisance vint mettre le comble à ces disgrâces. Le comte de Maillebois n'était pas d'avis qu'on attaquât l'armée impériale; mais le comte de Gages montra des ordres précis de la cour de Madrid. La bataille fut désastreuse. Les Espagnols et les Français, après avoir perdu huit mille hommes, furent forcés de chercher un asile sous les murs de Plaisance. L'infant don Philippe et les débris de son armée se trouvaient resserrés entre le Pô, la Trébie et le Tidone. Ils étaient cernés par les Autrichiens et par les Sardes; il fallait qu'ils restassent prisonniers ou qu'ils s'ouvrissent un passage l'épée à la main. Ce fut ce dernier parti qu'ils préférèrent. Ils traversèrent le Tidone. Les mesures étaient si bien prises que le roi de Sardaigne et les Autrichiens ne purent les attaquer que lorsqu'ils furent en état de se défendre. Ils combattirent pendant toute la journée sans se laisser entamer, et se retirèrent par Tortone, abandonnant tout le pays à l'ennemi. C'est au milieu de ces désastres que l'infant reçut la nouvelle de la mort de son père. Philippe V fut frappé d'une attaque d'apoplexie entre les bras de la reine, le 11 juillet 1746. La mort de ce roi fut pour les Espagnols un sujet de larmes. Ce prince fut regretté, et il mériterait de l'être; car, malgré les fautes qu'il a commises, on ne peut s'empêcher de reconnaître qu'il a fait de grandes choses. A la mort de Charles II, il n'y avait plus d'armée dans la Péninsule. Philippe V ranima la vertu guerrière des Espagnols, il rétablit la discipline, et ses soldats se montrèrent les dignes successeurs des guerriers d'Alphonse le Magnanime et de Ferdinand le Catholique. A son avénement la marine espagnole n'existait plus; les magasins étaient vides, les arsenaux étaient épuisés; on manquait de matériaux de construction, d'objets d'équipement; on avait perdu jusqu'à l'art de construire les vaisseaux. Philippe V créa une marine aussi redoutable que l'avait été celle du plus puissant de ses prédécesseurs. Malgré les luttes dont il fut continuellement occupé en Europe, il trouva le moyen de porter la guerre en Afrique, et il recouvra Oran que les Maures avaient enlevé à l'Espagne. L'administration de la justice attira également son attention. Les décrets qui avaient prescrit aux juges de ne pas faire attendre leurs décisions n'étaient pas exécutés; tous les procès traînaient en longueur. Philippe V réforma les tribunaux et tint la main à ce qu'ils instruisissent promptement les affaires. Il s'efforça de faire prospérer le commerce et les manufactures; enfin il accorda aux lettres la protection qu'elles méritent; il fonda l'académie de l'histoire, l'academie espagnole et la bibliothèque de Madrid. Pourquoi donc, malgré ses généreux efforts, ne parvint-il pas à rendre à ce pays toute son ancienne splendeur? C'est qu'il n'existait plus de constitution en Espagne; et quand un peuple manque de ces institutions qui font la vie des Etats, tout le bon vouloir, tout le talent, tout le génie de celui qui gouverne est insuffisant à les suppléer. Le prince peut bien encore personnellement faire ou provoquer de grandes choses; mais le bien qu'il fait n'est que passager. Pour que le bien soit durable, il faut qu'il résulte non des talents du prince, car ces talents peuvent venir à manquer, non de sa bonne volonté, car la volonté des hommes est changeante; il faut que le bien résulte de la force même de la constitution qui ne change pas. Je ne puis ici m'empêcher de répéter ce passage du rapport adressé à Louis XIV par le comte de Rébenac, son ambassadeur : « Si on examine de près le gou-« vernement de cette monarchie, on « trouvera que le désordre y est exces-« sif, mais que dans l'état où sont les cho-« ses, on ne peut y apporter de change-« ment sans s'exposer à des inconvénients « plus à craindre que le mal même, « et il faudrait une révolution entière « avant d'établir un ordre parfait dans

« cet État. Cette révolution ne peut se « trouver qu'en changeant *la forme du* « *gouvernement*, et les gens éclairés « conviennent que celui de la maison « d'Autriche les conduit inévitablement « à une ruine entière [1]. »

Eh bien ! cette forme de gouvernement que l'ambassadeur de Louis XIV, que les Espagnols éclairés déclaraient incompatible avec la prospérité de l'Espagne, on ne l'a pas changée. Philippe V, au lieu de donner à ses sujets des institutions en harmonie avec le caractère du pays, au lieu de faire revivre celles des libertés de la nation qui pouvaient se concilier avec un pouvoir ferme, avec une administration régulière, s'est simplement substitué au despotisme de la maison d'Autriche. Sous Philippe V, il est vrai, et sous ses fils, l'Espagne s'est en partie relevée de l'état de prostration où elle était tombée sous Charles II ; mais cela était dû au mérite personnel de ces princes, et chacun d'eux, avant de descendre du trône, aurait pu répéter ce qu'Alberoni avait dit en sortant du ministère : « L'Espagne est un cadavre « que j'avais réveillé ; mais, à mon dé- « part, il s'est recouché dans sa tombe. » En effet, le pays qui n'est animé que par le génie du prince ne jouit que d'une vie factice ; le peuple qui n'a ni constitution ni libertés, n'est qu'un corps sans âme.

RÈGNE DE FERDINAND VI. — PAIX D'AIX-LA-CHAPELLE.

Ferdinand VI, fils aîné de Philippe V, monta sans contestation sur le trône de son père. Ce souverain, naturellement porté à la paix, et persuadé que le repos était nécessaire à l'Espagne, mit tous ses soins à procurer ce bienfait au pays. Cependant il ne put l'obtenir tout de suite. La guerre continuait en Italie, et le marquis de la Mina, qui avait pris le commandement à la place du comte de Gages, pensant que l'armée de l'infant don Philippe ne pouvait se maintenir en Italie sans être entièrement détruite, se retira successivement dans les États de Gênes, dans le comté de Nice, et enfin en Provence. Il ne put faire cette n che rétrograde sans laisser à décou la république de Gênes, qui avait s tenu fidèlement le parti de la maison Bourbon. Le roi de Sardaigne env aussitôt ses frontières, et les Autrichi s'avancèrent à grands pas vers la ca tale. Les Génois, consternés, se vir dans la nécessité d'implorer la misé corde du vainqueur, et de se soumet aux conditions les plus cruelles. Les I périaux, orgueilleux de leurs succès, a sèrent avec une rigueur excessive droits de la victoire. Leur général B ta Adorno imposa aux habitants u énorme contribution de guerre. Voul faire servir l'artillerie qui garnissait remparts de la ville au siége d'Antib il prétendit forcer les Génois à tr ner eux-mêmes les canons jusqu port où ils devaient être embarqués. peuple, exaspéré par ces vexations, at qua les Autrichiens avec tout le coura que donne le désespoir. La multitu furieuse, conduite par le prince Doi chassa les vainqueurs, leur fit qua mille prisonniers, et les contraigni repasser avec précipitation les défi des Apennins. Le soulèvement de Gên ne fut pas sans influence sur la guerre q se faisait en Provence. Les Autrichie furent forcés d'abandonner tout le pa qu'ils avaient envahi et de repasser Var. Ils se jetèrent de nouveau dans l' tat de Gênes sous le commandement général Schullembourg et vinrent fa le siége de cette capitale. Mais les Géno ayant reçu des secours du roi de Naple se défendirent avec succès, et forcère les assaillants à se retirer en Piémoi

Enfin, toutes les nations européé nes, fatiguées d'une guerre où ell avaient inutilement versé tant de sai et dépensé tant de trésors, convinre de réunir un congrès à Aix-la-Chapel On y régla les conventions de la pai Marie-Thérèse fut reconnue impératri d'Allemagne. Les duchés de Parme, Plaisance et de Guastalla furent aba donnés à l'infant don Philippe. Qua aux difficultés qui existaient entre l'E pagne et l'Angleterre relativement à fourniture des nègres, elles ne f rent pas définitivement tranchées ; et l' *siento de los negros* ne fut continué q pour quatre ans.

[1] *Mémoires du comte de Rébenac sur son ambassade du 20 mai 1689.* Manuscrits français de la Bibliothèque du roi, supplément français, n° 63, f° 224.

Aussitôt que l'Espagne fut délivrée des calamités de la guerre, Ferdinand VI mit tous ses soins à rétablir le commerce, à augmenter la marine, à étendre la navigation, à protéger les manufactures, à percer des chemins publics, à creuser des canaux et à faire fleurir les arts. Il était occupé tout entier de ces utiles travaux, lorsque la guerre se ralluma, en 1756, entre la France et l'Angleterre; mais Ferdinand, persévérant dans son système pacifique, ne voulut pas y prendre part, et il n'employa ses escadres qu'à protéger son commerce.

L'Espagne doit à ce prince le concordat obtenu, en 1753, de la cour de Rome. Ce traité aplanit les difficultés qui existaient entre la couronne et le saint-siége relativement à la collation des prébendes et bénéfices ecclésiastiques. Il établit aussi l'Académie royale de Saint-Ferdinand, destinée à entretenir le culte des beaux-arts. Tels étaient les soins de ce monarque, lorsque, le 27 août 1758, il perdit la reine son épouse. Il y avait vingt-neuf ans qu'il était marié à l'infante Maria-Barbara, de Portugal. La douleur qu'il éprouva de la mort de cette princesse fut si vive, qu'il en contracta une maladie dont il mourut le 10 août 1759.

RÈGNE DE CHARLES III. — CHARLES REND AUX CATALANS UNE PARTIE DE LEURS ANCIENS PRIVILÉGES. — PACTE DE FAMILLE. — GUERRE CONTRE L'ANGLETERRE ET LE PORTUGAL. — FONDATION DES COLONIES DE LA SIERRA MORENA. — PREMIÈRE EXPÉDITION CONTRE ALGER. — GUERRE NOUVELLE CONTRE L'ANGLETERRE. — PRISE DE MAHON. — SIÉGE DE GIBRALTAR. — NOUVELLE EXPÉDITION CONTRE ALGER. — MORT DE CHARLES III.

Ferdinand VI mourut sans laisser d'enfants, et son héritage fut recueilli par son frère don Carlos. Celui-ci, avant de monter sur le trône d'Espagne, devait transmettre à l'un de ses fils la couronne de Naples et de Sicile. L'infant don Philippe, son fils aîné, affligé dès son enfance d'attaques fréquentes d'épilepsie, était réduit à un état complet d'idiotisme, qui le rendait incapable de régner. Le second, Carlos Antonio, devenait prince des Asturies, et était appelé à porter un jour la couronne d'Espagne. Ce fut donc à l'infant Ferdinand, son troisième fils, que don Carlos céda solennellement celle des Deux-Siciles : et lui ceignant l'épée qu'il avait reçue de Philippe V, il prononça ces paroles : « Louis XIV, roi de France, a donné « cette épée à Philippe V, votre aïeul « et mon père ; celui-ci me l'a transmise, « et moi, à mon tour, je vous la remets, « afin que vous vous en serviez pour « protéger la religion et pour défendre « vos sujets. » Don Carlos III s'embarqua à Naples pour passer en Espagne. L'escadre sur laquelle il était monté portait aussi son épouse, la reine Marie-Amélie de Walburg, le prince des Asturies et le reste de la famille royale. Elle arriva heureusement à Barcelone, et Charles III y descendit à terre au milieu des cris de joie des Catalans. Il ne s'arrêta que peu de temps dans cette ville; mais il voulut que son passage fut signalé par un acte de clémence. Il rendit aux Catalans une partie des priviléges dont ils avaient joui avant la révolte de 1640 et la guerre de la Succession.

Son premier soin fut de rétablir l'ordre dans les finances. Il publia des décrets pour régler le mode de liquidation et de payement des dettes de Philippe V, son père, ainsi que de celles laissées par les princes de la maison d'Autriche. Une partie des terres les plus fécondes du royaume restaient incultes, parce que les cultivateurs, ruinés par les malheurs des années précédentes, manquaient de blé pour les ensemencer. Il fit venir à ses frais une grande quantité de grain qu'il fit généreusement distribuer dans les campagnes. Il fit tous ses efforts pour améliorer sa marine, afin de reconquérir l'influence que l'Espagne avait exercée au temps de sa prospérité. Malgré ses intentions pacifiques, Charles III ne put éviter de prendre les armes. Depuis 1756, la guerre se continuait avec fureur entre la France et l'Angleterre. De nombreuses disgrâces avaient presque anéanti la marine de Louis XV. Les colonies des Français en Amérique étaient presque toutes tombées entre les mains de leurs ennemis, qui menaçaient également les possessions du roi catholique. Déjà plus d'une fois des vaisseaux espagnols avaient été visités et dépouillés par les Anglais sous les prétextes les plus frivoles, et Charles III, malgré tout le désir qu'il avait de garder la neutralité, fut contraint de se mêler à la lutte pour venger l'honneur de son pavillon. En conséquence, un traité appelé le *pacte de famille* fut signé à Madrid, le 16 août 1761, entre le roi de France, le roi d'Espagne, le roi de Naples et le duc de Parme et de Plaisance. L'Espagne s'efforça de faire entrer le Portugal dans cette alliance; mais cette puissance ayant formellement refusé d'abandonner le parti de la Grande-Bretagne, Charles III lui déclara la guerre. Ses troupes s'emparèrent de Miranda, et pénétrèrent dans la province de Tras-os-Montes. Le cabinet de Lisbonne réclama le secours de l'Angleterre, qui lui envoya dix mille hommes commandés par le comte de la Lippe, guerrier formé à l'école du grand Frédéric. Néanmoins ce général ne put empêcher les Espagnols d'enlever Moncorvo et Almeida, ce qui leur ouvrait le chemin de la capitale.

Ces avantages furent balancés par des désastres dans une autre partie du monde. Les Anglais, sous la conduite de l'amiral Pocock, débarquèrent dans l'île de Cuba et attaquèrent la Havane, qui n'était pas encore préparée à la guerre. Juan de Prado, qui en était gouverneur, se défendit avec courage. Cependant, après vingt-neuf jours de siége, il fut forcé de se rendre et de remettre à l'amiral ennemi les trésors qui étaient accumulés dans cette ville, en attendant une occasion favorable pour les faire passer en Espagne, neuf vaisseaux de ligne de soixante-dix canons et trois frégates. Les malheurs ne s'arrêtèrent pas là. Les Anglais s'emparèrent d'une partie des Philippines; enfin ils capturèrent un galion sorti du port d'Acapulco chargé d'argent et de denrées dont la valeur montait à trois millions de piastres fortes. Ces revers, loin d'abattre le courage des Espagnols, ne servirent qu'à faire ressortir leur patriotisme. Les nobles de Murcie, de Valence, de Catalogne, de Mayorque, supplièrent le roi de leur confier la défense de leurs provinces. Le roi accueillit avec joie ces manifestations de l'enthousiasme et du courage national; mais il n'eut pas besoin d'y recourir. Depuis sept ans, la guerre durait entre la France et l'Angleterre, et ces deux puissances avaient également besoin de repos; car les succès que la Grande-Bretagne avait obte-nus sur mer n'avaient pas empêché son commerce éprouvât des pertes c dérables. Aussi des préliminaires de signés à Fontainebleau, le 3 nove 1762, et ratifiés à Paris, le 10 févrie vant, mirent fin à cette lutte désastr Par ce traité, Louis XV céda à l'A terre l'Acadie, le Canada et le cap Bre mais ses autres colonies envahies pa Anglais lui furent rendues. L'île de fut restituée à l'Espagne qui, de côté, remit au Portugal toutes les p qu'elle lui avait enlevées. Elle fut en obligée de céder la Floride à l'Anglet

Dès que Charles III se vit en po sion de la paix, il essaya de réalise plans qu'il avait conçus pour faire rir dans son royaume l'agriculture, dustrie et le commerce. L'expulsio Morisques, l'administration désastr des princes de la maison d'Autrich les guerres de la Succession avaient verti une partie des campagnes en vé bles déserts. Une vaste étendue de rain située au pied de la Sierra-Mo était inculte et ne servait de ret qu'aux bandits et aux bêtes féroces ingénieur français, nommé Charl Maur, construisit une route magni au milieu de ces montagnes qui s blaient inaccessibles. Olavidé, à qui avait confié l'intendance des qu royaumes d'Andalousie, reçut la sion de faire défricher ces déserts. éleva des villages qu'il peupla d'h mes honnêtes et laborieux attirés l'étranger; ces colonies furent bie dans l'état le plus prospère. Mais le cès obtenu par Olavidé et le bien faisait soulevèrent contre lui des ha violentes. Il avait excité surtout le mé tentement du père Romuald, capuci lemand. Ce moine s'était flatté d'exe sur ces établissements une influ qu'Olavidé ne voulut pas lui laisser p dre. Déçu dans son ambition, le Romuald se vengea en dénonçant Ola à l'inquisition. Il l'accusa de conserve livres prohibés et d'avoir tenu des disc contraires à la religion. Olavidé fut rêté. Pendant deux ans, on ignora qu'il était devenu, et ses amis avaien noncé à l'espoir de le revoir. Ce fut lement le 21 novembre 1778 qu'on instruit de sa destinée. Un *Autillo* célébré à Madrid dans l'intérieur du p du saint office; Olavidé y parut vêtu d'un sanbenito, et portant à la main un cierge de cire verte. Le tribunal de l'inquisition y rendit en public la sentence qui déclarait cet accusé *hérétique formel*. Olavidé interrompit la lecture pour repousser cette qualification ; mais, épuisé par cet effort, il tomba évanoui. Quand il eut repris ses sens, on acheva de prononcer la sentence qui déclarait tous ses biens confisqués, et qui le condamnait à rester pendant huit années enfermé dans un couvent. Les chagrins avaient altéré la santé de cet infortuné; en sorte qu'il ne fut pas possible d'exécuter la condamnation avec une bien grande rigueur. Il obtint la permission d'aller prendre les eaux minérales en Catalogne. Une fois près de la frontière, il trompa la vigilance de ses gardiens, et passa en France, où il fut accueilli comme une victime du fanatisme religieux.

L'état florissant dans lequel don Pablo Olavidé avait laissé les colonies de la Sierra-Morena ne se soutint pas longtemps après sa disgrâce. Les fonds modiques assignés pour leur entretien ne furent pas exactement payés. On se pressa trop de demander des impôts à ces nouveaux colons, pour prouver à la cour que cet établissement pouvait la dédommager de ses avances. Le découragement éloigna une partie des familles allemandes que don Pablo Olavidé y avait appelées. Les colonies se dépeuplèrent. Néanmoins elles semblent encore florissantes quand on les compare à une grande partie du royaume; et elles montrent tout le bien qu'aurait pu faire une administration éclairée et bienveillante, si l'envie et le fanatisme ne l'en avaient pas empêchee.

Charles III eut le bonheur de conserver la paix jusqu'à l'année 1773. A cette époque, l'empereur de Maroc, oubliant les traités conclus avec l'Espagne, attaqua, à la tête d'une nombreuse armée, la place de Mélilla, située sur la côte d'Afrique. Les connaissances militaires dont les Marocains firent preuve, dans cette circonstance, donnèrent à penser que leurs opérations étaient dirigées par des Européens. Le bruit se répandit même que les Anglais avaient été les instigateurs de cette guerre. En occupant Charles III en Afrique, ils avaient pour but d'empêcher qu'il ne donnât du secours aux colonies anglaises du nouveau monde, qui avaient pris les armes pour secouer le joug de la métropole. Cependant le gouverneur de Mélilla se défendit avec courage et repoussa les assaillants. Les Africains ne furent pas plus heureux dans l'entreprise qu'ils dirigèrent contre le Peñon de las Velez. Cette place, défendue par don Florencio Moreno, repoussa toutes leurs attaques. Ils furent obligés de se retirer après avoir perdu beaucoup de monde et en abandonnant une partie de leur artillerie.

La gloire dont les armes espagnoles venaient de se couvrir en Afrique, fit penser au cabinet que le moment était bien choisi pour châtier l'insolence des Algériens, dont les pirates infestaient la Méditerranée et exerçaient surtout de grands ravages sur les côtes de la Catalogne et de l'Andalousie. L'entreprise était des plus hasardeuses; car Alger est situé sur une côte exposée à de fréquents orages, qui rendent le blocus d'une grande difficulté. L'expédition malheureuse tentée par Charles V avait prouvé combien une descente présente de dangers. Néanmoins l'entreprise fut résolue. Les ports de la Péninsule, qui jouissaient depuis longtemps de la paix, retentirent d'apprêts guerriers. On recruta des troupes; et, en peu de temps, on eut parfaitement équipé une flotte de près de quatre cents voiles, sans compter les navires de Malte, de Naples et de Toscane, qui vinrent, comme auxiliaires, prendre part à cette expédition. Cet immense armement, après avoir lutté longtemps contre les ouragans, se présenta devant Alger. On essaya de débarquer; mais les Algériens s'étaient préparés à une vigoureuse résistance. Ils étaient abondamment pourvus d'armes et de munitions de toute espèce. A peine les troupes chrétiennes eurent-elles mis le pied sur la plage qu'elles furent attaquées par les Maures. Pendant huit heures elles combattirent exposées au feu terrible et bien dirigé des ennemis sans pouvoir gagner un pouce de terrain. Enfin le général, ne voulant pas sacrifier inutilement l'armée entière, donna le signal du rembarquement. Mais cette opération ne put s'effectuer sans faire des pertes douloureuses. Plus de trois mille hommes tués ou blessés restèrent sur la plage; et la flotte fut obligée de regagner les ports espagnols, en attendant des circonstances plus favorables. Charles III ordonna qu'une forte escadre de vaisseaux de ligne, de frégates et de navires d'un moindre rang, croisât le long des côtes de Barbarie, afin d'attaquer et de couler tous les corsaires qui oseraient prendre la mer.

Trois années plus tard, en 1778, éclata la guerre entre la France et l'Angleterre. Cette dernière puissance reprochait à Louis XVI d'avoir favorisé l'insurrection des colonies américaines, qui, le 4 octobre 1776, avaient signé l'acte de confédération et s'étaient donné le titre d'*États-Unis d'Amérique*. Le cabinet de Versailles invoqua le pacte de famille, pour déterminer Charles III à prendre part à la guerre. L'Espagne avait personnellement plus d'un grief contre l'Angleterre. Sous le prétexte qu'on avait accueilli dans les ports espagnols des bâtiments de guerre et de commerce qui naviguaient sous le pavillon des États-Unis, les Anglais avaient visité et pillé des navires espagnols, intercepté les correspondances du nouveau monde, et excité à la révolte les nations indiennes de la Louisiane. Ces agressions déterminèrent Charles III à prendre les armes. D'ailleurs ce prince désirait vivement reconquérir Mahon et Gibraltar que l'Angleterre avait conservés, par suite de la paix d'Utrecht. Ce fut le 16 juin 1779, qu'en exécution du pacte de famille, l'Espagne déclara la guerre à l'Angleterre, et neuf jours plus tard sa flotte se réunit à la flotte française, commandée par les amiraux d'Orvillers, de Guichen et de la Touche-Tréville. Ces flottes coalisées s'élevaient à soixante-six vaisseaux, et ces forces redoutables paraissaient destinées à favoriser une descente en Angleterre; mais elles furent constamment contrariées par les vents. Au mois d'août elles s'approchèrent de Plymouth et répandirent la terreur sur les côtes d'Angleterre; mais les vents contraires les forcèrent à rentrer dans leurs ports. Leurs avantages se bornèrent à la prise du vaisseau anglais *l'Ardent*. L'insurrection des Etats-Unis avait été la ca[use] première de la guerre; aussi, ce fut d[ans] le nouveau monde que se portèrent [les] plus grands coups. Les forces de [la] France, de l'Espagne, des États-U[nis] et de l'Angleterre y combattirent avec [des] fortunes diverses; mais ce qui import[ait] avant tout aux Espagnols c'était de [re]couvrer Minorque et Gibraltar. Dep[uis] le commencement de la guerre, ce[tte] ville était étroitement bloquée. Pour e[m]pêcher qu'elle ne reçût de secours, [le] vaillant amiral don Antoine Barcelo cr[oi]sait dans la Méditerranée, et don Ju[an] de Langara dans l'Océan; mais les co[u]rants qui règnent dans le détroit, au[ssi] bien que l'inconstance des vents, p[er]mettaient toujours à quelques navi[res] algériens ou à ceux de quelque autre n[a]tion ennemie de tromper la surveillan[ce] de la croisière et de porter des vivres [et] des munitions aux assiégés. Néanmoi[ns] la pénurie était grande dans la ville, [et] la famine aurait fini par livrer Gibra[l]tar aux Espagnols, lorsque, le 16 ja[n]vier 1780, l'amiral Rodney, à la té[te] d'une flotte de vingt vaisseaux, vint a[t]taquer celle de Langara, qui n'en ava[it] que onze. Les Espagnols se battire[nt] avec une intrépidité remarquable; ma[is] les forces étaient trop inégales; ils fure[nt] vaincus, et ne purent empêcher l'ami[ral] Rodney de faire entrer dans le port [de] Gibraltar un nombreux convoi de vivr[es] et de munitions. Les Espagnols n'en co[n]tinuèrent pas moins à tenir Gibralt[ar] bloqué par terre et par mer.

Au mois d'août de l'année suivante, u[ne] armée de douze mille Espagnols, com[]mandés par le duc de Crillon, s'empa[ra] de Minorque. L'île entière se soumit i[m]médiatement, à l'exception du fort Sain[t-]Philippe, qui fut aussitôt assiégé. Apr[ès] une défense de près de huit mois, le gén[é]ral Murray, qui défendait la place, n'aya[nt] pu être secouru, fut obligé de capitule[r]. Il se rendit le 4 février 1782, et resta pr[i]sonnier de guerre avec toute la garn[i]son; de cette manière Minorque rent[ra] sous la domination espagnole, dont el[le] avait été séparée pendant soixante-qua[]torze ans.

Après la conquête de cette île, les fo[r]ces combinées de France et d'Espag[ne] serrèrent de plus près Gibraltar, dont [le] blocus durait depuis plus de deux an[s]

Le général don Martin Alvarez fut remplacé dans le commandement par le duc de Crillon. Les troupes réunies sous les ordres de ce général au camp de Saint-Roch s'élevaient à plus de 20,000 hommes, tant Espagnols que Français. Le comte d'Artois, qui depuis régna en France sous le nom de Charles X, et le duc de Bourbon, se rendirent au siége comme volontaires.

La montagne sur laquelle est située la ville de Gibraltar forme un promontoire qui s'avance beaucoup dans la mer; elle a environ 4,300 mètres de longueur sur 1,250 de largeur, et tient à l'Espagne par une langue de terre si étroite que sous différents aspects la montagne paraît une île. Elle a plus de 2,400 mètres d'élévation au-dessus du niveau de la mer.

Le nom de Gibraltar, on se le rappelle, vient du mot *Gibel*, qui, en arabe, signifie montagne, et de *Tarik*, nom du général berbère qui fit la conquête de l'Espagne.

Cette place, que la nature a rendue presque inaccessible, a encore été couverte par les Anglais des plus redoutables fortifications; de tous les côtés elle est hérissée de canons. Suivant l'opinion générale, il n'était pas possible de la prendre par les moyens ordinaires. Aussi de toute part on adressait au ministère espagnol les projets les plus bizarres et les plus extravagants. Un de ceux qui lui parvinrent proposait de construire en avant des lignes de Saint-Roch un immense cavalier qui, s'élevant plus haut que Gibraltar, lui eût enlevé son principal moyen de défense. Un autre avait imaginé de remplir les bombes d'une matière si horriblement méphitique qu'en éclatant dans la forteresse, elles auraient, par leurs exhalaisons, mis en fuite ou empoisonné les assiégés. Enfin, un ingénieur français de beaucoup de talent, nommé Darçon, proposa de construire des batteries flottantes recouvertes d'un épais blindage où l'humidité serait entretenue continuellement par un mécanisme fort ingénieux; en sorte que les boulets rouges devaient s'éteindre où ils auraient pénétré. Cette partie du plan fut mal exécutée, soit que la maladresse des calfats ait empêché le jeu des pompes, soit que la précipitation avec laquelle ces prames furent construites n'eût pas permis de mettre dans leur exécution toute la perfection nécessaire. Les préparatifs n'étaient pas entièrement achevés, lorsque, dans la soirée du 12 septembre 1782, le duc de Crillon écrivit à Ventura Moreno, qui avait le commandement de ces navires : *Si vous n'attaquez pas, vous êtes un homme sans honneur*. Piqué par cette lettre, Ventura fit le lendemain sortir les prames; mais il les dirigea dans un ordre contraire à celui qui avait été arrêté. Ces batteries, d'après le plan primitif, devaient être toutes groupées autour du vieux môle, qui paraissait l'endroit le plus faible. Mais soit que l'on eût mal fait les sondages, soit que ces bâtiments eussent un tirant d'eau trop considérable pour prendre la position qu'on avait projetée, on se plaça devant le bastion Royal, où se trouvaient les batteries les plus redoutables, et on disposa les prames de telle façon que sur dix deux seulement purent se placer à la distance convenable de 200 toises. Le feu des huit autres était à peu près perdu. Les deux seules prames qui purent agir d'une manière utile furent *la Talla-Piedra* que montait le prince de Nassau et sur laquelle était Darçon, et *la Pastora*, commandée par Ventura Moreno lui-même.

Dans la position qui avait d'abord été projetée, les prames auraient été secondées par le feu des lignes de Saint-Roch. Les batteries du camp pouvaient atteindre les trois bastions de Montaigu, du Nord et d'Orange, qui défendaient le vieux môle. Mais le bastion Royal, s'avançant davantage vers la pleine mer, se trouvait presque entièrement hors de leur portée. Pour attaquer ce front de la place, le concours de l'artillerie du camp devenait impossible. Les seules prames qui fussent placées pour agir utilement ne portaient que 70 canons et recevaient le feu de 280 pièces des assiégés. Néanmoins elles firent beaucoup de ravages dans le bastion qu'elles attaquaient, mais elles furent aussi très-maltraitées. *La Talla-Piedra* surtout reçut un coup mortel. Un boulet rouge pénétra jusqu'à la partie sèche du bâtiment. L'incendie couva longtemps avant de se déclarer. *La Talla-Piedra* avait ouvert son feu vers dix heures du matin. Le boulet l'atteignit entre trois et cinq heures; mais ce fut seulement dans la nuit que le mal devint irremédiable. On avait, au reste, négligé toutes les précautions. Il n'y avait point d'ancres de secours derrière les prames pour les touer en cas d'accident. Il n'y avait pas de chaloupes pour recevoir les blessés. L'amiral Guichen, qui commandait les vaisseaux français, fit proposer des secours à Moreno, qui répondit n'en avoir pas besoin. Cependant l'incendie de *la Talla-Piedra* fit dans la nuit de tels progrès qu'il devint impossible de les arrêter. Le feu gagna les poudres; cette prame sauta, et son explosion communiqua l'incendie à la plus voisine, qui était *le San-Juan*. Alors *Ventura*, désespérant d'en sauver aucune et ne voulant pas qu'elles tombassent entre les mains des Anglais, donna par écrit l'ordre de mettre le feu aux huit qui étaient encore intactes. Douze cents hommes périrent dans cette attaque. Un assez grand nombre de prisonniers fut recueilli par les embarcations que les Anglais avaient mises à la mer. Le prince de Nassau, qui était sur *la Talla-Piedra*, eut le bonheur de se sauver à la nage.

La mauvaise réussite de cette attaque ne détermina pas les Espagnols à abandonner leur entreprise. Ils continuèrent à serrer la place, espérant qu'ils parviendraient avec le temps à épuiser les ressources des assiégés; mais, vers le milieu du mois suivant, l'amiral Howe, profitant des tempêtes qui agitaient l'Océan, parvint à ravitailler la place, ensuite il passa dans la Méditerranée. La flotte combinée de France et d'Espagne se mit à sa poursuite; mais il lui échappa, et quelques jours plus tard il repassa tranquillement le détroit. Ces contre-temps causèrent du dépit plutôt que du découragement dans l'armée espagnole. Le comte d'Artois et le duc de Bourbon voyant que les opérations traînaient en longueur, reprirent le chemin de la France. Le siége fut de nouveau converti en blocus; mais le duc de Crillon fit pousser avec activité les travaux de deux mines qui déjà étaient assez avancées. Il espérait qu'elles lui donneraient sa revanche de la journée des batteries flottantes. Malgré les avantages que l'Angleterre avait remportés, il s'en fallait beaucoup qu'elle pût se considérer comme victorieuse. Les escadres commandées par Bougainville, par Guichen, par le co d'Estaing et par le bailly de Suff avaient porté des coups terribles puissance. Tout le monde désirai paix, et on en signa les préliminaire commencement de janvier 1783. Les ditions en furent avantageuses aux pagnols; et s'ils ne parvinrent pas conquérir Gibraltar, au moins ils re vrèrent Minorque et la Floride.

La guerre contre l'Angleterre une terminée, Charles III voulut en finir avec les Algériens, qui ne cessaient fester les côtes méridionales de l'E gne. Les négociations qu'il avait ten auprès de la Porte, afin d'obtenir qu mît un terme aux brigandages de pirates, étaient demeurées sans résu Il y avait déjà longtemps que les rége africaines ne respectaient plus les or de Constantinople. Il prit donc la r lution de châtier ces forbans et de b barder leur repaire. Cette opération confiée à don Antonio Barcelo, qui s' signalé pendant le blocus de Gibra Cet amiral se présenta devant Alger des forces redoutables; mais la mauv saison ne lui permit pas de mettre projet à exécution. Il revint l'année vante (1784) avec des forces plus co dérabl s, et sa flotte était encore mentée de quelques navires auxilia envoyés par le Portugal et par l'ordr Malte; mais cette entreprise eut le m résultat que les expéditions précéden Lorsque les Espagnols se présentè devant Alger, une flotte presque a considérable que la leur sortit du po se présenta en bon ordre et en état d'o ser une vive résistance: au reste, il n' point d'engagement sérieux. La mer mauvaise, et les troupes de terre q avait embarquées, fatiguées par le ro étaient pour la plupart incapables de dre aucun service. Il fallut se retirer avoir atteint le but qu'on se propo Cependant les Algériens compri qu'ils ne pouvaient résister longte à toutes les forces de l'Espagne, et q quatre expéditions avaient échoué, cinquième pouvait réussir. Ils acce rent la médiation de la Porte et de l pereur de Maroc; enfin la paix avec régence fut signée dans le cou de 1789.

Malgré les guerres qu'il eut à so

nir pendant le cours de son règne, Charles III n'oublia jamais que l'agriculture et le commerce font la véritable force des États. Il s'appliqua à les rendre florissants; il fit percer des routes. On lui doit le canal d'Aragon, qui non-seulement porte la fertilité dans les campagnes de Tudèle et de Saragosse, en facilitant l'irrigation, mais qui est encore destiné à favoriser le commerce, en permettant aux barques de la Méditerranée de remonter jusqu'en Navarre.

C'est au milieu de ces travaux utiles que la mort vint le frapper. Charles III avait joui sans cesse d'une santé robuste. Il la devait sans doute à l'exercice de la chasse auquel il était accoutumé depuis sa jeunesse; mais il avait accompli sa soixante-douzième année, et le chagrin qu'il éprouva de la mort de l'un de ses fils vint aggraver pour lui le poids de l'âge. A la fin de 1788, il fut atteint d'une maladie qui l'enleva en peu de jours. Il mourut le 14 décembre, et fut pleuré par les Espagnols.

RÈGNE DE CHARLES IV. — MINISTÈRE DE FLORIDA BLANCA. — DÉCRET QUI MODIFIE EN ESPAGNE LE DROIT DE SUCCESSION A LA COURONNE. — RÉVOLUTION FRANÇAISE. — MINISTÈRE DU COMTE D'ARANDA. — LOUIS XVI ANNONCE A CHARLES IV SON ADHÉSION A LA CONSTITUTION. — LOUIS XVI EST MIS EN ACCUSATION. — MINISTÈRE DE GODOY. — DÉMARCHES TENTÉES INUTILEMENT POUR SAUVER LOUIS XVI. — MORT DE LOUIS XVI. — GUERRE ENTRE LA FRANCE ET L'ESPAGNE. — PAIX DE BALE. — CONVENTION DE SAINT-ILDEPHONSE.

Charles IV avait déjà quarante ans lorsqu'il monta sur le trône. A beaucoup de franchise, à beaucoup de bonté, il joignait une instruction peu commune. La pureté de ses intentions n'était douteuse pour personne, et son avénement fit espérer aux Espagnols un des règnes les plus heureux de la monarchie. Un des premiers soins de Charles IV fut de modifier le droit de succession à la couronne d'Espagne. Marié encore très-jeune à l'infante Marie-Louise, fille de Philippe, duc de Parme, son oncle, il avait perdu plusieurs enfants mâles. Il ne lui en restait plus que deux : Ferdinand, prince des Asturies, qui, né le 13 octobre 1784, n'avait alors que quatre ans, et don Carlos-Marie-Isidore, âgé seulement de huit mois. La faiblesse de leur constitution donnait peu d'espoir de les conserver. Charles IV ne voulait pas que sa succession passât à Ferdinand son frère, roi de Naples, ou à son neveu don Pédro, fils de l'infant Gabriel. Il désirait que dans le cas où ses fils ne lui survivraient pas, la couronne fût assurée à sa fille aînée dona Carlota, qui avait épousé don Juan, fils de la reine de Portugal. Il réunit, à Madrid, dans son palais, les cortès, qui n'avaient pas été convoquées depuis soixante-cinq ans. Il proposa à cette assemblée d'annuler les dispositions législatives qui, à l'imitation de la loi salique, avaient exclu les femmes du droit de succéder à la couronne. Il demanda qu'on rétablît les anciennes dispositions des constitutions de l'Aragon et de la Castille, qui avaient permis à Pétronille et à Isabelle de régner. Quelques membres combattirent respectueusement cette proposition; mais elle fut approuvée par la majorité. Néanmoins Charles IV ne fit pas promulguer le décret qui rétablissait l'ancien ordre de succession. Il se contenta d'avoir obtenu l'adhésion des représentants de la nation. La santé du prince des Asturies et de l'infant don Carlos se raffermit. Un troisième fils du roi, l'infant don Francisco de Paula, naquit le 10 mai 1794, et le décret demeura dans les archives royales oublié de presque tout le monde.

Les Espagnols virent avec plaisir le nouveau roi donner sa confiance aux hommes que Charles III avait employés. Le comte de Florida Blanca avait été l'un des agents les plus actifs des améliorations commencées sous le règne précédent. Il resta à la tête des affaires. Ce ministre croyait que le pouvoir royal ne doit pas avoir de limite. Sa politique intérieure eut toujours pour but d'accroître l'autorité du souverain. C'est dans ce but qu'il s'était attaché à détruire sans cesse l'influence des grands. Le pouvoir despotique lui paraissait le seul bon, le seul légitime. Imbu de ces doctrines qui dominaient en Espagne depuis trois siècles, il était nécessairement ennemi des idées de liberté et d'égalité qui commençaient à prévaloir en France. Il ne faisait pas un mystère des sentiments de répugnance que lui inspiraient les commencements de la révolution. Aussi une tentative d'assassinat ayant été dirigée contre la personne de ce ministre, on ne manqua pas d'attribuer ce crime aux révolutionnaires. Au reste, quelle que fût l'antipathie de Florida Blanca pour les innovations qui avaient lieu dans la monarchie de Louis XIV, il n'hésita pas à réclamer, en 1790, les secours de la France en vertu du pacte de famille. L'Espagne prétendait avoir droit à la souveraineté de toutes les côtes nord-ouest de l'Amérique septentrionale. En conséquence, elle avait élevé des difficultés relativement aux établissements fondés par les Anglais dans la baie de Nootka. Les Espagnols avaient commencé cette discussion par des actes d'hostilité, et la guerre était sur le point d'éclater. Louis XVI s'empressa d'exécuter la convention qui était invoquée. Il fournit à l'Espagne un secours de douze vaisseaux de ligne et de six frégates; mais cet armement devint inutile, parce qu'une transaction mit fin au différend. L'Espagne fit l'abandon d'une partie de ses prétentions, et reconnut que les Anglais avaient le droit de s'établir sur la côte américaine depuis le cap Mendoza jusqu'à Nootka-Sound.

Cependant la marche de la révolution devenait chaque jour plus menaçante. Le 20 juin 1791 Louis XVI avait essayé de quitter la France; mais, reconnu à Varennes, il avait été ramené à Paris. Cet événement augmenta les sentiments de haine et de frayeur que la révolution inspirait à Florida Blanca. Ce ministre, pour empêcher les principes démagogiques des jacobins de se répandre en Espagne, fit publier, le 20 juillet 1791, une cédule par laquelle tous les étrangers qui voudraient séjourner en Espagne, soit comme domiciliés, soit comme voyageurs, seraient obligés de prêter serment de fidélité à la religion catholique et au roi d'Espagne. Ils devaient renoncer à leur qualité d'étrangers et s'engager à ne point recourir à la protection de leurs ambassadeurs, ministres ou consuls, le tout sous peine des galères, présides, ou d'expulsion absolue des royaumes de Sa Majesté Catholique.

La France ne fut pas seule à réclamer contre cette mesure violente inspirée par la crainte de la propagande révolutionnaire. Plusieurs cabinets étran
firent également entendre leurs plain
Les dispositions rigoureuses de la cé
ne furent pas appliquées. On se bor
exiger le serment des voyageurs dor
présence n'était pas justifiée par un
tif connu, et le serment portait seulem
qu'on obéirait aux lois du pays et qu
s'abstiendrait de toute corresponda
au dehors qui pût compromettre
tranquillité du royaume ou blesse
gouvernement. Lorsque Louis XVI, a
avoir signé la constitution de 91 et a
avoir juré de la maintenir, fit noti
aux puissances étrangères la forme n
velle que venait de recevoir le gouver
ment de la France, le cabinet espag
répondit à cette communication : «
« le roi catholique attendait les preu
« positives de l'entière liberté du roi
« France; et que jusqu'à ce qu'il fût c
« vaincu que ce monarque était parfa
« ment libre lorsqu'il avait accepté
« constitution, lui roi d'Espagne s'a
« tiendrait de répondre à toute dépê
« venant sous le nom du roi des Fr
« çais. »

Cette nouvelle manifestation de la ha
que le cabinet espagnol portait à la ré
lution française ne pouvait que ren
plus périlleuse la position de Louis X
M. d'Urtubize, chargé d'affaires
France, parvint à s'introduire auprès
Charles IV. Il lui peignit vivement
dangers auxquels on exposait Louis X
Charles IV, ébranlé par cette conver
tion, consulta quelques personnes,
blâmèrent hautement la conduite de F
rida Blanca, et ce ministre reçut l'ordre
se retirer à Chinchilla, village du royau
de Valence, où il était né; la direct
des affaires fut remise au comte d'Aran
qui, sans approuver les excès de la ré
lution, en adoptait cependant les prin
pes. Ce changement fut accueilli favo
blement en France, où les opinions
comte d'Aranda étaient parfaitement c
nues. Un nouvel ambassadeur, M. Bo
going, fut envoyé à Madrid. Il était p
teur d'une lettre autographe de Louis X
où ce monarque exprimait d'une r
nière très-positive son adhésion à
constitution qu'il avait acceptée. Il
insistait sur la nécessité de maintenir
paix générale, sans laquelle il ne pouv
répondre ni de la tranquillité intérieu

de la France, ni même de sa couronne. Ce fut au mois de mai 1792 que M. Bourgoing fut admis par la cour d'Espagne comme ministre plénipotentiaire du roi des Français. « J'observerai à cet égard, dit M. Bourgoing dans son Tableau de l'Espagne moderne, que le monarque espagnol et ses entours ne furent pas conséquents dans leur conduite à mon égard. Ils parurent reconnaître librement, spontanément, mon caractère; et à l'accueil qu'ils me firent pendant quatre mois, il était facile de voir combien cette reconnaissance répugnait à leurs principes. C'est au milieu de cette position ambiguë que la nouvelle des événements du 10 août vint me surprendre à Saint-Ildephonse, la veille du jour de Saint-Louis, fête de la reine; je n'en parus pas moins à la cour. C'était un effort de courage; ce fut le dernier. Depuis ce jour, je crus d'autant plus devoir m'en abstenir, que, depuis la déchéance du roi, on avait cessé de me reconnaître pour son représentant. » Néanmoins les relations continuèrent entre le ministère espagnol et l'envoyé français. Tous les rois de l'Europe, effrayés par la révolution, avaient pris les armes. L'Espagne avait aussi fait quelques préparatifs qui semblaient annoncer des vues hostiles. Mais comme Charles IV voulait sincèrement la paix et qu'il espérait sauver Louis XVI, il consentit à s'engager à la neutralité par un acte formel. Ce traité fut, en effet, rédigé en présence de M. Bourgoing et envoyé à Paris, d'où il fut renvoyé à Madrid avec des modifications légères. L'Espagne les trouva assez graves pour nécessiter de nouvelles explications. Pendant ce temps le procès de Louis XVI suivait son cours. Les conjonctures devenaient chaque jour plus menaçantes. C'est au milieu de ces embarras que le duc d'Aranda fut éloigné des affaires et que Charles IV choisit pour ministre un jeune homme de vingt-cinq ans. Manuel de Godoy, issu d'une famille noble d'Estrémadure, était entré dans les gardes du corps de Charles III en 1784. En 1791 il fut nommé adjudant général et grand-croix de Charles III. En 1792, il fut créé duc de la Alcudia, lieutenant général et ministre des affaires étrangères. En ce moment d'effervescence, alors que le roi semblait avoir besoin de la sagesse de ses plus vieux conseillers, quelle raison lui fit remettre le soin des affaires à un jeune homme sans expérience et sans antécédents politiques? Peut-être en voyant l'existence de tous les rois menacée par la propagande révolutionnaire, éprouvait-il le désir de s'attacher un conseiller dont il pût espérer un dévouement entier et absolu. Au reste, quelle qu'ait été la cause de l'élévation subite de Godoy, son avénement au ministère ne changea pas d'abord la marche tracée sous le précédent ministère. Le désir le plus ardent de Charles IV était de sauver Louis XVI; et seul parmi tous les souverains, il fit des démarches auprès de la Convention pour détourner le sort qui menaçait l'infortuné roi de France. Des instructions furent adressées à don José Ocariz, qui représentait à Paris le gouvernement espagnol. Des crédits sans limite lui furent ouverts afin d'agir, si cela était possible, sur les membres influents de la Convention et de la Commune. On fit en même temps de vaines tentatives auprès de l'Angleterre pour la déterminer à user de son influence dans le même but. Mais Pitt refusa tout concours à cette démarche généreuse, et l'Espagne fut forcée d'agir seule. Le 26 décembre, don José Ocariz remit une note au ministre des affaires étrangères de France. Il lui adressa en même temps une lettre pour intercéder en faveur de Louis XVI. Le lendemain un rapport conçu en ces termes fut adressé à la Convention :

« Paris, 27 septembre, an Ier de la république.

« Hier soir, je reçus du chargé d'affaires d'Espagne une note relative à la question qui en ce moment occupe la Convention nationale et l'Europe entière. Le devoir de ma place est de transmettre cette lettre à la Convention avec quelques détails concernant l'affaire dont il s'agit. Depuis quelque temps les préparatifs hostiles de l'Espagne et les mesures respectives de précaution prises de notre côté avaient donné lieu à des plaintes réciproques. A la suite de ces plaintes étaient survenues des insinuations de rapprochement, entre autres, l'offre d'un désarmement des deux côtés, moyennant une déclaration claire et formelle de neutralité de la part de l'Espagne durant la guerre actuelle. Ces négociations, commencées il y a trois mois, furent momentanément interrompues lorsque le comte d'Aranda quitta le ministère; mais elles ont été reprises par son successeur, qui se montre également bien disposé. Je serais complétement satisfait de pouvoir annoncer dès à présent que cette affaire est heureusement terminée, si je n'avais des motifs pour croire que la condescendance de la cour de Madrid se rattache en quelque sorte à des conditions faites pour en diminuer le mérite.

« En effet, citoyen président, lorsque je recevais les deux notes dont je remets ci-jointes les copies (la première contenant la neutralité du gouvernement espagnol, et la seconde, le désarmement proposé, ainsi que le mode d'exécution de ce désarmement), je savais déjà que le duc de l'Alcudia n'avait point caché au ministre plénipotentiaire de la république l'un des puissants motifs en vertu desquels le roi d'Espagne s'était déterminé à cette double condescendance; c'était l'espoir manifesté d'influer favorablement sur le sort de l'ex-roi, son cousin.

« J'en ai été pleinement convaincu, comme la Convention nationale pourra s'en convaincre elle-même, par le contenu de la lettre du chevalier Ocariz, resté depuis le 10 août dernier à Paris, en qualité de chargé d'affaires d'Espagne. Quant à cette lettre, je crois devoir m'abstenir de toute observation ultérieure. »

« *Signé*, LEBRUN. »

Voici le texte de ces deux notes et de la lettre de M. Ocariz. Il faut les citer en entier, car ces démarches tentées pour sauver le malheureux Louis XVI honorent tout à la fois le roi qui les a voulues, le ministre qui les a prescrites, et l'agent qui les a exécutées.

Première note. « Le gouvernement de France ayant manifesté à celui d'Espagne son désir de voir assurée d'une manière positive la neutralité qui existe de fait entre les deux nations, Sa Majesté Catholique autorise le soussigné, son premier secrétaire d'État, à déclarer, par cette note, que l'Espagne observera la plus parfaite neutralité relativement à la guerre dans laquelle la France se trouve engagée avec d'autres puissances.

« La présente note sera échangée à l contre une note égale du ministre affaires étrangères contenant les mé sûretés de la part de la France.

« Madrid, 17 septembre 1792.

« *Signé*, LE DUC DE L'ALCUDIA

Deuxième note. « Sa Majesté Ca lique, en conséquence de la neutr convenue sous la garantie de l'amiti de la bonne foi de la nation franç éloignera les troupes qui garnissen frontière des Pyrénées, ne conser dans les places que l'effectif nécess pour le service et les détachements dispensables. Cet éloignement de tro sera réalisé aussitôt que la France remis une note où elle s'engage à p dre la même mesure de son côté. commissaires seront nommés de pa d'autre, de commun accord, à l'épo fixée pour exécuter de bonne foi to les dispositions convenables.

« Cette note, signée par le premie crétaire d'État de Sa Majesté Catholi sera échangée à Paris contre une égale du ministre des affaires étrangè où seront stipulées les mêmes sûreté la part de la France.

« Madrid, 17 septembre 1792.

« *Signé*, LE DUC DE L'ALCUDIA. »

Ces deux notes étaient accompag d'une lettre de M. Ocariz. Il en fut do lecture à la séance de la Conventio 28 décembre 1792. Voici comment est conçue :

« Monsieur,

« J'ai reçu avec une grande satis tion la lettre que vous m'avez fait l'h neur de m'envoyer avec les pièces r tives, 1° à la neutralité de l'Espagne, à la convention entre l'Espagne e France, au sujet de l'éloignement réci que des troupes rassemblées sur la f tière des deux États.

« J'espère que le conseil exécutif, la tion et ses représentants verront cette négociation des preuves nouvel incontestables, de la franchise et intentions amicales de Sa Majesté Ca lique. Il ne pourra s'élever le moir doute sur sa volonté ferme et décidé conserver la paix, la bonne harmoni une amitié fraternelle entre les deux nations.

« Le sens littéral des expressions employées par Sa Majesté Catholique, sa bonne foi, la manière même dont toute cette négociation a été traitée, doivent nécessairement aux yeux de tout homme impartial ajouter encore à l'opinion que dès longtemps la loyauté espagnole a le droit d'invoquer dans toute l'Europe.

« J'y trouve pour mon compte un motif de plus de me féliciter, comme d'une circonstance heureuse, d'avoir en même temps reçu des ordres particuliers et analogues, dont l'effet sera de resserrer les liens d'amitié entre deux nations qu'une estime mutuelle et l'intérêt commun rapprochent l'une de l'autre; rapprochement qui mérite d'être soigneusement cultivé, afin de conserver les avantages que l'Espagne et la France en retirent chacune de son côté.

« Les dépêches qui contiennent ces ordres avec les instructions qui, d'après ces ordres mêmes, doivent en favoriser l'exécution, m'ont été apportées par un courrier extraordinaire français. Je prends la liberté de vous faire remarquer cette circonstance, comme une preuve de plus de la sincérité avec laquelle veut agir Sa Majesté Catholique sans donner lieu à penser qu'il y ait des instructions secrètes, ni aucune espèce de réserve de sa part.

« La déclaration de neutralité demandée par le ministère français à la cour d'Espagne pourrait être regardée comme un acte surérogatoire, attendu que la neutralité existait déjà réellement de fait, et que nul acte hostile de la part de l'Espagne n'a pu faire présumer l'intention de la rompre. Mais Sa Majesté Catholique n'en a pas moins senti que les événements survenus et la guerre dans laquelle la France se trouve engagée pourraient, sinon justifier, du moins occasionner certaines méfiances qu'il est convenable d'écarter, et que, d'ailleurs, cette déclaration superflue ou nécessaire, donnant toujours un caractère plus authentique à ses intentions de paix déjà manifestées, sert encore à fortifier l'intimité qu'il s'agit de raffermir entre les deux nations.

« Ce que j'ai dit de la bonne foi de Sa Majesté Catholique, et de sa pleine confiance dans la loyauté française, est prouvé sans réplique, par le consentement du roi au rappel dans l'intérieur des troupes extraordinairement envoyées vers les Pyrénées, afin d'y maintenir le bon ordre menacé par certains habitants de ces contrées limitrophes, où la malveillance avait propagé des maximes séditieuses. Sa Majesté Catholique a donné ce consentement d'autant plus généreux qu'elle n'a exigé d'autre condition de la France que celle de retirer pareillement de son côté, les troupes extraordinairement envoyées à sa frontière.

« Bien qu'au premier coup d'œil les clauses de la convention paraissent être parfaitement égales, il est aisé de voir qu'elles n'offrent point de part et d'autre la même sécurité, vu la différence entre les deux gouvernements et leur position respective; car il est incontestable que les troupes françaises pourraient se réunir en plus grand nombre, et dans un moindre espace de temps, que les nôtres. Cette inégalité trouvera sa compensation dans la bonne foi, l'amitié et la confiance mutuelles.

« Mais il existe en ce moment une autre circonstance qui pourrait consolider l'amitié et l'union des deux pays; et il y va de l'intérêt de l'Espagne, de celui de la France, et encore de l'intérêt de l'Europe entière. C'est l'heureux dénoûment à donner à la grande affaire qui occupe la France et fixe les regards de toutes les nations.

« La manière dont sera traité l'infortuné Louis XVI avec sa royale famille, doit montrer à tous les peuples la générosité de la France et la modération de sa politique. Cependant, lorsqu'il s'agit du sort du chef de la maison de Bourbon, le roi d'Espagne ne saurait y rester étranger; et il ne méritera point, en ce cas, le reproche de vouloir s'ingérer dans les affaires d'un État indépendant. La démarche de Sa Majesté Catholique se borne à faire entendre la voix de la nature et de la compassion en faveur de son parent et de son ancien allié. La morale de tous les gouvernements et de tous les pays justifie cette démarche et la rend plausible dans la circonstance donnée.

« Ainsi, sans entrer dans une discussion de principes qui pourrait sembler inopportune de la part d'un étranger, je me contente de présenter, au nom du roi d'Espagne, quelques réflexions, moins comme venant de moi, que comme dictées par l'intérêt de l'humanité, par le sentiment de la justice, et fondées sur le droit des gens.

« Ces hommes seulement, pour qui l'intérêt de l'humanité, la justice et le droit commun n'ont aucune valeur, s'étonneront de l'importance du procès de Louis XVI aux yeux de tous les peuples en général; il est aisé de leur répondre qu'eux-mêmes, par d'autres réflexions qu'ils ont provoquées dans un sens opposé, donnent encore plus d'importance à cette grande cause. Le manque d'observation des premières règles de la justice dans la manière d'y procéder, aurait été blâmé par eux en toute autre poursuite judiciaire; cette violation des règles a été dénoncée avec énergie par une foule de Français, par beaucoup de membres de la Convention qui ont publié leurs opinions et leurs plaintes : ces opinions et ces plaintes ayant retenti dans les pays étrangers, elles y ont vivement affecté les esprits calmes, qui observent de loin et sans passion. L'exemple d'un accusé jugé par ceux qui, de leur propre autorité, se sont faits ses juges, et dont la plupart ont manifesté d'avance une opinion nourrie de préventions et de haines antérieures; d'un accusé qu'on prétend condamner sans aucune loi préexistante, et pour des délits dont je ne chercherai point à examiner les preuves, mais qui, étant prouvés, ne lui feraient point perdre l'inviolabilité garantie par la constitution de l'État formellement acceptée; un tel exemple, abstraction faite de toute idée de justice, est d'une nature si grave, qu'une nation qui se respecte elle-même doit craindre de le donner aux autres nations dont elle veut être aimée et considérée.

« Il est impossible que le monde ne soit pas épouvanté des violences exercées contre un prince connu, au moins, par la douceur et la bonté de son caractère, un prince que cette même douceur et cette bonté ont fait tomber dans un précipice, où la perversité la mieux constatée n'aurait pas conduit les tyran plus cruels.

« Enfin, après tout, si Louis X commis des fautes, n'ont-elles pas expiées par une chute aussi inattend par les peines d'une longue et dure tivité, par ses inquiétudes mortelles le sort de ses enfants, de son épouse sa sœur, et ce qui est pis encore, les insultes, par les outrages de cert hommes qui ont cru s'élever à un l degré d'héroïsme en foulant aux pied grandeur déchue? Ces hommes ont connu cette vérité politique : « Que changement des institutions peut penser un pays de certains égards en ses anciens souverains, aucune ré lution, quelle qu'elle soit, ne doit ét fer dans les âmes bien nées le sentim dû au malheur et à l'humanité s frante. »

« L'Espagne sait bien (et c'est p cela qu'elle veut interposer ses bons fices) que toute la France n'est ni c pable, ni responsable des égaremen des opinions de quelques-uns de ses fants; que la France est une nation gé reuse, et que la plupart de ceux qui la présentent détestent la violence et le gueurs inutiles; mais il est évident ceux-ci ne sont pas libres, qu'ils sont co primés. Si, à la faveur de cette oppress de la pensée générale, les ennemis de l fortuné Louis XVI se portaient jusqu' dernières extrémités contre sa person il deviendrait impossible de persua aux autres nations que la France a en pleine liberté; on en tirerait ce conséquence qu'il existe en France hommes plus puissants que le gouver ment et que la France elle-même.

« Dès lors, quelle confiance pourra on mettre dans ses protestations, dans les traités de paix, d'alliance et commerce avec elle? L'Europe ne ver dans un tel état de choses qu'un m perpétuel d'inquiétudes, elle craind chaque jour de nouvelles agitations; se croirait menacée dans ses intérêts néraux, il s'en suivrait le malaise de t et des soupçons irréconciliables de p et d'autre.

« Une conduite équitable et mag nime envers le royal accusé assurer au contraire, le retour de la confiance verselle. La présence même de Louis XVI et de toute sa famille dans le pays, où il jouirait d'un asile sous la foi des traités stipulés à cet effet, serait un témoignage vivant de la générosité de la France et en même temps de sa force. Le monde entier admirerait un peuple modéré après la victoire, animé de passions exaltées, mais nobles, et que le triomphe de ses armes n'empêcherait pas de courber volontairement sa tête devant l'autel de la justice. L'estime commandée par cette conduite à tous les autres peuples amènerait la paix, qui est l'objet du vœu général et dont la France elle-même a besoin au milieu de toute sa gloire. Que cette heureuse espérance soit enfin réalisée!

« Je vous ai exposé, monsieur, les vœux du roi d'Espagne et ceux de la nation espagnole, qui, fidèle à son caractère antique, sait apprécier dignement tous les sentiments généreux. L'Espagne espère que la nation française sera jalouse d'offrir aux siècles à venir un nouvel exemple de la grandeur qui lui est propre.

« Animées de sentiments également honorables pour toutes deux (d'autant plus honorables pour la France qu'en ce moment elle lutte contre les instigations les plus violentes), la nation espagnole et la nation française s'uniront désormais d'une amitié aussi franche que durable; elles ont l'une et l'autre assez de gloire acquise pour aspirer à cette noble alliance fondée sur des vertus pacifiques et rassurantes pour l'humanité.

« C'est d'après ces motifs que Sa Majesté Catholique croit faire une démarche digne de son caractère en adressant au gouvernement français les intercessions les plus vives, les plus pressantes dans l'affaire dont il s'agit : le monde entier nous regarde.

« Je vous supplie de vouloir bien faire agréer à la Convention nationale la prière et la médiation du roi d'Espagne. Si je pouvais, dans ma réponse à Sa Majesté Catholique, lui annoncer que les désirs de son cœur ont été satisfaits, je serais fier d'avoir été l'agent de cette négociation d'honneur et de générosité. Heureux d'avoir servi à la fois ma patrie et la vôtre, je regarderais ce jour comme le plus beau de ma vie, cette consolation comme la plus précieuse à laquelle je puisse aspirer.

« J'ai l'honneur de vous offrir de nouveau ma considération la plus distinguée,

« J. Ocariz. »

Ces démarches ne sauvèrent pas l'infortuné Louis XVI : sa tête tomba sur l'échafaud; elle fut le gage de bataille que la Convention jeta au reste de l'Europe. Les négociations entamées entre l'Espagne et la France furent rompues. Le principal ministre, qui était alors avec la cour à Aranjuez, refusa tout entretien officiel à M. Bourgoing, qui s'efforçait de renouer les négociations. Enfin celui-ci ayant demandé ses passe-ports, ils lui furent envoyés, et il quitta Madrid, le 23 février 1793. Il lui fut facile de se convaincre sur son chemin de la profonde impression produite sur tous les esprits par le supplice de Louis XVI. En arrivant à Valence, il trouva la ville soulevée contre les Français. Tout ce qui tenait à cette nation, par son nom ou par son origine, quelle que fût d'ailleurs son opinion sur la révolution française, était exposé aux fureurs de la populace. Au reste, il faut rendre justice au gouvernement espagnol : il fit tous ses efforts pour réprimer ce mouvement. Don Vitorio Navia, qui commandait dans le royaume de Valence, employa le peu de force armée dont il pouvait disposer pour rétablir l'ordre. Cette insurrection ne coûta la vie à aucun des Français qui habitaient Valence; mais les maisons de plusieurs d'entre eux furent enfoncées; quelques magasins furent pillés.

La Convention, pour commencer la guerre, n'avait attendu ni ces événements, ni même les dernières dépêches de son ambassadeur. Un embargo avait été mis, dans les ports de France, sur tous les vaisseaux espagnols. Enfin, un décret de la Convention, en date du 7 mars 1793, déclara officiellement la guerre. Le 21 du même mois, Charles IV répondit par un manifeste, et les hostilités commencèrent. En Espagne l'irritation contre la France était extrême. Aussi, la guerre y fut-elle approuvée presque d'une voix unanime.

« Tous les bras s'offrirent et toutes

« les bourses s'ouvrirent, dit M. de « Pradt. L'Espagne dépassa tout ce que, « à aucune époque de l'histoire moderne, « on connaît d'offrandes offertes par le « patriotisme aux gouvernements qui « ont réclamé son appui. Ainsi, tandis « que sous l'assemblée constituante la « France n'avait fourni qu'une somme « de cinq millions; tandis qu'à l'ouver- « ture de cette même guerre l'Angle- « terre n'élevait ses largesses qu'à la « somme de 45 millions, l'Espagne of- « frait en dons volontaires celle de 73 « millions. C'est sûrement le don patrio- « tique le plus riche qui ait été fait par « aucun peuple moderne. »

Quelques mois plus tard, le 12 juillet, le cabinet de Madrid conclut un traité d'alliance avec l'Angleterre. Venise, la Suisse, la Suède, le Danemark et la Turquie gardèrent la neutralité; la Russie était encore occupée du partage de la Pologne; mais le reste de l'Europe était confédéré contre la France; et, comme si ce n'était pas assez de ces ennemis étrangers, la guerre civile s'était allumée: Caen, Lyon, Marseille, Bordeaux, la Bretagne, la Vendée avaient pris les armes. Le général Caro passa la Bidasoa et pénétra sur le territoire français. Le général Ricardos, à la tête d'une autre armée, envahit le Roussillon, se rendit maître de Bellegarde et remporta sur le général Dagobert la victoire de Trouillas.

Forcée de faire face à la fois à tant d'ennemis, la France éprouva d'abord partout des revers; mais, puisant une force nouvelle dans la gravité du péril, elle vomit sur les champs de bataille un million d'hommes armés. Les troupes de la coalition furent battues à Hondschoste, à Watignies; Hoche recouvra les lignes de Weissembourg, et contraignit les Prussiens à lever le siége de Landau. Sur toutes les frontières du nord et de l'est les ennemis furent chassés du sol de la république. Le drapeau espagnol fut le seul qui, à cette époque, ne recula pas. Ricardos battit, à l'affaire du Boulou, le général Turreau, successeur de Dagobert; et ce fut seulement l'époque avancée de l'année qui l'empêcha d'assiéger Perpignan, comme il en avait l'intention. Aussi, Barrère, dans le rapport qu'il fit à la convention, au commencement de 1794, sur les é[vé]nements de la guerre, s'exprima de cette manière : « Citoyens, vous a[vez] « appris avec enthousiasme la conqu[ête] « de Toulon, les victoires du Rhin « destruction du monstre sans cesse « naissant de la Vendée; écoutez à p[ré]« sent, avec résignation, les revers, « pertes que la trahison nous fait ép[rou]« ver du côté de Perpignan, aujourd' « menacé par les Espagnols; notre « mée est battue, en pleine dérou[te] « mais le comité de salut public a [...] « pris les mesures les plus rigour[eu]« ses. »

Le mot de trahison, employé [par] Barrère dans son rapport, est un [des] ces artifices en usage à cette épo[que] pour ménager la susceptibilité de l'[or]gueil national et pour ne pas lais[ser] naître le découragement chez un peu[ple] qui, attaqué par tant d'ennemis à la fo[is], avait besoin de toute son énergie. Il [n'y] avait pas eu de trahison; mais le re[ste] du rapport de Barrère était d'u[ne] scrupuleuse exactitude. Des mesu[res] avaient été prises par le comité de [sa]lut public pour assurer à la France [la] supériorité dans la lutte contre l'Es[pa]gne. Dès l'ouverture de la campag[ne] l'armée française du Roussillon, renf[or]cée des troupes qui avaient pacifié [le] midi de la France, reprit l'avantage s[ur] les Espagnols. Dugommier leur enle[va] Saint-Elme, Port-Vendre, Collioure [et] mit le siége devant Bellegarde. Plusie[urs] fois le comte de la Union, qui av[ait] reçu le commandement de l'armée ap[rès] la mort de Ricardos, essaya, mais sa[ns] y parvenir, de secourir les assiégés. B[el]legarde fut obligée de capituler le [...] septembre 1794. C'était le dernier po[int] du sol français qui fût encore occupé [par] les étrangers, et la Convention ordon[na] de célébrer la prise de cette ville par [des] réjouissances publiques.

Les armées espagnole et françai[se] livrèrent, sur la crête des Pyréné[es], une bataille qui dura plusieurs jou[rs]. Au commencement de la seconde jo[ur]née, qui était le 18 novembre, le gé[né]ral d'artillerie Autran de la Torre, [qui] visitait les batteries espagnoles, ét[ant] arrivé à celle de la *Salud*, aperçut, [sur] la montagne Noire, un peloton de [ca]valerie qui observait la position es[...]

gnole. Quoique la distance fût d'environ 3,000 mètres, il fit lancer sur ce groupe une grenade de huit pouces. Le projectile éclata précisément au milieu des Français et donna la mort au général Dugommier. Le lendemain, 19, les deux armées restèrent dans l'inaction; mais, le 20, le général Pérignon, successeur de Dugommier, renouvela son attaque. Il parvint à tourner les batteries de la gauche des Espagnols, et la victoire se décida pour les Français. Le comte de la Union courut se mettre à la tête des troupes du centre, et s'y fit tuer, en combattant comme un simple soldat.

L'armée vaincue se retira en Catalogne; mais une des clefs de cette province, Figuières, qui renfermait une garnison de plus de 10,000 hommes, qui était armée de plus de 200 bouches à feu de gros calibre, qui contenait 10,000 quintaux de poudre, avec une immense quantité de projectiles et de provisions de bouche, se rendit aux Français, sans tenter la moindre résistance. Le commandant, pour excuser cette lâcheté, prétendit que la place manquait de pierres à fusil.

Pérignon, maître de cette ville importante, envahit tout l'Ampurdan et commença le siége de Rosas. La garnison, composée de 5,000 hommes, n'imita pas celle de Figuières, elle se défendit jusqu'à ce que toutes les fortifications de la place eussent été détruites; et lorsque la résistance devint impossible, elle sortit par mer de la ville et alla rejoindre le reste de l'armée, derrière la Fluvia. Cette rivière fut de ce côté pour les Espagnols une ligne de défense que les Français essayèrent inutilement de franchir.

Du côté des Basses-Pyrénées, les Français, commandés par Muller et ensuite par Moncey, pénétrèrent dans la Guipuscoa. La ville de Saint-Sébastien leur fut livrée par l'alcalde Michelena et par quelques habitants qu'avait séduits le conventionnel Pinet. Il leur avait promis d'ériger leur province en république. Au reste, ils ne tardèrent pas à recevoir le châtiment de leur perfidie. Pleins de confiance dans les promesses qui leur avaient été faites, ils s'étaient réunis à Guetaria en qualité de représentants du pays. Pinet les fit arrêter et juger comme rebelles. Plusieurs d'entre eux furent livrés au bourreau.

Pendant que les armées françaises s'établissaient ainsi en Biscaye et en Catalogne, d'heureux événements s'accomplissaient à Paris. La réaction du 9 thermidor et la chute de Robespierre avaient mis un terme au règne affreux de la terreur, et lorsque le système de la modération fut rétabli, les souverains coalisés consentirent à traiter avec un gouvernement qui présentait des garanties de justice et d'humanité. Le roi de Prusse fut le premier à entrer dans des voies de conciliation. Il abandonna à la république les provinces qu'elle avait conquises, et à ce prix la paix fut conclue, le 5 avril 1795, à Bâle, où l'on ouvrit des négociations pour la pacification générale de l'Europe. Le comité de salut public voulait alors sincèrement rétablir l'ordre et la tranquillité. Aussi, malgré les avantages qu'il avait remportés en Biscaye et en Catalogne, ce fut lui qui fit à l'Espagne les premières ouvertures de rapprochement. Après des discussions qui durèrent plusieurs mois, la paix fut signée à Bâle le 22 juillet 1795. L'Espagne en cette circonstance fut traitée plus favorablement que toutes les autres nations : elle ne perdit en Europe aucune partie de son territoire. Les armées françaises restituèrent les conquêtes qu'elles avaient faites au midi des Pyrénées. Cette restitution eut lieu à peu près gratuitement; Charles IV céda bien à la république la partie espagnole de Saint-Domingue; mais, depuis 1792, Saint-Domingue n'était plus à personne.

La guerre avait été accueillie en Espagne avec un enthousiasme que les succès de la première campagne avaient encore accru. Cependant tous les esprits n'étaient pas également hostiles à la France. Les idées révolutionnaires y avaient fait des prosélytes. Des juntes secrètes s'occupaient de plans démocratiques. On y rêvait l'érection d'une république ibérienne; et, quand les Français s'avancèrent vers l'Èbre, la société secrète de Burgos avait déjà préparé une députation pour aller fraterniser avec eux. Ces menées, quoique secrètes, avaient jeté une vive inquiétude dans le pays : elles avaient augmenté la frayeur de ces gens qui, dans les circonstances difficiles, sont prêts à exagérer le danger et à répandre l'alarme. On avait fait courir le bruit que la cour songeait à se retirer en Amérique. L'archevêque de Tolède avait publié une lettre pastorale dans laquelle il exhortait à recueillir les trésors de l'Église, afin qu'on fût prêt, en cas de nécessité, à abandonner l'Espagne. On comprend l'agitation qu'un semblable mandement dut produire. Aussi le gouvernement donna-t-il aussitôt l'ordre de le supprimer. Dans cette disposition des esprits, un arrangement honorable fut considéré par tout le monde comme un notable bienfait ; et l'on déféra à Godoy, qui l'avait obtenu, le titre de prince de la Paix.

Les mauvais procédés de l'Angleterre envers l'Espagne, son alliée, avaient aussi beaucoup contribué à faire désirer la paix. Le pavillon espagnol avait éprouvé toutes sortes d'avanies de la part de la marine anglaise. Des vaisseaux espagnols, munis de papiers en bonne forme et bien authentiques, avaient été arrêtés, sous le prétexte que des Français avaient un intérêt dans les cargaisons. Bien plus, des effets de marine, achetés directement par le gouvernement espagnol et conduits dans ses ports, sous pavillon hollandais, avaient été confisqués. Les côtes de la Péninsule avaient été infestées de contrebande anglaise, au point que la plupart des manufactures avaient été ruinées. Lors du commencement de la campagne de 1795, l'Angleterre avait refusé d'aider l'Espagne. Tous ces griefs et d'autres encore avaient vivement indisposé les esprits; et l'irritation qu'ils avaient produite engagea le cabinet de Madrid à chercher d'autres amis. Aussi, le 18 août 1796, un an seulement après la paix de Bâle, un traité signé à Saint-Ildephonse, sans reproduire positivement les dispositions du pacte de famille, établit cependant une étroite alliance entre la France et l'Espagne. Cette convention a exercé une si grande influence sur les affaires de ce dernier pays, qu'on ne saurait se dispenser d'en examiner la teneur : voici comment elle est conçue :

« *Art.* 1er. Alliance offensive et défensive à perpétuité entre Sa Maj[...] Catholique le roi d'Espagne et la [...]publique française.

Art. 2. Les deux puissances cont[...]tantes se garantissent mutuelleme[...] et en la forme la plus authentique[...] absolue, les États, territoires, îles et [...]ces qu'elles possèdent ou possédero[...] et, si l'une des deux était menacée [...] attaquée, sous quelque prétexte [...] ce fût, l'autre s'engage et s'oblige [...] l'aider de ses bons offices et à la sec[...]rir aussitôt qu'elle en sera requise, ai[...] qu'il est stipulé dans les articles suivan[...]

Art. 3. Dans le terme de trois mois [...] compter du moment où la demande [...] aura été faite à l'une des deux puissanc[...] celle-ci mettra à la disposition de l'au[...] *quinze vaisseaux de ligne, dont troi[...] trois ponts, et douze de soixante-c[...] à soixante-douze canons; six fréga[...] de force correspondante; quatre c[...]vettes ou bâtiments légers,* tout équip[...] armés et pourvus de vivres pour [...] mois, effets et appareils généraleme[...] pour un an. La puissance requise ré[...]nira cette force navale dans tel p[...] de ses États qu'aurait indiqué la pu[...]sance requérante.

Art. 4. Dans le cas où, pour co[...]mencer les hostilités, la puissance r[...]quérante jugerait convenable de [...] demander que la moitié de cette for[...] due en vertu de l'article précédent, ce[...] même puissance pourrait, à toute ép[...]que de la campagne, réclamer l'aut[...] moitié, laquelle sera fournie de la m[...]nière et dans les termes convenus, to[...]jours à compter du moment où la r[...]quisition en aura été faite.

Art. 5. La puissance requise tiend[...] prête également, en vertu de réquisiti[...] de la puissance qui demande et dans [...] terme de trois mois, à compter du jo[...] de la réquisition, une force de *dix-hu[...] mille hommes d'infanterie et six mi[...] de cavalerie, avec un train d'artiller[...] proportionné;* cette force devant êt[...] employée seulement en Europe ou a[...] colonies que les puissances contracta[...]tes possèdent dans le golfe du Mexiqu[...]

Les *art.* 6, 7, 8, 9, 10 et 11 sont r[...]latifs à la manière dont ces forces aux[...]liaires devront être fournies et entrete[...]nues.

Art. 11. Si les secours ci-dessus me[...]

tionnés étaient ou devenaient insuffisants, les deux puissances contractantes mettront en mouvement le plus de troupes qu'il leur sera possible, soit de terre, soit de mer, contre l'ennemi de la puissance attaquée, laquelle en usera en les faisant agir avec les siennes ou séparément, mais toujours d'après un plan général et concerté entre les deux puissances.

Art. 12. Les secours stipulés dans les articles ci-dessus seront fournis dans toutes les guerres que les puissances contractantes se verraient obligées de soutenir ; même dans le cas où la puissance requise n'y aurait aucun intérêt direct et ne devrait agir que comme purement auxiliaire. »

Les autres articles de cette convention ont trait à des avantages commerciaux stipulés en faveur des deux parties contractantes, et au règlement de leurs frontières respectives que l'article 7 du traité de Bâle n'avait pas assez clairement limitées. Enfin le 18e et avant-dernier article est ainsi conçu :

« *Art.* 18. L'Angleterre étant la seule puissance dont l'Espagne ait reçu des offenses directes, la présente alliance n'aura d'effet que contre elle dans la guerre actuelle; et l'Espagne restera neutre à l'égard des autres puissances qui sont en guerre avec la république. »

Il ne manque pas d'écrivains qui regardent ces griefs contre l'Angleterre comme un prétexte dont on fit usage pour cacher les motifs véritables qui déterminèrent le cabinet de Madrid à conclure le traité de Saint-Ildephonse. Suivant eux, il se laissa entraîner par l'espoir de relever le trône en France et d'y faire monter un prince espagnol. Je ne sais trop ce qu'il faut croire de cette allégation. Peut-être doit-on la ranger au nombre des accusations mensongères qu'on s'est plu à diriger contre le prince de la Paix. A cette époque, le pouvoir de ce jeune ministre ne connaissait plus de limite. Charles IV voulut qu'il fût allié à la famille royale; et il lui fit épouser la comtesse de Chinchon, donã Maria-Theresa de Vallabriga Bourbon, fille de l'infant don Luis. Il n'était pas besoin de ce surcroît d'honneur pour exciter contre lui la haine et l'envie. Quelles qu'aient été les bonnes intentions des hommes qui, en Espagne, ont été à la tête des affaires, ils ont eu à combattre contre l'orgueil insupportable des grands, contre les prétentions exagérées du clergé : ils se sont usés et brisés dans cette lutte de tous les instants. Depuis l'infortuné connétable Alvaro de Luna jusqu'au règne de Charles IV, tous les ministres qui se sont élevés à un haut degré de puissance sont tombés flétris par la haine et par la calomnie. Il n'en faut excepter, je crois, que Ximénès; encore n'est-il pas certain que Ximénès ne soit pas mort empoisonné. Le duc de Lerma, le duc d'Uceda, le comte-duc d'Olivarès, le vice-roi de Naples, duc d'Osuna, Alberoni, Riperda ont tous expié par des infortunes le rang auquel ils étaient montés. On n'a tenu compte que des fautes commises par eux sans se souvenir du bien qu'ils avaient fait. Godoy, arrivé au faîte de la puissance, pouvait-il échapper à cette destinée commune des ministres espagnols? Son caractère fier et présomptueux blessait l'orgueil de la noblesse espagnole; et l'accroissement rapide de sa fortune devint pour le plus grand nombre des courtisans un motif d'envie et de haine. Les tentatives que le jeune ministre essaya pour déraciner les abus, lui suggérèrent d'autres ennemis encore plus redoutables. A cette époque, en Espagne, la plus grande partie de la propriété territoriale se trouvait entre les mains du clergé; une autre partie était érigée en majorats incessibles et insaisissables. La portion de terre qui pouvait être aliénée était donc excessivement restreinte, encore tendait-elle, chaque jour, à diminuer par les dons que faisait au clergé la piété peu éclairée des fidèles. Cette immense quantité de biens de mainmorte était une des plaies les plus vives de l'Espagne; car elle paralysait à la fois l'industrie, le commerce et l'agriculture. Il n'eût pas été possible de détruire tout d'un coup un abus aussi invétéré. Godoy s'attaqua seulement aux fondations connues sous le nom d'*OEuvres pies* : ce sont les donations faites au clergé ou à quelque autre communauté à la charge d'accomplir certains actes de charité. Le gouvernement, avec l'autorisation du pape, s'empara des

OEuvres pies; mais son but était principalement de faire rentrer dans la circulation cette quantité de biens et de capitaux engloutis par la mainmorte et non pas de spolier les corporations qui en avaient été dotées; en conséquence, une cédule royale ordonna que l'intérêt des biens ou des capitaux, qui étaient enlevés au clergé et aux corporations, leur serait payé par le gouvernement sur le pied de trois pour cent du capital, et pour sûreté du payement, la ferme du tabac fut spécialement affectée au service de cette rente. Cette opération était une des plus heureuses qu'on pût concevoir. Elle rendait à l'agriculture des terres à peu près improductives dans les mains des corporations; elle rendait à l'industrie et au commerce des capitaux oisifs; elle n'avait rien que de légitime, car elle était autorisée par le pape; elle était patriotique, car elle fournissait au gouvernement les ressources financières dont il avait besoin pour soutenir contre l'Angleterre la guerre dans laquelle il était engagé. Néanmoins cette mesure blessait les susceptibilités plutôt que les intérêts véritables du clergé. Elle fut attaquée avec la violence la plus furieuse; et, sans doute, c'est là qu'il faut chercher la source première de ces haines implacables, de ces calomnies sans nombre dont ce malheureux ministre a été poursuivi.

En considérant la situation de l'Espagne, le prince de la Paix avait acquis la conviction qu'il était impossible de soutenir le poids de la monarchie sans opérer dans le pays des réformes considérables. Il voulait améliorer l'administration et rétablir le crédit. Une entreprise aussi difficile exigeait le concours des hommes les plus éclairés de l'Espagne. Il fit appeler au ministère d'État don Francisco Saavedra, dont les lumières et la probité étaient généralement appréciées. Le ministère de grâce et de justice fut confié à Gaspar Melchor de Jovellanos, célèbre par son ouvrage sur l'économie politique : *Informe en el expediente de ley agraria*. Melendez, qu'on a surnommé le restaurateur du Parnasse espagnol, reçut la place de fiscal près la chambre des *alcaldes de caza y corte*. Malgré le mérite des hommes illustres qu'il s'était associés, Go
forcé de lutter chaque jour contre
difficultés de la situation, n'eut r
loisir ni les moyens d'accomplir les
formes qu'il avait projetées. Il semble
cette époque la fatalité se plut à lui
citer les inimitiés les plus redoutab
Les Anglais le haïssaient comme l'aut
du traité de Saint-Ildephonse. De son
té, Truguet, ambassadeur du directo
demandait avec instance que les émi
réfugiés en Espagne fussent expuls
il réclamait aussi l'extradition des p
crits qu'une nouvelle commotion po
que venait de faire fuir de France.
directoire, vivement attaqué par un p
composé de membres des deux cons
qu'il accusait d'être favorables au r
blissement de la royauté, et qu'on n
mait *Clichiens* parce que leur club se
nissait à Clichy, avait, le 18 fructi
an V (4 septembre 1797), fait entrer
troupes nombreuses dans Paris. Il
tait emparé des enceintes où siégeai
les deux conseils, et il avait condam
la déportation un grand nombre d'h
mes politiques et de journalistes. Ce
dit Lacretelle, une demi-terreur.
déclarations faites par quelques-uns
ces condamnés, et notamment celle
Duverne de Presles, pouvaient faire cr
que le cabinet espagnol n'avait pas
étranger aux manœuvres des *clichi*
pour rétablir en France l'autorité roy
Ce motif poussait le directoire à ré
mer avec plus d'énergie l'extradit
des fugitifs qui avaient trouvé un a
en Espagne. Le prince de la Paix ref
de livrer les victimes d'une réact
politique, et cette noble résistance
valut l'animadversion des agents fr
çais. Il se vit donc en butte en mê
temps aux attaques du parti de la Fra
et de celui de l'Angleterre Il était s
appui en Espagne où le clergé le m
dissait, où la noblesse était envie
de la faveur qui l'avait élevé. Enfin,
chances de la guerre avaient été malh
reuses. La flotte espagnole, battue
les Anglais près du cap Saint-Vince
s'était retirée à Cadix; les vainque
étaient venus bloquer ce port. Ils avai
même essayé de jeter dans la place q
ques bombes, qui, lancées de trop l
n'avaient produit aucun effet; mais
commerce espagnol, privé de comn

nication avec l'Amérique, était ruiné par la guerre. Au milieu de tant d'embarras il était impossible que le ministre se maintînt au pouvoir; aussi, le 28 mars 1798, Charles IV rendit un décret ainsi conçu :

« Au prince de la Paix :

« Cédant à vos demandes réitérées, soit verbalement, soit par écrit, d'être exonéré des emplois de *premier secrétaire d'État* et de *major de mes gardes*, je vous exonère des dits emplois. Je nomme par *intérim* don Francisco Saavedra pour le premier et le marquis de Ruchena pour le second, auxquels vous remettrez ce qui appartient à chacun de ces emplois. Je vous conserve à vous les honneurs, appointements, émoluments et entrées à la cour dont vous jouissez aujourd'hui, et je vous assure que je suis extrêmement satisfait des témoignages d'affection, de zèle et d'habileté que vous m'avez donnés dans l'exercice de votre ministère; je vous en serai reconnaissant toute ma vie; et dans toutes les circonstances je vous en donnerai des preuves pour récompenser vos services signalés.

« Aranjuez, le 28 mars 1798.

« CARLOS. »

Cinq mois seulement après la chute de Godoy, Jovellanos fut également éloigné du ministère.

MINISTÈRE DE URQUIJO. — GUERRE CONTRE LES ANGLAIS. — RAVAGE DE LA FIÈVRE JAUNE. — DÉFENSE DE CADIX. — CESSION DE LA LOUISIANE. — PAIX DE LUNÉVILLE. — DÉCLARATION DE GUERRE CONTRE LE PORTUGAL. — TRAITÉ DE SAINT-ILDEPHONSE. — GUERRE CONTRE LE PORTUGAL. — TRAITÉ DE BADAJOZ. — PAIX D'AMIENS.

Urquijo fut appelé au ministère peu de temps après la retraite de Godoy; mais les affaires n'allèrent pas mieux sous la direction de ce nouvel administrateur. La guerre ne fut pas moins malheureuse, et l'Angleterre s'empara de la Trinité. Cependant il se passa dans le cours de cette lutte plus d'un fait glorieux pour les armes espagnoles. La flotte anglaise, commandée par Nelson, tenta inutilement de s'emparer des Canaries; mais elle fut reçue par le feu le plus vif. L'amiral lui-même fut grièvement blessé; et il dut renoncer à la conquête de ces îles, qui sont pour l'Espagne d'une immense importance. Une tentative dirigée contre le Ferrol échoua également; enfin, la conduite du gouverneur de Cadix ne fut pas moins honorable. Un horrible fléau, la fièvre jaune, qui, cette année, fit périr plus de 100,000 hommes en Andalousie, étendait ses ravages sur Cadix, lorsque cette ville fut attaquée par les forces britanniques. L'armée navale, composée de quarante-huit bâtiments de guerre, commandée par l'amiral Keith, vint au commencement d'octobre mouiller au *placer de Rota*. Elle portait 20,000 hommes de débarquement sous les ordres du général Abercrombie. Le gouverneur espagnol, don Thomas de Morla, écrivit à l'amiral Keith pour lui exposer la situation de la ville et de la province désolées par l'épidémie : « Cette calamité contagieuse, disait-il, menace tout le globe. L'Europe « y est intéressée. Un ennemi noble et « généreux nous offrirait des secours. « Ne vous couvrez pas de honte en com- « mettant des hostilités qui ne serviront « qu'à tourmenter notre agonie. Si vous « persistez dans votre impitoyable pro- « jet, la garnison et les habitants trou- « veront peut-être des forces dans leur « indignation; ils aimeront mieux mou- « rir en combattant que dans les angois- « ses de l'affreuse maladie qui nous dé- « vore. »

Ce langage n'arrêta pas l'amiral Keith: il somma le gouverneur de livrer avant tout les vaisseaux qui étaient dans le port et tous les effets de marine contenus dans les magasins et dans les arsenaux. Cette sommation était accompagnée des plus terribles menaces. Thomas de Morla lui écrivit de nouveau; et sa lettre mérite d'être conservée pour l'honneur de l'Espagne. En voici la teneur : « Messieurs « les généraux de sa Majesté Britannique, « en exposant à VV. EE. la triste situation « des habitants de cette ville, pour vous « inspirer des sentiments d'humanité, « il ne me vint point à l'esprit que vous « pussiez jamais regarder cette démar- « che comme un acte de faiblesse : ma « pensée a été bien mal interprétée. « VV. EE. renouvellent une proposition « plus déshonorante pour celui qui la « fait que pour celui auquel on ose l'a- « dresser. Soyez bien persuadés, mes- « sieurs, que si vous tentez de réaliser « vos menaces, vous apprendrez à écrire

« dorénavant avec plus d'égards à des « généraux espagnols. Si les leçons que « vous avez déjà reçues en peu de temps à « *Puerto-Rico*, aux *Canaries* et au *Ferrol*, ne vous suffisent pas, les troupes « que j'ai l'honneur de commander, soit « dans cette ville, soit dans la province, « et tous leurs généreux habitants sau« ront par de nouveaux efforts se rendre « encore plus dignes du respect et de « l'estime de VV. EE. Votre serviteur, « Thomas de Morla. »

Cette réponse fit faire de sérieuses réflexions à l'ennemi; et il se retira sans mettre à exécution ses menaces.

Pendant que ces faits s'accomplissaient en Espagne, un nouveau gouvernement s'était établi en France. La puissance consulaire avait succédé au directoire. Ramener l'ordre en France et la paix en Europe, tel fut le but que se proposa Napoléon en arrivant au pouvoir; mais il ne lui fut possible d'accomplir que le premier de ces projets. La paix qu'il avait demandée à l'Angleterre et à l'Autriche lui fut fièrement refusée. Il fallut de nouveau recourir à la fortune des armes; et l'épée de Napoléon frappa bientôt celui de ses adversaires que la mer ne mettait pas à l'abri de ses coups. Les Autrichiens furent battus à Marengo (14 juin 1800); cette journée suffit pour leur faire perdre le Piémont et la Lombardie. L'Autriche était liée à l'Angleterre par un traité de subsides; la cour de Vienne s'était engagée à ne pas conclure avec la France une paix séparée. Malgré le désastre qui venait de l'atteindre, elle ne voulut pas traiter isolément. On convint seulement d'un armistice qui devait expirer à la fin de novembre, et des plénipotentiaires se réunirent à Lunéville pour arrêter les conditions d'une paix générale. Le but de l'Angleterre et de l'Autriche était d'amuser la France par ces négociations, et de gagner du temps pour réparer leurs pertes. Napoléon, au contraire, voulait sincèrement la paix : il se mit en mesure de la faire. Le concours de l'Espagne, son alliée, lui était nécessaire. Il envoya donc à Madrid le général Berthier pour s'entendre avec le ministre Urquijo sur la manière dont les intérêts de l'Espagne devraient être réglés dans le traité qui se préparait à Lunéville. Cet ambassadeur avait encore pour mission de mander à l'Espagne la restitution de Louisiane.

Dans l'origine, cette contrée a été couverte par un navigateur espagn qui en a pris fictivement possession nom du roi d'Espagne; mais il n'y en réalité aucun acte de possession fective. En 1672 et en 1682, des Fra çais explorèrent ce pays; et, en 168 Louis XIV y jeta les premiers fon ments d'une colonie. Cet établisseme après avoir langui pendant longtemp commençait à prospérer, lorsqu'en 17 il fut cédé à l'Espagne. Le gouverneme français avait toujours regretté cette lonie; et il avait fait plus d'une ten tive pour en obtenir la rétrocessic Lors de la paix de Bâle, la républiq avait réclamé la remise de la Louisia et avait offert en compensation à l'E pagne une partie des domaines du sai siége; des scrupules religieux avaie empêché l'Espagne d'accepter des te res ecclésiastiques. Le général Be thier était chargé de renouer cette a cienne négociation. Au nom du pr mier consul, il offrit de donner en I lie un territoire de 1,200,000 âmes l'infant espagnol qui portait la co ronne ducale de Parme. En échange demandait la rétrocession de la Lou siane et six vaisseaux de guerre to armés. Ces conditions furent accepte avec empressement par Charles IV, un traité qui les consacre fut signé. Saint-Ildephonse, le 1er octobre 180 par Berthier, du côté de la France, et p Urquijo, du côté de l'Espagne. Ce négociation et ce traité furent soigne sement tenus secrets, de peur que l'A gleterre n'envahît la Louisiane, et e suite parce que la Toscane, qu'il ét question de donner au duc de Parm n'était pas entre les mains de la Fran A cet égard, Napoléon promettait qu'il ne tenait pas encore; mais il sav que l'occasion n'allait pas lui manquer s'en saisir. La trêve convenue avec l'A triche expira le 26 novembre 1800, ava que les plénipotentiaires eussent rien co clu. Les hostilités recommencèrent s tous les points. L'armée autrichien fut de nouveau vaincue en Italie; elle fut aussi en Allemagne; et la victoire Hohenlinden ouvrit à l'armée frança la route de Vienne. L'Autriche se vit forcée de conclure la paix, sans le concours de l'Angleterre. Ce traité fut signé à Lunéville le 9 février 1801. Le duc de Parme céda sa petite principauté à la France, et reçut en échange le grand-duché de Toscane. L'article 5 du traité était ainsi conçu :

« Il est, en outre, convenu que S. A. R. « le grand-duc de Toscane renonce pour « lui ses successeurs et ayants cause, au « grand-duché de Toscane et à la par« tie de l'île d'Elbe qui en dépend, ainsi « qu'à toutes provenances et titres ré« sultant de ses droits sur lesdits États, « lesquels seront désormais possédés en « toute souveraineté et propriété par S. « A. R. l'infant duc de Parme. Le grand« duc recevra, en Allemagne, une indem« nité pleine et entière de ses États « d'Italie; il disposera à sa volonté des « propriétés et biens particuliers qu'il « possède en Toscane, etc. »

L'Angleterre avait refusé d'adhérer à la paix de Lunéville; le seul moyen de l'y contraindre était de la frapper dans ses alliés. Naples et le Portugal étaient les seuls qui lui restassent encore sur le continent européen. Murat reçut la mission de marcher sur Naples. En même temps Napoléon envoya son frère Lucien à Madrid, afin qu'il engageât l'Espagne à faire la guerre au Portugal, si cette puissance persistait dans l'alliance anglaise. Cette exigence de la France était douloureuse pour Charles IV, dont la fille avait épousé le régent de Portugal : néanmoins, contraint par la nécessité, et voyant l'inutilité des démarches faites par lui pour engager le Portugal à fermer ses ports à l'ennemi commun, il se détermina à déclarer la guerre par un manifeste publié le 27 février 1801, dix-huit jours seulement après la signature de la paix de Lunéville.

Ce fut peu de temps après cette déclaration que le prince de la Paix reprit la direction des affaires. Il fallait s'entendre avec la France sur deux points d'une haute importance. Il était nécessaire d'expliquer comment la convention de Saint-Ildephonse et l'article V de la paix de Lunéville seraient exécutés. Il fallait convenir de la manière dont la guerre contre le Portugal serait conduite.

Sur le premier point, un traité intervint le 21 mars 1801. Il fut signé pour la France par Lucien Bonaparte; pour l'Espagne par le prince de la Paix.

L'article 1er répétait la cession faite par le duc de Parme au profit de la république française, et l'élection de la nouvelle souveraineté du grand-duché de Toscane.

Le deuxième portait que l'infant, fils du grand-duc de Parme, entrerait immédiatement en possession de la Toscane.

Le troisième érigeait le grand-duché en royaume d'Étrurie.

Par le quatrième la France cédait la principauté de Piombino, pour qu'elle fût jointe à la Toscane.

Le cinquième renouvelait la stipulation du traité de Saint-Ildephonse relative à la cession de la Louisiane.

L'article sixième était ainsi conçu : « La branche royale, qui va s'établir en « Toscane, étant de la famille d'Espagne, « ce royaume est considéré comme pro« priété espagnole, et ce sera toujours un « infant de Castille qui devra y régner. « Dans le cas où la succession du roi qui « entre en possession viendrait à man« quer, elle sera remplacée par l'un des « infants de la maison d'Espagne. »

L'article septième imposait aux parties contractantes l'obligation de se concerter pour assurer l'indemnité promise au duc régnant de Parme d'une manière convenable à sa dignité, soit en terres, soit en revenus.

Le dernier article fixait le terme de trois semaines pour l'échange des ratifications.

Ce traité reçut bientôt son exécution. Dans les derniers jours de mai, l'infant quitta l'Espagne et traversa la France sous le titre de comte de Livourne. A Paris il fut accueilli par le premier consul comme un prince souverain; et il quitta cette ville pour aller recevoir des mains de Murat la remise de son royaume.

Une autre affaire plus difficile fut confiée au prince de la Paix. La guerre contre le Portugal était déclarée, mais rien n'était prêt pour la faire. Le trésor était vide aussi bien que les arsenaux. Le crédit était anéanti. L'armée était considérablement réduite; et il fallait la réorganiser : c'étaient là sans doute de graves difficultés, mais ce n'étaient pas celles dont on s'effrayait davantage.

Une armée française s'assemblait au pied des Pyrénées; elle devait concourir avec l'armée espagnole à l'invasion du Portugal; et l'Espagne craignait beaucoup plus ses alliés que ses adversaires. Elle ne voyait qu'avec répugnance sa frontière ouverte à des troupes étrangères. Il fallait leur livrer un passage à travers les provinces, pourvoir à leur subsistance; et si l'armée française occupait une partie du Portugal, il était à craindre que ces charges ne se perpétuassent jusqu'à la paix générale, c'est-à-dire jusqu'à une époque indéfinie. Enfin, Napoléon aurait bien voulu diriger cette guerre à sa fantaisie. Gouvion-Saint-Cyr reçut le titre d'ambassadeur extraordinaire, avec la mission ostensible d'aider l'Espagne de ses lumières et de son expérience; il devait en même temps conseiller Leclerc, général de l'armée auxiliaire. Charles IV, craignant que les Français ne se prévalussent de la haute réputation de Saint-Cyr pour s'arroger le commandement, s'empressa de nommer un généralissime de ses armées de terre et de mer. Ce fut Godoy qui fût revêtu de cette haute dignité militaire; et, s'il n'y montra pas beaucoup de talents stratégiques, au moins il y fit preuve d'une grande activité et d'une excessive adresse. Ce n'était pas pour les intérêts de la Péninsule qu'on se battait. L'Espagne ne faisait la guerre que contre son gré et pour la France. Le Portugal n'agissait que par ordre du cabinet de Saint-James. Godoy conçut donc la pensée de terminer la guerre avant que les troupes françaises fussent arrivées en ligne et avant que le Portugal pût recevoir les secours de l'Angleterre. Le 20 mai, il entra en Portugal; il s'empara d'Olivenza de Jurumenha, battit une partie de l'armée portugaise à Arronchès et à Flor-de-Roza. Il remporta chaque jour de nouveaux avantages; en sorte que la cour de Lisbonne s'empressa de demander la paix et de souscrire à toutes les conditions qui avaient été proposées dans le principe. De son côté, le prince de la Paix se hâta de conclure un traité. Cet acte fut signé à Badajoz, le 6 juillet, lorsque l'armée française était à peine arrivée à Alméida, ville située sur la limite du Portugal et du royaume de Léon. Le but de cet arrangement, fait avec tant de précipitation, fut é demment de soustraire l'Espagne a pesantes obligations que lui impos son alliance avec la France et d'ép gner au Portugal les fléaux de l'invasi française. Lucien Bonaparte, séduit abusé, prit part à cette négociation convint qu'il ferait un traité séparé av le Portugal : cela fut même consigné la manière suivante dans le préambi du traité :

« Le but que S. M. Catholique se pı « posait pour le bien général de l'Euroj « quand elle a déclaré la guerre au Port « gal, est atteint; les puissances bellig « rantes sont mutuellement d'accord. « a été résolu de rétablir les relations d « mitié et de bonne harmonie par un tr « té de paix. Les plénipotentiaires c « trois puissances belligérantes sont cc « venus d'en faire *deux* distincts qui, « fond et en toute chose essentielle, « soient qu'un seul et même traité, pu « que la garantie en est réciproque « ne sera valable pour l'un des de « qu'autant qu'il n'y aura d'infracti « d'aucun article de l'autre. »

Par l'article 2 le Portugal s'engage fermer tous ses ports aux bâtiments la Grande-Bretagne. Aux termes de l'a ticle 3, le roi d'Espagne conserve et ı tient en qualité de conquête, pour êt unie à perpétuité à ses États la place, d' livenza; mais il restitue au Portugal to tes les autres villes dont il s'était e paré.

L'article 9 est ainsi conçu :

« S. M. Catholique s'oblige à garan « et garantit à S. A. R. le prince rége « de Portugal la conservation intégr « de ses États et domaines sans exce « tion ni réserve aucune.

Le traité de Badajoz renversait to les plans du premier consul, qui s' montra vivement irrité : il donna l'ord à ses troupes de pénétrer en Portuga mais bientôt il se détermina lui-mên à traiter; et, par une convention sign à Madrid, le 29 septembre 1801, le Pc tugal s'engagea à payer à la France u contribution de 20 millions de livı tournois et à céder une partie de la Guy ne portugaise. Quelques mois plus tar une paix générale fut conclue à Amier L'Espagne perdit par ce traité l'île de Trinité, dont les Anglais s'étaient er parés, mais elle conserva en compensation la ville d'Olivenza et son territoire.

MARIAGE DU PRINCE DES ASTURIES. — DISSENSIONS DANS LA FAMILLE ROYALE. — RUPTURE DE LA PAIX D'AMIENS. — BATAILLE DE TRAFALGAR. — MORT DE LA PRINCESSE DES ASTURIES. — MANIFESTE DU PRINCE DE LA PAIX. — TRAITÉ DE FONTAINEBLEAU. — COMPLOT ET PROCÈS DE L'ESCURIAL. — INVASION DE LA PÉNINSULE PAR LES FRANÇAIS. — RÉVOLTE D'ARANJUEZ. — ARRESTATION DU PRINCE DE LA PAIX. — ABDICATION ET PROTESTATION DE CHARLES IV. — VOYAGE DE FERDINAND ET DE CHARLES IV A BAYONNE. — JOURNÉE DU 2 MAI. — FERDINAND EST CONTRAINT DE REMETTRE LA COURONNE A SON PÈRE, QUI LA CÈDE A NAPOLÉON. — JOSEPH BONAPARTE EST PROCLAMÉ ROI.

Le choix des hommes auxquels fut confiée la jeunesse du prince des Asturies eut sur les destinées de l'Espagne la plus funeste influence. Dans tous les temps, l'éducation de celui qui doit régner est une chose d'une haute importance; mais cette affaire recevait une gravité nouvelle de la position difficile où se trouvait l'Espagne. Le père Scio fut le premier précepteur de Ferdinand. Il avait été nommé par le ministre Florida Blanca. Mais le prince des Asturies profita peu des leçons de ce maître, et Charles IV, qui était un homme instruit, se plaignait du peu de progrès faits par son fils. Il fut donc question de remplacer ce précepteur. Godoy fit choix d'Escoiquiz, dont tout le monde vantait le savoir et le mérite. Celui-ci, en se voyant chargé de l'éducation du jeune prince, se crut appelé aux plus hautes destinées. Il lui sembla qu'il allait jouer le rôle de Ximenès ou d'Adrien; et, au lieu de se borner à enseigner les lettres et les sciences à son disciple, il s'appliqua exclusivement à faire germer des idées ambitieuses dans la tête de cet enfant. Il lui tardait que Ferdinand pût être initié aux affaires, afin d'y prendre part lui-même. Il demanda que son élève, âgé à peine de treize ans, reçût l'autorisation d'assister aux délibérations du conseil privé. Il essuya un refus; ce qui ne l'empêcha pas de faire encore plusieurs tentatives de même nature: si bien que Charles IV devina les projets ambitieux du précepteur, et qu'il l'éloigna de la cour, en le nommant chanoine dignitaire de Tolède; mais il était trop tard: le mal était fait; ce prêtre, inquiet et avide de pouvoir, avait jeté dans le cœur du jeune prince, avec lequel il conserva sans cesse une correspondance clandestine, un sentiment de méfiance et de haine contre ses propres parents et contre leurs serviteurs. Ferdinand apprit peu de chose, et son père, se désespérant de le voir si peu instruit, eut recours à tous les moyens qu'il put imaginer pour l'engager au travail. Plus tard, à une époque où déjà le prince des Asturies était marié, un officier du régiment suisse de Wimpffen ayant traduit en espagnol la méthode d'éducation de Pestalozzi, on lui donna la mission de recommencer l'éducation du jeune prince d'après ce nouveau système. La nomination de ce précepteur ne produisit aucun résultat utile, et Ferdinand considéra cette marque de la sollicitude paternelle comme une tracasserie que lui suscitait le prince de la Paix.

Ferdinand, né le 14 octobre 1784, allait entrer dans sa dix-neuvième année, lorsqu'il fut marié à Marie-Antoinette de Naples, le 4 octobre 1802. Le même jour, sa sœur, l'infante Isabelle, épousa le prince héréditaire des Deux-Siciles.

La reine Caroline, qui régnait à Naples, avait voué une haine implacable à la révolution française. Elle imputait au favori de Charles IV la bonne intelligence qui existait entre l'Espagne et la république; et à ce titre Godoy lui était odieux. La princesse des Asturies apporta à la cour d'Espagne les inspirations qu'elle avait reçues de sa mère: la haine de la France et l'amour du pouvoir. Elle insista vivement pour que son mari fût appelé au conseil privé; mais Charles IV, averti, par quelques indiscrétions, de l'intérêt passionné que Marie-Antoinette prenait aux affaires politiques, refusa de livrer les secrets de l'État à un jeune prince dont elle était tendrement aimée, et sur qui elle exerçait une entière domination. Ce refus remplit d'amertume le cœur de la princesse. Elle, son mari et le prêtre Escoiquiz se mirent à la tête d'une ligue de mécontents, qui dans le palais même attaquait les mesures prises par le gouvernement. La guerre, qui bientôt éclata de nouveau en Europe, vint fournir un nouvel aliment aux discordes qui désolaient la famille royale. La paix d'Amiens n'avait duré qu'un an et quarante-sept jours. Le 16 mai 1803, les hostilités recommencèrent. Aux premiers bruits de guerre, l'Espagne s'émut, et le prince de la Paix s'écria, avec cette légèreté qui lui était habituelle : « Tous les ports du continent « doivent être fermés à l'Angleterre ; « le Portugal ne doit pas hésiter ; s'il « tergiverse, l'Espagne saura bien l'y « contraindre ; et c'est à Lisbonne qu'elle « ira attaquer l'Angleterre : il faut lui « fermer tous les ports ; c'est la seule « manière de châtier cette puissance ambitieuse, qui veut anéantir toutes les « marines du monde, spolier toutes les « colonies, et usurper l'empire exclusif des mers. Si l'Espagne est requise « de fournir son contingent, elle saura « bien, malgré sa pauvreté, mettre au « service de la France une belle escadre [1]. »

Mais ces velléités belliqueuses ne durèrent pas longtemps : Charles IV ne voulait pas faire la guerre contre le Portugal, où régnait sa fille ; et d'ailleurs, les bonnes dispositions en faveur de la France furent considérablement modifiées quand on eut connaissance à Madrid de la vente de la Louisiane. Le premier consul, manquant d'argent pour commencer la guerre et ne se trouvant pas en mesure de défendre la Louisiane contre les attaques de l'Angleterre, la céda aux États-Unis, moyennant quatre-vingts millions, dont vingt millions furent retenus par les États-Unis pour rembourser le prix des navires américains capturés par la France pendant la dernière guerre. Cette vente était une violation flagrante des engagements qu'il avait pris : en effet, il était stipulé dans le traité du 1er octobre 1800 que si les circonstances forçaient la France à se dessaisir de la Louisiane, elle la restituerait à l'Espagne.

Ce manque de foi blessa vivement les Espagnols, et quand Bonaparte réclama des secours de l'Espagne en exécution de l'alliance de Saint-Ildephonse (1796), on lui répondit par des reproches. Le ministre qui dirigeait l'Espagne expri la volonté de conserver une entière n tralité. Cela n'était pas possible en p sence de l'alliance de Saint-Ildephon Le nombre des soldats que l'Espagne vait envoyer en cas de guerre s'y tr ve stipulé de la manière la plus p cise. Au reste, le premier consul n'in tait pas pour que l'Espagne lui four un secours en hommes. Ce qu'il voul c'était de l'argent. Godoy eût désiré n pas donner ; et la résistance qu'il op sait aux volontés de Bonaparte n'é que trop motivée par l'état déplora où se trouvaient les finances.

Quand Charles IV était monté su trône, il avait trouvé l'Espagne pli sous le faix d'une dette énorme.] charges dont l'avait grevée la gue de la succession s'étaient encore accru sous Charles III, de toutes les dépen qu'avaient entraînées les malheureu expéditions tentées contre Alger, guerre de 1762 contre le Portugal, e guerre de 1779 pour l'indépendance l'Amérique. Le commerce était rui et la banque Saint-Charles était dans état voisin de la faillite. Pour soute la guerre contre la république et ens contre l'Angleterre, le gouvernem avait été forcé de recourir à de nc breux emprunts, qui avaient consid blement accru sa dette. Les revenus l'État étaient insuffisants pour faire f aux dépenses. Ce n'est pas, à vrai d qu'à cette époque le pays fût pauv mais presque toutes ses richesses trouvaient entre les mains du cle dont les revenus s'élevaient au dou presque au triple des revenus de l'É Dans cette pénurie, il n'était pas ét nant que le gouvernement espagnol culât devant la pensée de s'imposer charges nouvelles. Cependant Bonap n'était pas accoutumé à rencontrer refus, et quiconque osait résister volonté était à ses yeux un traître, lâche et un misérable. C'était le lang officiel de cette époque. Plusieurs agents qu'il employait auraient manquer à leur devoir s'ils ne se sent montrés animés de haine et colère contre ceux qui résistaient à volonté consulaire. Voici comm s'exprimait le général Beurnonville, bassadeur en Espagne : « J'ai es

[1] Dépêche du général Beurnonville, du 24 mai 1803, conservée au dépôt des archives étrangères et citée par M. Armand Lefèvre, dans son Histoire des cabinets de l'Europe, t. Ier, p. 300.

« tous les moyens *de rendre Français* « ce courtisan faux, astucieux et sans ta- « lents ; je l'ai pris par l'amitié et par la « fermeté, par les caresses et par les « menaces : c'est une âme incapable du « moindre élan de gloire. Tant qu'il res- « tera au timon des affaires, *la France* « *ne retirera aucun avantage de son* « *alliance*[1]. » Maintenant que nous sommes loin de cette époque, maintenant que les faits ont amené toutes leurs conséquences, lorsque nous examinons ce langage, nous le trouvons d'une brutale naïveté. Comment ce misérable ministre espagnol ne voulait pas qu'on le rendît Français! Il ne voulait pas faire passer les intérêts de la France avant ceux de son pays! Mais, en vérité, ces invectives sont le plus bel éloge qu'on pût faire de son patriotisme. Cette violence, le général Beurnonville l'apportait dans ses relations avec le prince de la Paix, et il lui dit avec l'accent de la colère, « que le premier consul saurait bien se débarrasser d'un *gouvernement infidèle, ingrat et inutile*. » Il y a cela de singulier que l'Angleterre se plaignait également de son côté de ce que Godoy ne voulait pas se laisser faire Anglais. L'ambassadeur britannique, M. Otham Frère, ne mettait pas dans ses relations moins de violence que le général Beurnonville; mais Godoy ne voulait devenir ni Français ni Anglais, il voulait rester Espagnol, et il ne cédait pas. Alors le premier consul écrivit directement au roi une lettre autographe, pour lui demander l'exil du prince de la Paix : voici cette lettre, qui porte la date du 19 septembre 1803 :

« Dans les circonstances aussi pres- « santes qu'imprévues où se trouve « l'Europe, je crois avoir un dernier « devoir à remplir auprès de Votre Ma- « jesté, en la priant d'ouvrir les yeux « sur le gouffre ouvert par l'Angleterre « sous le trône que la famille de Votre « Majesté occupe depuis cent ans. En « effet, que Votre Majesté me permette « de le lui dire, l'Europe entière est af- « fligée autant qu'indignée de l'espèce « de *détrônement* dans lequel le prince « de la Paix se plaît à la représenter à « tous les gouvernements. Lui seul « gouverne la marine; il gouverne la « politique; il gouverne l'extérieur; il « gouverne la cour; il a des gardes; il « a un nom royal; il est le véritable roi « d'Espagne. Ses favoris sont dans « toutes les places; tout le pouvoir de « l'État est dans les mains de ses créa- « tures, et je prévois que, *si je suis* « *obligé de soutenir une véritable* « *guerre contre ce nouveau roi*, j'au- « rai la douleur de la faire en même « temps contre un prince qui, par ses « qualités personnelles, eût fait le bon- « heur de ses sujets, s'il eût voulu « régner lui-même.

« Je ne doute pas que, par suite de « la même politique, on ne conseille à « Votre Majesté de réunir des troupes « pour s'opposer à l'entrée des *corps* « *d'armée que je suis obligé d'envoyer* « dans les ports d'Espagne, afin de « mettre mes escadres à l'abri des forces « de leurs ennemis et de la perfidie du « prince de la Paix.

« *Le résultat de ces rassemblements* « *sera la guerre entre les deux États*; « et je ne veux pas la faire à Votre « Majesté. Lorsque le prince de la Paix « verra la monarchie en danger, il se « retirera en Angleterre avec ses im- « menses trésors; et Votre Majesté « aura fait le malheur de ses peuples, « de sa couronne et de sa race, par un « excès de bonté pour un favori avide, « sans talent comme sans honneur.

« Que Votre Majesté remonte sur son « trône; qu'elle éloigne d'elle un homme « qui s'est, par degrés, emparé de tout « le pouvoir, et qui a conservé dans « son rang les passions basses de son « caractère, et ne s'est jamais élevé « à aucun sentiment qui pût l'attacher « à la gloire de son maître et n'a été « gouverné que par la soif de l'or.

« Je crois qu'on aura tellement caché « la vérité à Votre Majesté, que la lettre « que je lui écris lui sera, pour ainsi « dire, toute nouvelle; je n'éprouve pas « moins de peine à lui dire la vérité; « mais je remplis un pénible devoir. »

Cette lettre, dirigée en apparence uniquement contre le ministre, contenait cependant la menace de l'occupation des ports de la Péninsule et même de la guerre. M. Herman, secrétaire d'ambassade, fut chargé de la porter à Madrid.

[1] Dépêche du général Beurnonville du 7 septembre 1803. (Histoire des Cabinets de l'Europe.)

Muni de cette arme redoutable, et beaucoup plus adroit que le général Beurnonville, M. Herman alla trouver Godoy. Il lui communiqua une copie de la lettre de Bonaparte, et il parvint à l'effrayer. Le ministre craignit-il la perte de son rang et de ses honneurs, ou bien eut-il peur de la guerre et de l'occupation dont cette lettre le menaçait? Je ne le sais; mais des instructions furent envoyées au chevalier d'Azara, ambassadeur d'Espagne en France. Un traité fut signé à Paris, le 15 octobre 1803, et Charles IV s'engagea à payer chaque mois à la France un énorme subside. L'Espagne par ce traité obtenait une espèce de neutralité; mais on ne s'était pas fait illusion sur la valeur qu'elle pouvait avoir. Godoy avait dit : « Nous vous donnerons un « certain nombre de piastres; mais « après tout notre neutralité sera illu- « soire. L'Angleterre sera-t-elle dupe « de cet arrangement? non sans doute; « elle agira hostilement contre nous. « Quelle sera alors notre ressource? Il « faudra armer nos flottes et fortifier « nos côtes : ainsi, nos sacrifices « seront en pure perte. Nous payerons « pour la paix et nous aurons la « guerre. » Néanmoins l'Angleterre, dirigée alors par le ministre Addington, avait reconnu la neutralité de l'Espagne. Elle y avait mis seulement ces trois conditions : 1° que l'Espagne ne ferait pas d'armement maritime; 2° qu'elle ne permettrait pas sur son territoire la vente des navires ou cargaisons pris sur les Anglais; 3° qu'elle garantirait le territoire portugais de toute invasion française. Ces conditions ayant été stipulées par une convention spéciale, l'Espagne devait se croire à l'abri d'une guerre maritime; mais ce calme ne pouvait être de longue durée; car en Espagne, et dans le palais même de Charles IV, il y avait des personnes qui faisaient tout pour amener la guerre. La princesse des Asturies informait la reine de Naples de tous les secrets qu'elle pouvait surprendre, et celle-ci les faisait aussitôt connaître à l'ambassadeur anglais. Elle disait dans toute sa correspondance qu'elle saurait bien parvenir à provoquer une rupture entre l'Espagne et la France. Plusieurs de ces dépêches interceptées par Bonapart[e fu]rent envoyées à Charles IV, dont la b[onté] paternelle ne trouva pas de châti[ment] pour une semblable trahison. La gu[erre] était imminente, et, comme si ce n'[était] pas assez des maux qu'elle allait [pro]duire, le ciel frappait déjà l'Espagne d'autres fléaux. Des tremblement[s de] terre jetèrent partout l'épouvante[; la] fièvre jaune désolait presque toute l'[An]dalousie. Enfin, la famine vint se j[oin]dre à ces calamités; mais ce dernier [mal]heur était l'ouvrage des hommes; ca[r la] récolte avait été abondante; des m[ains] perfides avaient accaparé les céréa[les.] La fanègue de froment s'était él[evée] au prix inouï de quatre cents ré[aux.] Cette disette avait été cruellem[ent] préparée par des mécontents, afi[n de] pousser le peuple à des excès; et i[l ne] manquait pas de gens qui répétaie[nt :] *On a porté la main sur les biens [du] clergé. Le ciel venge l'Église.* Néanmo[ins] cette trame n'eût pas le résultat que [les] mécontents en attendaient. Le gou[ver]nement fit des sacrifices pour faire [ap]porter des blés de France. Dès que [les] premières voitures arrivèrent sur [les] marchés, les blés qu'on avait accapa[rés] sortirent de leurs cachettes, et l'ab[on]dance reparut tout à coup.

Tant qu'Addington resta à la t[ête] du gouvernement anglais, l'Espagne [put] conserver l'espoir de rester neu[tre;] mais, dès le mois de mai de l'année 18[04,] les affaires s'aggravèrent considéral[ble]ment. Les troupes françaises, rasse[m]blées au camp de Boulogne, avaient [cé]lébré l'avénement de Napoléon à l'e[m]pire, et leurs feux de joie, aperçus [de] l'autre côté de la Manche, avaient j[eté] l'épouvante jusqu'à Londres. A[lors] l'Angleterre opposa à Napoléon [un] homme capable de lutter contre l[ui.] Addington fut remplacé par le célè[bre] Pitt, et ce ministre signala les p[re]miers temps de son administrat[ion] par un de ces actes que le droit [des] gens réprouve et que la morale, a[ussi] bien que l'humanité, considère com[me] des crimes. Tandis que l'Espagne, c[on]fiante en la convention de neutra[lité] qui avait été stipulée, négociait a[vec] l'Angleterre pour lui accorder quelq[ues] avantages commerciaux, des ord[res] partaient secrètement du cabinet

Saint-James. « Attaquez, disait-on, le pavillon espagnol sur toutes les mers. Coulez bas tous les navires au-dessus de cent tonneaux; envoyez les autres à Malte. Incendiez les ports et les rades de l'Espagne. » Ces ordres furent exécutés à la lettre. Le 5 octobre, sans déclaration de guerre, en pleine paix, quatre frégates espagnoles qui revenaient de la Plata, chargées de seize millions de piastres, furent attaquées par autant de frégates anglaises, en vue du port de Cadix, à la hauteur du port de Sainte-Marie. Les capitaines espagnols, pris au dépourvu, tentèrent inutilement de se défendre : *la Mercedes* s'enflamma dès les premiers coups de canon, et sauta en l'air. Les trois autres, horriblement maltraitées, amenèrent leur pavillon. Cet acte de piraterie souleva dans tous les esprits une généreuse indignation, et même dans le parlement anglais il s'éleva des voix pour le blâmer.

« Arrêtez un navire, s'écria lord Grenville, vous pouvez le relâcher; séquestrez, saisissez la cargaison, vous pourrez indemniser le propriétaire; détenez, emprisonnez l'équipage, les portes du cachot peuvent s'ouvrir; mais pour un navire incendié, coulé bas, quel remède? Qui retirera du sein de la mer les cadavres de trois cents victimes assassinées en pleine paix, et saura les rendre à la vie? Les Français nous appellent une nation mercantile; ils prétendent que la soif de l'or est notre unique passion : n'ont-ils pas droit d'attribuer cette violence à notre avidité pour les piastres espagnoles? Ah! plutôt avoir payé dix fois la valeur de ces piastres et n'avoir pas entaché l'honneur anglais d'une telle souillure. » Cet acte de perfidie ne fut pas le seul dont l'Angleterre se rendit coupable. Les mêmes ordres avaient été expédiés sur toutes les mers; et, le 30 septembre, six jours avant que sir Graham Moore attaquât les frégates de la Plata, près du cap Sainte-Marie, à deux mille lieues de là, sur la côte du Chili, la frégate espagnole *la Estremeña*, occupée d'observations scientifiques et de travaux d'hydrographie, fut tout à coup insultée et criblée de mitraille par un brigantin anglais. Le commandant don Mariano Irazbiribil, pris au dépourvu, sans moyens de défense, mit le feu à son bâtiment et se sauva à Copiapo, emportant les dessins, les papiers et les instruments qu'il put enlever à la hâte.

Des attaques si sauvages devaient allumer dans le cœur de tous les Espagnols la soif d'une légitime vengeance. Cependant, il se trouvait encore dans le Cabinet des gens qui voulaient dévorer cet affront. Cevallos, terrifié, s'écria que l'Espagne était perdue si elle engageait la lutte contre ce redoutable ennemi. Le prince de la Paix, au contraire, repoussa ces conseils timides avec indignation. Il dit que s'il le fallait il monterait à cheval et conduirait à l'empereur une armée au camp de Boulogne. La guerre fut déclarée. Trois mois suffirent pour armer trente vaisseaux. Au milieu de mars, trois escadres se trouvèrent prêtes dans les ports de Cadix, de Carthagène et de la Corogne. On en remit le commandement aux plus braves officiers de la marine espagnole, et elles se joignirent à la flotte française. Malheureusement l'amiral de Villeneuve, à qui fut donné le commandement de ces forces réunies, n'était pas à la hauteur de la mission qui lui était confiée. Par ses lenteurs et ses tergiversations, il fit avorter le projet de débarquement en Angleterre, si laborieusement préparé par l'empereur. Au lieu de se jeter dans la Manche et d'y attaquer l'amiral Cornwallis pour faciliter le passage de la flottille de Boulogne, il se rendit à Cadix et livra bataille à Nelson auprès du cap Trafalgar. Les flottes réunies des Français et des Espagnols se composaient de trente-deux vaisseaux. Les Anglais n'en avaient que vingt-sept; mais leurs bâtiments portaient en général un plus grand nombre de canons que ceux des alliés, en sorte que les forces étaient à peu près égales. L'amiral Villeneuve fit la faute d'éparpiller son armée sur une ligne de plus d'une lieue de longueur. Nelson, au contraire, avait divisé sa flotte en deux colonnes compactes, de manière à pouvoir porter toutes ses forces sur le même point. Il parvint ainsi à rompre la ligne de bataille de Villeneuve; mais il paya chèrement ce succès. *Le Victory*, sur lequel il était monté, attaqué par *le Redoutable*, eut à soutenir une lutte terrible. Les ponts, les tillacs des deux bâtiments étaient balayés par la mitraille et la mousqueterie, et Nelson, frappé d'une balle, tomba sans avoir vu la victoire que ses dispositions avaient préparée. Les Espagnols se battirent avec un courage digne d'un meilleur succès; mais les vaisseaux, éloignés les uns des autres, se trouvèrent attaqués à la fois par des forces supérieures, ou bien retenus par le vent loin du combat; ils ne purent venir prendre part à la lutte que lorsque la victoire était déjà décidée. Villeneuve fut pris sur *le Bucentaure*. L'amiral espagnol Gravina, quoique blessé à mort, n'en continua pas moins de présider aux manœuvres. Il ramena à Cadix cinq vaisseaux français et six espagnols. L'amiral Dumanoir se retira sans combattre avec quatre bâtiments qui n'avaient pas été engagés. Des dix-sept autres bâtiments, treize furent coulés, incendiés, ou vinrent échouer sur les côtes d'Espagne. Les vainqueurs purent en conduire seulement quatre à Gibraltar. Cette victoire leur coûta douze vaisseaux [1]; mais à ce prix ils anéantirent les marines de l'Espagne et de la France. Ce dernier pays pouvait se consoler en songeant aux victoires qu'il remportait sur terre; mais pour l'Espagne, cette défaite était sans compensations. Lorsque l'empereur apprit le désastre de Trafalgar, il avait déjà pris dans Ulm une armée autrichienne; quelques jours plus tard, il battait à Austerlitz les empereurs d'Autriche et de Russie, et de nouveaux triomphes l'attendaient encore en Italie; car, aussitôt que la guerre avait été déclarée, le gouvernement napolitain, entraîné par sa haine pour la France, avait pris de secrets engagements avec l'Angleterre et la Russie. De son côté, Napoléon avait exigé que le roi de Naples se liât par un traité

[1] *Le Britannia* de 120 canons, *le Prince* de 110, *le Neptune* et *le Prince de Galles* de 98, coulés dans le combat; *le Donegal* de 80 et *l'Orian* de 74 dématés, échoués à la côte d'Afrique; *le Tigre* de 80, échoué et coulé bas sur la plage Sainte-Marie; *la Défense* et *le Colosse* de 74, brûlés par les Anglais eux-mêmes après le combat auprès de San-Lucar; *le Spartiate* de 74, coulé après le combat; *le Victory* de 120, dématé, rasé dans le combat; *le Royal-Souverain* de 120, qui disparut : il avait 200,000 livres sterling à bord; *le Spencer* de 74, dématé, traîné à la remorque avec peine jusqu'à Gibraltar.

de neutralité. Cette convention avait signée le 21 septembre 1805 et ratil le 19 octobre. Malgré cet engagemei le roi de Naples avait reçu dans ses Ét une armée russe et anglaise, avait tei d'envahir la Toscane et de se jeter s les derrières de Masséna. L'empere eut connaissance de cette agression c Napolitains, quelques jours avant la l taille d'Austerlitz. Il garda le silenc mais, quand il eut vaincu l'Autriche la Russie, le jour même où les plénij tentiaires signaient le traité de Pr bourg, il publia une proclamation oi reprochait au roi de Naples son manq de foi. Cette pièce se termine par c paroles : « La dynastie de Naples « cessé de régner ! Son existence « « incompatible avec le repos de l'Euro « et l'honneur de ma couronne. » suffit aux armées françaises de quelqu semaines pour réaliser cette menace; Ferdinand fut obligé de se réfugier Sicile.

L'Espagne devait nécessairement r sentir le contre-coup de tout ce c se passait en Italie : c'était la mêi famille qui régnait à Naples et à M drid; c'était aussi pour un infant Castille que le royaume d'Étrurie av été érigé. Le jeune prince auquel avait donné cette couronne, créée pai traité de Saint-Ildephonse et par paix de Lunéville, ne l'avait portée q deux années; il était mort le 27 n 1803, laissant pour héritier un fils, â seulement de quatre ans; c'était cet e fant qui régnait alors à Florence, sous tutelle de sa mère. L'empereur fit sav au cabinet de Madrid qu'il était da l'intention de faire occuper la Tosca par ses troupes, afin qu'elle ne devînt p un nouveau pied-à-terre d'où les Angl chercheraient à susciter des troubles Italie; car autrement il ne pouvait p répondre de n'être pas forcé de prenc à l'égard de cet État les mesures de gueur que Naples allait subir. Charles fit alors offrir de se charger lui-mêi de la défense de la Toscane; et cette p position ayant été acceptée, une divisi de cinq mille Espagnols commandée p O'farrill passa en Italie. C'est dans circonstances que, le 30 mars 1806, J seph Bonaparte fut proclamé roi de N ples. Charles IV apprit avec douleu malheur de Ferdinand, et, lorsqu'on lui notifia l'avénement de Joseph Bonaparte, ne voulut pas reconnaître le nouveau roi. « Il refuse de reconnaître mon frère pour roi de Naples, dit alors Napoléon, eh bien, son successeur le reconnaîtra [1]. »

Charles IV, blessé dans ses affections de famille, menacé lui-même du sort qui venait de frapper le roi de Naples, prêta une oreille plus facile aux puissances qui cherchaient à l'entraîner dans la coalition contre la France. Il négociait avec Strogonoff, qui lui était envoyé par la Russie, et il chargeait Agustin Argüelles d'aller à Londres pour ouvrir des négociations avec l'Angleterre. Enfin, sans attendre le résultat de ces négociations, avant que rien fût prêt pour la guerre, dans un de ces accès d'imprudence qui sont des crimes chez un homme d'État, le prince de la Paix fit publier ce manifeste :

« Dans des circonstances moins critiques que celles où nous vivons, de fidèles Espagnols sont venus en aide à leurs souverains par des dons et des offrandes que les besoins du moment ne réclamaient même point; mais la générosité du sujet envers son roi pouvait-elle mieux se montrer que par ces actes de prévoyance? La province d'Andalousie, que la nature a privilégiée pour la production des chevaux propres à la guerre, et la province d'Estrémadure, qui rendit tant de services de ce genre à Philippe V, verront-elles avec indifférence la cavalerie du roi d'Espagne réduite et incomplète comme elle l'est à cause du manque de chevaux? Non, je ne le crois pas. J'espère, au contraire, qu'ainsi que les aïeux de la génération présente s'empressèrent de fournir des hommes et des chevaux à l'aïeul de notre roi, de même leurs descendants fourniront aujourd'hui des régiments ou des compagnies d'hommes exercés au maniement du cheval, afin qu'ils concourent au service et à la défense de la patrie, tant que dureront les difficultés qui nous entourent, et qu'ils retournent ensuite pleins de gloire au sein de leur famille. Chacun se disputera l'honneur de la victoire; l'un attribuera à son bras le salut de sa famille; l'autre celui de son chef ou de son parent ou de son ami. Tous enfin s'attribueront le salut de la patrie. Venez, mes chers compatriotes, venez vous ranger sous les bannières du meilleur des souverains; venez, je vous accueillerai avec reconnaissance : je vous en promets dès aujourd'hui la récompense, si le Dieu des victoires nous accorde une paix heureuse et durable, unique objet de nos vœux. Non, vous ne céderez ni à la crainte ni à la perfidie; vos cœurs se fermeront à toute espèce de séduction étrangère : venez; et, si nous ne sommes pas forcés de croiser nos armes avec celles de nos ennemis, vous n'encourrez pas le danger d'être notés comme suspects d'avoir donné une fausse idée de votre loyauté, de votre honneur, en refusant de répondre à l'appel que je vous fais.

« Mais, si ma voix ne peut réveiller en vous les sentiments de votre gloire, écoutez celle de vos tuteurs, des pères du peuple, auxquels je m'adresse. Songez à ce que vous devez à vous-mêmes, à ce que vous devez à votre honneur et à la religion que nous professons.

« Au palais royal de Saint-Laurent,
« le 6 octobre 1806.

« LE PRINCE DE LA PAIX. »

Ce manifeste ampoulé n'avait pas même le mérite de la franchise. Le prince de la Paix y parlait de l'imminence d'une guerre, sans nommer l'ennemi contre lequel on aurait à combattre. Cependant, il était difficile de se méprendre. En effet, ce n'était pas pour une lutte maritime que le ministre espagnol demandait de la cavalerie. De cette manière, la France se trouvait assez clairement désignée. Ce fut au commencement de la campagne de Prusse que l'empereur reçut la proclamation du prince de la Paix. Si le cabinet espagnol avait pensé que des revers attendaient l'armée française sur ce nouveau champ de bataille, il fut promptement détrompé. Quelques jours s'étaient à peine écoulés depuis que cette pièce avait été publiée, lorsque les Français ga-

[1] Tous les historiens espagnols rapportent ces paroles; quelques auteurs français, au contraire, prétendent qu'elles n'ont jamais été prononcées et que Charles IV n'a pas hésité à reconnaître Joseph pour roi de Naples : je me borne à rapporter les deux opinions sans décider de quel côté est la vérité.

gnèrent les victoires d'Iéna et d'Auerstedt. Ces deux affaires suffirent pour anéantir l'armée prussienne. Néanmoins, Napoléon, ne regardant pas la lutte comme décidée, tant qu'il n'aurait pas fait la paix avec la Russie, garda le silence sur les démonstrations hostiles du prince de la Paix. Il accueillit les explications que la cour de Madrid s'empressa de lui envoyer; mais il exigea qu'en exécution du traité de Saint-Ildephonse des troupes auxiliaires lui fussent fournies par l'Espagne. Le ministre de Charles IV céda aux exigences de l'empereur. Neuf mille hommes furent joints aux cinq mille qui étaient déjà en Toscane; et cette division, sous le commandement de la Romana, fut envoyée dans le nord de l'Europe.

Dès cette époque, Bonaparte avait pris la résolution d'envahir toute la Péninsule; et, tout en tenant son projet caché, il préparait les moyens d'en assurer l'exécution. Il profita avidement des dissensions qui désolaient la famille royale. Tant que le prince de la Paix avait persisté franchement dans l'alliance française, la faction des mécontents s'était appuyée sur le parti de l'Angleterre; mais lorsque le cabinet, avec une inconcevable légèreté, eut témoigné des intentions hostiles à la France, un revirement en sens contraire s'était opéré dans le système des mécontents; ils avaient cherché leur appui dans le parti français. La princesse des Asturies, qui aurait pu mettre un obstacle à ce changement de politique, était morte depuis quelques mois; Escoiquiz avait conçu le projet de faire demander par Ferdinand la main de mademoiselle Tascher de la Pagerie, nièce de l'impératrice. Le chanoine eut à cet égard des conférences secrètes avec M. de Beauharnais, qui avait remplacé le général Beurnonville à Madrid, et il poussa Ferdinand à écrire en secret à l'empereur, pour lui demander l'honneur de s'allier à la famille impériale.

Pendant que ces intrigues se tramaient dans le palais de Charles IV, l'empereur rassemblait des troupes au pied des Pyrenées, sous le prétexte de préparer l'invasion du Portugal. En même temps on négociait pour régler par un traité la part que l'Espagne prendrait à cette guerre et la manière dont le [p]tage des conquêtes aurait lieu. Mais [..] jours avant que le traité fût conclu 18 octobre 1807, l'armée françai[se] commandée par Junot, franchit la [Bi]dassoa. Partout sur son passage elle [fut] fêtée par les habitants. Le clergé accu[eil]lait avec enthousiasme les troupes [du] héros qui, en France, avait relevé les [au]tels. Les mécontents ne voyaient d[ans] les Français que des auxiliaires p[our] renverser un ministre qu'ils détestaie[nt].

Le traité de partage du Portugal [fut] signé à Fontainebleau, le 27 octobre 18[07]. Aux termes de l'art. 1er, la province en[tre] Duero et Minho devait former un roy[au]me, sous le titre de Lusitanie sept[en]trionale. Elle devait être donnée au [roi] d'Étrurie, en échange de ses États d'I[ta]lie, dont Napoléon avait formé trois [dé]partements français. Par l'article 2, [la] province d'Alentéjo et le royaume [des] Algarves étaient érigés en souverain[eté] au profit de Godoy, avec le titre de pr[in]cipauté des Algarves. Le surplus [du] Portugal devait rester jusqu'à la p[aix] générale en dépôt entre les mains [de] l'empereur.

Les Français étaient à peine ent[rés] en Espagne, et Junot n'avait pas enc[ore] dépassé Vitoria, lorsqu'un événem[ent] de la plus haute gravité vint occu[per] l'attention publique. Depuis quelq[ue] temps la correspondance du prince [des] Asturies avec Escoiquiz et avec les [au]tres mécontents était devenue plus acti[ve]. On remarqua que le prince recev[ait] des lettres en secret, et qu'il passait u[ne] partie des nuits à écrire. La reine [fut] prévenue de cette circonstance par u[ne] dame de sa maison. Charles IV en [fut] averti, et, par son ordre, on saisi[t à] l'improviste tous les papiers de Fer[di]nand. Le lendemain, 29 octobre, [le] prince fut appelé devant le conseil ré[uni] dans la chambre du roi. Il subit un [in]terrogatoire. Ensuite son père, acco[m]pagné des ministres et à la tête de [ses] gardes, le reconduisit à son apparteme[nt], lui ordonna de rendre son épée et fit p[la]cer des sentinelles pour le garder à v[ue].

En voyant cette scène lugubre [se] passer sous les voûtes de l'Escurial [il] était impossible de ne pas se rappe[ler] la fin déplorable du fils de Philippe [II]. Ferdinand, de même que don Car[los] était arrêté par son propre père, et une accusation terrible était portée contre lui. On lui reprochait d'avoir voulu attenter à la vie de ses parents pour s'emparer du trône. Le jour même, 29 novembre 1807, Charles IV écrivit à l'empereur la lettre suivante :

« Monsieur mon frère, dans le moment où je ne m'occupais que des moyens de coopérer à la destruction de notre ennemi commun ; quand je croyais que tous les complots de la ci-devant reine de Naples avaient été ensevelis avec sa fille, je vois avec une horreur qui me fait frémir que l'esprit d'intrigue le plus horrible a pénétré jusque dans le sein de mon palais. Hélas ! mon cœur saigne en faisant le récit d'un attentat si affreux ! Mon fils aîné, l'héritier présomptif de mon trône, avait formé le complot horrible de me détrôner ; il s'était porté jusqu'à l'excès d'attenter contre la vie de sa mère. Un attentat si affreux doit être puni avec la rigueur la plus exemplaire des lois. La loi qui l'appelait à la succession doit être révoquée ; un de ses frères sera plus digne de le remplacer et dans mon cœur et sur le trône. Je suis, dans ce moment, à la recherche de ses complices pour approfondir ce plan de la plus noire scélératesse ; et je ne veux pas perdre un seul moment pour en instruire V. M. I. et R., en la priant de m'aider de ses lumières et de ses conseils.

« Sur quoi, je prie Dieu, mon bon frère, qu'il daigne avoir V. M. I. et R. en sa sainte et digne garde.

« D. CARLOS...

« Saint-Laurent, ce 29 octobre 1807. »

Le lendemain, le décret suivant fut publié :

« Dieu, qui veille sur tous ses enfants, ne permet pas la consommation des faits atroces dirigés contre des victimes innocentes. C'est par le secours de sa toute-puissance que j'ai été sauvé de la plus affreuse catastrophe. Mes peuples, mes sujets, tout le monde connaît ma religion et la régularité de ma conduite ; tous me chérissent et me donnent ces marques de vénération qu'exigent le respect d'un père et l'amour de ses enfants. Je vivais tranquille, au sein de ma famille, dans la confiance de ce bonheur, lorsqu'une main inconnue m'apprend et me dévoile le plan monstrueux et inouï qui se tramait dans mon propre palais contre ma personne. Ma vie, qui a été si souvent en danger, était une charge pour mon successeur, qui, préoccupé, aveuglé, et abjurant tous les principes de foi chrétienne que lui enseignèrent mes soins et mon amour paternel, avait adopté un plan pour me détrôner. J'ai voulu douter de la vérité de ce projet ; mais j'ai surpris mon fils dans mon appartement ; j'ai mis sous ses yeux les chiffres d'intelligence et les correspondances qu'il recevait des malveillants : j'ai appelé à l'examen de cette affaire le gouverneur lui-même du conseil ; je l'ai associé aux autres ministres pour qu'ils prissent avec la plus grande diligence leurs informations. Tout s'est fait. Il en est résulté la connaissance de différents coupables dont l'arrestation a été décrétée. Mon fils a reçu son habitation pour prison. Cette peine est venue accroître celles qui m'affligent. Mais aussi, comme elle est la plus sensible, elle réclame le plus prompt remède. En conséquence, j'ordonne que le résultat en soit publié. Je ne veux pas cacher à mes sujets la connaissance d'un chagrin qui sera diminué lorsqu'il sera accompagné de toutes les preuves acquises avec loyauté. Je vous fais connaître mes intentions pour que vous les rendiez publiques dans la forme convenable. »

« MOI, LE ROI.

« A San-Lorenzo, le 30 octobre 1807. »

S'il était permis de faire des conjectures lorsqu'on écrit l'histoire, on pourrait supposer que Napoléon n'a pas été tout à fait étranger aux intrigues de l'Escurial ; on pourrait penser qu'il faisait pousser Ferdinand à détrôner son père, afin d'intervenir ensuite comme le vengeur de Charles IV ; qu'il excitait Ferdinand à se rendre indigne de la couronne, afin d'acquérir un prétexte pour la lui enlever : mais on ne saurait porter légèrement une accusation de cette gravité ; et si un complot pour détrôner Charles IV a été réellement formé ; si la politique impériale a été pour quelque chose dans ces menées ténébreuses, au moins la preuve n'en a pas été acquise. Quant aux mécontents, avec lesquels

Ferdinand s'était lié, leur but était de s'emparer du pouvoir à quelque prix que ce fût. Le prince des Asturies pouvait ne pas partager toutes leurs vues; il pouvait n'être pas initié à tous leurs projets; mais il était préparé à recueillir le fruit de leurs complots; par avance il avait disposé des principales charges de l'État. Ainsi, par un décret dont il avait laissé la date en blanc, il avait conféré au duc de l'Infantado le commandement de la Nouvelle-Castille.

Quand Napoléon reçut la lettre de Charles IV, il entra dans une violente colère, soit qu'il fût mécontent de voir une partie de ses plans dérangés par le procès de l'Escurial, soit qu'il eût honte de se trouver à la face de l'Europe mêlé à de semblables intrigues. Il exigea que le nom de l'ambassadeur français ne fût pas prononcé dans cette affaire. Ce fut, au reste, le parti qu'adopta le cabinet espagnol, sans même attendre une réponse de Paris. Dans la crainte que l'empereur ne se trouvât blessé, on étouffa le procès de l'Escurial; d'ailleurs le caractère de Charles IV était naturellement enclin à la clémence; et, Ferdinand lui ayant écrit pour reconnaître ses fautes, le roi pardonna. Un nouveau décret fut publié le 5 novembre. Ce document est si curieux et d'une telle importance, qu'il mérite d'être inséré ici en entier; le voici :

« La voix de la nature désarme le bras de la vengeance, et lorsque l'inadvertance réclame la pitié, un père tendre ne peut s'y refuser.

« Mon fils a déjà déclaré les auteurs du plan horrible que lui avaient fait concevoir les malveillants. Il a tout démontré en forme de droit, et tout a été consigné avec l'exactitude requise par la loi pour de semblables preuves. Son repentir et son étonnement lui ont dicté les remontrances qu'il m'a adressées, et dont voici le texte :

« Sire et mon père,

« Je me suis rendu coupable : car manquant à V. M., j'ai manqué à mon père et à mon roi; mais je m'en repens et je promets à V. M. la plus humble obéissance. Je ne devais rien faire sans le consentement de V. M.; mais j'ai été surpris. J'ai dénoncé les coupables, et je prie V. M. de me pardonner et de permettre de baiser vos pieds à tre fils reconnaissant.

« FERDINAND.

« San-Lorenzo, le 5 novembre 1807. »

« Madame et mère, je me rep bien de la grande faute que j'ai comm contre le roi et la reine mon père et mère; aussi, avec la plus grande soui sion, je vous en demande pardon, a que de mon opiniâtreté à vous céle vérité l'autre soir. C'est pourquo supplie V. M., du plus profond de r cœur, de daigner intercéder auprès mon père, afin qu'il veuille bien perr tre d'aller baiser les pieds de S. M. à fils reconnaissant.

« FERDINAND.

« San-Lorenzo le 5 novembe 1807. »

« En conséquence de ces lettres, la prière de la reine mon épouse bi aimée, je pardonne à mon fils; et il r trera dans ma grâce dès que sa c duite me donnera des preuves d'un v table amendement.

« J'ordonne aussi que les mêmes ju qui ont connu de cette cause dej le commencement la continuent; e leur permets de s'adjoindre d'autres lègues, s'ils en ont besoin. Je leur joins, dès qu'elle sera terminée, de soumettre le jugement qui devra conforme à la loi, selon la gravité délits et la qualité des personnes qui auront commis.

« Ils devront prendre pour base, d la rédaction des chefs d'accusation, réponses données par le prince d l'interrogatoire qu'il a subi; elles s paraphées et signées de sa main, a que les papiers écrits aussi de sa ma qui ont été saisis dans ses bureaux.

« Cette décision sera communiqu mes conseillers et à mes tribunaux, e la rendra publique, afin que mes peu connaissent ma pitié et ma justice, et p soulager l'affliction où ils ont été j par mon premier décret; car il voyaient le danger de leur souverai de leur père, qui les aime comme ses p pres enfants et dont il est aimé.

« CHARLES.

« San-Lorenzo, le 5 novembre 1807. »

Conformément aux dispositions ce décret, le procès fut suivi contr principaux fauteurs du complot de l curial. On mit en cause Escoiquiz, le duc de l'Infantado, le comte d'Orgaz, le marquis d'Ayerbe et quelques personnes de la maison du prince des Asturies. Mais le principal coupable étant écarté, il n'eût pas été juste que les autres fussent condamnés. On prononça leur acquittement. Seulement le roi, de son autorité privée et par voie administrative, envoya en exil Escoiquiz, les ducs de l'Infantado et de San-Carlos. Au reste, cette mesure fut exécutée avec tant de négligence, que le prince des Asturies ne cessa pas d'être en correspondance avec Escoiquiz et avec les autres individus de ce parti. Bientôt Charles IV, cédant à sa bonté habituelle, sembla avoir oublié le complot de l'Escurial ; et lui-même, entraîné par la force des circonstances, écrivit à l'empereur, en lui demandant pour Ferdinand la main d'une princesse du sang impérial. Napoléon, qui se trouvait alors en Italie et qui sans doute n'avait pas encore arrêté d'une manière définitive la marche qu'il voulait suivre à l'égard de l'Espagne, proposa à Lucien de donner sa fille pour épouse au prince des Asturies; mais les événements se succédèrent avec une telle rapidité que ce projet d'alliance fut abandonné aussitôt que conçu.

L'agitation causée par le complot de l'Escurial n'arrêta pas un seul instant la marche des Français. Junot pénétra en Portugal sans rencontrer de résistance ; et, le 30 décembre, il arrriva à Lisbonne, que le prince régent de Portugal venait d'abandonner. Les Espagnols, de leur côté, sous la conduite du marquis del Socorro et de Francisco Taranco, prirent part à cette invasion, ainsi que cela avait été convenu par le traité de Fontainebleau. Le Portugal était conquis, et l'empereur n'avait plus de prétexte pour envoyer de nouvelles troupes dans la Péninsule. Cependant, à la fin de décembre, une seconde armée de plus de vingt-sept mille hommes, commandée par le général Dupont, pénétra en Espagne; dans les premiers jours de janvier, celle-ci fut suivie par une troisième désignée sous le nom de corps d'observation des côtes de l'Océan et commandée par le maréchal Moncey. A l'autre extrémité des Pyrénées, à Perpignan, des troupes françaises et italiennes se réunissaient sous le nom de division des Pyrénées orientales, et s'avançaient en Catalogne, sous le commandement des généraux Duhesme, Chabran et Lecchi. Il fallait pallier par quelque prétexte toutes ces infractions au traité de Fontainebleau. Deux rapports, adressés à l'empereur par M. de Champagny et insérés dans le *Moniteur* du 24 janvier 1808, exposèrent que les Anglais se préparaient à attaquer les côtes de l'Andalousie, en sorte qu'il y avait nécessité pour l'empereur de veiller sur toute l'étendue de la Péninsule.

S'il avait pu rester quelque illusion dans l'esprit des Espagnols, s'ils avaient pu croire que Napoléon pensait à partager le Portugal, comme cela avait été convenu par le traité de Fontainebleau, une proclamation, publiée par Junot, le Ier février, aurait dû les détromper. Il y était dit que la maison de Bragance avait cessé de régner en Portugal, et que ce royaume serait gouverné en *totalité* par le général en chef de l'armée impériale. Il n'était plus question du royaume de la Lusitanie septentrionale, promise au roi d'Étrurie en échange de ses États, dont l'empereur s'était emparé ; il n'était plus question de la principauté des Algarves, dont on avait leurré la crédule ambition du prince de la Paix ; c'était la totalité du Portugal que l'empereur prétendait conserver pour lui.

Chaque jour des troupes nouvelles entraient en Espagne. Déjà on y comptait plus de cent mille Français, qui, accueillis partout comme des alliés, comme des amis, employèrent la ruse et la violence pour se rendre maîtres des places fortes les plus importantes.

Le général d'Armagnac, reçu avec trois bataillons dans la ville de Pampelune, sollicita du vice-roi, marquis de Vallesantoro, la permission d'introduire dans la citadelle deux bataillons suisses, sous le prétexte qu'il avait des doutes sur leur fidélité. Le vice-roi s'étant excusé de ne pouvoir accéder à une proposition aussi grave sans une autorisation spéciale de son gouvernement, le général français résolut de s'emparer de la forteresse par une trahison. Il choisit pour logement une maison située au bout de l'esplanade, en face de la porte principale de la citadelle, afin de guetter le moment favorable. Pendant la nuit du 15 au 16 février, un certain nombre de grenadiers se rendirent un à un et en armes à sa demeure. Le lendemain matin, des soldats d'élite, guidés par un chef de bataillon vêtu en bourgeois, se rendirent à la citadelle, comme ils y allaient chaque matin pour recevoir leurs rations. Sous le prétexte que leur chef n'était pas encore arrivé, ils s'arrêtèrent à la porte de la citadelle; et, comme il neigeait, ils commencèrent à se lancer des boules de neige, de manière à occuper l'attention des soldats espagnols. Quelques-uns d'entre-eux se placèrent sur le pont afin d'empêcher qu'on ne pût le lever; puis, à un signal convenu, d'autres se précipitèrent sur le corps de garde, désarmèrent les sentinelles, s'emparèrent des fusils qui étaient au râtelier et donnèrent libre entrée aux grenadiers réunis chez le général d'Armagnac, qui furent bientôt suivis de tous leurs camarades. Cette action s'exécuta avec tant de célérité, que les Français étaient maîtres de la forteresse avant que la garnison eût songé à se mettre en défense.

Ce fut aussi par une trahison que les Français s'emparèrent de la citadelle de Barcelone. Les troupes du général Duhesme avaient été reçues dans la ville; mais on ne leur avait livré ni Montjouy ni la citadelle. Duhesme prit donc la résolution de s'en emparer, et, pour y parvenir, il publia qu'il venait de recevoir l'ordre de continuer sa marche sur Cadix. Il annonça aussi qu'avant de partir, il passerait la revue de son armée. En effet, ses troupes se réunirent sur l'esplanade de la citadelle. Elles y manœuvrèrent pendant quelques instants, et firent plusieurs simulacres d'attaque et de défense, à la grande satisfaction des Espagnols, qui admiraient la précision de leurs mouvements. Par suite de ces manœuvres, la droite d'un bataillon de vélites se trouva appuyée à la palissade, et le général Lecchi, suivi d'un nombreux état-major, vint se placer sur le pont-levis, comme s'il eût dû y rester pour faire défiler les troupes. Les vélites continuèrent à avancer, et lorsqu'ils furent à la hauteur du pont, déjà encombré de chevaux, ils s'y précipitèrent en culbutant la sentinelle. Ils désarmèrent le poste qui gardait la porte, et pénétrèrent dans l'enceinte principale. Ils furent à l'instant soutenus par quatre autres bataillons, se jetèrent sur les batteries,

et, en quelques instants, ils se rendi
maîtres de la citadelle. Ils auraient vo
s'emparer de même de Montjouy; n
cela était plus difficile. Le ter
élevé et entièrement découvert sur
quel cette forteresse est établie la
à l'abri d'une surprise. Quand on vit
Français approcher on leva le pont
don Mariano Alvarez, qui command
refusa d'ouvrir les portes; mais les F
çais parvinrent à intimider le capita
général de la province en menaçant d
lever de force ce qu'on ne leur donne
pas de bonne volonté. Il n'osa pas p
dre sur lui la responsabilité d'une c
sion dont on ne pouvait prévoir les c
séquences, et il donna l'ordre d'ou
Montjouy aux étrangers.

A Figuières, le gouverneur de la p
ayant permis d'enfermer dans la citad
deux cents conscrits, qui, disait-
voulaient déserter, au lieu de conscrits
fit entrer deux cents soldats d'élite. Ce
ci s'emparèrent des portes et chas
rent de la citadelle le petit nombre d'
pagnols qui en formaient la garniso

Des actes d'une si audacieuse perf
jetèrent les plus vives alarmes dans l
prit de Charles IV et dans celui de ses
nistres. L'arrivée d'Isquierdo à Ma
vint accroître leurs inquiétudes. C'é
Isquierdo qui avait signé pour l'Es
gne le traité de Fontainebleau. Il ve
soumettre à l'examen du gouvernem
espagnol les vues nouvelles de l'
pereur qui lui avaient été verbalem
exposées. Bonaparte proposait d'a
donner au roi d'Espagne la totalité
Portugal. Il demandait en échange
provinces situées entre l'Èbre et
Pyrénées. Il insistait aussi pour la c
clusion de l'union entre Ferdinand et
princesse du sang impérial. Isquier
repartit pour Paris avec des instructi

[1] Les notes rédigées par Isquierdo l
mars, et arrivées à Madrid seulement aprè
événements d'Aranjuez, portent encore sur
tres points. Il y est question d'établir la li
réciproque de commerce pour les Français
Espagnols dans toutes leurs colonies; de
un nouveau traité d'alliance offensive et dé
sive; *enfin, de régler définitivement la su
sion au trône d'Espagne*. Quel motif faisait
rer ce dernier article dans les préliminaires
négociations? Bonaparte avait-il l'intentio
faire rapporter le décret de Charles IV qu
met les femmes au droit de succéder? son
était-il de mettre les lois espagnoles sur l'
dité en harmonie avec les dispositions d

nouvelles, plutôt dans le but de gagner du temps qu'avec l'espoir de détourner le coup dont on se voyait menacé. Aussi, Charles IV, cédant au conseil que lui donnait Godoy, prit la résolution de transporter sa cour à Séville, où il pourrait attendre les événements et où il lui serait plus facile de préparer sa fuite, s'il était forcé de chercher un refuge au delà des mers.

Quelque secret que l'on apportât dans les préparatifs du voyage, le bruit des intentions de la cour se répandit bientôt dans le public, et y produisit une vive effervescence. Plusieurs membres du cabinet se prononcèrent vivement contre le départ. Cependant, les circonstances devenaient chaque jour plus pressantes. Murat, grand-duc de Berg, nommé par l'empereur général en chef des différents corps d'armée qui avaient pénétré en Espagne, approchait de Madrid. Déjà le voisinage des Français ne permettait plus ni retard ni hésitations. Si on voulait fuir, il était temps de le faire; plus tard cela n'aurait plus été possible. La cour résidait en ce moment à Aranjuez, château royal sur le Tage, à quelques lieues de Madrid. On y fit venir une partie des troupes qui étaient en garnison dans la capitale; mais on y vit accourir en même temps une foule de ces individus à figures sinistres qu'on rencontre lors de toutes les agitations populaires. Le bruit circula enfin que le départ aurait lieu dans la nuit du 17 au 18 mars, et l'on assure que le prince des Asturies en avait lui-même prévenu les malveillants, en disant à un garde du corps : *C'est cette nuit qu'a lieu le voyage; mais moi je ne veux pas partir*. Le peuple et une partie des troupes qui improuvaient le voyage étaient disposés à empêcher qu'il ne s'exécutât. Ils se préparaient à manifester leur mécontentement, quand la famille royale se mettrait en route. Mais, avant cet instant, une horrible émeute éclata dans Aranjuez. On n'est pas d'accord sur la manière dont le tumulte commença. Voici comment la reine d'Espagne rend compte des faits dans une lettre écrite le 26 mars 1808 à sa fille la reine d'Étrurie et envoyée le même jour par celle-ci au grand-duc de Berg. « Mon fils était « à la tête de la conjuration. Les troupes « étaient gagnées par lui. Il fit sortir une « de ses lumières à une de ses fenêtres, « signe qui fit commencer l'explosion. « Dans ce même instant les gardes et les « personnes qui étaient à la tête de cette « révolution firent tirer deux coups de « fusil. On a prétendu qu'ils ont été « tirés par la garde du prince de la Paix, « mais cela n'est point. A l'instant même « les gardes du corps et l'infanterie es- « pagnole et wallone se trouvèrent sous « les armes sans ordre de leurs premiers « chefs..... Le roi et moi appelâmes « mon fils pour lui dire que le roi son « père, se trouvant incommodé de ses « douleurs, ne pouvait pas paraître à la « fenêtre, qu'il s'y montrât donc en son « nom pour tranquilliser le peuple; mais « il nous répondit qu'il ne le ferait pas; « car, dès qu'il se présenterait, le feu « commencerait. » Voici maintenant comment les faits sont rapportés par M. de Torreno : « Tout était sur le qui-vive; le peuple faisait des rondes dans l'obscurité de la nuit ayant à sa tête, caché sous un déguisement et sous le nom du père *Pedro*, le remuant et fougueux comte de Montijo, dont le nom sera presque toujours mêlé aux troubles et aux agitations de la rue. La troupe faisait aussi des patrouilles; et des deux côtés l'on exerçait une surveillance active qui se portait particulièrement sur l'hôtel du prince de la Paix. Entre onze heures et minuit l'on en vit sortir, soigneusement enveloppée dans ses vêtements,

tres II, III et IV du sénatus-consulte organique du 28 floréal an XII? Avait-on simplement en vue de rassurer le prince des Asturies contre les craintes que pouvaient lui avoir inspirées les projets d'usurpation attribués par les malveillants à Godoy? Cette dernière explication se trouverait assez en rapport avec ce passage de la dépêche d'Isquierdo : « En parlant de la succession au trône d'Espagne, j'ai dit tout ce que le roi notre seigneur m'avait fait l'honneur de m'ordonner, ainsi que tout ce qui a été nécessaire pour démentir les calomnies inventées par des Espagnols malveillants et racontées ici comme des vérités, jusqu'au point d'avoir perverti l'opinion publique. » Cependant ce dernier motif me semble bien puéril. Il n'était pas besoin d'un traité avec la France pour dire que le prince des Asturies succéderait à son père. Son droit résultait des lois de la monarchie.

Peut-être serait-on plus près de la vérité, si on disait que l'empereur, dont les projets n'étaient pas arrêtés, voulait qu'on multipliât les questions, afin de multiplier les difficultés et de tirer parti des occasions imprévues que ces embarras feraient naître.

doña Josefa Tudo, escortée des gardes d'honneur du généralissime; une patrouille voulut découvrir le visage de la dame : elle résista; ce qui occasionna une légère alerte, et l'un des soldats présents déchargea son fusil en l'air. Suivant quelques personnes, l'officier Tuyols, qui accompagnait doña Josefa, tira pour appeler à son aide; suivant les autres, ce fut le garde Merlo qui fit feu pour avertir les conjurés. Ce qu'il y a de certain, c'est que ceux-ci crurent voir là un signal. A l'instant même, un trompette, aposté exprès, sonna le boute-selle, et la troupe se précipita sur tous les points par où le voyage pouvait s'effectuer. Alors commença un horrible tumulte. » Une foule de gens de toutes les espèces, auxquels étaient mêlés des veneurs de l'infant don Antonio, des domestiques du palais et un grand nombre de soldats de différents corps, attaqua la demeure du prince de la Paix, en força la garde, et se précipita dans l'hôtel, fouillant tous les appartements pour découvrir Godoy. Ce fut inutilement. On ne le trouva pas. On crut qu'il s'était échappé par quelque issue secrète, et le peuple pilla son hôtel, n'y laissant pas un meuble, pas un objet précieux. Le lendemain 18, Charles IV rendit un décret qui ôtait au prince de la Paix les charges de généralissime et de grand amiral. Il s'empressa de donner avis de cette décision à l'empereur. Voici en quels termes il lui écrivit :

« Monsieur mon frère, il y avait longtemps que le prince de la Paix m'adressait des instances réitérées pour obtenir de se démettre des charges de généralissime et d'amiral. Je me suis prêté à ses désirs, en lui accordant la démission de ces charges ; mais, comme je ne saurais oublier les services qu'il m'a rendus, et notamment celui d'avoir coopéré à mes désirs constants et invariables de maintenir l'alliance et l'amitié intime qui m'unissent à V. M. I. et R., je conserverai à ce prince mon estime.

« Bien persuadé que rien ne sera plus agréable à mes sujets ni plus convenable pour réaliser les desseins importants de notre alliance, que de me charger moi-même du commandement de mes armées de terre et de mer, j'ai pris cette résolution, et je m'empresse d'en faire part à V. M. I. et R., considérant qu'elle v[erra] dans cette communication une nou[velle] preuve de mon attachement pour [sa] personne, et de mes désirs constant[s de] maintenir les rapports intimes qui [u]nissent à V. M. I. et R., avec cett[e fi]délité qui me caractérise, et dont v[otre] M. a les preuves les plus éclatante[s et] les plus répétées.

« La continuation de mes douleur[s de] rhumatisme, qui m'interdit depuis q[uel]ques jours l'usage de la main droite, [me] prive du plaisir d'écrire de ma ma[in à] V. M.

« Je suis avec les sentiments de la [plus] parfaite estime et de l'attachemen[t le] plus sincère,

« DE V. M. I. ET R., le bon frèr[e]

« CHARLES

« A Aranjuez, le 18 mars 1808. »

Cependant le prince de la Paix ne [s'é]tait pas évadé comme on l'avait pe[nsé]. Au moment où le tumulte avait écl[até], il était sur le point de se coucher. Il s['en]veloppa d'un manteau de molleton, r[em]plit ses poches d'or, s'arma d'une p[aire] de pistolets, et prit un petit pain su[r la] table où il venait de souper. Il ess[aya] d'abord de sortir par une porte de d[er]rière et de gagner une maison voisi[ne]; mais cette porte aussi était gard[ée]; alors il monta dans un grenier et [se] blottit dans le coin le plus obscur, s[ous] un rouleau de tapis de sparterie. Il pa[ssa] trente-six heures dans cette posit[ion] affreuse. Enfin, vaincu par la soif, il [fut] forcé de sortir de sa retraite. On a[vait] laissé son hôtel à la garde de deux co[m]pagnies de Wallons. Il fut aussitôt [re]connu par une sentinelle, qui do[nna] l'alarme. Le peuple, averti que Go[doy] venait d'être découvert, se précipita [sur] lui. Il l'eût massacré sans l'intervent[ion] de quelques gardes du corps qui arr[ivè]rent à temps pour le secourir et qui [par]vinrent, avec beaucoup de peine, [à le] conduire jusqu'à leur caserne, où la po[pu]lace le poursuivit encore. Charles I[V et] la reine, en apprenant que Godoy ve[nait] d'être arrêté et en entendant le dan[ger] qui le menaçait, ordonnèrent à Fe[r]nand d'aller apaiser la multitude. [Le] prince des Asturies se rendit à la ca[ser]ne, éloigna la populace, et il dit au [pri]sonnier : *Je te fais grâce de la vie*

—*Est-ce que vous êtes déjà roi?* répondit Godoy.

—*Pas encore*, reprit Ferdinand, *mais bientôt*. Certainement il y a du courage et de la fierté dans le peu de paroles que le ministre déchu adressait à son persécuteur; et celui qui, dans une position si horrible, tout couvert de contusions et de blessures, encore en face de l'émeute, conservait assez de sang-froid pour demander à Ferdinand s'il avait déjà usurpé le trône de son père, n'était pas un homme lâche et pusillanime, comme l'ont répété tant d'écrivains.

Sans doute on peut adresser à Godoy quelques reproches malheureusement trop fondés. Godoy avait beaucoup de légèreté, il était d'une vanité excessive; peut-être se montra-t-il trop avide de grandeurs et de richesses. Enfin on l'accuse d'avoir rempli auprès de la reine le rôle de Bertrand de la Cueva; mais, si nous admettons ce fait comme prouvé, il faut convenir que la honte en retombe sur la reine plutôt que sur lui. Il eût mieux valu que la source de son pouvoir fût entièrement pure; mais ce qu'il convient surtout de rechercher, c'est l'usage qu'il en a fait; et pendant tout le cours de son administration il s'est montré constamment animé par l'amour de son pays; il n'a pas cessé de protéger les lettres et les beaux-arts; attaqué, calomnié comme personne ne l'avait été avant lui, il n'a tiré vengeance d'aucun de ses ennemis, et l'on ne peut citer de lui aucun acte sanguinaire. Enfin, il existe sur la manière dont on doit apprécier son administration un document d'autant moins récusable qu'il nous est transmis par son ennemi le plus implacable. Sans doute on n'est pas tenu d'accepter pour des vérités incontestables tout ce que le chanoine Escoiquiz a écrit sur ses conversations avec Napoléon. Néanmoins on ne peut douter de sa véracité quand ses paroles contiennent l'éloge du prince de la Paix; or, voici comment il s'exprime: « *Escoiquiz* [1]. Notre jeune roi aurait été un allié fidèle et utile à Votre Majesté; et si elle eût tenté d'exécuter son plan actuel, nous aurions eu assez de forces pour défendre notre pays sinon pour envahir le vôtre; mais ce vil, ce perfide favori... pardonnez, sire, si je lui donne les épithètes qu'il mérite... *Napoléon* (en interrompant): *Eh! vous donnez là une fausse idée de lui. Il ne s'est pas si mal conduit dans son administration.* » Quelques jours plus tard, l'empereur, racontant la scène qui venait de se passer sous ses yeux entre Charles IV, Ferdinand, Marie-Louise et Godoy, disait encore [1]: « Il n'y a eu parmi ces gens-là qu'un « homme de génie, c'est le prince de la « Paix; il a voulu les conduire en Amé« rique: c'est là ce qui était grand et « beau! » L'homme auquel Napoléon reconnaissait du génie n'était certainement ni un être vil ni un misérable; mais, ainsi que tous ceux qui exercent l'autorité, il était en butte à la haine du vulgaire. Le peuple le détestait parce qu'il était au pouvoir, et parce qu'il avait supprimé les combats de taureaux; le clergé, parce qu'il avait fait vendre les œuvres pies et qu'il avait empêché les inhumations dans l'intérieur des églises; les grands, parce qu'il les éclipsait par son luxe et par les honneurs qu'il avait obtenus. Tous lui imputaient tous les maux de l'Espagne. Si les Français s'emparaient des places de la Navarre et de la Catalogne, c'était lui, disait-on, qui les leur livrait. Il était poursuivi par une haine aveugle; aussi quelques heures après qu'il eût été découvert, une voiture attelée de six mules s'étant arrêtée à la porte de la caserne des gardes du corps, le bruit se répandit qu'on allait transporter le prisonnier à Grenade. Aussitôt l'émeute recommença, plus furieuse. On rompit les traits des mules, et on mit la voiture en pièces.

Le peuple de Madrid imita les excès auxquels s'étaient livrés les révoltés d'Aranjuez; il pilla l'hôtel de Godoy, ainsi que les maisons de son frère et de plusieurs de ses partisans. Les clameurs de la populace en furie jetèrent l'épouvante dans l'esprit du pauvre Charles IV. Il se trouvait entouré de troupes qui n'obéissaient pas à sa voix, de serviteurs sans courage, sans dévouement; dégoûté du pouvoir, et peut-être aussi, comme il l'a dit plus tard, pour sauver sa vie, qu'il croyait menacée, pour sauver celle de la reine et celle de son favori, il se dé-

[1] Mémoires d'Escoiquiz, p. 130.

[1] Mémoires historiques sur la révolution d'Espagne, par M. de Pradt, p. 131.

termina à déposer la couronne. Voici en quels termes fut rédigé l'acte d'abdication :

« Les infirmités qui m'accablent ne « me permettant pas de supporter plus « longtemps le poids du gouvernement « de mes Etats, et l'intérêt de ma santé « exigeant que j'aille jouir, dans un climat « plus doux, du calme de la vie pri- « vée, j'ai résolu, après les plus sérieu- « ses réflexions, d'abdiquer la couronne « en faveur de mon héritier et bien-aimé « fils le prince des Asturies. En consé- « quence, ma royale volonté est qu'on le « reconnaisse et qu'on lui obéisse comme « au roi et au maître naturel de tous mes « États et domaines. Afin que la présente « déclaration royale de mon abdication « libre et spontanée ressorte à effet et « reçoive son exécution légale, vous la « communiquerez au conseil et à tous « ceux qu'il appartiendra.

« Fait à Aranjuez, le 19 mars 1808. »

« MOI, LE ROI. »

En lisant cet acte et en le rapprochant des circonstances dans lesquelles il a été rédigé, il est impossible de ne pas être frappé de ce qu'il a de contradictoire avec la déclaration que le roi avait faite deux jours auparavant, lorsqu'il avait annoncé l'intention de se charger lui-même de l'administration suprême de l'armée et de la marine. On ne peut pas le considérer comme le résultat d'une volonté libre et réfléchie. Il n'est entouré d'aucune des garanties usitées en pareille circonstance : le roi n'y stipule ni les honneurs qui lui seront rendus, ni les revenus qui lui seront assurés. Il n'y demande ni récompense ni garanties pour les serviteurs qui l'avaient fidèlement servi. Il laisse le prince de la Paix exposé à la rage de ses ennemis. Évidemment, tout y révèle la précipitation et la contrainte. Aussi Charles IV ne tarda-t-il pas à réclamer contre l'abdication arrachée à sa faiblesse, et il signa la protestation suivante :

« Je proteste et déclare que tout ce « que j'exprime dans mon décret du 19 « mars, où j'abdique la couronne en « faveur de mon fils, a été forcé, afin « d'éviter de plus grands malheurs et « d'empêcher l'effusion du sang de mes « sujets bien-aimés, et partant que le- « dit décret est nul et de nul eff

« MOI, LE ROI.

« Aranjuez, le 21 mars 1808. »

On a dit que cette date n'est exacte, et que l'acte de protestation a signé seulement deux jours plus ta mais cela est de fort peu d'importar et ce qui paraît certain, c'est que dè moment où il a pu librement éleve voix, Charles IV a réclamé.

En apprenant les événements d'A juez, les Français avaient hâté leur n che sur Madrid; et le 23 ils étaient trés dans cette capitale. Ce jour mê Murat, qui les commandait, envoy général Monthion, son aide de ca à Aranjuez. Celui-ci fut admis dev Charles IV, et les premières paroles vieux roi furent pour protester co les violences auxquelles il avait été butte. Dans sa lettre adressée par l même jour au prince de Berg, le gén Monthion s'exprime de cette maniè

« Sa Majesté me dit qu'elle remerc Votre Altesse Impériale de la part vous preniez à ses malheurs, d'aut plus grands que c'est un fils qui trouve l'auteur. Le roi me dit que c révolution avait été machinée; que l'argent avait été distribué, et que principaux personnages étaient son et M. Caballero, ministre de la justi qu'il avait été forcé d'abdiquer p sauver la vie de la reine et la sien qu'il savait que sans cet acte ils éta assassinés pendant la nuit; que la c duite du prince des Asturies était d tant plus affreuse, que, s'étant ape du désir qu'il avait de régner, et lui prochant de la soixantaine, il était c venu qu'il lui céderait la couronne de son mariage avec une princesse fr çaise : ce que le roi désirait ardemme

Enfin, le même jour 23, Charles remit au général Monthion, pour q les fît parvenir à l'empereur, sa pro tation et une lettre où l'on remarqu passage : « Je n'ai déclaré me déme de la couronne en faveur de mon que par la force des circonstances lorsque le bruit des armes et les clam d'une garde insurgée me faisaient a connaître qu'il fallait choisir entr vie et la mort, qui eût été suivie de de la reine; j'ai été forcé d'abdique

Avant même que ces protestations fussent connues, quelques personnes avaient été frappées de la manière irrégulière dont l'acte d'abdication avait été consenti : lorsqu'on le remit au conseil, afin qu'il en ordonnât la publication, ce corps renvoya l'affaire à ses procureurs généraux pour qu'ils rédigeassent leur rapport. Les ministres du nouveau roi lui en firent un reproche sévère, et l'acte d'abdication fut publié le 20, dans la soirée.

L'avénement de Ferdinand VII causa une allégresse presque générale. La populace s'abandonna aux transports d'une joie frénétique; et comme elle confondait dans le même sentiment l'amour qu'elle portait au nouveau souverain et la haine qu'elle avait vouée au prince de la Paix, on brisa les bustes de Godoy que les communes avaient placés ellesmêmes, à leurs frais, dans les maisons de ville. Ce ne fut pas seulement dans la capitale que ces démonstrations eurent lieu : partout le nom de Godoy fut accablé d'outrages. Les institutions les plus utiles furent saccagées, par le seul motif qu'elles étaient l'ouvrage du favori. Ainsi à San-Lucar de Barrameda, on dévasta un jardin fondé par lui pour acclimater les plantes exotiques les plus utiles. On brisa aussi des bateaux construits pour le sauvetage des naufragés, parce que le prince de la Paix en avait favorisé l'établissement. Le 23, Ferdinand fit transporter Godoy d'Aranjuez à la forteresse de Villaviciosa. Il donna l'ordre d'instruire le procès de ce malheureux ministre, de Diégo de Godoy, son frère, et de plusieurs autres personnes qui n'avaient d'autre tort que d'avoir reçu de lui des grâces et des honneurs. Après avoir ainsi pourvu aux soins de sa vengeance, Ferdinand songea à se rendre à Madrid, où l'appelaient les vœux de son peuple. Le 24, il entra par la porte d'Atocha. Il était à cheval, accompagné d'une escorte peu nombreuse; derrière lui venaient dans une voiture les infants don Carlos et don Antonio. Il suivit le cours du Prado, la rue d'Alcala et la grande rue, jusqu'au palais. Une foule immense se pressait sur son passage, au point qu'il fut contraint plusieurs fois de ralentir sa marche. Les acclamations, les cris d'allégresse retentissaient de tous les côtés. On n'entendait partout que des bénédictions. Cependant un sujet de contrariété vint se mêler à cette ovation. Murat avait donné l'ordre de faire manœuvrer une partie de ses troupes sur le chemin que devait suivre Ferdinand, soit à dessein et pour lui rappeler la présence des Français, soit plutôt parce que le Prado, étant la plus vaste promenade de Madrid, permettait de donner plus de développement aux exercices militaires. Au reste, quel qu'ait été le motif qui lui avait fait donner cet ordre, les Espagnols furent blessés de voir des troupes étrangères parader sur le passage de leur nouveau roi, et leur mécontentement s'accrut lorsqu'on put connaître la froideur dédaigneuse avec laquelle Ferdinand était traité par Murat et par M. de Beauharnais, le seul ambassadeur qui ne l'eût pas encore reconnu. Si Ferdinand fût arrivé sur le trône par les voies ordinaires de la nature, s'il n'y fût monté qu'à la mort de son père, il eût été pour lui de peu d'importance que l'empereur des Français le reconnût quelques jours plus tôt ou quelques jours plus tard; mais proclamé roi à la suite d'une insurrection populaire, il attachait le plus grand prix à l'adhésion d'un prince qui était alors l'arbitre de l'Europe. Il fit toutes les démarches qu'il pensa devoir complaire à l'empereur. Murat ayant laissé entendre à don Pédro Cevallos, premier secrétaire d'État, que Napoléon désirait posséder l'épée rendue par François Ier, à la bataille de Pavie, Ferdinand VII ordonna que cette épée fût remise au grand-duc de Berg. Il s'était flatté que dans les remercîments qui lui seraient adressés, pourraient se trouver quelques mots qui auraient l'air d'une reconnaissance. On envoya donc en grand appareil l'épée de François Ier sur un plateau d'argent, porté par Carlos Montargis, conservateur en chef de l'Armeria réal. Il était accompagné par le marquis d'Astorga, grand écuyer du roi, par le duc del Parque, capitaine des gardes du corps et par un détachement de la maison militaire. Toute cette flatterie et tout cet appareil furent en pure perte : Murat reçut l'épée, fit une longue réponse, parla beaucoup du roi chevalier; mais il ne prononça pas le nom de Ferdinand. Le lendemain, 5 avril,

[library stamp]

tous les détails de cette cérémonie furent insérés dans la Gazette de Madrid.

Ferdinand VII avait, dès les premiers jours, écrit à l'empereur pour lui faire part de son avénement et pour lui témoigner de nouveau le désir qu'il avait d'épouser une princesse du sang impérial. Cette lettre était restée sans réponse. Cependant ce silence pouvait jusqu'à un certain point s'expliquer. On annonçait que l'empereur était en route pour venir à Madrid. Il était même arrivé plusieurs voitures chargées et couvertes qui, disait-on, portaient des meubles et des effets à son usage personnel. Ferdinand envoya donc à sa rencontre trois grands d'Espagne pour le complimenter. Ensuite il fit partir son propre frère. Ce fut le 5 avril que don Carlos sortit de Madrid. Il ne pouvait, disait-on, manquer de rencontrer l'empereur avant la fin de la seconde journée; cependant il alla jusqu'à la frontière, où Bonaparte n'était pas encore arrivé. Ces retards causaient à Ferdinand beaucoup d'impatience et en même temps une vive inquiétude. Il n'ignorait pas qu'une correspondance fort active existait entre le duc de Berg et ses parents. Charles IV et Marie-Louise écrivaient chaque jour pour réclamer la mise en liberté du prince de la Paix ainsi que pour se plaindre de la conduite de leur fils et de ses conseillers. Dans ces lettres, qui ont été publiées depuis, la reine trace avec la plus grande sagacité le caractère des personnes dont Ferdinand était entouré. A cette époque, on pensa que la colère ou la passion avaient dicté ces portraits; mais les événements sont venus justifier sur tous les points les jugements que Marie-Louise avait portés.

Ferdinand craignait que cette correspondance ne fît naître des préventions contre lui dans l'esprit de l'empereur. Il prit donc le parti d'aller à la rencontre de Napoléon, afin de dissiper par ses prévenances les impressions peu favorables que ce souverain aurait pu concevoir. Il fut affermi dans ce dessein par l'arrivée du général Savary, qui était, disait-il, envoyé par l'empereur, pour demander si Ferdinand conservait envers la France les mêmes sentiments que son père. Il ajoutait que dans ce cas l'empereur ne se mêlerait en rien des affaires intérieures du royaume, et q[...] n'hésiterait pas à le reconnaître à l'i[...] tant comme roi d'Espagne. Enfin il faisait comprendre que l'empereur [...]rait content de le voir venir à sa r[...] contre. Des personnes dévouées à F[...] dinand lui représentèrent en vain qu[...] voyage auquel on voulait l'entraîner [...] chait un piége. Il ne tint nul com[...] des avis qu'on lui donnait. Escoiqui[...] poussait au départ avec une présom[...] tueuse confiance. Enfin, le nouveau [...] n'ignorait pas que Charles IV était [...] cidé à aller au-devant de l'empere[...] qu'une partie de ses domestiques étai[...] déjà en route, et que les relais étai[...] commandés pour le voyage. Il ne vou[...] pas se laisser devancer; et le 8 avi[...] par le conseil de Gonzalo O-Farill, [...] de ses ministres, il écrivit à son pèr[...]

« Il me semble juste que Votre Maje[...]
« me donne pour l'empereur une let[...]
« où vous le féliciterez de son arri[...]
« et dans laquelle vous lui témoigne[...]
« que j'ai pour lui les mêmes sentime[...]
« que Votre Majesté lui a montrés. [...]

Ferdinand terminait ce billet en anno[...] çant qu'il partirait le 10, et qu'il av[...] donné l'ordre de ne fournir les relais co[...] mandés pour son père que plus tard lorsque lui-même serait passé.

Charles IV ne signa pas l'attestati[...] qui lui était demandée par son fils, e[...] lendemain, 9 avril, la reine Marie-Lou[...] écrivait à Murat : « Nous ne donnero[...] « pas la lettre qu'on nous demande [...] « moins qu'on ne nous y force, comi[...] « à l'abdication contre laquelle le roi [...] « la protestation qu'il envoya à Votre [...] « tesse Impériale. » Ce refus n'arr[...] en aucune manière le départ de Fer[...] nand. Ce prince, après avoir créé u[...] junte de gouvernement, composée de s[...] oncle Antonio et des ministres, à l'e[...] ception de Cevallos, qui devait l'acco[...] pagner dans son voyage, sortit de M[...] drid, le 10 avril. Avec lui partire[...] Cevallos, Escoiquiz, le duc del Infantad[...] le duc San-Carlos, le marquis de Mu[...] quiz et don Pédro Labrador. Arrivé [...] Burgos, il n'y trouva pas l'empere[...] comme il s'en était flatté. Il contin[...] son voyage jusqu'à Vitoria. Dans ce[...] ville, il s'arrêta pour délibérer. [...] écrivit à Napoléon pour se plaindre [...] ce que les lettres qu'il avait écrit[...]

étaient restées sans réponse, et de ce que Murat avait refusé de le traiter en roi. Ce jour même, 14 avril, on apprit que l'empereur venait d'arriver à Bayonne. Le général Savary alla lui porter la lettre de Ferdinand, et quatre jours plus tard, le 18, il revint avec la réponse de l'empereur. Cet écrit très-froid, et dans lequel Napoléon blâme sévèrement l'insurrection d'Aranjuez, aurait dû dessiller les yeux de toute personne moins aveuglée que Ferdinand et que ses conseillers. L'empereur y déclarait qu'avant de reconnaître Ferdinand pour roi, il voulait savoir jusqu'à quel point l'abdication de Charles IV avait été libre et spontanée. En entreprenant son voyage, Ferdinand avait pour but de prévenir l'empereur en sa faveur. Il trouvait ce souverain disposé à s'ériger en juge; il le savait en mesure de faire exécuter sa sentence; il devait donc naturellement s'empresser de courir au-devant de lui pour se le rendre favorable. La lettre sévère de l'empereur, au lieu de le repousser, l'entraîna d'une manière irrésistible jusqu'à Bayonne. Il repoussa tous les avis qui lui furent donnés. Le duc de Mahon, qui était alors capitaine général de la Guipuscoa, s'efforça vainement de le détourner de son périlleux voyage. Il offrit de le faire évader et de le conduire dans la capitale de l'Aragon: Ferdinand, poussé par Escoiquiz, ne voulut rien écouter. Il écrivit le même jour (18) à Napoléon qu'il avait résolu de se mettre en route le 19 pour Irun, afin d'arriver le 20 au château de Marac. Lorsqu'il fut question de partir, le peuple s'ameuta devant l'hôtel où logeait le roi; il supplia ce prince de se rendre aux justes craintes qu'on lui exprimait; on alla jusqu'à couper les traits des mules; mais tout fut inutile. Il s'abandonna à sa destinée avec un inconcevable aveuglement, et lorsqu'il approcha de Bayonne, son arrivée surprit tellement l'empereur, que ce souverain ne put s'empêcher de s'écrier : *Comment!... il vient?.. Mais non, ce n'est pas possible.* On ne laissa pas longtemps Ferdinand dans le doute sur les véritables intentions de l'empereur. Le jour même de son arrivée, Cevallos eut une conférence avec le général Savary, et des propositions lui furent transmises qu'il a plus tard résumées de la manière suivante :

1° L'empereur a décidé que la dynastie des Bourbons ne régnerait plus en Espagne;

2° Le roi doit renoncer pour lui et pour ses enfants, s'il vient à en avoir, à tous ses droits à la couronne;

3° Dans le cas où il accéderait à ceci, on lui donnera la couronne d'Étrurie, pour en jouir ainsi que ses descendants avec la loi salique;

4° L'infant don Carlos fera également la cession de ses droits à la couronne; mais il jouira de ceux à celle d'Étrurie dans le cas où le roi manquerait d'héritiers;

5° Le royaume d'Espagne sera possédé dorénavant par un des frères de l'empereur;

6° L'empereur garantit l'intégrité de l'Espagne ainsi que celle de ses colonies, sans en distraire un seul village;

7° Il garantit pareillement la conservation de la religion, des propriétés, etc.;

8° Si Ferdinand n'accepte pas ces propositions, il n'aura aucun dédommagement, et S. M. I. fera exécuter le traité bon gré malgré;

9° Que si Ferdinand consent, et s'il demande à s'unir avec la nièce de S. M. I, ce mariage sera célébré aussitôt que ce traité sera signé. »

Ces propositions furent examinées par les conseillers qui avaient accompagné Ferdinand VII. Don Pédro Labrador fut chargé de les débattre avec M. de Champagny, ministre des affaires étrangères; mais leurs conférences restèrent sans résultat. Escoiquiz eut aussi avec l'empereur lui-même plusieurs entretiens. Il déploya vainement son éloquence cicéronienne pour le convaincre qu'il devait renoncer à ses projets. Les périodes du chanoine furent en pure perte. L'empereur ne voulut rien céder. De son côté Ferdinand refusa d'accepter les propositions qui lui étaient faites. Il écrivit à M. de Champagny qu'il ne pouvait discuter des questions aussi graves avant d'être rentré dans son royaume, et il lui manifesta l'intention de retourner en Espagne. On laissa sa lettre sans réponse et l'on augmenta le nombre des espions dont il était entouré; car, en réalité, il avait déjà cessé d'être libre. Il voulut envoyer des courriers à Madrid, ces courriers furent arrêtés; et lorsqu'il s'en plaignit, on lui répondit que, l'empereur ne reconnaissant d'autre roi d'Espagne que Charles IV, Ferdinand VII n'avait pas le droit de faire délivrer des passeports à des sujets espagnols; qu'au reste, il était libre de faire partir ses dépêches par l'estafette française, qui était parfaitement sûre. Enfin, le 29 avril, Napoléon fit déclarer à ce prince que puisqu'il avait refusé les arrangements qui lui avaient été proposés, on ne traiterait plus avec lui, mais seulement avec Charles IV, qui ne pouvait tarder à arriver.

En effet, le lendemain du départ de Ferdinand, Murat avait réclamé de la junte la mise en liberté de Godoy. Il avait menacé de le délivrer de force, si on ne le lui remettait pas à l'instant même. Après avoir hésité pendant deux jours, la junte céda enfin; mais le marquis de Castelar, à qui la garde du prisonnier avait été confiée, ne voulut rendre Godoy aux Français qu'après en avoir reçu verbalement l'ordre de l'infant don Antonio lui-même, et après que ce prince lui eut dit que de la remise de Godoy dépendait pour son neveu la conservation de la couronne d'Espagne. Devant cette grave considération, le marquis de Castelar s'inclina. Godoy fut mis en liberté le 20, à onze heures du soir. On lui fit immédiatement prendre la route de Bayonne, où il arriva le 26. Charles IV ne tarda pas à le suivre. Il se mit en route le 25, accompagné de la reine et de la fille du prince de la Paix; et après un voyage de cinq jours il sortit du territoire espagnol.

Le lendemain de son arrivée à Bayonne, Charles IV manda Ferdinand devant lui, et en présence de l'empereur il lui signifia que si le jour suivant, avant six heures du matin, il ne lui avait pas remis la couronne, il considérerait comme des émigrés lui, ses frères, ceux qui l'avaient suivi, et qu'il les traiterait comme tels. L'empereur approuva ce langage; et lorsque Ferdinand voulut prendre la parole pour se justifier, son père lui imposa durement silence; il l'accusa d'avoir voulu l'assassiner; il l'accabla de reproches, et se leva de son siége pour le frapper. La reine, à son tour, adressa à son fils les plus violentes injures, et, dans l'excès de sa colère, elle alla jusqu'à d[ire] qu'il méritait de monter sur l'échafa[ud]. A la suite de cette scène, Ferdina[nd] écrivit à son père : « Je suis prêt à vo[us] remettre la couronne aux conditio[ns] suivantes :

« 1° Que Votre Majesté reviendra [à] Madrid, où je l'accompagnerai et le s[er]virai en fils respectueux ;

« 2° Que les cortès seront assemblée[s à] Madrid, et dans le cas que Votre Maje[sté] ait de la répugnance pour une asse[m]blée si nombreuse, on pourra conv[o]quer tous les tribunaux et les déput[és] du royaume;

« 3° Que ma renonciation sera faite [et] les motifs qui m'y engagent seront d[é]clarés en présence de cette assemblé[e]. Ces motifs sont : l'amour que j'ai po[ur] mes sujets, afin de payer de retour c[e]lui qu'ils ont pour moi, en leur procura[nt] la tranquillité et en écartant d'eux l[es] horreurs d'une guerre civile, par [le] moyen d'une renonciation qui n'a d'a[u]tre but que d'engager Votre Majesté [à] reprendre le sceptre et à gouverner d[es] sujets dignes de son amour;

« 4° Que Votre Majesté n'amènera p[as] avec elle des personnes qui méritent [à] juste titre la haine de la nation;

« 5° Que si Votre Majesté persiste dans [ce] qu'elle a avancé, de ne pas revenir en E[s]pagne, ni ne veut pas régner de nouvea[u,] je gouvernerai en son nom comme s[on] lieutenant; car personne ne peut m'[ê]tre préféré : j'ai pour moi les lois, [le] vœu des peuples et l'amour de mes su[]jets; personne ne peut chercher le[ur] prospérité avec autant de zèle et ne s['y] croit aussi intéressé que moi. »

Ce n'était pas une remise conditio[n]nelle de la couronne que Charles I[V] exigeait de son fils. Il voulait une rest[i]tution pure et simple : aussi lui adre[s]sa-t-il aussitôt une réponse, qui, à ce q[ue] l'on pense, avait été concertée avec l'em[]pereur. Quelques écrivains disent mêm[e] qu'une partie de cette lettre a été dict[ée] par Napoléon. On y trouve en effet [le] style et des expressions qui ne sont qu['à] lui. Cette pièce est un document histo[]rique du plus haut intérêt. Elle m[é]rite qu'on la conserve en entier.

« Mon fils, les conseils perfides d[es] hommes qui vous environnent ont pla[cé] l'Espagne dans une situation critiqu[e] elle ne peut plus être sauvée que par l'empereur.

« Depuis la paix de Bâle, j'ai senti que le premier intérêt de mes peuples était de vivre en bonne intelligence avec la France. Il n'y a pas de sacrifice que je n'aie jugé devoir faire pour arriver à ce but important; même quand la France était en proie à des gouvernements éphémères, j'ai fait taire mes inclinations particulières pour n'écouter que la politique et le bien de mes sujets. Lorsque l'empereur des Français eut rétabli l'ordre en France, de grandes craintes se dissipèrent, et j'eus de nouvelles raisons de rester fidèle à mon système d'alliance.

« Lorsque l'Angleterre déclara la guerre à la France, j'eus le bonheur de rester neutre et de conserver à mes peuples les bienfaits de la paix. L'Angleterre saisit postérieurement quatre de mes frégates, et me fit la guerre même avant de me l'avoir déclarée. Il me fallut repousser la force par la force. Les malheurs de la guerre atteignirent mes sujets.

« L'Espagne environnée de côtes, devant une grande partie de sa prospérité à ses possessions d'outre-mer, souffrit de la guerre plus qu'un autre État. La cessation du commerce et les calamités attachées à cet état de choses se firent sentir à mes sujets. Plusieurs furent assez injustes pour les attribuer à moi et à mes ministres.

« J'eus la consolation, du moins, d'être assuré du côté de la terre, et de n'avoir aucune inquiétude sur l'intégrité de mes provinces, que moi seul de tous les rois de l'Europe j'avais maintenue au milieu des orages de ces derniers temps. Je jouirais encore de cette tranquillité, sans les conseils qui vous ont éloigné du droit chemin. Vous vous êtes laissé aller trop facilement à la haine que votre première femme portait à la France, et bientôt vous avez partagé ses injustes ressentiments contre mes ministres, contre votre mère, contre moi-même.

« J'ai dû me ressouvenir de mes droits de père et de roi; je vous fis arrêter : je trouvai dans vos papiers la conviction de votre délit; mais, sur la fin de ma carrière, en proie à la douleur de voir mon fils périr sur l'échafaud, je fus sensible aux larmes de votre mère et je vous pardonnai.

« Cependant, mes sujets étaient agités par les rapports mensongers de la faction à la tête de laquelle vous étiez placé. Dès ce moment je perdis la tranquillité de ma vie, et aux maux de mes sujets je dus joindre ceux que me causaient les dissensions de ma propre famille.

« On calomnia même mes ministres auprès de l'empereur des Français, qui, croyant voir les Espagnes échapper à son alliance, et les esprits agités, même dans ma famille, couvrit sous différents prétextes mes États de ses troupes.

« Lorsqu'elles occupèrent la rive droite de l'Èbre et parurent destinées à maintenir la communication avec le Portugal, je dus espérer qu'il reviendrait aux sentiments d'estime et d'amitié qu'il m'avait toujours montrés. Quand j'appris que ses troupes s'avançaient sur ma capitale, je sentis la nécessité de réunir mon armée autour de moi pour me présenter à mon auguste allié dans l'attitude qui convenait au roi des Espagnes. J'aurais éclairci ses doutes et concilié mes intérêts. J'ordonnai à mes troupes de quitter le Portugal et Madrid, et je les réunis de différents points de la monarchie, non pour abandonner mes sujets, mais pour soutenir dignement la gloire du trône. Ma longue expérience me faisait comprendre d'ailleurs que l'empereur des Français pouvait nourrir des désirs conformes à ses intérêts et à la politique du vaste système du continent, mais qui pouvaient blesser les intérêts de ma maison. Quelle a été votre conduite? Vous avez mis en rumeur tout mon palais; vous avez soulevé mes gardes du corps contre moi; votre père lui-même a été votre prisonnier; mon premier ministre, que j'avais élevé et adopté dans ma famille, a été traîné sanglant de cachot en cachot; vous avez flétri mes cheveux blancs; vous les avez dépouillés d'une couronne portée avec gloire par mes pères, et que j'avais conservée sans tache; vous vous êtes assis sur mon trône; vous avez été vous mettre à la disposition du peuple de Madrid, que vos partisans avaient ameuté, et de troupes étrangères qui, au même moment, y faisaient leur entrée.

« La conspiration de l'Escurial était

consommée, les actes de mon administration livrés au mépris public. Vieux, chargé d'infirmités, je n'ai pu supporter ce nouveau malheur. J'ai eu recours à l'empereur des Français, non plus comme un roi à la tête de ses troupes et environné de l'éclat du trône, mais comme un roi malheureux et abandonné. J'ai trouvé protection et refuge au milieu de ses camps : je lui dois la vie, celle de la reine, et de mon premier ministre. Je vous ai suivi à Bayonne. Vous avez conduit les affaires de manière à ce que tout dépend désormais de la médiation de ce grand prince : vouloir recourir à des agitations populaires, arborer l'étendard des factions, c'est ruiner les Espagnes et entraîner dans les plus horribles catastrophes, vous, mon royaume, mes sujets et ma famille; mon cœur s'est ouvert tout entier à l'empereur; il connaît tous les outrages que j'ai reçus et les violences qu'on m'a faites; il m'a déclaré qu'il ne vous reconnaîtrait jamais pour roi, et que l'ennemi de son père ne pouvait inspirer aucune confiance aux étrangers; d'ailleurs, il m'a montré des lettres de vous qui attestent votre haine pour la France.

«Dans cette situation, mes droits et mes obligations se confondent; et je dois épargner le sang de mes sujets, et ne rien faire sur la fin de ma vie qui puisse porter le ravage et l'incendie dans les Espagnes, et les réduire à la plus horrible misère. Ah! certes, si, fidèle à vos devoirs et aux sentiments de la nature, vous aviez repoussé des conseils perfides; si, constamment assis à mes côtés pour ma défense, vous aviez attendu le cours ordinaire de la nature qui devra marquer votre place dans peu d'années, j'eusse pu concilier la politique et l'intérêt de l'Espagne avec l'intérêt de tous. Sans doute, depuis six mois les circonstances ont été critiques; mais quelque critiques qu'elles fussent, j'aurais obtenu et de la fidélité de mes sujets, et des faibles moyens qui me restaient encore, et surtout de cette force morale que j'aurais eue en me présentant dignement à la rencontre de mon allié, auquel je n'avais jamais donné de sujet de plainte, un arrangement qui eût concilié les intérêts de mon peuple et ceux de ma famille. En m'arrachant ma couronne, c'est la vôtre que vo vous avez brisée; vous lui avez ôté qu'elle avait d'auguste, ce qui la re dait sacrée à tous les hommes.

«Votre conduite envers moi, vos le tres interceptées ont mis une barriè d'airain entre vous et le trône de l'E pagne. Il n'est ni de votre intérêt, de celui des Espagnes, que vous y pr tendiez. Gardez-vous d'allumer un fe dont votre ruine totale et le malheur (l'Espagne seraient la suite inévitabl Je suis roi du droit de mes père Mon abdication a été le résultat de force et de la violence. Je n'ai donc rie à recevoir de vous. Je ne puis adhérer aucune réunion de députés de la n tion. C'est encore là une faute des hon mes sans expérience qui vous entouren

«J'ai régné pour le bonheur de me sujets; je ne veux point leur léguer l guerre civile, les émeutes, les assem blées populaires, les révolutions. Tou doit être fait pour le peuple, et rie par lui. Oublier cette maxime, c'est s rendre coupable de tous les crimes qu dérivent de cet oubli. Toute ma vie j me suis sacrifié pour mes peuples; et c n'est pas à l'âge où je suis arrivé que j ferai rien de contraire à leur religion à leur tranquillité, à leur bonheur. J'a régné pour eux, j'agirai constammen pour eux. Tous mes sacrifices seron oubliés; et, lorsque je serai assuré qu la religion de l'Espagne, l'intégrité d mes provinces, leur indépendance e leurs priviléges seront maintenus, j descendrai dans le tombeau en vous par donnant l'amertume de mes dernière années.

« Donné à Bayonne, dans le palais im périal, appelé le Gouvernement, le mai 1808. « CHARLES. »

Malgré cette lettre, Ferdinand persis tait à ne faire qu'une remise condi tionnelle de la couronne; et les débat auraient pu durer encore longtemps lorsqu'on reçut à Bayonne la nouvell d'une collision déplorable qui avait e lieu à Madrid, le 2 mai, entre les Fran çais et les Espagnols.

Depuis l'émeute d'Aranjuez, l'Espa gne n'avait pas cessé d'être dans u état de fermentation. Le départ de Fer dinand, aussi bien que la présence de troupes étrangères, avait entretenu l'a gitation. La mise en liberté de Godoy avait exaspéré les mécontents. Enfin, Murat avait hautement déclaré que l'empereur ne reconnaissait en Espagne d'autre roi que Charles IV. Il avait, d'ailleurs, fait voir à la junte la copie d'une protestation de Charles IV, qu'il avait l'intention de publier. La junte répondit que ce n'était pas le grand-duc, mais bien le vieux roi qui eût dû lui adresser directement cette réclamation; que, lorsqu'elle en serait régulièrement saisie, elle la transmettrait à Ferdinand, de qui elle tenait ses pouvoirs; enfin, elle demandait qu'en attendant on gardât le silence sur la protestation. Murat avait consenti à ne pas la rendre publique; mais il n'avait pas gardé le secret d'une manière bien sévère ; et deux Français ayant voulu en faire imprimer une copie, le bruit s'en répandit aussitôt. Cela faillit causer une émeute. La tranquillité fut également troublée à Tolède. Un officier français ayant répété que Napoléon était décidé à faire restituer à Charles IV la couronne dont il avait été dépouillé, le peuple s'ameuta, et dévasta la maison du corrégidor ainsi que celles de plusieurs autres citoyens, parce qu'on leur supposait de l'attachement pour Charles IV et pour Godoy.

Au milieu de ces agitations la position de la junte était excessivement embarrassée. Ferdinand ne lui avait laissé en partant que des pouvoirs très-restreints, qui déjà ne suffisaient plus pour les circonstances; et ses inquiétudes s'accrurent lorsque don Justo-Maria de Ibar-Navarro, émissaire de confiance envoyé de Bayonne par Ferdinand VII, apporta la nouvelle que l'empereur voulait forcer Ferdinand à renoncer à la couronne d'Espagne et à recevoir en échange le royaume d'Étrurie; mais que le roi était décidé à ne rien accepter qui ne fût compatible avec la dignité du trône. Voulant mettre sa responsabilité à l'abri, la junte envoya à Bayonne deux personnes de confiance, pour adresser à Ferdinand les quatre questions suivantes : 1° La junte est-elle autorisée à se substituer, en cas de nécessité, d'autres membres qui se transporteraient en lieu sûr pour agir en liberté, dans le cas où la junte elle-même cesserait d'être libre? 2° La volonté de S. M. est-elle que l'on commence les hostilités? où et comment faut-il agir? 3° Faut-il empêcher l'entrée de nouvelles troupes en Espagne, en fermant les passages de la frontière? 4° S. M. juge-t-elle convenable de convoquer les cortès en vertu d'un décret royal adressé au conseil, et à défaut de celui-ci, car, à l'arrivée du décret, le conseil pourrait ne plus avoir la possibilité d'agir, à quelque cour judiciaire libre de la présence des Français.

La junte n'avait encore reçu aucune réponse de Ferdinand VII, lorsqu'une lettre de Charles IV arriva à Madrid. Ce prince y recommandait de faire partir pour Bayonne la reine d'Étrurie et l'infant don Francisco. Murat ayant communiqué cette dépêche à la junte, celle-ci répondit que la reine d'Étrurie était libre de quitter Madrid quand elle le voudrait, mais qu'on ne laisserait pas partir l'infant don Francisco sans des instructions spéciales de Ferdinand VII. Murat, de son côté, menaçait d'employer la violence pour faire exécuter les ordres qu'il avait reçus. Dans tous les esprits l'irritation était extrême; on n'attendait qu'une occasion pour éclater, et une partie de la population de Madrid était disposée à empêcher le voyage de l'infant don Francisco. Dès le matin du 2 mai, la place située devant le palais se trouva remplie de femmes et d'hommes du peuple, qui virent sans s'émouvoir la reine d'Étrurie monter en voiture. On la considérait comme une princesse étrangère, et l'on ne mit aucun obstacle à son départ. Il restait encore deux voitures destinées, disait-on, aux infants don Antonio et don Francisco. Le mécontentement et la colère du peuple s'accrurent, lorsque les domestiques du palais eurent répandu le bruit que l'infant don Francisco pleurait et ne voulait point partir. Sur ces entrefaites, M. Auguste Lagrange, aide de camp de Murat, se rendit au palais pour connaître la cause du tumulte. Le peuple crut qu'il venait pour enlever l'infant. L'émeute commença. On se jeta sur M. Lagrange, et on l'eût massacré, sans l'intervention d'un officier espagnol et d'une patrouille française qui eurent beaucoup de peine à l'arracher à la fureur du peuple. L'alarme se répandit aussitôt dans toute la ville, et une demi-heure ne s'était pas écoulée, qu'on tirait des coups de fusil dans toutes les rues. Les Français isolés, ceux qui rejoignaient leurs corps furent partout attaqués, et un grand nombre furent assassinés. On n'évalue pas à moins de 500 le nombre des soldats qui périrent dans cette circonstance. Mais l'avantage ne resta pas longtemps aux insurgés. Les Français balayèrent avec leur artillerie les rues d'Alcala et de San-Geronimo. La cavalerie de la garde impériale chargea la foule, et la dissipa. Cependant, dans beaucoup d'endroits, les bourgeois, auxquels s'étaient joints les artilleurs espagnols, opposaient aux Français une résistance désespérée. Azanza et O' Farril, membres de la junte, essayèrent inutilement de rétablir le calme en parcourant les environs du palais; mais leur autorité n'était pas reconnue par les officiers français, et la lutte continuait. Ils allèrent trouver Murat, qui était sorti de la ville, et qui, à la tête d'une partie de ses troupes, avait pris position sur la côte Saint-Vincent. Ils promirent au général de rétablir la tranquillité s'il voulait faire cesser le feu et envoyer avec eux quelques-uns de ses généraux. Le grand-duc y consentit, et désigna le général Harispe pour les accompagner. Ils se rendirent aussitôt ensemble au conseil de Castille, afin que les magistrats qui le composaient les aidassent à calmer l'agitation. Ceux-ci, auxquels se réunirent bientôt les membres des autres conseils, se répandirent dans la ville, et, assistés de quelques officiers français, ils parvinrent à faire cesser le combat. Une grande partie des personnes qui avaient été arrêtées furent relâchées par leur intercession. Cependant il y en eut qui ne furent point mises en liberté; et, soit que le grand-duc pensât nécessaire de déployer une grande sévérité, soit qu'un sentiment de colère l'entraînât à venger sur ces malheureux les soldats qui avaient été assassinés, il remit à une commission militaire le soin de les juger. Ce tribunal, avec une barbarie qu'on ne saurait assez flétrir, condamna presque tous les prisonniers sans formalité de justice et souvent sans les avoir entendus. A la chute du jour, on envoya ces infortunés par pelotons au Prado, où ils furent fusillés.

Il n'est pas possible de déterminer d'une manière bien exacte le nomb des victimes qui périrent dans cette d plorable journée. Le conseil de Castill dans son manifeste, annonce qu'il y e 104 personnes tuées, 54 blessées et : qui disparurent, sans qu'on ait su (qu'elles étaient devenues. Mais cet évaluation était au-dessous de la vérit et une partie des malheurs était diss mulée, pour calmer la douleur et l'a gitation qu'ils avaient produites. M rat, par un calcul tout différent, exa géra le nombre des victimes. Il port dans ses bulletins la perte des insurg à plusieurs milliers de morts : il voula répandre la terreur en Espagne; mais suivant l'expression de M. O'Farril, il n' sema que la haine et la vengeance [1].

Le 3 au matin, l'infant don Francisc sortit de Madrid. Le soir du même jou le comte de Laforest et M. de Frévill eurent une conférence secrète avec l'in fant don Antonio; et le lendemain ma tin don Antonio se mit en route pou Bayonne, sans avoir prévenu la junte d sa détermination. Il ne l'avertit de son d part que par ce singulier billet adressé don Francisco Gil, ministre de la marine

« Au seigneur Gil : »

« Je fais savoir à la junte, pour s « gouverne, que je suis parti pou « Bayonne, par ordre du roi; et je re « commande à la dite junte de suivre l « même marche comme si j'étais ave « elle. Que Dieu nous la donne bonne « — Adieu, messieurs, jusqu'à la vallé « de Josaphat.

« Antonio Pascual. »

La nouvelle des événements du : mai arriva le 5 à Bayonne. Napoléo s'empressa d'en aller donner connais sance aux vieux souverains; il eut ave eux une longue conversation, à laquell on appela Ferdinand. Son père renou vela les accusations qu'il avait portée contre lui. Il lui reprocha d'être caus des malheurs qui venaient d'avoi lieu. Il lui signifia de nouveau que, s'i ne lui remettait pas la couronne san délai et sans condition, il le ferait traite comme usurpateur et comme accusé d conspiration contre la vie de ses souve rains. Ferdinand se trouva dans un em

[1] Mémoire de Miguel Azanza et D. Gon zalo O' farril, p. 44.

barras d'autant plus grand, qu'il avait le matin même adressé à Madrid deux actes qui pouvaient gravement le compromettre. Des messagers que la junte avait envoyés à Bayonne un seul, don Évaristo Pérez de Castro, avait pu y parvenir; et Ferdinand, en réponse aux questions présentées par la junte, venait de signer deux décrets. Par le premier il déclarait que, n'étant pas libre et ne pouvant prendre aucune mesure pour le salut de la monarchie, il investissait la junte des pouvoirs les plus étendus, et lui prescrivait de commencer les hostilités lorsqu'on le ferait partir pour le centre de la France; par le second, adressé au conseil de Castille, ou, à son défaut, à une cour quelconque libre de la présence des Français, il ordonnait de convoquer les cortès dans le lieu qu'on croirait le plus avantageux. Ces ordonnances étaient signées et parties pour Madrid, lorsque Ferdinand fut appelé à la conférence qui avait lieu entre Charles IV et Napoléon. Il apprit les événements du 2 mai, et commença à se repentir des dispositions qu'il venait de prendre. Il craignait que l'exécution de ses ordres n'attirât sur lui la colère de Napoléon. Ces appréhensions et les menaces qui lui furent adressées le déterminèrent à céder; et le lendemain il envoya à son père une renonciation telle qu'on la lui avait prescrite. Charles IV n'avait pas attendu cette restitution pour disposer de la couronne : dès le 4 il avait conféré à Murat le titre de lieutenant général du royaume. Cette nomination était accompagnée d'une proclamation terminée par cette réflexion : « Il n'y a de salut et de prospérité possibles pour les Espagnols que dans l'amitié du grand empereur mon allié. »

Le lendemain, le 5 mai, il avait signé un traité par lequel il cédait à l'empereur la couronne d'Espagne.

L'art. Ier est ainsi conçu : « Sa Majesté le roi Charles IV n'ayant eu en vue, pendant toute sa vie, que le bonheur de ses sujets, et constant dans le principe que tous les actes d'un souverain ne doivent être faits que pour arriver à ce but, les circonstances actuelles ne pouvant être qu'une source de dissensions d'autant plus funestes que les factions ont divisé sa propre famille, a résolu de céder, comme il cède par le présent, à Sa Majesté l'empereur Napoléon tous ses droits sur le trône des Espagnes et des Indes, comme le seul qui, au point où en sont arrivées les choses, peut rétablir l'ordre : entendant que ladite cession n'ait lieu qu'afin de faire jouir ses sujets des deux conditions suivantes :

« 1° L'intégrité du royaume sera maintenue. Le prince que Sa Majesté l'empereur Napoléon jugera devoir placer sur le trône d'Espagne sera indépendant, et les limites de l'Espagne ne souffriront aucune altération. 2° La religion catholique, apostolique et romaine, sera la seule en Espagne. Il ne pourra y être toléré aucune religion réformée et encore moins infidèle, suivant l'usage établi jusqu'aujourd'hui. »

Par les autres articles, le château de Compiègne, avec les parcs et forêts qui en dépendent, est mis à la disposition de Charles IV. Une liste civile de trente millions de réaux (huit millions de francs) lui est assurée, et une rente de 400,000 francs est attribuée à tous les infants d'Espagne.

Cet acte ne suffisait pas encore ; car Ferdinand, en remettant la couronne à son père, n'avait en aucune manière renoncé au droit qu'il avait, en qualité de prince des Asturies, de succéder à Charles IV quand celui-ci cesserait de régner. Une nouvelle négociation s'ouvrit donc entre Napoléon et Ferdinand. Toute résistance de la part de ce dernier eût été un acte insensé. Il signa donc, le 10 mai, un traité par lequel il renonça à tous ses droits à la couronne des Espagnes et des Indes.

Lorsque la famille de Charles IV fut ainsi dépouillée du trône, l'empereur la fit partir pour le cœur de la France. Le 10, les vieux souverains se mirent en route pour Fontainebleau, et de là pour Compiègne. Le 11, Ferdinand et les infants don Antonio et don Carlos quittèrent Bayonne pour se rendre à Valençay, où ils devaient résider. Mais ils étaient poursuivis par la crainte que les deux décrets adressés par Ferdinand, le 5, à la junte suprême et au conseil de Castille ne fussent exécutés. Déjà cette exécution n'était plus possible. Dès que l'infant Antonio avait eu quitté Madrid, Murat s'était emparé de la présidence de la junte suprême. Mais Ferdinand n'était pas instruit de ce qui s'était passé à Madrid depuis le 2 mai ; et pour mettre sa responsabilité à couvert, le 12, étant déjà en route et arrivé à Bordeaux, Ferdinand, conjointement avec les infants don Antonio et don Carlos, adressa une proclamation aux Espagnols, pour les engager à se soumettre au nouveau souverain que l'empereur leur donnerait.

Après avoir expulsé la dynastie qui régnait en Espagne, Napoléon voulut donner à son usurpation une espèce de sanction nationale. Il fit en sorte que les conseils lui adressassent la prière de donner son frère aîné pour roi à l'Espagne. Il fit aussi convoquer à Bayonne un simulacre de cortès; une ordonnance sans date, rendue au nom du grand-duc et de la junte suprême, fut insérée dans la Gazette de Madrid, du 24 mai. Il y fut exposé que Napoléon, voulant réunir, le 15 juin, à Bayonne, une assemblée générale des représentants de la nation pour s'y occuper des intérêts et du bonheur de l'Espagne, la junte avait nommé un certain nombre de députés.

L'ordonnance prescrivait ensuite aux villes et aux corporations, qui avaient droit d'être représentées aux cortès, de procéder à l'élection de leurs mandataires.

Les membres de cette assemblée n'étaient pas encore réunis à Bayonne, lorsque, le 6 juin, Napoléon rendit un décret par lequel il proclamait son frère Joseph roi d'Espagne et des Indes. Le lendemain, il fit reconnaître et féliciter le nouveau roi par des députations des grands du royaume, du conseil de Castille, de l'armée et des conseils de l'inquisition, des Indes et des finances. C'est ainsi que fut accomplie l'usurpation la plus impudente et la plus inique dont l'histoire de l'Europe puisse fournir l'exemple.

DES BEAUX-ARTS ET DE LA LITTÉRATURE EN ESPAGNE SOUS LES ROIS DE LA MAISON DE BOURBON.

Les dernières années du règne de Charles II avaient été pour l'Espagne un temps de décadence et de décrépitude. Philippe V, en montant sur le trône, trouva la littérature infectée par le faux brillant des imitateurs de Gracian et de Gongorra. La transition dut sembl[er] pénible au petit-fils de Louis XIV. [Il] sortait d'une cour célèbre par la pure[té] de son goût encore plus que par s[on] élégance; et si la France avait acqu[is] sur les champs de bataille la prépond[é]rance politique, elle avait aussi conqu[is] dans les lettres une incontestable supéri[o]rité. Après avoir vécu longtemps d'em[]prunts faits à l'Espagne et à l'Italie, [la] littérature française s'était enfin élanc[ée] au premier rang. C'est elle qui fourn[is]sait à son tour des modèles aux langu[es] étrangères. Mais ce n'était pas à Ph[i]lippe V qu'il était permis de francis[er] l'Espagne, il ne pouvait pas donner [sa] patrie pour exemple; avant tout il dev[ait] faire oublier qu'il était étranger. [Il] fallait qu'il se montrât plus Espagn[ol] que les Espagnols eux-mêmes. Aus[si] avait-il adopté tous les usages du pay[s]. Il avait accepté dans toute sa rigue[ur] le costume national; il avait empri[]sonné son cou dans une gênante golill[e] et n'avait pas osé répudier ce carcan i[n]commode. Lorsqu'il voulut s'en d[é]barrasser, il lui fallut avoir recours [à] la ruse. Il fit circuler un écrit anonym[e] intitulé : *Decretum Jovis de gonelli[a]*, décret de Jupiter concernant la golille; c'est une petite scène où Jupiter co[n]sulte les dieux pour savoir s'il faut sub[s]tituer la cravate à la golille. Le maît[re] du tonnerre, après avoir entendu sur cet[te] question tous les habitants de l'Olymp[e], décide que la golille donnant au visa[ge] beaucoup de gravité, convient parfait[e]ment aux magistrats, mais qu'elle e[st] trop gênante pour les guerriers, dont to[us] les mouvements doivent être promp[ts] et parfaitement libres. Cette peti[te] fable passa de main en main sans qu'o[n] en soupçonnât l'auteur. Enfin, un jou[r] la conversation s'étant engagée [à] la cour sur l'origine de la golille, Ph[i]lippe se rangea de l'avis de Jupiter, [et] les grands lui promirent que s'il voula[it] donner l'exemple ils quitteraient to[us] cette parure qui leur était à charg[e]. En effet, au bout de quelques semaine[s] la golille fut généralement abandonné[e]. Ce prince, qui, pour quitter une part[ie] du costume national, avait eu beso[in] d'employer des détours, pouvait bi[en] moins encore faire prévaloir dans [la] littérature une influence étrangère; aus[si] ne fut-ce point par lui que fut introduit en Espagne le goût des œuvres françaises : c'est par l'Italie qu'il pénétra. Pendant la guerre de la succession, plusieurs familles s'étaient retirées en Sicile. Don Inacio de Luzan, né à Saragosse, en 1702, n'avait que peu d'années lorsqu'il fut emmené par ses parents à Palerme, où il fit ses études. Il fut reçu docteur en droit et en théologie à l'université de Catane. Il était versé dans les littératures italienne, grecque, latine, française, et fut un des premiers membres de l'académie de Palerme. Après que le calme eut été rétabli en Espagne, il revint à Saragosse. Il y composa une poétique où il développa les principes acceptés par la littérature française, et s'efforça de les faire recevoir en Espagne. Il fit la guerre aux restes du gongorrisme, et parvint à les détruire ; en un mot, pour faire prévaloir l'influence française, il joua le rôle que Boscan avait rempli lorsque celui-ci avait fait pénétrer en Espagne la poésie italienne. Il fut le chef d'une école nouvelle. Il eut des disciples qui composèrent des pièces en se soumettant aux trois unités. Montiano fit jouer ses tragédies d'*Ataulfe* et de *Virginie*, conformes en tout à la poétique de Luzan ; mais si cette nouvelle renaissance produisit des œuvres régulières et estimables, il faut avouer, à regret, qu'on ne lui doit aucun de ces chefs-d'œuvre qui font époque dans la vie littéraire d'une nation. Au reste, les principes que Luzan voulait introduire ne furent pas admis sans une vive opposition. La Huerta soutint la lutte contre les gallicistes ; il reprit les armes de Castillejo. Ce fut autour de lui que se rangèrent les partisans de la vieille poésie castillane ; la lutte resta quelque temps indécise, et aujourd'hui l'ancien système peut encore compter des partisans.

De même que les lettres, la peinture avait, sous le dernier règne, cédé au mouvement qui entraînait tout vers sa décadence. Les efforts de Philippe V pour rendre aux beaux-arts tout l'éclat dont ils avaient brillé en Espagne demeurèrent infructueux. Sans doute Bonavia, Luxan, Calleja, les trois frères Gonzalez Velazquez, qui peignaient sous le règne de ce prince, ne manquaient pas de goût ; néanmoins ils n'ont rien laissé qui mérite d'être cité comme exemple pour la postérité. Il faut en dire autant de l'architecture, et l'on ne saurait donner d'éloges au peu de monuments qui restent de cette époque. Le vieux palais de Madrid, dont on faisait remonter la fondation à Alphonse VI, ayant été entièrement détruit en 1734 par un incendie, Philippe V ordonna à Juvara de tracer un nouveau plan. Le projet présenté par cet architecte ne fut pas accepté, parce que, dit-on, la dépense en eût été immense. Peut-être cette considération, si elle eût été seule, n'eût-elle pas arrêté le roi ; mais il avait un autre motif : l'ancien édifice était situé sur une hauteur d'où l'on aperçoit au loin la campagne, et d'où l'on découvre en partie le cours du Manzanarès. Philippe V désirait que sa nouvelle demeure fût bâtie dans cet endroit, et le projet de Juvara était trop vaste. Il n'était pas possible de l'exécuter sur cet emplacement. Cet artiste mourut avant d'avoir eu le temps de dessiner un nouveau plan. Sacchetti, son élève, construisit le palais qui existe maintenant [1]. Afin de mettre le monument qu'il élevait à l'abri d'un nouvel incendie, il n'y employa pas de bois ; tout y est voûté. Sacrifiant tout à la solidité, il fit un bâtiment lourd et massif, qui, à l'extérieur, a plutôt l'air d'une citadelle que de la demeure paisible d'un souverain. Au reste, ce reproche ne s'adresse pas aux dispositions intérieures. Elles sont en même temps de bon goût et d'une grande magnificence.

Pendant qu'on élevait le palais nouveau, Philippe V habita le *Retiro*, situé aussi sur une hauteur à l'autre extrémité de Madrid. Cette demeure royale fut également habitée par Ferdinand VI. Charles III y passa les premières années de son règne. Il existe au Retiro une petite salle de spectacle. Le derrière de la scène pouvait s'ouvrir sur les jardins, avec lesquels elle est de niveau ; ce qui permettait aux hommes à cheval de figurer sur la scène, en sorte qu'on pouvait donner de grands développements aux représentations théâtrales. Sous Ferdinand, ce théâtre retentit des voix les

[1] Planche 66.

plus harmonieuses; et si le règne de ce prince eût duré plus longtemps, peut-être la protection qu'il accordait à l'art dramatique eût-elle fait naître quelque nouveau Calderon.

Cependant, il faut avouer qu'à cette époque le goût du théâtre semblait absorber toutes les pensées et paralyser tous les autres arts. D'ailleurs, le genre français devint une mode qui fut portée à l'excès. On traduisit en espagnol toutes les pièces de notre scène; et, encore de nos jours on représente à Madrid et Barcelone les pièces qui obtiennent chez nous quelque succès, même celles empruntées à nos théâtres secondaires.

L'engouement pour ce qui venait de France ne se borna pas à la littérature. Les étoffes de Lyon eurent une telle vogue, qu'on renonça aux tableaux, afin de tapisser les appartements de tentures françaises. Cette manie porta un coup funeste à la peinture. Les tableaux furent relégués dans les greniers. On les vendrait comme des vieilleries, et ils tombèrent à un tel point de discrédit, qu'un étalage permanent de tableaux subsistait dans le faubourg *del Rastro*, où le prix des sujets d'histoire s'évaluait d'après le nombre des figures représentées grandes ou petites, à raison de 2 fr. par tête. Ce vandalisme fit naître des remords, et Ferdinand VI, pour réveiller le goût de la peinture, créa l'académie des arts, à laquelle il donna son nom.

Sous Charles III, les représentations théâtrales reçurent moins d'encouragement. D'un caractère froid et sérieux, ce prince favorisa surtout les arts muets; son règne vit la peinture se replacer au premier rang. Bayeu de Subias décora le cloître de la cathédrale de Tolède de peintures admirables. Les chefs-d'œuvre de Mengs enrichirent le palais de Madrid.

C'est à Charles III que sont dus une grande partie des embellissements de Madrid. Il a fait niveler et planter d'arbres la fameuse promenade du Prado, qui n'a pas moins d'une demi-lieue d'étendue et forme environ le tiers de l'enceinte intérieure de la ville, depuis la la porte d'Atocha jusqu'à celle des Récolettes. Il a orné cette promenade de fontaines dont quelques-unes son[t du] meilleur style [1].

La rue d'Alcala croise la promenad[e du] Prado, et va aboutir à un arc de tri[om]phe, dessiné par Sabatini. Quo[ique] peut-être un peu lourde, cette port[e est] réellement fort belle, et réunit la [no]blesse à la magnificence [2]; elle a [été] construite sous le règne de Charles [III].

Il est impossible de parler de Ma[drid] sans dire un mot des ponts de Tolè[de] et de Ségovie, construits sur le Man[za]narès. Le lit de cette petite rivière [est] presque toujours à sec, en sorte qu'[on a] dit assez gaîment, à propos du p[ont] de Ségovie, construit sous Philippe [II]: *Voilà un pont magnifique; rien m[an]querait s'il y avait seulement une [ri]vière*. Au reste, cette plaisanterie p[our] être spirituelle n'en est pas plus [rai]sonnable. Si le plus souvent le Man[za]narès n'est qu'un petit ruisseau, [lors] des pluies et lors de la fonte des nei[ges] il roule un volume d'eau considéra[ble,] et alors c'est à peine si les arches [des] ponts sont assez larges et assez élev[ées].

La fin du règne de Charles III fu[t en] Espagne une époque de renaissanc[e et] de prospérité. Plusieurs écrivains c[élè]bres furent les contemporains de ce [roi]. Cadahalso eut assez de délicatesse d[ans] l'esprit pour railler, sans mettre d'am[er]tume dans ses plaisanteries. Son li[vre] des érudits à la violette est une ch[ar]mante satire. Il y tourne les faux [sa]vants en ridicule. Depuis le titre j[us]qu'à la dernière page du livre, ce n'[est] qu'un élégant badinage. L'auteur y f[ait] un cours complet de toutes les scienc[es] divisé en sept leçons pour les sept jo[urs] de la semaine, à l'usage de ceux qui p[ré]tendent savoir beaucoup en étudiant p[eu].

Parmi les vers de Cadahalso il est be[au]coup de pièces remplies de grâce et [de] naïveté; j'en citerai une, parce qu'e[lle] est courte et qu'elle a fourni le sujet d'[un] joli vaudeville français.

« Fabio prit son livre de notes, o[ù il]
« inscrivait chaque jour les actes [de]
« son importante vie pour ne pas [en]
« priver la postérité. Il lut ainsi le ré[cit]
« de la semaine précédente qu'il av[ait]
« tracé d'une plume fidèle: Lundi, j'

[1] Planche 71.
[2] Planche 69.
[3] Planche 68.

« mai, et mardi, je fus le dire ; mercredi, « on me fit espérer ; jeudi, je fus aimé ; « vendredi, vint le dégoût ; samedi, arri- « vèrent les querelles : il fallut nous sé- « parer. Dimanche, j'aimai d'un autre « côté. En vérité, n'est-ce pas bien dé- « penser une semaine? » Cadahalso mourut en combattant; il fut frappé à la tête, de même que Garcilaso. Il était colonel et chevalier de Saint-Jacques. Il fut tué au siége de Gibraltar, le 27 février 1782.

Que dirai-je d'Yriarte? Ses fables sont connues de tout le monde : il est le la Fontaine espagnol.

Nicolas Moratin le père appartient aussi au règne de Charles III. On a de lui trois tragédies : *Hormisinda, Lucrèce et Gusman le Bon*. Il a célébré en vers l'intrépidité de Fernand Cortès. Ce chant épique occupe la première place parmi ses poésies. Il a écrit aussi un poëme didactique sur la chasse. Cet ouvrage est intituté : *Diana o arte de la caza*. Malheureusement il n'a été imprimé qu'une fois. Il est assez rare, et mériterait d'être plus connu, car il contient de véritables beautés. Il est impossible de décrire avec plus de grâce et de précision l'invention des armes, l'éducation de la meute et le caractère des différentes espèces de gibier. Le passage où il raconte la mort de Favila mérite aussi d'être cité.

Jovellanos a vu la fin de Charles III et tout le règne de son successeur. Le livre que cet auteur a publié sur l'économie politique (*Informe de la sociedad economica de Madrid al real y supremo consejo de Castilla en el expediente de ley agraria*) est de tous ses écrits celui qui a obtenu le plus de célébrité ; mais je l'ai trouvé bien au-dessous de sa renommée ; j'y ai rencontré plus de phrases que de raisons, plus de déclamations que de renseignements positifs ou d'idées utiles; et quoique ce soit certainement un ouvrage recommandable, je ne crois pas qu'il mérite tous les éloges que lui prodiguent les Espagnols.

Charles IV et le prince de la Paix favorisèrent de tous leurs efforts le mouvement de renaissance qui avait commencé sous Charles III. Les lettres et les sciences reçurent alors plus d'encouragements qu'à aucune autre époque. La physique se signala par d'importants travaux. Don Francisco Salva, membre de l'académie des sciences et des arts de Barcelone, inventa le télégraphe électrique, dont on commence à faire usage seulement de nos jours. Les noms de Mélendez, de Joseph Condé, de Moratin le fils sont la gloire de ce règne.

Mélendez, né, le 11 mars 1754, au bourg de Fresno, évêché de Badajoz, fit ses études à Salamanque, et reçut dans cette université le grade de docteur en droit. Il n'avait que vingt-six ans, lorsqu'il fut couronné par l'académie espagnole pour son églogue sur le bonheur de la vie champêtre. Ses poésies, remplies de sentiment, de grâce et de douceur, le firent comparer à Villégas.

Mélendez, ainsi que Jovellanos, fut chargé de fonctions publiques par le prince de la Paix. Il remplit la place de procureur général auprès de la chambre des alcades, de casa y corte.

Mélendez ne fut pas seulement un poëte de talent, il fut aussi un homme de cœur. En Espagne, il osa parler contre l'inquisition, et son ode sur le fanatisme est un de ses plus beaux ouvrages. Quand le prince de la Paix fut tombé une première fois du ministère, Mélendez ne craignit pas d'exprimer ses regrets et de témoigner sa gratitude pour la protection qu'il en avait reçue : son épître sur la calomnie est non-seulement un bon écrit, elle est aussi un acte de courage et de reconnaissance.

Mélendez connut à son tour le malheur, et quand des événements déplorables chassèrent de leur pays tant d'infortunés Espagnols, il vint chercher un asile en France, et mourut à Montpellier, le 24 mai 1817.

Don Joseph Condé consacra sa vie à l'étude de la littérature orientale. Il fut aussi jeté sur la terre étrangère par les tempêtes politiques. Lorsqu'il fut rentré dans son pays natal, il s'occupa de publier son *Histoire de la domination des Arabes en Espagne*. Ce travail, fait pour la plus grande partie avec des documents empruntés aux auteurs arabes, est incontestablement ce qui a été écrit de meilleur sur cette époque. Malheureusement Condé est mort avant d'avoir achevé l'impression de ce beau travail ;

il n'a pas eu le temps de surveiller la publication des deux derniers volumes, qui contiennent d'assez nombreuses erreurs de dates.

Don Léandro Fernandez Moratin naquit à Madrid en 1760. L'intention de son père avait été de faire de lui un peintre ou un orfévre. Il déjoua les plans de sa famille en remportant, à l'âge de dix-neuf ans, le second prix de poésie à l'académie espagnole. Il voyagea en France, où il étudia le théâtre. Sa première comédie fut *le Vieillard et la Jeune Femme* (el Viejo y la Niña). Elle eut un grand succès, et plaça, dès son début, Moratin au premier rang. Le prince de la Paix lui fit obtenir un bénéfice en Andalousie et une pension sur l'évêché d'Oviédo; ensuite il le fit nommer secrétaire du bureau des interprètes. Ces faveurs, en assurant à Moratin une existence libre et indépendante, lui permirent de se consacrer tout entier à l'art dramatique. Il fit jouer successivement : *le Café; le Baron; le Oui des jeunes filles; la Femme hypocrite.* Les sujets qu'il met en scène n'ont jamais rien d'invraisemblable ni d'exagéré. Les sentiments qu'il exprime sont toujours dans la nature. Moratin avait pris Molière pour guide, et s'il n'est pas parvenu à l'égaler, il est de tous les Espagnols celui qui a le plus approché de cet inimitable modèle.

Après la disgrâce du prince de la Paix, les événements entraînèrent Moratin loin de sa patrie, et il mourut à Paris. Sur la terre d'exil, il se souvint encore de celui qui avait été son bienfaiteur, et il écrivait dans une note de ses poésies détachées : « Le prince de la Paix favorisa « les hommes de lettres qui florissaient « alors. Il les exhortait sans cesse à « écrire. Si nos comédies valent quel« que chose, c'est à lui, à la préférence « accordée par lui à nos ouvrages, que « nous sommes redevables de nos meil« leures inspirations. Moratin ne fut pas « son intime ami, ni son conseiller, ni « son valet; mais il fut sa créature; et « s'il existe une philosophie commode « qui enseigne à recevoir les bienfaits et « à ne pas se piquer de reconnaissance, « une philosophie qui, selon les vicissi« tudes de la fortune, paye avec des in« jures ou de basses adulations les fa« veurs reçues et sollicitées, Moratin s'e« timait assez pour ne pas se déshonor« par d'aussi lâches procédés. Alors, « songeait à se rendre agréable à so« protecteur par des moyens honnêtes « alors, comme aujourd'hui, il faisait de « vœux pour sa prospérité, et il fait en« core à présent les mêmes vœux pour lu« La violence des passions politiques « pu dépouiller Moratin de tout ce qu' « devait à la bienveillance du prince d« la Paix; mais cette violence ne peu« faire perdre à l'homme de lettres so« caractère honorable et le sentiment d« ses devoirs : tant qu'il conserve l'u« et l'autre, il est fidèle à la reconnais« sance. Cette vertu est un insupporta« ble fardeau pour les méchants, qui s'e« débarrassent à la première occasio« opportune; pour les hommes de bien « c'est une obligation à laquelle ils n « cherchent jamais à se soustraire. »

Les encouragements de Charles IV n s'arrêtèrent pas à la littérature; il eû voulu faire revivre les beaux jours d Vélasquez, d'Alonzo Cano, de Zurbaron et de Murillo. Il protégea les meilleurs élèves que Mengs avait formés Beraton et Francisco Goya. Désiran montrer combien il avait en honneu l'exercice de la peinture, la premièr fois qu'il visita comme roi l'académie de beaux-arts, en juillet 1794, il se fit accompagner par la reine, par les infantes et par le prince de Parme, et il offrit à l'académie plusieurs dessins faits par lu ou par la reine. « Ces essais, dit-il, on « peu de mérite; mais le tribut que nous « venons déposer dans ce temple de « arts excitera ceux de mes sujets qu « ont de la fortune, et qui désirent m« plaire, à redoubler d'efforts, à rempli« ces salons de productions plus par« faites, qui seront l'ouvrage de leur « enfants, ou des artistes dont ils au« ront protégé les travaux. »

Les événements qui troublèrent d'une manière si déplorable le règne de Charles IV, empêchèrent ce prince d'accomplir tout le bien qu'il avait projeté. Les passions politiques déchaînées à cette époque de lutte et de bouleversement ont méconnu tout ce qui s'est fait de bon et de noble sous ce malheureux souverain. Mais un jour viendra où l'histoire plus juste à son égard, lui tiendra compte de la protection qu'il a accordée aux beaux-arts, et de l'éclat dont les lettres ont brillé sous son règne.

COSTUMES ESPAGNOLS. — DANSES NATIONALES. — PROCESSIONS. — COMBATS DE TAUREAUX.

En Espagne, de même que dans le reste de l'Europe, les anciens usages tendent à s'effacer. Le goût des voyages, la facilité des communications fait disparaître les différences de costume. En général, on est vêtu maintenant à Madrid de même qu'à Paris; cependant une partie des habitants de quelques provinces conserve encore l'habillement pittoresque qui caractérisait autrefois chaque partie de la monarchie. En Andalousie on trouve ces petits maîtres appelés *majos*. Les pièces de Beaumarchais ont fait connaître parmi nous ce costume donné par lui à Figaro [1].

Le *majo* a la tête couverte d'une *résille* (redezella). C'est un réseau de fil ou de soie quelquefois noire, mais plus souvent d'une couleur éclatante, dans lequel il renferme ses cheveux et qu'il laisse pendre sur ses épaules. Il porte un large chapeau blanc orné d'un ruban de couleur autour de la forme; un fichu de soie est attaché fort lâche à son cou. Son gilet et son haut-de-chausses sont enrichis d'une grande profusion de boutons de métal. Sa veste est ordinairement d'une couleur tranchante, à grands revers de la couleur du gilet. Enfin, une large ceinture de soie est roulée autour de sa taille.

Le costume de la *maja* est également rempli de grâce; mais il est plus facile de le montrer que de le décrire. Parmi les artistes du règne de Charles IV, don Francisco Goya excelle à peindre les scènes populaire de l'Espagne. C'est d'après un de ses meilleurs tableaux qu'ont été copiés les costumes de majas que nous reproduisons [2].

Ces costumes dessinent élégamment la taille, et laissent aux mouvements toute la souplesse et toute la légèreté qu'exigent le danses nationales des Espagnols. Autrefois Martial a accusé les danses de la Bétique d'être lubriques et lascives. De nos jours on a répété la même accusation contre le boléro et contre le fandango; mais, en vérité, ces reproches ne sont fondés en aucune manière, et les censeurs qui portent ce jugement trop sévère ne connaissent pas ces danses, ou bien ils ne les ont vues qu'avec des yeux prévenus.

Le fandango et le boléro s'exécutent à deux, ordinairement au son de la guitare et des castagnettes. Ce ne sont pas seulement les pieds qui agissent: les bras, la tête et tout le corps prennent les attitudes les plus séduisantes. A l'instant où finit la mesure, le danseur doit s'arrêter dans la posture où il se trouve. S'il est placé d'une manière gracieuse, il est alors *bien parado* [1] (bien arrêté). Cette phrase est devenue proverbiale. Maintenant *bien parado* est une expression d'applaudissement, qui ne s'applique plus seulement à la danse, mais encore à tout ce qui peut plaire, à un acte d'adresse aussi bien qu'à une repartie spirituelle.

Les Espagnols aiment leurs danses à la folie; aussi un voyageur a-t-il écrit que si on entrait inopinément dans un temple ou dans un tribunal, en jouant l'air du fandango, quelque grave que fût le but de la réunion, les assistants oublieraient aussitôt leurs occupations pour se mettre à danser. Dans une petite fable qui est souvent répétée en Espagne, et qui a fourni le sujet d'un charmant vaudeville français, on raconte que le fandango ayant été accusé de blesser les lois de la décence et de la pudeur, la cour de Rome s'était décidée à le condamner. Le conclave était réuni pour lancer l'anathème. Un des cardinaux fit observer que pour décider en connaissance de cause, il eût fallu que le conclave eût vu exécuter le fandango avant de le condamner. On appela donc des danseurs espagnols; mais ceux-ci mirent tant de réserve et de grâce dans leurs mouvements, que tout le sacré collége se sentit électrisé par leur exemple. En un instant, le pape, les cardinaux se mirent à danser, et le fandango fut déclaré innocent.

Un type moins élégant que le majo, mais qu'on rencontre plus souvent, est

[1] Mais il ne faut pas faire comme le dernier éditeur de Beaumarchais, qui, au lieu d'habiller Figaro en *majo*, dit qu'il est vêtu en major!

[2] Pl. 78.

[1] Pl. 77.

le conducteur de mules (arriero). On fait encore en Espagne presque la totalité des transports et quelques voyages à dos de mulet. Cela tient à la configuration montagneuse du pays et à l'état des voies de communication. Avant Ferdinand VI et Charles III, il n'y avait dans la Péninsule que des routes horribles, où les voitures ne circulaient qu'avec beaucoup de peine. Grâce aux travaux que ces princes ont entrepris, on trouve maintenant un fort beau chemin depuis la Bidassoa [1], qui sert de limite entre la France et l'Espagne, jusqu'à Cadix. Il circule même sur les grandes routes quelques diligences; mais c'est une importation toute nouvelle, et avant le ministère de Florida Blanca, il n'existait pas de voitures publiques dans la Péninsule. Presque tout le monde voyageait alors à dos de mulet. Cette manière est encore usitée par quelques personnes. On peut prendre avec le muletier des arrangements de différente nature. On peut convenir d'un prix à forfait pour toutes les dépenses du trajet; ou bien, lorsqu'on désire marcher à petites journées, afin de s'arrêter quand on le veut, on peut louer les mules à raison d'une somme fixe pour chaque journée de marche ou de séjour. Quant aux pauvres gens, ils ont une manière plus économique de traiter. Ils débattent le prix comme s'ils étaient un ballot de marchandises; c'est en proportion du plus ou moins de pesanteur qu'ils payent leur transport. C'est ce qu'on appelle voyager *por arrobas*.

Les muletiers portent presque toujours une escopette ou bien un tromblon, suspendu à l'arçon de leur selle; car ils prennent l'engagement de conduire le voyageur sain et sauf à sa destination; des armes leur sont donc nécessaires pour le défendre. Ils ne souffriront pas qu'il soit molesté tant qu'il restera sous leur garde. Le muletier auquel vous vous êtes confié se regarderait comme déshonoré s'il vous arrivait malheur pendant que vous êtes sous sa protection. Mais, si vous le quittez pour vous écarter dans la campagne, ou bien si vous souffrez qu'il vous laisse, en prétextant qu'il va prendre un chemin de traverse et que bientôt il vous rejoindra, c'est alors que la route devient dang reuse et que les mauvaises renconti sont à craindre; car il se regarde comn déchargé pour ce temps-là de toute re ponsabilité.

Le costume ordinaire du muletier s compose d'un gilet sans manches; d'ui culotte large, très-courte et sans ja retières. Ses pieds sont chaussés de c espèces de sandales faites en tresses d sparte qu'on appelle dans le pays *alpa gâtas* ou *esparteñas*. Quelque fois il remplacent cette chaussure par de *abarcas* faites en cuir grossièremen préparé. Le muletier n'a pas ordinaire ment de manteau : il y substitue un pièce d'étoffe de laine rayée, large d deux à trois pieds sur sept de lon gueur; il la porte le plus souvent su une épaule d'une façon tout à fait pit toresque [1].

Les couvents, il y a quelques années inondaient l'Espagne entière de frère mendiants. On ne pouvait pas faire u pas sans en rencontrer qui, tantôt pied [2], tantôt montés sur un âne o sur une mule [3], couraient les villes e les campagnes pour exploiter la charit des fidèles. Maintenant ils ont presqu complétement disparu. Depuis 1835 le couvents ont été fermés en Espagne.

Les Espagnols aiment en général le cérémonies publiques. Ils déploient l plus grand luxe dans leurs processions Celle du *Corpus Christi* à Séville es certainement en ce genre un des specta cles les plus riches qu'il soit possible d contempler [4].

S'il est permis de passer du sacré a profane, parlons maintenant des com bats de taureaux. Il n'est pas de diver tissement pour lequel les Espagnols s montrent plus passionnés. Les Romain étaient contents lorsqu'ils avaient le jeux du cirque et du pain. On a dit de Espagnols qu'il leur suffisait d'avoir de courses de taureaux et pas de pain. Le taureaux, voilà le spectacle populair cher à tout bon Espagnol! Le corrégido y préside invariablement; et les *calese ros* (cochers), *mañolas* (*grisettes*), le *aguadores* (porteurs d'eau), dîneron

[1] Pl. 79.

[1] Planche 72.
[2] Planche 75.
[3] Planche 76.
[4] Planche 71.

avec une gousse d'ail et du pain, ou même ne dîneront pas du tout, plutôt que de manquer la course. Trois ou quatre jours à l'avance, les murs de Madrid sont placardés de belles affiches, d'une couleur bien éclatante, qui annoncent au peuple son plaisir favori. On y met la liste des taureaux avec la désignation des pâturages d'où ils proviennent et le nom de leur propriétaire, puis enfin le nom des picadores et matadores qui doivent se signaler dans la course. Une seule condition est ajoutée aux promesses de l'affiche : c'est que les courses, devant avoir lieu en plein air, il faut que le temps soit beau; aussi jamais n'omet-on cette formule devenue proverbe : *si el tiempo lo permite.*

On ne sait à quel peuple attribuer l'invention de ces combats. Dès la plus haute antiquité les Thessaliens avaient l'habitude de lutter à cheval, dans l'arène, contre des taureaux; et, suivant Pline, ce divertissement fut introduit à Rome par César. La manière dont il avait lieu était tout à fait différente de celle dont on procède maintenant en Espagne. Cependant, il est possible que les courses de taureaux aient été importées dans la Péninsule par les Grecs qui avaient établi des colonies sur les côtes de la Celtibérie, et que le temps ait amené des changements dans la manière de combattre; peut-être aussi l'origine de ces divertissements est-elle purement espagnole.

Les taureaux contre lesquels les acteurs doivent s'escrimer sont les plus vigoureux qu'on peut rencontrer et surtout les plus farouches. Des hommes à cheval, armés de lances, vont les chercher dans des pâturages écartés, où ces animaux vivent à l'état sauvage. S'ils étaient seuls, il serait à peu près impossible de les diriger; mais on a soin d'amener des bœufs qui leur donnent l'exemple de la docilité et qui les entraînent à leur suite. Des cavaliers marchent continuellement des deux côtés de ce troupeau; et, à coups d'aiguillons, ils y font rentrer ceux qui cherchent à s'écarter; c'est ainsi qu'on parvient à les conduire dans une étable obscure située sous l'amphithéâtre. D'ailleurs, pour prévenir les accidents, et dans la crainte que quelque objet ne les effarouche, on a soin de les faire voyager de nuit. Le plus souvent, c'est dans la nuit même qui précède la course que les taureaux sont amenés. Lorsqu'ils doivent arriver, une foule nombreuse de curieux assiége dès longtemps les portes du cirque afin d'assister à leur entrée et de les voir enserrer dans l'étable qui leur est destinée. C'est là un prologue indispensable de la fête du lendemain. On l'appelle *encierro* (enserrement). Comme on ne paye pas pour y assister, le cirque n'est jamais assez grand pour contenir tous ceux qui voudraient y prendre place. C'est là qu'on juge d'avance le plus ou moins de vigueur que les taureaux montreront dans la lutte, et l'on prédit le nombre des chevaux qu'ils éventreront.

Il y a des places préparées pour les courses de taureaux dans presque toutes les villes importantes d'Espagne. A Madrid, la *plaza de toros* est située à quelques centaines de pas en dehors de la porte d'Alcala. C'est un grand cirque, entouré de gradins en amphithéâtre; à la partie supérieure est un rang de loges occupées ordinairement par la haute société. Entre l'arène et les gradins inférieurs règne un espace vide de sept à huit pieds de large et séparé du champ de bataille par une palissade assurée de distance en distance par de forts madriers. C'est là le lieu de refuge des toreros. Lorsque le taureau les serre de trop près, ils posent le pied sur un petit rebord ménagé à l'intérieur, et sautent par-dessus la palissade avec une grâce et une agilité merveilleuse.

Il y a enfin une loge pour les autorités et une loge grillée où se tiennent un chirurgien prêt à panser les blessés et un prêtre avec les saintes huiles, pour donner des secours spirituels aux toreros qui pourraient en avoir besoin.

Le spectacle commence ordinairement par une espèce de promenade autour de la place, où figurent tous les adversaires qui vont lutter contre les taureaux. Ce sont d'abord les toreadores, ou combattants à cheval qu'on appelle aussi *picadores*. Le rôle de *picador*, pour lequel il faut à la fois de l'adresse, du courage et de la vigueur, ne passe pas pour avilissant. Autrefois, les plus grands seigneurs

[1] Livre XLV.

ne dédaignaient pas de s'y livrer. Leur costume est fort élégant [1]. Leurs cheveux, enfermés dans une résille de soie, tombent sur leurs épaules. Leur tête est couverte d'un large chapeau blanc orné de rubans. Ils ont une veste et un gilet collant et quelquefois un manteau à manches flottantes. Autrefois ils portaient des culottes de daim et des guêtres blanches. Mais en Espagne, comme en France, le pantalon a remplacé la culotte. Sous ce vêtement, ils sont garantis par une cuirasse de tôle. Leur lance, *garrochon*, est un long bâton nerveux et solide, terminé par un fort aiguillon; et, afin que le fer ne puisse pas blesser profondément, il est enveloppé de corde, de manière à ne laisser passer qu'une pointe d'environ trois centimètres. Leurs chevaux ont les yeux bandés, de peur qu'ils ne s'effrayent à la vue du taureau. Ce sont des victimes dévouées à une mort à peu près certaine; aussi ne choisit-on que des rosses : il serait inutile de sacrifier de bons chevaux.

Ensuite viennent les *toreros*, c'est-à-dire ceux qui combattent à pied : ce sont les *chulos*, *banderilleros* et le *matador*. Ils sont également vêtus en *majos*.

Quinze mille spectateurs, rangés sur les gradins du cirque, attendent le combat avec une bruyante impatience. On répète les conjectures que l'on a formées d'après les circonstances de l'*encierro;* enfin, le magistrat qui préside à la fête, c'est ordinairement le *corregidor*, a donné le signal : les fanfares retentissent; on ouvre la porte. Le taureau, qui sort d'un endroit profondément obscur, est ébloui par l'éclat du jour, effarouché par la vue des spectateurs, par leurs cris et par le bruit des fanfares; il bondit dans l'arène et se jette sur le premier *picador* qu'il aperçoit. Celui-ci marche à sa rencontre, la lance en arrêt : au moment où l'animal s'élance pour donner un coup de corne, le cavalier lui pose la pointe de la lance au défaut du col et de l'épaule. L'animal furieux est arrêté par la douleur et par la résistance que lui oppose le bourrelet formé autour du fer. Il recule ou se détourne et va se précipiter sur un autre *picador*, qui le reçoit de la même manière. Mais si le cavalier a mal pris ses dimensio s'il se trouve trop en face du taure s'il ne le frappe pas à l'endroit sen ble; si celui-ci se roidit contre la d leur et s'obstine à avancer, la lance p vole en éclats; le taureau enlève le che sur ses cornes et le jette sur le flanc. Da ce danger, le cavalier, si l'on ne ven pas à son secours, serait certaineme tué par le taureau, qui s'acharnerait s ses ennemis terrassés; mais on s'e presse d'accourir. C'est ici que les *ch los* sont nécessaires; ils font voltig aux yeux de la bête furieuse des voi de couleur éclatante, de manière à d tourner son attention. Alors elle s'attac à la poursuite de l'un d'entre eux. Celui échappe ordinairement en laissant to ber le voile qui a surtout attiré les r gards du taureau. C'est contre ce mo ceau d'étoffe que s'exerce la colère l'animal trompé. Quelquefois cepe dant il ne prend pas le change, et *chulo* n'a d'autre ressource que de s' lancer lestement par-dessus la barriè Alors, le taureau revient à l'ennemi qu a terrassé. Mais on a relevé le *picado* qui est remonté sur son cheval, si malheureuse bête n'a pas été tuée sur coup. Quelquefois ses entrailles l pendent entre les jambes; eh bien! da cet état, elle porte encore son cavalier temps de fournir quelques coups de lanc

« Quand le taureau est bon [1], c'est u vrai plaisir; il éventre quelquefois ci ou six chevaux à lui seul, et fait rouler l picadores à terre d'une roideur admir ble; et alors vous entendriez des batt ments de mains : *bravo! bravo tor* Oui, mais le picador n'est-il pas tué Qui est-ce qui s'occupe de cela? c'e l'affaire du prêtre et du chirurgien; puis cela n'arrive pas souvent, et pe sonne n'y pense. Il est beau, d'ailleur le taureau, quand, après avoir désa conné deux ou trois fois les picadores il se promène dans l'arène qu'il a co quise, et où nul n'ose plus l'attaque et lorsque, avide de vengeance et trouvant pour l'assouvir que les cad vres des chevaux qu'il a tués, il les so lève sur ses cornes, les retourne, l déchire; jamais roi de théâtre au ci quième acte, vainqueur de ses rivaux

[1] Pl. 73.

[1] Lettres sur l'Espagne, par M. Ad. Guerou

salué par de frénétiques applaudissements, ne parut plus fier et plus formidable. Cependant, la tragédie n'est pas finie; sa victoire ne lui vaut qu'une courte trêve. Les cavaliers sortent de l'arène : les *banderilleros* les remplacent. Souple, agile, élégamment vêtu à la manière de Figaro, bas de soie, escarpins, culotte et vestes brodées, le *banderillero* s'avance tenant en main deux espèces de flèches à pointe recourbée. Il court droit au taureau, qui, surpris de tant d'audace, s'avance en galopant à sa rencontre. Déjà l'animal le tient entre ses deux cornes; mais voilà qu'au moment où il baisse la tête pour le frapper, l'homme lui plante sur le garrot ses deux flèches en hameçon, et par un tour de reins d'une souplesse incroyable, il esquive le coup et s'enfuit; il faut voir alors le taureau, déchiré par la pointe tenace, s'enlever, bondir en mugissant et secouer avec fureur l'instrument de son supplice. Mais, il n'est pas au bout : un autre se présente et lui enfonce encore deux autres banderillas, puis un troisième, puis un quatrième. Enfin, quand la fureur de l'animal est au comble, la trompette sonne sa mort, et le matador, l'épée d'une main, le drapeau rouge de l'autre, entre dans l'arène. Il s'avance gravement, salue de son épée le corrégidor, la reine, si elle assiste à la fête, et marche au-devant du taureau.

« Il y a ici un moment solennel. Le taureau, déjà fatigué, s'arrête et fait front; il considère son ennemi et médite son coup.... Le matador ne fait pas un mouvement inutile, il n'avance pas pour reculer; il se place du premier abord avec une justesse et un coup d'œil incomparable. Songez un peu au jeu que joue cet homme, songez qu'on voit peu de matadores mourir dans leur lit, et que presque tous au contraire finissent sur le champ de bataille. A quoi tient sa vie? un faux pas de sa part, un faux mouvement du taureau, un caillou qui roulera sous son pied, une erreur de deux pouces dans son calcul, et c'est un homme mort; et il fera peut-être le tour du cirque, planté sur les cornes du taureau, comme il advint à Romero, en son temps la meilleure lame de l'Espagne. Après une glorieuse carrière, vieillissant déjà, il s'était retiré de l'arène, et vivait honnêtement du fruit de ses exploits, lorsque je ne sais pour quelle solennité Maria Luisa, la femme de Charles IV, la mère de Ferdinand VII, le fit prier de reparaître pour donner plus d'éclat à la course : Non, madame, dit Romero, j'ai échappé à bien des dangers; maintenant je vieillis, il ne faut pas tenter Dieu. Mais c'était un caprice de femme et de reine, il fallut se rendre, et le roi des matadores périt victime de sa complaisance. On ne sait quel accident trompa son adresse ordinaire; le taureau l'atteignit, le perça de ses cornes, et, comme s'il eût su quel ennemi il venait de vaincre, il galopa fièrement autour du cirque, montrant aux spectateurs épouvantés son trophée sanglant.

« Le matador tient de la main gauche un drapeau écarlate, qu'il agite devant les yeux de l'animal, et pendant que celui-ci suit la direction du drapeau, l'homme se dérobe à droite et lui plante son épée dans le garrot : c'est bien rare un beau coup d'épée! on les compte. Quand le coup d'épée est vraiment beau, le taureau tombe comme foudroyé; car la lame lui a coupé la moelle épinière, ou lui a percé le cœur; mais c'est une satisfaction qu'on a bien rarement, et le plus souvent le matador est obligé de recommencer plusieurs fois. Un beau coup d'épée est salué de plus d'applaudissements et de bravos que n'en obtint jamais le *Qu'il mourût!* des Horaces, et je croirais volontiers qu'il entre dans cette frénésie quelque chose comme un remercîment au matador d'avoir sauvé au public l'agonie du taureau; car il est affreux de voir ce noble animal, épuisé, chancelant comme un homme ivre, plier les genoux et tomber et mugir misérablement, en attendant qu'une espèce d'assassin, qu'on nomme le cachetero, vienne traîtreusement lui enfoncer derrière la tête le poignard qui doit terminer ses souffrances. Cela fait, une porte s'ouvre; un train de mules, richement attelées, tire hors du cirque les cadavres des chevaux et du taureau. On jette de la poussière sur les traces sanglantes, et on lâche un autre taureau : on en lâche ainsi jusqu'à huit : on appelle cela une demi-course; dans le bon temps on en avait seize.

[BIBL]IOTHÈQUE ROY[ALE]

« Le taureau n'est pas toujours brave; quelquefois il a peur et refuse le combat. Il fuit si obstinément, qu'alors une indicible indignation s'empare de la foule; on le hue, on le siffle, on l'apostrophe, et, pour conclure, on demande les chiens. C'est pour un taureau la dernière ignominie. C'est comme si on le déclarait indigne de lutter contre des hommes. Le corrégidor n'accorde jamais les chiens qu'à toute extrémité, parce que c'est une insulte pour le propriétaire qui a vendu la bête. Alors, ce sont des cris, une fureur sans égale : *Perros,* les chiens, *perros, perros!* Enfin, on lâche les chiens; ce sont de gros bouledogues, qui arrivent en aboyant. Mais si pacifique que soit le taureau, vous sentez bien qu'il ne voudra pas se laisser insulter impunément par des chiens; il se fâche donc tout de bon; et alors commence un spectacle curieux. Il n'est personne qui n'ait vu des faiseurs de tours lancer en l'air et recevoir alternativement cinq oranges qui ne font que monter et redescendre l'une après l'autre. A la place de l'homme supposez le taureau, à la place des oranges mettez les chiens. Le taureau les prend sur ses cornes, les lance à sept à huit pieds en l'air, les reprend, les renvoie, les reprend de nouveau, sans leur faire grand mal, après tout, d'abord, parce que le bouledogue est en général d'un tempérament assez coriace, ensuite son poil est si lisse qu'à l'ordinaire la corne glisse et n'entre pas. Ce spectacle fait beaucoup rire et dure jusqu'à ce qu'un de ces chiens, qui sont braves après tout, ait réussi à saisir le taureau par l'oreille; alors sa seconde oreille a bientôt le même sort; et il a beau secouer ses bouledogues et les faire danser, il est perdu; il le sent et se couche, résigné à mourir; et un des hommes du cirque l'achève en lui enfonçant honteusement une pointe dans le côté. »

Les choses ne se passent pas toujours avec cette régularité classique. On fait parfois des changements à l'ordonnance habituelle des courses, pour varier les plaisirs des assistants; ainsi, quelquefois, au lieu de garnir simplement les banderoles avec du papier de couleur, on les entoure de pièces d'artifice qui, en brûlant, augmentent la douleur et la fu[...] de la victime. Souvent on met une e[...] veloppe arrondie, une espèce de tamp[...] au bout des cornes du dernier taurea[...] Alors ses armes ne peuvent plus perce[...] il est ce qu'on appelle *embolado;* dans c[...] état, il est abandonné aux amateur[...] qui descendent en foule dans l'arène [...] le tourmentent chacun à sa manière. E[...] fin, il finit comme les autres taureau[...] il tombe sous l'épée du matador.

Après le combat, les taureaux q[...] ont succombé sont immédiatement d[...] pecés. Les gens du peuple, les femm[...] surtout, viennent demander un mo[...] ceau de la chair de tel ou tel taureau qu'[...] a soin de désigner par son numéro. [...] emporte le morceau chez soi, et on [...] mange en famille.

Voilà ce que sont ces fameuses cours[...] de taureaux, dignes restes des époques [...] barbarie où elles ont été inventées. Ell[...] ne sont plus en harmonie avec l'adouci[...] sement général des mœurs, et quoiq[...] les Espagnols se montrent encore pa[...] sionnés pour ce divertissement, on pe[...] espérer qu'il ne tardera pas à disparaîtr[...] Déjà le gouvernement espagnol a tenté, [...] plusieurs reprises, de prohiber un spe[...] tacle qui fait périr chaque année, [...] détriment de l'agriculture, une gran[...] quantité de chevaux, et qui expose [...] vie des hommes sans utilité pour le pay[...] Les courses de taureaux avaient é[...] supprimées sous l'administration d[...] prince de la Paix; mais le roi Josep[...] dans l'espoir de gagner le cœur de [...] multitude, s'empressa de lui rendre [...] spectacle dont elle est avide. Les Fra[...] çais n'étaient entrés à Cordoue que d[...] puis quarante jours, lorsque, le dima[...] che 4 mars 1810, ils y firent célébr[...] une course de taureaux. Ils s'appliqu[...] rent à entourer cette fête de tout [...] qui pouvait flatter le goût des Esp[...] gnols. Les descendants d'un célèb[...] matador conservaient comme un bi[...] de famille une épée donnée à leur a[...] cêtre par Philippe V. Le gouverneur [...] Cordoue désira que cette arme fût e[...] ployée dans la course qui allait av[...] lieu. Il la fit demander; et j'ai entre [...] mains la réponse qui lui fut adressé[...] le 3 mars 1810, par Manuel Ortiz [...] Pinedo, alcalde de Lucena :

« J'envoie à Votre Excellence l'ép[...]

« de toréador (*espada torera*) que le « roi Philippe V a donnée à Juan Albarez, qui fut habitant de cette ville, « pour le récompenser de l'adresse déployée par lui sous les yeux de S. M. « en tuant les taureaux qui combattaient dans l'arène, aussitôt que la pique ou la lance avec laquelle on luttait « était rompue.

« Ne pouvant pas aller voir les cour« ses de taureaux qui auront lieu de« main, je vous envoie cette épée. Elle « a été présentée par un des descendants « de Juan Albarez, qui la gardaient « comme une substitution attachée à « leur maison (*que la conservavan vin« cula cum casa*). »

Les courses de taureaux rétablies par Joseph ont, depuis cette époque, continué à être en vigueur. Elles font encore les délices du peuple espagnol, et l'année dernière, lorsque la reine fit un voyage dans le nord de ses États, les Basques ne trouvèrent rien de mieux à lui montrer que ce divertissement sanglant et ~~barbare.~~

DATE DES PRINCIPAUX ÉVÉNEMENTS ARRIVÉS DEPUIS L'AVÉNEMENT DE JOSEPH BONAPARTE AU TRONE D'ESPAGNE JUSQU'AU RETOUR DE FERDINAND VII. — DE LA CONSTITUTION DE CADIX. — DES GUERRILLEROS.

Le récit des événements qui ont suivi l'usurpation de Bonaparte exigerait seul un ouvrage de longue haleine. Je puis à peine y consacrer quelques pages. Aussi, je n'essayerai pas de raconter tout ce qui s'est passé : je me bornerai à donner la date des faits les plus importants; et si quelquefois j'entre dans plus de détails, ce ne sera que pour faire connaître des circonstances peu connues, ou pour rectifier quelques-unes des erreurs commises par les historiens qui ont parlé de cette époque.

Lorsque la nouvelle des événements du 2 mai et de l'abdication de Ferdinand VII se fut répandue en Espagne, par un mouvement spontané toutes les villes se soulevèrent. Chaque localité, ne prenant conseil que de son courage, déclara aux Français une guerre d'extermination; malheureusement, comme cela a presque toujours lieu dans les commotions populaires, cet élan d'un admirable patriotisme fut souillé par de lâches assassinats. Ce fut du milieu des Asturies, de ce vieux refuge de la liberté espagnole, que partirent les premiers cris d'indépendance. Ce fut le peuple d'Oviédo qui donna l'exemple de la résistance contre l'usurpation étrangère.

Soulèvement des Asturies.

9 *mai* 1808. — Le peuple d'Oviédo se soulève, et la junte déclare qu'il faut désobéir aux ordres envoyés par Murat.

24 *mai.* — A la nouvelle de ce soulèvement, le grand-duc de Berg ayant fait partir pour Oviédo un nouveau commandant nommé la Llave, une révolution éclate dans les Asturies. Les habitants d'Oviédo et les paysans des environs, rassemblés à minuit, au bruit du tocsin, s'emparent de l'arsenal, où se trouvent cent mille fusils.

25 *mai.* — La junte provinciale des Asturies s'assemble, s'empare du pouvoir suprême, nomme pour son président le marquis de Santa-Cruz, et déclare solennellement la guerre à Napoléon.

Soulèvement de Séville.

Avant que le bruit de ces événements eût pu parvenir en Andalousie, Séville se mit en insurrection : ce fut le 26 mai, jour de l'Ascension, que la révolte éclata. Des soldats du régiment d'Olivensa commencèrent le tumulte. Aidés d'un grand concours de peuple, ils s'emparèrent des dépôts d'armes et des magasins de poudre.

Une junte s'organisa, et prit le titre de *junte suprême d'Espagne et des Indes.*

Le lendemain 27, le comte del Aguila, qui remplissait les fonctions de procurador mayor, fut assassiné par la populace.

Soulèvement de Cadix.

A Cadix la révolution ne fut pas entièrement spontanée. La junte de Séville, à peine installée, avait envoyé des émissaires de tous les côtés pour propager le feu de l'insurrection. Le 28 mai, le comte de Téba, qu'elle avait député, ayant ameuté le peuple de Cadix, força Francisco Solano, marquis del Socorro, capitaine général de l'Andalousie, à se déclarer contre les Français. Un des premiers actes de cette multitude furieuse fut de raser la maison de M. Leroi, consul français.

Le lendemain, le marquis del Socorro, ne donnant pas assez vite, au gré des révoltés, l'ordre d'attaquer l'escadre de cinq vaisseaux français et d'une frégate qui se trouvaient dans le port, fut saisi par la populace et assassiné sur la place *San-Juan-de-Dios*.

9 *juin*. — L'escadre française, commandée par l'amiral Rosily, est attaquée par les batteries du Trocadero. Après deux jours de défense, elle est forcée de se rendre.

Soulèvement de Santander.

Partout les esprits fermentaient. Il suffisait du plus petit incident pour provoquer la révolte. Le 26 mai, une dispute ayant éclaté à Santander entre un Français et un Espagnol, tous les Français furent arrêtés par les habitants et renfermés au château San-Felipe.

Soulèvement de la Galice.

30 *mai*. — On faisait courir, en Galice, le bruit que la conscription allait être établie dans cette province ; que les Français avaient fait forger des milliers de menottes pour enchaîner les jeunes Galiciens qui seraient enrôlés, et pour les emmener à la frontière. Le mécontentement était extrême ; et le 30, jour de la Saint-Ferdinand, le drapeau national n'ayant pas été arboré sur les lieux publics, ainsi qu'on en avait l'usage, le peuple saisit ce prétexte pour commencer la sédition. Le tumulte augmenta. Les révoltés s'emparèrent des arsenaux. Une junte se forma, et toutes les villes de Galice furent bientôt en insurrection.

Soulèvement de Badajos.

30 *mai*. — Le peuple de Badajos se soulève aux cris de *vive Ferdinand VII!* et *mort aux Français!* Les insurgés massacrent Torre del Fresno, qui était gouverneur de la place.

Soulèvement de Grenade.

29 *mai*. — La nouvelle du soulèvement de Séville est apportée à Grenade par le lieutenant d'artillerie don José Santiago.

Le 30 *mai*, fête de Saint-Ferdinand. — Le peuple proclame le roi Ferdinand VII, et déclare la guerre à Bonaparte.

22 *mai*. — Carthagène se soulève.

24 *mai*. — Des émissaires, envoyés de Carthagène, arrivent à Murcie ; le peuple, excité par eux, proclame Ferdinand VII.

Soulèvement de Valence.

23 *mai*. — Dans la matinée du 23, on reçut à Valence la Gazette de Madrid, où étaient publiées les abdications consenties par Ferdinand VII et par Charles IV au profit de Napoléon. Des gens du peuple avaient l'habitude de se réunir pour entendre la lecture de ce journal dans un coin de la place de Las Pasas. Lorsque la personne qui tenait la Gazette fut arrivée à l'article qui rapportait les abdications, elle déchira avec colère le journal, et poussa le cri de *Vive Ferdinand VII, mort aux Français!*

A sa voix le peuple se souleva, choisit pour chef un religieux franciscain, nommé Juan Rico ; c'était un homme d'énergie en même temps qu'un éloquent orateur. On nomma le comte de Cervellon général en chef de l'armée qui allait se former. Le comte de la Conquista, capitaine général du royaume de Valence, et les principaux chefs de l'administration n'avaient cédé qu'avec répugnance aux injonctions des insurgés, et ils s'étaient empressés d'écrire à Madrid pour demander qu'on leur envoyât des troupes, afin de rétablir l'ordre.

24 *mai*. — Le peuple, qui était plein de méfiance, arrêta le courrier qui partait pour Madrid. Il exigea qu'on lût les dépêches en public. Elles furent portées chez le comte de Cervellon. Lorsqu'on fut arrivé à la dépêche dont nous venons de parler, la fille du comte de Cervellon, comprenant que le contenu de ce papier allait compromettre la vie de beaucoup de personnes, le saisit au moment où la lecture allait commencer, et, le déchirant en mille pièces, affronta sans pâlir la colère des insurgés, qui demeurèrent stupéfaits et ne purent s'empêcher d'admirer son audace. Grâce au courage de cette jeune dame, les premiers jours de la révolution de Valence ne furent souillés par aucun assassinat ; mais chaque jour les méfiances et l'irritation du peuple augmentaient. La première victime sacrifiée à sa colère fut le baron d'Albalat ; il s'était retiré dans une d

ses terres, et l'on avait répandu le bruit qu'il s'était rendu à Madrid.

29 *mai.* — Averti de ces bruits, il revenait à Valence pour se justifier; mais, par une malheureuse coïncidence, il entra dans la ville à l'instant même où le courrier arrivait de Madrid. On y vît la preuve de l'accusation portée contre lui. La populace le saisit. Don Juan Rico accourut en vain pour le sauver : tous ses efforts ne purent arracher cet infortuné seigneur à la furie populaire; on le poignarda, quoiqu'il le tînt embrassé, et la tête du comte d'Albalat, plantée sur une pique, fut promenée dans toute la ville. Une fois engagée dans cette route sanglante, l'insurrection s'abandonna aux plus déplorables violences.

Le 1er juin, un chanoine de la paroisse de San-Isidro de Madrid, nommé Balthazar Calvo, était arrivé à Valence. Cet homme, qui voulait à tout prix parvenir au pouvoir, gagna promptement une grande influence sur la populace, en excitant ses passions furieuses et en affichant les dehors d'une excessive piété. Il fut bientôt à la tête d'un ramassis de brigands que sa parole avait fanatisés. Pour mettre les négociants français qui habitaient Valence à l'abri de tout danger, la junte les avait fait enfermer dans la citadelle. Le 5 juin, soir de la Pentecôte, Calvo, à la tête de ses complices, surprit la citadelle; et trois cent trente Français furent lâchement égorgés par cette bande d'assassins.

Dans la matinée du 6, Calvo vint prendre siége au milieu de la junte; et la populace traîna devant cette assemblée consternée huit malheureux Français qui avaient échappé au massacre de la veille. Elle les égorgea dans la salle même des séances. Les membres de la junte s'enfuirent épouvantés. Heureusement, tout le monde ne manqua pas de courage. La junte, revenue de son effroi, se réunit dans la matinée du 7 et décréta l'arrestation de Calvo; on ne laissa pas à celui-ci le temps d'être averti : on exécuta sans le moindre retard la résolution qu'on avait prise. Calvo fut surpris et conduit sur un vaisseau qui le transporta à Mayorque, où il resta prisonnier jusqu'à la fin de juin; alors on le ramena à Valence. Il y fut jugé; et, une condamnation à mort ayant été prononcée, il subit la peine du garrot dans sa prison, le 3 juillet, à minuit. Le lendemain son cadavre fut exposé publiquement.

Un tribunal de sûreté publique fut créé par la junte, afin de poursuivre les autres coupables. Il ne fut pas très-difficile d'en découvrir un assez grand nombre. Le lendemain du massacre des Français, plusieurs des assassins s'étaient présentés à l'hôtel de ville, afin de réclamer une récompense pour leur action patriotique. On leur avait donné à chacun trente réaux, et l'on avait inscrit leurs noms, sous prétexte que cette formalité était nécessaire pour justifier du payement. A l'aide de ce renseignement, il fut possible de trouver la plupart des coupables; dans l'espace de deux mois on en exécuta près de deux cents; et cette justice, d'une excessive sévérité, rétablit l'ordre et empêcha de nouveaux massacres.

Soulèvement de Tortose.

4 *juin.* — Le gouvernement civil et militaire de cette partie de la Catalogne dont Tortose est la capitale avait été confié à Santiago-de-Guzman-y-Villoria. Cet officier pendant la guerre de 93 était encore simple lieutenant-colonel dans un régiment de milices urbaines. Il avait été rapidement élevé au grade de brigadier, qui dans l'armée espagnole répond à celui que nous appelons maréchal de camp. Lorsque le duc Crillon de Mahon avait été nommé commandant général de la Guipuzcoa, Villoria l'avait remplacé dans le commandement de Tortose. C'était à la faveur du prince de la Paix qu'il devait cet avancement extraordinaire, et, dans l'état où se trouvait l'Espagne, un semblable protecteur était pour le protégé un véritable crime. D'ailleurs, Villoria, par son caractère hautain et railleur, s'était rendu odieux au peuple. Quand le bruit des événements de Bayonne fut parvenu à Tortose, les milices urbaines commencèrent à s'organiser : elles se présentèrent chez Villoria, pour qu'il leur fît donner des tambours; il leur avait offert un petit tambour d'enfant, leur disant qu'il n'en avait pas d'autre. Cette plaisanterie déplacée avait irrité tous les esprits.

Si Tortose n'eût renfermé que sa population habituelle, l'ordre aurait pu ne pas être troublé; mais les habitants de tout le pays, depuis les Pyrénées jusqu'au delà de Tarragone, qui, comprimés par la présence des armées françaises, n'avaient pu encore s'insurger, émigraient en foule pour se soustraire à leur domination. Chaque jour, de nombreux fugitifs affluaient à Tortose; car, avec une imprudence qu'on ne peut expliquer, Villoria avait fait remonter le pont de bateaux ordinairement établi à Amposta, à deux lieues au-dessous de la ville. Il avait aussi donné l'ordre de réunir à Tortose toutes les barques qui se trouvaient sur l'Èbre à plusieurs lieues de distance.

La garnison de Tortose se composait d'un faible détachement du régiment suisse de Wimpffen. Elle était commandée par don Esteban Fleury [1]. Mais elle venait de recevoir le jour même une augmentation inespérée. Le régiment de Wimpffen était chargé de garder une partie des côtes de la Catalogne; il se trouvait disséminé sur une étendue de quarante-sept lieues [2] : un détachement, sous les ordres du colonel Wimpffen, était à Tarragone. Lors de l'entrée des Français dans cette ville, plusieurs officiers se donnèrent rendez-vous hors de la ville. Sous le prétexte de faire des patrouilles, ils conduisirent deux cents hommes à ce rendez-vous, et les amenèrent au commandant Fleury.

Les officiers de garde aux portes lui rendaient exactement compte du nombre de personnes qui entraient ou qı sortaient de Tortose; en sorte qu' voyait avec crainte s'y entasser ce masses de gens exaltés et sans asile. I avait même exprimé plusieurs fois se appréhensions au gouverneur, en lu disant que, loin de supprimer le pon d'Amposta, il aurait fallu, si ce pon n'eût pas existé, faire les plus grand sacrifices pour l'établir. Villoria avai dédaigné ces avis; seulement, dans l'incertitude et pour ne pas assumer sur lu toute la responsabilité de ce qui arriverait, il avait créé une junte, composée de Parte-Arroyo, lieutenant de roi et de cinc des principaux habitants : Raymundo Blanco, Domingo Carlet, Sebastian Caparros, Juan Pablo Ribas, Joaquin Piñol.

Une violente fermentation existait dans la ville. Il était facile de s'apercevoir qu'on tramait quelque complot.

5 *juin*, dimanche de la Pentecôte. — La journée tout entière fut donnée à l'organisation de la garde bourgeoise.

6 *juin*. — La junte de Valence avait annoncé qu'elle enverrait incessamment quatre mille hommes pour concourir à défendre le passage de l'Èbre. On les attendait de jour en jour, et don Esteban Fleury s'était rendu à l'hôtel de Villoria pour s'entendre avec lui sur l'endroit où l'on pourrait caserner les Valenciens. Lorsqu'il arriva, on était à table; le repas était triste. On s'entretenait à voix basse des mouvements des Français Pour en être instruit avec célérité, on avait, à l'insu du gouverneur, établi une espèce de télégraphe ambulant.

On connaît l'agilité des paysans de la Catalogne et de l'Andalousie. La course est, dans les villages, un des exercices auxquels ils se livrent avec le plus de plaisir. De quart de lieue en quart de lieue on avait placé les meilleurs coureurs d'entre eux. Chacun ayant ainsi une distance de peu d'étendue à parcourir, la franchise sait avec une telle rapidité, qu'une dépêche partie de Tarragone était remise à Tortose en trois heures et souvent moins, malgré la distance de onze lieues [1] qui sépare ces deux villes. On répétait que le général Chabran s'était mis en route. Tous les visages portaient l'empreinte de la tristesse et de l'inquiétude;

[1] Étienne Fleury, né en 1759 à Claye en Brie, décédé à Paris le 11 juin 1841, se rattachait par quelque alliance de parenté à M. le vicomte de Polignac, ambassadeur en Suisse. Celui-ci, voulant favoriser l'avancement militaire de son jeune parent, l'avait fait naturaliser Suisse et l'avait fait entrer, en 1783, au service d'Espagne, dans le 1er régiment de Soleure.

Lors des événements de Bayonne, Étienne Fleury commandait la garnison de Tortose. Placé entre l'affection qu'il devait à la France et la foi qu'il avait jurée à son drapeau, il crut que l'honneur lui faisait un devoir d'être fidèle à son serment. Aussi nous le retrouverons à Saragosse, où il fut chargé de défendre la partie de la ville où l'attaque était la plus vive.

Appelé au service de France par un décret impérial du 25 décembre 1813, il fut chargé, en 1814, de la défense d'une des barrières de Paris.

Étienne Fleury était mon grand-oncle maternel, et c'est dans les papiers qu'il m'a laissés que j'ai puisé des documents sur l'insurrection de Tortose et sur la défense de Sarragosse.

[2] 29 myriamètres 84 hectom.

[1] 698 hectomètres.

lorsque tout à coup un bruit horrible et d'effrayantes clameurs se firent entendre sous les fenêtres de la galerie où l'on était à table. Les convives, qui étaient environ au nombre de trente, disparurent. Il ne resta avec le gouverneur que sa femme, ses enfants et don Esteban Fleury.

Villoria se mit au balcon pour haranguer le peuple; tandis que don Esteban s'efforçait de rassurer sa femme et de la retenir au fond de la galerie; mais elle ne voulut pas y rester. Elle alla se placer à une fenêtre voisine; et ses petits enfants, qui étaient accourus auprès d'elle, s'efforçaient de la tranquilliser. *No teme, mama*, lui disaient-ils, *no teme, no le mataran*. Ne crains rien, maman, ne crains rien, ils ne le tueront pas.

La rue tout entière était remplie d'une foule si compacte, que si on eût lancé une orange en l'air elle n'eût pas trouvé de place pour tomber à terre. Un poste de garde bourgeoise, rangé immobile sous le portique d'un couvent, en face de la maison, ne pouvait ou ne voulait pas contenir la multitude. En vain Villoria s'efforçait-il d'obtenir le silence, afin de parler; les imprécations et les hurlements étouffaient sa voix. Il était impossible de comprendre quelles étaient les réclamations de ce peuple furieux. Villoria, né en Andalousie, entendait mal le catalan; et d'ailleurs le vacarme était horrible; tout ce que l'oreille pouvait saisir, c'était le mot de traître, ainsi que des paroles de sang et des menaces de mort. Ses paroles augmentèrent encore le tumulte; la fureur du peuple se trouva portée à l'excès.

Enfin, un individu leva sa carabine, visa le gouverneur; l'amorce ne prit pas feu, mais à l'instant, comme si c'eût été un signal convenu, cent coups de fusil partirent à la fois de tous les côtés de la rue; et Villoria, frappé de plusieurs balles, tomba en arrière, la tête dans la galerie, les pieds sur le balcon.

Don Esteban Fleury reçut dans ses bras la señora Villoria, qui s'était évanouie; la remit aux soins d'une camériste, et, certain qu'elle ne manquerait pas de secours, il s'éloigna de cette scène de désolation. Il se rendit au quartier où ses Suisses étaient casernés, et ne tarda pas à y être suivi par les insurgés. Les Suisses se virent bientôt environnés d'une multitude de gens armés de fusils ou de piques; et cette populace furieuse demanda que les armes de la garnison lui fussent remises. L'honneur ne permettait pas aux soldats de se laisser ainsi désarmer. Cependant don Esteban Fleury se rappelait le sort des Suisses au 10 août. Son cœur se déchirait à la pensée d'exposer tant de braves gens à la possibilité d'un massacre; et à chaque instant l'attitude de la foule, exaspérée par la résistance qu'on lui opposait, devenait plus menaçante. Alors, déterminé à se dévouer, s'il le fallait, pour sauver ses soldats, il proposa aux insurgés de se rendre avec eux à l'hôtel-de-ville, où la junte était réunie. Il avait calculé qu'il entraînerait avec lui le plus grand nombre des insurgés; qu'il procurerait ainsi à sa troupe un instant de répit, dont elle pourrait profiter pour sortir de la ville. Il partit donc; et, comme il l'avait prévu, la plus grande partie de la foule le suivit. Mais à peine fut-on arrivé sur la place d'armes, le long de l'Èbre, qu'on voulut lui faire signer un ordre de remettre les armes. Il fallait, disait-on, que les Suisses rendissent leurs fusils, pour en armer le peuple, qui allait marcher contre les Français. Il refusa avec énergie; et ce ne fut pas une lutte de quelques instants, elle dura six heures. Les insurgés employèrent tous les moyens pour contraindre don Esteban à céder. Ils lui amenèrent le lieutenant de roi Parte-Arroyo, qu'ils avaient nommé gouverneur à la place de Villoria. Ce bon vieillard arriva tout effaré et tout tremblant supplier qu'on rendît les armes. Ce fut en vain; et il était probable que cette longue discussion allait se terminer par un coup d'escopette ou de poignard, quand un incident assez comique vint changer la direction des esprits. Don Esteban Fleury entendit derrière lui plusieurs des insurgés qui se plaignaient de la faim. « Quoi! leur dit-il, vous voulez faire la guerre, et vous avez des chefs qui ne savent pas vous faire vivre même dans une ville amie. Voilà de braves soldats que ceux qui se laissent manquer de vivres! — Ce ne sont pas les vivres qui nous manquent, répondirent-ils;

mais nous n'avons pas d'ustensiles pour les faire cuire. — N'est-ce que cela? reprit-il ; suivez-moi. Entraînés par l'assurance avec laquelle il leur parlait, ils se laissèrent conduire à la porte d'un couvent de capucins, dont les marmites colossales furent descellées, traînées sur la place publique ; et les insurgés se mirent aussitôt à y préparer leurs aliments. En un instant, les dispositions de la multitude furent changées. Que le commandant des Suisses soit notre général ! cria-t-on de toutes parts. Et moitié de force, moitié de bon gré, don Esteban accepta le commandement qu'on lui déférait.

Pendant que les insurgés se choisissaient ainsi un chef, une scène plus sanglante se passait dans une autre partie de Tortose. Villoria n'avait pas été frappé à mort par les coups qui l'avaient renversé. Une balle lui avait fracassé la mâchoire, plusieurs autres l'avaient frappé dans le corps ; mais lorsque le peuple avait envahi son hôtel il respirait encore. Ses assassins bandèrent ses plaies, et le traînèrent jusqu'à l'hôtel de ville, au millieu des huées et des outrages de la populace. Par un respect dérisoire pour la légalité, on exigea qu'il signât un acte par lequel il se démettait entre les mains de la junte de tous les pouvoirs qu'il exerçait; on lui fit aussi reconnaître par écrit et signer qu'il était traître à la patrie. Sans force et presque sans connaissance, incapable de se défendre ni même de parler, car pour soutenir sa mâchoire brisée on avait été obligé de lui passer sous le menton un mouchoir qui se rattachait sur sa tête, Villoria signa tout ce qu'on voulut. On fit ensuite, à l'insu de la junte, un simulacre de jugement. Sans aucune forme, sur l'heure, sans instruction, sans défenseur, on le jugea et on le condamna à mort. Les mêmes hommes qui avaient été d'abord ses assassins, qui s'étaient ensuite constitués ses accusateurs et ses juges furent aussi ses bourreaux. Ils l'emmenèrent dans le fort. Après lui avoir laissé quelques minutes pour se confesser, ils le fusillèrent. Un nommé Reboull, riche propriétaire, qui n'avait d'autre tort que d'être ami de Villoria et peut-être d'avoir tenté de le justifier, fut entraîné par ces furieux, qui le fusillèrent aussi. La mort de Villoria est une de ces atrocités suites déplorables des mouvements populaires ; elle est d'autant plus odieuse, que la nécessité ne l'exigeait pas. Au reste, qu'on ne juge pas trop sévèrement la multitude coupable des crimes de cette journée, elle les a expiés à force de dévouement pour la patrie. C'est à la tête de ces mêmes hommes que dix semaines plus tard don Esteban Fleury, passant à travers l'armée française, introduisait un convoi dans Saragosse, et concourait à faire lever le premier siége. C'est encore à leur tête que quelques mois plus tard il devait défendre cette même capitale de l'Aragon ; et ils ont été presque tous ensevelis sous les ruines de Saint-François, de Santa-Engracia et du Cozo.

7 *juin.* — Le lendemain cette masse sans ordre et sans discipline, et qui ne s'élevait pas à moins de six mille hommes, sortit de Tortose, afin de prendre position au col de Balaguer pour empêcher la division Chabran de marcher sur Tortose.

8 *juin.* — Les insurgés s'avancent jusqu'à Tarragone, et coupent l'aqueduc qui donne de l'eau à la ville.

9 *juin.* — Chabran abandonne Tarragone pour retourner sur ses pas.

Soulèvement de Saragosse.

24 *mai* 1808. — Le soulèvement de Saragosse et la défense de cette ville furent certainement le fait le plus saillant de la révolution espagnole. Les annales militaires n'offrent pas un second exemple d'un semblable siége. Les noms de Sagunte, de Numance, de Calagurris sont restés célèbres dans l'histoire; mais ces villes étaient des places fortes dès longtemps préparées à la défense. Saragosse, au contraire, est une place ouverte, et lors de l'invasion des Français elle n'avait pour toute garnison que vingt soldats d'artillerie et une quarantaine de miquelets. Le capitaine général de l'Aragon était George Juan Guillermi, ancien militaire respectable par ses services dans l'artillerie, mais qui manquait de l'énergie nécessaire dans des circonstances aussi critiques. Le conseil (*acuerdo*), que le capitaine général devait consulter dans toutes les

occasions importantes, était composé d'anciens magistrats qui, voyant un gouvernement établi à Madrid leur transmettre des ordres d'une manière régulière, ne pensaient pas qu'on pût lui désobéir en Aragon. Telle n'était pas l'opinion des habitants de Saragosse. La population s'agitait. Elle avait pour principaux chefs Tio Jorge et Tio Marin[1].

Ces deux hommes pouvaient bien mettre en mouvement une partie du peuple, mais ils ne se sentaient pas les qualités nécessaires pour diriger une insurrection et pour jouer le rôle de Juan de la Nuça. Les regards de tout le monde se portaient vers don José Palafox-y-Melcy. Sa famille, originaire de l'Aragon, était une des plus anciennes et des plus vénérées de ce royaume. José Palafox n'était encore qu'un jeune homme sans beaucoup d'expérience; mais il était officier des gardes du corps, et son grade lui donnait dans l'armée le rang de brigadier. Il avait accompagné à Bayonne le roi Ferdinand VII, à la personne duquel il était particulièrement dévoué. Il était parti de cette ville quelques instants avant qu'on y eût reçu la nouvelle des malheurs du 2 mai. Il avait été chargé de porter à la junte de gouvernement l'ordre de commencer la guerre contre les Français; mais peu d'instants après son départ il avait reçu un contre-ordre. Il s'était établi dans une maison de campagne, à Alfranca, à une demi-lieue de Saragosse. Il y était depuis peu de jours avec son frère le marquis de Lazan et avec le colonel Butron, son ami. Le capitaine général, voyant que le nom de Palafox servait de prétexte à l'agitation populaire, fit enjoindre à cet officier de sortir du royaume d'Aragon; mais il n'était plus temps de faire exécuter cet ordre, qui, loin de ramener la tranquillité, ne servit peut-être qu'à faire éclater plus tôt l'insurrection. Le 24 mai au matin, un grand concours de peuple, sous la direction des Tios Jorge et Marin, envahit l'hôtel du capitaine général, désarma sa garde, arrêta le capitaine général lui-même, et le constitua prisonnier à l'Aljaferia. Les insurgés s'emparèrent de l'arsenal, et se distribuèrent les fusils qui s'y trouvaient rassemblés. Ils conférèrent ensuite le commandement au lieutenant général Mori, qui était commandant en second. Le peuple criait : *Mort à Guillermi! vive Mori!* Mais quelques-uns ajoutaient : Si vous ne vous conduisez pas bien, nous crierons aussi : *Meure Mori!*

Le même jour le peuple arrêta les Français qui se trouvaient à Saragosse; mais on ne les massacra pas, comme à Valence, on se contenta de les enfermer à l'Aljaferia.

Mori, voyant qu'il n'exerçait réellement aucune autorité, qu'il était impuissant pour arrêter les excès de la multitude, songea à se prévaloir de l'influence que Palafox exerçait sur le peuple; il lui écrivit de venir à Saragosse. En même temps un grand nombre d'habitants de cette ville, guidées par Tio Jorge, se rendit à Alfranca. C'est avec cette escorte que Palafox revint à Saragosse et qu'il se présenta chez le capitaine général. Le lendemain Palafox assista au conseil; il demanda qu'on prît des mesures pour le mettre à l'abri des importunités du peuple. Il ajouta néanmoins qu'il était prêt à sacrifier sa fortune et même sa vie au service de la patrie et du roi. Pendant ce temps le peuple, assemblé sous les fenêtres de l'endroit où l'on délibérait, força la porte, se précipita dans la chambre du conseil, et déclara qu'il fallait *nommer Palafox capitaine général.* Mori commençait à dire *que si son autorité n'était plus utile il abandonnait le commandement.* On ne lui laissa pas le temps d'achever : on cria de toutes parts *Vive Palafox! vive le capitaine général!*

Cette nomination fit cesser à l'instant toutes les convulsions populaires. On ne songea plus qu'à s'organiser pour faire la guerre aux Français. La soumission la plus aveugle remplaça l'insubordination; et quoique le peuple prît encore quelquefois des déterminations par lui-même, il rendait compte au capitaine général des arrestations qui étaient faites.

Commencement de la guerre.

4 *juin* 1808. — Ces soulèvements, qui

[1] *Tio* signifie littéralement oncle; mais on appele ainsi les personnes placées au-dessous de la classe de celles qu'on appèle *señores*. Ce mot répond assez bien à celui de compère.

eurent lieu simultanément dans toutes les parties de la Péninsule, amenèrent promptement des collisions armées entre les Français et les Espagnols. Ce fut en Catalogne qu'eut lieu la première rencontre, où les insurgés remportèrent l'avantage. Une division française de trois mille huit cents hommes, commandée par le général Schwartz, était partie de Barcelone pour se rendre à Saragosse. Les insurgés, prévenus de la route qu'elle devait suivre, l'attendirent, dans un passage difficile, au sortir de Bruch. Les Somatènes, embusqués derrière les buissons, dirigèrent un feu très-meurtrier sur la colonne française, qui, après avoir perdu beaucoup de monde, fut obligée de rétrograder et de rentrer à Barcelone.

5 *juin.* — Pour se rendre maîtres de tout le pays, les Français avaient jugé convenable d'éparpiller leurs forces et de sillonner le pays par de nombreux détachements. Le 5 juin, une division partit de Madrid, sous le commandement du maréchal Moncey, afin d'aller occuper Valence.

7 *juin.* — Une autre division partie de Tolède, sous le commandement du général Dupont, était entrée en Andalousie. Le 7 juin, elle fut forcée de combattre pour enlever le pont d'Alcolea, sur le Guadalquivir; elle arriva le même jour devant Cordoue, et quoique cette ville n'eût fait aucune résistance le général Dupont la mit au pillage.

12 *juin.* — La guerre éclatait presque au même instant dans une autre partie de l'Espagne. Auprès de Valladolid, quelques milliers d'Espagnols, dirigés par le général Cuesta, essayèrent d'arrêter une colonne française que commandait le général Lasalle; mais ils furent mis en déroute.

15 *juin.* — Pendant que la guerre s'allumait ainsi dans toutes les provinces de l'Espagne, la junte réunie à Bayonne ouvrit ses séances, le 15 juin. Le 20 du même mois un projet de constitution fut présenté à cette assemblée, qui, après avoir délibéré pendant quelques jours, plutôt pour la forme que dans l'espoir d'y apporter quelques modifications importantes, l'adopta le 30 juin.

Cette constitution de Bayonne imposait au roi l'obligation de réunir les cortès au moins tous les trois an elle établissait la publicité des déba dans les causes criminelles; elle aboli sait la question, et limitait à 20,00 piastres le chiffre le plus élevé que pu sent atteindre les majorats. Elle ren dait de cette manière à la circulatio une grande quantité de biens, qui ces saient d'être inaliénables. Toutes ce dispositions eussent été pour l'Espagn d'immenses bienfaits si elles ne fussen pas venues avec la guerre et avec l'usu pation.

15 *juin.* — Le jour même de l'ouve ture de l'assemblée de Bayonne Murat dont la santé avait été altérée par l'in fluence du climat de Madrid, fut oblig d'abandonner le commandement pou aller prendre les eaux de Baréges. Il fu remplacé par le général Savary.

26 *juin.* — Une division, commandé par le général Vedel, qui s'était mis en marche pour l'Andalousie afin d renforcer le général Dupont, force dans la Sierra-Morena, le défilé de Des peña Perros, défendu par les insurgés.

27 *juin.* — De son côté, le généra Moncey, qui était parti le 5 juin de Ma drid à la tête de forces assez considéra bles afin d'occuper Valence, arriva de vant cette ville après vingt-deux jours d marche. Il trouva toute la population e armes; et dans ce pays d'arrosage, tou coupé de haies et de fossés, les insurgé lui disputèrent vaillamment les appro ches de la place. Après deux jours de com bat il fut obligé de se retirer. C'est ains que le peuple de Valence expia, par so courage et son énergie, les crimes dont i avait souillé les premiers moments d sa révolution.

14, 15 et 16 *juin.* — Une colonne fran çaise partie de Barcelone pour se rendr à Saragosse avait, on se le rappelle, ét arrêtée par les Somatènes dans le défil de Bruch. Mais d'autres forces, sous le ordres du général Lefebvre-Desnouette descendaient de Pampelune vers la ca pitale de l'Aragon. Palafox, de son côt profitant du répit que les Français l avaient laissé, avait en vingt jours im provisé une armée de dix mille homme Il envoya au devant du général Lefel vre quelques troupes, qui, réunies au habitants de Tudèle, lui disputèrent l passage de l'Èbre.

Le lendemain, 14, les Français rencontrèrent à Bailen le général Palafox, qui les attendait à la tête de huit mille hommes d'infanterie de nouvelles levées, de deux cents dragons et de huit pièces mal montées. Après un combat court, mais sanglant, les Français culbutèrent les Aragonais, et purent continuer leur marche. Mais le lendemain ils les rencontrèrent encore à Alagon; il fallut de nouveau combattre. Dans cette nouvelle affaire la discipline des troupes impériales eut encore le dessus; les insurgés furent rejetés sur Saragosse, où les Français ne tardèrent pas à arriver[1]. Sans doute Palafox n'avait pas pensé que la ville pût sérieusement se défendre. Le jour même de l'arrivée des Français il était sorti de Saragosse par le faubourg, avec tout ce qui lui restait de forces. Il se retirait vers Longarès, et à peine avait-il laissé à Saragosse trois cents soldats de toutes armes. Rien n'était préparé pour la défense; mais quelques gens du peuple se mirent à tirer sur les ennemis qui s'approchaient. Le nombre de ces insurgés s'accrut rapidement; et leur fusillade arrêta la marche des Français, qui hésitèrent dans leur attaque. Ce moment d'arrêt permit de traîner à bras jusqu'au point menacé des canons placés sur la place del Pilar. On crénela le mur d'enceinte, et on établit sur les différentes avenues des épaulements en sacs à terre ou en ballots de laine. C'est ainsi que la célèbre défense de Saragosse, commença, sans qu'on l'eût ni préparée ni prévue. Le général Lefebvre-Desnouettes tenta une attaque contre les portes de Sancho et del Portillo, qui sont à l'ouest de Saragosse; mais il fut repoussé, et, comme sa division était peu nombreuse, il ne crut pas prudent de renouveler une attaque de vive force contre une ville de cinquante mille âmes, qui paraissait bien décidée à se défendre. Il attendit qu'on lui amenât des renforts de Bayonne et de Pampelune.

Le 27 le général Verdier vint prendre le commandement : il arrivait à la tête de trois mille hommes; il amenait aussi trente canons de gros calibre, 12 obusiers et 4 mortiers. De son côté, Palafox, qui avait réuni une division de six mille hommes et de quatre pièces d'artillerie, voyant la résolution que les habitants avaient prise, parvint, le 2 juillet, à rentrer dans Saragosse, à la tête d'une partie de ses forces.

La capitale de l'Aragon s'élève, non, comme le dit Vosgien, sur la rive gauche de l'Èbre, mais bien sur la rive droite, au-dessus de l'endroit où ce fleuve reçoit les eaux du Gallego, de la Huerba et du Xalon. La fertilité de la plaine où cette ville est située lui a fait donner le surnom de *Harta* : on dit *Caragoza la Harta*, Saragosse la rassasiée. Le canal impérial d'Aragon, ouvrage de Ramon Pignatelli, va prendre à Tudèle les eaux de l'Èbre pour servir à l'irrigation de toute la contrée, dont il augmente ainsi la fécondité. Saragosse n'est point fortifiée, et son enceinte consiste en un mur de dix à douze pieds de haut et de trois d'épaisseur; mais elle est défendue au nord par le cours de l'Èbre; au sud et à l'est elle se trouve enveloppée par

[1] Les personnes qui voudront avoir des détails plus étendus sur les deux siéges de Saragosse pourront consulter les ouvrages spéciaux qui en contiennent le récit.

M. Vaugham, Anglais, raconte le premier siége. Son livre peut être considéré comme un roman plutôt que comme un ouvrage sérieux; il y rapporte une foule d'aventures imaginaires. Ces contes ont été répétés par d'autres écrivains; j'aurai bientôt l'occasion d'en réfuter quelques-uns.

M. d'Audebard de Férussac a publié un journal historique du siége de Saragosse; Paris, 1816, in-8°. L'auteur était sous-lieutenant, et assistait au siége. Il raconte avec fidélité ce qu'il a vu; mais de même que tous les Français il a été témoin de ce qui se passait dans le camp des assiégeants; et il commet des erreurs lorsqu'il parle des moyens de défense employés par les assiégés, ou des ressources dont ils pouvaient disposer.

M. le lieutenant général baron de Rogniat a publié un compte rendu fort exact des opérations du siége. L'observation que je viens de faire à propos de l'ouvrage précédent s'applique également à ce livre. Au reste, le travail du général Rogniat contient une fort belle carte de Saragosse et de ses environs, avec l'indication des travaux faits pendant le siége. C'est un document très-exact et très-utile à consulter.

M. le général baron Lejeune vient de publier un récit des siéges de Saragosse. In-8°, Paris, 1840. Ce que l'auteur raconte du premier siége, auquel il n'assistait pas, laisse désirer plus de détails et plus d'exactitude. Le récit du second siége, au contraire, est fort bien traité et rempli d'intérêt. Son livre contient aussi une copie réduite du plan publié par le général Rogniat.

Don Manuel Cavallero, lieutenant-colonel du génie, a publié en espagnol le récit de la défense de Saragosse. Son ouvrage, qui est fort bien fait, quoiqu'il contienne quelques erreurs de détail, a été traduit en français et imprimé à Paris en 1815.

la Huerba, qui se jette dans l'Èbre, à quelques pas au-dessous de la ville. La Huerba n'est pour ainsi dire qu'un ruisseau : elle est alimentée en grande partie par l'eau qui s'écoule des champs arrosés par le canal; mais par cette raison qu'elle sert à égoutter et à assainir les terres, on en a creusé le lit assez profondément; on le cure soigneusement à des époques périodiques, et le limon, rejeté sur ses rives, s'est élevé successivement de manière à former une espèce de muraille en terre : c'est un chemin couvert naturel, qui entoure Saragosse au sud et au levant. En avant de la Huerba se trouvait encore le couvent de Saint-Joseph, qui était susceptible de faire quelque défense. A l'ouest seulement il n'y a pas de cours d'eau; mais l'ancien château des rois maures, l'Aljaferia, qui est flanqué de quatre bastions, s'élève à peu de distance en dehors de la ville. Il fait l'office d'un ouvrage avancé, et protége toute cette partie de la muraille; c'est de ce côté de la ville et contre les deux entrées les plus rapprochées de l'Èbre, la porte Sancho et la porte del Portillo que les Français dirigèrent d'abord leurs attaques.

Sur la rive gauche s'étend un faubourg qui communique avec la ville par un pont de pierre. Il y avait autrefois un second pont sur l'Èbre; mais il était en bois, et il a été emporté par les eaux en 1802. C'est dans cette ville, sans bastions et sans remparts, que les Aragonais surent résister aux troupes victorieuses de Napoléon. Tous les habitants capables de porter les armes concoururent à la défense. Les enfants, les femmes, les religieux furent employés à faire des cartouches ou à coudre des gargousses.

Quant à ce que l'on a raconté de moines qui auraient porté le mousquet, il faut laisser de semblables récits aux faiseurs de romans. Sans doute quelques religieux ont pu prendre part à la lutte, mais certainement ils furent en très-petit nombre; car le colonel don Esteban Fleury, qui pendant le deuxième siége a dirigé la défense du centre, m'a répété que, pour son compte, il n'en a jamais vu. Souvent des moines ont été tués; mais ce fut lorsqu'ils portaient au milieu du feu le viatique et les consolations de la religion aux blessés et aux mourants. Au reste, je ne nie pas le fait mais il n'a pu avoir lieu que rarement

Les Français, qui avaient échoué dans leurs attaques contre les portes de Sancho et del Portillo, tournèrent leurs efforts contre le couvent de Saint-Joseph Repoussés une première fois avec beaucoup de perte, ils s'en rendirent maîtres après le deuxième assaut. Ils s'emparèrent aussi du Monte-Torrero. C'est une hauteur à quelque distance de la ville on en avait confié la défense à douze cents hommes environ de gardes bourgeoises. Mais cette troupe, séparée de la ville et privée de tout appui, se défendit mollement, et se laissa rejeter dans Saragosse. Il n'y avait dans cet événement malheureux aucun tort à imputer au commandant de ce poste; néanmoins la colère populaire voulut y voir de la trahison ou de la lâcheté : il fut traduit devant un conseil de guerre et fusillé Malheureusement ce crime n'est pas le seul à reprocher aux énergumènes qui dirigeaient la populace. Ils pensèrent qu'il fallait ranimer par l'aspect des supplices le zèle trop tiède de ceux dont le courage était chancelant : le colonel d'artillerie Pesino fut sans jugement fusillé à la porte Sancho; le brave San-Genis lui-même fut un instant retenu en prison

Le 4 *juillet*. — Maîtres du couvent de Saint-Joseph, qui leur assurait un passage sur la Huerba, les Français établirent une batterie formidable au midi de la ville, en face du couvent de Santa-Engracia, ouvrirent de larges brèches, et donnèrent l'assaut à ce couvent, dont ils se rendirent maîtres. C'est alors qu'ils firent sommer Palafox de capituler mais celui-ci leur adressa cette réponse laconique : *Guerra à cuchillo*, guerre aux couteaux.

Les assiégeants, après avoir forcé l'enceinte, se crurent un instant maîtres de la ville; mais ils furent promptement désabusés. Ils s'avancèrent jusqu'à la rue du Coso; ils la franchirent même et s'engagèrent dans les petites rues qui mènent à la tour Neuve. Dans ces passages étroits la fusillade recommença, et ils furent forcés de reculer une nouvelle ligne de défense s'organisa le long du Coso.

Suivant Luis Lopes [1], la rue du Coso, qui est une des plus belles de Saragosse, et qui, en y joignant celle du marché Neuf, décrit un arc de cercle dont les deux extrémités vont presque aboutir à l'Èbre, occuperait la place de l'ancienne enceinte de César Auguste. Cette rue, dit-il, s'appelait autrefois le *Foso*. Cela est prouvé par des écritures anciennes, et cela résulte aussi d'une inscription gravée sur la frise de la corniche de pierre qui entoure la croix du Coso; la rue y est appelée *Sacro foso*, le Fossé sacré. Cette voie est extrêmement large; elle forma une limite que les assiégeants ne franchirent plus.

14 — *juillet*. Ce n'était pas seulement en Aragon qu'on se battait. Une armée espagnole occupait le chemin de Madrid. En vain la junte de Bayonne avait reconnu le roi Joseph ; il fallait encore que la victoire vînt sanctionner cette proclamation. Le maréchal Bessière gagna contre les généraux espagnols la bataille de Rio-Seco, qui ouvrit à Joseph la route de sa capitale. Ce prince, parti de Bayonne le 3 juillet, arriva à Madrid le 20. Il y fut reconnu roi le 24, avec toutes les cérémonies usitées en pareille circonstance. Au reste, il n'y demeura pas longtemps tranquille : il y avait à peine cinq jours qu'il y était proclamé quand il reçut la nouvelle de la défaite d'une division française qui avait pénétré en Andalousie. Le général Dupont, cerné au pied de la Sierra-Morena par les généraux Reding, Coupigny et Castaños, chercha vainement à s'ouvrir un chemin en leur passant sur le corps. Le 19 juillet, auprès de Baylen, il livra bataille à Reding et à Coupigny [2]. Il ne put parvenir à les faire reculer, et il fut obligé de mettre bas les armes avec toute sa division et avec celle du général Vedel.

Le messager qui apportait la nouvelle de ce désastre arriva à Madrid le 29 juillet. Aussitôt Joseph convoqua un conseil composé des personnes les plus importantes : le général Savary ayant ouvert l'avis de se retirer sur l'Èbre, cette proposition fut adoptée ; et le lendemain, 30, Joseph quitta sa capitale.

[1] Trofeos y antigüedades de la imperial ciudad de Çaragoza, f° 69.

[2] Coupigny était un émigré français.

Pendant ce temps les habitants de Saragosse continuaient à se défendre. Cette glorieuse résistance excitait à la fois la surprise et l'admiration. Aux yeux des gens du peuple, elle avait quelque chose de surnaturel. Ils répétaient que les défenseurs de Saragosse étaient protégés par leur sainte patrone; que la vierge del Pilar détournait les boulets et les bombes lancés contre la ville. Les récits qu'on faisait de leurs combats enflammaient le courage de tous les Espagnols. Il n'était personne qui ne brûlât du désir de concourir à leur délivrance. La junte de Tortose prit la résolution d'envoyer à leur secours un convoi, dont elle confia l'organisation et la conduite au commandant Esteban Fleury [1]. Ce fut à Mora, sur la rive droite de l'Èbre, que se rassemblèrent les forces qu'il était chargé de mener à Saragosse. Elles étaient peu considérables. Il n'avait qu'un bataillon du régiment de Wimpfen. Mais deux mille de ces Catalans qui avaient fait la révolution de Tortose vinrent à Mora le supplier de permettre qu'ils marchassent sous ses ordres; et il faut rendre justice à ces braves gens : par la suite aucun d'eux n'a mérité de reproche; presque tous sont tombés au champ d'honneur. De Saragosse à Mora la distance est d'environ trente lieues d'Aragon (dix-huit myriam. cinquante et un hect.). Mais comme on traînait un grand nombre de chariots le trajet fut long. On suivit d'abord la rive droite de l'Èbre, en s'avançant par Caspe, Chiprana, Sastago et la Zaida; mais, comme on approchait des Français, on passa sur la rive gauche afin de gagner les montagnes, où le convoi avait moins à craindre de la cavalerie ennemie. Ce fut à Pina que l'on traversa l'Èbre, et dans cet endroit le convoi fut renforcé de cent quatre-vingts hommes du régiment d'Estrémadure, qui s'étaient échappés de Barcelone pour ne pas servir le nouveau roi. Dans chaque village où l'on passait les habitants venaient ajouter quelques chariots de plomb, de vivres ou de poudre à ceux que l'on conduisait déjà;

[1] J'ai entre les mains l'ordre donné en cette circonstance par la junte de Tortose; il est signé par l'Arte-Arroyo, Raymundo Blanco, Domingo Carlet, et Sebastian Capparos.

en sorte que cette longue file de voitures, qui s'accroissait à mesure qu'on approchait du but, occupait plus d'une demi-lieue de terrain. La difficulté ne consistait pas à ramasser le convoi, mais bien à le faire entrer dans Saragosse. Voici comment on s'y prit pour tromper la vigilance des assiégeants et pour passer sans coup férir au milieu de leur armée. D. Esteban Fleury avait fait recueillir tout le long de la route des fascines; il en avait fait mettre sur les voitures autant qu'elles en pouvaient porter. Chaque cheval et même chaque homme en était chargé. Le 12 août, au soir, le convoi arriva à Peñaflor, sur la rive gauche du Gallego, à une lieue et demie de la ville assiégée. On se rappelle que Saragosse est située sur la rive droite de l'Èbre; c'est sur cette rive et autour des murailles de la ville que les Français avaient placé la plus grande partie de leurs forces. Sur la rive gauche, le Gallego a son embouchure à quelques pas au-dessous du faubourg, où l'on n'arrive que par deux chaussées: l'une, qui se dirige en montant vers le nord, conduit à Villa-Nueva de Gallego; l'autre incline vers le nord-est, et va traverser le Gallego à un quart de lieue au-dessus de son embouchure; c'est le chemin de Barbastro et de Barcelone. Ces deux routes forment entre elles un angle d'environ 40 degrés. Tout l'espace compris entre ces deux chaussées, et même entre la rive droite du Gallego et la rive gauche de l'Èbre, se compose d'un terrain d'irrigation. Par conséquent il est coupé par des fossés très-profonds et très-nombreux. En 1808 il était aussi couvert d'une grande quantité d'arbres fruitiers. Les Français, afin d'interdire tout accès de ce côté de Saragosse, s'étaient servis des travaux construits pour l'arrosage; ils avaient inondé tout le terrain, qui se trouvait ainsi caché sous plusieurs pieds d'eau. Les deux routes seulement, dont le sol est plus haut que celui de la campagne, n'étaient pas submergées, et formaient deux longues levées au milieu d'un lac immense. Sur chacune de ces routes les assiégeants avaient établi une batterie. Enfin, une partie de leur cavalerie était cantonnée à Villa-Mayor, le premier village sur la route de Barbastro, à moins d'une lieue de Peñafl

Le 13, de grand matin, le convoi mit en route, en marchant au milieu arbres qui bordent le Gallego. Il trave la rivière, à gué, au village d'Aula-D Alors il se jeta au milieu des ter inondées, à égale distance des deux cha sées que les assiégeants occupaient. l'aide des fascines dont on avait eu s de se munir on faisait un chemin da tous les endroits où le passage était d ficile; on comblait les fossés; puis qua les voitures avaient toutes franchi obstacle on arrachait les fascines, et les faisait passer de main en main j qu'à la tête du convoi, pour s'en servir nouveau. Les assiégeants ne tardère pas à apercevoir cette énorme colonne chariots et d'hommes armés qui s'ava çaient lentement au milieu de l'inc dation. Les batteries construites sur deux chaussées dirigèrent alors tc leur feu de ce côté; mais ce fut en vai elles ne tuèrent pas un homme, ne b sèrent pas une roue. Enfin, après un tra excessivement pénible, don Esteban Fl ry put faire entrer dans Saragosse longue file de voitures, dont trente étai chargées de poudre. Il était environ heures de soir lorsqu'il parvint dans faubourg. Aussitôt les nouveaux arriv impatients de se mesurer avec les ass geants, coururent spontanément au li où l'on se battait; ils passèrent toute nuit à tirer sur les ennemis, et l'arde qu'ils développèrent en cette circonstar fit croire aux Français qu'il était en dans la ville un nombre de troupes co dérable. Déjà Verdier avait appris le dés tre de Baylen; il avait même reçu, dit- l'ordre d'abandonner le siége; l'arri de ce renfort le contraignit à partir. encloua sa grosse artillerie, la jeta dan canal, et se retira dans la journée du 1

[1] On lit dans M. Torreno: « Ayant mar en toute hâte, et conduite sur des chariots les habitants des communes de son passa la division de Valence, aux ordres du maréc de camp don Felipe Saint-March, accou précipitamment se jeter dans la ville assiégé

Il y a là autant d'erreurs que de mots. convoi qui est entré dans Saragosse et q contraint Verdier à lever le siége venait Tortose, et non pas de Valence. Il était comp de Suisses et de Catalans commandés par Esteban Fleury, et non pas par don Felipe Sa March. Et si cette action de guerre a quel mérite, j'en revendique l'honneur pour oncle. *Suum cuique.*

13 *août* 1808. — Napoléon avait envoyé au fond du Danemark la division espagnole commandée par la Romana. En apprenant les événements qui se passaient dans leur patrie, les soldats espagnols prirent la résolution de s'échapper et d'aller partager la courageuse résistance de leurs compatriotes. Le 13 août, tous les corps espagnols qui avaient pu gagner l'île de Langeland, et qui s'élevaient à neuf mille hommes, s'embarquèrent pour passer en Suède, où des bâtiments de transport vinrent les prendre pour les conduire sur la côte des Asturies.

25 *septembre*. — Je ne sais pas si Joseph commit une faute en abandonnant une première fois sa capitale; mais ce qui est certain, c'est que la retraite des Français permit aux Espagnols d'organiser un gouvernement et de donner de l'ensemble à la défense. Une junte centrale fut formée de membres envoyés au nombre de deux par chacune des juntes de province. Elle fut solennellement installée à Aranjuez le 25 septembre.

5 *novembre* 1808. — Les Français, de leur côté, s'appliquèrent à rassembler leurs forces; ils avaient commis une faute énorme en les éparpillant sur tous les points de la Péninsule. Ce fut la cause de leurs revers; mais quand ils se furent concentrés ils ne tardèrent pas à reprendre l'offensive. Ils furent d'ailleurs renforcés par des troupes nouvelles, qui portèrent leur nombre à deux cent cinquante mille hommes.

5 *novembre*. — L'empereur lui-même, que la victoire n'avait pas encore abandonné, arriva à Vitoria, où était le quartier général.

8 *novembre*. — L'armée française reprit Burgos.

10 *novembre*. — Deux jours plus tard elle livra la bataille d'Espinosa. L'armée de Galice, commandée par le général Blake, et dont faisaient partie les troupes de la Romana, fut battue par les maréchaux Victor et Lefebvre.

Le même jour l'armée d'Estrémadure, forte de dix-huit mille hommes, ayant à sa tête le comte de Belvéder, fut mise en déroute par le général Lagrange et par le maréchal Bessières.

23 *novembre*. — On ne tarda pas non plus à se battre sur les bords de l'Èbre. Pendant le répit que leur avait donné la retraite des Français, les Aragonais avaient préparé des moyens de résistance. San-Genis avait fait à Saragosse les ouvrages qu'il était possible d'élever en aussi peu de temps. Palafox, aidé par Butron, par don Felipe de Saint-March, et surtout par le baron de Versage [1], avait organisé une armée. Ces forces étaient postées le long de la rivière d'Aragon, qui vient se jeter sur la rive gauche de l'Èbre, à quelques lieues au-dessus de Tudèle. Dans cette position, elle défendait toute la plaine qui se trouve de ce côté de l'Èbre. Sur l'autre rive se tenait l'armée que Castaños avait amenée d'Andalousie. Elle était postée le long de la rivière de Quellès, qui passe à Cascante et qui se jette dans l'Èbre à Tudèle. Une parfaite harmonie ne régnait pas entre les chefs de ces deux armées. Castaños ne considérait l'armée aragonaise que comme une division de ses propres forces. Il prétendait emmener les Aragonais en Andalousie, parce qu'il soutenait qu'on ne pouvait défendre avec succès que les provinces maritimes. Les Aragonais, au contraire, et Palafox n'était que leur interprète, voulaient combattre chez eux. Ils répondaient qu'ils s'étaient organisés pour défendre leurs foyers, et qu'ils ne voulaient pas les abandonner à l'ennemi.

Cependant, comme les Français s'avançaient par la rive droite de l'Èbre, une grande partie des forces aragonaises passa de ce côté du fleuve, et vint camper à Tudèle.

Le 22 novembre, les généraux espagnols tinrent un conseil de guerre; mais ils ne purent tomber d'accord sur leur système de défense, et ils n'avaient pris aucune résolution quand, le 23 au matin, les Français attaquèrent l'armée aragonaise. Les environs de Tudèle sont couverts d'une grande quantité d'oliviers. Les Aragonais, doués d'un admi-

[1] Saint-March et de Versage étaient Français. Ce dernier surtout était un officier d'un grand mérite. Il était depuis longtemps au service de l'Espagne. Il avait commandé une compagnie des gardes walones. Il eut une hanche emportée par un boulet lorsque, pour observer les progrès des assiégeants, il se tenait dans une des petites barraques construites sur le pont de Saragosse. Il mourut quelques jours avant la fin du second siége.

OTHEQUE

rable instinct pour la guerre de partisans, s'embusquèrent derrière les arbres, derrière les haies, et commencèrent à combattre sans ordre; car les chefs n'avaient arrêté aucun plan de bataille. Le courage et l'obstination des soldats suppléèrent à l'imprévoyance des généraux, et la lutte se prolongea une grande partie de la journée. Quant à l'armée de Castaños, elle était à quatre lieues de là, à Cascante, où elle fut également attaquée et battue par les Français.

Palafox se retira sur Saragosse; mais il avait laissé des postes nombreux à Caparroso, et tout le long de la rivière d'Aragon. Il chargea le colonel don Esteban Fleury d'aller rassembler ces troupes et de les lui ramener. Celui-ci, à la tête d'un régiment qu'il avait organisé depuis le premier siége, et qui portait le nom de Suisses d'Aragon, remplit, non sans peine, cette mission difficile, et rentra dans Saragosse quelques instants avant que les Français eussent investi cette ville.

29 *novembre*. — Sept jours plus tard les Français remportèrent la victoire de Somo-Sierra. Commandés par l'empereur en personne, ils attaquèrent l'armée espagnole, postée dans les montagnes qui séparent la Vieille-Castille de la Nouvelle, à seize lieues environ (101 kilomètres) de Madrid, et la mirent en déroute. Après cette affaire, les Français marchèrent sur Madrid, où l'épouvante était au comble.

1er *décembre*. — La junte générale de gouvernement, effrayée, abandonna Aranjuez, et se retira en toute hâte à Talavera-la-Reina.

3 *décembre*. — L'armée française ne tarda pas à attaquer Madrid, que les habitants voulaient défendre; elle s'empara du Retiro; et le *4 décembre* Madrid capitula.

1er *janvier* 1809. — Napoléon entra dans Astorga à la tête de quatre-vingt mille hommes, et détacha le maréchal Soult à la poursuite d'une armée anglaise, commandée par le général Moore, qui était venue au secours des insurgés espagnols. Cette armée, sans avoir combattu, se retirait en toute hâte vers la Galice, afin de se rembarquer à la Corogne. Les Anglais, poussés l'épée dans les reins, arrivèrent le 11 en vue de la Corogne, dans un état déplora de désordre et d'abattement. Les ve contraires n'avaient pas permis vaisseaux de doubler le cap Finistè Cette circonstance donna aux Franç le temps d'arriver avant que les Angl fussent sur leur flotte. La bataille s' gagea le 16 sur les hauteurs qui avoi nent la Corogne. Le général John Mo fut tué, et les Anglais profitèrent de nuit pour s'embarquer. Le 19, la Co gne capitula.

22 *janvier*. — Joseph Bonaparte son entrée solennelle à Madrid; et N poléon, peu de temps après avoir tabli son frère sur le trône d'Espagn reprit la route de France.

Second siége de Saragosse. — I événements se croisent tellement, sont si nombreux, qu'il est impossil de les faire marcher de front. Il fa quelquefois retourner en arrière. 20 *décembre*, les Français étaient ar vés en vue de Saragosse. Le 21, sur rive droite, le maréchal Moncey avait taqué le *Monte-Torrero*, et s'était e paré de cette position mollement défe due par Saint-March, à la tête de ci mille hommes.

Le même jour, sur la rive gauch le général Gazan attaqua le faubou De ce côté, la défense était dirig par Josef Manso. C'était la partie plus faible de la ville : on en avait co fié la défense aux troupes qu'on reg dait comme l'élite de la garnison, a régiments des gardes espagnoles et Suisses d'Aragon. En avant du fa bourg se trouvait une habitation signée sous le nom de *torre del Obisp* tour de l'Évêque. Ce n'était pas u fortification, ainsi que le mot de *to* pourrait le faire croire : on donne Espagne le nom de *torres* aux maiso de campagne, de même qu'auprès Marseille on les appelle des *bastid*

On y avait mis pour garnison c hommes du régiment suisse d'Arag Une compagnie du même régiment cupait le couvent de San-Gregorio, formait l'extrémité du faubourg. Enf le reste des Suisses, commandés leur colonel don Esteban Fleury, et gardes espagnoles défendaient le p sage du Gallego; les troupes qui oc paient ce poste combattirent avec la p grande bravoure[1]; mais enfin elles durent céder aux forces supérieures qui les attaquaient; elles furent contraintes de se replier sur la ville, dont la défense se trouva un instant compromise. L'officier qui commandait à la torre del Obispo perdit la tête, et se rendit à la première sommation que les assaillants lui adressèrent; en sorte que les Français purent s'avancer l'arme au bras jusqu'auprès du faubourg, où les préparatifs de défense n'étaient pas achevés. On avait pensé que la torre del Obispo résisterait quelque temps. Le faubourg était encombré par les équipages de plusieurs régiments qui n'étaient rentrés dans la ville que depuis peu d'instants. Josef Manso fit diriger sur les assaillants un feu de mousqueterie très-vif. Pour arriver au faubourg il fallait qu'ils franchissent un chemin creux; ils n'osèrent pas s'y engager : ils reculèrent. Mais le colonel Fleury m'a répété bien souvent que si en ce moment ils eussent mis dans leur attaque autant d'énergie et de vivacité qu'ils en avaient déployé sur les bords du Gallego, ils auraient probablement emporté le faubourg; ils hésitèrent, et l'occasion ne se représenta plus [2].

[1] Défense de Saragosse par don Manuel Cavallero, p. 91.

[2] M. de Torreno raconte cette affaire à sa manière habituelle, c'est-à-dire que son récit est rempli d'erreurs : « Le général Gazan commença, dit-il, par attaquer les Suisses de l'armée espagnole, qui couvraient le chemin de Villamayor; supérieur en nombre, l'ennemi les obligea à se retirer sur la tour de l'Arzobispo, où, bien qu'ils se défendissent avec la plus grande bravoure, animés qu'ils étaient par l'exemple de leur chef don *Adriano Walker*, ils restèrent pour la majeure partie morts ou prisonniers. » Ce récit est inexact, en ce qui concerne les faits aussi bien qu'en ce qui concerne les personnes. Le colonel des Suisses d'Aragon était don Esteban Fleury; et j'ai entre les mains l'ordre qui lui fut envoyé quelques minutes avant le combat; il est ainsi conçu :

« El comandante de los Suisos marchara inmediatamente *a reforsar los presidos de....* (ces derniers mots sont rayés, et on a écrit au-dessus :) *a sostener a las tropas del Gallego y* (et l'ordre continue de cette manière :) San-Gregorio, dejando cien hombres en la torre del Obispo para que la defiendan.

« Zaragoza, 21 de deciembre de 1808.

« JOSEF MANSO. »

« Le commandant des Suisses ira immédiatement soutenir les troupes du Gallego et Saint-Grégoire, en laissant cent hommes dans la torre del Obispo pour la défendre.

« Saragosse, 21 de décembre 1808.

« JOSEF MANSO. »

Les Français, n'espérant plus s'emparer de la ville par une attaque de vive force, ouvrirent la tranchée, et firent des approches comme s'ils eussent assiégé une place régulièrement fortifiée. Les Aragonais, de leur côté, prirent la résolution de ne pas se rendre. Dans un conseil de guerre présidé par Palafox, on agita la question de savoir jusqu'à quelle limite il faudrait pousser la resistance. On décida qu'il fallait défendre *hasta la ultima tapia*, jusqu'à la dernière cloison. *Y despues?* Et après ? demanda un vieux militaire que plus d'expérience de la guerre rendait moins enthousiaste. *Despues veremos.* Après .. nous verrons, s'écrièrent à la fois plusieurs officiers; et il fut résolu qu'on ne se rendrait pas.

Les Français attaquèrent la ville de deux côtés. Une attaque fut dirigée contre la partie est le long de l'Èbre, l'autre contre le midi, en face de Santa-Engracia. Quand les assiégeants eurent ouvert une brèche dans l'enceinte de la place, quand ils eurent franchi la muraille, alors commença cette guerre *à cuchillo*, cette lutte acharnée de toutes les minutes, de tous les instants, qui a couvert d'une gloire éternelle les défenseurs de cette ville. En ce moment, et lorsque les Français étaient déjà maîtres du couvent de Santa-Engracia, on confia la défense de cette partie de la ville à don Esteban Fleury. Il fallut alors faire le siége de chaque maison, et chacun de ces siéges pourrait fournir la matière d'un long volume. Le premier soin du colonel Fleury, en prenant le commandement de cette partie de la défense, fut d'organiser une compagnie de maçons et de charpentiers qui avaient continuellement des briques et du mortier préparé pour murer les communications, ou pour bâtir des réduits. Les assiégeants perdaient beaucoup de monde lorsqu'ils voulaient emporter une maison de vive force : aussi avaient-ils pris le parti de miner successivement chacun des édifices où les assiégés se défendaient. On a répété dans presque tous les auteurs qui ont parlé du siége de Saragosse que les Espagnols avaient fait des travaux souterrains pour éventer les mines; cela est rapporté dans les écrits les plus consciencieux, même dans celui du général Rogniat. Voici ce qui peut avoir occasionné cette erreur. Saragosse, bien qu'elle soit située entre deux rivières, l'Èbre et la Huerba, est cependant privée d'eau limpide. En tout temps, l'Èbre charrie du limon qui rend son onde excessivement trouble; et la Huerba n'est guère alimentée que par l'eau qui s'écoule des champs après avoir servi à l'arrosage. Les habitants de Saragosse manquent donc d'eau limpide; et comme l'invention, assez nouvelle, des fontaines à filtrer n'était pas encore parvenue chez eux, ils clarifiaient l'eau de l'Èbre en la laissant reposer. A cet effet, on la mettait dans de grandes jarres placées dans un caveau pratiqué au-dessous du premier étage de caves. On attendait que là elle se fût purifiée. C'était un luxe de pouvoir offrir de l'eau très-ancienne; et il n'était pas rare qu'on en présentât qui comptait plus de dix ans de caveau. Lorsque les assiégeants employèrent la mine pour détruire les maisons dont l'attaque à ciel découvert leur paraissait devoir coûter trop de sang, les Espagnols n'avaient que peu de mineurs à leur opposer; encore les hommes qu'ils auraient pu employer à cette guerre souterraine étaient-ils bien inexpérimentés; mais on profita avec adresse de l'existence de ces caveaux, creusés dans le tuf à une assez grande profondeur, et que généralement ne revêt aucune maçonnerie. On y plaça des sentinelles chargés d'écouter les progrès du mineur français. Indépendamment de leurs armes, on donnait à ces soldats deux grosses pierres, qu'ils frappaient l'une contre l'autre. Cette ruse a presque constamment réussi. Les assiégeants, trompés par le bruit, crurent que l'on contre-minait, et craignant que leurs travaux ne fussent éventés, ils chargèrent souvent leurs fourneaux avant d'être arrivés sous l'endroit qu'ils voulaient faire sauter; ainsi ils n'obtinrent pas le résultat qu'ils s'étaient proposé.

Lorsque les Français étaient parvenus à faire sauter une maison, on leur en disputait encore les décombres. C'est à une attaque de ce genre que fut tué le général Lacoste, qui commandait le génie. « Le premier février[1], à l'atta-

« que du centre, il y eut une affaire
« trêmement vive. Deux mines avai
« été construites à droite et à gau
« du couvent de Sainte-Engrâce,
« après qu'elles eurent sauté, deux
« lonnes de Polonais, guidés par le
« néral du génie Lacoste, s'élancère
« sur les brèches. Le colonel Fleury
« quelques Suisses d'Aragon qui occ
« paient les maisons voisines, firent
« feu si vif, qu'il fallut toute la vale
« des troupes polonaises, sous les ye
« d'un des plus braves généraux de l'a
« mée française, pour occuper les ruin
« de deux misérables maisons. Cet
« faible conquête coûta cher aux assi
« geants, non pas tant par la perte
« plusieurs de ces vaillants Sarmat
« qui pouvaient être facilement rempl
« cés dans un corps nombreux où
« courage était la qualité de tous, q
« par celle du général Lacoste, homn
« aussi aimable par ses qualités social
« que par son activité et ses talents. »

Dans les premiers jours, quand u maison s'écroulait par l'effet de la min si le fourneau avait été peu chargé, restait presque toujours quelques pla chers suspendus à la muraille mitoye ne. Les assiégeants s'y logeaient, et attaquaient avec plus de facilité la ma son voisine. Si au contraire la mi contenait une grande quantité de poudı les planchers en s'arrachant de l'endr où ils étaient attachés, entraînaient u partie de la muraille, y faisaient de la ges ouvertures; et la maison voisi ainsi mise à jour, devenait fort diffic à défendre. Pour obvier à cet incon nient, aussitôt que les Français comme çaient le siége d'une maison, le colo Fleury en faisait enlever le carrelag il faisait mettre à jour le plancher to le long de la maison voisine, et fais scier les poutres et les solives qui rattachaient; il ne leur laissait que qu ques lignes de bois; en sorte que lo qu'une maison sautait par l'effet de mine, tous les planchers s'écroulaie et derrière les ruines se trouvait mur à pic et intact que les maç crénelaient en un instant et d'où le recommençait avant que les assailla se fussent établis sur les débris de l dìfice qu'ils venaient d'abattre. restait quelques pans de bois

[1] Don Manuel Cavallero, p. 117.

gênassent la défense, aussitôt les Espagnols l'incendiaient. Un jour, pour détruire une baraque située près du couvent de San-Francisco, le colonel Fleury fit sortir dans la rue des hommes qui portaient un chaudron rempli de résine fondue. A l'aide de balais et de tampons d'étoupe, ils se mirent à enduire la muraille de résine. Le premier Français qui les aperçut se mit à rire de cette opération, dont il ne comprenait pas le but : *Tiens*, dit-il, *voilà des imbéciles qui s'amusent à peindre leur maison*. Les Espagnols continuèrent gravement leur tâche, pendant que les Français riaient à gorge déployée. Quand les Espagnols eurent fini, ils jetèrent une botte de paille au pied du mur ; ils y mirent le feu, et l'incendie se propagea en quelques secondes.

Les assiégeants ne se bornèrent pas à la guerre souterraine ; ils bombardèrent la ville. Les assiégés, pour être prévenus quand on allumerait un mortier, avaient mis des sentinelles au sommet de la tour Neuve. Pendant le premier siége, la cloche tintait à chaque bombe ou à chaque obus qu'on voyait lancer ; pendant le second siége, le nombre de ces projectiles était si considérable, qu'on ne sonna plus que pour les bombes. En quarante-deux jours que dura le second bombardement, il tomba sur la ville seize mille bombes. Eh bien, malgré cet épouvantable feu, malgré une horrible épidémie qui vint décimer les défenseurs, ils ne perdirent ni le courage ni la gaieté. Les femmes elles-mêmes étaient accoutumées au danger, et pendant les jours les plus brûlants du siége, il y eut des réunions, des *tertulias*. Seulement, lorsqu'on entendait la cloche de la tour Neuve, on posait ses cartes sur la table, on faisait le signe de la croix, on recommandait son âme à Dieu ; puis on relevait ses cartes et l'on se remettait à jouer.

Le théâtre de Saragosse formait l'angle d'une des rues qui aboutissent sur le Coso. Les Suisses y avaient trouvé des mannequins et des têtes de carton ; ils s'amusaient à placer une de ces têtes à l'extrémité d'une perche, et ils l'approchaient de l'une des meurtrières : aussitôt que les assiégeants apercevaient cette figure ils faisaient pleuvoir sur elle une grêle de balles. Alors les soldats allongeaient par la fenêtre la tête et le bâton qui la portait, et ils adressaient aux assiégeants des quolibets et des railleries.

On se battait à tous les instants sans relâche ; et l'on n'abandonnait un pied de terrain aux assiégeants que lorsqu'il était entièrement rasé. Ils s'avancèrent ainsi jusqu'à la rue du Coso, et toute la partie de la ville qui existait autrefois entre cette rue et Santa-Engracia, et que défendait mon oncle, fut abattue par le canon et par la mine ; il resta peu de chose à faire pour la niveler, et depuis on en a fait une promenade publique.

Le couvent de San-Francisco fut notamment le théâtre d'une défense acharnée ; il fut plusieurs fois enlevé et repris.

« L'ennemi [1] s'empara des immenses « souterrains de l'hôpital, et de là dirigea trois galeries de mines sur Saint-« François, à travers la rue Santa-Engracia. Des paysans et des Suisses, « commandés par le brave colonel « Fleury, parvinrent à les déloger des « caves et à leur faire abandonner leurs « cheminements souterrains. »

« Cependant [2] les mineurs ennemis « étaient parvenus à conduire une ga-« lerie de l'hôpital à San-Francisco, « avec plus de succès que la première « fois. Les Espagnols contre-minèrent, « ce qui obligea les premiers à faire « sauter leur fourneau avant d'être ar-« rivés sous les murs du couvent ; mais, « comme ils le surchargèrent jusqu'à « y mettre trois milliers de poudre, l'ef-« fet fut aussi considérable que s'il avait « été placé plus avant. » Le couvent fut enlevé, les Français s'y établirent ; mais le soir même le colonel Fleury, après une journée tout entière de combats et de fatigues, se délassait dans une de ces *tertulias* où l'on oubliait par moment les dangers et les horreurs du siége, lorsqu'un des paysans catalans qui, depuis la révolte de Tortose, s'étaient attachés à sa personne, vint lui dire que des terrasses des maisons voisines il était possible de gagner les toits du couvent

[1] Cavallero, Relation des deux siéges de Saragosse, p. 123-124.

[2] Cavallero, p. 126.

de San-Francisco. Aussitôt le colonel des Suisses essaya ce trajet difficile. Suivi de quelques hommes seulement, il parvint par les toits du couvent dans les tribunes et sur la corniche du dôme. Les assiégeants étaient occupés à faire un retranchement derrière les portes, lorsque les Espagnols firent pleuvoir sur eux une grêle de grenades. Ne sachant pas d'où leur venait cette attaque imprévue, ils abandonnèrent promptement le poste, qui fut occupé par les Suisses d'Aragon.

Le couvent fut de nouveau attaqué le lendemain. On se disputa avec acharnement les ruines de ce couvent incendié dans le premier siége et détruit par la mine dans le second. L'église du couvent était séparée en deux parties : une partie basse et un chœur plus élevé. Après avoir éprouvé une vive résistance, les assiégeants s'emparèrent de la partie basse; mais les Espagnols se maintinrent longtemps dans la partie haute. Ce ne fut qu'après un combat à la baïonnette excessivement sanglant qu'on put les en chasser. Ils avaient pratiqué une communication entre cette partie haute et les maisons voisines. En se retirant, ils bouchèrent ce passage par un simple mur de briques posées à plat. Les Français, ne pensant pas qu'il pût n'y avoir entre eux et les assiégés qu'une cloison de quelques doigts d'épaisseur, n'eurent pas la précaution de se fortifier de ce côté. Cependant, toutes les nuits les Espagnols donnaient quelques coups de pioche dans cette fragile séparation. Ils se précipitaient dans le chœur d'en haut, sans qu'on sût comment ils y étaient parvenus; ils attaquaient les Français endormis, les chassaient de cette partie de l'église, et ne se retiraient qu'au jour, après avoir de nouveau muré leur entrée. Cela dura ainsi pendant plusieurs nuits; et les assiégeants ne restèrent définitivement maîtres des ruines de San-Francisco que lorsqu'ils eurent fait sauter toutes les maisons voisines.

« Les [1] communications avec le dehors étaient de la plus grande difficulté. Les hommes du pays les « plus lestes et les plus habitués aux « sentiers détournés, avaient la plu « grande peine à éviter les postes fran « çais : il n'y avait plus de légumes « une poule se vendait cinq piastres « la viande de boucherie manquait tota « lement.

« Le bombardement durait depui « six semaines ; les ravages de l'épidémi « augmentaient avec rapidité. » Dans l crainte de paraître exagérer, je n'os pas donner le chiffre de ceux qui mou raient chaque jour par la maladie, san compter ceux qui étaient frappés pa les hasards de la guerre. « Les ancien « hôpitaux et plusieurs maisons qu « l'on avait destinées à cet usage, étaien « pleins de fiévreux ; on ne pouvait leu « donner que de l'eau de riz. [1] Faut « de matelas, les moribonds expiraien « sur la paille. Le mauvais air et l « défaut de médicaments produisaien « la gangrène au bout de peu de jours « en sorte que la plus légère blessur « entraînait une mort sûre et horrible.

« La terre manquait pour enseveli « les morts : on faisait de grandes fosse « dans les rues, dans les cours, et il « avait devant toutes les églises de « monceaux de cadavres couverts d « draps, et qui souvent déchirés, dis « persés par les bombes, offraient le plu « horrible spectacle. »

Le courage et l'amour de la patrie n'é taient pas les seuls sentiments qui sou tinssent les défenseurs de Saragosse quelques habitants étaient mus par de croyances superstitieuses. Ils avaien une foi aveugle en la protection d Notre-Dame *del Pilar*. Un miracle leu eût semblé la chose la plus naturelle d monde. Aussi quand les Français com mencèrent à bombarder la ville, la par tie de la population qui n'était pas occu pée à combattre, les femmes, les en fants, les moines, pendant le temp qu'ils n'employaient pas à faire de l charpie ou à fabriquer de la poudre allaient se prosterner devant le pilie sacré, près duquel ils se croyaient à l'a

[1] Cavallero, p. 107.

[1] A défaut d'autre boisson, on leur donnai avec quelque succès, une tisane faite ave une sorte de pommes sauvages qu'on nomm *jingoles* ou *chingoles*. Je ne sais pas si ce m est castillan. Je ne l'ai trouvé dans aucun di tionnaire. Peut-être est-il propre à l'Aragon; a reste, lors du siége c'est ainsi qu'on désignait fruit à Saragosse.

bri de tout péril. Les gens graves, qui ne partageaient pas les préjugés du vulgaire, savaient bien que de toutes les églises Notre-Dame del Pilar était celle où l'on devait jouir de moins de sécurité. Toutes les autres en effet, couvertes de voûtes élancées et solides, se trouvaient à peu près à l'abri de la bombe; là, au contraire, la toiture de Notre-Dame del Pilar, posée sur de simples charpentes, ne pouvait protéger contre aucun projectile les personnes qui venaient s'y réfugier. Cependant, par une circonstance facile à expliquer, dans le commencement du siége, cette église fut comme respectée par les bombes, et la superstitieuse crédulité des habitants en fut encore augmentée. Située au bord de l'Èbre et presque en face du pont qui réunit la ville au faubourg, elle se trouvait dans l'endroit le plus éloigné des attaques. Le général Gazan, qui commandait la division destinée à opérer sur la rive gauche du fleuve, après avoir été repoussé, le 21 décembre, à l'attaque du faubourg, s'était borné à l'investir. Le général Lacoste avait inutilement insisté pour qu'une attaque régulière fût conduite vers cette partie. Le général Gazan, n'ayant pas reçu l'ordre positif de coopérer aux travaux du siége, crut devoir s'en tenir au blocus. L'arrivée du maréchal Launes, qui vint prendre le commandement, fit cesser son inaction. Le faubourg résista pendant dix-huit jours; mais lorsqu'il fut emporté, lorsqu'en même temps l'attaque du centre se fut avancée jusques au Coso, Notre-Dame del Pilar se trouva des deux côtés à la portée des bombes, qui ne tardèrent pas à l'atteindre. Leur explosion au milieu d'une foule épaisse de femmes, d'enfants et de prêtres fit un affreux carnage, et jeta dans l'esprit des habitants, qui se crurent abandonnés par leur protectrice, une épouvante et un découragement que n'avaient pu faire naître deux mois de tranchée ouverte, quarante-deux jours de bombardement et les ravages de la plus affreuse épidémie. C'est le 18 que le faubourg fut emporté; le 20 la ville se rendit. Ce ne fut pas Palafox qui signa la capitulation de la place; atteint par l'épidémie, il avait résigné ses pouvoirs entre les mains de la junte. Le 21, la garnison sortit avec les honneurs de la guerre; elle n'était plus composée que de treize mille hommes, presque tous malades, qui déposèrent les armes à deux cents pas de la porte del Portillo.

« Il avait péri dans la ville pendant le siége cinquante-quatre mille personnes, dont un quart de militaires; la plus grande partie avait succombé à la contagion. Le feu de l'ennemi n'avait pas enlevé six mille hommes [1]. »

M. le général Lejeune a dans son récit du siége de Saragosse tracé une peinture énergique de l'état dans lequel se trouvait Saragosse : « L'administration française, dit-il, dut s'occuper de faire nettoyer la ville et de l'assainir, en allumant de grands feux sur toutes les places pour brûler les morts. Les hommes qui avaient été chargés jusqu'alors de les enterrer avaient eux-mêmes succombé en partie; et ceux qui restaient n'avaient plus la force d'accomplir cette tâche pénible. Les Français qui entrèrent les premiers dans la ville furent saisis d'horreur, de pitié et de tristesse à la vue des objets qui témoignaient à quels excès de misère avaient été réduits les malheureux habitants.

« Toutes les rues étaient barrées de traverses et de fossés et embarrassées par des ruines. Les façades des maisons étaient lézardées ou entr'ouvertes; beaucoup de toits et de planchers démolis par les bombes restaient en l'air faiblement suspendus, et menaçaient d'écraser les passants. Les portes et les fenêtres, dans les quartiers qui avoisinaient le Coso, étaient murées ou barricadées avec des meubles, des ballots de laine ou des sacs à terre. Tous les murs étaient percés par des boulets, et troués par des créneaux; l'intérieur des maisons était encore plus dévasté par les communications pratiquées dans la longueur de chaque îlot; et le quart de la ville à peu près, c'est-à-dire la portion que nous avions conquise, était détruit comme si des siècles ou des tremblements de terre eussent réduit les édifices en poussière. Le sol de cette partie de la ville était bouleversé par des mines dont on retrouvait à chaque pas les vastes excava-

[1] Don Manuel Caballero, p. 149.

tions arrondies en entonnoirs; et partout, sur ce théâtre de désolation, les cendres fumantes et les décombres étaient mêlés aux débris humains à moitié brûlés ou desséchés.

« Plus de six mille morts gisaient dans les rues, dans les fossés des traverses ou entassés de côté et d'autre sur les places et sur les parvis des églises, mais plus particulièrement aux portes de Notre-Dame del Pilar : les familles de ces malheureux les y avaient transportés pour qu'ils pussent recevoir les bénédictions que les prêtres n'avaient plus la force de porter à domicile. »

A quelque parti, à quelque opinion qu'on appartienne, on ne saurait s'empêcher d'admirer la défense de Saragosse; mais ce qu'on ne sait pas assez, c'est que ce ne fut pas la seule action de ce genre où les Espagnols firent preuve d'un courage et d'une persévérance admirables. Sans doute le siége de Girone fut moins extraordinaire que celui de la capitale de l'Aragon; car Girone est une place forte; néanmoins sa défense mérite d'être classée parmi les faits d'armes les plus remarquables. Les Français arrivèrent devant cette ville le 6 mai. Les habitants avaient nommé pour généralissime saint Narcisse, leur patron. Soutenus par l'amour de la patrie et par le fanatisme, ils se défendirent jusqu'à ce qu'ils eussent épuisé tous leurs vivres; et lorsqu'ils capitulèrent, le 11 décembre, après sept mois de résistance, ils en étaient réduits à se nourrir de la chair des animaux les plus immondes. Un chat se vendait trente réaux et une souris même se payait le cinquième de ce prix.

Quand la reddition de la place eut lieu, don Mariano Alvarez, qui l'avait défendue, était atteint d'une fièvre nerveuse et presque mourant; il revint pourtant à la santé; mais on l'emprisonna dans un cachot du château de Figuières, où il expira au bout de peu de jours.

Pendant qu'une partie de l'armée française assiégeait Girone, une autre s'était portée dans la vallée du Tage à la rencontre des forces anglaises amenées par sir Arthur Wellesley, auxquelles s'était jointe l'armée espagnole de Gregorio Cuesta. Elle les rencontra le 27 juillet sur les hauteurs de Talavera-la-Reina, e après deux jours de combat les Françai remportèrent une victoire vivement disputée.

Le 11 août ils battirent encore à Almonacid une autre armée espagnole commandée par Venegas. En même temps que l'armée française remportait des victoires pour affermir Joseph sur le trône d'Espagne, ce prince promulguait des règlements pour modifier l'état politique du pays, ou pour frapper les partis qui lui étaient contraires. Le 18 août il supprima, par un décret, tous les ordres de moines mendiants ou rentés. Deux jours plus tard, le 20, un autre décret supprima la grandesse et tous les titres non renouvelés par des dispositions émanées du nouveau gouvernement.

La junte centrale du gouvernement insurrectionnel, qui s'était retirée à Séville, sentant de son côté la nécessité de donner quelque satisfaction aux vœux exprimés par les partisans de l'indépendance nationale, annonça, par un décret du 4 novembre, que les cortès seraient convoquées le 1er janvier 1810, et qu'elles commenceraient leurs travaux le 1er mars; mais ce décret ne fut pas exécuté.

Pendant le reste de l'année, les Français continuèrent à s'avancer, à organiser l'administration du pays où ils s'étaient établis, à préparer de nouveaux progrès. Depuis la désastreuse affaire de Baylen, ils n'étaient pas rentrés en Andalousie. Au commencement de 1823, ils se mirent en mesure d'y pénétrer.

Le 20 janvier ils traversèrent la Sierra-Morena, et arrivèrent à la Carolina.

A leur approche, la junte ne se trouva plus en sûreté à Séville; et trois jours après que les Français eurent franchi la Sierra-Morena le 23 janvier, elle se retira à l'île Léon. Elle y fut bientôt suivie par les débris des troupes espagnoles qui étaient en Andalousie.

Le mouvement de ces dernières fut déterminé par les progrès des Français, qui s'avançaient de toutes parts. Le 28 janvier, sous la conduite du général Sébastiani, ils entrèrent à Grenade. Le 31, commandés par le maréchal Victor, ils arrivèrent devant Séville, et se prépa rèrent à l'attaquer; mais la ville ayant demandé à capituler, ils y entrèrent le lendemain 1er février.

En présence de tous ces désastres qui frappaient les défenseurs de l'indépendance nationale, les membres de la junte centrale réunis à l'île Léon comprirent enfin qu'ils étaient impuissants pour sauver leur patrie; ils sentirent la nécessité de concentrer l'autorité en moins de mains; en conséquence, le 31 janvier, ils nommèrent une régence composée de cinq membres, et lui transmirent tous les pouvoirs dont ils étaient investis. Les régents choisis par la junte furent l'évêque d'Orense, le général Castaños, le général de marine don Antonio Escaños, don Francisco de Saavedra, conseiller d'État, et don Miguel de Lardizabal.

Si Ferdinand eût été à la tête de ceux qui défendaient sa couronne, sa présence eût donné plus d'ensemble à la résistance, et sa cause eût paru moins désespérée. Aussi, au mois de mars, les Anglais firent-ils une tentative pour faire évader ce prince, qui était retenu à Valençay; mais le baron de Kolly, qui s'était chargé de cette mission, fut arrêté, et emprisonné à Vincennes le 24 mars. Une semblable entreprise ne pouvait réussir, non-seulement à raison des obstacles que présentait la surveillance de la police française, mais encore parce que Ferdinand VII n'eût pas consenti à s'enfuir. Il savait bien que, malgré l'abdication d'Aranjuès, il n'était en réalité que l'héritier présomptif de la couronne. Il ne croyait pas d'ailleurs qu'il fût possible de chasser les Français d'Espagne; puis, à vrai dire, car il faut être équitable avec tout le monde, le droit et la justice étaient bien du côté des Espagnols, qui défendaient l'indépendance de leur pays; mais du côté des Français étaient les pensées d'amélioration et de progrès. Ils s'occupaient à réorganiser cette vieille machine du gouvernement espagnol, dont les rouages, détraqués depuis le règne de Charles V, avaient longtemps cessé de fonctionner. Ainsi le 18 avril, Joseph avait ordonné un dénombrement de la population de l'Espagne, pour faciliter une convocation des cortès, qu'il avait l'intention de réunir dans le cours de l'année.

Au reste, chaque jour voyait tomber quelqu'un des remparts derrière lesquels s'étaient retranchés les partisans de Ferdinand VII. Le 22 avril, les Français se rendirent maîtres du fort de Mata-Gordo, en face de Cadix. Le 14 mai ils prirent la ville de Lérida. Le 10 juin la forteresse de Ciudad-Rodrigo se rendit au maréchal Ney. Le 1er janvier 1811 le général Suchet s'empara de la ville de Tortose, après dix-huit jours de siége, treize de tranchée, cinq du feu le plus vif. La ville était défendue par le général Alacha.

Le 19 février le maréchal Soult passe la Guadiana, surprend le général espagnol la Carrera, gagne la bataille de la Gebora et se porte sur Badajoz, en fait le siége, et la ville est forcée de se rendre aux Français le 10 du mois suivant.

Le 5 mars, le maréchal duc de Bellune bat à Chiclana, près de Cadix, une division anglaise de six mille Anglais et de huit mille Espagnols débarqués à Algéciras.

Le 16 mai le maréchal Soult livre aux Anglais et aux Espagnols réunis la bataille de la Albuera, et, comme il arrive souvent, cette affaire, une des plus sanglantes de cette guerre, n'amène aucun résultat : les deux partis s'attribuent également la victoire; mais un mois plus tard, le 16 juin, les Anglais, qui avaient été mettre le siége devant Badajoz, sont attaqués par le maréchal Soult, et forcés à se retirer précipitamment.

Le 28 juin les Français emportent d'assaut la ville de Tarragone. Le général Suchet, qui les commandait, est pour ce fait d'armes nommé maréchal de l'empire.

Le 23 octobre le même général remporte, auprès de Sagonte, une victoire contre les Espagnols. Le lendemain, le fort de Sagonte tombe entre ses mains. Le 9 janvier 1812 la ville et la forteresse de Valence se rendent par capitulation; et pour ce nouveau succès le maréchal Suchet reçoit le titre de duc d'Albuféra.

Enivré de toutes ces victoires, et oubliant qu'il avait promis, à plusieurs reprises, de respecter l'intégrité du territoire espagnol, Napoléon voulut retenir pour lui quelques fleurons de la couronne qu'il avait donnée à Joseph. Par un décret en date du 26 janvier il divisa la Catalogne en quatre départements, comme si elle eût appartenu à la France : 1° le Ter, chef-lieu Girone; 2° le Mont-Serrat, chef-lieu Barcelone; 3° les Bouches-de-l'Èbre, chef-lieu Lérida; 4° la Sègre, chef-lieu Puycerda. Plusieurs commissaires arrivèrent en Catalogne pour procéder à l'exécution de ce décret. De ce nombre étaient M. Treilhard, nommé préfet du Mont-Serrat, et M. Chauvelin, chargé de l'intendance des départements du Mont-Serrat et des Bouches-de-l'Èbre. Ils furent installés, le 15 avril, dans leurs fonctions, par le général Decaen.

Pendant ce temps que faisait la régence espagnole? Contrainte par l'opinion publique et par les réclamations des juntes provinciales, qui demandaient la réunion des cortès générales, elle rendit, le 17 juin, un décret pour les convoquer; mais la nomination des députés présentait de grandes difficultés; ainsi le décret admettait les colonies à participer à la représentation nationale; cependant il eût fallu bien des mois pour faire passer en Amérique l'ordre de convocation et pour attendre l'arrivée de ses mandataires. Les colons qui se trouvaient accidentellement dans la métropole furent appelés à choisir trente d'entre eux, auxquels le gouvernement conférait, de sa seule autorité, la qualité de représentants des divers territoires américains.

Les difficultés ne s'arrêtaient pas là. Chaque province devait nommer ses députés; on avait réglé les conditions d'électorat et d'éligibilité; mais la plus grande partie de l'Espagne était occupée par les Français. Cadix et quelques parties de la Galice purent seules procéder à cette élection ; dans la plupart des localités, on se borna à réunir à la hâte, dans un lieu écarté, quelques habitants qui, secrètement et sans s'astreindre à aucune forme, nommèrent leurs représentants; dans d'autres, ce simulacre d'élection ne put même avoir lieu, et on décida que les choix seraient faits par ceux des habitants qui avaient abandonné leur province au moment de l'invasion et qui s'étaient réfugiés à Cadix ou dans les autres lieux libres de la présence ennemis. Ce fut cette assemblée co posée d'une façon tout irrégulière fut chargée de donner une nouv constitution à l'Espagne. Elle se réu à Cadix, en une seule chambre. C'é encore une innovation; car les anci nes cortès se divisaient en plusie bras. On cédait en cette circonstanc des tendances toutes démocratiques. se laissait entraîner par le désir de sin l'Assemblée constituante. Les cortès Cadix tinrent leur première séance 24 septembre 1810, quoique bien p de membres eussent encore pu se rend à leur poste. Un des premiers soins cette assemblée fut de charger u commission de rédiger un projet constitution. La commission travai sans relâche à la tâche qui lui ét confiée. Elle était composée d'homm sages, animés de l'amour du bien p blic; mais il ne faut pas perdre de v la position singulière dans laquelle se trouvaient placés. La constituti de Bayonne, tout imparfaite qu'e était, contenait cependant des prin pes d'amélioration. L'administrati de Joseph, quoique mal assise encore quoique vacillante, était animée du dé évident d'organiser et de faire du bie Il fallait donc nécessairement que l cortès de Cadix se montrassent plus bérales que la junte de Bayonne et q le gouvernement de Joseph; car auti ment il eût été à craindre que les Esp gnols ne finissent par dire : C'est du c de Joseph que sont pour le pays garanties de bien-être, c'est là que no devons nous attacher. Il fallait do que les cortès fissent mieux que le go vernement intrus; et, si ce gouver ment faisait bien, il fallait qu'elles f sent mieux que bien, c'est-à-dire qu'el devaient nécessairement se jeter da les exagérations. Cela était d'auta plus forcé, que Joseph portait u main hardie sur une foule d'abus a quels les cortès n'osaient pas touch Joseph détruisait le monachisme, r dait à la circulation la plupart d biens de mainmorte; mais les cort qui comptaient parmi les défenseu les plus ardents de l'indépendance moines et le clergé régulier de l'Es gne, ne voulaient pas s'aliéner des all si puissants. Elles étaient donc forcées de respecter tous les abus théocratiques sous lesquels l'Espagne gémissait. Ne pouvant pas faire sérieusement le bien, il fallait au moins qu'elles se donnassent l'apparence des sentiments les plus libéraux. Il fallait qu'elles flattassent les passions de la multitude. Elles étaient forcées de se jeter dans l'exagération des principes démocratiques; et, en effet, les rédacteurs de cette constitution ont cédé à la nécessité de leur position; ils se sont laissés glisser sur la pente où ils étaient placés.

Ce fut le 18 août 1811 que la commission donna lecture de son rapport et du projet de constitution qu'elle avait préparé. Le rapport, ouvrage d'Argüelles, que ses compatriotes ont surnommé le Divin, est un des morceaux les plus éloquents de la langue castillane; mais il ne faut pas se laisser prendre au charme de ces phrases élégantes et pompeuses qui s'écoulent de la bouche de l'orateur et que les Espagnols ont appelées un harmonieux torrent de paroles (un torrente harmonioso de palabras). Il faut chercher au fond des choses; et, malgré tous les artifices du style, on découvre bientôt l'exagération de la pensée. Pour démontrer que les peuples de la péninsule Ibérique ont toujours eu le droit de déposer leur souverain, le rapporteur va chercher des faits dans les temps les plus désastreux de cette histoire turbulente. Il cite l'exemple des Catalans révoltés, qui se donnèrent successivement à plusieurs princes, pour se soustraire à l'autorité de leur roi don Juan II d'Aragon. Mais il ne dit pas que cette tentative des Catalans ne réussit pas, et qu'en 1471 ils rentrèrent sous la domination de don Juan. Il cite encore la comédie odieuse et ridicule jouée, aux portes d'Avila, par les seigneurs coalisés contre don Enrique l'Impuissant. Il considère ces prétentions de sujets factieux comme la preuve manifeste d'un droit incontestable et reconnu de tous; voilà quelles sont les citations historiques invoquées dans ce rapport. Quant aux allégations qu'il renferme, elles manquent également d'exactitude et de véracité. Ce projet, dit le rapporteur, ne fait que remettre en vigueur les anciennes constitutions de la monarchie. Il n'y a rien de vrai dans ces paroles; et, lorsqu'on examine les dispositions de cette loi, on la trouve en opposition flagrante avec tous les anciens usages. Les cortès nouvelles n'avaient qu'une seule chambre : les cortès anciennes se composaient de plusieurs bras. Le nombre de ces bras était même de quatre pour les cortès d'Aragon [1].

Sous l'ancienne monarchie, le mode de représentation aux cortès n'était pas le même pour toutes les parties du territoire. Les villes qui étaient en puissance de seigneur, qui ne se gouvernaient pas par elles-mêmes, étaient représentées aux cortès par les seigneurs dont elles étaient la propriété. Pour les seigneurs qui formaient le bras noble, le droit de siéger aux cortès se transmettait de même que la seigneurie, par voie d'hérédité. Ils tenaient leur droit de leur naissance.

Les villes qui se gouvernaient elles-mêmes, qui étaient formées en communes, celles qui avaient acquis le droit d'être représentées aux cortès, faisaient choix de leurs représentants, dont la réunion formait le bras des communes.

Les intérêts de l'Église étaient représentés par un grand nombre de dignitaires ecclésiastiques. Ceux-ci figuraient aux cortès à raison du rang qu'ils occupaient dans la hiérarchie sacerdotale.

Ainsi, dans la constitution antique, il y avait des représentants de la nation qui siégeaient aux cortès par droit de naissance. D'autres n'y venaient qu'en vertu de l'élection, d'autres y votaient à raison de leur dignité. Dans la constitution de Cadix, il n'y a plus qu'une seule catégorie de représentants de la nation : ce sont ceux qui ont été élus. Je me garde bien de critiquer cette organisation nouvelle. Il est possible qu'elle soit meilleure. C'est un point que je n'examine pas. Ce que je constate, c'est qu'elle diffère entièrement de l'ancienne constitution. Alors, pourquoi donc dire qu'elle est semblable? pourquoi égarer par un mensonge la crédulité populaire? Au reste, cette constitution de Cadix a profondément agité

[1] Voyez Ier volume, page 180.

l'Espagne. Elle a été la cause ou le prétexte des troubles qui ont désolé le règne de Ferdinand VII, et dont l'Espagne ressent encore le contre-coup. Il est donc indispensable d'en connaître les principales dispositions, afin que chacun puisse juger par soi-même ce qu'elle a de bon et ce qu'elle contient de mauvais.

CONSTITUTION DE CADIX.

TITRE Ier.

CHAP. Ier. — *De la nation espagnole.*

ART. 1er. La nation espagnole est la réunion de tous les Espagnols des deux hémisphères.

2. La nation espagnole est libre et indépendante. Elle n'est, ni ne peut être le patrimoine d'aucune famille ni d'aucune personne.

3. La souveraineté réside essentiellement dans la nation, et par conséquent c'est à la nation qu'appartient le droit d'établir ses lois fondamentales.

4. C'est un devoir pour la nation de conserver et de protéger par des lois sages et justes la liberté civile, la propriété et les autres droits légitimes de tous les individus qui la composent.

CHAP. II. — *Des Espagnols.*

5. Sont Espagnols:

1° Tous les hommes libres, nés et domiciliés sur le territoire espagnol ainsi que leurs enfants ;

2° Les étrangers qui auront obtenu des cortès une lettre de naturalisation;

3° Ceux qui, sans avoir obtenu de semblables lettres, sont légalement domiciliés depuis dix années dans quelque localité du territoire espagnol ;

4° Les affranchis, du moment qu'ils acquièrent leur liberté dans les domaines espagnols.

6. L'amour de la patrie est une des principales obligations de tous les Espagnols : c'est aussi un devoir pour eux d'être justes et bienveillants.

7. Tout Espagnol est obligé de demeurer fidèle à la constitution, d'obéir aux lois, de respecter les autorités établies.

8. Tout Espagnol, sans aucune exception, est obligé de contribuer, en proportion de sa fortune, aux dépenses de l'État.

9. Tout Espagnol est également obligé à prendre les armes pour la défense de la patrie, toutes les fois qu'il y est appelé par la loi.

TITRE II.

CHAP. Ier. — *Du territoire espagnol.*

10. (Cet article contient l'énonciation (toutes les provinces dont se compose la mo narchie espagnole, en Europe, en Afrique en Amérique et en Asie.)

11. Il sera dressé une division plus conv nable du territoire espagnol, par une l constitutionnelle, aussitôt que les circonsta ces politiques le permettront.

CHAP. II. — *De la religion.*

12. La religion de la nation espagnole e et sera à jamais la religion catholique, apo tolique et romaine, qui est la seule vérit ble. La nation la protége par des lois sag et justes, et prohibe l'exercice de toute autr

CHAP. III. — *Du gouvernement.*

13. L'objet du gouvernement est la félici de la nation, puisque le but de toute socié politique n'est que le bien-être des individ qui la composent.

14. Le gouvernement de la nation esp gnole est une monarchie tempérée, héréd taire.

15. Le pouvoir de faire les lois réside da les cortès avec le roi.

16. Le pouvoir de faire exécuter les lois r side dans le roi.

17. Le pouvoir d'appliquer les lois dans l causes civiles et criminelles réside dans l tribunaux établis par la loi.

CHAP. IV. — *Des citoyens espagnols.*

Les articles 18, 19, 20, 21, 22, établisse la manière dont s'acquiert la qualité de (toyen.

23. Le droit d'obtenir les fonctions mun cipales ou d'élire, dans les cas détermin par la loi, ceux qui doivent les remplir, n'a partient qu'à ceux qui sont citoyens. L'a 24 énumère les causes pour lesquelles la qu lité de citoyen peut se perdre. Le § 6 cet article contient une disposition très-lib rale que je regrette de ne pas trouver dans loi française. Elle est ainsi conçue : § 6. compter de 1830 nul ne pourra commen à exercer les droits de citoyen s'il ne s lire et écrire.

TITRE III.

CHAP. Ier. — DES CORTÈS. *Du mode de f mation des cortès.*

31. Par chaque population de 70,000 âm il y aura un député aux cortès.

Les autres articles de ce chapitre prem se bornent à expliquer cette disposition et régler la manière dont elle doit être exécutée.

CHAP. II. — *De la nomination des députés aux cortès.*

34. Pour procéder à l'élection des députés aux cortès on tiendra des juntes électorales de paroisse, de partie [1] et de province.

(Il semble en lisant les termes de cet art. 34 que les élections doivent être seulement à trois degrés; mais il n'en est pas ainsi. Les citoyens du premier degré se réunissent dans la junte de paroisse. Il doit être choisi un électeur de paroisse par deux cents habitants; mais ce ne sont pas les citoyens qui le nomment directement : ils font choix de onze compromissaires pour chaque électeur qui doit être élu; et ces compromissaires, qui forment le second degré d'élection, nomment, séance tenante, les électeurs de paroisse. Les électeurs de paroisse, qui forment le troisième degré d'élection, se réunissent dans le chef-lieu de chaque partie, pour procéder à l'élection des électeurs de partie, dont le nombre pour chaque partie doit être triple de celui des députés à élire. Enfin les électeurs de partie, qui forment le quatrième degré d'élection, se transportent au chef-lieu de la province, où ils élisent le député, après avoir préalablement entendu une messe solennelle de *Spiritu-Sancto* et un sermon approprié à la circonstance. Les chap. III, IV, ainsi que les treize premiers articles du chap. V, sont employés exclusivement à expliquer les rouages de cette organisation si obscure et si compliquée.)

91. Pour être député aux cortès il faut être citoyen et jouir du plein exercice de ses droits civiques; il faut être majeur de vingt-cinq ans, être né dans la province, ou bien y être domicilié et y avoir résidé pendant sept ans. Sont éligibles les laïques et les ecclésiastiques qui réunissent ces qualités, qu'ils fassent ou non partie de la junte.

92. Il faut de plus, pour être élu député aux cortès, jouir d'un revenu annuel et suffisant, provenant de biens propres.

95. Les ministres, les conseillers d'État et les employés de la maison du roi ne pourront être élus députés.

96. Ne pourront non plus être élus les étrangers, quand même ils auraient obtenu des cortès des lettres de citoyen.

97. Aucun employé public nommé par le gouvernement ne pourra être élu député aux cortès par la province où il exerce sa charge.

[1] *Partido*, circonscription territoriale qui répond à cette subdivision de notre territoire que nous appelons district ou arrondissement.

102. Les députés recevront de leurs provinces respectives, à titre d'indemnité, les honoraires dont la quantité sera réglée par le cortès, la seconde année de chaque législature, pour la députation qui doit lui succéder. On allouera en outre aux députés d'outre-mer, pour leurs frais de voyage, d'allée et de retour, la somme qui semblera nécessaire, d'après l'avis de leurs provinces respectives.

CHAP. VI. — *De la convocation des cortès.*

104. Les cortès se réuniront tous les ans, dans la capitale du royaume, dans un édifice consacré à cette seule destination.

105. Lorsque les cortès jugeront convenable de se transporter dans un autre lieu, elles auront le droit de le faire, pourvu qu'elles ne s'éloignent pas de plus de douze lieues de la capitale et que cette translation soit consentie par les deux tiers des membres présents.

106. Les sessions des cortès dureront, chaque année, trois mois consécutifs, qui commenceront le 1er mars.

107. Les cortès pourront prolonger leur session d'un autre mois; mais dans deux cas seulement : premièrement, si le roi le demande; secondement, si cela est déclaré nécessaire par une résolution des deux tiers des députés.

108. Les députés seront renouvelés en totalité tous les deux ans.

109. Si la guerre ou l'invasion par l'ennemi d'une partie du territoire de la monarchie empêchait les députés, ou quelques-uns des députés d'une ou de plusieurs provinces, de se présenter à temps, ils seront suppléés par les membres sortants des provinces respectives, lesquels tireront au sort entre eux pour compléter le nombre de députés qui manqueront.

110. Les députés ne pourront être réélus qu'après l'intervalle d'une autre députation.

Les art. 111, 112, 113, 114, 115 et 116 déterminent les formes à suivre pour la vérification des pouvoirs des députés.

117. Le 25 février de chaque année, il sera tenu une dernière assemblée préparatoire dans laquelle tous les députés prêteront le serment suivant, en posant la main sur les saints Évangiles : — Jurez-vous de défendre et conserver la religion catholique, apostolique et romaine, sans en admettre aucune autre dans le royaume? — R. Oui, je le jure. — Jurez-vous de maintenir et faire observer religieusement la constitution politique de la monarchie espagnole sanctionnée par les cortès générales et extraordinaires de la nation en l'année 1812? — R. Oui, je le jure. — Jurez-vous d'a-

gir bien et fidèlement dans les fonctions que la nation vous a confiées, et de n'avoir en vue que le bonheur et la prospérité du pays? — R. Oui, je le jure. — Si ainsi vous le faites, que Dieu vous en récompense; sinon, qu'il vous en demande compte.

Les art. 118, 119, 120, ont trait à l'élection au scrutin secret du président des cortès, des vice-présidents et secrétaires, et à la manière dont il est donné connaissance au roi de la formation du bureau des cortès.

121. Le roi assistera en personne à l'ouverture des cortès: mais, en cas d'empêchement de sa part, les cortès seront ouvertes par le président au jour indiqué, sans qu'aucun motif puisse autoriser le moindre délai. Les mêmes formalités seront observées pour la clôture des cortès.

122. Le roi entrera dans la salle des cortès sans garde, et accompagné seulement par les personnes indiquées pour le cérémonial de l'entrée et de la sortie du roi, ainsi que cela sera déterminé par le règlement intérieur des cortès.

123. Le roi prononcera un discours, dans lequel il proposera aux cortès ce qu'il croira convenable, et auquel le président répondra en termes généraux. Si le roi ne peut assister à l'ouverture des cortès, il enverra son discours au président pour que celui-ci en donne lecture aux cortès.

124. Les cortès ne pourront jamais délibérer en présence du roi.

125. Lorsque les ministres auront quelque proposition à faire aux cortès de la part du roi, ils assisteront aux discussions quand et de la manière qui sera déterminée par les cortès. Ils auront droit d'y prendre la parole; mais ils ne pourront être présents au vote.

126. Les séances des cortès seront publiques; elles ne pourront être tenues à huis clos que dans les cas qui exigent le secret.

127. Dans les discussions des cortès et dans tout ce qui a trait à leur administration et à leur ordre intérieur, on se conformera au règlement établi à cet effet par ces cortès générales et extraordinaires, sans préjudice des modifications que les législatures successives jugeront à même d'y apporter.

128. Les députés seront inviolables, et dans aucun temps ni dans aucune circonstance, ils ne pourront être inquiétés par quelque autorité que ce soit à raison de leurs opinions. Dans les procès criminels qui leur seront intentés, ils ne pourront être jugés que par les cortès formées en tribunal de la manière et dans la forme prescrites par leur règlement d'administration intérieure. Durant les sessions, et un mois après qu'elles seront closes, les députés ne pourront êt[illegible] tionnés civilement ni exécutés pour dett[illegible]

129. Pendant le temps de leur députa[illegible] qui sera compté à partir du jour où nomination est constatée, les députés ne [illegible] ront accepter pour eux, ni solliciter [illegible] autrui, aucun emploi à la nomination du [illegible] ni aucun avancement qui ne soit d'[illegible] naturel dans leur carrière respective.

130. Ils ne pourront non plus, pen[illegible] le temps de leur députation et un an [illegible] le dernier acte de leurs fonctions, obtenir [illegible] eux, ni solliciter pour autrui, aucune pen[illegible] ou décoration quelconque qui soit à la n[illegible] nation du roi.

CHAP. VII. — *Des attributions des co[illegible]*

131. Les attributions des cortès sont [illegible]

1° De proposer et de décréter les [illegible] de les interpréter et d'y déroger en c[illegible] nécessité;

2° De recevoir le serment du roi, cel[illegible] prince des Asturies et celui de la rége[illegible] comme il est expliqué en son lieu;

3° De résoudre toutes les difficultés d[illegible] ou de droit qui peuvent s'élever relativem[illegible] à l'ordre de succession à la couronne;

4° D'élire la régence ou le régent [illegible] royaume dans les cas prévus par la cons[illegible] tion; de déterminer les limites dans lesqu[illegible] la régence ou le régent doivent exercer [illegible] torité royale;

5° De reconnaître publiquement le pr[illegible] des Asturies;

6° De nommer un tuteur au roi mi[illegible] dans les cas prévus par la constitution;

7° D'approuver avant leur ratification [illegible] traités d'alliance offensive, ceux de subs[illegible] et les traités de commerce;

8° D'accorder ou de refuser l'entrée [illegible] royaume à des troupes étrangères;

9° De décréter la création ou la supp[illegible] sion de places dans les tribunaux établis [illegible] la constitution, et aussi la création et supp[illegible] sion des emplois publics;

10° De fixer tous les ans, sur la prop[illegible] tion du roi, les forces de terre et de m[illegible] de déterminer celles qui doivent être te[illegible] sur pied en temps de paix, et leur augme[illegible] tion en temps de guerre;

11° De faire des ordonnances pour l'ar[illegible] pour la flotte, et pour les milices nati[illegible] les, dans toutes les branches qui les co[illegible] tuent;

12° De fixer les dépenses de l'admini[illegible] tion publique;

13° De voter annuellement les contribu[illegible] et les impôts;

14° En cas de nécessité, de faire des [illegible] prunts sur le crédit de la nation;

15° D'approuver la répartition des contributions entre les provinces;

16° D'examiner et d'approuver les comptes de la gestion des capitaux publics;

17° D'établir les douanes et les tarifs de droits;

18° D'ordonner les mesures convenables pour l'administration, la conservation et l'aliénation des biens nationaux;

19° De déterminer la valeur, le poids, le titre, le type et la dénomination des monnaies;

20° D'adopter le système de poids et mesures qu'elles jugeront le plus commode et le plus exact;

21° D'exciter et de favoriser toute espèce d'industrie, d'écarter les obstacles qui la ralentissent;

22° D'établir un plan général d'instruction publique pour toute la monarchie, et d'approuver celui qui sera suivi pour l'éducation du prince des Asturies;

23° D'approuver les règlements généraux pour la police et pour la salubrité du royaume;

24° De protéger la liberté politique de la presse;

25° De rendre effective la responsabilité des ministres et des autres employés publics;

26° En dernier lieu, il appartient aux cortès de donner ou de refuser leur consentement pour tous les actes et dans toutes les circonstances pour lesquels il est déclaré nécessaire par la constitution.

Chap. VIII.—*De la confection des lois et de la sanction royale.*

132. Tout député a le droit de proposer aux cortès des projets de loi. Il doit rédiger le projet par écrit et exposer les motifs sur lesquels il se fonde.

Les articles suivants jusqu'au 141 inclusivement déterminent l'examen et le vote des projets de loi.

142. Le droit de sanctionner les lois appartient au roi.

Les articles suivants déterminent la manière dont le roi doit accorder ou refuser la sanction à une loi votée par les cortès.

Si le roi refuse sa sanction, la même loi ne pourra être représentée dans la même session; mais elle pourra être représentée l'année suivante. Lorsqu'un projet de loi aura été adopté pendant trois années de suite, ou par trois législatures successives, encore qu'il y ait eu un intervalle de plusieurs années entre les diverses adoptions, le roi ne peut plus refuser sa sanction.

Chap. IX.

Ce chapitre détermine la manière dont les lois doivent être promulguées.

Chap. X.—*De la députation permanente des cortès.*

157. Les cortès, avant de se séparer, éliront une députation qui sera nommée députation permanente des cortès, et composée de sept membres pris dans leur sein, trois des provinces d'Europe, trois des provinces d'outre-mer. Le septième sera tiré au sort entre un député d'Europe et un député d'outre-mer.

158. En même temps les cortès nommeront deux suppléants pour cette députation, l'un d'Europe, l'autre d'outre-mer.

159. La députation permanente durera de la clôture de la session ordinaire jusqu'à l'ouverture de la suivante.

160. Les attributions de cette députation sont:

1° De veiller à l'observation de la constitution et des lois, pour rendre compte aux prochaines cortès des infractions qu'elle aura remarquées;

2° De convoquer les cortès extraordinaires dans les cas prescrits par la constitution;

3° De remplir les fonctions énoncées dans les art. 111 et 112; c'est-à-dire de recevoir et d'enregistrer les noms des nouveaux députés qui arrivent pour les cortès ordinaires; de former le bureau qui doit présider pendant les séances préparatoires qui doivent précéder chaque session; d'appeler les députés suppléants en remplacement des titulaires; et dans le cas où les uns et les autres viendraient à mourir, ou se trouveraient retenus par des obstacles insurmontables, de transmettre à leur province respective les ordres nécessaires pour qu'il soit procédé à une nouvelle nomination.

Chap. XI. — *Des cortès extraordinaires.*

161. Les cortès extraordinaires se composeront des mêmes députés qui forment les cortès ordinaires pendant les deux années de leur députation.

162. La députation permanente convoquera les cortès extraordinaires et fixera le jour de leur réunion dans les trois cas suivants:

1° Quand la couronne viendra à vaquer;

2° Quand le roi se trouvera, de quelque manière que ce soit, dans l'impossibilité de gouverner, ou bien lorsqu'il voudra abdiquer la couronne en faveur de son successeur. Dans le premier cas, la députation est autorisée à prendre toutes les mesures qu'elle jugera convenables pour s'assurer de l'inhabileté du roi;

3° Quand, dans des circonstances critiques et pour des affaires difficiles, le roi jugera convenable de les rassembler et qu'il en aura fait part à la députation permanente.

163. Les cortès extraordinaires ne pourront s'occuper que de l'objet pour lequel elles auront été convoquées.

Les art. 164, 165, 166, 167, sont relatifs aux formalités d'ouverture et de clôture des cortès extraordinaires, et à la durée de leur session.

TITRE IV.

DU ROI.

CHAP. Ier. *De l'inviolabilité et de l'autorité royale.*

168. La personne du roi est sacrée et inviolable : elle ne peut être sujette à responsabilité.

169. Le roi sera traité de Majesté catholique.

170. La puissance de faire exécuter les lois réside exclusivement dans le roi. Son autorité s'étend à tout ce qui a trait au maintien de l'ordre public à l'intérieur, et la sécurité de l'État à l'extérieur, conformément à la constitution et aux lois.

171. Indépendamment de la prérogative qui appartient au roi de sanctionner les lois et de les promulguer, voici quels sont encore les principaux pouvoirs parmi ceux dont le roi est investi :

1° Rendre les décrets, faire les règlements et instructions qu'il croit nécessaires pour l'exécution des lois;

2° Veiller à ce que, dans tout le royaume, l'administration de la justice soit prompte et complète;

3° Déclarer la guerre, faire et ratifier la paix à la charge d'en rendre ensuite aux cortès un compte appuyé de documents;

4° Nommer, sur la présentation du conseil d'État, les magistrats de tous les tribunaux civils et criminels;

5° Nommer à tous les emplois civils et militaires;

6° Présenter, sur la proposition du conseil d'État, à tous les évêchés, à toutes les dignités et à tous les bénéfices ecclésiastiques de patronage royal;

7° Accorder les honneurs et distinctions de toute espèce conformément aux lois;

8° Commander les armées et les flottes, et nommer les généraux;

9° Disposer de la force armée et la répartir de la manière la plus convenable;

10° Diriger les relations diplomatiqu commerciales avec les puissances étrang nommer les ambassadeurs, ministres et suls;

11° Veiller à la fabrication de la mon qui portera son nom et son effigie.

12° Décréter l'emploi des fonds desti chaque branche de l'administration publi

13° Amnistier les coupables, en se co mant aux lois;

14° Présenter aux cortès les projets d ou de réformes qu'il croit utiles au bie la nation, pour qu'elles en délibèrent da forme prescrite;

15° Permettre ou défendre la publica des canons, des conciles ou des bulles por cales, avec le consentement des cortès, contiennent des dispositions générales; a avoir entendu le conseil d'État, si elles trait à des affaires particulières ou de gou nement; ou bien, s'il est question de po contentieux, d'en renvoyer la connaissanc tribunal suprême de justice, pour qu'il décidé conformément aux lois.

16° Il nomme et révoque à son gré secrétaires d'État et les ministres.

172. Voici quelles sont les bornes de l torité royale :

1° Le roi ne peut empêcher, sous au prétexte, la réunion des cortès aux époq et dans les cas indiqués par la constitut Il ne peut ni les suspendre, ni les dissou ni en aucune manière empêcher leurs séa ou leurs délibérations. Les personnes qu auront conseillé quelques tentatives de genre ou qui l'auront assisté dans son exé tion sont déclarées traîtres et seront p suivies comme telles;

2° Le roi ne peut s'absenter du roya sans le consentement des cortès : s'il le son absence sera considérée comme une dication de la couronne;

3° Le roi ne peut aliéner, céder, a donner l'autorité ni aucune des prérogat royales; il ne peut en aucune manière transporter à une autre personne;

Si, par quelque raison, il voulait abdi le trône en faveur de son héritier préso tif, il ne pourra le faire qu'avec le con tement des cortès;

4° Le roi ne peut aliéner, céder ou éc ger aucune province, cité, ville, village aucune partie du territoire espagnol, quel petite qu'elle soit;

5° Le roi ne peut faire aucune alliance fensive ni aucun traité spécial de comm sans l'assentiment des cortès;

6° Il ne peut davantage s'engager par au traité à donner des subsides à une puiss étrangère sans le consentement des cort

LIOTHEQU

7° Le roi ne peut céder ni aliéner les biens nationaux sans le consentement des cortès;

8° Le roi ne peut imposer de lui-même aucune contribution, ni aucun tribut sous quelque nom ou pour quelque objet que ce soit, qui n'ait été préalablement voté par les cortès;

9° Le roi ne peut concéder de privilége exclusif ni à aucune personne ni à aucune corporation;

10° Le roi ne peut prendre la propriété d'aucun particulier, ni d'aucune corporation, ni les troubler dans leur possession et leur jouissance; et si, dans quelque cas, il était nécessaire pour un objet reconnu d'utilité publique de prendre la propriété d'un particulier, il ne pourra le faire sans avoir en même temps indemnisé le propriétaire en lui en rendant la valeur d'après l'appréciation d'hommes de bien;

11° Le roi ne peut priver aucun individu de sa liberté ni lui imposer arbitrairement aucune peine. Le ministre qui aurait signé l'ordre et le juge qui l'aurait exécuté seraient responsables envers la nation et châtiés comme coupables d'attentat contre la liberté individuelle.

Seulement dans le cas où le bien et la sécurité de l'État exigent l'arrestation de quelques personnes, le roi pourra expédier des ordres a cet effet; mais à la condition que dans l'espace de quarante-huit heures le prisonnier sera mis à la disposition du juge ou du tribunal compétent;

12° Le roi, avant de se marier, fera connaître son projet aux cortès, pour obtenir leur assentiment; sans quoi il sera réputé avoir abdiqué la couronne.

173. Le roi lors de son avénement au trône, et, s'il est mineur, au moment où il commencera à gouverner, prêtera devant les cortès le serment dont voici la formule :

« Nous... (ici le nom du roi), par la grâce de Dieu et la constitution de la monarchie espagnole, roi des Espagnes, jure par Dieu et par les saints Évangiles de défendre et conserver la religion catholique, apostolique et romaine, sans en tolérer aucune autre dans le royaume; de maintenir et faire observer la constitution politique et les lois de la monarchie espagnole; de n'avoir d'autre but, dans tout ce que je ferai, que le bien et le bonheur de la nation; de n'aliéner, céder ni démembrer aucune partie du royaume; de ne jamais exiger, soit en nature, soit en argent, soit de quelque autre manière, aucun autre impôt que ceux qui auront été votés par les cortès; de ne jamais prendre à personne sa propriété, et de respecter avant tout la liberté politique de la nation et la liberté personnelle de chaque individu; et si je fais quelque chose de contraire à mon serment en tout ou en partie, on doit me refuser obéissance; bien plus, que tout ce que j'aurais fait en contravention à mon serment soit nul et de nulle valeur; et ainsi Dieu me soit en aide et en défense; sinon, qu'il m'en demande compte. »

CHAP. II. — *De la succession à la couronne.*

174. Le royaume des Espagnes est indivisible. A dater de la promulgation de la constitution, la succession au trône aura lieu à perpétuité par ordre régulier de primogéniture et de représentation entre les descendants légitimes, hommes ou femmes, de la manière qui sera expliquée.

175. Ne peuvent être rois d'Espagne que les enfants légitimes, nés d'un mariage authentique et légitime.

176. Au même degré et dans la même ligne les hommes seront préférés aux femmes, et toujours l'aîné au plus jeune; mais les femmes d'une ligne plus prochaine ou d'un degré plus rapproché doivent être préférées aux hommes d'une ligne ou d'un degré postérieur.

177. Le fils ou la fille du fils aîné du roi, dans le cas où son père viendrait à mourir sans avoir succédé au trône, sera préféré à ses oncles, et succède immédiatement à son aïeul par droit de représentation.

178. Tant que la ligne dans laquelle la succession est établie n'est pas éteinte, la ligne immédiate n'y a aucun droit.

Les art. 179 et 180 établissent le droit de succession dans la famille de Ferdinand VII et dans sa descendance.

181. Les cortès devront exclure de la succession la personne ou les personnes qui seront reconnues incapables de gouverner, ou qui auront mérité par quelque action de perdre la couronne.

182. Si toutes les lignes qui sont ici indiquées venaient à s'éteindre, les cortès feront une nouvelle nomination, de la manière qui leur paraîtra la plus avantageuse pour la nation, en suivant toujours l'ordre et les règles de successions qui viennent d'être établies.

183. Quand la couronne doit échoir ou est échue à une femme, celle-ci ne pourra faire choix d'un mari sans l'assentiment des cortès; et si elle le fait, elle sera réputée avoir abdiqué la couronne.

184. Dans le cas où une femme montera sur le trône, son mari n'exercera aucune autorité dans le royaume, ni aucune part dans le gouvernement.

Chap. III. — *De la minorité du roi et de la régence.*

184. Le roi est en âge de minorité jusqu'à l'âge de dix-huit ans acomplis.

Les art. 186 à 200 déterminent de quelle manière doit être établie la régence, soit pendant la minorité du roi, soit lorsque le roi sera dans l'impossibilité d'exercer son autorité par quelque cause physique ou morale.

Chap. IV. — *De la famille royale et de la reconnaissance du prince des Asturies.*

201. Le fils aîné du roi prend le titre de prince des Asturies.

Les articles suivants, 202 à 212, déterminent les titres qui seront donnés aux différents membres de la famille royale. Ils défendent au prince des Asturies de sortir du royaume sans le consentement des cortès, à peine de déchéance. Ils imposent à ce prince l'obligation, lorsqu'il a atteint sa quatorzième année, de prêter, devant les cortès, un serment ainsi conçu :

« Moi (......), prince des Asturies, jure par Dieu et par les saints Évangiles de défendre et maintenir la religion catholique, apostolique et romaine, sans en tolérer aucune autre dans le royaume. J'observerai la constitution politique de la monarchie, et je serai fidèle et obéissant au roi. Ainsi Dieu me soit en aide. »

Chap. V.—*De la dotation de la famille royale.*

Ce chapitre entier, de l'art. 213 à l'article 221, s'occupe de déterminer la manière dont sera établie la liste civile du roi, et comment des dotations seront allouées aux membres de sa famille.

Chap. VI. — *Des ministres.* (Secretarios de estado y del despacho.)

222. Il y aura sept ministres : 1° le ministre secrétaire d'État (*c'est-à-dire des relations extérieures*;) 2° le ministre de gouvernement (*de l'intérieur*) pour la Péninsule et les îles adjacentes; 3° le ministre de gouvernement pour les provinces d'outremer; 4° le ministre de grâce et de justice; 5° le ministre des finances; 6° le ministre de la guerre; 7° le ministre de la marine.

226. Les ministres seront responsables envers les cortès des ordres contraires à la constitution et aux lois, sans que l'autorité royale puisse leur servir d'excuse.

Les autres articles de ce chapitre déterminent les conditions requises pour pouvoir être ministre, ainsi que la marche à suivre dans le cas où les ministres sont poursuivis pour cause de responsabilité.

Chap. VII. — *Du conseil d'État.*

Ce chapitre s'occupe exclusivement l'organisation du conseil d'État. Les con lers d'État ne peuvent être destitués q vertu d'un jugement du tribunal suprêm justice.

TITRE V.

DES TRIBUNAUX ET DE L'ADMINISTRATION LA JUSTICE AU CIVIL ET AU CRIMINEL.

Chap. Ier. — *Des tribunaux.*

242. Le pouvoir d'appliquer la loi tant civil qu'au criminel appartient exclusivem aux tribunaux.

247. Nul Espagnol ne peut être jugé commission.

249. Les ecclésiastiques jouiront, à égard, du privilége de leur état dans les t mes qui sont prescrits ou qui seront pi crits dans la suite par les lois.

250. Les militaires jouiront aussi de l privilége particulier dans les termes presc où qui seront prescrits à l'avenir par les donnances.

252. Les magistrats ne peuvent être d titués de leurs charges, soit temporaires, s à vie, que pour faits légalement prouvés établis par jugement. Ils ne peuvent ê suspendus que par suite d'une accusation galement intentée.

Les autres articles, de 241 à 258, expliqu les conditions nécessaires pour pouvoir ê juge, ainsi que les prérogatives des ma trats.

259. Il y aura dans la capitale un tribu appelé tribunal suprême de justice.

Les attributions de ce tribunal, réglées l'art. 261, sont à peu près les mêmes c celles de la cour de cassation en France. juge, en outre, les ministres mis en accusat par les cortès. Il a aussi quelques-unes attributions réservées chez nous au con d'État; il connaît des affaires contentieuses latives au patronage du roi. Il connaît a des appels comme d'abus.

262. Toutes les causes civiles et crimin les seront jugées définitivement dans le r sort respectif de chaque cour judiciaire.

263. Les cours de justice connaîtront toutes les causes civiles des tribunaux in rieurs de leur ressort en seconde et en t sième instance. Elles connaîtront de mê des causes criminelles suivant ce qui sera terminé par les lois; elles connaîtront enc des causes de suspension ou de destitut des juges inférieurs de leur ressort, en s vant le mode déterminé par les lois, après avoir rendu compte au roi.

275. Dans toutes les villes il sera établi des alcaldes, et les lois détermineront l'étendue de leurs pouvoirs, tant dans les matières contentieuses que dans les matières administratives.

(Je fais observer qu'il ne faut pas confondre les alcaldes, qui sont des juges, et que l'on nomme alcaldes mayores, avec les simples alcaldes qui sont des officiers municipaux.)

CHAP. II. — *De l'administration de la justice en matière civile.*

Les art. 280 à 285 établissent pour tout Espagnol le droit de faire décider ses procès par arbitre.

L'alcalde remplit les fonctions de conciliateur; il est assisté dans ses fonctions par deux hommes de bien, et avec leur concours il juge provisoirement l'affaire, et les parties peuvent rendre ce jugement définitif en y acquiesçant.

Aucun plaideur ne peut être admis devant les tribunaux s'il n'a préalablement tenté le préliminaire de conciliation.

Il peut y avoir dans la même affaire trois décisions définitives, en 1re, 2e et 3e instance.

CHAP. III. — *De l'administration de la justice en matière criminelle.*

Les articles de 286 à 301 déterminent les cas et la manière dont un Espagnol peut être arrêté, et règlent la police des prisons.

302. A commencer de là, le procès continuera de s'instruire publiquement, de la manière et dans les formes réglées par les lois.

303. Il ne sera jamais fait emploi de torture ni de contrainte.

304. Il ne pourra non plus être prononcé de confiscation de biens.

TITRE VI.

DU GOUVERNEMENT INTÉRIEUR DES PROVINCES ET DES VILLES.

CHAP. Ier. — *De l'administration municipale (de los ayuntamientos).*

309. Il y aura, pour le gouvernement intérieur des villes, des conseils municipaux composés de l'alcalde ou des alcaldes, des régidores et du procureur syndic. Ils seront présidés par le chef politique dans le lieu où il y en aura, et en son absence par l'alcalde ou par le premier nommé des alcaldes, s'il y en a plusieurs.

Aux termes des art. 310 et suivants, les fonctions d'alcaldes, de régidores et de procureurs syndics sont électives. Chaque année, au mois de décembre, les citoyens de chaque ville se réuniront pour nommer un certain nombre d'électeurs qui désigneront les officiers municipaux.

Les conseils municipaux sont chargés de veiller à la police et à la salubrité de la ville, de surveiller la perception et l'emploi des fonds communaux, de répartir l'impôt.

CHAP. II. — *Du gouvernement politique des provinces et des députations provinciales.*

324. Le gouvernement politique des provinces sera confié à un chef supérieur nommé par le roi pour chacune d'elles.

325. Dans chaque province, il y aura une députation dite provinciale. Elle aura pour mission de veiller à la prospérité de la province. Elle sera présidée par le chef supérieur.

Les articles suivants déterminent les attributions de cette députation provinciale, dont les membres sont élus par les électeurs de partie le lendemain de l'élection des députés aux cortès.

TITRE VII.

DES CONTRIBUTIONS.

Chapitre unique.

Ce chapitre s'occupe de la manière dont les contributions seront établies et perçues; il établit les règles de l'administration financière, et décrète qu'il sera établi par une loi spéciale une chambre des comptes, chargée d'examiner les comptes de tous les deniers publics.

TITRE VIII.

DE LA FORCE MILITAIRE.

CHAP. Ier. — *Des troupes permanentes.*

CHAP. II. — *Des milices nationales.*

Ces deux chapitres règlent d'une manière très-sommaire l'organisation de la flotte, de l'armée et des milices nationales.

Le titre suivant (titre IX) parle de l'instruction publique plutôt par acquis de conscience que pour la réglementer. Cependant le dernier des articles qui le composent mérite d'être cité.

371. Chaque Espagnol est libre d'écrire, de faire imprimer et de publier ses idées politiques, sans avoir besoin en aucune manière de licence, de révision ou d'approbation antérieure à la publication, sauf les restrictions et la responsabilité établies par la loi.

Le titre Xe *et dernier* s'occupe des formalités à suivre lorsqu'on jugera nécessaire d'apporter quelque modification à la constitution.

Les cortès en rédigeant cette constitution s'étaient appliquées à ménager le clergé : elles avaient prohibé l'exercice de toute religion autre que la religion catholique, apostolique et romaine. Néanmoins le clergé se montra peu satisfait de la part d'influence et de pouvoir qui lui était attribuée. Les députés, de leur côté, entraînés par les idées philosophiques qui se propageaient dans la Péninsule, ne tardèrent pas à restreindre les concessions faites au parti ecclésiastique : ils prononcèrent la suppression de l'inquisition. Ces mesures produisirent une vive irritation dans l'esprit des prêtres et des moines, qui, à partir de cet instant, devinrent les ennemis les plus acharnés des institutions nouvelles.

Les députés, tout en s'occupant à discuter le projet de constitution soumis à leurs délibérations ne négligeaient pas le gouvernement de l'État. Le 21 janvier 1812 ils nommèrent une nouvelle régence pour remplacer celle qui avait été installée par la junte générale. Les nouveaux gérants furent Joaquin Mosquera y Figueroa, don Juan Marca Villavicencio, don Iñacio Rodriguez de Vivas, et le comte del Abisbal. Enfin le 19 mars, tous les articles du projet de constitution ayant été successivement débattus et adoptés, les députés aux cortès et les membres de la régence prêtèrent serment à la constitution nouvelle, qui fut adoptée avec enthousiasme par le peu d'Espagnols qui résistaient encore à Joseph.

6 *avril.* — Cependant les troupes anglaises, sous la conduite de Wellington, étaient rentrées en Estrémadure; elles avaient mis de nouveau le siége devant Badajoz, et le 6 avril, elles prirent la place d'assaut; les Anglais, qui venaient comme alliés des Espagnols, auraient dû respecter les propriétés, la vie et l'honneur des habitants; ils se livrèrent au contraire à tous les excès imaginables, pillèrent la ville et massacrèrent plus de cent personnes des deux sexes.

Le maréchal Soult, qui accourait au secours des assiégés, n'arriva que le 8 à Villa-Franca, où il apprit que la ville était prise. Ce revers fut promptement suivi d'un plus grand désastre. Wellington, étant passé de l'Estrémadure dans le royaume de Léon, livra, le 22 juillet, bataille à l'armée du maréchal Marmont, dans les environs de Salamanque. Les Français, qui occupaient les hauteurs connues sous le nom des Arapiles dirent dans cette affaire deux aig onze canons. Après cette victoire, lington, profitant de ce que la retra Marmont lui laissait le chemin lib dirigea sur Ségovie, et de là sur Ma Joseph fut obligé de quitter une se fois sa capitale. Les Anglais y entr le jour même de son départ, le 11 L'occupation de Madrid par l'arm glo-espagnole eut pour conséquenc bliger les Français à concentrer forces; et dans ce but Soult évac quatre royaumes d'Andalousie, se vers Valence, et, après s'être réuni a tres troupes que le roi avait ame marcha sur Madrid, où il entra novembre. Il en sortit presque au pour aller chercher les Anglais, qui naient dans la Vieille-Castille; mais lington ne jugea pas à propos de l' dre : il fut encore une fois reje Portugal. Il eût alors été possi Joseph d'occuper de nouveau l'An sie; mais les pertes immenses qu poléon avait souffertes en Russie l traignirent à retirer d'Espagne une de partie des meilleures troupes avait envoyées. Il ordonna donc à Joseph et à ses généraux de se ten la défensive jusqu'au moment où, avoir battu les Russes et les avoir à faire la paix, il pourrait envoy nouveaux renforts pour reprendr fensive. Les Anglais profitèrent affaiblissement; ils firent des p rapides; et les Français, dans le rassembler encore leurs forces de l'Èbre, évacuèrent pour la derniè Madrid, le 28 mai 1813.

Ainsi les vicissitudes de cette de la Péninsule peuvent se résun trois périodes bien distinctes : d les Français entrent en Espagne c alliés et sous le prétexte de por guerre en Portugal; ils éparpillen troupes afin d'occuper à la fois t pays; mais les soulèvements qu tent de tous les côtés, la rencon Bruch, la première défense de Sar et la défaite de Baylen les forcen culer et à se concentrer au delà bre. Joseph abandonne une pr fois Madrid.

En second lieu, l'empereur arri même en Espagne avec des forc menses. Les Français s'avancent en colonnes compactes; ils renversent tout ce qui s'oppose à leur marche; ils culbutent devant eux l'armée anglaise, qui, sans combattre, fuit honteusement pour se rembarquer à la Corogne. Victorieux de tous les côtés, les Français s'appliquent à s'établir d'une manière plus solide dans le pays. Mais la nécessité de mettre partout des garnisons éparpille encore une fois leurs forces. Chaque général, occupé du soin d'organiser la province qu'il commande, s'en considère presque comme le souverain indépendant. Il n'y a plus d'ensemble dans le commandement. Une nouvelle armée anglaise et un nouveau général profitent de cette position : ils attaquent à l'improviste Badajoz et vont livrer bataille à Marmont sur les hauteurs des Arapiles. Ils sont vainqueurs, et s'avancent jusqu'à Madrid. Joseph est une seconde fois contraint à quitter sa capitale.

Alors le maréchal Soult, pour réunir ses forces, évacue l'Andalousie. Il se retire sur Valence, et de là marche vers Madrid, où les Anglais n'osent pas l'attendre. Il les poursuit, les rejette au delà des frontières du Portugal. Pour la seconde fois, l'Espagne est purgée des troupes britanniques. Les Français avaient encore l'offensive, lorsque la désastreuse campagne de Russie vint forcer Napoléon à rappeler d'Espagne une partie de ses troupes. L'armée de Joseph, affaiblie de nouveau par leur départ, est forcée d'abandonner une troisième fois Madrid, qu'elle ne doit plus revoir.

Je suis entré dans peu de détails sur les opérations des troupes réglées : c'est que la véritable guerre n'était pas là; c'est que les ennemis les plus redoutables des Français n'étaient pas ceux qui combattaient en ligne. Si Bonaparte n'avait eu d'autres adversaires que les troupes conduites par Wellington et par les généraux espagnols, il les eût promptement balayés devant lui; mais à côté de ces armées il s'était formé une infinité de bandes irrégulières, qui, disséminées sur toutes les parties de l'Espagne, attaquaient les convois, assassinaient les traînards et les soldats isolés, interceptaient toutes les correspondances et contraignaient les Français à éparpiller leurs forces pour être à la fois partout. Plusieurs historiens ont attribué à la Romana l'invention de ce genre de guerre. Mais en réalité la Romana ne mérite pas cet honneur. C'est la guerre que les Espagnols ont faite aux Maures pendant huit siècles. C'est la guerre qu'ils feront toujours lorsqu'on envahira leur territoire; et le 4 juin 1808 les insurgés de la Catalogne combattaient en partisans contre les Français, dans le défilé de Bruch, lorsque la Romana était encore au fond du Danemark. Les Espagnols nommaient ces corps de partisans des *guerrillas* et ceux qui les composaient des *guerrilleros*. Quant aux généraux français, ils disaient que ces bandes irrégulières n'étaient qu'un ramassis de brigands et de factieux. Cette opinion était injuste; car on trouvait parmi ces hommes un grand nombre d'individus qui n'obéissaient qu'à l'amour de leur pays. Ils ne combattaient que pour son indépendance. Cependant, il ne faut pas, comme l'ont fait les auteurs espagnols, déifier en quelque sorte tous les guerrilleros. Leurs bandes se recrutaient dans toutes les classes de la société. On y trouvait des artisans, des laboureurs; mais elles renfermaient aussi des contrebandiers, des voleurs de grand chemin, qui mettaient au service de la patrie l'expérience et la vigueur acquises dans l'exercice de leur vie criminelle. On y voyait des vagabonds, des moines défroqués, qui, ne pouvant plus subsister d'aumônes arrachées à la charité publique, s'enrôlaient dans ces troupes pour vivre de pillage. On comprend que des bandes ainsi composées étaient disposées à se porter à tous les excès. Aussi, n'est il pas de supplices qu'elles n'aient fait subir aux prisonniers qui tombaient entre leurs mains. On rencontrait souvent les cadavres de ces malheureuses victimes mutilés de la plus horrible manière. Les soldats français, quelquefois même leurs officiers, exaspérés par ces actes de cruauté, se livraient à de terribles représailles; et la guerre avait pris un caractère inouï de férocité. Néanmoins, quelques chefs de ces bandes acquirent par leurs exploits une juste célébrité.

Don Juan Martin Diaz, surnommé *el Empecinado* [1], fut un de ceux qui firent

(1) *El Empecinado* : ce mot signifie Cou-

le plus de mal aux Français. Ce fut lui qui organisa la première guerrilla. L'exploit par lequel il débuta dans cette glorieuse carrière consista à se saisir d'une estafette de l'empereur, qu'il présenta au général anglais Moore.

Encouragé par ce premier succès, il sut bientôt se rendre redoutable. Tandis que presque tous les autres partisans combattaient dans des pays de montagnes, où la retraite est facile, et où il est aisé de cacher sa marche, il avait choisi pour théâtre de ses expéditions des campagnes qui ne présentaient pour ainsi dire aucun abri. C'était aux environs de Madrid, et même jusqu'aux portes de la capitale, qu'il venait faire de hardis coups de main, sans que les généraux qu'on lui opposait pussent jamais parvenir à l'atteindre. Aussitôt qu'il se sentait poursuivi par des forces supérieures il savait disparaître au milieu de ces plaines, bien qu'elles semblassent n'offrir aucune retraite. Cependant l'*Empecinado* ne fut pas à l'abri de tout revers : dans une rencontre qui eut lieu le 7 février 1812, à Rebollar de Sigüenza, il fut battu par le général Gui; il éprouva une perte de 1,200 hommes. Il s'en fallut peu qu'il ne tombât au pouvoir des Français; il ne leur échappa qu'en se laissant rouler au bas d'un précipice. Cet échec fut attribué à la trahison de son second don Saturnino Albuir, surnommé *el Manco* (le manchot). On ne sait jusqu'à quel point cette accusation est fondée; mais ce qui est certain, c'est que don Saturnino prit bientôt parti pour les Français: il organisa une guerrilla pour combattre celle de son ancien commandant; mais sa bande, réunie sous le nom de *Contra-empecinados*, n'obtint aucun succès. A la première occasion, les hommes qui la composaient désertaient avec les armes qu'on leur avait confiées, et allaient rejoindre les insurgés.

Au reste, il ne faut pas croire que tous les guerrilleros aient été des héros insensibles à la tentation de servir le roi Joseph. Plusieurs, et des plus célèbres, furent en négociation pour se soumettre; mais soit par trahison, soi[t par] impéritie, Offaril, qui était minist[re de] la guerre, fit avorter toutes ces tent[atives] de pacification. Joseph, pour atti[rer à] son parti des officiers espagnols, [avait] décrété que tous ceux qui entrerai[ent à] son service y conserveraient les [gra]des et honneurs dont ils étaient en [pos]session. Il savait bien que partou[t, et] en Espagne plus encore que dans a[ucun] autre pays, on est sensible à l'ava[ntage] d'appartenir au gouvernement. Il [avait] calculé que les officiers nommés p[ar les] juntes ne tarderaient pas à se rall[ier à] son parti, afin de voir sanctionne[r par] un gouvernement régulier des grade[s ga]gnés au milieu de l'insurrection e[t des] émotions populaires. Ce décret étai[t] sage mais, lorsqu'il fut questio[n de] l'exécuter Offaril ne voulut recon[naî]tre comme légalement acquis que [les] grades dont les officiers étaient en po[sses]sion avant l'invasion française. De [cette] manière tous les chefs de guerrillas, [qui] le plus souvent s'étaient eux-mê[mes] donné leurs grades, ou qui avaien[t été] élus par leurs compagnons d'ar[mes,] tous les officiers qui avaient grandi [par] suite de la guerre contre les Françai[s, ai]mèrent mieux continuer la lutte qu[e de] renoncer à des récompenses justemen[t ac]quises sur le champ de bataille. Par [cette] interprétation maladroite ou perf[ide,] Offaril fit au prince qu'il servait [plus] plus de tort que s'il l'eût ouverten[ment] combattu.

Un autre chef de guerrilleros moin[s cé]lèbre que l'Empecinado prit aussi [les] environs de Madrid pour le théâtr[e de] ses exploits. Ce fut Juan Palarea, [sur]nommé *el Medico* (*le médecin*). [Né à] Murcie, de parents pauvres, Pal[area] sortit par son intelligence et par [son] travail de la classe où sa naissance l'[avait] placé. Il fit d'excellentes études, et [em]brassa la profession de médecin, [qu'il] exerçait à Madrid quand les Fran[çais] envahirent l'Espagne. Alors il co[urut] aux armes. Doué de beaucoup d'acti[vité,] connaissant parfaitement le pays [et] profitant des relations étendues qu[e sa] profession lui avait procurées, il o[rga]nisa une guerrilla et se mit à parco[urir] avec sa troupe les environs de Ma[drid] et les deux Castilles, où il n'était co[nnu] que sous le surnom de *el Medico*. I[l]

vert de poix. C'est un sobriquet donné par les paysans d'une partie de la Vieille-Castille aux habitants du village de Castrillo, où D. Juan Martin est né. Cela vient de ce que les terres de cette localité sont noires et gluantes comme de la poix.

ue les événements forcèrent, à plu-eurs reprises, Joseph d'abandonner ladrid, les guerrillas de Palarea et de Empecinado furent toujours les pre-iières à profiter de cette retraite. Elles ntrèrent dans la capitale longtemps vant que les troupes réglées s'en fus-ent approchées Palarea reçut du prince égent d'Angleterre, par les mains de Vellington, un sabre d'honneur, « en témoignage d'admiration pour sa va-leur et pour sa constance. »

D. Juan Diaz Porlier, surnommé *el larquesito* (*le petit marquis*), était né à 'arthagène d'Amérique. Il fut élevé par on oncle, le marquis de Bajamar. Il vait commencé par servir dans la ma-ine, et il s'était trouvé au combat de 'rafalgar; mais dès que la guerre eut clatè entre la France et l'Espagne il uitta le service de mer. Il se signala ar quelques actions heureuses qui lui alurent le grade de colonel. Il préféra nsuite former une guerrilla, et se main-int dans les Asturies malgré tous les fforts d'une division française com-nandée par le général Bonnet. Ses suc-ès dans cette partie de la Péninsule lui irent conférer par la régence le titre de apitaine général des Asturies.

Il y avait des guerrillas dans toutes es parties de l'Espagne; et si nous pas-ons des Asturies dans la province voi-ine, dans la Galice, nous y trouvons don 'ablo Morillo. Dans sa jeunesse, don 'ablo avait été berger. Mais il avait de onne heure quitté la vie des champs, t il s'était enrôlé dans la marine. Il se listingua à la journée de Trafalgar. Il tait sur un vaisseau dont une bordée nnemie emporta le pavillon. Il se jeta la mer pour aller le chercher, et le apporta à son bord. Cette action intré-ide attira sur lui l'attention de ses hefs.

En 1808 Morillo prit parti parmi les nsurgés de la Galice, et parvint bientôt u commandement de sa guerrilla. En nars 1809 il investit avec sa bande la lace de Vigo, qui, n'ayant pour garnison ue des employés d'administration et les soldats convalescents, fut prompte-nent réduite aux dernières extrémités. Cependant, le commandant français re-usait obstinément de se rendre à un imple chef de partisans. Il ne voulait traiter qu'avec un officier dont le grade fût au moins égal au sien. Morillo n'hé-sita pas à se nommer lui-même colonel, à en prendre les insignes, et c'est ainsi qu'il entra dans Vigo. Morillo, confirmé par le gouvernement insurrectionnel d'Espagne dans le grade qu'il s'était arrogé, fut bientôt promu à celui de brigadier, puis à celui de maréchal de camp.

En Estrémadure, sur les confins du Portugal, don Julien Sanchez, qui était simple soldat en 1808, se mit à la tête de quelques-uns de ses camarades; sa guer-rilla fut d'abord peu nombreuse, mais il reçut des Anglais de l'argent, des armes et des secours de toute espèce, en sorte que sa bande devint bientôt re-doutable.

Dans le royaume de Valence un moine franciscain s'était mis à la tête des insur-gés; c'était le père Nebot, surnommé *el Frayle*. Né à Castellon de la Plana en 1778, il s'était fait moine; mais lorsque le général Suchet entra dans le royaume de Valence il organisa une guerrilla qui fit beaucoup de mal aux Français; car Nebot unissait à beaucoup d'intel-ligence et d'activité un caractère cruel et vindicatif. Il ne connaissait ni le droit des gens ni les droits de l'humanité. Il avait coutume de dire que lui, Na-poléon et le commandant de Valence, M. de Humfort, étaient trois diables, mais que lui était le pire des trois.

La Catalogne, la Navarre et l'Aragon servirent de théâtre aux exploits des deux Mina. Xavier Mina étudiait à Logroño lorsque les Français entrè-rent en Espagne: il prit aussitôt les armes, réunit quelques partisans, se mit à leur tête, et commença à se rendre re-doutable aux détachements français. Cependant le sort ne le favorisa pas longtemps; il fut fait prisonnier et con-duit en France. Son oncle Espoz, qu'il avait appelé auprès de lui, se mit alors à la tête de la guerrilla. Il acquit bientôt les connaissances nécessaires à un bon général; et parmi les guerriers qui ont pris part à la guerre de la Péninsule, il n'en est pas dont le nom soit plus po-pulaire que celui de don Francisco Espoz-y-Mina. Un des faits d'armes les plus remarquables de ce chef fut l'atta-que d'un convoi auprès de Salinas et d'Arlabon. Ce convoi conduisait en France un grand nombre de prisonniers espagnols; et il était protégé par une escorte de deux mille hommes; néanmoins Mina parvint à s'en emparer.

Ses succès furent aussi mêlés de nombreux revers. En 1812 le général Pannetier le surprit à Robrès. Mina se vit cerné dans la maison où il était logé : il en défendit vigoureusement l'entrée, n'ayant pour toute arme que la barre de la porte, jusqu'à ce que quelques-uns de ses compagnons fussent venus le dégager et se fussent dérobés avec lui aux poursuites des assaillants. Il fut encore, la même année, mis, à Sangüeza, dans une déroute complète par les généraux Reille et Caffarelli; mais on ne put l'empêcher de tenir la campagne, même après cette dernière catastrophe.

La Biscaye eut aussi ses guerrilleros. Don Gaspar Jaureguy y Jauregui, né dans la province de Guipuscoa, fut berger jusqu'en 1808; aussi le surnom de *Pastor* lui est-il resté. Lors de l'invasion il se mit à la tête de quelques campagnards, dont le nombre s'accrut rapidement. Il parcourut surtout les gorges de la Biscaye, où il enleva plusieurs convois. Il fut secondé dans l'organisation de sa guerrilla par don Anselmo Acedo. Celui-ci était sergent à l'époque où les Français envahirent l'Espagne. Il reçut le commandement d'un des bataillons que la Biscaye mit sous les ordres du Pastor, dont il devint le conseil et l'ami.

Don Francisco Thomas Longa, né à Malla-Via, en Biscaye, était ouvrier forgeron au village de la Puebla de Arganzon. Une intrigue galante l'ayant forcé à quitter la forge où il travaillait, il embaucha quelques individus, avec lesquels il battit, pendant quelque temps, le pays, jusqu'à ce que sa bande fût assez accrue pour qu'il pût en faire agréer les services à l'autorité.

Il était surtout redoutable pour les petits détachements, ou pour les militaires isolés, qui s'engageaient imprudemment dans les défilés de la Biscaye. Caché dans un ravin, ou protégé par quelque pli de terrain, il dirigeait sur ceux qui passaient à sa portée un feu de mousqueterie qu'il n'interrompait, s'il était forcé à la retraite, que pour se réfugier sur des rochers inaccessil

Il faut dire aussi un mot du Mérino. Ce prêtre, oubliant que son nistère est un ministère de paix, se à la tête d'une bande, qui pendan guerre de l'indépendance parcourait campagnes de Burgos. Il fut prom grade de colonel; et il en portait les signes sur ses vêtements ecclésia ques.

Voilà quels furent les plus célèl guerrilleros; et l'on peut dire que s eux l'Espagne eût été infailliblem soumise; leurs bandes, d'une exces mobilité, se trouvaient en force part où passait quelque détachement is partout où il y avait quelque conv surprendre; mais elles disparaissai aussitôt qu'on se mettait à leur po suite. Elles interceptaient toute co munication entre les divers corps l'armée française. Elles assuraient, contraire, les communications des mées anglaise et espagnole; elles éc raient leur marche, couvraient le mouvements. Aussi Wellington ne s montré qu'à moitié juste à leur ég lorsqu'il a écrit dans un de ses rappor « Les guerrillas opèrent avec une gra « activité sur tous les points de l'Es « gne, et bon nombre de leurs derniè « tentatives contre l'ennemi ont eu « plein succès. » Pour rendre un en hommage à la vérité, il aurait pu di « Les guerrillas ont préparé, ass la victoire; les troupes réglées l'ont cueillie. »

L'intention des Français en évacu Madrid avait été de conserver la li de l'Èbre; mais il ne leur fut bien plus possible de garder cette positi Ils se retirèrent dans les provinces b ques. Le 20 juin 1813 ils s'arrêtèr à quelque distance de Vittoria. L'arn française était considérablement di nuée. Des corps nombreux en avaient détachés pour escorter les convois rentraient en France, ou afin de pour vre les guerrilleros, par lesquels on é harcelé. Enfin on était encombré de ba ges. Tous les Espagnols qui s'étaient co promis en embrassant la cause du roi seph suivaient péniblement l'armée, menant avec eux leurs femmes, leurs fants, et emportant tout ce qu'ils avai pu mobiliser de leur fortune. Les gé raux et même de simples officiers traînaient avec eux le butin qu'ils avaient fait dans cette guerre.

Au contraire l'armée des Anglo-Espagnols, sans compter les troupes de don Pablo Morillo, de Giron et celles des guerrilleros qui s'étaient réunis à elle, s'élevait à plus de soixante-cinq mille hommes. C'est en présence de ces forces que Joseph, ou plutôt le maréchal Jourdan, qui commandait en son nom, commit la faute de s'arrêter dans une position facile à tourner. Il plaça en arrière de son armée l'immense convoi qu'il traînait avec lui, sans veiller à sa sûreté, sans rien faire pour assurer ses derrières. Le 21, au point du jour, l'armée anglo-espagnole attaqua les Français. Bientôt elle parvint sur leurs derrières, et une division anglaise vint occuper le chemin de France. Alors ce ne fut plus une bataille, mais un pillage. Les alliés prirent le parc d'artillerie et toutes les richesses que les Français traînaient à leur suite. Ce fut pitié de voir les femmes, les enfants qui se retiraient avec l'armée obligés de fuir à pied, appelant l'une son mari, l'autre sa mère, qui étaient égarés ou qui étaient restés prisonniers. Tous fuyaient en désordre par la route de Pampelune, que les alliés n'avaient pas occupée; et au milieu de cette déroute ce fut un grand bonheur que les guerrilleros se fussent pour la plupart réunis à l'armée anglo-espagnole; car s'ils se fussent trouvés dans les gorges par lesquelles on se retirait, les Français, qui n'avaient pas sauvé un caisson, n'auraient pas trouvé une cartouche pour se défendre; pas un d'entre eux n'eût revu la France. Les nouveaux preux auraient eu le sort des paladins de Charlemagne; mais la colère de Dieu avait frappé la France avec assez de sévérité; elle ne voulut pas l'affliger par cet immense désastre : la route se trouva libre, et Joseph put se retirer en France par le défilé de Roncevaux.

Suchet occupait encore le royaume de Valence; il venait même de forcer à se rembarquer une expédition de troupes anglaises et siciliennes commandée par le général Murray, qui avait pris terre sur la plage de Salaou. La nouvelle de la défaite de Vitoria et de la retraite du roi Joseph en France le déterminèrent à évacuer Valence et à se retirer sur l'Èbre en laissant des garnisons dans quelques forteresses qu'il lui paraissait important de conserver.

Napoléon, en apprenant la déroute de Vittoria, fut transporté de colère; et comme il l'attribuait, peut-être avec raison, à l'impéritie de Joseph et de Jourdan, il les priva tous deux du commandement, et nomma pour leur successeur le maréchal Soult, sous le titre de lieutenant de l'empereur en Espagne. Celui-ci fit d'inutiles efforts pour secourir Pampelune et Saint-Sébastien, assiégés par les Anglais et les Espagnols; il ne put empêcher ces deux villes d'être prises. Dans la dernière les Anglais commirent toutes les horreurs qu'il est possible d'imaginer; ils massacrèrent les habitants, violèrent les femmes et incendièrent les maisons.

La plus grande partie de l'armée française avait repassé la Bidassoa; quelques places de la Catalogne restaient seules au pouvoir de l'armée de Suchet, lorsque Bonaparte, forcé par les circonstances malheureuses où il se trouvait, crut devoir rétablir la dynastie des Bourbons sur le trône d'Espagne.

FERDINAND VII FAIT UN TRAITÉ AVEC L'EMPEREUR. — LA RÉGENCE ET LES CORTÈS REFUSENT DE LE RATIFIER. — PROTESTATIONS DU PARTI ANTIRÉFORMISTE. — FERDINAND REFUSE DE JURER LA CONSTITUTION, ET DISSOUT LES CORTÈS; IL ENTRE A MADRID.

Napoléon, attaqué à la fois par toutes les puissances de l'Europe, essaya de détacher l'Espagne de cette ligue. Il aurait voulu assurer sa frontière des Pyrénées en rendant à Ferdinand VII la liberté et la couronne. Il commença donc par adresser à ce prince, toujours détenu à Valençay, une lettre qui lui fut portée par le comte de Laforêt. Elle était ainsi conçue :

« Mon cousin, les circonstances où « se trouvent actuellement mon empire « et ma politique me font désirer d'en « finir une bonne fois avec les affaires « d'Espagne. L'Angleterre y fomente « l'anarchie et le jacobinisme; elle essaye d'anéantir la monarchie et de détruire la noblesse pour établir une « république. Je ne puis m'empêcher de « regretter extrêmement la destruction « d'une nation si voisine de mes États,

« et avec laquelle j'ai tant d'intérêts ma-
« ritimes et communs.

« Je veux donc ôter à l'influence an-
« glaise toute espèce de prétexte, et ré-
« tablir les liens d'amitié et de bon voi-
« sinage qui ont existé si longtemps
« entre les deux nations.

« J'envoie à Votre Altesse royale le
« comte de Laforêt, sous un nom sup-
« posé, et Votre Altesse peut avoir con-
« fiance à tout ce qu'il lui dira. Je dé-
« sire que Votre Altesse soit persuadée
« des sentiments d'affection et d'estime
« que j'ai pour elle.

« Cette lettre n'étant à autre fin, je
« prie Dieu, mon cousin, qu'il ait Votre
« Altesse en sa sainte garde...

« Saint-Cloud, 12 novembre 1813.

« Votre cousin, NAPOLÉON. »

Ferdinand fit d'abord quelques objections contre le traité que lui proposa le comte de Laforêt. Il répondit qu'il lui serait difficile de rien faire sans l'assentiment de la nation espagnole, représentée par la régence. Néanmoins le désir de recouvrer la liberté et de monter sur le trône l'emporta bientôt sur ces scrupules; et le 8 décembre un traité fut conclu entre l'empereur et Ferdinand VII. Voici sommairement quelles en furent les principales dispositions :

A l'avenir il y aura paix et amitié entre Ferdinand VII, reconnu comme roi d'Espagne et des Indes, et sa majesté l'empereur. Toutes les hostilités cesseront. Les places occupées par les Français en Espagne seront remises à Ferdinand VII, qui, de son côté, s'engage à maintenir l'intégrité du territoire espagnol et à en faire sortir l'armée britannique.

Une convention militaire devait être conclue entre un commissaire espagnol et un commissaire français pour que l'évacuation des provinces espagnoles occupées par les Français ou par les Anglais fût faite simultanément.

Tous les prisonniers devaient être respectivement rendus.

Tous les Espagnols qui avaient été attachés au roi Joseph devaient être réintégrés dans leurs honneurs, droits et prérogatives. Tous les biens dont ils avaient été privés devaient leur être rendus.

Sa majesté catholique et l'emp[...] s'engageaient réciproquement à [...] tenir l'indépendance de leurs droits [...] ritimes, conformément aux disposi[...] du traité d'Utrecht. Il devait être [...] clu un traité de commerce ent[...] France et l'Espagne.

Enfin Ferdinand s'engageait à [...] payer à Charles IV et à la reine une [...] sion annuelle de 30,000,000 de ré[...] A la mort de Charles IV, une pen[...] annuelle de 8,000,000 de réaux d[...] former le douaire de la reine.

Ce traité devait être soumis avant [...] exécution à la ratification de la rége[...]

Ferdinand VII chargea le duc de [...] Carlos de le porter en Espagne et [...] faire ratifier. Puis quelques jours [...] tard, craignant que cet envoyé ne t[...] bât malade ou qu'il rencontrât des [...] tacles en chemin, Ferdinand VII [...] voya en Espagne avec la même mis[...] don José Palafox. Depuis la capitula[...] de Saragosse Bonaparte avait reten[...] général prisonnier au château de [...] cennes. Il l'avait envoyé à Valen[...] seulement depuis que des négociati[...] avaient été ouvertes pour la mise e[...] berté de Ferdinand.

Le duc de San-Carlos arriva à Ma[...] le 4 janvier. La régence ne s'y était [...] encore rendue. Les cortès extrao[...] naires qui avaient voté la constituti[...] après s'être occupées encore de dive[...] dispositions organiques, avaient [...] leur session le 14 septembre 18[...] mais la fièvre jaune ayant comme[...] à sévir à Cadix, la régence eut la [...] sée de s'éloigner. Le peuple de C[...] murmura en apprenant que les chefs [...] gouvernement se disposaient à l'a[...] donner au moment de ce nouveau d[...] ger. La régence, effrayée par ces [...] meurs, demanda à la députation per[...] nente de convoquer de nouveau les co[...] extraordinaires, qui le 16 septem[...] deux jours seulement après avoir [...] leur session, se réunirent de nouv[...] On discuta sur l'opportunité qu'il y a[...] à transporter le siége du gouvernem[...] dans un lieu qui ne fût pas infecté [...] l'épidémie. On ne décida rien. On la[...] aux cortès ordinaires, qui devaient [...] réunir le 26 septembre, le soin de tr[...] cher la question; mais pendant [...] ajournement le fléau fit de cruels [...]

grès; vingt membres de l'assemblée périrent victimes de cette imprudente temporisation, et les cortès extraordinaires se séparèrent de nouveau le 20 septembre au milieu de la consternation générale.

Les cortès ordinaires furent constituées à Cadix, le 26 septembre. Elles siégèrent dans cette ville jusqu'au 13 octobre, jour où elles se transportèrent à l'île Léon. La composition de cette assemblée différait de celle des cortès extraordinaires. Il s'en fallait beaucoup que tout le monde fût partisan de la constitution nouvelle. Les moines, le clergé, malgré la part immense qui leur avait été faite, étaient encore mécontents. La noblesse, dont il n'était pas même fait mention dans cette œuvre de désorganisation, regrettait et les droits et les priviléges qu'on lui avait enlevés. Aussi la nouvelle assemblée contenait-elle un parti ennemi des réformes. Tel avait été le résultat des élections. Tel, au reste, devait être nécessairement l'effet de la loi électorale; et voici comment la caractérise un des membres qui avaient voté cette constitution, un de ses plus zélés défenseurs, M. le comte de Toreno [1] :

« En adoptant un mode d'élection indirecte qui ne passait par rien moins que par quatre degrés ou échelons, elle favorisait de sourdes manœuvres et de déplorables supercheries, plus faciles à exercer en cette occasion, puisqu'on n'avait exigé des votants aucune propriété foncière. Elle donnait ainsi, par une grave erreur, franche et large entrée à la jouissance des droits politiques à des gens de peu de valeur, au vulgaire, à la populace, naturellement fort soumis au caprice et à la volonté des classes puissantes et privilégiées. »

Mais si cette élection amena dans l'assemblée des cortès des ennemis des nouvelles institutions, elle y conduisit aussi plusieurs des plus éloquents défenseurs d'une sage liberté. Parmi les nouveaux députés on distingua bientôt don Francisco Martinez de la Rosa, aussi remarquable par la beauté de son talent que par la pureté de son caractère. Pendant ce temps, les événements militaires avaient continué à être favorables à la cause espagnole; il était naturel que le siége du gouvernement fût reporté au centre de la monarchie et dans son ancienne capitale. Aussi les cortès décrétèrent-elles que leurs séances seraient suspendues à l'île Léon, le 29 novembre 1813, et qu'elles se rouvriraient à Madrid, le 15 janvier 1814. Les membres du gouvernement se mirent en route, et la régence arriva le 5 janvier à Madrid, où le duc de San-Carlos l'attendait depuis vingt-quatre heures. Celui-ci fit aussitôt connaître la mission dont il était chargé; mais les régents ne l'accueillirent pas avec l'empressement qu'on aurait pu attendre de sujets fidèles et dévoués à leur souverain. Un traité qui n'avait rien de blessant pour l'Espagne, et dont la liberté de Ferdinand VII pouvait dépendre, leur était présenté, et au lieu de s'empresser de donner la ratification qu'on leur demandait, ils répondirent que les cortès extraordinaires, par décret du 11 janvier 1811, avaient décidé « qu'elles ne reconnaîtraient point, et, qu'au contraire elles tiendraient pour nul et de nulle valeur et effet, tout acte, traité, convention ou transaction de toute espèce de nature..., octroyés par le roi tant qu'il demeurerait dans l'état d'oppression et de manque de liberté où il se trouvait....; car jamais la nation ne le considérerait comme libre et ne lui prêterait obéissance avant de le voir parmi ses fidèles sujets, dans le sein des cortès nationales... ou du gouvernement créé par les cortès [1]. » Une expédition authentique de ce décret fut remise au duc de San-Carlos avec une lettre dont voici la teneur : « Sire, la régence espagnole, nommée par les cortès générales et extraordinaires de la nation, a reçu avec le plus grand respect la lettre que Votre Majesté a bien voulu lui adresser par l'entremise du duc de San-Carlos, ainsi que le traité de paix et autres documents dont le duc était chargé.

« La régence ne peut exprimer convenablement à Votre Majesté la consolation et la joie qu'elle a éprouvée

[1] Livre XXIII.

[1] M. de Toréno, livre XXIV.

« en voyant la signature de Votre Ma- « jesté, par laquelle elle demeure assu- « rée de la bonne santé dont jouit Votre « Majesté en compagnie de ses bien-ai- « més frères et oncle, les seigneurs in- « fants don Carlos et don Antonio, « ainsi que ses nobles sentiments pour « son Espagne chérie.

« Toutefois la régence peut encore « moins exprimer quels sont ceux du « peuple loyal et magnanime qui vous « reconnaît pour son roi, ni les sacrifi- « ces qu'il a faits, qu'il fait et qu'il fera « jusqu'à ce qu'il vous voie placé sur le « trône d'amour et de justice qu'il vous « a préparé. Elle se borne à manifester « à Votre Majesté qu'elle est le roi aimé « et désiré de toute la nation.

« La régence, qui au nom de votre « Majesté gouverne l'Espagne, se voit « néanmoins dans la nécessité de donner « connaissance à Votre Majesté du dé- « cret que les cortès générales et ex- « traordinaires ont rendu le 1er janvier « de l'année 1811, dont l'expédition est « ci-jointe.

« La régence, en transmettant à votre « majesté ce décret souverain, se dis- « pense de faire la moindre observation « à l'égard du traité de paix; mais elle « assure à Votre Majesté qu'elle y trouve « la preuve la plus authentique que les « sacrifices faits par le peuple espagnol « pour recouvrer la royale personne de « Votre Majesté n'ont pas été infruc- « tueux, et elle se félicite avec Votre « Majesté de voir déjà prochain le jour « où elle aura l'ineffable bonheur de re- « mettre à Votre Majesté l'autorité « royale qu'elle conserve à Votre Ma- « jesté, en dépôt fidèle tant que durera « la captivité de Votre Majesté.

« Que Dieu garde Votre Majesté pen- « dant de longues années pour le bien « de la monarchie.

« Madrid, le 8 janvier 1814.

« Sire, aux pieds royaux de Votre Ma- « jesté,

« Louis de Bourbon, cardinal d'Escala, « « archevêque de Tolède, président;

« José Luyando, ministre d'État. »

Quelques jours plus tard une réponse à peu près semblable fut remise à don José Palafox, et les deux envoyés de Ferdinand retournèrent en France, très-mécontents de la manière dont leur mission avait été accueillie. Le d San-Carlos surtout, naturellemen nemi de toute innovation, était vive irrité. Il fit passer dans l'esprit de dinand les opinions défavorables avait conçues contre la régence, c les cortès et contre la constitution velle. Ces sentiments durent être lement partagés par le prince c En effet, en refusant de ratifi traité du 8 septembre, on le plaçait un grand embarras. Il pouvait crai que Napoléon ne continuât à le re prisonnier; et cette appréhension v se mêler au ressentiment que lui i rait la conduite peu respectueuse cortès et de la régence. Néanmoins pereur, dont les embarras s'acc saient chaque jour, ne s'arrêta pas refus de ratification. Il rendit F nand à la liberté; et des passe-port rent remis à ce prince le 7 mars 18

La régence et les cortès avaient sumé que telle pourrait être la d mination de Napoléon. Elles n'e raient pas que Ferdinand consent cilement à accepter la constitutio Cadix. Elles pensèrent que les moyens qu'elles eussent pour le traindre à donner son adhésion étaie déployer beaucoup d'assurance et b coup d'audace. Ferdinand avait dû vivement blessé par le décret du 1er vier 1811. Elles résolurent d'y ajo des dispositions encore plus irrita Le 2 février après avoir pris l'avi conseil d'État, elles décrétèrent q ne regarderait le roi comme libr qu'on ne lui devrait obéissance qu'a qu'il aurait juré, au milieu du con national, d'observer la constitution formément à l'art. 173. Elles ordo rent aux généraux commandant su frontières de prendre toutes les m res nécessaires pour faire savoir régence, par courriers extraordina tout ce qu'ils apprendraient sur l'ar du roi, afin qu'on pût faire les p ratifs pour le recevoir à son entré le territoire espagnol; elles leur p crivirent de ne laisser entrer au force armée avec le roi; et elles déc rent que si des troupes quelcon essayaient de franchir les frontière devait leur résister et les repousser vant les lois de la guerre. Elles dé rent encore que dans le cas où les troupes qui accompagneraient sa majesté seraient composées de soldats ou d'officiers qui auraient été prisonniers de guerre, les officiers généraux chargés du commandement se conformeraient aux ordonnances existant à cet égard; que le général en chef qui aurait l'honneur d'accompagner le roi lui donnerait une escorte convenable; que nul étranger ne pourrait suivre le roi, pas même comme employé subalterne ou comme domestique; que nul Espagnol de ceux qui avaient accepté des emplois sous Napoléon ou son frère Joseph ne pourrait rentrer en Espagne avec Ferdinand, à quelque titre que ce fût; que la régence tracerait la route que sa majesté suivrait et les honneurs qu'on devait lui rendre; que le président de la régence irait au-devant du roi jusqu'à la frontière; qu'il l'accompagnerait jusqu'à Madrid, et lui remettrait une copie de la constitution pour que sa majesté pût en prendre connaissance et jurer de l'observer avec une parfaite connaissance de cause; que le roi, à son arrivée dans la capitale, irait de suite à la salle des cortès, pour jurer la constitution avec les cérémonies prescrites par les règlements, après quoi sa majesté se rendrait à son palais, suivie de trente députés pour recevoir des mains de la régence le dépôt du pouvoir exécutif; qu'enfin la nation serait pleinement instruite de ces événements par un décret.

Cet acte fut jugé fort diversement. Les uns le préconisèrent comme un acte de courage et de patriotisme; les autres n'y virent qu'une insulte violente et inutile, dirigée contre les droits de la couronne et contre la majesté royale; aussi fut-il l'objet de vives récriminations. Le lendemain du vote, lorsque les cortès s'occupèrent de la discussion d'un manifeste qui devait accompagner ce décret, un député de Séville, nommé don Juan Lopez Reina, se leva et prononça ces paroles : « Lorsque le seigneur don Ferdinand naquit, il naquit avec un droit à la souveraineté absolue de la nation espagnole; quand, par l'abdication du seigneur Charles IV, il obtint la couronne, il resta en possession et exercice absolus de roi et seigneur... » Dès qu'on entendit ces paroles, des clameurs et des cris s'élevèrent de toutes parts contre l'orateur pour le rappeler à l'ordre; mais Reina ne se laissa pas intimider, il continua paisiblement : « Or donc, aussitôt que le seigneur don Ferdinand VII, rendu à la nation espagnole, recouvrera le trône, il est indispensable qu'il exerce la souveraineté absolue du moment où il touchera la frontière. » Ces derniers mots excitèrent un tumulte difficile à décrire; on voulut porter une accusation contre ce député et le soumettre à un jugement; il fut forcé de se cacher.

Si cette manifestation eût été l'œuvre d'un homme isolé, elle n'eût présenté rien de bien grave; mais Reina était l'organe d'un parti nombreux, qui s'agitait pour détruire ce que les cortès de Cadix avaient fait. Les Espagnols étaient alors divisés en trois opinions bien distinctes. Ceux qui se disaient les libéraux ou les constitutionnels, c'étaient ces gens à tête exaltée qui veulent toujours marcher en avant sans s'inquiéter du but où ils vont; qui, sous le prétexte de sauvegarder la liberté nationale, sont toujours prêts à prendre les mesures les plus oppressives, les plus désorganisatrices, et à saper toute autorité établie. En face de ce parti il s'en élevait un autre qui n'était pas moins violent : c'étaient ces gens auxquels leurs adversaires avaient donné le surnom de *Serviles;* ils étaient ennemis de toute réforme, et, tout en prétendant venger la majesté royale outragée, ils ne songeaient qu'à satisfaire leurs passions avides de réactions sanglantes. Quant à ceux qui aiment la tranquillité publique, ils avaient pour la plupart embrassé le parti du roi Joseph; par conséquent, ils avaient presque tous été forcés de chercher un asile sur la terre étrangère; ils étaient proscrits. Ce parti modéré, où se trouvaient réellement les éléments d'organisation et de stabilité, était également odieux aux deux partis extrêmes. Les constitutionnels et les serviles étaient d'accord pour une seule chose : pour persécuter de toutes les manières ceux qu'on nommait les Joséphins.

C'est dans ces circonstances critiques que Ferdinand VII rentra en Espagne.

Il arriva le 22 mars en Catalogne, et le 24 il traversa le Fluvia, qui servait de limite entre les armées française et espagnole. Le général don Francisco Copons, qui commandait à la frontière, reçut le roi avec les témoignages du plus profond respect, et lui remit une lettre de la régence. Tous les partis attendaient avec impatience que Ferdinand fît connaître quel système politique il prétendait adopter. Conformément au décret du 2 février, la régence avait prescrit au roi l'itinéraire qu'il devait suivre. Un des premiers actes de Ferdinand fut de s'écarter de la route qu'on lui avait tracée. On voulait qu'il continuât son voyage en suivant le bord de la Méditerranée jusqu'à Valence, et qu'il passât directement de cette ville à Madrid. Ferdinand se rendit à Saragosse, qui l'avait fait supplier d'honorer de sa présence la capitale de l'Aragon.

Dans cette ville et tout le long de son chemin Ferdinand reçut des mémoires, des pétitions par lesquelles on le suppliait d'annuler tout ce qui avait été fait pendant sa captivité, et de régner sur l'Espagne *comme avaient régné ses aïeux*. La minorité des cortès joignit elle-même sa voix à toutes ces réclamations. Don Bernardo Mozo Rosalès, qui depuis reçut le titre de marquis de Mata Florida, rédigea, sous la date du 12 avril, une protestation pour supplier le roi de détruire la constitution. Cet acte commençait en rappelant une coutume des anciens Perses, ce qui fit donner le surnom de *Perses* aux 69 députés qui l'avaient signé.

De Saragosse Ferdinand se rendit à Valence, où il entra le 16 avril. Ce fut là qu'il rencontra le cardinal don Luis de Bourbon, président de la régence, et don José Luyando, ministre des affaires étrangères. Ce fut aussi dans cette ville que don Bernardo Mozo Rosalès apporta lui-même la fameuse protestation des *Perses*. Enfin la personne qui certainement, plus que toute autre, décida le roi à faire connaître ses intentions, fut le capitaine général de Valence, don Francisco Xavier Élio. Cet officier avait eu quelques démêlés avec les cortès. Il avait conservé un vif ressentiment des paroles offensantes prononcées contre lui et contre son armée par des orateurs de la majorité. Lorsqu'il
senta à Ferdinand l'état-major de
mée qu'il commandait, il interpella
ses officiers : « Jurez-vous de sou
« le roi dans la plénitude de ses dr
« — Nous le jurons, répondirent ce
« d'une voix unanime. » A partir
moment Ferdinand commença à ex
l'autorité absolue. Le 4 mai il sig
fameux décret de Valence, par leq
fit connaître le système politique
allait suivre. Dans ce manifeste l
rappelle d'abord les événements d'A
juès, qui l'avaient investi de l'aut
royale, ceux de Bayonne et la viol
du droit des gens dont il avait é
victime.

« Dans ce déplorable état de ch
« continue le roi, j'expédiai, le 1er
« 1808, dans la seule forme poss
« un décret que j'adressai au conse
« Castille, pour prescrire la convoca
« des cortès : malheureusement ce
« cret ne parvint pas à sa destinat
« Il ne fut pas alors connu, et les
« vinces, provoquées à l'insurrec
« par l'horrible catastrophe dont
« drid fut le théâtre le 2 mai, pou
« rent elles-mêmes à leur gouverne
« au moyen des juntes qu'elles fo
« rent. »

Le roi rappelle ensuite la forma
des cortès de Cadix, la manière irr
lière dont ces cortès avaient été c
tituées. Il examine les vices nomb
de la constitution ; il énumère les
outrageants pour la majesté royal
ont accompagné sa publication.

« Je n'ai pu, continue le roi, être
« solé que par les témoignages d'an
« de mes fidèles sujets qui soupir
« après mon arrivée, dans l'espoir
« ma présence mettrait fin aux ma
« à l'oppression sous lesquels gé
« saient ceux qui conservaient le s
« nir de ma personne et désiraie
« vrai bonheur de la patrie. Je vous
« mets et je jure à vous, vrais et lo
« Espagnols, qu'en même temps q
« compatis aux maux que vous
« soufferts, vous ne serez point tro
« dans vos espérances. Votre souv
« veut régner pour vous. Il fait co
« ter sa gloire à être souverain d
« nation héroïque, qui par des exp
« immortels a conquis l'admiratio

« toutes les autres, et a conservé sa liberté et son honneur. Je déteste, j'abhorre le despotisme; il ne peut se concilier, ni avec les lumières, ni avec la civilisation des nations de l'Europe. Les rois ne furent jamais despotes en Espagne; ni les lois ni la constitution de ce royaume n'ont jamais autorisé le despotisme, quoique par malheur on y ait vu quelquefois, comme partout, des abus de pouvoir qu'aucune constitution humaine ne pourra jamais empêcher, parce qu'il y a des abus dans tout ce qui est humain; et s'il y en a eu en Espagne, ce n'est pas la faute de sa constitution, c'est celle des personnes et des circonstances.

« Cependant, pour prévenir ces abus autant que peut le faire la prudence humaine, en conservant l'honneur de la royauté et ses droits (car elle en a qui lui appartiennent, comme aussi le peuple a les siens, qui sont également inviolables), je traiterai avec les députés de l'Espagne et des Indes, et dans des cortès légitimement assemblées, composées des uns et des autres, aussitôt que j'aurai pu les réunir. Après avoir rétabli l'ordre et les sages coutumes de la nation établies de son consentement par les rois nos augustes prédécesseurs, on réglera solidement et légitimement tout ce qui pourra convenir au bien de mes royaumes, afin que mes sujets vivent heureux et tranquilles sous la protection réunie d'une seule religion et d'un seul souverain, seules bases du bonheur d'un roi et d'un royaume qui ont par excellence le titre de *catholiques*. On s'occupera ensuite des meilleures mesures à prendre pour la réunion des cortès, qui, je l'espère, affermiront les fondements de la prospérité de mes sujets de l'un et de l'autre hémisphère.

« La liberté, la sûreté individuelle, seront garanties par des lois qui, en assurant l'ordre et la tranquillité publique, laisseront à tous mes sujets la jouissance d'une sage liberté, qui distingue un gouvernement modéré d'un gouvernement despotique. Tous auront la faculté de communiquer, par la voie de la presse, leurs idées et leurs pensées en se renfermant dans les bornes que la saine raison prescrit à tous, afin que cette liberté ne dégénère pas en licence; car on ne doit pas raisonnablement souffrir, dans tout gouvernement civilisé, que l'on manque au respect dû à la religion et au gouvernement, ainsi qu'aux égards que les hommes se doivent entre eux.

« Pour éviter tout soupçon de dissipation dans les revenus de l'État, la trésorerie séparera les fonds destinés à ma personne et à ma famille de ceux qui seront assignés pour les dépenses de l'administration générale.

« Les bases que je viens de poser suffisent pour faire connaître mes royales intentions dans le gouvernement dont je vais me charger. Certes ce ne sont pas les intentions d'un despote ni d'un tyran, mais d'un roi et d'un père de ses sujets.

« D'après ces considérations, et de l'avis unanime de personnes recommandables par leurs connaissances et par leur zèle, ayant égard aux représentations qui me sont parvenues des différentes parties du royaume sur l'extrême répugnance des Espagnols à accepter la constitution décrétée par les cortès générales et extraordinaires, ainsi que les autres institutions politiques nouvellement introduites; voulant éviter les malheurs que ces institutions ont déjà produits, et qui ne pourraient qu'augmenter si je sanctionnais par mon serment cette constitution, me conformant aux démonstrations générales que je trouve justes et bien fondées, de la volonté de mes peuples, je déclare que mon intention royale est, non-seulement de ne point jurer ou accepter cette constitution ni aucun décret des cortès générales et extraordinaires et des ordinaires actuellement assemblées, et expressément les décrets qui attaquent les droits et prérogatives de ma souveraineté établis par la constitution et les lois qui ont gouverné la nation pendant si longtemps; mais de déclarer cette constitution et ses conséquences nulles et de nul effet pour le présent et pour l'avenir; que mes sujets, de quelque rang et condition qu'ils soient, ne sont point tenus de les exécuter, et que tous ceux qui cherche-

« raient à les soutenir en contredisant mes royales intentions à cet égard, soient regardés comme ayant attenté aux prérogatives de ma souveraineté et au bonheur de la nation.

« Je déclare coupable de lèse-majesté, et comme tel punissable de la peine de mort, quiconque osera, soit par fait, soit par écrit, soit par paroles, exciter ou engager qui que ce soit à l'observation ou exécution desdits décrets et constitution.

« Jusqu'à ce que l'ordre et ce qui existait avant l'introduction des nouveautés dans le royaume soient établis, et afin que l'administration de la justice ne soit pas interrompue, ma volonté est que les tribunaux et les administrations continuent leurs fonctions jusqu'à l'époque où, après avoir entendu les cortès que je convoquerai, le gouvernement du royaume soit établi d'une manière stable.

« Le jour où ce décret sera publié et communiqué au président des cortès maintenant assemblées, ses sessions seront terminées; ses actes et délibérations qui se trouveront dans ses archives seront recueillis par la personne chargée de l'exécution de ce royal décret; ils seront déposés sous le scellé à l'hôtel de ville de Madrid. Les livres composant la bibliothèque des cortès seront transportés à la bibliothèque royale. Je déclare quiconque voudra s'opposer à ce décret, de quelque manière qu'il le fasse, coupable de lèse-majesté et comme tel punissable de mort. Tout procès intenté devant un des tribunaux du royaume, à raison de quelque infraction à la constitution, cessera à dater de ce jour; tous les détenus pour la même cause seront immédiatement mis en liberté. Telle est ma volonté, conforme au bien et au bonheur de la nation. »

Le lendemain de la publication de ce décret, le 5 mai, Ferdinand se mit en route pour Madrid. Il fut accueilli partout sur son passage avec une allégresse incroyable. Les populations faisaient, dans presque tous les villages, retentir le cri de *Vive Ferdinand, roi absolu!* elles poussaient des vociférations contre les cortès et contre la constitution. En vertu d'un décret voté par les cor[...] Cadix, sur la proposition du d[...] Capmany, on avait posé sur les [...] principales de chaque commune [...] pierre carrée avec cette inscript[...] *Place de la Constitution.* Partout F[...] nand trouva ces pierres renversée[...] le peuple.

Il se passa quelques jours avant [...] décret du 4 mai fût connu dans la [...] tale, et les cortès l'ignoraient encore [...] qu'elles apprirent que le roi appro[...] de Madrid. Elles s'empressèren[...] nommer une députation de six mem[...] pour aller au-devant de lui. Cette [...] mission le rencontra dans la Man[...] mais Ferdinand refusa de l'admett[...] sa présence. Il fit enjoindre aux per[...] nes qui la composaient d'aller l'atte[...] à Aranjuès. En même temps il ord[...] au cardinal don Luis de Bourbon, [...] sident de la régence, et à don José Lu[...] do de se retirer tous deux, le pre[...] dans son diocèse de Tolède, et le se[...] comme officier de marine au dép[...] ment de Carthagène. Ces actes et p[...] être aussi la révélation du décret de [...] lence irritèrent vivement les cortès. [...] de se dissoudre, cette assemblée déc[...] qu'elle opposerait au besoin une r[...] tance matérielle; mais la résist[...] était une chimère : des troupes dévo[...] à Ferdinand s'étaient avancées jus[...] Madrid, et dans la nuit du 10 au [...] don Francisco Eguia, que le roi a[...] nommé capitaine général de la N[...] velle-Castille, exécutant les or[...] qu'il avait reçus, fit arrêter les m[...] bres de la régence et les députés [...] s'étaient montrés les plus ardents [...] fenseurs des institutions nouve[...] Quelques autres, pour échapper [...] même proscription, furent forcés [...] prendre la fuite et de se réfugier en [...] étranger. On n'épargna pas même [...] qui se trouvaient éloignés de Mad[...] Don Isidore Antillon était retenu [...] Aragon par une grave maladie; on [...] racha de son lit pour le traîner à la [...] son de Saragosse, et il mourut dan[...] trajet.

Dans la même nuit du 10 au 11 le [...] néral Eguia se transporta chez le [...] sident des cortès, et lui déclara que [...] ordre du roi cette assemblée était [...] soute et complétement détruite. Le sident, qui avait signé la protestation des *Perses*, n'opposa aucune résistance et ne fit aucune objection. Le lendemain au matin, le décret de Valence fut placardé à tous les coins de rue. La lecture de cet acte excita les transports de la populace, qui brisa la pierre de la constitution, et qui traîna ignominieusement dans les ruisseaux les statues emblématiques dont était décorée la salle des cortès. Deux jours plus tard Ferdinand VII entra à Madrid. Il était escorté par une division commandée par Santiago Whittingham, et composée de six mille hommes d'infanterie, de deux mille cinq cents chevaux et de six pièces d'artillerie. Il fut accueilli avec enthousiasme. La plus grande partie des Espagnols le chérissaient, non-seulement à raison de ses malheurs et de sa longue captivité, mais encore parce qu'ils attendaient de lui la réparation des maux que la nation avait soufferts. On approuva donc en général la mesure qui renversait l'œuvre imparfaite des cortès; mais les gens sensés virent avec douleur les mesures de rigueur et la proscription qui frappaient les principaux chefs de cette assemblée. Sans doute les cortès de Cadix n'ont exercé que peu d'influence sur la délivrance de la Péninsule. Les députés étaient à peu près comme la mouche du coche; ils déclamaient pendant que les guérillas et les troupes réglées versaient leur sang pour la patrie et pour leur roi absent; mais enfin les cortès s'étaient figuré qu'elles étaient le plus ferme appui de l'indépendance nationale, et quelque peu qu'elles aient fait en réalité, cependant elles avaient contribué pour leur part au triomphe commun. Si elles s'étaient laissé entraîner à des exagérations, il ne faut pas oublier combien les circonstances étaient critiques. La nation, abandonnée à elle-même, ne pouvait résister à l'invasion étrangère que par des mesures extraordinaires et par des prodiges d'énergie. Dès lors il n'est pas étonnant que le but ait été dépassé. Il était contre toute raison et contre toute justice de s'en prendre aux hommes de la faute des temps. Si Ferdinand eût été bien conseillé, il se fût entouré de gens modérés; il fût revenu avec des paroles de paix et de conciliation; il eût jeté un voile sur les erreurs et sur les fautes du passé. Sans doute, en suivant cette marche il eût encore rencontré de grandes difficultés; car la plupart des hommes modérés étaient rangés dans la catégorie des *joséphins* ou *afrancesados* : ils étaient également odieux aux absolutistes et aux constitutionnels. Cependant on peut croire qu'une conduite prudente eût ramené à la cause de l'ordre et de la modération les gens de talent et de conscience que la force des événements avait jetés dans les partis extrêmes. Ferdinand eût de cette manière évité les malheurs qui ont agité son règne; mais s'étant abandonné au parti absolutiste, il n'entendit que des paroles de rigueur. Ceux des députés qui avaient été arrêtés furent livrés à des commissions chargées de les condamner plutôt que de les juger. Pour cette fois, néanmoins, on ne prononça pas de condamnation capitale. Henri Wellesley, ambassadeur anglais, qui avait été au-devant de Ferdinand à Valence, avait demandé, au nom de son gouvernement, et avait obtenu que la peine de mort ne fût pas infligée pour délits politiques. La commission, ne pouvant envoyer ses victimes à l'échafaud, en peupla les bagnes. Quelquefois même on sut se passer de ses condamnations. Elle hésitait à prononcer une peine contre Agustin Argüellès, quoique celui-ci eût été rapporteur du projet de constitution. On dit que Ferdinand se fit apporter les pièces de la procédure, sur lesquelles il écrivit de sa main : *A dix ans de présides à Ceuta*. Martinez de la Rosa, un des plus beaux talents et des caractères les plus généreux de l'Espagne moderne, fut également déporté en Afrique. Don José Quintana fut emprisonné dans la citadelle de Pampelune. A la fin de décembre 1814, les chars sur lesquels on transporte en Espagne les forçats vinrent tirer de leurs cachots quarante et un condamnés. Les uns devaient être renfermés dans des places fortes ou dans des couvents; les autres étaient destinés aux présides d'Afrique. Ces derniers arrivèrent à Malaga, lieu destiné pour leur embarquement, et au milieu de leur infortune ils eurent au moins la consolation de rencontrer des gens qui témoignèrent pour eux la plus vive

BIBLIOTHÈQUE R…

sympathie. Arostegui, gouverneur de cette place, essaya de rompre leurs fers en se mettant en intelligence avec le consul des États-Unis et avec un commodore américain. Celui-ci devait attaquer le vaisseau qui les portait, s'emparer de leurs personnes, et les conduire en sûreté et comme en triomphe en Angleterre, à Gibraltar, aux États-Unis; mais ces infortunés refusèrent d'être délivrés par un semblable moyen; car à leur vie et à leur liberté ils préféraient l'honneur et la gloire de souffrir le martyre pour leurs opinions politiques. Ces proscriptions ne s'arrêtèrent point aux membres des cortès; elles frappèrent tous ceux qui purent être soupçonnés de professer des opinions constitutionnelles. Elles atteignirent même quelques-uns de ceux qui avaient été les défenseurs les plus dévoués et les plus fidèles du trône de Ferdinand. Ainsi trois mois seulement après le retour du roi, *el Marquesito* (Diaz Porlier), ce brave chef de guerrilleros, qui avait combattu avec tant de courage et tant de succès dans la Galice et dans les Asturies, fut mis en arrestation, comme libéral déterminé, et renfermé pour quatre ans dans la forteresse de San-Anton de la Corogne. Ces cruautés causèrent la plus triste sensation, et dans toute l'Europe les hommes de bien, que les passions politiques n'aveuglaient pas, accueillirent avec une clameur d'indignation les mesures de rigueur et d'ingratitude par lesquelles Ferdinand inaugurait son règne.

ADMINISTRATION DE L'ESPAGNE DEPUIS 1814 JUSQU'A 1820. — LA CAMARILLA. — MAGANAZ. — OSTOLAZA. — RÉTABLISSEMENT DE L'INQUISITION. — INFLUENCE RUSSE. — EXPÉDITION CONTRE LES COLONIES AMÉRICAINES. — DEUXIÈME ET TROISIÈME MARIAGE DE FERDINAND VII. — DILAPIDATION DES FINANCES. — CONSPIRATION DE MINA. — REPRÉSENTATIONS DE L'EMPECINADO. — CONSPIRATIONS DE PORLIER, DE RICHARD, DE LACY, DE VIDAL.

Les personnes que Ferdinand recevait dans son intimité, celles qui avaient entrée dans les petits appartements du roi, nommés en Espagne *la camarilla* (la petite chambre), exercèrent bientôt sur les affaires de l'État la plus funeste influence. Elles formèrent une réunion de gens tous ch dans le parti absolutiste; car c'e que Ferdinand trouvait des homme lon son cœur, des Escoiquiz, des Carlos, et quoique ce petit comité fichât pas la prétention de dicter décrets, de faire des règlements, plans de conduite, il exerçait su marche du gouvernement l'actio plus déplorable, en disposant de les emplois, en y soutenant ses cré res et leurs amis, en s'attachant chasser tous les honnêtes gens. En fet, les membres de la camarilla re daient comme leurs adversaires ceux qui avaient quelque mérite; faut faire cette triste remarque : c que le parti absolutiste, bien di en Espagne du nom de *servile* q lui a infligé, ne renfermait presque cun Espagnol de talent. Tous ceux avaient des idées larges ou des pen généreuses s'étaient réfugiés dans parti des *afrancesados* ou dans c des constitutionnels. Au reste, Fe nand était d'un caractère excessivem faible; mais par cela même qu'il a la conscience de cette faiblesse, il c gnait d'accorder trop d'influence à individu : il ne voulait pas qu'on dire qu'il avait des favoris. Cette pré cupation de son esprit, aussi bien l'incapacité des personnes auxquelles conférait des emplois, expliquent le n bre considérable de ministères qui succédèrent de 1814 à 1820. Peut-é dans la multitude d'hommes appelé gouverner l'Espagne pendant cette riode de six années, aurait-on de la pe à en trouver quatre qui présentass quelque aptitude pour les départeme qui leur furent confiés. Pour qu puisse juger en général les ministres Ferdinand, il suffit d'en faire connaî quelques-uns et de rappeler leurs act Don Pédro Macanaz, qui a contre-sign décret de Valence, fut nommé minis de grâce et de justice. Il ne reculait vant aucune mesure, si réactionna qu'elle fût, lors même qu'elle était infraction aux promesses solennellem données. Il avait été convenu, par traité conclu entre l'empereur et Fer nand, que tous les Espagnols attac au parti de Joseph ou employés d l'armée française conserveraient le biens, leurs emplois, ainsi que les distinctions qu'ils avaient obtenues. Dix-huit jours après que Ferdinand fut rentré à Madrid une circulaire de Macanaz expliqua la manière dont on prétendait exécuter cette promesse. Il choisit le 30 mai, jour même de la fête du roi, pour faire paraître cet acte qui chassait d'Espagne plus de dix mille familles :

« Le roi, informé qu'un grand nombre de ceux qui se sont ouvertement déclarés partisans et fauteurs du gouvernement intrus se disposent à rentrer en Espagne; que quelques-uns se trouvent à Madrid, et que parmi ceux-ci il y en a qui portent les marques distinctives qui sont uniquement destinées aux personnes loyales et de mérite ; sa majesté, pour éviter le juste chagrin que cette conduite inspire aux bons, et les funestes conséquences qui pourraient résulter de permettre indistinctement à ceux qui se trouvent en France et qui ont suivi les drapeaux de l'intrus qui s'intitulait roi, de retourner à leurs emplois, a daigné décider ce qui suit :

« Art. Ier. Les capitaines généraux, commandants, gouverneurs et justices des villes de la frontière, ne permettront l'entrée en Espagne, sous aucun prétexte : 1° à ceux qui ont servi le gouvernement intrus en qualité de conseillers ou de ministres ; 2° à ceux qui ayant été employés précédemment par sa majesté comme ambassadeurs ou ministres, secrétaires d'ambassade ou de ministère, ou consuls, auraient reçu depuis des pouvoirs, nominations ou confirmations dudit gouvernement, ou auraient continué quelqu'une de ces fonctions en son nom ; 3° aux généraux et aux officiers, depuis le capitaine inclusivement jusqu'aux plus hauts grades, qui se seraient enrôlés sous les drapeaux dudit gouvernement ou de quelques-uns des corps de troupes destinés à agir contre la nation, ou qui ont suivi ce parti ; 4° à ceux qui ont été employés par l'intrus dans quelqu'une des branches de police, de préfecture, sous-préfecture ou junte criminelle; 5° aux personnes titrées et à tous les prélats ou individus décorés de quelque dignité ecclésiastique qui leur aurait été conférée par ledit gouvernement, ou qui l'ayant été par le gouvernement légitime, auraient suivi le parti de l'intrus et se seraient expatriés à sa suite; et si quelqu'une ou quelques-unes de ces personnes étaient rentrées dans le royaume, ils les en feront sortir, sans leur causer d'autres vexations que celles qui seront nécessaires pour l'exécution de la présente mesure.

« Art. II. Quant aux autres qui ne sont pas compris dans les classes ci-dessus, il leur sera permis d'entrer dans le royaume, mais non de venir à la capitale, ni de s'établir dans les villes qui en soient éloignées de moins de vingt lieues; et là, et dans toute autre ville où ils fixeront leur résidence, ils se présenteront au commandant, gouverneur, alcalde ou justice, lesquels en donneront avis au gouverneur civil de la province ; et celui-ci au ministère de grâce et de justice, pour faire connaître leurs personnes. Ils demeureront sous la surveillance des susdits chefs, ou, à leur défaut, sous celle de la justice de l'endroit, qui veillera sur leur conduite politique, et en sera responsable.

« Art. III. Aucun de ces individus ne pourra être proposé pour remplir les emplois ou commissions du gouvernement dans l'administration publique, ni dans celle de la justice; ni les officiers des grades supérieurs à celui de capitaine, ni les cadets, ne pourront rester dans leurs emplois, ni porter l'uniforme; néanmoins, ceux-ci et tous les autres auxquels l'entrée du royaume est permise aux conditions ci-dessus ne pourront être molestés dans l'usage de leur liberté, et ils jouiront de la sûreté personnelle et réelle comme tous les autres, pourvu que leur conduite ne donne pas lieu à ce qu'on agisse contre eux.

Art. IV. Ceux des catégories ci-dessus qui se trouvent dans la capitale et ne se sont pas expatriés recevront l'ordre par les alcaldes de *casa y corte*, et par les autres juges de la capitale, de sortir immédiatement de Madrid, pour aller habiter des endroits à la distance précitée; mais il faut qu'il soit constant qu'ils appartiennent aux classes susdites.

« Art. V. Ceux qui auraient obtenu antérieurement du roi la croix ou d'autres distinctions politiques, ne pourront les porter, et encore moins ceux qui auraient reçu de semblables distinctions du gouvernement intrus, et qui se disposent à reprendre celles qu'ils portaient précédemment. Ces distinctions sont des récompenses de loyauté et de patriotisme, et ceux dont il est question ne remplissent pas ces conditions.

« Art. VI. Les femmes mariées qui se sont expatriées avec leurs maris, suivront le sort de ces derniers. Le roi use de clémence à l'égard des personnes âgées de moins de vingt ans qui se seraient expatriées à la suite du gouvernement intrus : il leur permet de rentrer dans leurs foyers; mais elles demeureront sujettes à la surveillance de l'endroit où elles s'établiront.

« Art. VII. Quant aux sergents, caporaux,

soldats et gens de mer qui se sont enrôlés sous les drapeaux de l'intrus, ou qui ont pris parti dans quelques-uns des corps destinés à faire la guerre à la nation, S. M., considérant qu'ils se sont rendus coupables de ce délit plutôt par séduction que par perversité, et peut-être par force, et usant aujourd'hui, jour de sa fête glorieuse, et en mémoire de son heureux retour au trône de ses ancêtres, de sa clémence naturelle, a résolu de leur faire grâce de la peine qu'ils ont méritée, et de leur accorder leur pardon, si, dans le terme d'un mois pour ceux qui sont en Espagne, et de quatre pour ceux qui sont dehors, et s'ils ne sont coupables d'aucun des délits exceptés des pardons généraux, et s'ils se présentent pour jouir de cette grâce devant sa personne royale, ou devant quelque capitaine général ou commandant de province, gouverneur ou justice du royaume; à cet effet, il leur sera donné le document convenable pour justifier leur présentation dans le susdit délai; passé lequel il sera procédé contre eux conformément aux ordonnances, s'ils sont arrêtés sur le territoire espagnol.

« Ce que je vous communique par ordre du roi, à ce que vous n'en ignoriez et pour que vous y teniez la main.

« Que Dieu vous garde beaucoup d'années.

« PEDRO MACANAZ.

« Madrid, 30 mai 1814. »

Le signataire de cette liste de proscription était chargé de nommer à tous les emplois de la magistrature et de l'Église. Il ne songea qu'à les vendre au plus offrant, sans faire attention à aucune autre considération que celle de la somme qu'il devait gagner. Ce trafic avait lieu par l'intermédiaire d'une fille nommée Louise Petit, qui, après avoir exercé à Paris l'ignoble métier de courtisane, vivait publiquement avec Macanaz. Voilà quelle était la dispensatrice des emplois et des charges de la monarchie espagnole. La publicité et le scandale de cette conduite devinrent tels, que Ferdinand fut contraint d'y mettre un terme. Un jour il reçut des indications si précises, on lui désigna avec tant d'exactitude le prix moyennant lequel une grâce avait été vendue et même le lieu où l'or était déposé, qu'il voulut se convaincre par lui-même. Accompagné d'un secrétaire nommé Negrete, il se rendit à la pointe du jour chez le ministre; il s'approcha du lit où Macanaz dormait encore, et lui demanda la clef d'une armoire parti[illegible] lière. Il y trouva le paquet d'onces [illegible] qui avait servi de prix à sa corrupti[illegible] Il en tira aussi, dit-on, les papi[illegible] qu'elle contenait, les mit dans [illegible] mouchoir, et les emporta. Le lendem[illegible] Macanaz fut envoyé au château S[illegible] Anton. Le 25 septembre le journal [illegible] ficiel annonça son emprisonneme[illegible] sans en expliquer bien nettement [illegible] cause, ce qui donna lieu à beaucoup [illegible] suppositions. On prétendit que Ma[illegible] naz possédait les brouillons des lett[illegible] écrites par Ferdinand à Napoléon e[illegible] Joseph pendant sa captivité de Vale[illegible] cay, notamment une lettre de félici[illegible] tions qu'il écrivit à ce dernier à l'occasi[illegible] de la bataille d'Ocaña. On ajoute q[illegible] maître de ces papiers il se croy[illegible] sûr de l'impunité, quelque faute qu[illegible] pût commettre ; on dit qu'il s'était mê[illegible] imprudemment vanté de faire le pl[illegible] grand tort à Ferdinand s'il voulait [illegible] publier. Il est fort difficile de savoir [illegible] juste la vérité. Il faut avouer cependa[illegible] que les termes du décret inséré dans [illegible] *Gazette* se prêtent singulièrement a[illegible] conjectures qu'il a fait naître. Il y [illegible] dit : « Macanaz, cédant à des maxim[illegible]
« honteuses, a non-seulement comm[illegible]
« des délits qui méritent un châtime[illegible]
« sévère, mais encore il a été infidèl[illegible]
« une époque où le roi avait malhe[illegible]
« reusement besoin, plus que jamais, [illegible]
« l'appui de ses vassaux bien-aimés. [illegible]
Ce qu'il y a de certain, c'est que Mac[illegible] naz resta enfermé dans le château [illegible] San-Anton jusqu'à la révolution de 182[illegible]

Ostolaza fut aussi appelé au min[illegible] tère dans les premiers mois du règne [illegible] Ferdinand. Il avait pendant quelq[illegible] temps partagé à Valençay la captivi[illegible] de ce prince, dont il était le confesseu[illegible] mais il était parvenu à sortir de Fran[illegible] et à se rendre à Cadix. Nommé mem[illegible] bre des cortès, il s'était mis à la tête [illegible] parti antiréformiste. Au retour [illegible] Ferdinand, il fut comblé de faveurs, [illegible] provoqua de toutes ses forces le rét[illegible] blissement de l'inquisition. Alors on [illegible] recommencer les persécutions de [illegible] horrible tribunal. Le passage des Fra[illegible] çais en Espagne y avait propagé l'in[illegible] stitution de la franc-maçonnerie. Cet[illegible] association fut poursuivie comme u[illegible] secte hérétique. Rétabli sur ses ancie[illegible] nes bases et avec ses anciens principes, le saint-office fut à cette époque, aussi bien qu'à son origine, un instrument politique encore plus qu'un tribunal religieux. Sous Ferdinand le Catholique, l'inquisition avait servi à persécuter les restes de la maison de Navarre. Sous Ferdinand VII, elle poursuivit avec acharnement tout ce qui professait des opinions libérales. Ces rigueurs furent poussées à un tel excès qu'un des inquisiteurs, le chanoine Riesco, se jeta aux pieds du roi pour le supplier de faire cesser cette confusion de la religion et du pouvoir, et qu'il donna sa démission après avoir averti Ferdinand des maux que cette institution devait appeler sur l'Espagne. Il est vrai de dire cependant que l'inquisition rétablie par Ferdinand VII ne condamna à la mort aucun de ses pénitents, et que même le décret qui la releva ne lui permit pas d'appliquer cette peine; mais pour peu qu'on veuille se rappeler les principes de l'inquisition d'Espagne, on trouvera qu'elle a toujours prétendu ne pas avoir le droit de prononcer la peine capitale. Lorsqu'une personne était hérétique, relapse et impénitente, que suivant les doctrines de ce tribunal elle avait encouru le dernier châtiment, les inquisiteurs prononçaient seulement qu'elle était coupable, et la *relaxaient*, c'est-à-dire qu'ils l'abandonnaient à l'autorité temporelle chargée de prononcer la sentence de mort et de l'exécuter.

Lorsque ce tribunal fut rétabli, Ostolaza présenta à Ferdinand l'adresse la plus louangeuse : « Votre Majesté, « disait-il, est à peine sortie de sa pri- « son, que déjà tous les malheurs de « son règne sont effacés. Le savoir et « le génie sont mis au grand jour et sont « récompensés des plus grands hon- « neurs. La religion surtout, sous la « protection de Votre Majesté, est sor- « tie des ténèbres, comme l'astre lu- « mineux du jour, etc., etc. » Au reste, Ostolaza devint bientôt la victime de ce tribunal. On eût pu lui appliquer cet adage : *Legem quam tulisti patiere.*, Souffre la loi que tu as faite. Mais au moins ce fut pour une juste cause, et l'on n'aurait que des grâces à rendre au saint-office s'il n'avait jamais poursuivi que de semblables accusés.

Ferdinand, fatigué des représentations continuelles dont Ostolaza l'accablait, lui avait retiré sa confiance. Mais cet ecclésiastique était resté investi de nombreux bénéfices, qui lui procuraient d'immenses revenus. Il était aussi supérieur d'un hospice où des religieuses élevaient des filles pauvres. Il voulut se faire un sérail de ce couvent : il séduisit plusieurs des jeunes filles qui l'habitaient. Il usait avec les unes de l'imposture et des moyens mystiques, avec les autres il avait recours à la violence. Il exista bientôt des signes évidents de cet infâme abus du sacerdoce. Les plaintes de quelques-unes des victimes, la fuite des autres, éveillèrent l'attention de l'autorité ecclésiastique, et le scandale devint tel, que l'évêque fit mettre Ostolaza en arrestation. Bientôt l'inquisition évoqua l'affaire. On reprochait au prévenu d'avoir enseigné des propositions hérétiques touchant l'innocence de quelques actions que la religion et la morale condamnent. Il fut conduit dans les prisons de l'inquisition de Séville, où il mourut de désespoir.

On ne peut pas reprocher à D. Francisco Ramon Eguia, ministre de la guerre, la cupidité de Macanaz, ou les vices d'Ostolaza; cependant il a fait beaucoup de mal à l'Espagne : c'était un esprit étroit, minutieux, et tout à fait incapable de gouverner un département aussi important que celui qui lui était confié. Il ne connaissait rien en dehors de la routine de son état, et il était tellement entiché des vieux usages, qu'il avait même conservé la queue telle qu'on la portait dans les troupes prussiennes du temps de Frédéric II, ce qui lui avait valu le surnom de *Coletilla*. L'armée cependant avait des droits incontestables à toute la reconnaissance de Ferdinand; aussi lui promit-on les plus grandes faveurs. On nomma une commission d'officiers généraux chargés de la réorganiser. On décréta la construction d'un édifice pour recevoir les soldats invalides. Cette institution ne devait, disait-on, céder en rien à l'hôtel élevé par Louis XIV; mais tous ces projets n'aboutirent à rien; et au lieu des récompenses promises à l'armée, on l'accabla d'ordonnances dictées par un esprit de bigoterie, et propres à faire des moines plutôt que des guerriers. On alla jusqu'à réglementer la manière dont ils devraient prendre l'eau bénite en entrant dans l'église. On interdit aux soldats les chants qui avaient accompagné leurs derniers triomphes, et l'on ordonna que tous les soirs ils se réuniraient pour dire le rosaire.

Les officiers qui s'étaient distingués dans la guerre de l'indépendance restèrent négligés dans les provinces, tandis qu'on mettait à la tête de leurs corps des hommes qui n'avaient pris aucune part à la lutte contre les Français. Ainsi on retira à Mina le commandement de la Navarre; et ce chef, mécontent et d'ailleurs attaché sincèrement aux institutions constitutionnelles, crut avoir des motifs assez graves pour lever l'étendard de la révolte. Il traça le plan d'une vaste conspiration. Mais cette entreprise était prématurée : quelques fautes qu'eût déjà commises Ferdinand, son gouvernement n'avait pas encore eu le temps de se discréditer entièrement; néanmoins Mina, impatient des abus et des injustices qui avaient lieu, se mit en rapport avec la plupart des régiments qui avaient été sous ses ordres. Dans la nuit du 25 septembre, il chargea le colonel du 1er régiment de volontaires, qui s'était fourni d'échelles, d'escalader avec son monde la citadelle de Pampelune; mais au moment de l'exécution, les soldats, malgré les offres qu'on leur faisait, refusèrent de prendre part à cette entreprise audacieuse. Rencontrant ainsi dès les premiers pas un obstacle insurmontable, Mina se vit contraint de prendre la fuite et de chercher un refuge en France. Sa tentative avorta; mais l'exemple offert par un des défenseurs les plus illustres de l'indépendance espagnole, dès les premiers jours du règne de Ferdinand, eut de nombreux imitateurs; des conspirations se succédèrent rapidement de 1814 à 1820. Il semblait, au reste, qu'on s'attachât à donner à l'armée de justes sujets de mécontentement, et le peu de ressources dont le trésor pouvait disposer étaient réparties entre les différents corps de l'armée avec une monstrueuse inégalité; quelques corps privilégiés étaient bien vêtus et bien payés : le régiment des gardes du corps, que commandait le duc d'Alazon, était abondamment pourv tout ce qui pouvait relever sa splend on prodigua pour le seul entretien d corps des sommes qui eussent suffi p maintenir honorablement une ar assez considérable; mais les autres c ne recevaient pas de quoi se vêtir. en avait qui ne pouvaient pas sorti leurs quartiers parce qu'ils étaient solument nus et sans chaussures. Il recevaient pas même exactement le rations. Ils étaient obligés de prend crédit chez les fournisseurs les alime de chaque jour. Les maux qui accablai la flotte n'étaient pas moindres. S cette administration déplorable on a à l'armée de mer jusqu'à 70 mois solde : aussi arriva-t-il plus d'une f que des officiers furent réduits à vi d'emprunts ou d'aumônes. Au Ferrol officier des soldats de marine mourut faim. Le journal du lieu publia offic lement ce fait, et aucune mesure ne prise pour mettre un terme à ces so frances : seulement, par une ordonnan du 12 février 1816, il fut permis à to les individus appartenant au dépar ment de la marine de se livrer à la pêc « afin, est-il dit, que par ce moyen « puissent se procurer les aliments do « ils manquent. »

Dans beaucoup de provinces, le se moyen qu'avaient les employés et l militaires pour obtenir le payement leurs traitements et de leurs soldes, éta d'en céder huit ou dix pour cent à qu ques employés de la trésorerie, qu moyennant cet abandon, se chargeaie d'en faciliter le payement.

Les cortès en se retirant avaient lais le trésor dans un complet dénûmen La nation, il est vrai, n'était pas enti rement épuisée. La plus grande part des fonds que les Français avaient lev à titre de contributions avait été p eux dépensée dans le pays même; comme les sommes tirées par eux d provinces espagnoles n'étaient pas su fisantes pour l'entretien de l'armée pour le payement des services public le trésor de France avait versé à Josep une puissante subvention, qui était re tée en Espagne presque en totalité. D mille familles proscrites par le décret d 30 mai avaient à la vérité emporté d'E pagne ce qu'elles avaient pu enlever leur fortune; mais les richesses accumulées inutilement dans les trésors des églises et des monastères avaient été pillées par les combattants et rendues par eux à la circulation. Ce n'était donc pas le numéraire qui manquait dans ce pays; c'était une bonne assiette de l'impôt, un système raisonnable de finances. Les cortès avaient établi l'impôt direct, le seul qui fût désormais praticable. Mais ni Ferdinand ni la camarilla ne voulaient rien de ce qui venait des cortès : ils s'empressèrent de le supprimer. Cependant la nécessité d'assurer les revenus de l'État se faisait sentir si vivement, qu'on remit enfin le ministère des finances à un homme d'expérience, à Garay. Celui-ci voulut revenir à la contribution directe. Il fut aussitôt signalé comme novateur, chassé de son poste et envoyé en exil.

On eut recours à des taxes arbitraires, qui faisaient des mécontents sans venir utilement au secours du trésor public. On affermait à des individus ou à des compagnies le droit exclusif de vendre les objets de première nécessité, et quiconque les débitait au préjudice de ce monopole était puni comme contrebandier. Ainsi à Xerès la vente du vin était affermée, et le vigneron ne pouvait se défaire de sa récolte qu'en payant au fermier du vin une énorme rétribution. On imposa des droits de douane exorbitants, qui achevèrent de détruire le commerce en rompant toutes les relations avec les pays étrangers; mais ces taxes, ces exactions, ne produisaient que des sommes insuffisantes, promptement épuisées par l'avidité de la camarilla.

« Une seule ressource [1], dit M. le vicomte de Martignac, restait au gouvernement espagnol pour échapper à de si pressants embarras, pour réparer tant de maux et pourvoir à tant de besoins : c'est celle qui depuis longtemps lui avait tenu lieu de toutes les autres, et avait remplacé pour lui ces richesses locales qu'il n'avait jamais su obtenir de l'agriculture, de l'industrie, du commerce, de tout ce qui fait la fortune des autres États. On comprend qu'il s'agit de ses possessions d'outre-mer.

« C'est de ce côté que se tournaient tous les vœux et toutes les espérances, et là, en effet, se trouvaient encore des moyens de salut. Déjà, sans doute, cette portion de la fortune d'Espagne était dangereusement compromise; mais rien n'était désespéré, et cette affaire si importante et si décisive, conduite avec quelque prudence et quelque habileté, pouvait encore avoir une favorable issue. »

Pendant l'invasion des Français les colonies s'étaient séparées de la métropole, et avaient profité de la position désastreuse où se trouvait la Péninsule pour se constituer en États indépendants. Mais un des fruits de cette révolution avait été pour elles l'anarchie et la guerre civile. Peut-être quelques concessions auraient-elles suffi pour ramener sous la domination de l'Espagne ces contrées fatiguées de leurs dissensions intestines; mais Ferdinand voulut être maître absolu en Amérique de même qu'il l'était en Europe. Il ne voulut rien céder, et l'Espagne, dont les ressources étaient épuisées par la lutte qu'elle venait de soutenir sur son propre territoire, dont la marine était anéantie, dont les finances étaient ruinées, dut s'imposer de nouveaux sacrifices pour aller porter la guerre au bout du monde sans aucune chance de succès.

L'organisation des expéditions chargées de conquérir et de pacifier l'Amérique fut confiée à Antonio Ugarte. Cet homme, qui avait été d'abord portefaix, et ensuite agent d'affaires, devait son élévation à la protection de l'ambassadeur russe, M. de Tatischeff. Et il faut le dire avec regret, on trouve ce diplomate mêlé à toutes les intrigues de la *camarilla*. Son influence néfaste a pesé sur l'Espagne de la plus déplorable manière. Ferdinand, en montant sur le trône, avait compris la nécessité de contracter une alliance intime avec quelqu'une des grandes puissances de l'Europe. Les principes constitutionnels du gouvernement anglais lui répugnaient; Louis XVIII et la charte française lui semblaient respirer le jacobinisme. La Prusse se montrait froide et indifférente; quant à la cour de Vienne, elle était presque hostile. Il restait encore bien des ferments de cette haine qui, depuis la

[1] *Essai historique sur la révolution d'Espagne*, p. 165.

guerre de la succession a divisé les maisons d'Espagne et d'Habsbourg. Lors du congrès de Vienne, Labrador, plénipotentiaire espagnol, ayant demandé au prince de Metternich que la Toscane fût remise à l'infant Charles-Louis, fils de Louis Ier, le ministre autrichien avait brusquement répondu que l'affaire de Toscane ne pouvait pas faire l'objet d'un arrangement, mais le sujet d'une guerre. L'Espagne avait été forcée de courber la tête; mais elle n'avait pas oublié cette humiliation. Quant au gouvernement russe, il avait les mêmes principes d'absolutisme que Ferdinand voulait faire prévaloir en Espagne. Ce fut donc de ce côté que se portèrent toutes ses sympathies. M. de Tatischeff sut habilement tirer parti de ces dispositions. La plupart des grands fonctionnaires de l'administration espagnole se dévouèrent à lui. Éguia, ministre de la guerre, était l'instrument aveugle de sa volonté.

L'ambassadeur russe voulut avoir auprès du ministre de la guerre un agent dont il fût sûr : il introduisit dans ses bureaux Antonio Ugarte, pour lequel on créa la fonction de directeur général des expéditions chargées de conquérir l'Amérique. Pour une si grande entreprise l'Espagne manquait de vaisseaux. La Russie proposa de lui en fournir. Trois vaisseaux russes arrivèrent à Cadix; mais on reconnut bientôt qu'ils étaient hors d'état de servir. Peut-être les employés russes furent-ils de meilleure foi qu'on ne le pense en contractant ce marché. Les bois que la Russie tire de son sol et qu'elle emploie à ses constructions maritimes sont en général d'une qualité si inférieure, qu'ils ne résistent pas à l'action corrosive des mers du midi, et l'on a vu des constructions navales qui avaient été faites avec des chênes de Russie se trouver entièrement pourries et vermoulues après une ou deux campagnes. Quoi qu'il en soit, les réclamations contre ce marché furent si vives et si nombreuses que le gouvernement espagnol, pour imposer silence aux clameurs, défendit de *médire* de cette flotte sous peine d'être accusé d'*hérésie*. La Russie, de son côté, fournit à l'Espagne deux frégates en meilleur état.

Morillo, qui avait combattu avec tant de succès dans la Galice et qui s'était fait une renommée de talent et de courage, reçut le commandement de l'expédition dirigée contre les colonies américaines. Pour son début dans cette nouvelle lutte, il s'empara de Carthagène où les autorités insurgées avaient établi le siége de leur gouvernement. Il battit leurs troupes à Cachiri; mais bientôt il rencontra dans Bolivar un adversaire digne de lui. Les deux chefs luttèrent avec une rare persévérance. Morillo, tantôt vainqueur, tantôt vaincu, se maintenait avec un courage héroïque. Mais son adversaire avait sur lui l'avantage de réparer ses pertes sur le lieu même; tandis que Morillo attendait d'Europe des secours, qui souvent ne lui parvenaient pas. Il lutta ainsi pendant cinq années, au bout desquelles il fut obligé d'abandonner le Nouveau-Monde, n'en rapportant que le souvenir de ses efforts superflus et le titre de comte de Carthagène.

La nation voyant avec peine cette guerre lointaine qui lui imposait inutilement d'onéreux sacrifices, c'était une cause de mécontentement à ajouter à celles si nombreuses que l'on avait déjà. On reprochait à Ferdinand de n'avoir accompli aucune des promesses qu'il avait faites par le décret de Valence. Il avait dit : « Cependant, pour prévenir ces « abus autant que peut le faire la pru« dence humaine, en conservant l'hon« neur de la royauté et ses droits (car « elle en a qui lui appartiennent, comme « aussi le peuple a les siens, qui sont éga« lement inviolables), je traiterai avec les « députés de l'Espagne et des Indes, et « dans des cortès légitimement assem« blées, composées des uns et des au« tres. »

Mais les cortès n'avaient pas été réunies.

Il avait dit : « La liberté, la sûreté « individuelle, seront garanties par des « lois. »

Et au lieu d'exécuter cette promesse, on avait, sans jugement, prononcé des exils et des proscriptions.

Il avait dit : « Tous auront la faculté « de communiquer par la voie de la « presse leurs idées et leurs pensées, en « se renfermant dans les bornes que la « saine raison prescrit à tous, afin que

« cette liberté ne dégénère pas en li« cence. »

Au lieu de la liberté promise on avait établi la censure.

Il avait dit : « Pour éviter tout soup« çon de dissipation dans les revenus de « l'État, la trésorerie séparera les fonds « destinés à ma personne et à ma fa« mille de ceux qui seront assignés pour « les dépenses de l'administration gé« nérale. »

Presque toutes les ressources de l'État étaient gaspillées par la camarilla et prodiguées à d'obscurs et d'indignes courtisans. Le mécontentement était général; le brave Empecinado s'en fit l'organe. Il présenta un mémoire au roi pour lui exposer les sujets de plainte de l'Espagne et pour demander la réunion des cortès. Sa franchise fut aussitôt punie. Il fut arrêté et envoyé en exil à Valladolid. Le roi, les ministres, étaient sourds aux plaintes et aux réclamations de la nation. Aussi les espérances se tournèrent-elles d'un autre côté, et l'on se prépara à arracher par la force une justice qu'on ne pouvait obtenir par de sages représentations : des conspirations s'organisèrent. La Galice était surtout animée par un esprit d'indépendance qui se manifestait parmi les militaires cantonnés dans cette province. Une insurrection fut organisée. Il ne manquait plus à ce mouvement qu'un chef capable de le diriger. Tous les yeux se tournèrent vers Juan Diaz Porlier, qui était enfermé comme libéral au château de San-Anton. Ce capitaine, dont la santé était altérée par les fatigues de la guerre et par les rigueurs de sa captivité, ayant obtenu la permission d'aller prendre les eaux minérales à Arteyo, profita de cette permission pour accepter le commandement de l'insurrection qu'on lui offrait. Dans la nuit du 18 septembre 1815 il entra à la Corogne, où il fut reçu avec enthousiasme. Il mit en liberté toutes les personnes emprisonnées pour leurs opinions constitutionnelles. Il arrêta le capitaine général et les principaux fonctionnaires; puis il fit proclamer avec la plus grande solennité la constitution de Cadix aux cris de *Vive Ferdinand, roi constitutionnel!*

De nombreux détachements de troupes accoururent de tous les villes voisines se ranger sous ses ordres. La garnison de Santiago et l'école militaire de cette ville n'attendaient que sa présence pour se prononcer en faveur du régime constitutionnel. Il se mit donc en route à la tête de huit cents hommes, et se dirigea vers la capitale de la Galice sans rencontrer nulle part la moindre résistance. Cependant, les chefs du parti royaliste et le clergé de Santiago, qui jouit d'immenses richesses, ne restèrent pas oisifs. Ils achetèrent à force d'or le dévouement des sous-officiers et d'une partie des soldats qui accompagnaient Porlier. Ce chef s'étant arrêté à Ordenès, village à deux lieues de Santiago, et ayant réuni tous les officiers dans un festin, les sous-officiers, restés seuls à la tête des troupes, tinrent un conseil secret, résolurent d'arrêter Porlier et de le livrer aux autorités royalistes. Dirigés par l'un d'eux, nommé Chacon, ils assaillirent l'auberge où Porlier et ses officiers étaient réunis. Ceux-ci eurent le temps de se saisir de leurs épées et opposèrent une vive résistance; mais ils furent accablés par le nombre. On les enchaîna et on les conduisit à la prison de l'inquisition de Santiago. Ils furent ensuite transférés à la Corogne, où l'on fit leur procès. Porlier, qui avait si puissamment contribué à relever le trône de Ferdinand, ce brave chef de guerrilla que les balles françaises avaient épargné dans tant de combats, fut, le 2 octobre 1815, condamné à être dégradé, et pendu comme un malfaiteur. La sentence fut exécutée le lendemain. Ce fut l'unique récompense payée par la gratitude de Ferdinand à l'un de ses plus hardis et de ses plus zélés défenseurs. On dirigea contre les complices de Porlier une longue procédure qui aboutit à une condamnation capitale contre quatorze d'entre eux. Heureusement ils avaient tous trouvé le moyen de se réfugier en Angleterre.

L'issue de ce procès produisit chez les libéraux une violente exaspération. Les opinions constitutionnelles et l'agitation se propagèrent avec une excessive rapidité. Il fallait être aveuglé par les préjugés et par les passions politiques pour ne pas s'apercevoir qu'une crise devenait chaque jour plus menaçante : Escoiquiz lui-même osa faire des représentations au roi ; il lui dit que le germe de l'insurrection ne pourrait jamais être étouffé par des procès criminels, mais seulement par des réformes salutaires et par des mesures de douceur. Ces vérités furent mal accueillies. Escoiquiz, qui avait donné à Ferdinand tant de gages de son dévouement, fut banni de la cour et exilé en Andalousie.

Une conspiration plus dangereuse s'organisa bientôt à Madrid. Elle avait pour chef don Vincente Richard, homme d'une grande énergie, mais qui jusqu'à cette époque ne s'était signalé par aucune action capable de tirer son nom de l'obscurité. Le projet des conspirateurs était dans le principe de s'emparer de la personne du roi et de le contraindre à jurer la constitution de 1812. Les conjurés espéraient que ce plan serait d'une exécution facile. Le roi avait l'habitude de diriger ses promenades sur la route de Madrid à Alcala. A une certaine distance de la ville, il laissait sa voiture et l'escorte nombreuse dont il était toujours accompagné, pour se promener à pied avec la reine et les infantes. Le but ordinaire vers lequel il se dirigeait était un point nommé l'auberge du Saint-Esprit. C'est là que les conjurés devaient s'élancer sur le roi, le faire monter à cheval, et le conduire à Alcala, où se trouvait un régiment dont les dispositions en faveur de la constitution n'étaient pas douteuses ; mais Vincente Richard rencontra dans l'exécution de ce plan des difficultés qui lui parurent insurmontables. Il y renonça, et conçut à la place le projet d'assassiner le roi. Ce fut Richard lui-même qui se chargea de l'exécution de cet attentat. Le roi, lorsqu'il rentrait de la promenade, avait l'habitude de donner une audience publique : c'est ce moment que l'assassin devait choisir. Heureusement le complot fut dénoncé par un des complices. Vincente Richard fut arrêté, porteur du poignard dont il devait se servir. On lui fit promptement son procès, et il fut pendu sur la grande place de Madrid. Ce châtiment était mérité ; mais les conseillers de Ferdinand, qui ne savaient jamais s'arrêter dans de justes limites, ordonnèrent les mesures les plus cruelles et les plus inquisitoriales. On rétablit la tortu[re,] cet horrible mode de procédure [qui] peut forcer l'innocent à s'avouer cou[pa]ble. L'attentat de Richard avait i[ns]piré l'horreur générale ; aussi son s[up]plice fut-il vu sans beaucoup de pi[tié.] Mais ces cruautés inutiles soulevèr[ent] l'indignation de tout le monde.

L'impulsion était donnée ; les [gouvernants? ...]gueurs ne faisaient qu'irriter les passi[ons] au lieu d'arrêter le mouvement, et la t[en]tative qui avait échoué en Galice [fut] recommencée en Catalogne par le gé[né]ral Lacy.

Don Luis Lacy était né en Andal[ou]sie, à Saint-Roch, dans le courant de l'[an]née 1775. Ses parents étaient d'origi[ne] irlandaise. Entré fort jeune au servic[e,] il parvint bientôt au grade de capitai[ne] et passa avec son régiment aux Canari[es.] Une affaire d'honneur le contraignit [à] quitter son corps. Il revint en Europ[e,] traversa à pied l'Espagne, la France, [et] se rendit au camp de Boulogne, où il s'e[n]gagea comme simple soldat dans [le] 6e régiment d'infanterie légère. Napoléon, ayant appris les particularités q[ui] avaient forcé cet officier à s'expatrie[r,] lui rendit son grade de capitain[e.] En 1808, Lacy était lieutenant-colon[el] dans l'armée française. Il suivit Mur[at] en Espagne, et il se trouvait à Madr[id] lors de la funeste journée du 2 mai. [A] cette époque, il rentra au service de [sa] patrie ; et parvenu bientôt au grade [de] général, il fut chargé par la régen[ce] de la défense de la Catalogne. Il y f[it] jusqu'en 1812, la guerre à l'armée d'i[n]vasion ; puis il passa en Galice. Lo[rs] du retour de Ferdinand, il avait le com[]mandement militaire de cette provinc[e.] Mais signalé comme libéral, il fut pri[vé] de son emploi et exilé en Catalogne. A[u] mois de mars 1817 il alla prendre l[es] eaux de Caldétès, près de Barcelon[e.] Il y trouva le général Milans et plu[]sieurs de ses compagnons d'armes q[ui] déploraient comme lui l'état malheu[]reux où les conseillers de Ferdinan[d] avaient réduit l'Espagne. Lacy exerça une grande influence sur la provinc[e] où il avait longtemps combattu, et su[r] les troupes qui l'occupaient. Il se m[it] en rapport avec les officiers des diff[é]rents corps, et organisa une vaste con[s]piration, dans le but de proclamer [la] constitution de Cadix. Le complot devait éclater le 5 avril ; mais avant cette époque deux officiers, nommés Appentel et Nantin, révélèrent le plan des conjurés. Don José Guer, lieutenant-colonel du régiment de Tarragone, qui faisait partie de la conspiration, réunit deux compagnies de son régiment, et les conduisit au général Lacy ; mais le colonel, qui ne partageait pas les opinions constitutionnelles, sut retenir les deux autres. Des mesures énergiques furent prises de tous les côtés pour empêcher que la révolte ne fît le moindre progrès. Des émissaires dépêchés par les autorités se glissèrent dans les rangs des deux compagnies qui avaient rejoint Lacy, et déterminèrent assez facilement les soldats à délaisser un complot découvert et désormais sans aucune chance de succès.

Plusieurs des chefs furent assez heureux pour gagner la France. Il n'en fut pas de même de Lacy ; il tomba entre les mains d'un détachement envoyé à sa poursuite : conduit à Barcelone, il fut condamné à mort par un conseil de guerre. Néanmoins on n'osa pas exécuter cette sentence en Catalogne, où tout rappelait les hauts faits accomplis par ce général pendant la guerre contre les Français. On craignait de causer un soulèvement dans les troupes, dont on n'était pas sûr. On espérait que Lacy obtiendrait sa grâce ; car il était généralement aimé, soit à cause de sa gloire militaire, soit à cause de son caractère franc et loyal. Il fut transporté à bord d'un vaisseau qui se rendait à Majorque. Tout le monde, et le condamné lui-même, crut qu'on lui laissait la vie. Arrivé dans l'île, il fut enfermé au château de Belver ; mais le cinquième jour après son débarquement, le 3 juillet 1817, on le fusilla dans les fossés de cette forteresse.

L'inhumanité avec laquelle Lacy fut sacrifié n'étouffa pas le germe des révolutions ; on frappait un des membres de la conspiration, et les autres étaient renfermés dans des prisons, où cependant on leur laissait assez de liberté pour qu'ils entretinssent facilement des relations au dehors ; en sorte que leurs prisons devenaient le foyer d'autant de conspirations. Le gouvernement n'avait ni la force d'être clément ni la force d'être sévère. Il était cruel, violent et faible tout à la fois. Un semblable état de choses devait nécessairement engendrer de nouveaux malheurs. Élio, capitaine général du royaume de Valence, pensa qu'il éviterait les complots en agissant avec une excessive dureté : ce ne fut dans la province gouvernée par lui qu'espionnage, que délations, que mesures arbitraires. Toutes ces vexations n'empêchèrent pas quelques habitants de Valence de tramer une conspiration. Des jeunes gens gagnèrent une partie de la garnison. Leur plan paraissait bien concerté ; mais quelques heures seulement avant le moment où l'exécution devait commencer, un des complices alla trouver Élio, le prévint de ce qui se passait. Ce général se rendit aussitôt, avec une escorte peu nombreuse, au lieu où les conspirateurs étaient assemblés. Ceux-ci se mirent en défense, et ne purent être pris qu'après un combat désespéré dans lequel fut tué le lieutenant-colonel Vidal, leur chef. Douze de ses adhérents furent jugés, condamnés à mort, et exécutés sur les remparts de Valence avec une promptitude et un mépris des formes judiciaires dont on rencontre peu d'exemples dans l'histoire des peuples civilisés. Quelques-uns des condamnés marchèrent au supplice avec un enthousiasme qui ranima l'espoir de leurs partisans. On remarqua surtout le jeune Beltran du Lys, fils d'un commerçant de Valence, qui au moment du supplice s'écria : « *Je meurs content ; car ma mort ne restera pas sans vengeance.* » D'autres complices furent envoyés aux présides. La camarilla approuva la cruauté expéditive d'Élio, et la cour lui adressa des récompenses. Encouragé par ce succès, Élio enleva aux tribunaux ordinaires la suite du procès et la déféra au saint-office. Cent dix-neuf personnes furent arrêtées, livrées à l'inquisition, soumises à d'horribles tortures, et plusieurs en restèrent estropiées.

« Voilà, dit M. de Martignac, où de premières fautes conduisirent malgré lui, et par une pente insensible, un roi qui, dans des temps paisibles et entouré de conseillers prudents et humains, aurait accompli ces royales et paternelles intentions, qu'il avait proclamées librement et avec joie en sortant de sa longue captivité, et dont le cœur et la mémoire seraient ainsi restés purs de tout souvenir douloureux. »

INSURRECTION DE L'ILE LÉON. — LE COMTE DEL ABISBAL. — RIEGO. — QUIROGA. — INSURRECTION DE LA COROGNE, — DE SARAGOSSE, — DE BARCELONE, — DE PAMPELUNE. — MINA RENTRE EN NAVARRE. — INSURREGTION DE CADIX. — DÉFECTION DU COMTE DEL ABISBAL. — DÉCRET DU 3 MARS PAR LEQUEL FERDINAND VII PROMET DES RÉFORMES. — DÉCRET DU 6 QUI PROMET LA RÉUNION DES CORTÈS. — DÉCRET DU 7 MARS PAR LEQUEL FERDINAND VII PROMET DE JURER LA CONSTITUTION DE 1812.

Le gouvernement de Ferdinand VII ne comprenait qu'un seul moyen de restaurer les finances de l'État : c'étaient les galions d'Amérique. Pour réaliser cette ressource, il fallait reconquérir le Nouveau-Monde; il fallait soumettre les colonies insurgées. Les conseillers de Ferdinand ne se laissèrent pas décourager par les revers qu'avaient essuyés Morillo et les autres généraux envoyés en Amérique. On prépara une expédition nouvelle; mais il est difficile de dire le désordre et l'ineptie qui présidèrent à son organisation. On commença par jeter l'inquiétude dans l'esprit des troupes destinées à cette entreprise, en déclarant qu'on accordait l'avancement d'un grade à tous les officiers qui en feraient partie. Cette promesse ne tenta que fort peu de personnes; et par cela même que la récompense était offerte d'une manière si prématurée, on ne la trouvait pas en proportion avec les dangers qu'on allait affronter. Quant aux soldats, à qui l'on ne promettait rien, ils se disaient que les fatigues et les souffrances auxquelles on allait les exposer devaient être excessives; car autrement on n'en eût pas payé le prix d'avance, et l'on eût attendu que chacun méritât par sa conduite de monter à un grade supérieur. Ces réflexions vinrent augmenter encore le mécontentement de l'armée et l'esprit d'insubordination qui régnait dans tous les corps. Les conseillers de Ferdinand, quoiqu'ils ne dussent pas ignorer ces dispositions malveillantes, concentrèrent à Cadix et dans ses environs un nombre considérable de troupes; et était l'imprévoyance de l'administrat que cette réunion eut lieu avant qu bâtiments de transport fussent ass blés ni même équipés. Il y eut des c qui pendant des années entières atte rent au bord de la mer, les vaisse qui devaient les conduire en Améri Il était impossible que quelques c plots ne se tramassent pas au milie cette immense réunion d'hommes ir cupés et mécontents. Ce fut ver moitié de l'année 1819 que les prem symptômes publics de rébellion écl rent dans l'armée expéditionnaire. s'en fallut qu'on ne vît se réaliser a le mouvement qui eut lieu quelq mois plus tard. Les conjurés avai d'autant plus d'assurance, qu'ils co taient parmi eux le chef même de l'e dition.

Henry O'Donnell, à qui le comman ment était confié, était né en Andalo en 1769. Ses parents étaient d'orig irlandaise. Il était entré au service l'année 1785. Il s'était distingué p dant la guerre de l'indépendance.

Nommé en 1810 au commandem de la Catalogne, il avait battu le gén Schwartz auprès du village de Bisbal. C'est à l'occasion de cette toire que les cortès lui avaient défér titre de comte de la Bisbal [1].

Peu de mois plus tard, il fut appel faire partie de la régence du royau et il occupait encore ce poste élevé l que son frère José O'Donnell perdi bataille de Castalla. Des discussi excessivement vives s'étant élevées d les cortès à l'occasion de cette affai le comte del Abisbal se trouva outr par quelques paroles prononcées d cette assemblée, et il donna sa dén sion. Le mécontentement qu'il épro à cette occasion le porta à lier des lations intimes avec les principaux c du parti antiréformateur. Néanm il était assez habile pour ne pas se c promettre, en affichant d'une mani trop ostensible une opinion qui pou être chez lui le résultat de la mauv humeur plutôt que de la conviction

[1] O' Donnell, on ne sait pourquoi, sig comte *del Abisbal*. Les écrivains françai encore dénaturé ce nom en le changean celui de l'Abisbal.

Lors du retour de Ferdinand VII, le comte del Abisbal commandait en Andalousie une division de l'armée espagnole. Ne sachant quelle conduite Ferdinand tiendrait à l'égard des cortès et de la constitution, il avait envoyé, pour complimenter le roi un officier d'un grade élevé, auquel il avait remis deux lettres différentes. Dans l'une, il faisait l'apologie de la constitution et des principes libéraux; dans l'autre, il promettait sans restriction son dévouement au roi absolu. Le messager devait se régler d'après les circonstances, pour donner l'une ou l'autre de ces missives. La commission fut faite avec adresse; et Ferdinand regarda dès cette époque le comte del Abisbal comme un de ses plus zélés serviteurs. C'est à ce général, auquel on ne peut refuser beaucoup de mérite militaire, mais dont la foi politique était mobile et vacillante, que le gouvernement avait confié le commandement des troupes réunies dans les environs de Cadix. Le comte del Abisbal, soit qu'il cédât à l'évidence des maux qui affligeaient le pays, soit qu'il se laissât entraîner par des pensées ambitieuses, était entré dans le complot formé pour rétablir la constitution de 1812. Cependant la méfiance s'éleva bientôt entre lui et les principaux conjurés : ceux-ci le soupçonnèrent de prendre la direction de cette entreprise, afin de s'en approprier exclusivement l'honneur et les profits. De son côté, le comte del Abisbal, voyant qu'on était déterminé à brusquer le dénoûment de manière à compromettre le succès, voulut se donner auprès de l'autorité le mérite d'avoir fait échouer cette tentative. Il donna l'ordre d'arrêter les officiers qui étaient à la tête de la conjuration : O'Daly, Quiroga, Roten, Arco-Agüero, Lopes-Baños, San-Miguel, Ramon-Labra, Velasco et quelques autres, et il courut se jeter aux pieds du roi, qui lui accorda pour récompense la grand'croix de Charles III : cependant sa délation ne le mit pas à l'abri de tous les soupçons. On lui retira le commandement de l'armée expéditionnaire; et sous la date du 6 août il fut promu à d'autres fonctions, par un décret dont la rédaction malicieuse semble presque renfermer une ironie.

« Attendu, y est-il dit, que, par délicatesse et par amour-propre, le lieutenant général comte del Abisbal n'a pas voulu me faire savoir combien il serait dangereux pour sa santé de s'embarquer lorsque la grave blessure qu'il a reçue dans la glorieuse affaire de la Bisbal est encore ouverte; mais que j'ai été informé de l'état réel de sa santé; voulant récompenser sa constante loyauté et son amour pour ma personne, je le nomme capitaine général de l'Andalousie, avec la présidence de l'audience et le gouvernement politique et militaire de la place de Séville. »

Le commandement de l'armée expéditionnaire fut donné au comte de Calderon, qui était d'un âge déjà avancé, et qui n'avait ni l'expérience ni le tact nécessaire dans le poste difficile qu'on lui confiait. Des persécutions d'une excessive rigueur commencèrent contre toutes les personnes connues pour leurs principes libéraux. Mais des renseignements sur le rôle que le comte del Abisbal avait joué dans cette affaire ne tardèrent pas à parvenir au gouvernement. On conçut des doutes sur la sincérité du délateur et sur la réalité des faits. A la rigueur extrême qu'on avait déployée succédèrent une mollesse et une inertie tout à fait inattendues. Ce changement rendit le courage aux conjurés, et les projets quelque temps suspendus furent repris avec une nouvelle ardeur.

Une circonstance que l'on aurait pu prévoir vint faciliter leur entreprise. La fièvre jaune s'étant déclarée à Cadix, on cantonna les troupes à peu de lieues de cette place. Ainsi éloignés de la surveillance des généraux, les conjurés eurent plus de liberté pour agir. Ils préparèrent tout pour l'exécution; et ce fut à Rafael Riego qu'échut le funeste honneur de donner le signal de la révolte. Le 1er janvier 1820 il rassembla au village de las Cabezas-de-San-Juan le bataillon des Asturies, qu'il commandait; il harangua les soldats, les détermina facilement à prêter serment à la constitution de 1812 comme à la loi fondamentale du royaume. Les habitants des Cabezas prêtèrent le même serment, et changèrent les autorités établies dans leur village. Ensuite Riego, à la tête de sa troupe, prit la route d'Arcos, où était le quartier général de l'armée, afin d'y surprendre le comte de Calderon. Il devait être secondé dans ce mouvement par le bataillon de Séville, cantonné à Villa-Martin. Ce corps se mit en route sous la conduite de son commandant en second, Antonio Muñis; mais il s'égara en route, et le lendemain le bataillon des Asturies arriva seul à Arcos. Riego y surprit le vieux comte Calderon, les généraux Fournas, Salvador, Blanco, et les fit prisonniers, ainsi que l'état-major. Excité par ce premier succès, il courut à Alcala-de-los-Gazules, et délivra Quiroga, qui était emprisonné dans cette place. Le mouvement des Cabezas-de-San-Juan ne fut pas plutôt connu, que la plus grande partie des corps dont se composait l'armée expéditionnaire suivirent l'exemple qui leur était donné; ils proclamèrent la constitution de 1812, et se qualifièrent du titre d'armée nationale.

Quiroga, le plus élevé en grade parmi les officiers qui avaient pris part à ce mouvement, reçut le commandement des insurgés. Antonio Quiroga était né à Betanzos, en 1784, d'une famille très-considérée de la Galice. Après s'être livré à l'étude des mathématiques, il était entré dans la marine; mais il la quitta en 1808, pour prendre du service dans l'armée de terre. Il fut successivement sous-lieutenant et lieutenant dans le régiment de la Victoire, puis capitaine dans celui de l'Union, créé par Morillo. Lors du retour de Ferdinand, il fut nommé lieutenant-colonel, et envoyé comme secrétaire auprès du général la Llave, président du conseil de guerre permanent de la Corogne. Après la tentative de Porlier, il fut expédié en courrier, pour porter à Madrid la nouvelle de l'arrestation de ce général et de ses complices. Ce fut à cette occasion qu'il fut élevé au rang de colonel dans l'armée destinée à soumettre les colonies américaines.

Quant à Riego, sa carrière militaire était encore moins remplie. Rafael del Riego était né en 1783 à Oviedo. Sa famille était noble, mais peu riche. Il entra d'abord dans les gardes du corps, où il servit jusqu'en 1808; il passa alors comme lieutenant dans un des régiments d'infanterie qui s'organisaient dans les Asturies. Il eut le malheur d'être fait prisonnier par les Français dans u des premières rencontres. Il ne recc vra sa liberté qu'à la paix générale. cette époque il fut nommé capitai dans le régiment des Asturies. Qua son bataillon fut désigné pour faire p tie de l'armée expéditionnaire, Rie fut élevé au grade de commandant, pa qu'on accordait l'avancement d'un gra à tous les officiers qui s'embarquaie pour les expéditions d'outre-mer.

Quiroga, Riego et plusieurs aut officiers, après l'insurrection de las C bezas, se donnèrent le grade de gé ral, et à la tête de leurs troupes, qui s levaient déjà à 5,000 hommes, ils se rigèrent vers Cadix dans l'intention s'en rendre maîtres. Cependant la gar son et l'escadre refusèrent de recevoir insurgés; elles menacèrent de les tr ter en rebelles; en sorte que ceux-ci f rent contraints de demeurer camp hors de la ville avec les apparences d'u armée assiégeante. Une tentative faite 24 janvier pour leur ouvrir les portes f immédiatement réprimée par la gar son, qui chaque jour se montrait pl inaccessible aux promesses des révol tionnaires.

Lorsqu'on apprit à la cour le mo vement des Cabezas-de-San-Juan, l conseillers de Ferdinand furent frapp de terreur. Ils réunirent à la hâte tout les troupes sur la fidélité desquel ils crurent pouvoir compter, et donnèrent le commandement au gén ral Freyre. Cette division, forte de trei mille hommes, s'avança contre les i surgés; en sorte que ceux-ci se trouv rent bientôt resserrés dans l'isthme q réunit Cadix à la terre ferme; ils étaie renfermés entre cette ville, dont ils pouvaient se rendre maîtres, et l'arm envoyée pour les réduire.

En voyant ces deux armées si voi nes l'une de l'autre, on devait s'atte dre tous les jours à une affaire décisi Cependant il n'en fut rien : des de côtés on s'observa, mais on ne se bat pas; on tâcha de faire des prosélytes lançant des manifestes et des proc mations. Cette temporisation ne pc vait être que désastreuse pour les i surgés, qui manquaient d'argent et vivres : néanmoins, ils restèrent tranchés dans l'isthme de Léon av une circonspection capable de glacer le zèle de tous ceux qui, dans le voisinage, auraient eu l'intention de prendre leur parti. Enfin après une longue inaction, le 27 janvier ils se décidèrent à faire une sortie pour réchauffer l'opinion publique, pour attirer à leur parti ceux dont la foi était indécise, enfin pour rassembler des vivres et des fonds. Cette expédition fut confiée à Riego. Il partit à la tête de mille cinq cents hommes des meilleures troupes, et se rendit à Algéciras. Il se mit en communication avec Gibraltar, d'où il reçut quelques secours. Riego resta à Algéciras jusqu'au 7 février : il voulut alors retourner à l'île de Leon; mais il trouva le chemin intercepté par les troupes royalistes, et après quelques jours d'indécision il se détermina à se rendre à Malaga, où il espérait être bien reçu. José O' Donnell, avec des forces assez considérables, fut dépêché à la poursuite de la colonne de Riego; mais il ne parvint à l'attaquer que le 17 février : cette rencontre n'eut rien de décisif, car elle n'empêcha pas Riego, de continuer sa marche sur Malaga. Les insurgés furent reçus dans cette ville; mais ils n'excitèrent pas la sympathie à laquelle ils s'étaient attendus, et, craignant de ne pouvoir se maintenir dans cette ville, ils se remirent en route. A la fin de février Riego fuyait sans aucun plan et sans but déterminé. Le 7 mars ses forces étaient déjà réduites par la désertion à trois cents hommes. Il entra dans Cordoue, et il y fut accueilli avec la même indifférence qu'il avait partout rencontrée. Il y avait dans cette ville un régiment de cavalerie, de nombreux détachements d'infanterie; néanmoins personne ne l'inquiéta. On le laissa se caserner dans le couvent de San-Pablo. Il reçut tous les secours dont il avait besoin; mais personne ne lui donna ni marque d'inimitié ni marque d'affection. Il sortit de Cordoue de grand matin, l'esprit rempli d'incertitude et sans oser tenter aucune entreprise; en sorte que les siens, découragés de son inaction, se dispersèrent peu à peu. Enfin le 11 mars il se trouva presque seul, et courut se cacher dans les montagnes.

Les insurgés qui étaient restés dans l'île n'étaient pas moins abattus. Les chefs étaient obligés de se tenir sans cesse aux avant-gardes pour empêcher la désertion de la troupe inquiète et mécontente. Encore quelques jours, et l'insurrection se fût dissipée presque sans verser de sang; mais l'absolutisme devait rencontrer d'autres adversaires. Le gouvernement, uniquement occupé de la révolte de l'armée expéditionnaire, dégarnissait les autres provinces pour accumuler en Andalousie toutes les troupes dont il pouvait disposer. Son attention tout entière était absorbée par Quiroga et par Riego; mais il laissait sans surveillance le reste du royaume. Cependant le cri parti des Cabezas avait ranimé en Galice les ferments d'insurrection que le supplice de Porlier n'avait pas anéantis. Le 20 février quelques officiers, à la tête d'un petit nombre de soldats, proclamèrent la constitution de 1812, dans le but de faire une diversion en faveur des insurgés de l'île de Léon, mais certainement sans espérer le succès qui les attendait. Ils arrêtèrent le capitaine général, le gouverneur et les autres chefs. Ils nommèrent une junte insurrectionnelle, et en remirent la présidence à don Pedro Agar, l'un des régents de 1814.

La nouvelle de la révolution de la Corogne fut bientôt connue au Ferrol, qui s'empressa de suivre l'exemple donné par la capitale de la province. Il en fut de même à Vigo. Au contraire, le lieutenant général comte de San-Roman, qui était gouverneur de Santiago, se déclara pour l'état de choses existant; il prit le commandement général de la Galice, et fit mettre sous les armes les régiments de milice et quelques vétérans. Néanmoins il n'osa pas attendre les attaques des insurgés, qui, à cette époque, en réunissant toutes leurs forces, auraient eu bien de la peine à conduire cinq cents hommes contre Santiago; il se retira à Orense, à vingt-cinq lieues de la Corogne. Les insurgés entrèrent dans Santiago, et après s'y être arrêtés quelques jours ils prirent la résolution de poursuivre le nouveau capitaine général, et de ne pas s'arrêter sans en être venus aux mains. Ils sentirent bien, ce que les chefs de l'insurrection des *Cabezas* n'avaient pas compris, que des mouvements de cette nature ne peuvent réussir qu'à force d'audace et d'activité, et que le seul moyen de conserver leurs soldats et leurs adhérents était de les entraîner, sans leur laisser le temps de réfléchir. Le comte de San-Roman avait sur eux une grande supériorité numérique. Il avait aussi l'avantage de la position; car il leur fallait traverser le Miño, qui coule sous Orense, et qui à cette époque n'était pas guéable. Toutes ces considérations ne furent pas suffisantes pour déterminer le capitaine général à les attendre. Il se retira en Castille, à Benavente, à quarante lieues d'Orense. De cette manière, une poignée d'insurgés, sans presque tirer un coup de fusil, chassa devant elle des forces cinq fois plus nombreuses que les siennes, et se rendit maîtresse de tout le royaume de Galice, qui forme environ la huitième partie de l'Espagne.

Presque à la même époque une semblable insurrection eut lieu à Saragosse. Mais dans cette ville les autorités ne s'opposèrent pas au vœu de la population, et elles restèrent à la tête de l'administration comme autorités constitutionnelles. La nouvelle de ces événements arriva bientôt à Barcelonne; et aussitôt le peuple et les officiers de la garnison se réunirent devant le palais du capitaine général, et demandèrent à grands cris le rétablissement de la constitution de 1812. Castaños, qui avait le commandement de la Catalogne, commença par refuser; mais, voyant que la résistance était impossible, car il ne pouvait pas compter sur la fidélité des troupes, il accorda ce qu'on demandait, et le 10 mars la constitution de 1812 fut proclamée. On nomma des autorités constitutionnelles. Le commandement de la Catalogne fut ôté à Castaños pour le confier à Villacampa. On remplaça aussi le gouverneur de Barcelonne, celui de la citadelle et celui du château de Monjuich.

Le peuple se porta à la prison de l'inquisition, en brisa les portes, et remit les prisonniers en liberté, sans cependant se porter à aucun excès contre les inquisiteurs; trois jours plus tard la constitution fut proclamée de la manière la plus pacifique à Tarragone, à Girone et à Mataro.

Le même jour, 10 mars, la garnison de Pampelune se souleva, s'empai la citadelle, pour priver le vice-roi c d'Ezpeleta de tout moyen de défe dans le cas où il voudrait essayer d sister; en sorte que le lendemai comte fut forcé de consentir à ce la constitution fût proclamée. Peut la nouvelle que Mina avait franc frontière influa-t-elle sur la décisio troupes. Ce chef s'était réfugié en Fr à la suite de la tentative de sou ment qu'il avait inutilement fait 1814. Pour se soustraire à la sur lance de la police française, qui é toutes ses démarches, il feignit d gravement malade; puis, lorsqu'o croyait retenu au lit, il partit to coup, et se dirigea vers la frontière d pagne. Il fut reconnu à Bayonne, e le point d'être arrêté; mais il éch au commissaire de police qui venait le prendre, en lui laissant tous ses é pages, et il gagna rapidement les vinces basques. Sa présence électri population, qui nomma une junt gouvernement; on ôta le comma ment à Ezpeleta pour le confier à M

La ville de Cadix, berceau de la c titution, ne pouvait pas non plus êt dernière à proclamer cette charte nom de laquelle la nation entière se levait. Le 9 mars, un grand conc de peuple se réunit sur la place Antonio, pour demander à grands que la constitution fût jurée. Le g ral Freyre essaya de calmer le tun et de persuader aux habitants qu'i lait attendre les événements avan prendre une détermination; mais co ils persistaient à demander que la c titution fût jurée, Freyre leur pr que le lendemain ils seraient satisf Ces paroles firent tout à coup cess tumulte; mais le lendemain, dès le p du jour, une multitude de peuple pouvait s'élever à six mille personn trouva réunie sur le marché San-A nio, pour attendre l'exécution de la messe qui lui avait été faite. Sur les heures le régiment des Guides a tout à coup avec ses armes chargée commença à faire feu presque à portant sur la multitude. Ensuite la datesque se mit à parcourir les rue la ville et à sabrer les habitants, fuyaient épouvantés, sans épargn femmes, ni vieillards, ni enfants. Ils entrèrent dans les maisons, se livrant au massacre et au pillage. Il n'y eut aucune espèce d'excès qu'ils ne commissent, et rien ne fut capable de leur inspirer du respect. Les troupes portaient un buste de Ferdinand VII, et parcouraient les carrefours en criant : « Vive le roi absolu! à bas les constitutionnels! » La nuit et la fatigue mirent enfin un terme à ce carnage. Les victimes de cet atroce guet-apens furent nombreuses, et Cadix resta plongée dans une muette et sombre terreur.

Le lendemain parut cet ordre du jour signé par le général Campana, pour donner des éloges à ceux qui avaient massacré lâchement tant de personnes innocentes :

« Vive le roi! vive la religion! honneur et gloire à la valeureuse et loyale garnison de Cadix! Au nom du roi, je rends vivement grâces aux officiers et à tous les membres de la garnison pour leur brillante conduite militaire! »

On trouve aussi ce passage dans le rapport adressé à Madrid au roi Ferdinand, par le général Freyre : « Ce fut seulement vers le soir de cette grande journée qu'il fut possible d'arrêter le zèle des loyaux soldats. »

Tout en racontant ces faits tels que je les trouve dans Münch, dans Curti, dans les auteurs de l'histoire contemporaine de la révolution d'Espagne, je ne puis m'empêcher de craindre qu'ils n'aient été un peu exagérés par l'esprit de parti. Il ne me semble pas probable qu'un général ait pu donner en quelque sorte rendez-vous à la population de Cadix, qu'il ait pu l'appeler à une cérémonie publique, pour la faire massacrer par des soldats dont les armes étaient chargées d'avance. Il n'est pas impossible que les troupes aient été provoquées par quelques actes de violence de la part de la multitude. Cependant il est vrai de dire que ni Miñano, dans son examen critique de la révolution d'Espagne, ni M. de Martignac, ne parlent en aucune manière de cet épisode sanglant de l'histoire contemporaine; et l'on peut, à la rigueur, supposer que s'ils ont gardé le silence sur un fait aussi important, c'est qu'ils ne pouvaient pas justifier le parti absolutiste de l'accusation portée contre lui. Au reste, je n'ai ici révoqué en doute la véracité de personne; j'ai seulement émis un doute.

Le 12 mars le général Freyre apprit les événements qui s'étaient passés à Madrid et à Ocaña depuis le commencement du mois de mars, et il reçut l'ordre de faire prêter par la troupe serment à la constitution de 1812.

Lorsque la cour avait eu connaissance du soulèvement de la Galice, elle avait été frappée d'épouvante: cependant Ferdinand, tout effrayé qu'il fût, s'abusait encore sur l'esprit dont la nation était animée; il s'abusait encore sur les forces dont il pouvait disposer, et sur la fidélité des hommes qui l'entouraient. Parmi ceux qu'il regardait comme les plus dévoués, se trouvait le comte del Abisbal; on se rappelait alors qu'il avait été le premier à dénoncer les complots tramés dans l'armée expéditionnaire. Ce qui s'était passé depuis sa délation donnait le plus grand prix au service qu'il avait voulu rendre. Tous les nuages qui s'étaient élevés sur sa conduite étaient dissipés, et on lui donna une mission toute de confiance : on le chargea de parcourir les provinces, de visiter les troupes, et de les ramener à l'obéissance. Le comte se mit en route. Presque aux portes de Madrid, à Ocaña, il rencontra le régiment d'infanterie Impérial-Alexandre. Ce corps était commandé par Alexandre O'Donell, l'un de ses frères. Pendant la guerre de l'indépendance, Alexandre O'Donell avait pris parti pour le roi Joseph. Appelé en France et placé à la tête d'un régiment espagnol, il était parti pour la campagne de Russie, et avait été fait prisonnier. L'empereur Alexandre ayant fait réunir tous les Espagnols qui étaient tombés entre les mains des Russes, en forma un régiment auquel il donna le nom d'*Impérial-Alexandre*. Il fit, dit-on, jurer à ce corps de défendre la constitution votée par les cortès, et en confia le commandement à O'Donell, afin qu'il le ramenât en Espagne.

Le comte del Abisbal fit rassembler la troupe pour la haranguer; il lui rappela son origine, et le serment qu'elle avait autrefois prêté; et après avoir vivement représenté aux soldats les avantages d'un régime libéral, il leur fit

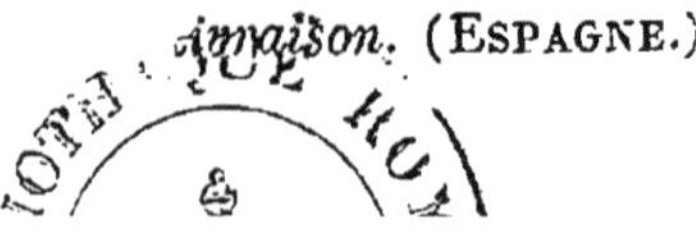

proclamer la constitution de 1812.

Ces faits se passaient à neuf lieues seulement de Madrid; la nouvelle en parvint dans la capitale au bout de quelques instants. Les partisans de la constitution se réunirent en foule dans le carrefour où viennent aboutir les rues d'Atocha et d'Alcala. Cet endroit, connu sous le nom de *Puerta del Sol* (la Porte du Soleil), sert de lieu de réunion aux curieux, aux oisifs, aux nouvellistes. Il partagea avec le café de la *Fontana de Oro* le triste privilége de servir de point de départ à tous les rassemblements tumultueux de la capitale, de servir de foyer à tous les mouvements populaires.

Le roi crut apaiser l'orage qui grondait, en promettant des concessions et des réformes : le 3 mars il rendit un décret où, après avoir protesté de ses bonnes intentions et de son amour paternel pour ses sujets, il continue en ces termes :

« En conséquence, averti par de si malheureux exemples, j'ai vu avec plaisir que mes sujets, fidèles et tranquilles, attendent avec impatience que je leur procure enfin les avantages et les bienfaits dont leurs vertus les rendent si dignes. Pour mettre à exécution mes intentions paternelles, d'accord avec mon auguste frère l'infant don Carlos et avec la junte qu'il préside, et ayant égard à ce que vous m'avez proposé précédemment, je veux que le conseil d'État s'occupe immédiatement, suivant le but de son institution, d'examiner la forme et la manière dont il était composé autrefois et en dernier lieu, pour me conseiller les moyens les plus propres pour remplir, à l'avenir, ses hautes fonctions. A cet effet, il sera divisé en sections auxiliaires au ministère, et il me proposera toutes les réformes qu'il jugera convenables au bien-être de la nation. Afin de compléter les sections de ce conseil, qui devront être au nombre de sept, savoir, d'état, ecclésiastique, de législation, des finances, de la guerre, de la marine et de l'industrie, vous me proposerez, outre les personnes qui composent actuellement mon conseil d'État, d'autres personnes qui soient connues par leurs lumières dans les différentes parties de l'administration, qui méritent ma confiance et jouissent déjà de la considération publique.

« J'ordonne en outre que vous fa connaître à mon conseil royal de tille, et aux autres tribunaux, q doivent, selon leurs attributions res tives, me proposer, avec cette sain berté à laquelle ils seront tenus, to qu'ils jugeront convenable au bon de mes peuples dans l'un et l'autre misphère, et à l'éclat de ma couro prenant en considération les lois fo mentales de la monarchie, et les cha ments que le temps et les circonsta pourraient exiger au profit de l'État, que, donnant la sanction nécessaire mesures que l'on jugera utiles, elles viennent un rempart inébranlable c tre toute idée subversive, et qu'elles p sent procurer tous les avantages l'on doit attendre de la sagesse d'un g vernement éclairé.

« J'ordonne donc non-seulem comme il vient d'être dit, que les bunaux supérieurs proposent ce q croiront utile, mais aussi que les u versités, les corporations, et tout i vidu quelconque, adressent libremen franchement leurs idées et leurs pro sitions au conseil d'État, afin que le c cours de toutes les lumières produis bien désiré. Et vous, qui m'avez do si souvent des preuves éclatantes de tre attachement pour ma personne et zèle pour l'intérêt général, vous me s mettrez par votre ministère tout ce mon conseil d'État jugera à propos

On regarda comme une déception décret, dont les paroles embarrass décelaient la ruse et la peur, mais ne rappelait pas même toutes les p messes du décret de Valence, si im demment violées. L'agitation ne fit s'accroître; et après trois jours d'hési tion, le 6 mars Ferdinand rendit décret qui parut sous le contre-seing marquis de Mata-Florida, pour ann cer la réunion des cortès.

« Mon conseil royal et d'État, y e il dit, m'ayant fait connaître combi la convocation des cortès serait co venable au bien de la monarchie, et conformant à son avis, parce qu'il d'accord avec les lois fondamenta que j'ai jurées, je veux qu'immédia ment les cortès soient convoquées.

« A cette fin, le conseil prendra mesures les plus convenables pour q mon désir soit rempli, et que les représentants légitimes du peuple soient entendus, après qu'ils auront été revêtus, conformément aux lois, des pouvoirs nécessaires. De cette manière on conciliera tout ce que le bien commun exige. Les Espagnols doivent être convaincus qu'ils me trouveront prêt à tout ce que pourront exiger l'intérêt de l'État et le bonheur de mon peuple, qui m'a donné tant de preuves de sa loyauté. Dans ce but, le conseil me soumettra tous les doutes qui pourront se présenter. »

Ce n'était pas encore là ce que désiraient les mécontents : ils voulaient la constitution; et, furieux de voir leur attente trompée, ils lacérèrent le décret qu'on leur jetait comme un leurre. Ils relevèrent la pierre de la constitution, renversée en 1814. A chaque instant la résistance devenait plus impossible. Une partie de la garnison et même de la garde royale demandait que la constitution fût proclamée. Ferdinand comprit enfin qu'il fallait se soumettre à la nécessité, et il rendit le décret suivant, sous la date du 7 mars :

« Pour éviter les délais qui pourraient avoir lieu par suite des incertitudes qu'éprouverait au conseil l'exécution de mon décret d'hier, portant convocation immédiate des cortès, *et la volonté du peuple s'étant généralement prononcée*, je me suis décidé à jurer la constitution promulguée par les cortès générales et extraordinaires de l'an 1812.

« Je vous le fais savoir, et vous vous hâterez de publier les présentes, parafées de ma main royale. »

Malgré la promesse consignée dans ce décret, le roi ne se hâta pas de prêter le serment qu'on exigeait de lui. La journée du 8 se passa sans tumulte; mais le lendemain le peuple, impatient, se rassembla en grand nombre devant le palais, demandant que le roi jurât la constitution. Comme on ne répondait pas, la multitude força les portes, sans que la garde fît rien pour l'empêcher. La foule montait par l'escalier principal, bien décidée à ne pas s'arrêter qu'elle n'eût trouvé le roi; mais on lui dit que Ferdinand venait de donner l'ordre d'assembler la municipalité constitutionnelle de 1814. Cette nouvelle suffit pour arrêter le peuple, qui se porta aussitôt à l'hôtel de ville. Les membres de la municipalité, pour le satisfaire, se rendirent immédiatement auprès de Ferdinand, et ce prince prêta entre leurs mains le serment qu'on exigeait.

NOMINATION D'UNE JUNTE D'ÉTAT PROVISOIRE. — PREMIER MINISTÈRE CONSTITUTIONNEL. — MESURES RELATIVES AUX AFRANCESADOS ET AUX PERSES. — ÉMEUTE DES GARDES DU CORPS. — PREMIÈRE SESSION DES CORTÈS. — DISSOLUTION DE L'ARMÉE DE L'ÎLE LÉON. — ARRIVÉE DE RIEGO A MADRID. — SES EXTRAVAGANCES. — EMPRUNT DES CORTÈS. — DÉCRET CONCERNANT LA RÉFORME DES ORDRES MONASTIQUES. — FERDINAND REFUSE DE LE SANCTIONNER. — IL SE RETIRE A L'ESCURIAL. — NOMINATION INCONSTITUTIONNELLE DE CARVAJAL. — LE PEUPLE RAMÈNE FERDINAND A MADRID. — RÉVOLUTIONS DE NAPLES ET DE PORTUGAL. — DISSOLUTION DES GARDES DU CORPS. — OUVERTURE DE LA DEUXIÈME SESSION DES CORTÈS.

Pendant la scène tumultueuse qui s'était passée le 9 mars à la porte du palais une partie du peuple s'était rendue à la secrétairerie, où se tenait la junte d'État chargée de préparer l'expédition des affaires. La multitude demanda que les membres dont elle était composée fussent changés. Il fallut céder à la volonté que le peuple exprimait : une junte provisoire fut élue. On en donna la présidence au cardinal archevêque de Tolède, don Luis de Bourbon. Ballesteros en fut nommé vice-président; et ce fut en réalité ce général qui fut l'âme et le chef de cette réunion, chargée de surveiller le ministère et de l'aider de ses conseils [1].

Le lendemain de cette nomination, le 10 mars, le roi fit publier un manifeste pour se disculper d'avoir différé si longtemps l'exécution des promesses faites par lui en remontant sur le trône. Cette pièce se termine par ces paroles, qui ne pouvaient manquer d'être remarquées, et de donner lieu à de nombreux commentaires : « *Marchons tous* « *franchement, et moi le premier, dans* « *la voie constitutionnelle.* »

[1] Les autres membres furent : don Manuel Abad y Queipo, évêque de Mechoacan; Manuel Lardizabal; don Mateo Valdemoros; don Vicente Sancho; le comte de Taboada; don Francisco Crespo de Tejada; don Bernardo Tarrius, et don Ignacio Pezuela.

La junte parut animée des intentions les plus modérées; elle se montra amie de la tranquillité publique, et ne versa pas une goutte de sang. Les amis de l'ordre purent espérer que le système représentatif s'établirait dans le pays sans nouvelles secousses et sans réactions : une des premières mesures prises par le gouvernement fut une amnistie générale pour tous les condamnés politiques, pour tous ceux que les dissensions civiles avaient jetés sur la terre étrangère. Cette amnistie fut d'abord sans exception, et ce fut seulement dans la suite que l'esprit de parti y ajouta des restrictions injustes. Néanmoins la junte provisoire manqua de tact et de prévoyance dans le choix des ministres qu'elle proposa à la nomination du roi. Elle pensa que les nouvelles institutions ne pouvaient être appliquées plus sagement que par les hommes dont elles étaient l'ouvrage. Elle ne fit pas attention que la plupart de ces hommes avaient été cruellement persécutés pour leurs opinions; que plusieurs languissaient encore dans les présides, et qu'ils auraient de la peine à se dépouiller d'un juste sentiment d'animadversion contre le prince auteur de leurs maux.

Quant à Ferdinand, pouvait-il voir avec confiance ces hommes, dont tous ses courtisans, depuis 1814, lui avaient fait une peinture peu avantageuse? La bonne entente, la parité de vues, la confiance réciproque nécessaire pour la bonne administration du royaume, dans des circonstances aussi difficiles, pouvait-elle exister entre le roi et les conseillers qu'on lui donnait? Aussi Agustin Argüelles refusa-t-il pendant quelques instants le ministère qu'on lui offrait. Le roi, à ce que l'on rapporte, ne s'abusa pas sur la cause de ce refus; et pour déterminer Argüelles à accepter il lui dit, en prenant à la main le livre de la constitution : « Je l'ai jurée « sans contrainte; je l'exécuterai sans « arrière-pensée. » La première partie au moins de cette allocution était complétement mensongère : aussi ne put-elle dissiper les méfiances des ministres. S'ils eurent assez de force d'âme pour oublier leurs ressentiments personnels, ils ne purent s'empêcher de craindre sans cesse que le roi ne voulût tenter une réaction absolutiste. avaient sans cesse présente à la mémo la conduite qu'il avait tenue en 181 cette préoccupation, à laquelle ils ne rent se soustraire, leur fit adopter u ligne de conduite dangereuse. Elle cause d'une foule de maux, et amena définitive la chute du régime représe tatif.

Voici quels membres composèrent premier ministère constitutionnel : D Évariste Perez de Castro, né à Vall dolid, avait été député au cortès 1812. En 1819 il avait rempli les fon tions de ministre résident auprès de ville de Hambourg. Il eut le port feuille des affaires étrangères.

Don Manuel Garcia Herreros, né à S ria, avait commencé sa carrière par barreau ; il avait ensuite rempli au Me que un emploi du gouvernement. était revenu en Europe au comme cement de la guerre de l'indépendanc il occupait un poste élevé dans la m gistrature. Membre des cortès de 181 il s'était signalé parmi les plus fougue défenseurs de la liberté; au retour Ferdinand, il avait été envoyé aux pr sides. Il en sortit pour prendre la dire tion du ministère de grâce et de justic

Le trésor fut remis entre les mai de D. José Canga-Argüelles, qui ava fait partie des cortès de 1812, et q avait déjà rempli sous la régence l fonctions de ministre des finances. A rêté lors du retour de Ferdinand VI il avait été renfermé dans le châte de Peñiscola, et il n'en sortit que po prendre place parmi les conseillers la couronne.

D. Agustin Argüelles avait été, on le rappelle, rapporteur du projet constitution. Il sortit des présides po entrer au ministère de l'intérieur.

D. Pédro-Agustin Giron, marquis Las-Amarillas, s'était distingué penda la guerre de l'indépendance, et ava gagné le grade de lieutenant génér On rapporte qu'au retour de Ferdina il se rendit auprès de ce prince; qu ôta les insignes de ses grades, déclara qu'il ne voulait rien tenir que de son so verain. Cet acte peut donner la mesu de l'adresse de ce courtisan. Absol tiste lorsque la régence succombait, se trouva libéral quand la constituti eut triomphé. C'était d'ailleurs un homme ferme, ami de l'ordre; et c'est à lui que fut confié le ministère de la guerre.

D. Juan Jabat, officier de marine distingué, avait été choisi pour exécuter, le long des côtes du Bosphore, un voyage scientifique. Il avait rempli cette mission avec talent. Plus tard, il avait été chargé de l'ambassade de Constantinople; il était depuis quelques mois de retour en Espagne, lorsque la révolution le fit appeler au ministère de la marine.

Quant au ministère des affaires d'outremer, il fut remis à D. Antonio Porcel.

La période qui s'écoula depuis l'érection du ministère jusqu'au 9 juillet, jour fixé pour l'ouverture des cortès, ne présente que peu de faits dignes d'être rapportés. Les opinions exagérées n'osaient pas encore s'abandonner à toute leur violence; les opinions absolutistes se taisaient entièrement; tout semblait annoncer un avenir paisible. Cependant on peut reprocher au nouveau gouvernement quelques actes isolés d'intolérance politique. L'amnistie donnée dans les premiers jours de la révolution avait été pleine et entière, Les *afrancesados* crurent pouvoir en profiter, ils se hâtèrent de regagner leur patrie; mais on prétendit que la grâce ne s'étendait pas à eux; et comme plusieurs étaient déjà rentrés en Espagne, qu'il eût paru trop rigoureux de les en chasser de nouveau, on leur interdit provisoirement de dépasser les limites des provinces basques. La mesure prise à l'égard des députés désignés sous le nom de *Perses* fut encore plus violente: on fit arrêter tous ceux qui se trouvaient en Espagne. Quoiqu'il y eût parmi eux plusieurs évêques, on ne fit aucune exception en faveur de ceux-ci, et on les retint en prison jusqu'à ce que les cortès eussent statué sur leur sort. C'est ainsi que l'on entendait l'amnistie donnée par le roi.

Enfin l'ouverture des cortès arriva. Elles étaient composées en grande partie d'hommes qui avaient été députés aux cortès extraordinaires de Cadix. Ceux-ci, contents de leur œuvre, regardaient toute demande de changement comme intempestive, comme impolitique, et même comme criminelle. C'étaient en général des gens modérés; car ils avaient été victimes de la réaction de 1814, et ils avaient été instruits à l'école du malheur. Ce fut, dans le principe, à cette opinion que se rattacha le ministère. Mais dans beaucoup d'endroits l'esprit d'exaltation des candidats avait été la seule règle des électeurs. Beaucoup de députés entrèrent dans l'assemblée avec la ferme intention de faire de l'opposition contre tout ce qui ne porterait pas le cachet de leur fanatisme politique. A partir de cette époque s'établit la distinction entre les libéraux de 1812 et les libéraux de 1820. Les premiers étaient les auteurs de la constitution, et ils avaient été persécutés en 1814; les autres avaient conspiré pour le rétablissement du régime constitutionnel. Ils reprochaient aux hommes de 1812 d'avoir manqué d'énergie, de prévoyance; ils les accusaient de vouloir empêcher la révolution de marcher. Quant à eux, peu nombreux lors de l'ouverture de la session, ils virent bientôt leur parti s'accroître en raison des fautes que commit le ministère. Ils trouvaient leur principal appui dans les sociétés démagogiques qui se réunissaient dans les cafés de Lorencini, de San-Sébastien et de la Fontana de Oro; et ces clubs, foyers permanents de désordre, vomissaient chaque jour des pamphlets et des insultes contre les ministres et contre le roi.

Une mesure sage et de bonne administration, prise par le ministère, excita bientôt les réclamations les plus vives du parti exagéré. On avait récompensé par des grades et par des honneurs les chefs de l'insurrection des Cabezas; mais il n'était plus possible de conserver réunie cette armée de l'île Léon, rassemblée pour accomplir des projets auxquels on avait renoncé. Elle devenait complétement inutile, elle était une cause de dépenses considérables. Elle était aussi un embarras pour le gouvernement, dont ce foyer de trouble et d'insubordination menaçait constamment l'existence. Le ministre de la guerre en ordonna la dissolution. Il adressa cet ordre à Riégo, qui, en l'absence de Quiroga, nommé député aux cortès, commandait en chef les troupes cantonnées aux environs de Cadix. La première pensée de Riégo fut la résistance, il conçut même le projet de marcher sur Madrid; mais la fermeté du ministère en imposa aux chefs de l'île Léon. Placés dans l'alternative ou d'obéir ou de se soulever contre le gouvernement, que les cortès soutenaient, ils jugèrent préférable, avant de prendre une résolution, que Riégo se rendît à Madrid pour faire révoquer l'ordre de dissolution.

L'entrée de Riégo dans la capitale eut lieu le 31 août; les membres des sociétés démagogiques le reçurent avec les démonstrations de l'enthousiasme le plus frénétique. On lui fit parcourir en triomphe une partie de la ville; et en supposant que ces témoignages d'admiration fussent sincères, ou bien qu'ils fussent utiles aux vues de ceux qui les prodiguaient, ils devinrent excessivement préjudiciables à celui qui en était l'objet, en lui inspirant un fanatisme politique et un orgueil qui le rendirent ridicule aux yeux de tous les hommes sensés. Il se mit à pérorer en public; et il montra tant de désordre dans ses idées, il laissa voir une telle absence de principes, que les hommes de bonne foi qui l'avaient admiré sans le connaître ne purent s'empêcher de sourire. Il mit le comble à ces extravagances dans la soirée du 3 septembre. Après un banquet tumultueux et désordonné, il se rendit au théâtre, accompagné d'une foule nombreuse; et là il ne se borna pas à faire, selon son habitude, une harangue au public: il entonna l'ignoble chanson du *Tragala perro*, et battit la mesure pour diriger ceux qui la répétaient en chœur. Il est impossible de décrire le désordre auquel cette scène bouffonne donna lieu. Enfin, comme elle déplaisait à une partie des assistants, le chef politique Rubianès voulut imposer silence aux perturbateurs; mais ce fut inutilement. Son autorité fut méconnue, et le tumulte continua jusqu'à ce que la fatigue eût forcé Riégo et les siens à se retirer.

Cette scène, qui dans la soirée du 3 n'avait été que ridicule et turbulente, faillit avoir des suites funestes. Les clubs se réunirent, ils ameutèrent la multitude sur toutes les places, en parlant de Riégo insulté, qu'il fallait venger. On afficha de tous les côtés cette
devise, empruntée aux plus mau
jours de 93: « *La constitution ou*
mort! » La populace se porta en f
à la demeure du chef politique.
enfonça les portes et la visita en ent
afin, disaient ces furieux, de le f
expirer sous les coups de leur v
geance. Mais Rubianès s'était échap
et avait été demander secours au ca
taine général, dont l'activité et l'éner
mirent un terme à cette émeute. Le g
vernement destitua Riégo, qui avait
nommé capitaine général de la Gali
et on le confina à Oviédo, son pays na

Riégo ne s'attendait pas à tant
fermeté. Il voulut revenir sur ses p
Il protesta de son innocence. Il dema
à s'expliquer à la barre des cortès.
refusa de l'entendre; à peine s'éleva
quelques voix pour le défendre. Quir
lui-même blâma sa conduite, et tou
monde approuva la marche suivie pa
ministère. Le club du café Lorencini
fermé. Mais on dirait qu'après avoir a
déployé une louable fermeté, le g
vernement se repentit de ce qu'il a
fait. Toujours préoccupé de la crai
d'une réaction absolutiste, il se repro
comme une faute d'avoir irrité le p
qui avait fait la révolution, et qui, d
son opinion, pouvait seul la défendre
voulut donner une satisfaction aux
versaires qu'il venait de combattre,
le roi accepta la démission du marq
de Las-Amarillas. Le ministère de
guerre fut confié par intérim à Za
del-Valle, qui fut bientôt remplacé
don Cayétano-Valdès [1]. A partir de
moment il n'y eut plus dans l'admi
tration qu'hésitation et que mollesse

L'affaire des Perses fut une des p
mières dont les cortès s'occupèrent.
les amnistia, mais on les déclara in
pables d'exercer aucun droit civique.
leur laissa néanmoins la faculté de
pas accepter ces conditions, et de réc
mer leur mise en jugement. Un d'en

(1) Don Cayétano-Valdès, né dans les A
ries, s'est signalé dans la marine par ses c
naissances et par son intrépidité. Il a comb
avec gloire à la malheureuse journée de Tra
gar, et il été en 1809 promu au grade de v
amiral. En 1812 il était gouverneur de Ca
et il fit publier dans cette ville la constitu
des cortès. Au retour de Ferdinand, il fut
rêté, condamné à huit ans de détention d
une forteresse. Il n'en sortit qu'à la révolu
de 1820.

eux voulut courir cette chance, et fut condamné aux présides. Le marquis de Mata-Florida fut seul excepté de l'amnistie; mais il avait cherché un refuge à l'étranger, et s'était soustrait par la fuite à l'animosité de ses adversaires politiques.

Les cortès statuèrent aussi sur le sort des *afrancesados ;* elles rendirent enfin à ces infortunés le droit de rentrer dans leur patrie.

Le trésor, on l'a déjà vu, était absolument épuisé. Il fallait se procurer des ressources. On fut forcé d'avoir recours à un emprunt patriotique; mais l'appel fait au dévouement des capitalistes espagnols ne fut pas entendu. Il fallut donc s'adresser à des spéculateurs étrangers, qui soumissionnèrent l'emprunt à des conditions excessivement onéreuses. Il fut convenu que les prêteurs seraient admis à verser les anciennes monnaies de France sur le pied de leur première valeur nominale. Par suite de cette stipulation, ils réalisèrent à l'instant un bénéfice immense. Ils payèrent une grande partie de la somme de trois cents millions de réaux qu'ils prêtaient, avec des écus de trois livres qu'ils se procuraient en France moyennant 2 fr. 55 c. C'était le douzième de l'emprunt qui restait entre leurs mains, au détriment du trésor espagnol. Quand les détails de cette négociation furent connus, l'opinion publique se prononça vivement contre les personnes qui s'en étaient mêlées. M. de Toréno, pour y avoir pris part, fut vivement attaqué. On prétendit, sans doute à tort, que l'accroissement considérable de sa fortune n'avait pas d'autre source; mais le peuple se console le plus souvent du mal qu'on lui fait en répétant une plaisanterie : aussi les Espagnols, forcés de recevoir en payement ces écus frustes et rognés, disaient qu'il ne fallait plus les appeler des livres tournois, mais des Torénos.

Il était aussi une foule de réformes que l'esprit du temps avait rendues nécessaires, mais dans lesquelles les cortès n'apportèrent ni le tact ni les ménagements qu'exigeaient de semblables affaires. On supprima la dîme payée au profit du clergé et des seigneurs, sans aucun ménagement, sans aucune indemnité pour les décimateurs qu'on dépouillait; mais on en rétablit la moitié, comme impôt civil, au profit du trésor. On restreignit le chiffre des majorats et des substitutions, sans avoir égard aux droits acquis. On décréta des mesures pour arriver à la réduction successive des couvents et à l'extinction du plus grand nombre des ordres monastiques. Ferdinand VII voyait avec peine toutes ces innovations; il éprouvait une véritable douleur toutes les fois qu'il devait sanctionner une de ces lois. La réforme des ordres monastiques blessait surtout ses croyances et ses affections : aussi fit-il usage du droit que lui conférait l'art. 144 de la constitution, de refuser sa sanction. Les ministres, regardant cette loi comme d'une grande importance, firent auprès du roi d'inutiles efforts pour modifier sa volonté : ils le trouvèrent inébranlable dans son refus. Alors, pour le contraindre à céder, ils eurent recours à un moyen qu'on ne peut s'empêcher de blâmer. Ils s'entendirent avec les chefs du parti exalté, et, par l'entremise de ceux-ci, ils provoquèrent une émeute. La populace vint réclamer à grands cris la sanction de cette loi.

Ferdinand n'avait pas le courage nécessaire pour résister : le 25 octobre il donna son consentement à ce que la loi fût promulguée; mais il ne se laissa pas abuser sur le rôle que les ministres avaient joué dans cette affaire. Aussi, désirant s'éloigner de ses conseillers, qui lui étaient odieux, et cherchant un asile contre les tumultes populaires qui venaient chaque jour effrayer son esprit, il se retira à l'Escurial, où il s'obstina à rester, malgré la saison avancée. Il ne quitta pas même cette résidence pour assister, le 10 novembre, à la clôture des cortès. Afin de se dispenser d'être présent à cette séance, il allégua l'altération de sa santé.

Il y avait six jours seulement que les cortès étaient closes, lorsque Ferdinand voulut remplacer le capitaine général de Madrid par un officier en qui il eût une entière confiance. Il écrivit donc de sa propre main à Vigodet, qui occupait ce poste. Il lui annonçait dans cette lettre qu'il le nommait conseiller d'État, et qu'en même temps il lui substituait dans son emploi le lieutenant général don Jose Carvajal. Ce fut celui-ci qui, porteur de ce message, se transporta chez Vigodet. Mais cette nomination étant faite par le roi lui-même, sans le concours et sans le contre-seing d'un ministre, constituait une violation de la constitution. Les deux généraux désirant donc se conformer à la volonté de Ferdinand, sans compromettre ce prince et sans se compromettre eux-mêmes, allèrent consulter le ministre de la guerre; et celui-ci répondit que cet ordre ne pouvait être exécuté tant qu'il ne serait pas contresigné par un ministre. Pendant cette conférence, les autres ministres furent avertis de ce qui se passait par un secrétaire du capitaine général. Voyant que le roi voulait changer à leur insu l'autorité qui disposait à Madrid de la force armée, ils lui supposèrent les projets les plus hostiles contre la constitution. Ils allèrent donc trouver les membres de la députation permanente, et s'entendirent avec eux pour adresser par écrit des représentations au roi. Cette affaire n'avait pu se passer assez discrètement pour que le public n'en fût pas instruit. Les meneurs des sociétés démagogiques attroupèrent le peuple, en criant que la patrie était en danger. Des groupes nombreux se portèrent à l'endroit où la députation permanente était réunie. Ils demandèrent que la séance fût publique, et il fallut céder à leur exigence.

Vers le soir il arriva un exprès de l'Escurial, porteur de la nomination de Carvajal, contre-signée par le ministre Jabat; mais il était trop tard: des groupes parcouraient les rues de Madrid, en demandant la tête du nouveau capitaine général. Cependant la nuit et une partie du lendemain se passèrent d'une manière assez calme; mais vers le milieu de la journée les rassemblements se formèrent de nouveau, et se transportèrent à la municipalité, demandant à grands cris la réunion des cortès extraordinaires, et le retour du roi à Madrid.

La foule demanda aussi le renvoi de plusieurs des personnes qui entouraient Ferdinand. La députation permanente fit passer au roi un message sévère, pour lui exprimer l'émotion pénible causée par la nomination de Carvajal. La municipalité lui adressa aussi des représentations pressantes, que l'absence de toute forme respectueuse rendait encore p[...] amères. Ferdinand éloigna de sa p[...] sonne son confesseur, don Victor Sa[...] et son grand majordome, le marq[...] de Miranda. Il promit aussi de re[...] nir à Madrid dès que la tranquillité [...] blique serait rétablie. Pour accom[...] cette promesse il quitta l'Escurial le [...] La garnison et la milice avaient pris [...] armes pour le recevoir. Arrivé au pal[...] il se mit à son balcon, et les troupes [...] filèrent devant lui en criant : *Vive [...] constitution! vive le roi constitutionn[...]* Mais, pendant qu'on lui donnait ce[...] marque de respect, une troupe d'in[...] vidus couverts de haillons, parmi lesqu[...] on distinguait un prêtre, se placèrent a[...] dessous de sa fenêtre, et ne cessèrent [...] l'insulter par des chansons indécent[...] qui, adressées à un simple particulier [...] dans un lieu moins respectable, auraie[...] paru dignes de châtiment. Pour rend[...] ces insultes plus poignantes, ils éle[...] rent sur leurs épaules un enfant, en l[...] criant que c'était le fils de Lacy, de [...] malheureux général si cruellement f[...] sillé, deux années auparavant, dans l[...] fossés du château de Bellver.

La capitale ne fut pas seule agit[...] par des émeutes. Logroño, Valladoli[...] la Corogne, Barcelone et Valence, e[...] rent aussi leurs mouvements popul[...] res: à Cadix les exaltés se mutinèrent, [...] demandèrent que Riégo fût rappelé [...] l'exil où il avait été envoyé. Le génér[...] Valdès, qui était bien loin d'avoir l'éne[...] gie déployée par le marquis de Las-Am[...] rillas, céda aux exigences du par[...] anarchique: Riégo fut nommé capitai[...] général de l'Aragon; Lopez-Baños, c[...] pitaine général de la Navarre; Arc[...] Agüero eut le commandement de M[...] laga. Il ne faut pas croire cependa[...] que toutes les imaginations fusse[...] également éprises du régime constit[...] tionnel. Lorsque la révolution de L[...] Cabézas avait éclaté, les vices et les in[...] quités de l'administration absolutis[...] avaient comblé la mesure. On s'éta[...] imaginé que les institutions nouvell[...] allaient guérir tous les maux dont l'E[...] pagne était atteinte: soit dans cette pe[...] sée, soit par crainte, les partisans l[...] plus ardents du régime absolu avaie[...] baissé la tête et gardé le silenc[...] Mais les fautes et les excès des ana[...]

chistes ne tardèrent pas à dévoiler toutes les imperfections de la constitution de Cadix. Les insultes auxquelles la royauté était journellement en butte excitèrent l'indignation des gens sensés, et ranimèrent le courage de ses défenseurs. Le parti absolutiste s'était réveillé furieux et menaçant. Une bande de royalistes, commandée par un certain Moralès, s'était formée près d'Avila. Des soldats du régiment de cavalerie de Bourbon, en garnison à Talavera, désertèrent même pour aller la rejoindre. Des écrits contre la constitution furent répandus dans le public. Le clergé ne cachait pas sa répugnance pour les institutions nouvelles. Les évêques d'Orihuéla, de Pampelune, de Barcelone; l'archevêque de Valence et beaucoup d'autres, se refusèrent à proclamer dans leurs diocèses les principes constitutionnels. Dans les environs de Burgos, de Victoria, et dans les Asturies, on vit des bandes de royalistes; tout enfin annonçait une explosion prochaine. C'est en ce moment, quand les adversaires de la révolution commençaient en Espagne à se déclarer ouvertement, que la constitution de Cadix fut adoptée par deux nations étrangères, par le royaume de Naples et par le Portugal. En Portugal, la constitution de Cadix ne devait rester en vigueur que jusqu'au moment où l'assemblée constituante aurait pu discuter une autre loi plus conforme aux habitudes et aux besoins de la monarchie lusitanienne. Cette sage réserve ne fut pas imitée par les Napolitains : malgré la différence des pays et des coutumes nationales, ils adoptèrent sans restriction l'œuvre des cortès de 1812. Les grandes puissances du Nord ne s'étaient pas alarmées en voyant un régime constitutionnel s'établir en Espagne et gagner jusqu'au Portugal : leurs intérêts n'y étaient nullement engagés; mais elles ne purent considérer avec la même indifférence les bouleversements qui avaient lieu à Naples. L'Autriche surtout, qui regarde les États italiens comme dépendant de sa souveraineté impériale, fut vivement émue quand une révolution vint changer dans ce pays la forme du gouvernement. Les empereurs de Russie, d'Autriche, et le roi de Prusse, se réunirent à Troppau, où ils prirent la résolution d'étouffer par la force l'insurrection napolitaine. Ce fut seulement au congrès de Laybach, réuni l'année suivante, qu'on arrêta les moyens d'exécution. Il ne parut pas nécessaire de faire de grands préparatifs. Le général Frimont, à la tête de soixante mille Autrichiens, se mit immédiatement en route. Les impériaux passèrent le Pô le 8 février, pénétrèrent dans les Abruzzes; battirent, le 7 mars, à Cività Ducale et à Aquila les Napolitains, commandés par le général Pépé. Le 23, ils entrèrent à Naples, et y rétablirent l'ancienne forme de gouvernement. Pendant que les forces autrichiennes étouffaient ainsi la révolution napolitaine, une insurrection éclata à Turin : on y proclama la constitution de Cadix. Il était impossible de plus mal choisir son temps. Le 2 avril, une division autrichienne jointe aux troupes sardes, qui s'étaient montrées contraires aux nouvelles institutions, mirent, auprès de Novaro, les constitutionnels en déroute. Telle fut l'issue des efforts tentés pour affranchir l'Italie, et ce résultat put, dès ce moment, donner à connaître quel sort était réservé, en Espagne, à la constitution de Cadix. Chaque jour les coryphées du parti exalté semblaient prendre à tâche de la discréditer par leurs excès. Ferdinand ne pouvait sortir de son palais sans être outragé par la populace; et il n'avait ni assez de puissance pour se venger de ces injures, ni assez de force d'âme pour les mépriser, ni assez de résignation pour les dévorer en silence. Il s'en plaignait amèrement; il adressa même à la municipalité des réclamations écrites à l'occasion des clameurs injurieuses proférées sur son passage. Soit que ses plaintes souvent répétées eussent exalté le zèle de quelques jeunes militaires, soit que l'audace des émeutiers fût portée à son comble, une collision ne tarda pas à éclater entre les gardes du corps et la populace. On n'est pas d'accord sur la manière dont les faits se sont passés. Les uns disent que le 5 février le roi sortit, comme il en avait l'habitude, pour aller à la promenade : des gens réunis sur la place du palais firent entendre le cri de *Vive le roi constitutionnel!* Quelques gardes du corps, qui se promenaient enveloppés dans leurs manteaux, se méprirent sur la nature de ces clameurs. Ils tirèrent leurs sabres, et se précipitèrent sur les assistants. Aussitôt le bruit de cette agression se répandit dans la capitale. La garde nationale et la garnison prirent les armes, les rues se remplirent en un instant de groupes nombreux qui vociféraient contre les gardes du corps; ceux-ci, renfermés dans leur quartier, se préparèrent à se défendre; quelques-uns d'entre eux seulement se présentèrent aux autorités, protestant qu'à l'avenir ils ne voulaient plus faire partie d'un corps qui avait commis une semblable faute.

Il y a peut-être beaucoup d'exagération dans ce récit. Chaque personne a vu ou raconté les faits d'une façon diverse, suivant les passions politiques dont elle était animée. Voici donc une manière différente dont les faits ont été présentés : Ferdinand étant sorti, le 5 février, pour aller à la promenade, la populace lui adressa des injures. Quelques gardes du corps, qui ne faisaient pas partie de l'escorte, mais qui se trouvaient présents, furent aussi insultés et menacés. Il leur eût fallu une patience plus qu'humaine pour supporter ces provocations. D'ailleurs ces jeunes officiers étaient isolés, sans chefs, et ne se trouvaient pas retenus en ce moment par les liens de la discipline. Ils tirèrent leurs sabres, et mirent la populace en fuite. Ce fut le commencement d'une horrible émeute.

Enfin, suivant d'autres personnes, les faits se seraient passés différemment. Le roi était sorti pour aller à la promenade, lorsqu'on vint annoncer au quartier des gardes du corps que le roi et son escorte avaient été arrêtés par la populace. Les insultes prodiguées chaque jour à Ferdinand rendaient cette nouvelle assez probable : aussi quelques gardes du corps montèrent-ils à cheval, pour aller tirer le roi et leurs camarades des mains de la multitude. Mais ils apprirent bientôt qu'il n'y avait eu aucune agression. Ils revenaient donc fort mécontents de la démarche inutile qu'ils venaient de faire, lorsqu'ils rencontrèrent sur leur chemin un garde national qui leur adressa quelques paroles inconvenantes. Ils le maltraitèrent. Aussitôt la foule prit parti pour celui-ci. L'infanterie et la cavalerie de la garde nationale, deux compagnies de la garde royale avec deux pièces de canon, et diverses autres troupes de la garnison, entourèrent aussitôt le quartier où les gardes du corps étaient retranchés. Après deux jours d'hésitation, Ferdinand VII pressé par ses ministres, et pour éviter l'effusion du sang, décréta la dissolution des gardes du corps. Ils furent désarmés. Un grand nombre d'entre eux furent arrêtés et conduits en prison; mais sans doute, dans cette affaire, ils étaient exempts de toute faute; car, malgré l'acharnement des partis, on les tint longtemps renfermés sans leur donner de juges. Quant au roi, il déclara que puisqu'on lui ôtait les gardes de sa personne, il s'abstiendrait désormais de sortir; et il persévéra longtemps dans cette résolution.

L'effervescence causée par ces événements n'était pas calmée, lorsque la deuxième session des cortès s'ouvrit le 1er mars. La séance royale, qui passe le plus souvent comme une simple formalité, présenta cette année le plus vif intérêt. Les ministres avaient, suivant l'usage, préparé le discours que Ferdinand devait prononcer. Le roi donna lecture du commencement, sans y faire de notables changements; mais à la fin il ajouta quelques paragraphes pour se plaindre des insultes dont il avait été l'objet, et de la négligence ou de la complicité des ministres, qui laissaient dégrader chaque jour la royauté constitutionnelle. « C'est à dessein, dit le roi, que « je me suis abstenu de parler de ma « personne jusqu'à la fin de ce discours, « afin qu'on ne pensât pas que je la pré« fère au bien-être et à la félicité des « peuples que la divine Providence a « confiés à mes soins. Cependant je me « vois, à regret, forcé de faire savoir à « cette sage assemblée que je n'ignore « pas les menées de quelques malveil« lants. Je sais qu'ils s'efforcent de sé« duire les personnes qui ne sont point « sur leurs gardes, en leur persuadant « que mon cœur renferme des vues op« posées au système qui nous régit. Ils « n'ont d'autre but que d'inspirer la dé-

« fiance contre la pureté de mes intentions et la droiture de mes procédés. « J'ai juré la constitution, et, pour ma part, je me suis toujours efforcé de l'observer. Plût à Dieu que tout le monde eût fait de même! Personne n'ignore les insultes, les outrages de toute espèce commis contre ma dignité, contre mon rang, contre ce qu'exige la constitution, contre l'ordre, contre le respect qui m'est dû comme roi constitutionnel. Je ne crains rien pour mon existence et pour ma sûreté : Dieu, qui voit mon cœur, veille; il a soin de l'une et de l'autre. Il en est de même de la plus grande et la plus saine partie de la nation. Cependant, puisque cette assemblée est principalement chargée par la constitution elle-même de garder l'inviolabilité de la royauté constitutionnelle, je ne dois pas lui cacher aujourd'hui que ces outrages et ces insultes ne se seraient pas répétés une seconde fois si le pouvoir exécutif avait eu toute l'énergie et toute la force que la constitution suppose et que les cortès désirent. La mollesse et le défaut d'activité de beaucoup d'autorités ont seuls permis le renouvellement de ces énormes excès; et s'ils continuent, on doit s'attendre à voir la nation espagnole affligée de maux et de désastres sans nombre. « J'ai l'assurance que ces malheurs n'arriveront pas si les cortes, comme je dois me le promettre, unies intimement à leur roi constitutionnel, s'occupent sans relâche à remédier aux abus, à réunir les partis, à contenir les machinations des malveillants, qui n'ont d'autre but que la désunion et l'anarchie. Travaillons donc d'accord, le pouvoir législatif et moi, comme je le proteste à la face de la nation, à consolider le système que l'on a proposé et adopté pour son bien et pour sa complète félicité. »

Il est impossible de décrire l'étonnement produit par cette sincérité de Ferdinand. Les ministres, qui auraient dû se retirer à l'instant même, furent tellement surpris, qu'ils ne pensèrent pas à donner leur démission; mais le lendemain parut un décret qui prononçait leur destitution, et qui désignait, pour les remplacer par intérim, les premiers employés de leurs secrétaireries respectives. Voici comment finit ce cabinet, dont les fautes ont préparé la chute du régime constitutionnel, et sous quels tristes auspices commença la seconde session des cortès.

DEUXIÈME MINISTÈRE CONSTITUTIONNEL. — MOUVEMENTS ABSOLUTISTES. — ASSASSINAT DU CHAPELAIN VINUESA. — RIÉGO EST DESTITUÉ. — BATAILLE DES ORFÉVRERIES. — SOCIÉTÉS PATRIOTIQUES : LES FRANCS-MAÇONS, LES COMUNEROS, LES ANILLEROS OU AMIS DE LA CONSTITUTION. — FIÈVRE JAUNE. — DÉVOUEMENT DES MÉDECINS FRANÇAIS. — SOULÈVEMENT DE CADIX, DE SÉVILLE. — RÉCLAMATIONS CONTRE L'ADMINISTRATION. — CHUTE DU DEUXIÈME MINISTÈRE CONSTITUTIONNEL.

Ferdinand VII, débarrassé d'un cabinet qui lui était odieux, et contre lequel il avait de justes sujets de plainte, voulut donner aux cortès une preuve de la confiance qu'il avait en elles. Dans le but de flatter l'opinion publique, il leur adressa un message pour demander qu'on lui indiquât les personnes auxquelles il devait remettre les rênes du gouvernement. On vit, en cette circonstance, combien était puissant dans les cortès le parti des anciens ministres. Les plaintes que le roi avait fait entendre furent l'objet des récriminations les plus vives. On n'alla pas jusqu'à contester au roi le droit de destituer ses ministres; mais, sur la proposition du député Calatrava, les cortès déclarèrent que le cabinet renvoyé par Ferdinand avait conservé la confiance de la nation. Elles ajoutèrent à ce témoignage de leur approbation l'assignation d'une pension de 60,000 réaux (16,000 f.), que chacun d'eux devait recevoir du trésor national. Enfin, elles répondirent qu'il n'était pas dans leurs attributions de désigner les dépositaires du pouvoir. Ferdinand s'adressa donc au conseil d'État, et, d'après l'avis de ce corps, il nomma les nouveaux ministres.

Le portefeuille des affaires étrangères fut remis à don Eusebio Bardax y Azara, qui, entré de bonne heure dans la carrière diplomatique, avait déjà été en 1812, sous la régence de Cadix, ministre des relations extérieures.

Don Matéo Valdemoros, savant avocat, avait été *alcàde de casa y corte.* En 1814 il se trouvait chef politique de Valence. Ayant osé élever la voix en faveur de la constitution, il avait été destitué, et relégué à Barcelone. Lors de la révolution de 1820 il avait fait partie de la junte provisoire. C'est à lui que Ferdinand VII remit le ministère de l'intérieur.

Don Ramon Feliu était né en Afrique, de parents espagnols. Il avait suivi son père, chargé d'un emploi public, dans le Nouveau-Monde. Élu, en 1812, député du Pérou, il s'était rendu aux cortès pendant le siége de Cadix, et s'était signalé dans leurs discussions. Au retour du roi il avait été relégué à Saragosse; il s'y trouvait encore lors de l'insurrection des Cabezas, et il avait travaillé de tout son pouvoir au rétablissement du régime constitutionnel. Ferdinand lui remit le ministère des affaires d'outre-mer.

Celui de grâce et de justice fut confié à don Vincente Cano Manuel, ancien avocat, né à Chinchilla, dans le royaume de Murcie. Don Thomas Moréno-Daoiz eut le portefeuille de la guerre, don Antonio Barata celui des finances, et Francisco de Paula Escudero celui de la marine. Au bout de quelques jours, Valdemoros fut forcé, par sa mauvaise santé, de résigner son poste. Feliu reçut alors le ministère de l'intérieur, et fut lui-même remplacé par Pélegrin dans le ministère des affaires d'outre-mer. C'étaient des hommes de talent et d'un caractère irréprochable. Ils jouissaient d'une juste réputation, et avaient l'avantage de ne pas appartenir à la catégorie des hommes proscrits en 1814. Feliu seul avait été exilé à Saragosse. Néanmoins il sut complaire à Ferdinand VII, dont il reçut quelques témoignages d'estime.

Les nouveaux ministres avaient d'immenses difficultés à surmonter. Ils se trouvaient en face d'un parti hostile, et plus redoutable encore par sa violence que par le nombre des individus qui le composaient; les relations avec l'étranger étaient difficiles et manquaient de franchise. Le trésor était dans l'état de pénurie le plus déplorable, et ses embarras s'accroissaient chaque jour. Les rentrées étaient faibles, et les intérêts de la dette absorbaient toutes les ressources. Les mesures les plus ruineuses concouraient chaque jour à aggraver [illegible] position des finances. Dans l'état de [illegible] où l'on se trouvait, on venait d'all[illegible] aux précédents ministres des pens[illegible] qui, réunies, s'élevaient à 420,000 r[illegible] (112,140 f).

L'obligation où l'on s'était trouv[illegible] récompenser, en leur donnant des [illegible] plois, les promoteurs des institut[illegible] nouvelles, avait contraint à éloigne[illegible] leurs charges tous ceux qu'on rega[illegible] comme peu dévoués à la constitut[illegible] Mais il eût été d'une souveraine inju[illegible] de les dépouiller de leur place sans [illegible] donner au moins le moyen de subsis[illegible] Il fallut donc créer une classe particul[illegible] de ceux qui cessaient d'être emplo[illegible] On la nomma la catégorie *de los cesan[illegible]* et on la dota suivant le nombre des [illegible] sonnes et suivant les circonstances. [illegible] fut une augmentation énorme de dé[illegible] ses, sans aucun avantage pour le tré[illegible] C'est dans cette situation désespérée [illegible] Barata prit l'administration des fi[illegible] ces. Il jugea que, sans le secours [illegible] emprunt il lui serait impossible de f[illegible] face aux dépenses. Il ouvrit donc [illegible] coffres aux capitalistes nationaux; [illegible] un appel à leur patriotisme; mais i[illegible] parvint pas à réunir le quart de la son[illegible] qui lui était nécessaire: aussi, ne se t[illegible] vant pas de force à lutter contre les [illegible] ficultés qu'il rencontrait, il aima mi[illegible] se retirer, et fut remplacé au minis[illegible] des finances par don Angel Vallejo.

Les mouvements royalistes qui é[illegible] tèrent dans toutes les provinces d'E[illegible] gne vinrent encore compliquer les [illegible] barras de la situation. A Burgos, un [illegible] pelier, du nom d'Arija, levait l'étend[illegible] de la rébellion. Jéronimo Mérino, ce[illegible] qu'on avait vu pendant la guerre de [illegible] dépendance combattre les Français [illegible] courage, venait aussi de reprendre [illegible] armes. Il parcourait la Vieille-Cast[illegible] dénonçant aux villageois la constitu[illegible] comme sacrilége et régicide. Par [illegible] moyen il eut bientôt rassemblé une g[illegible] rilla nombreuse et redoutable. A la m[illegible] époque la ville de Salvatierra, unani[illegible] ment soulevée, fermait ses portes [illegible] troupes constitutionnelles. Le briga[illegible] Mir était à Séville; le chef des royali[illegible] Zaldivar, à la tête d'une troupe de fc[illegible] nés qui se proclamaient les défenseu[illegible] l'autel et du trône, sillonnait toute l[illegible] dalousie, et s'avançait jusqu'aux portes de Cadix. A Tolède, pendant une procession suivie par un grand nombre de fidèles, on entendit proférer les cris de *Vive la religion! vive l'inquisition! vive le chapitre de Tolède! à bas la constitution!* Toutes ces démonstrations absolutistes excitaient au plus haut degré la colère des exaltés. Les chefs de ce parti, qui, parodiant les excès de la révolution française, avaient accepté l'ignoble dénomination de *descamisados*, prirent la résolution de faire un exemple, pour jeter la terreur dans l'esprit des royalistes.

On avait emprisonné un pauvre ecclésiastique nommé don Matthias Vinuesa. On l'accusait d'avoir forgé un plan pour renverser la constitution; cet homme était d'une vie régulière, mais il était sans jugement et sans instruction. Quoiqu'il eût fait ses études à l'université de Tolède, tout son savoir se bornait à quelques connaissances en théologie. Il avait été curé de la paroisse de Tamajon, et n'avait quitté ce village que pour devenir chapelain d'honneur de Ferdinand VII. Il avait cru qu'en cette qualité il était de son devoir de contribuer au rétablissement des droits absolus de son souverain. Il avait donc imaginé un plan de contre-révolution, et il avait eu l'insigne folie de le faire imprimer. Arrêté pour ce fait et mis en jugement, il avait été condamné à dix ans de présides. Ce fut le 4 mai que le résultat de son procès fut rendu public : ce jour même un grand nombre de membres du parti exalté se réunirent le matin à la Puerta del Sol, et, après une longue délibération, ils déclarèrent que la peine prononcée contre le curé de Tamajon n'était pas en proportion avec le crime énorme commis par lui. Ils décidèrent qu'il servirait d'exemple aux serviles; mais comme l'heure de la sieste était arrivée, ils se retirèrent pour dormir, et ajournèrent à quatre heures du soir l'exécution de leur sentence. Ce délai eût permis aux autorités de prendre quelques mesures pour empêcher un crime; mais les chefs de la force publique restèrent immobiles. Ils laissèrent les *descamisados* se réunir à l'heure indiquée, marcher vers la prison, qui n'était gardée que par dix miliciens. Ceux-ci, après avoir à peine tenté un simulacre de défense, laissèrent le peuple envahir la prison. On enfonça la porte du cachot où Vinuesa était renfermé. Cet infortuné n'eut que le temps de saisir une image de la Vierge, et de se jeter à genoux pour demander grâce. On se précipita sur lui. Un individu armé d'un marteau lui porta le premier coup. Il le frappa sur sa tonsure, et lui brisa le crâne.

Cette victime n'était pas la seule dont les bourreaux de la Puerta del Sol eussent décrété le supplice. Ils se transportèrent à la demeure du juge qui avait prononcé la sentence. Ils voulaient immoler ce magistrat à leur fureur; mais celui-ci, prévenu du danger qui le menaçait, s'était soustrait par la fuite à la colère de ces forcenés.

Une autre bande s'était transportée à la prison de la cour, où était renfermé le partisan Manuel Hernandez, surnommé *el Abuelo*. Pendant la guerre de l'indépendance, el Abuelo avait obtenu le grade de lieutenant-colonel; après le retour de Ferdinand, et jusqu'au rétablissement du régime constitutionnel, il avait vécu dans la retraite; puis, lorsqu'il avait vu les outrages dont les exaltés accablaient le roi, il avait repris les armes pour relever le pouvoir absolu. Il avait réuni une guerrilla, et, en essayant de se maintenir dans les environs de Madrid, il s'était laissé prendre par les troupes constitutionnelles. Il attendait en prison la condamnation qui ne pouvait manquer de l'atteindre. Les hommes de la Puerta del Sol trouvaient que la justice agissait trop lentement, et pour abréger, à leur manière, les délais de la procédure, ils arrivèrent à la prison; mais ils rencontrèrent plus de résistance qu'ils ne s'y étaient attendus. Il n'y avait là pour toute défense qu'un caporal et quatre soldats, avec six gardes nationaux à cheval. Néanmoins le chef de ce faible poste fit bonne contenance; il parvint à repousser les assaillants; et si toutes les autorités de la capitale avaient fait leur devoir comme ce brave caporal, la révolution espagnole n'eût pas été souillée du sang de Vinuesa.

Ces excès frappèrent la ville entière d'une terreur profonde. Il n'était personne qui ne craignît pour sa sûreté; mais si telles étaient les appréhensions des simples particuliers, qu'on juge des angoisses qui devaient agiter la famille royale, et surtout Ferdinand! Ce prince descendit plusieurs fois lui-même sur la place où sa garde était formée en bataille, et il demanda aux officiers si, en cas de besoin, il pouvait compter sur leur défense. Il fit placer de l'artillerie aux abords du palais. La garnison et la milice furent mises sous les armes. Madrid, plongée dans une morne stupeur, avait l'air d'une ville que l'ennemi assiége.

Il se trouva cependant des voix pour justifier le meurtre de Vinuesa; il se trouva des apologistes pour le célébrer. Une espèce de monument fut fondé pour en perpétuer le souvenir. Vinuesa avait péri assommé d'un coup de marteau : ses meurtriers et leurs approbateurs créèrent une sorte d'*ordre du Marteau*. Les insignes en furent fabriqués et distribués; ils consistaient en un petit marteau de fer, dont les nouveaux chevaliers décorèrent leur poitrine.

Le ministère se présenta le lendemain aux cortès, avec un message où le roi réclamait leur assistance pour empêcher le retour de semblables crimes. Ce fut l'occasion d'une vive discussion, où les partis se rejetèrent mutuellement la responsabilité de ces déplorables événements. L'opposition accusa l'autorité d'avoir manqué de fermeté et de prévoyance; le parti modéré accusa les exaltés, les clubs et les sociétés démagogiques d'avoir préparé le crime et de l'avoir exécuté. De part et d'autre ces reproches étaient fondés. Cette délibération se termina par une adresse, où les cortès donnèrent au roi l'assurance de leur zèle pour le maintien de l'ordre. L'administration destitua le capitaine général Villalba et le chef politique, le marquis de Cerralbo, qui furent remplacés par le général Morillo, comte de Carthagène, et par le premier alcade constitutionnel, Jose Sacz de Baranda. Celui-ci remit lui-même bientôt les fonctions de chef politique au général Copons y Navia, qui en 1814 avait été chargé d'aller recevoir le roi à la frontière, et de lui présenter la constitution. L'assassinat de Vinuesa excita si vivement l'indignation des hon-

nêtes gens, que les passions p
ques semblèrent un moment se cal
On put atteindre le 30 juin, époq
se fermait la session, sans que la t
quillité publique fût de nouveau t
blée. Jusqu'au mois d'août,
émeute sérieuse ne vint troubler le r
de la capitale. Mais dans le cou
d'août des esprits turbulents, qui re
daient les assassins de Vinuesa cor
des héros, et qui brûlaient du désir d
imiter, prirent la résolution de fair
exemple sur les gardes du corps, rete
prisonniers depuis le 5 février. Il
transportèrent au couvent de Sa
Martin, où ces militaires étaient ren
més, et tentèrent de forcer la garde
officier nommé don Estarico, qui c
mandait le poste, tenta vainement
de bonnes paroles de les détourne
leur projet; mais ils n'écoutèrent
cune représentation, et, furieux de
qu'on leur résistait, ils commencère
jeter des pierres à la garde. Alors
Estarico fit charger les armes, et
tête de quelques soldats il marcha d
aux émeutiers. Ceux-ci ne l'attendi
pas : ils s'enfuirent précipitamm
pour aller chercher du renfort au
de la Fontana de Oro.

Pendant ce temps, le général Mor
prévenu de ce qui se passait, prit
mesures afin de renforcer le poste d
prison; mais, sans attendre que
ordres eussent été exécutés, il se
rigea en personne vers le point men
Il rencontra en chemin les émeutie
qui revenaient après avoir recruté q
ques centaines de vauriens. Le géné
bien qu'il fût seul, leur intima l'or
de se retirer à l'instant même. Ces
roles ne firent qu'exaspérer la co
des anarchistes, au point que pou
défense Morillo se vit dans la néc
sité de tirer son sabre; mais quand i
le geste de les en frapper, cela su
pour mettre de nouveau le rassem
ment en fuite, et les individus
sauvèrent comme s'ils eussent été po
suivis par un escadron de cavalerie.

Le lendemain, les groupes qui se r
semblaient ordinairement à la Pue
del Sol et à la Fontana de Oro écla
rent en plaintes et en menaces con
Morillo. Sa conduite, disait-on, é
attentatoire à la dignité du peuple

il fallait qu'il fût mis en jugement. Le général, instruit des attaques dont il était l'objet, envoya sa démission aux ministres, en déclarant qu'il ne reprendrait le commandement que lorsqu'il aurait été lavé, par le tribunal, des accusations portées contre lui. La conduite de Morillo ne méritait que des éloges, et sa détermination de réclamer lui-même des juges imposa silence à ses ennemis. On lui rendit l'autorité, qui ne pouvait être placée en de meilleures mains.

La capitale était à peine remise de l'émotion causée par ces émeutes, que le gouvernement se vit menacé par un autre danger qui n'était pas moins sérieux. Riégo, capitaine général de l'Aragon, avait accueilli un aventurier français, nommé Cugnet de Montarlot, poursuivi dans sa patrie comme conspirateur. Celui-ci, pour prix de l'hospitalité qu'on lui donnait en Espagne, avait conçu le projet d'y changer la forme de gouvernement, et d'y établir une république. Il prétendait que plusieurs départements feraient cause commune avec l'Espagne; qu'ils n'attendaient qu'un signal pour se soulever; qu'il suffirait pour déterminer ce mouvement de se présenter à la frontière à la tête de quelques troupes, et d'y arborer l'étendard tricolore. On ne sait pas au juste quelle part Riégo pouvait avoir dans l'invention de cette trame; mais la voix publique l'accusait de fomenter lui-même la conspiration. Le peuple de Saragosse, dont certainement les opinions n'étaient pas rétrogrades, mais qui était ennemi de toute trahison, regardait avec méfiance les démarches du capitaine général. Moreda, chef politique de Saragosse, donna au gouvernement avis de ce qui se passait, et reçut les pouvoirs nécessaires pour faire avorter ces projets. Le ministère prononça la destitution de Riégo, ordonna que cet officier se rendrait en résidence à Lerida; et il chargea Moreda de faire exécuter cette décision. Pendant ce temps Riégo était occupé à parcourir la province, dans le but d'exalter les esprits, et peut-être de les préparer au changement qu'il méditait. Riégo, qui se croyait bien supérieur au gouvernement en influence et en pouvoir, eut d'abord l'idée de désobéir. Il marcha droit à Saragosse; mais le chef politique n'était pas homme à se laisser intimider. Il envoya au-devant de Riégo un détachement commandé par un officier dont il était sûr. La rencontre eut lieu à quelque distance de la ville. Riégo revenait, entouré d'une escorte assez nombreuse. L'officier alla au-devant de lui, et lui renouvela l'ordre de se rendre à Lerida. Riégo voulut résister : il porta la main à son épée, puis il consulta du regard ceux qui l'accompagnaient; mais il ne les trouva pas disposés à le soutenir dans une désobéissance que les précautions prises par Moreda rendaient impossible. Alors il se soumit à la nécessité, et se laissa conduire au lieu de son exil.

Riégo était l'idole du parti anarchiste; aussi la colère des sociétés démagogiques fut-elle grande quand elles le virent renverser. Voulant exalter la gloire du héros que le gouvernement abaissait, elles prirent la résolution de célébrer une fête publique en son honneur, et de porter son image en procession. Cette ridicule apothéose cachait, dit-on, un projet plus coupable : à la faveur du trouble et du désordre que cette cérémonie ne pouvait manquer de causer, les anarchistes avaient l'intention de proclamer la république, et d'élire un triumvirat militaire composé des généraux Riégo, Lopes-Baños et Ballesteros. Quelles que fussent au reste leurs intentions, ils en fixèrent l'exécution au 18 septembre.

Le général Copons avait été remplacé dans le gouvernement politique de Madrid par le brigadier San-Martin. C'était un ancien médecin; il avait déployé dans la guerre de l'indépendance un courage que personne ne pouvait révoquer en doute. Il fit preuve en cette circonstance d'une louable énergie. Il commença par publier une ordonnance qui défendait cette cérémonie grotesque, et qui déclarait suspendues jusqu'à nouvel ordre les réunions du club de la Fontana de Oro. Néanmoins les anarchistes n'en persévérèrent pas moins dans leur projet; ils firent peindre un grand tableau, où Riégo était représenté avec le costume qu'il portait lors de la révolte des Cabezas. Il tenait d'une main le livre de la constitution, et renversait de l'autre le Despotisme et l'Ignorance. On remit cette image aux mains qui devaient la porter.

Des mesures vigoureuses avaient été prises pour que force restât à l'autorité. La force armée prit possession de la Puerta del Sol, des environs de la Fontana de Oro; et l'ordre fut donné aux troupes de dissiper le cortége partout où il se présenterait. Cependant les anarchistes n'engageaient pas cette lutte contre l'autorité sans quelques chances de succès. Ils savaient que la garde royale était indécise, et que le régiment de Sagonte leur était favorable. Lorsque le rassemblement arriva à la Puerta del Sol, l'ordre fut donné à la garde royale qui s'y trouvait de s'opposer à son passage; mais cet ordre ne fut pas exécuté. La foule, qui s'en aperçut, s'avança avec plus d'assurance, et poussa un cri de triomphe. De son côté, le régiment de Sagonte s'ébranlait pour se joindre aux factieux. Si ce mouvement eût réussi l'anarchie triomphait.

Morillo avait avec lui la milice, composée de propriétaires, de marchands, presque tous partisans de la révolution, mais, avant tout, adversaires du désordre. C'était la seule force sur laquelle il pût compter dans ces circonstances critiques. Il fit défendre au régiment de Sagonte de sortir de son poste, lui déclarant qu'au moindre mouvement il le ferait charger sans miséricorde par la milice, et qu'il le traiterait en ennemi. Le régiment de Sagonte, intimidé par ces menaces, s'arrêta, et demeura neutre. Libre de toute inquiétude de ce côté, San-Martin, à la tête du deuxième bataillon de la milice, marcha au-devant du rassemblement, et le rencontra dans la rue des Orfévreries. Aussitôt qu'il l'aperçut, il fit croiser la baïonnette, et somma, au nom de la loi, les anarchistes de se dissiper. Comme ils n'obéirent pas, il les fit charger à l'instant même. Quelques-uns furent blessés; et tous, remplis d'épouvante par cette attaque vigoureuse, sur laquelle ils ne comptaient pas, se mirent à fuir de tous les côtés. Le portrait du héros fut renversé dans la boue; les anarchistes ne tentèrent pas de disputer aux vainqueurs cette triste dépouille, et l'on donna par d
sion à cette rencontre le nom de
taille *des Orfévreries* (*de las plateri*
C'étaient les sociétés politiques
avaient préparé cette journée, de m
qu'elles avaient été jusqu'à ce jour
instigatrices de tous les désordres.
associations eurent sur la marche
la révolution espagnole l'influence
plus déplorable : il n'est donc pas
différent de connaître quelle était l
organisation, et quels principes les
rigeaient. La plus ancienne de ces
ciétés était celle des francs-maçons,
croit que cette association fut introd
en Espagne dès le temps de C
les III. Il semble que la révolution f
çaise aurait dû favoriser en Espagn
développement de cette instituti
mais la surveillance de l'inquisit
et la vigilance du clergé s'opposère
ses progrès. C'est à peine si on en tro
quelques vestiges au temps de Ch
les IV; mais l'invasion française c
tribua puissamment à propager la fra
maçonnerie. Les officiers franca
aussi bien que ceux des forces brit
niques, établissaient des loges dans t
tes les localités où ils séjournaient.
nombre des Espagnols qui s'affilièr
à la société fut considérable; et qu
Ferdinand revint en Espagne il y a
peu de villes qui ne continssent
moins une loge. La réaction de 18
l'intolérance du gouvernement, le
tablissement du saint-office, ne pur
intimider les francs-maçons. Le n
bre des prosélytes s'accrut encore; n
l'objet primitif de leurs délibérati
fit place à des discussions sur les
faires de l'État; et cette société, qui d
son origine avait, avant tout, un
charitable et philanthropique, devint
instrument politique. Les francs-
çons ne furent pas étrangers aux
nements de 1820. Il est facile de c
prendre le bien ou le mal que cette
sociation pouvait faire, selon l'es
dont elle était animée. Les loges,
pandues dans toutes les parties de l'
pagne, recevaient leur impulsion
centre commun. Elles louaient ou
maient ce qu'on leur disait de l
ou de blâmer. Si quelque autorité
portait ombrage, mille voix répéta
en même temps les mêmes accusati

en mille endroits différents. Si au contraire il était question de soutenir quelqu'un des leurs ou de le faire valoir, de tous les côtés ils allaient répétant ses louanges, et de cette manière ils faussaient l'opinion publique. Ils avaient des affiliés dans les bureaux de tous les ministères, dans les cabinets des gouvernements politiques, dans toutes les parties de l'administration ; aussi rien ne se faisait, rien ne se préparait sans que la société en fût informée; et de cette manière les loges recevaient souvent l'ordre d'indisposer les esprits contre un décret qui n'était pas encore rendu, contre une mesure qui n'était encore qu'un projet. Leur puissance était immense. Aussi, lors de leur ministère, Argüelles et Valdès se firent-ils affilier à cette association, dont leurs collègues faisaient déjà partie.

Au reste, il ne tarda pas à se former plusieurs partis parmi les francs-maçons. Les hommes modérés, contents de ce qu'on avait obtenu en 1820, voulaient qu'on s'en tînt à la constitution de Cadix; les esprits exaltés voulaient aller plus loin : ce dissentiment était la source des discussions les plus violentes. Les modérés pensèrent qu'en se retirant, qu'en laissant leurs adversaires sans contradicteurs, ils feraient cesser les discussions; que les loges finiraient par se fermer d'ennui et d'épuisement, ou du moins que l'irritation causée par ces débats s'éteindrait, faute d'aliment. C'était un faux calcul. Restés maîtres du terrain, les exaltés s'occupèrent à faire des prosélytes, à augmenter le nombre des loges, à exercer leur funeste influence, qui n'était plus tempérée par le bon sens des modérés.

Bientôt cette société, quelque violente qu'elle fût, parut trop tiède à quelques esprits emportés. Ils se séparèrent de la franc-maçonnerie, et formèrent une autre association. Ils prirent le nom de chevaliers comuneros, de fils de Padilla; comme s'il pouvait exister quelque analogie entre leurs excès démagogiques et les glorieux efforts des communes espagnoles, qui défendaient leurs dernières libertés contre les empiètements de la maison d'Autriche! Ces dénominations ampoulées n'étaient pas tout ce qu'il y avait de ridicule dans cette association : son but, qui était d'obtenir et de conserver *la liberté du genre humain*, sentait d'une lieue son don Quichote; et Cervantès n'a rien inventé de plus grotesque que les cérémonies imaginées pour l'admission des récipiendaires. Voici, disent les auteurs de l'Histoire contemporaine d'Espagne, quel était le but de cette compagnie :

« La confédération des chevaliers comuneros était la réunion libre et spontanée de tous les enrôlés dans les différentes forteresses du territoire de la confédération, dans les termes et avec les formalités prescrites dans leurs lois et règlements. La confédération avait pour objet d'obtenir et de conserver, par tous les moyens en leur pouvoir, la liberté du genre humain; de soutenir par tous leurs efforts les droits du peuple espagnol contre les abus du pouvoir arbitraire : leur but était aussi de secourir ceux qui se trouvent dans le besoin, principalement s'ils font partie de la société. »

La confédération des comuneros était dirigée par une assemblée suprême. Elle était divisée en *merindades* ou sénéchaussées. La merindad était elle-même subdivisée en communes, en tours, forteresses ou châteaux.

L'assemblée suprême se tenait à Madrid, rue de la Montera. Elle était composée de sept chevaliers comuneros, les plus anciens parmi ceux qui résidaient dans la capitale du royaume, et par les procureurs nommés par les communes. Voici en quels termes étaient conçus les pouvoirs de ces députés : « Nous, les chevaliers comuneros qui composons la *merindad* de ..., réunis en notre château n° ..., pour élire un procureur qui, en exécution de notre constitution, nous représente à la suprême assemblée de la confédération, après l'examen le plus attentif des vertus civiles et morales dont est doué le chevalier ..., nous avons résolu de le nommer, et de fait nous le nommons notre procureur dans ladite assemblée de la confédération; en conséquence, nous nous obligeons solennellement à observer et accomplir tout ce que vous, d'accord avec ledit chevalier comunero, décréterez et observerez, sans y mettre aucune autre limite ou restriction que celles qui résultent de la stricte observance des statuts. — Donné au château nº ... » — Ensuite se trouvaient la date, puis les signatures des secrétaires et de l'alcaïde.

Pour faire les enrôlements il fallait rédiger une demande par écrit, où se trouvaient le nom du candidat, son âge, son état, le lieu de sa naissance et de son domicile, ainsi que les revenus ou les appointements qu'il touchait. Cette demande était remise à la commission de police, qui, conformément aux dispositions du règlement, présentait son rapport de la manière suivante : « De l'information faite, ainsi que l'exigent nos statuts, sur les qualités dont est doué le citoyen ..., proposé pour confédéré par le chevalier comunero ..., il résulte qu'il est digne d'être admis sous nos bannières. Ainsi nous le croyons, foi de chevaliers comuneros. » Ce rapport était lu en séance ordinaire; et lorsqu'il était approuvé, on indiquait jour pour que le candidat fût enrôlé, et pour qu'il prêtât serment. Ces premières formalités une fois remplies, l'alcaïde du château, et le chevalier qui avait proposé le candidat, allaient le chercher pour le présenter dans la place d'armes. A la distance convenable pour que celui-ci ne pût prendre connaissance de la situation du château, l'alcaïde lui représentait les graves obligations qu'il allait contracter. Il l'avertissait que ces obligations étaient de telle nature, que s'il y manquait après avoir prêté serment, il en serait, sur sa tête, responsable envers la société. Si le candidat répondait qu'il acceptait ces obligations, on lui bandait les yeux, et il s'approchait du château, conduit par le chevalier qui le proposait. La sentinelle criait « Qui vive? » et le chevalier conducteur disait : « Un citoyen qui s'est présenté aux ouvrages avancés avec bannière de parlementaire, afin d'être enrôlé. » La sentinelle répondait : « Livrez-le-moi; je le conduirai au corps de garde de la place d'armes. » Et au même instant on entendait une voix qui ordonnait d'abattre le pont-levis et d'abaisser la herse. Alors on figurait le bruit de cette opération. L'alcaïde et le chevalier conducteur saisissaient ce moment pour s'éloigner du candidat, qui était conduit au corps de garde; on l'y enfermait seul, lui avoir découvert les yeux. La s nelle était masquée, et le cor garde était décoré d'armures e faisceaux d'armes; sur quelques on voyait des traces sanglantes. I on y lisait des inscriptions en l' neur des vertus civiques. On y t vait encore une table avec du papi de l'encre. Après avoir laissé au ca dat le temps nécessaire pour qu'il réfléchir sur sa position, la senti lui remettait, pour qu'il y répondît papier sur lequel se trouvaient les q tions suivantes : « Quelles sont les gations les plus sacrées d'un cit envers sa patrie ? — De quel châtin est digne celui qui ne les remplit — Quelle récompense mérite celui se sacrifie pour leur accomplissemen Aussitôt qu'il avait écrit ses réponse sentinelle les recevait de lui pou transmettre à l'alcaïde, qui les préser au président; et on en donnait lec à l'assemblée.

Si les réponses étaient conformes principes de la confédération, le pr dent commandait à l'alcaïde d'introd le candidat dans la place d'armes, a lui avoir bandé les yeux. L'alcaïde a retrouver celui-ci, lui rappelait de n veau les graves obligations qu'il a contracter; il lui disait que son dév ment pour la liberté devait le déc à mourir plutôt que de se soumett la tyrannie. Il ajoutait que s'il ne se tait pas assez de courage pour exéc ses promesses, il pouvait encore se tirer; mais que s'il prêtait sermen deviendrait responsable, sur sa tête leur accomplissement. Lorsque le toyen persévérait dans sa volonté s'affilier à la société, il était condu la place d'armes, et après diverses c monies il comparaissait devant l'ass blée, et le président lui disait : « V allez contracter de grandes obligatic et des engagements d'honneur qui gent constance et valeur. La défe des droits et libertés du genre hum et avant tout du peuple espagnol, v le but de notre institution. Pour le s cès d'une si glorieuse entreprise, n promettons de sacrifier jusqu'à n vie. Réfléchissez sur ce qu'il y a de s et de difficile dans ces engagements si vous ne voulez pas vous y assujettir, vous pouvez encore vous retirer sans qu'il en résulte pour vous aucun préjudice, en gardant toutefois un secret inviolable sur tout ce que vous avez vu et entendu.

Si le néophyte répondait qu'il était déterminé à tout, le président lui disait de se préparer à faire un terrible serment, après lequel il ne serait plus libre de se retirer; mais que s'il avait quelque crainte il pouvait encore le faire. Sur sa réponse qu'il était prêt à jurer, le président lui disait : Répétez avec moi : « Je jure à Dieu et sur mon honneur de « garder le secret sur tout ce que j'ai vu « et entendu, et sur tout ce que je ver- « rai par la suite et sur tout ce qui me « sera confié. Je m'engage également à « faire tout ce qui me sera commandé « par la confédération; et si je manque « à cette promesse en tout ou en partie, « je consens qu'on me tue. » — Le président continuait : « Si vous accomplissez ces engagements en homme d'honneur, la société vous aidera : si vous ne les accomplissez pas, elle vous châtiera avec toute la rigueur de la loi. »

Dans le cas où le candidat ne se trouvait pas disposé à prêter le serment, après lui avoir fait jurer de ne rien révéler de ce qu'il avait vu, on le reconduisait au lieu où d'abord on lui avait bandé les yeux. Mais lorsqu'il avait prêté le serment, on lui ôtait le bandeau qui lui couvrait les yeux. Il se trouvait alors au milieu des chevaliers communeros, qui tous tenaient l'épée nue à la main ; et le président lui disait : « Maintenant vous êtes affilié à la société : votre vie répond de l'accomplissement des obligations que vous avez contractées et que vous allez jurer. Approchez-vous, étendez la main sur l'écu de notre chef Padilla ; et, avec toute l'ardeur patriotique dont vous êtes capable, prononcez avec moi le serment qui doit rester gravé dans votre cœur, pour que vous n'y manquiez jamais : « Je jure, devant Dieu et devant « cette assemblée de chevaliers comu- « neros, de garder, soit seul, soit avec « l'aide des confédérés, tous nos droits, « usages, coutumes, priviléges et lettres « de sûreté, et de défendre à tout jamais « les droits, libertés et franchises de « tous les peuples. Je jure d'empêcher, « soit seul, soit avec l'aide des confé- « dérés, par tous les moyens qui sont en « mon pouvoir, qu'aucune corporation « ni aucune personne, sans excepter le « roi ni les rois qui lui succéderont, « n'abusent de leur autorité ou ne vio- « lent nos lois : dans ce cas, je jure « d'en tirer une juste vengeance, avec « l'aide de la confédération, et de dé- « fendre contre eux, les armes à la main, « tous nos droits et toutes nos libertés. « Je jure d'aider de mon épée, et par tous « les moyens qui sont en mon pouvoir, « la confédération, pour empêcher l'éta- « blissement de toute inquisition géné- « rale ou particulière ; pour s'opposer à « ce qu'aucune corporation ni aucune « personne, sans en excepter le roi ni « les rois qui lui succéderont, n'offen- « sent ou n'inquiètent les citoyens espa- « gnols dans leur personne ou dans « leur bien, ou ne les dépouillent de « leur liberté, de leur avoir et de leurs « propriétés; enfin, pour empêcher que « personne ne soit arrêté ou puni que « dans les formes judiciaires, et après « avoir été convaincu devant le juge « compétent. Je jure de me soumettre « à toutes les décisions que prendra la « confédération, et de les exécuter. Je « jure union éternelle avec tous les con- « fédérés, et je promets de les aider « en toute circonstance de tous mes « moyens, de mes ressources et de mon « épée. Et si quelque homme puissant « ou quelque tyran voulait détruire la « confédération par la force ou par quel- « que autre moyen, je jure, avec l'aide « de la confédération, de défendre tous « nos droits par les armes, et, à l'exem- « ple des illustres comuneros de la ba- « taille de Villalar, de mourir plutôt « que de céder à la tyrannie ou à l'op- « pression.

« Je jure, si quelque chevalier comu- « nero manquait en tout ou en partie à « son serment, de le tuer aussitôt que « la confédération l'aura déclaré traître. « Et si je manque en tout ou en partie « à ces serments, je me déclare moi- « même traître, et digne d'être condam- « né par la confédération à une mort « ignominieuse. Que les portes et les « herses des tours, forteresses et châ- « teaux, me soient fermées; et, pour « qu'il ne reste pas de mémoire de moi

16.

« après mon supplice, qu'on me brûle, « et qu'on jette mes cendres au vent. » — Ce serment achevé, le président ajoutait : — « Vous êtes chevalier comunero : pour le prouver, couvrez-vous de l'écu de notre chef Padilla. » — Le nouveau chevalier exécutait cet ordre, et en même temps tous les autres chevaliers posaient la pointe de leur épée sur l'écu, et le président ajoutait : — « Cet écu de notre chef Padilla, si vous accomplissez les serments solennels que vous venez de faire, vous mettra à l'abri de tous les coups que la méchanceté pourra diriger contre vous ; au contraire, si vous ne les accomplissez pas, non-seulement ces épées vous abandonneront, mais encore elles vous arracheront l'écu pour que vous soyez à découvert, et vous mettront en pièces pour punir un si horrible crime. »

Cette cérémonie terminée, le nouveau chevalier déposait l'écu. L'alcaïde lui chaussait les éperons, lui ceignait l'épée. Alors tous les chevaliers remettaient la leur dans leur fourreau. L'alcaïde accompagnait le chevalier comunero dans tous les rangs. Chacun lui donnait la main, et le nom de camarade. Il répondait : « Je la reçois, et je ne manquerai jamais à mes devoirs. » Ensuite il le remenait au président, qui, après lui avoir donné le mot d'ordre, le signe et le contre-signe, lui disait d'aller s'asseoir.

En voyant la puissance de ces associations et les maux qu'elles causaient, on imagina de leur opposer une société publique, dont le but fût de réunir et de conserver. Elle prit le nom de *Société des amis de la constitution*. Elle ne s'entoura pas de mystère, elle n'exigea aucun serment de ses membres. Le seul signe de reconnaissance qu'ils étaient convenus de porter était une bague d'une forme particulière, qui fit donner à cette assemblée le nom de Société de l'anneau, et aux membres qui la composaient celui de *anilleros*. C'étaient des hommes honorables et modérés, qui voulaient faire entendre le langage de la raison ; mais le langage de la raison est trop froid pour émouvoir les masses : ce qui les entraîne, c'est l'exaltation des sentiments, c'est l'exagération, c'est l'enthousiasme ; et l'on ne s'enthousiasme pas pour ce qui n'est que raisonn Une association politique a peu de c ces de succès lorsqu'elle n'a pas d'a base que la raison. Les amis de la c titution furent de tous les côtés qués avec violence ; ils furent acca de sarcasmes, de calomnies, d'insu et comme ils dédaignaient d'avoir cours à de pareilles armes, ils ne pu longtemps soutenir la lutte. L'e et la fatigue amenèrent bientôt la di lution de la société, qui ne parvint m pas à fonder un journal organe de opinions. Cependant chaque société p tique était représentée dans la pre *L'Écho de Padilla* était la gazette comuneros ; *El Espectador* (le Spe teur) était publié par les francs-maç Puis à côté de ces journaux il y en a d'autres dont aucune faction n'osait core adopter le ton et les fureurs, m dont les sociétés démagogiques ne sapprouvaient pas les principes. C'éta *la Tercerola* (la Carabine) et *le Zurri* (le Fouet), qui remplirent à cette épo en Espagne le rôle qu'ont joué c nous en 93 le *journal de Marat* e *Père Duchesne*. Dans un pamphlet é et publié par le député don Juan mero Alpuente, on lisait qu'il était dispensable d'égorger en une nuit c torze ou quinze mille des habitants Madrid, pour y purifier l'atmosphère litique. Morales, un des rédacteurs *Zuriago*, pérorant au club de la Font de Oro, proféra ces paroles sacrilég *La guerre civile est un don du ciel* il ajouta qu'elle était le seul moyen lequel on parviendrait à en finir a les serviles.

Voilà quelle était l'exaspération partis quand, le 28 septembre, s'ou la session extraordinaire des cortès, le roi avait convoquées sur la dema de la députation permanente et des nistres eux-mêmes. Aux termes d constitution, le but des cortès extrac naires devait être déterminé d'ava Le roi précisa donc, dans son disc d'ouverture, les affaires dont les dép auraient à s'occuper. Ce furent la c sion territoriale du royaume ; un c pénal militaire ; un décret organiqu la flotte ; un décret pour l'organisa de la milice active ; les mesures à p dre pour la pacification des colo américaines; enfin, la réforme des tarifs et l'amélioration des finances. Les cortès se mirent avec dévouement à la tâche qui leur était confiée; mais bientôt les bouleversements intérieurs, et d'autres calamités non moins funestes, vinrent appeler leur attention d'un autre côté.

La fièvre jaune se déclara dans quelques villes de la Catalogne. Deux causes surtout contribuèrent à propager cette horrible maladie : l'obstination du commerce, dont les affaires se trouvaient entravées par des mesures sanitaires, et l'injuste méfiance des révolutionnaires, qui voyaient avec inquiétude les cordons de troupes. Ils niaient l'existence de la contagion, et prétendaient que c'était un prétexte inventé par le gouvernement, afin de rassembler des forces pour leur enlever leur liberté. Le fléau, ainsi abandonné à lui-même, prit bientôt le plus affreux développement; de nombreuses victimes succombèrent, et des troupes furent placées autour de Barcelone, pour interdire toute communication entre la ville et les environs. Aussitôt que l'existence de ce fléau fut bien constatée, le gouvernement français couvrit de troupes la frontière des Pyrénées, pour empêcher qu'il ne pénétrât en France. En même temps il envoya des médecins à Barcelone, afin qu'ils donnassent des soins aux malades, et qu'ils étudiassent la marche de la fièvre jaune. Les docteurs Pariset, François, Audouard, Bally et Mazet, se dévouèrent à cette tâche périlleuse. Ils furent assistés dans leur noble entreprise par ces femmes saintes qui consacrent leur vie au soulagement des malheureux : les sœurs de Sainte-Camille vinrent avec eux s'enfermer dans Barcelone. Une substance nouvelle venait d'être découverte. Pelletier et Caventou avaient trouvé le moyen d'isoler le principe actif du quinquina, et de le cristalliser avec l'acide sulfurique : ce remède énergique, mais d'un prix très-élevé, fut envoyé généreusement par les chimistes qui l'avaient découvert. On fit tout ce que la science et la charité purent imaginer pour atténuer la force du mal. Cependant il mourut beaucoup de monde. Au mois d'août la moitié de la population avait quitté la ville; il y restait environ 60,000 âmes; 16,000 personnes environ ont péri. Les médecins qui s'étaient dévoués si généreusement payèrent un douloureux tribut. Deux jours après son arrivée, le docteur Mazet fut atteint par la fièvre jaune, dont il mourut le 22 octobre. Les docteurs Bally et Pariset furent aussi malades. A la nouvelle de la mort de Mazet, un jeune élève en chirurgie de Perpignan, nommé Jouarry, prit la noble résolution de se jeter dans la ville, et vint seconder les médecins. Eh bien! la fureur de l'épidémie ne calma pas un seul instant les passions politiques. Au moment où elle sévissait avec le plus d'intensité, on s'occupait à Barcelone d'influencer l'élection des députés pour la prochaine session. Le 14 décembre la maladie n'était pas encore entièrement éteinte : déjà des émeutes éclataient, et les anarchistes parcouraient les rues en criant *Mort aux serviles!* Telle est la fureur et l'ingratitude des factions, que les médecins français trouvèrent des détracteurs, même à Barcelone; et les passions politiques ont laissé des traces si profondes dans les esprits, que, de nos jours encore, un écrivain, racontant les événements de cette époque, ne trouve pas un mot de reconnaissance pour le généreux dévouement des Mazet et des Jouarry. L'acte du gouvernement français qui les a envoyés ne fut, dit-il, que le calcul d'une perfide hypocrisie [1]. Ce qui augmentait surtout l'exaspération du parti révolutionnaire, c'était la présence des troupes françaises rassemblées à la frontière. On répétait qu'elles n'étaient pas destinées seulement à garantir la France des atteintes de la contagion, mais qu'elles menaçaient l'Espagne d'une invasion nouvelle.

Les sociétés populaires, entrevoyant le danger qui menaçait leur parti, pensèrent qu'il ne pouvait être sauvé que par un excès de fureur et d'audace. En conséquence, elles expédièrent des instructions pour que des manifestations turbulentes éclatassent à la fois dans toutes les provinces, dans toutes les villes, et pour que de tous les côtés on ré-

(1) Histoire contemporaine de la révolution d'Espagne, t. 2, page 101, 1re colonne, édition de Madrid, 1843.

clamât contre la destitution de Riégo. Ces instructions furent exécutées avec une déplorable ponctualité : de tous les côtés, ce ne furent que des émeutes, que des clameurs menaçantes; à Cadix on exécuta ce qu'on avait inutilement essayé à Madrid : on promena en triomphe le portrait de Riégo; et les autorités, loin de s'opposer aux désordres qui accompagnèrent cette démonstration, hostile au gouvernement, se joignirent elles-mêmes aux perturbateurs. En recevant la nouvelle de cette conduite, les ministres destituèrent Jaureguy, chef politique de cette ville, et nommèrent pour le remplacer le général baron de Andilla. Alors les anarchistes de Cadix se réunirent sur la place San-Anton, y brûlèrent en public les journaux où leur conduite était blâmée; puis ils se transportèrent au domicile de Jaureguy, qui avait réuni les autorités municipales; et là on rédigea, en commun, une représentation au gouvernement conçue dans les termes les plus violents et les plus injurieux. Cette pièce n'ayant pas reçu de l'administration la réponse que les perturbateurs désiraient, ils se confédérèrent avec les habitants de Séville, qui s'étaient également mis en insurrection. A Murcie, à Valence, à la Corogne, il y eut également des troubles, excités dans le même but et avec plus ou moins de succès. En présence de ces violentes agressions, le gouvernement eut recours aux cortès.

Le 25 novembre, le roi adressa au congrès un message pour réclamer ses conseils et sa coopération : cette pièce fut apportée au congrès par tous les ministres réunis. Une commission fut aussitôt nommée pour faire un rapport à la chambre. Le député Calatrava, chargé de faire connaître au congrès les résolutions de la commission, divisa son travail en deux parties : l'une dont il donna lecture dans la séance du 9 novembre, l'autre dont il ne devait donner connaissance que lorsque la première aurait été approuvée.

Il commença par blâmer hautement la révolte de Cadix et de Séville; un projet d'adresse fut proposé, par lequel le gouvernement fut invité à user de tous les moyens qui étaient en son pouvoir pour soumettre les rebelles. Ces conclusions furent vivement combattues par l'opposition; enfin elles furent adopté après huit heures de discussion.

La seconde partie du rapport ne lue qu'à la séance du 12 novembre. rapporteur expliqua que la commissi avait dû considérer comme son prem devoir de blâmer la révolte; mais que, devoir, une fois accompli, elle avait rechercher quelle avait été la cause ces troubles. Il rappela que la nomi tion des ministres avait eu lieu d des circonstances peu favorables, qui vaient pas dû lui concilier la sympat générale. Il examina si la conduite ble et incertaine du ministère n'avait contribué à jeter dans le pays des mences d'agitation. Il rappela plusie de ses actes, parmi lesquels il ne c gnit pas de citer la destitution de Rié comme ayant été de nature à inqu ter les amis sincères des nouvelles i titutions. Néanmoins il reconnut là n'était pas la seule cause de l'agi tion des esprits. « Des hommes an « tieux, dit-il en terminant, de peu « réputation, qui ne peuvent exister « dans le désordre, poussent le peu « dans les horreurs de l'anarchie.

« Ce mal en a produit un autre, c « que les autorités locales se sont v « forcées de se réunir en juntes « la constitution ne reconnaît « Des chefs de corps militaires et « milices locales, même des préla « ont assisté à ces réunions, form « de personnes qui osent s'appeler « délégués du peuple, quand la co « titution n'en reconnaît pas d'au « que les députés aux cortès.

« La liberté de la presse a été « fanée par l'abus scandaleux qui e « été fait.

« Tels sont les maux que nous ép « vons. La conclusion en est qu'il « adresser à sa majesté un message d « lequel les cortès exposent :

« Combien 1° il est nécessaire, p « calmer les craintes et la défiance « bliques, et pour donner au gouve « ment toute la force dont il a bes « que sa majesté daigne faire dans « ministère les réformes que les circ « tances exigent impérieusement;

« 2° Que si sa majesté croit né « saire, pour remédier aux maux et « abus mentionnés ci-dessus, de p

« dre quelques mesures législatives, les « cortès sont prêtes à délibérer sur les « projets de loi que la prudence de sa « majesté leur proposera. »

Les ministres, aussi vivement attaqués, se défendirent avec énergie. Néanmoins, après une discussion qui dura trois jours, les conclusions de la commission furent adoptées, avec un amendement proposé par don Jose Calatrava.

Au lieu d'engager le roi à modifier son ministère, ce qui eût été une atteinte aux prérogatives de la couronne, on se borna à dire que le ministère *avait perdu la force morale* nécessaire pour diriger les affaires dans les circonstances difficiles où l'Espagne se trouvait.

Dans des temps ordinaires, une semblable déclaration, mise à la suite des faits exposés à la fin du rapport, eût déjà été une grave inconséquence; mais, faite en présence d'une révolte flagrante, d'une révolte qu'on reconnaissait blâmable, et qu'on n'avait pas étouffée, elle a quelque chose d'inconcevable: c'était justifier les perturbateurs de Séville et de Cadix, c'était donner des forces nouvelles au désordre et à la rébellion; aussi les effets de cette déclaration des cortès ne tardèrent pas à se faire sentir. Les anarchistes de Cadix signèrent et adressèrent au roi la protestation suivante : « Nous protes« tons, avec toute la solennité imagina« ble, que nous soutiendrons à tous « risques et périls, et sans qu'aucun « obstacle puisse nous faire rétrograder, « que dès aujourd'hui nous ne recon« naissons et n'obéirons en rien et en « aucune manière aux ordres que pourra « nous envoyer le gouvernement, tant « qu'ils seront donnés ou expédiés par « les ministres actuels, sans que nous « admettions aucun genre ni aucune « espèce de composition, transaction « ni accommodement, qui n'ait pas pour « base la destitution des ministres. »

Le gouvernement porta ce nouvel attentat à la connaissance des cortès, et cette fois le congrès reconnut la faute qu'il avait commise. Il fit en quelque sorte amende honorable, et décida que les autorités de Cadix devaient être mises en accusation. Cette déclaration, et la fermeté montrée par le ministère, imposèrent aux exaltés. Pour détourner la révolution de la mauvaise direction qu'elle avait suivie jusqu'à ce jour, et pour sauver le régime constitutionnel, il eût peut-être suffi de persister quelque temps dans la même politique. Déjà les révoltés de Cadix, de Séville, de Murcie, rentraient dans le devoir; mais, avant que la nouvelle de leur soumission fût arrivée à Madrid, Féliu, qui était l'âme du ministère, donna sa démission. Trois de ses collègues remirent également leur porte-feuille : ce furent Bardaji, ministre des affaires étrangères, Vallejo, ministre des finances, et d'Estanislas Sanchez Salvador, qui avait remplacé Moreno-Daoiz au ministère de la guerre. Bientôt deux autres, le ministre de la marine et celui de la justice, donnèrent également leur démission. Les amis véritables du régime constitutionnel virent avec douleur la chute de ce ministère, qui avait lutté avec tant de dévouement pour le maintien de la tranquillité publique. Le dernier service rendu par ce ministère fut la présentation de trois projets de loi de la plus grande importance : l'un contenait des dispositions pénales plus sévères et mieux entendues contre les abus de la presse, et des précautions nouvelles pour rendre moins dangereux l'imprudent essai qu'on avait fait de l'application du jury à cette nature de délits.

Le second soumettait à une responsabilité personnelle les auteurs de pétitions séditieuses, et interdisait l'exercice de ce droit aux agents du gouvernement.

Enfin le troisième prohibait les réunions nocturnes des sociétés patriotiques, et ordonnait qu'il n'y serait prononcé que des discours écrits, et préalablement déposés sur le bureau.

Ces projets furent vivement attaqués par l'opposition. Calatrava proposa de les rejeter en masse, sans discussion particulière sur aucun d'eux. Le talent de Martinez de la Rosa, les efforts du comte de Toreno, firent prévaloir la raison. La proposition de Calatrava fut repoussée; les projets de loi furent mis en délibération.

Les *comuneros* et les anarchistes, exaspérés par ce revers, résolurent de s'en venger sur les orateurs qui s'étaient le plus distingues dans la discussion. A l'issue de la séance, la foule se pressa en tumulte autour des députés, et accueillit avec des injures et des menaces ceux qui étaient connus pour la modération de leurs opinions. C'était surtout sur Martinez de la Rosa et sur Toreno que les anarchistes voulaient assouvir leur colère : ils les attendirent inutilement. Alors, avec une fureur que rien ne put arrêter, ils coururent à l'hôtel du comte de Toreno, y pénétrèrent avec d'effroyables menaces; mais le comte s'était mis en sûreté. Ils parcoururent toute la maison, et n'en sortirent que lorsque Morillo arriva, à la tête de la force publique, pour les en chasser. Ils coururent aussitôt chez Martinez de la Rosa, pour y renouveler les mêmes excès; il fallut encore que la force publique intervînt pour les dissiper. Ces scènes de désordre et de violence produisirent un effet diamétralement opposé à celui que s'en proposaient les perturbateurs. Elle excita dans le congrès une indignation générale ; il ne fut personne qui ne reconnût la nécessité de donner des garanties à l'ordre public. Les députés s'occupèrent de la loi sur la presse, qui fut adoptée à une assez grande majorité. On vota ensuite la loi relative aux pétitions séditieuses.

L'adoption de la loi sur les sociétés politiques était également proposée par la commission; mais on n'eut pas le temps d'en achever la discussion. Aux termes de l'art. 108 de la constitution, les députés ne sont élus que pour deux années. La première législature constitutionnelle était arrivée à son terme, et le 14 février 1822 le roi vint en personne assister à la séance de clôture.

TROISIÈME MINISTÈRE CONSTITUTIONNEL. — OUVERTURE DE LA PREMIÈRE SESSION DE LA DEUXIÈME LÉGISLATURE DES CORTÈS. — INVENTION DES RELIQUES DE PADILLA. — GUERRILLAS ROYALISTES. — LE TRAPPISTE. — ÉMEUTES D'ARANJUÈS, DE VALENCE. — CLÔTURE DE LA SESSION. — ASSASSINAT DE LANDABARU. — RÉVOLTE ET MASSACRE DE LA GARDE ROYALE. — RETRAITE DU MINISTÈRE.

L'époque où les cortès devaient se réunir approchait, et le roi n'avait pas encore choisi les conseillers auxque voulait confier les rênes de l'État. Il frit à Martinez de la Rosa le minis des relations extérieures et la préside du conseil. Mais les circonstances éta assez critiques pour faire reculer plus intrépides. Les élections s'étai accomplies dans les conditions les p effrayantes. Les anarchistes avaient ployé tous les moyens d'intimidat pour éloigner les modérés des assembl électorales. Séville, Cadix, Murcie et p que toute l'Andalousie étaient en ré lion. A Grenade, la populace avait invasion dans les colléges pour im ser ses choix. Dans d'autres endro on avait mis à la porte de l'asseml un cercueil, avec un écriteau pour noncer qu'il servirait, si l'on n'émet pas un vote conforme au vœu natior C'était en présence de députés sorti ces assemblées turbulentes, c'était s le contrôle d'une chambre formée tout ce qu'il y avait de plus exalté d la nation, qu'il fallait gouverner l' pagne, maintenir l'ordre, et calmer l fervescence publique. Aussi Marti de la Rosa refusa-t-il d'abord la tâ pénible qu'on voulait lui confier : m c'est une justice qu'il faut rendre noble caractère de cet homme d'É toutes les fois que son pays a eu bes de ses services, il s'est généreusem dévoué; et, quelque difficiles qu'aient les circonstances, ni son admirable lent, ni son courage, ne lui ont mais fait défaut. Pressé par Ferdina il accepta le dangereux honneur présider le cabinet. Il eut pour collèg à l'intérieur, D. José Maria Moscoso la guerre, D. Louis Balanzat; à la n rine D. Francisco Romarate; aux faires d'outre-mer, D. Manuel de Bodeja; aux finances, D. Phili Sierra Pambley; enfin, au ministère grâce et de justice, D. Nicolas Gar Ce cabinet, quoiqu'il ne renfermât des hommes honorables et dévoués principes constitutionnels, ne pouv se flatter de satisfaire les nouvel cortès, qui, disait-on, étaient dispos à examiner, avant tout, si Ferdina n'était pas incapable de régner. D les séances préparatoires qui précéd l'ouverture de la session, elles se m trèrent hostiles; et le premier tri phé du parti exalté fut la nomination de Riégo en qualité de président. Néanmoins l'ouverture de la session se passa avec plus de calme qu'on ne l'espérait. Le président répondit au discours de la couronne en des termes assez convenables. Les premières séances furent consacrées à la lecture des mémoires où les ministres rendaient compte de l'état de leurs départements respectifs. Pendant que les cortès préparaient ainsi leurs travaux législatifs, des troubles éclataient en même temps dans plusieurs villes importantes. A Barcelone, on avait élu un lieutenant colonel de la milice nationale; mais le colonel de ce corps ne voulut pas le reconnaître, par la raison que le nouveau chef ne partageait pas ses opinions politiques. Les autorités prirent la défense de l'officier qui avait été élu. Alors le colonel voulut faire décider le différend par les armes, et se mit à la tête de quelques miliciens, disposés comme lui à troubler la tranquillité publique. Heureusement ils trouvèrent dans la garnison et dans le reste de la milice une vive opposition. Il s'en fallut de peu que les places de Barcelone ne vissent couler le sang.

A Murcie, à Lucena, à Orihuela, les habitants étaient chaque jour effrayés par des émeutes. Valence fut le théâtre d'événements encore plus déplorables. La garnison se composait du régiment de Zamora et du 2e régiment d'artillerie. Ces deux corps étaient mal vus de la milice, qui les accusait d'être serviles. Un soir, pendant qu'on battait la retraite, les soldats qui accompagnaient les tambours furent assaillis à coups de pierres. Ils répondirent à cette attaque par des coups de fusils, et deux des agresseurs tombèrent grièvement blessés. Aussitôt les miliciens coururent aux armes; mais l'attitude imposante de l'artillerie, et les dispositions sévères prises immédiatement par le capitaine général comte de Almodavar, imposèrent silence aux exaltés, et les contraignirent à rentrer chez eux.

A l'occasion de ces tristes événements, de vives interpellations furent adressées aux ministres. Les débats furent animés, violents, tumultueux; un des députés alla jusqu'à dire que refuser d'accueillir les réclamations des Valenciens, *c'était autoriser le peuple à se faire lui-même justice avec son poignard*. Il est vrai que ces paroles incendiaires furent repoussées avec des cris d'indignation; et peut-être l'exagération de l'attaque vint-elle en aide à la défense. Moscoso, Gareli, Martinez de la Rosa, donnèrent des explications avec ce calme et avec cette force de vérité qui imposent à la passion. Ils parvinrent à convaincre la majorité; et à partir de ce moment ils exercèrent sur les cortès une influence qui dura jusqu'aux derniers jours de la session. Ce n'est pas que, dans ce court espace de temps, ils n'aient encore eu des luttes pénibles à soutenir. Quelquefois le président de l'assemblée lui-même, oubliant que son rôle devait être l'impartialité, se constituait l'adversaire des ministres. Un jour, l'un d'entre eux ayant dit à la tribune que les principes des exaltés exposaient l'État aux plus grands dangers, Riégo l'interrompit, en disant : *Je vous rappelle à l'ordre : vous m'insultez en parlant ainsi, car c'est moi qui suis le chef des exaltés.* Une autre fois, le ministre invoquait devant les cortès les prérogatives de la couronne; et aussitôt le président lui dit de se servir d'autres expressions, parce que la couronne n'avait pas de prérogatives, mais seulement des devoirs.

Toutes ces discussions ne faisaient qu'entretenir l'irritation des esprits; et les sociétés démagogiques, ces foyers de désordre et d'agitation, employaient tous les moyens, même les fables les plus absurdes, pour recruter des partisans et pour pervertir l'opinion publique. Ainsi les comuneros, dans le but de stimuler la curiosité générale et la ferveur de leurs adhérents, firent annoncer aux cortès, dans la séance du 20 mars, qu'ils avaient retrouvé, auprès de Villalar, les ossements de Bravo de Padilla et de Maldonado. Un brave militaire qui cependant ne manquait pas de jugement, l'Empecinado, voulut bien se prêter à cette ridicule jonglerie. Ce fut lui qui se chargea de diriger les fouilles pour exhumer ces prétendues reliques, et il envoya aux cortès une relation emphatique de son opération.

Après tout, cette fable n'était que ridicule; et plût à Dieu que l'aveuglement des partis n'eût excité que le rire! Mais telle était l'exaspération du plus grand nombre, qu'on ne savait plus juger ni ce qui était vrai ni ce qui était juste; et de tous les côtés la guerre civile prenait un épouvantable développement. La Navarre, les provinces basques fourmillaient de guerrillas royalistes. Presque toutes avaient pour chefs des hommes qui avaient déjà appris la guerre de partisan, en combattant contre les troupes de Bonaparte. C'était Gorostidi, surnommé le Curé. En 1808, ce guerrillero exerçait un emploi subalterne au collége de Bergara. En voyant son pays envahi par les Français, il s'était enrôlé dans la guerrilla du Pastor. Il était parvenu au grade de lieutenant de cavalerie. A la rentrée de Ferdinand VII, il avait quitté les armes pour embrasser l'état ecclésiastique. Depuis longtemps il était curé, lorsque la révolution éclata. Alors il fut un des premiers à s'insurger, pour soutenir les droits du clergé aussi bien que ceux du roi absolu.

C'était encore Juanito, surnommé de *la Rochapea*, parce qu'il était né à Pampelune dans le faubourg qui porte ce nom. Au commencement de la guerre contre les Français, il s'était engagé dans la guerrilla de Mina. Il y était parvenu au grade de capitaine de grenadiers.

Don Santos Ladron, riche propriétaire de la province de Soria, avait aussi servi sous Mina en qualité de lieutenant-colonel. En 1822 les excès de la révolutoin le déterminèrent à reprendre les armes.

Il faut également citer don Vincent Quesada, ancien officier des gardes espagnoles. Fait prisonnier au commencement de la guerre de 1808, et conduit en France, il était parvenu à s'échapper; de retour en Espagne, il avait continué à combattre, et s'était élevé jusqu'aux premiers grades. Ferdinand VII l'avait nommé successivement brigadier, maréchal de camp, et gouverneur de la place de Saint-Ander. Destitué par le premier ministère constitutionnel, et envoyé en disponibilité à Grenade, il s'échappa, gagna la France, et rassembla des troupes sur la fr tière, afin de pénétrer en Navarre.

Parmi les guerrilleros qui parc raient ce royaume aussi bien que provinces basques, on citait encore Z bala, Villanueva, Erraza, Balda Pin Verastegui, Zulaica, Aguirre, Cuevill Barrutia, Urquijo, Uranga, Berr Cabra, et d'autres.

Il en était de même en Catalogne, les populations des montagnes étai généralement portées pour les id absolutistes, tandis que celles du l toral appartenaient presque toutes parti exagéré. Thomas Costa, plus con sous le surnom de Misas, Mosen Ant Coll, Miralles Romagosa Bessières, baron d'Eroles et le Trappiste, y avai levé l'étendard de la révolte. Parmi chefs de l'insurrection catalane, il est trois surtout qui méritent une me tion particulière.

George Bessières était un aven rier français qui pendant la guer de 1808, ayant abandonné son drapea s'était enrôlé dans le régiment espag de Bourbon. Il y était parvenu au gra de capitaine, avec rang de lieutena colonel; mais à la paix il avait qui le service, pour se mêler dans plusie entreprises industrielles qui ne réus rent pas. Lors de la révolution des C bezas, il était dans une extrême d tresse. Il afficha les principes les pl démagogiques, dans le but d'exploit la révolution; mais n'ayant pas obt nu d'emploi, il conçut la pensée renverser la constitution, pour su stituer la république à la monarch constitutionnelle. La conspiration, dà laquelle il avait entraîné quelques h bitants de Barcelone, fut découvert Il fut jugé, condamné à mort; et dé il avait été mis en chapelle, lorsque d membres du parti exalté employère leur crédit pour faire retarder l'insta de son supplice. Ils obtinrent ensui que sa peine fût commuée en celle la détention. Bessières fut renferm dans la citadelle de Figuières; mais 1822 il parvint à s'évader, et le rép blicain de Barcelone se mit à la tê d'une guerrilla levée pour rétablir pouvoir absolu.

Au début de sa carrière, le baron d'E roles s'était destiné au barreau. Il f sait son stage à Madrid, lorsque l'invasion des Français le détermina à prendre les armes. Fait prisonnier au siége de Gironne, il fut envoyé en France; mais en 1810 il parvint à repasser en Espagne, et il y obtint un grade supérieur. Quelques actions d'éclat lui valurent le commandement d'une division. En 1814, il fut nommé par Ferdinand capitaine général de la Catalogne. Il abandonna bientôt ce poste, et il vivait dans la retraite. On assure que le baron d'Éroles, en voyant Ferdinand VII prêter serment à la constitution, applaudit au rétablissement du régime constitutionnel; car il pensait que le nouvel ordre de choses assurerait le bonheur et la prospérité de son pays: mais les excès commis par les révolutionnaires vinrent bientôt le désabuser, et il prit les armes pour rétablir le pouvoir absolu.

Quant au Trappiste, voici comment M. de Martignac a tracé son portrait: « Antonio Marañon avait été officier, d'autres disent soldat, dans le régiment de Murcie : qu'importe? Des passions, des malheurs, d'autres disent des fautes graves : qu'importe encore? l'avaient jeté de la caserne dans le couvent, où il était arrivé hardi, enthousiaste, fanatique, mêlant ensemble l'exaltation du cloître et la fougue des camps.

« Je l'ai vu à Madrid en 1823; et quoique son passage fût rapide, le souvenir qu'il m'a laissé ne s'est point affaibli. C'était un homme de quarante-cinq ans environ; sa figure n'avait rien de remarquable, mais il avait l'air sombre, l'œil vif, et le regard assuré. Revêtu de sa robe de moine, portant sur sa poitrine un crucifix, à sa ceinture un sabre et des pistolets, et un fouet à sa main droite, il était monté sur un cheval d'une taille peu élevée, et galopait seul au milieu d'une population qui courait au-devant de lui, et s'agenouillait sur son passage. Il regardait froidement à droite et à gauche, et distribuait les bénédictions qui étaient demandées, avec une sorte de dédain ou plutôt d'indifférence dont je fus frappé...

« Au mois d'avril 1822, le Trappiste avait planté une croix au milieu d'un champ et réuni une bande nombreuse, dans laquelle se trouvaient des moines, des prêtres, des hommes de toutes les professions: électrisée par son exemple, fanatisée par ses discours à la fois mystiques et guerriers, cette bande grossissait chaque jour, et chaque jour s'annonçait plus dévouée et plus résolue. De tous côtés les populations armées se mettaient en marche sous la conduite de leurs curés, aux cris de *Vive la religion! vive le roi absolu!* et se dirigeaient vers le Trappiste en chantant des hymnes religieux. »

A la tête de ces hommes fanatisés, le Trappiste s'était emparé de Cervera. Il y avait établi une espèce de gouvernement, auquel il avait donné le nom de junte apostolique. Le 17 mai, le général Bellido se présenta devant Cervera. Malgré la résistance des soldats du Trappiste, les portes de la ville furent forcées. Alors ceux-ci se retranchèrent dans les maisons, et pour les en chasser Bellido fut forcé de mettre le feu aux quatre coins de la ville. Douze cents insurgés périrent dans cet horrible incendie. Le reste se dispersa dans les montagnes, où la croix du trappiste les eut bientôt réunis.

Misas, qui s'était emparé de Camprodon le 15 avril, fut attaqué deux fois par le brigadier Lloveras, et deux fois contraint à chercher un refuge en France. Bessières éprouva le même sort. Néanmoins tous ces coups portés au parti royaliste n'empêchaient pas que chaque jour il gagnât du terrain. En Aragon, un partisan nommé Trujillo occupa Calatayud, et souleva une partie de la province; un autre, appelé Chafandin, prit dans Castejon un détachement de sapeurs. Heirro enleva par surprise le fort de Méquinenza, et contraignit toute la garnison à mettre bas les armes.

Cette alternative de succès et de revers exaspérait également les deux partis, qui n'attendaient qu'une occasion pour laisser éclater leur colère. Le 30 mai, jour de la Saint-Ferdinand, le roi, qui en ce moment résidait à Aranjuès, et dont c'était la fête, après avoir reçu les hommages des autorités et de ses courtisans, descendit dans les jardins. Il s'y était rassemblé une grande foule d'habitants de Madrid et de paysans de la Manche. Ferdinand fut accueilli par eux aux cris de *Vive le roi absolu!* Une patrouille de gardes nationaux d'Aranjuès accourut aussitôt, et menaça de faire feu sur la foule qui avait fait entendre ces clameurs. Ce fut un horrible tumulte : tout le monde se mit à fuir. Le roi rentra en toute hâte au palais, et envoya les infants ses frères pour calmer l'agitation. Mais un garde national à cheval accourant vers l'infant don Carlos l'aurait percé de son sabre si les personnes qui l'accompagnaient n'eussent pas détourné le coup. Heureusement il n'y eut pas de sang de versé ; le calme se rétablit : mais le même jour, à un autre bout du royaume, éclatèrent des troubles qui eurent de plus funestes résultats. Pour célébrer la fête du roi et pour faire la salve d'usage, un peloton d'artilleurs se rendit à la citadelle de Valence, où le général Élio était emprisonné. En y entrant ils se mirent à crier : *A bas la constitution ! vive le roi absolu ! vive le général Élio !* La nouvelle de cette révolte se répandit aussitôt dans la ville. La milice, le régiment de Zamora et le reste de la garnison prirent les armes, et entourèrent la citadelle. On proclama la loi martiale, et l'on donna une demi-heure aux révoltés pour délibérer et pour se rendre. Ceux-ci ne voulurent rien écouter, et le feu commença. Mais les artilleurs ne pouvaient faire une bien longue résistance. Leur nombre montait à peine à une centaine ; et le lendemain matin ils succombèrent.

Le premier cri que les vainqueurs poussèrent en entrant à leur tour dans la citadelle fut celui de *Mort à Élio !* Néanmoins ce général ne fut point massacré, comme on pouvait le craindre de la part de gens qui le haïssaient, et qui le croyaient ou le moteur ou le complice de la révolte. On le réserva pour une autre occasion.

Dans la séance des cortès du 3 juin les ministres furent vivement interpellés à l'occasion de ces événements. Cependant, malgré la violence des attaques dirigées contre eux, ils firent encore une fois triompher les principes d'ordre et de modération. Le reste du mois s'écoula sans nouveaux malheurs. Quelques rixes eurent bien lieu à Madrid entre des soldats de la garde royale et des miliciens ; néanmoins tout paraissait calme, et l'on était loin de prévoir la nouvelle catastrophe dont on était menacé. Le dernier jour de la session était arrivé : Ferdinand, conformément à la constitution, avait é[...] prononcer le discours de clôture. Il f[...] à son retour accueilli par des cris [...] *Vive le roi constitutionnel !* auxque[...] répondirent quelques clameurs de *Vi[...] le roi absolu !* Ces derniers mots, di[...] on, étaient sortis des rangs de son e[...]corte. Il n'en fallut pas davantage po[...] que les anarchistes accablassent d'i[...]jures la garde royale qui la composai[...] Ils allèrent même jusqu'à lancer d[...] pierres aux grenadiers. Quelques-uns [...] ceux-ci, dont la patience était à bout, so[...]tirent des rangs, chargèrent leurs agre[...]seurs à coups de baïonnette ; d'autre[...] firent feu, et plusieurs personnes furen[...] blessées.

Parmi les officiers de la garde royal[...] quelques-uns approuvaient la correctio[...] donnée aux émeutiers : ils gardèrent l[...] silence ; quelques-uns, au contraire, q[...] appartenaient aux sociétés démagogi[...]ques, n'avaient de sympathie que pou[...] les anarchistes. Un de ces derniers, do[...] Mamertin Landabaru, connu pour se[...] idées exaltées et affilié à la congréga[...]tion des comuneros, était mal vu d[...] ses camarades, et détesté des soldats[...] Il blâma vivement la conduite de l[...] garde royale, et châtia du plat de so[...] sabre un grenadier qui avait proféré[...] une parole inconstitutionnelle. Il n[...] tarda pas à expier l'imprudence de so[...] emportement : le même soir il fut ren[...]contré par trois grenadiers, et assassin[...] par eux sur les marches mêmes du pa[...]lais.

Cet assassinat retentit dans toute l[...] capitale comme un signal d'alarme. Le[...] opinions exagérées de Landabaru étaien[...] bien connues ; aussi ne voulut-on pa[...] voir dans sa mort le résultat d'une ven[...]geance particulière : on en fit une af[...]faire politique. Les troupes de la garni[...]son, la milice vinrent s'établir autou[...] du palais ; l'artillerie mit ses pièces e[...] position. Cependant le gouvernemen[...] faisait tous ses efforts pour calmer le[...] esprits ; mais ce fut seulement vers l[...] milieu de la nuit qu'il put détermine[...] les troupes à rentrer dans leurs quar[...]tiers, et les miliciens à retourner chacu[...] chez eux.

Le lendemain une ordonnance royal[...] rendue sur le rapport du ministre de l[...] guerre, enjoignit de poursuivre les assa[...]

sins de Landabaru avec toute la rigueur de la loi ; il fut accordé à la veuve de cet officier une pension égale à la solde dont il avait joui ; enfin il fut décidé que ses enfants seraient élevés aux frais de l'État. La journée se passa d'une manière assez calme; mais au milieu de la nuit quatre bataillons de la garde sortirent de leurs quartiers, ayant quelques officiers à leur tête. A onze heures, ils se trouvaient rangés en bataille hors de la ville, dans un endroit appelé le Champ des gardes. Le capitaine général s'empressa d'accourir, pour les déterminer à rentrer dans leurs quartiers. Ce fut inutilement; et malgré ses exhortations ils se mirent en route pour le Pardo, résidence royale située sur le bord du Mançanarès, à deux lieues environ au nord de Madrid. Plusieurs circonstances avaient probablement contribué à rendre plus vive l'irritation de ce corps. Le bruit avait couru qu'il allait être licencié ; pendant les derniers jours de la session les cortès avaient discuté sur les réformes à introduire dans la garde royale ; la motion avait été faite de la placer dans les mêmes conditions que les autres régiments de l'armée. Se croyant menacée dans son existence, la garde pensa-t-elle que cette rébellion la ferait respecter? Le ministère parut croire que tel était le motif de sa conduite. Il s'attacha à rassurer les révoltés ; et pour leur offrir une espèce de garantie on donna à Morillo, qui déjà était capitaine général de la Nouvelle-Castille, le titre de colonel de la garde royale.

Les révoltés ne se contentèrent pas de cette satisfaction; et le 2 juillet le gouvernement reçut de leur part une double proposition signée par le brigadier comte de Mouy, qui était à leur tête. Ils demandaient une garantie plus positive que la nomination de Morillo. Ils voulurent avoir la certitude qu'on n'essayerait pas de leur faire subir l'affront d'un désarmement. Ils ajoutaient, au reste, que si quelqu'un se présentait pour les désarmer, ils étaient bien décidés à résister. Ils demandaient encore qu'il fût permis à quelques-uns d'entre eux de présenter à sa majesté en personne l'expression de leurs sentiments.

Que devaient faire les ministres en cette circonstance? Fallait-il employer la force? cela n'était pas possible. Voici comment se composait la garnison de Madrid : le reste de la garde royale, c'est-à-dire les deux bataillons qui n'avaient donné aucun signe de rébellion, et qui faisaient le service du palais. Mais on ne pouvait guère compter sur eux pour réduire les quatre bataillons retirés au Pardo. Il était probable qu'ils ne voudraient pas combattre contre leurs camarades ; il était même à craindre qu'au moment décisif ils ne fissent cause commune avec eux, car on leur connaissait à tous les mêmes sentiments, et ils avaient les mêmes intérêts. Il y avait encore le régiment d'infanterie de don Carlos ; les régiments de cavalerie du Prince et d'Almanza, la milice nationale; enfin le bataillon sacré, composé en grande partie de militaires en retraite qui, n'ayant pu être incorporés dans les rangs de la milice, s'étaient volontairement organisés, et avaient pris pour commandant le colonel San Miguel. La troupe avait encore pour auxiliaire un corps que la ville ne voyait qu'avec effroi : c'était une bande d'aventuriers entretenue par Beltran du Lis, père de celui qui mourut à Valence comme complice de la conspiration de Vidal. On ne pouvait faire venir des troupes des provinces voisines, elles en étaient dégarnies; on en avait tiré toutes les forces dont on pouvait disposer pour les envoyer en Catalogne et en Navarre, afin d'éteindre le feu de la sédition, qui chaque jour y faisait de nouveaux progrès. Il eût été imprudent de distraire un seul homme de la province de Cuença, qui était parcourue par les bandes du clerc Athanase, de Laso et de Cuesta. Plus près encore de la capitale, à Siguenza, qui n'en est guère qu'à douze lieues, le régiment provincial s'était soulevé, et avait entraîné tout le pays dans sa révolte.

Le ministre de la guerre avait bien adressé au général Espinosa, qui commandait la Vieille-Castille, l'ordre d'accourir avec les forces dont il pouvait disposer; mais ces secours devaient se faire longtemps attendre ; et d'ailleurs, quelle que fût l'issue d'un conflit, elle ne pouvait être que désastreuse. Si la garde royale sortait victorieuse de la lutte, c'était l'absolutisme qui triomphait ; si les révoltés avaient le dessous, la victoire profitait seulement aux comuneros et au parti exalté : ainsi, d'un côté comme de l'autre, les institutions constitutionnelles se trouvaient également en péril. Les ministres négociaient donc; ils s'efforçaient de gagner du temps et de calmer les passions.

De leur côté, les membres de la municipalité qui appartenaient au parti exalté s'étaient, dès le matin, installés dans l'édifice connu sous le nom de Panaderia, situé au nord de la Plaza-Mayor; et, dans la crainte que les révoltés ne fissent quelque tentative pour s'emparer de Madrid, ils avaient fait battre la générale. Toute la milice, les troupes de la garnison et quelques pièces d'artillerie étaient rangées autour du palais, et le tenaient comme assiégé. La municipalité, après s'être déclarée en permanence, adressa un message aux ministres; elle leur exprima la crainte que la présence des deux bataillons restés au palais ne les empêchât de délibérer ou d'agir avec une entière liberté. Elle les engageait donc à se transporter à la Panaderia, où elle tenait ses séances. Les ministres ne tombèrent pas dans le piége qui leur était tendu. Ils répondirent qu'ils ne tiraient leur autorité que de la puissance royale, et que séparés du roi ils seraient sans aucun pouvoir. La députation permanente des cortès leur adressa un message à peu près semblable, et demanda qu'on publiât la loi martiale, faite pour de semblables circonstances; mais le ministère répondit d'une manière évasive, et la loi ne fut pas publiée.

Cette crise sans exemple dura six jours, pendant lesquels les partis restèrent continuellement en armes. Quelle fut donc la cause de cette longue hésitation ? Je ne pense pas qu'il faille attribuer à Ferdinand ou aux personnes qui l'entouraient la révolte des quatre bataillons du Pardo. Ce mouvement fut spontané. Il fut le résultat des insultes dont la garde avait été l'objet de la part des anarchistes, de l'animosité qui existait entre cette troupe et les autres corps de l'armée, et enfin du relâchement de la discipline. Cette révolte prit au dépourvu Ferdinand et ses conseillers intimes. Ils ne l'avaient pas provoquée, au moins d'une manière évident
mais ils comptèrent bien en tirer par
Ils espérèrent qu'à l'aide de cette insu
rection militaire le roi pourrait ressa
sir une partie de l'autorité absol
qu'une insurrection militaire lui ava
enlevée; mais ils manquèrent de pr
sence d'esprit pour profiter de l'occ
sion. Incapables de combiner un pla
raisonnable, se souvinrent-ils du proj
absurde qu'avait imaginé Vinuesa? O
serait tenté de le croire. Le 3 juillet
roi entretint en particulier deux officie
députés par les révoltés du Pardo. Pe
sonne ne peut dire ce qui fut conven
dans cette audience; mais le même jou
Ferdinand remit au ministre de
guerre l'ordre de réunir au palais, dan
la soirée, les fonctionnaires dont le pr
jet de Vinuesa avait prescrit l'arresta
tion : le conseil d'État, les ministres
et le chef politique de Madrid. Cett
convocation extraordinaire, demandé
par le roi dans de pareilles circonstan
ces, ne pouvait manquer d'éveiller l
méfiance du cabinet. Aussi les minis
tres répondirent-ils que le conseil d'É
tat était le seul dont, aux termes de l
constitution, la couronne eût le droi
de se faire assister. La convocation de
mandée par le roi n'eut pas lieu; et c'es
peut-être à cette circonstance qu'il fau
attribuer la longue inaction de la gard
royale. Les conseillers de Ferdinand at
tendirent une autre occasion; ils laissè
rent les révoltés sans instructions e
sans chefs; ils ne placèrent à la tête d
cette troupe aucun homme capable d
la tirer d'un pas difficile, ou de lui im
primer l'élan nécessaire pour mener
bien ses entreprises; ils la laissèrent s
démoraliser. Lorsqu'elle était sortie d
Madrid, elle avait été abandonnée par l
plus grand nombre de ses officiers, pa
beaucoup de sergents, et par quelque
soldats. Elle se trouvait privée des ca
dres qui, dans notre système militaire
constituent principalement la solidit
des corps; et chaque jour l'indisciplin
faisait de nouveaux progrès dans se
rangs.

Le ministre de la guerre avait inu
tilement donné aux quatre bataillons d
Pardo l'ordre de se séparer; il avait inu
tilement prescrit que deux d'entre eu
se rendissent à Tolède, un à Vicalbaro

le dernier à Leganès. Ils n'obéirent pas, mais ils ne firent aucun acte hostile. Ils laissèrent même tranquillement subsister au Pardo la pierre de la constitution.

Le temps se passa en négociations, en messages, en consultations. Le roi interrogea le conseil d'État sur la question de savoir *si, le pacte social se trouvant dissous, il n'était pas autorisé à reprendre les pouvoirs qui lui appartenaient avant la révolution?* A quoi le conseil d'État répondit que si le pacte social était dissous, ce n'était pas par le fait de la nation; et que le seul parti que le roi eût à prendre était de sortir, par une prompte résolution, de la position dangereuse et humiliante où il se trouvait.

Enfin, s'il faut en croire M. de Martignac, dans la journée du 6 le bruit se répandit que l'on était tombé d'accord; qu'on était disposé à s'entendre sur l'établissement de deux chambres, avec une extension convenable donnée au pouvoir royal. Ces bases d'une transaction possible étaient, dit-il, accueillies par tous les amis de l'ordre; mais dans la journée on reçut la nouvelle que le régiment des carabiniers royaux en garnison à Castro-del-Rio, en Andalousie, s'était soulevé le 26; qu'il avait entraîné dans son mouvement le régiment provincial de Cordoue; qu'ils étaient entrés tous les deux dans la Manche, et qu'ils marchaient sur Madrid au cri de *Vive le roi absolu!*

Les partisans de l'absolutisme, enhardis par le nouveau secours qui leur arrivait, ne voulurent plus entendre parler de transaction. Le soir, lorsque les ministres, après une pénible et laborieuse journée, voulurent sortir du château, on refusa de leur ouvrir les portes. Le chef politique de Madrid, qui était venu pour conférer avec le ministre de l'intérieur, éprouva le même refus; on les retint, sans leur faire connaître la cause de cette incroyable captivité.

Au milieu de la nuit les quatre bataillons révoltés se mirent en route pour Madrid. Ils y arrivèrent avant le jour, et pénétrèrent dans la ville par la porte du Comte-Duc, sans donner l'éveil à la garnison. Certainement les personnes qui devaient défendre cette barrière étaient d'intelligence avec les gardes. On ne pourrait comprendre en effet qu'elle fût restée sans surveillance, lorsqu'elle est la plus voisine de celle de San-Bernardino, où vient aboutir une des avenues qui mènent au Pardo. Une fois entrés dans Madrid, les gardes se partagèrent en trois colonnes. L'une se porta sur le parc d'artillerie, la seconde sur la Puerta del Sol, et la dernière sur la *Plaza-Mayor*, qui portait alors le nom de place de la Constitution.

Celle de ces colonnes qui se dirigeait vers le parc d'artillerie fut aussi la première engagée. Elle était encore loin de sa destination, lorsqu'elle rencontra quelques détachements du *bataillon sacré*, qui l'accueillirent à coups de fusils. Sans doute on avait annoncé aux gardes qu'ils ne rencontreraient aucune résistance. Ils furent surpris de trouver un combat sur lequel ils n'avaient pas compté. La terreur s'empara d'eux; et comme ils manquaient de chefs et de sous-officiers pour les maintenir, ils se débandèrent, s'enfuirent dans les rues environnantes, où ils se laissèrent prendre presque sans défense.

La seconde colonne arriva à la Puerta del Sol, et s'y établit en attendant de nouveaux ordres. La troisième arriva sur la *Plaza-Mayor*, où se trouvait la milice, commandée par Morillo, Ballesteros, Alava, Riégo, et plusieurs autres généraux. Les gardes attaquèrent avec courage les troupes qui leur furent opposées, et se maintinrent quelque temps, malgré le feu de deux pièces d'artillerie postées sur la place; mais lorsqu'ils apprirent que la première colonne était dispersée et prisonnière, le découragement s'empara d'eux; ils reculèrent, rompirent leurs rangs, et se retirèrent en désordre vers le château.

Aussitôt l'artillerie se transporta à la Puerta del Sol, fit quelques décharges à mitraille. Cette division s'ébranla aussi, et courut chercher un refuge dans la demeure royale.

Quant aux deux bataillons qui étaient restés au château, ils attendaient sous les armes qu'on les conduisît au secours de leurs camarades. On ne leur donna pas d'ordres, et ils ne prirent point part au combat. A six heures du matin, la milice était victorieuse sur tous les points, et le château était cerné comme une place ennemie.

Après ces événements il n'était pas possible que les ministres consentissent à rester au pouvoir. Dès qu'ils furent remis en liberté, ils se retirèrent chacun dans leur demeure privée. De son côté, la députation permante des cortès, voyant le pouvoir abandonné, jugea qu'il lui appartenait de prendre la direction des affaires : elle appela dans son sein deux membres de la municipalité, deux officiers généraux, deux conseillers d'État, et se constitua en junte suprême. Une démarche fut faite au nom du roi en faveur des vaincus. Il demanda une capitulation pour la garde. La junte suprême ordonna que les deux bataillons qui n'avaient pas combattu sortissent avec leurs armes, et se rendissent l'un à Leganès, l'autre à Vicalbaro. Quant aux autres, ils devaient être désarmés. Ceux-ci ne voulurent point accepter ces conditions honteuses. Ils saisirent leurs armes, se précipitèrent hors du château, gagnèrent la porte de Ségovie; mais ils furent poursuivis par le régiment d'Almanza, par l'artillerie et par la cavalerie de la milice. La mitraille porta la mort dans leurs rangs. Ils furent inhumainement sabrés par la cavalerie, et tous ceux qui ne périrent pas par le fer ou par le feu furent fait prisonniers.

Les vainqueurs firent chanter un *Te Deum* sur la place de la Constitution, où le sang espagnol venait d'être versé. Le régiment d'infanterie de don Carlos et la milice restèrent chargés de la garde du château. Quand les miliciens vinrent prendre possession de leurs postes, Ferdinand alla au-devant d'eux, et il trouva des paroles pour les féliciter de leur victoire; et quelques semaines plus tard les cortès extraordinaires rendirent le décret suivant :

« Art. 1er. Les cortès extraordinaires reconnaissent et déclarent que le 7 juillet est un des grands jours qui ont honoré la nation espagnole, et que tous les citoyens qui ont contribué à la victoire ont rendu un service signalé à la patrie.

« Art. 2. Un monument public sera élevé sur la place de la Constitution, avec les noms de ces citoyens.

« Art. 3. Les artistes espagnols présenteront un modèle de monum[ent] le vainqueur obtiendra en prix une [mé]daille d'or, sur laquelle sera gravé : *liberté au génie!*

« Art. 4. Les noms de tous les br[aves] morts dans l'attaque continueront d'[être] appelés aux revues, et on répondra *est mort pour les saints droits d[e la] liberté, mais il vit dans la mémoire [des] honnêtes gens.*

« Art. 5. Des pensions sont accor[dées] aux blessés.

« Art. 6. Le corps municipal de [Ma]drid, la députation provinciale, [les] chefs de la milice nationale, seront [ap]pelés dans le sein des cortès, pour r[ece]voir des remercîments de la bouche [du] président. »

QUATRIÈME MINISTÈRE CONSTITUTIONNEL. — [SUP]PLICE DES ASSASSINS DE LANDABARU. — [MORT] DE GOIFFIEUX. — MORT D'ÉLIO. — PROCÈS [DES] ANCIENS MINISTRES. — SOCIÉTÉ LAND[A]RIENNE. — ARMÉE DE LA FOI. — RÉG[ENCE] D'URGEL. — SAC DE CASTELFOLLIT. — SA[C DE] SAN-LLORENS DE MORUNIS. — CONGRÈS DE [VÉ]RONE. — NOTES DES PUISSANCES ÉTRANGÈ[RES.] — EXPÉDITION DE BESSIÈRES. — LOUIS [XVIII] ANNONCE AUX CHAMBRES QU'IL INTERV[IEN]DRA EN ESPAGNE. — FERDINAND DEST[ITUE] SES MINISTRES. — IL EST FORCÉ PAR [UNE] ÉMEUTE DE RÉVOQUER SON DÉCRET. — [OU]VERTURE DES CORTÈS ORDINAIRES. — LE [GOU]VERNEMENT ESPAGNOL QUITTE MADRID.

Le repentir est un remède tardif [: *e*] *vano il pentirsi poi*, dit un poëte ital[ien]. Ferdinand se repentait, il eût voulu [re]venir sur le passé; il se trouvait s[ans] défenseurs, livré à la merci du parti exa[lté]. Il fit proposer à Martinez de la Ros[a de] reprendre la direction des affaires; m[ais] cet homme d'État ne crut pas pouvoi[r dans] ces circonstances servir utilement [son] pays. Il refusa; et le roi, ne sachant c[om]ment composer un cabinet, s'adress[a au] conseil d'État, le priant de désigner [les] personnes sur lesquelles pourrait tom[ber] son choix. Le conseil d'État répondi[t en] se plaignant des courtisans, qui abusa[ient] de la confiance du souverain, et [qui] *avaient causé les tristes événements [qui] coûtaient tant de sang et tant de lar[mes] à l'Espagne;* mais il refusa de faire au[cune] proposition pour le remplacement [des] ministres. Cette crise fut longue et [pé]nible. Pendant un mois entier, F[erdinand]

nand chercha vainement à composer un ministère : il ne trouva personne parmi les hommes modérés qui voulût accepter le pouvoir ; enfin, malgré son aversion pour les révolutionnaires, il se vit contraint à demander leur concours. Le parti exalté se divisait en deux factions : celle des francs-maçons et celle des comuneros. Depuis le 7 juillet, toutes deux manœuvraient afin de s'emparer des rênes du gouvernement. Ce furent les francs-maçons qui l'emportèrent, et ils furent assez adroits pour obtenir que le ministère fût composé uniquement d'hommes sortis des loges maçonniques. Enfin, le 6 août le ministère fut constitué. Il se composait de Lopès Baños, un des chefs, ou, comme on disait alors, un des héros de l'île Léon. C'était un de ceux qui s'étaient le plus signalés par leur exaltation. Il reçut le portefeuille de la guerre. Le ministère des affaires extérieures fut confié au colonel don Évariste San-Miguel, qui avait été en 1820 le chef d'état-major de Riego, et qui travaillait d'une manière très-active à la rédaction du journal *El Spectador*. Celui de l'intérieur fut remis à don José Fernandez Gasco, avocat, né à Daganzo près Madrid. Il avait fait partie de la première législature, et s'était montré un des plus véhéments adversaires du parti de la modération. Dans les mêmes rangs avait été choisi don Felipe Benicio Navarro, avocat, né dans le royaume de Valence. On lui donna le portefeuille de la justice.

Don Mariano Ejea eut celui des finances ; don José Manuel Vadillo, commerçant de Cadix, celui des affaires d'outre-mer ; enfin Dionisio Capaz, celui de la marine. Tous ces ministres appartenaient à la même société secrète ; ils professaient les mêmes principes démagogiques ; aussi appela-t-on ce cabinet le ministère des *sept patriotes*. Quant à Ferdinand VII, il eut bientôt ces conseillers en horreur. Toujours en suspens entre la haine qu'il avait pour eux et la crainte qu'ils lui inspiraient, il les a désignés sous le nom du ministère des *sept poignards*.

Dans la supposition que la tentative des quatre bataillons de la garde royale avait été provoquée par les intrigues du palais, on commença par éloigner de la cour toutes les personnes qu'on présuma l'avoir conseillée dans les dernières circonstances ; et cette mesure eût mérité que tout le monde l'approuvât si on fût resté dans de justes limites ; mais bientôt on en vint jusqu'à destituer San-Martin, et même le comte de Carthagène, qui avait si puissamment contribué à la victoire du 7 juillet. Le chef politique fut remplacé par le brigadier Palarea, ancien guerrillero, connu pendant la guerre de l'indépendance sous le surnom du Médecin. Le capitaine général eut pour successeur le général Copons-y-Navia.

Le jour même de l'inauguration du nouveau ministère, le 6 août, fut signalé par un acte de rigueur, nous dirions volontiers un acte de justice s'il n'eût pas été accompli avec une précipitation qui a dénaturé son caractère pour lui donner l'apparence d'une vengeance politique. Un conseil de guerre condamna à la peine du garrot Agustin Ruiz Perez, l'un des assassins de Landaburu. Mais cette réparation ne parut pas aux anarchistes une expiation suffisante : une autre victime fut désignée. Ce fut le lieutenant-colonel Théodore Goiffieux.

« Goiffieux était né en France, dit M. de Martignac ; il était brave, loyal, connu et avoué pour tel ; mais son royalisme était exalté comme un fanatisme, et cela aussi était connu. Il faisait partie des deux bataillons de la garde restés au château dans la nuit du 7 juillet, et n'avait pris ainsi aucune part à l'attaque de la capitale ; mais on le soupçonnait, non d'avoir frappé Landaburu, mais d'avoir applaudi à son assassinat.

« Il était parvenu à quitter Madrid en habit bourgeois, et il se dirigeait vers la France. Arrêté près de Buitrago par un détachement de cavalerie, il fut conduit devant le commandant. Un mensonge pouvait le sauver ; il ne sut pas mentir. On lui demanda son nom et sa qualité. Il répondit sans hésiter : Goiffieux, premier lieutenant dans la garde. Conduit à Madrid et traduit devant un conseil de guerre comme ayant fait partie d'une révolte armée, il fut défendu avec courage ; mais les cris des factieux parlèrent plus haut que la voix du défenseur. Il fut condamné à mourir sur l'échafaud, et le général Copons confirma la sentence. »

Goiffieux avait inspiré un intérêt général; mais les démarches qu'on fit pour faire rapporter la sentence demeurèrent inutiles. Les anarchistes, entendant qu'on parlait de clémence, eurent recours à l'émeute et aux clameurs. La sentence fut maintenue, et elle fut exécutée, malgré tout ce que put faire l'ambassadeur de France pour sauver ce malheureux officier.

Cet assassinat juridique ne fut pas le seul qui souilla les commencements de cette administration. Le général Elio était depuis longtemps emprisonné dans la citadelle de Valence. Il avait été épargné jusqu'à ce jour; mais dès que les sept patriotes furent à la tête des affaires, les cris de proscription recommencèrent : on accusa cet officier d'avoir provoqué la folle tentative des artilleurs de Valence. Elio était évidemment innocent de leur révolte; mais on se souvenait trop de la barbarie avec laquelle il avait traité les complices de Vidal. Aussi le rapporteur de son procès conclut à ce qu'il fût étranglé. « Et, dit M. de Martignac, pour appuyer ses conclusions par un emblème significatif, il dessina un marteau en tête de son réquisitoire. Les juges se souvinrent de Vinuesa et du juge de Vinuesa. Cependant tous n'eurent pas le triste courage de pousser à bout cette odieuse procédure. Le comte d'Almodovar, commandant militaire, donna sa démission. Le baron d'Andilla, qui était appelé à le remplacer, se déclara malade, et s'abstint. Valence comptait plusieurs généraux et plusieurs colonels; aucun ne voulut payer si cher l'honneur du commandement. On descendit à un lieutenant-colonel nommé Valterra, qui ne recula point devant cette mission cruelle. » Elio fut condamné, et le lendemain la sentence fut exécutée.

A chaque pas que l'on fait dans cette époque d'anarchie on rencontre quelque crime nouveau ou quelque tentative odieuse. En vertu d'une loi d'exception votée par des cortès extraordinaires que le roi fut contraint de réunir au commencement d'octobre, on instruisit un procès contre les auteurs des événements du 7 juillet, et le procureur fiscal Parédès requit la mise en accusation des ministres et des autorités qui gouvernaient à cette époque. Les anciens minist qui savaient bien à quel excès pou atteindre la fureur de leurs enne s'enfuirent ou se cachèrent à temps. G reli, qui était resté chez lui retenu la maladie, et Moscoso, qui s'était re en Galice, tombèrent seuls entre les ma des accusateurs. Morillo, qui avait a tenté de se mettre en sûreté, fut p sur la frontière du Portugal; néanmo il ne fut pas traduit en jugement; m San-Martin fut conduit comme un m faiteur à la prison publique.

Ces persécutions ne pouvaient ma quer d'exciter l'indignation des honnê gens; il est vrai que cette indignati serait probablement demeurée stérile ne s'était trouvé une faction intéres à l'exploiter. Les comuneros n'avai reçu aucune part dans la distributi du pouvoir, et ce fut peut-être par prit de rivalité qu'ils prirent en main défense des anciens ministres. Au res quelle qu'ait été la cause de leur int vention, elle fut efficace. On décl nulles et illégales les poursuites du f cal Parédès, et l'on remit en libe Moscoso, Garreli et San-Martin.

Du moment où les comuneros s taient trouvés capables d'un acte de m dération, du moment où ils avaie senti la nécessité de s'arrêter dans carrière des persécutions, ils avaient dépassés, et une autre société s'était f mée à laquelle les doctrines des Enfa de Padilla, si exaltées qu'elles fusse ne suffisaient déjà plus. Ses fondateu imaginèrent de l'appeler Société Land burienne, en mémoire du malheureux ficier massacré par ses soldats à rais de ses opinions démagogiques. Le ch politique Palarea présida la premiè séance; mais le président ordinaire la Société fut don Juan Romero A puente, un des plus ardents patriotes cette époque.

Au retour de Ferdinand VII Rome Alpuente exerçait la profession d'avoca Les opinions avancées qu'il affichait matière de politique et de religion tardèrent pas à attirer sur lui l'attenti du saint-office. Il fut arrêté et plon dans les cachots de l'inquisition. Mis liberté lors de la révolution de 1820, il f désigné par le vœu public des habitan de Murcie pour remplir chez eux par i térim les fonctions de chef politique. S'étant rendu dans la capitale, il fut nommé juge de l'audience territoriale de Madrid. Enfin il représenta son pays aux cortès de 1820. Romero Alpuente cherchait à se singulariser par sa toilette négligée, par son langage, et par ses manières étranges. C'était pour lui un besoin de contredire, et l'esprit d'opposition était tellement inné chez lui, qu'au tribunal il ne pouvait s'empêcher de combattre l'avis de ses collègues. A l'entendre il n'y avait pas d'intégrité sur la terre : tous les juges étaient prévaricateurs, tous les gouvernements étaient tyranniques ou corrompus. Au moyen de ces déclamations, il était devenu une des idoles de la populace. Ce qu'on peut dire à sa louange, c'est que la pauvreté dans laquelle il vivait rend témoignage de son incorruptible probité. Au reste, son langage et ses principes semblaient calqués sur ceux de Marat. C'est lui, on se le rappelle, qui disait : «Il faut en une nuit égor« ger quatorze ou quinze mille habitants « de Madrid pour purifier l'atmosphère « politique. »

A mesure que les anarchistes s'éloignaient ainsi des voies de la modération et des principes d'une sage liberté, l'insurrection royaliste faisait de nouveaux progrès ; la guerre civile mettait en feu toutes les provinces qui avoisinent la frontière française. C'était surtout en Catalogne qu'elle prenait un immense développement. Les adversaires de la constitution n'étaient plus des troupes éparses courant la campagne à la manière des bandits : c'était un corps nombreux, réuni sous le nom d'*armée de la foi :* car les insurgés, par un mélange sacrilége, confondaient les intérêts politiques et les intérêts de l'autel. La guerre pour eux était presque une croisade. Il leur manquait cependant encore un centre d'opérations, une place forte qui leur servît de magasin et de point d'appui. Romagosa, Miralles, Romanillas et le Trappiste, à la tête d'une division de cinq mille hommes, allèrent mettre le siége devant la Seu d'Urgel. La garnison était faible, elle manquait de vivres ; les assiégeants avaient des intelligences dans la place. Aussi la résistance ne se prolongea pas longtemps : le 21 juin l'assaut fut donné. Le Trappiste y monta le premier, tenant d'une main un crucifix et de l'autre un long fouet, qu'il avait adopté pour signe habituel de son commandement. La garnison ne put résister à l'impétuosité des assaillants. La ville et la citadelle furent emportées. Les vainqueurs trouvèrent dans la place soixante pièces de canon, beaucoup de fusils ; et la gloire de cette journée eût été complète s'ils ne l'eussent pas souillée par un acte inutile de cruauté : ils déshonorèrent leur victoire en massacrant la garnison.

La prise de la Seu d'Urgel fut bientôt suivie de celles de Balaguer et de Castellfollit. Ces avantages successifs permirent aux insurgés de se donner une organisation et un gouvernement. Le 15 août, une junte s'établit à la Seu d'Urgel, sous le titre de *régence suprême d'Espagne pendant la captivité de Ferdinand VII.* Cette régence se composait du marquis de Mataflorida, président, de l'évêque de Tarragone don Iago Créus, et du lieutenant général baron d'Eroles.

Il s'était encore formé d'autres juntes ; il en existait une à Bayonne, composée de l'inquisiteur général, de l'évêque de Pampelune et du général des capucins ; mais aucune, ni pour l'étendue des ressources, ni pour le développement qu'elles avaient donné à l'insurrection, ne pouvait se comparer avec la régence d'Urgel. Aussi tous les officiers royalistes, la junte de Bayonne, celle de Sigüenza, la députation de Biscaye et la plupart des Espagnols réfugiés en France s'empressèrent-ils de la reconnaître. Les royalistes étaient maîtres des places d'Urgel, de Balaguer, de Puigcerda, de Castellfollit, de Mequinenza. Ils tenaient bloquées celles de Sellent, de Cardone et de Figuères. Leurs forces montaient à plus de vingt mille hommes, tous armés, mais à demi nus et en général à peine disciplinés.

Les ministres, déterminés à arrêter, à tout prix, les progrès de leurs ennemis, rassemblèrent en Catalogne vingt-quatre mille hommes des meilleures troupes qui fussent en Espagne. Ils en conférent la direction aux généraux les plus habiles et les plus dévoués. Espoz-y-Mina fut placé à leur tête. Son chef d'état-major fut don Mariano Zorraquin. Les commandants de ses divisions furent

Milans, Rotten et Manso. La guerre se fit de part et d'autre avec une effroyable cruauté. Le plus souvent on égorgeait les prisonniers, surtout ceux que leur rang ou leur mérite signalait à la vengeance de ces furieux. L'organisation plus complète et plus régulière des troupes constitutionnelles, aussi bien que les manœuvres de leurs généraux, leur assurèrent bientôt de nombreux avantages. Mais ces succès furent accompagnés de massacres et de proscriptions qui en ternissent l'éclat. Les proclamations de cette époque semblent calquées sur celles que publiaient en 93 les plus farouches représentants du peuple. A la fin d'octobre, Mina se rendit maître de Castellfollit. Ceux des habitants qui ne purent s'échapper furent massacrés, et voici le bulletin par lequel Mina rendait compte de cette opération :

La ville n'est plus qu'un désert. Les habitations, les remparts, tout a disparu; et pour rappeler aux autres cités la fin tragique qu'elles doivent attendre de leurs folles entreprises si, prêtant l'oreille à de perfides suggestions, elles osent prendre les armes pour s'allier aux ennemis de notre félicité, sur la partie la plus visible d'un des murs qui sont restés debout, on a tracé cette inscription : *Ici fut Castellfollit. Villes, apprenez par cet exemple à ne pas favoriser les ennemis de la patrie.*

Le bourg de San-Llorens-de-Morunis avait aussi mérité la colère des constitutionnels, et Antonio Rotten, qui commandait une des divisions de l'armée de Mina, reçut l'ordre suivant :

Ordre général.

La quatrième division de l'armée d'opération du septième district militaire (Catalogne) rayera de la grande carte des Espagnes l'endroit appelé San-Llorens-de-Morunis (autrement Piteus), pour le punir de son caractère factieux et de sa rébellion; à cette fin, cet endroit sera saccagé et livré aux flammes.

Les corps ont droit au pillage dans les maisons des rues suivantes : le bataillon de Murcie, dans les rues des Araignées et de Balldelfret; celui des Canaries, dans les rues de Segonès et de Sasurès; celui de Cordoue, dans les rues de Serronès et d'Ascarvats; les volontaires de la constitution (artillerie) dans le faubourg.

La matinée sera employée aujourd'hui à préparer les matières combustibles dans celles où le feu doit être mis quand l'ordre sera donné.

Cet ordre fut littéralement exécuté, le lendemain le général chargé de cette mission publia l'édit suivant :

Nous, don Antonio Rotten, chevalier de l'ordre national de Saint-Ferdinand, brigadier, etc., mandons et ordonnons ce qui suit :

Art. 1er. Le lieu qui portait le nom de San-Llorens-de-Morunis (autrement Piteus) a été livré au pillage et incendié par mon ordre, pour punir les habitants de leur rébellion contre la constitution de la monarchie, qu'ils n'ont jamais voulu jurer, et comme ayant encouru les peines prononcées par l'ordonnance de son excellence le général en chef, datée du 24 octobre dernier, du lieu où fut Castellfollit.

Art. 2. Ce lieu ne pourra être reconstruit sans une autorisation spéciale des cortès.

Art. 3. Aucun des individus qui avaient à San-Llorens leur demeure ou leur domicile ne pourra demeurer dans les districts de Solsone et de Berga sans la permission du gouvernement ou de son excellence le général en chef de l'armée.

Art. 4. Sont exceptées les familles des patriotes ci-après nommés. (Les personnes exceptées étaient au nombre de douze.)

Art. 5. Si quelqu'un des individus ayant été domiciliés ou ayant demeuré au lieu où fut San-Llorens-de-Morunis enfreint la défense qui leur est faite de fixer leur domicile dans les districts de Solsone ou de Berga, et qu'il soit rencontré, il sera passé par les armes, à moins qu'il ne prouve qu'il était sorti de San-Llorens avant le 18 du présent mois, époque de l'entrée des troupes nationales, ou qu'il se trouve compris dans quelques-unes des exceptions aux règlements en vigueur sur les factieux.

Art. 6. Ceux qui sont sortis de San-Llorens avant le 18 du courant, les sexagénaires, les femmes et les enfants de moins de seize ans ne pourront non plus fixer leur domicile dans les districts de Solsone ou de Berga, sans la permission du gouvernement ou du général en chef, à peine d'en être expulsés de force. Il est bien entendu que pour sortir desdits territoires il leur est accordé un mois de délai, à compter de la date des présentes.

Art. 7. Pour l'exécution des présentes, il en sera donné communication aux corps francs ou réguliers dépendant de la division, aux commissions de vigilance, aux municipalités constitutionnelles des chefs-lieux de district, afin qu'elles les fassent parvenir dans les différentes communes de leur circonscription.

Donné sur les ruines de San-Llorens-de-Morunis, le 20 janvier 1823.

En vérité, en lisant cet édit de bannissement prononcé contre une population tout entière, on se demande si l'on n'a pas commis une erreur de date : on a peine à se figurer que ces horreurs se soient accomplies de nos jours. Ne faut-il pas nous rejeter de deux siècles en arrière? N'est-il pas question de quelque ordonnance rendue par don Juan d'Autriche contre les populations des Alpuxarras, ou bien de quelque page arrachée au livre de Fonseca, à *la juste expulsion des Morisques?*

Les revers éprouvés par les carlistes en Catalogne; les nouvelles venues de Navarre, où Quesada avait été mis en déroute par le général Espinosa; celle de Castille, où le curé Mérino s'était laissé surprendre auprès de Lerma, et où il avait perdu la plus grande partie des six cents fantassins et des cent chevaux qui composaient ses forces, remplirent d'épouvante la régence d'Urgel. Dans la nuit du 10 au 11 novembre, elle se transporta à Puigcerda, et cette fuite (car ce mouvement ne méritait pas un autre nom) refroidit beaucoup l'enthousiasme des absolutistes catalans. Les pertes qu'on avait éprouvées donnèrent naissance aux plaintes et aux récriminations les plus vives. Les chefs se reprochèrent mutuellement d'en avoir été la cause. On accusa Bessière d'avoir trahi; le Trappiste se retira en France; le baron d'Éroles éprouva de nouveaux désastres; et dans leur retraite sur la Cerdagne, ses divisions furent battues par Rotten et par Milans. Mina reprit Urgel, et la régence ne se trouvant plus en sûreté à Puigcerda se retira le 18 novembre à Llivia; puis en cet endroit, ayant franchi la frontière, elle se retira à Perpignan.

L'armée royaliste fut encore battue par Mina auprès de Bellver, et ses débris, pour échapper à une entière destruction, furent obligés de se réfugier en France. Mais à mesure qu'ils franchissaient la frontière les fugitifs se réorganisaient. Ils recevaient des membres de la régence réfugiés à Perpignan des vêtements, des armes, des secours de toute espèce; et dès qu'ils étaient vêtus, armés et reposés de leurs fatigues, ils rentraient en Catalogne ou en Navarre, et recommençaient la lutte avec un nouvel acharnement.

Les puissances étrangères, attentives aux moindres événements qui se passaient en Espagne, n'avaient pu rester indifférentes aux progrès que faisait chaque jour l'esprit d'anarchie et de désorganisation. Déjà, au congrès de Laybach, elles s'étaient occupées des affaires de la péninsule Ibérique. Mais elles avaient voulu attendre, pour connaître par expérience quelles conséquences amènerait la constitution de 1812. Ces résultats étaient connus. Aussi, craignant de voir propager chez elles les principes démagogiques qui faisaient la base de ces institutions, elles se réunirent au congrès de Vérone; et avant de confier à la France le soin d'intervenir les armes à la main pour rétablir l'ordre dans la Péninsule, elles voulurent tenter encore une fois des voies amiables pour déterminer l'Espagne à modifier sa constitution de manière à la mettre en harmonie avec celles qui gouvernent le reste de l'Europe. La France, l'Autriche, la Prusse et la Russie adressèrent donc à leurs représentants à Madrid des notes destinées à être communiquées au gouvernement espagnol. Ces dépêches étaient assez semblables en la forme : au fond, il existait entre elles d'assez notables différences.

La note de M. le prince de Metternich porte la date du 14 décembre 1822.

La révolution d'Espagne, y est-il dit en commençant, a été jugée par nous dès son origine. Selon les décrets éternels de la Providence, le bien-être ne peut pas plus naître pour les États que pour les individus de l'oubli des premiers devoirs imposés à l'homme dans l'ordre social; ce n'est pas par de coupables illusions, pervertissant l'opinion, égarant la conscience des peuples, que doit commencer l'amélioration de leur sort; et la révolte militaire ne peut jamais former la base d'un gouvernement heureux et durable.

La révolution, considérée sous le seul rapport de l'influence qu'elle a exercée sur le royaume qui l'a subie, serait un événement digne de toute l'attention et de tout l'intérêt des souverains étrangers;..... cependant une juste répugnance à toucher aux affaires intérieures d'un État indépendant déterminerait peut-être ces souverains à ne pas se prononcer sur la situation de l'Espagne, si le mal opéré par sa révolution s'était concentré et pouvait se concentrer dans son intérieur; mais tel n'est pas le cas...

M. le prince de Metternich rappelle ici que les révolutions de Naples et de Piémont ont été la conséquence de la révolution espagnole ; que la France et l'Italie entière ont été menacées de semblables mouvements.

Partout, dit-il, la constitution espagnole est devenue le point de réunion et le cri de guerre d'une faction conjurée contre la sûreté des trônes et contre le repos des peuples.

Il rappelle encore la propagande faite par les Espagnols en Italie et les conjurations qui en ont été la suite. Enfin, après avoir longuement protesté de l'attachement de la maison d'Autriche pour l'Espagne, il conclut de cette manière :

Il faut que des rapports de confiance et de franchise se rétablissent entre l'Espagne et les autres gouvernements..... Mais pour arriver à ce but il faut avant tout que son roi soit libre, non-seulement de cette liberté personnelle que tout individu peut réclamer sous le règne des lois, mais de celle dont un souverain doit jouir pour remplir sa haute vocation. Le roi d'Espagne sera libre du moment qu'il aura le pouvoir de faire cesser les malheurs de son peuple, de ramener l'ordre et la paix dans son royaume, de s'entourer d'hommes également dignes de sa confiance par leurs principes et par leurs lumières, de substituer enfin à un régime reconnu impraticable par ceux mêmes que l'égoïsme ou l'orgueil y tiennent encore attachés, un ordre de choses dans lequel les droits du monarque seraient *heureusement combinés avec les vrais intérêts et les vœux légitimes de toutes les classes de la nation...*

La dépêche adressée par M. Bernstorff à M. Sckejeler, chargé d'affaires de Prusse, est beaucoup moins modérée que celle de l'Autriche. Elle commence par des éloges pour le caractère espagnol et pour la gloire de cette nation. Elle présente ensuite une peinture très-vive et peu flattée de la révolution espagnole.

Une révolution sortie de la révolte militaire a soudainement rompu tous les liens du devoir, renversé tout ordre légitime et décomposé les éléments de l'édifice social, qui n'a pu tomber sans couvrir le pays entier de ses décombres.

La révolution, c'est-à-dire le déchaînement de toutes les passions contre l'ancien ordre de choses, loin d'être arrêté ou comprimé, a pris un développement aussi rapide qu'effrayant. Le gouvernement, impuissant et paralysé, n'a plus eu aucun moyen ni de fa bien ni d'empêcher ou d'arrêter le mal. les pouvoirs se trouvent concentrés, cu et confondus dans une assemblée unique. assemblée n'a présenté qu'un conflit d nions et de vues, et un froissement d'in et de passions, au milieu desquels les pro tions et les résolutions les plus disparat sont constamment croisées, combattu neutralisées. L'ascendant des funestes d nes d'une philosophie désorganisatrice n qu'augmenter l'égarement général, jusqu que, selon la pente naturelle des choses, tes les notions d'une saine politique fu abandonnées pour de vaines théories, et les sentiments de justice et de modératic crifiés aux rêves d'une fausse liberté. Dès des institutions établies sous le prétexte frir des garanties contre l'abus de l'autori furent plus que des instruments d'injusti de violence, et un moyen de couvrir ce tème tyrannique d'une apparence légale.

Cette note reproche ensuite à la r lution de n'avoir respecté ni la lit des personnes ni les droits les plu crés de la propriété.

Si les déclamations trompeuses qui so de la tribune, si les vociférations des cl la licence de la presse, y est-il dit, n'av pas opprimé l'opinion publique, et étou voix de la partie saine et raisonnable nation, il est probable que le pouvoir d tique exercé par une faction aurait cess puis longtemps. Mais la mesure de l'inj est comblée : le mécontentement éclate su les points du royaume ; et des province tières sont embrasées par le feu de la g civile.

Les conclusions de cette note ét aussi moins nettes et moins claire exposées que celles de l'Autriche. comment elles étaient formulées :

Ce n'est pas aux cours étrangères à quelles institutions répondent le mieu caractère, aux mœurs et aux besoins de la nation espagnole ; mais il leur appa indubitablement de juger des effets qu expériences de ce genre produisent par port à elles, et d'en laisser dépendre déterminations et leur position future e l'Espagne. Or, le roi notre maître est d nion que pour conserver et rasseoir su bases solides ses relations avec les puiss étrangères le gouvernement espagnol n rait faire moins que d'offrir à ces de des preuves non équivoques de la liber Sa Majesté Catholique et de sa faculté d' ter les causes de nos griefs et de nos trop justes inquiétudes à son égard.

La dépêche de M. le comte de Nesselrode au chargé d'affaires de Russie à Madrid était plus violente encore que celle de la Prusse; mais elle ne restait pas dans le vrai; et lorsqu'il existait tant de griefs réels à reprocher à la révolution espagnole, il en créait d'imaginaires, et lui imputait la persistance des colonies américaines dans leur révolte contre la métropole. Enfin la dépêche concluait de cette manière :

Exprimer le désir de voir cesser une longue tourmente, de soustraire au même joug un monarque malheureux et un des premiers peuples de l'Europe; d'arrêter l'effusion du sang, de *favoriser le rétablissement d'une administration tout à fait sage et nationale*, certes ce n'est point attenter à l'indépendance d'un pays ni établir un droit d'intervention contre lequel une puissance quelconque ait le droit de s'élever.

La note du gouvernement français était beaucoup plus modérée dans la forme. Elle s'abstenait d'entrer dans aucun détail irritant relativement aux accusations dirigées contre la constitution espagnole. Mais au fond elle était plus violente, car elle contenait une menace qui, pour être déguisée sous la politesse des expressions, n'en était pas moins une menace. Au reste, voici cette pièce en entier :

Monsieur le comte, votre situation politique pouvant se trouver changée par suite des résolutions prises à Vérone, il est de la loyauté française de vous charger de donner connaissance des dispositions du gouvernement de sa majesté très-chrétienne au gouvernement de sa majesté catholique.

Depuis la révolution arrivée en Espagne au mois d'avril 1820, la France, malgré les dangers qu'avait pour elle cette révolution, a mis tous ses soins à resserrer les liens qui unissent les deux rois, et à maintenir les relations qui existent entre les deux peuples.

Mais l'influence sous laquelle s'étaient opérés les changements survenus dans la monarchie espagnole est devenue plus puissante par les résultats mêmes de ces changements, comme il avait été aisé de le prévoir.

Une constitution que le roi Ferdinand n'avait ni reconnue ni acceptée en reprenant la couronne, lui fut depuis imposée par une insurrection militaire. La conséquence naturelle de ce fait a été que chaque Espagnol mécontent s'est cru autorisé à obtenir, par le même moyen, l'établissement d'un ordre de choses plus en harmonie avec ses opinions et ses principes : l'emploi de la force a créé le droit de la force.

De là les mouvements de la garde à Madrid, et l'apparition des corps armés dans diverses parties de l'Espagne. Les provinces limitrophes de la France ont été principalement le théâtre de la guerre civile. De cet état de trouble de la Péninsule est résultée pour la France la nécessité de se mettre à l'abri. Les événements qui ont eu lieu depuis l'établissement d'une armée d'observation aux pieds des Pyrénées ont suffisamment justifié la prévoyance du gouvernement de sa majesté.

Cependant le congrès indiqué dès l'année dernière pour statuer sur les affaires d'Italie se réunissait à Vérone. Partie intégrante de ce congrès, la France a dû s'expliquer sur les armements auxquels elle avait été forcée d'avoir recours, et sur l'usage qu'elle en pourrait faire. Les précautions de la France ont paru justes à ses alliés, et les puissances continentales ont pris la résolution de s'unir à elle, pour l'aider (s'il en était jamais besoin) à maintenir sa dignité et son repos.

La France se serait contentée d'une résolution à la fois si bienveillante et si honorable pour elle; mais l'Autriche, la Prusse et la Russie ont jugé nécessaire d'ajouter à l'acte particulier de l'alliance une manifestation de leurs sentiments. Des notes diplomatiques sont, à cet effet, adressées par ces trois puissances à leurs ministres respectifs à Madrid; ceux-ci les communiqueront au gouvernement espagnol, et suivront dans leur conduite ultérieure les ordres qu'ils auront reçus de leurs cours.

Quant à vous, monsieur le comte, en donnant ces explications au cabinet de Madrid, vous lui direz que le gouvernement du roi est intimement uni avec ses alliés dans la ferme volonté de repousser par tous les moyens les principes et les mouvements révolutionnaires; qu'il se joint également à ses alliés dans les vœux que ceux-ci forment pour que la noble nation espagnole trouve elle-même un remède à ses maux, maux qui sont de nature à inquiéter les gouvernements de l'Europe et à lui imposer des précautions toujours pénibles.

Vous aurez surtout soin de faire connaître que les peuples de la Péninsule, rendus à la tranquillité, trouveront dans leurs voisins des amis loyaux et sincères. En conséquence, vous donnerez au cabinet de Madrid l'assurance que les secours de tous genres dont la France peut disposer en faveur de l'Espagne lui seront toujours offerts pour assurer son bonheur et accroître sa prospérité ; mais vous lui déclarerez en même temps que la France ne se relâchera en rien des mesures préservatrices qu'elle a prises, tant que l'Espagne continuera à être déchirée par les factions. *Le gouvernement de sa majesté ne balancera pas même à vous rappeler de Madrid et à chercher ses garanties dans des dispositions plus efficaces*, si ses intérêts essentiels continuent à être compromis, et s'il perd l'espoir d'une *amélioration* qu'il se plaît à attendre des sentiments qui ont si longtemps uni les Espagnols et les Français dans l'amour de leur roi et d'une sage liberté.

Telles sont, monsieur le comte, les instructions que le roi m'a ordonné de vous transmettre au moment où les notes des cabinets de Vienne, de Berlin et de Saint-Pétersbourg vont être remises à celui de Madrid. Ces instructions vous serviront à faire connaître les dispositions et la détermination du gouvernement français dans cette grave occurrence.

Vous êtes autorisé à communiquer cette dépêche, et à en fournir copie si elle vous est demandée.

Paris, 25 décembre 1822.

On voit que les quatre puissances s'accordaient pour repousser la constitution espagnole, comme imposée au pays par une insurrection militaire. Toutes la regardaient comme vicieuse dans son origine. Elles étaient d'accord que cette constitution devait être détruite ; mais elles n'étaient pas d'accord sur ce qu'il faudrait mettre à sa place. L'Autriche demandait pour l'Espagne *un ordre de choses dans lequel les droits du monarque seraient combinés avec les vrais intérêts et les vœux légitimes de toutes les classes de la nation*. C'était assez bien définir une monarchie tempérée.

La Prusse ne se prononçait pas sur les institutions qui pouvaient convenir à l'Espagne ; mais elle demandait que ces institutions assurassent la tranquillité publique.

La Russie demandait le *rétablissement d'une administration tout à fait sage et nationale*. Le mot *rétablissement* impliquait nécessairement le retour de ce qui avait été précédemment établi. Ce qu'elle demandait, c'était une restauration de l'absolutisme.

La France menaçait de retirer son chargé d'affaires et de recourir à *des dispositions plus efficaces* si elle perdait l'espoir d'une *amélioration* en rapport avec les sentiments qui ont si longtemps les Espagnols et les Français dans l'am de leurs rois et d'une *liberté judicie* C'était, en termes bien entortillés, mander l'amendement de la constituti

Il faut signaler cette absence d'u dans les vues des quatre puissances ; doit la leur reprocher sévèrement. effet, elle peut être considérée comm source des désordres qui depuis vi quatre ans ont affligé l'Espagne. Car l tervention, après avoir détruit la con tution de 1812, n'a rien mis à sa pla Elle a laissé la monarchie dans un éta désorganisation dont l'Espagne ress encore les funestes influences. En p sence de cette divergence de demande y avait bien certainement matière à né ciations. C'était peut-être une voie que quatre puissances essayaient d'ou pour arriver d'une manière pacifiqu quelque amélioration. Dans tous les c négocier était ce qu'il y avait de plus s pour le cabinet espagnol, ne l'eût-il que pour gagner du temps. Les sept triotes n'en jugèrent pas ainsi, et ils poussèrent avec arrogance les ouv tures qui leur étaient faites. Aussi que ces notes eurent été remises au n nistre San-Miguel, celui-ci les porta à loge maçonnique, dont les membres, coutumés à improviser des discours, gèrent qu'ils pourraient aussi facilem rédiger une réponse aux puissances. la dictèrent en effet sans examen, s méditation, et comme s'il eût été qu tion d'une affaire de peu d'importan On ne fit qu'une même note pleine sécheresse et de roideur, pour la Prus la Russie et l'Autriche ; mais on empl à l'égard de la France des expressi plus calmes et plus modérées. Voic premier de ces documents :

Circulaire aux ambassadeurs espagnols.

Le gouvernement de sa majesté catholi vient de recevoir communication d'une n de... à son chargé d'affaires en cette co dont j'envoie une copie à votre seigneu pour sa gouverne. Ce document, plein de f défigurés, de suppositions injurieuses, d' cusations aussi injustes que calomnieuses, peut provoquer une réponse catégoriqu formelle sur chacun de ses points. Le gou nement espagnol, réservant pour une occas plus opportune le soin de présenter aux nations d'une manière publique et solennelle ses sentiments, ses principes, ses résolutions, et la justice de la cause de la nation généreuse à la tête de laquelle il se trouve placé, se contente de dire :

Premièrement, que la nation espagnole se trouve gouvernée par une constitution reconnue solennellement par l'empereur de toutes les Russies, en l'année 1812;

Secondement, que les Espagnols amis de leur patrie, qui au commencement de 1820 proclamèrent cette constitution, renversée en 1814 par la force, ne faillirent pas à leur serment; mais qu'ils eurent la gloire, qu'on ne saurait flétrir, d'avoir été les organes du vœu général;

Troisièmement, que le roi constitutionnel des Espagnes est dans le libre exercice des droits que lui donne le code fondamental, et dire le contraire est une invention des ennemis de l'Espagne, qui la calomnient pour la rabaisser;

Quatrièmement, que la nation espagnole ne s'est jamais immiscée en aucune manière ni dans les institutions ni dans le régime intérieur des autres puissances;

Cinquièmement, que le remède des maux qui la peuvent affliger n'intéresse personne plus qu'elle-même;

Sixièmement, que ces maux ne sont pas les conséquences de la constitution, mais bien le fait des ennemis qui veulent la détruire;

Septièmement, que la nation espagnole ne reconnaîtra jamais à aucune puissance le droit d'intervenir ni de s'immiscer dans ses affaires;

Huitièmement, que le gouvernement de sa majesté ne s'écartera pas de la ligne que lui tracent son devoir, l'honneur national et son adhésion invariable au code fondamental juré en 1812.

Votre seigneurie est autorisée à donner de vive voix communication de cet écrit au ministre des relations étrangères, et à lui en laisser copie s'il la demande.

Sa majesté espère que la prudence, le zèle et le patriotisme de votre seigneurie lui suggéreront la conduite ferme et digne du nom espagnol qu'elle doit suivre dans les circonstances actuelles.

Le résumé de cette note, c'est que le gouvernement espagnol n'admettra aucune modification au code fondamental juré en 1812.

C'était fermer la porte à tout arrangement, à toute négociation. La réponse faite à la note de la France était beaucoup plus longue. La forme en était presque affectueuse, mais elle se terminait également par un refus de faire aucun changement à la constitution; en voici les derniers paragraphes :

..... Le gouvernement espagnol reconnaît tout le prix des offres qui lui sont faites par sa majesté très-chrétienne de tout ce qui dépend d'elle pour contribuer à sa félicité; mais il est persuadé que les moyens et les précautions employés par la France ne peuvent produire qu'un résultat opposé.

Les secours que, pour le moment, le gouvernement français devrait donner au gouvernement espagnol sont purement négatifs. Ce serait de dissoudre son armée des Pyrénées; de refréner les factieux ennemis de l'Espagne réfugiés en France; de témoigner une animadversion marquée et décidée pour ceux qui se plaisent à dénigrer de la manière la plus atroce le gouvernement de sa majesté catholique, les institutions et les cortès d'Espagne : voilà ce qu'exige le droit des gens respecté par les nations civilisées.

Dire, comme le fait la France, qu'elle veut le repos de l'Espagne et son bien-être, et tenir toujours allumés les brandons de discorde qui alimentent les principaux maux dont elle est affligée, c'est tomber dans un abîme de contradiction.

Au reste, quelles que soient les déterminations que le gouvernement de sa majesté très-chrétienne juge opportun de prendre dans ces circonstances, celui de sa majesté catholique suivra tranquillement la route que lui tracent le devoir, la justice de sa cause, le caractère constant et la ferme adhésion aux principes constitutionnels qui caractérisent la nation à la tête de laquelle il se trouve; et, sans entrer pour le moment dans l'analyse des expressions hypothétiques et amphibologiques contenues dans les instructions envoyées à M. le comte de Lagarde, il conclut en disant que le repos, la prospérité et tous les éléments qui peuvent augmenter le bien-être de la nation ne peuvent intéresser personne plus qu'ils ne l'intéressent elle-même.

Adhésion constante à la constitution de 1812; paix avec les autres nations; ne reconnaître à personne le droit d'intervenir dans ses affaires : voilà sa devise et sa règle de conduite aussi bien pour le présent que pour l'avenir.

Après que ces réponses eurent été envoyées, San-Miguel en donna connaissance aux cortès, et leur communiqua les notes des quatre puissances. Les députés approuvèrent sans restriction la conduite du ministère. On déclama contre l'insolence des étrangers; on appela avec enthousiasme la guerre et la vengeance, comme si l'on eût été encore aux temps glorieux de l'insurrection de 1808.

A peine les chargés d'affaires de Prusse, d'Autriche et de Russie eurent-ils connaissance de la réponse de San-Miguel, qu'ils demandèrent leurs passeports et sortirent immédiatement de Madrid. Le chargé d'affaires de France, M. le comte de Lagarde, y resta quelques jours de plus; mais il ne tarda pas non plus à les suivre.

Certainement il était impossible de trouver une démarche plus significative et plus menaçante. Elle était de nature à faire réfléchir le cabinet. Cependant il ne s'alarma pas. Les exaltés, préoccupés du souvenir de ce qui s'était passé en 1808, s'étaient figuré qu'à l'approche de l'étranger la nation tout entière se soulèverait comme elle s'était soulevée lors de l'invasion de Bonaparte. Ils s'imaginaient que trente ou quarante mille Espagnols qui avaient pris les armes pour détruire ou pour modifier la constitution changeraient tout à coup de conviction; qu'ils s'uniraient avec leurs adversaires pour repousser les Français, dont le seul but était de renverser ces institutions qu'eux-mêmes avaient tenté de détruire. Les ministres s'étaient imaginé que ces mêmes hommes, animés contre le nouvel ordre de choses d'une haine fanatique, se feraient tout à coup ses défenseurs; qu'ils se retourneraient contre la puissance qui leur venait en aide, et qui les empêchait d'être exterminés par les *descamisados*; en un mot, que, comme la femme du *Médecin malgré lui,* ils diraient aux Français : *Mêlez-vous de vos affaires... Il me plaît d'être battue.* Aucun de ceux qui se qualifiaient de patriotes ne doutaient de cette résistance unanime, mais un événement inattendu vint bientôt troubler leur quiétude. La troupe de Bessières, qu'on croyait entièrement anéantie, reparut en Aragon. On reçut une dépêche par laquelle le capitaine général annonçait que cette guerrilla s'était avancée jusqu'aux portes de Saragosse; qu'elle avait essayé d'attaquer la ville; mais que la garnison et la milice réunies étaient parvenues à la repousser. On n'avait pas d tre détail sur cette affaire lorsqu'on prit que Bessières marchait sur I drid, et qu'il était arrivé sans rencon la moindre résistance, jusqu'à Guad jara, à neuf lieues (environ cinquante-s kilomètres) de la capitale. On rassem les forces dont on pouvait disposer. (taient la garnison et une partie de la lice. On en confia le commandemen l'un des chefs de l'île Léon, O'Daly, était alors capitaine général. Ces for étaient plus que suffisantes pour détru la troupe de Bessières; elles furent d sées en deux colonnes, dont la secon fut placée sous le commandement l'Empecinado. O'Daly marcha aussi à la recherche des ennemis, qui s'étai repliés sur Brihuega. Le 24 janvier 18 il les trouva postés près de cette ville, les attaqua, sans attendre la deuxièi colonne, qui était encore à quelqu lieues; mais il fut mis dans une dérou complète. Il perdit deux pièces de c non, un grand nombre de prisonnie et se sauva avec tant de précipitatio qu'il ne prévint pas même l'Empe nado de ce qui s'était passé; en soi qu'à neuf heures du soir, lorsque cel ci arriva devant Brihuega, sans savo ce qu'était devenu O'Daly, il fut attaq par les royalistes, qui le contraignire à se retirer précipitamment.

Cette double déroute produisit da Madrid la plus grande consternation. I gouvernement donna l'ordre de cor truire à la hâte quelques fortificatio pour défendre la capitale. O'Daly fut de titué, et l'on donna le commandement a comte del Abisbal. Mais celui-ci ne pu empêcher Bessières de passer le Taç presque en sa présence et de se fortifi dans Huete. Les royalistes restèrent dai cette ville jusqu'au 10 février : ils ne s retirèrent que lorsque les constitutio nels eurent réuni des forces supérieure Ils firent lentement leur retraite, et n' prouvèrent pendant leur marche que de pertes insignifiantes.

L'affaire de Brihuega avait beaucou diminué la confiance présomptueuse de exaltés. Ils commencèrent à entrevoir danger dont leur parti était menac Ils étaient encore sous l'impression d'é pouvante que Bessières leur avait cau sée, lorsqu'ils se virent menacés d'u péril plus réel. Louis XVIII annonça qu'une armée française allait franchir les Pyrénées. Voici comment il s'exprima, le 28 janvier 1823, dans le discours prononcé à l'ouverture des chambres :

La France devait à l'Europe l'exemple d'une prospérité que les peuples ne peuvent obtenir que du retour à la religion, à la légitimité, à l'ordre, à la vraie liberté : ce salutaire exemple, elle le donne aujourd'hui.

Mais la justice divine permet qu'après avoir longtemps fait éprouver aux autres nations les terribles effets de nos discordes, nous soyons nous-mêmes exposés aux dangers qu'amènent des calamités semblables chez un peuple voisin.

J'ai tout tenté pour garantir la sécurité de mes peuples et préserver l'Espagne elle-même des derniers malheurs. L'aveuglement avec lequel ont été repoussées les représentations faites à Madrid laisse peu d'espoir de conserver la paix.

J'ai ordonné le rappel de mon ministre : cent mille Français, commandés par un prince de ma famille, par celui que mon cœur se plaît à nommer mon fils, sont prêts à marcher en invoquant le Dieu de saint Louis, pour conserver le trône d'Espagne à un petit-fils de Henri IV, préserver ce beau royaume de sa ruine, et le réconcilier avec l'Europe.

Nos stations vont être renforcées dans les lieux où notre commerce maritime a besoin de cette protection. Des croisières seront établies partout où nos arrivages pourraient être inquiétés.

Si la guerre est inévitable, je mettrai tous mes soins à en resserrer le cercle, à en borner la durée. Elle ne sera entreprise que pour conquérir la paix que l'état de l'Espagne rendrait impossible. Que Ferdinand VII soit libre de donner à ses peuples les institutions qu'ils ne peuvent tenir que de lui, et qui, en assurant leur repos, dissiperaient les justes inquiétudes de la France. Dès ce moment les hostilités cesseront, j'en prends devant vous, messieurs, le solennel engagement.

En vain les exaltés s'étaient flattés d'épouvanter les puissances étrangères par leurs réponses arrogantes et par leurs bravades; en vain ils s'étaient flattés qu'on n'oserait pas les attaquer; il n'était plus possible de se faire illusion : la guerre était imminente, une modification de la constitution pouvait seule la conjurer. En cette circonstance, il faut l'avouer, les royalistes se montrèrent plus conciliants et plus sages que leurs adversaires : quelques membres de la régence d'Urgel admirent la nécessité d'une constitution modifiée. Beaucoup de royalistes comprenaient qu'il était à désirer que Ferdinand gouvernât sous le contrôle d'une assemblée nationale élue par le peuple; mais dont le pouvoir n'eût pas été aussi excessif que celui des cortès actuelles. Quant aux fanatiques des deux partis, ils ne voulaient pas entendre parler de concessions; et quelques absolutistes, repoussant la pensée de toute transaction, se plaignaient de ce qu'on voulait forcer le roi d'Espagne à introduire la Charte en Espagne, c'est-à-dire à *avaler la ciguë au lieu de l'arsenic*. Le ministère se contenta d'adresser, le 12 février, un message aux cortès. Après y avoir rappelé les notes des quatre puissances et le discours du roi de France, il demanda que l'assemblée prît les mesures nécessaires au salut de l'État. Une commission chargée d'examiner cette communication du gouvernement, se borna à proposer l'adoption des deux articles suivants :

1° Si, après que les cortès extraordinaires auront clos leur session, les circonstances exigent que le gouvernement change le lieu de sa résidence, les cortès l'autorisent à se transporter à l'endroit qu'il désignera, d'accord avec la députation permanente; et si celle-ci avait cessé ses fonctions, cette désignation sera faite d'accord avec le président et les secrétaires nommés par les cortès ordinaires.

2° Dans ce cas, le gouvernement consultera sur le choix de l'endroit où il croira convenable de se transporter, une junte de militaires accrédités par leur science, leurs connaissances, et par leur adhésion au système constitutionnel.

La discussion de ces propositions fut assez vive; mais ce n'étaient plus ces déclamations violentes, ces défis, ces provocations auxquelles on s'était abandonné lorsque les ministres avaient, pour la première fois, communiqué aux cortès les notes des quatre puissances. On était en face d'une triste réalité; on délibérait sous l'impression d'un découragement général. Il fallut bien avouer que la résistance était impossible; que les places fortes n'étaient pas en état de défense. Le gouvernement avait décrété la formation de cinq armées pour la défense de la Péninsule. Celle de Catalogne devait être commandée par Mina, celle de Navarre, d'Aragon et de Valence par Ballesteros; celle de la Vieille-Castille, des Asturies et de Galice par le comte de Carthagène; celle de la Nouvelle-Castille et de l'Estremadure par le comte del Abisbal, et celle de l'Andalousie par Villa-Campa. On avait bien ces généraux, mais les armées n'existaient qu'en projet.

On devait faire des levées de soldats; mais il n'y avait pas de quoi vêtir les recrues. On manquait de fusils pour les armer; c'est à peine s'il y avait de la poudre dans les arsenaux. Aussi alla-t-on jusqu'à dire que les Français pouvaient arriver à Madrid avec une simple division de huit ou dix mille hommes; il y eut même des orateurs qui déterminèrent le temps qu'il leur faudrait pour atteindre la capitale, et qui le limitèrent à cinq journées. Cette affaire fut une des dernières dont s'occupèrent les cortès extraordinaires; et leur session fut fermée le 19 février. Elle ne pouvait durer davantage; car, aux termes de la constitution, les cortès ordinaires devaient s'ouvrir le 1er mars.

Le jour même de la clôture le roi fit rédiger par Égea, ministre des finances, un décret prononçant la destitution des autres membres du cabinet. Le motif de cette détermination fut, dit-on, le mécontentement qu'il avait éprouvé lorsqu'on lui avait annoncé qu'il devrait avant peu se résigner à quitter Madrid, et se retirer avec le gouvernement en Andalousie. On pense aussi qu'il voulait, par cette destitution, protester contre le discours porté en son nom aux cortès extraordinaires pour clore la session; car, retenu par la goutte, il n'avait pu se rendre lui-même à la dernière séance.

Ce fut seulement dans la soirée que les habitants de Madrid eurent connaissance de cette destitution. Aussitôt les membres de la société politique à laquelle appartenaient les ministres prirent la résolution de les maintenir au pouvoir, malgré le droit que la constitution donnait au roi de choisir et de renvoyer ses ministres. C'était la première émeute dirigée contre la personne même de Ferdinand, et toutes les circonstances semblaient concourir à la rendre plus effrayante. Les autorités de Madrid étaient absentes. Le capitaine général comte del Abisbal avec la plus grande partie de la garnison était à la poursuite de Be sières. Le chef politique Palarea était Colmenar, où il s'était rendu pour arr ter les progrès d'une conspiration qu'(venait de découvrir. La garde du pala se composait de miliciens et de hall bardiers dont la fidélité était fort su pecte. Le roi n'avait aucun secours à a tendre de personne, et son inquiétuc était extrême, lorsqu'un rassemblemei de forcenés déboucha sur la place (l'Armeria, devant l'entrée principale d palais, vociférant avec fureur : *Mort a roi! mort au tyran!* Ils pénétrèrei dans le palais, sans s'arrêter au simul cre de défense que firent les milicien C'eût été de la part du roi une folie c s'obstiner à maintenir le décret de de titution des ministres. Il déclara que quant à présent, il leur rendait le poι voir, et l'émeute s'apaisa.

Pendant que les descamisados arra chaient ainsi du roi le maintien de s ministres, une autre bande des mêm individus s'était transportée au palais d la députation permanente en criant: *Un régence! mort au roi!* et sur la place l plus fréquentée de Madrid ils établirei une table, rédigèrent une pétition, poι demander qu'on nommât une régen et qu'on prononçât la déchéance de Fe dinand. Heureusement Ibarra et les a tres membres de la municipalité déploy rent en cette circonstance une louabl fermeté. Ils enlevèrent de force la tab sur laquelle on écrivait, et dissipèrent (rassemblement tumultueux.

L'ouverture des cortès eut lieu 1er mars, ainsi que le prescrit la con titution. Le roi, qui était malade, ne pι pas assister à la séance. Il envoya sc discours écrit. C'était l'œuvre du mini tère. Aussi contenait-il d'amères décl mations bien éloignées de la modératic et de la dignité qui doivent toujou caractériser le langage de la couronn En voici quelques passages :

..... Le roi très-chrétien a dit que ce mille Français viendraient régler les affair domestiques de l'Espagne et corriger les d fauts de ses institutions. Depuis quand doni t-on aux soldats la mission de réformer lois? Dans quel code est-il écrit que les inv sions militaires peuvent être les précurseι de la félicité d'une nation? Il est indig de la raison de réfuter des erreurs au antisociales; et il n'est pas de la dignité du roi constitutionnel des Espagnes de faire l'apologie de la cause nationale devant ceux qui, pour fouler tous les sentiments de pudeur, se couvrent du manteau de la plus détestable hypocrisie. J'espère que l'énergie, la fermeté et la constance des cortès seront la meilleure réponse au discours du monarque très-chrétien; j'espère que la raison et la justice ne seront pas moins vaillantes que le génie de l'oppression et de la servitude. La nation qui capitule avec un ennemi dont la mauvaise foi est aussi évidente est une nation déjà subjuguée; recevoir la loi qu'on veut vous imposer les armes à la main est la plus grande des ignominies.

Le lendemain de l'ouverture, le roi fit savoir aux cortès qu'il avait jugé convenable de destituer les ministres; et il indiqua les successeurs qu'il leur avait donnés. Néanmoins, était-il ajouté, pour ne pas mettre d'entraves à l'expédition des affaires, les ministres révoqués continueront leurs fonctions jusqu'à ce qu'ils aient achevé de rendre compte de l'état de la nation, ainsi que cela était consacré par l'usage et prescrit par l'article 82 du règlement particulier des cortès [1].

Mais les députés qui prétendaient maintenir les sept patriotes au pouvoir, malgré la volonté manifeste du roi, décidèrent qu'il serait sursis à la lecture du compte rendu que les ministres devaient présenter, jusqu'à ce que des affaires plus importantes eussent été expédiées.

Cependant les successeurs désignés par le roi et repoussés par les cortès étaient des hommes connus par leurs opinions libérales et même exaltées. Aux affaires étrangères il avait nommé don Alvaro Florès Estrada, qui pendant la guerre de l'Indépendance s'était réfugié à Cadix, où il présidait un club signalé par ses principes avancés. Au retour de Ferdinand VII, il avait été persécuté et forcé de chercher un asile en Angleterre. Il avait publié pendant son exil plusieurs ouvrages politiques, et notamment en 1818 *Des représentations*, où il demandait que le peuple fût rétabli dans ses antiques droits. La révolution de 1820 lui avait permis de rentrer en Espagne; et il avait fait partie de la première législature constitutionnelle.

Torrijos avait été désigné pour le ministère de la guerre, et il était encore un des proscrits de 1814. Don José Maria Torrijos avait commencé par être page du roi, puis capitaine d'infanterie. Il avait fait la guerre de l'Indépendance, et avait obtenu le rang de brigadier. Mais comme il s'était prononcé pour les principes libéraux, il avait été arrêté, et jeté dans les cachots de l'inquisition de Murcie. Il n'en était sorti qu'en 1820. Depuis cette époque il n'avait pas cessé de servir la cause constitutionnelle; et lorsqu'il avait été désigné par le roi il commandait en Navarre.

Les autres ministres étaient Diaz del Moral, à l'intérieur, et provisoirement aux affaires d'outre-mer; Zorraquin, ministre de grâce et de justice; Romai à la marine, et Calvo de Rozas aux finances.

Ces hommes avaient certainement donné autant de gages de leur amour à la liberté que les ministres actuels, sans en excepter ceux qui avaient pris part à l'insurrection de 1820; ils ne leur étaient pas inférieurs pour l'habitude et la pratique des affaires : mais ceux-ci avaient l'appui des cortès, qui voulaient les soutenir à tout prix. Aussi, dans la séance du 2 mars, un député proposa de déclarer Ferdinand incapable de régner. Les tribunes accueillirent cette motion par des applaudissements; et peut-être les députés n'eussent-ils pas reculé devant ce moyen extrême, si, en suspendant la lecture des mémoires, ils n'eussent trouvé un expédient pour conserver plus sûrement et avec moins d'éclat les ministres destitués dans leurs fonctions. Voilà où la confusion des pouvoirs en était venue. Au reste, ce ne furent ni les avertissements ni les bons conseils qui manquèrent à l'Espagne. Le représentant de l'Angleterre à Madrid, sir William A'court, conseilla au gouvernement d'entrer en arrangement avec les puissances étrangères, et de consentir quelques modifications de la consti-

[1] Art. 82 du Règlement. Le jour suivant, les ministres présenteront le compte rendu de l'état dans lequel se trouve la nation, chacun en ce qui concerne le département qui lui est confié; ces exposés seront imprimés, rendus publics et conservés par les cortès, afin que les données qui s'y trouvent contenues puissent servir aux commissions.

tution qui les contenteraient et détourneraient la tempête dont l'Espagne était menacée. Il fit plus, il parla à plusieurs députés influents; enfin il chercha à faire parvenir dans les sociétés patriotiques de salutaires avertissements. Toutes ses démarches furent inutiles, il ne put faire entendre le langage de la raison. Lord Sommerset se rendit à son tour en Espagne, porteur d'un mémoire où Wellington démontrait jusqu'à l'évidence qu'il importait à l'Espagne d'arriver à un arrangement dont la première base devait être la réforme de la constitution. Enfin Wellington adressa sur le même sujet une lettre au général Alava. Rien ne put dissiper l'aveuglement des exaltés; cependant ceux-ci sentaient si bien qu'ils n'avaient aucun moyen de résister à l'invasion de la France, que le premier objet sur lequel les cortès délibérèrent fut le choix de l'endroit où elles se retireraient avec le gouvernement.

Quatre points différents avaient été proposés : la Corogne, Badajos, Cadix et Séville. Ce fut à ce dernier que l'on s'arrêta. Il fut décidé que l'on partirait le plus promptement possible. Cependant, le roi était toujours malade, et il remit au ministre de la justice un certificat signé par cinq médecins attestant qu'il ne pouvait se mettre en route sans courir le danger d'aggraver beaucoup ses souffrances. Néanmoins les cortès lui envoyèrent une députation pour le prier de se préparer à partir avant le 18. Ferdinand, qui était au lit, répondit qu'il serait prêt, si on l'exigeait, à partir le 17, mais qu'il espérait que le congrès lui laisserait jusqu'au 20. Les cortès consentirent à ce retard, en faisant toutefois sonner bien haut la générosité avec laquelle on lui accordait un délai de deux jours. On indiqua l'itinéraire que le roi devait suivre. Le 20 au matin, Ferdinand, qui souffrait encore de la goutte, et qui était extrêmement pâle et abattu, sortit de son palais dans une chaise à porteur. On le transporta jusqu'au lieu où l'attendaient ses voitures, qui devaient se diriger par les promenades extérieures, pour gagner le pont de Tolède. Le roi monta dans la première voiture avec la reine, qui fondait en larmes. Les deux infants don Carlos et don François de Paule avec leurs familles, ainsi que l'infante de Portugal, suivaient dans trois autres voitures; six autres voitures avaient été disposées pour les gens de la cour. L'escorte forte de deux pièces d'artillerie et de plus de deux mille hommes, était composée en partie de volontaires nationaux de Madrid : d'autres forces plus considérables avaient éclairé la route et repoussé les guérillas qui se trouvaient dans la Manche et dans la Sierra-Morena; car on craignait que les royalistes ne tentassent d'enlever le roi pendant le trajet. Néanmoins aucune tentative de ce genre n'eut lieu, et l'on arriva à Séville le 11 avril.

Pendant ce temps, l'armée française cantonnée sur la frontière, n'attendait pour la franchir que l'arrivée du généralissime. Elle se composait de cinq corps qui devaient entrer en Espagne par deux points différents. Le quatrième corps formait en quelque sorte une armée séparée. Il était destiné à opérer en Catalogne, sous les ordres du maréchal Moncey, duc de Conegliano. Il se composait de trois divisions commandées par le comte Curial, par le baron de Damas et par le général Donnadieu. Il était réuni dans le département des Pyrénées Orientales, et fut passé en revue le 30 mars, près de Perpignan, par le duc d'Angoulême. Il avait pour auxiliaire et pour avant-garde un corps de neuf mille Espagnols commandés par le baron d'Éroles. Les quatre autres corps, qui formaient l'armée principale, étaient rassemblés dans le département des Basses-Pyrénées.

Le premier, aux ordres du maréchal Oudinot, duc de Reggio, consistait en quatre divisions commandées par les généraux d'Autichamp, Bourck, Obert : la quatrième, toute de cavalérie, par le vicomte de Castex. Ce corps formait l'avant-garde, et était destiné à marcher sur Madrid.

Le second était commandé par le général comte de Molitor, qui avait sous ses ordres les généraux de division Loverdo, Pamphile-Lacroix et Domont.

Le troisième avait pour commandant le général prince de Hohenlohe; il se composait de deux divisions : celle du général Conchy, celle du général Canuel.

Enfin, le cinquième était confié au lieutenant général comte de Bordesoulle. Il était composé d'une division d'infanterie de la garde royale, sous les ordres du général Bourmont ; d'une division de cavalerie, sous le général Foissac-Latour ; d'une division de cuirassiers, sous le général Roussel d'Hurbal.

L'ensemble des forces qui allaient entrer en Espagne s'élevait à quatre-vingt-onze mille combattants. Dans ce nombre était comprise une division espagnole dont le noyau avait été formé à Bayonne ; partie de ces Espagnols, sous le commandement de Quesada, devait agir dans les provinces basques. Les autres, dirigés par don Carlos O'Donell, par le général d'Espagne et par les autres capitaines de l'armée de la foi, devaient opérer en Navarre ou servir d'avant-garde à l'armée d'invasion. Ces corps espagnols grossirent à mesure qu'on pénétra dans l'intérieur de la Péninsule.

De son côté, le gouvernement espagnol avait décrété la formation de cinq armées ; mais ces troupes n'étaient ni levées ni instruites ; pour la défense de l'Espagne, les ministres patriotes comptaient moins sur la force des armes que sur la propagande révolutionnaire et sur la défection qu'on espérait provoquer dans l'armée d'invasion. A cet effet, on avait organisé à Bilbao un corps composé en grande partie de personnes réfugiées en Espagne à la suite des condamnations prononcées contre elles en France ou en Italie pour des délits politiques. On l'avait nommée la légion française, et on en avait confié le commandement à Caron, ancien chef de bataillon, compromis dans un de ces nombreux complots qui avaient éclaté en France dans le courant des années 1821 et 1822.

Les journaux ont aussi rapporté que, pour faire le pendant de la régence d'Urgel, on avait proclamé à Barcelone une régence de l'empire français au nom de Napoléon II ; mais ces armes peu courtoises ne servirent guère à ceux qui les employaient. Tous les préparatifs de l'armée française étaient achevés à la fin du mois de mars, et le 2 avril le duc d'Angoulême fit publier un ordre du jour ainsi conçu :

Soldats ! la confiance du roi m'a placé à votre tête pour remplir la plus noble mission ; ce n'est pas l'esprit de conquête qui nous a fait prendre les armes ; un motif plus généreux nous anime : nous allons replacer un roi sur son trône, réconcilier son peuple avec lui, et rétablir, dans un pays en proie à l'anarchie, l'ordre nécessaire au bonheur et à la sûreté des deux États.

Soldats ! vous respecterez et ferez respecter la religion, les lois et les propriétés ; et vous me rendrez facile l'accomplissement du devoir qui m'est imposé, de maintenir les lois et la plus exacte discipline.

Le même jour il adressa au peuple espagnol la proclamation suivante :

Espagnols ! le roi de France, en rappelant son ambassadeur de Madrid, avait espéré que le gouvernement espagnol, averti de ses dangers, reviendrait à des sentiments plus modérés et cesserait d'être sourd aux conseils de la bienveillance et de la raison. Deux mois et demi se sont écoulés ; et sa majesté a vainement attendu qu'il s'établît en Espagne un ordre de choses compatible avec la sûreté des États voisins.

Le gouvernement français a supporté, deux années entières, avec une longanimité sans exemple, les provocations les moins méritées. La faction révolutionnaire qui a détruit dans votre pays l'autorité royale, qui tient votre roi captif, qui demande sa déchéance, qui menace sa vie et celle de sa famille, a porté au delà de vos frontières ses coupables efforts. Elle a tout tenté pour corrompre l'armée de sa majesté très-chrétienne et pour exciter des troubles en France, comme elle était parvenue par la contagion de ses doctrines et de ses exemples à opérer les soulèvements de Naples et du Piémont. Trompée dans ses coupables espérances, elle a appelé des traîtres condamnés par nos tribunaux à consommer, sous la protection de la rébellion triomphante, les complots qu'ils avaient formés contre leur patrie.

Il est temps de mettre un terme à l'anarchie qui déchire l'Espagne, qui lui ôte le pouvoir de pacifier ses colonies, qui la sépare de l'Europe, qui a rompu toutes ses relations avec les augustes souverains que les mêmes intentions et les mêmes vœux unissent à sa majesté très-chrétienne, et qui compromet le repos et les intérêts de la France.

Espagnols ! la France n'est point en guerre avec votre patrie. Né du même sang que vos rois, je ne puis désirer que votre indépendance, votre bonheur et votre gloire. Je vais franchir les Pyrénées à la tête de cent mille Français; mais c'est pour m'unir aux Espagnols amis de l'ordre et des lois, pour les aider à délivrer leur roi prisonnier, à relever l'autel et le trône, à arracher les prêtres à la proscription, les propriétaires à la spoliation, le peuple entier à la domination de quelques ambitieux qui, en proclamant la liberté, ne préparent que la ruine de l'Espagne.

Espagnols! tout se fera pour vous et avec vous : les Français ne sont et ne veulent être que vos auxiliaires; votre drapeau flottera seul sur vos cités; les provinces traversées par nos soldats seront administrées au nom de Ferdinand par des autorités espagnoles. La discipline la plus sévère sera observée; tout ce qui sera nécessaire au service de l'armée sera payé avec une religieuse exactitude. Nous ne prétendons ni vous imposer des lois, ni occuper votre pays; nous ne voulons que votre délivrance. Dès que nous l'aurons obtenue, nous rentrerons dans notre patrie, heureux d'avoir préservé un peuple généreux des malheurs qu'enfante une révolution, et que l'expérience nous a trop appris à connaître.

Au quartier général, à Bayonne, le 2 avril 1823.

Par ce manifeste le duc d'Angoulême annonçait qu'il entrait en Espagne pour renverser le pouvoir révolutionnaire, pour rendre la liberté au roi, pour détruire l'anarchie; mais il ne disait rien des institutions du pays. Il ne disait rien de l'établissement d'une constitution modifiée dont le discours de Louis XVIII avait fait concevoir l'espérance aux amis d'une sage liberté. Les doutes que ce langage laissait encore subsister furent promptement éclaircis par une proclamation du gouvernement provisoire de l'Espagne, qui venait de s'organiser à Bayonne de l'aveu du prince français.

Dès le 29 janvier la régence d'Urgel avait annoncé qu'elle allait rentrer en Espagne; mais aussitôt une réunion de généraux royalistes, en tête desquels se trouvait Eguia, avait protesté contre le titre que se donnait la régence d'Urgel et contre la prétention qu'elle affichait de se placer à la tête de tous les royalistes d'Espagne. Ils lui imputèrent le mauvais succès des opérations qui avaient eu lieu l'année précédente en Catalogne. Afin de mettre un terme à cette contestation qui menaçait d'amener une déplorable scission entre les royalistes espagnols, on avait opéré une fusion entre ces deux partis, et l' avait formé, sous le titre de junte p visoire, une commission composée d guia, du baron d'Éroles, de don Ju Bautista Erro et de Antonio Gom Calderon.

Don Juan-Bautista Erro, né en 17 à Andoain, province de Guipuscoa, av commençé par être employé à l'établis ment des mines de mercure d'Almade plus tard il fut attaché aux gardes corps de Charles IV. Il y servit com secrétaire, et fut ensuite nommé succ sivement intendant des finances dans provinces de Soria, de Ciudad-Réal de Madrid. Il occupait en 1820 l'inte dance de Barcelone, lorsque les per cutions des constitutionnels le forcère à chercher un refuge en France; il ava disait-on, une grande habitude des faires.

Antonio Gomez Calderon, avocat fiscal de l'ancien conseil des Indes, av été député aux cortès de 1814. Il ét un des signataires de la fameuse pr testation des *Perses*. Cette junte av été reconnue par le duc d'Angoulên Le 6 avril, elle publia la proclamati suivante :

Espagnols! votre gouvernement décl qu'il ne reconnaît pas et regarde comme n et non avenus les actes publics ou admi tratifs ainsi que les mesures du gouvernem érigé par la rébellion. En conséquence, t tes les choses sont remises en l'état légiti où elles se trouvaient avant le 7 mars 1820.

Le jour où cette proclamation paru le premier corps de l'armée françai se rapprocha de la Bidassoa. Dans la s rée les réfugiés français et italiens montrèrent en grand nombre sur la r gauche; ils portaient un drapeau tri lore qu'ils déployèrent en face d'un po du neuvième régiment d'infanterie lég et d'une batterie de campagne; mais troupes ne répondirent pas à leur ap séditieux. Le lendemain 7, l'armée fr çaise commença à se mettre en mou ment, et se disposa à passer la rivi sur le pont de bateaux jeté au pas Behobie. A ce moment on vit reparaî sur l'autre rive la légion de réfugi Ils déployèrent leur drapeau tricolo et provoquèrent les soldats à la dés tion. Le général Valin ayant fait av cer quelques pièces de canon, ils se mirent à crier : *Vive l'artillerie française!* Oui, répondit cet officier, *vive l'artillerie française*, et *vive le roi*. Et aussitôt il commanda le feu. Deux coups de mitraille qui portèrent au milieu des réfugiés suffirent pour y jeter le désordre et l'épouvante. Ils n'attendirent pas une troisième décharge, et se réfugièrent précipitamment dans les montagnes.

Le régiment Impérial-Alexandre, dont les révolutionnaires avaient changé le nom en celui de régiment de la Constitution, et qui était commandé par Alexandre O'Donell, avait été posté en avant d'Irun pour seconder les réfugiés dans le cas où leur tentative obtiendrait quelque succès; mais en voyant que toutes les provocations étaient inutiles, il avait commencé sa retraite sans attendre qu'ils fussent mis en déroute. Ainsi s'en allèrent en fumée toutes les espérances que le ministère des sept patriotes avait fondées sur la formation de cette légion; et l'armée française passa sur la rive espagnole sans éprouver la moindre résistance.

LA CONSTITUTION EST ABOLIE EN PORTUGAL. — PROGRÈS DE L'ARMÉE D'INVASION. — LE COMTE DEL ABISBAL EST REMPLACÉ DANS SON COMMANDEMENT PAR LE GÉNÉRAL ZAYAS. — BESSIÈRES ESSAYE DE PÉNÉTRER A MADRID. — ENTRÉE DES FRANÇAIS A MADRID. — PROCLAMATION D'ALCOVENDAS. — RÉGENCE DE MADRID. — MINISTÈRE ROYALISTE NOMMÉ PAR LA RÉGENCE. — CINQUIÈME MINISTÈRE CONSTITUTIONNEL.

Les constitutionnels espagnols avaient compté, pour la défense de leurs nouvelles institutions, sur le concours du Portugal; mais cette ressource devait pareillement leur manquer. Au commencement du mois de mars de cette année, Manuel Silveira Pinto, comte d'Amarante, se mit à la tête d'une insurrection qui eut lieu dans la province de Tras-os-Montes pour renverser la constitution. Le général portugais don Luiz do Rego marcha aussitôt à la poursuite de ces insurgés, et il les avait contraints à se réfugier sur le territoire espagnol, lorsque la contre-révolution éclata aussi aux portes mêmes de Lisbonne. Le 27 mai, le colonel Sampayo et le régiment qu'il commandait s'étant soulevés contre la constitution, l'infant don Miguel courut se mettre à leur tête. Il entraîna par son exemple le reste de l'armée, et le 5 juin la constitution fut abolie en Portugal. Ces événements furent une nouvelle cause de découragement et de désorganisation pour le gouvernement espagnol, qui marchait rapidement à sa ruine. L'armée française, après avoir franchi la frontière, s'était répandue dans les provinces et faisait chaque jour de nouveaux progrès. Saint-Sébastien et Pampelune étaient bloqués.

Le 9 la junte provisoire, entrée à la suite de l'armée française, fut installée à Oyarzun, petite ville de Guipuscoa, placée sur la route de Bayonne à Burgos, à deux lieues en avant d'Irun.

Le 10 l'armée arriva à Tolosa; le 11 elle occupa Villa-Réal; le 17, Vitoria. Déjà Guetaria s'était rendue au général Canuel; Bilbao, à Quesada; et Pancorbo, au maréchal duc de Reggio, qui, après avoir franchi l'Èbre, se portait sur Burgos.

Le 18 Logroño fut enlevé de vive force par l'avant-garde du général Obert, malgré une résistance assez vive du brigadier don Juan Sanchez.

Le 26 le général Molitor occupa Saragosse, et força les troupes constitutionnelles à abandonner le siége de Mequinenza, qu'elles voulaient enlever aux royalistes.

Le corps du maréchal Moncey n'était entré en campagne que dix jours après l'armée principale. Le 18 une division avait pénétré en Catalogne par le port du Perthus. Le lendemain, le reste de l'armée avait franchi un autre point de la frontière. Nulle part on n'avait rencontré de résistance, et Mina s'était replié entre Castellfollit et Besalu, sur la rive gauche de la Fluvia. Le premier soin du maréchal fut de relever les ruines de la place de Roses, dont le port pouvait, en tous les temps, assurer la subsistance de l'armée de Catalogne.

Le 2 mai Gironne tomba entre les mains des Français. Le 6 le général Donnadieu prit la ville de Vich. Le 8 le général Pamphile-Lacroix enleva Monzon; et le 17, le général Donnadieu battit, à Castel-Tersol, les troupes constitutionnelles sorties de Barcelone pour protéger la retraite de Mina.

Pendant ce temps l'armée principale avançait vers la capitale. Le 9 mai le duc d'Angoulême fit son entrée dans Burgos. Le 12, le duc de Reggio se rendit maître de Valladolid. Les Français marchaient sans rencontrer d'obstacles : partout où ils se présentaient, les portes leur étaient ouvertes. Les ministres et les cortès étaient cependant persuadés que le comte del Abisbal disputerait aux Français le passage des montagnes qui séparent la Vieille-Castille de la Castille-Nouvelle, et qu'il ne leur permettrait pas d'arriver à Madrid sans avoir livré bataille; mais sur ce point encore leur attente fut trompée. Quelques jours après l'entrée des Français en Espagne, le comte del Abisbal publia un écrit où il disait que, comme chef d'une division de l'armée, il devait exécuter les ordres du gouvernement à la tête duquel se trouvait sa majesté ; qu'il était décidé à le faire, bien qu'intimement pénétré de l'état critique dans lequel l'impéritie des ministres précédents avait placé l'État. Il reprochait au dernier cabinet l'impardonnable imprudence avec laquelle on avait provoqué la guerre sans déployer l'énergie nécessaire pour soutenir la dignité de la nation, et sans proposer aucun moyen de transaction capable de réconcilier les esprits des Espagnols, et d'éviter de cette manière que les étrangers prissent l'audace d'intervenir dans les dissensions domestiques de l'Espagne, et de violer le territoire national. Il répétait que si, comme général, il devait obéir aux ordres du gouvernement, comme citoyen espagnol il pouvait, sans enfreindre les lois, avoir son opinion sur la crise dans laquelle se trouvait le pays, et sur les moyens qu'il faudrait employer pour préserver la patrie de la ruine dont elle était menacée par la discorde, par le fanatisme et par les intérêts des chefs de parti. Il proposait ensuite les moyens qui, à son avis, étaient les plus convenables pour obtenir la paix ; il était nécessaire, disait-il, de déclarer à l'armée d'invasion que la nation, d'accord avec le roi, était disposée à faire à la constitution les réformes dont l'expérience avait démontré la nécessité.

Cette manifestation, qui était au moins intempestive, fut considérée par tous les
constitutionnels comme une trahis
Le comte del Abisbal, destitué et déc
d'accusation, fut obligé de se cacher
qu'à l'arrivée des Français. Sa condi
eut, pour l'armée qu'il commandait,
effet désastreux. La discorde s'introd
sit dans les corps, et les soldats dései
rent en grand nombre. Soit que Cas
dosrius, qui reçut le commandemen
sa place, n'inspirât pas assez de confia
aux autorités de Madrid, soit qu'il reg
dât lui-même la résistance comme u
tentative insensée, les projets de défe
furent abandonnés, et une députat
fut envoyée au-devant des Français j
qu'à Buitrago, où le duc d'Angoulê
arriva le 17. Cette députation prop
au généralissime de garder Madrid jusq
son arrivée, afin de préserver la ville
excès de la populace, pourvu que, de s
côté, il promît de permettre et de fa
riser la retraite de la garnison et d
personnes qui voudraient se retirer a
elle. Le prince français accueillit a
plaisir cette proposition. Il fut conve
qu'un corps de troupes espagnoles re
terait dans Madrid jusqu'au 24, jour f
pour l'entrée des troupes français
Des deux côtés on se reposait sur la
de cette convention, lorsque Georg
Bessières, soit qu'il ignorât l'arrang
ment, soit que, le connaissant, il voul
acquérir la gloire d'entrer le premi
dans la capitale, ou plutôt encore po
satisfaire la soif de vengeance et de
pine dont étaient animés les hommes
sa bande, se présenta le 20 mai aux po
tes de Madrid; et ses éclaireurs pénét
rent dans la rue d'Alcala en criant : *Vi
le roi absolu! Mort à la constitutio*
Le général don José Zayas, qui co
mandait à Madrid, se mit à la tête
quelques troupes, et chassa les éclaireu
de Bessières, pendant que le reste de
garnison prenait les armes. Il se tran
porta ensuite à la porte d'Alcala, où
eut une entrevue avec le chef royaliste.
fit observer à celui-ci que, d'après la co
vention faite avec le duc d'Angoulêm
il ne pouvait laisser prendre posse
sion de la place que par les Français.
lui enjoignit donc de se retirer. Bessi
res, de son côté, prétendit qu'on lui
vrât les portes de la ville. Il ajoutait q
si on ne les lui livrait pas, il entrerait
force. Les deux chefs n'ayant pu tomb

d'accord, retournèrent chacun se mettre à la tête de ses troupes. Zayas, avec quelques compagnies d'infanterie, deux escadrons de cavalerie et deux canons, sortit par la route d'Alcala pour aller au-devant des royalistes. Il les rencontra bientôt près de la Venta du Saint-Esprit. Le combat fut très-court. Il suffit de quelques volées de mitraille pour jeter le désordre parmi les troupes de Bessières. Une charge de cavalerie acheva de les mettre en déroute. Une partie de la populace, qui était sortie pour aller au-devant des royalistes, afin de rentrer avec eux et de piller les maisons des principaux habitants, prit aussi part au combat, et plusieurs de ces misérables restèrent sur le champ de bataille. Les Français, instruits de ces événements, hâtèrent les préparatifs de l'occupation et précipitèrent leur marche. Le 23, à quatre heures du matin, le général Latour-Foissac entra dans Madrid avec quelques bataillons qui relevèrent à l'instant les postes constitutionnels; et Zayas se retira sans délai sur Talavera de la Reina.

Les cris de *Vivent nos libérateurs!* furent les premiers que le peuple fit entendre après l'arrivée des Français, et l'on espéra un instant que tout se passerait sans désordre et sans violence; mais bientôt on entendit les cris de *Mort aux constitutionnels!* Plusieurs maisons furent pillées. Heureusement de nouvelles troupes françaises arrivèrent et rétablirent la tranquillité. Le lendemain, lorsque le duc d'Angoulême entra dans la ville, tout était parfaitement calme. Une proclamation du prince généralissime fut aussitôt affichée dans Madrid. Elle était datée de la veille et du village d'Alcovendas. Voici cette pièce, qui fut accueillie avec le plus vif intérêt; car elle devait servir en quelque sorte de règle de conduite et de base au gouvernement qu'on allait établir :

Espagnols! avant que l'armée française franchit les Pyrénées, j'ai déclaré à votre généreuse nation que la France n'était point en guerre avec elle. Je lui ai annoncé que nous venions, comme amis et comme auxiliaires, l'aider à relever ses autels, à délivrer son roi, à rétablir dans son sein la justice, l'ordre et la paix; j'ai promis respect aux propriétés, sûreté aux personnes, protection aux hommes paisibles. L'Espagne a ajouté foi à mes paroles. Les provinces que j'ai parcourues ont reçu les soldats français comme des frères, et la voix publique vous aura appris s'ils ont justifié cet accueil, et si j'ai tenu mes engagements.

Espagnols! si votre roi était encore dans sa capitale, la noble mission que le roi mon oncle m'a confiée, et que vous connaissez tout entière, serait déjà prête de s'accomplir; je n'aurais plus, après avoir rendu le monarque à la liberté, qu'à appeler sa paternelle sollicitude sur les maux qu'ont soufferts les peuples, sur le besoin qu'ils ont de repos pour le présent, et de sûreté pour l'avenir.

L'absence de sa majesté m'impose d'autres devoirs. Le commandement de l'armée m'appartient; mais, quel que soit le lien qui m'attache à votre roi et qui unit la France à l'Espagne, les provinces délivrées par nos soldats ne peuvent ni ne doivent être gouvernées par des étrangers.

Depuis la frontière jusqu'aux portes de Madrid leur administration a été provisoirement confiée à d'honorables Espagnols dont le roi connait le dévouement et la fidélité, et qui ont acquis dans ces circonstances difficiles de nouveaux droits à sa reconnaissance et à l'estime de la nation.

Le moment est venu d'établir d'une manière solennelle et stable la régence qui doit être chargée d'administrer le pays, d'organiser une armée régulière, et de concerter avec moi les moyens de consommer notre grand ouvrage, la délivrance de votre roi.

Cet établissement offre des difficultés réelles que la franchise et la loyauté ne permettent pas de dissimuler, mais que la nécessité doit vaincre.

Le choix de sa majesté ne peut être connu. Il n'est pas possible, sans prolonger douloureusement les maux qui pèsent sur le roi et sur la nation, d'appeler les provinces à y concourir. Dans ces circonstances difficiles et pour lesquelles le passé n'offre pas d'exemple à suivre, j'ai pensé que le plus convenable, le plus national et le plus agréable au roi était de convoquer l'antique conseil de Castille et le conseil suprême des Indes, dont les hautes et diverses attributions embrassent le royaume et ses possessions d'outre-mer, et de confier à ces grands corps indépendants par leur élévation et par la position politique de ceux qui les composent le soin de désigner eux-mêmes les membres de la régence.

J'ai en conséquence convoqué ces conseils, qui vous feront connaître leurs choix.

Les hommes sur qui se seront réunis leurs suffrages exerceront un pouvoir nécessaire jusqu'au jour désiré où votre roi, heureux et libre, pourra s'occuper du soin de consolider son trône, en assurant à son tour le bonheur qu'il doit à ses sujets.

Espagnols! croyez-en la parole d'un Bourbon: le monarque bienfaisant qui m'a envoyé vers vous ne séparera pas, dans ses vœux, la liberté d'un roi de son sang et les justes espérances d'une nation grande et généreuse, alliée et amie de la France.

Le conseil suprême de Castille et le conseil des Indes répondirent qu'ils ne se croyaient pas autorisés par les lois du royaume à nommer une régence. Ils se bornèrent à proposer une liste des personnes qui leur paraissaient capables d'administrer le royaume pendant la captivité du roi. Elle était ainsi composée: le duc de l'Infantado, président du conseil de Castille; le duc de Montemar, président du conseil des Indes; l'évêque d'Osma; le baron d'Éroles, et don Antonio Gomez Calderon. Le duc d'Angoulême s'empressa de reconnaître pour régents les individus qui lui étaient désignés. Ces choix ne furent pas heureux: il eût fallu à la tête des affaires des hommes calmes et animés de sentiments modérés. Presque tous les membres de la régence étaient connus par l'exagération de leurs principes absolutistes: c'est sous l'influence de ces opinions extrêmes que furent désignés les membres du ministère. Don Antonio de Vargas-y-Laguna fut nommé ministre des affaires étrangères.

Lorsque la révolution des Cabezas eut imposé de nouvelles institutions à l'Espagne, il n'y eut que deux fonctionnaires espagnols qui refusèrent de prêter serment à la constitution: le consul de Marseille, et de Vargas-y-Laguna, qui remplissait alors les fonctions d'ambassadeur auprès du saint-siége. Au lieu de se soumettre au nouveau gouvernement, il éleva la voix pour protester contre l'établissement d'une constitution imposée par la révolte: cette manifestation ne lui avait pas permis de rentrer en Espagne. Il était encore absent, et l'on donna par intérim l'administration de cet important ministère à don Victor Damiano Saez, qui avait été confesseur de Ferdinand VII, mais que les révolutionnaires de Madrid avaient fait exiler à la suite de l'émeute du 16 novembre 1820, causée par la nomination de Ca jal. Le ministère de grâce et de jus fut confié à don José Garcia de la To qui avait été membre du conseil de C tille. On nomma aux finances don Ju Bautista Erro, l'un des membres d junte provisoire; à la guerre, le maré de camp don José San-Juan; à la mari don Luiz Salazar, conseiller d'État; l'intérieur, don José Aznarez.

La nomination de ce ministère faire prévoir, dès ce moment, l'esprit réaction qui présiderait aux actes d nouvelle administration. Le duc d'A goulême n'avait pas assez de ferm pour maîtriser les passions vindicati des absolutistes espagnols. Les per cutions commencèrent, et c'est alors c les partis changèrent de dénominatio Les absolutistes s'appelèrent les *blan* ils donnèrent la qualification de *no* (*negros*) aux constitutionnels et a modérés. Ces dénominations étai importées du nouveau monde. Dans lutte que les colonies américaines sc tenaient pour se soustraire à la dor nation de la métropole, les royalist qui se composaient pour la plus gran partie d'Européens, avaient pris le n de blancs; les indépendants avaient re celui de nègres ou de noirs.

Pendant que les Français établissaie ainsi à Madrid un gouvernement réa tionnaire, les révolutionnaires et cortès qui s'étaient réfugiés à Séville bornaient à déclamer contre les étrang qui envahissaient le pays pour étouf la liberté. On fit dans les cortès la pro sition de ne pas respecter les soldats l'armée comme appartenant à une nati civilisée, mais de les traiter comme d hordes barbares qui venaient saccag l'Espagne. Toute cette violence de lan ge, toute cette exagération de sentimer patriotiques, ne pouvaient rien po sauver la constitution; et les ministr reconnaissant enfin leur impuissance tirer le pays de l'abîme où l'avait plon leur conduite imprévoyante, abandon rent successivement leurs ministères. roi nomma à la guerre Zorraquin, cl de l'état-major de Mina; mais cet offic ne put venir prendre la direction du partement qui lui était confié: il fut tu quelques jours plus tard, dans une r contre qui eut lieu près de la fronti française. Il fut remplacé par don Estanislao Sanchez Salvador, qui en 1821, étant gouverneur de Saragosse, avait contribué par sa fermeté à déjouer les projets de Riégo. Le ministère de grâce et de justice fut donné au député Calatrava, qui eut aussi, par intérim, le ministère de l'intérieur. Lopès Baños fut remplacé à la guerre par Pando, premier employé de cette administration. On confia les finances à Yandola, et la marine à Campuzano.

Cependant la guerre continuait avec activité : les Français s'avançaient de tous les côtés. Dans le royaume de Valence, Ballesteros, qui effectuait sa retraite dans la direction d'Alicante et de Carthagène, était vivement poursuivi par le général Molitor. Le 16 juin il tenta de l'arrêter à Alcira et de lui disputer le passage du Xujar. Mais la redoute placée en tête du pont fut bientôt enlevée par les voltigeurs du 4e léger, et Ballesteros fut obligé de se retirer précipitamment, abandonnant deux pièces de canon. Partout les populations recevaient les Français à bras ouverts. Des soldats et même des régiments entiers désertaient l'armée de Ballesteros pour passer du côté des troupes royalistes.

Dans l'Andalousie, les généraux Bordesoulle et Bourmont, à la tête de dix-sept mille hommes, marchaient rapidement vers Séville. Le gouvernement constitutionnel ne pouvait leur opposer que les débris de l'armée du comte del Abisbal; mais ces forces n'étaient pas en état d'arrêter les Français un seul instant. Il fallait donc chercher un autre moyen de salut. Un comité, composé du ministre de la guerre, des militaires qui étaient membres des cortès, et de quelques généraux, furent chargés d'examiner quel parti on pourrait prendre; quelques-uns proposèrent de se retirer à Cadix, d'autres à Algéciraz ou même à Gibraltar. Cette question fut également soumise au conseil d'État, et ce corps fut d'avis qu'il fallait chercher un refuge à Cadix; mais un des membres du conseil combattit vivement cette résolution : le prince d'Anglona soutint qu'il fallait envoyer une députation au duc d'Angoulême, et entrer avec lui en conférence et en transaction. Le gouvernement penchait pour cette proposition; mais les exaltés la désapprouvaient hautement. Aussi lorsqu'ils virent qu'il était sérieusement question de l'exécuter, ils ameutèrent la populace, parcoururent les rues de Séville en poussant d'épouvantables clameurs; ils pillèrent les maisons de quelques chanoines. De leur côté, les députés demandèrent, dans la séance du 11 juin, que les ministres fussent appelés dans le sein du congrès, afin d'y faire connaître les mesures qu'ils avaient adoptées pour la sûreté de la famille royale et des cortès. Les ministres répondirent que les conseils avaient été d'avis de se réfugier à Cadix, mais que le roi n'avait encore pris aucune résolution. Alors, sur la proposition du député Galiano, les cortès décidèrent qu'une députation irait exposer au roi combien il était urgent d'abandonner Séville. A cinq heures, les membres qui la composaient sortirent pour se rendre au palais, tandis que les députés restaient en séance. Au bout d'une demi-heure la députation revint, et Cayetano Valdès fit connaître aux cortès la réponse de Ferdinand. Il raconta qu'il avait exposé à sa majesté le message dont il était chargé, mais que le roi lui avait répondu avec le plus grand calme : « Ma conscience et l'amour que « je porte à mes sujets ne me permet« tent pas de sortir de Séville. Je ne re« culerais ni devant ce sacrifice ni devant « aucun autre si j'étais simple particu« lier; mais je suis roi, et ma conscience « me le défend. » J'ai fait observer à sa majesté, continua Valdès, que sa conscience devait être en repos, puisque, si comme homme le roi pouvait se tromper, comme monarque constitutionnel il n'avait aucune responsabilité ni aucune autre conscience que celle de ses conseillers et des représentants de la nation auxquels était confié le salut de la patrie. Mais sa majesté a répliqué : *J'ai dit*, et a tourné le dos. En conséquence, la députation, ayant accompli la mission dont elle avait été chargée, fait savoir aux cortès que sa majesté n'est pas dans l'intention de quitter Séville.

Il avait à peine achevé ces paroles que le député Galiano, émettant la supposition que le roi était saisi d'un accès de démence, fit la proposition suivante :

« Attendu le refus qu'a exprimé sa ma« jesté de mettre sa royale personne ainsi « que sa famille en sûreté contre l'in-

« vasion ennemie, je demande aux cor-
« tès de décider qu'il y a lieu de dé-
« clarer que sa majesté se trouve dans
« le cas d'empêchement moral signalé
« dans l'art. 187 de la constitution ; en
« conséquence, de nommer une régence
« provisoire qui, pour le fait seul de la
« translation, sera investie de toutes
« les attributions du pouvoir exécutif. »

La proposition de Galiano fut approuvée. On nomma pour régents provisoires Valdès, Ciscar et Vigodet, qui, après avoir prêté serment et avoir entendu une allocution du président, se transportèrent au palais, afin de préparer le voyage le plus promptement possible.

Le roi sortit de Séville le 12 juin, à six heures et demie du soir, escorté par les bataillons des volontaires nationaux de Madrid et de Séville, et par le régiment de cavalerie d'Almanza. Quoique la distance qui sépare Séville de Cadix ne soit guère que de vingt lieues d'Espagne (127 kilomètres), on mit trois jours à la franchir, parce qu'il fallut régler la marche des voitures d'après le pas de l'escorte d'infanterie.

Une heure après le départ du roi et des ministres qui l'accompagnaient, les cortès se séparèrent. La ville, abandonnée par les autorités et sans autre force militaire qu'un régiment d'artillerie à pied incomplet, et composé presque entièrement de conscrits, fut livrée au plus épouvantable désordre. Le lendemain matin, 13 juin, la plus grande partie des députés partirent de Séville sur un bateau à vapeur. A peine ce bâtiment se fut-il éloigné, qu'on sonna le tocsin. Le bas peuple, les habitants du faubourg de Triana, et les paysans des environs se précipitèrent vers le quai, où étaient amarrées des barques destinées à recevoir les députés et les fonctionnaires qui n'avaient pas trouvé place sur le bateau à vapeur. La populace chassa à coups de fusil les personnes qui s'y trouvaient déjà ou qui se disposaient à y monter. Elle se mit à piller les bagages; et comme elle en voulait aux effets encore plus qu'aux personnes, on n'eut d'abord que peu de malheurs à déplorer. Cependant l'émeute allait toujours grossissant, et les perturbateurs se portèrent à l'ancienne maison de l'inquisition, où ils pensaient trouver des armes. Elle ne renfermait que quelques bar[illegible] de poudre; et le feu y ayant pris, la m[illegible] son sauta. Plus de cent personnes f[illegible] rent ensevelies sous ses ruines. Cette c[illegible] tastrophe calma presque entièreme[illegible] l'agitation populaire.

Le mode de transport adopté par [illegible] plus grande partie des députés éta[illegible] beaucoup plus rapide que la voie de ter[illegible] suivie par le roi et par les régents : auss[illegible] lorsque ceux-ci arrivèrent à Cadix, i[illegible] y avaient été précédés par une part[illegible] des cortès. En conséquence, le 15, pe[illegible] d'instants après leur arrivée, ils rend[illegible] rent le décret suivant :

La régence provisoire, attendu que sa m[illegible] jesté est arrivée dans cette île Gaditane, a[illegible] tendu qu'il s'y trouve également un nombre [illegible] députés suffisant pour se former en cortès [illegible] pour délibérer, déclare qu'à partir de ce m[illegible] ment doit cesser entièrement l'exercice d[illegible] attributions du pouvoir exécutif que l[illegible] cortès, par leur décret du 11 juin du pr[illegible] sent mois, lui avaient confiées jusqu'à ce q[illegible] ce but fût atteint.

Ainsi, à quatre jours de distance, o[illegible] déclarait le roi atteint de démence [illegible] incapable de gouverner; puis on lui re[illegible] dait le pouvoir. Il suffit de signaler c[illegible] faits : il n'est pas nécessaire de les com[illegible] menter.

MORILLO CAPITULE AVEC LES FRANÇAIS. — BA[illegible] LESTEROS RECONNAÎT LA RÉGENCE DE M[illegible] DRID. — ZAYAS REND GRENADE. — RIÉGO A[illegible] TAQUE LES TROUPES DE BALLESTEROS. — [illegible] EST BATTU A JAEN, A JODAR, ET CONDUIT [illegible] PRISON PAR LES PAYSANS D'ARQUILLOS. — MESURES RÉACTIONNAIRES DE LA RÉGENCE [illegible] MADRID. — DÉCRET D'ANDUJAR. — PROTEST[illegible] TION DE LA RÉGENCE. — SUICIDE DE SANCHE[illegible] SALVADOR. — PRISE DU TROCADERO. — FE[illegible] DINAND EST MIS EN LIBERTÉ.

La dernière résolution prise à Sévil[illegible] par les cortès, la translation du roi [illegible] Cadix, achevèrent de perdre la cause d[illegible] gouvernement constitutionnel, déjà [illegible] compromise. Ces événements provoqu[illegible] rent les défections : beaucoup de ville[illegible] beaucoup de généraux, se refusèrent à r[illegible] connaître la régence improvisée que l[illegible] cortès avaient substituée au pouvoir roy[illegible] de Ferdinand VII.

En Galice le commandement avait, o[illegible] se le rappelle, été confié à Morillo, com[illegible] de Carthagène. Les forces dont ce général pouvait disposer n'étaient pas très-considérables, et il était loin d'éprouver une ferveur bien vive pour le maintien du gouvernement révolutionnaire. Les persécutions dont il avait été l'objet avaient beaucoup refroidi son enthousiasme. Il se trouvait à Lugo le 26 juin, quand on y apprit les derniers événements de Séville et la nomination de la nouvelle régence. Ces changements n'étaient pas de nature à ranimer le zèle déjà fort tiède de la province et des troupes qu'il commandait. Il réunit un conseil composé de l'évêque de Lugo, du chef politique et de trois individus des députations provinciales d'Orense, de la Corogne et de Vigo. Cette junte résolut de ne reconnaître ni la régence de Séville, qui n'était que l'instrument d'une faction frénétique, ni la régence de Madrid, dont les mesures réactionnaires étaient incompatibles avec les véritables intérêts du pays. Elle prit la résolution d'envoyer un parlementaire au général Bourck, qui s'avançait en Asturie, et de lui proposer un armistice. Morillo offrit de joindre ses forces à celles des Français, et de coopérer avec eux à la délivrance du roi, seul terme possible des maux qui déchiraient l'Espagne. Il demanda que la Galice continuât à être administrée par les autorités actuelles jusqu'au moment où Ferdinand, rétabli dans la plénitude de ses droits, aurait réglé la forme de gouvernement qui conviendrait le mieux à la monarchie; enfin, il stipula que personne ne serait poursuivi ni molesté pour ses opinions. Il réclama une égale sûreté pour les individus et pour les propriétés : ces propositions furent agréées. Le 10 juillet les troupes françaises commandées par le général Bourck entrèrent dans Lugo, et se réunirent aux forces de Morillo pour achever la pacification de la province. La Corogne, où s'étaient réfugiés la plus grande partie des exaltés, Vigo et Orense, où commandaient les généraux Romai et Rosillo, refusèrent d'obéir aux ordres du comte de Carthagène. Les Français se dirigèrent sur la Corogne; et le 15, après un engagement très-vif contre les troupes constitutionnelles, ils en commencèrent le siége. Le même jour une brigade française, commandée par le général Hubert, entra au Ferrol sans éprouver de résistance. Le comte de Carthagène occupa Santiago et Pontevedra, chassant de ces villes les troupes qui tenaient encore pour le gouvernement révolutionnaire. Il dispersa une colonne de constitutionnels au pont de San-Payo, et avec l'aide de la brigade française du comte de la Rochejacquelein, qu'on avait mise à ses ordres, il força les ennemis à se replier sur Orense, et le 3 août il entra dans Vigo.

Les Français ne faisaient pas de progrès au siége de la Corogne, parce qu'ils manquaient de grosse artillerie. Ils n'avaient pu tirer du Ferrol que huit canons de fer. Ils manquaient également de munitions. La prise de Vigo leur offrait des ressources suffisantes en tous genres; mais ils n'avaient pas encore pu en faire usage quand la garnison de la Corogne reconnut l'autorité du comte de Carthagène, et cette place fut occupée le 21 août. En même temps les débris des constitutionnels furent chassés d'Orense. Forcés de quitter la Galice, ils se dirigèrent vers l'Estramadure; mais avant qu'ils eussent pu traverser le Duero, ils furent atteints, à Gallegos-de-Campo, par le général Marguerye, qui les poursuivait à la tête du 35ᵉ de ligne. Ils n'essayèrent pas de se défendre, et rendirent les armes au nombre de près de quinze cents hommes; les généraux Rosello, Vigo, et le brigadier Palarea, furent au nombre des prisonniers.

De son côté, Ballesteros n'avait pu défendre la ligne du Jucar. Le passage avait été forcé à Alcira; et il s'était retiré dans les royaumes de Murcie et de Grenade, toujours poursuivi par le comte Molitor. Persuadé que la défense était inutile, qu'elle ne faisait que perpétuer les maux de la guerre, sans gloire et sans utilité pour le pays, il avait envoyé un parlementaire au général français; mais la capitulation qu'il proposait n'ayant pas paru acceptable, il prit le parti de se jeter dans les montagnes; on ne lui en laissa pas le temps. Une de ses divisions, composée de six bataillons, fut attaquée par les Français à Campillo-de-Arenas, le 28 juillet, et forcée de se replier, après avoir éprouvé des pertes très-sensibles. Ce revers le rendit moins difficile sur les conditions qu'il demandait, et le 4 août un arrangement fut conclu entre lui et le comte Molitor. Ballesteros et l'armée qui était sous ses ordres reconnurent l'autorité de la régence d'Espagne établie à Madrid en l'absence du roi. Ses troupes furent cantonnées dans des endroits fixés de concert avec le général Molitor. Il fut également stipulé que les généraux, chefs et officiers appartenant à ce corps d'armée, conserveraient leurs grades, emplois, distinctions, et enfin que nul individu appartenant à l'armée ne pourrait être inquiété ni molesté pour ses opinions antérieures à cette convention.

Le général Zayas, qui commandait à Grenade, voulant épargner à cette ville les horreurs d'une prise d'assaut ou les désastres encore plus redoutables d'une occupation par les soldats de la Foi, conclut un arrangement semblable à celui qui avait eu lieu pour Madrid. Il remit lui-même la ville aux Français; et il se retira à Alhama, où il apprit la capitulation de Ballesteros. Il est à présumer qu'il aurait imité l'exemple de ce général; mais ses troupes se mutinèrent, et il fut forcé de se retirer avec elles à Malaga. Les représentations qu'il avait adressées au gouvernement avaient irrité contre lui les exaltés, et Riégo lui avait été substitué dans le commandement. Ce dernier vint à Malaga prendre le commandement de cette division, et, poussé par les conseils des révolutionnaires, il fit arrêter Zayas, ainsi que plusieurs autres officiers dont les opinions lui étaient suspectes. Il fit enlever la plus grande partie de l'argenterie des églises, et commit beaucoup d'actes de cette nature qui indisposèrent vivement contre lui les habitants de cette ville; puis comme une division française s'avançait rapidement sous la conduite du général Loverdo, il chargea dix gros bateaux des personnes qu'il avait arrêtées et de l'argent qu'il avait levé sur le pays. Il les fit partir sous l'escorte d'un brick et d'un bâtiment armé; puis il abandonna la ville. Aussitôt que les Français furent entrés dans Malaga, ils mirent à la poursuite de ce convoi deux chaloupes canonnières qui ne tardèrent pas à l'atteindre, et qui forcèrent le bâtiment armé et huit bateaux à rentrer dans le port.

Depuis la fin d'août, les troupes du corps de Ballesteros étaient cantonnées dans le royaume de Cordoue à Montil[la,] à Lucena et à Priégo. Dans l'espoir [de] ramener ces forces à la cause révolutio[n]naire, Riégo se dirigea de ce côté; et [le] 10 septembre, à la tête de deux mil[le] cinq cents fantassins et de sept à hu[it] cents chevaux, il arriva à Priégo. [Un] combat de tirailleurs s'engagea aussit[ôt] entre les éclaireurs des deux armée[s] et Riégo avait déjà perdu quelqu[es] hommes lorsqu'il s'avança en personn[e] pour faire cesser le feu. Il se mit à crier *Vive l'union!* Ses soldats jetèrent en l'a[ir] leurs schakos. On pensa qu'ils deman[]daient à capituler. On entra en pourpa[r]lers; et les deux généraux se dirigère[nt] ensemble vers le village. Riégo proposa d'abandonner le commandement de so[n] armée à Ballesteros, pourvu que celui-[ci] l'employât à combattre les Français. Cette offre ayant été repoussée, l'escort[e] de Riégo se jeta tout à coup sur la gard[e] de Ballesteros, la désarma, et retint c[e] général comme prisonnier en son loge[]ment. Riégo espérait que, le chef une foi[s] arrêté, ses troupes reviendraient volon[]tiers au parti constitutionnel; mais s[a] trahison n'eut pas le résultat qu'il e[n] attendait. Le général Balanzat, qui com[]mandait une des brigades, s'avança ave[c] ses troupes, et contraignit Riégo à relâ[]cher les prisonniers.

Après cette malheureuse tentative, l[e] général révolutionnaire se retira du côt[é] d'Alcaudete, d'où il se rendit à Jaen. Mai[s] dans sa retraite il fut abandonné par beau[]coup de soldats et d'officiers, et mêm[e] par deux escadrons d'Espagne et de Nu[]mance, qui ne voulurent pas servir plu[s] longtemps sous ses ordres.

Le 13 Riégo était à Jaen, occupé à re[]cueillir une forte contribution qu'il avai[t] imposée à la ville, quand la division d[u] général Bonnemains survint tout à coup. Les Français attaquèrent à l'instan[t] même les troupes constitutionnelles, e[t] les chassèrent de la ville. Les constitu[]tionnels, ralliés par Riégo sur les hau[]teurs en arrière de Jaen, y furent de nou[]veau attaqués. On les culbuta de positio[n] en position jusqu'au delà de Mancha Réal, et ils perdirent plus de cinq cent[s] hommes dans cette journée.

En quittant Mancha-Réal ils priren[t] la direction de Jodar; mais le général La[]tour-Foissac, qui commandait à Andu[]

jar, ayant prévu que Riégo pourrait se retirer de ce côté, y avait envoyé le colonel d'Argoult. Il y avait à peine quelques minutes que les troupes de Riégo étaient arrivées à Jodar, lorsqu'elles furent attaquées par les Français. Elles opposèrent peu de résistance, et furent entièrement dissipées. Les fuyards trouvèrent un asile dans les montagnes. Quant au général, abandonné de tout le monde, il se sauva, accompagné seulement de quatre officiers, dont deux étaient Anglais. Il se dirigea vers la Sierra-Morena, et le lendemain de la défaite de Jodar il atteignit Arquillos, petit village situé à deux lieues environ au-dessus du confluent du Guadalen et du Guadalimar. Il était entré avec ses quatre compagnons de route dans une ferme, où il soupait, après s'être annoncé comme appartenant à l'armée de Ballesteros. Trahi par le titre de général, que lui donna imprudemment un de ses camarades, et reconnu par un paysan, il fut arrêté par les habitants d'Arquillos. On le conduisit à la Carolina, où il fut enfermé dans la prison. Le lendemain il fut envoyé à Andujar avec une escorte composée de quarante hommes du 4e de hussards, et d'une partie des paysans qui l'avaient arrêté. Ces derniers ne le perdaient pas de vue un seul instant. Ils ne se retirèrent qu'après avoir vu se refermer sur lui les portes de la prison. A la Carolina, ils avaient eu beaucoup de peine à se décider à le remettre aux soldats français; et pour être plus sûrs qu'on ne le laisserait pas échapper, un d'eux, appuyant le canon de sa carabine sur la poitrine du prisonnier, allait le tuer, quand l'officier français à qui Riégo avait été confié releva promptement l'arme avec la main. Lorsque Riégo entra dans Andujar, les habitants de la ville et les paysans des environs, qui étaient accourus en foule, l'accueillirent par des clameurs injurieuses, par des menaces et des cris de mort; et ils l'auraient massacré sans la protection de l'escorte française. Dans cette circonstance critique, Riégo dit à l'officier qui l'accompagnait :

« Ce peuple que vous voyez aujour- « d'hui si acharné contre moi, ce peuple « qui sans vous m'aurait déjà égorgé, « l'année dernière me portait ici même « en triomphe; la ville me força d'accep- « ter malgré moi un sabre d'honneur; « toute la nuit que je passai ici les mai- « sons furent illuminées, le peuple dansa « sous mes fenêtres et m'assourdit de « ses cris. »

Quand la nouvelle de l'arrestation de Riégo fut arrivée à Madrid, elle y causa la joie la plus vive; cette même populace qui l'année précédente, précisément à la même époque, voulait promener dans les rues le portrait de Riégo, fit subir à son effigie, sur la plaza Mayor, un ignominieux supplice.

Il faut le dire quoiqu'à regret, ce n'était pas seulement la lie du peuple qui s'abandonnait à ces passions furieuses, le parti absolutiste presque entier était atteint de la même frénésie. La régence, retenue par la modération des Français, avait, pendant quelque temps, dissimulé ses projets de vengeance et de réaction, jusqu'au moment où les événements de Séville et la translation du roi à Cadix lui avaient donné un prétexte pour laisser éclater sa colère, et lui avaient fourni l'occasion, qu'elle attendait impatiemment, de décréter des mesures rigoureuses : elle saisit avec empressement le prétexte qui se présentait; et le 19 elle annonça par une proclamation la conduite qu'elle allait suivre :

La régence du royaume, disait-elle à la fin de cette pièce, en voyant de si énormes attentats, a pris et continuera à prendre des mesures fermes, vigoureuses et énergiques pour châtier ceux qui les ont commis, et pour porter remède à l'étendue des maux causés par les ennemis implacables de Dieu et du monarque. La prudence et la vigueur présideront à toutes ses résolutions. Vous l'aiderez à atteindre le but si noble et si juste qu'elle se propose par votre confiance en votre gouvernement, *qui sera constant à poursuivre* tous ceux qui, par une rage infernale, ont couvert nos cœurs de deuil.

Cette promesse d'intolérance et de persécution ne resta pas longtemps sans effet. Le 23, la régence rendit le décret suivant :

Article 1er. Il sera dressé une liste des membres des cortès actuelles, de ceux de la prétendue régence nommée à Séville, des ministres, des officiers de la milice volontaire de Madrid et de Séville qui ont commandé la translation du roi de cette cité à Cadix, ou qui ont aidé à l'effectuer.

Art. 2. Les biens appartenant aux personnes portées sur ladite liste seront immédiatement séquestrés jusqu'à nouvel ordre.

Art. 3. Tous les députés qui ont pris part à la délibération dans laquelle a été résolue la déchéance du roi, notre seigneur, sont, par le fait seul, déclarés coupables de lèse-majesté, et les tribunaux leur appliqueront, sans autre procédure que la vérification de leur identité, la peine prononcée par les lois pour cette nature de crimes.

Art. 4. Seront exceptés de la disposition précédente, et seront dignement et honorablement récompensés ceux qui contribueront efficacement à la délivrance du roi, notre seigneur, et de sa royale famille.

Art. 5. Les généraux et officiers des troupes de ligne et de la milice qui ont suivi le roi à Cadix restent personnellement responsables de la vie de sa majesté et de la famille royale, et pourront être traduits devant un conseil de guerre, pour être jugés comme complices des violences qui se commettent contre le roi et contre la famille royale lorsque, pouvant les empêcher, ils ne l'auront pas fait.

Art. 6. Des ordres vont être transmis par le moyen le plus prompt et le plus opportun au gouverneur de Ceuta, afin qu'il refuse l'entrée de cette place aux cortès et au gouvernement révolutionnaire, dans le cas où ils tenteraient de s'y retirer; mais il devra apporter le plus grand soin à ce que sa résistance n'expose les personnes royales à aucun danger.

Art. 7. En même temps la régence se concertera avec son altesse royale monseigneur le duc d'Angoulême pour que les mesures les plus strictes de vigilance soient prises sur terre et sur mer, afin d'empêcher que le roi et la famille royale ne puissent être transportés dans les colonies, si par malheur on essayait de les faire embarquer.

Art. 8. Des prières générales seront continuées pendant huit jours pour implorer la clémence divine. Pendant ce temps les théâtres seront fermés et les autres divertissements publics seront interdits.

Art. 9. Il sera donné avis, par courriers extraordinaires, aux principales cours de l'Europe des mesures qui viennent d'être prises.

Ce décret et les proclamations qui l'accompagnèrent furent le signal d'horribles persécutions. Des centaines d'individus qui étaient restés dans les villes soumises à la régence, sur la foi des capitulations et avec la promesse de ne pas être inquiétés, furent arrêtés sous le prétexte qu'ils étaient libéraux et qu'ils devaient servir d'otages pour être sacri si on attentait à la vie de Ferdinand. sultes, menaces, violences, exactio rien ne leur fut épargné. A Saragosse, p de douze cents personnes furent emp sonnées ; à Roa, la prison publique forcée, et quelques-uns des prisonni périrent dans d'atroces supplices ; à C doue, la populace, non contente de tr ner en prison des centaines de citoye respectables aux cris de *Vive le roi!* donnait le cruel passe-temps de précipi les constitutionnels dans un bassin ple d'eau. A Madrid, on commit de sembl bles excès ; et la régence, loin de les rép mer, semblait les provoquer par ses écr et par ses actes.

Le duc d'Angoulême voyait avec ch grin les violences du parti royaliste. avait promis que les individus qui rendraient ne seraient inquiétés ni da leurs personnes ni dans leurs bien mais les absolutistes ne tenaient p compte de ses promesses, et les dispo tions les plus précises des capitulatio n'étaient pas toujours une garantie cont les persécutions. Il ne voulut pas que honte de ces manques de foi retombât s le drapeau français ; et pour les empêch autant que cela était en son pouvoir rendit une ordonnance dont voici l termes :

Nous, Louis-Antoine d'Artois, fils France, duc d'Angoulême, commandant chef l'armée des Pyrénées;

Considérant que l'occupation de l'Espag par l'armée française sous mes ordres no met dans l'indispensable obligation de pourv à la tranquillité de ce royaume et à la sûre de nos troupes ;

Avons ordonné et ordonnons ce qui sui

Art. 1er. Les autorités espagnoles ne pou ront faire aucune arrestation sans l'autorisati du commandant de nos troupes dans l'arro dissement duquel elles se trouveront.

Art. 2. Les commandants en chef des cor de notre armée feront élargir tous ceux q ont été arrêtés arbitrairement, et pour d motifs politiques, notamment les miliciens re trant chez eux. Sont toutefois exceptés ce qui depuis leur rentrée dans leurs foye ont donné de justes motifs de plainte.

Art. 3. Les commandants en chef des cor de notre armée sont autorisés à faire ar ter ceux qui contreviendraient au prése ordre.

Art. 4. Tous les journaux et journalist

sont placés sous la surveillance des commandants de nos troupes.

Art. 5. La présente ordonnance sera imprimée et affichée partout.

Fait à notre quartier général d'Andujar, le 8 août 1823.

Cette ordonnance était sage, et sans doute elle eût épargné bien des maux à l'Espagne si elle eût été exécutée; mais elle fut vivement attaquée par les absolutistes, dont elle décevait les instincts sanguinaires. Or, ce n'était pas seulement en Espagne que s'agitait ce parti ennemi de tout progrès et de toute clémence. Il était puissant aux Tuileries aussi bien qu'à l'Escurial. Il avait été représenté au congrès de Vérone. Les passions absolutistes étaient conformes au vœu, à la pensée, à la politique du cabinet russe. Aussi la régence d'Espagne, bien certaine que sa voix trouverait de l'écho à Paris et à Saint-Pétersbourg, n'hésita pas à protester contre l'exécution de l'ordonnance d'Andujar. Elle le fit en des termes qui excluent toute idée de reconnaissance de sa part pour l'intervention française, sans laquelle son parti eût été écrasé.

Voici comment elle s'exprima :

A son excellence le duc de Reggio.

Excellence,

La régence du royaume vient d'être informée officiellement que, la nuit dernière, trois officiers français se sont présentés à la prison de la ville avec plusieurs gendarmes, et qu'ils ont mis en liberté vingt-deux Espagnols détenus sous la sauvegarde des autorités et de la loi. La régence a appris avec étonnement un événement qui attaque la souveraineté du roi au nom de qui elle gouverne; ne pouvant supporter cette atteinte à sa dignité, elle proteste à la face de l'Europe, dont elle implore l'assistance, contre la violence de cet acte.

En apprenant cette nouvelle, la régence du royaume aurait voulu pouvoir abandonner les rênes de l'État; mais, pensant à la situation de son souverain, à la nécessité de conserver l'union entre les deux nations et au besoin de maintenir l'ordre public dans l'intérieur, elle se croit obligée de continuer ses fonctions, malgré l'outrage fait à l'autorité dont elle était investie.

La régence du royaume m'ordonne d'avoir l'honneur d'adresser à votre excellence cette protestation en réponse à la communication officielle qu'elle vient de recevoir.

J'ai l'honneur d'être, etc...

Le duc DE L'INFANTADO.

Mardi, 15 août 1823.

Sans doute le duc d'Angoulême eût été en droit d'imposer silence à ce gouvernement ingrat et turbulent, qui n'était à Madrid que parce qu'il l'y avait amené; qui n'existait que parce qu'il l'avait créé; mais il n'avait ni assez d'énergie ni assez de sagesse pour comprimer le parti absolutiste. Les représentants des puissances qui avaient été parties au congrès de Vérone, et qui voulaient le triomphe du droit divin plutôt que le bonheur et la pacification de l'Espagne, joignirent leurs réclamations à celles de la régence. Peut-être aussi les instructions du cabinet français enjoignirent-elles au duc d'Angoulême de céder afin de ne pas accroître le nombre de ses adversaires et de ne pas hérisser de difficultés une entreprise qui avait été jusque-là d'une exécution si aisée. Une explication signée par le comte de Guilleminot, major général de l'armée, vint atténuer considérablement la portée de l'ordonnance d'Andujar. Voici les termes de cette circulaire :

Son altesse royale monseigneur le duc d'Angoulême étant informé que diverses autorités locales ont mal interprété son ordre du 8 août, me charge de vous faire différentes objections sur ce sujet.

En même temps que son altesse royale témoigne le désir de faire cesser toutes les mesures arbitraires, elle reconnaît aussi l'utilité d'assurer le pouvoir des autorités espagnoles, tant municipales que judiciaires, afin de réprimer les délits qui, par leur impunité, compromettaient la tranquillité publique, dont la conservation a été l'objet de cet ordre. Jamais l'intention de son altesse royale ne fut d'arrêter le cours de la justice dans les poursuites pour des délits ordinaires, sur lesquels le magistrat doit conserver toute la plénitude de son autorité.

Les mesures prescrites dans l'ordre du 8 août n'ont d'autre objet que d'assurer les effets de la parole du prince par laquelle il garantit la tranquillité de ceux qui, sur la foi des promesses de son altesse royale, se séparent des rangs de l'ennemi; mais en même temps, l'indulgence pour le passé garantit la sévérité avec laquelle les autres délits seront punis, et conséquemment les commandants français devront non-seulement laisser agir les tribunaux ordinaires, auxquels il appartient de punir, suivant la rigueur des lois, ceux qui à l'avenir se rendront coupables de désordre et de désobéissance aux lois; mais encore ils devront agir, d'accord avec les autorités locales, pour toutes les mesures qui pourront intéresser la conservation de la paix publique.

Quant à la disposition de l'article 4, qui met les journaux sous la surveillance des commandants des troupes françaises, on ne doit pas supposer qu'il ait un autre objet que d'empêcher d'insérer dans les papiers, comme cela arrive fréquemment, des articles qui peuvent aigrir les partis, ou empêcher l'effet des mesures prises par son altesse royale, par des personnalités inconvenantes, soit sur ce qui touche les opérations militaires, soit sur ce qui est relatif à la pacification de l'Espagne et à la liberté de sa majesté chrétienne, objet principal des efforts de son altesse royale.

MM. les commandants français doivent s'entendre avec les autorités espagnoles pour que les articles de ce genre ne soient point insérés dans les journaux; et dans le cas où, contre toute apparence, les autorités ne feraient aucun cas de leurs observations, il est naturel et juste que, travaillant dans l'intérêt des opérations de l'armée, ces commandants s'opposent à de semblables insertions.

Veuillez bien faire connaître aux autorités espagnoles, tant civiles que militaires, qui sont dans votre arrondissement, ainsi qu'aux commandants français sous vos ordres, les explications ci-dessus, lesquelles ne doivent pas laisser de doute sur les véritables intentions de son altesse royale.

Cette lettre du major général de l'armée est postérieure de dix-huit jours au décret d'Andujar. Elle est datée de Port-Sainte-Marie; car dès le 24 juin le corps d'armée du général Bordesoulle était arrivé en vue de Cadix et avait formé le blocus de cette ville. Il s'était ainsi avancé jusqu'à l'extrémité méridionale de la Péninsule sans rencontrer la moindre résistance.

L'approche des Français ne modifia pas la conduite des cortès. Cette assemblée, feignant une sécurité qui ne pouvait être dans le cœur d'aucun de ses membres, s'occupa de lois sans importance actuelle, et ne fit absolument rien d'utile. Le petit nombre de députés dont le jugement n'était pas altéré par la passion, ne pouvaient s'abuser sur l'issue de la crise où l'on se trouvait; mais cela même leur position devenait cha[illegible] jour plus embarrassante. Ils n'osai[illegible] abandonner la cause constitutionn[illegible] au moment du danger, dans la crai[illegible] de mériter le reproche de lâcheté. Cep[illegible]dant ils étaient mal vus par les exalt[illegible] dont ils essayaient de modérer la fou[illegible] révolutionnaire.

Les angoisses de cette position tr[illegible]blèrent l'esprit du général Sanchez-S[illegible]vador, qui n'avait pas osé refuser le [illegible]nistère de la guerre. C'était sur lui [illegible] reposait la responsabilité de la défense [illegible] pays; aussi, n'osant pas proposer [illegible] transaction qui serait regardée par [illegible] exaltés comme un acte de faiblesse, [illegible] sentant que les efforts pour sauver [illegible] cause constitutionnelle ne pouvai[illegible] amener aucun résultat, il perdit la tête [illegible] mort lui sembla le seul moyen de so[illegible] d'embarras. Il eut recours au suicide[illegible] se coupa la gorge, après avoir tracé q[illegible]ques lignes qui furent trouvées à côté [illegible] son cadavre. Il disait : « La vie me [illegible]vient chaque jour plus insupportable[illegible] la conviction de cette vérité m'entra[illegible] à prendre la résolution de terminer [illegible] existence par mes propres mains. [illegible] seule consolation que je puisse laiss[illegible] mon estimable femme, à mes chers [illegible]fants et à mes amis, sur cette terr[illegible] détermination, c'est que je descends [illegible] tombeau sans avoir jamais commis aucun crime ni aucun délit. — Nuit [illegible] 17 au 18 juin. »

Ce malheureux officier fut rempl[illegible] au ministère de la guerre par Puer[illegible] qui lui-même eut bientôt pour suc[illegible]seur don Francisco Fernandez Gol[illegible] Le ministère des affaires étrangères [illegible] confié à Pando, et ensuite à don J[illegible] Luyando. Salvador Manzanarez [illegible] celui de l'intérieur; Calatrava cons[illegible] celui de grâce et de justice, et Yan[illegible] celui des finances. Le général Valdès [illegible] nommé gouverneur politique et milit[illegible] de Cadix, et le général Burriel fut ch[illegible] de la défense de l'île Léon.

Cependant les opérations milita[illegible] marchaient rapidement. Le 16 aoû[illegible] duc d'Angoulême arriva à Port-Sai[illegible] Marie. Les troupes qui l'accompagna[illegible] augmentèrent considérablement les [illegible]ces réunies devant cette ville; et il de[illegible] possible de pousser les opérations siége avec une activité et avec une vigueur qu'elles n'avaient pas eues jusque-là. Néanmoins, avant de tenter une attaque de vive force, le duc d'Angoulême voulut faire connaître ses intentions à Ferdinand; et le lendemain de son arrivée à Port-Sainte-Marie il lui écrivit la lettre suivante, qui fut portée à Cadix par un officier français :

Monsieur mon frère et cousin,

L'Espagne est délivrée du joug révolutionnaire; quelques villes fortifiées servent seules de refuge aux hommes compromis. Le roi mon oncle et seigneur avait pensé (et les événements n'ont rien changé de son sentiment) que votre majesté, rendue à la liberté et usant de clémence, trouverait bon d'accorder une amnistie nécessaire après tant de troubles, et de donner à ses peuples, par la convocation des anciennes cortès du royaume, des garanties d'ordre, de justice et de bonne administration. Tout ce que la France pourrait faire, ainsi que ses alliés, et l'Europe entière, serait fait pour consolider cet acte de votre sagesse; je ne crains pas de m'en porter garant.

J'ai cru devoir rappeler à votre majesté, et par elle à tous ceux qui peuvent prévenir encore les maux qui les menacent, les dispositions du roi mon oncle et seigneur. Si d'ici cinq jours il ne m'est parvenu aucune réponse satisfaisante, et si votre majesté est encore à cette époque privée de sa liberté, j'aurai recours à la force pour la lui rendre. Ceux qui écouteraient leurs passions de préférence à l'intérêt de leur pays répondront seuls du sang qui sera versé.

Le très-affectionné frère, cousin et serviteur,

LOUIS-ANTOINE.

De mon quartier général au Port-Sainte-Marie, ce 17 août 1823.

Les ministres, qui ne pouvaient s'abuser sur la position désespérée de leur parti, qui se sentaient impuissants pour sauver la constitution, auraient dû chercher au moins à profiter des intentions bienveillantes manifestées par le duc d'Angoulême. Peut-être en ce moment n'eût-il pas encore été impossible d'obtenir une transaction garantie par la parole du prince français, de manière à assurer la tranquillité des personnes compromises; peut-être n'eût-il pas encore été trop tard pour stipuler que des institutions libérales seraient données au pays. Au lieu de se rattacher à cette dernière planche de salut, ils firent écrire par Ferdinand cette lettre irritante, qui ne pouvait qu'aggraver la position de leur parti :

Monsieur mon frère et cousin,

J'ai reçu la lettre de votre altesse royale datée du 17 courant : et c'est en vérité une chose très-remarquable que jusqu'à ce jour les intentions de mon frère et oncle le roi de France ne m'aient pas été manifestées, quand depuis six mois ses troupes ont envahi mon royaume, et ont occasionné tant de calamités à mes sujets, qui ont eu à supporter cet envahissement.

Le joug dont votre altesse royale prétend avoir délivré l'Espagne n'a jamais existé, et je n'ai jamais été privé d'aucune autre liberté que de celle dont les opérations de l'armée française m'ont dépouillé.

La meilleure manière de me rendre cette liberté et de laisser le peuple espagnol en possession de la sienne, serait de respecter nos droits comme nous respectons ceux des autres, et il faudrait qu'un pouvoir étranger cessât de s'entremettre, au moyen d'une force armée, dans nos affaires intérieures.

Les sentiments paternels de mon cœur sont, pour ce qui me concerne, la règle la plus sûre et le plus puissant motif pour juger et pour chercher un remède aux besoins de mes sujets. Si de plus fortes garanties pour la conservation de l'ordre et de la justice étaient désirées par eux, c'est avec eux que j'en conviendrais. En attendant, que votre altesse royale me permette de lui dire que le remède qu'elle m'indique est aussi incompatible avec la dignité de ma couronne qu'avec l'état actuel du monde, la situation politique des choses, les droits, les usages, et le bien-être de la nation que je gouverne. Rétablir, après trois siècles d'oubli, une institution aussi variée, aussi changeante, aussi monstrueuse que les anciennes cortès du royaume l'étaient, assemblées dans lesquelles la nation n'était pas réunie et ne possédait pas une véritable représentation, serait la même chose, ou pis encore, que de ressusciter les états généraux en France. De plus, cette mesure, insuffisante pour assurer la tranquillité de l'ordre public, sans procurer aucun avantage à aucune classe dans l'État, ferait renaître les difficultés et les inconvénients qu'on éprouva dans les temps anciens, et dont on s'est toujours souvenu chaque fois qu'il a été question de ce sujet.

Ce n'est pas au roi que doivent être adressés les conseils que son altesse royale a cru devoir lui donner; car il n'est ni juste ni possible qu'on appelle le roi à prévenir des maux qu'il n'a ni causés ni mérités. Cet appel devrait plutôt être adressé à celui qui est l'auteur volontaire de ces maux.

Je désire, ainsi que ma nation, qu'une paix honorable et solide mette un terme aux désastres de la présente guerre, guerre que nous n'avons pas provoquée et qui est aussi nuisible à la France qu'à l'Espagne. J'ai, à ce sujet, des négociations pendantes avec le gouvernement de sa majesté britannique, dont la médiation a également été sollicitée par sa majesté très-chrétienne; je ne saurais me départir de cette base; et je ne crois pas que votre altesse royale doive le faire. Si, malgré ma déclaration présente, on abusait de la force sous le prétexte que votre altesse royale insinue, ceux qui le feront seront responsables du sang répandu; et votre altesse royale le sera particulièrement, devant Dieu et les hommes, de tous les maux quelle peut attirer sur ma personne et sur ma famille royale, ainsi que sur cette cité bien méritante.

Que Dieu garde votre altesse royale, mon frère et cousin, pendant beaucoup d'années.

Cadix, 21 août 1823.

MOI LE ROI.

Il n'était pas exact de dire que le gouvernement espagnol avait des négociations pendantes avec le gouvernement anglais. Lors des événements de Séville, l'ambassadeur anglais avait déclaré aux ministres qu'il n'avait aucun pouvoir pour reconnaître la régence nommée par les cortès; et il s'était retiré à Gibraltar; c'est là qu'il reçut de nouvelles communications, qui lui furent adressées par les ministres réfugiés à Cadix. Ceux-ci demandaient que la Grande-Bretagne interposât sa médiation, afin d'obtenir une amnistie générale pour le passé, et la promesse d'une constitution. Ils insistaient en même temps pour que l'ambassadeur anglais s'établît sur un bâtiment de sa nation dans la baie de Cadix, afin, disaient-ils, que la famille royale pût y trouver un refuge en cas de nécessité. L'ambassadeur répondit qu'un bâtiment anglais ne pouvait entrer dans la baie de Cadix sans violer le blocus; et il se borna à envoyer au duc d'Angoulême, par son secrétaire, lord Éliot, les propositions du gouvernement révolutionnaire. Ce prince reçut très-froidement le message, et dit qu'il n'écouterait aucune proposition avant que Ferdin ne fût entièrement libre. Les opérat du siége furent donc poussées avec nouvelle activité. Ce fut sur le Tr déro que furent dirigés les premiers forts.

« La baie de Cadix, dit M. Bourgoi est si vaste, qu'il y a des places marq pour les divers bâtiments, suivant destination. En face, mais à une cert distance de la ville, sont mouillés navires qui viennent des ports d'Eur Plus à l'est, dans le canal du Tr déro, sont mouillés et désarmés les v seaux du commerce des Indes. Au f de ce canal est bâti le joli bourg de *Pue Réal*; et sur les bords se trouvent magasins, les arsenaux, les chantier la marine marchande. L'entrée du T cadéro est défendue par deux forts : appelé *Matagordo*, sur le continent; tre *Fort-Louis*, bâti par Duguay-Tr sur un îlot qui se découvre à marée ba Les feux de ces deux forts se crois avec ceux des *Puntalès*, fort élevé su côte opposée. Ce n'est donc qu'en glant à portée de ces batteries qu peut passer de la grande baie dans c au fond de laquelle sont mouillés, à t tée de leurs magasins, les vaisseaux sarmés de la marine royale. »

On comprend facilement, après c description, quelle est l'importance Trocadéro. Celui qui en est maître p pénétrer sans difficulté dans la baie se trouvent tous les arsenaux de la r rine militaire; il prend à revers les fenses de l'île Léon; enfin, il peut pri Cadix de toute communication ave terre ferme : aussi avait-on augmenté fortifications de cette position au mo d'une coupure de trente-cinq toises, en avait fait une île en face de Puer Réal. Sa garnison se composait de sept cents hommes qui presque t étaient des miliciens, c'est-à-dire les fenseurs les plus exaltés de la const tion. Ils étaient commandés par le br colonel Grasès, et se proposaient de f la résistance la plus acharnée. Les vaux de l'attaque furent poussés a une telle activité, que, malgré le feu assiégés, la deuxième parallèle fut étal

[1] *Tableau de l'Espagne moderne*, vol. p. 121.

dès le 24 à vingt toises de la coupure, et cinq batteries de canons, de mortiers et d'obusiers furent montées de manière à battre le Trocadéro dans tous les sens. Le 30 août, dès la pointe du jour, une forte canonnade s'ouvrit dans toutes les batteries. Elle avait pour but de fatiguer et d'intimider la garnison : aussi, quand le feu vint à cesser les assiégés crurent avoir remporté une victoire. Ils se reposèrent dans cette confiance, et toute la nuit on en fit des réjouissances à Cadix. Le 31, à deux heures du matin, l'armée française prit les armes sur toute la ligne.

Quatorze compagnies d'élite, la plupart de la garde et des 34ᵉ et 36ᵉ régiments de ligne, cent sapeurs et une compagnie d'artilleurs, sous les ordres des généraux Obert, Gougeon et d'Escars, défilèrent par la tranchée dans le plus grand silence, et se formèrent en une colonne à la hauteur de la seconde parallèle, à quarante pas de la coupure. Il leur était ordonné de franchir rapidement le canal et de marcher sans tirer aux retranchements. Ces ordres furent exécutés avec autant de précision que d'intrépidité. La colonne d'attaque, entrée dans la tranchée et arrivée au couronnement de la seconde parallèle, se forma, à la faveur de la nuit, avec tant de silence, que l'ennemi ne s'aperçut qu'il allait être attaqué qu'au moment où la colonne se déploya à quarante pas de la coupure. A l'instant même un feu de mousqueterie et d'artillerie commença du côté des assiégés; mais il n'arrêta pas la marche des soldats français, qui se jetèrent dans la coupure au pas de course, ayant de l'eau jusqu'à la poitrine, et au milieu d'une pluie de balles et de mitraille. Arrivés aux retranchements, ils les escaladèrent; les batteries de leurs fusils avaient été mouillées : ils ne combattirent qu'à la baïonnette. Un grand nombre de soldats espagnols tombèrent sous leurs coups; les autres prirent la fuite; presque tous les artilleurs se firent tuer sur leurs pièces, dont on s'empara; cela fut l'affaire d'une demi-heure. Pendant ce temps on avait jeté un pont sur la coupure; on distribua aux soldats des cartouches neuves pour remplacer les leurs, qui avaient été mouillées; et l'on commença l'attaque du fort Louis. Les assiégés se défendirent obstinément. Cependant, malgré l'artillerie nombreuse dont il était garni, malgré la difficulté d'un terrain coupé par divers cours d'eau de plusieurs pieds de profondeur, la position fut rapidement enlevée. A neuf heures les Français étaient maîtres du Trocadéro; et il ne s'échappa que huit cents hommes de la garnison, les autres furent tués ou faits prisonniers.

La perte du Trocadéro découragea les plus fougueux partisans des cortès. Le 4 septembre, on fit écrire par Ferdinand une lettre dans laquelle il demandait une suspension d'hostilités, afin de traiter d'une paix honorable pour les deux nations. Ce fut le général Alava qui fut chargé de la porter au camp français; mais le duc d'Angoulême répondit, comme il l'avait déjà fait, qu'il n'écouterait aucune proposition avant que le roi ne fût en liberté.

Ferdinand écrivit de nouveau sous la date du 5; il demanda ce qu'il fallait pour qu'il fût réputé libre. Le prince français répondit, le lendemain, qu'il ne considérerait Ferdinand comme libre que lorsque ce prince serait au milieu des troupes françaises à Port-Sainte-Marie, ou bien en tel autre endroit qu'il plairait à sa majesté de désigner. Il ajouta que si le soir même il n'avait pas reçu une réponse satisfaisante il regarderait toute négociation comme rompue.

Le jour suivant Ferdinand écrivit qu'une semblable exigence serait un obstacle à toute espèce d'arrangement; qu'un roi ne pouvait être libre lorsqu'il s'éloignait de ses sujets pour se livrer à la discrétion de troupes étrangères qui avaient envahi son royaume; que, pour éviter l'effusion du sang, il était prêt à traiter avec le duc d'Angoulême, seul et en pleine liberté, soit dans un endroit placé à égale distance des deux armées, soit à bord de quelque bâtiment neutre et sous la foi de son pavillon. En réponse à cette lettre, le général Bordesoulle écrivit au général Valdès que si le 7 à huit heures du soir il n'avait pas une réponse satisfaisante, les hostilités recommenceraient. Les embarras des ministres devenaient si pressants, qu'ils crurent devoir convoquer les cortès extraordinaires pour leur rendre compte de l'état des affaires publiques. Le 6 septembre, à six heures du soir, les députés se réunirent au nombre de cent vingt; ils approuvèrent la conduite des ministres; ils déclarèrent qu'elle était digne de louange; mais on ne prit aucune mesure utile. On se borna à prononcer des déclamations furibondes auprès desquelles les discours les plus exaltés prononcés à Séville n'eussent été que des actes de sagesse et de modération. Sur la proposition du ministre de grâce et de justice, les cortès, qui devaient clore leur session extraordinaire le 14, décidèrent que, pour ne pas laisser le gouvernement isolé dans des circonstances aussi critiques, elles ne se dissoudraient pas, mais qu'elles se borneraient à suspendre leurs séances.

Les Français, voyant que les assiégés persistaient à se défendre, poussèrent leurs attaques avec énergie : indépendamment de vingt-sept mille hommes de bonnes troupes qui attaquaient la ville par terre, ils avaient encore réuni dans la baie trois vaisseaux, onze frégates, huit corvettes et quelques forces légères. Le 20 septembre, cette escadre, protégée par les batteries de terre, attaqua le fort de Santi-Petri, qui se rendit après quatre heures de feu. Cette nouvelle perte jeta le plus grand découragement dans l'esprit des troupes et des habitants de Cadix. La position des constitutionnels devenait de jour en jour plus difficile. Il y avait des bataillons qu'on n'osait pas employer à la défense de l'île Léon, parce que les postes entiers désertaient avec les officiers qui les commandaient. Le 23 au matin, une division de quinze bombardes s'étant approchée de la place y jeta, en moins de deux heures, plus de deux cents bombes. Cette attaque produisit une telle émotion dans la ville, que le bataillon de Saint-Martial se souleva en criant : *Vive le roi absolu!* Le général Burriel s'empressa d'accourir à la tête des miliciens, et put contenir cette sédition. Huit grenadiers accusés d'en avoir été les auteurs furent passés par les armes.

Ce châtiment ne fit pas renaître la confiance, et le général chargé de la défense de l'île Léon prévint le gouvernement qu'il ne pouvait en aucune manière compter sur la troupe, et qu'il y avait peu de chose à attendre des officiers; que les positions occupées par les Français, le petit nombre et le mauvais esprit d garnison rendaient la défense de impossible, et qu'il pensait nécessair se replier sur Cadix.

L'arrivée d'un parlementaire fran vint encore accroître l'anxiété des as gés. Il apportait une lettre datée du par laquelle le comte Guilleminot, m général de l'armée française, décla au général Valdès, gouverneur politi et militaire de Cadix, qu'il le ren responsable de la vie du roi, de celle tous les membres de la famille royal de toutes les tentatives qui seraient tes pour les transporter en quelque tre lieu. Il ajoutait que si un sembla attentat avait lieu, les députés, les nistres, les conseillers d'État, les gé raux et tous les employés du gouver ment qui se trouveraient à Cadix serai passés au fil de l'épée. Le général Val répondit, le même jour, que la sûreté roi et de sa famille ne dépendait aucune façon du plus ou moins de crai que pouvait inspirer l'épée du pri français, mais seulement de l'amour de la loyauté sans tache des Espagno que les forces que le duc d'Angoulê commandait pouvaient lui permettre vaincre les Espagnols, mais qu'elles lui donnaient pas le droit de les insult

Cependant la résistance avait cessé d tre possible; les cortès, appelées à pr dre une décision, interrogèrent Val et Burriel sur les ressources que la fense pouvait encore présenter, et ce ci avouèrent ingénument qu'il y av peu de compte à faire dans les forces leur restaient; il fallut courber la tête. conséquence, les cortès, à la majorité soixante voix contre trente, adoptèr immédiatement une résolution port que l'autorité absolue serait rendue roi; qu'il lui serait envoyé une dépu tion accompagnée des ministres pour a noncer à sa majesté la décision qui ven d'être prise et « pour *supplier* le « de se rendre au quartier général fr « çais afin d'y stipuler les conditions « plus favorables à son peuple so « frant. » Cet acte fut le dernier de révolution expirante; la dissolution cortès fut immédiatement prononcée.

Le roi devait se rendre au quart général français le 27; mais les milici de Madrid, réunis à l'île Léon, se révol rent sous le prétexte que rien n'avait été stipulé pour les mettre à l'abri des vengeances du parti absolutiste. Ils déclarèrent qu'ils s'opposeraient au départ du roi. Le duc d'Angoulême, mécontent de ce retard, ne voulut pas recevoir le général Alava, envoyé de Cadix pour lui faire savoir ce qui était arrivé; et il donna des ordres pour que le 30 l'attaque recommençât sur tous les points.

Afin de sortir d'embarras, les ministres proposèrent au roi de rassurer par une amnistie les personnes compromises, et de calmer les agitations du pays en promettant des institutions libérales. Ferdinand approuva cet expédient; il corrigea de sa main plusieurs mots sur le projet qui lui était soumis, et le 30 septembre le décret suivant fut publié à Cadix :

Espagnols,

La première affaire d'un roi étant d'assurer la félicité de ses sujets, et celle-ci étant incompatible avec l'incertitude sur le sort futur de la nation ou sur celui des individus qui la composent, je m'empresse de calmer les soucis et les inquiétudes que pourrait produire la crainte de voir régner le despotisme ou de voir dominer l'animosité d'un parti. D'accord avec la nation, j'ai couru jusqu'aux dernières chances de la guerre; mais l'impérieuse loi de la nécessité me contraint à y mettre un terme. Dans ces circonstances critiques, ma voix puissante est seule capable d'éloigner du royaume les vengeances et les persécutions; il faut un gouvernement sage et juste pour réunir toutes les opinions; enfin ma présence dans le camp ennemi peut seule empêcher les maux dont sont menacés cette île Gaditane, ses loyaux et fidèles habitants, et tant d'insignes Espagnols qui s'y trouvent réfugiés. En conséquence, décidé à faire cesser les désastres de la guerre, j'ai pris la résolution de sortir demain de cette ville; mais auparavant je veux publier les sentiments de mon cœur en faisant la manifestation suivante :

1° Je déclare, de ma volonté libre et spontanée, et je promets sous la foi et sûreté de ma parole royale, que si la nécessité exige le changement des institutions politiques qui régissent actuellement la monarchie, j'adopterai un gouvernement qui fasse la félicité complète de la nation, en garantissant la sûreté des personnes, des propriétés, ainsi que la liberté civile des Espagnols.

2° Je promets de la même manière, avec liberté et de mon propre mouvement, un oubli général, complet et absolu de tout ce qui s'est passé sans aucune exception, afin de rétablir ainsi entre tous les Espagnols la tranquillité, la confiance et l'union si nécessaire pour le bien commun que mon cœur paternel désire avant tout.

3° Je promets de la même manière que, malgré les changements qui pourront avoir lieu, les dettes et obligations contractées par la nation et par mon gouvernement, sous le système actuel, seront toujours reconnues comme je les reconnais maintenant.

4° Je promets aussi et j'assure que tous les généraux, chefs, officiers, sergents, et caporaux de l'armée et de la flotte employés sous le régime actuel en quelque point que ce soit de la Péninsule, conserveront leurs grades, emplois, soldes et honneurs. De la même manière conserveront les leurs les autres employés militaires, civils ou ecclésiastiques qui ont suivi le gouvernement et les cortès, et qui dépendent du système actuel. Quant à ceux qui, par raison des réformes qui pourront se faire, se trouveront privés de leurs emplois, ils jouiront au moins de la moitié de la solde qu'ils auraient reçue en activité.

5° Je déclare et j'assure également que les miliciens volontaires de Madrid, de Séville et des autres lieux qui se trouvent dans cette île Gaditane, ainsi que les autres Espagnols qui s'y sont réfugiés et qui ne sont pas obligés d'y rester à raison de leur emploi, sont maîtres, à partir de ce moment, de retourner librement chez eux ou de se transporter en tel lieu du royaume qui leur conviendra, sans qu'il soit permis de les inquiéter ni de les molester en aucun temps, ni pour leur conduite politique ni pour leurs opinions antérieures. Les miliciens qui en auront besoin recevront pour leur retour les mêmes secours de route que les individus de l'armée permanente. Les Espagnols de ladite catégorie et les étrangers qui voudront sortir du royaume pourront le faire avec la même liberté, et obtiendront des passe-ports pour le pays qui leur conviendra.

Cadix, 30 septembre 1823.

Le 1er octobre, à onze heures du matin, le roi et la reine d'Espagne, les infants et les infantes s'embarquèrent au bruit de l'artillerie de Cadix et de toute la côte sur une chaloupe portant le pavillon royal d'Espagne, et suivie d'une multitude innombrable de barques ornées de drapeaux aux armes des deux nations.

Ferdinand était attendu sur le rivage

de Port-Sainte-Marie par le duc d'Angoulême, par le président de la régence de Madrid, accompagné du ministre des affaires étrangères. Le général Ballestéros était aussi accouru pour féliciter le roi. En débarquant, Ferdinand VII se jeta dans les bras du généralissime français, et il lui dit avec attendrissement : « Ah! mon cousin, quel service vous m'avez rendu! »

MESURES RÉACTIONNAIRES DE FERDINAND. — DÉPART PRÉCIPITÉ DU DUC D'ANGOULÊME. — PURIFICATIONS. — CONDAMNATION ET SUPPLICE DE RIÉGO. — COMMISSIONS MILITAIRES. — AMNISTIE. — CONSPIRATION DE VALDÈS. — DÉCRET RELATIF AUX CRIS SÉDITIEUX. — CONSPIRATION CARLISTE. — ORIGINE DU PARTI APOSTOLIQUE. — RÉBELLION ET SUPPLICE DE BESSIÈRES. — SUPPLICE DE L'EMPECINADO. — CONSPIRATION ET MORT DU COLONEL BAZAN.

A la nouvelle de la délivrance de Ferdinand, les armes tombèrent des mains de ceux qui combattaient encore pour le maintien de la constitution. En Catalogne, Mina avait fait des efforts inouïs pour résister au maréchal Moncey; mais dans quel but aurait-il continué la lutte? Le gouvernement constitutionnel n'existait plus. Le 18 octobre, Lérida se rendit aux Français; Barcelone capitula le 1er novembre; Hostalric, Tarragone, suivirent cet exemple. Des capitulations honorables furent accordées aux villes qui ouvraient leurs portes, ainsi qu'à l'armée constitutionnelle et aux officiers qui la commandaient; cependant Mina ne jugea pas qu'il fût sage de se fier à des conventions qui, après le départ des Français, pourraient être impunément violées. Il savait combien de rancunes, combien de passions haineuses étaient accumulées dans le cœur des absolutistes. Il jugea prudent de quitter l'Espagne; et, quoique souffrant encore des suites d'une chute de cheval, il s'embarqua sur un bâtiment français qui le transporta en Angleterre. Au reste, il ne fut pas besoin d'une bien grande sagacité pour deviner quelle ligne de conduite serait suivie par Ferdinand et pour prévoir les persécutions auxquelles seraient en butte les défenseurs du régime constitutionnel. Si quelques Espagnols en voyant Ferdinand rendu à la liberté, purent s'imaginer que ce prince userait de clémence, et qu'il allait donner au pays des gar[...] ties de tranquillité, de justice et de bo[...] administration, leur illusion dut à pe[...] durer quelques heures; car le jour mê[...] de la sortie de Cadix il rendit le déc[...] suivant :

Les événements scandaleux qui précé[...] rent, accompagnèrent et suivirent l'établis[...] ment de la constitution démocratique de [...] dix, au mois de mars de 1820, sont [...] publics et connus de tous mes sujets. La [...] criminelle trahison, la plus honteuse lâche[...] l'insulte la plus horrible à ma personne roy[...] furent les moyens employés pour changer [...] tièrement le gouvernement paternel de [...] royaumes en un code démocratique, orig[...] féconde de désastres et de disgrâces. Mes [...] jets, accoutumés à vivre sous les lois [...] ges, modérées et adaptées à leurs usag[...] à leurs bonnes mœurs, qui pendant tant [...] siècles, avaient rendu leurs ancêtres heure[...] ne tardèrent pas à donner des preuves pu[...] ques et universelles du mépris, du dégoû[...] de l'aversion qu'ils éprouvaient pour le n[...] veau régime constitutionnel. Toutes les c[...] ses de l'État reçurent également avec pe[...] des institutions où elles voyaient écrites l[...] misère et leur infortune.

Gouvernés tyranniquement en vertu et [...] nom de la constitution, espionnés traîtreu[...] ment jusque dans leurs propres demeures, [...] ne pouvaient réclamer ni l'ordre ni la justi[...] ils ne pouvaient davantage se résigner à [...] lois établies par la lâcheté et la trahison, s[...] tenues par la violence, source du désordre [...] plus épouvantable, de l'anarchie la plus [...] solante, et de la ruine universelle.

La voix publique s'éleva de toutes pa[...] contre la tyrannie de la constitution. [...] s'éleva pour l'abrogation d'un code nul en [...] origine, illégal en sa confection, injuste [...] son contenu. Elle s'éleva enfin pour le s[...] tien de la religion de ses pères; pour la r[...] titution de ses lois fondamentales; pour la c[...] servation de mes droits légitimes, que j'ai [...] çus de mes ancêtres, et que mes sujets avai[...] jurés avec la solennité requise par les lois.

Le cri de la nation ne fut pas stérile. D[...] toutes les provinces il se forma des corps [...] més qui luttèrent contre les soldats de la co[...] titution. Tantôt vaincus, tantôt vainqueu[...] ils restèrent toujours fidèles à la cause d[...] religion et de la monarchie. Malgré les vi[...] situdes de la guerre, jamais leur enthousia[...] pour la défense de droits si sacrés ne s[...] refroidi, et mes sujets, préférant la mort [...] perte de biens si importants, prouvèren[...] l'Europe, par leur fidélité et par leur consta[...]

que si l'Espagne a donné l'être et a renfermé dans son sein quelques enfants dénaturés de la rébellion, la nation entière est religieuse, monarchique et remplie d'amour pour son légitime souverain.

L'Europe entière, connaissant ma captivité et celle de toute ma famille, la malheureuse situation de mes fidèles et loyaux sujets, ainsi que les maximes pernicieuses que répandaient de tous côtés et à tous prix les agents espagnols, se détermina à mettre fin à un état de choses qui était un scandale universel, et qui tendait à bouleverser tous les trônes et toutes les anciennes institutions pour les remplacer par l'irréligion et par l'immoralité.

La France, chargée de cette sainte entreprise, a triomphé en peu de mois des efforts de tous les rebelles du monde réunis, pour la disgrâce de l'Espagne, sur le sol classique de la fidélité et de la loyauté. Mon auguste et bien-aimé cousin le duc d'Angoulême, à la tête d'une vaillante armée, a triomphé dans tous mes domaines, m'a tiré de l'esclavage dans lequel je gémissais, et m'a rendu à l'amour de mes fidèles et constants vassaux.

Replacé sur le trône de saint Ferdinand par la main sage et juste du Tout-Puissant, par les généreuses résolutions de mes puissants alliés, par les efforts de mon bien-aimé cousin le duc d'Angoulême et de sa vaillante armée, je veux porter remède aux plus pressantes nécessités de mes peuples; je veux manifester à tout le monde ma véritable volonté aussitôt que j'ai recouvré ma liberté. En conséquence je décrète ce qui suit:

1° Sont nuls et de nulle valeur tous les actes (de quelque classe et de quelque condition qu'ils soient) émanés du gouvernement appelé constitutionnel, qui a gouverné mon peuple depuis le 7 mars 1820 jusqu'aujourd'hui 1er octobre 1823, déclarant, comme je le déclare, que pendant tout ce laps de temps j'ai manqué de liberté, et que j'ai été contraint à sanctionner les lois et à rendre les ordonnances, décrets et règlements que ledit gouvernement préparait et rendait contre ma volonté.

2° J'approuve tout ce qui a été décrété et ordonné par la junte provisoire du gouvernement et par la régence du royaume, créées l'une à Oyarzun le 9 avril, l'autre à Madrid le 26 mai de la présente année; ce qui continuera à être provisoirement en vigueur jusqu'à ce qu'instruit régulièrement des besoins de mes peuples, je puisse donner les lois et prescrire les mesures les plus opportunes pour leur véritable prospérité et pour leur félicité, objet constant de mes désirs.

Port-Sainte-Marie, 1er octobre 1823.

Ces longues déclamations contre un régime qui n'existait plus ne pouvaient avoir pour effet que d'exciter les passions des absolutistes contre ceux qui avaient été partisans de la constitution. Ce fut un triste désenchantement pour le cabinet français qui avait opéré l'intervention, et il recueillit dès le premier jour le fruit de sa coupable imprévoyance. On s'était bien entendu, au congrès de Vérone, pour détruire la constitution de Cadix et pour rendre la liberté à Ferdinand; mais on ne s'était pas occupé de ce qu'on mettrait à la place des institutions qu'on allait renverser.

Pour déterminer la France à entreprendre cette guerre on lui avait laissé espérer qu'une constitution analogue à la charte serait établie au delà des Pyrénées, et que dans cette similitude entre les institutions des deux nations son propre gouvernement puiserait une force et une consécration nouvelles. Le cabinet français s'était laissé prendre à ce leurre, avec un dévouement tout chevaleresque. Il avait entrepris cette campagne sans exiger aucune garantie de ses alliés, sans demander aucune promesse au prince qu'il allait secourir. Il s'était flatté que Ferdinand éprouverait une vive reconnaissance pour le service que lui rendait la France, et qu'il se laisserait guider par elle dans une voie de modération et de sage liberté; mais Ferdinand n'éprouvait aucun sentiment de gratitude. C'est à peine si, dans son manifeste, il adresse à la France quelques froids remercîments; et loin d'écouter les conseils qu'elle lui donne, il se jette dans les bras de ce parti absolutiste, qui, avec la Russie, demandait le *rétablissement d'une administration tout à fait sage et nationale*. Les espérances de la France furent donc entièrement trompées; elle avait pensé faire l'intervention pour rétablir l'ordre et la modération : la campagne de 1823 ne fit que changer le nom des agents de trouble et de persécution. Les troupes françaises arrachèrent le poignard des mains des exaltés libéraux pour en armer les exaltés royalistes. Ce ne furent plus les volontaires nationaux qui effrayèrent les habitants paisibles par leurs émeutes : « Ce furent [1], dit un au-

(1) Miñano, *Examen critico de las revoluciones de España*, 1 vol., p. 302.

teur espagnol, les volontaires royalistes qui héritèrent du droit de troubler les villes, de subjuguer les autorités, d'être intolérants, de fomenter toutes sortes de désordres, et personne ne pourra prétendre que les royalistes aient laissé périmer ce droit. »

La France voulait faire l'intervention dans des idées de progrès, et l'intervention n'a tourné qu'au profit de l'absolutisme, de ce parti aveugle et implacable qui en France appelait l'auteur de la charte *un jacobin,* qui en Espagne ne tarda pas à couvrir le pays d'échafauds. Faite uniquement dans le but de détruire le gouvernement constitutionnel et sans que les puissances se fussent concertées avec Ferdinand sur ce qu'on substituerait à ces institutions, l'intervention devint pour l'Espagne un immense malheur. Ce n'est pas que je veuille, comme un noble pair l'a fait il y a peu de jours, à la tribune, assimiler l'invasion de 1823 à celle de 1808. Je ne dirai pas, comme M. le duc de Broglie [1], que je trouve « *l'intervention de* 1823 « *moins funeste dans ses conséquences,* « *quoique non moins inique dans son* « *principe.* » C'est là une de ces hyperboles que l'entraînement de l'improvisation peut expliquer, mais qu'il ne faut pas accepter pour un jugement réfléchi. Il existe entre ces deux invasions une immense différence. La première est un crime. L'autre n'est qu'une faute. La première est une horrible trahison, la seconde fut une acte de dupe.

En voyant la direction que prenaient les affaires et le peu d'influence que la France exerçait en Espagne, le duc d'Angoulême partit précipitamment sans vouloir entrer dans Cadix, sans s'arrêter à Séville. Il ne voulut pas être le témoin des persécutions et des vengeances qui se préparaient; il retourna en France sans vouloir même attendre le roi à Madrid.

Ferdinand se mit en route pour la capitale, entouré de gens qui ne respiraient que la vengeance. Ces funestes conseillers exercèrent d'abord leur influence en éloignant des lieux où le roi devait passer tout ce qui avait pris part à la révolution. Une circulaire ministérielle, signée à Xérès de la Frontera, 4 octobre, s'exprime ainsi :

« Le roi notre seigneur veut que penda son voyage pour se rendre à la capitale il se rencontre ni sur son chemin, ni à cinq lieu de distance, aucun individu qui durant système constitutionnel ait pris part comr député aux délibérations des deux dernièr législatures. Cette défense concerne égal ment les ministres, conseillers d'État, membr du conseil suprême de justice, commandan généraux, chefs politiques, employés sup rieurs des ministères, officiers en chef de milice supprimée des volontaires nationau L'entrée de la capitale et des résidences roy les leur est pour toujours interdite, et ils d vront s'en tenir éloignés au moins de quin lieues. La volonté de sa majesté est que cet décision souveraine ne soit pas applicable au individus qui depuis l'entrée de l'armée a liée ont obtenu de la junte provisoire ou d la régence du royaume un nouvel emplo ou qui auront été replacés dans celui qu'i tenaient de sa majesté avant le 7 mars 1820 mais les uns et les autres devront express ment avoir déjà été purifiés. »

Ce n'est pas à la régence qu'est du l'idée première du système de purifica tion. Cette invention appartient aux co tès. Un décret du 21 septembre 181 prononçait des peines très-sévères contr les employés espagnols qui avaient pri parti pour les Français, ou même qu étaient restés cachés dans les province occupées par les troupes de Joseph. C décret les déclarait exclus de tous le emplois publics quels qu'ils fussent mais bientôt on trouva cette mesure in juste : on reconnut qu'il était des circons tances où, tout en acceptant des emploi du gouvernement de Joseph, des Espa gnols avaient pu rendre des services im portants à la cause nationale. Plusieur décrets successifs, notamment un d 14 novembre 1812 et un autre du 8 avr 1813, vinrent déterminer les formalité que les employés, soit civils soit militai res, devraient remplir, à quelles enquête ils devaient se soumettre et dans quelle conditions ils devraient se trouver pou être déclarés purs malgré leur contact ave les Français. En 1814, Ferdinand VI tout en abolissant les actes des cortès conserva cependant ces enquêtes et c qu'elles avaient d'inquisitorial. Les of ficiers qui avaient eu quelque rappo

[1] *Moniteur* du 20 janvier 1847; n° 104, 3e colonne, ligne 32.

avec les Français furent obligés de se soumettre à une purification.

La régence de Madrid, trouvant cet usage établi, en étendit l'application à tous les employés qui avaient conservé leurs fonctions sous le régime de la constitution. Par un décret en date du 27 juin 1823 elle destitua tous les employés nommés depuis le jour où la constitution avait été proclamée; elle rétablit dans leurs places tous ceux qui, étant employés avant la révolution, avaient été privés de leurs emplois comme hostiles au régime constitutionnel. Quant à ceux qui étaient restés en fonction pendant le règne de la constitution, ceux surtout qui avaient reçu de l'avancement ou qui avaient été changés d'emploi, ils furent soumis à l'obligation de se purifier. A cet effet, dit le décret « on s'en rapportera aux enquêtes secrètes sur leur « conduite politique et sur la manière « dont ils ont été qualifiés par l'opinion « publique dans les localités où ils ont « exercé leurs fonctions. Ces informa« tions devront être prises auprès de « trois personnes au moins dont l'atta« chement au gouvernement royal et à la « personne sacrée de sa majesté soit « bien marquée. On exigera des infor« mations individuelles, positives et « précises, sans que les dépositions gé« nérales ou purement négatives puis« sent servir, et sans qu'il soit permis « d'admettre les justifications volontai« res de témoins présentés par les inté« ressés. » Le tribunal devant lequel la purification devait avoir lieu changeait suivant les grades que les employés occupaient dans la hiérarchie administrative ou militaire. Pour les employés supérieurs, c'était une junte de quatre individus créés à cet effet dans la capitale. Pour les employés subalternes, on instituait dans chaque province une commission de cinq personnes.

Enfin quelques mois plus tard on exigea des militaires que pour être purifiés ils déposassent une confession écrite signée de leur main, où seraient racontés tous les actes de leur vie depuis le commencement de l'année 1820.

L'esprit de vengeance et de persécution était encore attisé par les journaux royalistes, qui semblaient prendre à tâche de dépasser en exaltation et en violence la *Tercerola* et le *Zurriago*. La *Gazette de Madrid* prodiguait à chaque ligne l'insulte et la menace à ses adversaires politiques. Le *Restaurador*, dirigé par un ecclésiastique, Fray Manuel Martinez, prêchait l'extermination et le massacre. Les constitutionnels, justement effrayés, fuyaient en foule. Ils se rendaient à Cadix ou dans les autres ports, afin de passer à Gibraltar, et de là en Angleterre ou dans les colonies. « Depuis que le roi est sorti de Cadix, « dit *le Restaurador* dans le numéro « du 11 octobre, il est déjà entré dans « cette place quatre cent quatre-vingts « coquins et coquines de la *négrerie*. « Avant il y en avait près de mille : « on ne peut pas marcher dans cette « ville, parce qu'on ne voit autre chose « que cette canaille-là; et comme elle « n'a rien à faire, elle reste toute la « journée dans les rues comme le font « les juifs. »

Heureux au moins ceux qui trouvèrent sur la terre étrangère un asile contre les persécutions et les supplices. Mais tous ne parvinrent pas à s'échapper. Les cachots étaient encombrés d'infortunés qui attendaient leur condamnation dans une déchirante anxiété. Parmi les premières et les plus illustres victimes de cette réaction, il faut nommer l'infortuné Riégo. Il avait été conduit à Madrid, et c'est là qu'il fut traduit en justice. Au reste, il est à remarquer que les poursuites dirigées contre lui n'étaient pas motivées sur ce qu'il avait poussé aux Cabezas le cri de l'insurrection, mais seulement sur ce qu'étant député il avait voté à Séville la déchéance du roi; aussi l'acte d'accusation rédigé contre Riégo ne relate que d'une manière très-sommaire les actes de révolte qui lui sont reprochés, et il se termine par ces conclusions :

« En conséquence nous requérons con« tre ledit Riégo, convaincu du crime « de haute trahison et de lèse-majesté, « la peine capitale, la confiscation de « ses biens et l'application entière de ce « que portent lesdites lois; c'est-à-dire « qu'après avoir été attaché au gibet « son cadavre ait la tête tranchée et soit « écartelé. Que sa tête soit portée à las « Cabezas de San-Juan, et les quatre « quartiers de son corps, l'un à Séville,

« l'autre à l'île Léon, le troisième à « Malaga, et le dernier dans cette capitale, « comme étant les principaux lieux où le « criminel Riégo a excité la révolte et « consommé sa trahison. Nous requé- « rons en même temps qu'il soit con- « damné aux dépens. »

Riégo était en quelque sorte la personnification de la révolution. Il ne devait pas espérer de miséricorde : il fut condamné à mort le 5 novembre, et mis aussitôt en chapelle. La veille de la condamnation, le 4, le duc d'Angoulême avait quitté Madrid. Le 7 novembre, à midi, Riégo fut traîné au supplice dans un panier d'osier tiré par un âne. Partout sur son passage la populace l'accabla d'outrages. Enfin il fut attaché au gibet élevé sur la place de la Cebada.

Il faut dire que pas un Français ne fut présent à cette exécution. Si le chef de l'armée d'invasion n'eut pas assez de pouvoir pour empêcher la mort de Riégo, s'il souffrit qu'un homme fait prisonnier lorsqu'il fuyait vaincu par les troupes françaises, fut mis à mort, au moins épargna-t-on à nos soldats la honte d'assister à son supplice.

Le nombre des personnes renfermées dans les prisons était si grand, que les tribunaux ordinaires n'auraient jamais pu suffire aux jugements. On voulait des tribunaux plus expéditifs, qui ne fussent pas retenus par l'habitude des formalités judiciaires, et dans ce but on créa des commissions militaires à Madrid et dans tous les chefs-lieux de provinces. Ces commissions furent chargées de juger sommairement les accusations de révolte et de lèse-majesté. Elles répondirent pleinement au but de leur institution : le sang ruissela de tous les côtés.

Cependant le mot d'amnistie avait été prononcé. Les puissances étrangères qui avaient rétabli Ferdinand sur le trône engageaient ce prince à jeter un voile sur le passé. Leurs réclamations étaient vives et pressantes; aussi, malgré la résistance du parti furieux qui ne voulait ni merci ni miséricorde, le roi se détermina enfin à signer un acte de pardon; mais il y inséra tant d'exceptions que le nombre des personnes auxquelles il devait profiter se trouva considérablement restreint, et qu'il avait l'air d'une liste de proscription plutôt que d'une œuvre de clémence. Au reste, voici cette piè elle suffit pour donner une idée des lères et des vengeances de cette épo désastreuse :

Art. 1er. J'accorde indult et pardon g ral, avec remises des peines corporelles pécuniaires qu'elles ont pu encourir, à to les personnes, et à chacune d'elles en p ticulier, qui depuis le commencement l'année 1820 jusqu'au 1er octobre 18 jour où j'ai été réintégré dans la plénit des droits de ma souveraineté, ont pris p aux troubles, excès et désordres occasion dans ce royaume dans le but de soutenir conserver la prétendue constitution politi de la monarchie, pourvu toutefois qu'e ne se trouvent pas au nombre des person mentionnées dans l'article suivant.

Art. 2. Sont exceptés de cet indult et p don, et par conséquent devront être ent dus, jugés et sentenciés conformément a lois, les individus compris dans quelqu'u des catégories exprimées ci-après : 1° les a teurs principaux des rébellions militaires Cabezas, de l'île de Léon, de la Corog de Saragosse, Oviédo et Barcelone, où constitution de Cadix a été publiée avan réception du décret royal du 7 mars 18 comme aussi les chefs civils et militaires continuèrent à commander aux révoltés, qui en prirent le commandement dans le b de bouleverser les lois fondamentales royaume; 2° les principaux auteurs de conspiration ourdie à Madrid, au commen ment de mars 1820, afin d'arracher par contrainte et la violence le susdit décret ro du 7 de ce mois, et par conséquent le serm à la soi-disante constitution; 3° les ch militaires qui ont pris part à la rébelli d'Ocaña, et particulièrement don Henry O'I nell, comte del Abisbal; 4° les princip auteurs du mouvement qui m'a contraint l'établissement de la soi-disante junte pro soire dont il est question dans le décret du du même mois de mars 1820 et les indivic qui en ont fait partie; 5° les individus q durant le régime constitutionnel ont sig ou autorisé des représentations ayant po but de solliciter ma déchéance ou la s pension des augustes fonctions que j'ex çais, ou la nomination de quelque r gence pour me remplacer, ou la mise en j gement de ma royale personne ou des pri ces sérénissimes de ma famille royale, deva les soi-disantes cortès ou devant tout au tribunal; comme aussi les juges qui auraie dicté quelques mesures tendant au même b 6° les individus qui pendant la durée régime constitutionnel ont fait dans les sociétés secrètes des propositions tendant au but qui vient d'être indiqué dans l'article précédent, et ceux qui depuis l'abolition dudit régime se sont réunis ou se réunissent en assemblées secrètes dans quelque but que ce soit; 7° les écrivains ou éditeurs de livres ou papiers tendant à combattre et attaquer les dogmes de notre sainte religion catholique, apostolique, romaine; 8° les principaux auteurs des émeutes qui ont eu lieu à Madrid le 16 novembre 1820, et dans la nuit du 19 février 1823, lors desquelles fut violée l'enceinte sacrée du palais royal pour m'empêcher d'exercer la prérogative de nommer et de destituer librement mes ministres; 9° les juges et procureurs fiscaux des causes poursuivies et jugées contre le général Élio et le premier lieutenant des gardes espagnoles don Théodore Goiffieux, victimes de leur insigne loyauté ainsi que de leur amour pour leur souverain et pour leur patrie; 10° les auteurs et exécuteurs des assassinats de l'archidiacre don Mathias Vinuesa et du révérend évêque de Vich, et de ceux commis à Grenade et à la Corogne sur les individus qui se trouvaient emprisonnés dans le château de San-Anton, et de tout autre de même nature; les assassins sont toujours exclus de toutes les amnisties générales et particulières, et à plus forte raison doivent être exclus ceux qui ont commis ces crimes dans le but de provoquer et d'accélérer le mouvement révolutionnaire; 11° les commandants de guerillas formées nouvellement et postérieurement à l'entrée de l'armée française dans la Péninsule, qui ont sollicité et obtenu des patentes pour faire la guerre à l'armée royaliste et à l'armée de mes alliés; 12° les députés aux soi-disantes cortès, qui, dans leur session du 11 juin 1823, ont voté ma déchéance, l'établissement d'une prétendue régence et qui ont ratifié cette coupable résolution en la suivant jusqu'à Cadix; comme aussi les individus qui nommés régents dans ladite session ont accepté et exercé cette charge et celle de commandant de la troupe qui m'a conduit dans ladite place. Sont exceptés de cette catégorie ceux qui après ce scandaleux événement ont contribué efficacement à ma liberté et à celle de ma famille royale, ainsi que la promesse en a été faite solennellement par la régence dans son décret du 23 juin de la même année; 13° les Espagnols européens qui ont pris une part directe et ont contribué efficacement à la conclusion de l'arrangement du traité de Cordova intervenu entre don Juan Odonoju, d'odieuse mémoire, et don Augustin de Iturbide, qui se trouve à la tête de l'insurrection de la Nouvelle-Espagne; 14° ceux qui, après avoir eu une part active dans le gouvernement constitutionnel ou dans les bouleversements et révolutions de la Péninsule, ont passé, depuis l'abolition dudit gouvernement, ou passent en Amérique dans le but d'appuyer et de soutenir l'insurrection de ces domaines, et ceux de la même catégorie qui persistent à y demeurer, quel que soit le motif de leur séjour, après qu'ils ont été requis par les autorités légitimes d'abandonner ce territoire. Sont exceptés de cette catégorie ceux qui, étant nés et domiciliés en Amérique, sont retournés dans leurs foyers pour y vivre comme des habitants pacifiques; 15° les individus de la catégorie précédente qui, réfugiés en pays étranger, ont pris ou prennent part aux trames et conspirations ourdies contre les droits de ma souveraineté, contre ma personne royale ou contre ma famille.

Art. 3. Tous les individus qui ne se trouvent pas compris dans les précédentes exceptions ou dans quelqu'une d'entre elles jouiront du bénéfice de ladite amnistie, et par conséquent jouiront de la liberté civile et de la sûreté individuelle. J'espère que cet acte de ma clémence et de ma bonté les engagera puissamment à faire un retour sur eux-mêmes, à reconnaître leurs égarements, et à se rendre dignes par leur conduite à venir de rentrer en grâce auprès de moi.

Art. 4. En conséquence, les individus qui sont en état d'arrestation pour des excès qui ne se trouvent pas compris dans les exceptions ci-dessus, ou qui ont été arrêtés seulement pour leurs opinions politiques, seront mis en liberté et leurs biens cesseront d'être sous le séquestre, encore qu'ils aient exercé quelque autorité politique, judiciaire, administrative ou municipale, et qu'ils aient eu des charges ou emplois sous le gouvernement soi-disant constitutionnel; en conséquence sont abrogés tous les décrets rendus sur cette matière en tant qu'ils sont contraires aux dispositions du présent.

Art. 5. Néanmoins la conduite des individus qui ont donné des preuves évidentes d'adhésion au régime constitutionnel sera observée et surveillée par les autorités, et si elle est ce que doit être la conduite de vassaux fidèles, ils ne seront inquiétés en aucune manière. Mais si par leurs actions, leurs écrits ou leurs discours tenus en public, ou par tout autre moyen, ils tentaient à l'avenir de troubler l'ordre, ils seront jugés et châtiés avec toute rigueur, comme étant en récidive.

Art. 6. Les procès contre les personnes qui ne se trouvent pas comprises dans le présent décret d'amnistie, seront suivis conformément au droit devant les tribunaux supérieurs des territoires respectifs où ils ont commis leurs attentats.

Art. 7. Le bénéfice de ladite amnistie n'entraîne pas avec elle la réintégration dans les emplois obtenus à mon service royal avant le 7 mars 1820. La conduite politique des employés sera examinée conformément aux règles établies ou à établir sur cette matière. Néanmoins les décisions qui pourront intervenir dans les instructions relatives aux purifications ne pourront être invoquées que pour ce qui a trait aux emplois et aux avantages qui en résultent.

Art. 8. Le présent décret ne peut non plus préjudicier en aucune manière au droit qu'ont les tiers de réclamer d'une manière légitime des réparations et des indemnités à raison des dommages qu'ils ont soufferts; ni au droit qui appartient à mon trésor royal d'exiger des comptes de ceux qui ont manié les deniers publics, et de poursuivre la restitution de ce qui a été soustrait ou dilapidé à ladite époque.

Art. 9. Les individus qui appartiennent aux catégories exclues du bénéfice de la présente amnistie, mais qui se trouvent compris dans quelqu'une des capitulations accordées par les généraux de l'armée de sa majesté très-chrétienne dûment autorisées, ne pourront rester sur le territoire espagnol qu'à la condition expresse de se soumettre à un jugement et aux décisions à intervenir de la manière qui est déterminée pour tous les individus qui appartiennent aux catégories exceptées.

Art. 10. Les autorités civiles et militaires chargées de l'exécution du présent décret seront responsables de tous les empêchements ou de toutes les négligences apportées à l'exécution du présent décret.

Art. 11. Les très-révérends archevêques et les révérends évêques dans leurs diocèses respectifs après la publication de la présente amnistie emploieront toute l'influence de leur ministère pour rétablir l'union et la bonne harmonie entre les Espagnols en les exhortant à sacrifier sur les autels de la religion, et par soumission à leur souverain et à leur patrie, leurs ressentiments et leurs insultes personnels. Ils surveilleront également la conduite de leurs paroissiens et des autres ecclésiastiques domiciliés sur leur territoire, afin de prendre les mesures que leur suggérera leur zèle pastoral pour le bien de l'Église et de l'État.

Ce décret portait la date du 1er mai; cependant il fut rendu public seulement le 20, afin que dans chaque province les intendants de police, à qui on l'avait secrètement envoyé, dressassent la liste des individus compris dans les exceptions, de manière à pouvoir les arrêter même temps que l'amnistie serait bliée. Cette pièce était précédée d long préambule, et se terminait par exhortation où Ferdinand disait aux Es gnols d'imiter l'exemple de leur roi, pardonnait les erreurs, les ingratitu et les insultes sans autres exceptions celles exigées impérieusement par le b public et par la sécurité de l'État. paroles hypocrites ne trompèrent et contentèrent personne. Les absoluti étaient furieux de ce qu'on eût pardo à quelques victimes. Pour assouvir l rage il eût fallu se baigner dans le s de tout ce qui avait donné une adhés au régime libéral. Ils accusaient hau ment le roi d'être faible et sans car tère. De leur côté, les malheureux voyaient leurs parents, leurs amis c pris dans les nombreuses catégories proscrits, maudissaient de toutes forces de leur âme un gouvernement semblait ne se complaire que dans persécutions et dans les vengean Tous les esprits étaient méconter Aussi l'année ne se passa pas sans qu' conspiration vînt ébranler le trône core mal affermi. Au commencem d'août, un capitaine en retraite nom Pedro Gonzalez Valdez, quelques aut officiers et une poignée de constituti nels ayant organisé une petite expédit navale, s'emparèrent de Tarifa, au cr *Vive la constitution!* ils parcouru une grande partie des côtes de l'An lousie. Le mécontentement était si néral, les ressources du gouvernem étaient si exiguës, que cette tenta frappa la cour d'épouvante, et le gou nement dut son salut aux troupes fran ses qui étaient restées en Espagne p assurer la tranquillité du pays. Un d chement français, commandé par le c nel comte d'Astorg, sortit de Cadix et mettre le siége devant Tarifa, de man à empêcher que le feu de l'insurrectio s'étendît. Les insurgés furent cha de la ville. Le capitaine Valdez fut avec trente des siens, et tous furent sés par les armes, à Alméria, en m temps que six individus apparten une guerrilla constitutionnelle que tobal Lopez Herrera avait levée dan environs de Jimena.

La cour de Madrid avait été tro

frayée pour ne pas être cruelle. Le zèle des commissions militaires fut stimulé. Du 24 août jusqu'au 12 octobre 112 personnes furent justiciées pour crime de conspiration. Au nombre de ces infortunés on trouve des jeunes gens de dix-huit ans accusés du crime de lèse-majesté, c'est-à-dire d'avoir été francs-maçons ou communéros. Un pauvre savetier nommé Francisco de la Torre, accusé d'avoir conservé chez lui le portrait de Riégo, fut condamné à porter ce tableau pendu à son cou jusqu'à la place de la Cebada, pour l'y voir brûler par la main du bourreau, et à passer dix années aux présides. La fureur de verser le sang était si grande, qu'on n'observait même plus pour l'exécution des condamnés les délais que l'usage et la loi ont consacrés. A peine le jugement était-il prononcé qu'on les conduisait au supplice sans les laisser en chapelle : depuis les règnes de don Pedro le Cruel et de Philippe II on n'avait pas vu en Espagne un semblable délire. Eh bien, tout cela ne suffisait pas encore. On trouvait les tribunaux trop doux et la législation trop bénigne. En conséquence, le 9 octobre Ferdinand rendit ce décret atroce :

Art. 1er. Sont déclarés coupables du crime de lèse-majesté, et comme tels passibles de la peine de mort, tous ceux qui depuis le 1er octobre de l'année dernière (1823) par une révolte armée, ou par des actes de quelque nature que ce soit, se sont déclarés ou par la suite se déclareront ennemis des droits légitimes du trône, ou partisans de la constitution publiée à Cadix au mois de mars 1812.

Art. 2. Est également passible de ladite peine de mort quiconque depuis la même époque a écrit ou écrira des pamphlets ou pasquins dirigés dans ce but.

Art. 3. Quiconque dans des lieux publics proférera des discours contre la souveraineté de sa majesté, ou en faveur de la constitution qui a été abolie, si ces paroles quoique prononcées en public n'ont pas produit d'actes positifs, et n'ont été que l'élan d'une imagination indiscrètement exaltée, sera passible de la peine de quatre à dix ans de présides avec détention suivant les circonstances, suivant les vues que le délinquant se proposait, et selon que ces paroles ont été proférées avec des intentions plus ou moins coupables.

Art. 4. Quiconque embauchera ou tentera d'embaucher d'autres individus dans le but de former une bande, si la tentative s'est manifestée par quelque acte positif tel qu'une remise d'argent, d'armes, de munitions ou de chevaux, sera déclaré coupable de lèse-majesté, et comme tel passible de la peine de mort. S'il n'y a pas eu de manifestation positive, les juges appliqueront une peine extraordinaire.

Art. 5. Quiconque aura provoqué des émeutes et troublé la tranquillité publique, quels que soient d'ailleurs son origine ou le prétexte qu'il allègue, si l'émeute avait pour but de renverser le gouvernement ou de contraindre sa majesté à condescendre à un acte contraire à sa volonté souveraine, sera déclaré coupable de lèse-majesté et passible de la peine de mort. Cependant, si le mouvement a eu pour principe une cause imprévue dont le but ne fût pas aussi punissable, la peine sera celle de deux à quatre ans de présides. La même proportion sera observée à l'égard des complices et des individus qui ont aidé le prévenu principal.

Art. 6. L'ivresse ne pourra pas servir d'excuse pour l'application de la peine, lors même qu'il serait prouvé que le délinquant était coutumier de ce vice, qui l'entraînait habituellement à d'autres excès, non plus que l'ivresse n'est une excuse pour le soldat aux termes de l'ordonnance générale de l'armée.

Art. 7. La valeur des preuves contre l'accusé ou en sa faveur est laissée à l'appréciation prudente et impartiale des juges.

Art. 8. Quiconque aura crié *Mort au roi!* sera coupable de haute trahison et comme tel passible de la peine de mort.

Art. 9. Les francs-maçons, communéros et autres sectaires, qui doivent être considérés comme ennemis de l'autel et des trônes, sont passibles de la peine de mort, et tous leurs biens seront confisqués au profit du fisc royal, comme coupables de lèse-majesté divine et humaine, en exceptant toutefois les individus amnistiés par l'ordonnance royale du 1er août de la présente année[1].

Art. 10. Tous les Espagnols, de quelque qualité et de quelque profession qu'ils soient, demeurent soumis à ces peines et sont justiciables des commissions militaires exécutives en conformité du décret royal du 11 septembre 1820, par lequel sa majesté a trouvé bon de priver les personnes poursuivies pour défection (*infidencia*)[2] ou pour leurs opinions subversives, des juridictions particulières devant lesquelles elles auraient eu le droit d'être jugées à raison de leur qualité, de leur emploi ou de leur carrière.

Art. 11. Quiconque proférera les cris alar-

[1] Décret daté de Sacedon qui avait supprimé toutes les sociétés secrètes.

[2] Les Joséphins ou Afrancesados étaient poursuivis pour crime d'infidencia.

mants et subversifs de *vive Riégo! vive la constitution! mort aux serviles! mort aux tyrans! vive la liberté!* est passible de la peine de mort conformément aux dispositions du décret royal du 4 mars 1814, parce que ces paroles sont attentatoires à l'ordre et peuvent provoquer des rassemblements ayant pour objet de rabaisser la personne sacrée de sa majesté ainsi que ses respectables attributions.

Un gouvernement qui se laisse entraîner par les partis est bientôt dépassé. Les mesures les plus extrêmes ne peuvent plus satisfaire ceux qui les ont provoquées; aussi le décret sanguinaire qui vient d'être rapporté n'empêcha pas les absolutistes d'accuser Ferdinand de mollesse et d'indulgence. Il était impossible, disaient-ils, que les affaires pussent marcher tant qu'il occuperait le trône. En même temps ils faisaient les plus grands éloges de l'infant don Carlos. Ce prince était, suivant eux, d'une piété à toute épreuve; il savait, au milieu du danger, prendre une résolution avec calme et sans précipitation; il était incapable de transiger avec l'esprit du siècle, il se montrait le défenseur opiniâtre des prérogatives et des priviléges du clergé. On répétait hautement ces éloges. On cherchait à influencer les esprits en sa faveur; puis lorsqu'on jugea que les populations étaient suffisamment préparées à un changement, on ne se borna plus à des paroles; et une conspiration éclata en Aragon dans le but de proclamer roi don Carlos à la place de son frère. Néanmoins cette tentative échoua. Un maréchal de camp et plusieurs officiers furent arrêtés. Grimarest, capitaine général de la province, fut destitué. Des poursuites furent commencées; mais la procédure resta ensevelie dans la poudre des greffes. Le roi ne pouvait croire que ces démonstrations fussent sérieuses. Son esprit se refusait à penser que ce parti dans lequel il avait mis sa confiance eût l'intention de le renverser. Il s'imagina qu'il suffirait de quelques concessions pour le ramener, et dans ce but il prit successivement une foule de mesures injustes et rétrogrades. Ainsi, de temps immémorial les villes jouissaient du droit d'élire quelques magistrats municipaux : Ferdinand le leur enleva pour charger les tribunaux de faire la nomination. Une semblable violation des libertés commu[nales] les eût été dans tous les temps une [af]faire excessivement grave; mais [les] motifs sur lesquels le décret était [ap]puyé donnaient à cet acte un carac[tère] encore plus tyrannique.

« J'ai pris cette détermination, dit F[er]« dinand, *afin de faire à jamais dis*« *paraître du sol espagnol jusqu'à* « *moindre idée que la souverai[neté ne]* « *peut résider autre part que dans* « *personne royale, et afin que mes p[eu]*« *ples sachent bien que je ne conse[nti]*« *rai jamais à la plus légère altéra[tion]* « *des lois fondamentales de cette m[o]*« *narchie.* » Ces concessions faites [aux] idées d'intolérance et d'oppression [ne] mirent pas un terme aux menées des [ab]solutistes. L'impunité augmenta l'[au]dace de cette faction, qui, occupée t[out] entière de faire prévaloir les intérêts [du] clergé, voulait soumettre le trône [à la] puissance temporelle de l'Église. Elle [re]çut la dénomination de parti apostoliq[ue] et se recruta parmi les curés et les m[oi]nes les plus fanatiques, parmi les e[m]ployés civils et militaires qui dépendai[ent] du clergé, et qui regardaient ces hom[mes] exaltés comme les plus fermes souti[ens] de la monarchie. Enfin il servit de ref[uge] à toutes ces ambitions turbulentes [qui] pour s'élever ne craignaient pas d'a[git]er le pays ou d'ébranler le trône. Ge[or]ges Bessières, qui avait été successi[ve]ment conspirateur républicain, puis [ca]pitaine de l'armée de la foi, était l'hom[me] d'exécution qu'il leur fallait; aussi d[ans] le courant d'août 1825 il sortit de [Ge]tafe, petite ville située à deux lieues [de] Madrid, entraînant avec lui une partie [du] deuxième escadron du régiment de S[an]tiago. Il se dirigea vers Guadalajara [en se] renforçant dans son trajet de tous les [in]dividus qu'il put recruter dans les li[eux] où il passait. Ce mouvement, disait[-il], avait pour but de rendre la liberté [au] roi. Il se promena ainsi pendant qu[el]ques jours dans les environs de Gua[da]lajara et jusqu'à Siguenza; mais il [fut] harcelé sans relâche par les forces qu['on] avait lancées à sa poursuite. Enfi[n il] tomba entre leurs mains; et en vertu [d'] ordres particuliers du roi il fut, a[insi] que plusieurs officiers, passé par les [ar]mes dans la ville de Molina d'Arag[on], le 26 août.

Cette funeste issue n'arrêta pas d'autres conspirateurs, soit carlistes, soit libéraux. Un complot tramé à Grenade par don José Manuel de Moralès, porte-étendard d'un régiment de cavalerie, et un autre organisé à Tortose par trois officiers de la garnison, furent réprimés aussitôt que découverts. Mais plus le gouvernement déployait de rigueur dans la punition de ces tentatives, plus on mettait de persistance à l'attaquer. La cruauté, loin d'intimider, exaspère les passions; et les exécutions qui avaient eu lieu les années précédentes, le supplice du brave Empécinado, qui périt cette année victime de ses opinions, n'arrêtèrent pas le cours des conspirations.

Dans la nuit du 19 février 1826 des constitutionnels, au nombre environ de soixante, débarquèrent auprès de Guardamar, sur la côte du royaume de Murcie, près de l'embouchure du Segura. Au point du jour ils s'emparèrent de cette petite ville; mais le bruit de cette occupation ne fut pas plus tôt répandu, que de tous les côtés on prit les armes. Un corps de deux mille royalistes, fourni par les villes voisines, se joignit à la compagnie de cavalerie d'Orihuela et se dirigea sur Guardamar pour attaquer les insurgés. Avertis du danger qui les menaçait, ceux-ci voulurent se rembarquer; mais le vent était changé, ils ne purent reprendre la mer, et furent contraints de se diriger vers les montagnes voisines, afin d'y chercher un abri. Ils furent inquiétés dans leur route par les royalistes d'Elche, qui tuèrent le lieutenant-colonel don José Selles, un des chefs de cette expédition, et qui les poursuivirent jusqu'à la nuit sans parvenir à les atteindre. Le 22 des forces sorties d'Alicante continuèrent à leur donner la chasse. On en tua cinq, et on en prit vingt et un. Du nombre des prisonniers se trouva le colonel Bazan, qui était grièvement blessé, ainsi que son frère. Ils voulurent se donner la mort, pour ne pas tomber vivants entre les mains des royalistes. Le plus jeune des deux Bazan appuya un pistolet sur l'oreille de son frère; mais le coup ne partit pas, non plus que celui qu'il avait tourné contre lui-même. Ils furent emmenés à Alicante, où tous les prisonniers furent fusillés le lendemain, à l'exception de Bazan l'aîné, qui fut exécuté à Orihuela, le 4 mars. Quant au reste des insurgés, il parvint avec beaucoup de peine à échapper aux royalistes. Cette malheureuse entreprise ne fit que donner une nouvelle activité aux persécutions dirigées contre les libéraux. C'était le seul résultat qu'elle put avoir; car les troupes françaises occupaient encore l'Espagne. Elles ne quittèrent la Péninsule que dans le courant de 1828. Essayer en leur présence de faire une révolution libérale avec d'aussi faibles moyens, c'était courir à une perte certaine. C'était du désespoir, et non du patriotisme.

MINISTÈRE DE CALOMARDE. — RÉVOLUTION LIBÉRALE EN PORTUGAL. — MOUVEMENT CARLISTE EN CATALOGNE. — LES DIFFÉRENTS MARIAGES DE FERDINAND VII.

Les années qui suivirent le renversement de la constitution furent, on l'a vu, des époques de trouble et de malheur. Mais il ne serait pas juste de laisser à Ferdinand seul la responsabilité de cette administration déplorable. Il faut nommer au moins ceux de ses ministres qui pendant cette période ont exercé quelque influence sur les destinées du pays. Il en est un surtout dont le nom est resté flétri par l'animadversion publique. Francisco Tadeo Calomarde était sorti des rangs les plus bas de la société : il avait été, dit-on, domestique, faiseur d'alpargatas, procureur. Il était employé du ministère quand une plaisanterie obscène lui concilia la faveur royale; car Ferdinand avait le goût inné de la mauvaise compagnie. On se souvient qu'Antonio Ugarte, un ancien portefaix, avait été le président de la camarilla. Il existait une certaine analogie entre cet homme et le nouveau ministre; aussi Ferdinand donna-t-il sa confiance à Calomarde, comme il l'avait donnée au protégé de Tatischeff. Sans doute il ne faudrait pas reprocher à cet individu la bassesse de son extraction : elle eût au contraire doublé son mérite si ses vertus et son talent se fussent élevés à la hauteur des fonctions qui lui étaient confiées ; mais il n'avait d'autre qualité qu'un aveugle dévouement aux intérêts et aux passions de la monarchie absolue. Il ne songeait qu'à étouffer les arts, les sciences et la liberté. La régence avait fait fermer le collége des cadets de l'artillerie de Ségovie, ceux de Grenade, de Valence, de Santiago, l'académie du corps des ingénieurs d'Alcala d'Hénarès et toutes les autres écoles militaires publiques ou privées, sous le prétexte que les jeunes gens qu'on y élevait étaient imbus des détestables principes de la révolution. Calomarde s'en prit aux universités; il les supprima; mais en revanche il institua une école publique de tauromachie.

Il était partisan de toutes les mesures de rigueur ou d'obscurantisme. Il avait été introduit dans le cabinet par Ferdinand pour servir de contre-poids à ceux des ministres qui se sentiraient des idées de modération et de tolérance. Il fut le mauvais génie du conseil. A côté de lui passèrent dans le cabinet des hommes dont quelques-uns étaient honorables. Le marquis de Casa-Irujo remplaça le chanoine Saez au ministère des affaires étrangères; mais il mourut au bout de peu de temps, et il eut le comte d'Ofalia pour successeur. Zea Bermudez occupa également ce ministère; mais il n'y resta que peu de temps, Ferdinand le trouva trop libéral. Il céda la place au duc de l'Infantado, et celui-ci à don Manuel Gonzalez Salmon.

Ballesteros eut le ministère des finances. Don José de la Cruz fut placé au ministère de la guerre; mais ayant voulu faire un règlement pour réduire à l'ordre la milice turbulente et indisciplinée des volontaires royalistes, il fut attaqué avec tant de vivacité par les exaltés absolutistes, que Ferdinand le destitua et le remplaça par don José Aimerich, chef des volontaires royalistes de Madrid, qui sut bientôt se rendre odieux par sa dureté; celui-ci fut remplacé par don Luiz Maria de Salazar, qui à son tour eut pour successeur le marquis de Zambrano.

Le pays s'inquiétait peu de ces changements de personnes. Ils étaient si fréquents, qu'on y était accoutumé; et d'ailleurs, comme ils ne modifiaient en rien la confiance que Ferdinand avait placée en Calomarde, et que celui-ci, bien qu'il fût seulement ministre de grâce et de justice, était en réalité l'âme du cabinet, on savait bien qu'il ne fallait espérer avec lui ni changements de système ni amélioration. On était ainsi arrivé aux derniers jours de 1826, et les esprits étaient à peine remis de l'émotion causée pa[r] triste échauffourée de Bazan, quan[d] révolution de Portugal vint inspirer [à] cour de sérieuses alarmes. Le vieux Jean VI était mort, laissant don Ped[ro] son fils aîné, pour héritier; mais ce prin[ce] préférant l'empire du Brésil, abdi[qua] la couronne du Portugal en faveur de [sa] fille dona Maria da Gloria, et donna [au] pays la charte qui porte son nom. [Le] contre-coup de ce mouvement se fit vi[ve]ment sentir en Espagne. Cent qui[nze] hommes, un lieutenant et le porte-ét[en]dard d'un régiment de cavalerie qui ét[ait] en garnison à Olivenza désertèrent a[vec] leurs armes et leurs chevaux, et passèr[ent] en Portugal [1].

La cour, craignant que la contagi[on] révolutionnaire ne se propageât, et vo[u]lant autant que possible empêcher [les] communications avec le Portugal, ré[u]nit sur la frontière de ce pays une arm[ée] dont elle confia le commandement au g[é]néral Saarsfield.

Menacé de ce côté par le principe con[s]titutionnel, Ferdinand était attaq[ué] plus vivement encore par le principe co[n]traire. Les apostoliques, unis d'intér[êt] et d'opinion avec les ultra-royalistes [de] France, tiraient profit de tous l[es] avantages que ceux-ci remportaien[t]. Louis XVIII était mort; et Charles [X] n'avait pas, comme son frère, le talent [de] contenir ce parti aveugle qui l'entra[î]nait à sa perte, et qui avait déjà impo[sé] à la France la loi du sacrilége. Enha[r]dis par les succès de leurs émules de P[a]ris, les apostoliques ne se bornaie[nt] déjà plus à des intrigues clandestines, [à] de secrets conciliabules: ils demandaie[nt] hautement la déchéance du roi. Ils fire[nt] circuler un écrit intitulé: « Manifes[te] « adressé au peuple espagnol par u[ne] « fédération de royalistes purs, sur l'ét[at] « de la nation et sur la nécessité d'él[e]« ver au trône le sérénissime seigne[ur] « infant don Carlos. » Il se terminait [de] cette manière: « Voilà ce que nous dés[i]« rons en Jésus-Christ, nous les mem[bres]

[1] Je ne suis entré dans aucun détail s[ur] cette révolution, bien que ces événemen[ts] soient remplis d'intérêt; mais ils font par[tie] de l'histoire de Portugal: il faut les lire dans [le] volume que M. Ferdinand Denis a consacré [à] ce pays. Ils y sont retracés avec trop de ver[ité] et trop de talent pour qu'il soit possible d'[en] parler après ce savant historien.

« bres de cette catholique fédération, « avec la faveur du ciel et la bénédiction « éternelle. Amen. — Madrid, 1er novembre 1826. — Imprimé, publié et répandu par l'ordre de notre fédération. « — Fr. M. du Saint-Sacrement, secrétaire. »

Ils ne se bornèrent pas à répandre des écrits séditieux ; lorsqu'ils jugèrent l'opinion publique suffisamment préparée, ils prirent les armes. Au mois de mai 1827 parut en Aragon, dans les environs de Barbastro, une bande commandée par un certain Miguel Nogueras, qui la première poussa le cri de la rébellion. Elle fut mise en déroute par les volontaires royalistes, et Nogueras fut tué. Une autre tentative de soulèvement eut également lieu dans l'Alava. Elle ne réussit pas davantage; mais en Catalogne un mouvement apostolique éclata ; les districts de Manresa, de Vich et de Girone se mirent en pleine insurrection. A la tête de la révolte se placèrent des hommes hardis, entreprenants, sans frein; et parmi eux Bussons et Pep. dels Estanis, la terreur et la désolation des contrées qu'ils parcouraient. Pour motiver leur rébellion, ils alléguaient que le roi n'était pas libre; qu'il était dominé par une faction et dans l'impossibilité de pourvoir au bien de l'État. Mais il n'était personne qui ne comprît que c'était là un prétexte mensonger, et qu'il ne servait qu'à voiler ses projets coupables. Il fallut bien enfin que Ferdinand ouvrît les yeux à l'évidence. Il fut forcé de reconnaître que ce parti dans lequel il avait mis toute sa confiance, auquel il avait donné son amour et toutes ses sympathies, qu'il avait réchauffé dans son sein, renfermait ses plus perfides ennemis. Il prît la résolution d'étouffer la rébellion dès son principe en employant les moyens les plus énergiques. Il envoya en Catalogne le comte d'Espagne à la tête de troupes assez nombreuses, et celui-ci se mit à la recherche des insurgés. Il les poursuivit avec une grande activité ; mais il rencontra dans la configuration du pays, dans le caractère des habitants, dans leur manière de combattre, les mêmes obstacles qui dans les temps de trouble se sont toujours opposés à la pacification de la Catalogne. Le nombre des insurgés s'accrut au point de rendre l'issue de la lutte très-douteuse. En voyant cette résistance, qu'il n'avait pas prévue, Ferdinand, pour la première fois de sa vie, prit une résolution sage et profitable. A la tête d'une simple escorte il passa en Catalogne, à la fin du mois de septembre 1827. Sa présence obtint les bons effets qu'il s'en était promis. A sa voix les insurgés déposèrent les armes. Les plus compromis prirent la fuite pour mettre leur vie en sûreté. Les autres, croyant de bonne foi que le souverain les traiterait comme des enfants égarés, vinrent se remettre entre ses mains. Tous n'y rencontrèrent pas la clémence qu'ils avaient espérée. Calomarde et le comte d'Espagne firent périr un nombre considérable de victimes; mais le secret dont furent accompagnées ces exécutions et les procédures qui les avaient précédées laissa croire que les véritables coupables avaient été épargnés. Néanmoins, les mesures énergiques adoptées contre les insurgés, le désarmement des bataillons royalistes de Vich et de Manresa rétablirent complétement la tranquillité.

Après avoir comprimé cette rébellion apostolique, Ferdinand parcourut avec la reine le royaume de Valence, la Catalogne, l'Aragon, les provinces Basques, la Castille, et le 11 août il revint à Madrid au milieu des acclamations du peuple. Quelques mesures d'une sage administration prises par Ballesteros firent espérer que le gouvernement allait entrer dans une autre voie, et que le pays jouirait enfin de quelques instants de repos. Mais le ciel n'avait pas épuisé les fléaux dont il voulait frapper la malheureuse Espagne. D'horribles tremblements de terre désolèrent les royaumes de Valence et de Murcie. Des villages entiers furent renversés, et de nombreuses victimes périrent englouties sous leurs ruines ; puis au milieu des pénibles émotions que ces désastres avaient fait naître, vint s'ajouter un nouveau motif de douleur et d'inquiétudes : le 17 mai 1829 la reine mourut.

Ferdinand avait déjà été marié trois fois. Le 4 octobre 1802 il avait épousé, en premières noces, Marie-Antoinette de Naples. Le même jour sa sœur Marie-Isabelle avait épousé don Francisco Genaro, prince héréditaire des Deux-Siciles. Après quatre années de mariage la princesse

Marie-Antoinette était morte sans laisser d'héritier. Ferdinand passa dans le veuvage le temps de sa captivité de Valençai et les premières années de son règne. En 1816 il épousa dona Maria-Isabelle-Francisca de Braganza, seconde fille du prince don Juan, régent de Portugal. Son frère, l'infant don Carlos, épousa la troisième fille du même prince, Maria-Francisca d'Assis. Les noces furent célébrées le 28 septembre 1816. Le choix de Ferdinand fut approuvé de tout le monde. La nouvelle reine était d'un caractère doux et bienveillant; elle protégeait les beaux-arts, puis à toutes ces qualités elle joignait une figure pleine de grâce et le talent de se faire aimer. Le 21 août 1817 elle mit au jour une fille, à qui l'on donna les noms de Marie-Isabelle-Louise; mais cette enfant vécut peu de mois. Elle mourut le 9 janvier 1818. L'année commencée d'une manière si triste devait avoir une fin encore plus funeste. La reine était enceinte, et elle approchait du terme de sa grossesse. Dans la soirée du 26 décembre, elle était sur son lit, et causait paisiblement avec quelques personnes de sa maison, lorsqu'elle fut prise d'une attaque de nerfs. Tous les moyens employés pour la soulager demeurèrent inutiles : elle mourut après une demi-heure de souffrance. On essaya de sauver au moins l'enfant qu'elle portait. On tenta l'opération césarienne, et l'on tira de son sein une fille qui mourut au bout de quelques minutes.

Le désir de laisser un héritier direct de sa couronne détermina Ferdinand à contracter une nouvelle union. Le 20 octobre 1819, il épousa Marie-Josèphe-Amélie de Saxe, nièce du roi Frédéric-Auguste, et fille du prince Maximilien. Cette union fut encore stérile. La reine tomba malade à Aranjuez, le 30 avril 1829, et dès les premiers moments on considéra sa position comme désespérée. Cette princesse, dont l'âme était d'une douceur angélique, vit avec calme les approches de la mort. Elle expira au bout de dix-sept jours de maladie. Cette mort ranima les espérances du parti apostolique. Le ciel, disaient-ils, réservait évidemment la couronne à don Carlos, puisqu'il frappait de stérilité les épouses de Ferdinand. Mais leur espoir devait être trompé, et Ferdinand contracta un quatrième mariage. Sa sœ[ur] Isabelle avait épousé en 1802 l'héri[tier] de la couronne des Deux-Siciles. I[l] en avait eu plusieurs filles. L'aîn[ée] Luiza-Carlota, née le 24 octobre 18[..] avait, le 11 juin 1819, épousé le p[lus] jeune frère de Ferdinand, l'infant d[on] Francisco de Paula. La seconde ét[ait] Marie-Christine, née le 27 avril 18[..] Ferdinand fit demander sa main; et [le] mariage fut célébré le 11 décembre 18[..] au grand mécontentement des aposto[li]ques, dont il compromettait les espéra[n]ces, mais aux applaudissements des pop[u]lations, qui accueillirent avec amour u[ne] reine fille d'une mère espagnole. L'a[n]née 1830 s'ouvrit donc au milieu d[e] réjouissances. Jeune, belle, avide [de] plaisirs, Marie-Christine tira la cour [de] la tristesse où elle languissait depuis longtemps : ce fut un changement co[m]plet dans les habitudes du palais. On vit chaque jour des fêtes nouvelles. U[ne] reine qui ne se contentait pas de fê[tes] religieuses, qui aimait le bal; une rei[ne] qui dansait fut pour les Espagnols u[ne] étonnante nouveauté. En voyant Ferd[i]nand, à la voix de sa jeune épouse, [se]couer la monotonie de sa vie habituel[le,] les apostoliques devinèrent l'empi[re] qu'elle allait exercer sur son esprit; les plus clairvoyants jugèrent que [ce] n'était pas seulement une reine, ma[is] une révolution qu'on avait inaugurée.

PUBLICATION DE LA PRAGMATIQUE SANCTI[ON] DE 1789, QUI RÉVOQUE LA LOI SALIQUE. [—] NAISSANCE DE L'INFANTE DOÑA MARIA-IS[A]BELLE. — RÉVOLUTION FRANÇAISE DE 18[30.] — INVASION DES ÉMIGRÉS ESPAGNOLS. — [DÉ]BARQUEMENT, ARRESTATION ET SUPPLICE [DE] TORRIJOS.

Le nouveau mariage de Ferdinand VI[I] qui pouvait détruire les droits et les e[s]pérances de don Carlos, avait été po[ur] les apostoliques un sujet d'alarme et [de] mécontentement. La grossesse de [la] reine ne tarda pas à justifier leurs a[p]préhensions. Cependant, il leur rest[ait] encore un espoir : la reine pouvait a[c]coucher d'une fille; et la loi rendue p[ar] Charles IV, d'accord avec les cortès [de] 1789, pour rendre aux femmes le dr[oit] de succéder à la couronne, n'ayant p[as]

(1) *Une année en Espagne*, par Charles [Di]dier. Paris, 1837.

encore été promulguée, elle pouvait être considérée comme non avenue. Ferdinand ne voulut pas leur laisser cet espoir; et le 29 mars 1830 il fit publier la pragmatique sanction de 1789. Voici les termes de cette loi, qui règle maintenant le droit de succession à la couronne d'Espagne :

Don Ferdinand VII, par la grâce de Dieu roi de Castille et de Léon, aux infants, prélats, ducs, marquis, comtes, ricos-hombres, prieurs, commandeurs des ordres et sous-commandeurs, alcades de Castille, et tous autres juges ou juridictions, ministres et personnes de toutes les villes et bourgs de mes royaumes et seigneuries, tant à présent qu'à l'avenir, savoir faisons que : Dans les cortès réunies à notre palais du Buen-Retiro pendant le cours de l'année 1789 on s'est occupé, sur la proposition de mon auguste père, qui est en gloire[1], de la nécessité et de la convenance de faire observer le mode régulier établi par les lois du royaume et par la coutume immémoriale pour la succession à la couronne d'Espagne par droit de primogéniture, en préférant les hommes aux femmes dans leurs lignes respectives suivant leur rang. Après avoir considéré les biens immenses que pendant plus de sept cents ans l'observation de ce mode de succession a procurés à la monarchie, après avoir aussi examiné les motifs et circonstances particulières qui ont déterminé les changements décrétés par l'acte octroyé en mai 1713, les cortès, sous la date du 30 septembre 1789, ont remis une supplique entre les mains du roi. Dans cet acte elles ont représenté les grands avantages qui ont résulté par le passé, et particulièrement depuis l'union des couronnes de Castille et d'Aragon, de l'ordre d'hérédité prescrit par la loi 2 titre 15 partida seconde; et elles ont demandé que, sans avoir égard aux innovations introduites par ledit acte de 1713, il fût ordonné que pour la succession de la monarchie on garderait et observerait à perpétuité ladite coutume immémoriale, comme elle a toujours été observée et gardée. En conséquence, elles ont réclamé qu'il fût publié une pragmatique sanction, comme loi faite et arrêtée en cortès, afin de constater cette résolution et de déroger audit acte de 1713.

A cette supplique mon auguste père a daigné répondre comme le demandait le royaume, et conformément à l'avis joint à ladite pièce par la junte des assistants aux cortès, par le gouverneur et ministre de ma chambre royale de Castille, « qu'il avait pris une résolution conforme à ladite pétition; » cependant il a ordonné que « pour le moment on tînt cette résolution secrète, parce que cela importait à son service; » et dans le décret dont il est question, il donna l'ordre « à son conseil d'expédier la pragmatique sanction dans la forme accoutumée. » En conséquence, les cortès envoyèrent à la voie réservée copie certifiée de ladite supplique et de tout ce qui s'y rapporte, par l'intermédiaire de son président, le comte de Campomanès, gouverneur du conseil; et l'on publia le tout dans l'assemblée avec la réserve qui avait été prescrite. Les troubles qui ont agité l'Europe à cette époque et ceux auxquels la Péninsule a depuis été en proie n'ont pas permis l'exécution de ces importants desseins, qui exigeaient des jours plus calmes. Enfin, ayant, avec l'aide de la miséricorde divine, heureusement rétabli la paix et le bon ordre dont avaient tant besoin mes peuples bien-aimés; après avoir examiné cette grave affaire, et après avoir entendu l'avis de ministres zélés pour mon service et pour le bien public, par mon décret royal, adressé au même conseil le 26 du présent mois, vu la pétition originale, vu ce qui a été décidé relativement à ladite supplique par mon père chéri, ainsi que le procès-verbal des premiers secrétaires des cortès, lesquelles pièces sont jointes à mon décret, j'ai ordonné de publier immédiatement une loi et pragmatique dans la forme accoutumée.

Ce décret ayant été publié dans mon conseil, on résolut de lui donner son complément en expédiant les présentes avec force de loi et de pragmatique sanction comme faite et promulguée en assemblée de cortès. En conséquence, j'ordonne d'observer, garder et accomplir perpétuellement ce qui est contenu dans la loi seconde, titre quinzième de la deuxième partida, dont la teneur suit :

« Naître le premier est un grand signe d'amour que Dieu témoigne au fils du roi, auquel il donne l'aînesse sur les autres frères qui naissent après lui... Le fils aîné a pouvoir sur ses frères comme père et seigneur, et ils le doivent tenir comme tel. En outre, selon une antique coutume, quoique les pères, ayant communément pitié de leurs autres enfants, ne voulussent pas que l'aîné eût tout, mais que chacun eût sa part, cependant, malgré tout cela, les hommes sages entendus, considérant le bien public, on a reconnu que ce partage ne peut se faire sans entraîner la ruine de l'État; car, comme l'a dit Notre-Seigneur Jésus-Christ : Tout royaume divisé

[1] En Espagne on n'écrit jamais dans les actes officiels le nom d'un roi mort sans le faire suivre de ces quatre majuscules sacramentelles (Q. E. E. G) : *Qui est en gloire*, c'est-à-dire dans le Paradis. S'il s'agit du roi régnant, la formule est (Q. D. G.) : *Que Dieu garde.*

« sera détruit, on a établi pour droit qu'a-« près la mort de son père, le fils aîné eût seul « la seigneurie du royaume; et ce droit a tou-« jours été en usage dans tous les pays du « monde où la seigneurie s'est transmise par « hérédité, et principalement en Espagne. En « effet, pour éviter beaucoup de maux qui « sont arrivés et qui pourraient encore se « renouveler, on a établi que la seigneurie du « royaume fût toujours transmise par hérédité « aux enfants qui venaient en ligne directe, « et, par conséquent, on établit que s'il n'y « avait pas de fils aîné la fille aînée héritât « du royaume; et aussi on ordonna que si le « fils aîné mourait avant d'hériter, mais en « laissant un fils ou une fille issu d'une femme « légitime, que cet enfant hérite du royaume « de préférence à tout autre. »

En conséquence, je vous mande à tous et à chacun en particulier en vos districts, juridictions et territoires, de garder, accomplir et exécuter, faire garder, accomplir et exécuter cette pragmatique sanction en tout et par tout ce qu'elle contient, ordonne et mande, en prenant à cette occasion toutes les mesures que le cas requiert sans qu'il soit besoin d'autre déclaration que de la présente, qui doit recevoir son exécution à partir du jour où elle sera publiée à Madrid et dans les villes, attendu que cela convient à mon royal service, au bien et utilité publique de mes vassaux; que telle est ma volonté; et je veux qu'on donne aux copies de cet ordre signées de don Valentin de Pinilla, le plus ancien secrétaire de ma chambre et du gouvernement de mon conseil, la même foi et le même crédit qu'à l'original.

Donné au palais, le 29 mars 1830.

MOI LE ROI. »

Ces changements aux lois qui réglaient le droit de succession ne se firent pas sans exciter de vives réclamations, et les apostoliques, à défaut de journaux espagnols dans lesquels ils osassent critiquer cet acte de la toute-puissance royale, remplirent les feuilles étrangères de leurs protestations. La conduite imprudente du gouvernement leur procura bientôt un redoutable adversaire. Depuis longtemps les priviléges et les immunités des provinces basques étaient odieux à la cour de Madrid. Déjà on avait eu la pensée de les abolir; mais les représentations énergiques de leurs députés avaient forcé de renoncer à cette entreprise. Au mois d'avril 1830 il fut question de réunir quinze mille hommes à Burgos, afin de soutenir par les ar[illegible] l'abolition des fueros. On avait pris la solution de les anéantir; mais on [illegible] vint pas à ces extrémités. La Biscaye [illegible] frit au roi un don volontaire. Cette tra[illegible] action empêcha bien la guerre d'écla[illegible] mais elle ne put éteindre le méconten[illegible] ment des Basques ni calmer les inquié[illegible] des qu'on leur avait inspirées. Mena[illegible] dans leurs intérêts, ils devaient nature[illegible] ment se dévouer au parti qui promett[illegible] de maintenir leurs fuéros. Le parti ap[illegible] tolique sut habilement fomenter [illegible] dispositions; et il s'appliqua à confon[illegible] ses griefs avec ceux de la Biscaye, en p[illegible] sentant les changements au droit de s[illegible] cession et la réforme projetée des fue[illegible] comme le résultat d'un même systè[illegible] et comme des innovations égalem[illegible] dangereuses.

Cependant la grossesse de la reine [illegible] prochait de son terme. Des prières [illegible] bliques avaient été ordonnées pour [illegible] mander à Dieu qu'il accordât un [illegible] à Ferdinand; mais ces vœux ne fur[illegible] pas exaucés; et le 10 octobre la re[illegible] mit au jour une princesse, qui fut b[illegible] tisée sous les noms de Marie-Isabel[illegible] Louise.

Lorsqu'elle vint au monde l'Eur[illegible] se trouvait dans un de ces moments [illegible] crise qui ébranlent jusqu'en leurs fon[illegible] ments les trônes les mieux établis. [illegible] gouvernement français ayant été insu[illegible] par le dey d'Alger résolut de tirer v[illegible] geance de ce chef de forbans. Une arn[illegible] française débarqua le 14 juin 1830 sur [illegible] plage de Sidi-Ferruch, et contraignit [illegible] peu de jours le dey à capituler. Ce[illegible] victoire augmenta en France l'aud[illegible] du parti absolutiste, qui était alors [illegible] pouvoir; il voulut exploiter à son pr[illegible] la conquête d'Alger, comme il avait [illegible] ploité la campagne de 1823. Le 9 juil[illegible] le télégraphe ayant apporté à Paris [illegible] nouvelle du succès des armes français[illegible] le ministère, organe du parti absolutis[illegible] crut le moment favorable pour termi[illegible] par un coup d'État la lutte qui était [illegible] gagée entre lui et la majorité des cha[illegible] bres. Des ordonnances royales, en d[illegible] du 25 juillet, furent rendues pour s[illegible] pendre la liberté de la presse, pour d[illegible] soudre la Chambre des députés, po[illegible] établir un nouveau mode d'élection [illegible] représentants du pays, enfin pour co[illegible] voquer les colléges électoraux. Ces actes étaient autant de violations flagrantes de la Charte. Ils provoquèrent une vive résistance. Le peuple s'insurgea. Après trois jours de combat, Charles X fut renversé du trône; et le 7 août les Chambres proclamèrent le duc d'Orléans roi des Français. Le succès que le parti libéral venait d'obtenir en France ranima tout ce qu'il y avait en Europe d'énergie révolutionnaire. La Belgique se mit en insurrection, et se sépara de la Hollande. La Pologne poussa le cri d'indépendance, et voulut secouer le joug de la Russie. Enfin, les émigrés espagnols, qui avaient trouvé un refuge en France ou en Angleterre, se réunirent en comités révolutionnaires dans le but de tenter un coup hardi et de passer la frontière. Le gouvernement espagnol adressa de vives réclamations aux deux cabinets de Paris et de Londres. Ce dernier prit quelques mesures pour empêcher les réfugiés qui se trouvaient en Angleterre de porter la guerre dans leur pays. Mais le gouvernement établi en France ne put ou ne voulut pas arrêter l'entreprise. Le colonel Francisco Valdès pénétra en Navarre à la tête de quinze cents hommes, et s'empara de la ville d'Urdax. Mais, pour repousser cette agression, la province de Guipuscoa mit aussitôt sous les armes ses huit bataillons de milice; l'Alava envoya huit compagnies d'élite; la Biscaye, son bataillon national. Toutes ces provinces s'empressèrent, en outre, de rassembler d'autres forces. Le général Llauder fut mis à leur tête et chargé de combattre les révolutionnaires. Quoique ceux-ci fussent commandés par Lopès-Baños, par Butron, et même par Mina, ils furent mis en pleine déroute. Poursuivis par Llauder, ils furent contraints de se rejeter en France. Mina, traqué, dit-on, comme une bête fauve, passa trente heures dans une fente de rocher pour échapper aux battues dirigées contre lui avec des hommes et des chiens. En Galice, en Catalogne, en Aragon, d'autres bandes révolutionnaires tentèrent également de soulever le pays. Leur entreprise n'eut pas plus de succès. Toutes ces tentatives avaient été dirigées vers le nord de la Péninsule. On pensa que le caractère des habitants de ces provinces avait été le véritable obstacle à leur réussite. On s'imagina que si elles eussent été faites dans les provinces méridionales, elles eussent obtenu de meilleurs résultats. Le 28 février 1831 une petite expédition, commandée par le général Torrijos, débarqua dans les environs d'Algéciras. Il n'avait avec lui que deux cents hommes. Les troupes et les autorités étaient prévenues : aussi, Torrijos, après un engagement assez vif, fut-il forcé de se remettre en mer et de se réfugier à Gibraltar. Ce mauvais succès n'intimida pas d'autres émigrés, déterminés à s'exposer au même danger. Quelques jours plus tard, Antonio Manzanarès, ayant débarqué dans les environs de Jetarès, à la tête d'environ cent cinquante hommes, se dirigea immédiatement vers la Sierra-Verméja, sans doute dans le but de se joindre à une grosse bande d'insurgés qui s'était montrée de ce côté. Mais il fut poursuivi avec tant de célérité par les troupes royalistes, que la plus grande partie des siens l'abandonna. Il fut forcé de renoncer à son entreprise et de songer uniquement à se mettre en sûreté. Ayant rencontré quelques chevriers, il tâcha de leur inspirer de l'intérêt en sa faveur. Il promit à un d'entre eux, nommé Juan-Gil, un duro par chaque pain qu'il lui apporterait, et une bonne somme, s'il parvenait à lui procurer une barque. Gil feignit d'accepter ces offres; mais, au lieu de faire ce qui lui était demandé, il courut donner l'alarme dans le village de Igualéja; et il rassembla pour arrêter les fugitifs un grand nombre de paysans armés et de volontaires royalistes. Au reste sa perfidie fut punie comme elle méritait de l'être. Pour surprendre plus facilement le malheureux qu'il voulait livrer, il avait été le rejoindre. Mais celui-ci, en voyant s'approcher des hommes armés, tira son épée, et en perça le traître. A son tour, il fut presque aussitôt massacré par un frère de Juan-Gil. Soixante et un des infortunés qui avaient pris part à l'expédition de Manzanarès tombèrent entre les mains des royalistes, et furent passés par les armes.

A la même époque, des conspirateurs essayèrent de soulever les garnisons de Cadix et de l'île de Léon; n'ayant pu y parvenir, ils s'en vengèrent en assassinant, dans les rues de la ville, le gouverneur de la place et le subdélégué de police. Dans l'île de Léon, ils parvinrent à délivrer tous les forçats de l'arsenal maritime, à faire passer de leur côté le bataillon de marine, ainsi que deux compagnies de ligne qui s'y trouvaient en garnison; et ils poussèrent le cri de liberté le 3 mars. Mais cette révolte ne réussit pas. Les insurgés, ne pouvant se maintenir dans l'île de Léon, prirent la route de Bejer dans le but, sans doute, de se joindre à Manzanarès, dont on ignorait encore la déroute. Poursuivis de tous les côtés et entourés par des forces supérieures, ils tentèrent vainement de se défendre. Tous ceux qui ne furent pas tués en combattant furent forcés de se rendre à discrétion. Ces tentatives insensées ranimèrent les persécutions contre les constitutionnels. Les commissions militaires, qui avaient été supprimées, furent rétablies par ordonnance du 19 mars; et de nombreuses victimes furent sacrifiées aux vengeances politiques. Souvent la proscription tomba sur les personnes les plus innocentes et les plus inoffensives; ainsi, on cite un libraire de Madrid, nommé Antonio Miyard, dont le seul crime était d'avoir écrit quelques réflexions sur les derniers événements. Il faut encore rapporter le supplice d'une dame de Grenade, nommée Mariana Pineda, qui fut conduite à la mort parce qu'elle avait entrepris de broder une bannière pour les mécontents. Tant de désastres, tant de sang répandu, n'arrêtèrent pas les conspirateurs, et l'année finit comme elle avait commencé. Depuis son imprudente tentative du mois de février, Torrijos était réfugié à Gibraltar. On lui répéta que l'Andalousie n'avait besoin que d'un chef pour courir aux armes, et pour donner à l'Espagne le signal de la délivrance. Il le crut : le 1er décembre il débarqua à Eranjérola avec cinquante-deux hommes. Les troupes royalistes, commandées par Moréno, gouverneur de Malaga, que sa cruauté a fait surnommer le *Bourreau*, se mirent aussitôt à sa poursuite. Forcé de chercher un asile dans une ferme élevée près de Coyn, il y fut aussitôt assiégé. La résistance n'était pas possible, et il fut obligé de se rendre avec tous ceux qui l'avaient accompagné. Il fut conduit à Malaga, et fusillé le 11 décembre, ainsi que tous les malheureux entraînés [...] lui dans sa déplorable entreprise. C[...] horrible exécution termina dignem[...] cette année de réaction et de meurtr[...]

NAISSANCE DE L'INFANTE MARIE-LOUISE-F[...]NANDA. — GRAVE MALADIE DU ROI. — [...]VOCATION DE LA PRAGMATIQUE SANCTION [...] DESTITUTION DE CALOMARDE ET DES AU[...] MINISTRES. — LA REINE EST CHARGÉE [...] GOUVERNEMENT DU ROYAUME. — AM[...]TIE. — RÉTABLISSEMENT DE LA PRAGM[...]QUE SANCTION. — DON CARLOS SE RETIR[...] PORTUGAL. — CONVOCATION DES CO[...] POUR PRÊTER SERMENT A LA PRINCESSE [...] ASTURIES. — PROTESTATION DE DON C[...]LOS. — CORRESPONDANCE ENTRE DON C[...]LOS ET FERDINAND. — TESTAMENT ET M[...] DU ROI.

La secousse produite par la révolut[...] de juillet et par les conspirations [...] émigrés espagnols avait fait diversi[...] pendant l'année 1831, aux intrigues [...] entouraient le trône. Les apostoliq[...] avaient gardé le silence : ils attendai[...] avec anxiété le terme de la deuxième gr[...]sesse de la reine; car la naissance d[...] prince n'eût pas laissé le moindre prét[...] à leurs prétentions chimériques; mai[...] 30 janvier 1832 la reine mit au mo[...] une seconde fille, à laquelle on donn[...] nom de Marie-Louise-Fernanda, et [...] partisans de don Carlos continuè[...] leurs manœuvres, avec d'autant [...] de vivacité, que le moment approc[...] d'en recueillir le fruit. Ferdinand é[...] né le 14 octobre 1784. Par conséqu[...] il n'avait encore que quarante-huit [...] mais chez lui les infirmités avaient [...]vancé l'âge. La goutte le tourmen[...] cruellement. Il avait reçu de son pèr[...] funeste héritage; mais Charles IV pas[...] rarement un jour sans se livrer à la ch[...] ou à quelque autre exercice violen[...] avait ainsi prolongé sa carrière et [...]servé sa vigueur jusqu'à un âge a[...] avancé. Ferdinand VII n'avait pas [...] goût pour les exercices qui entretien[...] la santé : aussi était-il vieux avan[...] temps. Un accès de goutte le prit au [...] d'août 1832, pendant un voyage qu'il [...]sait à la Granja; bientôt les accident[...] sa maladie devinrent si graves, qu[...] médecins désespérèrent de sa vie. E[...] tristes instants, pendant que la [...] planait sur le lit de Ferdinand, que [...] était trouble et confusion dans la meure royale, les apostoliques renouvelèrent leurs attaques et leurs machinations : on s'efforça d'alarmer la conscience du mourant. On lui répéta que la guerre civile serait le résultat de la pragmatique sanction ; et qu'il aurait à répondre devant Dieu du sang qui allait être versé. Christine, peut-être occupée de sa douleur, peut-être aussi émue par l'effrayante peinture que faisaient les carlistes des maux qui allaient tomber sur la malheureuse Espagne, laissa le champ libre à leurs machinations. Calomarde, dans l'espoir de se rendre agréable au parti qui allait triompher, prépara une révocation de l'acte du 29 mars. On la soumit à la signature du roi moribond. Tel était déjà l'état d'affaissement dans lequel se trouvait Ferdinand, que quelques instants plus tard on le crut expiré. On faisait déjà des préparatifs pour exposer son corps. L'ambassadeur de France avertit sa cour de la mort du roi. Cette nouvelle fut transmise à Paris par le télégraphe. Elle y fut publiée dans les journaux du 18 septembre. Cependant, et contre toute attente, le roi revint à lui. Au bout de quelques heures un mieux notable se manifesta. Sa figure commença à reprendre de l'animation et de la vie : le nuage qui obscurcissait sa vue et ses idées se dissipa ; et il apprit qu'on avait abusé de son état pour lui extorquer la révocation des mesures prises par lui dans le but d'assurer la couronne à sa fille. Pendant la maladie du roi, l'infante Luisa Carlota, sœur aînée de la reine, était en Andalousie; mais, à la première nouvelle de ce qui se passait, elle franchit rapidement la distance qui la séparait de la cour. Elle arriva au moment où les partisans de don Carlos et ceux de la reine se disputaient autour de ce lit où Ferdinand luttait encore contre la mort. Elle reprocha à la reine la faiblesse avec laquelle elle laissait dépouiller sa fille; elle accusa les ministres de déloyauté. On dit même que, joignant les faits aux paroles, elle frappa vivement Calomarde au visage. Don Carlos et ses amis, qui déjà étendaient la main pour saisir la succession et la couronne de Ferdinand, virent s'évanouir toutes leurs espérances; car il était hors de doute que ce prince allait s'empresser de rétracter un acte contraire à ses intentions, qu'il avait signé sans réflexion, et lorsqu'il n'avait pas la conscience de ce qu'il faisait.

La destitution de tous les ministres fut le premier acte par lequel le roi fit preuve de son retour à la vie.

Le cabinet se composait de Calomarde, ministre de grâce et de justice; aux affaires étrangères, était le comte de la Alcudia; aux finances, don Luiz Lopès Ballesteros; à la guerre, le marquis de Zambrano; à la marine, le comte de Salazar : aucun d'entre eux ne fut conservé, et Ferdinand forma le nouveau ministère de la manière suivante : aux affaires étrangères, Zea Bermudez, qui était ambassadeur à Londres; à la secrétairie de grâce et de justice, José Cafranga, qui fut bientôt remplacé lui-même par Francisco Fernandez del Pino; à la guerre, don Juan Antonio Monet, qui était gouverneur du camp de Gibraltar. Celui-ci eut plus tard pour successeur don José de la Cruz; aux finances, don Victoriano Encima y Piedra, directeur de la caisse d'amortissement; enfin à la marine, don Angel Laborde y Navarro, qui commandait l'escadre de l'île Cuba. Mais ensuite on jugea qu'il était plus convenable de laisser celui-ci à son poste, et on le remplaça au ministère par don Francisco Xavier Ulloa. On changea aussi dans les provinces les autorités dont le dévouement parut douteux ; enfin, par un décret en date du 6 octobre, Ferdinand confia le gouvernement de l'État à la reine, jusqu'à ce qu'il eût entièrement recouvré la santé. Cette résolution annonçait à elle seule un changement complet de politique, et le premier bienfait par lequel Christine voulut signaler son administration fut une amnistie générale. Voici les termes de cet acte, qui porte la date du 7 octobre 1832.

Il n'y a rien de plus naturel que le pardon pour le cœur magnanime et religieux d'un souverain qui aime ses sujets et qui est reconnaissant des vœux fervents adressés par eux pour obtenir de la miséricorde divine sa santé et son rétablissement. Il n'est pas de chose plus douce à l'âme du roi que l'oubli des faiblesses de ceux qui, par imitation plutôt que par malice ou par perversité, se sont éloignés des chemins de la loyauté, de la soumission et du respect auxquels ils étaient obligés et dans lesquels ils se sont toujours distingués.

Quand la bonté innée du roi veut rassembler tous ses enfants sous le manteau glorieux de sa bienfaisance, quand il consent à les faire participer à ses grâces et à ses libéralités, à les ramener au sein de leurs familles, à les délivrer des maux et des privations qu'entraîne l'exil sur une terre étrangère, ce pardon ne doit-il pas faire naître dans leur âme un sentiment profond, cordial et sincère de reconnaissance pour la grandeur et la bonté du prince qui l'accorde? C'est avec joie que je remplis la tâche douce et glorieuse de publier ses intentions généreuses et bienveillantes. Aussi, guidée par des idées et par des espérances si flatteuses, faisant usage des pouvoirs que m'a conférés mon époux cher et bien-aimé, et conformément à sa volonté, j'accorde l'amnistie la plus générale et la plus complète de toutes celles que jusqu'à présent les rois ont accordées à tous ceux qui jusqu'à ce moment ont été poursuivis pour crime d'État, quel que soit le nom sous lequel on les ait désignés ou signalés; j'excepte seulement de cette grâce, et bien à regret, ceux qui ont eu le malheur de voter la déchéance du roi à Séville, et ceux qui ont commandé la force armée contre sa souveraineté.

Vous l'aurez pour entendu, et vous disposerez ce qui est nécessaire pour l'exécution des présentes.

Cette amnistie était non-seulement une œuvre de clémence, c'était en même temps un acte de sagesse. Christine, dont il est impossible de méconnaître les hautes qualités, avait parfaitement jugé sa position et celle de sa fille. Elle ne pouvait attendre ni secours ni appui du parti absolutiste. Il fallait donc qu'elle cherchât ses soutiens d'un autre côté. A peine de retomber dans les embarras de 1822, il lui fallait éviter l'exagération des principes libéraux; elle devait donc s'appuyer sur les hommes modérés qui forment la partie la plus saine et la plus puissante de toutes les sociétés. Mais il fallait rassembler ce parti modéré, dont avant elle, en Espagne, on avait méconnu l'existence. Il fallait pour cela calmer les passions; il fallait éclairer le pays. Elle entra franchement dans cette voie d'amélioration et de progrès. Les mesures éclairées et bienfaisantes se succédèrent promptement. La reine ordonna de rouvrir les universités fermées par Calomarde. Il n'existait que cinq ministères, elle en créa un sixième chargé de l'administration intérieure du pays. Ce ministère a pour but principal de favoriser le développement de l'agriculture, du commerce, de l'industrie, en un mot de toutes les sources de la richesse publique. Aussi lui a-t-on donné le nom de ministère *del Fomento* (qui réchauffe, qui ranime), comme si on eût voulu exprimer qu'il doit être le ministère des améliorations : on en confia la direction au comte de Ofaliã.

Les intentions de la reine étaient très libérales; mais elles rencontrèrent d'immenses difficultés dans l'exécution; elles furent l'objet des attaques les plus passionnées. Le chef du cabinet lui-même, craignant de se laisser entraîner, indiqua dans un long manifeste les limites dans lesquelles la nouvelle administration entendait se circonscrire. Ce document est trop étendu pour être reproduit en entier; mais en voici les principaux passages :

La ligne politique à l'intérieur et à l'étranger que le roi notre seigneur a tracée à son gouvernement avait déjà produit quelques avantages à la monarchie, et avaient inspiré à toute l'Europe une juste confiance dans les principes qui guidaient sa majesté. J'ai adhéré pleinement à ses principes, aussi bien par conviction que par devoir; et il est notoire que je les ai pris constamment pour règle dans l'exercice de mes fonctions, quand une première fois sa majesté daigna m'élever au poste important qu'elle me confie aujourd'hui de nouveau.

Parmi les actes nouveaux du gouvernement il en est un qui a été particulièrement l'objet d'interprétations fausses et exagérées. C'est celui qui rehausse davantage la bonté innée de nos aimés souverains, cette vertu dans l'exercice de laquelle ils se complaisent et à laquelle ils ne mettent d'autres limites que celles exigées par la vindicte publique et par la sécurité de l'État. Vous aurez déjà compris que je fais allusion au décret royal d'amnistie du 15 octobre dernier.

La reine notre souveraine est déterminée à lui donner son plein et entier effet avec une persévérance égale à l'esprit de générosité qui l'a dicté; et en même temps qu'elle trouve la plus douce récompense à essuyer les larmes de ceux auxquels elle ouvre les portes de la patrie, elle ne doute pas qu'ils ne répondent à sa bonté maternelle par leur reconnaissance et par leur loyauté.

Ce n'est pas à cette mesure seulement que se sont adressées de fausses imputations; la censure s'est étendue à d'autres actes dictés par sa majesté dans le but seulement d'assurer à ses sujets l'union, la concorde et la félicité. Quelques personnes, quoique bien intentionnées, ont même poussé l'exagération de leurs craintes jusqu'à dire que la forme et les institutions de la monarchie allaient subir un changement total, que l'Espagne enfin avait fait alliance avec la révolution.

Comme rien n'est plus éloigné de sa pensée royale, la reine notre souveraine ne pouvait se montrer indifférente à cette erreur de l'opinion publique. Sa majesté n'ignore pas que le meilleur gouvernement pour une nation est celui qui s'adapte le mieux à son caractère, à ses usages, à ses coutumes; et l'Espagne, à cet égard, a fait voir, plus d'une fois, de la manière la plus positive, quel est celui qu'elle désire et qui lui convient davantage. Sa religion dans toute sa splendeur; ses rois légitimes dans toute la plénitude de leur autorité; ses antiques lois fondamentales; l'administration intègre de la justice; la tranquillité intérieure qui fait fleurir l'agriculture, le commerce, l'industrie et les arts : voilà les biens que le peuple espagnol désire.

La reine notre souveraine veut lui assurer la jouissance de ses biens; elle se promet de le faire, et tous ses soins tendront constamment à ce but; mais elle ne veut pas exposer le royaume, et jamais elle ne l'exposera aux violentes secousses et aux calamités qu'entraîne après elle l'application de quelques théories que la nation a appris à regarder avec horreur, instruite par le funeste essai qu'elle en a fait en différentes circonstances.....

Le programme de Zea Bermudez n'était certainement pas de nature à contenter les esprits avides de liberté. Ce qu'il promettait à l'Espagne, c'était une bonne administration, et non pas de bonnes institutions. On a parfaitement caractérisé le système de Zea Bermudez en le nommant un *despotisme éclairé* (*dispotismo illustrado*). Néanmoins on pardonnait au ministre ses restrictions en pensant qu'il ne lui avait pas été possible de faire davantage du vivant de Ferdinand. On lui savait gré surtout de la guerre qu'il faisait franchement au parti apostolique.

La révocation de la pragmatique arrachée par Calomarde existait encore de fait. Le roi voulut qu'elle fût rétractée, et qu'il fût procédé en cette circonstance avec toute la solennité possible. Par un décret du 30 décembre, la reine convoqua, pour qu'ils vinssent le lendemain au palais : l'archevêque de Tolède, le président du conseil royal, tous les ministres, les plus anciens membres du conseil d'État présents à Madrid; et de ce nombre se trouvaient le duc del Infantado, ainsi que trois des ministres qui avaient fait parti du précédent cabinet, le comte de Salazar, don Luiz Lopès Ballesteros et le marquis de Zambrano, la députation permanente de la grandesse, le patriarche des Indes, l'évêque auxiliaire de Madrid, et encore une foule de hauts dignitaires de la monarchie. Le lendemain, à l'heure de midi, tous ces grands personnages furent introduits dans la chambre du roi, et en leur présence Ferdinand remit au ministre de grâce et de justice une déclaration écrite en entier de sa main, et lui enjoignit d'en donner lecture à haute voix. Cette pièce est ainsi conçue :

Au moment où j'étais réduit à l'agonie par la cruelle maladie dont la miséricorde divine m'a sauvé d'une manière miraculeuse, mon esprit royal ayant été surpris, j'ai signé un décret pour révoquer la pragmatique sanction du 29 mars 1830, décrétée par mon auguste père, sur la demande des cortès de 1789, afin de rétablir la succession régulière à la couronne d'Espagne. L'état de trouble et d'angoisse où je me trouvais lorsque la vie semblait par instants m'abandonner, suffirait pour indiquer que cet acte n'émane pas de ma volonté, si cela n'était prouvé par sa nature et par ses effets. Comme roi, je ne pourrais détruire les lois fondamentales du royaume, dont j'avais publié le rétablissement; comme père, je ne pourrais de ma libre volonté dépouiller ma descendance de droits si augustes et si légitimes. Des hommes déloyaux ou abusés ont entouré mon lit; et, abusant de l'amour que moi et ma chère épouse portons aux Espagnols, ils ont augmenté son affliction et l'amertume de mon état en alléguant que le royaume entier était opposé à l'exécution de la pragmatique, en alléguant que si elle n'était pas abrogée elle ferait verser des torrents de sang et causerait la désolation universelle. Cette terrible déclaration m'était faite dans un moment où la vérité doit moins que jamais être altérée, par des personnes obligées plus que toute autre à me la faire connaître; et lorsque je n'avais ni le temps ni le pouvoir d'en vérifier l'exactitude, elle porta la consternation dans mon esprit fatigué. Tout ce qui me restait d'intelligence fut concentré dans la seule pensée de conserver la paix à mes sujets. Je fis, autant qu'il dépendait de moi, ainsi que je l'ai dit dans le même décret, ce grand sacrifice à la tranquillité de la nation espagnole.

La perfidie a consommé l'horrible trame commencée par la séduction; on a dressé un procès-verbal, et l'on y a inséré le décret, par une violation perfide du secret que j'avais ordonné de garder sur toute cette affaire, jusqu'au moment où je serais mort.

Instruit maintenant de la fausseté avec laquelle on a calomnié la loyauté de mes Espagnols bien-aimés; certain de leur fidélité à la descendance de leurs rois; bien persuadé qu'il n'est pas en mon pouvoir, et qu'il n'a jamais été dans ma volonté, de déroger à la coutume immémoriale de succession établie par les siècles, sanctionnée par la loi, justifiée par les illustres héroïnes qui m'ont précédé sur le trône, et réclamée par les vœux unanimes du royaume; libre aujourd'hui de l'influence et de la contrainte exercées par ces funestes circonstances, je déclare solennellement, de ma pleine volonté et de mon propre mouvement, que ce décret, signé dans les angoisses de la maladie, m'a été arraché par surprise; qu'il a été l'effet des fausses alarmes dont on avait effrayé mon esprit; qu'il est nul et de nulle valeur, comme opposé aux lois fondamentales de la monarchie et aux obligations que comme père je dois remplir envers mon auguste descendance.

En mon palais de Madrid, le 31 décembre 1832.

Après la lecture de cet acte, le ministre de grâce et de justice le remit au roi. Ferdinand déclara à haute voix que c'était l'expression libre et véritable de sa volonté; puis, en présence de tous les assistants, il y apposa sa signature en toutes lettres, avec son paraphe. Alors, par ordre du roi, le ministre demanda à toutes les personnes présentes si elles avaient bien entendu et bien compris le contenu de cet écrit; toutes ayant répondu affirmativement, il en fut à l'instant dressé acte dont la minute fut déposée dans les archives du ministère de la justice.

Cette déclaration ne fit qu'augmenter la colère des apostoliques sans imposer silence à leurs prétentions. Ferdinand et surtout la reine devinrent l'objet des plus grossières calomnies. De tous les côté les carlistes se préparaient à lui faire u guerre à mort. Quelques-uns même, da leur inquiète impatience, n'attendire pas la mort du roi. Ainsi l'évêque Léon, don Joaquin Abarca, avait mis insurrection les volontaires royalist de son diocèse. Le gouvernement, po rétablir l'ordre, fut obligé d'y envoy une division. On réduisit bientôt l révoltés à se désister de leur entrepris et l'évêque fut contraint à se cache Les milices royalistes de Burgos de Tolède voulurent aussi faire u manifestation publique en faveur don Carlos; cependant, on parvint prévenir ce mouvement en s'empara des chefs du complot. En Andalousi en Catalogne, dans le royaume de V lence, des chefs déjà connus, ou d'autr qui devaient acquérir bientôt une funes célébrité, commençaient à agiter le pay L'audace des mécontents allait chaq jour en augmentant. Il était impossi de se dissimuler tous les dangers do la minorité d'Isabelle allait se trouv entourée; on jugea qu'on les rendr moins pressants et moins graves en él gnant le prince que les apostoliqu avaient choisi pour leur chef. Zea B mudez proposa de l'envoyer en exil; par un décret en date du 13 mars, roi permit à don Carlos et à l'infa don Sébastien d'accompagner avec le familles la princesse de la Beïra, retournait en Portugal auprès de d Miguel, son frère. Au point extrême les choses en étaient venues, don C los, chef d'un parti qui s'était décl en hostilité flagrante contre la reine contre Ferdinand lui-même, devait trouver à la cour dans une position exc sivement embarrassée; cet éloignem était donc désirable pour lui-mêm et le 16 mars 1832, ainsi que le pr crivait le décret, il quitta Madrid; et fut pour n'y plus revenir.

Après avoir éloigné de la cour le fo des intrigues carlistes, Ferdinand v lut donner aux droits héréditaires sa fille la sanction d'une approbat nationale. Un décret du 4 avril ordon la réunion des cortès, afin que cette semblée prêtât serment de fidélit l'infante doña Maria Isabelle com princesse des Asturies. Le 20 juin le jour indiqué pour la cérémonie. Il n'est pas besoin de dire qu'il n'était pas question dans ce décret de cortès semblables à celles de 1812 ou de 1820; mais bien des trois bras du royaume réunis conformément aux anciens usages de la monarchie.

A cette occasion, Ferdinand écrivit à don Carlos une lettre où, afin de ne pas contraindre les inclinations de son frère chéri, il le laissait libre d'assister à la cérémonie, ou bien de s'en abstenir. Il s'engagea entre les deux frères une correspondance fort intéressante. Ce sont des documents curieux dont il ne faut rien retrancher.

L'infant don Carlos à Sa Majesté.

Mon cher frère de mon cœur, Ferdinand de ma vie, j'ai vu avec le plus grand plaisir, par la lettre que tu m'as écrite le 23, que tu te portes bien ainsi que Christine et tes filles. Quant à nous, grâce à Dieu, nous sommes aussi en bonne santé.

Ce matin, à dix heures, un peu plus ou un peu moins, mon secrétaire Plazaola vint m'avertir qu'il avait reçu une lettre de Cordoba, ton ministre en cette cour, qui me demandait un rendez-vous, afin de me communiquer un ordre royal qui lui avait été transmis. Je lui indiquai l'heure de midi. Il vint à une heure moins quelques minutes; je le fis entrer immédiatement, et il me remit la dépêche, afin que j'en prisse moi-même connaissance. Après l'avoir lue, je lui dis que je te répondrais directement parce que cela convenait ainsi à ma dignité et à mon caractère, et parce que, en même temps que tu es mon roi et seigneur, tu es aussi mon frère, et mon frère si bien-aimé, que pendant toute la vie j'ai eu la satisfaction de t'accompagner dans toutes tes infortunes.

Tu désires savoir si j'ai ou si je n'ai pas l'intention de prêter serment à ta fille comme princesse des Asturies. Que je voudrais pouvoir le faire! Tu dois m'en croire, puisque tu me connais; et je le dis du fond du cœur : le plus grand plaisir que je pourrais avoir serait de jurer le premier, et de ne te causer ni ce mécontentement ni ceux qui doivent en être la suite; mais ma conscience et mon honneur ne me le permettent pas. J'ai des droits légitimes à la couronne dans le cas où je te survivrais, et où tu ne laisserais pas d'enfant mâle; et il ne m'est pas permis de les négliger. Ces droits, Dieu me les a donnés en me faisant naître. Dieu seul peut me les ôter en te donnant un fils, ce que je désire peut-être plus que toi-même. En outre, je défends en même temps la justice du droit de tous ceux qui sont appelés après moi; aussi je me vois dans l'obligation de t'envoyer la déclaration ci-jointe que je fais avec toute formalité pour toi et pour tous les souverains, auxquels j'espère que tu la feras communiquer.

Adieu, mon bien-aimé frère de mon cœur. Toujours sera tout à toi, toujours t'aimera, et te comprendra dans toutes ses prières, ton très-affectueux frère,

M. Carlos.

Voici la protestation qui accompagnait cette lettre :

Sire, moi Carlos Maria Isidro de Bourbon et Bourbon, infant d'Espagne,

Bien convaincu de la légitimité des droits qui m'appellent à la couronne, dans le cas où je survivrais à votre majesté, et où elle ne laisserait pas d'enfant mâle, je dis que ni mon honneur ni ma conscience ne me permettent de jurer ni reconnaître d'autres droits; en conséquence je fais la présente déclaration.

Palais de Ramalhaõ, 29 avril 1833. Sire, aux pieds royaux de votre majesté, votre très-affectueux frère et vassal,

M. Infant don Carlos.

Le roi à son frère.

Madrid, 6 mai 1833.

Mon bien-aimé frère de ma vie, mon Carlos de mon cœur, j'ai reçu ton estimable lettre du 29 du mois passé, et je me réjouis de voir que tu te portes bien, ainsi que ta femme et tes fils. Nous n'avons point de changement, grâce à Dieu.

J'ai toujours été persuadé de l'affection que tu m'as portée; je crois que tu l'es de même de l'attachement que j'ai pour toi; mais je suis père et roi, et je dois veiller en même temps aux droits de ma fille et à ceux de ma couronne.

Je ne veux en aucune manière violenter ta conscience, et je n'ai pas l'espoir de te dissuader de tes prétendus droits, puisque tu crois que Dieu seul peut y déroger, encore qu'ils soient fondés sur une détermination des hommes. Mais l'amour de frère que je t'ai toujours porté m'engage à t'éviter les désagréments que t'offrirait un pays où tes droits supposés sont méconnus; et mes devoirs de roi m'obligent à éloigner un infant dont les prétentions pourraient fournir aux mécontents un prétexte d'agitation.

Puisque tu ne dois plus revenir en Espagne par des raisons de la plus haute politique et en vertu des lois du royaume qui le disposent expressément, et pour ta propre tranquillité que je désire autant que le bien de mes peuples, je t'accorde la permission de te mettre en route, tout de suite, avec ta famille, pour les États Pontificaux, en me donnant avis du point vers lequel tu te dirigeras et de celui où tu fixeras ta résidence.

Un de mes vaisseaux de guerre se rendra immédiatement à Lisbonne. Il sera disposé pour ta traversée.

L'Espagne est indépendante de toute action et de toute influence étrangère, en ce qui a trait à son régime intérieur; et ce serait faire un acte contraire à la libre et complète souveraineté de mon trône, ce serait violer à son préjudice le principe de non-intervention adopté généralement par les cabinets de l'Europe, que de faire la communication demandée par toi dans ta lettre.

Adieu, mon cher Carlos; crois que tu as été aimé, que tu l'es encore, que tu le seras toujours par ton affectueux et constant frère,

FERDINAND.

L'infant don Carlos à Sa Majesté.

Mafra, 13 mai 1833.

Mon très-cher frère de mon cœur, mon Ferdinand de ma vie,

Hier à trois heures du soir j'ai reçu ta lettre du 6, qui m'a été remise par Cordoba. Je me réjouis de voir que, grâce à Dieu, vous n'avez pas de changement. Nous jouissons du même avantage par son infinie bonté. Je te remercie beaucoup de toutes les expressions d'attachement que tu m'y adresses; sois persuadé que je sais apprécier à sa juste valeur tout ce qui sort de ton cœur. Me voici également instruit de la sentence qui m'interdit de retourner en Espagne, et de la permission que tu me donnes de me mettre, tout de suite, en route avec ma famille pour les États Pontificaux, en te prévenant du lieu où je me dirigerai et de celui où je fixerai ma résidence. Pour le premier point, je te dirai que je me soumets avec plaisir à la volonté de Dieu; quant au second, je ne puis m'empêcher de te dire que le sacrifice de ne point rentrer dans ma patrie me paraît suffisant sans y ajouter celui de ne pouvoir vivre librement dans le pays choisi comme le plus convenable pour ma tranquillité, ma santé et mes intérêts: ici nous avons été reçus avec la plus grande considération, nous y sommes très-bien, et nous y pourrions vivre parfaitement en paix et en tranquillité, et tu peux être bien calme sur ce point et bien assuré que comme j'ai su accomplir mes obligations dans les circonstances les plus critiques lorsque je résidais dans le royaume, je saurai les accomplir en quelque point que je me trouve à l'étranger; car puisque je l'ai fait jusqu'à présent par la grâce de Dieu, j'espère que cette grâce ne [ ] pas me manquer. Malgré toutes ces réflex[ ] je suis résolu à faire ta volonté et à pro[ ] de la faveur que tu me fais de m'envoyer [ ] vaisseau de guerre disposé pour mon voya[ ] mais auparavant j'ai besoin de régler to[ ] mes affaires et de prendre mes dispositi[ ] pour mes intérêts particuliers de Madrid. [ ] me vois également obligé d'avoir recours [ ] bonté en te priant de m'accorder quelq[ ] sommes sur mes arriérés. Je ne t'ai rien [ ] mandé, et je ne t'eusse rien demandé pou[ ] voyage que je faisais de mon plein gré; n[ ] ceci change entièrement la position, et je [ ] pourrai aller en avant si tu ne m'accordes [ ] ce que je te demande.

Reste le dernier point, qui est celui de [ ] tre embarquement à Lisbonne. Comment ve[ ] tu que nous retournions dans un endroit [ ] teint par la contagion et dont nous som[ ] sortis pour fuir l'épidémie? Dieu, par son [ ] finie miséricorde, nous a permis d'en so[ ] sans mal; mais y retourner serait presque t[ ] ter Dieu. Je suis persuadé que tu te rend[ ] à cet égard, et que tu éprouverais la doul[ ] la plus vive et le plus grand chagrin si, p[ ] avoir été en cet endroit, quelqu'un prenait [ ] contagion de manière à infester le vaisseau [ ] à nous faire tous périr.

Adieu, mon cher Ferdinand; crois que tu [ ] aimé de cœur, comme tu l'as toujours été [ ] comme tu le seras toujours par ton frère [ ] plus affectueux,

M. CARLOS.

Réponse du roi.

Madrid, 20 mai 1833.

Mon très-cher frère de ma vie, mon Car[ ] de mon cœur, j'ai reçu ta lettre du 13, et [ ] vois avec beaucoup de plaisir que tu te port[ ] bien, ainsi que ta femme et tes fils; de no[ ] côté, nous continuons, grâce à Dieu, à jo[ ] d'une bonne santé.

Nous allons parler tout à l'heure de l'[ ] faire qui nous occupe. J'ai respecté ta co[ ] cience, et je n'ai prononcé ni jugement ni s[ ] tence contre ta conduite. La nécessité ve[ ] que tu vives hors d'Espagne. C'est une mes[ ] de précaution aussi convenable pour ton [ ] pos que pour la tranquillité de mes sujets; [ ] est exigée par les plus justes raisons de pol[ ] que et commandée par les lois du royau[ ] qui ordonnent d'éloigner les parents du [ ] qui troublent ouvertement la tranquillité p[ ] blique. Ce n'est point un châtiment que [ ] t'impose, c'est une conséquence forcée de [ ] position dans laquelle tu t'es placé.

Tu dois bien comprendre que l'objet [ ] cette disposition ne serait pas atteint si tu r[ ] tais dans la Péninsule. Il n'est pas dans mon intention d'accuser ta conduite pour le passé, ni de manifester des craintes pour l'avenir. Je t'ai donné assez de preuves de ma confiance en ta fidélité, malgré les troubles qui plus d'une fois ont agité le pays, et lors desquels on a pris souvent ton nom pour devise.

Vers la fin de l'année dernière, on a affiché et répandu des proclamations pour exciter les Espagnols à se soulever et à te proclamer roi, même de mon vivant; et quoique je sois certain que ces mouvements et ces provocations séditieuses ont été faites sans ton assentiment, encore que tu n'aies pas manifesté publiquement ta désapprobation, il est hors de doute que ta présence ou ton voisinage serait un encouragement pour les turbulents accoutumés à abuser de ton nom. Pour te prouver combien d'inconvénients résultent de ton voisinage, il suffirait de rapporter qu'à l'instant même où moi je recevais ta première lettre, on a, pour exciter les esprits, répandu un grand nombre de copies de cette lettre et de la protestation qui s'y trouvait jointe; certainement ces copies n'ont point été tirées sur l'original que tu m'as envoyé. Si tu n'as pas pu empêcher l'infidélité qui a donné lieu à cette publication, tu peux au moins reconnaître l'urgence d'éloigner de mes sujets toute cause de trouble, quelque innocente qu'elle soit.

Quand je désigne pour ta résidence le beau pays et le climat salubre des États Pontificaux, je m'étonne de te voir préférer le Portugal comme plus convenable à ta tranquillité, puisque ce pays est déchiré par une guerre acharnée qui a lieu sur son propre sol; et comme favorable à ta santé, quand il est affligé d'une cruelle maladie, au point de faire craindre que la contagion ne fasse périr toute ta famille. Dans les domaines du pape, tu peux veiller à tes intérêts aussi bien qu'en Portugal.

Ce ne sont pas des lois nouvelles que je t'impose : jamais les infants d'Espagne n'ont fixé quelque part leur résidence qu'au su et du consentement du roi. Tu n'ignores pas qu'aucun de mes prédécesseurs n'a eu pour ses frères autant de condescendance que j'en ai eu pour toi.

Je ne t'oblige pas non plus à retourner à Lisbonne, puisqu'il paraît que c'est là seulement que tu crains la maladie, quoiqu'elle se propage dans d'autres endroits : tu peux t'embarquer dans quelque lieu de la baie qui te conviendra, sans entrer dans un lieu habité. Tu peux choisir quelque autre lieu des environs qui te paraîtra commode pour l'embarquement. Le vaisseau a les ordres les plus stricts de ne pas communiquer avec la terre, et tu peux être sûr que son équipage n'aura eu aucun contact avec Lisbonne, mais seulement avec les personnes qui t'entourent à Mafra. Le commandant de la frégate a reçu mes ordres; il a des fonds pour faire les préparatifs convenables, afin que tu voyages d'une manière commode et honorable; et si cela ne te suffit pas, ce dont tu auras besoin te sera remis par Cordoba. Je prendrai connaissance et je ferai pourvoir au payement des arriérés dont tu me parles, et en tout cas tu trouveras à ton arrivée tout ce dont tu auras besoin. Tu m'offenserais si tu manquais de confiance en moi.

Rien ne doit donc empêcher ton prompt départ; et j'espère que tu ne tarderas pas davantage à prouver de cette manière, comme je le crois, que ton intention de faire ma volonté est aussi certaine que tu le dis.

Adieu, mon cher Carlos, tu conserves et tu conserveras toujours l'affection de ton frère qui t'aime,

FERDINAND.

L'infant don Carlos à son frère.

Ramalhaõ, 27 mai 1833.

Mon très-cher frère de ma vie, mon Ferdinand de mon cœur, avant-hier 25 j'ai reçu la tienne du 20, et j'ai eu la consolation de voir que tu n'avais pas de changement en ta santé ni en celle de Christine, ni en celle de tes filles. Quant à nous, grâce à Dieu, nous nous portons tous bien.

Je vais répondre de point en point à tout ce que ta lettre contient. Tu dis que tu as respecté ma conscience; je t'en remercie. Si je n'en faisais pas cas, j'agirais contre elle. Tu dis que tu n'as pas prononcé de sentence contre ma conduite; qu'il en soit ce que tu voudras : le certain est que l'on me charge de tout le poids de la loi, parce que c'est, dis-tu, une conséquence forcée de la position dans laquelle je me suis placé. Ce qui m'a placé dans cette position, c'est la divine Providence plutôt que moi-même.

Ton intention n'est pas d'accuser ma conduite par le passé ni de manifester des craintes pour l'avenir. Moi non plus, ma conscience ne m'accuse pas pour le passé et pour l'avenir, quoique je ne sache pas ce qui peut arriver; néanmoins j'ai une entière confiance qu'elle me dirigera bien, comme elle l'a fait jusqu'à présent, et que je suivrai ses sages conseils. On a élevé contre moi beaucoup d'accusations; mais Dieu, par son infinie miséricorde, a permis que non-seulement on n'a rien prouvé, mais encore que les trames ourdies pour mettre la zizanie entre nous et pour nous diviser se sont dissipées d'elles-mêmes, et ont montré leur fausseté. J'ai seulement un chagrin qui pénètre mon cœur, c'est que j'étais bien tranquille, croyant que tu me connaissais et que tu étais sûr de moi et de mon constant amour, et maintenant je vois qu'il n'en est rien : j'en suis très-peiné. Quant aux proclamations, je n'ai pas désapprouvé en public ces papiers parce que ce n'était pas le cas; et je crois avoir fait grande faveur à leurs auteurs, qui sont tes ennemis comme les miens, et dont l'objet était, comme je te l'ai dit, de rompre ou du moins de relâcher les liens de l'amour qui nous a unis dès nos premières années. Et quant aux copies de ma lettre et de ma déclaration qui ont été répandues en grand nombre au moment où je te l'envoyais, je ne puis empêcher la publication de ces papiers qui devaient nécessairement passer par tant de mains.

Je te donnerai satisfaction et je t'obéirai en tout. Je partirai le plus promptement qu'il me sera possible pour les États Pontificaux; non à raison de la beauté, des délices et des charmes du pays, qui pour moi est de peu d'intérêt, mais parce que tu le désires, que tu es mon roi et seigneur, à qui j'obéirai tant que cela sera compatible avec ma conscience. Cependant la fête du *corpus* approche, et je veux la sanctifier, le mieux que je pourrai, à Mafra; et je ne sais pas pourquoi tu t'étonnes de ce que je préférerais rester en Portugal, lorsque je me suis trouvé si bien de son climat, ainsi que toute ma famille, et lorsqu'il y a tant de différence entre voyager et rester tranquille. Je ne t'ai pas dit que je craignais de périr moi et toute ma famille; mais seulement que si nous allions à Lisbonne, quelqu'un pourrait gagner la contagion en traversant cette atmosphère pestilentielle; la maladie pourrait se déclarer dans le vaisseau, où nous serions tous exposés à périr. Maintenant, avec la permission que tu nous a donnée de pouvoir nous embarquer en quelque autre point, je compte voir Guruceta, qu'on ne m'a pas encore présenté, pour traiter avec lui. Je te rends grâce pour les ordres stricts que tu as donnés à l'équipage : il est nécessaire qu'il les exécute rigoureusement tant que le bâtiment restera auprès de Belem, où il est ancré.

Les personnes qui m'entourent à Mafra sont les mêmes que partout : ce sont celles de ma maison.

Il me semble que j'ai répondu à tous les points en question, et M. de Gorset me vient à la mémoire. Ne te semble-t-il pas qu'il y a quelque analogie? Je te dis cela, parce qu'il ne faut pas toujours écrire sérieusement, et que « entre chou et chou vient bien une laitue. »

Adieu, mon cher Ferdinand; donne de nos nouvelles à Christine, et reçois celles de Maria Francisca, et crois que tu es aimé de cœur par ton frère affectueux,

M. CARLOS.

Le roi à son frère.

Madrid, 30 juin 1833.

Mon très-aimé frère Carlos, j'ai reçu en même temps tes deux lettres des 19 et 22 du présent; et si ta conduite ne le démontrait pas, elles suffiraient pour prouver que tu veux, à l'aide de prétextes, traîner en longueur et éluder l'exécution de mes ordres. Tu ne parles du voyage que pour en peser les difficultés. Si tu te fusses embarqué lorsque je te l'ai prescrit, et lorsque que tu me disais : *Je te satisferai, je t'obéirai en tout,* tu aurais évité la contagion de Cascaes : si même après tes premiers retards tu n'eusses pas fait le voyage de Coïmbre malgré mon expresse défense, tu aurais pu être à bord le 10 ou le 12, délai que je t'avais fixé. Si, dans ce funeste voyage, lorsque tu as trouvé la ville de Caldas infectée, tu avais rétrogradé, comme te prescrivait ta propre sûreté, à défaut de mes ordres positifs, tu ne trouverais pas maintenant le chemin pour ton retour coupé par une ligne de villes où règne la contagion. Rester par sa propre volonté et contre son devoir dans un pays où renaissent et croissent les dangers, c'est les chercher et prendre la responsabilité de leurs conséquences. La contagion ne te poursuivrait pas si tu avais fui devant elle. A qui persuaderas-tu que tu es plus tranquille à deux lieues de l'épidémie, sans savoir si elle commencera dans cet endroit par ta famille, que si tu avais mis la mer entre toi et la maladie?

Tu allègues la difficulté de t'embarquer à Cascaes, point qui avait été désigné antérieurement, avec aussi peu de raison que tu alléguais mon consentement pour voir don Miguel, lorsque je te l'avais défendu. Par ma lettre du 15, je t'ai prévenu que Guruceta, suivant les circonstances, choisirait l'embarcadère le plus salubre et le plus sûr; et dans l'ordre royal qui l'accompagnait et qui t'a été communiqué, j'ai ajouté expressément de chercher quelque autre point de la côte. On n'emploie pas des subterfuges si futiles quand on parle avec sincérité.

Emmène le médecin qui te convient, à la bonne heure! Je ne le désirais près de nous que parce que j'ignorais tes intentions à son égard. Et je ne te refuserai pas plus cette satisfaction que je ne t'ai refusé aucune de celles qui ont été compatibles avec mon devoir.

Il n'en est pas de même des deux millions que tu sollicites, et j'ai pris connaissance de l'offre que je t'avais faite. La dette que tu réclames est antérieure à l'année 1823, où par règle générale tous les comptes ont été coupés sans satisfaire les arriérés. Par grâce particulière, j'ai accordé aux infants un abonnement mensuel à compte de leurs crédits et ju qu'à leur complète extinction. Tu continues à le recevoir; et pour ne pas exiger en une fois une somme tellement supérieure à celle qui t'est allouée par ce payement privilégié, il n'est pas nécessaire d'une souveraine délicatesse, il suffit d'un sentiment de justice.

La frégate est bien disposée et abondamment pourvue de tout. Trois cent mille réaux sont en outre à ta disposition; cela suffit pour le voyage. A ton arrivée, je te l'ai dit, tu trouveras tout ce qui t'est nécessaire. Là, aussi bien qu'en Portugal, tu peux régler tes affaires. Tu as tort de citer l'opinion publique : car elle comprend et accuse tes délais, et elle les condamnera entièrement quand elle connaîtra les raisons évasives que tu allègues pour désobéir.

Je ne puis souffrir et je ne souffrirai pas que sous des prétextes frivoles tu résistes à mes ordres; je ne souffrirai pas que tu continues à les violer d'une manière scandaleuse à la vue de mes sujets. Je ne permettrai pas que ce pays soit plus longtemps le point de départ d'efforts impuissants pour troubler la tranquillité du royaume, qui heureusement est plus assurée maintenant que jamais. Si tu n'obéis pas, cette lettre sera la dernière; et puisque mes efforts fraternels et une correspondance de près de deux mois n'ont pas suffi pour te déterminer, je procéderai suivant les lois. Si tu ne t'embarques pas immédiatement pour les États Pontificaux, alors j'agirai comme souverain, sans autre considération que celle due à ma couronne et à mes sujets; quelque chagrin que j'éprouve d'ailleurs en voyant inutiles les insinuations amicales, les seules dont aurait voulu user avec toi ton très-affectueux frère,

FERDINAND.

Don Carlos à Sa Majesté.

Coïmbre, 9 juillet 1833.

Mon très-aimé frère Ferdinand de ma vie, j'ai reçu ta lettre du 30 du mois passé, et son contenu m'a causé le chagrin que tu peux comprendre. Il est inutile d'alléguer des raisons quand je n'en ai pas d'autres que celles que je t'ai déjà données, qui à mon avis sont claires, solides et véritables, quoique tu ne les regardes pas comme suffisantes. Maintenant tu dis que je résiste à tes ordres, que je viole tes mandements, au scandale de tes sujets; que tu ne veux pas que ce pays serve plus longtemps de point de départ à des efforts impuissants pour troubler la tranquillité du royaume; que tu te verras obligé à agir comme souverain, si je n'obéis pas à l'instant; et qu'il sera procédé suivant les lois sans autre considération que celle due à la couronne et à tes sujets, puisque tes efforts fraternels n'ont pas réussi à me persuader.

Voilà les charges auxquelles je veux répondre. Moi, ton plus fidèle vassal, ton constant, affectueux et tendre frère, je n'ai jamais été ni désobéissant ni infidèle. Je t'en ai donné des preuves dans tout le cours de ma vie, et particulièrement à cette dernière époque où, en remplissant mon devoir, j'ai rendu des services importants à ta personne. Je crois agir avec droiture, et par cela même j'abhorre les ténèbres. Si je suis désobéissant, si je résiste, si je scandalise et si je mérite un châtiment, qu'on me l'impose; à la bonne heure. Mais si je ne le mérite pas, j'exige une satisfaction publique et notoire. Je demande à être jugé selon les lois et non pas opprimé. Si on examine toute ma conduite dans cette affaire, on n'y trouvera pas d'autre délit que celui d'avoir constamment répété que, convaincu du droit qui réside en moi d'hériter de la couronne, si je te survis et si tu ne laisses pas d'enfant mâle, ni ma conscience ni mon honneur ne me permettent de reconnaître ou de jurer aucun autre droit. Je ne veux pas usurper la couronne et encore moins mettre en pratique des moyens réprouvés par Dieu. Je t'ai déjà exposé ce que je devais faire selon ma conscience, et le tout est resté dans le plus profond silence : je t'ai demandé de le communiquer aux cours étrangères, et tu n'as pas jugé que cela convînt à ton honneur; et je me suis vu dans la nécessité d'adresser à tous les souverains, sous la date du 23 mai, une copie de ma déclaration et une simple lettre d'envoi pour la leur faire connaître. De même j'ai adressé d'autres copies accompagnées de lettres d'envoi aux évêques, grands et députés, présidents ou doyens des conseils, pour qu'ils fussent instruits, comme ils doivent l'être, de mes sentiments, et toutes sont extraites du courrier du 17 : ce sont les seuls moyens qui s'offraient à moi pour défendre mes droits; ce sont ceux que je mets à exécution et qu'on me rend inutiles. On pourra m'accuser quand on voudra; mais il faudra prouver. Qu'on dise que voilà mon crime, et non mon séjour plus ou moins long en Portugal. Il a les mêmes causes; et d'ailleurs des faits positifs, comme le sont les hommes morts du choléra sur la frégate, ne justifient-ils pas mes craintes antérieures et ne prouvent-ils pas que ce n'étaient pas de vains prétextes que je supposais, mais qu'il existait pour moi un danger réel de périr avec toute ma famille? En supposant même qu'il n'y ait aucun inconvénient, comme tu prétends que cela est clair et visible, mon honneur blessé ne me permet pas de sortir d'ici sans qu'on m'ait fait justice; car je suis tranquille et soumis. Je vois le chagrin que je te cause, et j'en suis fâché. Cependant je te dis d'agir en toute liberté; il en arrivera ce qu'il voudra. Je te remercie d'avoir permis à Lord (le médecin dont nous avons déjà parlé) de nous accompagner, puisque mes raisons sur ce point t'ont convaincu; mais si tu en as besoin, je trouverai bon qu'il s'en aille à l'instant et qu'il réponde à ta confiance, comme il a répondu jusqu'à présent à la nôtre.

Il est en effet certain que ma créance est antérieure à l'année 1823; cependant par une grâce spéciale tu l'as exceptée de la règle générale, et tu as ordonné le payement de cent mille réaux par mois, jusqu'à l'entier acquittement. Ainsi je ne demande qu'une avance, et j'espère que tu me l'accorderas.

Adieu, mon Ferdinand de mon cœur, je suis ton frère le plus fidèle et le plus affectueux.

M. Carlos.

Dernière réponse du roi.

Infant don Carlos, mon très-aimé frère, le 6 du mois de mai, je vous ai donné la permission de passer dans les États Pontificaux. Des raisons de très-haute politique rendaient ce voyage nécessaire. Alors vous avez dit que vous étiez résolu à accomplir ma volonté, et vous me l'avez répété depuis : mais, malgré toutes vos protestations de soumission, vous avez élevé successivement des difficultés; en en alléguant sans cesse de nouvelles, à mesure que je donnais des ordres pour les surmonter, et en éludant à chaque instant par de nouveaux prétextes l'accomplissement de mes ordres.

J'ai cessé de vous écrire comme je vous l'avais annoncé pour mettre un terme à des discussions qui ne convenaient pas à mon autorité souveraine, et qui étaient prolongées dans le but de l'éluder. A partir de ce moment, je vous ai fait connaître par mon envoyé en Portugal mes intentions sur les nouveaux obstacles. Mes ordres royaux répétés particulièrement les 15 juillet, 11 et 18 du présent mois aplanirent toutes les difficultés à votre embarquement. Le bâtiment, sous quelque pavillon qu'il fût, le port en pays libre ou occupé par les troupes du duc de Bragance et même celui de Vigo en Espagne, tout fut laissé à votre choix. Les diligences, les préparatifs, les frais, restaient tous à ma charge.

Tant de facilités, les manifestations répétées de ma volonté, n'ont abouti qu'à cette réponse que vous vous embarqueriez à Lisbonne (où vous auriez pu le faire à l'instant même) dès que cette ville aurait été reconquise par les troupes du roi don Miguel.

Je ne puis tolérer que l'exécution de mes ordres soit subordonnée à des événements à venir étrangers aux causes qui me les ont dictées; je ne puis tolérer que celui qui d[oit] obéir se permette de soumettre l'exécuti[on] de mes ordres à des conditions arbitrair[es].

Je vous ordonne donc de choisir qu[el]qu'un des moyens d'embarquement qui vo[us] ont été proposés par mon ordre. Pour év[i]ter de nouveaux délais, vous communiquer[ez] votre résolution à don Luiz Fernandez de Co[r]doba, et en son absence à don Antonio Caba[l]lero, qui ont reçu les instructions nécessair[es] pour la mettre à exécution. Je regarder[ai] toute excuse ou toute difficulté pour retard[er] votre choix comme une obstination à rési[s]ter à ma volonté; et je montrerai, comme j[e] le jugerai convenable, qu'un infant d'Espag[ne] n'est pas libre de désobéir à son roi.

Je prie Dieu de vous conserver en sa saint[e] garde.

Moi, le Roi.

Madrid, 30 août 1832.

Malgré ces ordres si formels, don Car[los] persista à demeurer en Portugal. A chaque lettre qu'il recevait de Ferdinand il en recevait une autre de don Migue[l] qui lui offrait son amitié, son appui, e[t] qui l'excitait à la rébellion. Il y avait entre ces deux princes une parfaite analogie de positions. Don Carlos disputai[t] le trône à sa nièce; don Miguel avai[t] dépouillé la sienne et combattait pou[r] conserver l'héritage qu'il lui avait enlevé.

Il n'était pas possible de scinder cett[e] correspondance si pleine d'intérêt; mai[s] elle nous a menés jusqu'aux dernier[s] jours du mois d'août, et il faut maintenant jeter un coup d'œil en arrière : a[u] commencement de l'année, la santé d[e] Ferdinand s'étant améliorée, ce princ[e] reprit la direction des affaires, tout e[n] conservant à Christine une place dans l[e] conseil. Il approuva de la manière l[a] moins équivoque ce qui avait été fait pendant sa maladie, afin d'imposer silenc[e] aux bruits répandus par les carlistes, qu[i] prétendaient le roi esclave de la factio[n] révolutionnaire. Ils eussent dit volontier[s] qu'il était ensorcelé, si cela eût encor[e] été de notre époque. La vérité est qu[e] Ferdinand comprenait parfaitement s[a] position. Sa correspondance avec do[n] Carlos prouve qu'il savait très-bien [à] quoi s'en tenir sur le dévouement et su[r] la fidélité du parti apostolique. Cependant il craignait toujours de se laisse[r] entraîner à des expériences dangereuses Une partie du cabinet eût voulu marche[r] d'une manière franche dans la voie du progrès et des idées libérales ; tandis que Ferdinand et Zea, jugeant que c'étaient là des théories irréalisables, voulaient seulement améliorer l'administration, sans modifier les institutions. Ce dissentiment causa la retraite de Fernandez del Pino, d'Encima y Piedra, et d'Ulloa. Ils furent remplacés, le 22 mars : à la justice, par Juan Gualbert Gonzalez ; aux finances, par don Antonio Martinez ; don José de la Cruz joignit par intérim le ministère de la marine à celui de la guerre, dont il était chargé.

La grande affaire, la chose importante du moment était la réunion des cortès et le serment qu'elles allaient prêter à la princesse des Asturies. Les fêtes qui accompagnèrent cette cérémonie durèrent plusieurs jours. La *plaza Mayor* fut convertie en un cirque immense où l'on donna trois courses de taureaux. Il y eut des feux d'artifice, de brillantes et coûteuses illuminations. Les théâtres, les parades, les simulacres militaires, les danses publiques, appelaient de tous les côtés l'attention des curieux. On eut là une réminiscence de l'antique magnificence espagnole, et l'on put se croire transporté aux fêtes chevaleresques des plus beaux jours de la monarchie.

La cérémonie de la prestation de serment, *la jura*, comme disent les Espagnols, eut lieu dans l'église San-Jeronimo del Prado, qui avait été décorée avec magnificence de draperies de velours de diverses couleurs, relevées par une incroyable profusion d'ornements d'or. Une estrade couverte de riches tapis était élevée au centre de l'église ; et des tribunes étaient disposées pour les infantes, pour le clergé de l'église et pour les personnes invitées. A dix heures, le roi et la reine, ayant entre eux la princesse des Asturies portée par sa nourrice, entrèrent dans l'église précédés d'un nombreux et brillant cortége. Le duc de Frias, en sa qualité de comte d'Oropesa, portait devant eux l'épée royale nue et la pointe en haut ; après que la messe eut été célébrée, et que l'on eut chanté le *Veni creator*, un roi d'armes donna lecture à haute voix de la formule d'usage pour préparer l'attention des assistants à écouter la formule du serment. Ensuite le secrétaire du conseil de Castille le plus ancien, ayant à sa gauche le secrétaire de la chambre et les secrétaires des cortès, donna lecture de la lettre du serment, et aussitôt l'infant don Francisco de Paule, appelé par le roi d'armes, après avoir fait une salutation à l'autel, alla s'agenouiller devant le patriarche nommé par le roi pour recevoir le serment des infants ; et ayant mis la main sur le crucifix et sur les évangiles, il prêta serment ; ensuite il s'agenouilla devant le roi, et plaçant ses deux mains dans celles de Ferdinand, il lui rendit foi et hommage, et donna sa parole d'accomplir la lettre du serment ; il baisa la main du roi : mais celui-ci lui jeta les bras au tour du cou et l'embrassa. Il baisa aussi la main de la reine et celle de la princesse des Asturies. Les infants don Francisco de Assis Maria, don Enrique Maria Fernando et Sébastien Gabriel prêtèrent le même serment et rendirent foi et hommage. Pendant qu'ils prêtèrent serment, les ambassadeurs, les prélats, les grands, les députés aux cortès, restèrent debout.

Le roi d'armes appela ensuite le duc de Médina-Celi, nommé par le roi pour recevoir le serment des autres assistants. Ils furent appelés selon l'ordre de préséance ; et lorsque le tour des représentants des villes fut arrivé, suivant l'antique usage, les députés de Burgos et de Tolède se présentèrent ensemble pour prêter serment, et le roi dit, selon la coutume : « Que Burgos jure : puis Tolède jurera quand je l'ordonnerai. »

Après la cérémonie achevée, le cortége se retira dans le même ordre qu'il était arrivé.

Cette prestation de serment faite pour consacrer les droits de la princesse des Asturies ne calma pas les craintes que l'on avait conçues d'un mouvement carliste dans les provinces basques. On avait même envoyé un régiment à Bilbao pour prêter main-forte dans le cas où quelques troubles éclateraient à l'occasion de la cérémonie du 20 juin ; mais les habitants s'opposèrent à ce que ces forces entrassent dans la ville, en disant qu'aux termes de leurs *fueros* il n'est pas permis d'introduire chez eux de troupes étrangères sans leur aveu. Ce refus, dans d'autres circonstances, eût déjà été une chose assez grave ; mais en présence des prétentions de don Carlos, il devenait l'annonce de la rébellion et de la guerre civile.

Les infirmités dont Ferdinand était atteint ne permettaient pas d'espérer qu'il pût vivre longtemps; et quoique sa santé semblât s'être un peu raffermie et que son état ne présentât pas pour le moment de symptômes alarmants, trois mois après la prestation de serment, le 29 septembre 1833, à trois heures moins un quart du soir, ,ce prince fut frappé d'une attaque d'apoplexie tellement violente, qu'il survécut à peine quelques instants. On prit aussitôt les mesures les plus urgentes pour assurer la tranquillité, et l'on procéda à l'ouverture du testament fait par Ferdinand le 12 juin 1830. En voici les principales dispositions :

Art. 9. Je déclare que je suis marié avec doña Marie Christine de Bourbon, fille de don François Ier, roi des deux Siciles, et de ma sœur doña Marie Isabelle, infante d'Espagne.

Art. 10. Si au moment de ma mort tous ou quelques-uns des enfants qu'il aura plu à Dieu de me donner sont encore en minorité, je veux que ma bien-aimée épouse doña Marie Christine de Bourbon en soit tutrice et curatrice.

Art. 11. Si le fils ou la fille qui devra me succéder n'était pas âgé de dix-huit ans accomplis à l'époque de mon décès, je nomme ma bien-aimée épouse Marie Christine régente et gouvernante (gobernadora) de toute la monarchie, afin que, par elle seule, elle la régisse et la gouverne jusqu'à ce que mondit fils ou fille soit arrivé à l'âge de dix-huit ans accomplis.

Art. 12. Voulant que ma bien-aimée épouse puisse s'aider, pour le gouvernement du royaume, dans le cas ci-dessus, des lumières et de l'expérience de personnes dont la loyauté et l'attachement à ma personne royale et à ma famille me sont bien connus, je veux qu'aussitôt qu'elle se chargera de la régence de ce royaume, elle forme un conseil de gouvernement avec lequel elle aura à s'entendre pour les affaires difficiles, et particulièrement pour les mesures générales qui seront de nature à influer sur le bien de mes sujets; mais sans qu'elle soit pour cela obligée en aucune manière à se conformer à l'avis du conseil.

Art. 13. Ce conseil de gouvernement se composera des personnes suivantes, et suivant l'ordre de leur nomination : Le très-excellent seigneur don Juan Francisco Marco y Catalan, cardinal de la sainte église romaine; le marquis de Santa-Cruz; le duc de Medina-Celi; don Francisco Xavier Castaños; le marquis de las Amarillas, le doyen actuel de mon conseil et chambre de Castille; don José M ria Puig; le ministre du conseil des Ind don Francisco Xavier Caro. Pour suppléer défaut par absence, infirmité ou mort de to ou de quelques-uns des membres de ce co seil de gouvernement, je nomme dans la clas des ecclésiastiques don Thomas Arias, au teur de la Rota en ce royaume; dans cel des grands le duc del Infantado et le com d'Espagne; dans celle des généraux don Jo de la Cruz; et dans celle des magistrats d Nicolas Maria Garelli, et don José Mar Hevia y Noriega de mon conseil royal; lesque d'après l'ordre de leur nomination, sero suppléants des premiers; et en cas de mort quelques-uns de ceux-ci, je veux qu'ils entre pour les remplacer dans ces importantes fon tions d'après l'ordre dans lequel ils sont no més. Et ma volonté est que le secrétaire d dit conseil de gouvernement soit don Narci de Hérédia, comte d'Ofalia; et à son défa Francisco de Zea Bermudez.

Art. 14. Si avant ou après mon décès, même après l'installation dudit conseil gouvernement, quelques-uns des membres q j'ai nommés pour sa composition venaient manquer, pour quelque cause que ce fût, très-aimée épouse, en sa qualité de régent nommera pour les remplacer les personn qui mériteront sa confiance et qui auront qualités nécessaires pour remplir un empl aussi important.

Art. 15. Si malheureusement ma bien-a mée épouse venait à mourir avant que le f ou la fille qui me doit succéder à la couronne atteint dix-huit ans, je veux et j'ordonne q la régence et gouvernement de la monarch dont elle était investie en vertu de ma nom nation antérieure, et aussi la tutelle et cur telle de mes enfants, passent à un conseil de r gence composé des individus nommés da l'art. 13 du présent testament pour faire pa tie du conseil de gouvernement.

Art. 16. J'ordonne et prescris que, soit l dit conseil de gouvernement, soit celui régence, qui, par suite de la mort de ma bie aimée épouse, pourrait être chargé de la t telle et de la curatelle de mes enfants mineu et du gouvernement du royaume en vertu l'article précédent, décide toutes les affaires la majorité absolue des voix, de manié que les décisions soient prises conformém aux suffrages exprimés par la moitié plus des votants.

Art. 17. J'institue et nomme pour m héritiers uniques et universels les fils ou fil que j'aurai au temps de mon décès, à l'exce tion du cinquième de tous mes biens que lègue à ma bien-aimée épouse doña Ma Christine de Bourbon, qui devra être d trait de la masse des biens qui formeront mon hoirie suivant les règles et préférences que prescrivent les lois de ce royaume; ainsi que la dot qu'elle a apportée en mariage et tous les biens qui lui ont été constitués sous ce titre dans les stipulations matrimoniales arrêtées solennellement et signées à Madrid le 5 novembre 1829.

On célébra les obsèques de Ferdinand avec la pompe accoutumée. Après que le cadavre fut resté plusieurs jours exposé sur un lit de parade, on le déposa dans un cercueil de plomb auquel était pratiquée une petite fenêtre hermétiquement fermée par une glace, et recouverte d'un volet de plomb fermant avec deux serrures. Ce premier cercueil fut déposé dans un autre cercueil de bois, doublé d'étoffes précieuses. Lorsque le cercueil fut arrivé à la porte principale du monastère de Saint-Laurent de l'Escurial, qui ne s'ouvre que pour les rois et pour les princes de leur maison, et seulement dans deux circonstances solennelles : la première lors de leur baptême, la seconde lors de leur mort, il y fut reçu par le prieur du monastère, qui lut la lettre par laquelle la reine lui faisait part de la mort du roi Ferdinand de Bourbon et lui annonçait que le corps lui était envoyé pour le déposer dans son tombeau avec la solennité accoutumée.

Après les prières et les cérémonies d'usage, on descendit le cercueil jusqu'à la porte du Panthéon. Il était accompagné des gentilshommes de la chambre, des majordomes de semaine, des gentilshommes de la maison et de la bouche. On déposa le cercueil sur une table disposée à cet effet devant l'autel. Le grand majordome ouvrit les deux serrures de la caisse extérieure dont les clefs étaient dorées et lui avaient été remises lorsque le cercueil avait été fermé au palais de Madrid. Il ouvrit aussi le volet de la petite fenêtre; et à travers la glace, en présence du grand notaire du royaume, on reconnut que le cercueil contenait bien le corps de don Ferdinand de Bourbon, monarque catholique des Espagnes, septième de ce nom, ainsi que le vérifièrent : le patriarche des Indes, qui assistait à cette cérémonie; les gentilshommes de la chambre en exercice, qui se trouvaient de service pour l'enterrement; et ceux qui s'étaient joints volontairement au convoi; les alcades de Casa y Corte; les gentilshommes de la maison et de la bouche, et beaucoup d'autres personnes qui étaient descendues au Panthéon. En leur présence, le grand majordome demanda aux chevaliers Monteros de Espinosa si ce corps était bien celui de don Ferdinand VII de Bourbon; et ceux-ci, après l'avoir regardé, répondirent tous que c'était bien le roi, et ils l'affirmèrent par serment.

Le capitaine des gardes de la personne, qui s'était tenu constamment à la tête du cercueil, s'approcha à son tour, et après avoir fait signe pour demander silence, il dit à haute et intelligible voix avec quelques secondes d'intervalle : *Seigneur!... Seigneur!... Seigneur!...* et personne ne répondant, le capitaine des gardes ajouta : *Puisque sa majesté ne répond pas, le roi est véritablement mort.* Alors il brisa le bâton qu'il tenait comme signe de commandement, et en jeta les morceaux aux pieds de la table. Le grand majordome referma le cercueil, en remit les clefs au prieur, qui reconnut avoir reçu le corps. On mit fin aux décharges de la troupe, et au glas des cloches, qui n'avait pas cessé pendant toute la cérémonie.

Telles furent les dernières démonstrations de respect accordées à Ferdinand. Né en 1784, il n'avait encore que quarante-neuf ans. En comptant son règne à partir des événements d'Aranjuès, il avait porté la couronne pendant vingt-quatre ans, qui ont été pour l'Espagne une suite non interrompue de désastres, de déceptions, de troubles et de misères.

RÈGNE D'ISABELLE II. — RÉGENCE DE LA REINE CHRISTINE. — MANIFESTE. — SOULÈVEMENT DE TALAVERA. — SOULÈVEMENT DES PROVINCES BASQUES. — SUPPLICE DE SANTOS-LADRON. — DÉSARMEMENT DES VOLONTAIRES ROYALISTES. — CHUTE DU MINISTÈRE ZEA.

Le nouveau gouvernement se trouva dès les premiers instants entouré d'ennemis de toute espèce : les partisans de don Carlos étaient nombreux, et d'un autre côté on avait fait en Espagne un si déplorable essai du régime constitutionnel, que Christine osait à peine s'appuyer sur le parti libéral, bien qu'elle comprît que c'était là seulement qu'elle devait trouver des soutiens. Elle craignait de se laisser entraîner : aussi le premier acte d'autorité qu'elle fit en saisissant le pouvoir après la mort de Ferdinand, fut de confirmer tous les ministres dans leurs fonctions; et quelques jours plus tard, le 4 octobre, elle fit connaître par un manifeste la ligne de conduite qu'elle prétendait suivre. Cette pièce, ouvrage de Zea, était une nouvelle édition, abrégée mais fort peu amendée, de la circulaire que ce ministre avait publiée en entrant au pouvoir. Elle avait les mêmes défauts, présentait les mêmes inconvénients. C'était toujours le même système de despotisme éclairé. Au reste, voici les principaux passages de ce curieux document :

..... La religion et la monarchie, premiers éléments de vie pour l'Espagne, seront respectés, protégés, maintenus par moi en toute leur vigueur et en toute leur pureté..... C'est un devoir pour moi de conserver intact le dépôt de l'autorité royale qui m'a été confié. Je maintiendrai religieusement la forme et les lois fondamentales de la monarchie, sans admettre des innovations dangereuses quoique flatteuses dans leur principe. Elles n'ont été que trop éprouvées, pour notre malheur. La meilleure forme de gouvernement pour un pays est celle à laquelle il est accoutumé. Un pouvoir stable, compacte, fondé sur des lois antiques, respecté par la coutume, consacré par les siècles, est l'instrument le plus puissant pour faire le bien des peuples; mais on n'obtient pas le bien en affaiblissant l'autorité, en combattant les idées, les habitudes et les institutions établies; en contrariant les intérêts et les espérances actuelles pour créer des ambitions et des exigences nouvelles, en excitant les passions du peuple, en inquiétant les esprits, en plaçant les individus en état de lutte, en mettant la société entière en convulsion. Je transmettrai le sceptre d'Espagne aux mains de la reine, à qui la loi l'a donné, sans affaiblissement, sans diminution, et tel que la loi elle-même le lui a conféré.

Je ne prétends pas cependant laisser stationnaire et sans culture cette précieuse possession qui l'attend. Je connais les maux que la suite de nos calamités a fait peser sur le peuple, je mettrai tous mes soins à les alléger. Je n'ignore pas et je m'efforcerai d'étudier encore mieux les vices que le temps et les hommes ont introduits dans les diverses branches de l'administration publique, et je m'efforcerai de les corriger. Les réformes administratives, les seules qui produisent i diatement la prospérité et la félicité, seul d'une valeur positive pour le peuple, l'objet continuel de mes soins. Je m'app rai principalement à diminuer les ch autant que cela sera compatible avec la rité de l'État, les urgences du service droite et prompte administration de la ju avec la sécurité des personnes et des b avec la protection due à toutes les sour la fortune publique.

Pour cette grande entreprise de fai bonheur de l'Espagne, j'ai besoin du con unanime, de l'union de volonté et d'e de tous les Espagnols, et j'espère qu'ils r feront pas défaut. Tous les Espagnols également enfants de la patrie, tous son lement intéressés à sa prospérité. Je ne pas connaître les opinions passées; je ne pas entendre des délations ou des accusat je ne considère pas comme des servic comme des actions méritoires des impru ces, des manœuvres obscures, des démon tions intéressées d'attachement et de fid Le nom de la reine ni le mien ne sont l vise d'un parti, mais la bannière tut de la nation. Mon amour, ma protectio mes soins sont tout entiers à tous les E gnols......

Ces promesses banales d'améli tions administratives n'étaient certa ment pas de nature à contenter le béraux, et Zea se fût montré bien dide s'il eût espéré gagner le parti a tolique par ses assurances d'absoluti et d'immobilité. Aussitôt que la mor Ferdinand fut connue dans les provin les partisans de don Carlos commen rent à s'agiter. Ce fut à Talavera la R qu'eut lieu le premier soulèvement. administrateur des courriers de c ville suspendu de son emploi, et p suivi par la justice à raison de que délit, poussa le premier le cri de l'in rection. Heureusement la masse d population ne répondit pas à son ap Il fut forcé de sortir de la ville ave peu d'adhérents qu'il avait pu réunir. fois dans la campagne, ces factieux rent poursuivis par les autorités, qu arrêtèrent quelques-uns et dissipè les autres.

La rébellion trouva le terrain m préparé dans les provinces septent nales du royaume. Les Basques ava été récemment inquiétés relativeme la conservation de leurs fueros. Ils savaient bien que l'établissement d'un régime constitutionnel aurait pour premier effet de détruire les priviléges dont ils jouissaient. Ils étaient donc naturellement ennemis de toute innovation, et avaient peu d'affection pour le gouvernement établi à Madrid; aussi se déclarèrent-ils en faveur de don Carlos. Un chef de guérillas de l'armée de la foi, Zabala, qui avait été élevé par Ferdinand VII au grade de brigadier, provoqua le 3 octobre un mouvement carliste à Bilbao. Le 7, Vitoria suivit ce pernicieux exemple. La révolte y fut fomentée par Verasteguy, colonel des volontaires royalistes.

Santos-Ladron avait également soulevé les carlistes de Logroño. A Orduña la révolte fut organisée par Ibarrola y Goiri. Le colonel Eraso, connu par ses opinions absolutistes, avait proclamé don Carlos à Roncevaux. Le commandant des volontaires royalistes de San-Domingo de la Calzada essaya de soulever cette ville; mais cette entreprise n'ayant pas réussi, il prit le chemin de Najara, où il fut rejoint par quelques volontaires, et se retira avec eux dans les villages voisins.

Les forces que le gouvernement entretenait dans ces provinces se mirent immédiatement à la poursuite des insurgés, et ne tardèrent pas à remporter quelques avantages sur leurs bandes encore mal organisées. Le brigadier Manuel Lorenzo, colonel du régiment de Cordoue (10e de ligne), ayant appris que les factieux commandés par Ladron étaient dans les environs d'Arcos, marcha en toute hâte vers eux, sans donner même à ses troupes le temps de prendre leur repas, et il parvint à les atteindre. Ceux-ci, au nombre d'environ huit cents hommes, attaqués par deux compagnies de chasseurs et par quelques cavaliers, furent culbutés de position en position pendant plus de trois quarts de lieue. Le hasard voulut que les deux chefs Lorenzo et Ladron se trouvassent séparés de leurs soldats. Lorenzo eut l'adresse de tuer au premier choc le cheval de son adversaire. Ensuite il n'eut pas beaucoup de peine à le faire prisonnier; et les carlistes, privés de leur chef, furent mis en fuite de tous les côtés. Lorenzo aurait voulu sauver la vie de Santos-Ladron; et au lieu de le faire fusiller sur-le-champ comme le prescrivait un décret rendu contre les factieux pris les armes à la main, il l'envoya à Pampelune afin qu'il y fût jugé par une cour martiale. En rendant compte de sa victoire, Lorenzo insistait pour que Santos-Ladron fût épargné; il disait que ce chef pouvait faire des communications du plus grand intérêt, et qu'il y aurait quelque avantage à obtenir du prisonnier des renseignements positifs sur les plans du parti carliste. Le vice-roi Antonio de Sola et les juges hésitaient à condamner le prisonnier à mort, ou du moins à faire exécuter la condamnation sans en avoir reçu l'ordre exprès de Madrid; mais un officier leur fit observer que les termes du décret étaient formels; qu'en ne les appliquant pas, ils encourraient une grave responsabilité; qu'au contraire l'idée d'une si heureuse victoire suivie d'un prompt châtiment intimiderait les partisans de don Carlos et arrêterait ceux qui pourraient être tentés de lever à l'avenir l'étendard de la révolte. C'était un faux calcul; car le sang appelle le sang; mais cette opinion d'un parti exalté prévalut. Le 15 octobre Ladron et le lieutenant des volontaires royalistes don Luis Irribaren, pris en même temps que lui, furent passés par les armes dans les fossés de la citadelle de Pampelune. Ce supplice produisit un effet entièrement contraire à celui qu'on en attendait : Santos-Ladron était né à Lodosa, sur les confins de la Navarre et de la province de Soria; il possédait dans ce pays de riches propriétés foncières. Pendant la guerre de l'indépendance il avait servi sous les ordres de Mina en qualité de lieutenant-colonel, et s'était retiré dans ses foyers à la paix de 1814. Il avait repris les armes en 1822 pour la régence d'Urgel. Il avait ensuite été gouverneur de Pampelune. Il avait été envoyé en surveillance à Valladolid, pour avoir pris part aux menées des apostoliques; mais à la mort de Ferdinand VII il était parvenu à s'échapper de cette ville; il était revenu en Navarre, et n'avait pas eu beaucoup de peine à déterminer un millier de personnes à proclamer don Carlos. Il exerçait dans le pays une grande influence; et le lendemain de son supplice près de trois cents jeunes gens sortirent de Pampelune pour aller rejoindre les débris de la faction ralliés par le lieutenant-colonel Iturralde. Ainsi le sang de Ladron ne fit qu'irriter les passions. Sa mort devint le signal d'une longue suite de funestes représailles, et le commencement d'une lutte acharnée. Ce ne furent plus quelques bandes éparses de factieux qu'il fallut poursuivre : on eut à combattre toute la population des provinces vascongades, qui s'était promptement disciplinée au point de disputer la victoire et de rendre longtemps douteuse l'issue de la guerre. Une foule de hardis champions prirent en main la cause de don Carlos et la défense des fueros de la Biscaye. Le plus célèbre de tous, le héros de cette guerre, fut don Thomas Zumala-Carregui. Ce chef était né à Ormaiztegui, petite ville de la province de Guipuzcoa. Ses parents, sans être riches, jouissaient de quelque aisance, et faisaient partie de la première noblesse du pays. Ils eurent quatre fils. L'aîné, don Miguel Antoine Zumala-Carregui, a suivi la carrière du droit. Député aux cortès de 1812, il a pris part à la rédaction de la constitution. Le temps n'a pas altéré ses opinions libérales, et il a été, en 1834, nommé par la reine Christine président de l'audience royale de Burgos. Le second et le quatrième ont embrassé l'état ecclésiastique : tous deux sont curés; l'un d'eux dessert la paroisse même d'Ormaiztegui. Le troisième, don Thomas, né le 29 décembre 1788, manifesta dans ses plus jeunes années une vocation décidée pour la carrière des armes. En 1808 il assista à la première défense de Saragosse; après que les Français eurent levé le siége, il alla s'enrôler dans la troupe de Gaspard Jauregui. Quand la guerre de l'indépendance fut terminée, Zumala-Carregui fut attaché au capitaine général des provinces basques et chargé de plusieurs missions importantes; ensuite il obtint le commandement d'une compagnie dans l'armée permanente. En 1822 il fut privé de son emploi parce qu'on le regardait comme trop royaliste. Alors il prit parti dans l'armée de la foi, et reçut de Quesada le commandement du 2e bataillon de volontaires de Navarre. Pendant cette campagne il fut à même d'apprécier la régularité avec laquelle le service est fait dans l'armée française, l'ordre avec lequel les corps sont a[dministrés]; il s'appliqua à étudier leur o[r]ganisation; et plus tard, après l'abolitic[n] de la constitution, quand il reçut comm[e] lieutenant-colonel le commandement d[u] 1er régiment léger, il mit à profit les o[b]servations qu'il avait faites et l'expérien[ce] qu'il avait acquise en cette matière. So[n] régiment fut remarqué pour sa disciplin[e] et pour sa bonne administration, en sor[te] qu'on chargea successivement Zumala-Carregui du commandement de plusieurs corps, afin qu'il y introduisît l'esprit d'ordre et d'organisation dont [il] était animé. En dernier lieu il étai[t] colonel du 14e de ligne et gouverneu[r] du Ferrol; mais le ministère Zea, sa[chant] que Zumala-Carregui était dévoué à don Carlos, ne crut pas devoi[r] lui laisser ce commandement. Priv[é] de son emploi, cet officier vint réclamer à Madrid, et obtint avec beaucou[p] de peine la permission de se retirer [à] Pampelune dans la famille de sa femme. Il était dans cette ville quand Ferdinand mourut; et malgré la surveillanc[e] particulière dont il était l'objet il s'échappa quelques jours après la catastrophe de Ladron; il se rendit au cam[p] des insurgés navarrais, dans le val d'Araquil, et s'offrit pour les commander. Iturralde, qui les avait ralliés, eû[t] voulu conserver le premier rang; mai[s] tout le monde reconnaissant la supériorité de Zumala-Carregui, on le proclam[a] général en chef. Iturralde fut reconnu commandant en second. Un des premiers soins du nouveau chef fut d'organiser un gouvernement qui pût servi[r] de centre à l'insurrection. Une junte fu[t] créée. On la composa d'hommes qui jouissaient dans le pays d'une grande influence. Ses membres furent : Joaquin d[e] Marichalar, don Martin Luiz de Echeveria, don Juan de Echeveria, don Juan Chrysostome de Vidaondo y Mendesueta, et don Benito Dias del Rio.

Dans le commencement sa troupe étai[t] peu nombreuse. La moitié de ses homme[s] étaient sans armes; presque tous étaien[t] nus, et il était impossible qu'ils opposassent une résistance de quelques minutes au plus petit détachement de l'armé[e] de la reine. Aussi d'abord ne firent-ils qu[e] fuir : partout les troupes de la reine eurent l'avantage contre les insurgés. Lo[rs] renzo reprit Logroño, et parcourut tout le pays, poursuivant partout les factieux, les attaquant chaque fois qu'il pouvait les atteindre. Dans la Guipuzcoa, Frédéric Castaño et Gaspard Jauregui ne déployèrent pas moins d'activité. Cela n'empêcha pas l'insurrection de se propager d'une manière effrayante. Il y avait deux mois que le soulèvement des provinces basques avait commencé, et ce temps avait été suffisant pour rassembler des forces considérables. Plusieurs des hommes les plus importants du pays s'étaient mis à la tête du mouvement : les principaux de ces chefs étaient Valdespina, Zavala, Verastegui, Uranga, Simon de la Torre.

Don José Maria de Orbe y Élio, marquis de Valdespina, issu d'une des plus nobles maisons de la Biscaye, est né le 6 septembre 1776, à Irun. Lorsque la guerre éclata entre l'Espagne et la république française, Valdespina entra dans le premier bataillon des volontaires de la Guipuzcoa : il y obtint bientôt le grade de capitaine. Une blessure qu'il reçut en combattant lui nécessita l'amputation du bras droit. Néanmoins ce malheur ne lui ferma pas la carrière militaire : il fit la guerre de l'indépendance comme colonel du deuxième bataillon de Biscaye. En 1820 il fut arrêté comme ennemi de la constitution, et ne put prendre part à la guerre qui renversa le régime constitutionnel ; mais en 1830, lors de l'invasion de Mina, il eut un commandement dans les troupes chargées de repousser l'agression des réfugiés libéraux. En 1833 il s'empressa de proclamer don Carlos, et le 5 octobre il publia le premier manifeste qui ait paru en faveur de ce prince.

Don José Ignacio de Uranga, né à Aspeitia, le 7 octobre 1788, fit ses premières armes pendant la guerre de l'indépendance. En 1821 il provoqua dans la ville de Salvatierra un soulèvement contre le gouvernement constitutionnel et gagna le grade de colonel dans l'armée de la foi. En 1830 on lui confia le commandement de la colonne chargée de s'opposer à Mina. Il eut le bonheur de rejeter en France ce terrible adversaire, et ce succès lui avait mérité le grade de brigadier. Aussitôt que la mort de Ferdinand VII fut connue il publia une proclamation en faveur de don Carlos, et se mit à la tête des volontaires de l'Alava.

Simon de la Torre est né le 23 octobre 1804. En 1822 il a servi dans l'armée de la foi. Après l'abolition de la constitution il passa comme lieutenant dans le Ier régiment de la garde. Ses opinions carlistes étaient connues. Aussi, en 1832 fut-il mis en disponibilité. Dès que Ferdinand fut mort la Torre s'empressa de réunir un corps de volontaires basques et de proclamer don Carlos.

Le nombre d'hommes que ces chefs avaient mis sous les armes, dans l'Alava, la Guipuzcoa et la Biscaye, ne s'élevait pas à moins de vingt mille, et la Vieille-Castille en avait rassemblé autant sous les ordres de Cuevillas et de Merino. Le gouvernement, effrayé des progrès que faisait l'insurrection, se détermina à envoyer dans les provinces du nord une partie de l'armée d'observation rassemblée sur la frontière du Portugal. Cette armée, dans le principe, avait eu pour mission d'empêcher la révolution portugaise de se propager en Espagne. Ferdinand en avait confié le commandement à Saarsfield, dont les opinions étaient contraires à toute réforme libérale. Aussi, après la mort du roi, ce général hésita, dit-on, pendant cinq jours avant de reconnaître Isabelle; mais n'ayant pas reçu de don Carlos les ouvertures qu'il en attendait, il se décida à proclamer la reine. Ce fut à cet officier d'un dévouement très-douteux que fut confiée la mission de réprimer l'insurrection des provinces du nord. Une partie seulement de l'armée d'observation lui fut donnée; l'autre partie, commandée par Rodil, resta sur la frontière de Portugal, en attendant l'occasion de pénétrer dans ce royaume et d'y prêter assistance à la cause libérale.

Saarsfield établit d'abord son quartier général à Burgos, où il resta quelque temps les bras croisés; et quand il se décida à agir il le fit avec une excessive mollesse. Il concentra ses troupes à Logroño, où se trouvaient déjà celles de Lorenzo. Les insurgés de la Vieille-Castille étaient rassemblés dans l'endroit connu sous le nom de Conchas de Haro, sur la rive droite de l'Èbre, à dix lieues environ au-dessus de Logroño [1]. En voyant des

[1] Dix lieues de Castille de 26 $^1/_2$ au degré, environ 42 kilomètres.

forces imposantes qui se réunissaient si près d'eux, les insurgés de la Castille commencèrent à se débander, pour retourner chacun dans leurs foyers. Sans doute ils n'eussent pas agi de cette manière si leurs chefs leur eussent inspiré une grande confiance; mais ni Cuevillas ni Merino n'étaient capables de commander et de maintenir une armée si nombreuse. Ce dernier a fait avec succès la guerre de partisans à la tête de quelques centaines de cavaliers; mais il paraît que sa capacité ne s'étend pas au delà du rôle de chef de guérillas. Sa bande en général n'excédait pas trois ou quatre cents hommes. Dans quelques circonstances elle se trouva beaucoup plus nombreuse; mais alors Merino éprouva des pertes qui la réduisirent bientôt à ce nombre.

Merino est né vers 1774, au village de Villabiao. Il a commencé par être pâtre, et avait déjà reçu un commencement d'instruction dans un monastère voisin, lorsqu'un vieux prêtre, frappé de l'intelligence de ce jeune homme, entreprit de l'élever jusqu'aux fonctions sacerdotales. En peu de mois Merino fit des progrès si rapides, qu'il fut bientôt en état de recevoir les ordres et qu'il fut nommé curé de son village natal. Voici le portrait qu'en a tracé un officier qui servait, comme Merino, dans le parti de don Carlos[1] :

« Merino est le vrai type des chefs de guérrillas. De petite stature, mais d'une constitution de fer, il peut résister aux plus grandes fatigues, étant rompu depuis longtemps à la pratique des exercices et des habitudes de la guerre. Son costume, plus ecclésiastique que militaire, rappelle plutôt le curé que le brigadier général des armées royales. Il porte avec un long habit brun un chapeau rond et un sabre de cavalerie. Le seul objet de luxe qu'il se permet est d'avoir toujours sous lui un bon cheval. En effet il possède deux magnifiques coursiers blancs, qui sont renommés non-seulement par leur excessive vélocité, mais aussi par leur aptitude à grimper jusqu'au sommet des rocs et des montagnes comme des chèvres; tous deux sont constamment sellés et bridés, et dressés à aller parallèlement et du même train; de sorte que M
rino, quand l'un lui paraît fatigué, sa
d'une selle sur l'autre sans s'arrêter, l
même qu'ils sont au galop. Il porte to
jours à son côté un énorme tromblo
rempli d'une forte charge de poudre
de balles, dont l'explosion est, dit-o
aussi forte que celle d'une pièce d'ar
lerie. Cette arme lui casserait le bras
la tirait de la manière ordinaire; mai
en fait usage en la plaçant sous son b
et en tirant la gachette avec l'au
main.

« Chaque soir, après avoir donné s
ordres à ses hommes, Merino mont
à cheval pendant la nuit; et personne
l'exception de son fidèle serviteur, q
lui était attaché depuis longues anné
ne savait où il était allé; de là était
le bruit qu'il ne dormait pas une seu
minute dans les vingt-quatre heure
opinion qui est devenue une espèce d'a
ticle de foi chez les Castillans; et, à
vérité, il n'est rien qu'on ne puisse le
faire croire d'un de leurs compatriot
qui, avec ce caractère intrépide et f
roce, et tous les excès qu'il a comm
ne fume jamais et ne boit que de l'ea
Cet homme est tout à fait simple et mê
patriarcal dans ses mœurs et dans to
tes ses habitudes; mais il faut conve
qu'il a trop souvent terni ses succès p
des actes de cruauté... Son inévitable a
rêt contre les prisonniers a toujours é
la mort...

« Zumala rendait justice à Meri
comme étant un chef brave et entrepr
nant. Cependant il dit un jour : ... Si no
« avions tous les hommes que le curé
« perdus, nous pourrions marcher s
« Madrid quand nous voudrions. »

Merino n'était pas capable de maint
nir une armée aussi nombreuse que cel
réunie sous ses ordres. A l'approche
danger, les insurgés se débandèrent po
retourner chez eux. Soit par calcul, s
involontairement, Saarsfield, en conce
trant ses forces à Logroño, avait laissé
chemin de la Castille entièrement libr
en sorte que les fuyards purent se retir
tout à leur aise. Cuevillas et Merin
voyant la diminution de leur armée, ra
semblèrent leur cavalerie, qui n'était p
très-nombreuse, et se retirèrent en Ca
tille.

Les volontaires de l'Alava, comma

[1] *Mémoires sur Zumala-Carregui*, par Ch. Fréd. Henningsen, capitaine de lanciers, au service de don Carlos; traduit de l'anglais. Paris, 1836, 2 vol. in-8°.

dés par le brigadier Uranga, suivirent l'exemple des Castillans; et lorsque Saarsfield se mit en marche vers Vitoria, ils lui tirèrent seulement quelques coups de fusil dans les environs de Peña-Cerrada, et lui laissèrent le chemin libre. Verastegui fut obligé d'abandonner précipitamment Vitoria, où les soldats de la reine entrèrent sans éprouver la moindre résistance. Saarsfield se porta ensuite sur Bilbao, et il y entra de même. Les forces carlistes étaient si complétement dissoutes, que beaucoup des personnes compromises ne virent d'autre moyen de salut que de se réfugier en France. Verastegui fut de ce nombre. Zabala et Uranga, restés sans soldats, se jetèrent dans les montagnes, dont ils connaissaient tous les détours. Le marquis de Valdespina, président de la députation de Biscaye, se réfugia auprès de Zumala-Carregui, dont la petite armée s'était avancée jusque dans la vallée de la Borunda. Le gouvernement se vanta d'avoir apaisé la révolte; et il est vrai que sans l'énergie et sans le talent du chef des Navarrais dès ce moment la guerre aurait pu être considérée comme terminée.

Partout les volontaires royalistes s'étaient montrés hostiles au parti de la reine. Partout ils avaient été les instigateurs ou les complices des troubles qui agitaient le pays. Une ordonnance en date du 15 octobre en décréta le désarmement. Le nombre des volontaires royalistes ne s'élevait pas à moins de trois cent mille. Ces corps, formés de ce qu'il y avait de plus turbulent dans la nation, étaient la personnification de l'absolutisme le plus fanatique. Les licencier était donc une entreprise aussi hardie que difficile. Néanmoins elle s'effectua d'abord sans résistance. Mais le 29, le gouvernement ayant ordonné de conduire au parc d'artillerie les pièces gardées dans le quartier de cavalerie des volontaires royalistes de Madrid, cette mesure provoqua de la résistance. Quelques volontaires se réunirent dans leurs quartiers, et commencèrent à tirer de là des coups de fusil sur le poste du régiment d'infanterie de la princesse qui formait la garde de la prison située dans leur voisinage. Au bruit de cette fusillade, un grand nombre de volontaires qui n'attendaient qu'un signal voulurent se rendre à leur quartier; mais heureusement beaucoup d'entre eux furent arrêtés en route par les patrouilles qui circulaient dans les rues environnantes. La plupart rendirent leurs armes sans difficulté. Il n'y en eut qu'un petit nombre qui essayèrent de se défendre. Quant à ceux qui étaient parvenus dans leur quartier, et qui s'y étaient enfermés quoiqu'ils ne fussent guère plus d'une centaine, ils répondirent à coups de fusil aux sommations qui leur furent faites. Mais la résistance n'était pas possible. Le brigadier don Pedro Nolasco Bassa, à la tête de quelques troupes, parvint à forcer leur quartier, et tous ceux qui s'y trouvèrent restèrent prisonniers. Ils furent traduits en jugement quelques jours plus tard, et condamnés aux présides. On eut à regretter dans cette affaire la mort de peu de monde, et l'on se félicita de ce résultat en songeant aux malheurs qui seraient arrivés si les volontaires royalistes, parvenant à réunir toutes leurs forces et faisant usage de l'artillerie qui était encore entre leurs mains, avaient livré une véritable bataille dans les rues de la capitale. Les volontaires de Madrid une fois licenciés, le désarmement de ceux des provinces s'effectua sans beaucoup de difficultés; et si un certain nombre de volontaires royalistes alla grossir les rangs des insurgés, au moins cette milice hostile ne resta pas tout entière sous les armes.

Quelques changements avaient eu lieu dans le cabinet. Les fonctions de ministre n'ayant pas été jugées compatibles avec celles de membre du conseil de régence que remplissait le comte d'Ofalia, il fut remplacé le 21 octobre au ministère de l'intérieur par don Francisco Xavier de Burgos, conseiller honoraire de finances. Le 16 novembre le ministre de la guerre José de la Cruz, qui occupait aussi par interim le ministère de la marine, eut pour successeur dans ce double emploi le maréchal de camp Zarco del Valle. Mais ces changements n'étaient pas de nature à dissiper l'impopularité toujours croissante qui s'attachait au ministère. Peut-être si le droit en vertu duquel Isabelle était montée sur le trône n'eût pas été contesté, si la couronne ne lui eût pas été disputée, le gouvernement eût pu maintenir quelque temps encore les institutions décrépites de la monarchie;

mais il était forcé de chercher un appui auprès du parti libéral; et ce parti se montra d'autant plus exigeant, qu'on avait plus besoin de lui; aussi à mesure que l'insurrection prenait des forces et de la consistance, le parti constitutionnel attaquait avec plus de violence la politique adoptée par Zea Bermudez, et réclamait plus impérieusement des institutions représentatives. Peu de temps après la mort de Ferdinand VII, le marquis de Miraflorez adressa à la reine un mémoire très-circonstancié sur l'état de la nation et sur l'influence funeste exercée par le président du cabinet. Dans cet écrit, il insistait pour la réunion des cortès. Le général Quesada avait aussi lancé un manifeste où il demandait formellement le renvoi de Zea. Ce fut Llauder, capitaine général de la Catalogne, qui porta le dernier coup. Le 26 décembre 1833 il adressa à la reine un long mémoire où la franchise était poussée quelquefois jusqu'à la rudesse. Au reste, on peut juger de l'esprit qui l'animait par quelques passages extraits de son manifeste :

Señora, disait-il,..... pendant longtemps vice-roi de Navarre et capitaine général des provinces basques, j'ai été à même d'apprécier tout ce que les populations et les gouvernements trouvent de bien-être et de stabilité dans une représentation légale telle que l'ont établie nos anciennes lois avec un respect égal pour les droits du trône et les droits de la nation. Elle constitue le seul élément de prospérité et de force d'une monarchie, surtout dans l'état actuel des lumières et de la civilisation. Depuis capitaine général de l'Aragon et enfin de la Catalogne, j'ai pu m'apercevoir que là où le bien-être et la sécurité des provinces dépendent des circonstances, et où le recours à la force est souvent nécessaire, ce moyen s'use bien rapidement quand l'opinion cesse de le soutenir.

Lorsque j'ai eu l'honneur d'être appelé au baise-main de votre auguste fille, Votre Majesté a daigné m'autoriser à lui écrire librement ce que je croirais bon et utile, m'assurant à diverses reprises que tous ses désirs n'avaient pour objet que le bonheur de l'Espagne. J'ai répondu à cette permission en vous adressant ce que j'ai cru susceptible d'éclairer votre religion. Mais des épreuves continues et répétées m'ont fait voir que les sentiments francs et héroïques de Votre Majesté sont réprimés par les conseils de quelques hommes qui, en étudiant l'arbitraire dans les pays étrangers, ont oublié le leur, ses besoins, ses vœux et tout ce qui pourrait concourir au bie être de l'administration que vous leur av confiée, et trahissent ainsi les vues généreus de Votre Majesté.

Telle est, Señora, l'opinion générale que ne dois pas laisser ignorer à Votre Majesté. . dois, au contraire, ajouter, dans l'intérêt de v tre gouvernement, que le ministère de Zea e devenu impopulaire à tel point, qu'il mena à la fois et la tranquillité publique et le trô même de doña Isabelle II.

Llauder rappelle ensuite les sacrific de toute nature que l'Espagne a fai pour conserver la couronne à Ferdinan et les promesses consignées par ce prin dans son décret de Valence :

Les promesses des rois, dit-il en continuai sont sacrées : leur accomplissement doit êt infaillible comme celui des prophéties de Divinité; c'est pourquoi moi et la nation, q n'oserions rien demander qui ne fût dû promis, nous vous rappelons, le cœur ple d'amertume, des déclarations aussi solennell sorties de la bouche de notre roi au mome de recevoir de nos mains une couronne r conquise par le sang d'un million d'homm *L'existence du trône de la reine mineure*, le répète, *est attachée à l'accomplissement d promesses du feu roi ;* car personne ne pour croire que quinze longues années de minor puissent s'écouler appuyées sur quelque ch d'aussi fragile qu'un pouvoir sans responsal lité... On dit à Votre Majesté qu'elle n'a p comme régente, le droit d'innover; qu'e doit remettre à sa fille le gouvernement qu'elle l'a reçu; ce qui n'est qu'un prété pour consacrer l'arbitraire et perpétuer abus.

Peut-on appeler innovation la convocati des cortès, lorsque la gravité et la compli tion des affaires publiques réclament im rieusement cette mesure prescrite fondame talement par les anciennes lois de la mon chie?...

La Navarre a ses lois à elle avec ses cor et ses députations générales, sans que ses bitants consentent jamais à la plus petite fraction à ces lois protectrices de la sûret de la propriété générale. Peut-on suppo au cœur généreux de Votre Majesté l'intent de refuser ces mêmes franchises aux aut provinces de votre royaume? .... Cette tuation, si elle se prolonge quelques mois core, fera plus pour les ennemis du trône doña Isabelle II que tous les efforts de ce p ti, qui n'a d'autre importance que celle qu lui donne.

Le ministère Zea a tant fait que la comparaison est fâcheuse et même dangereuse pour lui entre ses actes et les promesses du prétendant, qui offre de libres cortès, avec d'autres avantages et d'autres garanties encore...

Enfin Llauder concluait en suppliant la régente de modifier le ministère et d'ordonner la convocation des cortès.

Zea résista encore une vingtaine de jours aux attaques dirigées contre lui ; mais il y avait trop de vérité dans les plaintes du parti libéral pour qu'il pût se maintenir longtemps au pouvoir. Le 15 janvier 1834 parut un décret par lequel sa démission fut acceptée. Le nouveau cabinet fut composé de don Francisco Martinez de la Rosa, ministre des relations extérieures, de don Nicolas Maria Garelli, ministre de grâce et de justice. Ces deux hommes d'État avaient déjà rempli les mêmes fonctions au commencement de l'année 1822; ils avaient fait partie du troisième cabinet constitutionnel. Don José Vazquez Figueroa eut la marine ; don José Aranalde eut, par intérim, les finances, et fut bientôt remplacé par don José de Imas, directeur général des rentes; don Francisco Xavier Burgos conserva le ministère de l'intérieur, et Zarco del Valle celui de la guerre. C'était une tâche difficile que celle d'un cabinet formé dans des circonstances si critiques. Il avait pour mission de doter l'Espagne d'un régime représentatif, et toutes les opinions attendaient avec une égale impatience comment il résoudrait ce problème.

DES FUEROS DE LA NAVARRE.

Les fueros de la Navarre et des provinces basques, signalés par Llauder comme exemple du régime représentatif que réclamait la nation, étaient aussi le cri de ralliement de l'insurrection des provinces du nord. La cause de don Carlos eût été assez indifférente à la plus grande partie des Basques et des Navarrais, qui n'eussent vu dans la guerre qu'une querelle de famille. C'eût été, à leurs yeux, un oncle qui voulait dépouiller sa nièce de son héritage. Mais la défense des fueros était pour tous une chose sacrée. Il n'est pas possible de s'occuper des événements de cette époque sans parler des fueros [1]. La constitution de la Navarre reposait sur deux bases principales : d'abord les lois ne pouvaient être faites qu'avec le concours du roi et des trois bras du royaume réunis en cortès. Elles devaient être discutées et votées par les cortès, ensuite elles devaient être sanctionnées par le roi; enfin elles devaient être publiées. Après qu'elles avaient reçu la sanction du monarque, leur publication pouvait encore être interdite par les cortès du royaume de Navarre. L'origine de ce droit dérivait de la manière même dont la loi était faite. Le décret royal de sanction pouvait accorder seulement en partie ou bien amender le projet, de façon à rendre préjudiciables des dispositions que les cortès avaient votées comme utiles : c'est pour cela qu'on avait donné aux cortès le droit de s'opposer à la promulgation de la loi sanctionnée par le prince. Jusqu'à sa publication, la loi n'était qu'un simple projet et pouvait toujours être retirée; mais dès qu'elle était publiée, elle devenait parfaite : ni le roi ni les cortès ne pouvaient y déroger pour la modifier, pour en suspendre l'effet; de même que, pour la faire, il fallait l'accord des états et de la couronne.

La seconde base de la constitution des Navarrais consistait en ce que le roi ne pouvait exiger aucune contribution, sans qu'elle eût été librement accordée par les cortès; aussi appelait-on ces subsides *Service ou don volontaire; servicio ó donativo voluntario*. La forme et la quantité en ont beaucoup varié.

La puissance judiciaire établie en Navarre était indépendante du roi. Les Navarrais ne pouvaient être jugés que par leurs propres tribunaux et d'après leurs lois particulières. Tous les procès se terminaient en dernière instance devant le conseil suprême qui résidait à Pampelune. Le roi n'avait ni le droit d'évoquer les causes hors du royaume, ni d'en re

[1] Les personnes qui voudront avoir de plus amples détails sur les fueros pourront consulter : le *Commentaire des fueros de la Navarre* par Armendariz; le volumineux ouvrage de Llorente sur les provinces basques; une excellente brochure publiée par don José Yangas-y-Miranda, et un extrait des fueros du royaume de Navarre inséré par Zariatégui à la suite de son *Histoire de Zumala-Carregui;* Paris, 1 vol. in-8°. 1845.

mettre la décision à des commissions ou à d'autres tribunaux que ceux de la Navarre.

Les juges devaient être natifs de la Navarre, à l'exception de cinq étrangers que le roi avait le droit de faire entrer dans le conseil lorsque lui-même n'était pas Navarrais. En vertu de cette disposition, les rois de Castille, qui se sont toujours regardés comme étrangers, avaient coutume de nommer à ces cinq places, qu'on appelait *les castillanes*. Ce sont : celles du régent du conseil, de deux auditeurs, d'un alcalde de corte, et d'un auditeur de la chambre des comptes ou tribunal des finances.

Cette organisation présentait sans doute des garanties aux justiciables ; cependant elle n'était pas sans inconvénients. Les magistrats, pour complaire au gouvernement, dont ils attendaient leur avancement et leur fortune, appliquaient de simples ordonnances royales comme ayant force de loi.

D'un autre côté, le conseil suprême de Navarre, n'ayant pas de supérieur dans le pays, s'arrogeait le droit de faire des arrêts de règlement, qu'il appelait des *actes accordés, autos acordados;* et en s'attribuant ainsi le pouvoir législatif il minait dans sa base la constitution du royaume.

Les fueros ne permettaient au roi de faire ni guerre, ni paix, ni trêve, sans l'assentiment des cortès, et le même fuero détermine quel service militaire les Navarrais devaient au roi. Ils n'étaient tenus de prendre les armes que lorsque l'ennemi entrait dans le royaume et passait les rivières d'Èbre ou d'Aragon. Ce fuero était tombé en désuétude, comme impraticable; cependant, quoique le recrutement eût été introduit dans les pays basques depuis l'année 1770, le gouvernement castillan s'est toujours efforcé d'adoucir ce que cet impôt avait d'illégal, en laissant aux Navarrais la faculté de remplir, par les moyens qu'ils préféreraient, le contingent de soldats qui leur était demandé.

Dans le principe les cortès de Navarre n'étaient composées que de douze sages ou de douze riches hommes. L'ancien droit ne parle d'aucune autre représentation nationale. Plus tard, les mandataires des villes, les chevaliers et les prélats y furent appelés sans distinction d' tats. C'est seulement au commenceme du quatorzième siècle qu'on trouve l cortès divisées en trois bras. Le prem était celui du clergé, dans lequel entraie les évêques de Pampelune et de Tudè le vicaire général de Pampelune qua il était Navarrais, les abbés de sept m nastères. Le second était celui de la n blesse, appelé aussi le bras militaire. se formait des nobles qui représentaie aux cortès les domaines dont ils étaie seigneurs. Ce droit se transmettait p hérédité, de même que le fief auquel était attaché. Enfin le dernier se co posait des mandataires des cités et bo nes villes, qui, n'ayant pas de seigne et s'administrant elles-mêmes, sous patronage du roi, avaient obtenu prérogative d'être représentées p des mandataires aux assemblées de nation.

Cette organisation présentait d'ass graves inconvénients. Les biens du cler étaient dispensés de contribuer aux cha ges de l'État; et lorsqu'ils y concouraie ce n'était que dans une proportion bi inférieure à ce qu'ils auraient dû pay Le bras ecclésiastique était donc nat rellement porté à repousser toute e pèce d'innovation; et il suffisait de l'o position des sept abbés qui avaient vo aux cortès pour faire rejeter le projet plus convenable à la prospérité publiqu aussi la somme pour laquelle le cler contribuait dans les *dons volontai* était la même qu'il y a trois siècles.

En présence de ces faits, on s'exp que très-facilement l'enthousiasme av lequel le clergé des provinces du no de l'Espagne a embrassé la cause de d Carlos. Sentant bien que les premièr réformes introduites dans l'organisati politique auraient pour effet de détru les priviléges excessifs et la prépond rance dont il jouissait, il a dû sou nir de tous ses efforts un prince q promettait avant tout de s'oppose tout changement.

Les seigneurs des anciens fiefs et c châteaux dont la destination était, d l'origine, de servir de centre d'armem (*de cabo de armeria*) étaient, avant réunion de la Navarre à la couronne Castille, dans l'obligation de mettre campagne, à leurs dépens, un cert nombre d'hommes. En compensation de cette charge, ils étaient exempts de la contribution qui frappait sur les biens immeubles et qu'on appelait l'impôt des quartiers (*cuarteles*). L'obligation qui leur était imposée cessa dès que le système militaire fut modifié et que les troupes furent payées des fonds du trésor public. Cependant ils restèrent exempts de l'impôt des quartiers. On oublia que cette exemption n'était accordée dans son origine qu'à la condition de supporter des charges qui n'existaient plus. Néanmoins dans les cortès de 1817 et de 1818 la noblesse se laissa dépouiller de cette prérogative, qu'elle disait tenir de la constitution (*de fuero*). Le souvenir de ce privilége qu'ils avaient si récemment perdu, la crainte de quelque innovation qui pouvait leur devenir préjudiciable, jetèrent les nobles navarrais dans le parti rétrograde, dont le prétendant était la personnification.

Le bras populaire ne manquait pas non plus de défaut. Des endroits qui ne comptaient que peu d'habitants avaient voix aux cortès, tandis que d'autres dont la population était beaucoup plus nombreuse n'y envoyaient pas de députés. Enfin la représentation d'une cité de deux mille six cents âmes ou d'un village de quatre-vingt-dix habitants était la même. C'est ce qui avait lieu pour Pampelune et pour Villalba. Cependant cet inconvénient n'était pas sans remède; et, aux termes de la loi 25 des cortès de 1794, le roi pouvait donner voix à telle ville ou à tel particulier qu'il jugeait convenable, pourvu que l'individu nommé remplît d'ailleurs les autres conditions exigées par la loi.

Le bras populaire pouvait gagner beaucoup si une réforme libérale avait lieu; mais aussi il pouvait beaucoup perdre si le pouvoir royal assujettissait les provinces basques au régime du bon plaisir sous lequel le reste de l'Espagne était courbé. Il craignait donc toute modification dans les institutions. D'ailleurs soumis à l'influence des nobles et du clergé, il se laissait facilement entraîner par eux dans le parti de don Carlos.

Les cortès devaient être réunies tous les deux ans, et au plus tard dans le courant de la troisième année. Il n'appartenait qu'au roi de les convoquer, de les proroger, de les dissoudre, et de désigner le lieu de leur réunion. Quand le roi ne pouvait y assister en personne, il devait donner au vice-roi des pouvoirs absolus et sans restriction pour convoquer et tenir les cortès. Dans ce cas, c'était le vice-roi qui désignait le lieu où les cortès devaient se réunir.

Les personnes qui avaient droit de voter dans les cortès, leurs syndics, leur secrétaire, étaient inviolables pendant la durée de la session et ne pouvaient être ni détenus ni arrêtés pour quelque cause que ce fût.

Le roi ou le vice-roi, après avoir en personne installé les cortès, se retirait, laissant l'assemblée libre de délibérer seule sur les matières qu'elle jugeait devoir examiner.

Les trois bras se réunissaient dans la même salle, bien qu'ils y occupassent des places séparées. Les ecclésiastiques étaient à la droite du trône; les nobles occupaient la gauche. Le centre était laissé aux procureurs des villes. Chaque bras avait son président particulier; mais celui du bras ecclésiastique présidait toute l'assemblée : c'était l'évêque de Pampelune, et après lui les autres ecclésiastiques, suivant la place qu'ils occupaient. Le président du bras noble était le connétable; le vice-président était le maréchal.

Tout individu pouvait présenter ses idées à l'assemblée. Elles étaient l'objet d'un vote, et on les discutait si elles en valaient la peine. Les projets qui venaient de la part du monarque, bien qu'ils fussent plus respectés que ceux de simples membres, n'avaient cependant sur eux aucun avantage légal. Les trois bras discutaient ensemble, mais ils votaient séparément. Pour l'adoption, il fallait dans chacun des bras la majorité absolue des votes. Si la majorité dans un seul bras était contraire au projet adopté par les deux autres bras; si, suivant l'expression usitée, il y avait *discorde* (*discordia*), on renouvelait le vote à la séance suivante. On le répétait ainsi trois fois de suite; et si le dissentiment persistait malgré ces trois épreuves, le projet était rejeté et les cortès de cette année ne s'en occupaient plus. Le roi pouvait toujours refuser de sanctionner les projets de loi votés par les cortès. Son refus n'avait pas besoin d'être motivé.

Avant de se séparer les cortès nommaient une députation permanente composée de membres des trois bras et présidée par un ecclésiastique. L'origine de cette députation, qui a donné l'idée de celle instituée par les art. 157, 158, 159 et 160 de la constitution de 1812, ne remontait qu'à la moitié du seizième siècle. Après plusieurs modifications, son organisation a été fixée de la manière suivante : le bras ecclésiastique nommait un membre, qui avait une voix; le bras de la noblesse en nommait deux, qui chacun avaient une voix; le bras populaire nommait deux membres, qui n'avaient qu'une voix à eux deux. Enfin la ville de Pampelune en nommait aussi deux, qui n'avaient également qu'une voix; en sorte qu'il y avait sept députés et seulement cinq voix. Cette députation était chargée de veiller, jusqu'à la réunion des cortès prochaines, à l'exécution des lois. Elle devait, si celles-ci étaient violées, adresser des réclamations convenables au vice-roi, et même au roi.

Cette députation était aussi chargée de l'entretien des bois, de la conservation des archives, des tribunaux et de la surveillance des prisons. Les rentes qu'elle administrait consistaient en ce qu'on appelle le *domaine du royaume* (*vinculo del reino*), c'est-à-dire 60,000 réaux de vellon qu'on perçoit annuellement pour les droits sur l'eau-de-vie et sur les liqueurs. Le droit sur le chocolat, qui se paye sur les matières premières lorsqu'elles sont introduites dans le royaume, produit environ 36,800 réaux de vellon. Enfin le tabac rapporte 87,529 réaux de vellon.

Le commerce du tabac a été libre en Navarre jusqu'en 1642. A cette époque, les cortès décidèrent qu'il serait soumis à une taxe, pourvu que ce revenu fût appliqué au *domaine du royaume*. Les villes de Pampelune, d'Estella, de Sangüesa et de Puente la Reina, qui en avaient déjà affecté le revenu à leurs dépenses municipales, ont refusé de céder leurs rentes et les ont perçues jusqu'à nos jours. Ainsi Pampelune touchait 6,108 réaux, Estella 2,568, Sangüesa 1,242, et Puente la Reina 972.

Les membres de la députation, ses conseillers et secrétaires ne peuv[...] être recherchés en aucune manière p[...] les opinions émises par eux à l'occas[...] de ces fonctions. Cependant la dé[...]tation devait rendre aux cortès [...] compt exact de tout ce qu'elle avait f[...] tous ses pouvoirs cessaient dès que [...] représentation nationale était réunie[...]

Le roi, à son avénement au trône, de[...] jurer solennellement, en présence [...] trois bras du royaume, d'observer [...] fueros; et c'était seulement après q[...] avait prêté ce serment, que les bras, [...] nom du royaume, juraient de défendr[...] roi, sa personne, sa couronne et ses [...]maines.

Le vice-roi nommé par le roi ne p[...]vait faire aucun acte d'autorité av[...] d'avoir prêté serment de respecter [...] fueros.

Les institutions de la Biscaye prés[...]taient une grande analogie avec cel[...] de la Navarre; mais les Basques ne [...]connaissaient pas de roi ; ils avaient s[...]lement un seigneur.

Sans doute il y avait bien des imp[...]fections dans ces constitutions; mais [...] les avaient cependant d'excellents rés[...]tats : les revenus étaient judicieu[...]ment employés; les routes, les pon[...] étaient entretenus; et quand on comp[...] l'état où se trouvait l'administrati[...] dans le reste de l'Espagne, on compre[...] que les autres provinces considérass[...] avec envie ces institutions libérales [...] que, malgré les défauts qu'on peut y [...]gnaler, les Basques et les Navarrais [...] voulussent pas les échanger pour le [...]sordre et pour les ruineuses prodigali[...] du bon plaisir.

LE STATUTO REAL.

La mission du nouveau ministère ét[...] de donner une constitution à l'Espag[...] Aussi dès les premiers jours de son ex[...]tence annonça-t-on que, pour s'entou[...] de toutes les lumières nécessaires à l'[...]complissement de cette œuvre diffic[...] le ministère avait envoyé à Simancas [...] personnes chargées d'y recueillir les r[...]seignements relatifs à la convocation [...] anciennes cortès. Un projet rédigé [...] M. Martinez de la Rosa fut soumis à [...] délibération du conseil de régence; [...] après trois mois de travail, le 10 a[...] 1834 on publia le *Statuto real*. Cet a[...]

ne répondit pas à l'attente du pays. Il ne posait aucune limite au pouvoir royal, ne donnait aucune garantie pour la liberté individuelle. Il ne disait rien de l'ordre judiciaire. Il se bornait à établir que les cortès seraient réunies en deux chambres; que les lois ne pourraient être faites que par le souverain avec le concours des cortès; qu'il ne pourrait être perçu d'impôts que ceux qui auraient été préalablement votés par les cortès. On avait craint sans doute les exagérations et la longueur des 384 articles de la constitution de Cadix; mais on était tombé dans un excès contraire, et tout le monde comprendra que la stérile brièveté du *Statuto real* n'ait satisfait personne. Au reste, voici ce document en entier :

STATUT ROYAL.

TITRE Ier.

DE LA CONVOCATION DES CORTÈS GÉNÉRALES DU ROYAUME.

Art. 1. Conformément aux dispositions de la loi 5, titre 15, partida 2, et des lois 1, 2, titre 7, livre 6 de la *Nueva Recopilacion*, sa majesté la reine régente, au nom de son auguste fille, a résolu de convoquer les cortès générales de son royaume.

Art. 2. Les cortès générales se composeront de deux chambres (*estamentos*) : celle des *proceres* du royaume (les grands), et celle des *procuradores* du royaume (les députés).

TITRE II.

Art. 3. La chambre des proceres se composera :

1° Des très-révérends archevêques et des révérends évêques;

2° Des grands d'Espagne;

3° Des titres de Castille;

4° D'un nombre indéterminé d'Espagnols élevés en dignité et illustrés par leurs services dans les différentes carrières, choisis parmi les personnes qui sont ou qui ont été ministres, secrétaires d'État, membres de la chambre des *procuradores*, conseillers d'État, ambassadeurs ou ministres plénipotentiaires, généraux de terre ou de mer, ou membres des tribunaux suprêmes;

5° De propriétaires fonciers, de propriétaires de fabriques, manufactures ou établissements industriels, réunissant à leur mérite personnel et aux autres motifs de considération la jouissance d'un revenu annuel de 60,000 réaux (16,000 francs) et la condition d'avoir été antérieurement membres de la chambre des procuradores;

6° De ceux qui, dans l'enseignement public ou dans la culture des sciences et des lettres, auraient acquis un grand renom et la célébrité, pourvu qu'ils jouissent d'un revenu de 60,000 réaux, provenant soit de leurs biens propres, soit d'un traitement du trésor public.

Art. 4. Il suffira d'être archevêque ou évêque titulaire ou coadjuteur, pour pouvoir être nommé et siéger en cette qualité dans la chambre des proceres.

Art. 5. Tous les grands d'Espagne sont membres nés de la chambre des proceres, et ils y siégent pourvu qu'ils réunissent les conditions suivantes :

1° Être âgé de vingt-cinq ans accomplis;

2° Être en possession de la grandesse et la posséder par un droit propre;

3° Justifier la jouissance d'un revenu de 200,000 réaux (53,400 francs);

4° N'avoir ses biens grevés par aucun genre d'hypothèque;

5° N'être sous la poursuite d'aucun procès criminel;

6° N'être sujet d'aucune autre puissance.

Art. 6. La dignité de procer du royaume est héréditaire pour les grands d'Espagne.

Art. 7. Le roi choisit et nomme les autres proceres, et leur dignité est à vie.

Art. 8. Les titres de Castille qui seraient proceres devront justifier qu'ils ont les conditions suivantes:

1° Être âgé de vingt-cinq ans;

2° Être en possession du titre de Castille, et le posséder par un droit propre;

3° Jouir d'un revenu de 80,000 réaux (23,360 francs);

4° N'avoir ses biens grevés d'aucune hypothèque;

5° N'être sous la poursuite d'aucun procès criminel;

6° N'être sujet d'aucune autre puissance.

Art. 9. Le nombre des proceres du royaume est illimité.

Art. 10. La dignité de procer se perd uniquement par incapacité légale, en vertu de la sentence portant condamnation à une peine infamante.

Art. 11. Un règlement déterminera tout ce qui concerne le régime intérieur et le mode de délibération de la chambre des proceres.

Art. 12. Le roi nommera parmi les proceres, à chaque convocation des cortès, ceux qui devront exercer pendant le temps de la session les charges de président et de vice-président de cette chambre.

TITRE III.

DE LA CHAMBRE DES PROCURADORES DU ROYAUME.

Art. 13. La chambre des *procuradores* se composera de personnes qui seront nommées conformément à la loi des élections.

Art. 14. Pour être éligible aux fonctions de *procurador*, il faut :

1° Être né Espagnol ou fils de parents espagnols;

2° Avoir trente ans accomplis;

3° Jouir d'un revenu propre de 12,000 réaux (3,204 francs);

4° Être né dans la province où l'on est nommé, ou y résider depuis deux ans, ou y posséder une propriété de ville ou de campagne, ou un revenu foncier qui monte à la moitié du revenu total exigé ci-dessus.

Dans le cas où un même individu serait élu dans deux provinces, il aura le droit d'opter.

Art. 15. Ne pourront être procuradores :

1° Ceux qui se trouveraient sous la poursuite d'un procès criminel;

2° Ceux qui auraient été condamnés par le tribunal à une peine infamante;

3° Ceux qui seraient affectés de quelque incapacité physique notoire et continue;

4° Les négociants déclarés en faillite ou qui auraient suspendu leurs payements

5° Les propriétaires dont les biens sont hypothéqués;

6° Les débiteurs du trésor public.

Art. 16. Les procuradorès entreront en fonctions, en vertu des pouvoirs qui leur auront été expédiés à l'époque de leur élection, et dans les délais que fixera la convocation royale.

Art. 17. La durée des pouvoirs des procuradores sera de trois ans, à moins qu'avant ce terme le roi n'ait dissous les cortès.

Art. 18. Quand on procédera à de nouvelles élections, soit à l'expiration des pouvoirs, soit pour dissolution des cortès, les précédents procuradores pourront être réélus, pourvu qu'ils réunissent toujours les conditions exigées.

TITRE IV.

DE LA RÉUNION DE LA CHAMBRE DES PROCURADORES DU ROYAUME.

Art. 19. Les procuradores se réuniront dans le lieu désigné par la convocation royale.

Art. 20. Le règlement des cortès déterminera le mode et les formes à observer pour la présentation et la vérification des pouvoirs.

Art. 21. Aussitôt que les pouvoirs des procuradores auront été approuvés, ils procéderont à l'élection de cinq d'entre eux, pa lesquels le roi désignera le président et le v président de la chambre.

Art. 22. Les fonctions du président et vice-président cessent par la dissolution cortès.

Art. 23. Un règlement déterminera ce qui concerne le régime intérieur et le m de délibération de la chambre des proc dores.

TITRE V.

DISPOSITIONS GÉNÉRALES.

Art. 24. Au roi appartient exclusivem le droit de convoquer, suspendre ou dissou les cortès.

Art. 25. Les cortès se réunissent, en v d'une convocation royale, dans le lieu indi pour ladite convocation.

Art. 26. Le roi procédera à l'ouvertur à la clôture des cortès, soit en personne, en déléguant un des ministres secrétaires tat par un décret spécial contre-signé pa président du conseil des ministres.

Art. 27. En vertu de la loi 5, titre 15, p tida 2, les cortès générales du royaume ront convoquées après la mort du roi, p que son successeur vienne y jurer l'obse tion des lois et recevoir des cortès le serm d'obéissance et de fidélité.

Art. 28. Les cortès seront également c voquées en vertu de la loi précitée en ca minorité du prince ou de la princesse héritera it de la couronne.

Art. 29. Dans le cas prévu par l'article cédent, les tuteurs du roi mineur jureront vant les cortès de veiller loyalement à la g du prince, et de ne pas violer les lois de tat. Ils recevront au nom du roi le sermen fidélité des cortès.

Art. 30. Conformément à la loi 2, titr livre 6 de la *Nueva Recopilacion*, les co seront convoquées dans le cas d'un événem grave, dont l'importance, au jugement roi, exigera qu'elles soient consultées.

Art. 31. Les cortès ne pourront délib sur aucun objet qui n'aurait pas été exp sément soumis à leur examen en vertu décret royal.

Art. 32. Reste néanmoins confirmé le d qu'ont toujours exercé les cortès d'adre des pétitions au roi, ce qui aura lieu selon formes que déterminera le règlement.

Art. 33. La formation de la loi exige l probation des deux chambres et la sanc du roi.

Art. 34. Conformément à la loi 1, titr livre 6 de la *Nueva Recopilacion*, il ne po être perçu ni tributs ni contributions d'au espèce, sans qu'ils aient été votés par les cortès sur la proposition du roi.

Art. 35. Les contributions ne pourront être imposées que pour le terme de deux années, et avant l'expiration de ce terme elles devront être de nouveau votées par les cortès.

Art. 36. Avant que les cortès votent les contributions il leur sera présenté par les ministres respectifs un rapport où sera exposé l'état de chaque branche de l'administration publique. Le ministre des finances présentera ensuite l'état présumé des dépenses et les moyens d'y faire face.

Art. 37. Le roi pourra suspendre les cortès en vertu d'un décret contre-signé par le président du conseil des ministres; et à la simple lecture de ce décret les deux chambres se sépareront, sans pouvoir ni se réunir plus longtemps ni prendre aucune délibération.

Art. 38. En cas de suspension des cortès, elles ne pourront se réunir qu'en vertu d'une nouvelle convocation.

Art. 39. Au jour désigné par le roi pour une nouvelle réunion des cortès, les mêmes procuradores y viendront siéger, à moins que les trois ans de durée de leurs fonctions ne soient expirées.

Art. 40. Quand le roi dissoudra les cortès, il devra le faire en personne ou par un décret contre-signé par le président du conseil des ministres.

Art. 41. Dans l'un et dans l'autre cas, les deux chambres se sépareront immédiatement.

Art. 42. Dès la prononciation de la dissolution des cortès par le roi la chambre des procuradores ne pourra plus se réunir ni prendre résolution collective qu'en vertu d'une seconde convocation royale.

Art. 43. En cas de dissolution des cortès, les pouvoirs des procuradores expirent de fait.

Tout acte ou toute délibération qui aurait lieu postérieurement à la dissolution serait nul de plein droit.

Art. 44. Les cortès, après la dissolution, devront être convoquées dans le terme d'une année.

Art. 45. Toute convocation des cortès comprend la convocation simultanée de l'une et de l'autre chambre.

Art. 46. Une chambre ne pourra être réunie sans que l'autre le soit en même temps.

Art. 47. Chacune des deux chambres tiendra ses séances dans un local séparé.

Art. 48. Les séances des deux chambres seront publiques, excepté pour les cas que déterminera le règlement.

Art. 49. Les *proceres* et les *procuradores* seront inviolables pour les opinions et votes qu'ils auront émis dans l'exercice de leurs fonctions.

Art. 50. Le règlement des cortès déterminera les relations de l'une et de l'autre chambre entre elles et avec le gouvernement.

TRAITÉ DE LA QUADRUPLE ALLIANCE. — LES TROUPES ESPAGNOLES ENTRENT EN PORTUGAL. — CONVENTION D'EVORA-MONTE. — DON MIGUEL ET DON CARLOS SONT FORCÉS DE QUITTER LE PORTUGAL. — DON CARLOS SE REND DANS LES PROVINCES INSURGÉES. — VALDES REMPLACE SAARSFIELD. — IL EST REMPLACÉ PAR QUESADA. — MORT DE LÉOPOLD O'DONNELL.

La présence de don Carlos sur la frontière de Portugal causait de vives inquiétudes au cabinet de Madrid. Il était à craindre que ce prince ne pénétrât en Castille et qu'il ne se dirigeât vers les provinces où sa bannière avait été relevée si courageusement par Zumala-Carregui. Sa présence au milieu de ses partisans eût doublé leur confiance et leur valeur. Une armée commandée par Rodil était à la vérité cantonnée sur la frontière de l'Estrémadure; mais quelle que fût la vigilance de ce général, elle pouvait être mise en défaut. Le gouvernement avait donc le plus grand intérêt à terminer promptement les affaires de Portugal. Il transmit à Rodil l'ordre de passer la frontière, de seconder de tout son pouvoir la cause de doña Maria, et de tâcher en même temps de s'emparer de la personne de don Carlos.

Les puissances qui avaient reconnu la reine d'Espagne ne pouvaient rester spectatrices impassibles des troubles qui agitaient la Péninsule. Elles résolurent d'y mettre un terme, et le 22 avril 1834 un traité fut conclu entre don Pédro, agissant au nom de sa fille, avec l'Angleterre, la France et la reine d'Espagne. Par cette quadruple alliance, don Pedro prit l'engagement d'employer tous les moyens qui seraient en son pouvoir pour faire sortir de Portugal l'infant don Carlos. De son côté, la reine régente d'Espagne s'obligea à faire entrer en Portugal le nombre des troupes espagnoles qui serait jugé nécessaire pour contraindre don Miguel et don Carlos à quitter la Péninsule. L'Angleterre promit le secours d'une force navale. Enfin la France s'engagea, dans le cas où son concours serait jugé nécessaire, à fournir les secours que ses alliés détermineraient d'un commun accord.

Les ratifications de ce traité furent échangées le 30 avril, et quelques mois plus tard, le 18 août, des articles additionnels furent signés : le roi des Français s'engagea à prendre, sur toute la frontière des Pyrénées, des mesures nécessaires pour empêcher l'introduction en Espagne d'armes, de munitions, ou d'équipements militaires destinés aux carlistes. L'Angleterre promit également le secours de sa marine pour empêcher que de semblables secours ne leur fussent portés par mer. L'effet de cette convention ne se fit pas longtemps attendre. Deux mois ne s'étaient pas écoulés que don Miguel, pressé par les troupes combinées de Rodil et de dona Maria, se vit, le 26 mai, obligé de signer à Evora-Monte un traité par lequel il s'engageait à sortir du Portugal dans l'espace de quinze jours. Don Carlos, vivement poursuivi par les troupes espagnoles, avait été sur le point de tomber entre leurs mains. Il ne leur avait échappé qu'avec beaucoup de peine, ses équipages avaient été pris. Lors du traité d'Évora, il était dans cette ville, et il fit tous ses efforts pour empêcher que don Miguel le signât. Il fut d'avis que ce prince devait s'enfermer dans Yelvas à la tête d'une partie de ses troupes, tandis que lui-même, à la tête du reste de l'armée miguéliste, pénétrerait en Andalousie. Il supposait qu'à son approche toutes les populations se soulèveraient en sa faveur. Il comptait marcher sur Madrid à la tête d'un concours immense de partisans; puis quand il aurait ainsi reconquis sa couronne, il reviendrait donner secours et assistance à don Miguel. Mais celui-ci considéra comme complétement chimériques les espérances de don Carlos, qui de cette manière se vit contraint à se conformer à la nécessité et à s'embarquer pour l'Angleterre sur *le Donegal*. Il entra le 12 juin dans la rade de Portsmouth, et se rendit aussitôt à Londres. Il n'y séjourna que le temps nécessaire pour négocier un emprunt, et le 2 juillet il s'embarqua pour la France; il traversa ce royaume et gagna la frontière de Biscaye. Il était accompagné par un Français nommé Auguet de Saint-Silvain, et ils voyageaient avec des passeports délivrés au nom d'Alphonse Saez, commerçant, et de Thomas Saubot, propriétaire de l'île de la Trinité. Ils arri rent en Biscaye le 9 juillet; mais le g vernement espagnol se refusa quel temps à croire à la réalité de la prése de don Carlos dans les provinces ins gées. Après tout, dit Martinez de la Ro don Carlos en Navarre ne change rien affaires. Ce n'est qu'un factieux de pl Néanmoins la présence de ce factieux d bla la force et l'audace de ses défenseu Lorsque don Carlos arriva, l'insurrecti s'était relevée des premiers échecs qu' avait éprouvés. Zumala-Carregui av rassemblé et organisé les débris de l' mée dissipée par Saarsfield. Il avait cueilli dans les provinces basques des sils et des cartouches. Le général Bru Villareal lui avait conduit le premier taillon d'Alava, qu'il commandait et q avait su garder réuni. Le lieutenant- lonel don J. Vicente Amusquivar, rest la tête de quarante ou cinquante cavalie était également venu se ranger sous ordres de Zumala-Carregui. Don Iña Lardizabal, ancien capitaine des gar espagnoles, qui se trouvait à la tête volontaires royalistes de Guipuzcoa, p vint à retenir un millier d'homm qu'il conduisit également à Zuma Carregui, et toutes ces forces bien dis plinées formèrent une armée capa non-seulement de résister aux trou de la reine, mais aussi de leur arrac la victoire. Les limites de cet ouvra ne permettent pas d'entrer dans le tail de tous les faits de cette guer D'ailleurs ce récit continuel de n nœuvres et de contre-marches présen rait peu d'intérêt; mais pour compre dre la durée de cette lutte, il faut co naître le pays où elle avait lieu. n'est qu'un réseau continuel de mon gnes et de collines, un véritable byrinthe de vallées longues, étroites, nueuses, de profondes excavations, rocs sauvages et gigantesques[1]. « So vent il y a plusieurs routes qui cond sent d'une vallée à une autre, et qu quefois, en raison des obstacles natur du terrain, les distances sont doubl par les détours. Ces distances sont au mentées encore par d'innombrables filés qui traversent les montagnes et sont souvent si étroits, qu'en étend

[1] Henningsen, *Mém. sur. Zumala-Carreg*

les bras, on touche les rocs des deux côtés; entre ces rocs se trouve souvent aussi une ravine profonde de plusieurs centaines de pieds, au fond de laquelle mugit un torrent.

« D'un village souvent divisé en hameaux à un autre village, la distance est ordinairement de cinq à douze milles; mais presque toujours vous rencontrez de formidables défilés et de profonds précipices.

« Dans l'hiver, les marches qui ont été taillées dans le roc vif se remplissent de boue que les pluies y ont amoncelées, et forment de distance en distance des bourbiers qui gênent péniblement le voyageur dans sa marche. Pendant l'été vous retrouvez à ces mêmes places des trous ou des aspérités en sorte qu'à chaque instant le fer des mulets ou des chevaux touche le roc à nu et y glisse. Des hommes qui doivent traverser un tel terrain, particulièrement s'ils ont à porter le bagage des troupes régulières, sont bientôt harassés par la plus courte marche; tandis que les habitants du pays vont à travers les bois et les ravins courant comme le chamois et le renard, pouvant toujours vous renverser, sans avoir pour eux la crainte du même sort. Puis, dans quelques autres endroits, le pays est tellement couvert, que la troupe qui y pénètre n'a aucune idée, aucun indice de la proximité de l'ennemi, tandis que celui-ci a pour l'avertir ses espions et ses guérillas. Les assiégeants ne peuvent détacher des hommes pour aller à la découverte, parce que, à quelques centaines de pieds du corps principal, ils peuvent toujours être pris ou tués, quelque route qu'ils suivent. Le guérilléro, au contraire, a toujours le temps d'en prendre une autre et même de la quitter s'il est poursuivi, l'ennemi étant bientôt épuisé par cette chasse, sans pouvoir se reposer dans des localités où il est également incommode et périlleux de camper ou de cantonner. »

Ajoutez à ces difficultés naturelles, que les carlistes avaient pour eux le dévouement de presque toutes les populations des campagnes. Partout ils trouvaient un abri et des secours; les libéraux ne rencontraient que des ennemis. Les carlistes pouvaient transmettre des ordres et des instructions d'une manière beaucoup plus rapide que leurs adversaires. Dans ces chemins étroits et sinueux, il est fort difficile d'expédier des courriers à cheval, tandis que les habitants, accoutumés aux difficultés du pays, traversent le terrain comme une flèche, sans qu'un mauvais pas les arrête. De son côté, l'armée carliste avait aussi à lutter contre des obstacles presque insurmontables. D'abord le manque d'argent, ensuite celui de munitions. Le général Harispe, commandant les troupes françaises établies sur la frontière des Pyrénées, faisait si bonne garde qu'il était presque impossible aux carlistes de se procurer des armes et des munitions. Zumala-Carregui ne pouvait le plus souvent distribuer à ses soldats qu'un nombre insuffisant de cartouches, et il était obligé, faute de munitions, de battre en retraite lorsqu'il tenait déjà la victoire; ou bien il était forcé de renoncer aux occasions les plus avantageuses. Dans le commencement, ses soldats, moins bien armés et moins bien organisés que ceux de la reine, ne pouvaient pas tenir contre ceux-ci; mais Zumala-Carregui se gardait bien de livrer des batailles. Il attaquait les détachements isolés quand il avait l'avantage du nombre et de la position; autrement il se retirait, et l'armée royale s'épuisait à le poursuivre sans pouvoir obtenir contre lui aucun avantage décisif. On attribua ce mauvais succès à la mollesse que Saarsfield mettait à poursuivre les carlistes. Le commandement lui fut retiré. Valdès, qui lui succéda, ne fut pas plus heureux que lui. Au reste, on ne lui laissa pas le temps d'agir utilement. Don Vincente Jenaro Quesada, marquis de Moncayo, qui en 1823 avait fait la guerre en Navarre, connaissait parfaitement le pays. Presque tous les officiers dont l'armée carliste se composait avaient combattu sous ses ordres; aussi s'exagérant l'ascendant qu'il exercerait sur leur esprit, il demanda et obtint le commandement de l'armée du Nord. Avant de commencer la guerre, il voulut essayer de pacifier le pays par des négociations. Il commença par écrire en ces termes à Zumala-Carregui :

Quartier général d'Estella, 26 février 1834.

Mon estimé Zumala-Carregui, quand je vous ai écrit ma dernière par la main d'Uriz, j'étais sur le point de sortir de Logroño pour rentrer dans les provinces dont j'avais le commandement; mais l'avant-veille du jour où je devais me mettre en route, un courrier extraordinaire est venu m'annoncer que j'ai été nommé vice-roi et capitaine général de la Navarre et des provinces Basques. On m'a confié en même temps le commandement de l'armée par suite de la démission qu'a donnée Valdès à raison de sa santé. Mon devoir me force à obéir, et mon affection pour mes anciens compagnons d'armes m'engage à leur présenter l'olivier de la paix avant de les menacer de l'épée. Il me serait bien dur d'en arriver à cette dernière extrémité; mais j'éprouve une certaine satisfaction à me persuader que vous, aussi bien que mes autres compagnons, céderez à la voix de l'amitié et à celle de la raison. Je veux vous délivrer de la mauvaise position où vous vous trouvez. Je ne veux en aucune manière vous mortifier. Ayez confiance en ma générosité, et ni vous ni vos compagnons n'aurez à vous en repentir.

Vidando et Eraso iront vous voir. Ils vous remettront une lettre de votre frère, qui, vous portant le plus vif intérêt, est venu me voir, comme il vous le dira.

Si vous et vos compagnons êtes disposés à m'écouter et à entendre la raison, soyez bien persuadés de l'affection et de l'intérêt que je conserve pour des hommes qui, à une autre époque, ont été mes compagnons. Si vous voulez que je vous donne une preuve de ma confiance, je me présenterai en personne et seul pour vous entretenir, et je donnerai immédiatement l'ordre aux divisions qui opèrent en Navarre pour qu'elles ne sortent pas de leurs positions, pourvu que de votre côté vous restiez également tranquille; cependant tout doit avoir lieu très-promptement; car je ne puis pas me compromettre vis-à-vis du gouvernement et vis-à-vis de la nation.

Je vous souhaite mille félicités. Votre très-affectueux,

VINCENT QUESADA.

Zumala répondit qu'il ne pouvait rien faire sans avoir réuni les principaux chefs de l'armée ainsi que la junte de Navarre. Plusieurs lettres furent échangées, et Quesada ayant reproché à Zumala-Carregui de chercher uniquement à gagner du temps, celui-ci, après avoir consulté la junte qu'il avait réunie, répondit que tous ses officiers aussi bien que lui étaient disposés à vaincre ou à mourir en soutenant les droits sacrés et légitimes du roi don Carlos V de Castille et VIII de Navarre; qu'il pouvait donc commencer immédiatement les op[illegible] tions et réclamer le secours de la Fra[illegible] « Mais soyez bien persuadé, disait-i[illegible] « terminant, que les maux que vous v[illegible] « proposez de causer à ce royaume « serviront qu'à vous donner un odi[illegible] « renom; et qu'à mesure que vous e[illegible] « cerez plus de rigueur, en même te[illegible] « le nombre de vos ennemis s'accroîtr[illegible]

Cette réponse porte la date d[illegible] mars 1834. Aussitôt que le vice-roi l[illegible] reçue, il commença la guerre, mais s[illegible] plus de succès que ses prédécesse[illegible] La première affaire sérieuse eut lie[illegible] 2 mai. Quesada, qui suivait la ro[illegible] de Vitoria à Pampelune pour cond[illegible] dans cette ville un convoi d'argent, malades et d'effets d'équipement, attaqué par les carlistes auprès du [illegible]lage d'Alzazua, dans la vallée de la [illegible]runda. Il aurait peut-être pu contin[illegible] à s'avancer par le grand chemin; m[illegible] craignant d'exposer le convoi qu'il c[illegible]duisait, il se jeta sur la gauche pour [illegible]gner la route de Segura, qui traverse [illegible]bord un bois épais, et qui serpente [illegible]suite entre des montagnes et des pré[illegible]pices. Les carlistes poursuivirent a[illegible] vivacité l'arrière-garde de Quesada. [illegible] perte des deux côtés fut assez consi[illegible]rable : le capitaine don Léopold O'D[illegible]nell, fils unique du comte del Abis[illegible] tomba entre les mains des carlis[illegible] Il fut entouré par eux au moment [illegible] il cherchait à rallier ses soldats. [illegible] guerre avait pris un caractère de fé[illegible]cité qui déshonore également les d[illegible] partis : on égorgeait froidement [illegible] blessés qui restaient sur le champ [illegible] bataille; ni d'un côté ni de l'autre [illegible] prisonniers ne devaient espérer de pi[illegible] Le lendemain les carlistes fusillèr[illegible] O'Donnel et cinq officiers qui avaient [illegible] pris en même temps que lui. Il n[illegible] pas d'expression pour peindre les [illegible]reurs commises pendant cette péri[illegible] de massacres et d'assassinats. Quelq[illegible] scènes de carnage que puisse inver[illegible] l'imagination la plus terrible, elles [illegible]teront encore bien au-dessous de la [illegible]lité.

ÉLECTION DES DÉPUTÉS. — M. DE TORENO ENTRE AU MINISTÈRE. — LE CHOLÉRA DÉSOLE MADRID. — MASSACRE DES MOINES. — RÉUNION DES CORTÈS. — DON CARLOS EST DÉCLARÉ DÉCHU DE TOUT DROIT A LA COURONNE. — PÉTITION DES DÉPUTÉS.

Le statuto réal fut promulgué le 12 juin; en même temps les cortès générales du royaume furent convoquées pour le 24 juillet. Un décret royal du 29 mai avait déterminé la manière dont l'élection devait avoir lieu. Le premier titre traitait des juntes électorales de district (partido).

Le 20 juin une assemblée électorale devait se réunir au chef-lieu de chaque district. Elle devait se composer de tous les membres de la municipalité, auxquels était adjoint un nombre égal des plus forts contribuables. Cette réunion nommait deux électeurs par chaque district, et la réunion de ces électeurs formait le collége électoral de la province, dont s'occupait le second titre du décret. Ce collége se réunissait au chef-lieu de la province avec les formalités prescrites, et après avoir prêté serment il nommait les députés. Le nombre que chaque collége devait élire était proportionnel au chiffre de la population. L'Alava, Santiago de Cuba, Puerto-Principe, nommaient chacun un député; Avila, Guadalajara, la Guipuscoa, Huelva, Lerida, Logroño, Palencia, Santander, Ségovie, Soria, la Biscaye, Zamora, la Havane, Puerto-Rico et les îles Philippines en nommaient deux.

Albacete, Almeria, Burgos, Caceres, Castellon de la Plana, Girone, Huesca, la Navarre, Salamanque, Tarragone, Teruel, Valladolid et les îles Baléares, trois.

Ciudad-Real, Jaen, Léon, Murcie et Tolède, quatre.

Badajoz, Cadix, Cordoue, Cuenca, Lugo, Madrid, Orense, Ponte-Vedra et Saragosse, cinq.

Alicante, Barcelone, la Corogne, Grenade, Malaga, Oviedo, Séville et Valence en nommaient six; ce qui produisait un total de cent quatre-vingt-huit députés.

Le ministère qui présida à ces élections n'était déjà plus celui qui avait signé le *statut royal*.

L'opinion publique avait appelé au pouvoir M. le comte de Toreno. Il avait reçu l'administration des finances en remplacement de don José de Imas. Favier de Burgos avait eu pour successeur à l'intérieur don José Maria de Moscoso d'Altamira. Les jours qui suivirent la nomination de M. de Toreno furent marqués par de déplorables événements. Le choléra-morbus avait parcouru plusieurs provinces de la Péninsule. Partout il avait laissé d'épouvantables traces de son passage. Vers le milieu du mois de juillet le fléau vint fondre sur la capitale, et sévit avec une effrayante intensité. De même que cela avait eu lieu à Paris, l'opinion se répandit, parmi la classe ignorante de la population, que ces morts presque subites n'étaient pas le résultat d'une maladie, mais l'effet du poison. Il y a cela de remarquable que le peuple religieux de Madrid fit porter ses soupçons sur les moines. Il les accusa d'avoir empoisonné l'eau des fontaines. Dans la journée du 17 on arrêta, à la fontaine de la Puerta del Sol, un jeune homme sur lequel on prétendit avoir trouvé quelques paquets de la poudre employée par les empoisonneurs. Cette supposition acheva de soulever les esprits. Des groupes se formèrent de divers côtés. La populace se porta au collége des jésuites, situé dans la rue de Tolède; elle força les portes, et massacra tous les religieux qui tombèrent entre ses mains. Elle courut ensuite au couvent de Saint-Thomas, à celui de Saint-François, à celui des pères de la Merci; et les bourreaux y commirent les mêmes crimes. La milice urbaine, rassemblée à la hâte, accourut trop tard pour empêcher ces assassinats; mais au moins elle empêcha de nouveaux malheurs.

Ce fut sous de si funestes auspices que s'inaugura la représentation nationale. La séance d'ouverture eut lieu le 24 juillet, au palais du Buen-Retiro. Après que la reine Christine eut achevé la lecture du discours d'ouverture, l'archevêque de Sigüenza, patriarche des Indes, accompagné des présidents des deux chambres, s'approcha du trône et reçut le serment de la reine. Le même serment fut ensuite prêté par l'infant don François de Paule, et ensuite par les députés et par les proceres.

Les finances, dont l'état était déplorable, attirèrent d'abord l'attention des chambres. Dans leur séance du 31 août les députés abolirent de nouveau le vœu de Saint-Jacques; mais la mesure la plus importante votée par eux fut la loi qui déclare don Carlos déchu de tous les droits éventuels qu'il pouvait avoir à la couronne d'Espagne. Elle se réduisait aux termes suivants :

Art. 1er. L'infant don Carlos Maria Isidro de Bourbon et toute sa descendance sont déchus du droit de succéder à la couronne d'Espagne.

Art. 2. L'entrée du territoire espagnol est interdite à l'infant don Carlos Maria Isidro de Bourbon et à toute sa descendance.

Aux termes du statut royal, les cortès n'avaient pas l'initiative des lois; leur droit se bornait à réclamer du gouvernement les dispositions légales qu'elles jugeaient nécessaires. Voici la plus importante des pétitions adressées à la couronne par la Chambre des députés :

Les députés du royaume demandent à votre majesté de sanctionner comme base de notre droit le projet suivant :

Art. 1er. La loi protége et assure la liberté individuelle.

Art. 2. Tous les Espagnols peuvent publier leurs pensées par la presse sans être soumis à aucune censure préventive, mais en se conformant aux lois qui répriment les abus.

Art. 3. Aucun Espagnol ne peut être poursuivi, pris, arrêté ni éloigné de son domicile, si ce n'est dans les cas prévus par la loi, et dans la forme qu'elle prescrit.

Art. 4. La loi n'a pas d'effet rétroactif, et nul Espagnol ne sera jugé par des commissions, mais seulement par des tribunaux établis conformément à la loi, et antérieurement à la perpétration du délit.

Art. 5. Le domicile d'aucun Espagnol ne peut être violé, si ce n'est dans les cas et avec la forme que la loi détermine ou qu'elle déterminera.

Art. 6. Tous les Espagnols sont égaux devant la loi.

Art. 7. Tous les Espagnols sont également admissibles à tous les emplois de l'État, et tous doivent supporter également les charges du service public.

Art. 8. Tous les Espagnols sont dans l'obligation de payer les contributions votées par les cortès.

Art. 9. La propriété est inviolable; néanmoins elle est assujettie : 1° à être cédée à l'État quand cela est nécessaire pour quelque ol d'utilité publique et moyennant une indemn préalable déterminée par l'appréciation jurés (*buenos hombres*); 2° à être saisie j suite des peines légalement imposées ou d condamnations prononcées par sentence gitimement exécutoire. La confiscation de bie est abolie.

Art. 10. L'autorité ou le fonctionnaire pub qui portera atteinte à la liberté individuell à la sûreté personnelle ou à la propriété, se responsable conformément aux lois.

Art. 11. Les ministres sont responsables po les infractions aux lois fondamentales et po les crimes de trahison.

Art. 12. Il sera institué une garde nationa pour la conservation de l'ordre public et po la défense des lois. Son organisation sera l'o jet d'une loi.

Peut-être le gouvernement eût-il puis quelque force dans l'adoption de ce pro gramme politique; mais les ministre craignirent de s'engager dans une voi trop libérale. Plusieurs de ces propos tions ne furent pas converties en lois, e les autres furent complétement dénatu rées.

SUITE DE LA GUERRE CIVILE. — RODIL SUC CÈDE A QUESADA. — IL EST SUR LE POIN DE PRENDRE DON CARLOS. — MINA SUCCÈD A RODIL. — AFFAIRE D'ALEGRIA. — ARTILLI RIE DES CARLISTES. — DÉMISSION DE MINA — CHANGEMENTS DANS LE MINISTÈRE. — VALDÈS SUCCÈDE A MINA. — TRAITÉ POU L'ÉCHANGE DES PRISONNIERS. — NOUVEAU CHANGEMENTS DANS LE MINISTÈRE. — SIÉG DE BILBAO. — MORT DE ZUMALA-CARREGUI

La guerre civile continuait dans le provinces du nord avec le même achar nement. L'influence que le général Que sada s'était flatté d'exercer sur les chef de l'insurrection et sur les population de la Navarre s'était réduite à rien ses tentatives de conciliation avaien avorté. L'emploi des armes ne lui avai pas été plus profitable; on songea don bientôt à lui donner un successeur. Do José Ramon Rodil avait déployé beau coup d'activité dans la guerre de Portu gal. Il avait puissamment contribué à l terminer heureusement. Son zèle pou la cause libérale n'était pas douteux : i fut donc chargé de conduire dans les pro vinces du nord l'armée qui venait d vaincre en Portugal. Pour se rendre su les bords de l'Èbre, il fallait qu'elle traversât Madrid. Elle séjourna quelques jours dans la capitale, et fut passée en revue par la reine Christine. Ces troupes, jointes aux régiments qui étaient déjà employés dans les provinces du nord, formaient une force imposante; aussi on ne douta pas que cette fois l'insurrection ne fût enfin étouffée. Rodil arriva avec son armée à Logroño, dans les premiers jours de juillet. Il n'avait pas encore passé l'Èbre, lorsque le bruit se répandit que don Carlos venait d'entrer dans les provinces insurgées. On traita d'abord cette nouvelle d'invention mensongère; cependant il fallut bientôt reconnaître qu'elle était une vérité.

Pour restreindre le territoire où les factieux pouvaient agir et pour assurer sa ligne d'opération, Rodil commença par établir un grand nombre de postes fortifiés. Ce fut une de ses principales préoccupations. Ensuite il pensa que, s'il parvenait à s'emparer de la personne du prétendant, il mettrait fin tout d'un coup aux dépenses et aux ravages de la guerre. Don Carlos et Zumala-Carregui s'étaient séparés. Le général avec son armée était resté en Navarre. Le prétendant, accompagné seulement de quelques hommes, était passé dans les provinces basques. Rodil se mit à sa poursuite comme le chasseur s'attache à la poursuite du gibier. Mais il accabla inutilement ses troupes de marches et de fatigues sans résultat. On n'a pas épargné les reproches et les sarcasmes à ses tentatives infructueuses. Cependant il faut avouer qu'il fut bien près de réussir. Dans la nuit du 24 au 25 septembre, Rodil, Oraa et Lorenzo avaient cerné le prétendant entre les montagnes de Saldias et de Goa; Rodil était tellement certain du succès, qu'il écrivit que tout était fini, et qu'il tenait le prétendant comme dans un sac. Mais au moment où le général cristino expédiait cette dépêche, le prétendant, au milieu de la nuit, sortait de la cabane d'un berger qui l'avait caché pendant quelques heures. Il avait pour guide un paysan navarrais, Juan-Bautista Esain, né dans le village de Larrainzar. Déjà ils entendaient autour d'eux les pas des soldats de la reine; à chaque instant le bruit se rapprochait davantage. Pour comble de malheur, les chemins étaient impraticables, et don Carlos ne pouvait plus avancer. Alors Esain, accoutumé dès son enfance à gravir les montagnes, prit don Carlos sur ses épaules. Chargé de ce fardeau, il poursuivit sa marche à travers les obstacles; sur le bord des précipices, il s'avançait d'un pied sûr. « Roi, ne crains rien, disait-il sans cesse; je te sauverai, » et il allait toujours, jusqu'à ce qu'ayant ainsi porté don Carlos pendant plus de trois quarts d'heure, au milieu des ennemis qu'on entendait toujours à portée de pistolet, ils arrivèrent enfin dans un lieu plus sûr [1].

Il y avait à peine deux mois que Rodil avait passé l'Èbre, lorsque le 22 septembre un décret royal décida que l'armée du Nord serait divisée en deux corps indépendants, l'un destiné à opérer dans la Navarre, l'autre dans les provinces basques. Le commandement du premier fut donné au lieutenant général don Francisco Espoz y Mina; l'autre fut placé sous la conduite du maréchal de camp don Joaquin de Osma.

A la même époque un changement eut également lieu dans le cabinet. Le ministre de la guerre Remon Zarco del Valle fut remplacé par le lieutenant général Manuel Llauder, marquis del Valle de Rivas, qui était, comme on l'a vu, capitaine général de la Catalogne. Quant à Rodil on lui rendit le commandement de la capitainerie générale de l'Estremadure.

On espéra que ces changements feraient prendre un autre tour à la guerre; qu'elle arriverait promptement à sa conclusion. On comptait sur le génie de Mina; car en Espagne il n'était pas dans le parti libéral de nom plus populaire que le sien. On aimait à rappeler la lutte qu'il avait soutenue contre les troupes impériales. Sa campagne de Catalogne contre l'armée d'intervention n'était pas non plus sans quelque gloire, et l'on crut avoir trouvé un général dont la fortune ne pâlirait pas devant l'étoile de Zumala-Carregui. Mais ici les rôles étaient changés : Mina à la tête d'une armée régulière, ayant contre lui presque toutes les populations de la Navarre, se trouvait placé vis-à-vis de Zumala-Carregui dans la même position où les troupes de Bo-

[1] *Don Carlos et ses défenseurs*, par M. Isidore Magués; un vol. in-4°; Paris. 1837.

naparte s'étaient trouvées à son égard. Aucune des difficultés qu'avaient rencontrées ses prédécesseurs ne s'aplanirent pour lui. Il avait à combattre un adversaire jeune, actif, qui, fils du pays et chasseur intrépide, connaissait jusqu'au moindre buisson de la Borunda et de l'Araquil. La santé de Mina était délabrée. Lorsqu'il fut nommé général de l'armée de Navarre, il était encore réfugié en France dans le petit village de Cambo, à trois lieues de Bayonne, et il passait la plus grande partie du temps dans son lit, où il était retenu par la maladie. Il était forcé de se faire suivre dans ses marches par deux ânesses dont le lait lui était nécessaire. Il avait fait construire une espèce de capuchon en forme de capote de cabriolet, qui, lorsqu'il montait sur sa mule, couvrait toute sa personne, ne lui laissant de vue que par une petite ouverture placée devant lui. On comprend que les souffrances physiques avaient dû lui enlever beaucoup de cette activité à laquelle jadis il avait dû ses triomphes.

Quant au général Osma, les premiers jours de son commandement furent signalés par un désastre. Zumala, ayant appris qu'une division composée de quelques bataillons du régiment d'Afrique et du régiment de la reine avec deux pièces de canon, commandée par O'Doyle, se trouvait à Alegria, à peu de distance de Vitoria, fit une marche rapide et vint, le 27 octobre au matin, attaquer O'Doyle, qui croyait encore l'armée carliste sur les bords de l'Èbre. Le combat fut désastreux pour les troupes de la reine. Pendant qu'O'Doyle combattait contre Zumala-Carregui, il se vit attaqué sur ses derrières par une colonne de cinq bataillons carlistes commandés par Ituralde, et fut bientôt mis en déroute. Toute sa division fut détruite. Quatre cents hommes seulement se réfugièrent dans quelques maisons du bourg d'Aricta et s'y fortifièrent; mais tout le reste du détachement fut massacré. Les deux pièces de canon et un drapeau tombèrent entre les mains des vainqueurs. O'Doyle, son frère et un capitaine se trouvèrent au nombre des prisonniers, et furent impitoyablement fusillés.

Le lendemain, 28, le général Osma sortit lui-même de Vitoria à la tête de quatre mille hommes et de quatre pièces de canon. Il s'avança pour dégager les qu tre cents hommes réfugiés dans Aricta et fut attaqué par les carlistes. Ceux-c fiers de leur victoire de la veille, avaier encore l'avantage du nombre. Osma pe dit beaucoup de monde et ne parvir qu'avec bien de la peine à délivrer le hommes qu'il venait secourir. Il fut pou suivi jusqu'aux portes de Vitoria pa Zumala-Carregui. Les efforts de sa ca valerie et de son artillerie, qui se com portèrent à merveille, empêchèrent qu cet échec ne devînt une déroute com plète.

Dans ces deux journées, les carliste avaient fait un grand nombre de prison niers. Peut-être y a-t-il un peu d'exagé ration dans le chiffre de sept cent qua tre-vingts que donne Henningzen; mai en réalité il était assez considérable pou causer de l'embarras au vainqueur; auss ordonna-t-il froidement d'en égorger un partie. Voici comment ce fait est raconté par l'auteur que je viens de citer [1] :

« Dans la nuit du 28, lorsque, après la victoire, nous nous retirions en deux divisions, il survint une de ces circonstances difficiles sans doute à prévenir dans les fureurs d'une guerre civile, mais qui n'en sont pas moins déplorables, et dont le récit glace le sang. Zumala, comme je l'ai dit, durant le jour et dans le fort de l'action, avait ordonné de faire quartier. Déjà la marche pour la retraite avait été ordonnée, et six cents prisonniers ainsi épargnés, renvoyés sur les derrières de l'armée. Plus tard ceux des nôtres qui s'étaient engagés dans la poursuite revinrent, amenant avec eux environ cent quatre-vingts nouveaux prisonniers, qu'ils avaient pris sous les murs de Vitoria, et qui avaient été laissés sous bonne garde dans la montagne. La nuit venue, le capitaine de la compagnie qui en avait été chargé, n'ayant pu rassembler que trente hommes des siens pour garder ces prisonniers, se trouva fort embarrassé pour remplir cette mission dans la petite route rocailleuse qu'il avait à suivre et qui était bordée de chaque côté par des broussailles. Deux de ces prisonniers étaient déjà parvenus à s'échapper; il envoya prendre les ordres de Zumala, en lui faisant dire

[1] Henningzen, *Mémoires sur Zumala-Carregui*, 1er vol., p. 355.

qu'avec une troupe qui n'était que de trente hommes il ne pouvait répondre de tous ces prisonniers. « Prenez des cordes et enchaînez-les, » répondit le général. On lui représenta que les villages étaient abandonnés et qu'on en avait cherché en vain. « Alors mettez-les à mort, passez-les par les armes, » répliqua Zumala dans un premier mouvement de colère et d'impatience; et le cavalier d'ordonnance emporta cette réponse. Mais lorsqu'on y eut réfléchi plus mûrement, on envoya immédiatement après cette ordonnance un aide de camp, pour faire dire au capitaine qu'il fît bien attention de ne pas alarmer la division d'Ituralde par des coups de feu qu'occasionnerait l'exécution de cet ordre. Mais le capitaine, qui était un vieux Navarrais de l'école de Mina, aussitôt l'ordre reçu, commanda à un sergent et à seize soldats de mettre la baïonnette au bout du fusil et de charger au milieu de ces malheureux prisonniers, qui furent tous misérablement massacrés. »

Zumala-Carrégui avait pris deux canons à l'affaire d'Alegria; mais il était fort embarrassé pour s'en servir. Il manquait d'artilleurs, et n'avait pas dans son armée un officier capable d'organiser cette arme spéciale, lorsqu'un ancien élève de l'école d'artillerie espagnole, nommé Vincente Reyna, qui à la mort de Ferdinand était lieutenant dans l'artillerie de la garde, vint lui offrir ses services.

L'armée carliste avait, en tout, à cette époque trois pièces de montagne, tellement légères et d'un si petit calibre, qu'on les transportait à dos de mulet : deux avaient appartenu à la division O'Doyle; la troisième avait été trouvée par les insurgés dans la fabrique royale d'Orbayceta. Le reste de leur matériel consistait en une certaine quantité de boulets et de projectiles creux fondus dans la même fabrique et dont ils s'étaient emparés quand elle s'était rendue à eux. Bien que Zumala-Carregui ne sût pas encore quel parti il pourrait en tirer, il les avait fait enlever et les avait fait conduire en grand secret au fond des montagnes voisines, et en avait fait plusieurs dépôts dans les endroits les plus épais et les plus retirés, de manière à les soustraire aux recherches des cristinos. Reyna fit la visite de ces dépôts, et il résulta de son examen qu'il y avait des grenades de sept pouces ($0^{m}162$), quelques bombes de 14 ($0^{m}324$), des boulets de 12, et 11,000 boulets de 18[1]. Pour tirer parti de ces projectiles il fallait des armes. Cette difficulté n'arrêta pas Reyna, et il entreprit de fondre des obusiers. Il fit enlever de tous les villages des environs les braseros, les poêlons, les bassinoires, et tous les ustensiles de cuivre qu'on put trouver. Cependant il ne parvint pas à rassembler une quantité de métal suffisante, et fut forcé de joindre les trois canons de montagne à ce qu'il avait réuni.

Il s'installa dans une forge située au milieu des bois qui avoisinent le village de Labayen. Comme il manquait des instruments les plus indispensables, et qu'il était d'ailleurs fort inexpérimenté dans l'art du fondeur, ce ne fut qu'à force d'essais et de persévérance qu'il parvint à faire deux obusiers et deux mortiers qui, grossiers à l'extérieur, étaient cependant susceptibles de remplir l'objet qu'on se proposait. Quand Zumala-Carregui se vit en possession d'armes capables de lancer des projectiles creux, il voulut aussi se procurer une pièce de siége. Ayant appris qu'on avait découvert en Biscaye, sur le bord de la mer, un vieux canon de fonte, il le fit examiner; et dès qu'on eut reconnu que cette pièce était du calibre de 12, il donna l'ordre de la conduire en Navarre. A cet effet, on construisit un char; on y plaça le canon, qui fut traîné par six paires de bœufs. Ce fut avec bien de la peine qu'on parvint à le transporter : car toutes les routes praticables pour les voitures étaient occupées par les troupes de la reine, dont les colonnes sillonnaient le pays. Quand les soldats de Zumala-Carregui virent cet énorme canon si vieux et si couvert de rouille, ils le surnommèrent le Grand-père *(el abuelo)*, et ce nom lui est resté.

Ce fut devant Elisondo que Zumala-Carregui fit pour la première fois usage de son artillerie. Mais quoiqu'elle eût fait beaucoup de ravage dans la place qu'il attaquait, il ne lui fut pas possible

[1] *Vida y hechos de Zumala-Carregui*, par Zaratiegui; Paris, 1845, un vol. in-8°.

d'atteindre le but qu'il se proposait. Le général Oraa vint à la tête de trois mille hommes faire lever le siége ; et Mina lui-même ne tarda pas à pénétrer dans le Bastan avec le reste de ses forces. Les carlistes furent obligés de se retirer, et Reyna enfouit l'artillerie dans le val de Lang. C'est ainsi que Zumala-Carregui procéda constamment. La principale qualité de son armée était une excessive mobilité. La nécessité de traîner de l'artillerie eût entravé sa marche. Aussi lorsqu'il se remettait en route, il enterrait ses canons, et ne venait les reprendre que lorsqu'il en avait besoin pour agir contre quelque poste fortifié.

Mina avait trop d'expérience et connaissait trop bien le pays pour ignorer combien il était difficile de remuer un équipage de siége dans les montagnes, même en employant pour le voiturer les chars à bœufs en usage dans le pays. Il était donc certain que l'artillerie qui avait servi contre Elisondo ne pouvait être bien loin ; néanmoins, toutes ses démarches et tous ses efforts pour la découvrir restèrent inutiles; pendant qu'il la cherchait auprès d'Elisondo, Zumala-Carregui avait fait déterrer le *grand-père* et un obusier, et les avait fait conduire devant los Arcos. Il ne put pas se rendre maître de cette ville le premier jour; mais pendant la nuit elle fut abandonnée par les troupes de la reine. Les carlistes y entrèrent le lendemain matin; ils y trouvèrent cinq cents fusils neufs, des munitions et une grande quantité d'effets d'habillement.

Mina resta dans le Bastan jusqu'à la fin de février pour y recevoir un convoi de 1,300,000 francs d'argent, d'armes, de munitions et de dix voitures chargées d'effets qui lui étaient envoyées de France. A peine fut-il de retour à Pampelune, que Zumala-Carregui vint de nouveau remettre le siége devant Elisondo. Mina accourut en toute hâte dans le Bastan bien déterminé cette fois à ne pas en sortir qu'il ne se fût rendu maître de l'artillerie des carlistes. Pensant que plusieurs des habitants de Lecaroz devaient connaître l'endroit où l'artillerie était cachée, puisqu'ils demeurent à peine à une portée de canon d'Elisondo, il fit cerner le village, et fit prendre tous les hommes. Il leur enjoignit de révéler l'endroit où l'artillerie était enfouie. Aucun n'ayant voulu le déclarer il les fit décimer, et l'on se disposa à passer par les armes ceux qui avaient été désignés par le sort. Ils étaient au nombr de cinq. Deux d'entre eux ayant essay de s'enfuir tombèrent sous les balles de soldats; un troisième s'étant obstiné garder le silence fut arquebusé. Les deu autres, voyant que leur tour était arrivé se décidèrent à faire connaître la direction que l'on avait donnée aux pièces d'artillerie, et ils eurent la vie sauve. En suivant leurs indications, on trouva enfoui dans la forêt de Bertiz deux mortiers e un obusier; ensuite, pour punir les habitants de Lecaroz de l'assistance qu'il avaient prêtée aux carlistes, Mina fit incendier le village, comme il avait autrefois incendié Castelfollit; et le 14 mar 1835 il publia cette proclamation :

.....Le village de Lecaroz, traître à sa majesté et à la patrie, protecteur avoué des ennemis qui la déchirent, a, jusqu'à ce jour au mépris des lois, recélé les armes et les munitions des factieux; ses habitants ont pris l: fuite à l'approche de nos troupes, ils ont refusé de se conformer aux ordres que je leu avais intimés de faire part aux autorités légitimes des mouvements des ennemis.

Lecaroz a été aujourd'hui livré aux flammes, ses habitants ont été décimés et fusillé sur-le-champ en punition de leur crime : l même sort est réservé à toute population o à tout individu qui suivra l'exemple de Lecaroz; et par la force des armes je mettrai fi à une rébellion criminelle obstinée et honteuse...

Mina prit, dans cette circonstance seulement un des deux obusiers fondus par Reyna; car Zumala-Carregui voyant les forces de la reine occupée au fond du Bastan, avait conduit l *grand-père* et le second obusier devan Echarri-Arenaz dans l'Araquil; il avai attaqué cette place; et après cinq jours d siége, lorsque les carlistes y eurent jeté trois cents bombes, et qu'ils eurent fai par la mine une large brèche à la muraille, la garnison, qui n'avait pas été secourue, se rendit : presque tous les soldats qui la composaient prirent parti dan l'armée carliste.

Sous le commandement de Mina la position des affaires ne fut pas améliorée Ce général passa la plus grande parti du temps sur un lit de douleur [1]. Enfin, le 8 avril il adressa une lettre au ministre pour offrir sa démission. Il allégua, comme unique motif de sa retraite, les souffrances corporelles qu'il endurait; c'était pour lui, disait-il, un tourment intolérable de ne pouvoir partager à tout moment les fatigues et les dangers de ses compagnons d'armes, et de voir qu'il était forcé de laisser échapper les occasions les plus avantageuses.

Quand Mina se démit du commandement il y avait déjà quelque temps que le ministère avait été modifié. A la suite d'une émeute qui avait eu lieu à Madrid dans le courant de janvier 1835, Llauder avait quitté l'administration de la guerre pour retourner en Catalogne. Il avait été remplacé par don Jeronimo Valdès. Quelques semaines plus tard, don Nicolas Maria Garelli, ministre de grâce et de justice, fut remplacé par don Juan de la Dehesa. Enfin le ministre de l'intérieur José Maria Moscoso de Altamira eut pour successeur don Diego Medrano, qui était gouverneur civil de Madrid.

Le ministre de la guerre Valdès fut chargé du commandement de l'armée du nord. Le système de temporisation adopté par ce général ne rétablit pas les affaires, qui avaient toujours été en empirant sous ses prédécesseurs; néanmoins une amélioration eut lieu en ce que la guerre prit un caractère moins féroce. C'est surtout au ministère anglais que revient l'honneur de ce changement. Lord Elliot fut envoyé en Espagne avec mission d'engager les deux armées à conclure un cartel d'échange. Au moyen de son intercession une convention fut signée par don Jeronimo Valdès et par don Tomas Zumala-Carregui. Il fut arrêté que des deux côtés la vie serait laissée à tous les prisonniers; et qu'on les échangerait deux ou trois fois par mois, et même plus souvent si les circonstances le permettaient ou le rendaient nécessaire. L'échange devait avoir lieu soldat pour soldat, et l'on devait échanger l'un contre l'autre les officiers du même grade. Les points destinés à servir de dépôts pour les prisonniers furent proclamés neutres. Enfin la convention fut déclarée commune à toutes les autres provinces où la guerre pourrait être portée.

Les exaltés blâmèrent vivement ce traité. Ils prétendirent que c'était donner aux défenseurs de don Carlos une importance qu'ils ne méritaient pas. Aveugle comme tout ce qui est exagération, l'opinion progressiste refusait de reconnaître ce qu'il y avait de force et de vitalité dans l'insurrection carliste. A l'entendre, il n'était question que d'une poignée de factieux; et c'était à la mollesse ou à l'incurie des ministres qu'il fallait attribuer tous les échecs qu'on éprouvait. Il faut avouer, d'ailleurs, que le ministère avait eu le tort de ne pas tenir compte des réclamations présentées par les cortès, et une opposition excessivement violente s'était formée contre le cabinet. Le 29 mai la session des cortès fut close. L'opinion publique n'en continua pas moins à poursuivre le président du conseil, qui, abreuvé de dégoûts, entouré de dangers, ne tarda pas à présenter sa démission à la reine régente : un décret du 7 juin nomma le comte de Toreno ministre des affaires étrangères et président du conseil. Six jours plus tard, le 13, les autres ministres furent changés. Le ministère de la guerre fut remis à don Augustin Giron, marquis de las Amarillas; l'intérieur à don Juan Alvarez Guerra; la marine à don Miguel Ricardo de Alava; les finances à don Juan Alvarez Mendizabal, et la justice à don Manuel Garcia Herreros. Au reste ce changement n'eut pas d'influence sur le sort de la guerre. Les affaires continuèrent à aller en empirant. Zumala-Carregui, maître de la campagne, assiégea plusieurs places dont il se rendit maître. Enfin il vint attaquer Bilbao. Ce fut, dit-on, contre son gré que le général carliste se détermina à cette entreprise. Il eût préféré se porter sur Vitoria, dont la reddition lui paraissait plus certaine; mais la pénurie d'argent où se trouvait l'armée carliste était extrême, et l'on espéra que la prise d'une ville aussi opulente que Bilbao procurerait d'immenses ressources à l'armée. Ce fut ce motif qui décida Zumala-Carregui à commencer le siége; mais il exprima plusieurs fois la crainte de ne pas réussir. Son équipage de siége, tiré des places qu'il avait prises, se composait de deux canons de

[1] *Memoria justificativa que dirige à sus conciudadanos el general Cordova.* Paris, un vol. grand in-8°, 1837.

douze et d'un de six en fer, de deux canons de quatre en bronze, de deux obusiers et d'un mortier. Mais ces pièces n'étaient accompagnées que de peu de munitions. Il n'y avait que trente-six bombes pour le mortier.

Au moment où les carlistes arrivèrent devant Bilbao, la garnison de cette place s'élevait à quatre mille hommes, sans compter la garde nationale; la ville était couverte par des ouvrages de campagne très-bien construits; elle était défendue par quarante pièces de canon dont plus de trente étaient de gros calibre.

Le troisième jour, les batteries élevées par les carlistes auprès de l'église de Notre-Dame de Begoña commencèrent à tirer contre la place; mais Bilbao répondit avec une supériorité qui fit voir quelle énorme disproportion existait entre les ressources des deux partis : avant la fin de la journée cette inégalité fut encore augmentée. Les deux gros canons des carliste crevèrent, et leur artillerie se trouva réduite à une pièce de six et deux de quatre, tandis que la ville lançait sans relâche des boulets de dix-huit et de vingt-quatre. Un obus pénétra sous le portique de Notre-Dame de Begoña. Il prit d'enfilade les faisceaux d'armes du régiment des guides, réduisit en pièces soixante-seize fusils, et en éclatant tua deux sentinelles. Deux minutes plus tard, à quelques pas de là, un second projectile fit encore plus de ravage.

Zumala n'avait qu'une chance de succès. Il fallait qu'il ouvrît une brèche et qu'il emportât la ville d'assaut; aussi toute la journée sa faible artillerie fut-elle employée dans ce but; et vers le soir la brèche se trouva praticable. Il s'occupa aussitôt de former une colonne pour donner l'assaut; mais en ce moment les munitions manquèrent, en sorte qu'il fallut différer l'attaque jusqu'au lendemain, afin d'en faire venir. Les assiégés profitèrent de ce délai pour boucher la brèche avec des sacs de terre.

Zumala-Carregui ne mangea pas de toute la journée, et ne dormit pas de la nuit. Seulement il trouva un peu de repos après qu'il eut signé une dépêche adressée aux ministres de don Carlos, dans laquelle il disait que la disproportion existant entre ses forces et celles que les assiégés lui opposaient le contraindrait sans doute à lever le siége. Quai il eut vu partir le porteur de cette lett pour Durango, où était le quartier roya il se sentit comme soulagé d'un grai poids; il sortit de la maison qu'il occi pait, et se dirigea vers l'endroit (était établie la batterie. C'était le 1 juin 1835. Il était encore très-mati quand l'artillerie de la place ouvrit sc feu. Le général, voulant examiner les tr vaux ou réparations que les assiége avaient faits pendant la nuit, monta a premier étage d'une maison située pr de l'église de Notre-Dame de Begoña, se plaçant à un balcon qui était entière ment ouvert, mais sans sortir au dehor il se mit à examiner attentivement la ligi ennemie. En ce moment une balle de fus entra par la fenêtre et l'atteignit à l partie antérieure et interne de la jamb à quatre centimètres environ au-dessou du genou. Elle contourna la partie ir terne du tibia. L'intendant don Do mingo Antonio Zabala, l'auditeur do George Lazaro et les autres personne qui accompagnaient Zumala-Carregui après avoir fait appeler le chirurgie don Vincente Gonzalez de Grediaga, pla cèrent le blessé sur un matelas, le tran portèrent à la maison qui lui servait d logement. Après qu'un premier appare eut été posé sur la blessure, Zumala-Cai regui voulut être conduit sans délai Cegama, par le chemin de Durango Quarante grenadiers furent chargés de l porter en se relayant de temps en temp Sa blessure ne paraissait pas très-grave Il se tenait à moitié couché sur son mate las, et il passa le temps que dura le chemi à fumer ou à causer avec les soldats. E arrivant à Zornosa, village situé à tro lieues de Bilbao, il aperçut le payeur d l'armée, don José Maria Mendigana, qu le suivait, et lui demanda pourquoi il n'é tait pas resté au siége avec les troupe Le payeur répondit qu'il venait pour l offrir ce qui pouvait lui être nécessaire que don Juan Antonio Zaratiegui le l avait prescrit, sachant que le général 1 devait pas avoir dans sa bourse un seul m ravédi. « Cela est vrai, répondit-il; je n' pas un cuarto : donnez-moi trente once et retournez tout de suite au siége.

Les grenadiers qui transportaie Zumala-Carregui, après l'avoir laissé r poser pendant deux heures, le reprire sur leurs épaules, et continuèrent leur chemin jusqu'à Durango, et ils y arrivèrent à la tombée de la nuit. Don Carlos, qui se trouvait dans cette ville, envoya chercher le médecin qui accompagnait Zumala-Carregui, pour savoir de lui comment le blessé se trouvait. Sur ces entrefaites deux autres médecins arrivèrent, envoyés par les ministres de don Carlos. L'un était don Teodoro Gelos, qui remplissait la charge de chirurgien du quartier royal. L'autre était un jeune volontaire anglais nommé Burgers, attaché à l'escadron des officiers de la légitimité. Ils examinèrent ensemble la blessure, et furent d'avis qu'avant quinze jours le général pourrait monter à cheval.

Le 17 au matin, don Carlos vint rendre visite à Zumala-Carregui, s'assit près de son lit, et se mit à causer avec lui. Il lui reprocha affectueusement de s'être autant exposé.

Zumala-Carregui lui répondit que s'il n'en agissait pas ainsi rien ne pourrait avancer : qu'il était étonné d'avoir vécu si longtemps; mais que dans cette guerre dévorante et inégale, tous ceux qui l'avaient commencée devaient nécessairement périr [1].

Don Carlos insista pour que Zumala-Carregui demeurât à Durango. Il lui représenta que la chaleur et le manque de repos pourraient lui faire beaucoup de mal; néanmoins il ne put le faire changer de résolution. A peine don Carlos fut-il retiré que Zumala-Carregui se remit en route, comme la veille porté par des grenadiers; et le même jour, 17, il arriva à Cegama. Il avait alors auprès de lui Gonzalez Grediaga, médecin; Gelos et Boloquiz, tous deux chirurgiens; et un célèbre guérisseur surnommé *Pétriquillo*, en l'habileté duquel il avait beaucoup de confiance. La rivalité qui existait entre les trois docteurs, et l'antipathie qu'ils devaient naturellement porter tous les trois au guérisseur *Pétriquillo*, ne permettent pas, dans une affaire si délicate, de décider sur qui doit reposer la responsabilité de la catastrophe. Les trois docteurs et Pétriquillo furent d'accord en un seul point : ils assurèrent que la blessure était légère, et que quinze jours, trente au plus, suffiraient pour la guérison. Pourquoi donc l'événement a-t-il si cruellement démenti leur pronostic? Sans doute parce que, pendant que *Pétriquillo* prescrivait des onguents et des frictions, Gonzalez Grediaga, comme docteur en médecine, abreuvait le blessé de tisane; Gelos et Boloquiz, levant l'appareil de sa blessure, cherchaient avec le stylet l'endroit où se cachait la balle et le martyrisaient de toute manière. Ce qui est certain, c'est que la santé de Zumala-Carregui était altérée depuis quelques jours par suite des fatigues et des contrariétés qu'il avait eues à supporter. Il avait appelé, il y avait peu de temps, le docteur Grediaga pour le consulter, et probablement cette disposition à une maladie fut accrue par la blessure et par le voyage entrepris, sous de si tristes auspices, pour le transporter à Cegama. Dès l'instant où il pénétra dans cette ville, Zumala-Carregui se persuada que les douleurs générales qu'il ressentait avaient pour cause la balle qu'il avait dans la jambe; et le 24 juin au matin, Gelos et Boloquiz se déterminèrent à l'extraire. Ils n'y parvinrent qu'en faisant considérablement souffrir le patient. La gloire de l'opération revenait surtout à Gelos, qui avait eu la plus grande part à l'extraction; la balle placée dans un plat courait de maison en maison, et l'on songeait à la porter au quartier du roi, quand les symptômes alarmants qui se manifestèrent sur la personne du blessé, firent passer tous ceux qui l'entouraient d'un état immodéré d'allégresse à la plus grande consternation.

Depuis qu'on avait extrait la balle, il était survenu à Zumala-Carregui un grand tremblement, et lui-même, sentant que sa fin était proche, demanda que l'on fît tout ce qui était convenable et nécessaire. Le premier qui se présenta fut le curé de Cegama, qui reçut sa confession; ensuite comme, au dire des docteurs, il lui restait peu de temps à vivre, on appela le notaire, qui se contenta de demander au général : « Seigneur don Tomas! que laissez-vous, et quelle est votre dernière volonté? » Il répondit : « Je laisse ma femme et trois filles, unique bien que je possède. Je n'ai rien de plus que je puisse laisser. »

[1] J'emprunte tous ces détails à l'ouvrage de don Juan Antonio Zaratiegui, un des généraux de l'armée carliste, *Vida y hechos de Zumala-Carregui;* Paris, un vol. in-8°. 1845.

La sainte eucharistie lui fut administrée; et peu d'instants plus tard, sur les dix heures et demie du matin, il expira. C'est ainsi que le héros carliste termina sa carrière, à l'âge de quarante-six ans; dix-neuf mois après avoir commencé ses campagnes.

Les jugements les plus contradictoires ont été portés sur Zumala-Carregui : les carlistes l'ont presque déifié : ses adversaires ont affecté de ne voir en lui qu'un aventurier, qu'un misérable chef de bandits. Il faut se tenir également éloigné de ces exagérations. Les succès de Zumala-Carregui s'expliquent avec facilité : représentant de deux idées profondément enracinées dans les provinces du Nord, le maintien des libertés provinciales et la haine des innovations, il avait pour lui l'affection et le concours des populations. Enfant du pays et chasseur, il connaissait jusqu'aux moindres anfractuosités des montagnes. Ce sont là de puissants éléments de succès. Une guerre heureuse faite pendant dix-huit mois dans des conditions aussi favorables et sur un terrain tout exceptionnel, ne suffit pas pour faire dire que Zumala-Carregui était un grand homme, ou, comme l'a écrit Zaratiegui, un héros... Pour qu'on pût lui décerner ce titre, il eût fallu le voir agir plus longtemps et sur un autre théâtre; mais il est impossible de méconnaître les grandes qualités dont il était doué. Il possédait à un haut degré l'esprit d'ordre et d'organisation : à une activité infatigable il joignait un coup d'œil sûr et rapide, un génie inventif et rempli de ressources, beaucoup d'intrépidité et de sang-froid; enfin il avait une âme grande et désintéressée. Malheureusement ces qualités étaient souillées par un caractère violent, dont ses propres officiers ont eu souvent à souffrir; avec ses adversaires il s'est montré impitoyable et cruel sans nécessité. Et malgré la gloire dont son nom est entouré, ses actes de cruauté ont imprimé à sa mémoire une tache sanglante que tous les panégyriques de ses amis ne parviendront pas à effacer.

FIN DU SIÉGE DE BILBAO. — CORDOBA. — I L'INTERVENTION DES LÉGIONS AUXILIAIRI FRANÇAISE ET ANGLAISE. — EXPÉDITION I GUERGUÉ EN CATALOGNE. — SOULÈVEMEN DES PROVINCES. — MINISTÈRE DE MEND ZABAL. — RÉUNION DES CORTÈS. — VOT DE CONFIANCE. — DISSOLUTION DES CORTÈ — NOUVELLE RÉUNION. — CHUTE DU MINIS TÈRE MENDIZABAL.

La mort de Zumala-Carregui fut u coup funeste porté au parti de don Car los. Zumala-Carregui était l'âme et la vi de son armée. Quand il vint à manquer tout fut empreint de langueur et de dé couragement. Avec ses quatre canon Zumala-Carregui avait ouvert une brè che dès le second jour; mais il n'étai plus là, et les assiégeants, malgré un ren fort d'artillerie qu'ils avaient reçu, em ployèrent bien du temps et bien des mu nitions sans obtenir le même résultat Cependant chaque jour ils serraient da vantage la ville, et Valdès ne se mettai pas en disposition d'aller au secours de assiégés. En vain les généraux qui étaien sous ses ordres lui représentèrent le dangers auxquels il exposait le pays. I répondit qu'il avait reçu la défense d'en gager aucune affaire importante. Néan moins comme il sentit bien que cett défense même ne mettait pas sa respon sabilité à l'abri, il envoya sa démission et remit le commandement au brigadie Tello, qui dut bientôt le remettre lui même au général la Hera. Ce che n'osa pas plus que Valdès prendre su lui de marcher au secours de Bilbao mais stimulé par les instances des géné raux Espartero et Latré, il réunit u conseil de guerre où l'on prit la résolu tion de ne rien négliger pour délivrer l ville assiégée. Espartero et Latré s'avan cèrent à la tête de leurs divisions. A leu approche les carlistes se retirèrent, et le troupes libératrices entrèrent dans Bil bao, sans coup férir, le 1er juillet 1835

Le général Cordoba se trouvait en c moment à Madrid chargé d'une commis sion du général Valdès. Il s'était signal plusieurs fois. Il avait donné des preu ves d'une rare intrépidité; ses entrepri ses avaient souvent été heureuses. C fut à lui que l'on confia le commande ment de l'armée. Persuadé de l'impossi bilité de terminer la guerre par le moyens ordinaires, il conçut l'idée d faire en quelque sorte le blocus des provinces insurgées et d'établir une ligne qui s'étendait des Encartaciones de Biscaye aux gorges de Roncevaux. Il établit des forces sur la ligne de Valcarlos à Pampelune, par laquelle les carlistes recevaient de France beaucoup d'objets de première nécessité. Il établit son quartier général à Vitoria, d'où il menaçait constamment les lignes d'Arlaban; il fortifia tous les passages de l'Èbre, et plaça des forces suffisantes dans la vallée de Mena pour protéger Bilbao et toute la frontière de Biscaye. Le plan du général Cordoba se réduisait à un immense siége qui pouvait se resserrer à mesure qu'il recevrait des renforts. Mais un semblable plan exigeait une armée immense. Pour que cette énorme ligne qui n'avait pas moins de trente-quatre myriamètres de développement opposât une barrière insurmontable à l'armée carliste, il eût fallu la garnir partout de troupes nombreuses. Les cortès décrétaient bien des levées; mais ces levées ne produisaient pas le nombre d'hommes qu'on en attendait. On votait une armée de cent mille combattants; mais ce chiffre n'existait que sur le papier, et en définitive on n'en réunit pas plus de 36,000; aussi l'armée, ayant à défendre une si grande étendue de terrain, ne pouvait se trouver partout également en force, et les endroits faibles devaient livrer un passage aux ennemis, ainsi que l'expérience n'a pas tardé à le prouver[1].

Une intervention française eût été certainement le moyen le plus efficace pour pacifier le pays; c'était celui qui souriait le plus au ministère. Mais le parti libéral se divisait alors et se divise encore aujourd'hui en deux fractions bien distinctes. L'une veut, avec la liberté, le maintien de l'ordre et de la tranquillité publique. Elle veut le progrès, mais seulement par des voies légales. C'est l'esprit qui a présidé chez nous à la révolution de juillet. Aussi cette fraction ne dissimule pas ses sympathies pour les idées et pour les secours venus de France. L'autre, regardant pour rien les libertés déjà conquises, impatiente de tout retard, ennemie de tout pouvoir, veut la liberté sans l'ordre, et le mouvement à tout prix, même par l'émeute, même par l'assassinat. Elle se compose de ces hommes qui pérorent à la *Puerta del Sol;* qui voudraient l'agitation des *meetings*, mais sans constables et sans police; de ces hommes qui par leurs exagérations ont perdu la révolution de 1820, et qui perdraient encore la liberté si la liberté était périssable, et si son succès était incertain. Cette fraction du pouvoir libéral recherche ouvertement l'appui de l'Angleterre; et si cette puissance eût été en mesure de faire l'intervention d'une manière utile, l'opposition se serait mise à genoux pour la solliciter du cabinet de Saint-James [1]. Mais les forces anglaises, qui pouvaient aisément répondre de la sûreté des côtes, n'auraient agi qu'avec peine sur le versant des Pyrénées, où se trouvait le foyer principal de la lutte. La France, au contraire, dont la frontière est en contact avec le théâtre de la guerre, était mieux placée pour intervenir. Aussi toutes les fois qu'il était question d'une intervention, c'était de l'intervention française qu'on voulait parler; mais par la même raison, la fraction ardente, turbulente du parti libéral repoussait l'intervention avec toute l'énergie d'un patriotisme enté sur son amour pour la Grande-Bretagne. Elle fit un crime à Llauder pour avoir osé dire qu'il ne fallait pas imprudemment renoncer à ce moyen de sauver la liberté. On aurait pu croire, à entendre les coryphées de l'opposition, que le gouvernement français lui-même demandait avec instance la permission d'intervenir, comme si cette entreprise de pacifier un pays qui renferme dans son sein tant d'éléments de discorde était un délicieux festin de noces, et qu'il n'y eût autre chose à faire qu'à se présenter et à recueillir des applaudissements. Cependant il n'en fut pas ainsi; et quand Martinez de la Rosa, à son avénement au ministère, s'empressa de réclamer l'intervention, le gouvernement français répondit par un refus; mais pour en adoucir la rigueur, il offrit le secours d'une légion

[1] *Mémoire justificatif que le général Cordova adresse à ses concitoyens*, page 46. 1 vol. grand in-8°; Paris, 1837.

[1] Minaño, *Examen critico de las revoluciones de España*, p. 69, vol. 2.

enrôlée en France aux frais du gouvernement espagnol. Aussitôt que le comte de Toreno fut arrivé au ministère, sans être arrêté par le refus que son prédécesseur avait éprouvé, il renouvela la même demande. On refusa encore; mais entre la négative absolue et l'intervention qu'on sollicitait, se trouvait l'expédient d'une légion auxiliaire que le gouvernement français avait suggéré : il fallut bien s'en contenter. Le 17 juin 1835, une note fut insérée au *Moniteur* pour faire savoir que l'intention du roi était d'autoriser les Français qui le demanderaient à entrer au service de la reine d'Espagne, sans perdre aucun de leurs droits politiques et civils. Quelques jours plus tard, le 28 juin, un traité intervint par lequel le gouvernement consentait à laisser passer au service d'Espagne un certain nombre de bataillons tout organisés. L'Angleterre offrit également le secours de soldats anglais; mais cette légion anglaise fut composée de mercenaires ramassés dans les rues de Londres, comme on ramasse les immondices dont on veut fumer son champ [1]. On en confia le commandement à un membre du parlement. Quelques bons officiers vinrent avec lui pour former ces conscrits. On débarqua cette troupe en partie à Saint-Sébastien, en partie à Santander; elle commença à apprendre l'exercice derrière les murs de cette place, et parut souffrir sans trop d'impatience le honteux blocus où la tenaient renfermée quatre bataillons carlistes qui occupaient le chemin d'Hernani.

La légion française était bien différente. Elle était à la vérité composée en partie de réfugiés étrangers, de Polonais et d'Italiens; mais elle renfermait aussi beaucoup de Français qui, en servant la cause constitutionnelle sous un autre drapeau que celui de la France, croyaient encore servir leur patrie. Elle était accoutumée à la guerre, rompue à la discipline sévère de l'armée française, et venait de faire ses preuves en Algérie. Elle avait pour commandant le brave général Bernelle. A peine débarquée sur les côtes de Catalogne, elle sauva la ville de Tarragone, qui sans son arrivée

¹ *Examen critico de las revoluciones de España*, por Miñano; 2 vol. in-8°; Paris, 1837, 2ᵉ vol., page 27.

providentielle n'eût pas manqué de t[…] ber entre les mains des carlistes; la guerre, renfermée d'abord dans quatre provinces basques et navarrai[…] s'était étendue à presque tout le royau[…] Il n'y avait pas de province où l'on comptât plusieurs bandes de facti[…] Celles de la Catalogne étaient nombr[…] ses. Pour dominer la province, il leur manquait peut-être qu'un chef [...] périeur qui eût assez d'ascendant [...] leur esprit pour les réunir sous [...] commandement; assez d'énergie p[...] les contraindre à l'obéissance. Les n[...] nistres de don Carlos, bien instru[...] de cet état de choses, envoyèrent de N[...] varre, et à la tête de plusieurs milli[...] d'hommes, le général Guergué, qui [...] toute la Catalogne en combustion. Da[...] ces circonstances, ce fut un bienfait [...] la Providence [1] que l'arrivée de la [...] gion française. Guergué trouva que [...] moment n'était plus favorable; que [...] Catalans n'étaient pas si faciles à org[...] niser que les Basques. Il s'en retour[...] par le même chemin par lequel il ét[...] venu, mais non pas sans avoir éprou[...] des pertes sensibles.

L'irritation produite dans les espr[...] par les tentatives des carlistes se ma[...] festa par les plus déplorables excès. U[...] patrouille de la milice urbaine de Ré[...] ayant été surprise par une bande de c[...] listes, fut impitoyablement massacr[...] Le bruit se répandit que le chef de ce[...] bande était un moine. Il n'en fallut p[...] davantage pour exciter la colère du pe[...] ple contre les moines, dont on demand[...] depuis longtemps la suppression. On [...] taqua deux couvents qui se trouvaie[...] dans cette ville : l'un de carmes décha[...] sés, l'autre de dominicains. On les ince[...] dia. Les religieux furent presque to[...] égorgés. Ce ne fut pas sans s'exposer a[...] plus grands dangers que des homm[...] courageux parvinrent à sauver quelqu[...] uns de ces infortunés.

A peine la nouvelle de ces événemen[...] se fut-elle répandue à Barcelone, que [...] populace de cette ville résolut d'imi[...] les massacres de Réus. Dans la soirée [...] 25 juillet, des cris de *Mort aux moine[...]* retentirent dans toute la ville. On ince[...]

¹ *Examen critico de las revoluciones de E[...] paña*, 2ᵉ vol., page 29.

dia six couvents, deux de carmes, deux de dominicains, un de minimes et un de trinitaires. Quelques moines furent égorgés, d'autres périrent dans les flammes. Llauder, qui était absent quand le tumulte avait commencé, s'empressa de rentrer dans Barcelone. Sa présence, le concours de la milice qui sentit, un peu tard, la nécessité de s'unir à la troupe, et quelques charges de cavalerie, firent cesser cette scène de trouble. Le peuple, qui abhorrait déjà Llauder, ne lui pardonna pas la fermeté qu'il avait déployée; aussi le général, sachant combien ses jours étaient exposés, sortit de la ville avec toute sa famille sous le prétexte de poursuivre les ennemis, mais en réalité pour se retirer en France. Le général Pedro Bassa, qui après Llauder avait le commandement, entra dans la ville le 4 août à la tête de deux mille hommes. On craignit qu'il n'eût pour mission de poursuivre les auteurs des crimes du 25. Les classes populaires commencèrent à s'agiter; ce fut inutilement qu'on avertit ce brave militaire du danger qui le menaçait : il ne voulut pas quitter la ville; et croyant que les troupes qu'il avait amenées étaient assez nombreuses pour le mettre à l'abri de toute agression, il ne prit aucune mesure. Mais le lendemain de son arrivée le palais fut assailli par le peuple; Bassa fut massacré; son cadavre, précipité du balcon, fut traîné dans la rue et jeté dans une fournaise. Le peuple se porta encore à d'autres excès. Une fabrique de machines à vapeur fut complétement incendiée. Enfin, le 6, pour mettre un terme à cette anarchie, on créa une junte de gouvernement qui, après avoir rétabli la tranquillité, adressa un mémoire à la reine régente pour demander que le gouvernement se hâtât d'exécuter dans les institutions politiques et religieuses les réformes que réclamait depuis longtemps le vœu populaire.

Le 31 juillet, il y eut à Murcie un mouvement semblable à celui de Réus et de Barcelone. On mit le feu aux couvents de Saint-François et de Saint-Dominique, de la Merci et de la Trinité.

Le 6 août, ce fut le tour de Valence, qui créa une junte de gouvernement à l'imitation de celle de Barcelone.

Au milieu de ces agitations, la capitale de l'Aragon ne pouvait rester tranquille. Le 9 juillet, la milice urbaine représenta au capitaine général que les Aragonais désiraient l'établissement d'une junte de gouvernement semblable à celle de Barcelone. Le capitaine général y consentit, et le lendemain la junte fut installée.

Il eût été difficile que Madrid ne ressentît pas le contre-coup de toutes ces émeutes; aussi, dans la soirée du 15 août, quand le détachement de la milice urbaine qui était de service au cirque où avait eu lieu la course de taureaux fut arrivé sur la place du Prado, au lieu de rompre les rangs comme de coutume, il resta quelque temps immobile; puis quelques individus se mirent à crier : *Vive la liberté! A bas les ministres!* On tira en l'air deux coups de fusil, à un court intervalle l'un de l'autre; au second les tambours du 4ᵉ bataillon de la milice se répandirent dans la ville en battant la générale. Aussitôt plusieurs miliciens et des bourgeois en armes accoururent sur la plaza Mayor et élevèrent des barricades.

Ils adressèrent ensuite une députation à la reine régente, qui se trouvait à Saint-Ildephonse, et firent répandre cette proclamation :

Concitoyens,

L'objet qui nous a rassemblés est de renverser ce ministère inconsidéré qui environne le trône, qui, par ses conseils, l'entraîne au précipice, et qui réduit notre patrie à l'anarchie la plus épouvantable. Un exposé dans lequel nous présentons ces vérités à sa majesté avec autant d'énergie que de respect sera dans peu d'heures entre ses mains royales.

Concitoyens, nous avons juré de ne pas déposer les armes avant d'obtenir ce que nous réclamons.

..... Concitoyens, vive Isabelle II! Vive la liberté! Vive la reine régente! A bas le ministère!

Madrid, le 16 août.

Malgré ce que cette émeute avait de menaçant, elle se termina plus paisiblement et plus vite qu'on ne pouvait le craindre. Pour toute réponse aux observations des révoltés on reçut un décret royal dont voici les principales dispositions :

La ville de Madrid est déclarée en état de siége...

Tous les employés civils et militaires appartenant à la milice urbaine qui ne se présenteraient pas à leurs postes respectifs immédiatement après la promulgation du présent décret seront par ce fait privés de leurs emplois.

Ces mesures furent très-efficaces. La plus grande partie des officiers de la milice, qui étaient employés dans les bureaux des différentes administrations publiques, ne voulant pas perdre leurs places, se retirèrent prudemment. Des forces imposantes conduites par Quesada vinrent ensuite prendre position aux abords de la plaza Mayor, où les barricades étaient élevées. Le général fit annoncer aux miliciens qu'il leur donnait jusqu'à six heures pour se retirer en défilant deux par deux; mais que ce délai de rigueur expiré il donnerait l'ordre de commencer l'attaque. A six heures il ne resta plus un seul milicien sur la place, et la tranquillité se trouva rétablie dans la capitale; mais il n'en fut pas de même des provinces, où l'anarchie se propagea avec une effrayante rapidité. Le 18, en exécution d'un ordre donné par les autorités de Cadix, les moines de cette ville sortirent de leurs couvents. Le 20, tous les couvents de Salamanque furent fermés. A Malaga, après l'expulsion des moines, on établit une junte de gouvernement qui adressa un mémoire à la reine pour lui présenter les mêmes demandes que la junte de Barcelone, c'est-à-dire le changement du ministère et la réforme des institutions politiques. Grenade ne se contenta pas de suivre l'exemple donné par les autres provinces: dans la nuit du 26 au 27, elle proclama la constitution de 1812 et constitua sa junte. Cordoue fit de même le 29; en sorte qu'à la fin d'août toutes les capitales de provinces s'étaient déclarées indépendantes du gouvernement central. Les juntes de gouvernement, qu'elles avaient créées, exerçaient tous les droits de la souveraineté, percevaient des contributions, contractaient des emprunts, levaient des troupes, disposaient des fonds publics. Le gouvernement central n'était obéi qu'à Madrid et dans les environs.

A ces attaques le ministère répondit par un manifeste en date du 2 septembre, et cette pièce, rédigée dans les termes les plus violents et les plus amers, n'était pas de nature à désarmer les partis ou à calmer les passions. Le 3 un décret roya déclara illégales, comme attentatoire aux lois fondamentales de la monarchie les juntes qui s'étaient formées dans di vers endroits du royaume. Il en ordonn la dissolution, et annonça que toute résistance à cette disposition serait puni des peines que la loi prononce contre l rébellion. Au reste, les juntes paruren s'inquiéter fort peu de ces menaces. Elle répondirent par des proclamations, e presque partout on brûla en public l manifeste du gouvernement et le décre qui l'accompagnait; mais en même temp qu'on adressait cet outrage à l'autorité par une subtilité qui est bien dans le caractère de la nation espagnole, avant d brûler ces pièces on avait soin d'en couper la signature royale, afin de montre qu'on ne confondait pas la régente ave son ministre responsable. Au reste, le provinces insurgées ne se bornèrent pa à envoyer des pétitions pour demande à la reine le renvoi des ministres, la réunion de cortès constituantes et d'autre concessions du même genre; les provinces andalouses avaient organisé une armée et marchaient vers la capitale pou imposer la loi au gouvernement. Le général Latré fut envoyé avec une division pour repousser les insurgés; mais à Manzanarès, les bataillons de la rein et de Cordoue, qui faisaient partie de s colonne, l'abandonnèrent pour aller grossir les rangs des mécontents. Il fallu bien que le ministère se déterminât à céder. Le 14 le comte de Toreno donna s démission, et le 15 la *Gazette de Madrid* annonça que le général Alava étai nommé président du conseil; que Mendizabal restait ministre des finances, e qu'il était chargé de recomposer le cabinet. Cette concession ne fit pas tombe les armes des mains des insurgés. Leu armée continua à séjourner à Manzanarès, où elle s'était arrêtée. De là elle menaçait constamment la capitale, dont ell n'était éloignée que d'environ trente-troi kilomètres. On vit même quelques-un de leurs chefs venir pérorer à la *Puerta del Sol*.

La *Gazette de Madrid* du 18 septembre publia l'exposé du programme qu le nouveau ministère entendait suivre Mendizabal y promettait de termine la guerre civile en six mois, avec les seules forces nationales, et sans secours étranger; de rétablir l'administration, et de restaurer le crédit national sans imposer de nouvelles charges au pays et sans contracter d'emprunt; d'assurer l'ordre et la tranquillité intérieure sans recourir à des mesures exceptionnelles. Et comme cela ne suffisait pas encore pour ramener la tranquillité, Mendizabal s'entendit avec les principaux agitateurs. Il sut imposer silence aux prétentions de quelques juntes, par la seule promesse de l'impunité pour les crimes qui avaient accompagné leur création. Il promit également le silence sur les dilapidations des deniers publics, et la confirmation dans les emplois qu'on s'était arrogé. Ces engagements aplanirent toutes les difficultés. Le 25 septembre, un décret royal accorda une entière amnistie pour tous les faits relatifs à la formation et à l'action des juntes provinciales. Par un autre décret du même jour, Mendizabal fut nommé à la présidence du conseil, que le général Alava n'avait pas acceptée. Après quelques jours d'un pénible enfantement, le cabinet se trouva composé de la manière suivante : Juan Alvarez Mendizabal conserva l'administration des finances, avec la présidence du conseil. Le ministère de l'intérieur, qui au mois de décembre changea encore de nom pour prendre celui de ministère de gouvernement, fut confié à don Martin de los Héros. Don Alvaro Gomez Becerra reçut le ministère de grâce et de justice. Celui de la guerre fut donné au comte d'Almodovar. Il restait deux ministères à pourvoir, celui de la marine et celui des affaires étrangères : Mendizabal en resta chargé par intérim.

Il fallait donner satisfaction à l'opinion générale, qui réclamait la réforme des institutions fondamentales. Dans ce but un décret royal, en date du 27 septembre, ordonna la réunion des cortès, et annonça que la mission de cette assemblée serait de reviser le statut royal, d'accord avec l'autorité de la couronne, pour assurer d'une manière stable et permanente l'entière exécution des lois de la monarchie. L'ouverture des cortès eut lieu le 16 novembre. Il y avait déjà deux mois que le ministère existait. Les juntes avaient presque toutes fait leur soumission. Aussi le gouvernement, délivré du danger dont elles l'avaient menacé, était-il moins empressé de travailler à la réforme de la constitution. Dans son discours d'ouverture, la reine régente en faisant l'énumération des travaux qui devront occuper les cortès, annonce seulement trois projets de loi : l'un relatif aux élections, l'autre sur la liberté de la presse, et le dernier sur la responsabilité des ministres. Mendizabal, dont le système semble avoir été de tout promettre et de ne rien donner, avait déjà fait un pas en arrière. Néanmoins il faut avouer que, dans le premier moment on ne remarqua pas cette lacune qui se trouvait dans le discours de la couronne et l'on se montra généralement satisfait en entendant la reine annoncer qu'elle espérait terminer la guerre civile sans recourir à de nouveaux emprunts et sans augmenter les impôts. Le ministre rencontra seulement de l'opposition dans la chambre des *proceres*, mais il s'assura de la majorité en introduisant dans cette assemblée une promotion de membres dont l'opinion lui était favorable. La chambre des *procuradores* se montra plus facile. Le ministre demanda qu'à titre de vote de confiance, le gouvernement fût autorisé à continuer de recouvrer pendant 1836 les rentes et contributions, et même à faire par voie d'essai, sans altérer ses bases essentielles, les changements qu'il jugera convenables dans le système d'administration. Il demanda que la faculté lui fût donnée de se procurer toutes les ressources et moyens qui seront nécessaires pour subvenir aux besoins de l'armée, afin de pouvoir terminer aussitôt que possible la guerre intérieure, mais sans pouvoir chercher ni puiser ces moyens dans de nouveaux emprunts, ni dans la distraction des biens de l'État qui sont destinés ou seront employés plus tard à la consolidation et à l'amortissement de la dette publique : il renouvela d'ailleurs la promesse de terminer la guerre civile en six mois, sans intervention étrangère, et sans recourir à de nouveaux impôts et sans contracter d'emprunts. Martinez de la Rosa fit vainement observer tout ce qu'il y avait de vague et d'illusoire dans cette promesse, lorsque le ministre ne faisait pas connaître les ressources financières dont il prétendait faire usage. Mendizabal répondit : « Vous avez laissé l'Espagne en proie à l'anarchie, j'ai rétabli l'ordre ; vous ne saviez où trouver de l'argent et des soldats, j'ai levé et équipé cent mille hommes. Vous me demandez ce que je veux faire ; voyez ce que j'ai fait et ayez confiance. » La chambre n'exigea pas d'autres éclaircissements ; et dans la séance du 3 janvier 1836 elle accorda le vote de confiance qui lui était demandé.

On ne peut supposer que Mendizabal, en prenant des engagements si précis, et pour une époque si rapprochée, eût uniquement l'intention de tromper l'opinion publique. Il faut croire qu'il comptait sur des ressources chimériques, et que lui-même s'était abusé. Il annonçait avoir détruit l'anarchie ; et au moment où il proférait ces paroles, les troubles les plus déplorables éclataient à Barcelone. La nouvelle que les factieux venaient de mettre à mort des soldats et des miliciens tombés entre leurs mains, l'évasion d'un sergent et d'un lieutenant-colonel carlistes, qui s'étaient échappés de la prison, portèrent l'exaspération publique à un tel point, que le peuple se souleva et arracha de la citadelle et des *Atarazanas* [1] les prisonniers qu'on y tenait renfermés comme partisans de don Carlos. Ces malheureux étaient au nombre de cent quarante, et parmi eux se trouvait don Juan O'Donnell, un des chefs de l'armée carliste, qui avait été pris lors de la retraite de Guergué. Ils furent à l'instant même passés par les armes. Les monstres qui les assassinèrent portèrent la férocité jusqu'à faire rôtir la chair de ces infortunés et à en dévorer [2] des morceaux.

Dès que ce massacre fut connu à Tarragone, le peuple se disposa à en finir de la même manière avec une soixantaine de factieux qui étaient détenus aux présides et avec tous les habitants signalés comme carlistes ; mais le gouverneur civil parvint à sauver les prisonniers en les faisant embarquer sur deux frégates françaises et anglaises qui se trouvaient dans le port. En public Mendizabal appelait ces événements de légères agitations promptement réprimées. En pa culier il avouait que les assassinats Barcelone l'avaient perdu. En effet les ressources sur lesquelles il compt si son grand secret consistait, comme le pense, en la vente des biens du cle et en un plan d'entreprises d'amélio tion qu'il aurait concédées à des socié étrangères moyennant un certain nc bre de millions, ces événements ne ont pas laissé l'espoir de réussir. Q étranger eût voulu placer une pias seulement en Espagne, où régnaient désordre et l'anarchie ? Un autre emb ras vint encore aggraver les difficul de sa position. La loi électorale fut am dée et complétement modifiée ; et bi que cette décision ne portât pas atteir au principe du gouvernement, Men zabal crut devoir dissoudre les cort qui furent de nouveau convoquées po le 22 mars. Le discours prononcé par reine fut encore moins satisfaisant q le précédent. On y annonçait la présen tion du projet de loi électorale comi le seul moyen légal de reviser les ins tutions fondamentales du royaume. C tait annoncer que rien ne serait chan au statut royal, et ces paroles produi rent un vif mécontentement. L'oppo tion prit une force nouvelle. Le teri de six mois fixé par Mendizabal ét expiré depuis longtemps, et la guei continuait avec autant d'acharnemen rien n'avait été fait : le ministère n'ét pas même parvenu à se compléter. département des affaires étrangères celui de la marine étaient encore vacan Mendizabal aurait vivement désiré fc tifier son cabinet par l'adjonction deux capacités parlementaires : Galia et Isturiz étaient les hommes qu'il e voulu adjoindre à son administratio Mais Isturiz avait répondu que s'il a ceptait le pouvoir sa première parole s rait pour protester qu'il répudiait la re ponsabilité du vote de confiance et d promesses qui l'avaient provoqué. Apr l'ouverture de la session, quand il fa lut engager la lutte contre l'oppositio Mendizabal chercha encore à remp les vides qui existaient dans son adn nistration. Le comte d'Almodovar f nommé ministre des affaires étrangère Il fut remplacé à la guerre par le gén ral Rodil ; mais ces changements n'a

[1] Arsenal de marine de Barcelone.

[2] *Examen critico de las revoluciones de España*, por Miñano, 2e vol., note de la page 50.

portèrent aucune force nouvelle au cabinet. Enfin un vif dissentiment s'éleva entre la régente et Mendizabal. Celui-ci voulait destituer Cordova, général de l'armée du Nord, Quesada, capitaine général de Madrid, et quelques autres fonctionnaires. La reine ne le voulut pas. Le 15 mai, le ministre offrit sa démission, qui fut acceptée; c'est ainsi que Mendizabal tomba sans avoir accompli aucune de ses nombreuses promesses.

MINISTÈRE ISTURIZ. — DISSOLUTION DES CORTÈS. — EXPÉDITION DE BATANERO. — EXPÉDITION DE GOMEZ. — TROUBLES DE MALAGA. — RÉVOLUTION DE LA GRANJA.

Don Francisco Xavier Isturiz, membre de la chambre des procuradores, fut chargé de composer un cabinet. Isturiz conserva pour lui le ministère des affaires étrangères avec la présidence du conseil; don Angel de Saavedra, duc de Rivas, eut celui de l'intérieur; don Manuel Barrio Ayuso, celui de grâce et de justice; don Santiago Mendez Vigo fut placé à la guerre; Antonio Alcala Galiano à la marine; don Félix d'Olhaberriague y Blanco aux finances. Bien que les nouveaux ministres eussent tous donné des preuves de leurs opinions libérales, et que leur programme fût parfaitement approprié aux circonstances, ils furent reçus dans l'assemblée élective plutôt comme des intrus que comme les délégués de la couronne. Ils promettaient de suivre la voie du progrès, mais sans s'écarter de ce que prescrit la légalité, sans permettre les commotions populaires, et en réprimant au contraire les désordres et les attentats qui avaient déjà causé tant de mal à la chose publique. Ils ajoutaient qu'ils feraient tous leurs efforts pour qu'il fût donné le plus d'extension possible au traité de la quadruple alliance. Des promesses de cette nature ne pouvaient convenir à une assemblée dont les membres étaient pour la plupart sortis de l'émeute et des mouvements populaires. Lors de la première séance, à laquelle assistèrent les membres du nouveau cabinet, on donna lecture d'une protestation signée par quarante-six députés. Il y était dit: 1° que les pouvoirs extraordinaires accordés au gouvernement pendant la législature antérieure, aux termes du vote de confiance, avaient cessé à l'ouverture de la présente session; 2° que si les cortès étaient prorogées ou dissoutes avant le vote du budget, il ne serait permis de percevoir aucun impôt; 3° que tous les emprunts ou toutes les anticipations de crédit, de quelque nature qu'ils fussent, qui pourraient être contractés sans l'autorisation des cortès étaient d'avance déclarés nuls.

Ces propositions, combattues par le ministère, furent cependant adoptées; mais les députés voulurent donner une preuve encore plus flagrante de leur hostilité au cabinet. Dans la séance du 21 on présenta une motion signée par soixante-sept députés. On y proposait de déclarer que le ministère ne méritait pas la confiance de la chambre. Il fallait, ou que les conseillers de la couronne se retirassent, ou que la chambre fût dissoute. Ce fut ce dernier parti que la régente adopta. Dans l'exposé qui accompagna le décret royal, les ministres disaient:

Nous avons l'honneur d'exposer respectueusement à votre majesté qu'il serait avantageux de convoquer non des cortès semblables aux cortès précédentes, mais les cortès tant désirées, qui seront chargées de reviser nos lois politiques, et qui devront être élues d'après un mode qui leur donnera autant que possible le caractère de représentants des vrais intérêts et des opinions réelles du pays, et dans la forme que la dernière chambre des procuradores a jugée la meilleure. C'est ainsi qu'elles seront investies d'une plus grande autorité.

Cette proposition des ministres fut adoptée. Il fut décidé que les élections seraient faites en suivant la marche tracée par le projet que la chambre dissoute avait discuté, encore qu'il n'eût pas été voté par l'autre *Estamento*, et qu'il n'eût par conséquent aucune existence légale.

Le commandant en chef de l'armée du Nord fut appelé à Madrid pour conférer avec les ministres sur les moyens de terminer la guerre. La présence de Cordova dans la capitale servit cependant de texte à une foule de ces calomnies, de ces accusations absurdes dont les oppositions se montrent toujours prodigues. Les uns disaient qu'il était venu pour s'entendre avec les ministres sur les moyens à prendre afin de rétablir le système de *despotisme éclairé* de Zéa. D'autres prétendaient que le motif de son voyage était une transaction entre don Carlos et la reine. Ils ajoutaient que Villaréal, un des principaux chefs de l'armée carliste, était arrivé incognito pour stipuler au nom de son maître. Ces inventions mensongères étaient reçues avec empressement par le peuple, qui se plaisait à les commenter, comme si les conférences de Cordova et des nouveaux ministres n'étaient pas la chose la plus naturelle dans l'état où Mendizabal avait laissé la guerre civile. La Catalogne était sillonnée en tous les sens par les bandes de Tristani, de Ros d'Eroles, de Degallat, du Muchacho, de Brujo, de Torres, de Malloria, de Caballeria, de Boquica, et d'une foule de chefs qui ne laissaient pas un instant de repos aux colonnes chargées de les poursuivre. Sur les limites de l'Aragon et du royaume de Valence, Carnicer avait organisé une troupe nombreuse et redoutable. Déguisé en muletier, il traversait le pont de Miranda pour se rendre en Navarre, lorsqu'il fut arrêté et immédiatement fusillé ; mais il ne manqua pas de successeurs, et Cabrera, son émule, acquit bientôt une funeste célébrité.

On comprend que la plupart des guerilléros, hommes grossiers et sans éducation, fussent cruels et barbares ; mais Cabrera ne manquait pas d'une certaine instruction. Il avait quitté la soutane pour le métier de partisan, et cependant il les surpassait tous en férocité. Tout prisonnier qui tombait entre ses mains était impitoyablement sacrifié. On rapporte de ce chef un nombre infini d'actes sanguinaires. Peut-être l'esprit de parti a-t-il exagéré quelques-uns des faits qu'on lui reproche ; mais il en est beaucoup qui sont avérés, et les récits qu'on en a faits sont restés bien au-dessous de la vérité. Au reste, les adversaires qu'il combattait semblèrent vouloir lutter avec lui de férocité. La mère de Cabrera étant tombée entre les mains de don Agustin Nogueras, commandant général du bas Aragon, cet officier, sans respecter ni la vieillesse ni le sexe de cette infortunée, la fit traîner au supplice pour se venger sur elle de ce qu'il n'avait pas pu vaincre son fils. Ce crime atroce souleva dans tous les partis un cri général d'indignation. La honte tout entière en reste à celui qui l'a commis ; et le sang innocent de plus de trente femmes de mil- taires égorgées par Cabrera, à titre d représailles, retombera sur la tête d ceux qui ont donné l'exemple d'une horrible barbarie.

Le plan de Cordova tendait à concen trer la guerre dans les provinces bas ques, à la resserrer autant qu'il le pou rait, et à laisser l'armée du prétendan se consumer d'elle-même dans un pay dévasté par la misère, par l'incendie par la famine et par tous les maux qu la guerre entraîne à sa suite ; mais pou que ce plan réussît, il eût fallu pouvoi fermer partout le passage, et déjà sou le ministère Mendizabal, l'armée de do Carlos avait prouvé que les lignes ima ginées par Cordova étaient insuffisante pour la retenir. Une expédition de deu cents fantassins et de soixante cavalie commandée par le chanoine Batanero qui servait dans l'armée carliste en qualit de colonel, avait franchi l'Èbre, s'éta avancée jusqu'à quelques lieues de Ma drid ; mais, poursuivie par le comman dant général de Guadalaxara, elle ava été mise en déroute ; la plus grande pa tie de cette petite troupe avait été de truite, et Batanero avait été obligé d se jeter dans les montagnes avec ceu de ses soldats qui avaient échappé au de sastre. Malgré le mauvais succès de cett première tentative, don Carlos ne tard pas à en organiser une plus sérieuse Resserré dans quatre provinces jalouse de maintenir leur gouvernement repr sentatif, il se trouvait sans cesse en lutt avec des principes qui contrariaient se idées d'absolutisme ; d'ailleurs les res sources et le dévouement des Basques e des Navarrais ne pouvaient tarder à s' puiser. Il fallait donc à tout prix éten dre le théâtre de la guerre. Gomez fu chargé de conduire une petite armé dans les provinces qui étaient resté paisibles, afin d'y stimuler le zèle de partisans de don Carlos, et pour servir d point de ralliement. Il eût été impossib de confier cette mission à un offici plus capable de la mener à bien. Go mez réunissait toutes les qualités n cessaires pour la faire réussir. Né dan le royaume de Jaën, il s'était consac d'abord à l'étude des lois. La guer de l'indépendance le détermina à chang de carrière. Il fit partie des jeunes ge qui s'enrôlèrent pour s'opposer à l'invasion de l'Andalousie par le général Dupont. Il était monté de grade en grade jusqu'à celui de lieutenant-colonel. Ayant embrassé la cause de don Carlos, il fut choisi par Zumala-Carregui pour chef d'état-major, et élevé au grade de maréchal de camp. Il avait toujours montré beaucoup de sang-froid dans le danger et de modération dans la victoire. Il avait surtout le talent de se faire aimer du soldat. Il n'était pas considéré comme possédant une grande instruction militaire; mais l'événement a démontré que Gomez était bien au-dessus de la bonne opinion que l'on avait conçue de son mérite. Son expédition présente une grande analogie avec la course glorieuse entreprise, au douzième siècle, par Alphonse le Batailleur à travers l'Andalousie musulmane. Gomez s'est placé au premier rang parmi les généraux de notre époque. Sa gloire est pure de toute violence inutile; et il a prouvé qu'on peut unir la bravoure à la pitié.

Cordova, à son retour de Madrid, avait surtout concentré son attention sur la Navarre. Un mouvement que firent dix bataillons carlistes pour menacer la légion française, le détermina à se porter vers Pampelune à la tête d'une grande partie de ses forces; mais la démarche des carlistes n'était qu'une ruse; et pendant que Cordova marchait vers Pampelune, Gomez, à la tête de quatre bataillons et de deux escadrons, avec deux pièces de montagne, ce qui faisait en tout deux mille sept cents fantassins et cent quatre-vingts chevaux, partit, le 23 juin, de Salinas, traversa toute la Biscaye, arriva le 25 dans la ville d'Amurio, située sur le Nervion à quelques lieues au-dessous d'Orduña. Il en partit le 26, à deux heures du matin, et se mit en route pour les Asturies. Attaqué le 27 par le général Tello, commandant du corps de réserve qui s'était mis à sa poursuite, il commença par une victoire l'expédition qui lui était confiée, et après un engagement qui dura onze heures il força les christinos à se retirer et à lui laisser le chemin libre. Il continua sa route, traversa les Asturies en marchant par étapes régulières sans être inquiété, et entra, le 5 juin, à Oviédo. Cependant le général Espartero s'était mis avec treize bataillons à la poursuite de Gomez. C'était plus de force qu'il n'en fallait pour écraser la colonne carliste; mais la difficulté était de l'atteindre. Par les marches les plus rapides, par les manœuvres les plus hardies et les plus imprévues, Gomez déjoua constamment la poursuite de ses adversaires, et parcourut presque tout le royaume; néanmoins cette expédition n'eut pas le résultat que s'en promettaient les carlistes. Nulle part leur présence ne fit éclater l'insurrection; aucune province n'embrassa leur cause. Cette course à travers l'Espagne eut seulement pour effet de rendre entièrement vain le système de guerre adopté par Cordova, et d'augmenter le nombre et l'audace des bandes. Un parti de carlistes commandé par Basilio Garcia et Cuevillas s'avança, le 24 juillet, jusqu'à Sépulveda, à trente-huit kilomètres de Saint-Ildephonse, où la reine et la régente avaient été passer les chaleurs.

Ces événements contribuèrent beaucoup à exaspérer le parti exalté que la destitution de Mendizabal et la dissolution des cortès avaient vivement irrité. Malaga donna le signal de l'insurrection. Le capitaine général Saint-Just et le gouverneur civil, ayant voulu réprimer le désordre, furent assassinés, et le 26 juillet les révoltés nommèrent une junte de gouvernement qui proclama la constitution de 1812. Un semblable mouvement eut lieu à Cadix le 29, à Séville et Grenade le 30, à Cordoue le 31. Le 1er août, Saragosse et l'Aragon entier suivirent cet exemple. Badajoz en fit autant le 3, avec le reste de l'Estremadure; Valence, le 8; Alicante, Murcie, Castellon de la Plana et Carthagène, le 11; Barcelone et toute la Catalogne, le 13.

Madrid, malgré la vigilance et l'énergie de ses autorités, ne pouvait rester paisible au milieu de cette agitation générale.

Quand on sut les nouvelles de Malaga, le bruit se répandit qu'un mouvement allait éclater, et que la garde nationale y donnant les mains, la constitution serait proclamée [1]. Le 3 au soir la promenade du Prado était déserte, symptôme grave dans un pays où l'on ne se dérange pas

[1] *Lettres sur l'Espagne*, par M. Guéroult.

volontiers de ses habitudes. A la fin du jour les mécontents s'étant procuré des tambours, la générale battit par les rues. Les gardes nationaux, le fusil sur l'épaule, se rendirent précipitamment à leurs quartiers respectifs. Enfin vers les huit heures un rassemblement de quelques centaines de personnes, drapeau en tête, se présenta aux cris de : *Vive la constitution!* devant le poste de la plaza Mayor. Quesada se mit à la tête d'un bataillon du régiment de la reine régente, et sans tenir compte du nombre des révoltés il les fit prévenir qu'il allait immédiatement les attaquer s'ils ne se séparaient pas. Cette fermeté en imposa. On se retira; mais ce ne fut pas sans avoir tiré quelques coups de fusil et sans avoir poussé, suivant l'usage, des *vivat* et des cris de mort. Madrid fut aussitôt déclaré en état de siége. On défendit provisoirement la publication de quatre journaux de l'opposition les plus violents. Enfin on ordonna le désarmement de la garde nationale, dont tous les postes furent relevés par des régiments de ligne. Ces mesures rétablirent la tranquillité dans la capitale; et la reine ne jugeant pas que sa présence fût nécessaire à Madrid, continua à demeurer à la Granja.

Cependant le cabinet français, dont les sympathies pour la cause de la reine et de la liberté ne pouvaient être douteuses, alarmé des progrès de l'armée carliste et des secousses continuelles qui agitaient l'Espagne, avait pris la résolution de lui donner un appui efficace. Des forces qui devaient se joindre à la légion étrangère étaient déjà réunies sur la frontière, et même quelques centaines d'hommes étaient déjà entrés en Espagne, quand une nouvelle révolution vint effrayer les amis de l'ordre et arrêter l'envoi de ces secours.

Depuis [1] le commencement des chaleurs, la reine avait établi sa résidence à la Granja, à environ quatre-vingt-quinze kilomètres de Madrid. Vainement l'avait-on conjurée maintes fois de revenir à Madrid, où la présence du général Quesada la garantissait de toute insulte, rien n'avait pu la faire changer de résolution, ni l'alarme donnée le 24 par les carlistes, ni les troubles de Madrid. Cette circonstance, qui semble en elle-mê[me] de peu d'importance, a cependant eu [sur] les événements une influence décis[ive]. L'état de siége et le désarmement d[e la] garde nationale, ordonné par suite [des] événements du 3, n'avaient point déc[ou]ragé les exaltés; seulement, compri[més] à Madrid par l'énergie du capitaine [gé]néral, ils comprirent que c'était su[r la] Granja qu'il fallait porter tous leurs [ef]forts. Le 10 un certain nombre d'en[tre] eux partirent pour cette résidence, mu[nis] de sommes importantes, et les distrib[uè]rent aux sous-officiers des bataillons [qui] formaient la garde de la reine. On rép[an]dit le bruit que toute l'armée d'Arago[n et] de Navarre avait proclamé la consti[tu]tion de 1812; que l'obstination des [mi]nistres et de Quesada mettait seule o[bs]tacle à ce que la reine la jurât aussi [et] la fît adopter dans tout le royaume [Il] n'en fallut pas davantage pour les dét[er]miner à la révolte. Le vendredi 12 ao[ût] à huit heures du soir, le régim[ent] des milices provinciales qui form[ait] une partie de la garde de la reine à [la] Granja, se souleva aux cris de : *Viv[e la] constitution! Vive Isabelle II!* et se d[iri]gea en armes vers le palais, en chant[ant] l'hymne de Riégo. Les soldats du 4e [ré]giment d'infanterie de la garde se joig[ni]rent à lui.

A l'approche des insurgés, on a[vait] fermé les portes du palais. Le comm[an]dant général comte de San-Roman [et] les officiers, dont aucun ne prit par[t à] l'insurrection, firent de vains effo[rts] pour calmer les soldats; ceux-ci, exci[tés] par des agitateurs et enivrés par le [vin] qu'on leur avait donné à profusion, [ne] voulurent rien entendre. Quelques c[ris] de : *Meure San-Roman!* se mêlèr[ent] même à ceux de : *Meure Quesada.* Déjà [les] révoltés étaient parvenus à enfoncer u[ne] petite porte, qui heureusement ne c[on]duisait pas dans l'intérieur. On comm[en]çait à ébranler la porte principale; [des] coups de fusil se faisaient entendre; [on] parlait de faire venir du canon et de m[as]sacrer tout ce qui était dans le palais [si] la reine n'acceptait pas la constituti[on].

La régente, conservant une admira[ble] fermeté au milieu de la terreur génér[ale,] ordonna d'admettre dans ses appa[rte]ments une députation des révoltés. [On] les introduisit au nombre de douze, [...]

[1] *Lettres sur l'Espagne*, par M. Guéroult.

gents, caporaux, soldats et musiciens. Les orateurs de la troupe furent les sergents Higinio Garcia et Alexandre Gomez. La régente leur demanda ce qu'ils voulaient. Ils répondirent que c'était la constitution de 1812 et la liberté. Une longue discussion s'engagea alors; la reine essaya de leur faire sentir qu'ils ne comprenaient pas même l'objet de leur demande, et les soldats avouèrent *qu'en effet ils ne connaissaient pas la constitution, mais qu'on leur avait dit qu'elle était excellente; qu'elle améliorerait leur position; qu'elle diminuerait le prix du sel.* A ces déclarations faites d'un ton assez arrogant se mêlaient d'ailleurs des protestations de dévouement pour les deux reines.

Un officier, feignant de se tromper sur les termes de la constitution de 1812, leur représenta que cette constitution appelait don Carlos au trône à l'exclusion de sa nièce. *Pour don Carlos,* répondirent-ils, *nous n'en voulons pas, c'est un despote. Quant aux deux reines, qu'importe que la constitution les repousse? la nation les veut et saura bien les soutenir.*

Cette discussion ne dura pas moins de cinq heures; et cette longue résistance prouve combien la reine Christine montra, en cette circonstance, de présence d'esprit et de fermeté. A deux heures du matin, cédant aux instances des personnes qui l'entouraient, elle consentit à ce que la constitution fût provisoirement proclamée, et elle signa le décret suivant :

Comme reine régente d'Espagne j'ordonne et commande de publier la constitution politique de l'année 1812, en attendant (*en el interim*) que la nation, réunie en cortès, ait clairement exprimé sa volonté, ou qu'elle ait donné une autre constitution appropriée aux besoins du pays.

A la première nouvelle de ce mouvement, quelques groupes assez inoffensifs d'ailleurs se formèrent dans Madrid; ce fut seulement le dimanche 14 que les cris de : *Vive la constitution!* se firent entendre d'une manière plus menaçante. Le capitaine général avait à sa disposition fort peu de troupes : il avait dirigé quelques bataillons sur la Granja; d'autres étaient occupés à garder le parc d'artillerie, le palais et d'autres points importants; de telle sorte qu'il n'y avait peut-être pas deux cents hommes disponibles. Toutefois cette poignée d'hommes suffit à Quesada pour maintenir Madrid; il allait, à la tête de quatre cuirassiers seulement, dissipant les groupes, essuyant les coups de fusil qu'on lui tirait des fenêtres et de derrière les bornes, sans jamais riposter. Quand on le serrait de trop près, il faisait front, et son seul aspect suffisait pour mettre en déroute la foule qui le poursuivait de ses cris. Quesada tint de la sorte jusqu'à six heures; alors ayant à sa disposition plus de monde, il fit braquer du canon à la *Puerta del Sol* et sur la *Plaza Mayor*. Les postes furent renforcés, et il devint évident que l'autorité n'avait rien à craindre des manifestations, assez molles d'ailleurs, de la foule. Cependant, le soir quelques gardes nationaux, s'étant hasardés à reparaître en uniforme, s'emparèrent du couvent de los Basilios. On crut qu'ils allaient s'y défendre; point du tout : à la première sommation ils se rendirent, et furent faits prisonniers sans coup férir. Vers les neuf heures, Quesada fit afficher une proclamation par laquelle il suppliait les habitants de Madrid de rester calmes, et les prévenait que le ministre de la guerre était allé à la Granja prendre les ordres de la reine.

La nuit fut tranquille; mais le 15 au matin, à huit heures, le ministre de la guerre revint apportant l'ordre de faire proclamer la constitution : l'état de siége fut levé. La reine avait nommé de nouveaux ministres, donné l'ordre de réorganiser la garde nationale, et nommé Antoine Seoane capitaine général, en remplacement de Quesada. Alors tout changea de face. La veille, l'insurrection se composait de quelques centaines de personnes, la plupart enfants de douze à quinze ans; la population n'y prenait aucune part, non plus que la garde nationale, qui avait pourtant une belle occasion pour se montrer; mais à peine la constitution fut-elle proclamée, que vous eussiez vu une foule nombreuse, saisie d'une tardive exaltation, proférer des cris de mort contre ce même Quesada dont le regard les épouvantait la veille. Ils se dirigèrent vers la fabrique de tapis, où on le disait réfugié. Par une inconcevable imprudence, le malheureux Quesada, qui connaissait bien pourtant le jeu qu'il jouait, et qui avait fait son testament l'avant-veille, Quesada fut aperçu fuyant à cheval dans la direction d'Hortaleza. Ici commence une de ces scènes effroyables que la plume ne devrait jamais retracer, s'il ne fallait l'imprimer comme une brulûre d'infamie au front des lâches qui assassinent et des lâches qui laissent assassiner. Quesada, voulant se réfugier en France, sortit à cheval de Madrid, accompagné d'un seul domestique. Mais à peine avait-il fait sept kilomètres, qu'il s'arrêta pour son malheur à Hortaleza. Il fut reconnu, et les gardes nationaux de ce village le retinrent prisonnier et envoyèrent immédiatement à Madrid un messager pour y faire savoir cette arrestation. Quand les assassins qui cherchaient Quesada surent qu'il était retenu à Hortaleza, ils sortirent en hâte de Madrid, et bientôt ils arrivèrent. « Y a-t-il des gardes nationaux avec eux ? » demanda Quesada. « Oui, » lui répondit-on. « Alors je suis perdu. » On enfonce la porte ; il est percé de deux coups de baïonnette, son compagnon de fuite est massacré ; mais ce n'est pas assez : ces misérables, qui ne pouvaient lui pardonner la terreur qu'il leur avait causée, le coupèrent par morceaux, chacun en prit un lambeau, et le soir les oreilles de Quesada, étalées sur une table, furent montrées en grande pompe au café *Nuevo*, et d'infernales harpies criaient au Prado des lambeaux de sa chair.

MINISTÈRE CALATRAVA. — CONVOCATION DES CORTÈS. — VOTE D'UNE NOUVELLE CONSTITUTION.

L'assassinat de Quesada aurait été suivi ou accompagné de celui des ministres, si ceux-ci ne s'étaient cachés ou n'avaient pris la fuite pour se soustraire aux poignards de ceux qui les poursuivaient. Beaucoup de personnes qui passaient pour partisans du statut royal furent obligées d'en faire autant, et la chose en vint au point qu'il fut de mode de se cacher, ou du moins de dire avec un certain mystère à ses amis que l'on avait changé de demeure, tant on avait honte de paraître ami des gens qui avaient fait cette nouvelle révolution.

Le cabinet qui prit la direction des affaires se composait de : don José M
ria Calatrava, ministre des affaires étr
gères, président du conseil ; don M
riano Ejea, aux finances ; à l'intérie
Gil de la Cuadra ; à la guerre, le m
quis de Rodil ; au ministère de gr
et de justice, don José Landero y C
chado.

Quelques semaines plus tard le min
tère se modifia : Gil de la Cuadra pass
la marine. Il fut remplacé à l'intérie
par don Joaquin Maria Lopez ; don M
riano Ejea se retira des finances, d
la direction fut de nouveau confiée
Juan Alvarez Mendizabal.

Le premier sentiment des ministr
en arrivant au pouvoir, fut la crainte
se laisser entraîner aux excès qui avai
accompagné la révolution de 1820.
déclarèrent qu'en rétablissant provis
rement la constitution de 1812, on n
vait pas rétabli la foule de décr
émanés des cortès constitutionnelle
La funeste expérience qu'on avait
quise en 1823 remplissait d'inquiét
tous les amis de l'ordre, et si don Car
se fût présenté en ce moment, offr
au pays les garanties d'une administ
tion ferme ; s'il se fût montré animé
dées tant soit peu raisonnables, s'il
fait entendre les mots d'oubli et de t
rance, il eût rallié à son parti la major
des gens paisibles. Ce moment fut le p
dangereux pour la couronne d'Isabel
mais elle reçut bientôt un secours in
tendu. Ce fut don Carlos lui-même
ferma la porte à tout espoir de transacti
entre son parti et les hommes de bon se
Avec une stupidité qu'on ne peut co
prendre à l'époque où nous vivons,
qui peint bien l'aveuglement et le fa
tisme des hommes dont le prétend
était entouré, il avait déjà déclaré
Vierge des Douleurs généralissime
son armée. A la nouvelle des événeme
de la Granja, il lança un décret, ou p
tôt une espèce de mandat pastoral,
gné à Aspeitia le 25 août et contre-sig
par son ministre universel don J
Bautista Erro ; dans cet acte, il ord
nait de faire des prières publiques et
crètes, en invoquant l'intercession d
Vierge des Douleurs pour obtenir l'
termination du parti libéral, qu'il sig

[1] Décret royal du 20 août 1836.

lait comme composé uniquement d'hommes *impies, féroces et ennemis de Jésus-Christ*.

En recevant ce singulier document, le gouvernement comprit tout le parti qu'il pouvait en tirer. C'était un secours inespéré, et il s'empressa de le publier dans tous les journaux pour contre-balancer l'effet produit par la nouvelle de ses désastres militaires. A peu près à la même époque, les ministres, dans un rapport à la reine, exposèrent que la constitution ne doit pas être considérée comme une institution politique, mais bien plutôt comme un monument de gloire; qu'il n'est pas un Espagnol qui puisse méconnaître ses imperfections; ils rappelèrent que cette constitution n'avait été publiée que provisoirement et seulement jusqu'à ce que la nation réunie en cortès eût manifesté sa volonté. Enfin un décret royal convoqua la nation en cortès générales pour le 24 octobre, et ordonna que les élections fussent faites conformément aux dispositions de la constitution de 1812.

L'ouverture des cortès eut lieu au jour indiqué, et la régente rappela dans son discours que la principale mission de cette assemblée était de réformer la constitution et d'établir les bases de la nouvelle organisation sociale. La commission chargée par les cortès de préparer le projet de constitution présenta son rapport dans la séance du 24 février 1837. Miñano, adversaire déclaré de la révolution de 1836, a dit avec esprit qu'il y avait cependant un moyen de faire de la constitution de 1812 une constitution parfaite : qu'il suffisait pour cela d'en ôter ce qu'elle contenait de trop et d'y ajouter ce qui manquait. Ce fut le procédé adopté par les cortès. On réduisit les trois cent quatre-vingt-quatre articles de la constitution de Cadix à soixante-dix-neuf; on écarta du nouveau code les dispositions qui, dans la loi de 1812, énervaient la puissance royale : on y ajouta ce qui manquait, de manière à faire véritablement une loi nouvelle. Le 18 juin, jour choisi pour cette cérémonie, la reine régente prêta serment à la constitution nouvelle, qui fut dans la soirée proclamée solennellement par les autorités de Madrid.

Voici le texte littéral de cette loi, qui forme depuis dix ans le pacte fondamental de l'Espagne :

Constitution de la monarchie espagnole.

TITRE Ier. — *Des Espagnols.*

Art. 1er. Sont Espagnols : 1° tous les individus nés dans les domaines d'Espagne; 2° les enfants de père ou mère espagnols quoique nés en pays étrangers; 3° les étrangers qui auraient obtenu des lettres de naturalisation; 4° ceux qui, sans les avoir obtenues, auraient acquis domicile dans un endroit quelconque de la monarchie.

La qualité d'Espagnol se perd par la naturalisation acquise en pays étranger, et par l'acceptation d'emplois conférés par un autre gouvernement sans autorisation du roi.

Art. 2. Tous les Espagnols ont le droit de faire imprimer et publier librement leurs opinions, sans être soumis à la censure, en se conformant aux lois.

La qualification des délits de la presse appartient exclusivement au jury.

Art. 3. Tout Espagnol a le droit d'adresser, par écrit, des pétitions aux cortès et au roi de la manière qui sera déterminée par les lois.

Art. 4. Les mêmes codes régiront toute la monarchie; et il n'y aura qu'une seule juridiction pour les Espagnols dans les jugements ordinaires, tant au civil qu'au criminel.

Art. 5. Tous les Espagnols sont admissibles aux charges et emplois publics, d'après leur mérite et leur capacité.

Art. 6. Tout Espagnol est obligé de prendre les armes pour défendre la patrie lorsqu'il en sera requis par la loi, et de contribuer en proportion de sa fortune aux charges de l'État.

Art. 7. Nul Espagnol ne pourra être arrêté ni emprisonné, ni enlevé de son domicile; et nulle visite domiciliaire ne pourra être faite si ce n'est dans les cas prévus par la loi et dans les formes qu'elle prescrit.

Art. 8. Si la sûreté de l'État exigeait dans des circonstances extraordinaires la suspension temporaire, dans toute la monarchie, ou dans une partie seulement, des dispositions prescrites dans les articles précédents, ce cas serait déterminé par une loi.

Art. 9. Nul Espagnol ne peut être jugé ni condamné par le juge ou tribunal compétent, si ce n'est en vertu de lois antérieures au délit, et d'après la forme que celles-ci prescrivent.

Art. 10. La peine de confiscation ne sera

jamais imposée, et aucun Espagnol ne sera privé de sa propriété, si ce n'est pour cause d'utilité publique justifiée et moyennant une indemnité préalable.

Art. 11. La nation s'oblige à pourvoir à l'entretien du culte et des ministres de la religion catholique, que professent les Espagnols.

TITRE II. — *Des cortès.*

Art. 12. Le pouvoir de faire des lois réside dans les cortès avec le roi.

Art. 13. Les cortès se composent de deux corps co-législatifs, égaux en facultés : le sénat et le congrès des députés.

TITRE III. — *Du sénat.*

Art. 14. Le nombre des sénateurs sera égal aux trois cinquièmes de celui des députés.

Art. 15. Les sénateurs seront nommés par le roi sur une liste de trois candidats proposés par les électeurs, qui, dans chaque province, nomment les députés aux cortès.

Art. 16. Chaque province a le droit de proposer un nombre de sénateurs proportionné à sa population ; mais toutes devront en avoir un pour le moins.

Art. 17. Pour être sénateur il faut être Espagnol et âgé de quarante ans accomplis, posséder les moyens de subsistance et remplir en outre les conditions déterminées par la loi électorale.

Art. 18. Tous les Espagnols qui réuniraient ces conditions peuvent être proposés pour sénateurs par une province quelconque de la monarchie.

Art. 19. Chaque fois qu'on procédera à l'élection générale des députés tant à cause de l'expiration du terme de leur charge que par suite de la dissolution de la chambre des députés, on renouvellera par ordre d'ancienneté le tiers des sénateurs, lesquels pourront être réélus.

Art. 20. Les fils du roi et ceux de l'héritier présomptif de la couronne sont sénateurs à l'âge de vingt-cinq ans.

TITRE IV. — *Du congrès des députés.*

Art. 21. Chaque province nommera un député au moins par 50,000 âmes de population.

Art. 22. Les députés seront élus suivant le mode direct, et pourront être réélus indéfiniment.

Art. 23. Pour être député, il faut être Espagnol de l'ordre séculier, âgé de vingt-cinq ans accomplis, et réunir les autres conditions déterminées par la loi électorale.

Art. 24. Tout Espagnol qui réunit toutes ces conditions peut être nommé député par une province quelconque.

Art. 25. Les députés seront élus pour tr ans.

TITRE V. — *De la réunion et des facult des cortès.*

Art. 26. Les cortès se réunissent tous l ans. Le roi a le droit de les convoquer, de l suspendre et de former leurs sessions, et d dissoudre le congrès des députés ; mais il e tenu, dans ce dernier cas, de convoquer d nouvelles cortès, et de les réunir dans le dél de trois mois.

Art. 27. Si le roi laissait passer une an née sans réunir les cortès avant le 1er dé cembre, elles devront s'assembler ce jour-là et dans le cas où le terme de la mission de députés expirerait dans l'année, on commen cera les élections le premier dimanche d'octo bre pour faire de nouvelles nominations.

Art. 28. Les cortès extraordinaires se réu niront immédiatement si le trône venait vaquer, et lorsque par une circonstance quel conque le roi se trouverait dans l'impossibilit de gouverner.

Art. 29. Chacun des corps co-législatif forme le règlement de son organisation inté rieure et vérifie la légalité des élections, ains que les qualités des personnes qui les compo sent.

Art. 30. Le congrès des députés nomm ses président, vice-président, et secrétaires

Art. 31. Le roi nomme pour chaque lé gislature, parmi les sénateurs, les président vice-président, et le président choisit les se crétaires.

Art. 32. Le roi ouvre et ferme les cortès en personne ou par ses ministres.

Art. 33. L'un des corps co-législatifs ne pourra être réuni sans que l'autre ne le soi également, sauf le cas où le sénat aurait à juger les ministres.

Art. 34. Les corps co-législatifs ne peuvent délibérer réunis ensemble, ni en présence du roi.

Art. 35. Les séances du sénat comme celles du congrès seront publiques, et ne pourront être secrètes que dans les circonstances qui exigent de la réserve.

Art. 36. Au roi et à chacun de ces corps appartient l'initiative des lois.

Art. 37. Les lois sur les contributions et le crédit public seront d'abord présentées au congrès des députés ; et si le sénat y fai quelques changements que l'autre chambre n'approuve pas ensuite, la décision définitive des députés passera à la sanction royale.

Art. 38. Les résolutions se prendront à la pluralité absolue des voix dans chacun de corps co-législatifs ; mais pour voter les lois la présence de la moitié plus un de la totalité des députés est indispensable.

Art. 39. Si l'un des corps co-législatifs rejette un projet de loi, ou bien si le roi refuse de le sanctionner, aucun autre projet sur la même matière ne sera représenté dans la même session.

Art. 40. Outre la puissance législative exercée collectivement par les cortès et le roi, elles ont encore les facultés suivantes :

1° Recevoir du roi, de l'héritier présomptif de la couronne, de la régente ou régent du royaume le serment d'observer la constitution et les lois ; 2° aplanir tous les doutes qui s'élèveraient en fait ou en droit, sur l'ordre de la succession au trône ; 3° d'élire un régent ou la régence du royaume, et nommer un tuteur au roi mineur dans les cas prévus par la constitution ; 4° rendre effective la responsabilité des ministres qui seront accusés par le congrès et jugés par le sénat.

Art. 41. Les sénateurs et les députés sont inviolables pour les opinions et les votes qu'ils ont émis dans l'exercice de leurs fonctions.

Art. 42. Les sénateurs et les députés ne pourront être poursuivis ni arrêtés pendant la durée des sessions, sans la permission du corps co-législatif auquel ils appartiendront, à moins qu'ils ne soient pris en flagrant délit ; mais dans ce cas et dans celui où ils seraient poursuivis et arrêtés, et dans l'intervalle des sessions, on devra en rendre compte, le plus tôt possible, au corps co-législatif dont ils feraient partie, afin qu'il en ait connaissance et puisse prendre une résolution.

Art. 43. Les députés ou sénateurs qui accepteraient du gouvernement ou de la maison royale une pension, un emploi qui ne leur serait pas dû par droit d'ancienneté, une commission rétribuée, des honneurs ou des décorations, seront soumis à la réélection.

TITRE VI. — *Du roi.*

Art. 44. La personne du roi est sacrée et inviolable et n'est soumise à aucune responsabilité. Les ministres sont responsables.

Art. 45. La puissance exécutive appartient au roi, et son autorité s'étend à tout ce qui a pour but la conservation de l'ordre public dans l'intérieur, et la sûreté de l'État à l'extérieur, conformément à la constitution et aux lois.

Art. 46. Le roi sanctionne et promulgue les lois.

Art. 47. Indépendamment des prérogatives que la constitution accorde au roi, il peut encore : 1° rendre des décrets, faire des règlements et ordonnances pour l'exécution des lois ; 2° veiller à ce que prompte et bonne justice soit administrée dans toute l'étendue du royaume ; 3° faire grâce aux coupables conformément aux lois ; 4° déclarer la guerre ; faire et ratifier la paix, à condition d'en rendre ensuite aux cortès un compte justifié ; 5° disposer de la force armée en la distribuant de la manière la plus convenable ; 6° diriger les relations politiques et commerciales avec les autres puissances ; 7° faire fabriquer la monnaie, qui portera son effigie et son nom ; décréter l'emploi des fonds destinés à chacune des branches de l'administration publique ; nommer à tous emplois publics et accorder des honneurs et des distinctions de toute nature en se conformant aux lois ; 8° nommer et renvoyer librement les ministres.

Art. 48. Le roi a besoin d'être autorisé par une loi spéciale : 1° pour aliéner, céder ou échanger une portion quelconque du territoire espagnol ; 2° pour recevoir dans le royaume des troupes étrangères ; 3° pour ratifier les traités d'alliance offensive, ceux relatifs au commerce, et ceux qui stipuleraient des subsides en faveur d'une puissance étrangère ; 4° pour s'absenter du royaume ; 5° pour se marier et pour permettre le mariage des personnes qui sont ses sujets et que la constitution appelle à la succession du trône ; 6° pour abdiquer la couronne en faveur de son successeur immédiat.

Art. 49. La dotation du roi et de sa famille sera fixée par les cortès, au commencement de chaque règne.

TITRE VII. *De la succession au trône.*

Art. 50. La reine des Espagnols est Isabelle II de Bourbon.

Art. 51. La succession au trône des Espagnes sera d'après l'ordre ordinaire de primogéniture et de représentation, préférant toujours la ligne antérieure aux suivantes ; dans la même ligne le degré le plus proche au plus éloigné, dans le même degré le sexe masculin au sexe féminin ; et dans le même sexe la personne la plus âgée à la plus jeune.

Art. 52. Si les lignes des descendants légitimes d'Isabelle II de Bourbon venaient à s'éteindre, sa sœur et ses oncles, frères et sœurs de son père, ainsi que leurs descendants légitimes, s'ils n'étaient point exclus, lui succéderont.

Art. 53. Si toutes les lignes indiquées venaient à s'éteindre, d'autres personnes seront appelées par les cortès en consultant l'intérêt de la nation.

Art. 54. Les cortès devront exclure de la succession toutes les personnes qui seraient incapables de gouverner ou qui seraient coupables de quelque acte entraînant la perte du droit à la couronne.

Art. 55. Lorsqu'une femme régnera, son mari ne prendra aucune part au gouvernement du royaume.

TITRE VIII. *De la minorité du roi et de la régence.*

Art. 56. Le roi est mineur jusqu'à l'âge de quatorze ans accomplis.

Art. 57. Si le roi ne peut exercer son autorité, ou si le trône vient à vaquer pendant la minorité du successeur immédiat, les cortès nommeront, pour gouverner le royaume, une régence formée d'une, de trois ou de cinq personnes.

Art. 58. Jusqu'à ce que les cortès nomment la régence le royaume sera provisoirement gouverné par le père ou la mère du roi, et à défaut de ceux-ci par le conseil des ministres.

Art. 59. La régence exercera toute l'autorité du roi, au nom duquel tous les actes du gouvernement seront publiés.

Art. 60. Sera tuteur du roi mineur l'individu que le roi aura nommé dans son testament, pourvu qu'il soit Espagnol de naissance; s'il n'a nommé personne, la tutelle appartiendra au père ou à la mère, tant que durera leur veuvage. A défaut de ceux-ci, les cortès nommeront le tuteur; mais cette charge et celle du régent ne pourront jamais être réunies, si ce n'est dans la personne du père ou de la mère du roi.

TITRE IX. *Des ministres.*

Art. 61. Tout ce que le roi ordonne ou dispose, dans l'exercice de son autorité, sera contre-signé par le ministre compétent, et aucun fonctionnaire public ne mettra à exécution ce qui ne serait pas revêtu de cette formalité.

Art. 62. Les ministres peuvent être sénateurs ou députés et prendre part aux discussions des deux corps co-législatifs; mais ils ne pourront voter que dans celui auquel ils appartiendront.

TITRE X. *Du pouvoir judiciaire.*

Art. 63. Le pouvoir d'appliquer les lois tant au civil qu'au criminel appartient exclusivement aux tribunaux et aux juges, sans qu'ils puissent exercer d'autre emploi que celui de juger et de faire exécuter les jugements.

Art. 64. Les lois détermineront les tribunaux et les juges qui devront être établis; l'organisation et les attributions de chacun d'eux, la manière de les exercer, et les conditions requises dans les personnes qui les co posent.

Art. 65. Les jugements en matière cri nelle seront publics, d'après la forme déter née par les lois.

Art. 66. Aucun magistrat ou juge ne s privé de son emploi temporaire ou viager ce n'est en vertu d'une sentence exécutoi ni suspendu de ses fonctions que par un a judiciaire ou en vertu d'ordre du roi, qua celui-ci, par de justes motifs, le fera juger un tribunal compétent.

Art. 67. Les juges sont personnellem responsables de toute infraction aux lois qu commettraient.

Art. 68. La justice s'administre au nom roi.

TITRE XI. *Des députations provinciale et des municipalités.*

Art. 69. Dans chaque province il y aura u députation provinciale composée d'un nom de personnes déterminé par la loi, et personnes seront nommées par les mêmes él teurs que ceux des députés aux cortès.

Art. 70. Chaque ville ou village aura, p son administration intérieure, une munici lité nommée par les habitants du lieu auxqu la loi accorde ce droit.

Art. 71. La loi déterminera l'organisati et les attributions des députations provin les et des municipalités.

TITRE XII. *Des contributions.*

Art. 72. Tous les ans le gouvernement p sentera aux cortès le budget général des penses de l'État pour l'année suivante, ai que celui des voies et moyens, de même les comptes du recouvrement et de l'em des deniers publics, afin qu'ils soient exa nés et approuvés.

Art. 73. On ne pourra imposer ni pe voir aucune contribution qui n'ait été a risée par la loi du budget ou par toute a loi spéciale.

Art. 74. Une semblable autorisation nécessaire pour disposer des propriétés l'État et faire des emprunts sur le crédit la nation.

Art. 75. La dette publique est spéci lement placée sous la sauve-garde de l'Ét

TITRE XIII. *De la force militaire nation*

Art. 76. Les cortès fixeront tous les sur la proposition du roi, la force militaire manente de terre et de mer.

Art. 77. Il y aura dans chaque prov des corps de milice nationale, dont l'org sation et le service seront réglés d'après loi spéciale; et le roi pourra, en cas de néces disposer de cette force dans l'intérieur de la province; mais hors de ces limites il ne pourra jamais l'employer sans l'autorisation des cortès.

Articles additionnels.

Art. 1er. Les lois détermineront à quelle époque et de quelle manière sera organisé le jugement par jury pour toutes espèces de délits.

Art. 2. Les provinces d'outre-mer seront gouvernées par des lois spéciales.

Palais des cortès, Madrid, le 8 juin 1837.

SUITE DE L'EXPÉDITION DE GOMEZ. — DÉMISSION DE CORDOVA. — IL EST REMPLACÉ PAR ESPARTERO. — SIÉGE DE BILBAO. — INCURSION DE ZARATIÉGUI DANS LA CASTILLE. — DON CARLOS AUX PORTES DE MADRID. — MAROTO. — ARRANGEMENT DE BERGARA. — LA REINE CHRISTINE EST FORCÉE D'ABANDONNER LA RÉGENCE. — ESPARTERO EST ÉLU RÉGENT. — CONCLUSION.

Il serait trop long et sans beaucoup d'intérêt d'entrer dans le détail de toutes les opérations militaires. Il suffit de signaler les principaux événements de la guerre. Ainsi nous ne suivrons pas dans toutes ses marches la colonne aventureuse de Gomez. Toujours poursuivie par des forces supérieures, elle leur échappait sans cesse. Au commencement de septembre, Gomez était passé dans la province de Cuenca, et de là dans la Manche pour se joindre à Cabrera et à d'autres bandes. Le plan de ces chefs était, dit-on, de concentrer toutes leurs forces, et de marcher ensuite sur Madrid. Mais si tel était leur dessein, on ne leur laissa pas le temps de l'effectuer. Le 19 au matin les troupes de la reine arrivèrent à l'improviste devant Villa-Robledo, et surprirent Gomez et ses auxiliaires, qui ne s'attendaient pas à être attaqués. Le colonel don Diego Léon, chargeant avec intrépidité à la tête de ses hussards, culbuta la cavalerie carliste, et décida promptement la victoire. Un grand nombre de prisonniers, des armes, des bagages, restèrent entre les mains des christinos, et les carlistes se réfugièrent en toute hâte dans la Sierra-Morena; mais on eût dit que la défaite qu'ils venaient d'éprouver devait seulement stimuler leur ardeur. Ils se dirigèrent par Infantes et Villa-Manrique, arrivèrent le 24 à Ubeda, le 26 à Baeza, et allèrent le 30 attaquer Cordoue, qui se rendit après une faible résistance. Ils emportèrent, dit-on, de cette ville d'immenses richesses enlevées aux églises et aux couvents. Ils allèrent ensuite attaquer Almaden, dont ils se rendirent maîtres malgré la résistance de George Plinter, commandant de la colonne d'Estremadure. Ils firent encore ensemble plusieurs expéditions, puis ils se séparèrent au commencement de novembre. Cabrera retourna en Aragon, et Gomez se dirigea vers les montagnes de Ronda. Mais il n'y trouva pas pour les prétentions de don Carlos les sympathies qu'il s'était promises. Il parcourut ensuite l'Andalousie, et s'avança jusqu'à Algéciras et jusqu'à San-Roque. Un détachement de son armée fut atteint et mis en déroute par le général Narvaez dans les environs d'Arcos; cette défaite et celle de Villa-Robledo furent les seules qu'il éprouva pendant sa longue excursion. Enfin, au moment où les généraux Alaix, Narvaez et Rivero croyaient l'avoir cerné au fond de l'Andalousie, il leur échappa tout à coup, et reprit le chemin de la Biscaye. Sa retraite fut aussi admirable que toute son expédition. Ni Narvaez, ni Alaix, ni personne ne réussit plus à l'atteindre, et il arriva sain et sauf à Orduña le 20 décembre, cinq mois et vingt-quatre jours après en être parti. Il ramena en Biscaye plus de monde qu'il n'en avait emmené, et quant au butin qu'il rapporta, sans doute il fut assez considérable, puisqu'il permit de payer à toute l'armée carliste la solde arriérée.

Nous nous sommes laissé entraîner à la suite de Gomez. Il faut maintenant nous reporter au moment où a éclaté la révolution de la Granja. Cordova s'était vu l'objet des attaques les plus passionnées de la part des exaltés, qui lui imputaient le mauvais succès de la guerre, comme s'il ne fallait pas faire entrer en ligne de compte le dénûment complet où l'armée était laissée. Ce général d'ailleurs n'était pas au nombre des partisans de la constitution de Cadix. Il présenta donc de nouveau sa démission, qu'il avait déjà offerte sous l'administration de Mendizabal. Cette fois elle fut acceptée, et il se retira en France.

Le décret du 20 août qui nommait

Rodil ministre de la guerre lui conférait également le commandement de l'armée du Nord; mais ce général ne pouvait rester à la tête de l'administration et diriger les opérations militaires. Le 16 septembre, le commandement de l'armée du Nord fut donc confié à don Baldomero Espartero, qui fut nommé en même temps vice-roi de Navarre et capitaine général des provinces Basques. Plus heureux que ses prédécesseurs, Espartero arriva quand l'ardeur des passions commençait à s'éteindre, quand les ressources des provinces insurgées commençaient à s'épuiser, quand leur dévouement commençait à tiédir. Cependant il y avait déjà trois mois qu'il avait pris le commandement, et nulle action d'éclat n'était encore venue justifier la confiance qu'on avait mise en lui. L'armée espagnole, éparpillée à la poursuite de Gomez, désorganisée, démoralisée, semblait condamnée à l'inaction, tandis que les carlistes attaquaient avec la plus grande partie de leurs forces la capitale de la Biscaye. Déjà, on se le rappelle, la fortune du prétendant était venue se briser contre les murs de Bilbao. La balle qui avait frappé Zumala-Carregui était partie de cette ville; et il semble qu'ils devaient craindre de s'en approcher. Cependant elle était si opulente, elle promettait tant de ressources, qu'ils se laissèrent encore tenter par cette riche proie. D'ailleurs, cette fois, ce ne fut plus, comme au temps de Zumala-Carregui, avec cinq pièces mal approvisionnées qu'ils entreprirent le siége. Leur artillerie était formidable, et tous ceux qui s'intéressaient au sort de l'Espagne craignaient à chaque instant d'apprendre que Bilbao avait succombé. On se demandait comment une ville défendue seulement par quelques ouvrages de campagne pouvait résister aussi longtemps. Cependant le siége durait depuis deux mois, lorsque dans la soirée du 22 au 23 décembre Espartero fit embarquer trente-deux compagnies d'élite sur des trincadoures manœuvrées par des soldats de la marine anglaise et conduites par des officiers anglais. Un brouillard épais qui couvrait la rivière empêcha les carlistes d'apercevoir ce mouvement, et la marine anglaise vint débarquer ces troupes d'élite au pont de Luchana, situé sur la rivière de Bilbao, à six kilomètres environ au-dessous de la v
C'était le centre des positions carlis
Mais comme ce point semblait m
exposé à une agression, et qu'il fal
pour l'attaquer le concours d'une fo
maritime, il était moins garni de tr
pes. Les carlistes, surpris au milieu
leurs positions, se défendirent a
acharnement. Le combat dura u
grande partie de la nuit; enfin sur
deux heures du matin, les christinos
trouvant maîtres de tous les points
plus importants, les carlistes fur
forcés de se retirer, abandonnant l
artillerie et toutes leurs munitions.
succès de cette affaire était dû en gra
partie à la marine anglaise; mais Esp
tero en recueillit l'honneur; et en sou
nir de cette victoire il reçut le titre
comte de Luchana. La levée du siége
Bilbao aurait entraîné les conséquen
les plus funestes pour le parti de don C
los, si l'armée de la reine avait eu as
de force pour en profiter; mais des de
côtés on était également épuisé par
efforts qu'on avait faits; et, comme d'
commun accord, on resta deux m
dans l'inaction; ce fut seulement v
le milieu du mois de mars 1837 qu'E
partero reprit les opérations; m
alors l'influence morale de la victoi
était à peu près dissipée. Les carlist
avaient réorganisé leur armée. Le thé
tre de la guerre, loin de s'être r
treint, s'agrandissait tous les jours
c'était un incendie qui gagnait de proc
en proche, et qui menaçait de consum
toute la Péninsule. On se battait en Cat
logne, en Aragon, dans le royaume
Valence. Don Carlos, avec une partie
son armée, franchit l'Èbre, traversa l'
ragon, et passa dans le royaume de V
lence; tandis que, pour faire diversio
une dizaine de bataillons et trois cen
chevaux, commandés par le géné
Zaratiégui, après avoir passé ce fleuve
gué, le 22 juillet 1837, pénétra dans
Vieille-Castille, mit à contribution qu
ques villes des rives du Duero, et vi
tout à coup se présenter devant Ségovi
qui n'était pas en état de se défendr
Elle n'avait pour toute garnison q
trois cents soldats, deux cents gardes n
tionaux et le collége militaire des cade
établi dans l'Alcazar. Néanmoins la vil
ne se rendit qu'après une résistan

honorable. Les élèves du collége s'étaient particulièrement signalés; et non-seulement la capitulation leur accorda de sortir avec armes et tambours battants, d'emporter tous les effets du collége et les bagages des personnes qui y étaient attachées, mais encore les assiégeants les escortèrent, pour leur faire honneur, jusqu'à deux lieues de la ville. Quant à la milice et à la troupe, elles sortirent sans armes; les officiers conservèrent seuls leur épée.

Ces mouvements des carlistes déterminèrent Espartero à revenir à Madrid avec onze bataillons et quelques escadrons. Après avoir rassuré la capitale par sa présence, il en sortit pour aller à la recherche de l'expédition de don Carlos. Mais celui-ci s'était jeté dans les montagnes de la province de Cuenca, vers le commencement de septembre. Il vint traverser le Tage à Fuentidueña, et arriva en vue de Madrid le 12 septembre 1837. Il établit même quelques-uns de ses bataillons à l'octroi de Ballecas [1]. Il espérait sans doute que sa présence provoquerait quelque mouvement dans la capitale; mais personne ne bougea : ce dut être pour lui un triste désenchantement. Toutes ses espérances chimériques s'en allaient en fumée. Madrid restait tranquille; d'un autre côté, Espartero revenait en toute hâte. Aussi don Carlos, craignant de se voir couper la retraite, jeta un dernier coup d'œil sur les clochers de la ville royale, et se remit en route le soir même de son arrivée. Il remonta vers le nord pour opérer sa jonction avec la colonne de Zaratiégui, et quand il l'eut atteinte, les deux colonnes réunies se hâtèrent de regagner leurs cantonnements des provinces Basques. Il était certain dès lors, pour les moins clairvoyants, qu'il n'y avait plus pour don Carlos de succès possible; car il n'avait rencontré partout que la haine ou l'indifférence au lieu de l'enthousiasme qu'il s'était flatté d'exciter.

Au commencement de l'année suivante, don Carlos, fidèle à la tactique adoptée par ses conseillers, envoya une expédition dans les Asturies et la Castille. Il en donna le commandement au comte de Negri; mais cette colonne, atteinte par les troupes de la reine dans les montagnes de Burgos, fut entièrement détruite, et Negri put à peine s'échapper avec quelques débris de sa division. Cependant l'année 1838 ne fut pas heureuse pour les armées de la reine. Le général Oraa, ayant été mettre le siége devant la ville de Morella, dont les carlistes étaient en possession, donna deux fois inutilement l'assaut à la ville, et fut obligé de se retirer, emmenant avec lui plus de huit cents blessés.

Ce revers fut bientôt suivi d'un autre malheur. Le 1er octobre, la division du général Pardinas sortit de Maella par la route d'Alcañiz. Elle était en marche depuis environ une heure, lorsqu'elle rencontra neuf bataillons et cinq escadrons carlistes commandés par Cabrera. Elle fut attaquée, culbutée, mise en déroute; Pardinas, criblé de blessures, dont il mourut bientôt, fut fait prisonnier avec une partie des troupes qu'il commandait, et Cabrera, cédant à ses habitudes de férocité, fit passer par les armes quatre-vingt-seize sous-officiers qui lui étaient tombés entre les mains.

Quelque avantageux qu'aient été pour les carlistes le siége de Morella et la défaite de Pardinas, cependant ces événements ne purent rendre au prétendant le prestige qu'il avait perdu. Depuis la mort de Zumala-Carregui, le commandement était passé successivement entre les mains d'une foule de chefs : Eraso, Eguia, Villareal, d'autres encore, avaient eu la faveur de don Carlos, puis étaient tombés dans sa disgrâce; car ce prince malheureux, dominé par une bande de moines intrigants et fanatiques, était incapable d'apprécier le mérite et les services de ses plus fidèles serviteurs. Gomez, au retour de sa périlleuse expédition, avait été arrêté, mis en jugement; et bien qu'il ait été rendu à la liberté, nous n'avons plus trouvé son nom glorieux parmi ceux des défenseurs auxquels don Carlos donnait sa confiance. Cette ingratitude glaça nécessairement bien des dévouements; et quand les provinces insurgées virent ce prince revenir de son expédition contre la capitale sans qu'un village se fût soulevé en sa faveur, elles ouvrirent les yeux, et comprirent le triste jeu auquel elles épuisaient leurs ressources et

[1] Ballecas est situé à six kilomètres environ au sud-est de Madrid, sur la route de Valence.

leur repos. Le cri : *Paz y fueros!* (la paix et nos libertés), qui s'était déjà fait entendre, éclata de nouveau. Tous ceux qui appréciaient sainement la position des choses firent des vœux pour la paix, puisque désormais la guerre était sans but, et de ce parti se trouvaient le célèbre père Cirile, les généraux Maroto, Villareal, Urbistondo, Gomez, Guibelalde, Eguia, Zaratiégui ; mais ils avaient pour adversaires les apostoliques ou absolutistes exaltés, comme le duc de Grenade, Arias Tejeiro, le père Larraga, confesseur de don Carlos, et les chefs Guergué, Iturreza, et quelques autres. Au retour de son expédition, don Carlos, voulant donner le commandement à un général qui eût toute sa confiance, fit choix de Guergué. Mais cette nomination mécontenta l'armée, et le nouveau commandant ayant essuyé quelques revers, don Carlos se vit contraint de lui substituer Maroto, qui était désigné par le vœu général.

Maroto se trouva bientôt dans la position la plus embarrassante. Il était en horreur aux hommes qui entouraient le prétendant, et se voyait dans l'alternative ou de les atterrer par un coup vigoureux, ou bien d'être écrasé par eux. Quelques mesures qu'il avait prises ayant vivement alarmé ses ennemis, ceux-ci renouvelèrent leurs plaintes. Ils peignirent à don Carlos les dangers où se trouvaient non-seulement ses prétentions, mais encore sa sûreté et même son existence, et le déterminèrent à prendre des précautions dont la première devait être la destitution de Maroto. Cependant le général ne marchait pas en aveugle ; et prévenu de ce qui se tramait, il jugea que le moment était venu d'agir avec énergie.

Il savait parfaitement quels étaient ses principaux ennemis, et ceux qui étaient nommés pour lui succéder. Il marcha donc en toute hâte sur Estella, remplaça la garnison par des troupes qui lui étaient dévouées, et faisant arrêter les généraux Guergué, Garcia, Sanz, le brigadier Carmona et l'intendant Urris, il ne leur laissa que le temps de se confesser, et les fit immédiatement passer par les armes. Ce coup d'une audace féroce jeta la confusion et l'effroi dans le parti apostolique. Don Carlos ne tarda pas à manifester son mécontentement par ce manifest signé le 21 février 1839 :

Le général don Raphaël Maroto, abus de la manière la plus perfide et la plus i digne de la confiance et de la bonté avec l quelles je l'avais distingué, malgré sa condu antérieure, vient de tourner contre vo mêmes les armes que je lui avais confiées p combattre les ennemis du trône et de l'au Fascinant et trompant les populations par grossières calomnies, il a fusillé, sans jugeme des généraux qui s'étaient couverts de glo dans cette lutte et des serviteurs qui avai bien mérité par leurs services et par leur délité sans reproche. Il a supposé qu'il ag sait avec mon approbation royale, parce q c'était le seul moyen qu'il eût de se faire obé

Maroto a foulé aux pieds le respect d ma souveraineté et les devoirs les plus crés pour sacrifier avec perfidie ceux qui posaient une digue insurmontable à la volution et à l'usurpation, pour nous exp ser à devenir les victimes de l'ennemi et ses trames. Je le destitue du commandement l'armée, je le déclare traître aussi bien c ceux qui lui prêteraient assistance ou b lui obéiraient. Les chefs et autorités de to classe et chacun de vous est autorisé à traiter comme tel, s'il ne se présente pas i médiatement à répondre devant la loi.

La position de Maroto était épineu mais il avait dû la prévoir ; il n'av rien à ménager. Il rassembla donc n bataillons, et, à leur tête, se rendit quartier royal, qui se tenait à Vil Franca. Don Carlos n'attendait pas hôte si importun : frappé de surprise de terreur, il montra la faiblesse la p indigne d'une personne de son rang, changea son ministère, et par un déc en date du 24 il déclara Maroto pur tout reproche ; bien plus, convertiss en éloges les reproches qu'il lui av adressés, il approuva toutes les mesu prises par le général, ordonna de cueillir et de brûler tous les exemplai de son précédent décret, enfin ajo qu'il comptait assez sur le patriotism sur la fidélité sans tache de Maroto p croire que ce général ne conserverait cun ressentiment de ce qu'il pouvai avoir d'offensant dans la précédente claration, puisqu'il était rentré en gr auprès de son roi, et que réparation av été faite à son honneur outragé. Ce lâcheté acheva de déconsidérer le n heureux prince qui se prétendait appelé à porter la couronne des Espagnes.

Les dissensions qui déchiraient l'armée carliste offraient une occasion trop favorable pour qu'Espartero n'en profitât pas. Il attaqua les lignes qu'elle occupait à Ramalès, pendant que d'un autre côté le général Léon emportait les positions de Belascoain. Le gouvernement, voulant récompenser ces deux victoires, ajouta un titre nouveau à celui que portait déjà le comte de Luchana. Il le nomma duc de *la Victoire*. Don Diégo Léon reçut le titre de comte de Belascoain.

Neanmoins les opérations militaires ne furent pas poussées avec une grande vigueur; mais des négociations très-actives s'établirent entre Maroto et le duc de la Victoire par l'intermédiaire de lord John Hay.

Maroto remit à M. John Hay une note par laquelle il demandait que don Carlos et la reine Christine sortissent également d'Espagne, que le fils de don Carlos épousât Isabelle II. Il offrait de reconnaître le gouvernement constitutionnel, avec les modifications qui pourraient être faites par les cortès réunies à cet effet. Il demandait en échange la reconnaissance des *fueros* et la confirmation des grades et emplois de l'armée carliste.

Le gouvernement britannique répondit que ces propositions ne paraissaient pas admissibles; et il proposa de prendre pour bases de l'arrangement l'éloignement de don Carlos du territoire espagnol. La concession d'une amnistie, la reconnaissance des grades et solde en faveur de l'armée carliste, le serment par les provinces basques et navarraises à la constitution de 1837, la royauté d'Isabelle II, la régence de la reine Christine et la conservation des fueros.

Il serait fort difficile de suivre toutes les phases de cette négociation, qui fut plusieurs fois rompue. Il est plus difficile encore de rapporter avec certitude les causes secrètes qui purent influer sur la détermination des parties. Ce qui est certain, c'est que don Carlos fut instruit de ce qui se passait. On lui communiqua les bases qui étaient proposées; mais il ne voulut prendre part à aucun arrangement, et n'eut pas assez de fermeté pour empêcher les conférences. Cependant le 26 août (1839), ayant appris que la veille une entrevue avait eu lieu entre les deux généraux, il réunit son conseil, et l'on y décida qu'avant de prendre aucune détermination il fallait s'assurer de l'esprit des troupes, et que le prince devait faire lui-même cette épreuve, tenter de ranimer leur enthousiasme. On fit réunir les bataillons, et don Carlos, s'étant placé devant la ligne, harangua d'abord les Castillans. Quand il eut fini son allocution, le cinquième bataillon fit seul entendre le cri de : *Vive le roi*. Les autres poussèrent celui de : *Vive le général en chef!* Peu satisfait de ce résultat, il passa où étaient les bataillons de la Guipuscoa; il leur parla de leurs gloires passées, de leur loyauté, de leurs serments; et quand il eut fini, voyant qu'il n'avait fait sur eux aucune impression, il demanda aux personnes qui l'entouraient : *Est-ce que personne ne m'entend? — Non, sire*, lui répondit-on, *ils parlent basque*. Alors il chargea Lardizabal de leur traduire ce qu'il avait dit. Celui-ci, prenant la parole en leur langue, leur cria : *Quironac* (jeunes gens), *cet homme demande si vous voulez la paix ou la guerre; répondez-lui. — La paix! La paix!* s'écrièrent-ils. A peine don Carlos eut-il entendu ces paroles, qu'il tourna bride, et mettant les éperons dans les flancs de son cheval, il reprit promptement la route de Villa-Franca.

Cette fuite laissait Maroto maître du terrain; mais elle ne tranchait pas encore toutes les difficultés. Le général, prêt à quitter le drapeau du prétendant, pouvait craindre que ses soldats ne voulussent pas le suivre. Une petite comédie fut préparée pour les entraîner. Une suspension d'armes avait été signée. Espartero en profita pour se transporter à l'endroit où les bataillons carlistes étaient réunis. Il les harangua avec énergie : « Voulez-vous vivre tous comme des Espagnols sous une même bannière, leur cria-t-il? Tenez, voilà vos frères qui vous regardent, courez les embrasser, comme j'embrasse votre général! » En disant, il serra Maroto dans ses bras. En voyant cette scène, les soldats poussèrent un cri d'enthousiasme. Ils mirent les armes en faisceaux, et oubliant leurs inimitiés passées ils coururent embrasser les christinos.

Le 31 août (1839) un arrangement fut signé à Bergara. Il se compose de dix articles. Dans le premier, Espartero prit l'engagement de proposer aux cortès la concession ou la modification des fueros. Dans le second, il promit de faire reconnaître les grades de tous les individus de l'armée, tout en leur laissant la faculté ou de servir Isabelle II, ou de se retirer dans leurs foyers.

Cet arrangement ne concernait qu'un nombre de bataillons assez restreint, et il restait encore des forces considérables à la disposition de don Carlos; mais ce prince manquait de l'énergie nécessaire pour soutenir la lutte, et le 14 septembre il se réfugia sur le territoire français.

Ces événements mirent un terme à la guerre qui désolait depuis si longtemps les provinces du nord. Ils eurent aussi la plus puissante influence sur la guerre de Catalogne. Ils permirent de concentrer sur un seul point toutes les forces de l'armée de la reine. Cabrera, resserré dans un cercle qui allait chaque jour se rétrécissant, manquant d'argent, de munitions, de vivres, devait nécessairement succomber. Il fut contraint à se jeter en France avec les restes de son armée.

Ces résultats heureux étaient dus aux circonstances bien plus qu'aux talents ou au courage d'Espartero. Néanmoins il en recueillit tout l'honneur, et acquit en Espagne une influence immense : on ne faisait rien sans le consulter. Il était, après la régente, la personne la plus puissante du royaume. Mais cette seconde place ne lui suffisait pas; c'était la première qu'il ambitionnait.

Les modifications apportées à la constitution de 1812, ou plutôt la constitution toute nouvelle votée en 1837, avaient été un triomphe de l'esprit modéré sur l'exagération des passions anarchiques; mais comme si le pays se repentait de ce moment de sagesse, les révoltes, les mouvements populaires, s'étaient succédé sans relâche, et telle avait été la fréquence des agitations, que dans le court espace de trois années qui s'était écoulé depuis la promulgation du nouveau pacte fondamental six ministères différents avaient successivement occupé le pouvoir.

18 *août* 1837.

Guerre. Le comte de Luchana, président conseil.
Intérieur. José Manuel Vadillo.
Finances. Pio Pita Pizarro.
Marine. Evariste San-Miguel.
Grâce et Justice. Ramon Salvato.

30 *août* 1837.

Extérieur. Don Eusebio Bardaji y Azara, pr sident du conseil.
Guerre. Don Evariste San-Miguel, rempla par don Ignacio Balanzat et ensuite p Don Francisco Ramonet.
Intérieur. Don Rafael Perez.
Finances. Don Maria Seijas.
Marine. Don Francisco Xavier Ulloa.
Grâce et Justice. Don Juan Antonio Castjeo remplacé par don Pablo Matavijil.

16 *décembre* 1837.

Extérieur. Don Narciso Heredia, comte Ofalia, président du conseil.
Guerre. Baldomero Espartero.
Finances. Don Alexandre Mon.
Intérieur. Le marquis de Someruielos.
Marine. Don Manuel de Canas.
Grâce et Justice. Don Francisco de Cast y Orozco.

6 *septembre* 1838.

Extérieur. Don Bernardino Fernandez V lasco, duc de Frias, président du consei
Guerre. Don Juan Aldama remplacé p Don Isidro Alaix.
Intérieur. Don Alberto Felipe Valdric Ma quis de Valgornera.
Finances. Don José de Quinonez, marquis Monte-Virgen.
Marine. Don José Antonio Ponzoa.
Grâce et Justice. Don Domingo Maria Ru de la Vega.

6 *décembre* 1838.

Extérieur. Don Evaristo Perez de Castro, pr sident du conseil.
Guerre. Don Isidro Alaix.
Intérieur. Don Antonio Hompanera.
Finances. Don Pio Pita Pizarro.
Marine. Don José Maria Chacon.
Grâce et Justice. Don Lorenzo Arrazola.

25 *juillet* 1839.

Extérieur, Guerre et Justice. Comme au pr cédent.
Intérieur. Don Juan Martin Carramolino.
Finances. Don Domingo Ximenès.
Marine. Don José Primo de Rivera,

Quoique Espartero appartînt au parti exagéré, et qu'il n'eût pas toujours donné des preuves de son amour pour l'ordre et pour la discipline, la régente croyait pouvoir compter sur son dévouement. Les médecins ayant pensé que des bains de mer pourraient fortifier la santé d'Isabelle, dont l'enfance était maladive, désignèrent trois villes : Bilbao, Valence et Barcelone, comme étant celles où ces bains pouvaient être pris avec le plus d'avantage. Ils laissèrent à la tendre sollicitude de la reine mère le soin de choisir entre ces trois points. Consulté sur celui qui offrait le plus de sécurité, le duc de la Victoire désigna la capitale de la Catalogne. Son conseil fut suivi. La reine et la régente quittèrent Madrid le 11 juin; elles allèrent s'établir à Barcelone, sans songer aux dangers qui pouvaient accompagner leur absence de la capitale. Les premiers instants de leur séjour à Barcelone furent assez calmes. Espartero, qui venait d'achever la pacification de la Catalogne, s'était rendu auprès de la reine. On s'occupait en ce moment de régler l'organisation des municipalités. Aux termes de l'art. 71 de la constitution, une loi devait déterminer leurs pouvoirs et leurs attributions. Cependant le projet voté par les cortès semblait au plus grand nombre des communes une atteinte portée à leurs droits et à leurs priviléges. Les progressistes avaient pris sous leur protection les prétentions des communes, et le duc de la Victoire insista auprès de la régente pour qu'elle ne sanctionnât pas la loi, pour quelle changeât le ministère, et pour qu'elle prononçât la dissolution des cortès. Christine ne crut pas devoir se conformer à cet avis. La loi sur les municipalités lui semblait bonne, elle la sanctionna. Alors le duc de la Victoire, donnant le signal d'une résistance factieuse contre une loi votée par les représentants du pays, pria la reine de recevoir sa démission du commandement qu'il exerçait. A cette nouvelle la populace de Barcelone se souleva. Pour apaiser l'émeute, le duc se rendit au palais et obtint que la reine changeât son ministère. Il promit de ne pas quitter Barcelone; et moyennant ces concessions le calme se rétablit dans la ville. Mais l'élan était donné : le 1er septembre, lorsqu'on reçut à Madrid la nouvelle des événements de Barcelone, le peuple se souleva. La municipalité, d'accord avec la junte provinciale et avec les commandants de la milice, créa une junte provisoire de gouvernement.

Cependant le but du voyage de la reine était atteint; elle s'était embarquée pour se rendre à Valence et passer de cette ville à Madrid. Ce fut à Valence qu'elle apprit le soulèvement de la capitale. Alors elle commanda à Espartero de marcher sur Madrid pour y rétablir l'ordre. Espartero ne répondit pas par un refus formel d'obéir; mais il exposa à sa majesté les inconvénients d'une semblable résolution, la nouvelle complication de maux qui pouvait en résulter; et il concluait en priant l'illustre régente du royaume d'accéder au vœu de la nation si clairement exprimé.

Un grand nombre de villes suivirent l'exemple de Madrid, et nommèrent des juntes de gouvernement. La régente essaya vainement de former un nouveau ministère : les révoltés refusèrent de communiquer en aucune manière avec son gouvernement. Dans cette position critique, il ne restait à Marie-Christine qu'une ressource, c'était de charger Espartero de former un cabinet et d'accepter la présidence du conseil, en conservant la direction de l'armée. Espartero fit choix des nouveaux ministres, et quand ceux-ci eurent prêté le serment entre les mains de la régente, quand ils lui eurent exposé le programme qu'ils entendaient suivre, la régente, qu'on avait abreuvée d'insultes et de dégoûts, trouva qu'on lui avait rendu le pouvoir impossible; elle déclara donc se démettre de la régence, et quitta l'Espagne.

Les événements qui ont suivi le départ de la reine sont encore présents à notre mémoire. Ils sont tellement près de nous qu'il n'est pas besoin de les rappeler : tout le monde sait comment les cortès, chargées par la constitution de pourvoir à la régence, la déférèrent à Espartero.

Ce choix ne fut pas approuvé par tout le monde. Marie-Christine avait beaucoup de partisans. Le parti modéré, celui qui s'appuyait sur l'alliance de la France, regrettait le gouvernement conciliateur de cette princesse, et le considérait comme le plus favorable aux progrès d'une sage et prudente liberté. Cependant, la reine avait abdiqué le pouvoir; et quoique sa renonciation n'eût peut-être pas été bien libre, elle existait, et tout le monde avait reconnu la nécessité de nommer un régent; mais les cortès ne s'étaient pas bornées à remettre la régence entre les mains d'Espartero; elles avaient aussi dépouillé Christine de la tutelle de ses enfants, et l'avaient confiée à D. Agustin Argüelles. Cette décision semblait au plus grand nombre un outrage sans utilité. Christine protesta contre cette résolution dans les termes les plus énergiques. Le testament de Ferdinand VII, dit-elle, m'a confié la tutelle et la curatelle de mes filles pendant leur minorité. Cette nomination, en ce qui concerne la reine doña Isabelle, ma fille, est conforme aux dispositions de la loi 3, au titre 15 de la seconde *Partida,* et à l'art. 60 de la Constitution de l'État; en ce qui concerne ma bien-aimée fille l'infante Maria-Louisa-Fernanda, elle est d'accord avec la loi civile; en sorte que si la tutelle et la curatelle de ces augustes orphelines ne m'eussent pas été conférées par le testament de mon mari, j'y aurais eu droit en ma qualité de mère veuve par le bénéfice et en vertu du texte précis de la loi... La décision des cortès est une violence et une usurpation de pouvoir. Je ne puis ni ne dois y prêter mon consentement... La seule consolation qui me reste est de rappeler que pendant mon administration beaucoup d'Espagnols ont vu se lever pour eux le jour de la clémence. Tous ont vu se lever le jour d'une justice impartiale; personne n'a eu à redouter celui de la vengeance. A Saint-Ildephonse, j'ai été la dispensatrice de l'amnistie; à Madrid, je me suis constamment efforcée de maintenir la paix; à Valence, j'ai été la dernière à défendre les lois scandaleusement foulées aux pieds par ceux qui avant tout le monde auraient dû les protéger.

Une lettre adressée au duc de la Victoire était jointe à cette protestation, et reprochait à ce général, en termes fort sévères, d'avoir provoqué la décision relative à la tutelle et de s'être arrogé des pouvoirs qui ne lui appartenaient pas.

Les réclamations de Marie-Christine firent une vive impression sur l'es de ses partisans. Les plus impatie d'entre eux ne tardèrent pas à provoq des troubles assez graves. Le 2 octo ils se soulevèrent à Pampelune, e renfermèrent avec quelques trou dans la citadelle de cette ville. La g nison de Vitoria suivit le même ex ple. Il en fut de même à Bilbao. T bataillons de la garde, en garnison à Sa gosse, commandés par le général D. Ca tano Borso de Carminati, sortirent d ville, et prirent la route de Pampel pour se joindre aux insurgés de ce ville.

Le duc de la Victoire répondit par manifeste aux attaques dont il était l' jet; il menaça les insurgés d'un châtim prompt et exemplaire. Néanmoins, il put empêcher une conspiration d'é ter à Madrid. Dans la soirée du 7 oc bre, plusieurs officiers qui avaient p chef ostensible le général Concha se rigèrent vers le palais avec quelques co pagnies de la princesse. Ils essayèr de pénétrer dans la demeure royale d'enlever la reine et sa sœur. Pour ent dans les appartements, ils se dirigèr par le grand escalier; mais ils y renc trèrent une résistance à laquelle étaient loin de s'attendre. Les dix-h hallebardiers de garde postés en h de l'escalier en défendirent l'accès a une obstination dont on ne put trio pher. Il y avait déjà deux heures que rait cette lutte, quand le général Le vint se mettre à la tête des conju Toute la bravoure de ce brillant offi ne peut contraindre les hallebardiers à culer. Cependant la garnison et la mi nationale avaient reçu l'alarme. Elles c naient l'enceinte du palais. Les conju ne pouvaient plus recevoir de seco du dehors; personne ne s'unissait à e Le découragement se mit parmi les ch de l'insurrection, qui au point du jo s'échappèrent chacun de leur côté. Qu ques instants plus tard les soldats dé sèrent les armes. Le général Conc parvint à se soustraire aux recherch de la police. Presque tous les autres ficiers qui avaient figuré dans cette faire tombèrent entre les mains des g qui les poursuivaient. Le général Le fut pris, auprès de Colmenar Viejo, p un détachement de hussards. Le con de Requena et le brigadier Quiroga, qui fuyaient sur une charrette, cachés au milieu du charbon, furent découverts et arrêtés par la justice d'Aravaca. Un conseil de guerre fut chargé de juger les prisonniers; la sentence ne pouvait être douteuse : les faits étaient évidents; aussi les principaux chefs de l'insurrection furent-ils condamnés à mort. L'intérêt public s'attacha surtout à l'un des infortunés que la justice venait de frapper. Le général Léon était un des plus braves parmi ceux qui avaient défendu le trône d'Isabelle. La reine elle-même demanda qu'on épargnât la vie de cet infortuné; le chef des hallebardiers qui avaient defendu le palais et une foule de personnes de toutes les opinions sollicitèrent également sa grâce. Tout fut inutile : Espartero demeura impitoyable. Le jugement fut exécuté dans toute sa rigueur. Le général Léon fut passé par les armes.

L'insurrection de Madrid avait été trop facilement réprimée pour que celle de la province persistât longtemps. Plusieurs des chefs qui l'avaient provoquée furent fusillés comme le malheureux général Léon. Toutes ces tentatives, aussi maladroitement exécutées que follement conçues, furent unanimement blâmées par les hommes sensés. Elles n'étaient pas l'œuvre d'un parti, mais seulement l'ouvrage de quelques individus qui se figuraient que le sabre peut trancher toutes les questions. Aussi les exécutions sanglantes par lesquelles Espartero avait cimenté son autorité inspirèrent une pitié générale pour les victimes, sans intimider personne. Elles ne mirent pas le régent à l'abri des attaques les plus vives, et nous avons vu ce chef ambitieux forcé de rendre à son tour le pouvoir au parti de la modération. Les circonstances qui ont accompagné la majorité de la reine, son mariage et celui de sa sœur sont des événements si récents qu'ils sont dans la mémoire de tout le monde. Nous n'avons donc plus rien à dire pour le passé; ce qui nous reste à exprimer, ce sont nos souhaits, nos espérances pour l'avenir. Puisse la jeune princesse qui règne sur les Espagnes, instruite par le souvenir de tous les maux que son pays a soufferts, développer dans ses États les principes d'ordre, de modération et de sage liberté qui assurent en même temps la prospérité des peuples et la grandeur des rois; puisse-t-elle faire le bonheur de ses sujets! C'est un des vœux les plus ardents de mon cœur; car l'Espagne est, après ma patrie, le pays qui tient le plus de place dans mes affections[1].

[1] Tous ces événements sont tellement récents que je n'ai pas cru devoir entrer dans plus de détails. Les personnes qui voudront connaître d'une manière plus approfondie l'histoire contemporaine pourront consulter les ouvrages suivants :

MANUEL GODOY, *Mémoires de D. Manuel Godoy, prince de la Paix*; Paris, 1836, 4 vol. in-8.

LLORENTE (Nellerto), *Mémoires pour servir à l'histoire de la révolution d'Espagne*; Paris, 1814, 3 vol. in-8°.

DE PRADT, *Mémoires historiques sur la révolution d'Espagne*; Paris, 1816, 1 vol. in-8°.

CEVALLOS et ESCOÏQUIZ (*Mémoires de*); Paris, 1815, 1 vol. in-8°.

AZANZA Y O-FARRILL (*Mémoires de*); Paris, 1815, 1 vol. in-8°.

DE TORENO, *Histoire du soulèvement, de la guerre et de la révolution d'Espagne*; Paris, 1835, 5 vol. in-8°.

SARRAZIN, *Histoire de la guerre d'Espagne et de Portugal*, 1 vol. in-8°; Paris, 1814.

J'ai indiqué page 173 les auteurs qui ont rendu compte du siége de Saragosse.

Historia de la vida y reinado de Fernando VII° de España; Madrid, 1843, 3 vol. in-4°.

LE VICOMTE DE MARTIGNAC, *Essai historique sur la révolution d'Espagne et sur l'intervention de* 1823. Le 1er volume a seul été publié; Paris, 1832.

MIÑANO, *Examen critico de las revoluciones de España de* 1820 *à* 1823, *y de* 1836.

Les jugements portés par Miñano dans le premier volume de cet ouvrage sont empreints de sagesse et de modération. L'auteur y fait une appréciation équitable des actes et des individus.

Cette première partie a été traduite avec beaucoup de talent par M. de Blosseville.

La seconde partie de l'ouvrage, celle qui a trait à la révolution de 1836, a été écrite sous le coup d'événements qui paraissent avoir blessé vivement les sympathies de l'auteur. Ses jugements sont quelquefois passionnés; les faits ne sont pas toujours présentés avec autant d'impartialité.

CURTI, *La spagna dall'ordinamento delle cortes nel* 1812 *fino all'anno* 1835; Lugano, 1836, 1 vol. in-12.

MARLIANI, *L'Espagne et ses révolutions*; Paris, 1833, 1 vol. in-8°.

Historia contemporanea de la revolucion de España para servir de continuacion a la Historia de Toreno, por una sociedad de literatos; Madrid, 1843, 2 vol. in-8° à deux colonnes.

ALCALA GALIANO, *Historia de España desde los tiempos primitivos hasta la mayoria de doña Isabel II;* 6 vol. in-8°; Madrid, 1845.

BENTHAM JÉRÉMIE, *Essais sur la situation politique de l'Espagne;* Paris, 1823, 1 vol. in-8°.

Ouvrage très-médiocre, malgré la célébrité de son auteur.

GALLI. *Mémoire sur la dernière guerre de Catalogne,* par Florent Galli, aide de camp du général Mina; Paris, 1828, 1 vol. in-8°.

PERALTA BENITO, *Détails des faits les plus mémorables de la dernière guerre civile d'Espagne, depuis* 1833 *jusqu'en* 1840; Arbois, 1842.

Cette brochure porte sur la couverture le titre de : *Don Carlos et ses héroïques défenseurs;* elle est écrite avec toute l'exagération de l'esprit de parti. Elle m'a paru contenir des accusations injustes et des faits dénaturés.

Galerie Espagnole, ou Notices biographiques sur les membres des cortès et du gouvernement; Paris, 1823, 1 vol. in-8° de huit feuilles et demie.

Ce petit ouvrage est excessivement commode: il contient beaucoup de faits; malheureusement il n'est pas écrit avec une parfaite impartialité, et n'est pas aussi complet qu'on pourrait le désirer.

ISIDORE MAGUÈS, *Don Carlos et ses défenseurs,* collection de 20 portraits, avec une notice biographique sur chacun des personnages; Pa
1837, in-4°.

CORDOVA. *Memoria justificativa del gene Cordova;* Paris, 1837, 1 vol. in-8°.

MIRAFLORÈS, *Memorias para escribir la h toria contemporanea de los siete prime años del reinado de Isabel II;* Madrid, 18 2 vol. in-4°.

CHARLES DIDIER, *Une année en Espagne;* 2 v in-8°, Paris, 1837.

ADOLPHE GUEROULT, *Lettres sur l'Espagne;* P ris, 1838, 1 vol. in-8°.

HENNINGSEN, *Mémoires sur Zumala-Carreg* par Charles Frédéric Henningsen, capitai de lanciers au service de D. Carlos, trad de l'anglais; 2 vol. in-8°; Paris, 1836.

ZARATIÉGUI. *Vida y hechos de D. Tomas Z mala-Carregui,* por el général D. J. A. Za tiégui; 1 vol. in-8°, Paris, 1845.

Cet ouvrage et celui d'Henningsen sont écr sans passion, sans esprit d'exagération; ce so deux livres remplis de détails curieux.

SEGUNDO FLOREZ. *Espartero, historia de su vi militar y politica y de los grandes succes contemporaneos,* escrita por J. Segundo Fl rez; Madrid, 1844-46, 3 vol. in-8°.

PELLIER, *Du mariage d'Isabelle II;* in-8°, P ris, 1843.

POIDS, MESURES ET MONNAIES DE L'ESPAGNE.

Les mesures de longueur, de superficie ou de capacité varient de nom et de dimension suivant les différentes parties de la monarchie. Le séjour des Français en Espagne, s'il se fût prolongé, n'eût pas tardé à amener l'uniformité dans les poids et mesures; mais ils n'ont pas eu le temps d'opérer cette utile réforme, et les Espagnols l'attendent encore.

Voici celles des mesures espagnoles qui sont le plus en usage, avec leur réduction en mesures décimales de France.

MESURES ITINÉRAIRES.

La lieue de pays, en Espagne, represente une heure de marche. Un homme, sans accélérer le pas, doit parcourir un kilomètre en dix minutes. La lieue de pays est donc environ de 6 kilomètres; mais ce n'est là qu'une évaluation approximative, et la lieue varie en Espagne suivant les localités.

La lieue géographique d'Espagne, celle dont se servent les itinéraires et le *Guia de caminos,* est la plus usitée. Elle se compose de 7,572 varas de Castille; il en faut 17 ½ pour faire le degré. Le degré étant de 111,111 mètres, on trouve pour valeur de la lieue géogr phique d'Espagne 6,349 m. 206349.

On compte aussi par lieues marines de au degré. Cette lieue contient 6,626 *varas* Castille. La lieue marine représente en mètr 5,555 m. 55.

La lieue légale, en Espagne, est de 5,000 v *ras* de Castille. Il y en a 26 ½ au degré : el représente en mètres 4,192 m. 87.

En Aragon, on compte la lieue de 18 au d gré. La lieue aragonaise représente donc mètres 6,172 m. 83.

Dans le royaume de Valence, la lieue mun cipale se compose de 8,000 varas de Castill c'est-à-dire ⅗ en sus de la lieue légale esp gnole. Ainsi, elle représente en mètr 6,708 m. 592.

MESURES DE LONGUEUR.

CASTILLE.

Il n'est pas aussi facile qu'on pourrait penser de déterminer d'une manière bien pr cise le rapport de la *vara* de Castille avec mètre. Autant vous consultez d'auteurs, a tant vous trouvez de rapports différent M. Delaborde, dans son Itinéraire, évalue *vara* à 2 pieds 6 pouces 8 lignes de Franc c'est-à-dire en mètres, 0,830147. M. Balbi, dans sa Géographie, l'évalue à 0 m. 847965. Le nouveau manuel du commerçant, *Novisimo Manual del comerciante*, Valence, 1839, l'évalue à 0 m. 835003. M. Haros, dans les tables qu'il a calculées pour la conversion des mesures anciennes en nouvelles, évalue la vara à 0 m. 8366. De ces quatre rapports quel est celui qui présente le plus d'exactitude? N'oublions pas que la lieue de 17 ½ au degré, c'est-à-dire de 6,349 m. 206349 se divise en 7,572 varas. En prenant donc pour point de départ la lieue dont nous avons la valeur d'une manière certaine, nous obtiendrons pour valeur de la vara, 0 m. 838507.

Pour contrôler ce résultat, si vous prenez la lieue de 20 au degré, vous savez qu'elle est de 5,555 m. 55, et qu'elle se compose de 6,626 varas. Vous trouvez encore que la vara doit être de 0 m. 838447.

Enfin, pour dernier contrôle, qu'on prenne la lieue légale de 26 ½ au degré, elle est de 4,192 m. 87, et se compose de 5,000 varas. Elle nous donne encore pour valeur de la vara 0 m. 838574. Ces trois rapports diffèrent d'une si petite quantité qu'on peut les regarder comme identiques; c'est donc ce chiffre que j'adopterai comme représentant la vara castillane.

Vara castillane, 0 m. 8385.

La vara se divise en trois pieds; le pied vaut 0 m. 2795.

Le pied se divise en 12 pouces (*pulgadas*); la pulgada vaut 0 m. 023291.

La pulgada se divise en 12 lignes (*lineas*); la ligne vaut 0 m. 001941.

Le palme (*palmo*) est le quart de la vara, ou 9 pulgadas; il vaut 0 m. 209625.

Le palme se divise en 12 doigts (*dedos*); le doigt vaut 0 m. 017468.

La moitié de la vara se nomme *codo*, et vaut 0 m. 41925.

Estado ou toise de 2 varas 1 m. 6770.

Estadal de 4 varas, 3 m. 3540.

Le pas (*paso*) de 5 pieds, 1 m. 3975.

ARAGON.

100 varas de Castille sont égales à 108,30 varas de Saragosse. La vara aragonaise représente, 0 m. 774238.

VALENCE.

100 varas de Castille sont égales à 92,06 varas de Valence; la vara de Valence vaut donc 0 m. 910819.

La vara de Valence se subdivise comme celle de Castille en 2 codos, en 3 pieds ou en 4 palmes. Le palme est de 0,227704; 9 palmes font une brasse royale, 2 m. 049336.

La corde pour mesurer les champs se compose de 20 brasses ou 45 *varas*, 40 m. 986855.

ALICANTE.

100 varas de Castille sont égales à 92.27 d'Alicante. La vara d'Alicante vaut donc 0 m. 908746.

GALICE.

100 varas de Castille sont égales à 76.92 de Galice. La vara de Galice vaut donc 1 m. 09009.

CATALOGNE.

100 varas de Castille sont égales à 53.80 canas de Barcelone. La cana vaut donc 1 m. 55855.

La cana se divise en 8 pams; le pam vaut 0 m. 194818.

MESURES DE SUPERFICIE.

CASTILLE.

Estadal carré, 0 are. 112493.

Dans la couronne de Castille la fanégada varie suivant les localités.

La fanégada marc de roi se compose de 600 estadales, 67 a. 495896.

La fanégada ordinaire est de 400 estadales, 44 a. 99726.

Dans les royaumes de Tolède, de Grenade, de Jaen et de Séville, la fanégada est de 50 estadales, 56 a. 24658.

La fanégada se divise en 12 célémines.

La yugada répond à ce que les cultivateurs français appellent une charrue; c'est ce qu'il faut de terre pour occuper un attelage. En France, dans les contrées où l'assolement triennal est en usage, on compte environ 30 hectares pour une charrue. Il en est à peu près de même en Espagne. La yugada se compose de 50 fanégadas.

Quand la fanégada est de 400 estadales, la yugada est de 22 hec. 49 a. 86320.

Quand la fanégada est de 500 estadales, la yugada est de 28 h. 12 a. 329.

Quand la fanégada est de 600 estadales, la yugada est de 33 h. 74 a. 7948.

VALENCE.

Le palme carré, 0 h. 00 a. 00051849.

La brasse a neuf palmes de longueur. La brasse carrée contient par conséquent 8 palmes carrés, 0 a. 041998.

La fanégada contient 200 brasses carrées, 8 a. 3996.

La caizada contient 6 fanégadas ou 1200 brasses carrées, 50 a. 3976.

La yugada contient 6 caizadas ou 7,200 brasses carrées, 3 h. 02 a. 3856.

POIDS.

CASTILLE.

La livre en Castille est de 16 onces, et vaut en grammes 460 gr. 870.

L'once se divise en 16 drachmes (*adarmes*), et vaut 28 g. 804.

Le drachme se divise en 30 grains, et vaut 1 g. 800.

Le grain vaut 0 g. 060.

L'arrelde se compose de quatre livres, 1,843 g. 480.

L'arroba de Castille pèse 25 livres, 11,521 g. 750.

Le quintal pèse 4 arrobas ou 100 livres, 46,087. g.

La charge pèse 3 quintaux ou 300 livres, 138,261.

CATALOGNE.

100 livres de Castille font 114 livres 84 de Barcelone. La livre catalane représente donc 401 g. 314.

La livre catalane se divise en 12 onces; l'once pèse 33 g. 442.

L'once se divise en 4 cuartos; le cuarto pèse 8 g. 360.

Le cuarto se divise en 4 drachmes; la drachme pèse 2 g. 090.

La drachme se divise en 36 grains; le grain pèse 0 g.580.

La livre pour la viande et pour le poisson frais est de 36 onces, et pèse 1,203 g. 912.

L'arroba contient 26 livres, et pèse 10,434 g. 164.

Le quintal contient 4 arrobas, et pèse 41,736 g. 656.

La charge contient 3 quintaux, et pèse 165,209 g. 968.

ARAGON.

100 livres de Castille font 130 livres 57 de Saragosse; par conséquent la livre de Saragosse représente en grammes, 350 g. 285.

La livre se divise en 12 onces; l'once pèse 29 g. 190.

L'once se divise en 4 cuartos; le cuarto pèse 7 g. 297.

Le cuarto se divise en 4 drachmes; la drachme pese 1 g. 824.

La drachme se divise en 32 grains; le grain pèse 0 g. 057.

L'arrobeta, dont on se sert seulement dans quelques parties de l'Aragon, pèse 24 livres, 8,406 g. 840.

L'arroba pèse 36 livres, 12,610 g. 260.

Le quintal pèse 4 arrobas ou 6 arrobetas, 50,442 g. 040.

La charge pèse 3 quintaux, 151,326 g. 120.

VALENCE.

100 livres de Castille représentent 129 l vres 35 de Valence; par conséquent la livi de Valence pèse en grammes 356 g. 296.

La livre se divise en 12 onces; l'once pè 29 g. 691.

L'once se divise en 4 cuartos; le cuar pèse 7 g. 4227.

Le cuarto se divise en 4 drachmes; drachme pèse 1 g. 8556.

La drachme se divise en 36 grains; le grai pèse 0 g. 05154.

La livre pour les fruits et pour le poissc frais au détail est de 16 onces valencienne et pèse 475 g. 061.

Elle est de 18 onces pour le poisson fra en gros, et pour le poisson salé, 534 g. 444

Elle est de 32 onces pour la farine, 693 209.

Elle est de 36 onces pour la viande, 1,068 888.

L'arroba delgada pèse 30 livres de Valenc 10,688 g. 88.

L'arroba pour la farine pèse 32 livre 11,401 g. 147.

L'arroba gorda pèse 36 livres, 12,826 g. 65

Le quintal delgado pèse 4 arrobas delgad ou 120 livres, 42,755 g. 52.

Le quintal gordo pèse 4 arrobas gordas c 144 livres, 51,306 g. 624.

La charge pèse 2 quintaux gordos et der ou trois quintaux delgados, c'est-à-dire 36 livres, 128,266 g. 56.

ALICANTE.

100 livres de Castille font 86 livres 24 d'A licante; par conséquent la livre d'Alican pèse en grammes 534 g. 403.

La livre d'Alicante se divise en 18 once par conséquent l'once pèse en gramm 29 g. 689.

L'arroba ordinaire contient 24 livres d'A licante, 12,825 g. 672.

L'arroba pour le cacao contient 27 livre 14,428 g. 881.

L'arroba pour les épiceries, le piment, safran, contient 36 livres, 19,238 g. 508.

L'arroba pour les fruits, l'anis, le cumi les amandes, la barille, contient 96 livre 51,302 g. 688.

Le quintal contient 4 arrobas de 24 livre 51,302 g. 688.

La charge contient 3 quintaux, 15,3908 064.

GALICE.

100 livres de Castille font 80 livres de G lice, par conséquent la livre de Galice pèse grammes 576 g. 0875.

La livre de Galice se divise en 20 onces; l'once pèse 28 g. 8043.

L'arroba se compose de 25 livres de Galice, 14 g.

Le quintal pèse 4 arrobas, 14,402 g. 1875.

La charge pèse 3 quintaux, 43,206 g. 5625.

ASTURIES.

100 livres de Castille valent 66 livres 66/100 des Asturies; par conséquent la livre des Asturies pèse en grammes 691 g. 374.

La livre des Asturies se divise en 24 onces; l'once est de 28 g. 807; elle a par conséquent le même poids qu'en Castille, 28 g. 807.

L'arroba des Asturies est de 25 livres, 1,728 g. 435.

Le quintal se compose de 4 arrobas ou 100 livres des Asturies, 69,137 g. 400.

La charge se compose de 3 quintaux, 207,412 g. 200.

BISCAYE.

Les poids ne sont pas les mêmes à Bilbao et à Sant-Ander.

Bilbao.

100 livres de Castille pèsent 92 livres 70 de Bilbao; par conséquent la livre de Bilbao vaut en grammes 497 g. 162.

La livre contient 17 onces; l'once pèse en grammes 29 g. 244.

Le quintal ordinaire contient 100 livres, 49,716 g. 200.

Le quintal *macho*, dont on se sert pour peser le fer, pèse 146 livres de Bilbao, 72,585 g. 652.

Sant-Ander.

L'once de Sant-Ander est la même que celle de Castille; elle pèse 28 g. 804.

Mais la livre varie suivant les divers districts; elle est tantôt de 16 onces, et vaut, comme en Castille, 460 g. 870.

Elle est tantôt de 20 onces, et vaut 576 g. 080.

Le quintal y varie selon les objets.

Pour le fer, il contient 155 livres de Castille, 71,434 g. 85.

Pour la morue, 112 livres, 51,611 g. 440.

Pour le cacao, 107 livres, 49,313 g. 090.

GUIPUSCOA.

100 livres de Castille valent 94 livres 34 de Saint-Sébastien, 488 g. 520.

La livre est de 17 onces; l'once pèse 28 g. 736.

Le quintal ordinaire de Saint-Sébastien est de 101 livres, 49,340 g. 520.

Le quintal pour les épiceries est de 100 livres, 48,852 g.

Pour les ancres de 101 livres, 49,340 g. 520.

Pour la morue, de 105 livres, 51,294 g. 600.

Pour le fer, de 150 livres, 73,278 g.

MESURES DE CAPACITÉ.

CASTILLE.

Mesures pour les grains, les légumes et les fruits secs.

La fanéga est de 54 litres 800.

La fanéga se divise en 12 célemines; le célemine vaut 4 lit. 566.

Le célemine se divise en 4 cuartillos; le cuartillo vaut 1 lit. 141.

Le cahiz contient 12 fanégas 657 lit. 600.

Pour le vin. Le moyo, 258 lit. 240.

Le moyo se divise en 16 cantaros ou arrobas. Le cantaro ou arroba équivaut à 16 lit. 140.

Le cantaro se divise en 8 azumbres; l'azumbre vaut 2 lit. 017.

L'azumbre se divise en 4 cuartillos, 0 lit. 504.

Pour l'huile. L'arroba d'huile se divise en 25 livres, et vaut 12 lit. 56.

CATALOGNE.

Mesures pour les grains.

100 fanégas de Castille sont égales à 77 cuarteras 183 de Barcelone. La cuartera contient 71 lit. 000.

La cuartera se divise en 12 cortans; le cortan vaut 5 lit. 916.

Le cortan se divise en 4 picotis; le picoti vaut 1 lit. 479.

La charge se compose de 2 cuarteras, 142 lit. 000.

Le salma se compose de deux charges, 284 lit. 000.

Pour les liquides.

Pour le vin. La charge vaut 120 lit. 481.

La charge contient 16 cortans; le cortan vaut 7 lit. 530.

A Tortose, le cantaro est de 7 lit. 535.

Pour l'huile. Le cortan contient 16 cuartas, et vaut 4 lit. 120.

La cuarta vaut 0 lit. 257.

A Tortose, le cantaro pour l'huile est de 7 lit. 536.

ARAGON.

Mesures pour les grains.

La fanéga est de 22 lit. 539.

La fanéga se divise en 12 célemines; le célemine vaut 1 lit. 878.

Le célemine se divise en 4 cuartillas; le cuartilla vaut 0 lit. 469.

Le cahiz d'Aragon est d'environ 12 fanégas ½ et vaut 180 lit. 390.

Pour les liquides.

Pour le vin. Le cantaro ou arroba d'Aragon vaut 9 lit. 950.

Le cantaro ou arroba se divise en 4 cuartos; le cuarto vaut 2 lit. 487:

La charge ou niétro contient 16 cantaros, 159 lit. 203.

Pour l'huile. L'arroba d'huile d'Aragon contient 13 lit. 736.

VALENCE.

Pour les grains. La barchilla vaut en litres 1 lit. 691.

La barchilla se divise en 4 almudes; l'almude vaut 0 lit. 422.

Le cahiz de Valence contient 12 barchillas, 20 lit. 301.

Pour les liquides.

Pour le vin. Le cantaro ou arroba, 11 lit. 481.

Le cantaro contient 4 azumbres ou cuentas; l'azumbre vaut 2 lit. 870.

La charge se compose de 15 cantaros, 172 lit. 215.

La bota contient 4 charges, 688 lit. 860.

Pour l'huile. L'arroba de 30 livres, 11 lit. 641.

ALICANTE.

Pour les grains.

La barchilla vaut en litres 20 lit. 102.

La barchilla se divise en 4 almudes; l'almude vaut 5 lit. 025.

Le cahiz est de 12 barchillas, 241 lit. 224.

Pour les liquides.

Pour le vin. Les mesures sont les mêmes que dans le royaume de Valence.

L'arroba d'huile divisée en 36 livres vaut 13 lit. 966.

SÉVILLE.

Pour les grains. La fanéga est de 54 lit. 268.

CARTHAGÈNE.

Pour les grains. La fanéga est de 55 lit. 747.

CADIZ.

Pour les grains. La fanéga est de 55 lit. 334.

MALAGA.

Pour les grains. La fanéga est de 54 lit. 684.

GALICE.

Pour les grains. Le ferrado de la Corogne, 16 lit. 548.

Pour le vin. Le cantaro de Galice, 18 lit. 445.

ASTURIES.

Pour le vin. Le cantaro des Asturies co tient 18 lit. 45.

MONNAIES.

L'Espagne fait usage de monnaies de co vention, qui servent à faire les comptes, de monnaies réelles.

Monnaies de compte.

CASTILLE.

Le réal de Vellon vaut en argent de Fran 0 fr. 267.

Le réal de Vellon se divise en 34 marav dis de Vellon. Le maravédis de Vellon va 0 fr. 00785.

Le réal de Plata Antiqua, qui se divise e 34 maravédis de Plata, vaut en argent d France 0 fr. 5026.

Le *peso* corriente ou piastre, qui vaut 8 réau de Plata Viega, ou 15 réaux 2 maravédis d Vellon, 4 fr. 0184.

Le *peso duro*, piastre forte de 5 fr. 43.

Le doublon d'or vaut 5 pesos corriente 20 fr. 0920.

Le doublon de change vaut 4 pesos o 32 réaux d'argent 16 fr. 0736.

Le ducat d'argent de 11 réaux 1 maravéd d'argent, ou de 20 réaux 25 maravédis 15/1 de Vellon, 5 fr. 5433.

Le ducat de Vellon de 11 réaux 1 marav dis de Vellon, 2 fr. 9448.

Ces monnaies de compte sont surtout en ployées dans les royaumes de Castille, de Léo d'Andalousie, de Grenade, de Galice, d Murcie, dans les Asturies, la Biscaye et da l'Estrémadure.

ARAGON.

La livre *jaquesa* se divise en 20 sols; ell vaut 10 réaux de Plata, 5 fr. 026.

Le sol (*sueldo*) vaut 0 fr. 263.

Le sol se divise en 16 deniers; le denier va environ 2 marévadis de Vellon, 0 fr. 0164.

La livre de Valence est égale à la livre j quesa, et se divise de la même manière.

NAVARRE.

La livre de Navarre est égal au peso co riente de Castille, 4 fr. 0184.

La livre se divise en 8 réaux de Plata; réal vaut 0 fr. 5026.

Le réal d'argent navarrais se divise 36 maravédis; le maravédis vaut 0 fr. 013

Le maravédis se divise en 2 cornados. cornado, qui est la plus petite monnaie Navarre, vaut 0 fr. 0069.

CATALOGNE.

La livre de Catalogne se divise en 10 réaux de ardités ou en 20 sols; elle vaut 3 fr. 21472.

Le réal de ardités est de 0 fr. 32147.

Le sol est de 0 f. 16073.

Le sol se divise en 12 deniers ou ardités; le denier vaut 0 fr. 1339.

Monnaies réelles.

Or.

Quadruple pistole ou doublon avant 1772, 85 fr. 42.

Double pistole, avant 1772, 42 fr. 71.

Simple pistole, id., 21 fr. 36.

Demi-pistole, id., 10 fr. 68.

Quart de pistole ou piastre d'or, id., 5 fr. 34.

Quadruple pistole ou doublon, de 1772 à 1785, 83 fr. 93.

Double pistole, id., 41 fr. 965.

Simple pistole, de 1772 à 1785, 20 fr. 9825.

Demi-pistole, id., 10 fr. 491.

Quart de pistole, id., 5 fr. 26.

Quadruple pistole, depuis 1786, 81 fr. 51.

Double pistole, id., 40 fr. 755.

Simple pistole, id., 20 fr. 3775.

Demi-pistole ou écu d'or, id., 10 fr. 1887.

Coronilla, piastre d'or, de 1801, 5 f. 0841.

Argent.

Piastre vieille appelée sévillan, 1731, 5 fr. 4085.

Piécette de 2 réaux de Plata, 1721, 1 fr. 0342.

Réal de Plata de 1721, 0 fr. 516.

Piastre depuis 1772, 5 fr. 43.

Demi-piastre, id., 2 fr. 715.

Réal de deux ou piécette de 1/5 de piastre, 1 fr. 086,

Réal de un ou piécette de 1/10 de piastre, 0 fr. 543.

Réallillo ou réal de Vellon, ou 1/20 de piastre, 0 fr. 2715.

FIN DE L'ESPAGNE.

TABLE ALPHABÉTIQUE

DES MATIÈRES CONTENUES

DANS LA SECONDE PARTIE DE L'ESPAGNE.

B

C

D

F

H

I

N

O

Q

R

S

U

V

ERRATA.

Pag.	col.	lig.	
16,	2,	21 :	justicier, *lisez* justicia.
25,	1,	27 :	qui fait les barbes grises, *lisez* qui hait.
25,	2,	30 :	Guixada, *lisez* Quixada.
75,	1,	57 :	Juan Maria de Moury, *lisez* Juan Maria de Maury.
85,	2,	7 et 8 :	Matagorda, *lisez* Matagordo.
113,	2,	9 :	Dona, *lisez* Doña.
125,	1,	50 :	*mais* elle fut, *lisez* elle fut.
155,	1,	23 :	ii, *lisez* il.
158,	2,	26 :	Zurbaron, *lisez* Zurbaran.
200,	2,	44 :	Vittoria, *lisez* Vitoria.
235,	2,	50 :	Bardax y Azara, *lisez* Bardaji-y-Azara.
246,	2,	13 :	n'avaient pas dû lui concilier, *lisez* n'avaient pas dû leur concilier.

BIBLIOTHÈQUE IMPÉRIALE IMPR.

TABLE INDICATIVE

POUR LE PLACEMENT DES GRAVURES DE L'ESPAGNE.

Les gravures peuvent être placées à la suite du volume où elles sont expliquées. Il serait peut-être mieux de les réunir toutes et de les relier séparément pour en former un petit atlas; néanmoins, comme plusieurs personnes préfèrent les intercaler dans le texte, voici l'indication des pages où il en est parlé :

Ferdinand.

Fernando.

Gaucherel del. — Lemaître direxit

Tombeau de Ferdinand et de la Reine Isabelle.

Sepulcro de Fernando y de la Reina Jasabel.

Cathédrale de Burgos.

Catedral de Burgos.

Cathédrale de Burgos.

Catedral de Burgos.

Lemaître direxit

B.R

Chapelle du Connétable, à la Cathédrale de Burgos.

Capilla del Condestable en la Catedral de Burgos.

54-13. C

B.R

Abside de l'Eglise de Bosolte.

Bóveda de la Iglesia de Bosolto

Lemaitre direxit

Maître-Autel de la Cathédrale de Séville.

Altar mayor de la Catedral de Sevilla.

13 A-56

Eglise St. Nicolas à Gerona.

Iglesia de San Nicolas en Gerona.

Condamnés par l'Inquisition allant au Supplice.
Condenados por la inquisicion yendo al Suplicio.

Lemaître direxit

Prison de l'Inquisition à Cordoue.

Cárcel de la Inquisicion en Córdoba.

B.R

Charles V.

Armure avec laquelle il est entré à Tunis.

(Armeria real de Madrid.)

Cárlos V. Armadura con que entró en Túnez

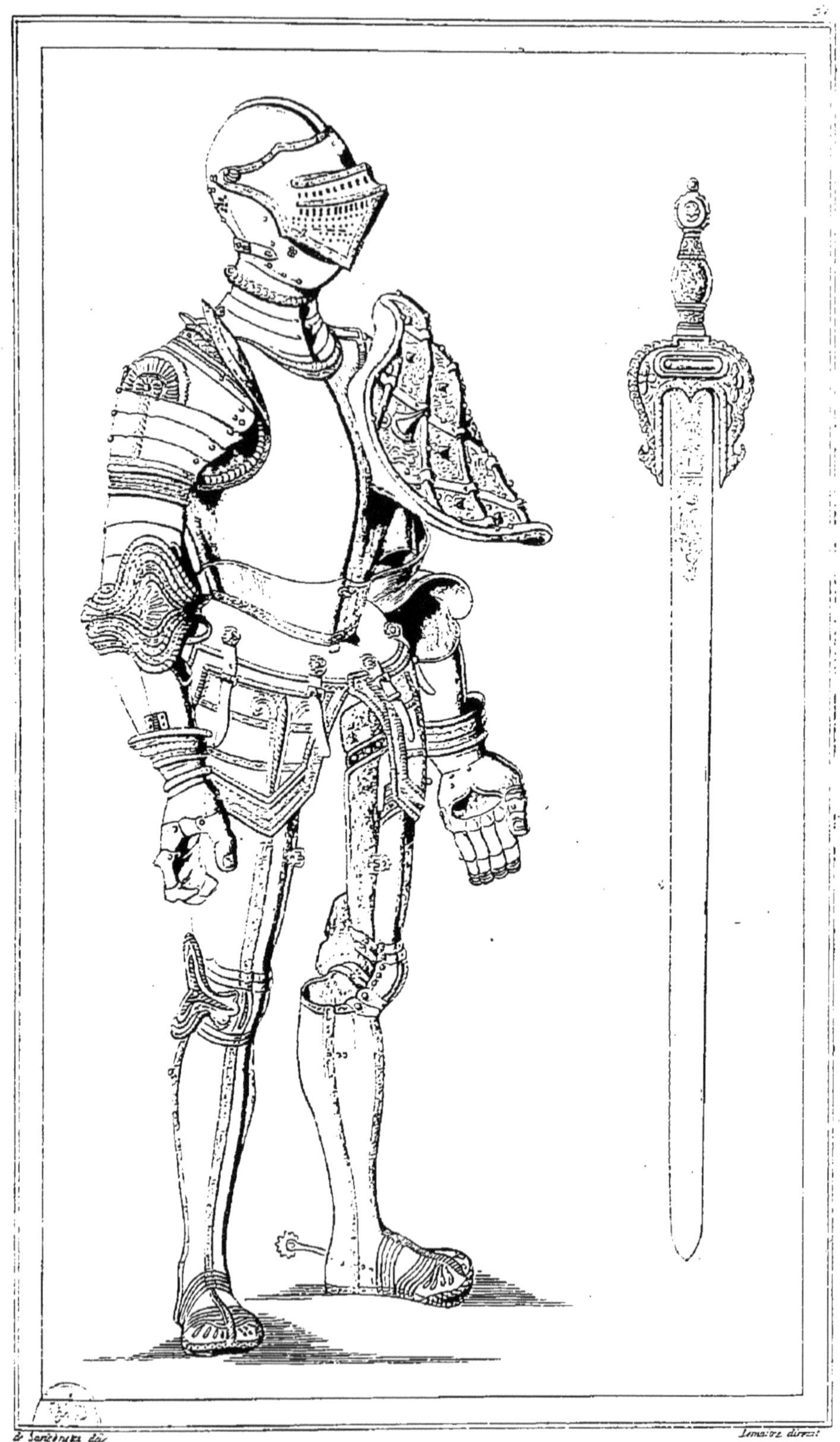

Lemaitre direxit

Armure et Épée de Don Juan d'Autriche.

(Armeria real de Madrid.)

Armadura y espada de Don Juan de Austria.

B.R

Lemaître direxit.

Ruines du Couvent des Carmélites, à Burgos.

Ruinas del Convento de los Carmelitas, en Burgos.

Cathédrale de Malaga.

Catedral de Malaga.

B.R

Lemaître direxit

Porte à Madrid. Puerta de Alcalá, en Madrid.

Espagne

63.1.A.

B.R

Lemaitre direxit

Taureaux de Guizando, (Monuments Phéniciens.)

Toros de Guizando. (*Monumentos fenicios.*)

Lemaitre direxit

Couvent de la Vierge del Carmen, à Cadix.

Covento de Nuestra Señora del Cármen, en Cádiz.

B.R

Lemaître direxit

Palais de l'Escurial.

Palacio de S. Lorenzo del Escorial.

B.R

Lemaitre direxit

Palais à Madrid.

Palacio en Madrid.

igne.

67-13 B

Rouargue de Pranary del. — Lemaître direxit.

IMPR.

S. Pablo del Campo, à Barcelone.

San Pablo del Campo, en Barcelona.

Pont de Tolède, à Madrid. Puente de Toledo, en Madrid.

Lemaitre direxit

B.R

Fontaine du Prado, à Madrid.

Fuente del Prado, en Madrid.

Procesion à Sevilla.

Procesion en Sevilla.

Vernier del. — Lemaître direxit

Muletiers.

Acemileros.

B.R

Combat de Taureaux. (Picadores)

Corrida de Toros (Picadores.)

Chasse au Sanglier, à la Fourchette, (d'après Collantes.)

Caza al Javali, à la Horquilla, (Segun Collantes)

B.R

Lemaitre direxit

Moines recevant la Charité.

Frailes recibiendo Lismona.

B.R

Moines de Grenade.

Frailes de Granada.

B.R

Lemaître direxit.

Danse. Danza.

B.R

Femmes de Séville.

Mujeres de Sevilla.

BIBLIOTH. IMPR. IMPERIALE

Lemaitre direxit

Monnaies. Monedas.

ESPAGNE
ET
PORTUGAL.
Par Th. Duvotenay, Géog.
MADRID
Salamanque
Valladolid
Tolède
Ciudad-Real
Cordoue
Séville
Grenade
Saragosse
Lérida
Barcelone
Toulouse
Carcassonne
Perpignan
Montpellier
Mont de Marsan
Auch
Tarbes
Pau
Bayonne
Pampelune
Bilbao
Santander
Oviedo
Léon
Burgos
Logroño
Soria
Zamora
Bragance
Braga
Oporto
Coimbre
Lisbonne
Lagos
Huelva
Cadix
Malaga
Almeria
Murcie
Albacete
Cuenca
Teruel
Guadalajara
Avila
Ségovie
Palencia
Orense
Lugo
Pontevedra
Jaen
Badajoz
Caceres
Valence
Palma
I. Ivice
Majorque
Coroogne
ASTURIES
FRANCE
MER
ENTRE DUERO
TRAS-LOS-MONTES
Detroit de Gibraltar

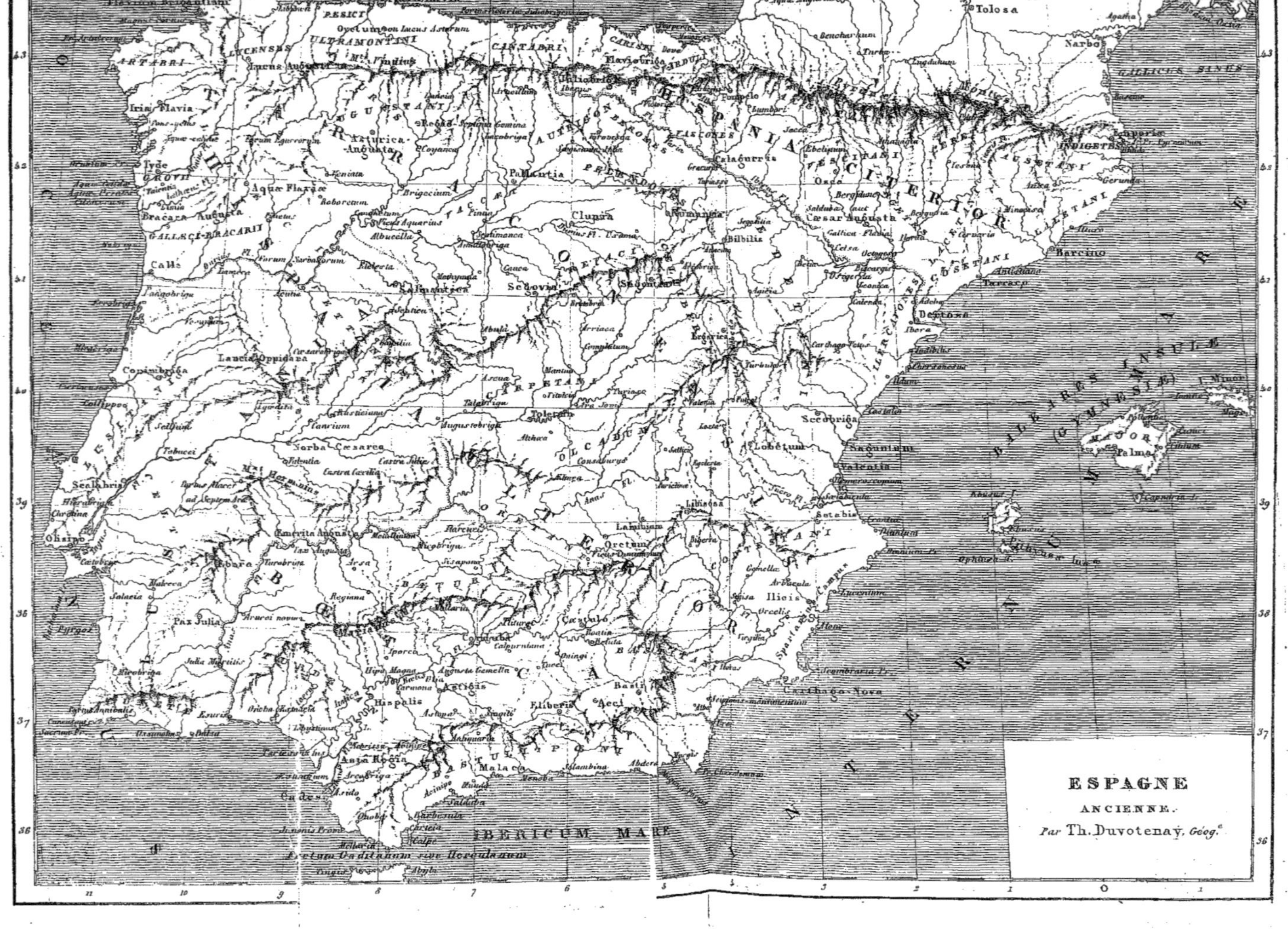
ESPAGNE
ANCIENNE.
Par Th. Duvotenay, Géog.e
IBERICUM MARE
HISPANIA CITERIOR
BALEARES INSULÆ
Tolosa
Narbo
Barcino
Tarraco
Carthago Nova
Hispalis
Gades
Olisipo
Toletum
Saguntum
Valentia
Palma

L'UNIVERS,

OU

HISTOIRE ET DESCRIPTION

DE TOUS LES PEUPLES,

DE LEURS RELIGIONS, MOEURS, COUTUMES, ETC.

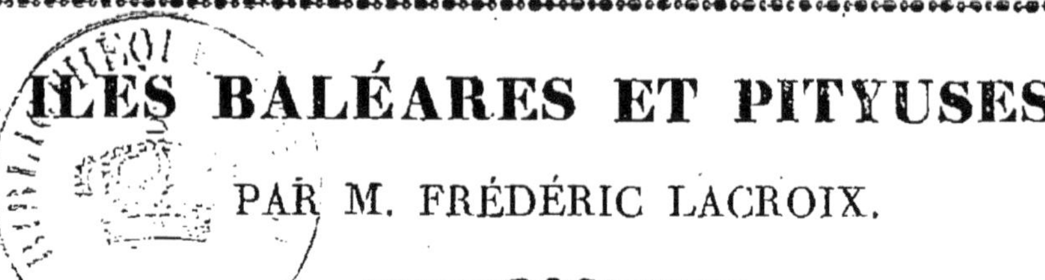

ÎLES BALÉARES ET PITYUSES,

PAR M. FRÉDÉRIC LACROIX.

Les îles Baléares sont situées dans la mer Méditerranée, en face et à vingt-deux lieues du royaume de Valence, en Espagne, entre les 39° 6′ et 40° 5′ de latitude nord, 0° 2′ de longitude ouest et 1° de 58′ longitude est.

Voici ce que Pline l'Ancien dit de ces colonies :

« Les deux premières îles qu'offre la mer Ibérique ou Baléarique furent appelées par les Grecs *Pityuses*, à cause de leurs bois de pins. Aujourd'hui ce sont les *Ébuses*. Elles ont une ville alliée du même nom ; un bras de mer étroit les isole ; leur étendue est de quarante-six milles ; sept cents stades les séparent de Dianium, ville continentale, qui elle-même est à sept cents stades de Carthagène. Les Baléares en haute mer et Colubraria vis-à-vis de l'embouchure du Sucron sont à égale distance des Pityuses. Les Baléares, si célèbres par leurs frondeurs, furent appelées par les Grecs *Gymnasies*. La grande a cent milles de long et trois cent soixante-quinze de circuit. On y voit Palma et Pollentia, cités romaines, Cinium et Tucis, cités à droit latin. Bocchorum, qui n'existe plus, fut notre alliée. A trente milles de cette île, une moins grande a quarante milles de longueur et cent cinquante de circuit. Ses villes sont Jan[none], Sonifère et Magon. Capra[ria] présente, à douze lieues en mer, d[es] côtes perfides et fécondes en naufrage[s]. Ménariès, Tiquadre et la petite île d'A[n]nibal sont en face de Palma. Suit C[o]lubraria, en grec *Ophiuse*. La ter[re] d'Ébuse met en fuite les serpents ; ce[lle] de Colubraria les fait naître ; aussi es[t-]elle redoutée de quiconque n'a pas [de] terre d'Ébuse. Celle-ci, de plus, est sa[ns] lapins, tandis que les îles Baléar[es] voient leurs moissons ravagées par c[es] animaux. Vingt îlots parsèment enco[re] cette mer peu profonde. »

Des huit îles désignées par le gé[o]graphe latin, trois nous sont entière[]ment inconnues aujourd'hui : Ménariè[s,] Tiquadre et la petite île d'Annibal o[nt] sans doute disparu à la suite d'une [de] ces commotions sous-marines dont [la] géographie ancienne et de nombreus[es] observations fournissent des preuves frappantes.

Peu de contrées ont reçu plus de d[é]nominations que les Baléares. Lyc[o]phron les désigne sous le nom de *Ch[œ]riades*, à cause des écueils qui les env[i]ronnent. Deux Pères de l'Église, sai[nt] Jérôme et saint Isidore, leur impos[è]rent ceux d'*Aphrosiades* et d'*Aphr*[…]

disiades, peut-être parce que les mœurs des habitants de ces îles étaient fort relâchées, ou seulement parce que Vénus y était l'objet d'un culte particulier. Elles furent aussi appelées *Eudemones* et *Axiologues*. Nous avons déjà vu que les Grecs les avaient nommées *Gymnasies*, parce que, s'il en faut croire Diodore de Sicile, les habitants allaient tout nus. Il n'est pas jusqu'à leur nom, plus connu, de *Baléares* qui n'ait été l'objet d'interprétations plus ou moins ingénieuses. Peu satisfaits de la vulgaire étymologie de Βαλλῶ (lancer), fondée sur l'habileté des habitants de ces îles à lancer des pierres, au moyen de la fronde, quelques auteurs lui ont préféré celle de *Baléa*, nom prétendu de celui de ses compagnons qu'Hercule y laissa pour chef, à l'époque de sa grande expédition dans l'Europe occidentale. Pausanias cherche l'origine de *Baléares* dans le mot syriaque *Balaros*, qui signifie proscrit, exilé, et il avance, sans en donner aucune preuve, que les malfaiteurs étaient transportés dans ces îles.

Quoi qu'il en soit, la géographie moderne comprend sous la dénomination d'îles Baléares, les trois îles de Majorque (1), Minorque et Cabréra, et sous celle, moins généralement adoptée, d'îles Pityuses, Ivisça, Formentera, Conejera, ou *Conigliera*, Bosqua, Esparta, et les autres îlots environnants. Le climat y est tempéré et le sol généralement fertile. Elles produisent du blé, du vin, de l'huile, des oranges, des citrons, des figues, du lin, du chanvre, du safran, etc.... On y trouve quelques forêts, des salines et des carrières de marbre. La pêche et le cabotage y sont très-actifs. Le peuple y parle un dialecte qui paraît n'être autre chose que l'ancienne langue romane-limousine. Il sera plus longuement question de cet idiome dans la description particulière de l'île de Majorque.

Il est assez inutile, à notre avis, de rechercher ici si les premiers habitants des Baléares furent des Rhodiens, comme le veut Strabon, des Grecs de Zante ou des Phéniciens, comme le soutiennent saint Jérôme et Silius. De semblables dissertations, quand elles se fondent sur des données purement hypo tiques, n'ont pour résultat ordin que d'obscurcir la question, ou, ce est pire, de la résoudre dans le sen certaines idées préconçues et d'av bien arrêtées. Quoi qu'il en soit, i certain que les Carthaginois ne s' parèrent d'Ivisça, la plus grande de tyuses, que 663 ans environ avant J. et deux siècles plus tard, ils n'éta pas encore parvenus à s'établir dans Baléares. Les peuples de ces îles éta essentiellement belliqueux. Ils alla au combat nus et armés seulement d petit bouclier, d'un javelot et de t frondes roulées autour de leur tête tressées avec une espèce de roseau. frondes étaient d'inégale longueur ils se servaient de l'une ou de l'a suivant l'éloignement du but. On dit pour former de bonne heure leurs enf à cet exercice, ils avaient coutume ne leur donner à manger que le qu'ils avaient abattu d'un coup de pie Nous remarquerons, en passant, qu mêmes habitudes, sauf la différence armes, ont été observées chez certai peuplades sauvages de l'Amérique e quelques îles de l'océan.

Les peuples baléariques, soit q fussent alors soumis aux Carthagin soit qu'ils fussent simplement leurs liés, marchèrent avec eux contre Agrigentins révoltés, et plus tard co Pyrrhus, qui menaçait la Sicile. Les mains recherchèrent aussi leur ami au temps de la première guerre puniq mais ils restèrent fidèles à Amil dont le glorieux fils vit, dit-on, le j dans la petite île qui porta depuis nom et qui n'existe plus. Scipion, poursuite d'Amilcar, qu'il venait battre en Espagne, pille l'île d'Ivis dont Rome s'empare bientôt après. jorque, Minorque et Cabrera, trop bles pour prendre ouvertement parti c tre des ennemis aussi puissants, deve leurs voisins, se bornent à se détac de l'alliance de Carthage et à faire pecter leur indépendance; mais n'ay plus rien à craindre des maîtres d mer, les habitants de ces îles s'adonn à la piraterie et commettent des dé dres qui servent de prétexte aux mains pour les asservir complétem Métellus opère une descente à Majorq

(1) Prononcez *Mayorque*.

Les insulaires se défendent intrépidement, et, ne pouvant résister, se retirent dans leurs montagnes et dans leurs cavernes. Les historiens portent à trente mille le nombre des Majorquins tués lors de cette conquête, qui valut au consul romain le surnom de *Baléarique*. Les îles Baléares, en y joignant les Pityuses, firent alors partie de la province citérieure ou tarraconnaise. Pendant les désordres sanglants qui hâtèrent l'anéantissement de la république romaine, elles perdirent une grande partie de leur population, en s'engageant tour à tour sous la bannière des diverses factions militantes. Sous l'empire elles eurent un gouvernement à part. Cependant, les citoyens étaient obligés d'aller plaider à Carthagène. Durant cette période, il n'est presque pas question des Baléares dans les historiens, si ce n'est sous le règne d'Auguste, et à propos d'une singulière expédition contre les lapins qui désolaient Majorque, expédition sollicitée par les habitants de cette île. L'an 426 de l'ère chrétienne, les Baléares reparaissent dans l'histoire : à cette époque elles passent sous la domination des Vandales. De 798 à 1229, elles deviennent successivement la proie des Maures d'Afrique, des Francs conduits par Charlemagne, des Maures pour la seconde fois. et de Raymond Bérenger, qui confia Majorque aux Génois. Ces derniers en furent chassés par les infatigables Maures, qui ne cédèrent la place qu'à don Jacques Ier, petit-fils d'Alphonse II, roi d'Aragon. « En 1228, don Jayme, dit M. Alexandre de Laborde (1), convoqua la noblesse d'Aragon à Barcelone, et fit un discours qui anima le zèle de l'assemblée. Le clergé seconda cette entreprise; les chevaliers du Temple voulurent en être, et armèrent à leurs frais des cavaliers et des arbalétriers. En vain l'oncle du jeune roi voulut le détourner de cette expédition; il y persista. On suscita des intrigues : les Aragonais et ceux de Lérida refusèrent de le suivre; mais tout ce qui s'était *croisé* lui resta fidèle. Les Catalans s'y distinguèrent. La flotte partit le 1er septembre 1229. Elle était composée de vingt-cinq gros vaisseaux, de dix-huit tarides, de onze grandes galères et de cent galiotes. L'armée, en tout, était de dix-sept mille hommes. Elle eut à lutter contre la plus violente tempête. On fit toutes les instances pour arracher au roi l'ordre de retourner à Tarragone; mais la fermeté de don Jacques obligea de continuer la route. C'est en bravant la tempête qu'on découvrit Majorque; on ne put descendre au port de Pollenca, et on fut contraint de naviguer sur la Palmera. Un Majorquin au service du roi maure passa à la nage de l'île à la flotte, pour avertir le roi d'Aragon qu'il aurait à combattre quarante-deux mille hommes d'infanterie et cinq mille de cavalerie. Le roi le remercia de son zèle, lui promit une récompense, et ordonna le débarquement. La résistance fut grande dans les deux armées; elles combattirent vaillamment, mais toujours les Maures perdaient plus de monde que les chrétiens. Au bout de quelque temps, le roi maure fut investi dans la ville capitale de Mayorca; on refusa de capituler avec lui; l'assaut fut donné, la ville prise, les Maures exterminés et tout le pays soumis le 31 décembre 1229. » Minorque ne tarda pas à reconnaître l'autorité de don Jacques, surnommé le Conquérant, qui, à sa mort, la laissa à son second fils, avec le titre de roi indépendant. Cette petite royauté excita autant de rivalités et de guerres que s'il se fût agi d'un puissant empire. Don Pèdre d'Aragon, beau-frère de Jacques III, s'en empara enfin en 1343; depuis lors, les îles Baléares ont suivi le sort de l'Aragon, et sont venues se fondre dans la monarchie espagnole.

Il y aurait lieu de s'étonner que tant de dominations diverses, sur un espace aussi resserré, n'eussent laissé aucune trace matérielle de leur durée; mais il n'en est pas ainsi. On trouve dans le territoire d'Alayor (Minorque) un de ces monuments que les gens du pays désignent sous le nom d'*Autels des gentils*, et qui paraissent remonter à la plus haute antiquité. Celui dont nous parlons offre de l'analogie avec les autels druidiques. Il est formé d'énormes blocs de pierres brutes superposés, sans ciment ni mortier. Sa forme est celle d'un cône arrondi par le haut; on remarque à sa base et dans la direction du sud une excava-

(1) *Itinéraire descriptif de l'Espagne*, t. V, 1re partie, p. 5, 3e édit.

tion où l'on ne pénètre que difficilement et qui ne contient rien d'intéressant. Le sommet du cône offre un plateau qui peut donner place à une dizaine de personnes, et auquel on parvient par une rampe d'un mètre cinquante cent. environ. Non loin s'élèvent deux pierres, l'une perpendiculaire et l'autre posée horizontalement sur la première, destinée peut-être à former le thau symbolique égyptien. On a découvert aussi tant à Majorque qu'à Minorque des tombeaux antiques, des figurines de bronze, des vases, des lampes sépulcrales, des urnes cinéraires en terre rougeâtre. On voit aussi à Eufabia les ruines d'une maison de plaisance dont la construction remonte au temps des Maures, et sur le mont Sainte-Agathe à Minorque, existent celles d'un château à qui la tradition attribue la même origine. Quant aux médailles, aucun lieu n'en a fourni proportionnellement autant que les Baléares. On a trouvé à Minorque des monnaies carthaginoises, celtibériennes, grecques, phéniciennes, macédoniennes, romaines, et parmi ces dernières, un grand nombre du temps de Constantin. Les médailles arabes y sont devenues fort rares, attendu qu'étant presque toutes d'argent, elles ont été, en grande partie, fondues. Enfin les amateurs d'archéologie peuvent exercer leur sagacité sur certains vestiges de constructions primitives qu'on doit ranger dans la catégorie des monuments cyclopéens.

Les îles qui forment le groupe des Baléares et des Pityuses, ayant entre elles d'assez notables différences, nous allons donner de chacune une description particulière suffisante pour compléter, avec les renseignements généraux qu'on vient de lire, l'aperçu géographique, historique et statistique que nous essayons de tracer dans cette rapide notice.

BALÉARES.

MAJORQUE. Majorque, la plus considérable des îles Baléares, comme l'indique son nom, est située à quarante lieues à l'est de la côte d'Espagne et à cinquante lieues au sud d'Alger. Suivant le docteur Juan Dameto, historien majorquin, elle a été anciennement appelée *Clumba* ou *Columba*. Aujourd'hui les Espagnols la nomment *Mallorca*. E a vingt-deux lieues de longueur de l'es l'ouest, seize de largeur et cinquante circonférence. Elle se termine au n par le cap Formenta, au sud par le c Salinas, à l'est par le cap Berme à l'ouest par le cap Dragonera, en f duquel est une petite île qui porte même nom.

Les côtes de Majorque sont découp par plusieurs baies, dont les tr principales sont : au nord-est celles Pollenza et d'Alcudia, au sud-ouest c le de Palma. Le sol, généralem montagneux, est traversé du nord- au sud-ouest par une chaîne as élevée qui offre plusieurs pics rem quables, entre autres ceux que les l bitants désignent sous le nom de Pu Mayor et de Galatz.

Majorque n'a pas de grands co d'eau; on n'y trouve que deux peti rivières, dont l'une, la Rierra, a s embouchure sous les murs de Palm capitale de l'île. Cependant l'abondan des sources, qui produisent d'ass forts ruisseaux, entretient, surtout da les localités voisines des montagnes, u température fraîche et une riche vég tation. Le climat est doux et salubre; général le thermomètre de Réaumur descend pas au-dessous de 6 degrés ne monte pas à plus de 26°. La c orientale, abritée du côté du no souffre peu du froid des hivers; ma en revanche, elle est exposée à des cou de vent qui la ravagent. Comme les a tres îles de cet archipel, Majorq éprouve, dans certaines années, d pluies d'hiver, qui tombent avec u abondance et une continuité dont on ferait difficilement une idée.

Le sol des montagnes est pierreux mêlé d'une terre végétale rougeât tandis que celui des collines est no plus humide et moins fertile. Les mo tagnes renferment, dit-on, quelqu filons d'or et d'argent. L'île est plus ric en marbres de diverses couleurs. E possède aussi, près de Campos, pet ville située non loin de Palma, u source sulfureuse. Les montagnes, pr que toutes couvertes, depuis leur ba jusqu'à leur sommet, d'une végétati puissante, fournissent, indépendamme de beaux bois de charpente et de m nuiserie, des sapins propres à la construction des vaisseaux et des chênes verts d'une grosseur surprenante. Les oliviers atteignent des dimensions colossales et produisent d'excellents fruits; pour les garantir des ravages des eaux, qui quelquefois descendent du haut des collines en torrents impétueux, on les entoure de petites murailles, dont la multiplicité donne au pays un aspect singulier.

Les amandiers étalent, au printemps, leurs rameaux chargés de fleurs aussi blanches que l'argent; les oranges charment les yeux et l'odorat par leurs fruits d'or et leurs boutons embaumés; les figuiers ombragent de leurs larges feuilles d'un vert pâle les terrains les plus arides et jusqu'aux rochers, au milieu desquels leurs racines savent se frayer un chemin vers la terre végétale. Le palmier projette son élégante silhouette sur un ciel inondé de lumière; le caroubier élève sur le flanc des collines sa tête toujours verdoyante et parsemée de baies écarlates; le cactus, enfant de l'Afrique, étend sur le sol ses bras épineux et chargés de figues qui sollicitent les ardeurs du soleil; enfin, la vigne couvre les coteaux de ses pampres vigoureux, et, dès le commencement de juillet, offre au promeneur altéré la liqueur rafraîchissante que contient son fruit délicieux.

Cette riche végétation, les montagnes qui accidentent la surface de l'île, l'extrême variété des sites, la vue de la mer, dont l'azur se dessine à l'horizon, la splendeur et la pureté du ciel, tout contribue à faire de Majorque une des contrées les plus pittoresques du monde. Mais ici le pittoresque est d'une nature toute spéciale. « Le caractère du paysage, plus riche en végétation que celui de l'Afrique ne l'est en général, a tout autant de langueur, de calme et de simplicité. C'est la verte Helvétie sous le ciel de la Calabre, avec la solennité et le silence de l'Orient. En Suisse, le torrent qui roule partout, et le nuage qui passe sans cesse, donnent aux aspects une mobilité de couleur et pour ainsi dire une continuité de mouvement que la peinture n'est pas toujours heureuse à reproduire. La nature semble s'y jouer de l'artiste. A Majorque, elle semble l'attendre et l'inviter. Là, la végétation affecte des formes altières et bizarres; mais elle ne déploie pas ce luxe désordonné sous lequel les lignes du paysage suisse disparaissent trop souvent. La cime du rocher dessine ses contours bien arrêtés sur un ciel étincelant, le palmier se penche de lui-même sur les précipices, sans que la brise capricieuse dérange la majesté de sa chevelure, et jusqu'au moindre cactus rabougri au bord du chemin, tout semble poser avec une sorte de variété pour le plaisir des yeux (1). »

La beauté du climat et la fertilité du sol ont rendu les Majorquins paresseux et imprévoyants, comme la plupart des peuples à qui la nature offre spontanément les ressources de la vie matérielle. Ajoutez que le voisinage et la domination de l'Espagne n'ont pu qu'augmenter leur indolence et leur inhabileté dans la science agricole. Naguère encore les couvents, les chapitres et les chapelles dévoraient la richesse d'une population malheureuse par sa faute et par celle de ses maîtres. Grâce à cette incurie et à la funeste influence de la métropole, Majorque ne produit pas le quart de ce qu'elle pourrait produire entre des mains actives et expérimentées. Les territoires de Selva, de Juca, de Sansellas, la vallée orientale d'Alcudia, la plaine de Manaco et celle qui s'étend entre Félanice, Montuiri, San Juan et Petra, pompeusement nommées par les Majorquins les *greniers d'abondance* de leur île, et où pour féconder le sol il suffit en quelque sorte de soulever sa superficie, sont loin de fournir à la consommation de la colonie en céréales. On ne trouve de terre bien cultivée que dans la belle vallée de Saler, et encore pourrait-on obtenir de cette localité beaucoup plus qu'on n'en retire.

Quels efforts de travail et d'invention peut-on attendre d'un peuple que l'influence d'un climat énervant et l'insouciance de ses gouvernants livrent à la mollesse et à l'inaction? L'écrivain célèbre que nous avons cité plus haut s'exprime ainsi au sujet de Majorque et des agriculteurs indigènes. « Nulle part je n'ai vu travailler la terre si patiemment et si mollement. Les machines les plus

(1) George Sand, *Un Hiver à Majorque*, t. Ier, p. 23.

simples sont inconnues; les bras de l'homme, bras fort maigres et fort débiles comparativement aux nôtres, suffisent à tout, mais avec une lenteur inouïe. Il faut une demi-journée pour bêcher moins de terre qu'on n'en expédierait chez nous en deux heures, et il faut cinq ou six hommes des plus robustes pour remuer un fardeau que le moindre de nos portefaix enlèverait gaîment sur ses épaules (1) ».

Malgré cette nonchalance et cette faiblesse physique, les Majorquins récoltent du froment si pur et si fin, qu'il est très-recherché en Espagne, où l'on s'en sert pour faire cette espèce de gâteau blanc et léger qu'on appelle *pan de Mallorca*. Mais la qualité du blé est le fait du sol et non de l'homme, car Marjorque n'a jamais démenti le surnom d'*île dorée* que lui donnaient les anciens à cause de sa merveilleuse fertilité.

Les mines d'or et celles de pierres précieuses, dont quelques géographes ont doté cette île, n'ont pas encore été travaillées, si tant est qu'elles existent; mais, en revanche, on y exploite dans plusieurs contrées des carrières de marbre tigré, rouge et blanc, et une espèce particulière, dont les taches noires et blanches sont de forme elliptique, et qui a reçu, à cause de ce fait, le nom *d'amandrado* (*semé d'amandes*). Des stalactites très-variées, quelques débris de bois fossile, une pierre de taille excellente, des pierres feuilletées, des pierres meulières, des pierres à chaux, des pierres mixtes formées de parties calcaires, vitrifiables et réfrangibles, une pierre sablonneuse qui n'est pas sujette à éclater, des pierres à aiguiser extrêmement fines: enfin des salines naturelles qui n'auraient besoin que d'être exploitées avec intelligence, telles sont les richesses géologiques de Majorque. Le corail qu'on pêche, mais en petite quantité, et seulement pendant les mois de juillet et d'août, dans la baie d'Alcudia, pourrait aussi être utilisé dans un but commercial.

Les bœufs de ce pays sont petits et faibles; en revanche les porcs sont monstrueusement gros; Miguel de Vargas, historien de Majorque, cite un de ces animaux qui, à l'âge d'un an et dem pesait vingt-quatre arrobes, c'est-à-di six cents livres. Les moutons majo quins portent une toison d'une finesse r marquable.

L'industrie est aussi arriérée à M jorque que l'agriculture. L'île produ de la soie, de la laine et du lin, et cepe dant ses soieries, ses lainages et ses to les commencent à peine à sortir de le médiocrité.

Les Majorquins excellaient autrefo dans l'ébénisterie; mais ils ont perd toute leur habileté, et l'on ne trouvera pas dans toute l'île un ouvrier c pable de reproduire les merveilleuses c selures qu'on remarque sur les boiseri de certaines maisons opulentes et quelques édifices publics.

Le commerce de Majorque se born à l'exportation de quelques étoffes laine, d'une assez grande quantité d' mandes, des délicieuses oranges que to le monde connaît, au moins de rép tation, de quelques centaines de barr ques d'huile d'olive, des excellents vi de la colonie, et de ces porcs monstrueu dont nous avons parlé. Les huiles so de mauvaise qualité, à cause de l'impe fection des procédés de fabricatio Quant aux vins, les plus renommés sont le *Moscatel*, le *Malvoisie*, le *Pan pot rodat*, et le *Montona*. Les autr produits du sol et de l'industrie consomment dans le pays. Malgré l peu d'importance de ce mouvement con mercial, les exportations de cette îl constituaient encore au profit de ses h bitants, il y a quarante ans à peine, u bénéfice de plus de neuf millions d francs sur les importations. Aujourd'h les Majorquins se ressentent cruellemen de l'anarchie et de l'épuisement de l'E pagne. Leur apathie toujours croissant complète leur misère.

Le commerce des bestiaux était au trefois considérable à Majorque. Mai le gouvernement espagnol ayant accord à des *assentistes* ou fournisseurs le mo nopole des approvisionnements, ces sp culateurs empêchèrent toute exportatio de bestiaux et confisquèrent à leur prof toute l'importation. Il en résulta que l habitants se dégoûtèrent de l'éducatio des animaux, qui ne leur donnait plu aucun bénéfice. Un fait qui montre quell

(1) George Sand, *Un Hiver à Majorque*.

fut l'extinction du bétail dans cette île, c'est que, suivant l'historien Miguel de Vargas, il fut un temps où la montagne d'Arta comptait à elle seule plus de vaches, de bœufs et de taureaux, qu'on n'en pourrait réunir aujourd'hui dans toute la plaine de Majorque. Cet état de choses fut d'autant plus funeste à la population majorquine, qu'il coïncida avec un événement non moins déplorable : lors de l'expédition de Charles-Quint contre Alger, l'Espagne ayant besoin de bois de construction, les charpentiers de la marine dévastèrent les bois de Majorque, qui leur fournirent toute une flottille de chaloupes canonnières. Tous les plus beaux arbres (et dans le nombre se trouvaient des oliviers séculaires qui avaient jusqu'à quatorze pieds de diamètre) furent impitoyablement abattus. Au lieu de chercher à réparer ces désastres, les insulaires, emportés par un mouvement de colère puérile, détruisirent ce qui restait de leurs bois. Il s'ensuivit une misère qui s'accrut du déficit causé par la suppression de toute exportation de bestiaux. Depuis cette époque, les arbres ont repoussé, et les monopoleurs ont disparu. Mais le droit d'exportation n'a été accordé aux Majorquins que pour les pourceaux. Aussi les habitants donnent-ils un soin tout particulier à l'engraissement de cet animal, devenu leur principale richesse. Si l'on en croit un voyageur, le cochon est aujourd'hui l'objet d'une grande vénération et d'une affection profonde de la part des Majorquins. Cette espèce de culte pour un quadrupède immonde, à part ce qu'il peut avoir de ridicule à un certain point de vue, s'explique par l'utilité du pourceau pour ce peuple. Le cochon a sauvé Majorque de l'extrême misère, et Majorque se montre reconnaissante.

Du reste, on peut attribuer en grande partie la stagnation du commerce de Majorque à l'imperfection des voies de communication et des moyens de transport. L'absence de cours d'eau n'y est pas compensée par l'établissement de routes charretières. Tout ce qu'on envoie de l'intérieur à la mer se transporte à dos de mulet ou au moyen de chariots pesants, à roues plates et pleines. Les inconvénients de ces chariots sont encore augmentés par la manière dont les mules y sont attelées : elles portent un joug beaucoup trop long et attaché sur leur cou, comme cela se pratique pour les bœufs, dans d'autres pays.

On conçoit à quel point les transactions commerciales sont gênées par ces difficultés de transport. Outre les obstacles directs résultant du manque de chemins, l'envoi des marchandises à dos de mulet est une entrave sérieuse, en ce qu'il a pour résultat d'augmenter considérablement le prix des denrées d'exportation. Ainsi cinq cents oranges qui se vendent sur place environ trois francs reviennent à plus du double quand elles arrivent à la côte. Aussi la culture de l'oranger est-elle de plus en plus négligée dans l'intérieur.

Majorque a sans doute été, dans le moyen âge et sous le gouvernement intelligent des Maures, beaucoup plus peuplée qu'elle ne l'est de nos jours ; cependant, et malgré les pertes immenses qu'elle a subies sous ce rapport depuis l'installation de la domination espagnole, elle renferme encore un nombre considérable de centres de population. Un auteur espagnol lui donne deux cités, trente-deux villes, beaucoup de villages remarquables, deux mille fermes, mille huit cent soixante-dix-sept maisons de campagne et dix châteaux ou forteresses. Cette énumération est évidemment exagérée, au moins dans les désignations, car les trente-deux villes ne sont en conscience que trente-deux villages, bien suffisants, du reste, pour contenir avec les deux capitales, Palma et Alcudia, les cent soixante mille habitants auxquels on estime la population générale.

Les Majorquins sont en général grands, minces, bien faits, malgré des jambes arquées, et ont le teint basané. Les femmes, dont les beaux yeux noirs, les petits pieds, les mains mignonnes et la taille bien proportionnée plaisent aux étrangers, joignent aux défauts intellectuels de leurs maris toute l'ardeur du tempérament africain.

Le costume des Majorquins, parmi les riches et dans la bourgeoisie, a perdu toute son originalité primitive. Le frac, le chapeau rond, le pantalon étroit et le gilet ont remplacé les amples et riches vêtements espagnols du moyen âge. Les femmes et les paysans sont seuls restés fidèles aux vieilles traditions.

Voici la pittoresque description que George Sand (1) donne du costume des hommes : « Il se compose, le dimanche, d'un gilet (*guarde-pits*) d'étoffe de soie bariolée, découpé en cœur et très-ouvert sur la poitrine, ainsi que la veste noire (*sayo*), courte et collante à la taille, comme un corsage de femme. Une chemise d'un blanc magnifique, attachée au cou et aux manches par un poignet brodé, laisse le cou libre et la poitrine couverte de beau linge. Ils ont la taille serrée dans une ceinture de couleur, et de larges caleçons bouffants, comme les Turcs, en étoffes rayées, coton et soie, fabriquées dans le pays. Avec cela, ils ont des bas de fil blanc, noir, ou fauve, et des souliers de peau de veau sans apprêt et sans teint. Le chapeau à larges bords, en poil de chat sauvage (*moxine*), avec des cordons et des glands noirs en fil de soie et d'or, nuit au caractère oriental de cet ajustement. Dans les maisons, ils roulent autour de leur tête un foulard ou un mouchoir d'indienne en manière de turban, qui leur sied beaucoup mieux. L'hiver, ils ont souvent une calotte de laine noire qui couvre leur tonsure, car ils se rasent comme des prêtres le sommet de la tête, soit par mesure de propreté, soit par dévotion. Leur vigoureuse crinière bouffante, rude et crépue, flotte donc autour de leur cou. Un trait de ciseaux sur le front complète cette chevelure, taillée exactement à la mode du moyen âge et qui donne de l'énergie à toutes les figures. Dans les champs, leur costume, plus négligé, est plus pittoresque encore : ils ont les jambes nues ou couvertes de guêtres de cuir jaune jusqu'aux genoux, suivant la saison. Quand il fait chaud, ils n'ont pour tout vêtement que la chemise et le pantalon bouffant. Dans l'hiver, ils se couvrent d'un froc, ou d'une cape grise qui a l'air d'un froc de moine, ou d'une grande peau de chèvre d'Afrique, avec le poil en dehors. Quand ils marchent par groupes avec ces peaux fauves traversées d'une raie noire sur le dos, et tombant de la tête aux pieds, on les prendrait volontiers pour un troupeau marchant sur les pieds de derrière. Presque toujours en se rendant aux champs, ou en revenant à la maison, l'un d'eux marche en tête, jouant de la guitare ou de la flûte et les autres suivent en silence, emboîtant le pas et baissant le nez d'un air plein d'innocence et de stupidité. Ils ne manquent pourtant pas de finesse, et bien sot qui se fierait à leur mine. »

(1) *Un Hiver à Majorque*, t. II, p. 76.

Pour le costume des femmes, nous mettrons à contribution l'*Itinéraire* de M. Alexandre de Laborde. D'après cet écrivain, la richesse des étoffes et des ornements distingue seule les dames de leurs servantes et des paysannes. « La coiffure, nommée *rebozillo*, est formée par une guimpe double. La partie supérieure couvre la tête et s'arrête sous le menton, laissant le visage seul à découvert, puis s'étendant sur les épaules et tombant jusques à moitié du dos, les deux pointes viennent se croiser et s'attacher par-devant. L'habit est composé d'un corset baleiné recouvert en soie noire; les manches, fort étroites et s'arrêtant au pli de l'avant-bras. Ce corset est garni de boucles d'argent ou de boutons. Les femmes de la campagne portent une sorte de collier ; mais ceux des dames sont quelquefois d'une grande valeur. C'est un collier de perles qui, en passant sous le rebozillo, descend très-bas par-devant et se termine par une croix en or ou une médaille. Pour ornement, les femmes riches portent une chaîne d'or qui pend le long du jupon, et quelquefois une chaîne d'or tenant au corset et soutenant un beau médaillon. — Du reste, elles ont tous les doigts couverts de bagues, et font usage de montres, de bracelets et autres bijoux. Lorsqu'elles sortent, elles portent la mantille, comme dans tout le reste de l'Espagne, et prennent à la main, avec leur éventail, un chapelet fort long, orné de glands d'or et d'une croix de ce métal. En général, comme les Espagnoles, les femmes de Majorque aiment à être parfaitement chaussées (1). »

Les Majorquins, comme les habitants des autres Baléares, parlent l'ancienne langue romane-limousine.

(1) *Itinéraire descriptif de l'Espagne*, t. V, p. 47.

Cette langue offre une grande analogie avec les dialectes encore usités dans le Languedoc. M. Tastu, dans une note curieuse imprimée à la suite de l'ouvrage de George Sand, cite des exemples de poésie majorquine qui ne laissent aucun doute à cet égard. Plusieurs vers des cantilènes qu'il rapporte semblent écrits en patois de Montpellier. L'idiome majorquin offre une particularité digne d'observation : indépendamment de l'article *lo*, masculin (le), et *la*, féminin (la) il a les articles suivants : MASCULIN, singulier : *so* (le); pluriel, *sos* (les); — FÉMININ, singulier : *sa* (la); pluriel : *sas* (les). — MASCULIN ET FÉMININ, singulier : *es* (le); pluriel : *ets* (les). — MASCULIN, singulier : *en* (le); FÉMININ, singulier : *na* (la); FÉMININ PLURIEL : *nas* (les) (1).

De toutes les langues romanes, la majorquine paraît être celle qui a subi le moins de modifications; et des deux idiomes parlés à Majorque, à savoir l'idiome populaire et l'idiome aristocratique, c'est le premier qui a le moins varié, comme il arrive presque partout. Ajoutons que la langue des Baléares se prête merveilleusement à la poésie, et seconde singulièrement les inspirations des *troubadours* majorquins. L'écrivain érudit que nous venons de citer donne, au sujet de ces *troubadours* ou improvisateurs, des détails que nous ne voulons point passer sous silence : « C'est à eux, dit-il, que s'adressent ordinairement les amants heureux ou malheureux. Moyennant finance, et d'après les renseignements qu'on leur a donnés, les troubadours vont sous les balcons des jeunes filles, à une heure avancée de la nuit, chantant les *coblas* improvisées sur le ton de l'éloge ou de la plainte, quelquefois même de l'injure, que leur font adresser ceux qui payent le poëte-musicien. Les étrangers peuvent se donner ce plaisir, qui ne tire pas à conséquen : dans l'île de Mallorca. »

Si l'on en croit les géographes, les Majorquins sont doux, humains, hospitaliers. Au dire de quelques voyageurs dignes de foi, ce peuple est, au contraire, fort peu affable envers les étrangers, d'une cupidité effrénée, et plein d'une astuce qui indique un fond de caractère essentiellement mauvais. Nous avons toute espèce de raisons pour adopter, avec quelques restrictions toutefois, le témoignage de ces écrivains plutôt que les assertions des géographes; car les voyageurs citent des faits et les géographes se bornent à des affirmations trop vagues pour être prises au sérieux. Il est évident que, sous bien des rapports, les peuples baléariques se ressentent de l'absence de la civilisation; chez eux, comme chez toutes les nations encore dans l'enfance sociale, le moral est en raison de la culture de l'intelligence.

Les Majorquins sont, en outre, fanatiques à l'excès, superstitieux jusqu'à la démence, apathiques jusqu'à la stupidité, d'une ignorance phénoménale et d'une paresse digne de devenir proverbiale. Du reste, il serait injuste de les rendre responsables de ces tristes infirmités intellectuelles et morales. La faute en est à leurs maîtres égoïstes, aux institutions sociales sous le joug desquelles ils restent courbés depuis des siècles, enfin aux autorités locales et au gouvernement de la métropole, qui ne font rien pour instruire et civiliser ce peuple, plus digne de compassion que de blâme. L'extrême misère dans laquelle vivent les Majorquins contribue aussi puissamment à les maintenir dans cette espèce d'affaissement moral qui afflige les regards de l'étranger. Cette misère est occasionnée autant par la triste situation de l'agriculture, de l'industrie et du commerce, que par l'irruption d'un nombre considérable d'Espagnols expulsés de la mère patrie durant les dernières guerres civiles de la Péninsule. Ces luttes sanglantes ont, pendant longtemps, empêché tout mouvement entre la population des Baléares et le continent. Les indigènes restaient tranquillement chez eux, et s'enfonçaient tous les jours davantage dans cette déplorable apathie, que favorisaient d'ailleurs les habitudes de la vie méridionale; une autre cause, plus active et plus prolongée, de la misère et de l'ignorance des peuples baléariques, c'est le nombre, relativement immense, de couvents, qui, pendant plusieurs siècles, a dévoré la substance de cette malheureuse population. Grâce au décret du ministre Men-

(1) Voy. la note de M. Tastu dans *Un Hiver à Majorque*, t. II, p. 271.

dizabal, qui a supprimé les couvents dans tous les domaines de l'Espagne, cette cause n'existe plus. Mais on conçoit quelle désastreuse influence a dû exercer sur le moral des Majorquins et sur leur situation matérielle cette armée de moines égoïstes qui se réservait le monopole du bien-être et maintenait soigneusement les indigènes dans une espèce de servage abrutissant. Enfin M. Grasset de Saint-Sauveur, qui a écrit un intéressant ouvrage sur les îles Baléares, signale une dernière cause de cette ignorance et de cette paresse caractéristiques : — c'est l'esprit de domesticité qui règne parmi ces insulaires, et qui les pousse à s'engager avec joie et empressement au service des nobles et des riches. Cet abus, qui était dans toute sa vigueur à l'époque où écrivait le fonctionnaire impérial, existe encore, aussi monstrueux, aussi vivace qu'autrefois. « Tout aristocrate majorquin a une suite nombreuse, que son revenu suffit à peine à entretenir, quoiqu'elle ne lui procure aucun bien être; il est impossible d'être plus mal servi qu'on ne l'est par cette espèce de serviteurs honoraires. Quand on se demande à quoi un riche Majorquin peut dépenser son revenu dans un pays où il n'y a ni luxe ni tentations d'aucun genre, on ne se l'explique qu'en voyant sa maison pleine de sales fainéants des deux sexes, qui occupent une portion des bâtiments réservés à cet usage, et qui, dès qu'ils ont passé une année au service du maître, ont droit pour toute leur vie au logement, à l'habillement et à la nourriture. Ceux qui veulent se dispenser du service, le peuvent en renonçant à quelques bénéfices; mais l'usage les autorise encore à venir chaque matin manger le chocolat avec leurs anciens confrères et à prendre part, comme Sancho chez Gamache, à toutes les bombances de la maison. — Au premier abord, ces mœurs semblent patriarcales, et on est tenté d'admirer le sentiment républicain qui préside à ces rapports de maître à valet; mais on s'aperçoit bientôt que c'est un républicanisme à la manière de l'ancienne Rome, et que ces valets sont des clients enchaînés par la paresse et la misère à la vanité de leurs patrons. C'est un luxe à Majorque d'avoir quinze domestiques pour un état de maison qui en comporterait deux tout au plus. quand on voit de vastes terrains en f che, l'industrie perdue, et toute ic de progrès proscrite par l'ineptie et nonchalance, on ne sait lequel mép ser le plus, du maître qui encourage perpétue ainsi l'abaissement mo de ses semblables, ou de l'esclave c préfère une oisiveté dégradante au t vail qui lui ferait recouvrer une inc pendance conforme à la dignité h maine » (1).

Ce qui prouve que, dans toute au condition, le Majorquin parviendrait vaincre son apathie, et à déployer u activité profitable, c'est que, quand c propriétaires, fatigués de voir la pl grande partie de leurs terres condamn à une stérilité presque absolue, les ve dent en viager à des paysans, ces ter ne tardent pas à prendre, sous l'influen d'un travail plus soutenu et plus int ligent, une physionomie toute nouvel Le paysan, intéressé à faire produ au sol tout ce qu'il peut rendre, met to ses soins à le cultiver. Dans toutes l localités où de pareilles ventes ont lieu, les habitudes laborieuses ont su cédé à la paresse, et l'aisance à la misè

Palma, autrefois Luliana, est tuée au fond de la grande baie des née par les caps Blanco et Cala Figu ra. Son port, formé par un môle près de douze cents mètres de lo gueur, et assez mal défendu par de forts peu redoutables, est bon et sû mais malheureusement trop petit. I ville s'élève en amphithéâtre, et l'aspe qu'elle présente, vue de la baie, e des plus pittoresques. On embras d'un seul coup d'œil ses principaux é fices. Ces clochers, ces tours élancée ce port rempli de navires et que sillo nent de nombreux canots, offrent u spectacle à la fois majestueux et poét que. A la tiédeur de l'air qu'on aspir on sent qu'on touche à une terre qu'u soleil fécondant échauffe de ses rayon et où l'oranger n'a rien à craindre c froid des hivers ; terre privilégiée heureuse entre toutes, si elle n'éta pas échue en partage à un gouvern ment sans initiative et sans activité.

Les rues de Palma sont en génér

(1) Un Hiver à Majorque.

étroites et mal pavées, par suite de l'incurie des autorités. Celles qui sont situées dans la partie basse du port sont plus spacieuses et d'aspect plus gai. On y reconnaît la présence d'une population plus active et plus riche. Deux ou trois places, et notamment celles des Bornes et de Terra Secca, méritent d'être citées, surtout pour leur régularité; la dernière occupe un terrain d'alluvion que couvrait autrefois la mer.

« La cathédrale, dit M. de Laborde, est dans la partie élevée de Palma. Elle est belle, grande et d'architecture gothique. Elle a trois nefs et trois hautes voûtes. La construction en est hardie; et la voûte du milieu, encore plus élevée que les deux autres, est simplement soutenue par deux rangs de sept colonnes. Les vitraux sont magnifiques par la netteté, la finesse et la disposition de leurs couleurs. On entre dans l'église par trois superbes et grandes portes ouvertes dans la façade, à côté de laquelle s'élève un clocher d'une structure si hardie, et orné avec tant de délicatesse, qu'on l'a surnommé la *Tour de l'Ange*. C'est le roi d'Aragon don Jacques le Conquérant qui a fait construire cette église. Le chœur, placé au centre, nuit à la beauté du vaisseau, étant fermé par une espèce de maçonnerie dont les sculptures ne peuvent dédommager du coup d'œil imposant qu'offrirait le vaisseau dans son entier. Entre le chœur et le maître-autel est placé le tombeau du roi Jacques II. » Cette disposition du chœur, contre laquelle M. de Laborde s'élève avec raison, au point de vue de l'art, est presque générale dans les églises gothiques qui existent en si grand nombre dans le royaume d'Espagne. Nous la retrouvons même chez nous, car les jubés étaient tout simplement une clôture, seulement moins complète que l'enceinte de murs ou de boiseries qui enveloppe encore les autres côtés du chœur. Les premiers architectes chrétiens durent s'inspirer du souvenir du temple de Jérusalem, dont le sanctuaire était fermé de toutes parts.

Le portail méridional de la cathédrale de Palma passe pour un des plus beaux échantillons de l'art gothique. Quant au portail principal, on en a muré les portes et la rosace, pour fermer passage au vent de mer qui s'engouffrait autrefois dans l'église et y renversait les vases sacrés au milieu de la messe. Un sarcophage fort simple, et contenant la momie de Jayme II, fils du Conquérant, orne le milieu du chœur.

La fondation du palais du gouvernement, où logent le capitaine général et l'intendant général, remonte, dit-on, au temps où les Maures étaient établis à Majorque. Cet édifice, extrêmement vaste, mais mal distribué, n'offre rien de vraiment remarquable, si ce n'est l'aspect extérieur, qui réalise merveilleusement le type des monuments les plus fantastiques du moyen âge. Il renferme, outre les appartements d'honneur, une chapelle, un arsenal, une caserne, deux jardins, et une prison d'État placée dans une grosse tour carrée.

La maison de la *Contratacion* date du quatorzième siècle. Ce superbe bâtiment gothique peut donner une idée de la puissance à laquelle était un instant parvenu, sous les rois catholiques, le petit royaume de Majorque et Minorque. L'intérieur ne se compose que d'une belle et vaste salle, dont la voûte repose sur six colonnes en spirale. C'était la bourse de Palma, le lieu de réunion des marchands. Un ange sculpté sur la porte d'entrée, les ailes déployées, protégeait l'agiotage. — C'est dans cette immense salle que se donnent aujourd'hui les fêtes et les bals publics.

La plupart des tribunaux de l'île siégent dans l'intérieur de l'hôtel de ville, œuvre du seizième siècle où l'on montre avec orgueil une galerie de portraits représentant les hommes illustres du royaume, depuis Annibal jusqu'au roi Jacques. C'est dans ce bâtiment qu'on voit l'horloge du soleil, aussi appelée *Horloge baléarique*. « On ignore véritablement son origine, dit un voyageur; on ne sait d'où elle vient, ni où elle fut faite. Elle marque et frappe les heures différentes du jour et de la nuit, selon la progression de la marche du soleil, et la différence entre les solstices où les jours se trouvent inverses aux nuits; on peut dire qu'elle est unique dans le monde. » Il faut aussi faire observer que Dameto et Mut, les deux principaux historiens de Majorque, ne font remonter qu'à l'année 1385 l'antiquité de cette horloge. Ils affirment qu'elle fut achetée par des religieux dominicains et placée dans la tour où on la voit aujourd'hui. Elle fonctionnait encore à l'époque du voyage de Grasset de Saint-Sauveur.

Les trente mille habitants de Palma ont à leur disposition une salle de spectacle, où de mauvais acteurs sont en possession de faire rire ou pleurer les Majorquins. Parmi les autres établissements publics, on doit citer deux hospices, sans compter l'hôpital militaire et une maison de détention pour les femmes de mauvaise vie. La création de ce dernier établissement prouve que les mœurs espagnoles, dans leur expression la moins poétique, et les ardeurs du climat, ne sont pas sans influence sur les habitants de ces îles. Toutefois la généralité du libertinage, qui d'ordinaire est un obstacle à la prostitution proprement dite, ne produit pas le même résultat à Palma, qui, sous ce rapport, subit les inconvénients des grandes villes d'Europe, sans en avoir les avantages et les agréments.

L'artiste voyageur qui parcourra les rues de Palma, ne manquera pas d'aller visiter les poétiques ruines de l'ancien couvent de l'inquisition. Ce palais, détruit, il y a quelques années, dans un jour de colère populaire et de violente réaction, fut, dit-on, un chef-d'œuvre, ainsi que l'attestent, au surplus, les élégantes arcades qui s'élèvent encore tristement sur ses décombres, et d'autres vestiges non moins éloquents. On voyait autrefois dans le cloître de Saint-Dominique des tableaux représentant les tortures auxquelles de malheureux Juifs avaient été soumis par ordre des inquisiteurs. Grasset de Saint-Sauveur a pu lire une liste des victimes suppliciées à Mayorque depuis 1645 jusqu'à 1691. Cet horrible martyrologe contenait deux cent soixante et dix noms : voici le texte d'un arrêté du pieux tribunal : « Tous les coupables mentionnés dans cette relation ont été publiqueme condamnés par le saint-office, comn hérétiques formels; tous leurs biens co fisqués au fisc royal; déclarés inhabil et incapables d'occuper ni d'obtenir ni c gnités ni bénéfices, tant ecclésiastiqu que séculiers, ni autres offices publi ni honorifiques; ne pouvant porter si leur personne, ni faire porter à cell qui en dépendent ni or, ni argent, pe les, pierres précieuses, corail, soie, c melot, ni drap fin; ni monter à chev ni porter des armes, ni exercer et us des autres choses qui, par droit con mun, lois et pragmatique de ce royaum instructions et style du saint-offic sont prohibées à des individus ain dégradés; la même prohibition s'éte dant, pour les femmes condamnées a feu, à leurs fils et à leurs filles, et pou les hommes jusqu'à leurs petits-fils e ligne masculine; condamnant en mêm temps la mémoire de ceux exécutés e effigie; ordonnant que leurs ossemen (pouvant les distinguer de ceux d fidèles chrétiens) soient exhumés, r mis à la justice et au bras séculie pour être brûlés et réduits en cendres que l'on effacera et raclera toutes in criptions qui se trouveraient sur la sé pulture, ou armes, soit apposées, so peintes, en quelque lieu que ce soit, d manière qu'il ne reste d'eux, sur la fa de la terre, que la mémoire de leur ser tence et de leur exécution. »

Suivant un registre dont l'entrepr neur des démolitions du cloître d Saint-Dominique est resté l'héritier, c couvent renfermait autrefois les sépu tures d'une foule de personnages illu tres, entre autres de Nicolas Cottoner un des plus célèbres grands maîtres d l'ordre de Malte, des Dameto, des Mu toner, des Villalongas, des la Romana des Bonapart. M. Tastu se fit montre la tombe armoriée des Bonapart, et e confrontant ses armes avec d'autres a moiries de la même famille retrouvé dans des documents authentiques, judicieux bibliographe est arrivé à co clure que le nom de *Bonpar*, deve plus tard *Bonapart*, est d'origine pr vençale ou languedocienne. En 151 Hugo Bonapart, né à Majorque, se re dit en Corse comme gouverneur pour roi Martin d'Aragon; et c'est ce perso nage qui serait la souche de la famille Bonaparte, ou Buonaparte. *Bonapart* est le nom roman, *Bonaparte* l'italien ancien, et *Buonaparte* l'italien moderne.

Les habitants de Palma signalent encore à la curiosité du voyageur le palais du comte de Montenegro, où l'on trouve une admirable bibliothèque pleine de livres et de documents aussi précieux par leur importance que par leur rareté. Au nombre de ces trésors scientifiques, on remarque une superbe carte nautique manuscrite, de l'année 1439, véritable chef-d'œuvre de dessin, de peinture et de calligraphie. Ce portulan, dont le Majorquin Valsequa est l'auteur, a appartenu à Améric Vespuce, ainsi que le constate une inscription placée au dos de la carte et ainsi conçue : « questa ampla pelle di géographia fû pagata da Amerigo Vespucci CXXX ducati di oro di marco. »

Ne terminons pas cette description rapide des principaux édifices de Majorque sans mentionner le château *de Bélver*, ancienne résidence des rois des Baléares, forteresse antique transformée par les souverains espagnols en prison d'État. Ce fort, qui est en bon état de conservation, est un beau spécimen de l'architecture militaire au moyen âge. Des captifs illustres ont gémi dans ses sombres cachots; nous ne citerons que Gaspar Jovellanos, un des écrivains espagnols les plus renommés, et notre compatriote M. François Arago, secrétaire perpétuel de l'Académie des sciences. On sait que le célèbre astronome fut chargé par Napoléon de la mesure du méridien. Il se trouvait à Majorque en 1808, lors des événements de Madrid et de l'invasion des Français. Le peuple majorquin se vengea sur lui des humiliations infligées à la dynastie espagnole. Il fut poursuivi par la populace furieuse, et livré aux autorités par le commandant du brick espagnol sur lequel il était embarqué, et qui avait été mis à ses ordres. Obligé, pour se soustraire à la fureur de ses ennemis, de se constituer prisonnier dans le château de Bêlver, il y resta deux mois, pendant lesquels il apprit qu'on avait plusieurs fois formé le projet de l'empoisonner. Enfin les autorités lui ayant fait savoir qu'elles fermeraient les yeux sur son évasion, M. Arago s'échappa furtivement, et se confia à un matelot majorquin, qui lui avait déjà sauvé la vie en le prévenant des dangers dont il était menacé. Ce marin refusa de le conduire en France, et le débarqua à Alger, où notre compatriote eut à supporter les tortures du plus dur esclavage. On connaît les circonstances, presque fabuleuses, à l'aide desquelles l'illustre savant parvint à recouvrer sa liberté.

Quelques-unes des maisons de Palma sont construites en marbre, et presque toutes sur le modèle de celles des anciens Maures. Au rez-de-chaussée on trouve une porte à plein cintre, sans aucun ornement, donnant dans un vestibule orné de colonnes; en arrière, quelques petites pièces; au premier étage, de grands appartements recevant la lumière à travers de hautes fenêtres, divisées par des colonnes effilées, qu'on croirait d'origine arabe; au-dessus, un grenier où se fait tout le détail du ménage. Ce grenier est, à proprement parler, une galerie offrant une série de fenêtres rapprochées. Un toit très-proéminent, soutenu par des poutres délicatement travaillées, couvre la maison et préserve les fenêtres de l'étage supérieur de la pluie et du soleil. — L'escalier, artistement dessiné et ciselé, est placé dans la cour intérieure. Dans toutes ces habitations on remarque la colonne toscane ou dorienne, et l'on est frappé, dans les demeures de l'aristocratie, du luxe des rampes, des balustrades et en général de tous les détails de sculpture. Au-dessous des maisons ordinaires, il y a, comme à Hambourg, des espèces de caves habitées par des pauvres, et qui ne sont éclairées que par la porte d'entrée. Partout le pauvre est traité de même.

« Le péristyle ou l'*atrium* des palais des *chevaliers* (c'est ainsi que s'intitulent encore les patriciens de Majorque) a, dit George Sand, un grand caractère d'hospitalité, et même de bien être. Mais, dès que vous avez franchi l'élégant escalier et pénétré dans l'intérieur des chambres, vous croyez entrer dans un lieu disposé uniquement pour la sieste. De vastes salles, ordinai rement dans la forme d'un carré long, très-élevées, très-froides, très-sombres, toutes nues, blanchies à la chaux sans aucun ornement, avec de grands vieux portraits de famille tout noirs et placés sur une seule ligne, si haut qu'on n'y distingue rien; quatre ou cinq chaises d'un cuir gras et mangé aux vers, bordées de gros clous dorés qu'on n'a pas nettoyés depuis deux cents ans; quelques nattes valenciennes, ou seulement quelques peaux de mouton à longs poils jetées çà et là sur le pavé; des croisées placées très-haut et recouvertes de pagnes épais; de larges portes de bois de chêne noir ainsi que le plafond à solives, et parfois une antique portière de drap d'or portant l'écusson de la famille richement brodé, mais terni et rougi par le temps; tels sont les palais majorquins à l'intérieur. On n'y voit guère d'autre table que celles où l'on mange. Les glaces sont fort rares, et tiennent si peu de place dans ces panneaux immenses, qu'elles n'y jettent aucune clarté. On trouve le maître de la maison debout et fumant dans un profond silence, la maîtresse assise sur une grande chaise et jouant de l'éventail sans penser à rien. On ne voit jamais les enfants; ils vivent avec les domestiques, à la cuisine ou au grenier, je ne sais; les parents ne s'en occupent pas. Un chapelain va et vient dans la maison sans rien faire. Les vingt ou trente valets font la sieste, pendant qu'une vieille servante hérissée ouvre la porte au quinzième coup de sonnette du visiteur. »

Alcudia est la seconde ville importante de Majorque. Elle est située sur la côte orientale, au nord-est de l'île, vis-à-vis l'île de Minorque. Elle s'élève en face de la péninsule qui sépare les deux grandes baies d'Alcudia et de Pollenza, nommées aussi, la première Puerto-Mayor (grand port), et la seconde Puerto-Minor (petit port). La baie d'Alcudia est comprise entre les caps Farruch et del Pinar et celle de Pollenza entre ce dernier et celui de Formentelli ou Formentor. La ville est placée à quelque distance de la mer et sur une éminence. On n'est pas d'accord sur l'époque de sa fondation. Les uns la croient très-ancienne; les autres ne lui accordent une certaine existence comme ville, que depuis la conquête de la colonie par les Aragonais. Ici, aucun monument, à l'exception de l'église Saint-Jacques, ne mérite d'attirer les pas du voyageur, qui n'y trouvera, pour le dire en passant, que de l'eau de citerne fort peu potable. Mille habitants et quarante hommes de garnison, dont le commandement est d'ordinaire confié à un colonel vétéran, sont les tristes restes de la population qui remplissait, il y a cent ans environ, les mille maisons que la ville renfermait à cette époque.

Les principaux bourgs et villages de Majorque sont, en revenant d'Alcudia à Palma par la côte nord :

Pollenza, ancienne colonie romaine qui fut quelque temps la propriété des chevaliers du Temple. Au nord-ouest de cette dernière est Palomera ou Palumbaria avec un port couvert par une île que les Romains appelaient *Columbria*. Plus à l'ouest, se trouve, abrité par les plus hautes montagnes de Majorque, le petit port de Soller, dont l'entrée est étroite et difficile. C'est là que les barques marchandes viennent charger les oranges qui s'expédient à l'étranger.

Ascorea, bâtie au fond d'une belle et profonde vallée abritée par la chaîne de montagnes qui court vers le nord-ouest. Ce canton privilégié possède les précieux vignobles de Malvoisie et de Montona.

Bunola, fondée par Jacques le Conquérant; Saint-Martial avec 500 habitants et Alaro qui en compte près de cinq fois autant.

Soler, située près de la vallée la plus agréable de l'île. « Cette vallée, dit M. de Laborde, offre en tout temps l'aspect d'une forêt d'arbres toujours verts, chargés de fleurs et de fruits. Elle a environ trois lieues et demie de circonférence; son centre est une plaine entourée de hautes collines couvertes de masses d'oliviers et de caroubiers. La plaine est couverte par des orangers et des citronniers arrosés par une infinité de ruisseaux qui se réunissent en un seul auprès de la ville de Soler. » Le bourg, bâti en face de Barcelone, avec un petit port et une population d'envi ron cinq mille âmes, est en quelque sorte un riche couvent de chartreux. Ce fut d'abord un château royal fondé par don Martin d'Aragon. L'église et le cloître méritent d'être visités. La petite ville de Val-de-Musa ou *Mosa*, construite sur une colline, presque en face du couvent, est fière de posséder la maison où naquit sainte Catherine Thomasa, devenue presque la patronne de l'île tout entière.

Banalbufar, à une lieue de l'ermitage de Santa-Maria, et bâtie sur le plateau d'une colline assez élevée dont le versant qui regarde la mer est couvert d'excellents vignobles.

En achevant le tour de l'île par cette côte, on rencontre successivement les petites villes d'Andracio ou Andraig, de Puigpugnent, de Culvia, le petit port de Paguera, et enfin le bourg de Deya, qui n'offrent rien de remarquable, si ce n'est le nombre de leurs chapelles et établissements religieux.

En sortant de Palma, et en suivant les côtes du sud, du sud-est, de l'est et du nord, on trouve d'abord Lluch Mayor, non loin d'une montagne isolée appelée la *Banda*, et au milieu d'une plaine célèbre par la défaite de Jacques III, qui y perdit la couronne. Tout auprès est l'étang de Le Prat, dont les Majorquins aiment mieux se plaindre que se débarrasser. Viennent ensuite Campos (5,000 habitants), puis Santani, Falonichi, Manacor, Arta (8,000 âmes) et les deux villages qui en dépendent, Servera et Cap Pera. Dans le voisinage de ce dernier, en voit encore les ruines d'un château construit par les Maures. A l'ouest de ce canton et au pied des hauteurs qui en accident le terrain, s'étend jusqu'à la rive occidentale de la baie d'Alcudia, une vaste et riche plaine, bien cultivée et couverte d'une infinité de petites villes et de villages, dont les principaux sont Santa-Margarita, Muro, Buger, la Puebla, Campanet, Selva, San Sellas, Inca, Benisalem, Sineu (ces deux derniers bourgs de fondation romaine), et Santa-Maria, avec le petit village de Santa-Eugenia, qui en dépend.

Le rapide résumé que nous avons donné en esquissant l'histoire générale des îles Baléares et Pityuses, nous laisse peu de chose à ajouter en ce qui touche spécialement l'île de Majorque. Nous emprunterons encore ici un fragment du travail de M. de Laborde, qui résume assez nettement et avec concision, les renseignements contenus dans les ouvrages des autres écrivains.

« Le royaume de Majorque perdit beaucoup de son ancienne population, en 1229, par la défaite des Maures et le carnage qu'en firent les chrétiens pour venger la mort du fameux vicomte de Béarn, Guillaume de Moncade, et celle de son frère. L'an 1301, les Juifs ayant été poursuivis en Espagne pour leurs exactions, leur usure et toute la corruption qu'ils y introduisaient, furent également poursuivis dans l'île. Ceux qui ne purent se sauver furent pillés; contraints de se cacher dans les montagnes, ils y périrent en grande partie. Au commencement du quinzième siècle, la famine exerça ses ravages dans Majorque, pendant dix ans, et avec la population tomba le commerce de l'île. En 1403, la crue de la petite rivière de la Rierra fut si forte, qu'elle emporta seize cents maisons et noya cinq mille cinq cents personnes. En 1408 et 1444, eut lieu une semblable catastrophe. La guerre civile succéda à ces fléaux. La première rébellion fut dirigée contre la noblesse; on se battit pendant trois ans. En 1464, toutes les îles Baléares se soulevèrent; une flotte fut armée par les rebelles contre Jean II, et elle était soutenue par une flotte française envoyée par Louis XI, qui voulait se venger de la maison de Navarre; il périt beaucoup d'insulaires. En 1475, la peste fut apportée du Levant chez les Majorquins, et fit un grand ravage. En 1618 et 1635, la Rierra fit un affreux dégât dans l'île : elle inonda les campagnes, et s'éleva fort haut avant de s'écouler dans la mer. La population, tout en s'affaiblissant, n'en fournissait pas moins des troupes; elle avait besoin d'une milice régulière pour défendre ses côtes contre les Barbaresques. La noblesse du royaume de Majorque avait été considérable : on la voit dans l'histoire figurer à la cour de Ferdinand et d'Isabelle; on la voit aussi, dans le seizième siècle, obligée de se défendre contre les paysans révoltés, combattre et se retrancher dans Alcudia, et, au milieu de ce même siècle, combattre, à la tête des milices, contre les Africains qui voulaient envahir l'île. Depuis cette époque, la population de l'île de Majorque eut moins à souffrir des intérêts politiques, mais elle ne se releva point jusqu'au degré où l'on prétend qu'elle fut sous les Maures. »

MINORQUE. Moins grande que Majorque, comme l'indique son nom, montueuse, privée d'eau, quoique placée sous un climat humide, déshéritée enfin des avantages de fertilité et de salubrité dont jouit sa voisine, l'île de Minorque tient pourtant une plus large place dans l'histoire. Elle doit sans doute ce privilége à la configuration très-accidentée de ses côtes, qui offrent aux vaisseaux un grand nombre d'abris vastes et sûrs, ainsi qu'à sa position plus avancée dans la Méditerranée.

Minorque est située à cinquante lieues de la côte orientale d'Espagne, au sud de la Catalogne, et à treize lieues est de Majorque. Elle a douze lieues de long sur quatre de large, et renferme une population d'environ douze mille habitants. Exposées aux vents, qui y règnent avec violence, ses côtes septentrionales présentent un nombre prodigieux de coupures, d'enfoncements et de baies plus ou moins profondes, tandis que ses côtes méridionales, infiniment plus régulières, offrent partout la preuve d'une exposition meilleure.

Le sol des montagnes, fin, léger, tirant sur le noir, est fertile quoique peu profond, tandis que celui des plaines, argileux et froid, ne produit que de mauvais herbages, à peine propres à servir de nourriture aux bestiaux. Aucun cours d'eau digne du nom de ruisseau ne traverse cette île. Ce serait, en un mot, un des pays les moins agréables, si l'art et l'industrie, venant à son aide, n'y eussent dompté la nature.

Les produits minéraux de Minorque se bornent à ses marbres, peu exploités, à quelques mines de fer, fort négligées, à cause de la rareté du combustible, et à deux ou trois mines de plomb complétement abandonné[es]. Armstrong, qui a visité cette colo[nie] il y a plus de soixante ans, regrett[e] que les nombreux coquillages et déb[ris] de poissons fossiles, « qui se trouv[ent] non-seulement, dit-il, sur la surf[ace] des rochers, mais encore bien av[ant] dans la terre, n'eussent pas enc[ore] été sérieusement étudiés. » Nous ne p[ou]vons qu'exprimer le même regret. Par[mi] ces débris fossiles, on peut citer [les] curieux glossopètres, auxquels les M[i]norquins donnent le nom de *Langues [de] serpent*, et d'autres qu'ils désign[ent] sous celui de *Crapaudines*, et qu['ils] croient engendrés dans la tête des c[ra]pauds.

Les chevaux sont en petit nomb[re] et mauvais, bien que d'assez bonne a[p]parence. On se sert principaleme[nt] de mulets, qui généralement sont for[ts] et vigoureux. Les ânes de Minorq[ue] sont également de belle espèce. L[es] vaches sont petites, maigres; et l'a[b]sence de bons pâturages rend leur l[ait] peu abondant et de mauvaise quali[té]. Les Minorquins ne coupent point leu[rs] bestiaux; ils emploient, pour les m[u]tiler, le procédé des Maures, qui [se] bornent à leur écraser les parties gén[i]tales. Les porcs et les lapins multiplie[nt] prodigieusement et sont de belle e[s]pèce. La couleuvre, la vipère, le sco[r]pion, le scolopendre ou mille-pie[ds] abondent à Minorque. Les nature[ls] emploient l'huile d'olive comme sp[é]cifique contre la piqûre de ces an[i]maux malfaisants, ce qui indiquerait q[ue] leur venin n'est pas dangereux. L[a] plupart des oiseaux et des insectes d[u] continent européen se trouvent da[ns] cette île. Les côtes fourmillent [de] poissons : la dorade, l'anchois, [la] donzella, la plie, la sole, la barbue, [le] carrelet, la lamproie, le congre, l'a[n]guille fournissent abondamment à [la] subsistance des habitants, et sont mê[me] pour eux un objet de commerce. On pêche aussi le turbot, la sardin[e,] le mulet, dont les œufs salés et s[é]chés font ce que les Minorquins a[p]pellent le *botargo*. Le plus commu[n] de tous les poissons de ces parage[s,] désigné par le peuple sous le nom [de] *poisson de roche*, parce qu'il se tie[nt] dans les rochers, mérite d'être partic[u-] lièrement cité pour ses couleurs admirables : il est diapré de bleu, de rouge et de vert. Parmi les coquillages, on trouve la plupart de ceux qui vivent sur nos côtes méridionales. Il en est un cependant qui offre une particularité digne de remarque : c'est une moule appelée *datyl* par les Espagnols, à cause de sa ressemblance avec la forme d'un doigt. Armstrong, dans son *Histoire naturelle et civile de l'île de Minorque*, dit « que, pour pêcher ce coquillage, on tire de la mer, avec des cordes, de grosses pierres, dans lesquelles on suppose qu'on le rencontrera; on casse les pierres avec des coins de fer, et on voit les datyls, logés au centre du bloc solide dans toutes les directions. Le poisson est enfermé dans deux coquilles semblables, environ de la longueur et de la grosseur du doigt, un peu aplati et à peu près de la même largeur de l'une à l'autre extrémité. » L'historien anglais dit encore à ce sujet : « M. Wyld assure dans une lettre à M. Bay, qu'il a vu des pierres remplies de pholades, dont la surface n'avait aucune ouverture sensible; mais j'ai remarqué dans quelques-unes un petit conduit, dans lequel on pouvait à peine ficher une épingle, et cependant il doit suffire pour recevoir la nourriture dont le poisson a besoin. » M. Wyld ajoute « qu'on sait par expérience que le frai des animaux peut pénétrer dans la substance des rochers. » Nous laissons aux personnes compétentes le soin de décider si les observations qui précèdent peuvent ou non être fondées. — Il est un autre coquillage, qui mérite une mention particulière; c'est celui qui produit la nacre. « La nacre de perle, dit Armstrong, est très-commune à Minorque; c'est la *Pinna magna* des auteurs. Elle a trois pieds de long sur seize à dix-huit pouces de large. Elle a au dedans le même éclat que la nacre de perle; mais elle est rude et couverte de piquants en dehors. Il y a près du joint un flocon de soie jaunâtre, depuis quatre jusqu'à dix pouces de long et de l'épaisseur du doigt. Cette soie, si tant est qu'on puisse l'appeler ainsi, peut se filer, et l'on en a souvent fait des gants et des bas, par curiosité. Le docteur Shaw croit que c'est le *Byssus* des anciens. La pourpre, autrefois si fameuse chez les Tyriens, est abondante dans les environs de l'île. Nous avons vu aussi un grand nombre d'étoiles de mer; mais les espèces en sont peu variées. La plus rare est l'étoile de mer arborisée, que je n'ai jamais pu avoir en entier. »

Bien que le sol de Minorque soit ingrat, il n'en produit pas moins une grande variété de végétaux. Nous passons sous silence l'inutile nomenclature des légumes et des céréales. Quant aux arbres fruitiers, on peut citer entre autres, le carouge, particulier au termino ou canton de Mahon; le reste comme dans les régions méridionales de l'Europe. L'olivier croît sans culture, mais les Minorquins ne savent ni apprêter son fruit ni en extraire l'huile. Le raisin produit du vin excellent et offre, en outre, l'avantage de pouvoir se conserver frais pendant trois et même quatre mois.

« Les Minorquins, qui étaient autrefois si fameux par leur valeur, vivent aujourd'hui dans la plus honteuse indolence. Ils semblent avoir perdu leur courage avec leur liberté, et ils paraissent si peu jaloux de cette dernière, qu'ils ne se mettent nullement en peine de la recouvrer. » Tel est le jugement porté par un écrivain moderne sur le caractère des habitants de Minorque. Mais ces reproches, au fond parfaitement fondés, vont plutôt à l'adresse des différents maîtres de l'île qu'à celle des Minorquins eux-mêmes; car, s'ils ont perdu les bonnes qualités qui les distinguaient autrefois, s'ils sont devenus cupides, orgueilleux, envieux et indolents, c'est à leurs dominateurs successifs, et particulièrement à l'Espagne, qu'ils doivent cette triste métamorphose. La seule privation de la liberté suffit pour démoraliser un peuple : voyez la Grèce, l'Italie et l'Inde. Et le résultat est bien plus déplorable encore, lorsque le peuple vaincu est livré à l'influence désastreuse d'une monarchie fondée sur la superstition, la corruption et le despotisme. Il faut ignorer complétement l'histoire de Minorque, pour faire un crime aux habitants de cette colonie d'avoir oublié leurs vertus primitives. Tour à tour occupée par les Carthaginois, les Romains, les Vandales et les Maures, Minorque n'a cessé, jusqu'à don Pèdre le conquérant, d'être en quelque sorte le jouet des nations belliqueuses dont les vaisseaux sillonnaient victorieusement la Méditerranée. A partir du moment où elle devint, presque en même temps que Majorque, la propriété des Aragonais, nous la voyons commencer une nouvelle série de calamités non moins fatales à sa prospérité et au caractère de sa population. En effet, dans les temps modernes, elle a reconnu pour maîtres, en 1708, les Anglais; en 1756, les Français; en 1782, les Espagnols; en 1798, encore les Anglais; et enfin, depuis 1802, elle obéit à la couronne d'Espagne. Quel peuple eût résisté à l'action de tant de vicissitudes, de tant de civilisations superposées, de tant de volontés différentes se succédant les unes aux autres, chacune avec ses tendances particulières? En général, il faut se défier beaucoup des jugements des voyageurs sur les nations qu'ils ont visitées. Presque toujours ils les ont appréciées, abstraction faite des circonstances qui les ont modifiées malgré elles; ces circonstances, ils les ignoraient presque entièrement, et par conséquent ils ne pouvaient savoir si le peuple qu'ils étudiaient s'était développé naturellement ou sous l'influence de certaines situations exceptionnelles et anormales. Telle est, par exemple, l'édifiante habitude des publicistes qui déclarent hardiment les nègres des colonies privés de toute aptitude intellectuelle, sans tenir compte de l'action abrutissante d'un esclavage séculaire.

Les paysans minorquins ont le teint basané; leur physionomie révèle la passion et la mobilité méridionale. Les femmes ont les traits plus réguliers; quelques-unes même sont remarquables par l'expression de leurs yeux.

L'habillement des hommes consiste en une jaquette et une camisole, qu'ils lient autour du corps avec une ceinture à réseau ou une grande bande de cuir; une chemise grossière, un mouchoir de couleur autour du cou, un manteau rouge, un pantalon qui leur descend jusqu'à la cheville, de gros bas, des souliers plats et sans talons, e
chapeau rabattu, complètent l'ac
trement, qui ne laisse pas d'être p
resque. Le costume des femmes con
en une camisole d'étoffe noire, ouv
vers le cou et fermée vers le poig
sur laquelle elles retroussent les r
ches de leur chemise. Elles met
par-dessus un jupon d'étoffe de cou
ou de toile peinte, qui tient à la ca
sole. Elles plissent ce jupon vers
hanches, pour paraître plus gros
et il est si court, qu'il leur descen
peine jusqu'au gras de la jambe. E
portent des bas bleus, rouges ou v
avec des coins d'une autre coul
Leurs souliers sont élevés sur le tal
larges vers les orteils, et percés de
sieurs petits trous; ce qui leur tien
pied frais et fait qu'elle marchent
facilement. Leur coiffure est la mê
que celle des femmes de Majorque.

Nous n'avons pas à écrire les anna
particulières de Minorque, trop
importantes pour être séparées de l'h
toire générale des Baléares, dont no
avons donné un aperçu. Nous no
bornerons à raconter un fait, dont
date remonte à l'époque de la derni
expulsion des Maures, et qui mon
de quelle façon les souverains ent
daient alors les idées de loyauté,
justice, et ce que plus tard on a nom
droit public.

Don Jacques, le conquérant de M
jorque, de Minorque et d'Iviça, aya
résolu d'abdiquer et de se retirer da
un cloître, partagea ses États entre
deux fils, don Jacques II et don Pèd
Le premier eut pour sa part le roya
me de Majorque, et le second rec
l'Aragon. Mais don Pèdre, méconte
de son lot, n'attendit pas la m
de son père pour attaquer et so
mettre à son autorité l'île de M
norque, alors entre les mains d
Maures, bien plus qu'entre celles
son frère Jacques II. Alphonse, son fi
voulut aller plus loin encore : il résol
d'exterminer les Maures. Ceux-ci, ave
tis, se hâtèrent de faire venir des secou
d'Afrique. Alphonse n'en opéra p
moins la descente qu'il projetait, et d
fit complétement les Sarrasins. Le ch
ennemi et une poignée de soldats q
lui restait se retirèrent dans une f

teresse sur le mont Sainte-Agathe, et bravèrent quelque temps les efforts des Espagnols. Réduits enfin à l'extrémité, ils demandèrent à capituler. Les conditions du traité furent des plus dures : tous les Maures sans exception étaient obligés de payer rançon ou de subir l'esclavage. Quatre ou cinq cents seulement purent se racheter; mais Alphonse ne voulut pas admettre une pareille inégalité : au mépris de la foi jurée, il fit noyer pendant la traversée tous les malheureux qui croyaient avoir sauvé à prix d'or leur liberté et leur vie.

Minorque est divisée en quatre cantons ou *terminos :* Ciudadella, Mercadal, Alaïor et Mahon. Le termino de Mahon, situé dans la partie sud de l'île, est environné de tous côtés par la mer. Il est borné au nord par celui de Mercadal, et au nord-ouest par celui d'Alaïor : sa plus grande longueur est d'environ cinq lieues. Le termino d'Alaïor est borné au sud-ouest par la mer, à l'est par le termino de Mahon, au nord par celui de Mercadal, et au nord-ouest par celui de Férarias, qui n'est qu'une annexe de ce dernier. Le canton de Mercadal, le plus grand, quoique le moins peuplé, est borné au nord par la mer, au nord-est par le termino de Mahon, au sud-est par celui d'Alaïor, et au sud-ouest par celui de Férarias. Le château, le port et la ville de Fornella en font partie, et c'est dans ce district que se trouvent la montagne de Sainte-Agathe et le mont Toro, les plateaux les plus élevés de l'île. Le termino de Férarias n'est, à proprement parler, qu'une espèce de bande de terrain qui traverse l'île du sud au nord. Enfin le canton de Ciudadella, qui occupe l'extrémité occidentale de l'île, est baigné de trois côtés par la mer et n'a pour limites, du côté de la terre et à l'est, que le termino de Férarias.

Les produits de ces différentes portions de Minorque étant les mêmes que ceux de Majorque, ce serait tomber dans de fatigantes redites que de faire la description minutieuse des districts énumérés ci-dessus. Le termino de Mahon, ou plutôt la ville de Port-Mahon, mérite seul de nous arrêter quelques instants.

Mahon a été, dit-on, fondée par Magon le Carthaginois; mais ce personnage était-il le père d'Amilcar, ou le frère d'Annibal, ou seulement Magon Barca, qui fit la guerre aux Syracusains? Cette question reste encore douteuse après les dissertations des savants. La capitale est située sur une élévation, en face du port qu'elle domine. Les maisons, construites en pierres (1), sont presque toutes surmontées d'une terrasse, à la mode italienne. Il n'y a point, à proprement parler, de monuments publics à Mahon. Les rues sont étroites et le roc y sert de pavé. Le port, qui a une lieue et demie d'étendue, peut contenir une flotte considérable; mais l'entrée en est difficile. Pour y pénétrer, il faut ne pas perdre de vue le mont Toro, en ligne droite avec le milieu du port, et cela jusqu'à ce que l'on soit à hauteur de l'île du Sang, où est établi un hôpital, construit en 1711 aux frais du chevalier Jennings, pendant l'occupation des Anglais. Il faut encore se garder de trop approcher du fort Philippet, où l'on pourrait se briser contre les pointes d'un écueil caché sous l'eau. Presqu'en face de l'île du Sang et du côté de la ville, est creusée une grotte qu'on appelle la *Caverne aux*

(1) Cette pierre a l'avantage d'être facile à tailler au sortir de la carrière et de s'endurcir sous l'action de l'air. On la trouve à une très-petite profondeur et par couches peu épaisses qui fournissent pourtant des quartiers considérables. A l'aide de cette pierre, qui coûte peu, et d'une espèce de gypse particulière à Minorque, les habitants construisent à fort peu de frais et d'une manière à la fois élégante et solide. Ce gypse semble avoir été accordé par la nature à l'île de Minorque pour y compenser le manque de bois de construction. Grâce à cette précieuse ressource, les maçons se passent de bois même pour l'établissement des voûtes, qui presque partout forment les plafonds. Une perche suffit pour ce travail. Le procédé mérite d'être indiqué : après avoir taillé avec beaucoup de soin la pierre qu'ils veulent employer, ils la posent dans l'endroit où elle doit rester à demeure et la soutiennent en l'air par le moyen d'une simple perche. Dès qu'elle est placée, ils mettent du mortier tout autour des jointures en observant de tailler au sommet un petit trou, pour qu'il puisse se répandre en un instant dans toutes les jointures. Une des propriétés de ce ciment est de s'endurcir sur-le-champ et de sceller fortement les pierres qu'il réunit. La perche alors devient inutile; on la retire et on la porte sous une autre pierre. La voûte se trouve achevée en très-peu de temps.

huitres et qui, n'étant jamais visitée par le soleil, est un lieu extrêmement frais et, par suite, un des plus fréquentés pendant les grandes chaleurs. C'est près de cet endroit qu'a lieu la pêche aux huîtres (1).

Port-Mahon a joué un rôle assez important dans l'histoire moderne. Les Anglais, qui n'espéraient pas encore s'emparer de Malte et en faire leur poste avancé dans la Méditerranée, profitant de l'occasion du secours qu'ils donnaient à Charles III contre Philippe V, petit-fils de Louis XIV, s'emparèrent de Minorque en 1708, et n'épargnèrent aucune dépense, aucuns travaux, pour s'en assurer la conservation. Port-Mahon fut surtout l'objet de leur attention. En 1756, à l'époque où la France songea à le leur enlever, les fortifications entourées de fossés creusés à pic, à vingt et trente pieds de profondeur, recélaient quatre-vingts mines qui en rendaient l'approche impossible; la citadelle était dans le meilleur état de défense. L'Angleterre redoutait alors une invasion de la part de la France, et dans son empressement à armer ses propres côtes, elle oublia complétement Minorque. Vers la fin d'avril 1756, douze vaisseaux de ligne et quelques frégates, commandés par l'amiral la Galissonnière, débarquèrent dans l'île vingt-sept bataillons sous les ordres du duc de Richelieu. Les Anglais, surpris, n'eurent pas le temps de s'opposer à cette descente. En mai seulement, l'amiral Bing se présenta pour combattre la Galissonnière, qui escortait un nouveau convoi destiné à soutenir les assiégeants. La négligence, quelques-uns ont dit la trahison d'un secrétaire de l'amiral anglais, fit tomber entre les mains du chef de la flotte française le livret des signaux : de sorte que Bing, ne pouvant préparer une manœuvre sans que la Galissonnière fût aussitôt en mesure de la ren inutile ou dangereuse, fût compl ment battu. Cette défaite irrita te ment l'orgueil britannique, que le n heureux amiral, traduit devant une c martiale, fut condamné à mort et (cuté, bien que les juges l'eussent rec mandé à la clémence de George bien que la Galissonnière et Riche eussent donné de sa conduite les moignages les plus honorables, que Voltaire, dont l'influence était al immense, eût entrepris de plaider cause.

Le siége continuait toujours a vigueur, le canon faisait voler les chers en éclats; mais le succès s blait devenir de jour en jour plus p blématique. Ce n'était qu'à grand'pe que les assiégeants parvenaient à asse quelques batteries sur des plates-forr élevées à force d'art et de patien le feu de la place, habilement diri démontait aussitôt les pièces. La gar son avait des vivres pour plusie mois; une nouvelle flotte anglaise lait se présenter sous peu et la ra tailler; la chaleur était insupportal et la cour de France, impatiente de fé un nouveau triomphe, pressait Ric lieu d'en finir. Celui-ci craignait le couragement du soldat; il redou surtout l'opinion de l'Europe, attent à la lutte que soutenaient sur ce roc les deux grandes nations rivales. conséquence, il se décida à tenter de ces audacieux coups de main ont été si souvent répétés, et pres toujours avec succès, pendant nos l gues guerres de la République et l'Empire. Maillebois, qui depuis mar dans l'émigration, le seconda avec lent. La place fut attaquée sur tou points à la fois. Les Français desc dirent dans les fossés, posèrent ha ment les échelles; officiers et sold s'y précipitèrent, s'aidant, se port les uns les autres, et tous les ouvra extérieurs furent enlevés à l'arme bl che, malgré le feu continuel de l tillerie anglaise. Cependant la pl n'était pas encore prise, et sans la m du commandant en second, qui seul c naissait le secret des quatre-vingts mi placées sous les remparts dont Richel venait de s'emparer, et qui fut frappé

(1) Cette pêche se fait à Minorque d'une façon assez singulière. Il faut être deux plongeurs : l'un se déshabille, attache un marteau à sa main droite, fait le signe de la croix, se recommande à son patron et se jette dans la mer. Ce n'est qu'à dix ou douze brasses de profondeur qu'il trouve les huîtres. Il en détache du rocher autant qu'il peut en porter sur son bras gauche, et, frappant du pied, il remonte sur l'eau. On l'aide à rentrer dans le bateau et, tandis qu'il se ranime en buvant un verre d'eau-de-vie, son camarade s'apprête à faire ce qu'il a fait.

moment même où il allait donner l'ordre d'y mettre le feu, nos soldats auraient fait preuve d'un courage inutile. Cette mort amena la reddition de trois mille Anglais, et Richelieu entra dans la ville le 28 juin 1756.

Reprise un peu plus tard par les Anglais, elle leur fut encore enlevée par le duc de Crillon en 1782, à la suite d'un siége long et difficile. En 1799, Georges III y envoya une flotte pour s'en emparer. « Les Anglais, dit l'auteur du *Dictionnaire des siéges et batailles*, conservaient des intelligences dans une île qu'ils avaient possédée; aussi cette occupation ne leur coûta pas un seul homme; à peine y brûlèrent-ils une amorce...... L'amiral Duckworth et le général Stuart descendirent le 7 novembre dans la baie d'Addaya; des bateaux rassemblés en grand nombre mirent en quelques instants huit cents hommes à terre, qui firent sauter le magasin à poudre et enclouèrent une batterie abandonnée par les Espagnols. Bientôt une nouvelle explosion annonça que les Espagnols avaient évacué aussi le poste des Fournelles, sur lequel on avait dirigé une fausse attaque. Deux mille hommes de troupes espagnoles parurent, et menacèrent d'envelopper la petite troupe des Anglais; mais ils furent repoussés avec perte sur l'aile gauche de leur armée, tandis que le feu de l'*Argo* tenait en échec leur aile droite. Maîtres de ce poste, le reste du débarquement s'opéra, et les Anglais prirent une position qui leur aurait donné moyen de combattre avec avantage, si les Espagnols ne se fussent retirés au commencement de la nuit. Cependant quatre mille Espagnols auraient pu facilement se défendre sur un terrain montueux dont les passages resserrés sont toujours d'un difficile accès. Le colonel Graham s'empara sans coup férir, le 9 novembre, de Mérandal, poste important d'où les Espagnols s'étaient retirés à l'approche des troupes anglaises. Chemin faisant, on fit prisonniers quelques soldats; on prit plusieurs officiers et on s'empara de différents magasins. Ces avantages n'étaient que le prélude de succès plus importants, mais aussi peu disputés. Les Anglais apprirent que le gouverneur espagnol avait évacué Port-Mahon. Le colonel Paget, détaché avec trois cents hommes, s'avança, somma le gouverneur du fort Saint-Charles de se rendre; cent soixante soldats consentirent; la chaîne du port fut levée; les frégates anglaises y entrèrent. » Le reste des opérations militaires dans l'île ne vaut pas la peine d'être raconté; nous partageons sur ce point l'opinion de l'auteur que nous venons de citer, et qui termine ainsi son récit : « Si l'on ne soupçonnait pas quelques intelligences de la part des Anglais avec les forces espagnoles, rien n'égalerait la lâche sottise d'hommes armés, occupant avec des forces supérieures un pays difficile, qui se laissent emporter toutes leurs positions sans coup férir, et se rendent sans avoir connu la force de leurs ennemis. » Ceci se passait du 7 au 13 novembre 1799.

Là se termine l'histoire de Port-Mahon, qui, depuis cette époque, n'a plus dans les fastes de l'Europe qu'un rôle essentiellement pacifique.

CABRERA. L'île de Cabrera, la plus petite des Baléares, est située à quatre lieues environ au sud de Majorque, par les 39° 7′ de latitude nord et 40° de longitude. La traversée entre les deux îles est difficile et dangereuse, à cause des courants, de l'agitation habituelle de la mer, et des nombreux écueils qui défendent les abords de Cabrera. Cela n'empêche pas toutefois les pêcheurs majorquins de venir fréquemment jeter leurs filets dans les eaux poissonneuses de cette île inhospitalière.

Cabrera n'a guère qu'une lieue du sud à l'ouest, pas davantage du nord à l'est, et environ cinq quarts de lieue de l'est à l'ouest. Deux baies principales s'ouvrent sur ses côtes; l'une dans la partie septentrionale, l'autre dans la région opposée. D'autres anses moins considérables, et formées par de petits caps, découpent le pourtour de l'île. Le port est situé au nord-ouest et peut contenir, outre une quarantaine de vaisseaux marchands, un certain nombre de bâtiments de haut bord, à cause de la profondeur des eaux. Son entrée, tournée vers Majorque, est resserrée entre deux montagnes escarpées. Sur la cime de celle de droite, en regardant la mer, on aperçoit les ruines d'un ancien édifice, que l'on prétend avoir été élevé par les Maures, et qui sert à caserner tant bien que mal une quarantaine de soldats, seule garnison de l'île.

Çà et là, sur les côtes, des grottes profondes creusées par la nature au flanc des rochers offrent une retraite sûre aux oiseaux de mer, après avoir longtemps servi de refuge aux corsaires africains. Parmi ces cavernes, on peut citer celle qu'on voit dans la partie ouest, près du port, et qu'on désigne sous le nom de grotte de l'Évêque (*del Obispo*). Ce lieu souterrain, dont l'étendue est assez considérable, est curieux à visiter. Les stalactites de toutes formes qui tapissent ses parois et sa voûte, présentent un coup d'œil magique, lorsque la lueur des torches qui vous éclairent fait briller ces murailles et ces colonnes de cristal de mille clartés étincelantes.

Le sol de Cabrera est extrêmement montueux et presque partout impropre à la culture. Ici l'oranger, qui parfume les vallées de Majorque de ses fleurs embaumées, ne prête pas l'abri de son feuillage au voyageur brûlé par le soleil. Les regards attristés ne rencontrent que des montagnes nues, des plaines arides et des gorges profondes, où de rares bouquets de verdure interrompent parfois la monotonie du paysage. Quelques bois de sapins, sombres oasis jetées dans le voisinage du littoral, sont, avec quelques touffes de buissons desséchés par les ardeurs de l'été, les seuls échantillons de végétation qu'offre cette espèce de Thébaïde.

C'est dans l'île de Cabrera que des milliers de Français, faits prisonniers par les Espagnols, en 1808, subirent une agonie de trois ans, et eurent à supporter les tourments les plus horribles. Cet épisode de nos guerres de la Péninsule est trop intéressant et se lie trop bien à notre sujet, pour que nous n'y consacrions pas quelques colonnes.

Après la honteuse capitulation de Baylen, les prisonniers, qui avaient été cruellement décimés dans les pontons de Cadix, furent envoyés dans l'île de Léon. Mais bientôt les autorités espagnoles trouvèrent leur position trop douce; et il fut décidé qu'on se délivrerait de ce voisinage importun, en leur donnant Cabrera pour prison. Plus de cinq mille Français, déjà é|
sés par l'affreux supplice du ba
espagnol, atteints du scorbut et d
dyssenterie, furent débarqués sur
plage dévorante de la plus petite
Baléares, sans vivres, sans seco
d'aucune espèce, sans autres vêteme
que ceux dont ces infortunés avai
conservé sur eux les lambeaux. M
laissons parler l'auteur des *Aventu*
d'un marin de la garde impériale
qui a peint des couleurs les plus vi
les horreurs de son séjour à Cabrei

« La faim ne devait pas être nc
premier besoin; c'était d'abord la s
comme à bord des pontons. Or, d
l'île, il n'existe qu'une seule fonta
dont l'eau soit douce, limpide, s
saveur et propre à la cuisson des lé
mes; mais elle est très-peu abonda
et sujette à tarir. Chaque compag
y envoya des hommes de corvée, a
de faire sa provision. On fut éto
de ne pas les voir revenir : c'est qu
arrivant près de la fontaine, ils
vaient trouvée assiégée par une fo
haletante, et que, pour prendre l
rang à la queue qui s'était déjà étab
ils avaient été obligés de faire le c
de poing; peu s'en fallut qu'en ce
occasion on ne s'entr'égorgeât. On n'
tendait partout que gémissements
imprécations. Un filet d'eau *pour*
viron six mille hommes! manq
d'eau sur un rocher nu, sous un ciel
feu! quel avenir! .... Force fut de p
poser un gardien à cette fonta
pendant le jour; pendant la nuit,
n'était qu'une perpétuelle process
d'hommes attendant, avec une co
tance inouïe, que leur tour de boire a
vât. Pour que cette disette fût mo
affreuse, il aurait fallu ou que, par mi
cle, une seconde source jaillît de q
que autre coin de l'île, ou que cette é
me réunion d'infortunés fût réd
de moitié. Le miracle ne s'opéra p
mais par l'effet de la barbarie des
pagnols, la réduction ne devait gu
tarder à avoir lieu, et cela n'étonn
pas, après la série des vicissitudes
lesquelles avaient passé ces cinq m
hommes que l'on déportait mainter

[1] M. Henri Ducor (2 vol. in-8°, publié
1833).

dans une solitude où l'on n'eût pas abandonné des forçats. N'oublions pas que la plupart étaient dans un état de nudité presque absolu, que les organisations les plus robustes avaient déjà été fortement ébranlées, et qu'à ce degré d'épuisement où il n'y a plus que le moral qui puisse suppléer au défaut de forces physiques, ils avaient perdu le dernier stimulant, l'espoir de revoir la patrie. Combien d'entre eux, à l'aspect sinistre des rochers de Cabrera, exprimèrent le regret que la mer ne les eût pas engloutis, elle dont la tourmente orageuse n'avait cessé de les menacer pendant trente-six jours qu'avait duré le trajet! »

Cependant les inquiétudes et les angoisses des prisonniers se calmèrent un instant : des barques parties de Majorque leur apportèrent des vivres; mais tout ce que la générosité espagnole avait pu faire, c'était de leur accorder vingt-quatre onces de mauvais pain et quelques poignées de fèves sèches pour quatre jours. Au bout de ce temps, les barques devaient revenir, apportant la même quantité de provisions, et elles revinrent en effet assez exactement.

La privation de nourriture n'était pas la seule que nos compatriotes eussent à endurer; on les avait jetés dans ce désert sans abris, et sans aucuns moyens de se construire des habitations. Dans les premiers temps, ils avaient élevé des huttes de feuillage, mais les grandes pluies avaient pénétré et détruit ces frêles demeures. Ce ne fut qu'avec des peines et après des efforts inouïs que les prisonniers parvinrent à se construire des cabanes plus solides, à l'aide de gros sapins, coupés dans un bois éloigné et transportés à force de bras et par une chaleur étouffante à travers des montagnes escarpées. Bientôt ces petites maisons furent infestées d'insectes incommodes et de rats. Mais ces derniers furent joyeusement accueillis; car ils furent dévorés avidement. Plus tard ce fut le tour des lézards verts et de tous les reptiles qui pullulaient dans cette île maudite. Les malheureux avaient bien pensé à la pêche; mais elle ne fut pour eux qu'une triste ressource, et ils furent réduits à attendre leur subsistance des barques qui revenaient périodiquement. Quand le mauvais temps occasionnait un retard dans l'arrivée des provisions, le désespoir s'emparait d'eux. Une foule affamée montait sur la plus haute montagne et dirigeait des yeux hagards vers le port de Palma, espérant voir poindre sur les flots la voile du navire qui portait leur vie de quatre jours. « Le 25 février 1809, dit l'auteur que nous avons cité plus haut, nous attendîmes vainement que la barque parût, et les jours suivants ne firent qu'empirer notre malheureuse situation. Elle devint affreuse. Ceux à qui il restait encore un peu de force, se traînaient sur les pieds et sur les mains jusqu'au sommet des rochers, pour tâcher de voir si quelque voile ne blanchissait pas à l'horizon. La journée se passait, et ils n'avaient rien aperçu. Bientôt le chemin qui menait au camp fut couvert de nos camarades qui y étaient tombés exténués de besoin. « Arrive-t-elle? » demandaient ceux qui pouvaient encore proférer quelques mots; d'autres venaient de rendre le dernier soupir; beaucoup étaient en proie au plus profond abattement. Tout à coup, une espèce de frénésie s'empara de ceux qui étaient les moins faibles : ils étaient furieux, et dans la fermentation de leur cerveau, ils parlaient d'enlever à l'abordage les deux canonnières qui nous gardaient. C'eût été tenter l'impossible. Le délire ne fit que s'accroître; tous étaient agités d'une fièvre brûlante; il y en eut qui expirèrent dans des convulsions horribles; des symptômes de rage se manifestèrent chez plusieurs; la pierre, le bois, ils voulaient tout dévorer; on ne pouvait sans danger approcher d'eux pour les secourir. » La barque n'arriva que le 1er mars, après que cent cinquante prisonniers eurent succombé au supplice. Il est impossible d'imaginer une situation plus affreuse. Les Espagnols avaient judicieusement choisi le théâtre de leur vengeance!

Complétons ce tableau lamentable par un nouveau fragment emprunté à l'ouvrage de M. Ducor. « Le tourment le plus horrible, celui qui dominait toutes nos misères, c'était la soif. On ne savait comment se désaltérer; on roulait dans sa bouche de petites pierres ou des débris de coquillages, durant des heures entières; on mâchait une salive épaisse et rare, dont on cherchait à rafraîchir son palais brûlant. Il n'y avait que la natation qui tempérât pour un moment cette cuisante chaleur; mais, tout en nous baignant, la soif nous tuait....... Tant de privations que nous avions essuyées, le malaise présent, l'affreuse chaleur du jour, la fraîcheur des nuits, l'accablante uniformité d'une misère toujours la même, les souvenirs de la patrie et l'ignorance du temps qu'on devait passer dans ce triste asile, finirent par altérer les plus robustes tempéraments, et par enfanter mille maladies. Dès les premiers mois de notre arrivée, il s'était déclaré de nombreuses ophthalmies, occasionnées par la vivacité non interrompue de la lumière solaire; maintenant nous étions assaillis de nouveau par tous les fléaux qui avaient fait de si grands ravages à bord des pontons : c'étaient encore la dyssenterie, le scorbut, les fièvres gastriques, auxquels n'échappaient que ceux qui, ayant eu l'adresse ou le bonheur de sauver quelque argent, pouvaient se procurer auprès des marins espagnols un peu de vin et des végétaux frais. Les uns étaient emportés en peu d'heures : on ne les plaignait pas; d'autres se traînaient languissants jusqu'à ce que, dans une prostration complète, ils tombassent pour succomber. Bientôt on releva des morts partout, dans les baraques, dans les lieux écartés, sur la côte, sur les montagnes et jusque dans le milieu du camp. La mortalité faisait de tels progrès, que notre aumônier crut, pour l'acquit de sa conscience, devoir en donner avis à la junte, qui mit à notre disposition quelques tentes. On les dressa au sud-ouest de l'île, à peu de distance de la fontaine d'eau douce et de l'endroit où se faisait la distribution des vivres. Ces tentes adossées à des rochers, et sous chacune desquelles on jetait quatre ou cinq malades, furent décorées du nom d'hôpital.

« A peine étaient-elles élevées que je tombai malade, comme pour en faire l'inauguration. On m'y porta les jambes traînantes, et je fus installé dans l'une de celles qui occupaient la hauteur sur la pente de leur emplacement. No
sort était cruel dans cet hôpital; il
lait encore que les éléments vinssent l'
graver. Les tentes n'étaient pas deb
depuis trois jours, et elles regorgeai
des prisonniers qu'on y avait apport
quand tout à coup, pendant la nu
éclata le plus terrible des orages. I
torrents d'eau descendaient avec i
pétuosité des montagnes : c'était com
un déluge. Nous entendions un bruit
grandissait autour de nous; il s'app
chait : c'étaient d'énormes cascades,
s'élançaient, qui bouillonnaient a
fracas, au milieu des déchaîneme
du vent qui sifflait et rugissait;
foudre grondait; il semblait que l
tout entière fût sur le point de s'a
mer; que toutes les vagues de la n
dussent passer sur elle et la submerg
Enfin les ténèbres se dissipèrent et
calme revint.

« Étonné de ce silence, et plus enc
de revoir la lumière, car il me sembl
avoir été mille fois englouti, je fis
sorte de me traîner hors de ma ten
Elle était seule!... Seule elle avait
épargnée, grâce à l'épaulement qui
garantissait. Les nappes d'eau qui
précipitaient, qui avaient pris l
cours le long des rochers, avaient t
entraîné, tout balayé dans le choc
leur passage. Les tentes, les paillass
les malades, tout avait été jeté au l
par la débâcle : c'était un spectacle à f
dre le cœur. Pauvres infortunés, qu
apercevait roulés dans le sable et dan
fange, au pied de la colline ou sur le p
chant, ceux-ci morts, ceux-là expiran
quelques-uns gémissant encore et gre
tants, car ils étaient trempés et tran
d'autres poussant des cris aigus, pa
que dans ce violent trajet, ils s'étai
rompu quelque membre, déchiré
chairs contre quelque angle de roc
ou fait de douloureuses contusions! M
premier mouvement fut de joindre
mains et de détourner la vue d
tableau aussi affligeant. Mais la c
passion ramena, malgré moi, mes y
sur ce désastre. J'appelais mes ca
rades; je voulais les engager à v
avec moi au secours de nos frères. Hél
je me soutenais à peine et je me fai
illusion sur leurs forces; plusieurs
m'entendirent pas, tellement ils étai

abattus, absorbés; pas un d'eux ne réussit même à se mettre sur son séant.

« Dès que les tentes furent relevées, on y réintégra les malades qui en avaient été emportés par la tempête. Ce ne fut que le bien petit nombre que l'on parvint à rendre à la santé; les autres succombèrent assez promptement. Durant la première quinzaine, il mourut de douze à quinze individus par jour, et cela seulement dans l'hôpital; personne ne voulait se charger de les enterrer. Pour prévenir les dangers de l'infection, on brûlait les corps; mais il fallut renoncer à cette méthode; outre que ce spectacle était affreux, souvent la combustion n'était pas complète, et l'on retombait dans l'inconvénient des émanations putrides. On fut donc forcé de revenir à l'usage d'enterrer, et cette fois, chacun sentit qu'il était de l'intérêt de tous de se conformer à la nécessité. La difficulté du transport fit choisir pour la sépulture un endroit peu éloigné de l'hôpital; on l'appela la *vallée des Morts;* elle se remplit bientôt; mais les fosses, à raison de la nature du terrain, et surtout à cause du manque d'outils convenables pour le creuser, avaient peu de profondeur. Aussi par les fréquentes averses qui tombaient, était-on souvent obligé de recouvrir les cadavres. »

Les officiers ne cessaient de réclamer auprès des autorités de Majorque et de solliciter des secours que l'humanité la plus vulgaire ne pouvait refuser à ces malheureux. Leurs plaintes furent enfin écoutées, du moins en ce qui les concernait personnellement. Ils furent transportés à Palma. Le peuple de cette capitale voulut les massacrer; ils furent assiégés dans leur prison; heureusement le gouverneur leur ménagea les moyens de se sauver, et ils furent immédiatement renvoyés à Cabrera.

Au milieu de tant de tortures physiques, le caractère français ne se démentit pas. L'auteur de l'ouvrage cité rapporte un fait qui serait incroyable, si l'histoire ne nous fournissait pas des exemples aussi surprenants de la force des instincts nationaux. Les prisonniers établirent des cantines, des salles de spectacle et de bal et une loge maçonnique. Ce grotesque amas de huttes fut décoré du nom pompeux de *Palais Royal.* Il est impossible d'être plus de son pays.

La faim et le désœuvrement donnèrent lieu à un accident fort singulier et qui mérite d'être mentionné.

« A peu près à une demi-lieue au sud-est de Cabrera, existe une autre île, qui nous présentait l'aspect d'une touffe de bois incessamment battue par les ressauts et les bouillonnements tumultueux d'une vague écumante sur un fond de rochers à fleur d'eau. Nous ne pensions pas qu'il prît jamais à aucun de nous la fantaisie d'aller dans cet endroit. Cependant, un dragon nommé Coutant, homme déterminé s'il en fut, et des plus habiles nageurs, se mit en tête de faire le trajet. Il parvint dans l'île; et, après avoir forcé un épais fourré de broussailles, il reconnut qu'elle était pleine de gibier : l'hirondelle de mer et surtout le lapin s'y montraient à foison. Il en tua un grand nombre, seulement avec un bâton, et revint bientôt traînant à la remorque le produit de sa chasse posé sur une espèce de radeau en roseaux qu'il s'était attaché au corps.

« Coutant eut des imitateurs. Tout ce qu'il y avait de bons nageurs voulut à son tour descendre dans l'île. Les premiers à la visiter furent ceux d'entre nos malheureux camarades que nous appelions les *Tartares,* parce qu'ils mangeaient en vingt-quatre heures leurs rations de quatre jours, et que n'ayant point de camp spécial, ils rôdaient sans cesse, cherchant à assouvir leur faim. Plusieurs périrent dans le trajet; mais les plus entreprenants de cette troupe nomade, qui menait la vie du désert, n'en prirent pas moins l'habitude d'aller tendre des collets dans l'îlot, que nous nommâmes *l'Ile-aux-lapins.* Souvent il leur arriva d'y être surpris par une grosse mer et d'y rester une semaine entière, sans autres vivres que le gibier cru qu'ils avaient pris. »

Nous terminerons ici nos citations et la peinture des souffrances de nos compatriotes à Cabrera. Sur huit mille Français déportés en deux fois dans cette île, quatre mille environ y trouvèrent une mort affreuse. Ceux qui survécurent ne furent échangés qu'à la fin de l'année 1811.

Nous nous sommes peut-être un peu

trop étendu sur ce sujet; mais nous avons pensé qu'on lirait avec intérêt le récit des douleurs dont ce rocher, tristement célèbre, a été le théâtre. La fibre nationale s'émeut toujours en présence de pareils tableaux; et d'ailleurs, cette lamentable histoire fait indissolublement partie des annales des îles Baléares.

Avant de quitter ce premier groupe d'îles et de passer aux Pityuses, n'oublions pas de mentionner Dragonera, îlot situé à la pointe ouest de Majorque, et qui a tout au plus trois quarts de lieue de longueur.

Pityuses.

Le nom donné par les Grecs à ces îles indique leur aspect général; car πιτυς signifie *pin*, et πιτυοῦσα *abondante en pins*. On compte deux principales Pityuses: Iviça ou Hiça (en latin *Ebusus*) et Formentera, désignée par les Romains sous le nom de Pityusa minor. Ces deux îles, et celles de moindre importance qui les avoisinent, ont toujours suivi le sort des Baléares, et n'ont, par conséquent, pas d'histoire particulière. Leurs habitants, ceux d'Iviça surtout, ont la réputation d'être braves; et, bien qu'ils ne tiennent guère la mer que pour pêcher ou pour opérer des transports entre des points très-rapprochés, ils passent pour être excellents marins. Ce qui les distingue le plus de leurs voisins de Majorque et Minorque, c'est d'abord une espèce de patois auquel ils tiennent beaucoup, et dont ils se servent entre eux; en second lieu, la couleur particulière et l'étoffe du rebozillo adopté par leurs femmes. Cette coiffure est plus généralement jaune à Iviça; et on en voit beaucoup faits de gros drap du pays, au lieu de toile des Indes ou de mousseline.

L'île d'Iviça est située à vingt et une lieues de Majorque, à vingt-cinq lieues du cap Saint-Antoine, en Espagne, à quinze lieues de Minorque et à quarante-six lieues du cap Tenez, sur la côte d'Afrique; elle a tout au plus sept lieues de long sur quatre et demie de large, et présente un développement de vingt-deux lieues de côtes. Son sol, élevé au-dessus de la surface de la mer et accidenté par un grand nombre de petites montagnes, serait extrêmement fe tile s'il était cultivé avec plus de soin d'intelligence; toutefois, dans son ét actuel, il donne d'assez belles récolt en blé, huile et vin. Les pâturages sont excellents, et le bétail y est noi breux et de bonne espèce. Le produ le plus important est le sel; on en r cueille, dans un des quartiers de l'îl jusqu'à cent vingt-cinq mille kilo C'est là, avec une petite quantité laine, le seul article qui soit livré commerce en dehors de la colonie, a tendu que la sortie des grains, de l'hu et du fruit, est sévèrement prohibée. l système de prohibition n'a été appliq nulle part de façon à en faire miei ressentir toute l'absurdité : en effe tandis qu'à Iviça le laboureur ne sa que faire de son grain, l'habitant d îles voisines est obligé d'en aller achet en Afrique à un prix élevé; il en r sulte perte d'argent pour l'agriculte d'Iviça, pour le Majorquin et le Mino quin, et en définitive, perte bien pl grande encore pour le trésor espagn

L'île est divisée en cinq *quarton* ou quartiers qui sont : la Plaine de ville, Sainte-Eulalie, Balanzar, Portma et les Salines. Il n'y a qu'une ville trois ports, dont un, celui de San-Michel dans le quartone de Balanzar, ne reç que de très-petits bâtiments. La ca tale, Iviça, est bâtie, comme Alcudi sur une hauteur en face de la mer. E est le siége du gouvernement de l' et d'un évêché. Sa population, y co pris celle de l'Oravalle, bourg qui dépend, peut être évaluée à envir quatre mille âmes.

Son port, situé au sud-est, pourrai quoique mal entretenu, contenir une cadre assez nombreuse. Il est abrité tous les côtés, excepté de celui du nor est. Les Anglais s'en emparèrent 1706; mais il a été rendu à l'Espagr

La ville n'offre rien de remarquab Nous citerons cependant, pour la si gularité de ses revenus, l'église Sai Elme, située dans le faubourg. Les m telots qui entrent dans le port doive au chapitre le quart du profit de le courses. On voit que le clergé d'Ivi n'entend pas raillerie sur la dîme. fondation d'Iviça est attribuée p quelques écrivains aux Phéniciens remonterait à 663 ans avant J. C., tandis que d'autres ne vont pas au delà des Carthaginois. Ces deux opinions s'appuient également sur le nom d'Ebusas ou d'Ebusus qui fut, suivant eux, donné à la ville par les deux peuples en question. Quoi qu'il en soit, après avoir appartenu aux Carthaginois, aux Romains et aux Maures, elle tomba au pouvoir de l'archevêque de Tarragone, qui, sous le nom de don Jayme Ier d'Aragon, en fit la conquête et l'ajouta à son diocèse.

Quartone de la Plaine de la ville. Ce district, qui contient une population d'environ neuf cents âmes, répartie dans plusieurs petits hameaux disséminés sur une étendue d'une lieue et demie, fournit une centaine d'hommes pour la milice chargée de la sûreté du pays.

Quartone de Sainte-Eulalie. Situé entre ceux d'Iviça et de Balanzar, ce quartier, divisé en deux paroisses, Saint-Jean et Sainte-Eulalie, occupe un territoire de quatre lieues, et compte quatre mille habitants qui ne sont pas réunis dans des villages et fournissent sept cents miliciens.

Quartone de Balanzar. Il confine aux trois précédents, a trois lieues d'étendue, contient une population de deux mille âmes et fournit trois cents hommes pour la milice. A une petite distance, on trouve l'anse qui lui a donné son nom ; et, au fond de la baie, à l'embouchure de deux ruisseaux, le port de San-Michela, dont nous avons parlé.

Quartone de Pormany. Il touche à ceux de Balanzar, des Salines et d'Iviça. Il a quatre lieues de long et environ deux mille habitants qui fournissent un contingent de cent cinquante hommes. Le sol est généralement montueux; mais on y trouve une plaine très-fertile. Au nord-ouest d'Iviça est Porto-Magno ou Pormany, ou encore port Saint-Antoine. Les petites îles Cunilleras, placées devant son entrée, en rendent l'accès difficile en tout temps; mais, pendant la mauvaise saison, il ne peut recevoir que des bâtiments de très-faible tonnage.

Quartone de las Salinas. Renfermé entre les districts de Pormany et d'Iviça, il n'a que deux lieues d'étendue et une population de neuf cents âmes. C'est dans ce quartier, comme l'indique son nom, que se fait la récolte du sel marin, principal objet de commerce pour les habitants.

La seconde des Pityuses, l'île Fomentera, est au sud de celle d'Iviça, à une lieue un quart du cap Falco. Elle a trois lieues de long de l'est à l'ouest, et sa largeur varie de deux lieues à un quart de lieue. Sa population est de douze cents individus. Elle fournit du bois et de la pierre, et l'on y trouve plusieurs puits d'eau douce et potable. Quelques géographes ont confondu cette île avec celle d'Ophiusa, que les Romains nommèrent Colubraria, et qui, située sur les côtes du royaume de Valence, porte aujourd'hui le nom de Moncalobrer. L'opinion qui attribue la formation de cette île à quelque révolution qui l'aurait détachée d'Iviça, dont le sol a beaucoup de rapport avec le sien, nous paraît mieux fondée.

On remarque à Fomentera quelques ruines qui ont fait conjecturer que les Romains y avaient établi une colonie.

Une foule d'îlots se pressent autour des deux grandes Pityuses. Quelques-uns sont assez grands pour qu'on s'en serve comme de lieux de pâturage, mais aucun n'est habité. Nous nous bornerons à indiquer le nom et la position des principaux.

A l'ouest s'élèvent les trois Conejeras, dont la plus grande a une demi-lieue de long ; les deux autres sont la Bosqua, plus petite de moitié, et l'Esparta, qui tient, sous ce rapport, le milieu entre les deux autres.

Près du port d'Iviça, on trouve trois îlots appelés les *Portes d'Iviça :* les deux premiers sont plus particulièrement désignés sous le nom *d'îlots Noirs,* et le dernier sous celui d'Esponja. Au delà est Grossa ; à l'est Santa-Eulalia et *Arabi;* plus loin l'îlot de Tacomago, et enfin les Margueritas, non loin du Pic-Nono, qui, sous la forme d'un cône hardi, s'élève sur les flots, tout fier de sa vigoureuse végétation.

FIN DES ILES BALÉARES.

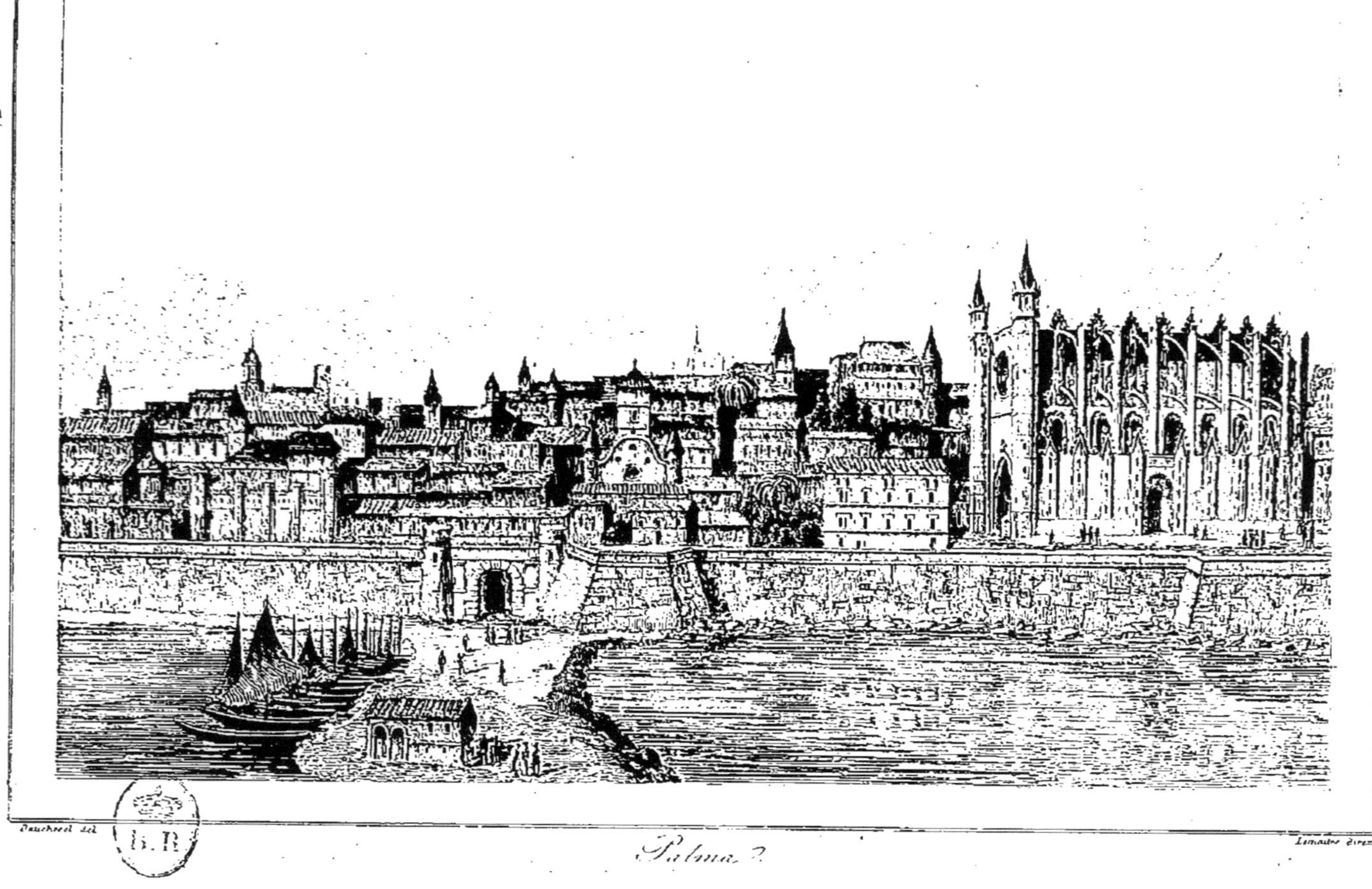

B.R

Lemaitre direxit

Palma.

Mahon.

ILE
DE SARDAIGNE,

PAR

M. LE CHEVALIER G. DE-GRÉGORY,

PRÉSIDENT HONORAIRE DE LA COUR ROYALE D'AIX EN PROVENCE, MEMBRE DES ACADÉMIES D'ARCHÉOLOGIE DE ROME, DE TREJA, DES SCIENCES DE TURIN, DE CHAMBÉRY, DES SOCIÉTÉS D'AGRICULTURE DE ROME, PARIS ET TURIN, ETC.

PARIS,

FIRMIN DIDOT FRÈRES, ÉDITEURS,

IMPRIMEURS-LIBRAIRES DE L'INSTITUT DE FRANCE,

RUE JACOB, N° 56.

M DCCC XXXIX.

TYPOGRAPHIE DE FIRMIN DIDOT FRÈRES,
RUE JACOB, N° 56.

L'UNIVERS,

OU

HISTOIRE ET DESCRIPTION

DE TOUS LES PEUPLES,

DE LEURS RELIGIONS, MOEURS, INDUSTRIE, COSTUMES, ETC.

SARDAIGNE,

PAR M. LE CHEVALIER G. DE-GRÉGORY,

PRÉSIDENT HONORAIRE DE LA COUR ROYALE D'AIX EN PROVENCE, MEMBRE DES ACADÉMIES D'ARCHÉOLOGIE DE ROME, DE TREJA, DES SCIENCES DE TURIN, DE CHAMBÉRY, DES SOCIÉTÉS D'AGRICULTURE DE ROME, PARIS ET TURIN, ETC.

§ I.

Description topographique de l'île, population et mœurs sardes.

L'ILE de Sardaigne, quoique placée si près de la France et de l'Italie, est cependant très-peu connue; sa description pittoresque est donc utile, je dirai plus, nécessaire. Le premier qui, de nos jours, ait décrit cette île fertile et remarquable par sa civilisation, comme par la fierté des mœurs de ses habitants, fut le président Azuni, notre collègue, en 1810, au corps législatif; après lui vinrent le chevalier Mimaut, consul de France, et le baron Manno, directeur des affaires de sa nation, à Turin, et dernièrement, en 1826, le chevalier Albert Ferrero de la Marmora d'une famille vercellaise, qui depuis le douzième siècle (*) fut illustre dans les sciences et les arts. C'est dans les ouvrages de ces savants distingués que nous avons puisé notre description; car les histoires anciennement rédigées par Carillo, Vico, Fara, Vitalis, Mattei, Gazano, et Cambiagi, sont remplies de traditions fabuleuses sur l'origine des Sardes et sur les premiers temps de leur civilisation. Nous allons entreprendre notre tâche, en suivant la méthode de ceux qui nous ont précédé dans la publication de cette Revue de l'Univers, où le pittoresque orne et embellit la sévérité de l'histoire, et qui est déjà si répandue dans les deux hémisphères; nous nous efforcerons de répondre aux désirs de ses nombreux lecteurs.

L'île de Sardaigne est placée à cinquante-huit lieues de distance des côtes d'Afrique, au milieu de la Méditerranée, entre le 38ᵉ et le 42ᵉ degré de latitude, depuis le cap Teulada jusqu'à l'île de la Madeleine, entre le 5ᵉ et le 7ᵉ degré de longitude, depuis le cap Comino jusqu'au cap Caccia. Elle a une étendue de 145 milles géographiques; sa largeur est de 78 milles, et sa superficie de 999 milles carrés, y compris les îlots adjacents. La Sardaigne jouit généralement du climat tempéré qui est la condition de sa position géographique; et la partie septentrionale de l'île rappelle même celui

(*) Voyez *Storia della Vercellese letteratura ed arti*, t. IV, que nous avons publiée en 1824. Turin, avec 40 portraits.

des plus belles contrées de l'Italie. Les pluies sont rares; ensuite l'inconstance de son climat est un grand inconvénient pour la santé des habitants.

Les vallées sont arrosées par deux grandes rivières : le Tyrso, qui prend sa source à Monte-Acuto, et va se jeter dans les marais d'Oristano; et la rivière de Flumendosa, qui descend des montagnes de Genargento pour tomber près de Muravera (voy. la carte, planche 1) dans la Méditerranée : ce fleuve est plus impétueux que le Tyrso; il traverse souvent d'étroits précipices, et, dans le temps de ses débordements, il cause des dommages aux campagnes limitrophes.

Nous avons reproduit la carte géographique du chevalier Carbonazzi, élève de l'Ecole polytechnique en 1809, aujourd'hui inspecteur du génie civil à Turin. C'est lui qui a construit la route royale qui conduit du cap Cagliari au cap Sassari. Cette route commencée d'après l'ordre de l'excellent roi Charles-Félix de Savoie, dernier rejeton de la branche aînée de la plus illustre, de la plus ancienne dynastie des souverains d'Italie, fut terminée par ordre du roi Charles-Albert de Savoie-Carignan, appelé au trône de ses aïeux en vertu de la loi salique, lequel, par des sages édits, vient de donner à la Sardaigne une organisation judiciaire et administrative qui contribuera à l'accroissement de ses richesses et de sa population.

L'île est protégée par des tours placées de distance en distance pour défendre les habitants des côtes contre les incursions des barbaresques; mais cette défense est inutile maintenant que le roi de France a détruit la puissance d'Alger, et le sera pour toujours, si les Français persistent dans la grande idée d'une colonisation si utile pour y attirer la population européenne, devenue surabondante depuis vingt-quatre ans de paix non interrompue. La position de la Sardaigne au midi de l'île de Corse favorise les relations commerciales, et lorsque le grand projet de réunir la mer Rouge à la Méditerranée par l'isthme de Suez sera accompli, moyennant un canal ou un chemir fer, alors la Sardaigne, découpée un nombre considérable de golfes p que tous à l'abri des vents du nord deviendra par sa position l'échelle plus commode pour le commerce toutes les nations.

On a cru bon d'ajouter sur la car en les indiquant par le signe ✠, golfes et les ports les plus fréquen par les bâtiments commerçants, et servent d'abris aux nombreuses flot des différentes puissances. Nous nc rons ici que le golfe de Cagliari, qui trouve au midi de la ville, où il for un demi-cercle de 35 milles, est connu pour un des plus vastes et plus sûrs de l'Europe, à cause trois côtes dont il est environné et banc de sable qui ferme les deux ti de son entrée, de sorte que plusie flottes en même temps peuvent mettre à l'abri et hiverner en to sûreté. C'est là que l'empereur Charl Quint, à l'époque de sa célèbre ex dition de Tunis et de la Goulette, donna la réunion des flottes espagnol portugaise et napolitaine, avec galères de Gênes, de Rome, de Ma et de Venise, et que toutes ensem séjournèrent en sûreté fort longtem (voyez planche 1).

L'île est partagée en deux partie l'une au midi, *Capo Cagliari*, l'aut au nord, *Capo Sassari*, et séparée de Corse par le détroit de *Saint-Bonif cio*. Le pays n'est pas hérissé de gra des et hautes montagnes qui s'abaisse vers la mer, et la nature ne l'a pas e vahi dans ses soulèvements, d'apr le système de M. Élie de Beaumon mais son climat tempéré est malsa au midi, et bon au nord, si l'on e cepte les marécages d'Oristano, do on espère l'assainissement par le moy d'un *emissarium*, tel que celui que

(*) Pausanias, liv. x, Phocide, chap. I dit que la Corse empêche par ses haut montagnes l'arrivée des vents du nord Sardaigne, ce qui, à notre avis, rend l'a malsain; mais, d'autre part, la Corse er pêche aussi que la grêle ne puisse se forme et ne tombe en neige sur les récoltes.

pape Pie VI a pratiqué pour les marais Pontins.

Le cap méridional, découvert, aride, pauvre de végétation, est dévoré par l'ardeur du soleil. C'est là que les maladies mortelles, dites de *l'intempérie*, les fièvres pernicieuses et putrides, emportent les malades dans les vingt-quatre heures, comme il arrive très-souvent à Rome, dans ses campagnes, et dans les terres marécageuses de la Toscane, depuis le mois de juillet jusqu'au mois de novembre de chaque année. Ainsi, d'après l'historien géographe *Pomponius Mela*, on peut dire avec raison qu'en Sardaigne la terre vaut mieux que l'air sarde ; c'est ce que le Dante, au chapitre XXIX de l'Enfer, nous atteste :

> Qual dolor fora, se degli spedali
> Di Valdichiana tra 'l luglio e 'l settembre,
> E di Maremma e di Sardigna i mali
> Fossero in una fossa tutti insembre ;
> Tal' era quivi e tal puzza n'usciva,
> Qual suol venir dalle marcite membre.

Ces maladies sont produites par les exhalaisons marécageuses tout à fait analogues à celles des marais Pontins, et plus encore par des vents froids qui soufflent inopinément dans la nuit, au milieu des grandes chaleurs, détruisent les tempéraments les plus forts et terrassent l'homme le plus robuste; car ces exhalaisons pestilentielles enveloppent l'atmosphère et agissent sur l'économie, de la même manière que dans les pays des rizières, lorsque la police rurale, par défaut de surveillance, ne s'oppose pas à la stagnation des eaux sur les champs (*). Les capitanats d'Oristano et de Cagliari sont les plus infectés; et, pour purifier l'air, on y fait des feux considérables; on brûle dans les champs toutes les mauvaises herbes : précautions qui sont d'une grande utilité dans les pays sujets à des contagions.

(*) Voyez le livre : *Solution du problème économico-politique concernant la conservation ou la suppression de la culture du riz en Lombardie, avec l'indication des moyens propres à former des rizières, sans porter atteinte à la salubrité publique,* par le chev. De-Gregory, vol. in-8. Turin et Paris, 1818.

Le cap septentrional est suffisamment arrosé; il compte un assez grand nombre de rivières et de ruisseaux d'eaux vives, qui descendent des montagnes et de ses collines boisées, lesquelles fournissent en abondance un combustible excellent à la ville et à la partie de la côte d'Italie appelée *la rivière* de Gênes.

Une importante question de géologie se présente ici : celle de savoir si la Sardaigne était anciennement contiguë à la Corse. Nous n'entrerons pas dans l'exposé des opinions émises par les savants, qui croient avec fondement que l'espace occupé aujourd'hui par la Méditerranée ne formait dans les premiers âges du monde qu'un seul continent, qui fut violemment disjoint par les irruptions de l'Océan entre les colonnes d'Hercule, comme plus anciennement encore arriva la séparation de l'Amérique et de l'Asie au détroit de Behring; nous dirons seulement avec Buffon, Cetti et Besson, que, d'après l'aspect des lieux, la nature des terrains et la correspondance des montagnes, il est très-probable que les deux îles étaient unies par le détroit de Saint-Bonifacio.

Nous ajouterons ici que le célèbre géologue l'abbé Giovene de Molfetta avait reconnu en 1807, que dans la mer Adriatique il existe des bancs de tuf fluvial, ce qui l'amena à conjecturer avec les savants Thompson et Patrini, que ce golfe n'existait pas dans l'origine, et qu'il fut formé par une révolution terrestre. Aussi le chevalier Ferrero, dans ses observations, a-t-il reconnu que la chaîne centrale des montagnes qui traversent la Sardaigne comme un véritable noyau primitif, se trouve dans la même direction que la chaîne centrale des montagnes de la Corse, ce qui confirme de plus en plus l'ancienne unité des deux îles.

La population de la Sardaigne, au temps des Romains, pouvait monter à deux millions d'âmes; et Polybe atteste que cette île était très-peuplée. Sous la domination espagnole, elle ne comptait plus que trois cent vingt-sept mille habitants; et elle doit au duc de

Savoie, nommé roi de Sardaigne en 1720, d'avoir porté à cinq cent mille, sa population, qui est cependant aujourd'hui diminuée par les émigrations commerciales; car le pavillon sarde sillonne toutes les mers, et donne la prospérité à beaucoup de côtes maritimes.

Si les nations ont plus ou moins conservé leurs mœurs, leurs habitudes, leur caractère primitif, en raison de leur isolement des hordes du Nord qui ont inondé le midi de l'Europe, notamment l'Italie, et croisé les races par leurs mariages, à cet égard, les Sardes, d'un caractère fier, courageux et sobres, ont peu souffert de l'invasion des Vandales, des Goths et des Sarrasins; ils ont conservé dans leurs vêtements, dans leurs habitudes, des souvenirs de la domination romaine ou de la fierté carthaginoise, au point d'être considérés, les uns comme Africains et les autres comme Italiens, ce peuple ayant appartenu à différents gouvernements dont nous donnerons l'histoire et les mœurs diverses.

Le peuple sarde, par la singularité de ses mœurs, par son indépendance d'esprit, par la haute opinion de soi-même, par son hospitalité généreusé et cordiale, forme à lui seul une nation distincte qui fait partie de la grande famille européenne, dont l'existence sociale se confond dans les nuages des premiers âges du monde. Il fut autrefois célèbre, et à travers le cours des siècles il a conservé, et il conserve encore la trace vivante de son âge antique et originel, si l'on en croit les traditions historiques les plus reculées. Lorsque Cicéron, dans son oraison en faveur d'Émilius Scaurus, citoyen romain qui, en l'an 700 de Rome, avait été justement accusé de concussion et de rapine durant son proconsulat de la Sardaigne, accuse les Sardes d'être menteurs, d'être descendants des Phéniciens toujours rebelles, toujours turbulents, et comme les Africains, toujours ennemis des Romains (voyez Peyron, *Fragmenta Ciceronis*), l'orateur éloquent a fait comme tous les avocats, il a jeté sur les plaignants toute la défaveur; m[ais] il faut dire ici que les Romains traitèrent constamment les Sardes [en] peuple conquis, et firent de la Sar[dai]gne un lieu d'exil et de détention p[our] les condamnés, y transportèrent [les] mœurs des criminels de toute l'Ita[lie].

Nous présentons la Sardaigne com[me] une toile peinte à grands traits, [qui] doit contenir le clair et l'obscur [des] vicissitudes d'un peuple, dont l'orig[ine] se perd dans le chaos des temps [fa]buleux, semblable en cela aux premi[ers] habitants de l'Italie, nonobstant [les] recherches du savant Micali. Ce [n'est que] lorsque l'horizon historique s'éclair[e] par la civilisation des peuples des cô[tes] de la Méditerranée que les Sardes [de]vinrent l'objet de la conquête des C[ar]thaginois et des Romains, à mesu[re] que la rivalité des deux grandes natio[ns] prenait de la consistance et que la v[ic]toire les favorisait tour à tour.

§ II.

Origine des anciens peuples sard[es]. Temps fabuleux et historiques.

C'est le propre de tous les peuple[s] comme des familles, d'ambitionn[er] une origine directe, de la plus hau[te] antiquité : aussi, quelques auteu[rs] donnent aux Sardes une origine ph[é]nicienne, sur la seule considérati[on] que ce peuple était navigateur; d'a[u]tres, une origine étrusque, parce q[ue] les Tyrrhéniens, conduits dans cette [île] par Phorcus, donnèrent à ses natur[els] le nom de Sandaliotes, nom tiré de [la] configuration topographique de l'[île] même, qui représente une *sanda[le]* plutôt que la plante d'un pied (*), comm[e] l'Italie a la forme d'une botte de c[a]valier, et la Belgique celle d'un lio[n], d'où est venu le nom de *Leo Belg[i]cus* (**).

A l'entrée des montagnes, entre l[es] villages de Laconi et de Serri, [...]

(*) Pline, liv. III, chap. 8, dit: *Sar[di]niam ipsam Timæus Sandaliotin appella[vit] ab effigie soleæ.*

(**) Voyez *Cæsii Leo Belgicus*, 1660, *ap. Elzevirios*, livre qui fait partie des quat[re-]vingt-cinq volumes des républiques.

voit une construction singulière, qu'une vieille tradition du pays fait appartenir à un temps fabuleux, et qu'on appelle le palais de Méduse, fille du roi Phorcus, chef de la colonie étrusque qui dut occuper la Sardaigne dix-sept siècles avant l'ère vulgaire. C'est une espèce de château taillé dans le roc avec assez d'art, inaccessible par derrière, lisse et poli sur le devant, qui n'a qu'une seule fenêtre vers son sommet avec un anneau de cuivre attaché à la muraille : on ne peut le voir qu'à l'extérieur, attendu que les éboulements de terre en empêchent l'entrée. Des archéologues attribuent au moyen âge cette construction très-curieuse.

Un historien moins romantique, Sylvius Italicus, fait dériver le nom de Sardaigne de *Sardus*, chef de Libyens, qui vint donner des lois aux naturels de cette île fertile, et leur imposa son propre nom que, par reconnaissance, ils ont conservé jusqu'à nos jours. C'est au cap dit de la *Frasca* que se trouvait, si on en croit le géographe Ptolémée, le tombeau élevé par les habitants à la mémoire de leur législateur, *Sardus Pater*, qu'on honora longtemps sous le nom d'Hercule.

On ne saurait préciser l'époque de la descente que fit dans le midi de la Sardaigne, au dire de l'historien Pausanias, un Ibérien nommé Norax, prétendu fondateur de la ville ruinée de Nora, ville qui occupait la partie méridionale de l'île sur le territoire de Saint-Effisio, tout près du village de Pula, à sept lieues de Cagliari. Son identité, dit le chevalier Ferrero, est aujourd'hui reconnue par des inscriptions nouvellement découvertes. C'est dans cette région que l'on voit bien distinctement les restes d'un ancien aqueduc romain superposé à une *noraghe*, qui en cet endroit tient lieu de pilier. Aristote, dans son livre *de Mirabilibus*, avait parlé des héros qui dorment dans la Sardaigne, ajoutant qu'on voyait là, aux temps de Jolas, neveu d'Hercule, des constructions très-anciennes.

Les noraghes, dit Manno, sont de célèbres tombeaux énigmatiques des chefs des tribus, et des pyramides bizarres, que l'on compte au nombre de plus de trois mille en parcourant l'île sarde, car le seul territoire de Nulvi, près du village de Sorso, en contient cent et plus. Nous observerons à ce propos que l'Amérique (notamment le Mexique et le Pérou) est couverte de noraghes qu'on assure être composées de pierres, très-semblables par leurs dimensions à celles de la Sardaigne. Ces monuments éternels, à cause des énormes masses de pierres enchevêtrées les unes avec les autres, s'élèvent en cônes solides par des bâtisses à sec (voy. *pl.* 2), et leur architecture originale prouve l'enfance de l'art de bâtir; elle remonte à la plus haute antiquité. La noraghe dite de l'*Argentiera* est garnie de pierres blanches qui lui donnent la forme d'une grosse tour sépulcrale ; celle de *Santo Santino*, si magnifique, est une des plus curieuses et la mieux conservée. Nous sommes redevable à M. Crivellari, qui a parcouru toute l'île, du dessin de la planche que nous publions; il nous a dit être descendu avec beaucoup de peine dans plusieurs de ces monuments qui sont presque inhabitables, et ne servent que de refuge aux bergers. On regrette ici que le célèbre antiquaire M. Petit-Radel, de l'académie des inscriptions, ait cru pouvoir assimiler ces bâtisses aux murs de Ferentino et de Fondi, les premiers décrits et publiés par madame Dionigi, Romaine, les autres visités par nous-même, en 1814, attendu que ces derniers sont composés de masses bien plus énormes, de trapèzes liés entre eux. Dans les temps antiques on croyait plus solide cette manière de bâtir, et les hommes employés à transporter de si gros blocs de pierre, désignés sous le nom de Cyclopes, firent donner à ces constructions le nom de murs cyclopéens.

Ces tombeaux, appelés par les Sardes *nuraghes* ou *noraghes*, ont jusqu'à cinquante pieds de hauteur dans leur état de construction et quatre-vingt-dix pieds de diamètre; ils se terminent en cône surbaissé et sont en général construits en pierres calcaires, mais quelques-uns en granit mal taillé et sans aucun ciment. La porte d'entrée est formée par une architrave plate; elle est aussi très-étroite et basse comme celle du tombeau de Cyrus décrite par Arrien. En examinant l'intérieur de ces monuments, on y voit des niches ou *columbaria*, comme dans les plus anciens tombeaux de Rome, ce qui prouve jusqu'à l'évidence que ces édifices ont servi de sépultures, cependant avec quelque différence, car les *columbaria* romains contenaient seulement les urnes cinéraires, tandis que les noraghes étaient construites pour recevoir les corps humains tout entiers, ce qui est en rapport avec les mythologies égyptienne et chinoise. La croyance religieuse débitait et débite encore à la Chine que l'âme ne se sépare point du corps avant son entière consomption, lorsqu'il a été conservé dans la tombe. On a trouvé dans quelques noraghes des crânes humains, probablement de personnes qui y furent ensevelies dans des temps modernes. L'origine de ces tombeaux est, avec quelque raison, attribuée à l'Ibérien Norax, chef d'une colonie, et nous croyons qu'il a été enterré dans un mausolée de forme cylindrique, et que ces tombeaux prirent de là en Sardaigne la dénomination de *noraghes*, car, dans l'île de Minorque, il existe des monuments tout à fait semblables auxquels on donne un autre nom. D'autres ont supposé que les noraghes avaient été anciennement construites par les pâtres du pays pour se mettre à l'abri des injures du temps; mais on observe que ces monuments sont presque tous auprès des villes, et construits non pas dans le voisinage des rochers, mais dans des lieux où il n'existe pas de pierres de cette forte dimension.

Laissant de côté toutes les traditions incertaines, l'histoire parle de l'arrivée en Sardaigne de ces malheureux Grecs, expulsés de Troie vers l'an 1184 avant l'ère chrétienne. Montesquieu nous apprend d'après Aristote que le grand Aristide avait donné à cette colonie grecque les principes de l'agriculture; que les Carthagin[ois] très-entreprenants, lorsqu'ils fu[rent] assez forts pour tenter des conquê[tes] occupèrent la partie méridionale d[e la] Sardaigne, et fondèrent la ville de *Ka[la]ris*, Cagliari (*), ville importante, [sé]parée de l'Afrique par une espèce [de] grand canal que traversent sans ce[sse] les navires commerçants.

Les Carthaginois prirent possess[ion] de toute la Sardaigne vers l'an 528 av[ant] J. C., et y restèrent pendant tr[ois] siècles, sans pouvoir consolider le[urs] conquêtes autrement que par des ac[tes] de barbarie, tels que de faire abat[tre] les vignes, les arbres fruitiers, [et] d'obliger les malheureux habitant[s à] se réfugier dans des cavités creus[ées] au milieu des rochers.

La première expédition faite par [les] Carthaginois en Sardaigne fut sous [la] conduite de *Macheos*, auquel les S[ar]des, aidés par les Corses, opposèr[ent] une ferme résistance, et qu'ils obli[gè]rent de retourner à Carthage avec [les] débris de ses troupes.

Quelque temps après, le gouver[ne]ment de Carthage voulut tenter u[ne] nouvelle expédition contre l'île de S[ar]daigne, sous les ordres du géné[ral] Asdrubal; celui-ci fut non-seulem[ent] battu sur terre et sur mer, mais e[n]core blessé assez grièvement da[ns] une bataille.

L'historien Cambiagi donne les d[é]tails d'une expédition vigoureuse op[é]rée sous la direction du même Asdrub[al] avec des soldats que les Carthaginois p[ri]rent dans l'Espagne, déjà tombée so[us] leur domination. L'île fut attaquée s[ur] plusieurs points au moment où [les] Sardes ne s'attendaient pas à de tel[les] hostilités: le carnage fut épouvantabl[e]; les uns plièrent sous le joug du sén[at] de Carthage, et les autres se sauvère[nt] dans les montagnes, où ils menère[nt] une vie nomade, ne vivant que de l[ait] et de la chair de leurs troupeau[x], n'ayant pour s'habiller que les peaux [de] leurs brebis. Ce sont ces montagnar[ds] qui, toujours persécutés, sont cepe[n]dant indiqués dans les anciennes hi[s-]

(*) *Claudien de bello Gildonico.*

toires comme des peuples pasteurs, ne vivant que de pillage et de la moisson des cultivateurs de la plaine.

L'historien Azuni atteste qu'en outre on défendit aux Sardes toute sorte de commerce avec les étrangers, et qu'on faisait noyer ceux qui venaient dans l'île pour trafiquer avec les gens du pays; attestation appuyée par l'autorité d'Aristote, de Polybe et de Strabon.

L'aveuglement cruel de la politique carthaginoise appela les Romains à recueillir les fruits d'une stupide férocité; ils tendirent la main aux opprimés. Maîtresse de la Sicile par la victoire remportée sur Hiéron, tyran de Syracuse, la république tourna ses vues vers la Sardaigne, qui se trouvait en état d'insurrection permanente contre ses oppresseurs, et elle décréta la guerre aux Carthaginois.

Alors les Romains vainqueurs ordonnèrent au consul Lucius Cornelius Scipio de faire la conquête des îles de Corse et de Sardaigne en l'an 494 de Rome, et une paix provisoire fut conclue avec leurs rivaux, les Carthaginois, qui payèrent deux mille deux cents talents de contribution (onze millions de francs).

Les Romains, maîtres du littoral et de la ville de Cagliari, ne purent pendant longtemps, comme les Carthaginois, soumettre les peuplades indépendantes des montagnes, peuplades entremêlées de réfugiés troyens, étrusques et d'autres bannis. Les mêmes Carthaginois, pour se venger, excitèrent, vers différentes époques, à la révolte ceux qui, parmi ces Sardes rebelles et toujours jaloux de leur indépendance, avaient été vaincus par les Romains.

La première révolte éclata vers l'an 235 avant l'ère vulgaire. T. Manlius Torquatus, ayant battu les insulaires, retourna bientôt à Rome pour obtenir les honneurs du triomphe.

Deux ans après, les Sardes, à l'exemple des Corses, se soulevèrent de nouveau; mais le sénat envoya contre eux Pomponius Matho, qui triompha sans cependant les dompter, car, l'année suivante, ils reprirent les armes. Le pays fut pacifié ensuite par ce consul, qui, en l'an 231, publia, d'après l'ordre de la république, la réunion de la Sardaigne aux provinces romaines.

La révolte du prince sarde Harsicoras, chef d'un petit État dans les montagnes, fut excitée par les Carthaginois, sous la direction d'Asdrubal Calvus : ils ravagèrent les terres de tous ceux qui n'étaient pas leurs partisans. Le sénat expédia de nouveau Torquatus : celui-ci, arrivé dans l'île, plaça son camp en face de celui du prince rebelle, qui s'occupait dans les montagnes à faire des levées de soldats. Son fils Hiostus, jeune, courageux, attaqua les Romains, mais il fut battu, et se retira avec ses soldats en désordre. Une affaire générale eut ensuite lieu après la jonction des Carthaginois; les deux armées se battirent avec acharnement; Hiostus fut tué et le père se donna la mort.

Manlius Torquatus, victorieux, poursuivit les débris des vaincus, soumit les villes entraînées à la révolte, imposa des contributions, et détruisit la ville de Cornus, résidence du prince rebelle.

La sévérité du général romain assura la tranquillité et la paix dans l'île pendant de longues années; mais les exactions et les concussions des préteurs firent enfin éclater une révolte générale; le sénat expédia alors Titus Sempronius Gracchus, lequel, comme on lit dans Tite-Live au liv. XLI, chap. XVII et XXVIII, après deux campagnes et plusieurs batailles, fut victorieux, soumit à l'obéissance toutes les tribus sardes qui s'étaient révoltées, et leur imposa une contribution en argent et en denrées. Après la pacification de cette province, Gracchus envoya à Rome deux cent trente otages pour annoncer au sénat cette heureuse nouvelle, obtenir pour lui les honneurs du triomphe, et solliciter la permission de revenir avec son armée. Le sénat, après avoir entendu la députation sarde dans le temple d'Apollon, accorda cette double demande; il ordonna que quarante des plus fiers ennemis fussent sacrifiés, et que Sempronius restât dans l'île avec son armée pendant l'année entière (*).

Rome demeura enfin triomphante des Carthaginois, et, après la destruction de Carthage, la destinée de la Sardaigne fut fixée : elle forma une partie intégrante de cette grande nation, à l'exception toutefois des peuplades montagnardes, qui furent appelées *Balari* ou *Barbari*. On envoya en Sardaigne plusieurs préteurs, dont le plus probe fut Cato Marcus Porcius dit le Sévère, l'ami du poëte Q. Ennius, Calabrois établi dans cette île, et que Caton conduisit à Rome avec lui vers l'an 170 avant l'ère chrétienne. Le sénat, pour opérer une fusion complète, éleva au rang de cités romaines les villes principales de Kalaris, Sulcis, Neapolis, Rosa, Nora, Olbia, Forum Trajani. Pour tenir en respect les nouveaux citoyens, deux colonies romaines furent fondées, l'une à Usellis, l'autre à Turris, et par l'amalgame politique des deux peuples on obtint la paix des familles.

Les destructions du temps, et plus encore les dégradations opérées par la main de l'homme, ont renversé les précieux édifices de l'antiquité dans l'île de Sardaigne ; cependant, on remarque encore aujourdhui à Cagliari les restes d'un ample amphithéâtre, et à Nora de vastes aqueducs ruinés, ce qui prouve que les Romains ne portèrent pas à ce pays moins d'intérêt qu'à tous ceux de leur domination,

(*) Ce que Tite-Live raconte au chapitre XXVIII, doit se rapporter, à notre avis, non à une nouvelle rébellion des Sardes, comme quelques historiens ont pensé, mais au triomphe qui fut accordé à Gracchus précédemment, parce qu'il avait en différentes batailles tué ou fait prisonniers plus de quatre-vingt mille rebelles. Pour concilier les faits des deux chapitres, il faut observer que Tite-Live, au chapitre XXXI, dit que M. Aurèle, préteur, fut, après Gracchus, envoyé en Sardaigne avec une légion nouvelle ; en conséquence, l'inscription placée dans le temple, et transcrite au chapitre XXXVIII, doit être attribuée au triomphe décrété par le sénat.

qu'ils décorèrent de si beaux mo[...]ments.

Les bains d'eaux minérales et [...] thermes construits par les Roma[...] étaient magnifiques et ornés de m[...]bres. On trouve à Codrongianos [...] restes des anciens thermes dits *Aq[...] hypsitanæ*. Le pont sur le Turrita est un ouvrage romain. A Terrano[...] qui est l'ancienne Olbia, et à S[...]sari, on voit de vieux aqueducs [...] ne sont cependant ni aussi conserv[...] ni aussi curieux que ceux de la vi[...] de Cagliari, dont l'eau était prise [...] cinq lieues de distance de la capita[...] à la suite de travaux d'une gran[...] difficulté que les barbares ont presq[...] ruinés, mais dont on admire enco[...] les débris.

Jules César, après son triomphe s[...] Pompée, au retour de l'expéditi[...] d'Égypte, s'arrêta un mois à Caglia[...] il mit une contribution d'un million [...] francs sur la ville de Sulcis (*), q[...] avait donné asile à la flotte de Na[...]dius et fourni des vivres et des s[...]cours à ce partisan de Pompée. O[...]tave, lorsqu'il fit le partage de l'e[...]pire avec M. Antoine, se réserva [...] Sardaigne à cause de sa fertilité. T[...]bère fut peu favorable aux Sarde[...] sous prétexte de confectionner des o[...]vrages publics, il envoya quatre mil[...] juifs pour être employés à de rud[...] services, et il infecta le pays d'u[...] foule d'hommes corrompus. Voy[...] Tacite, Annales, liv. 2.

Il paraît même qu'au temps de T[...]bère la Sardaigne eut un préteur pa[...]ticulier, et que son gouvernement f[...] séparé de celui de la Corse, qui, ju[...]qu'alors, n'avait formé qu'une seu[...] province. Le gouvernement de Rom[...] très-sage et très-politique, mit [...] grand soin à établir en Sardaigne et [...] y maintenir des moyens de correspo[...]dance, ce qui a contribué à la prosp[...]rité et à la tranquillité publique. Jeto[...] un coup d'œil sur l'itinéraire d'Ant[...]nin, et nous verrons combien de rout[...]

(*) L'ancienne position de cette ville e[...] presque ignorée, et les savants différe[...] d'opinion à cet égard.

unissaient entre eux les différents villages. Des pierres milliaires qu'on découvre à chaque instant, ainsi que plusieurs débris de voies romaines, surtout dans la partie centrale de l'île, viennent à l'appui des récits des historiens anciens.

Vers l'an 303, le christianisme s'établit en Sardaigne apportant avec lui l'égalité évangélique; bientôt sous l'empereur Dioclétien, il y eut de nombreux martyrs, parmi lesquels on citait saint Efisio, qui est aujourd'hui le protecteur de cette île.

Efisio était un des généraux de l'empereur qui fut envoyé en Sardaigne avec des troupes pour réduire les chrétiens. A peine arrivé dans l'île, il fut converti lui-même par ceux qu'il venait combattre, et, la croix à la main, il marcha contre les barbares de l'intérieur toujours indomptables; mais, après les avoir battus, il fut forcé de les laisser avec leurs idoles et leur indépendance.

Dioclétien, informé de la conversion à la religion chrétienne de ce général, le livra aux bourreaux, et Efisio reçut la mort avec intrépidité.

La politique romaine voulait établir partout dans les provinces conquises l'unité de religion : on imposa donc aux Sardes les divinités de Rome, sans toutefois arracher les insulaires à la dévotion qu'ils ont conservée pour *Sardus Pater*, qu'ils adoraient sous la forme d'Hercule. Les historiens n'ont point parlé de la religion primitive de ce peuple; mais, d'après l'idole que le chevalier Ferrero la Marmora nous a présentée (planche 3), on peut penser qu'ils avaient avec les Carthaginois des croyances communes. En effet, l'idole en bronze que nous donnons représente l'Hercule sarde avec sa massue et le bâton pastoral qui indique la protection accordée par *Sardus* à l'agriculteur et au berger, professions qui forment la richesse principale de la Sardaigne. La tunique dont l'idole est revêtue est semblable à celle qui a été conservée par quelques paysans sardes, comme nous le ferons observer plus bas.

Avant de parler des vicissitudes souffertes sous ces barbares par les Sardes, il est important de donner une idée de leur ancienne industrie agricole, de leurs revenus et de leur religion sous la domination romaine.

Rome tirait de la Sardaigne une assez grande quantité de miel, dont la saveur était un peu amère, à cause des fleurs des plantes aromatiques sur lesquelles les abeilles le recueillaient; on tirait aussi de la cire et une énorme contribution en blé, par la dîme sur la récolte, ainsi que cela se pratiquait dans les provinces dites *Decumanæ*, contrairement à l'usage suivi pour celles qui payaient les impôts en argent, et qui étaient désignées sous le nom de *Stipendiariæ provinciæ*.

§ III.

Des invasions des barbares du Nord, des Maures ou Sarrasins.

Après huit siècles de domination romaine, à la chute du vaste empire, les Sardes furent, comme l'Italie, opprimés par les barbares du Nord qui, les uns après les autres, de la Scandinavie et des autres régions septentrionales, descendirent de leurs forêts pour revêtir les manteaux des Césars si richement brodés et s'emparer des trésors du grand empire.

A la mort de Valentinien III, vers l'an 455, le roi Genséric, à la tête d'une armée considérable de Vandales, réduisit, en l'an 456, les Sardes à l'esclavage, jusqu'à ce que Bélisaire, vainqueur du roi Gélimer, eût envoyé Cyrille pour occuper la Sardaigne. Les Goths, commandés par Totila, s'emparèrent aussi de cette île, en l'année 547, mais ils en furent chassés par Narsès au bout de cinq années.

Il ne paraît pas que les Lombards aient étendu leur domination sur l'île de Sardaigne, et c'est au pape Grégoire le Grand que cette île en est redevable : en effet, en l'an 598, ayant appris qu'Agilulphe, duc de Turin, époux de la célèbre Théodelinde, veuve d'Autharis, roi de Lombards, méditait une descente dans l'île, Grégoire s'empressa d'en prévenir l'évêque Genuario, qui fit aussitôt prendre les armes au peuple sarde pour sa défense.

L'histoire de la Sardaigne offre peu d'intérêt jusqu'à l'année 720, époque de l'invasion des Maures ou Sarrasins, qui dévastèrent tous les monuments et opprimèrent le peuple. Ce fut alors que Luitprand, roi des Lombards, envoya aux Sardes des secours d'hommes et d'argent, à l'aide desquels ils parvinrent à chasser les Maures vers l'an 739; mais les luttes continuelles avec les Maures d'Afrique, déjà dominateurs en Espagne, obligèrent les Sardes, en 815, à se mettre sous la protection de Louis le Débonnaire, roi de France, empereur d'Occident, qui envoya en 820 une escadre, commandée par Boniface, comte de Lucques, pour exterminer les pirates sarrasins. Louis le Pieux exerça quelque juridiction dans cette île par la confirmation, en faveur de l'église romaine, des donations qu'avait faites en Sardaigne Charlemagne son prédécesseur. Celui-ci, en effet, pour consolider la paix et rendre le peuple plus obéissant, après avoir détrôné son beau-père Didier, dernier roi lombard, avait confié aux évêques le gouvernement politique, pouvoir bientôt reconquis par le peuple, qui le mit entre les mains des représentants de la république, sous le nom de *podestats* ou de *juges*, ou sous d'autres titres. Les Sardes crurent devoir aussi en cela imiter les républiques d'Italie du moyen âge : le clergé et le peuple élurent des chefs stationnaires, et l'île fut partagée en quatre petits États. Cette division affaiblissant les forces nationales, appela de nouveau les Maures, et le kalife Moez-Ledin-Allah, en 970, fit une descente dans la Sardaigne, où il exerça pendant trente ans son autorité royale.

Le pape Jean XVIII, prévoyant les malheurs qui résulteraient pour l'Italie, de l'installation des musulmans en Sardaigne, d'où ils pourraient à leur aise exercer la piraterie, publia un bref par lequel il accorda, en l'an 1004, l'investiture de l'île à l'heureux guerrier qui parviendrai[t à] la délivrer des Maures. En 1017, [les] Pisans et les Génois y tentèrent, sa[ns] beaucoup de succès, une expédition; [ce] fut alors que le pape Benoît VIII pr[ê]cha une croisade pour la délivrance [de] l'île; mais les Pisans, déjà maîtres [de] l'île, furent repoussés par Musset ve[nu] d'Afrique : enfin Léon IX prêcha u[ne] nouvelle croisade, et le roi Musse[t,] fait prisonnier, mourut à Pise, âgé [de] plus de quatre-vingts ans.

§ IV.

De la domination des Pisans, d[es] Génois et des empereurs d'Al[le]magne en Sardaigne.

La guerre contre les Maures éta[nt] terminée, les Pisans rentrèrent alo[rs] dans la paisible possession de [la] Sardaigne, où ils établirent des fie[fs] qu'ils donnèrent comme récompen[se] à leurs alliés les Génois, sans cepe[n]dant partager le pays avec leurs conf[é]dérés, comme M. Sismondi a cru dev[oir] l'affirmer. Ils distribuèrent seuleme[nt] l'île en quatre provinces gouvernées [de] nouveau par des juges, citoyens pisan[s] installés à Cagliari, à Torres, à Ga[l]lura et à Arborea, lesquels s'arrogère[nt] bientôt des droits de suzeraineté; [ils] renoncèrent encore à l'usage de le[ur] nom de famille, désormais au-desso[us] de leur nouvelle dignité, quelque h[o]norable que ce nom pût être; et, comm[e] pour embrouiller à plaisir les fast[es] contemporains, ils ne gardèrent pl[us] que le prénom en y joignant le tit[re] de la province qui leur obéissait, [à] l'instar des princes souverains et d[es] évêques : ainsi, le premier juge de C[a]gliari, en l'année 1050, s'appelait *To[r]chitorio*, celui d'Arborée *Marian[o]*, celui de Torres *Gonnario*, et cel[ui] de Gallura *Manfredi*. Le pape Gr[é]goire VII, écrivant aux juges sardes, l[es] prie de conserver à l'église romaine l'a[t]tachement que leurs ancêtres lui po[r]taient, ce qui prouve que ces places f[u]rent héréditaires. C'est en 1066 qu[e] par leurs rivalités, les juges donnère[nt] ensuite naissance aux factions guel[fe] et gibeline, qui pénétrèrent comm[e] une épidémie dans cette malheureu[se] contrée, et divisèrent entre eux les Pisans gibelins et les Génois guelfes ou papistes. En 1158, l'empereur Frédéric Barberousse déclara que la Sardaigne lui appartenait, et il accorda le titre de roi à un de ces juges, à celui d'Arborée, nommé Barison, moyennant le prix de quatre cents marcs d'argent; ensuite il accorda le même titre au duc Guelfe, son oncle, et enfin il vendit la Sardaigne aux Pisans pour treize mille marcs d'argent, ce qui fut le motif d'une nouvelle guerre entre les chefs de cette république et ceux de Gênes. Ceux-ci, qui avaient prêté à Barison l'argent pour payer le prix dû à Frédéric, ne pouvant installer Barison à Oristano, le tinrent à Gênes prisonnier pour dettes pendant huit ans, jusqu'au payement de l'argent prêté.

Les pontifes romains, Innocent III et Grégoire IX, élevèrent aussi des prétentions sur cette île, et la donation que la belle Adélasie, veuve d'Ubalde, l'un des derniers *juges* de Gallura et de Torrès réunis, avait faite de la Sardaigne au saint-siége, en 1239, fut annulée par le successeur à l'empire. En 1238, Frédéric II fit épouser cette veuve à son fils naturel, le malheureux Enzius, auquel on donna le titre de roi de Sardaigne. Après la mort horrible de ce roi, qui périt en 1273 près de Bologne, dans une cage de fer où il avait été misérablement enfermé, les hostilités entre les Pisans et les Génois recommencèrent, et les premiers furent enfin obligés, en 1295, de céder le château de Cagliari, dans lequel ils avaient élevé les trois grosses tours rougeâtres (voyez planche 4) construites en pierres dures et compactes de la nature du marbre, qu'on y voit encore aujourd'hui, et d'abandonner plusieurs bastions de cette belle ville, dont la situation est si agréable lorsqu'on vient de la mer. Elle s'élève en amphithéâtre depuis le quartier de la marine qui borde le pont, jusqu'au sommet de la colline où est placé le château (*).

Avant de parler de la domination aragonaise sur la Sardaigne, nous croyons utile, pour l'intelligence de cet abrégé historique, de donner la série chronologique des juges ou seigneurs qui dominèrent dans les quatre

(*) Cagliari, aujourd'hui la capitale de l'île, fut fondée bien après Olbia (petit village appelé maintenant Terra Nuova), par les premiers colons de l'île. Les Romains ornèrent cette ville d'un vaste amphithéâtre, d'un immence aqueduc et de plusieurs autres monuments dont on peut voir encore les ruines. Le point de vue de Cagliari, pris du côté des promenades publiques, offre le tableau le plus agréable; son entrée par le faubourg Stampaces est imposante, les rues principales sont larges, et les maisons sont embellies par de magnifiques balcons à l'italienne. La place de Saint-Charles est décorée de la statue en bronze du feu roi Charles-Félix, tribut de reconnaissance justement dû à ce roi; on y voit aussi la première borne de la grande route que ce monarque a fait construire: là se trouve la station des diligences qui transportent les voyageurs jusqu'à Porto Torres.

Le château ou *castello* renferme sur le plateau de la colline le plus agréable des quatre quartiers de la ville où résident les autorités, la noblesse et les riches bourgeois. C'est dans le palais royal, vaste et majestueux édifice, sur lequel flotte le pavillon bleu, emblème de la souveraineté de l'auguste maison de Savoie, que le roi Charles-Emmanuel IV et ses quatre frères sont venus dernièrement séjourner; le vice-roi y tient sa représentation. Le bastion de Sainte-Catherine sert de promenade d'hiver; on y voit les restes des fortifications espagnoles.

Cette capitale possède une académie d'agriculture, une imprimerie royale, un musée d'histoire naturelle, un autre d'antiquités nationales, ce dernier formé aux frais du roi Charles-Félix, enfin une université royale des études, qui fut fondée dans le septième siècle. En 1788, le poëte Berlendis Ange, professeur d'éloquence, y fit prospérer l'étude de la belle littérature.

Le vaste port de Cagliari reçoit et exporte chaque année, terme moyen, pour la valeur de sept millions de livres sardes (la livre sarde équivaut à la livre tournois). Pour se préserver des contagions, à un quart de lieue du port et de la maison de santé, on a construit un lazaret où les bâtiments sont tenus de faire quarantaine.

judicats, titre modeste, et adopté pour ne pas blesser l'enthousiasme des peuples d'Italie, qui ambitionnaient l'ancien régime municipal, comme nous l'avons déjà fait observer. Les premiers juges étaient nommés par le clergé et le peuple pour deux ans; mais ensuite, après des discussions politiques, les constitutions civiles furent violées par la force militaire, et les juges furent élus à vie, et plus tard, par testament, ils disposèrent de cette dignité en faveur de leurs enfants, comme Barison et Torchitorio nous en fournissent l'exemple. Il paraît certain que, même avant le onzième siècle, des chefs politiques et militaires ont défendu les côtes de l'île des incursions; cependant les historiens n'ont pas donné leurs noms. Nous nous bornerons à la chronologie la plus certaine, à partir du onzième siècle de l'ère vulgaire.

1° JUDICAT DE CAGLIARI, COMPOSÉ DE DIX-SEPT CANTONS.

An 1059. Torchitorio I, juge.
1071. Onroco ou Oroco.
1080. Arzone, père de Constantin.
1089. Constantin I, roi et juge.
1103. Turbino de Lacone, usurpateur.
1108. Torchitorio II, ou Mariano.
1130. Constantin II, mort sans enfants.
1141. Salucio di Lacone.
1164. Pierre, fils de Gonnario, juge de Torres.
1191. Guillaume de Massa, qui expulsa son prédécesseur.
1215 Benoîte, épouse de Barisone, fille de Pierre.
1218. Ubalde Visconti, Pisan, fils de Lambert.
1239. Guillaume II de Massa.
1253. Jean ou Chiano, son fils.
1258. Guillaume III, dit Cepola, fils de Rufo, dernier roi de ce judicat.

2° JUDICAT D'ARBOREA (*), CHEF-LIEU ORISTANO AVEC QUINZE CANTONS.

An 1050. Mariano I, de Zari.
1073. Orzocorre I, juge.
1081. Torbeno, fils de Nibatta et du précédent.
1096. Orzocorre II, époux d'Orru Marie.
1102. Comita I, Orru, beau-père.
1120. Gonnario, époux d'Orru Hélène.
1131. Constantino II.
1140. Comita II, son fils.
1158. Barisone, roi de Sardaigne, fils du précédent.
1186. Pierre I avec Ugone I Babo (**).
1191. Pierre I avec Ugone II, son fils.
1211. Constantino II.
1230. Pierre II.
1252. Comita III.
1253. Guillaume, comte de Capraja.
1282. Mariano II, dit Donicello, Pisan.
1299. Chiano, fils de Mariano, ou bien T[illegible] rato de l'Uberti.

3° JUDICAT DE TORRES OU LOGADORO, COMPOS[É DE] VINGT CANTONS.

An 1050. Gonnario I.
1058. Comita I.
1063. Barisone, roi de Sardaigne.
1069. Tanca André.
1073. Mariano I, roi.
1112. Constantin I.
1127. Gonnario II de Torres, mort moi[ne à] Clairvaux.
1164. Barisone II, frère de Pierre.
1190. Constantin II.
1191. Comita II, usurpateur.
1218. Mariano II, père d'Adélasie.
1233. Barisone III, son fils, qui fut assas[siné] dans une rébellion.
1236. Adélasie avec Ubalde de la Gallura.
1238. Adélasie avec Enzius, enfant naturel [de] Frédéric II.
1272. Zanche Michel, dernier roi. Voyez Dante, chant XXII, Inferno.

4° JUDICAT DE GALLURA, AYANT DIX CANTON[S], CHEF-LIEU AMPURIA, VILLE DÉTRUITE.

An 1050. Manfredi, envoyé par les Pisans.
1058. Baldo ou Ubaldi.
1073. Constantin I, premier roi.
1079. Saltaro, son fils, mort sans enfants.
1092. Torgodorio, excommunié dans le con[cile] provincial de Torres.
1116. Ottocorre di Gunale.
1160. Constantin II di Lacone.
1173. Barusone, fils du précédent, roi d[e] Gallura.
1203. Lambert Visconti, Pisan.
1211. Comita II de Torres, usurpateur, aidé [de] Guillaume de Cagliari.
1218 Ubald, mari d'Adélasie.
1257. Jean ou Chiano Visconti.
1282. Nino ou Ugolin de Scotti, Pisan, ép[oux] de Béatrix d'Este.
1300. Jeanne, fille de Nino.

On a fait des recherches sur l'étym[o]logie historique du nom de *juge* [ou] *podestat*, dignité judiciaire et suprê[me] qui était, depuis Othon le Grand, co[n]fiée par les consuls des républiqu[es] italiennes, ou par le conseil des a[n]ciens, à un étranger, et pendant [un] temps limité, afin d'empêcher l'us[ur]pation du pouvoir et la vénalité da[ns] l'exercice de la justice. Frédéric I[er]

(*) Les historiens croient qu'on a donné à cette contrée le nom d'*Arborea*, parce que dans ce judicat il existe beaucoup d'arbres.

(**) Le consul Burano de Gênes mit en possession par un compromis les deux juges qui se disputaient le pouvoir, en les ob[li]geant à payer à la république génoise u[ne] dette qui, par la mort de Barison le pè[re] restait encore à acquitter.

Barberousse, homme d'un grand génie, ne pouvant, par la force des armes, apaiser cet esprit d'indépendance et de liberté que la ligue des villes lombardes avait depuis le onzième siècle constamment excité, renonça, par le traité de Constance de l'an 1183, à toutes ses prétentions royales, en retenant le droit de nomination des podestats. C'est cette autorité que les Pisans et les Génois, en délivrant la Sardaigne des Maures, ont, à notre avis, exercée pendant quelque temps. D'après les statuts, le juge ou podestat ne pouvait accepter aucun présent quelque petit qu'il fût; il ne pouvait exercer le moindre commerce, il ne pouvait dîner en ville; il était tenu de convoquer une assemblée de jurés dans les affaires majeures. Après l'expiration du temps, il était assujetti à une enquête publique en présence des huit syndics de la communauté. Ces statuts étaient sages, mais il ne faut pas croire qu'ils aient été observés par les juges de la Sardaigne comme ils furent pendant longtemps maintenus par les podestats des républiques lombardes, car nous voyons par l'aperçu historique et par le précédent tableau chronologique, que les juges sardes ambitionnèrent bientôt le pouvoir royal et l'hérédité de cette suprême magistrature, et la faculté de réunir sur une seule tête plusieurs *judicats*. Cette ambition fut la cause de guerres de rivalité entre les quatre chefs des provinces et entre les Pisans et les Génois, rivalité d'où naquit une certaine apathie des peuples, et ce défaut d'accord dans l'intérêt commun qui appela bientôt la domination ou la tyrannie espagnole, cause de la diminution constante de la population et de la richesse nationale.

§ V.

Domination des rois d'Aragon et d'Espagne en Sardaigne.

La puissance des Pisans étant un peu déchue, le pape Boniface VIII en profita; professant les mêmes principes que Grégoire VII, il déclara la Sardaigne son patrimoine, et il en offrit en 1297 l'investiture à Jacques II, roi d'Aragon, sous la condition qu'il lui prêterait un hommage annuel, et qu'il irait faire une croisade en la terre sainte. En 1306, une flotte aragonaise fut expédiée pour faire la conquête de la Sardaigne; mais les Pisans, qui étaient encore en possession d'une partie de l'île, ainsi que les Génois, se voyant menacés, conclurent une trêve de vingt-cinq ans; et ce ne fut qu'en 1323 qu'une nouvelle flotte aragonaise de soixante galères, sous les ordres de l'infant don Alphonse, prince royal, accompagné de *Donna Teresa*, sa femme, et de la fleur de la noblesse et des plus braves guerriers de l'Aragon, de Valence et de la Catalogne, mouilla le 13 juin devant Oristano (*).

Dans le vaste golfe de cette ville, Alphonse, fils de Jacques, débarqua vingt-cinq mille hommes et trois mille cavaliers; cependant cette force n'aurait pu suffire à l'entreprise, mais Alphonse eut recours à la corruption, et, ayant gagné plusieurs seigneurs pisans et génois qui étaient établis dans l'île, notamment les Arborei, les Malaspina, les Roccabeti et les Doria, il s'empara de Cagliari, ville principale du royaume, après la mort du brave amiral Mainfroi de la

(*) Cette ville (planche 5), fondée vers l'année 1070, bâtie et agrandie aux dépens de l'antique cité de *Torres*, détruite par les Sarrasins, était beaucoup plus peuplée à l'époque du *judicat* d'Arborea. On voit encore des pans de ses anciennes murailles et deux portes, dont une conduit au port: l'autre, surmontée d'une tour, offre à la vue la cloche de la ville du côté de la route de Cagliari. Le mauvais air fut cause de la dépopulation de cette ville; elle ne compte plus aujourd'hui que six mille habitants. Les oranges, les grenades, les melons et tous les légumes y sont, grâce à la fertilité du sol, d'une grosseur étonnante et d'une qualité supérieure. Le seul édifice remarquable à Oristano est la cathédrale, grande et belle, ornée d'un clocher isolé dont l'architecture est élégante. Le territoire de cette province est le plus abondant en grains. C'est en cette ville qu'on a établi les plus magnifiques magasins de prêt de blé aux agriculteurs.

Gherardesca. Les Pisans furent forcés, par le traité de 1324, d'abandonner la possession de cette île si avantageuse pour leur commerce.

Le roi d'Aragon, homme plein de sagesse, récompensa les Arborei et les autres seigneurs de son parti; il caressa même, en bon politique, ses ennemis, en sorte qu'une nouvelle tentative de la part des Pisans échoua; et en 1326, la Sardaigne resta définitivement à l'Espagne.

Les Aragonais, devenus par les droits de conquête et de convention, souverains de la Sardaigne, s'occupèrent de la soumettre tout entière et d'y établir une sorte de régime constitutionnel en faisant l'ouverture du parlement des cortès.

Alphonse IV qui remplaça son père, le roi Jacques, décédé en 1328, fit tous ses efforts pour établir la paix entre les Arborei et les Doria; mais sa mort, arrivée en 1356, et une peste affreuse, causèrent de graves maux à la Sardaigne. Don Pedro, dit le *Cérémonieux*, son successeur, vint à Cagliari; et le 15 avril, jour de Pâques en 1355, il publia une nouvelle constitution, par laquelle il appela les hommes les plus éclairés et les plus riches de la Catalogne, d'Aragon et de Valence, à résider en Sardaigne et à participer au gouvernement représentatif des cortès, afin de prévenir par ce moyen les maux que l'absence des feudataires causait aux habitants du pays.

Les Arborei se soulevèrent de nouveau à Oristano, où Hugues IV, juge de la ville, fut massacré par les révoltés, qui, dans une assemblée nationale, proclamèrent la république. Donna Éléonore sa sœur, épouse de Brancaléon Doria, revendiqua le trône pour son fils; elle fut, par la charte dite *de Logu*, la législatrice des Sardes, qui, depuis 1421, ont conservé jusqu'à nos jours les institutions des cortès, toutefois avec quelques modifications.

Le quinzième siècle fut remarquable par la naissance de plusieurs femmes célèbres dans l'île de Sardaigne : après Éléonore, nous signalerons Jea Ire (*), reine de Naples, si fameuse ses quatre mariages, par ses crime par ses malheurs; Marguerite, re de Danemarck, dont la politique p vint à réunir, par l'acte de Calmar Norwége et la Suède; Philippine q ayant appris que les Écossais venai d'envahir le royaume d'Angleterre l'absence d'Édouard IV son ma marcha elle-même à la tête de armée, fit prisonnier le roi David avec la fleur de la noblesse écossa et le conduisit en triomphe à L dres. Nous ajouterons à ces héroï sardes la fille du bon roi René, M guerite d'Anjou, quoique d'une é que plus récente. Cette femme fo et courageuse, après avoir souté avec fermeté dans douze batailles droits de son mari et de son fils, ap avoir vu le premier lâchement ass siné, le second poignardé de sa froid par le cruel duc de Glocest devenu depuis l'infâme Richard I cette femme, dis-je, fut emprison dans la tour de Londres, puis rédu à dévorer ses chagrins dans l'asile Louis XI lui donna en France; ce princesse mourut en 1482 à Dampie près de Saumur.

Le décès d'Éléonore transmit trône à Mariano V, son fils, mourut sans enfants; alors la noble appela à la succession un neveu d léonore, le vicomte de Narbonne L François. Celui-ci, ne pouvant soutenir, vendit sa possession au d'Aragon, qui, après bien des d cultés, paya la somme de cent m florins d'or au vicomte Lara, et dev possesseur du trône de Sardaigne. phonse V, dit le Sage, visita l'île, en 1421 convoqua à Cagliari le pa ment des cortès; il étendit à tout royaume la charte d'Éléonore, il

(*) C'est pour amuser cette reine las que Jean Boccace, appelé à sa cour 1374, récitait ses historiettes galantes; pour ne pas reprocher à Jeanne ses cri si odieux, il ne lui aura certainement pa conté les infortunes de la vertueuse Grise si fidèle à son mari.

blit ensuite une administration uniforme et régulière, en laissant aux Sardes les places et les emplois les plus importants. A cette époque, on vendait misérablement les peuples pour de l'argent comme des troupeaux. En 1458, l'Aragon et la Sardaigne eurent à déplorer la mort d'Alphonse le Magnanime, de ce roi qui ne craignait pas de parcourir seul les rues de la capitale, et qui répondait à ses courtisans, à ses ministres, et à tous ceux qui s'efforçaient de l'éloigner de ses sujets pour que la vérité ne fût pas connue de lui : *Un père a-t-il rien à craindre au milieu de ses enfants? Ne suis-je pas là dans ma famille?* paroles mémorables, louable exemple à suivre!

Le successeur fut don Jean II, lequel, après avoir gouverné pendant quelque temps la Sardaigne en paix, fut attaqué par les troupes des Arborei, seigneurs d'Oristano; ceux-ci, après quelques victoires, furent ensuite battus par de nouvelles troupes venues de la Sicile, et leur famille s'éteignit.

Le roi d'Aragon réunit alors la Sardaigne tout entière à sa couronne et prit le titre de marquis d'Oristano, titre qui appartient encore aujourd'hui au roi de Sardaigne, prince du Piémont.

Ferdinand le Catholique, héritier de don Jean, après avoir détruit le royaume de Grenade, dévoré par des dissensions intestines et par la corruption morale, fixa l'organisation politique de la Sardaigne, en abolissant les priviléges et la puissance des feudataires pisans et génois, qui fomentaient les désordres et tentaient une révolte à leur profit; il bannit les juifs qui, par des usures énormes, appauvrissaient les familles; et, comme la population était beaucoup diminuée, il obtint du pape Alexandre VII la réduction des siéges épiscopaux jusqu'alors trop multipliés.

La découverte du nouveau monde éleva l'Espagne au plus haut degré de richesses, dont la Sardaigne eut aussi sa part, en raison de l'étendue de son commerce maritime, car les Sardes furent toujours des navigateurs entreprenants et intrépides.

A cette époque remonte aussi la découverte des Indes orientales par le navigateur Vasquez Gama. Elle fut aussi très-avantageuse au commerce des Sardes, qui déployèrent plus d'activité, animés qu'ils étaient par l'attrait des richesses orientales dont on vantait l'éclat.

La fille de Ferdinand le Catholique, la princesse Jeanne, mariée à Philippe Ier d'Autriche, donna pour successeur au trône de l'Espagne, des Deux-Siciles et de la Sardaigne, Charles-Quint, qui, ayant pris pour conseiller et grand chancelier le célèbre cardinal Arborio Mercurin de Gattinara en Vercellais, parvint à s'établir l'arbitre des royaumes et à assigner une nouvelle époque à l'histoire moderne.

La Sardaigne, sous un vaste empire tel que celui de Charles-Quint, ne formait qu'une très-petite portion; cependant, en 1519, d'après les sages conseils du même cardinal Arborio Mercurin de Gattinara (*), grand chancelier, l'empereur ordonna que les cortès sardes fussent assemblées. La nation ayant pris dès lors une attitude forte, en donna une preuve en 1527, lorsque la guerre divisait l'empereur et François Ier; c'est alors qu'une flotte française, commandée par André Doria, débarqua sur les plages de Longo-Sardo une armée de quatre mille hommes, qui, sous les ordres du général Renzo Ursino da Ceri, firent inutilement le siége du château Aragonée: toujours repoussés par les habitants, ils se dirigèrent sur la ville de Sassari qu'ils occupèrent un instant; mais ils furent bientôt obligés de regagner leurs vaisseaux, après avoir perdu beaucoup de soldats.

Les Sardes doivent à ce grand empereur, qui vint les visiter escorté par la plus puissante et la plus brillante

(*) François Ier, en 1525, était prisonnier à Madrid, et la duchesse d'Alençon, pour obtenir la délivrance du roi son frère, fit de vains efforts auprès de Mercurin de Gattinara. Voyez t. II, *Storia della Vercellese letteratura* de 1824.

armée navale réunie dans le port de Cagliari, 1° la punition des vice-rois, qui, à l'exemple des anciens préteurs romains, avaient opprimé les insulaires; 2° le mélange de la noblesse espagnole et de la noblesse sarde, avec privilége pour les seuls nobles habitants de l'île; 3° le droit d'être jugés, même pour crime de lèse-majesté, par sept de leurs pairs. C'est lui aussi qui, par son expédition (*) de Tunis, en 1535, délivra les côtes de la Sardaigne et ses ports, des incursions continuelles des pirates barbaresques qui furent détruits, en 1541, par une armée stationnée en la ville d'Alghero. Après l'abandon inconsidéré de l'empire et du trône par ce grand monarque, en 1557, les pirates reparurent. L'abdication de Charles-Quint étonna l'Europe tout entière; son empire fut partagé entre Ferdinand son frère et Philippe II son fils, qui, outre les Espagnes avec le Portugal, posséda la Sardaigne, à laquelle, après avoir, en 1564, établi à Cagliari le magistrat *della reale udienza*, il donna des lois très-importantes. C'est lui qui, au moyen des cortès, introduisit d'utiles réformes, en législation criminelle, par l'abolition de la peine du talion et de ces tourments affreux qui subsistèrent longtemps ailleurs, en agriculture, par les progrès qu'il fit faire à la plantation des arbres, et l'encouragement des semis; mais le régime dotal, introduit au préjudice des malheureuses filles, rendit les garçons moins actifs au travail.

Dans les dernières années du seizième siècle, Philippe III succéda à son père, et parvint à chasser entièrement les Maures d'Espagne; il propagea l'instruction en Sardaigne par la fondation d'une université à Cagliari, en 1604; activa le commerce par l'introduction de nouvelles fabriques et manufactures, et encouragea l'agriculture par la nomination d'un censeur pour l'e cution des règlements; enfin il ordo au gouverneur général, le duc Gandia, de convoquer en 1615 cortès du royaume.

Le gouvernement de Philippe IV, occupa le trône de 1621 à 1662, n'of rien de remarquable pour la Sardaig sinon la promulgation d'une loi obligea les cultivateurs à greffer oliviers sauvages, sous peine d'amen et la publication de la collection sanctions pragmatiques des rois d'A gon, réunies, en 1633, dans un c par François Vico, jurisconsulte historien.

Les Sardes, fidèles à leur r chassèrent, en 1637, le comte d'H court qui s'était emparé d'Oristano. l'obligèrent à regagner la flotte fr çaise qui, dans la guerre d'alors, a tenté un coup de main sur l'île, qui fut repoussée par les seules trou nationales (*).

Sous la régence d'Anne d'Autric pendant la minorité de Charles II fils, une scène tragique eut lieu d cette île vers l'an 1665. Le trésor l'Espagne était vide; le vice-roi, g verneur de la Sardaigne, avait mandé aux cortès un subside extra dinaire de quatre-vingt mille écus, fut refusé, parce que, comme les ét le représentèrent, le pays avait à souffrir pendant trois années fléau des sauterelles, fléau qui vi ordinairement de l'Afrique. Le m quis Laconi, homme d'une modérat et d'une probité à toute épreuve, a conseillé qu'on accordât le subs avec des conditions : mais les au rités, fières et hautaines, reçurent la députation, refusèrent de trai et le malheureux marquis fut ass siné. Le gouverneur, soupçonné d' l'agent de cet acte de cruauté, fut m sacré en plein jour dans les rues de gliari (**). La nouvelle de tous ces f

(*) D'après l'historien Grégoire Leti, dans cette expédition on délivra onze cent dix-neuf Sardes qui étaient dans l'esclavage. Il était réservé à Charles X de détruire en 1830 la piraterie barbaresque.

(*) L'historien Canales nous a donné détails de ce fait d'armes. Vol. in-8, 16

(**) L'historien Manno donne le nom conjurés, qui appartenaient aux premi familles de l'île.

arriva bientôt à Madrid; alors la reine envoya M. de Saint-Germain, homme fier et capable, qui se rendit maître des conjurés. Trahis par d'Alvesi, qui leur fit croire une nouvelle insurrection, ils quittèrent Nice, et furent massacrés dans la petite île de Rossa (*), près de Castel Sardo et de Porto Torres, l'ancienne *Turris Lybia*, dont l'archevêché a été transporté à Sassari, belle capitale de Logudoro, située sur la pente douce d'une petite montagne qui porte son nom (planche 6 (**)).

Pendant quatre siècles la Sardaigne resta sous la domination espagnole; et Charles-Quint, ce prince d'une si grande activité et si bien secondé par d'excellents ministres, fut le seul, comme nous l'avons remarqué, qui vint la visiter en personne.

Au commencement du dix-huitième siècle, la Sardaigne occupa une place plus digne dans les pages de l'histoire européenne: érigée en royaume, elle plaça sa couronne royale sur la tête d'un prince d'une des plus augustes et plus anciennes dynasties qui, depuis le dixième siècle, dominait en Savoie. Ce prince, depuis l'an 1050, époque de son mariage avec Adélaïde, marquise de Suse, s'était établi à Turin, où il avait obtenu le titre marchional de la belle Italie.

Un roi espagnol avait, comme nous l'avons vu, donné, en 1355, à la Sardaigne, un gouvernement représentatif; et cinquante ans après, tandis que l'Angleterre était livrée aux horreurs de la guerre civile, signalée par des roses blanches et par des roses rouges, une reine magnanime, la célèbre Éléonore Arborée, publia, sous le nom de *Carta costituzionale*, une législation civile et criminelle qui fit honneur à la nation. Cette charte est encore en vigueur aujourd'hui, toutefois avec des modifications que nous énoncerons plus tard.

Quoique les rois d'Espagne fussent, dans ces derniers temps, seigneurs des Deux-Siciles, du duché milanais et de l'Amérique méridionale, cependant, malgré l'étendue et la grandeur de leur puissance, ils regardèrent toujours la Sardaigne avec un œil de prédilection, et ces deux nations conservèrent une fierté de mœurs et des habitudes tout à fait analogues. L'autorité royale, modifiée, comme nous avons vu, par les notables dans la discussion des intérêts de l'État, était exercée par un vice-roi qui avait la suprême administration civile et politique; il était cependant obligé de conférer avec les juges de l'audience royale, lorsqu'il s'agissait de traiter une affaire d'un grand intérêt, ou d'exercer le droit de grâce.

Cette magistrature avait le droit d'inspection sur les personnes que les feudataires désignaient pour rendre justice, et par la voie d'appellation elle corrigeait leurs jugements: elle surveillait aussi leurs mœurs et leur conduite personnelle.

La fin du dix-septième siècle fut mémorable par une peste affreuse qui réduisit la ville de Cagliari à la moitié de sa population, et par la mort du roi Charles II, prince faible et irrésolu, qui laissa, en novembre 1700, ce fameux testament, dans lequel il appelait au trône d'Espagne le petit-fils de Louis XIV, le duc d'Anjou: testament qui alluma la guerre sanguinaire dite guerre de la *succession*.

Bientôt commencèrent en Italie les hostilités des Austro-Sardes contre les Franco-Espagnols. En 1706, le prince Eugène de Savoie, général en chef,

(*) Le seul marquis de Cea, vieillard respectable, fut conduit en triomphe à Cagliari, et y fut, comme noble, condamné à la décapitation.

(**) Sassari forme un amphithéâtre qui ravit la vue; ses coteaux sont couverts d'oliviers, d'orangers, de cédrats, de vignes et d'arbres fruitiers, et sa plaine est appelée le paradis terrestre de la Sardaigne. Les sources d'eau de fontaine sont nombreuses, et celle d'*Acqua Chiara*, située à quelque distance de la vile, était fort estimée par les anciens Romains, qui avaient construit un aqueduc, dont on voit encore les ruines, pour l'usage de la colonie de *Turris Lybisonis*, dont parlent les auteurs.

remporta une éclatante victoire, à la suite de laquelle il délivra non-seulement la ville de Turin, mais il occupa l'Italie tout entière.

§ VI.

De la cession de l'île au roi de Sicile Victor Amédée II, de Savoie.

A la fin du dix-septième siècle, la mort sans enfant du roi Charles II, de ce dernier rejeton de la branche d'Autriche qui régnait en Espagne, donna des droits à la couronne à Louis XIV, à l'empereur d'Autriche, au roi de Bavière, au roi du Portugal et au duc de Savoie, qui mirent en avant leurs prétentions comme parents plus ou moins proches du défunt. Le meilleur droit appartenait à la France, car pour elle subsistait le testament du 2 septembre 1700, par lequel Charles II appelait au trône d'Espagne le duc Philippe d'Anjou, en lui substituant les autres prétendants sus-nommés, et avec défense de réunir les deux couronnes. Le petit-fils de Louis XIV prit le nom de Philippe V, et fut reconnu par les Espagnols et par les Sardes. Une guerre très-vive continuait en Italie et en Flandre entre les Autrichiens et leurs alliés contre la France et l'Espagne; mais le peuple sarde ne prit aucune part aux événements avant l'année 1707, dans laquelle il accorda des subsides à son souverain Philippe V. La rivalité entre deux familles puissantes éclata aussi dans l'île, celle du marquis de Laconi, fidèle à Philippe, contre la famille de Villasora, partisan des Autrichiens et de l'archiduc : les deux factions troublèrent la paix, et la présence de la flotte anglaise décida la victoire en faveur de l'archiduc Charles d'Autriche, qui occupa Terre-Neuve pendant que les Anglais bombardaient la ville de Cagliari; ce fut alors que le duc d'Autriche bouleversa les rangs de la noblesse en distribuant des titres à profusion. Le roi de Portugal et le duc de Savoie abandonnèrent bientôt le parti de la France et de l'Espagne; *car les gouvernements n'ont point de parents*, disait le duc de Savoie avec raison, et il dut consentir à ne pas fendre la cause de ses propres fi pour l'avantage des peuples. Les Fr çais prirent successivement possess de la Savoie et de plusieurs villes du P mont; mais, après les pertes éprouv au siége de Verrue en 1705, après bataille donnée en 1706 par le pri Eugène de Savoie, et après la d vrance du siége de Turin, ils se re rèrent au delà des Alpes. En 1709, froid et la famine contrarièrent projets du grand monarque, qui forcé de demander la paix aux Holl dais qu'il avait autrefois traités a tant de hauteur; mais ses propositic étant repoussées, Louis XIV, à la mande de son petit-fils, envoya en l pagne le duc de Vendôme, qui triom des Autrichiens commandés par l'arc duc Charles; et, en 1711, la mort l'empereur Joseph Ier d'Autriche et victoires du duc de Vendôme changèr la fortune et la malheureuse position Philippe V. Ce même archiduc Charl devenu empereur sous le nom de Ch les VI, quitta l'Espagne pour alle Vienne, et les Anglais reconnur qu'il y avait de la folie à épuiser le trésors dans le but d'accumuler p sieurs couronnes sur la tête du nou empereur.

Les plénipotentiaires de la Fra et de l'Angleterre ouvrirent les con rences à Utrecht le 29 janvier 17 et, par le traité de paix signé en 17 les Anglais eurent Minorque et braltar; on assigna le royaume de ples et la Sardaigne à l'Autriche; l de Sicile au duc de Savoie pour prix son alliance avec l'Autriche, laquel mécontente du partage, entretint guerre civile en Catalogne jusqu 1715, époque de la mort de Louis X Alberoni, homme de génie, prot par la reine Élisabeth, parvint être nommé premier ministre, et revêtu du manteau de cardinal. Il forma la politique du cabinet es gnol; et, tandis que l'Autriche ét aux prises avec le Sultan, et que France était embarrassée dans les q relles de la régence et dans les proj de rétablir les Stuarts sur le tr d'Angleterre, Alberoni fit en secret partir une flotte du port de Barcelone pour surprendre les Autrichiens à Cagliari, où, le 13 septembre 1717, ils firent leur entrée après plusieurs jours de combat; alors les Autrichiens se retirèrent en Corse. Les Espagnols, fiers de cette première conquête, enlevèrent ensuite, en 1718, la Sicile au duc de Savoie par l'occupation de Palerme, et, en 1719, l'empire d'Autriche, la France et la Grande-Bretagne, s'unirent dans une triple alliance pour déconcerter les vastes projets du cardinal Alberoni, et ils déclarèrent la guerre à l'Espagne, dont le premier objet fut de jeter des troupes en Sicile, de demander le renvoi de l'audacieux ministre, et d'engager Victor-Amédée à prendre en échange la Sardaigne avec la même souveraineté, sauf la réversibilité du royaume sur l'Espagne, à défaut de successeurs mâles dans la dynastie savoyarde. On régla les détails de l'évacuation de la Sardaigne par une convention en vingt-quatre articles, dans l'un desquels il était dit, selon Mimaut, que le nouveau roi promettait solennellement la conservation et l'observation des lois fondamentales, priviléges, statuts et coutumes du royaume.

Victor-Amédée II, représenté par le général Desportes, prit possession de la Sardaigne par acte du 8 août 1720; placé désormais au rang des têtes couronnées, sans autre ambition, il fut médiocrement satisfait d'un arrangement qui mettait fin aux troubles d'Europe, et s'empressa d'améliorer l'état d'une population depuis si longtemps abandonnée, appauvrie, et qui lui était à charge.

Le nouveau roi envoya le baron de Saint-Rémy pour organiser l'administration; il fit généreusement la remise aux Sardes du don qui, d'après les anciens usages, lui était dû à son avénement au trône; et, pour préserver ses nouveaux sujets des malheurs de la peste qui dépeupla Marseille en 1720, il établit une magistrature sanitaire avec un sage règlement qui fut longtemps en vigueur.

Le roi écrivit au baron de Saint-Remy : 1° de ne pas examiner les opinions politiques, mais bien la capacité et la probité des personnages aspirant aux emplois; 2° de ne pas heurter les étiquettes et les anciens usages; 3° de ne pas changer l'idiome catalan vulgaire pour introduire tout à coup la langue italienne, qui est peu à peu devenue la langue nationale.

Les immunités ecclésiastiques protégeaient les criminels; il fallut un concordat. Le marquis Ferrero d'Ormea fut envoyé à Rome, et Benoît XIII ayant entendu les projets loyaux du savant magistrat, se leva de son siége pour l'embrasser, charmé de sa franchise et de sa probité.

Victor-Amédée II abdiqua, en 1730, le trône en faveur de Charles-Emmanuel, prince de Piémont, son fils.

La royauté de Charles-Emmanuel III fut la source d'une éclatante prospérité pour l'île, car à peine monté sur le trône en 1730, il encouragea les sciences, les lettres et les arts, par une sage réforme des universités de Cagliari et de Sassari; il établit ensuite une administration des hôpitaux, un système monétaire duodécimal; il encouragea le mariage des pauvres filles en leur accordant une dot de 200 livres. Il fonda de plus les magasins de prêt du blé, fondation qui fut très-avantageuse et qui augmenta les produits agricoles, moyennant la subvention faite annuellement aux laboureurs d'une quantité de blé nécessaire pour la semaille, qu'on rendait à l'État au moment de la récolte.

L'établissement en Sardaigne des offices d'*insinuations*, ou dépôts de tous les actes des notaires, ordonné par l'édit de 1738, fut l'une des plus belles institutions d'Europe : c'est là qu'on conserve le double des actes qui assurent la succession des familles et la propriété immobilière.

La paix de 1738 augmenta les États du roi des provinces de Tortona, Novara, et la richesse du trésor royal fut utile à la Sardaigne. Par des moyens énergiques, furent détruites plusieurs bandes de brigands et de malfaiteurs, qui, ayant encouru la disgrâce de la justice, s'étaient retirés dans les montagnes pour se soustraire aux poursuites.

La poste aux lettres, institution inconnue aux Sardes, fut établie en 1739, et le commerce et les relations des familles en reçurent une plus grande activité. Pour animer l'esprit belliqueux des nobles Sardes, le roi, à l'occasion de la nouvelle guerre en 1744, ordonna la création d'un régiment national qui a toujours existé depuis la paix signée en 1748.

Le génie de Charles-Emmanuel III, secondé par les ministres d'Ormea, S. Laurent, de Gregory et Bogini, fut particulièrement dirigé vers les institutions de la paix. La Sardaigne était son objet de prédilection; et sa mort, ainsi que la retraite de Bogini, furent deux malheurs irréparables pour la nation sarde.

L'historien Manno, t. IV, p. 290, attribue au ministre Bogini la nouvelle législation sur le système monétaire suivie en 1768 dans les États du roi de Sardaigne. Il ajoute que par la protection accordée à la Sardaigne, la population de trois cent soixante mille habitants fut portée à plus de quatre cent trente mille à la mort du roi Charles-Emmanuel.

Victor-Amédée III succéda à son père en 1773 : alors l'administration ne fut pas aussi active, car il changea trop souvent de ministres, et les vice-rois exerçaient un pouvoir arbitraire. On accordait un sauf-conduit aux criminels, même l'impunité, pour faire tomber d'autres coupables entre les mains de la justice, ce qui démoralisa le peuple et lui inspira l'idée de la vengeance, idée déjà en rapport avec ses mœurs.

L'invasion des armées françaises dans la Savoie et dans le comté de Nice, en septembre 1792, fut suivie du projet d'une descente en Sardaigne, projet qui fut mis à exécution par le contre-amiral Truguet vers la fin de la même année (28 décembre), avec une escadre de trente bâtiments de guerre, dans le but de s'emparer de l'île, tandis que le roi soutenait avec peine une guerre malheureuse pour tâcl d'empêcher la descente en Piémont deux armées républicaines maîtres des Alpes et des Apennins. Les S des, abandonnés à eux-mêmes, solurent de résister à l'ennemi co mun; ils attaquèrent quarante sold français, qui, débarqués d'une fréga occupaient le pont de Sainte-Catheri joignant l'île de Saint-Antioche à grande île dans le golfe de Palmas. Ce attaque fut opérée par sept paysan cheval, sans ordre, mais avec une te impétuosité, qu'aux premiers coups fusil ils tuèrent dix ennemis, en bl sèrent plusieurs, et mirent l'épouvai parmi les autres.

Un seul des sept guerriers sar survécut, et, revêtu des dépouilles trois soldats, ce nouvel Horace v recevoir les félicitations du camp to entier, témoin de cette action.

L'escadre française s'éloigna, revint, le 23 janvier 1793, se pla à l'entrée de la rade de Caglia Le contre-amiral Truguet envoya d parlementaires qui furent reçus p une décharge de mousqueterie. L' cadre fit le siége de la place, et penda quarante-huit heures lança plus quinze mille projectiles, croyant opé une révolte en faveur de l'étenda tricolore; mais les Français voyant q les assiégés répondaient vigoureus ment à l'attaque, en conclurent qu' avaient été trompés. Alors l'amiral pouvant prendre la ville, ordonna débarquement sur la plage de Quart qui fut opéré sans résistance, car cavalerie volontaire et la milice nati nale se retirèrent près des petits fort Les Français craignant d'être env loppés par ces troupes, dont ils avaie éprouvé les rapides évolutions, et d'êt trahis, comme on disait alors, recul rent en désordre, et, se prenant po des ennemis, ils se fusillaient les u les autres. Un fait digne de remarqu (ajoute Mimaut), c'est que dans nombre des militaires qui faisaie partie de ce corps anarchique, con posé à la hâte de gardes-côtes de volontaires marseillais, se trouva un jeune officier d'artillerie, qui d puis est devenu le héros de la France. Nous regrettons ici que le chevalier Manno ait limité son histoire au premier jour du règne du roi Victor-Amédée III, et nous ait privés de ces faits historiques (*).

L'amiral Truguet ayant été rallié par l'escadre de Latouche-Tréville, qui venait de Naples, ordonna le 15 février une nouvelle attaque contre Cagliari, et par un feu bien dirigé ruina plusieurs maisons et le fort de Saint-Élie. Les assiégés étaient réduits à la dernière extrémité, lorsqu'une tempête horrible mit la flotte hors de service, et on put à grand' peine opérer l'embarquement des troupes françaises, qui se dégoûtèrent de cette entreprise.

C'est alors que le roi Victor-Amédée fit inviter les Sardes, par une députation des chefs insulaires, à demander des faveurs : cette députation, arrivant à Turin, sollicita le rétablissement des anciennes cortès fondamentales composées du clergé, de la noblesse, et des communes; elle demanda aussi les priviléges analogues. Ce système représentatif, propre à différentes nations, était dû aux Goths, si mal à propos calomniés par l'ignorance et par le préjugé, car ils apportèrent le système et les constitutions primitives des peuples de la Scandinavie et de la Germanie, ces mêmes constitutions dont Tacite fit le plus grand éloge après nous en avoir donné une exacte description.

Le conseil des ministres du roi, Victor-Amédée, après plusieurs discordantes délibérations, et après avoir fatigué la députation par un long séjour dans la capitale, la renvoya sans aucune concession, ce qui donna lieu en 1794 à une insurrection à Cagliari, insurrection dont le résultat fut l'expulsion de tous les nombreux employés piémontais qui se trouvaient dans l'île. A ces troubles en succédèrent d'autres, jusqu'à ce que le bon roi eût, le 9 juin 1796, accordé une amnistie et sanctionné la réunion des cortès décennales.

(*) Mimaut s'est trompé: ce fait militaire s'est passé à la Madelaine.

En octobre de la même année, Charles-Emmanuel IV, dit le Pieux, succéda à son père, mort affligé par les revers d'une guerre qui épuisa toutes les ressources de l'État, et le premier acte du nouveau roi fut la paix de Chérasco, signée le 5 avril 1797 par le général français Clarke et le marquis Asinari de Saint-Marsan, le même qui fut ensuite, en 1813, ambassadeur de Napoléon à Berlin, homme rempli de talents diplomatiques. La paix faite avec beaucoup de bonne foi par Charles-Emmanuel ne fut pas de longue durée, car le 8 décembre de l'année suivante, le roi se vit contraint de quitter son trône ainsi que la capitale, et il se rendit à petites journées à Livourne, escorté par des troupes françaises : là toute la famille royale, composée de Charles-Emmanuel IV et de la vénérable Clotilde de France, sœur de Louis XVI, son épouse, du duc et de la duchesse d'Aoste et d'un fils qu'il perdit ensuite, des princes du Montferrat, de Maurienne, de Genevois, tous frères du roi, du duc et de la duchesse de Chablais et de madame Félicité, leurs oncle et tantes, s'embarqua pour la Sardaigne, le 24 février 1799, sur l'invitation d'une députation des trois *stamenti*, députation venue à Livourne pour offrir hommage et hospitalité à leur souverain; ce ne fut que le 3 mars qu'il débarqua à Cagliari, où il fut reçu non-seulement avec les égards dus à son malheur, mais avec l'enthousiasme de la joie populaire qu'excitaient son arrivée et celle des princes, les Sardes oubliant en fidèles sujets toutes les dissensions des années précédentes.

§ VII.

Émigration et résidence dans l'île du roi Charles-Emmanuel IV.

La conduite des Sardes envers cette infortunée famille royale, partie de Turin sans ressources, fut admirable et respectueuse. Le roi, à son arrivée à Cagliari, chercha à diminuer sa maison en nommant le duc d'Aoste gouverneur du cap Cagliari, et le duc de Maurienne du cap de Sassari : ce dernier prince mourut en la ville d'Alghero, en septembre de l'année 1799; et dans la cathédrale lui fut érigé un magnifique mausolée en marbre, exécuté à Rome par le sculpteur Festa d'Asti : il représente la statue de la Sardaigne assise sur une gerbe de blé, pleurant la mort de son excellent gouverneur (*). Lorsque tout espoir de retourner en Piémont fut éloigné par la bataille de Marengo, le roi Charles-Emmanuel, qui, en 1799, était revenu en Toscane d'après l'invitation du général russe Souvarof, se trouvant de plus en plus affligé de la perte irréparable qu'il venait de faire à Naples, dans la personne de la vénérable Clotilde son épouse, abdiqua, en 1802, tous ses droits au trône en faveur du duc d'Aoste, et déclara vouloir se retirer à Rome dans un couvent. Le nouveau roi, nommé Victor-Emmanuel, retourna, en 1806, avec la reine et ses enfants, à Cagliari, où, par une sage administration, il captiva l'amour des Sardes, qui défendirent l'île avec courage contre toutes les attaques du puissant Napoléon, qui prétendit en vain se faire reconnaître empereur des Français par la cour sarde, tandis qu'il l'était par les deux mondes.

Ce monarque aurait régné tranquillement en Sardaigne, dit le chevalier Ferrero, et il aurait pu tourner ses soins vers l'administration de la justice, l'encouragement de l'agriculture, etc., etc., si les entreprises des corsaires barbaresques n'eussent de temps en temps compromis la sûreté et la santé des habitants des côtes. Ce fut enfin par les soins du duc de Genevois, Charles-Félix, que, en 1815, eut lieu en Barbarie, le rachat des captifs enlevés dans l'île de Saint-Pierre après plusieurs combats avec les galères sardes, qui se couvrirent de gloire. C'est à ce prince, vice-roi et capitaine génér[al] que la Sardaigne doit incontestabl[e]ment (dit le chevalier Mimaut) l'[ex]tinction graduelle de la haine [des] Sardes envers les Piémontais; an[ti]pathie qui remontait à d'ancienn[es] fautes commises dans le choix [des] fonctionnaires. L'ascendant qu'on [di]sait exercé sur l'esprit de Victor-Em[]manuel par quelques personnes de s[on] conseil privé, donna lieu, en 1813, [à] une révolution anti-piémontaise, q[ui] avait pour but d'arrêter et de dépor[ter] les favoris de la cour, mais qui f[ut] étouffée dans le sang des coupables.

Le traité de Paris, en 1814, aya[nt] rétabli le *statu quo* de 1789, la fami[lle] royale devait rentrer en possession [de] ses États de terre ferme; Charles-Em[]manuel IV confirma son abdicatio[n,] se consacra plus que jamais tout à [la] sainte religion, et, ayant renoncé [au] monde, voulut rester à Rome, où [il] vécut très-modestement, comme u[n] simple particulier, depuis l'époque [de] son abdication jusqu'à sa mort, arr[i]vée le 21 mai 1819.

Le roi Victor-Emmanuel débarqua [à] Gênes, et, le 20 mai 1814, fit s[on] entrée solennelle à Turin. Dans sa nou[]velle prospérité, il n'oublia pas l[es] Sardes : il leur laissa comme gouve[r]neur général, avec pleins pouvoirs, [la] reine, et, un an après, il nomma s[on] frère unique, Charles-Félix, duc [de] Genevois, qui, par sa modération, [sa] prudence et sa justice, se fit beaucou[p] estimer et aimer, jusqu'à ce que, [la] paix étant bien consolidée par le trai[té] de Vienne de 1815, il crut pouvoir r[e]joindre son frère à Turin. Le comte Tao[n] de Pratolongo, en 1816, fut le premi[er] vice-roi de Sardaigne, et le chevali[er] Roger de Cholex l'intendant général[;] tous deux gouvernèrent et adminis[]trèrent les Sardes avec beaucoup d'in[]telligence; mais il était réservé au mêm[e] duc de Genevois, monté contre sa vo[]lonté sur le trône, en 1821, par suit[e] de l'abdication réitérée de Victor-Em[]manuel, il était réservé à ce prince d[e] faire aux Sardes les plus grands biens[.] C'est à ce roi, conseillé par le mêm[e] comte Taon, alors gouverneur de Tu[rin]

(*) Nous avons vu à Rome, en 1813, cette statue que le roi Murat voulait acheter au prix de quinze mille francs; mais le sculpteur piémontais, fidèle à son engagement, refusa cette offre, quoique malheureux.

rin, grand maréchal de Savoie, et par le chevalier de Cholex, devenu ministre de l'intérieur, que la Sardaigne doit : 1° un code dans lequel les anciennes lois ont été mises en ordre pour faciliter l'administration civile et judiciaire; 2° l'organisation des tribunaux de préfecture et de justice de paix, telle qu'elle fut adoptée par le Piémont en 1822; 3° l'établissement des bureaux des hypothèques, bureaux qu'on avait supprimés en 1814 dans les États de terre ferme, et que Charles-Félix, dans sa sagesse, crut convenable de rétablir, pour garantir les propriétaires et les commerçants; 4° la fondation d'une société d'agriculture regnicole; enfin la construction d'une route royale qui partage l'île en deux portions, depuis le cap Cagliari jusqu'au cap Sassari, et facilite ainsi les communications intérieures, comme on le voit sur la carte topographique (planche n° 1) que nous devons à l'obligeance du chevalier Carbonazzi. Cette route royale digne des Romains a de plus l'avantage de mettre en communication, par terre, les deux ports les plus commerçants de l'île, savoir, celui de Cagliari avec Porto Torres, l'un des plus sûrs de la Méditerranée (planche 7), et qui est à peu de distance de la ville de Sassari, la seconde ville de la Sardaigne, qui a été bâtie avec les ruines de *Turris Lybisonis*, et où l'archevêché fut transporté en 1441, car la ville de Torres était presque entièrement dépeuplée.

Ce sont les Génois qui, en l'année 1166, ont pris et barbarement ruiné cette ancienne ville romaine, fournie d'un grand aqueduc de plusieurs milles de long, dont on admire les restes, ainsi que d'un temple de la Fortune, et d'une basilique ornée de colonnes, dont deux sont près de la douane de Porto, et deux autres à l'église de la *Consolata*.

Porto Torrès, qui était auparavant un misérable village cité par son insalubrité, a acquis depuis une grande importance, soit par la création de la route centrale, soit par l'établissement d'un magnifique bateau à vapeur appartenant au roi, qui de Gênes, en vingt-quatre heures, amène les voyageurs à ce port, et à Cagliari en double temps. Cette communication est très-utile pour le commerce même; elle est facilitée encore par une diligence française qui part deux fois la semaine et arrive en trente-six heures à la capitale du royaume. La population de la nouvelle ville de Porto Torres monte déjà à plus de quatre cents habitants, et sa position facilitera son accroissement.

Le roi Charles-Félix voyant s'éteindre en lui la ligne directe des ducs de Savoie, et que la loi salique, cette loi si salutaire à la paix intérieure d'un État, appelait au trône de ses aïeux son cousin le prince Charles-Albert de Savoie-Carignan, il invita celui-ci à visiter de son vivant encore la Sardaigne, où il fut reçu comme prince héréditaire, et où il a vu de ses propres yeux et considéré les abus du libre parcours, très-nuisible à l'agriculture; les exigences des feudataires, surtout des Espagnols, qui vexaient les paysans par leurs *regïdors* et *podataires;* l'inégalité de la distribution des impôts, et la nécessité d'un cadastre qui limitât les propriétés; enfin l'urgence d'abolir les taxes sur l'industrie.

A la mort de Charles-Félix, monarque plein de justice, mort arrivée à Turin le 27 avril 1831, le nouveau roi marcha sur les traces de son prédécesseur; et la Sardaigne, aujourd'hui gouvernée par notre concitoyen et notre collègue, en 1813, au corps législatif, le chevalier D. Gaspard Montiglio d'Ottiglio et de Villanova Vercellais, vice-roi, obtient tous les jours de nouveaux règlements, et l'on espère que, lorsque les grandes masses de propriétés seront partagées, que la noblesse sarde ne dédaignera pas les opérations de commerce, en suivant l'exemple de la noblesse génoise, si riche et si puissante, on espère que l'agriculture amènera alors une plus forte population, et que la Sardaigne redeviendra fertile et florissante, comme elle le fut au temps de César-Auguste.

Parmi les lois les plus importantes publiées dans ces derniers temps en Sardaigne, par le roi Charles-Albert, nous croyons utile de signaler :

1° L'édit royal du 19 décembre 1835, par lequel le roi manifeste le vif désir de porter son royaume au degré de prospérité qui lui est dû par la position géographique de l'île, par la fertilité de son sol et par l'industrie de ses habitants : il a établi une délégation pour recevoir la consigne de toutes les terres féodales, et des titres de propriété originaires ou conventionnels, de tous les droits dont ils jouissent.

2° En conséquence de la consigne ordonnée, tandis qu'un délai fut accordé aux feudataires espagnols pour remplir leur tâche, le roi, par son édit du 12 mai 1838, a cru bon d'abolir de suite toute juridiction féodale civile et criminelle, comme aussi tout droit compétent aux seigneurs, lesquels ont été bornés aux seuls titres honorifiques; et, par l'édit royal du 13 janvier 1839, il ordonna qu'une taxe d'indemnité fût payée aux feudataires par les communes, d'après la distribution territoriale.

3° Les Sardes doivent aussi à l'amour paternel du nouveau roi l'abolition du service personnel auquel ils étaient obligés pour l'exploitation, l'enlèvement et le transport du sel dans les magasins royaux, servitude qui fut abolie par patentes, le 5 avril 1836.

4° Par les patentes du 10 novembre de la même année, les conseils municipaux furent réorganisés, les archives des communes assises dans un meilleur ordre, et les actes de leurs délibérations réunis et placés dans des armoires.

5° Sur les traces lumineuses du roi Charles-Emmanuel IV, on a établi une règle pour obtenir un compte exact et annuel de l'administration *del Monte granatico e del Nummario* de la Sardaigne, afin d'avantager l'agriculture par des subventions en grains et en argent, au moment des semailles, subventions dont les bienfaits sont évidents, comme nous l'avons annoncé. Nous n'oublierons pas d'annoter ici que, tandis que dans les villes les pl civilisées d'Europe la contagieuse peti vérole fait aujourd'hui des ravage la vaccination fut introduite et enco ragée par un décret du chevalier Mo tiglio d'Ottiglio, vice-roi, en date (23 mars 1836.

Par ce décret, d'après l'édit roy de 1828, il est ordonné à tous les m decins et chirurgiens d'exhorter l parents à présenter leurs enfants a bureaux de vaccination, au printem et en automne seulement, car dans l chaleurs de l'été, comme dans l grands froids, l'opération serait da gereuse ou nulle.

Les curés, que l'on voit dans les pa de lumières être contraires aux bie faits de la vaccine, sont en Sardaig les premiers à persuader leurs paroi siens du grand avantage qu'il y a d'a rêter par la vaccination une malad contagieuse, qui, dans le dernier si cle, moissonnait la moitié des enfant enfin il est ordonné que les intendan des provinces n'expédieront pas le ma dat pour le payement des traitement aux officiers de santé, sans le certific des maires constatant les moyens en ployés pour la vaccination.

§ VIII.

De la grande route royale, en Sa daigne, de 1829, ordonnée par roi Charles-Félix.

En 1820 (*), l'intendant général d ponts et chaussées de Turin envo l'ingénieur Carbonazzi, dans l'île c Sardaigne pour explorer le terrai Celui-ci trouva partout une douce ho pitalité et une sécurité parfaite dans centre de l'île, mais il n'aperçut pl toutes les traces des anciennes comm nications romaines; il lui fallut aller cheval pour reconnaître pas à pas l terrain où la nouvelle route deva passer. A son retour à Cagliari, le 1

(*) Au moment où nous imprimons ce ouvrage, nous lisons avec plaisir la loi voté aujourd'hui, 17 juin 1839, par le chambr des députés, qui accorde cinq millions pou ouvrir deux grandes routes en Corse.

juin de la même année, il présenta au vice-roi le plan qu'il avait conçu de faire une route centrale avec des routes de communication aux villes et communes. Le congrès permanent de Turin donna son avis en faveur du projet Carbonazzi, projet que le roi Charles-Félix, à son arrivée dans la capitale, lorsque les troubles de mars 1821 eurent été apaisés, approuva par une ordonnance du 27 novembre. La route royale de Cagliari à Sassari fut alors commencée; elle fut partagée en plusieurs sections, savoir, de Cagliari à Monastir (planche 8), à Serrenti, à Oristano; de cette ville à Macomer, à Codrongianus, position charmante, où la route fait insensiblement le tour de la montagne isolée dite Monte Shato, qui forme un pain de sucre, et de là à la ville de Sassari et Porto Torres, parcourant deux cent quarante-cinq mille mètres, c'est-à-dire cent vingt-sept milles d'Italie; et les dépenses n'excédèrent pas quatre millions de francs. Cette route n'était pas encore terminée en 1828, que déjà plusieurs autres routes furent tracées dans les provinces d'Iglesias, d'Ogliastra, de Bosa et d'Orosei, aboutissant toutes à la route centrale; et les villages percent actuellement des communications utiles à leur commerce, tandis qu'une compagnie vient d'établir une messagerie qui transporte, comme nous avons dit, d'un cap à l'autre de l'île les voyageurs et les effets de commerce. On a découvert des traces de routes romaines allant du port de Nurri à Sadali, à Seni, et l'ingénieur en chef s'est convaincu que les anciens avaient suivi la même ligne que celle tracée par lui pour la construction de cette magnifique route, qui éternisera le nom du roi qui l'a ordonnée, et qui donnera une nouvelle vie à une population laborieuse et misérable, à cause de la difficulté qu'elle éprouvait à vendre ses productions.

Certainement, aujourd'hui, la prise et la conservation d'Alger, la destruction de la piraterie des Arabes d'Afrique, l'établissement du royaume de la Grèce, l'un des fastes les plus glorieux de notre siècle, la civilisation croissante de l'Égypte, et enfin la facilité des communications pour activer le commerce extérieur avec Gênes et les autres ports de l'Italie, de la France, et de la malheureuse Espagne, les expéditions même aux Indes, tout cela doit contribuer à la prospérité de la Sardaigne.

Après avoir désigné les stations de la grande route royale, l'ordre des choses exige que nous parlions des villages les plus remarquables, et des villes qui se présentent aux voyageurs. Le premier est Monastier, village peu considérable, mais très-pittoresque; on y voit les difficultés que l'ingénieur Carbonazzi a dû vaincre, et les fortes dépenses nécessitées par la construction d'un pont en pierre de seize mètres de corde d'une construction vraiment romaine, pour porter le nivellement de la route jusqu'à la crête de la montagne (planche 8), et de là parvenir à Serventi et à la ville d'Oristano, dont nous avons déjà donné la description. Nous arrivons par une montée de six cent cinquante-quatre mètres au-dessus du niveau de la mer, au village de Macomer, village mémorable dans les fastes sardes, car les historiens attestent qu'en 1347, près de ce village, eut lieu la bataille que les frères Doria, maîtres d'Alghero et de Château Genois, donnèrent à Gernod, fils du lieutenant général espagnol, qui, par son audace, périt victime avec l'élite de la noblesse espagnole. Les secours arrivèrent, et la ville de Sassari fut bientôt délivrée, tandis que les Doria se réfugièrent sur les galères génoises, qui s'éloignèrent en mer.

La position de Macomer fut fortifiée en 1411, comme la clef très-importante pour pénétrer dans le judicat des Arborei; les constructions furent ordonnées par le vicomte Americ de Narbonne, juge d'Oristano, afin de s'opposer aux Doria et à leurs compagnons. Enfin Léonard d'Aragon, marquis d'Oristano, vers l'an 1478, ambitieux de dominer toute la Sardaigne, se fortifia à Macomer, où il fut battu, et conduit prisonnier avec ses enfants à Valence.

En suivant la route, nous arrivons

au village de *Codrongianus* (planche 9), fort d'une population de quatorze cent soixante et quatorze habitants, où le chemin, en faisant le tour du *Monte Shato,* espèce de pyramide tronquée à la moitié de sa base, présente un point de vue très-agréable, et une descente facile au milieu d'oliviers et d'arbres fruitiers, pour de là arriver à la ville de Sassari et à Porto Torrès, par le tracement du profil général de cette grande route royale.

§ IX.

Des routes de communication avec la grande route royale.

La route royale dont nous venons de parler n'aurait pas entièrement atteint le but conçu par le sage roi Charles-Félix, sans l'accomplissement des routes provinciales, que le même ingénieur Carbonazzi fut, en 1830, chargé d'établir.

La première route entreprise fut celle dite de l'Ogliastra di Monastir à Serri, d'une étendue superficielle de trente-huit mille mètres, en passant par Senorbi et Mandas. On voit quelles furent les difficultés vaincues pour arriver à Monastir (planche 8), petit village au sommet de la montagne. Cet arrondissement, qu'on appelle Ogliastra, est un des arrondissements les plus vastes; le tribunal préfectorial et l'intendance sont dans la ville de Lanusei. Le pays est montagneux, mais cependant assez arrosé par des torrents et des ruisseaux qui lui donnent une grande fertilité. Il produit en quantité des figues, des cerises, des oranges, des limons, du maïs, des citrouilles d'un poids de trente livres, des pastèques, des melons, du vin qui passe pour être le meilleur de l'île après celui de Cagliari, et des truffes blanches comme celles du Piémont. La principale richesse de cette population, qui monte à vingt-cinq mille âmes, consiste dans les oliviers dont le pays est ouvert; et le gouvernement n'a qu'à mettre des prix pour le perfectionnement de leur greffe, on obtiendra alors une riche branche de commerce. L'Ogliastra possède encore des mines d'argent et de plon[b]; sur le territoire de Talana, on voit [les] traces de la fameuse mine d'argent, [qui] donnait, dit-on, le produit de soixa[nte] et quinze pour cent. Quant aux mi[nes] de plomb, elles sont plus abondan[tes] dans la Sardaigne que celles de [fer] dans l'île d'Elbe, car on en rencont[re], pour ainsi dire, à chaque pas, e[t la] galène la moins avantageuse do[nne] presque toujours cinquante à soixa[nte] pour cent; elle contient, en outre, [une] once et demie d'argent par quintal.

Les Romains tiraient de la mini[ère] de Monteponi une grande quantité [de] plomb pour leurs usages, et l'île [de] Saint-Antioche, où était la très-[an]cienne ville de Sulci, portait le n[om] d'*Insula Plombea,* à cause de l'ab[on]dance du plomb qu'elle produisait.

Ces avantages naturels du pays s[ont] malheureusement détruits par l'ins[alu]brité de l'air, qui se trouve en pro[por]tion de la fécondité du sol, et fait [de] l'Ogliastra une véritable plaie dan[s la] saison des intempéries.

La seconde route conduit à la v[ille] d'Iglesias, forte de six mille âm[es], avec un évêché qui a un superbe pa[lais] et une cathédrale très-petite, où [la] seule chapelle riche est celle de Sai[nt-]Antioche; elle est située dans le f[ond] d'une belle vallée formée par des [col]lines, arrosée et fertile en producti[ons] de toute espèce. Cette ville est la ca[pi]tale d'une province très-petite, ad[mi]nistrée par un intendant, mais elle [est] abondante en oranges, surtout à [Do]mus-Noas, où existe la très-célè[bre] grotte d'*Acqua Rutta,* que les vo[ya]geurs vont visiter comme un objet [de] curiosité, car elle traverse la monta[gne] et met en communication deux vall[ées]. Cette route se termine vis-à-vis [de] l'île de S. Antioco, ancienne col[onie] carthaginoise, placée sur les débris [de] laves, de brèches et autres producti[ons] volcaniques, avec de nombreuses g[rot]tes où on fait à la lumière la cha[sse] aux palumbes.

La troisième route est dénom[mée] *Della Marmilla;* elle conduit à U[ssel]lus, village qui occupe une partie d place que tenait la colonie romaine, et de là à Oristano, capitale de la province la plus riche et la plus fertile de l'île. La plaine produit des graines de la plus parfaite qualité; toutes les variétés de vins, parmi lesquelles on distingue la Vernaccia; de l'huile, des fruits excellents, et les plus belles espèces de plantes potagères. Les deux étangs de Santa-Giusta et de Sassu, qui en font partie, ont des pêcheries d'un très-grand rapport : les boutargues (œufs de poissons salés confits dans du vinaigre) que l'on en tire forment un commerce assez considérable, et les huîtres de Terralba sont fort estimées des gourmands.

On voit à Marrubio, entre ces deux lacs, des vestiges d'anciens bains romains d'eaux thermales qu'on appelait *Aquæ Neapolitanæ*.

La ville d'Oristano, dont nous avons donné la description, était la capitale des juges Arborées, qui, d'abord chefs de la république, devinrent ensuite, comme en Italie les Visconti, les Malatesta, les della Rovere, les chefs dominateurs. Cette ville, maintenant le centre des communications des deux caps; la même ville, qui était autrefois le lieu de passage des voyageurs à cheval, est aujourd'hui la station d'une diligence périodique qui traverse l'île avec rapidité.

On a essayé, il y a une cinquantaine d'années, d'acclimater dans les environs d'Oristano le mûrier blanc qui nourrit les vers à soie; mais, malgré les encouragements du vice-roi, cette culture n'a pas réussi à cause de l'excessive chaleur du climat; ce qui arrive aussi dans d'autres pays par suite du froid. Ce fait prouve que les nations comme les familles ont besoin les unes des autres, car *non omnis fert omnia tellus;* et si une nation avait dans son sein toutes les productions d'agrément, telles que la soie, le sucre, le coton, l'indigo, etc., elle se trouverait alors isolée, et son industrie ne trouverait plus de débit, faute d'échange, pour activer la balance commerciale.

Près du village de Cabras, très-renommé pour la grosseur et la bonté de ses raisins secs, on voit Nurachi, qui a un marais d'une lieue de circuit. Là les paysans sont souvent effrayés dans la nuit par des bruits diaboliques sourds et prolongés. Il est à supposer qu'il existe un gouffre dans lequel se précipitent rapidement, par intermittence, des eaux souterraines, lorsque les pluies ou la fonte des neiges en ont augmenté le volume. C'est ce qu'on observe dans la fontaine intermittente de l'abbaye d'Alte-Combe, sur le lac du Bourget, où l'eau fait des éruptions dans la vallée avec un bruit plus ou moins fort, suivant l'impétuosité de l'évacuation des eaux.

Cette même route de Mermilla aboutit à la ville d'Ales, chef-lieu de canton dépendant du tribunal d'Oristano, siége épiscopal qui possède la plus belle église cathédrale de la Sardaigne; église construite dans le seizième siècle aux frais d'un ancien marquis de Chirra. Près de cette ville on trouve Usellus, où était la colonie romaine, *Colonia Usellia*, qui servit à repeupler l'île dévastée par les Carthaginois.

C'est dans la province d'Oristano, tout près du village Sardara, au pied de la montagne, qu'existe l'établissement des eaux minérales et thermales les plus fréquentées par les habitants de l'île, où l'on peut venir chercher la guérison d'une maladie sans crainte d'en contracter une autre par le mauvais air. On aurait seulement à désirer plus de commodité pour les malades et plus d'agrément pour tous. Une chose particulière et bien digne de remarque, c'est que les œufs ne cuisent pas dans cette eau thermale, quoiqu'au degré de l'eau bouillante; les animaux qui y tombent périssent en peu d'instants. L'eau qui déborde du bassin forme une boue salutaire dans plusieurs maladies; elle serait bien plus active et efficace si on avait là, comme aux thermes d'Acqui en Piémont, des plongeurs, habitués à descendre dans le bassin, afin d'y puiser, avec des seaux, la boue miraculeuse pour les blessures, les fractures et pour les rhumatismes.

En voyageant dans le pays, dit de Montréale, on trouve la peuplade des Valentini, dont parlent Pline et Ptolémée : son chef-lieu était *Valentia*, aujourd'hui réduite au petit village de Leaconi, d'après les conjectures des archéologues.

Dans l'intérieur de cette province demeurent les descendants de ces anciens montagnards, qui surent défendre si courageusement leur liberté contre les Carthaginois et contre les Romains; de ces anciens montagnards appelés, comme nous l'avons déjà dit, *Balari* ou *Barbari*, et dont les femmes sont plus pudiques que partout ailleurs, si l'on en croit le rapport du poëte Dante, chant XXXII du *Purgatoire :*

> Che la Barbagia di Sardigna assai
> Nelle femine sue è più pudica
> Che la Barbagia dov' io la lassiai.

il est consolant de voir que les descendants de ces héros de la liberté nationale, dans la *Barbagia Ollolai*, connaissent encore les mœurs de leurs ancêtres et leurs vêtements, méprisant l'inconstance de nos modes ridicules qui changent à chaque âge et à chaque révolution politique.

Nous terminerons la description des richesses de cette province d'Oristano en indiquant que, dans l'arrondissement d'Oziernali, qui fait partie du domaine de la couronne sarde, se rencontre la race des beaux chevaux sardes dont on se sert pour l'armée.

La quatrième route provinciale aboutissant à la route royale est celle de Bosa, qui passe par Suni, par Sindio, et va à Macomer; elle est comprise dans la province d'Oristano. La ville de Bosa, résidence d'un évêque et d'un juge de paix, ne contient que six mille habitants commerçants très-actifs. Elle n'a pas été construite à la même place que l'ancienne ville, dont on voit les ruines à deux milles de distance; cependant elle est la plus malsaine de l'île, à cause des exhalaisons de la fangeuse rivière le Temus, qui baigne ses bords. Bosa était, au commencement du douzième siècle, un fief des Malaspina qui bâtirent la cathédrale en 1112; mais les juges Arborées les chassèrent, et ces derniers furent opprimés et asse par les Aragonais.

Dans cet arrondissement il e› un canton appelé Meilogn, le pay miel, parce qu'on y récolte une gra quantité de cette substance qui fo une branche de commerce très-co dérable.

La cinquième route provinciale celle d'Alghero, ville de sept n six cent vingt-neuf habitants, a un évêque, un intendant et un j de paix, ressort du tribunal de S sari. Cette route traverse le territ de Putifigari, descend à Iteri Tiesi, à Toralba, et se termine grande route royale. Cette provi est située à la partie occidentale d Sardaigne; et la ville d'Alghero bâtie au commencement du douzi siècle par les Doria de Gênes, al très-puissants au cap supérieur, qu possédèrent jusqu'en 1353, qu'ell rendit aux Aragonais, après un co bat naval entre la flotte combinée Aragonais et des Vénitiens contre Génois.

Les Espagnols firent d'Alghero place forte que le roi de Sardaign augmentée de plusieurs moyens de fense; ils contribuèrent aussi à l'e bellissement de la ville, dont la thédrale est surmontée d'un cloc très-élégant et fort élevé.

Le peuple a conservé le dialecte talan du moyen âge, qui a offert multitude de mots pour ainsi créer trois langues filles de la latine, q au quatorzième siècle, prirent forme, et entravèrent les progrès sciences.

C'est à Porto-Conte qu'existe meilleur mouillage pour les bâtime de guerre, car le port sous murs de la ville ne sert qu'au p commerce des vins, des huiles et corail, dont la pêche attire une as grande quantité de barques.

La grotte de Neptune, qui se tro à douze milles (six lieues) d'Alghe à droite de la magnifique rade Porto-Conte, est remarquable pa beauté de ses stalactites et par issue qui aboutit à un lac d'eau sa qu'on peut appeler le lac d'Averne. La nature a placé de chaque côté de la grotte d'énormes colonnes que douze personnes réunies ne pourraient embrasser : elles soutiennent une voûte élevée, et nous rappellent très-bien les anciens temples égyptiens. En pénétrant dans cette caverne, les prodiges se multiplient, et l'on y voit toutes sortes de figures fantastiques, tandis que la voûte est ornée d'énormes stalactites. Cette grotte curieuse est regardée comme une des plus belles d'Europe; mais son accès difficile fait qu'elle n'est pas souvent visitée.

La sixième route part d'Orosei ; elle va de là à Oliena, territoire célèbre par ses vins et par une très-vaste caverne inaccessible, de laquelle sort un torrent dit l'Orosei ; ensuite elle passe à Galtelli Nuoro, chef-lieu d'arrondissement, devenu siége épiscopal ; puis traverse Illarai, Balatona, Silanus, Bortigali et Birori, pour rejoindre la grande route royale au pied de Macomer.

L'ancien chef-lieu d'arrondissement était autrefois la ville de Galtelli, alors siége épiscopal ; mais elle est aujourd'hui réduite à huit cents habitants, car on compte six villages détruits faute de population, quoique le pays soit fertile en grains, en vins, en fromages et en miel : c'est aussi là qu'on fait les jambons renommés de Pâques.

La septième et dernière route est celle de la Gallura, vaste campagne abondante en nombreux troupeaux de toute espèce, dont les Corses limitrophes s'approvisionnent. Cette route facilite aussi les communications avec la très-intéressante île de la Madeleine de seize milles carrés de superficie, laquelle est habitée par une colonie corse depuis le dix-septième siècle; elle fut augmentée aux temps de la révolution française par des conscrits réfractaires. La ville dite la Madeleine est bien construite; dans son église, on conserve la croix et les chandeliers en argent donné par l'amiral Nelson, et la municipalité possédait la première bombe tirée à vide en 1793 par le grand Napoléon pour effrayer les habitants, bombe qui fut indignement vendue à un Anglais pour le vil prix de trente écus.

La route provinciale va jusqu'au golfe de *Terra Nova*, bâtie avec les débris de l'ancienne Olbia ; sa population est de deux mille habitants, logés dans des maisons rurales bien alignées et blanchies. Là on aperçoit encore les restes de cette cité, que *Lucius Cornelius Scipio* n'osa pas attaquer sans les renforts obtenus de la république romaine. C'est dans la plaine d'Olbia que le général carthaginois, le vieil Hannon, fut tué, et qu'il a reçu les honneurs funèbres dus à la valeur vaincue. Par les lettres de M. Cicéron à son frère *Quintus*, il résulte que celui-ci fut préteur à Olbia, et que Cicéron lui conseilla de se défier du climat de la Sardaigne. En parcourant cette route, on peut voir les ruines pyramidales de *Castel Doria*, de cet emblème de l'ancienne féodalité génoise, qui défendit avec courage l'indépendance sarde contre les Aragonais. On voit aussi le *Castel Sardo*, la meilleure forteresse de l'île, de deux mille habitants, siége de l'évêque d'Ampurias, ville depuis longtemps ruinée. La route arrive à Tempio, ville épiscopale avec un tribunal de préfecture, une intendance, et une population de dix mille âmes. La ville est bâtie en pierres de granit, et la salubrité de l'air contribue à la vivacité des habitants, les premiers qui ont clos les champs rendus plus fertiles, et qui ont ainsi secoué le système féodal. Cette route passe à Oschiri près d'Ozieri, et arrive à Bonannaro, non loin de la grande route royale. Le département de la Gallura est regardé comme le plus montueux de l'île : sa principale richesse consiste en troupeaux de chèvres et de cochons, nourris dans d'épaisses et vastes forêts, et dans de grandes vallées riches en excellents pâturages, et en denrées de toute espèce.

L'île de Corse, qui n'en est séparée que par le petit détroit des bouches de Bonifacio, en tire ses provisions de viandes fraîches et salées. Tempio est le chef-lieu de toute la Gallura, de ce malheureux pays qui offre le plus de traces des maux de la guerre des Doria, des Pisans, des Guelfes et des Gibelins : c'est à Tempio que résident l'évêque, le commandant et l'intendant de la province ; il s'y trouve aussi une nombreuse noblesse avec des idées espagnoles.

On regarde les habitants de Tempio comme les plus beaux, et la fraîcheur des femmes est renommée ; mais malheureusement le peuple, trop porté à la vengeance, tient beaucoup des mœurs corses ; il se fait la guerre non-seulement de famille à famille, mais encore de peuplade à peuplade, comme des sauvages.

Quelquefois, à Tempio, on voit au point du jour les habitants de deux hameaux couchés aux deux extrémités de la place publique, où ils attendent le moment de signer une trêve ; et, lorsque par des homicides ils se sont déclarés bandits, ils se réfugient alors dans un lieu impénétrable, sur une montagne escarpée appelée *Cucum*.

La route, en descendant, arrive à Orzieri, ville de huit mille habitants avec une intendance, ancien chef-lieu du capitanat de Monte-Acuto, et siége épiscopal de l'évêque de Bisarcio, ville ruinée dont il n'existe plus que la cathédrale. Le *campo d'Ozieri*, formé par une vallée de cent milles carrés de superficie, abonde en grains et en bétail.

Telle est la description que nous avons voulu donner, seulement par aperçu, d'un pays très-peu connu, et qui formait autrefois le grenier des Romains, et l'ambition des petites républiques génoise et pisane.

Ceux qui étaient contraires au tracement d'une route centrale, avec ses embranchements pour les chefs-lieux des provinces, qui la croyaient inutile, car on peut, disaient-ils, communiquer par mer, seront, nous l'espérons, convenus du fait, que le premier bonheur d'une nation est d'avoir des facilités de communications pour le bien de la civilisation, de l'industrie, et du commerce intérieur et étranger.

§ X.

De l'agriculture, du climat et des co. tumes usités dans les provinces c la Sardaigne.

La terre en Sardaigne est très-fe tile, et donne, dans divers endroits jusqu'à cinquante pour un boissea de blé (dit Carbonazzi dans son ra port officiel) ; de plus, la douceu du climat y fait croître un pacag très-abondant. Cependant le laboureu sarde travaille beaucoup et gagne peu maltraité par les fermiers, par le agents des seigneurs espagnols, qu possèdent une grande portion de l'îl en fiefs *rects et propres*, ou en majorats Les bergers ou pâtres forment un population de nomades dispersés su la surface de l'île : les uns sont pro priétaires de leurs troupeaux, les au tres n'en sont que les dépositaires Ces pâtres errent d'un endroit à l'au tre en toute sûreté, car il n'existe pa de voleurs sur les chemins ; ils con duisent leur famille en emportant leu hardes, et construisent des cabanes (*) qu'ils abandonnent ensuite pour s porter ailleurs. Ils sèment un pe d'orge, de blé ; se nourrissent de gi bier, boivent du lait, et fabriquen des fromages qu'ils vont vendre dan les villes voisines.

La vie patriarcale est dirigée par l chef de la famille, qui, éloigné de églises, fait le sermon à ses enfants et on trouve là des mœurs qui peuve servir de modèle aux citoyens corron pus par les plaisirs des villes. Que n reste-t-il pas à faire sur une surfac fertile anciennement peuplée de deu millions d'habitants, et aujourd'hu réduite à un quart de sa populatio primitive, de sorte que l'on ne compt plus que mille habitants par lieu carrée.

(*) Il ne faut pas confondre les caban très-souvent construites à l'aide de gross pierres cyclopéennes avec les Noraghes ; faut prendre garde aussi de ne pas trop a signer à d'anciennes constructions des m numents modernes, comme ont fait quelqu auteurs.

Dans plusieurs ouvrages de voyageurs en Sardaigne, on accuse les Sardes d'être portés à la fainéantise; qui est occasionnée par la chaleur du climat; mais ces voyageurs n'ont pas examiné les habitudes de cette nation comme l'a fait le chevalier Jean Carbonazzi, directeur de la grande route royale, qui resta dans l'île pendant onze années. Cet observateur intelligent nous atteste que le Sarde, doué d'une grande vivacité d'esprit, joint à l'envie d'apprendre, une excessive activité dans l'ouvrage. En effet, par le moyen de cette population qu'on accuse à tort de paresse, Carbonazzi dit, dans son rapport, avoir, en sept cents journées de travail, fait exécuter cent vingt-sept milles de la route royale, n'ayant employé dans les cas de plus grande urgence que six mille Sardes de tout âge et de tout sexe. Il rend justice au courage de ces ouvriers, qui, faute d'habitations, se couchaient en plein air, sur la terre nue, et qui demeuraient pendant plusieurs semaines enveloppés dans leurs capotes, avec un peu de feu aux pieds en hiver, sans se plaindre des souffrances. Nous avons vu, dit-il, dans les heures du repos journalier, les jeunes filles, après leur repas qui est très-sobre, danser joyeusement sur le terrain mobile même que leurs bras ont transporté; nous avons aussi admiré l'intelligence avec laquelle les hommes exécutaient des travaux à l'aide d'instruments qui leur étaient entièrement inconnus.

Ce qui manque à cette nation, c'est une instruction populaire non écrite, mais indiquée par des faits et par l'expérience; il lui faut une amélioration dans l'éducation primitive, de la protection pour l'industrie agricole: le gouvernement parviendra, du moins on l'espère, à cette amélioration sociale avec une constante volonté.

La pluie est rare en Sardaigne; elle ne continue jamais pendant toute une journée, et celle qui tombe dans l'espace d'une année entière ne s'élève pas à six pouces.

Les orages et la grêle, qui font ailleurs tant de ravages, n'arrivent jamais en été à cause des grandes chaleurs, mais bien à la fin de l'hiver et aux premiers jours du printemps : et la grêle, qui tombe ordinairement sous forme de grésil, ne porte aucun dommage aux fleurs ni aux plantes.

L'*intempérie* ou *mauvais air* dans certaines localités, surtout dans les parties basses et marécageuses, commence au mois de juin et se prolonge jusqu'aux premiers jours de décembre (*) : elle produit des fièvres putrides et pernicieuses avec délire qui sont souvent mortelles, ou bien laissent de longues traces de malaise. Les paysans en souffrent moins que les étrangers; et le mauvais air ne porte point préjudice aux fruits ni aux blés, car il est démontré qu'ils sont aussi bons que dans les autres pays. Les cultivateurs souffrent moins de l'intempérie, moyennant les précautions qu'ils prennent de ne pas travailler dans les heures plus chaudes, de se retirer au coucher du soleil, et de ne pas s'exposer à la fraîcheur de la nuit (**) : aussi ne sont-ils assujettis qu'à des fièvres intermittentes, comme dans les pays de rizières; et à ce propos Pline dit, livre 18, que les habitués vivent même dans des climats pestilentiels.

On peut se faire une assez bonne idée de l'intensité des rayons du soleil aux temps du solstice, dans le rapport de l'ingénieur Carbonazzi, qui nous atteste avoir observé au champ de Sainte-Anne le phénomène connu sous

(*) Dans la campagne romaine, le mauvais air commence en juillet et se termine avec les pluies de septembre, de manière que le mois d'octobre est le plus beau et le plus gai de l'année.

(**) C'est la fraîcheur des nuits en juillet et août qui, dans les pays des rizières, comme aussi dans la campagne romaine, produit les fièvres intermittentes et pernicieuses. Des propriétaires charitables accordent à leurs laboureurs en Lombardie du vin et une capote de laine dans les mois susdits, et la prétendue pestilence des rizières n'attaque pas leur santé. Voyez l'ouvrage de la culture du riz de 1818.

le nom de *mirage*, phénomène observé pour la première fois par les armées françaises en Égypte : car il voyait sur le terrain aride un air enflammé comme s'il sortait d'un four, air qui ôte habituellement la respiration et porte la faiblesse dans les organes, amène aussi l'intempérie dans les localités des marais ou des fontaines sulfureuses. L'administration du génie civil vient d'opérer l'assainissement de plusieurs localités à Serrenti, à Abbassanta ; et il s'est formé une société pour le dessèchement des terres marécageuses de Sanluri, terres dont on retirera de grands avantages non-seulement pour l'agriculture, mais encore pour la santé, car les plantations d'arbres et les végétations absorberont les miasmes pestilentiels, ainsi que l'expérience l'a prouvé ailleurs.

Ce qui fait un admirable coup d'œil, ce sont au mois de mai les champs de blés dont l'étendue est immense eu égard à la minorité de la population, et on trouve là une preuve de l'activité du laboureur sarde, lequel est obligé de faire à la terre la même culture qu'en France et en Italie, et de baigner de sueurs le pain qu'il mange. La moisson se fait en juin, ensuite les gerbes sont amoncelées en rond, et l'on fait courir des chevaux qui broient l'épi, et en font sortir le grain.

Les instruments aratoires n'ont pas été perfectionnés depuis le temps des Romains : ils sont fort mal construits et difficiles à manier. A la planche 10 on voit le chariot et la charrue sarde, qui ne sont pas des modèles de construction ; le chariot sarde le *plaustrum* des Romains. Nous espérons que la société royale d'agriculture établie à Cagliari, et pourvue des moyens nécessaires, s'occupera des besoins des localités, et ne perdra pas son temps, comme ailleurs, à donner de simples théories, lesquelles sont souvent émises par des savants sans expérience et qui n'ont jamais eu de propriétés agricoles.

Une grande amélioration dans le bétail, notamment parmi les vaches et les bœufs, est nécessaire ; il faut croiser les races (*), comme on fait da plusieurs endroits, car c'est une c branches les plus précieuses pour l griculture. Le savant Cetti a calcu que dans les meilleurs pâturages, ce vaches, confiées à la garde du pâtre plus soigneux, et avec la températu la plus favorable, ne produisent en u année qu'une trentaine de veaux, u millier de livres de fromage, et env ron soixante livres de beurre, auqu sa rareté donne beaucoup de pri quoiqu'il ne soit pas aussi bon que beurre de la Lombardie ou de la No mandie.

La culture des terres souffre not blement de la faiblesse et de l'exiguï des bœufs de labour, car dans plusieu endroits on est obligé d'adopter u petite charrue proportionnée à le taille et armée d'un soc de huit po ces seulement, qui trace pénibleme un sillon sans profondeur ; et cons quemment la terre est mal cultivée. l soleil d'été vient tout brûler et to dessécher ; les troupeaux ne trouve bientôt sur la terre aride que des pla tes dures ; et dans l'hiver, dépourvu de fourrage et de toit, ils sont rédui au dépérissement. Des prairies arti cielles pourraient donner de bon foi qui préserverait les Sardes d'être oblig à nourrir le bétail dans le *campida no* avec des fèves et de menus grain L'état actuel des propriétés et la situ tion des fortunes rurales en Sardaign nous font conclure avec Pline, que *la tifundia Italiam perdidere*, car, ju qu'à ce que les troupeaux de chaqu commune cessent d'appartenir seu lement à sept ou huit personnages, ne sera pas possible d'apporter un r mède au mal et de relever l'agricu ture : donnez-moi, dit Filangeri (** un arpent de terre avec lequel puiss vivre un ménage, et je vous établir une famille.

(*) Dans le Valais nous avons obser avec plaisir que les Crétins ont presque di paru, quand Napoléon eut ouvert la gran route du Simplon.

(**) Voyez *Scienza della legislazion* 1784. Milano.

Le dialecte sarde est le *calarietan*, qui termine les mots par des voyelles, ou par les consonnes T ou S, et dérive de la langue latine. M. Carbonazzi atteste avoir entendu prononcer des phrases latines par les montagnards sardes : ce fait est confirmé par le chevalier Ferrero, qui cite l'exemple suivant : un paysan avait perdu un pigeon, et il demanda à son voisin : *Columba mea est in domu tua?* Dans l'île de la Madeleine, peuplée par une colonie corse et par des émigrés de la Grèce, on a conservé quelques mots grecs, comme le mot *icon*, une image; mais il est resté certainement peu de traces de cette langue.

Nous dirons que le calarietan, dialecte doux et expressif qui tient de l'espagnol, de l'italien et du latin, est le plus répandu dans la bonne société, notamment à Cagliari; tandis que le catalan est parlé correctement dans la ville d'Alghero, l'italien à Sassari, et que le patois génois est propre à l'île de Saint-Pierre, comme l'atteste le P. Madao, qui nous a donné une collection de poésies sardes très-curieuses.

Des écoles primaires, dans lesquelles on enseignera aux Sardes en langue italienne, qui est celle du gouvernement, les principes des devoirs de l'homme religieux et social, et où on leur donnera un catéchisme agricole très-simple, qui ne soit pas embrouillé de termes et de nomenclatures de la nouvelle chimie, formeront la base des progrès industriels d'un peuple qui, comme nous allons le démontrer, a conservé les habitudes, les vêtements et le caractère de ses anciens dominateurs, qui leur a aussi emprunté divers idiomes mêlés d'expressions barbaresques dans la partie orientale de l'île, et d'expressions italiennes ou espagnoles dans les autres parties, de manière que dans chaque province on trouve un langage différent.

Réduisez à son unité l'intelligence de la langue italienne, et alors l'agriculture, par un échange mutuel des connaissances utiles, se perfectionnera et la prospérité publique ira croissant. Des compagnies de desséchement amélioreront l'air dans les environs d'Oristano et dans la ville même devenue presque inhabitable; elles rendront à la culture des étangs qui deviendront aussi fertiles en productions utiles que les terrains environnants; on desséchera près du village de *Nurachi* le lac, ou plutôt le marais de ce nom, qui a une lieue de circuit, et qui, comme nous l'avons déjà dit, fait la terreur des paysans par les affreux rugissements qui en sortent pendant la nuit, et avec une telle intensité que les troupeaux mêmes en sont épouvantés. Près de la grande route royale, l'étang de Sanluri (voy. *pl.* n° 1), ayant en superficie quatre mille arpents et plus, qui s'étendent jusqu'à Sardara, Villacidro, Serramanna et Serenti, vient, d'après le projet de Carbonazzi, d'être mis en exploitation par une société de trois cents actionnaires sous le patronage du duc de Savoie Victor-Emmanuel, jeune espérance des États sardes. Dans les terrains déjà défrichés on a fait de grandes plantations en mûriers, en ormeaux, en arbres fruitiers: on a fait venir des taureaux de la Suisse pour améliorer le bétail, et cette ferme modèle ne peut que prospérer. Si le chariot sarde et la charrue, qui est encore l'*aratrum* simple des Romains, dont les différentes parties portent les noms anciens de *vomerus*, *dentalis*, *timo*, *stiva* (*pl.* 10), et si l'attelage des bœufs, pour lequel un grand prix vient d'être établi par la société agraire de Paris, parviennent à être améliorés, l'agriculture fera de grands progrès.

On espère que les riches propriétaires de la Sardaigne introduiront dans le département de la Gallura, déjà si fécond en nombreux troupeaux de toute espèce, la race des mérinos; alors les laines de la Sardaigne soutiendront la concurrence, sinon avec les laines de l'Espagne, au moins avec celles de la Romagne, laines qu'on emploie avantageusement dans la fabrication des draps nécessaires à l'habillement des militaires et de la classe des laboureurs.

Par l'envoi d'étalons arabes, les

trois races de chevaux *ordinaires*, et même des *gentiles* et des *nobles*, comme on les appelle dans le pays, seront améliorées, et bientôt disparaîtront tout à fait ces chevaux sauvages, que l'on chasse, comme en Russie, pour en avoir la peau et la chair, réputée excellente.

Si les paysans négligent le croisement des races, s'ils préfèrent aux étalons étrangers le cheval du voisin, il faudra par des prix vaincre cette négligence. Les avantages résultant de la vente, lorsque l'éducation des chevaux sera plus soignée, améliorera leur race notamment pour ceux de la classe rustique, qui sont d'une nécessité absolue.

Les chevaux de cette classe *ordinaire* sont assez bien faits, mais ils n'ont guère plus de quatre pieds de hauteur; quelques-uns même sont plus petits, et on peut les appeler des *bidets d'allure*. Ces animaux, qui constituent la monture favorite des paysans, font sans peine au pas d'amble, comme des chiens, quatre lieues à l'heure sans s'arrêter; ils sont donc aussi utiles et plus sûrs qu'un chemin de fer. Les chevaux de race *gentile* sont plus estimés; ils sont mieux nourris, et les propriétaires des juments sont de riches villageois qui ont des troupeaux de plus de trois cents têtes avec des étalons de bonne espèce; mais on désirerait à ceux-ci une taille un peu plus élevée, et une tête moins grosse et moins pesante. Pour en perfectionner la race, on avait établi à la Tancaregia, près de Pauli Latino, un haras qui a été ruiné : il avait servi de modèle à ceux de Chiaramonte, de Bonnari et de Bonorva. Au moyen d'étalons andalous, on est parvenu à avoir d'excellents chevaux de quatre pieds et plus de hauteur, qui sont également beaux et bons pour le manége, pour la course, pour la selle et pour la voiture. Ces chevaux, appelés de race noble, sont très-sobres et infatigables, car ils peuvent marcher sept heures de suite sans s'arrêter, et maintenant, en moins de trente heures, ils parcourent la magnifique route royale du cap Cagliari au cap de Sassari. C'est dans ces deux villes qu'ont lieu les grandes courses à c taines époques de l'année, et les étr gers y jouissent avec plaisir d'un d ble spectacle : on admire la vitesse l'impétuosité des cheveux en mê temps que l'audace des cavaliers (*)

Le travail le plus pénible, pour chevaux sardes, est celui de battre blé (voy. *pl.* 14) dans le fort des c leurs de l'été.

La récolte commence vers la fin juin, et on transporte aussitôt gerbes sur l'airé près d'une pout là, on les entasse les unes sur autres, avec les épis droits, et elles f ment un cercle de plusieurs mètres corde; à cette poutre, on attache ci sept, jusqu'à neuf chevaux, qu'on f aller au grand trot, et en trois heu la graine est tombée; on sépare al la paille, et, le jour suivant, on enta dans le grenier environ quatre ce boisseaux de blé très-propre et sec. I chevaux souffrent de ce travail, ils viendraient même tout à fait aveug si on n'avait pas la précaution de changer de place, et de les faire poser pour empêcher l'afflux du sa vers la tête.

Nous avons déjà annoncé l'esp que l'on conçoit de voir améliorer da le département de la Gallura les tr peaux de moutons indigènes; n terminerons cet article en démo trant l'avantage que procurent à Sardaigne ces bêtes d'un si grand r port.

A l'exemple des anciens colo grecs, qui, réfugiés dans des cavern et des rochers pour conserver leur dépendance, y vivaient du lait et de chair de leurs brebis, dont le goût excellent à cause des herbes aroma ques qui croissent sur les montagn les habitants des *barbargies*, qui disent les enfants légitimes des a ciennes colonies, s'appliquent bea coup à l'éducation des troupeaux : descendent en hiver dans les plai

(*) La seule ville d'Asti, en Piémont, puis Charlemagne, conserve ses courses chevaux entiers : la fête est fixée au p mier mardi de mai de chaque année.

méridionales, et y louent des pâturages qui rapportent un revenu assuré aux propriétaires et aux pasteurs.

Par une sorte de phénomène, un troupeau de brebis donne en ce pays plus de lait qu'un pareil nombre de vaches, et on fait avec ce lait des fromages salés qui se vendent à l'étranger et dont le poids monte à quarante mille quintaux.

La laine a six pouces de longueur, et chaque mouton en fournit de quatre à six livres par tonte. Quoique cette laine soit un peu dure, attendu qu'on ne fait rien pour l'améliorer, on en fabrique des draps grossiers à l'usage des montagnards.

Les bergers industrieux forment avec des peaux de brebis un habillement qui est le plus antique costume national, dont nous avons donné le dessin aux planches nos 10 et 11.

Parmi les béliers, il s'en trouve souvent qui ont quatre et même six cornes. On les croit de race égyptienne.

En continuant le système d'améliorer les races par l'introduction des moutons purs d'Espagne et de Barbarie, la Sardaigne, qui possède toutes les productions nécessaires à la nourriture de ses habitants, pourra rivaliser un jour avec les nations les plus commerçantes du monde.

La division des terrains communaux vient d'être, par un édit du roi Charles-Albert du 26 février 1739, autorisée et sanctionnée entre les particuliers, afin de rendre ces terres plus productives, afin aussi de prévenir les procès et plus encore les rixes entre les habitants des communes limitrophes.

La sagesse du législateur n'a pas voulu troubler tout individu qui avait, de bonne foi, déjà cultivé un terrain communal ou domanial, et qui l'avait défriché et rendu fertile.

Pour parvenir avec ordre et justice au partage des biens *communaux* en friche, il a établi que les seuls habitants ou les propriétaires dans la même commune y auraient droit, ajoutant que les biens *domaniaux* incultes seraient aussi accordés aux particuliers du pays et aux militaires en retraite qui voudraient y prendre domicile et devenir agriculteurs.

Par un règlement il permet même aux étrangers la culture des terres, et il fait une dotation aux écoles normales d'agriculture. Il prescrit aux autorités sardes de veiller à ce que les biens à partager ne se réunissent point dans les mains des spéculateurs, et que la redevance annuelle soit modique, moyennant une prompte culture.

Vous trouvez là cette loi agraire que les économistes recherchent sans savoir la concilier avec le respect dû à la propriété.

La principale vertu que l'on se plaît à signaler parmi les mœurs des Sardes, c'est la sincère cordialité avec laquelle ils accordent l'hospitalité aux voyageurs dans cette île où l'on trouve difficilement des auberges : tous les étrangers éclairés qui ont parcouru la Sardaigne s'accordent pour mentionner l'heureux accueil qu'ils y ont trouvé. Cette hospitalité, d'origine primitive, toute simple, sans ostentation, rappelle les vertus et les mœurs des anciens peuples; elle est un goût, je dirais presque un besoin inné chez le Sarde : vous pouvez loger avec sûreté, même dans la cabane d'un bandit qui s'est sauvé au milieu des montagnes après avoir tué son rival; car le crime d'assassinat pour vol est très-rare, et la cupidité de l'argent, vice si universellement répandu, n'a pas encore pénétré dans le cœur du Sarde.

Lorsque vous entrez dans le palais d'un noble ou d'un riche propriétaire pour demander la faveur d'un logement, le domestique vous baise la main et vous présente à son maître, qui dit à l'étranger : *Bene arrivato, s'accommodi*, c'est-à-dire : Vous avez fait bon voyage, asseyez-vous ; il ajoute : *Ma maison est petite, mais acceptez mon bon cœur*. Toute la famille fête le nouvel hôte, qui devient bientôt le maître de la maison.

M. Valéry, dans la description de son voyage, fait l'éloge de cette hospitalité : il observe que la vie animale est très-peu coûteuse; qu'une fortune, même médiocre, est suffisante aux propriétaires, et qu'ils n'ont pas besoin de onze mille porcs, comme en possède le comte Orru, l'un des plus riches seigneurs de la Sardaigne. Chaque famille a un moulin portatif pour moudre le blé qu'elle récolte, et elle pétrit elle-même son pain; les poissons d'eau douce et de mer se vendent trois sous au plus la livre, et la chair des animaux ne se paie qu'un sou : on dîne à midi et on soupe très-tard, comme dans les anciens temps.

Les édifices sont en général construits en briques cuites ou crues, en pierres ou tufs suivant les localités; les maisons des paysans, dans la partie méridionale, n'ont en général ni portes ni croisées sur la rue, mais on entre par une basse-cour qu'il faut traverser dans sa longueur pour arriver à la maison, qui n'a qu'un seul étage, et chaque chambre a son entrée par un balcon extérieur. Ces habitations sont plus propres que celles de plusieurs villes; on remarque aussi la propreté qui règne dans la demeure des pâtres de la Nurra, de la Gallura et des insulaires de Saint-Pierre et de la Madeleine. Le plus beau mobilier des paysans consiste en assiettes de faïence, et même de porcelaine peinte, placées sur des étagères; en pièces carrées de papier peint qui forment des tableaux; en un petit miroir, fixé si haut à la muraille que les femmes ne peuvent point en faire usage; en vingt-quatre chaises d'un goût très-ancien, qui charmeraient les fashionables de nos jours; en un grand coffre en noyer grossièrement sculpté, et une table ronde très-basse. Les lits sont presque généralement garnis de rideaux, qui préservent des insectes et des cousins fort nombreux dans les localités humides. L'usage du lit avec des matelas est réservé aux personnes mariées; les garçons, les filles et les serviteurs dorment toujours sur des nattes de jonc : le seul lit nuptial est le plus élégant, mais on le conserve pour les étrangers auxquels on donne l'hospitalité.

La cuisine des seigneurs et négociants tient du goût espagnol et du goût italien : au dîner on aime à couvrir la table de beaucoup de plats, surtout de mets composés de viande comme en Lombardie.

Lorsqu'un étranger arrive, aux pri cipales fêtes et au moindre événeme heureux, aussitôt on prépare de gran repas, et on tue un cochon de lait, meilleur mets national. Les Sard mangent beaucoup, sont friands (poissons et de gibier; quoi qu'on e dise, ils détestent les grenouilles, jouissent du plaisir de la société sa cependant s'enivrer comme dans plu sieurs autres pays.

Les pâtres et tous les campagnard excellent dans l'art de bien rôtir le viandes et de les faire cuire sous le cendres. Pour cette dernière opéra tion, ils creusent dans la terre un tro qu'ils tapissent de feuilles, puis y pla cent la chair de l'animal qu'ils veulen faire cuire, et même l'animal entier sans prendre la peine de l'écorcher ils le recouvrent d'une couche légèr de terre, sur laquelle ils allument u feu très-vif pendant quelques heures Cette méthode est pratiquée surtou par les voleurs de bétail, qui cachen ainsi le produit de leur vol en mêm temps qu'ils le font cuire. Les propri taires vont à la recherche de l'anima perdu, et souvent ils en demanden compte en vain aux voleurs eux-mê mes, qui leur font la politesse de le faire asseoir près du feu sous leque cuisent les moutons. La chair ains préparée est d'un goût excellent : le cerfs, les daims, les mouflons et le sangliers qui abondent dans l'île son souvent rôtis, suivant la méthode de pâtres, sur le terrain même où s'es faite la chasse.

Tandis que les personnes aisées e les voleurs de moutons mangent de viandes délicieuses, les pauvres, et sur tout les femmes de plusieurs contrées se nourrissent, au printemps et pendan une partie de l'année, de tiges les moin fibreuses du chardon sauvage, qui son nourrissantes, de fenouil romain, d la pulpe du margallon (*chamergi humilis*), de fruits de cactus (*fic morisca*), etc. La simplicité de la vi est telle dans plusieurs villages de l'O gliastra, que les habitants mangent du pain fait avec de la farine de glands bien cuits et réduits en bouillie, et ces glands ne sont pas ce fruit très-doux du *quercus ballota* dont les armées espagnoles ont tiré un grand parti pendant leur domination dans l'île, ce sont des glands pareils à ceux qui servent à engraisser les cochons. Lorsque la bouillie de farine de glands a acquis une certaine consistance, elle est versée sur une table où l'on a répandu de la cendre pour que la *polenta* ne s'y attache pas; et afin de la rendre un peu moins désagréable au goût, on l'assaisonne avec du lard fondu. Si le P. Madao eût mangé de cet aliment détestable, et même nuisible à la santé, comme le chevalier Ferréro en a essayé, il n'aurait pas témoigné tant de vénération pour cet antique usage maintenu par la nécessité.

A la cordiale hospitalité des Sardes il faut joindre leur charité envers les malheureux : ainsi, lorsqu'un berger a éprouvé des pertes, l'usage l'autorise à faire une quête de bétail dans son canton ou chez les voisins de sa commune. Chaque camarade lui donne au moins une bête jeune, et en peu de temps il possède un troupeau d'une certaine valeur, sans avoir contracté d'autre obligation que celle de rendre le même service à ses voisins qui tomberaient dans le malheur. Il faut souhaiter que ce bon exemple d'une sage institution ne dégénère pas en abus.

L'habillement, tant des hommes que des femmes, varie suivant les localités : dans les montagnes, il rappelle les anciens costumes des Carthaginois, des Romains et des Espagnols (voyez *planche* 11). L'habit des cultivateurs, et même des chasseurs, a conservé la forme du *thorax* des anciens : c'est une espèce de soutanelle très-étroite, sans manches, telle qu'on la voit dans l'idole en bronze représentant *Sardus Pater* (*) (*planche* 3), et formant un tablier double qui descend jusqu'aux genoux. Cette soutanelle faite de cuir tanné, avec ou sans son poil, qu'on laisse au dehors, s'endosse comme un gilet. Les avantages de ce surtout sont de défendre la poitrine contre les changements subits de température, contre le mauvais air, les brûlants rayons du soleil et même contre la pluie.

L'homme ainsi habillé, la tête couverte du bonnet phénicien, tel qu'on le voit dans l'idole de bronze, a quelque chose d'imposant et nous rappelle ce qu'Élien, liv. XVI, raconte, d'après Nymphodorus, « que l'habillement des indigènes sardes était fait de peaux dont ils se couvraient, mettant le poil en dedans pendant l'hiver et en dehors pendant l'été. »

Le vieillard que l'on voit assis (*planche* 11) porte une capote blanche appelée en sarde *saccu de coperrir*, et dessus, un châle très-long qui couvre les épaules : c'est le vrai *sagum* des Romains. Cet habillement est en usage chez les campagnards, notamment chez les pâtres nomades; il est attaché au devant de la poitrine, à l'aide d'une agrafe.

L'homme avec le bonnet phrygien (*) et une longue simarre noire à capuchon et à manches, qui était jadis en usage à Rome sous le nom de *lacerna cucullata*, aujourd'hui appelée en sarde le *cabanna*, est un habitant de la province d'Iglésias, dans le nord de l'île.

Les indigènes du cap Sassari portent la *cabanella*, vêtement noir qui ne va qu'aux genoux et qu'on peut considérer comme la *chlamys* romaine. Ce vêtement, vil et grossier, est aussi porté par des propriétaires riches, mais avec des formes plus élégantes, et surtout par les chasseurs, comme on le voit dans la gravure (*pl.* 11).

L'homme placé (*planche* 11) plus loin est vêtu d'un surtout à capuchon pointu, tout à fait semblable à celui des marins génois : cette veste est nommée par les Sardes *capotta serenica* ou *salonica*, nom qui dérive d'une mode de Salonique. Cette capote est

(*) L'évêque Frédéric Munsters de Zeeland croit que c'est un dieu kabire; voyez sa dissertation.

(*) Ce bonnet est très-usité parmi les Sa

très-utile dans les pays où l'atmosphère est sujette à de nombreuses variations ; quoique faite de drap grossier de couleur chocolat, on garnit cette capote avec luxe pour l'usage des gens aisés, surtout dans la province du Campidano, et aussi pour les chevaliers, les notaires et les bourgeois du cap Cagliari.

Les pêcheurs de l'étang de Cagliari et quelques marins portent un pantalon et une petite veste assez élégante, et des souliers à grandes boucles d'argent, comme les paysans *transteverins* de Rome (*planche* 11).

Les bourgeois et une partie des agriculteurs se rasent et réunissent en tresses leurs longs cheveux; mais les montagnards, et surtout les pâtres de la *Barbagia* et de la *Gallura*, laissent ordinairement croître leur barbe et flotter leurs cheveux sur les épaules, en signe de l'ancienne liberté, et ils font usage de bonnets coniques avec la pointe recourbée et tombant en avant ou sur le côté, quelquefois repliée dans la bande frontale (*pl.* 11); alors le bonnet prend la forme d'un cône tronqué. On y adapte aussi des rubans, qui se lient sous le menton. Cette dernière coiffure date de l'antiquité la plus reculée, conformément à ce qu'on voit sur l'idole de *Sardus Pater* et sur une médaille d'Espagne tracée dans le volume 2e du savant Flores, *Medallas de las colonias d'España.*

Dans les plaines exposées à l'ardeur du soleil, les campagnards font usage de grands chapeaux de paille ou de feutre, pour se préserver de l'*intempérie* des fièvres pernicieuses; dans les villes, les employés portent l'épée avec l'habit élégant, et ils attachent une grande importance à leur ancien costume du siècle dernier, époque où tous les employés allaient à leurs bureaux et en société avec le chapeau sous le bras et l'épée au côté, signe distinctif des hommes de qualité.

La chasse constitue l'exercice favori des Sardes, qui manient leurs petits fusils avec une adresse toute particulière.

Lorsqu'un Sarde est complétement armé, il a, dans sa ceinture, un grand couteau entre le sabre et le poignard : c'est dans cet attirail qu'il part pour la chasse aux bêtes fauves, telles que cerfs, daims, et autres. Cette partie de plaisir se fait, presque dans tous les villages, aux premiers jours de Pâques; et on en offre le produit au prédicateur du carême dans chaque paroisse, comme un hommage de satisfaction.

Avant l'affranchissement de tout service féodal, les vassaux étaient obligés, à certaines époques, d'aller à la chasse pour plaire à leurs seigneurs : cette chasse se faisait à cheval; et, dans cette occasion, on admirait l'adresse des Sardes, tant pour diriger leurs chevaux au milieu des rochers et des broussailles, que pour affronter les dangers sur des terrains presque impraticables, où ils galopaient sans étriers.

Un exercice très-usité parmi les campagnards, c'est la lutte à coups de pied, tandis que les Anglais la pratiquent à coups de poing. L'historien Mamelli, en 1785, nous a donné la description de cette lutte dans laquelle les deux combattants, chaussés de gros souliers, s'appuient chacun sur les épaules de deux *parrains*, et, élevant leurs pieds par derrière, commencent à lutter jusqu'à ce que l'un des deux s'avoue vaincu, soit par la douleur, soit par les blessures.

Un divertissement plus agréable est le bal dit de la *ronda :* chaque homme tient sa danseuse, et forme une grande ronde avec beaucoup de grâce et d'adresse. Les personnes mariées ou les filles fiancées peuvent placer leurs mains paume contre paume, et entrelacer leurs doigts; mais malheur au garçon qui en agirait ainsi avec une fille qu'il ne serait pas disposé à épouser, ou avec la femme d'un autre; il serait certain d'attirer sur lui une *vendetta.*

Les auteurs sardes prétendent que le *ballo tondo* leur vient des Grecs : dans cette danse difficile, il faut former le pas et effectuer certains mouvements du corps et des bras en cadence avec la musique.

Avant de parler de la noce sarde, il

faut dire quelques mots du *compérage* à la Saint-Jean d'été. Deux personnes de sexe différent, par une convention faite deux mois d'avance, se choisissent pour compère et commère de la Saint-Jean : au jour de la fête, les deux compagnons vont à une petite église, suivis d'un nombreux cortége; en arrivant, la commère dépose contre la porte un vase de bois, dans lequel elle a semé, à la fin du mois de mai, une grande pincée de froment, lequel a déjà produit une belle touffe d'herbes. Cette offrande est faite au Précurseur du Sauveur; alors tout le cortége mange, en pleine campagne, une grande omelette aux herbes; les danses finissent par un rondeau où l'on chante : Vivent les *compère et commère de Saint-Jean*; ces liens d'amitié, qui unissent les deux familles, durent toute l'année sans la moindre mésintelligence.

Les demandes en mariage se font par l'entremise directe des parents, et le père, ou le tuteur du garçon, se rend dans la maison de la demoiselle pour annoncer l'intention du fils, et s'exprimant en style oriental : *Je viens*, dit-il, *chercher une génisse blanche et d'une beauté parfaite que vous possédez, et qui pourrait faire la gloire de mon troupeau et la consolation de mes vieux ans*. Les parents de la demoiselle répondent dans le même style figuré; ils feignent d'abord de ne pas comprendre; enfin ils amènent par force la fille désirée; l'orateur alors frappe des mains, et s'écrie : *C'est celle que je souhaite*; on règle aussitôt les affaires d'intérêt et l'échange des cadeaux : à un jour fixé d'avance, le père de l'époux part de sa maison, avec un cortége de parents et d'amis, pour apporter en grande pompe les cadeaux destinés à l'épouse; on laisse frapper plusieurs fois à la porte; enfin le père demande à haute voix, de l'intérieur, ce qu'on lui veut et ce qu'on apporte; le cortége répond à haute voix : *ondras et virtudis*, nous apportons honneur et vertu ; alors les portes s'ouvrent, le maître accueille avec cordialité, et conduit le cortége dans une salle où se trouve toute la famille en habit de parure : cet ensemble forme un fort beau coup d'œil.

Les femmes sardes sont, en général, plus richement habillées que les hommes, et leurs costumes varient suivant chaque province. Celles du cap méridional portent un jupon et un tablier de velours cramoisi, ou vert, ou bleu, ou en drap écarlate très-fin; le corset et les garnitures du tablier et du bas du jupon sont en satin broché d'or et d'argent; de plus, elles décorent leur cou d'un riche collier en or qui tombe sur la gorge, et leurs doigts sont chargés de différentes bagues en or et en pierreries (*pl.* 12). Les femmes du cap Nord se distinguent par leur corset à manches fendues et par un linge blanc qu'elles portent sur la tête, et qu'elles couvrent d'un voile rouge les jours de fête et de noce.

Avant le mariage, l'époux doit faire blanchir sa maison; la fiancée doit en fournir tout le mobilier; il constitue sa dot, que l'époux va ensuite chercher lui-même avec une quantité de chariots précédés de musiciens et d'un cortége de garçons et de filles, parés de leurs plus beaux habits, chargés de rapporter les objets fragiles, tels que miroirs, tableaux (qui représentent les saints dont les époux reçurent le nom), verres et porcelaines. Les filles portent sur leur tête les oreillers garnis de rubans roses et de fleurs avec des feuilles de myrte; la cruche en cuivre, dont la mariée doit se servir, est confiée à la plus jolie fille. L'époux donne un reçu du trousseau et monte à cheval devant les chariots qui transportent le lit complet, les chaises, les meubles, le linge, la batterie de cuisine, et les autres ustensiles de ménage, notamment des quenouilles avec leurs fuseaux, dont une est garnie de chanvre ou de lin, pour indiquer à la femme qu'elle doit travailler pour sa famille. Enfin, on donne à l'épouse une provision de blé, avec la meule et tout ce qu'exige la panification : cette marche est fermée par l'âne patient, qui doit servir à moudre le grain; il est aussi orné de rubans et sert à égayer les spectateurs.

Les bans ayant été publiés trois fois à l'église, lorsque le jour du mariage est arrivé, l'époux, accompagné d'un ecclésiastique du village et de ses parents, va chercher sa fiancée : celle-ci, avant de quitter la maison paternelle, se met à genoux et demande à sa mère sa bénédiction; la mère la fait relever, la consigne au prêtre venu avec l'époux, et l'on se rend à l'église au son des cloches, en deux troupes séparées. Après la messe, on revient à la maison de la nouvelle mariée, où le déjeuner est servi; les mariés, assis à côté l'un de l'autre, doivent, conformément aux anciens usages, manger ensemble, se servir de la même écuelle et de la même cuiller.

A un signal donné, on arrache l'épouse des bras de ses parents pour l'asseoir sur un cheval richement harnaché, et la porter en pompe au logis marital (*pl.* 12). Elle est parée d'une robe d'écarlate brodée à fleurs, avec un tablier blanc et une jupe verte, la tête couverte d'un chapeau noir garni de rubans et de plumes, avec un voile blanc; elle porte des souliers de velours noir garnis de boucles d'argent : à son cou se déploie un riche collier de perles et de corail qui laisse pendre une magnifique croix d'or. Ainsi vêtue, l'épouse est placée sur la selle de son cheval à la manière anglaise, sans tenir les rênes; le mari lui donne la main droite, et de l'autre côté est un palefrenier qui conduit son cheval par la bride. Le cortége est souvent suivi par une cavalcade nombreuse précédée de joueurs de flûte et autres instruments; des jeunes gens s'amusent à tirer des coups de pistolet en signe de oie. La mère de l'époux reçoit sa belle-fille à la porte de la maison, et lui offre sur un plat, du blé et du sel, en témoignage de l'hospitalité qu'on lui accorde, d'après les anciens usages. En descendant de cheval, l'épouse baise la main de ses nouveaux parents en signe de soumission; ensuite elle est introduite dans sa *domu et lettu* (*), la chambre nuptiale. Dans quelques villages, l belle-mère reçoit l'épouse avec u verre d'eau qu'elle répand dans l chambre; car, de même que l'eau fé conde la terre, ainsi sa belle-fille do féconder et propager sa famille.

(*) C'est-à-dire dans la chambre nuptiale, mot d'origine latine et d'après l'usage des anciens Romains.

Dans quelques provinces où l'o observe l'ancienne étiquette dans tout sa sévérité, l'épouse reçoit les visite de noces sans parler pendant toute l réception; le soir, on donne un bal te miné par un souper, dans lequel le mariés renouvellent l'exemple de leu bon accord, en mangeant dans le mêm plat avec une seule cuiller. Cette céré monie recommence à tous les événe ments heureux de la vie, la naissanc d'un garçon, la cinquantaine du ma riage et autres circonstances sembla bles.

On dit que les Sardes sont jaloux cependant leurs femmes sont, en gé néral, très-fidèles, et il est rare qu'o voie convoler en secondes noces, mêm ces belles villageoises de Calabras, qui suivant M. Valery, homme de bo goût, ne le cèdent en rien aux Frasca tanes; car par leur teint blanc, pa leurs yeux azurés et par leur taille dé liée, elles peuvent rivaliser, dit-il, avec les Géorgiennes.

Lorsque la tombe vient renferme toutes ces beautés, les cérémonies fu nèbres commencent conformément à des coutumes qui remontent à la plus haute antiquité. C'est à Tempio que l'usage des pleureuses s'est maintenu jusqu'à présent : ces femmes, parentes ou salariées, sont vêtues de noir comme des religieuses, et, tenant à la main un mouchoir blanc, elles entrent dans la chambre où le corps est placé, le visage découvert et la tête tournée vers la porte; là, elles poussent un cri de surprise, elles pleurent, elles menacent le ciel, et lui reprochent d'avoir enlevé une personne si bonne, si bienfaisante et si utile à sa famille. Aux funérailles d'un homme tué par son ennemi, on pousse des hurlements affreux; ce n'est plus alors un son lugubre qui fait couler les larmes, ce sont des cris de rage et de désespoir, ce sont des sentiments de haine et de vengeance dont la famille du mort est agitée contre l'assassin. Dès lors, comme en Corse, les parents laissent croître la barbe jusqu'à ce que cette vengeance soit accomplie, conformément au quatrième livre de Moïse, chap. XXXV, art. 17, où il est dit: *Le parent du mort tuera l'homicide aussitôt qu'il l'aura pris*, doctrine des juifs envoyés par Tibère dans l'île, mais que les nouvelles lois divine et civile ont répudiée, et que l'éducation publique doit faire disparaître.

Dans plusieurs cantons, la veuve de l'homme tué par son ennemi se pare de ses plus beaux habits, laisse tomber sa chevelure sur les épaules, et, accompagnée des plus proches parents, elle va chez le juge du canton en demander vengeance; ensuite on la reconduit à la maison, où elle prend le deuil pour toute sa vie. La couleur du deuil est le noir; les règles sont strictement observées, et les veuves, dans plusieurs pays, s'enveloppent la tête d'un drap jaune qui leur cache les trois quarts du visage. Dans le village de Bonorva, nonobstant la défense de l'Église, l'épouse inconsolable se frappe, se déchire, se fait des contusions, des plaies qui l'obligent à garder le lit pendant plusieurs jours.

On a prétendu que les Sardes, dans les anciens temps, avaient la coutume de tuer leurs vieillards; mais la fausseté de cette assertion, dit le chevalier Ferrero, a été déjà démontrée par plusieurs écrivains; cependant il ajoute qu'il ne peut pas laisser ignorer que, dans quelques cantons de l'île, des femmes étaient spécialement chargées de hâter la fin des moribonds: on leur donnait le nom de *Accabadures*. Cet horrible emploi a heureusement disparu de nos jours.

Nous avons cherché à rassembler plus de détails sur cette dernière coutume; mais il ne nous a pas été possible de recueillir des faits qui appuient la mauvaise opinion qu'on pourrait avoir des anciens Sardes à cet égard.

§ XI.

De la pêche du thon et du corail.

Dans l'état primitif, l'homme observa l'industrie et l'adresse des animaux, et parvint bientôt, par sa propre intelligence, à triompher de tous les obstacles que lui opposaient la force des uns, l'agilité des autres; il alla chercher les poissons même dans leur propre élément.

Afin d'arriver sans danger à leur but, les pêcheurs inventèrent les appâts à la ligne, les filets, et une multitude d'instruments ingénieux, qui, suivant les localités, furent mis en usage pour surprendre les poissons et les tirer de leur profonde retraite; dès lors la pêche devint un art rival de l'agriculture, par le profit et les aliments qu'elle donne.

Parmi les différentes pêches inventées jusqu'ici, la plus surprenante et la plus lucrative est, sans contredit, la pêche des thons, qui se fait au moyen de madragues (*pl.* n° 13) construites avec des câbles et des filets. Elle démontre jusqu'ou peut aller l'industrie de l'homme.

Tandis que, par insouciance, les Sardes laissent aux pêcheurs étrangers le profit de la pêche des poissons ordinaires, ils donnent tous leurs soins à la pêche du thon (*scamber thynnus Linnei*), pêche non moins importante qu'agréable et qui se fait dans une délicieuse saison.

Cette pêche qui s'ouvrait, du temps du P. Cetti, à la fin d'avril, aujourd'hui ne peut avoir lieu qu'en mai; elle remonte aux temps les plus anciens. La chair délicate de ce poisson était autrefois si renommée, que plusieurs pays, tels que l'Espagne, l'Italie et Byzance, firent graver sur leurs monnaies l'image du thon. Les Grecs le consacrèrent à Diane. Il était de rigueur, à Carthage, de faire manger du thon aux époux avant leur union, sans doute à cause de sa vertu prolifique, et Galien cite comme le meilleur le thon salé de Sardaigne. L'empereur Caracalla récompensa d'un écu d'or chaque vers d'Oppien sur la pêche du thon.

Aujourd'hui, déchu de ses honneurs divins, sans avoir rien perdu de ses droits à la reconnaissance des gourmands, le thon enrichit la Sardaigne autant que son agriculture. Nous ignorons quelle a été l'industrie de la pêche dans le moyen âge, mais elle fut reprise avec activité, au dix-septième siècle, par Pierre Porta, marchand qui mérita, en 1603, d'être nommé baron de Teulada. Le thon a une forte puissance de natation; elle lui permet de suivre sans fatigue, à de grandes distances, les vaisseaux, pour manger et dévorer les matières animales qui sont jetées par le matelot et dont ce poisson est très-friand. On a remarqué à Dieppe, en juin 1838, un thon qui avait dix pieds de long et pesait onze cents livres. Il en est peu de pareille dimension.

Quelle que soit la cause de l'entrée annuelle d'une quantité prodigieuse de thons dans la Méditerranée, il est hors de doute, selon les observations des marins, qu'après avoir franchi le détroit de Gibraltar, pour trouver sur les côtes d'Europe, d'Asie et d'Afrique, des aliments plus abondants, et une température plus propre aux dépôts de leurs œufs fécondés par les mâles, les thons se divisent en deux bandes, dont l'une se dirige à droite, vers l'Afrique, tandis que l'autre se porte à gauche, vers les côtes de l'Europe; elles suivent la même direction jusqu'à la pointe de Byzance, que Pline nomma la *corne d'or*, endroit où Aristote dit que se faisaient de grandes pêches de thon. A l'automne, ils se répandent dans la mer Noire et dans la mer d'Azof.

Les deux bandes de thons voyageurs tombent dans les madragues des salines de Sassari, et d'autres positions au nord de la Sardaigne, notamment dans le détroit de l'île Asinara, l'ancienne *Herculis Insula*, qui a trente milles de circonférence, ou bien dans les madragues du midi, à Porto Paglia, et particulièrement à l'île de Saint-Pierre, qui a une population de trois mille habitants, et dont le port est très-fréquenté à l'occasion de la pêche du thon.

Les Espagnols et les Portugais avaient anciennement établi des madr[agues] avec succès, mais elles dépérire[nt] après le tremblement de terre de 175[5] qui renversa la ville de Lisbonn[e]. Comme les thons marchent toujours [à] une profondeur de cent pieds dans l[es] mers, ce tremblement de terre par lequ[el] fut refoulée, de l'Afrique contre l'Eur[o]pe, une immense quantité de sable [et] d'autres matières qui élevèrent consid[é]rablement le fond des mers d'Espagn[e], fit prendre aux thons une autre direc[-]tion. Dès lors, ils se portèrent vers l[a] Sardaigne, en sortant du détroit de Gi[-]braltar, où les Anglais exploitent [à] présent avec avantage cette branch[e] d'industrie.

On assure qu'autrefois on pêchai[t] jusqu'à cinquante mille thons, don[t] plusieurs pesaient de trois cents jus[-]qu'à douze cents livres; mais ce nombr[e] est aujourd'hui réduit de beaucoup. Le[s] naturalistes ont reconnu cette diminu[-]tion, et l'attribuent à la variation de[s] vents, ainsi qu'à la chasse que leur l[i]vrent les grands chiens de mer; mai[s] ces causes ne seraient qu'accidentelles et peuvent être susceptibles de chan[-]gement.

La pêche du thon en Sardaign[e] commence au mois de mai, comm[e] nous l'avons dit; c'est alors que le[s] côtes où sont établies les madrague[s] deviennent des endroits fréquentés, d[e] véritables marchés. De toutes parts arrivent des bâtiments chargés de som[-]mes d'argent pour l'achat du thon salé. Les Sardes, curieux de jouir des plaisir[s] de la pêche, accourent en foule de l'in[-]térieur de l'île, et ils sont reçus ave[c] générosité par les propriétaires de l[a] pêche (*), qui non-seulement offren[t] aux visiteurs une table très-splendid[e]ment servie, mais, en outre, au mo[-]ment du départ, font à chacun d'eux l[e] cadeau d'une quantité de poisson pro[-]

(*) Aux beaux jours de la madrague d[e] l'île de Piana, lorsqu'elle était exploité[e] directement par le marquis Pez de Villama[-]rina, notre ami et collègue au doctorat e[n] 1792 à l'université de Turin, il régnait dan[s] sa maison une sorte de magnificence et d[e] prodigalité.

portionnée à la qualité de la personne, ne fût-ce qu'un paysan. Le chef des pêcheurs a la direction suprême de la pêche et une autorité absolue sur tous les journaliers; c'est à lui de disposer, d'ordonner, de juger et même de châtier, sans que personne puisse se plaindre, ni murmurer de son immense pouvoir; aussi choisit-on toujours pour ce poste important l'homme le plus habile et le plus probe, car c'est de lui et de son intelligence que dépend l'heureuse issue de la pêche.

Tout le mois d'avril est employé pour les préparatifs nécessaires à la formation et au rassemblement des filets qu'on doit jeter à la mer. Au troisième jour de mai, le travail devient plus pressant : c'est en effet dans ce jour qu'on doit tracer la madrague (voy. *planche* 13); ce que les Sardes appellent *incrocciare la tonara*. Cette cérémonie se fait en présence du chef des pêcheurs, qui l'exécute avec le plus grand appareil, car elle consiste à tracer sur la mer l'endroit où il doit placer le filet : ainsi, de même que l'architecte, au moyen de pieux et de cordes, désigne à terre le plan sur lequel il doit élever son édifice, de même le chef des pêcheurs trace sur l'eau sa madrague par le moyen de deux cordes qu'on appelle *intitole*, cordes qu'il arrête en lignes parallèles, et qui représentent les deux côtés du grand parallélipipède du filet. La madrague est une grande pêcherie qu'on établit principalement à l'île d'Asinara et à celle de Piana, aux salines près de Porto Torrès (*), et autres points de la Sardaigne. On peut regarder la madrague comme un grand parc établi en pleine eau, dans lequel le poisson est conduit par une *chasse* ou une cloison de filets qui s'étend jusqu'à la côte. Nous ne sommes pas tout à fait d'accord avec Duhamel sur la figure de la madrague; mais ce savant n'a vu que celle de Bandola en Provence, et non celles de la Sardaigne, où se fait la plus grande pêche de thons : c'est surtout dans cette île que l'industrie de l'homme se signale.

Le lendemain de cette première opération, on plonge le filet, c'est ce qu'on appelle *mettere la rete a bagno*, autre opération qui s'exécute à l'aide de plusieurs bateaux destinés à cet objet, et avec beaucoup de solennité.

En examinant le plan et le profil de la *planche* nº 13, on verra la forme et la grandeur du filet, qu'on peut regarder comme un édifice très-hardi planté au milieu de la mer. Les dispositions de filets pour la pêche du hareng et de la merluche, mises en comparaison, ne sont, pour ainsi dire, que des jeux d'enfants.

L'endroit de la mer où l'on jette le filet a pour le moins cent pieds de profondeur, car le thon ne vient jamais à la surface de l'eau; et, pour l'attraper, il faut que le filet touche le fond de la mer, et qu'il se replie sur lui. Toute l'enceinte de ce grand filet, qu'on appelle *isola*, est divisée en différentes chambres faites en jonc de mer, excepté la chambre de *mort*, nº 1, laquelle est formée par un filet de chanvre à mailles solides et étroites; car, en la tirant du fond de la mer, elle doit soutenir tout le poids des poissons qui s'y trouvent renfermés; elle est bordée à la tête et aux pieds par de grosses et doubles cordes. Il y a, en outre, une chasse appelée *Queue*, nº 8, et *Codarde*, nº 9, laquelle est formée d'un même filet qui se déploie de la madrague jusqu'à terre, et qui a environ douze cents pieds de longueur. Il sert à conduire les thons qui passent entre la côte et la madrague, et à les faire entrer dans la chambre nº 5, comme Duhamel l'explique dans son ouvrage sur les arts et métiers.

Tous les filets qui forment la madrague sont assujettis au fond de l'eau par un poids énorme de lest de pierres, et tenus verticalement au moyen de plusieurs nattes de liége d'un pied carré.

(*) Les hommes des madragues de Porto Torrès et de Porto Scuso, propriétés du marquis Pasqua, viennent de la rivière de Gênes avec leur directeur; ils sont logés, nourris; pour trois mois on leur donne 80 fr. en argent, solde modique, si l'on considère les fatigues et même les périls auxquels ils sont exposés.

Les parois sont affermies par un grand nombre de cordes fixées d'un bout sur la corde qui borde la tête des filets, et de l'autre amarrées à une ancre mouillée au fond de la mer.

Tout ce grand établissement, retenu seulement par des câbles qui répondent à des ancres, est assez solide pour résister à l'impétuosité des vents, aux courants de la mer et aux efforts des gros poissons qu'il renferme.

Duhamel n'a donné que cinq chambres à ses madragues, tandis que celles de la Sardaigne en ont sept comme celles de Tunis. Voyez *pl.* 13.

Les thons commencent par entrer dans la grande chambre n° 5, dont la porte leur est toujours ouverte; de là le poisson passe dans les autres chambres du levant, n°s 6 et 7, et du couchant, n°s 3 et 4, que l'on ferme lorsque la quantité des thons est abondante. Quand le chef de la pêche juge qu'un nombre suffisant de poissons est entré, alors il fait ouvrir la dernière chambre qu'on appelle *ponente*, n° 2, ou chambre du couchant, dans laquelle il fait passer les thons destinés pour la chambre de la boucherie ou de la mort (Duhamel, Traité des pêches). Le lendemain de cette opération, si le temps est favorable et si la mer est calme, le chef se porte sur la madrague avant l'aube; et, pour déterminer les thons à entrer dans cette chambre de mort, n° 1, dont la porte s'ouvre à son ordre, il jette parmi eux une pierre enveloppée d'une peau de mouton noire: les thons s'effrayent, et, cherchant une issue, entrent dans la chambre fatale. Si ce moyen ne suffit pas, le chef se sert alors d'un filet nommé *lagarre,* qui, en rétrécissant la chambre du couchant, n° 2, presse les thons les uns contre autres, et les force d'entrer dans la boucherie. Alors, le chef de la pêche arbore le pavillon blanc, et invite les propriétaires et les ouvriers à venir exécuter la grande opération de boucherie, appelée la *mattance* en Italie.

Pour l'exécuter, on commence par tirer du fond de la mer la chambre de mort, n° 1, qui, à cause de son grand poids, ne s'élève que très-lentement. Tout en la tirant, les ouvriers reçoivent les filets dans des bateaux jusqu'à ce que le poisson se trouve enfin presque à la surface de l'eau. C'est alors que les hommes embarqués sur les deux grands bateaux du chef, et le *palischelmo*, armés de bâtons avec des crocs ferrés, commencent à tuer les thons, qui, de leurs larges queues, frappent l'eau, et la font jaillir à quinze pieds de hauteur. Ils les harponnent sur leurs bateaux, et ensanglantent la mer agitée par les efforts de ces gros poissons qui résistent au combat, au milieu des acclamations et des cris de joie des spectateurs qui se réjouissent devant un des plus grands spectacles qu'offre l'industrie humaine. Les cris des pêcheurs, leur adresse, leur activité, les bonds terribles que font les thons pour s'élancer hors du filet, et qui vont quelquefois tomber vivants dans les bateaux, rendent cette scène très-animée pour les acteurs et les spectateurs. Duhamel prétend que les thons, lorsqu'ils sont effarouchés par les pêcheurs ou par les requins, se plongent au fond de l'algue, y mettent leur tête, et ne remontent que le jour suivant.

La *mattance* ainsi accomplie, plusieurs bateaux remorquent les deux grandes barques jusqu'au lieu de la boucherie de terre, située au bord de la mer, sous de grandes halles. C'est là qu'on commence par couper la tête au poisson, ensuite un seul portefaix se charge du thon le plus énorme, qu'il porte au magasin, où il est suspendu par la queue (*). C'est là aussi qu'on coupe les thons en morceaux pour préparer ce que nous appelons du thon mariné, qui reçoit différentes salaisons: une partie est apprêtée à l'huile, l'autre au sel pur, la troisième au vinaigre. Les œufs sont salés à part; on jette les têtes et les os dans de grandes chaudières pour en extraire l'huile de thon; enfin, pour que rien ne soit perdu, les mêmes os secs sont encore jetés sous la chaudière pour alimenter le feu.

Le produit annuel de la pêche du

(*) Voyez *pl.* 13.

thon en Sardaigne est d'environ trente-deux mille poissons: les madragues des salines de Sassari et de Porto-Sueto de l'île Piana sont les plus lucratives. Le chanoine Raymond Valle voulant obtenir l'agrégation au collége des lettres et arts à l'université de Cagliari, la description de la pêche du thon lui fut assignée pour sujet de poëme. Nous regrettons de ne pas donner ici cette composition, qui contient une description exacte et élégante de ce genre de pêche.

Pêche du corail.

Il n'y a point de production maritime sur laquelle les naturalistes anciens et modernes aient autant écrit que sur le corail. La structure et la forme de cette substance, qui ressemble à un arbrisseau dépouillé de ses feuilles, ce tronc d'où partent les branches latérales, cette espèce d'écorce qui le recouvre, tout enfin concourait à nous induire en erreur et à le faire prendre pour un végétal.

Bernard de Jussieu a enlevé au corail le nom de plante maritime pour lui substituer celui de polypier.

La pêche du corail en Sardaigne commence à la fin d'avril ou en mai, et finit en septembre. La plus grande abondance de cette production animale se trouve dans les mers de Castel Sardo, d'Alghero, de Bosa, et des îles de Saint-Pierre et Sant' Antioco. C'est cependant près de l'île Asinara que se trouve le meilleur corail de la Méditerranée.

Pour pêcher le corail, on attache deux chevrons en croix; on les appesantit avec un gros morceau de plomb pour les faire plonger au fond de l'eau; des ouvriers tortillent négligemment du chanvre de la grosseur d'un pouce, dont ils entourent les chevrons, qui ont aussi à chaque bout un petit filet en forme de bourse; puis ils attachent ce bois à deux cordes dont l'une tient à la proue, et l'autre à la poupe de leur bateau. Ils plongent ensuite cette machine dans la mer, et la laissent aller à tâtons au courant et au fond de l'eau, afin qu'elle s'accroche sous les avances des rochers : le chanvre s'entortille alors autour des branches du corail qu'il rencontre fixé sur les rochers; à l'aide des cordes, on tire ensuite les chevrons, et on arrache les branches du corail qui restent attachées à la filasse, d'où elles tombent dans la bourse, ou dans la mer lorsqu'elles sont trop grosses. Des plongeurs vont aussitôt les y chercher (*).

Le naturaliste Fratielli rapporte dans un mémoire que le corail croît en peu d'années, et qu'il se gâte, se pique en vieillissant.

Il y a plusieurs qualités de corail : le plus estimé est gros, d'un rouge de sang; celui de la seconde qualité n'est pas bien gros, mais il est entier et d'une belle couleur; quant au corail de la troisième qualité, c'est celui qui est tombé de sa tige et qui a blanchi.

§ XII.

Des animaux indigènes les plus rares de l'île sarde. — Du mouflon mâle et femelle.

Pline le naturaliste nous dit que le mouflon, *ovis aries fera*, ne se rencontre que dans la Sardaigne; mais Buffon ajoute que l'*ophion* dont parlent les anciens Grecs, et qui est cité par Pline, n'est autre chose que l'*ovis ammon* de Linnée, le mouflon d'aujourd'hui, eu égard autant aux caractères distinctifs de cet animal, qui ont pu être confondus par les anciens avec ceux du cerf, qu'à la ressemblance du nom donné à ces animaux.

Le mouflon que la Sardaigne possède

(*) En 1828, cent quatre-vingt-dix bateaux de différentes nations sont entrés dans le port d'Alghero, et le corail exporté s'est élevé à plus de deux cent cinquante mille francs. La pêche du corail remonte au delà de l'année 1372, dans laquelle don Pierre d'Aragon affranchit tous les habitants des droits, afin d'accroître l'importance de cette branche d'industrie. Le corail algherois est abondant et le meilleur de toute la Méditerranée. Il égale aussi en beauté celui de l'île de l'Asinara.

fut assimilé par Pausanias à ces béliers qu'on voit, dit-il, figurés sur les ouvrages en terre de fabrique Éginète; il habite particulièrement les montagnes de la Nora, d'Iglesias, de Benlada, de Patada, de l'Oliastra et de Lerrono.

Sa forme extérieure (*pl.* n° 15) s'accorde parfaitement avec celle du cerf, auquel d'ailleurs il ressemble par son poil et sa vivacité, quoiqu'il soit un peu plus sauvage, car il habite les endroits les plus solitaires et les plus escarpés des montagnes. Pausanias dit qu'il surpasse en vitesse tous les animaux sauvages.

La taille du plus gros des mouflons approche de celle du daim; il a les cornes au-dessus des yeux, comme le bélier, et il porte aussi les oreilles extrêmement droites. Il est très-léger à la course, mais se fatigue promptement lorsqu'on le poursuit en plaine. Les mouflons marchent ordinairement par troupe de cent, dont le plus vieux est le conducteur. Ils s'apprivoisent facilement et s'attachent à l'homme et aux chevaux, comme le mouton.

Buffon, très-attentif à simplifier la création et à écarter cette multiplicité d'êtres introduite dans l'histoire, conseille avec raison aux naturalistes de faire leurs efforts pour trouver dans tous les genres l'espèce primitive et mère; et en parlant du mouflon, il dit qu'il le croit un bélier sauvage.

La femelle du mouflon est un peu plus petite que le mâle; elle n'a point de cornes, ce qui fait une grande différence (*pl.* n° 15): elle est plus douce et plus apprivoisée.

Du seps.

Le seps est une espèce de lézard long comme un serpent, dont les pattes sont presque invisibles. Les naturalistes l'appellent *lucerta chalcidia*, parce qu'il porte sur le dos des lignes couleur d'airain (*pl.* 16, n° 3).

Cet animal, qui forme l'anneau entre les quadrupèdes et les reptiles, dit Lacépède, est assez fréquent en Sardaigne; il a douze pouces et plus de longueur, et quinze lignes de circonférence au dos, qui est recouvert d'écailles rhomboïdales. Ses oreilles et ses y[eux] sont petits; ses deux premières pat[tes] sont fort rapprochées de la tête, tan[dis] que les deux autres sont placées p[rès] des hanches, ou au commencement [de] la queue, qui est blanchâtre et tr[ès] pointue. Son ventre est d'un bla[nc] clair; ses narines sont placées à l'e[x]trémité du museau.

Le peuple attribue à ce lézard u[ne] puissance venimeuse; mais il n'y a p[as] d'exemple d'accident causé par [cet] animal, comme l'atteste le savant Thu[n]berg. Une des particularités les pl[us] remarquables de l'île, et dont elle [est] peut-être le seul exemple, c'est l'a[b]sence de tout animal venimeux et [de] bêtes féroces depuis les temps les pl[us] anciens. Pausanias et Silvius It[a]licus ont fait la même observatio[n]. On remarque aussi que les chien[s], malgré la grande chaleur et la séch[e]resse du climat, n'y sont pas sujets [à] la rage. Dans un pays brûlant, et [où] les chiens sont aussi multipliés, [il] n'y a pas eu, de mémoire d'homm[e], d'accident de cette maladie. On att[ri]bue cette faveur à l'absence des loup[s]; car, en général, ce sont eux qui com[mu]niquent la rage aux chiens.

Le tiligugu (*pl.* 16, n° 2).

Il a fallu conserver le nom de ti[li]gugu sous lequel est connu ce lézar[d], parce que Linnée ne paraît pas l'avo[ir] exactement décrit parmi les quaran[te-]quatre différentes espèces dont il [a] composé ses quatre classes de lézard[s].

Lacépède, en parlant du mobon[a] des Antilles, prétend que ce léza[rd] est tout à fait le même que le tiligu[gu] de Sardaigne, décrit par le natur[a]liste Cetti; mais en les comparant l'[un] avec l'autre, ils paraissent assez diff[é]rents: en effet, la tête du tiligugu e[st] avancée, contiguë au corps, un p[eu] courte et aplatie des côtés; la m[â]choire supérieure est égale à l'inf[é]rieure; les narines sont ovales et a[m]ples, la langue en forme de cœur, l[es] dents courtes et égales, les yeux plac[és] à la base de la tête, proche du bor[d], les oreilles larges, posées aux angl[es] des mâchoires. Le corps est un ova oblong, à l'exception du dos qui est angulaire; la queue ronde et pointue; les pattes de devant sont très-peu éloignées de la tête, et couvertes d'écailles comme le reste de l'animal.

Ce reptile grimpe sur les arbres et sur les maisons; il fait du bruit au changement de temps, de même que la grenouille, car il est très-sensible à l'humidité et à la sécheresse. Il n'est pas dangereux, mais, lorsqu'on l'irrite, il se jette avec hardiesse sur celui qui le provoque.

Du vautour barbu (*pl.* 16).

Les vautours connus en Sardaigne sont de quatre espèces, savoir: le griffon, le vautour blanc, le noir, et le vautour barbu, ainsi nommé par Linnée, à cause d'une longue barbe de crin qui lui pend de la mandibule inférieure (*pl.* 16, n° I.).

Ce vautour, le *gypætes barbatus* de Cuvier, long de quatre pieds et dix pouces depuis la tête jusqu'à la queue, est de tous celui qui a le plus de rapport avec les aigles, car il est entièrement couvert de plumes; son port est noble et fier : il diffère cependant de l'aigle par sa taille, par la forme de son bec, par ses yeux saillants, par le creux qu'il porte au bas de l'œsophage, bien plus encore par son organisation intérieure, et enfin par ses habitudes.

Buffon ne croyait pas que le vautour barbu se trouvât aussi en Sardaigne (*), comme l'expérience nous l'atteste.

§ XIII.

De la végétation de l'île sarde.

La végétation du nord de l'île de Sardaigne peut se comparer à celle de la Corse, et la végétation du cap méridional à celle de l'Afrique; celle du centre à celle de la Provence. Il est à remarquer ce que Pausanias nous dit à l'égard des végétaux : *Il y a dans l'île sarde une seule espèce de plante dont le venin soit mortel; elle ressemble à l'ache, et ceux qui en mangent meurent, à ce qu'on dit, en riant. C'est pour cela qu'Homère, et ceux qui l'ont suivi, donnent le nom de rire sardonique à ceux qui en sont atteints.* Dioscoride a laissé une description inexacte de cette plante, qu'Apulée appelle l'herbe scélérate, Linnée *ranunculus bulbosus*, et les professeurs de Turin, Alione et Moris, *ranunculus peucedanifoliæ*, plante aquatique et propre à la Sardaigne centrale.

M. de Candolle pense que la plante désignée par Pausanias est le *ranunculus sardous* ou *philonotis*.

Quant au rire sardonique, dont Cicéron parle dans la lettre XXV, liv. 7, à Fabius Gallus, il n'est pas naturel aux Sardes, qui sont d'un caractère franc et constant. Le rire sardonique est plus propre aux mœurs des nations civilisées, qui, à la sincérité du cœur, ont substitué la politesse et une grâce d'affectation.

La végétation de la Sardaigne est prodigieuse. Nous avons déjà signalé la fertilité du sol à l'égard du blé, le *trique*, mot sarde corrompu du latin *triticum*, lorsque la plante n'est pas attaquée par des brouillards, qui diminuent la graine, ni par les sauterelles, transportées dans l'île par des vents d'Afrique, ce qui arriva en 1825, année pour les Sardes d'une grande calamité.

Le maïs, ou blé de Turquie, est cultivé dans les plaines d'Oristano et autres cantons à l'abri de la sécheresse. Ce sont les Sarrasins (*) qui apportèrent de l'Orient cette plante fertile.

Les fèves, dont les paysans font une consommation notable pour leur famille et pour la nourriture des animaux de charge, sont semées en novembre au cap Cagliari, plutôt qu'au printemps, car les vents secs en empêchent la culture. Au cap Sassari, qui est plus humide, on les sème en mai, comme en Lombardie.

(*) Nous avons, en 1797, offert à notre Académie des sciences de Turin, un tableau contenant le vautour barbu en relief, par nous préparé d'après la méthode du naturaliste professeur Giorna.

(*) Voyez *De la culture du maïs et de son utilité pour l'économie animale, par le chevalier de Grégory.* 1829, Paris.

La vigne donne aux Sardes les vins précieux appelés le muscat blanc ou malvasia, meilleur que celui d'Asti, le canonao rouge et noir, la vernaccia blanche et très-claire, comme les vins du Rhin et de Champagne.

L'olivier est la plante qui convient le mieux aux terres sardes, et sa culture fut encouragée par des titres de noblesse et des récompenses accordés par le roi Victor-Emmanuel pendant son séjour dans l'île durant l'émigration.

Les amandiers, les orangers et les limons y prospèrent, et la vallée de Milis, dont nous reparlerons, est appelée, par le savant Cetti, le jardin des Hespérides, à cause de l'abondance de tous les fruits et de citronniers. Le tabac de l'île ne le cède en rien aux meilleurs tabacs d'Espagne et de Turquie. Il est plus fin, d'un jaune plus clair, et doit être laissé deux ans en fermentation. Il forme une branche des revenus royaux.

La garance, *rubia tinctorum* de Linnée, croît naturellement dans plusieurs provinces; on se sert de cette racine, qui donne un rouge écarlate, pour les toiles et laines à l'usage des paysans, et sa bonté n'est pas connue à l'étranger.

Le liége, dont l'île abonde, le safran, la soude, auraient besoin, pour être mieux exploités, d'encouragements de la part du gouvernement. Il devrait en être de même pour la culture du coton et pour l'éducation des vers à soie. Déjà on a planté une quantité prodigieuse de mûriers blancs et noirs dans différents cantons; mais les chaleurs des mois de mai et juin sont aussi préjudiciables à cette chenille industrieuse que les inconstances de température le sont dans d'autres contrées.

Nous avons indiqué, page 25, quelques-uns des avantages que la situation actuelle des affaires politiques peut assurer à la Sardaigne. Nous ajouterons plusieurs développements.

La Méditerranée est sillonnée aujourd'hui en tous sens par les divers pavillons de l'Europe. Lorsque le commerce avec Alger sera établi sur des bases durables, lorsque la paix sera donnée à l'Orient, les bâtiments de tous les pays afflueront encore pl dans la Méditerranée. Les Génois, c jouiront naturellement de privilég en Sardaigne, puisqu'ils sont sous même domination, y apporteront d capitaux au lieu du joug de fer qu'il faisaient peser auparavant. Cagli en rapport, par les routes nouvelle avec toute l'île, deviendra un lieu f vorable aux *radoubs* au renouvel ment des approvisionnements et d munitions, et présentera, dans s port, de bien plus grandes ressourc que Malte et que la Sicile qui n'a p encore reçu, et qui ne recevra prob blement que très-tard une pareille rection. Le gouvernement piémont est un gouvernement sage, modér et ami de ses peuples : il a commen à reconnaître tout le prix de la Sa daigne civilisée. L'île a reçu de bonn lois, des communications faciles; population agreste, retenue dans l montagnes, s'est accoutumée à visit paisiblement les plaines : les étrange voudront et pourront parcourir les verses provinces de ce petit royaum nous rapporterons ici un chapitre voyage récent de M. Valery, qui se suffit pour exciter l'enthousiasme ceux qui veulent admirer un des pl imposants spectacles de la nature :

Milis ou la forêt d'orangers.

« C'est le premier jour du mois mai, par un temps magnifique, q je visitai les jardins ou plutôt la for d'orangers de Milis, l'ornement de Sardaigne, qui compte au delà de ci cent mille arbres, et dont les appr ches me furent annoncées par une bri embaumée.

« Ce bois, ceint de collines qui l' britent, et dont je parcourus penda plusieurs heures les délicieux o brages et les taillis touffus, était alo animé par le chant des oiseaux et murmure des mille petits ruissea qui arrosent le pied de ces arbres to jours altérés. Une couche solide fleurs d'orangers jonchait le sol : marchais, je glissais sur cette *nei odorante;* si j'écartais les branch pour percer le taillis, les fleurs jaill saient en l'air et me caressaient le visage. Cette fleur précieuse, qui, dans les somptueuses orangeries de nos châteaux, se pèse et se vend, ici exhale d'inutiles parfums, tombe à terre, et forme un épais et doux tapis de grandes herbes aromatiques mêlant une agréable et forte odeur à l'odeur plus suave de l'oranger. L'abondance des fruits est prodigieuse. Quelquefois de longs bâtons de sarments soutiennent les branches pliant sous le faix des oranges et des citrons, qui montent, année moyenne, à près de dix millions. On est comme ébloui par tous ces globes rouges ou dorés, ardente végétation suspendue en festons et en guirlandes. »

L'introduction de l'oranger en Sardaigne remonte aux époques du deuxième ou troisième siècle. Les jardins de Milis, dont la terre, particulièrement propre à ces plantations, est fine et douce au toucher, s'étendent pendant l'espace de trois milles, et ils offrent plus de trois cents vergers. Un des plus beaux, le jardin du chapitre de la cathédrale d'Oristano, n'est affermé que huit cents écus, à peu près quatre mille francs. Quelques arbres ont donné jusqu'à cinq mille oranges; les poëtes ont vanté le jardin des Hespérides, fort inférieur, sans doute, à celui d'Oristano, qui a plus de dix mille arbres, dont plusieurs, au dire traditionnel des paysans, compteraient plus de sept siècles. C'est dans le jardin du marquis de Boyl que je trouve le plus grand des arbres de Milis, décoré du titre de *roi des orangers;* un homme ne peut l'embrasser; et ce bel arbre, au parfum, à la douceur et à l'éclat de ses fruits et de ses fleurs, joint la hauteur et la majesté du chêne.

La forêt de Milis est par cela un des points de la Sardaigne qui appelle le plus l'exploitation d'industriels intelligents, soit par la création de distilleries de fleurs d'orangers, soit par celle de fabriques de produits chimiques, propres à l'impression des étoffes de soie, de laine et de coton.

Les champs balsamiques, les féeries de Milis mériteraient seuls le voyage de la Sardaigne. Nous avons si près de nous ce spectacle qu'on croirait un rêve des *Mille et une Nuits!*

Nous nous sommes plu à prédire le sort futur de la Sardaigne. Ce n'a pas été sans plaisir que nous avons annoncé ses destinées propres à augmenter la gloire de ses rois, et ce qui est en même temps aussi désirable, la prospérité et le bonheur d'un peuple longtemps calomnié, et susceptible de prendre part aux plus heureux progrès de la civilisation moderne.

FIN.

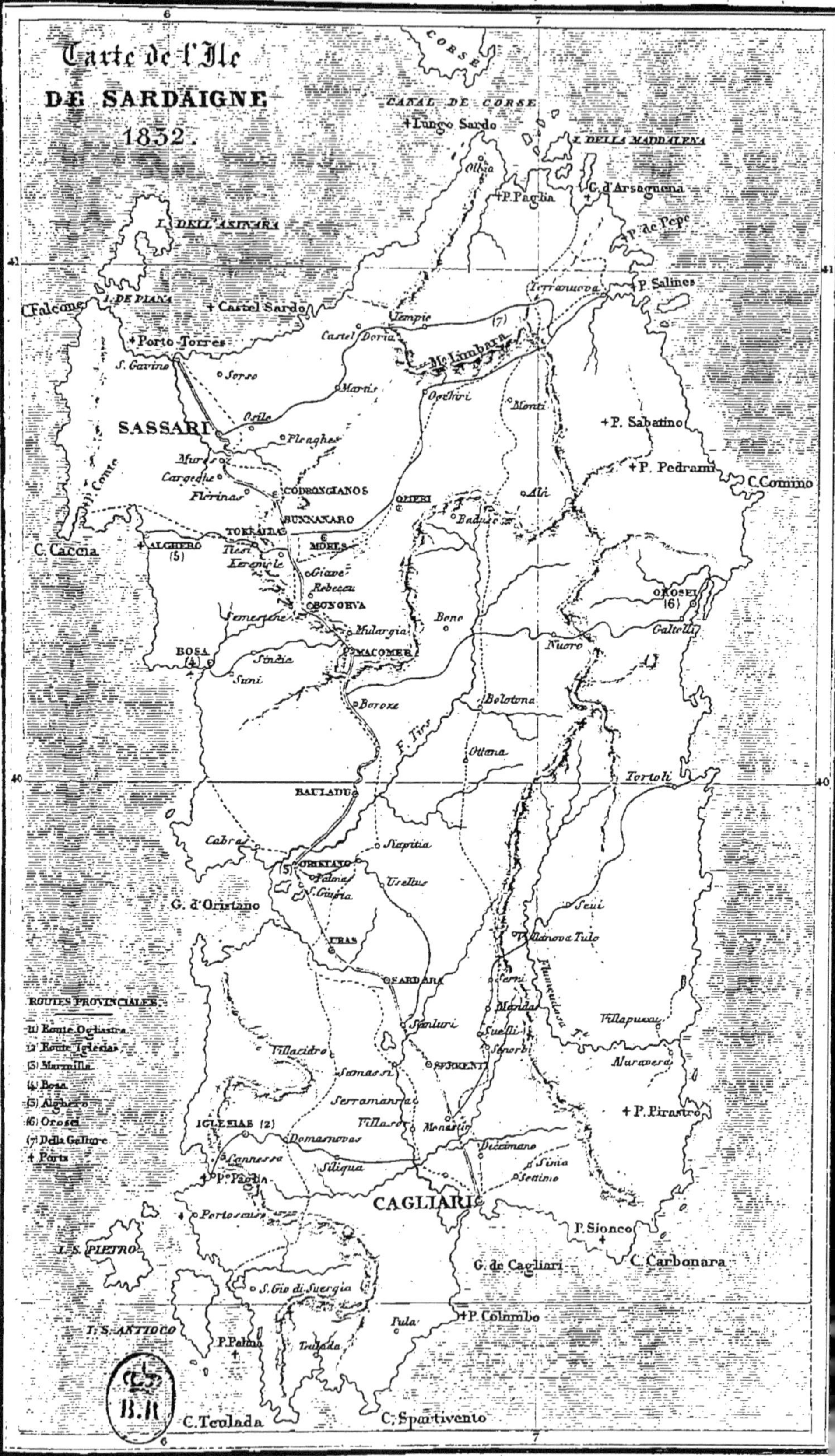

Carte de l'Ile
DE SARDAIGNE
1832.
CORSE
CANAL DE CORSE
Lungo Sardo
I. DELLA MADDALENA
Olbia
P. Paglia
G. d'Arsagnena
P. de Pepe
I. DELL'ASINARA
I. DE PIANA
C. Falcone
Castel Sardo
Terranuova
P. Salines
Tempio
Castel Doria
Mte Limbara
Porto Torres
S. Gavino
Sorso
Martis
Ozieri
Monti
Osilo
SASSARI
Ploaghe
P. Sabatino
P. Pedrami
C. Comino
Muros
Cargeghe
Florinas
CODRONGIANOS
OLIERI
Alà
Buddusò
BUNNANARO
TORRALBA
MORES
C. Caccia
ALGHERO (5)
Giave
Rebeccu
BONORVA
OROSEI (6)
Mulargia
Bono
MACOMER
Galtelli
Nuoro
BOSA (4)
Sindia
Suni
Boroxe
Bolotana
F. Tirso
Ottana
Tortoli
BAULADU
Cabras
ORISTANO (5)
Palma
S. Giusta
Usellus
G. d'Oristano
Seui
Villanova Tulo
URAS
SARDARA
Flumendosa
Serri
Mandas
Sanluri
Villapuzza
Villacidro
Samassi
Serramanna
Muravera
P. Pirastro
IGLESIAS (2)
Domusnovas
Villasor
Monastir
Decimomannu
Siliqua
Sinia
Settimo
P. Paglia
CAGLIARI
Portoscuso
P. Sionco
C. Carbonara
I. S. PIETRO
G. de Cagliari
S. Gio di Suergiu
P. Colombo
Pula
I. S. ANTIOCO
P. Palma
Teulada
C. Teulada
C. Spartivento
ROUTES PROVINCIALES.
(1) Route Ogliastra
(2) Route Iglesias
(3) Marmilla
(4) Bosa
(5) Alghero
(6) Orosei
(7) Della Gallura
+ Ports
B.R
Lemaitre direxit
Jenotte Sc.

Tombeau dit Noraghe.

Idole en bronze.

Vue intérieure de Cagliari

Vermeer del. Lemaitre direxit Lalaisse Sc.

Oristano

2 Sardaigne

Sassari

Porto-Torres.

Vernier del. Lemaitre direxit. H. Dupau Sc.

Village de Monastir.

Codrongianus.

Lemaitre, direxit.

Agriculteurs Sardes.

Costumes Sardes.

Noces Sardes.

1. Chambre de mort.
2. Chambre de ponent.
3. Bastarda.
4. Bordonale de ponent.
5 La grande ou foratrice.
6. Bordonale du Levant.
7. Chambre du Levant
8. Queue.
9. Codarde.
1
2
3
4
5
6
7
8

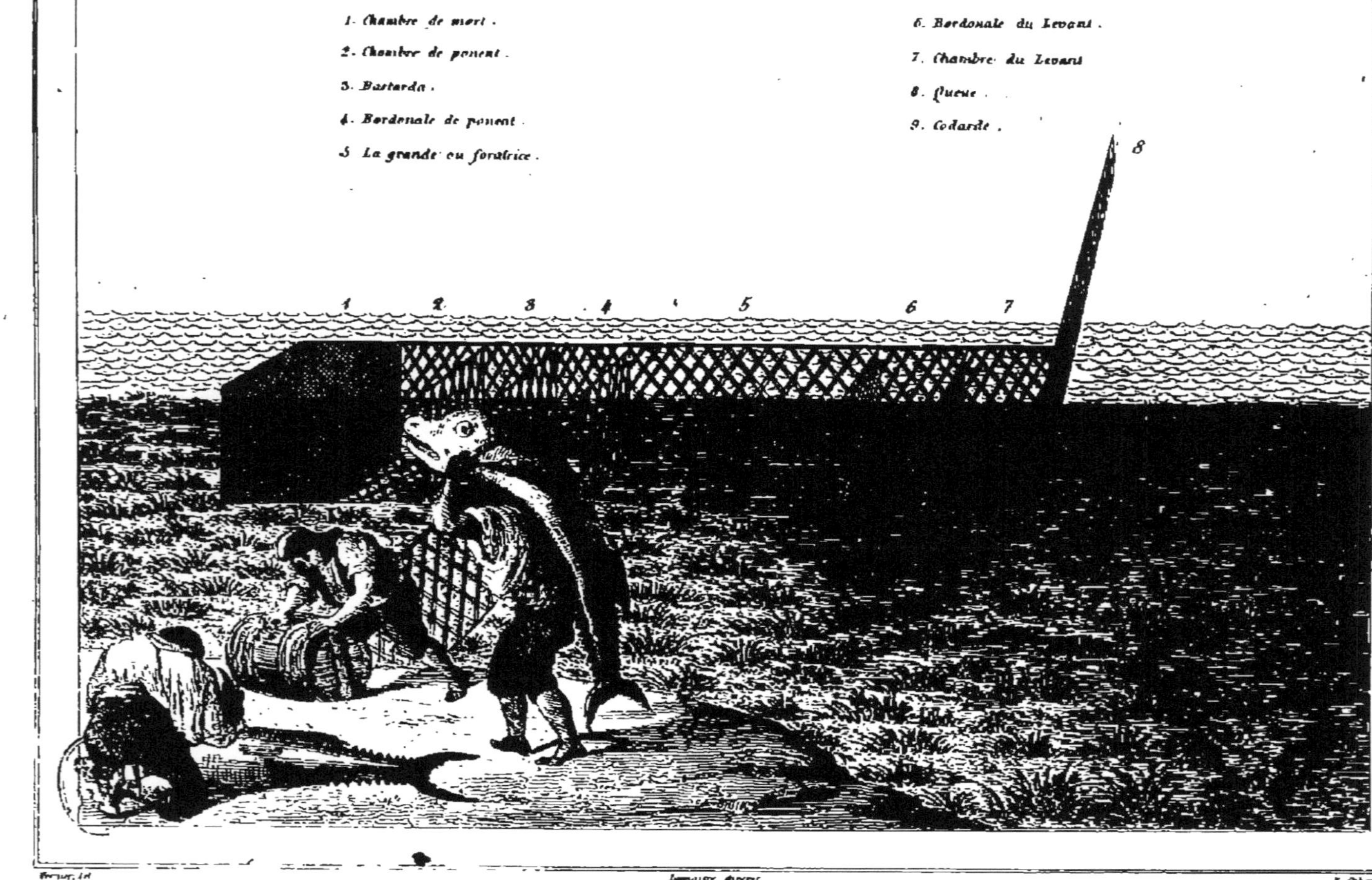

La Madrague

Mouflon et Mouflone.

1 Vautour barbu
2. Le Tiliguga.
3. Le Seps.

L'UNIVERS,

OU

HISTOIRE ET DESCRIPTION

DE TOUS LES PEUPLES,

DE LEURS RELIGIONS, MOEURS, COUTUMES, ETC.

HISTOIRE DE LA CORSE,

DEPUIS LES TEMPS LES PLUS ANCIENS JUSQU'A NOS JOURS,

PAR C. DE FRIESS-COLONNA.

INTRODUCTION GÉOGRAPHIQUE.

La Corse est, après la Sicile et la Sardaigne, la plus grande des îles de la Méditerranée : elle a quarante-cinq lieues de long, sur vingt-trois de large. Les Français en firent la conquête en 1769. On verra dans le courant de cette histoire par quelles vicissitudes elle a passé avant d'appartenir à la France. On parle en Corse la langue italienne, et c'est, après la Toscane, la Romagne et les États de Lucques, le pays où cet idiome est le plus pur.

La Corse est un véritable pays de montagnes. C'est là un de ses caractères distinctifs. Deux chaînes principales la divisent, l'une dans le sens transversal de l'ouest-sud-ouest à l'est-nord-est, du mont Saint-Antoine, au-dessus de Belgodère, au Monte-Coscione, au-dessus de Zicavo ; l'autre dans le sens longitudinal, parallèlement à la côte, du nord au nord-est, depuis le Cap-Corse jusqu'au Fiumorbo. La première, beaucoup plus considérable que la seconde, et par sa hauteur et par l'espace qu'elle occupe, est presque entièrement composée de terrains granitiques ; la seconde, de terrains stratifiés. Le Monte-Doro, le Monte-Cinto et le Monte-Rotondo dont la hauteur est d'environ 2,700 mètres, appartiennent à la chaîne de montagnes du système transversal. Le sommet le plus élevé de la chaîne de montagnes du système longitudinal ne s'élève guère au-dessus de 1,200 mètres. Cependant la cime du San-Petrone, au-dessus de la Porta, atteint 1,650 mètres.

La nature des lieux a porté les habitants de la Corse à partager leur île en deux grandes parties, que sépare la chaîne de montagnes du système transversal dont nous venons de parler, dans la direction du nord-ouest au sud-est.

Cette division, adoptée de temps immémorial, a toujours porté et porte encore le nom de *Deçà des Monts*, pour la partie comprise du nord au midi, entre la pointe du Cap-Corse et le fleuve de Solenzara, et depuis la mer de France jusqu'à la mer de Toscane, de l'ouest à l'est ; de *Delà des Monts*, pour la partie qui se trouve entre le Fango, la chaîne de montagnes du système transversal et la Solenzara, du nord au midi ; la Méditerranée et cette même chaîne de montagnes, de l'ouest à l'est.

Le *Deçà des Monts*, beaucoup plus ouvert que le *Delà des Monts*, est aussi

[library stamp]

beaucoup plus étendu. Plus voisin de l'Italie, et en contact, pour ainsi dire, journalier avec elle, il lui a emprunté quelque chose de sa civilisation.

Le *Delà des Monts*, pays excessivement boisé et très-montagneux, brûlé dans ses plaines par le soleil et les vents d'Afrique, a conservé longtemps une physionomie sauvage que la civilisation française n'a pu encore faire disparaître.

Ce que M. Jean Reynaud a dit de la végétation de la Corse peut aussi bien s'appliquer au *Deçà* qu'au *Delà des Monts*. « La végétation y offre des caractères intermédiaires entre ceux de la végétation du midi de la France et de l'Italie. Les oliviers et les vignes sauvages, les myrtes, les lauriers-roses, les chênes-liéges, les cactus, les aloès, quelques rares palmiers, sont ce qui frappe le plus les yeux du voyageur qui vient de France. On a fait quelques essais pour acclimater en Corse les plantes intertropicales. Les essais faits en petit, et dans des jardins publics ou particuliers, ont assez bien réussi; mais on aurait tort d'en conclure que ces plantes puissent jamais devenir en Corse l'objet d'une grande culture : elles y demandent des ménagements tout spéciaux, et il n'y a, comme nous l'avons dit, que quelques points du littoral où elles puissent prospérer. Les céréales, le riz, la garance, les oliviers, les citronniers, la vigne, sont le principe de la véritable richesse agricole de la Corse, dans tous les lieux où le sol n'est pas trop montueux pour leur convenir. C'est donc sur le développement de ces plantes, et non sur de vaines espérances d'indigotiers, de caféiers, de cannes à sucre, que l'attention du gouvernement et des industriels doit se porter. Bien que la Corse n'ait pas été destinée par la nature à devenir jamais un pays bien fertile, il y a certainement d'immenses bénéfices à en tirer par une sage exploitation de la plaine et des vallées. Les eaux propres aux irrigations y sont abondantes. Peut-être serait-il convenable d'étendre les essais qui ont été faits, à diverses reprises, sur les semis de cotonniers : il serait possible que la Corse, dans les localités bien situées, pût tirer de cette plante précieuse un revenu considérable et d'une haute utilité pour l'industrie du midi de France (a).

« Les forêts de la Corse, ajoute M. Re[illegible] naud, sont peut-être les plus belles qu[illegible] y ait au monde, sinon sous le rappo[illegible] de l'étendue, du moins sous celui de magnificence. Sans parler de ces maje[illegible]tueuses forêts de châtaigniers qui o[illegible]cupent les pentes peu élevées, et do[illegible] la fécondité est si prodigieuse, qu'u[illegible] population considérable n'a pas beso[illegible] d'autres champs, les hautes montagn[illegible] de la Corse nourrissent des forêts [illegible] chênes, de hêtres, de sapins, et surto[illegible] de pins larix, propres aux constructio[illegible] les plus magnifiques (b). Il semblera[illegible] que la nature, donnant à la Corse les h[illegible]vres les plus multipliés et les plus sp[illegible]cieux qu'il y ait sur aucune côte de [illegible] Méditerranée, eût voulu lui donner aus[illegible] toute la charpente nécessaire pour u[illegible] marine puissante. Il peut sembler e[illegible]traordinaire au premier abord que ce p[illegible]tit peuple, ainsi isolé au milieu de [illegible] Méditerranée, et entouré de tant de ci[illegible]constances favorables à la navigatior[illegible] soit demeuré montagnard et ne se so[illegible] point fait navigateur. Mais le développ[illegible]ment de la marine demande des cond[illegible]tions particulières de commerce et [illegible] puissance que la Corse n'a jamais eu[illegible] jusqu'à présent, et qui ne se manifest[illegible]ront qu'à mesure que la France s'y con[illegible]tituera plus efficacement, et prendra s[illegible] la Méditerranée le rang qui lui appa[illegible]tient (c). »

Sous le rapport minéralogique, [illegible] Corse est sans contredit le pays le plu[illegible] riche de l'Europe. M. Gueymard, ing[illegible]nieur en chef des mines, l'a appelée l'[illegible]lysée de la belle géologie. Dans un ra[illegible]port qu'il fit en 1820 à la suite d'un lon[illegible] voyage dans l'île, il disait : « Je me sui[illegible] souvent servi de l'expression que cett[illegible] île était l'Élysée de la belle géologie, e[illegible] plus je voyage, plus je reconnais qu[illegible] nulle part il n'existe d'aussi beaux pro[illegible]duits. La Corse renferme les plus jolie[illegible] roches et des roches uniques. C'est dan[illegible]

(a) *Encyclopédie nouvelle*, t. IV, p. 60 et sui[illegible]

(b) D'après le procès-verbal de délimitation terminé en 1839 par M. Racle, l'État possède[illegible]rait en Corse un sol forestier de 150,000 hec[illegible]tares.

(c) Il est question, depuis quelque temps, d[illegible] faire d'Ajaccio une succursale du port mari[illegible]time de Toulon.

l'existence de ces roches précieuses que réside la richesse minéralogique de la Corse. L'architecture et les beaux-arts trouveraient sur ce point du globe des variétés presque infinies de roches pour construire des palais, des monuments, et pour en décorer l'intérieur. »

DE LA DIVISION TERRITORIALE DE LA CORSE JUSQU'A L'ORGANISATION ACTUELLE.

Les Romains, ayant fait la conquête de la Corse, la soumirent ainsi que la Sardaigne au gouvernement d'un même préteur. Les auteurs latins citent deux villes importantes, Aléria et Mariana, dont il reste aujourd'hui encore quelques vestiges, fondées par Marius et Sylla, avec des colonies de vétérans romains. Quant aux autres cités et bourgades dont il est fait mention, il serait assez difficile, non-seulement de donner une idée quelconque de leur importance, mais même d'indiquer d'une manière exacte, pour le plus grand nombre, leur emplacement. Du reste, les Romains ne nous ont rien laissé sur la division territoriale du pays et sur son administration intérieure. Comme on le verra dans le courant de cette histoire, on a fort peu de données sur ce qui se passa en Corse dans les premiers siècles du moyen âge. Au onzième siècle eut lieu, pour la première fois, une division importante dans l'île de Corse. Tout le pays compris depuis la chaîne de montagnes du système transversal jusqu'à Brando se déclara indépendant, sous le nom de *Terre de Commune,* s'organisa et appela un prince étranger pour le gouverner. Alors s'établit, d'une manière certaine et régulière, une division qui se continua jusqu'au seizième siècle. Le pays d'au *Delà des Monts*, sous la dépendance de ses seigneurs, ne reconnut d'autre division que celle des fiefs qui le composaient. Dans le *Deçà des Monts*, il y eut deux grandes divisions, la *Terre de Commune,* se régissant d'une manière indépendante, et le *Cap-Corse,* soumis à des seigneurs féodaux. Ces trois grandes parties de la Corse se subdivisaient en provinces, les provinces en pièves, et les pièves en paroisses. La province comprenait un certain nombre de pièves, et les pièves un nombre indéterminé de paroisses. Il n'y a rien aujourd'hui qui ait remplacé les provinces, qui ont servi à former les arrondissements. Quant aux pièves, elles ont été remplacées par les cantons, et les paroisses par les communes :

Au temps de Filippini, la Corse se divisait aussi en cinq évêchés ou juridictions ecclésiastiques qui embrassaient tout le pays. Comme ce régime s'est conservé à peu près le même jusqu'à l'arrivée des Français, nous allons donner ici le passage dans lequel Filippini résume la position géographique de l'île de Corse, au seizième siècle.

« La Corse fait donc trente mille feux, divisés en soixante-six pièves, quarante-cinq pour le *Deçà des Monts*, vingt et une pour le *Delà des Monts,* et toutes relevant de six évêchés. Le premier de ces évêchés est celui de Mariana, qui contient les seize pièves suivantes : Tomino, Luri, Brando, Lota, Orto, Mariana, Bigorno, Caccia, Quadro ou Casinca, Tavagna, Moriani, Ostriconi, Tovani, Sant-Andrea, Giussani, et Casacconi; il a mille écus d'or de revenu. 2° Vient ensuite l'évêché de Nebbio, qui rend plus de quatre cents ducats, et qui comprend cinq pièves : Canari, Nonza, Rosolo, Sanquilico et Santo-Pietro. 3° Puis celui de Sagona, qui rend environ cinq cents ducats, et qui comprend dix pièves, savoir : Pino, dans la Balagne, Olmia, Calenzana, Chiomi, Vico, Amitro ou Sagno, Paomia, Cinarca, Soroinsù, Cruzini et Sevindentro. 4° Puis le petit évêché d'Accia, qui vaut un peu plus de deux cents ducats de rente, et qui ne renferme que deux pièves, celle d'Ampugnani et celle de Rostino; mais Nebbio et Accia ont été réunis, comme on peut le voir dans un livre des dîmes du pape. 5° L'évêché d'Aléria, dont le revenu est de deux mille écus, et qui renferme dix-neuf pièves, savoir : Giovellina, Campoloro, Verde, Opino, la Serra, Bozio, Alesciani, Orezza, Vallerustie, Talcini, Venaco, Rogna, la Cursa, Covasina, Castello, Aregno, Matra, Niolo et Carbini au delà des monts. 6° Enfin, l'évêché d'Ajaccio, dont le produit est de mille ducats, et qui renferme douze pièves, celles d'Ajaccio, Appietto, la Mezzana, Celavo, Cauro, Ornano, Talavo, Cruscaglia, Veggeni,

Valle, Attallà. On doit observer que les pièves se comptent d'une certaine manière par les évêques, pour ce qui tient au spirituel, et d'une autre manière par les collecteurs d'impôts, pour ce qui est du temporel (1). »

Après la conquête des Français, en 1769, la Corse fut déclarée pays d'états et divisée en neuf juridictions, qui eurent chacune un tribunal de première instance, et l'on établit à Bastia une cour d'appel, sous le nom de Conseil supérieur. Du reste, on conserva l'ancienne division en pièves et en communes. Les neuf juridictions dont nous venons de parler étaient les suivantes : 1° *Ajaccio*, comprenant les pièves de Cinarca, Mezzana, Tavaco, Celavo, Talavo, Ornano, et Sanpierro; 2° *Aléria*, comprenant Campoloro, Tavagna, Moriani, Alesani, Verde, Serra, Cursa, Coasina; 3° *Ampugnani*, formé des pièves d'Ampugnani, Orezza, Vallerustie, Rostino, Casacconi, Casinca; 4° *Bastia*, comprenant Lota, Brando, Luri, Rogliano, Canari, Nonza; 5° *La Balagne*, dont les pièves étaient : Aregno, Sant-Andrea, Tuani, Giussani, Ostriconi, Pino, Olmi; 6° *Le Nebbio*, qui comprenait les pièves d'Oletta, Murato, San-Pietro, Patrimonio, Mariana, Bigorno, Canale; 7° *Corté*, ayant Talcini, Venaco, Bozio, Caccia, Castello, Giovellina, Niolo, Rogna; 8° *La Rocca*, comprenant les pièves de Sartène, Tallano, Porto-Vecchio, Veggiano, Istria, Carbini, Scopamene, Bonifacio; 9° *Vico*, qui renfermait les pièves de Cruzini, Soroingiù, Sevinfuori, Sevindentro, Soroinsù. La Corse resta ainsi divisée jusqu'à la révolution française, époque à laquelle, ayant été déclarée partie intégrante du territoire français, elle forma un département et fut organisée en districts et communes. De 1793 à 1811, elle forma deux départements, celui du Golo et celui du Liamone. Le premier comprenait les trois arrondissements de Bastia, Calvi et Corté; le second, ceux d'Ajaccio, Sartène et Vico. En 1811, les deux départements furent réunis en un seul, et l'on supprima l'arrondissement de Vico. C'est l'organisation actuelle.

La Corse forme donc aujourd'hui un département divisé en cinq arrondissements, savoir : Ajaccio, chef-lieu de préfecture, Bastia, Calvi, Corté, Sartène. Elle comprend 61 cantons, 346 communes, et environ 200,000 habitants. Elle a une cour royale siégeant à Bastia, et à Ajaccio un évêché suffragant de l'archevêché d'Aix. Elle forme la dix-septième division militaire.

DEÇA DES MONTS.

Comme nous l'avons dit, la Corse se divise géographiquement en deux grandes parties, le *Deçà des Monts* et le *Delà des Monts*. Le *Deçà des Monts*, beaucoup plus considérable en étendue que le *Delà des Monts*, renferme trois arrondissements : Bastia, Calvi et Corté. Le *Delà des Monts* n'en renferme que deux : Ajaccio et Sartène.

Nous suivrons, pour la description topographique, cette division, qui est la plus naturelle, quoiqu'elle ne soit pas la division administrative.

ARRONDISSEMENT DE BASTIA.

L'arrondissement de Bastia est le plus populeux de la Corse : on y compte 60,000 habitants, répartis en 12 cantons subdivisés en 72 communes : il renferme les anciennes provinces du Cap-Corse, du Nebbio, la Casinca, une partie d'Ampugnani et Cervione. C'est l'arrondissement le mieux cultivé et le plus riche en industries diverses. Il est borné au nord et à l'est par la mer de Toscane, à l'ouest par la mer de France, au sud-ouest par la Balagne, au sud et au sud-est par l'arrondissement de Corté.

Bastia, chef-lieu de l'arrondissement, la ville la plus considérable de la Corse sous le rapport de la population et du commerce, renferme environ 15,000 habitants. Pendant les longues guerres qui ont agité la Corse, elle a presque toujours appartenu aux Génois, qui y tenaient une forte garnison; elle se divise en deux quartiers, l'ancien et le nouveau, *Terra-Vecchia* et *Terra-Nuova*. La vieille ville est bâtie sur une éminence du côté de la terre; ses rues sont étroites et d'une pente très-rapide. La nouvelle ville, assise au bord de la mer, se distingue par l'élégance de ses constructions et par son pavé, construit en pierres de Brando, dalles magnifiques, ressemblant à du marbre jaspé. Bastia re

(1) Filippini, *Ist. di Corsica*, t. 1, p. 126. Edit. de Pise, 1827.

ferme plusieurs églises dans le goût moderne de l'Italie, remarquables par la richesse des dorures et des boiseries. Cette ville a été et sera peut-être toujours la plus commerçante de la Corse. Située en face de l'Italie, avec laquelle elle a de fréquents rapports, entourée de villages populeux et riches, elle trouve un débouché certain à son commerce d'importation et d'exportation. Les chambres viennent de voter trois millions pour l'amélioration de son port, qui, offrant désormais un mouillage sûr, développera le mouvement maritime et créera pour la ville des ressources ignorées.

Le Cap-Corse fournit en très-grande abondance des fruits que l'on exporte et du vin cuit dont le débouché se trouve en Italie, où, après l'avoir manipulé, on le débite comme vin d'Espagne. Les habitants du Cap-Corse sont en général fort doux et très-industrieux : ils aiment le commerce et les dangers de la mer; ils font le cabotage avec l'Italie et la France. Un certain nombre d'entre eux émigre tous les ans pour l'Amérique, où quelques négociants de cette province ont fait des fortunes colossales.

Le territoire du Cap-Corse, formé généralement de terrains intermédiaires, dont la roche principale est le schiste talqueux, ne permet guère d'autre culture que celle des arbres fruitiers et de la vigne. Il renferme plusieurs mines de fer, d'antimoine, de plomb argentifère, de manganèse oxydé noir, susceptibles d'exploitation.

Le Nebbio est riche en oliviers, en fruits et en céréales : ses habitants paraissent avoir perdu le caractère turbulent et factieux qu'ils avaient au temps de Filippini; il jouit aujourd'hui d'une assez grande tranquillité. Cette province, où la culture est très-avancée, est malheureusement sous l'influence des marais insalubres de Saint-Florent, ancienne ville, aujourd'hui presque abandonnée, et qui cependant pourrait acquérir une grande importance.

La Casinca est, relativement à sa population et à son étendue, la plus riche province de la Corse : elle produit en très-grande quantité des céréales, des fruits, des vins; ses jolis villages respirent le bien-être et l'abondance. Le voisinage de Bastia, la commodité des routes et de la mer, les relations établies depuis longtemps avec le continent, ont adouci les mœurs de ses habitants.

L'arrondissement de Bastia est le plus civilisé de la Corse, civilisation qu'il doit à son activité commerciale et à son voisinage de l'Italie.

ARRONDISSEMENT DE CORTÉ.

L'arrondissement de Corté est le plus étendu de la Corse : il a pour limites à l'ouest-nord-ouest la Balagne, et au sud le fleuve de Solenzara; il suit la chaîne de montagnes du système transversal dans le sens de l'ouest au midi. La mer de Toscane le limite à l'est; au nord-nord-est, il confine avec l'arrondissement de Bastia par les Costières, Ampugnani et Campoloro. Il est formé de cette partie de la Corse anciennement appelée *Terre de Commune*, et qui renfermait, entre autres provinces, Venaco, Fiumorbo, Rogna, Campoloro, Bozio, Alesani, Orezza et une partie d'Ampugnani. Sa population est de 50,000 habitants, répartis en 102 communes, renfermées en 15 cantons.

L'arrondissement de Corté, quoique le plus vaste de la Corse, en est en même temps le moins riche. Cela tient à ce que, d'une part, les terrains de l'intérieur sont maigres, peu fertiles et coupés de montagnes généralement dénudées; et d'autre part, à ce que l'immense plaine d'Aléria, qui avoisine la mer, et qui pourrait à elle seule nourrir toute la Corse, n'est cultivée qu'en partie, à cause des marais qui la couvrent et en rendent le séjour presque mortel.

Corté, qui est le chef-lieu de l'arrondissement, ne contient guère que 3,000 habitants. Paoli y avait établi le siége du gouvernement national. Par sa position centrale, cette ville aurait influé sur le reste de l'île, et la civilisation aurait rayonné du centre aux extrémités, au lieu de venir des extrémités au centre, ce qui ne pourra se faire que très-lentement. Corté paraît avoir été entièrement oubliée par l'administration. Si l'on y avait placé le siége de quelque administration importante, cela eût été d'un grand avantage pour les habitants de la Corse entière, obligés quelquefois à des déplacements considérables. Bastia et Ajaccio ont jusqu'ici tout absorbé. Serait-ce par hasard parce que Corté ne fournit qu'un petit nombre d'électeurs et qu'elle n'est d'aucune valeur pour la députation? Si cela était, nous ne pourrions que déplorer la condition de ce pays, auquel se rattachent des souvenirs précieux de dévouement à la France, et qui est admirablement placé pour devenir le foyer le plus puissant de civilisation de la Corse.

Les provinces les plus remarquables comme caractère que renferme l'arrondissement de Corté sont le Niolo, Orezza et le Fiumorbo.

Le Niolo, situé dans les hautes montagnes limitrophes de la Balagne, est sans contredit le pays le plus original de la Corse, tant à cause de l'âpreté de la nature physique qu'à cause des mœurs de ses habitants. La végétation y est celle des pays du Nord. La terre, couverte de neige une grande partie de l'année, fournit cependant du seigle et quelque peu de blé. On y trouve les deux lacs d'Ino et de Creno, qui sont comme les deux grands réservoirs de la Corse. Le premier donne naissance au Golo, qui, allant de l'ouest au nord-est, se jette à la mer dans la plaine de Mariana; le second donne naissance au Tavignano et au Liamone. Le Tavignano descend rapidement et presque à pic dans la direction de l'ouest à l'est, reçoit dans sa course la Restonica et le Vecchio, et va se jeter dans la mer à Aléria. Le Liamone prend une route opposée, descend d'abord dans la direction de l'ouest, puis, déviant de son cours, va se jeter à la mer au sud-ouest, dans une plaine à laquelle il a donné son nom.

Les Niolini (habitants du Niolo) sont presque tous grands et bien faits; ils ont les yeux bleus, les cheveux blonds, et en général le type des hommes du Nord, ce qui se rencontre beaucoup plus communément en Corse qu'on ne se le figure ordinairement. Ils sont vêtus à l'ancienne mode du pays, en drap de poil de brebis tissu par leurs femmes. Ils sont presque tous bergers et essentiellement nomades. Ils parcourent avec leurs troupeaux tout l'arrondissement de Corté, et un peu aussi ceux de Calvi et d'Ajaccio. Ils ne rentrent guère chez eux qu'une ou deux fois par an et ne quittent ce genre de vie que lorsque la maladie ou l'extrême vieillesse les co[n]damnent au repos. Les Niolini ne [se] nourrissent que de laitage et de châta[i]gnes, qu'ils peuvent se procurer partou[t] en échange de fromage, et dont le tran[s]port d'ailleurs n'est pas embarrassant. I[ls] couchent sur la dure et n'ont souvent po[ur] s'abriter que leur *pelone*, manteau [à] capuchon, usité par tous les bergers d[e] l'île et par la plupart des paysans. L[es] femmes du Niolo ont conservé leur an[-]cien costume, qui est une robe mon[-]tante et à petit corsage, en drap cors[e] pour les pauvres, en drap vert ou noi[r] de fabrique étrangère pour les femme[s] aisées, et en une petite coiffe de drap o[u] de velours, qui ressemble assez à un[e] calotte.

Les habitants d'Orezza, renfermé[s] dans un territoire ingrat, et n'ayan[t] d'autre ressource que celle de leur[s] châtaigniers, se sont adonnés à l'indus[-]trie; ils sont, en général, muletiers. Ils fa[-]briquent aussi des meubles et des usten[-]siles de ménage dont ils fournissent pres[-]que toute la Corse. Il y a quelques année[s] qu'Orezza était le seul pays de la Cors[e] où l'on fabriquât du fer. Orezza posséd[e] plusieurs sources d'eaux minérales aci[-]dulées se rapprochant de celles de Vichy[.] On y trouve aussi des carrières de ver[t] antique, facile à travailler, et dont on fai[t] de jolis ouvrages.

Le Fiumorbo, province fort étendue[,] confine au nord avec la plaine d'Aléria[,] qui a été longtemps sa tributaire, [à] l'ouest avec les montagnes du sytèm[e] transversal, au sud avec l'arrondissemen[t] de Sartène, et à l'est avec la mer. Ce pay[s] renferme beaucoup de bois et des plai[-]nes d'une grande fertilité.

Les habitants du Fiumorbo avaient au[-]trefois une détestable réputation, jus[-]tement méritée par leurs brigandages [à] main armée sur leurs voisins. Ils étaien[t] dans l'habitude d'arriver en très-gran[d] nombre, au moment de la récolte de[s] blés, dans la plaine d'Aléria, d'y charge[r] leurs bêtes de somme et de s'en retour[-]ner chez eux sans crainte d'être inquié[-]tés. Ils devaient à la nature des lieu[x] qu'ils habitaient de vivre dans l'impu[-]nité. Le Fiumorbo était aussi le refug[e] des bandits qui se trouvaient traqué[s] dans les autres parties de l'île. Depui[s] quelque temps, cet état de choses a chan[-] gé. Le gouvernement a fait des travaux qui ont, pour ainsi dire, renouvelé la face du pays (*e*). On a percé des routes, bâti des casernes, créé des postes militaires, établi des écoles, réprimé avec sévérité le brigandage et encouragé l'industrie. Les défrichements, qui s'y sont multipliés, offrent assez de ressources aux habitants pour qu'ils n'aient plus besoin de leurs voisins. Aujourd'hui le Fiumorbo est aussi civilisé que les autres parties de l'île, et l'on peut y voyager avec la plus grande sécurité. On trouve dans cette contrée, à l'endroit appelé Pietra-Pola, des eaux thermales merveilleuses pour les maladies cutanées.

ARRONDISSEMENT DE CALVI.

Le troisième arrondissement du *Deçà des Monts*, le moins considérable en étendue et en population, est celui de Calvi. Il ne renferme qu'une population de 22,000 habitants, et n'est formé que d'une seule province, la Balagne, à laquelle on a joint la pièVe de Giussani, une des plus riches en bestiaux de la Corse. Il est borné au nord par la Méditerranée et l'arrondissement de Bastia; à l'est, par les montagnes du système transversal; à l'ouest, par la mer; et au sud, par l'arrondissement d'Ajaccio.

On a dit que la Balagne était le jardin de la Corse, et cela a été vrai pendant longtemps; aucune partie de l'île n'est, en effet, encore en ce moment, mieux cultivée, et nulle part on n'a su tirer un meilleur parti du terrain, assez maigre d'ailleurs. Mais la Balagne est aujourd'hui ce qu'elle était il y a vingt-cinq ans, ce qu'elle sera encore longtemps : elle est à peu près arrivée au plus grand développement agricole qu'elle puisse atteindre, parce qu'elle est limitée par l'étendue et la nature de son sol; tandis que les autres parties de la Corse, où la terre est beaucoup plus fertile, s'améliorent tous les jours davantage, et offrent des ressources inépuisables à l'industrie.

La Balagne se divise naturellement en deux parties, la Balagne supérieure et la Balagne inférieure. La première comprend les villages renfermés entre le mont Saint-Antoine et la mer, du nord-est au nord-ouest, et entre le fleuve d'Ostriconi et Lumio, du nord au midi. Elle est arrosée par le fleuve Regino, qui la traverse en courant sans la fertiliser : sa principale richesse consiste en oliviers.

L'Ile-Rousse (*f*), petite ville qui renferme 1,500 habitants, peut être considérée comme la capitale de la Balagne supérieure : elle n'était, au commencement du gouvernement de Paoli, qu'une petite bourgade de pêcheurs. Paoli, que l'obstination de Calvi avait irrité, encouragea de toutes ses forces la colonisation de l'Ile-Rousse, et réussit assez bien pour voir de son vivant ses espérances réalisées. Il avait dit qu'en fondant l'Ile-Rousse, il plantait les fourches qui devaient servir à pendre Calvi (*ho piantato le forche per impiccar Calvi*). L'Ile-Rousse est devenue bientôt, en effet, par sa position le centre du commerce de la Balagne. Les villages des environs y ont envoyé leurs huiles; de riches négociants s'y sont établis, et y ont commencé des bâtisses qui ont été toujours en augmentant. Aujourd'hui, c'est une des plus jolies villes de la Corse, et l'on estime à plus d'un million l'exportation qu'elle fait annuellement des huiles.

Non loin de l'Ile-Rousse est une petite ville tombant en ruine, appelée l'Algajola, et dans le territoire de laquelle se trouvent les carrières de granit rosé dont on a fait le soubassement de la colonne Vendôme, et dont on fait aujourd'hui la colonne destinée au monument de l'empereur à Ajaccio.

La Balagne inférieure est bornée, au nord-est, par le Monte-Grosso, suite de la chaîne de montagnes du système transversal, et au nord-ouest, par la mer; elle est séparée au nord, de la Balagne supérieure, par un rameau du Monte-Grosso sur lequel sont assis Lumio, Monte-Maggiore, Cassano, Zilia, etc.; au midi la plaine du Marsolino la limite avec le *Delà des Monts*. Quoiqu'elle possède un assez grand nombre d'oliviers, elle en a beaucoup moins cependant que la Balagne supérieure; en revanche, elle es

(*e*) On commença à s'occuper du Fiumorbo en 1826; et cette province dut une grande partie de ses améliorations à l'intelligente et active administration de M. le sous-préfet Arman.

(*f*) On lui a donné ce nom d'un petit îlot, roc de couleur rougeâtre qui se trouve en face de la ville, à une distance de quelques mètres.

plus riche en céréales, en vins et en bois.

Calvi, ancienne ville très-forte, bâtie sur un rocher qui s'avance en pointe dans la mer, et chef-lieu de l'arrondissement, né renferme guère plus de 1,500 habitants. Cette ville, colonisée autrefois par les Génois, auxquels elle demeura toujours attachée, a montré envers la France un rare dévouement, qui justifie l'inscription gravée depuis des siècles en lettres d'or sur sa porte d'entrée : *Civitas Calvi semper fidelis*. En 1794, elle était occupée par les troupes républicaines.

Lorsque les Anglais cherchèrent à s'en emparer, elle se défendit vaillamment contre la flotte qui l'attaquait par mer et contre les batteries anglaises, placées sur le Mozello, qui la foudroyaient du côté de la terre. Elle reçut plus de quatre mille bombes, qui abîmèrent toutes les maisons et en firent un monceau de ruines. Le commandant de la garnison, Casabianca, voyant qu'une plus longue résistance, non-seulement devenait impossible, mais qu'elle serait infructueuse, obtint une capitulation honorable, dans laquelle il fut dit que l'inscription ne serait point effacée.

Calvi ne s'est point relevée de ses ruines; et c'est vraiment un triste spectacle que de voir ces maisons criblées par les bombes, dont les pans de murailles portent encore çà et là des vestiges d'anciennes peintures, et sur lesquels croissent les plantes parasites des tombeaux abandonnés.

Les habitants de la Balagne sont actifs et très-industrieux. La plupart sont *tragolini*, c'est-à-dire muletiers. Dans les années de récolte médiocre, ils vont vendre leur huile sur tous les points de la Corse. Quand leur provision est épuisée, ils chargent sur leurs mulets la denrée abondante en l'endroit où ils se trouvent, et vont la revendre ailleurs, avec quelques sous de bénéfice. Pendant la saison des vendanges, ils accourent avec leurs mulets dans les lieux où les moyens de transport sont rares, et se font payer assez cher leurs services.

L'abondance des huiles et l'industrie des *tragolini* font entrer beaucoup d'argent en Balagne, et cette richesse a donné au pays un aspect d'aisance et de bien-être qui ne se rencontre nulle part ailleurs dans le département, si ce n'est dans la Casinca.

Les habitants de la Balagne ont des mœurs douces et polies. Ils se ressentent beaucoup du continent italien, avec lequel ils ont eu longtemps de fréquents rapports. Isolés, pour ainsi dire, du reste de la Corse par de hautes montagnes et des espaces immenses de terres incultes, ils se sont formés par le commerce et par le contact des étrangers qui tous les jours viennent s'établir chez eux.

DELA DES MONTS.

ARRONDISSEMENT D'AJACCIO.

Le *Delà des Monts* ne renferme que deux arrondissements, celui d'Ajaccio et celui de Sartène. Ajaccio comprend les anciennes provinces de Vico de Cinarca et d'Ornano. Sartène est presque entièrement formé des anciennes seigneuries d'Istria et de la Rocca.

L'arrondissement d'Ajaccio renferme une population de 48,000 habitants, répartis en douze cantons, divisés en soixante-douze communes. Il est borné, au nord, par l'arrondissement de Calvi et par les montagnes du système transversal, qui le séparent de celui de Corté, dans le sens du nord-est au sud-est; au sud, par l'arrondissement de Sartène; à l'ouest, par la mer.

Ajaccio, chef-lieu du département, patrie de l'empereur Napoléon, renferme environ 10,000 habitants : elle est située au fond d'un golfe majestueux, et possède un des plus beaux ports de la Méditerranée. Les Romains l'appelaient *Urcinum*, à cause des poteries que l'on y fabriquait; elle était autrefois située plus au nord, à l'endroit que l'on appelle Castel-Vecchio, et où l'on a trouvé encore des vestiges d'anciennes habitations et d'anciennes sépultures. Le marais des Salini, desséché seulement depuis quelques années, en rendait le séjour très-dangereux. C'est ce qui, joint à des motifs politiques, engagea, en 1495, la compagnie de Saint-Georges à faire bâtir quelques maisons sur la langue de terre qui s'avance dans la mer. Les habitants de l'ancien Ajaccio l'abandonnèrent sans difficulté, pour aller s'établir dans un lieu qui leur offrait de précieux avantages.

Jusqu'à l'arrivée des Français, en

1764, la ville d'Ajaccio n'offrit rien de remarquable. Sa cathédrale, monument du seizième siècle, était, avec le séminaire, le palais épiscopal et le collége des jésuites, les seuls édifices qu'elle possédât. Après la conquête, la ville commença à sortir de l'étroite enceinte dans laquelle elle se trouvait renfermée : ses murs furent abattus ; les jardins qui l'entouraient durent se reculer, pour faire place à la route royale qui devait relier Ajaccio à Bastia, en traversant l'île du nord-est au sud-ouest. Une caserne spacieuse fut bâtie sur le bord de la route, au coin de la place Saint-François. L'ancien couvent des frères mineurs devint un hôpital.

Quelques nouvelles bâtisses commencèrent à donner à la ville un autre aspect. Cependant, ce ne fut guère que dans les dernières années de l'empire, et sous la restauration, que la ville prit une extension vraiment surprenante.

On construisit un quai, qui malheureusement est resté inachevé. Des deux côtés de la route royale, et tout autour de la place de l'Orme, au milieu de laquelle s'élève une gracieuse fontaine, on bâtit de très-belles maisons. Sous l'administration de M. de Lantivy, dont le zèle était si ardent, furent jetés les fondements de la préfecture, du théâtre et de l'hôtel de ville. Ces trois monuments, achevés aujourd'hui, forment le plus bel ornement de la ville, et ne seraient déplacés dans aucune ville secondaire de France. La préfecture surtout est magnifique et admirablement bien située. La voûte du théâtre est bâtie en pierres de taille et très-bien disposée pour l'acoustique. Depuis quelques années, Ajaccio a vu s'augmenter ses monuments. Le grand et le petit séminaire, la caserne de la gendarmerie et l'école normale pour les instituteurs primaires, le palais Fesch, ont encore reculé et embelli la ville. Chaque jour s'élèvent de nouvelles bâtisses élégantes et commodes, qui semblent inviter la population à quitter les vieux quartiers, pour jouir de l'air et des commodités de la vie. Le centre de la ville va être bientôt déplacé, car, depuis quelque temps, il tend à se porter vers la grande route et le faubourg. La sévérité de la loi sur les servitudes militaires, empêchant la construction ou la réparation des bâtiments dans un certain rayon, a contribué et contribue beaucoup tous les jours à ce déplacement.

Cette ville possède une bibliothèque fondée sous l'empire par les soins de Lucien Bonaparte, et enrichie depuis de dons particuliers, et un musée de mille tableaux, légués par le cardinal Fesch, à qui la ville doit beaucoup de reconnaissance.

Ajaccio, dont les rues larges et droites sont pavées en très-beau granit, et qui possède deux belles promenades, l'une au nord, plantée d'orangers sauvages, l'autre du côté de l'ouest, au bord de la mer, est non-seulement la plus jolie ville de la Corse, mais elle ne tardera pas à devenir une des plus jolies villes de la France.

Si l'on fait d'Ajaccio, comme il en est question depuis longtemps, comme l'exige l'intérêt général, une succursale du port maritime de Toulon, cette ville joindra bientôt à la beauté du séjour les ressources des grands centres d'activité.

Les provinces qui composent l'arrondissement d'Ajaccio sont abondantes en toutes espèces de produits agricoles. Cependant, elles fournissent plus particulièrement d'excellents vins et des céréales qu'on exporte à Marseille.

La province de Vico, qui, du fleuve de Liamone s'étend jusqu'à la Balagne, est riche en blés et surtout en bois. C'est dans cette province que se trouvent les forêts de Perticato, Libio, Tritore, Aïtona. Guagno, village considérable, presque entièrement peuplé de bergers, produit en très-grande abondance des châtaignes et des fromages. Dans son territoire se trouvent des eaux minérales, excellentes pour la guérison des douleurs rhumatismales et pour les blessures. L'administration de la guerre y envoie tous les ans un très-grand nombre de militaires blessés.

La Cinarca, séparée de la province de Vico par le Liamone, et très-célèbre par ses seigneurs féodaux, qui l'ont possédée jusqu'au milieu du quinzième siècle, s'étend depuis la mer jusqu'au Monte-d'Oro, et se trouve limitée, à l'est, par la Gravona : elle abonde en vins, réputés des meilleurs de la Corse, en céréales et en châtaignes.

Entre la Gravona, qui prend sa source au Monte-d'Oro et commence à couler au-dessous de Boccognano, et l'ancienne province d'Ornano, se trouve un pays assez étendu, dans lequel sont deux des plus gros villages de la Corse, Boccognano et Bastelica, l'un et l'autre peuplés en majeure partie d'habitants nomades, presque tous bergers ou laboureurs, résidant l'hiver à la plaine et l'été à la montagne. Boccognano et Bastelica sont très-renommés pour leurs troupeaux, leurs fromages et leurs châtaignes. Aujourd'hui, la population de ces deux cantons tend évidemment à abandonner la montagne pour s'établir dans les plaines qui avoisinent la mer.

La province d'Ornano, formée de l'ancienne seigneurie de ce nom, est riche en céréales, en fruits, oliviers et bois de futaie : elle exporte fort peu; mais ces productions suffisent à la population qu'elle renferme : elle possède une très-grande quantité de terres en friche, qui pourraient devenir un puissant élément de richesses. L'arrondissement d'Ajaccio est le plus étendu de la Corse, après celui de Corté, puisqu'il s'étend de la forêt de Perticato au golfe de Valinco, et des montagnes du système transversal à la mer. Quoique très-montagneux, il renferme néanmoins des plaines étendues et fertiles, comme celles de Liamone et de Campo dell'Oro : il est suffisamment arrosé par des cours d'eau, qui le sillonnent en tous sens, et possède une très-grande quantité de terres en friche. Il renferme, en outre, les plus belles forêts de la Corse, Aïtona et Vizzavona, dont l'exploitation utile à l'État et aux particuliers, en créant des industries nouvelles, augmenterait la prospérité du pays.

ARRONDISSEMENT DE SARTÈNE.

L'arrondissement de Sartène est formé, comme nous l'avons dit, des anciennes seigneuries d'Istria et de la Rocca : il est borné, au nord, par l'arrondissement de Corté, et par celui d'Ajaccio dans la direction du nord-nord-est; à l'ouest, par la Méditerranée; au sud par le détroit de Bonifacio, qui le sépare de la Sardaigne; et à l'est, par la mer de Toscane. Il ne renferme que 26,000 habitants, répartis en 43 communes; mais il pourrait aisément en contenir quatre fois autant.

Sartène, petite ville située dans la vallée du Valinco, sur un chaînon qui la sépare de celle de l'Ortolo, est le chef-lieu de la sous-préfecture : elle renferme environ 3,000 habitants. La population tend à s'y accroître chaque jour davantage. Il est à regretter que l'administration ne songe pas à faire quelques améliorations indispensables : les prisons y sont dans un tel état que les individus condamnés à quelques jours d'emprisonnement préfèrent se faire bandits que d'y être renfermés.

Propriano, petite bourgade assise au bord de la mer, à un myriamètre environ de Sartène, sert de port à cette ville et à la plus grande partie de l'arrondissement, qui y apporte ses objets d'exportation. Si l'on parvenait à en rendre l'air moins insalubre, Propriano ne tarderait pas à prendre de l'extension et à devenir un des centres les plus actifs du commerce de la Corse.

L'arrondissement de Sartène est relativement le plus riche de la Corse, et sa richesse ne peut qu'aller en augmentant; il produit en très-grande quantité des céréales et des huiles qu'on exporte; de très-bons vins, des fruits et des bestiaux. C'est bien la partie la plus fertile de la Corse; et l'on peut, sans trop se compromettre, avancer que dans quelques années il n'y aura pas d'arrondissement agricole en France qui l'égale en richesses. Il est à déplorer que les divisions intérieures soient souvent un obstacle au développement de l'agriculture et de l'industrie. Les *vendette,* qui ont affligé et affligent encore cet arrondissement, y ont un caractère particulier qui ne se rencontre dans aucune autre partie de l'île. Ce sont en général les familles riches et influentes dans le pays qui sont en inimitié, et les membres de ces familles exercent ordinairement eux-mêmes leurs vengeances, sans avoir recours au bras d'un sicaire, comme cela arrive malheureusement quelquefois ailleurs.

L'arrondissement de Sartène renferme trois ports d'une haute importance pour notre marine, Valinco, Santa-Manza et Porto-Vecchio : les deux premiers sur la route de l'Afrique, le troisième en face de l'Italie.

Au sud de l'arrondissement de Sartène et à l'extrémité de l'île de Corse, se trouve la petite ville de Bonifacio, bâtie au dixième siècle par le comte Boniface, et colonisée plus tard par les Génois, auxquels elle resta constamment dévouée. Bonifacio soutint, en 1420, un siége mémorable contre Alphonse le Magnanime, roi d'Aragon, qui ne put s'en rendre maître. Elle possède des archives assez intéressantes pour le commerce et pour la constitution des municipalités au moyen âge. Elle se trouve bâtie sur une des grottes les plus curieuses de la Corse : ses habitants se ressentent toujours de leur origine, et parlent encore le génois.

C'est dans l'arrondissement de Sartène que se trouvent les seules carrières qui existent au monde de granit orbiculaire gris, une des plus belles productions du règne minéral, mais que sa dureté ne permet pas de travailler facilement.

MŒURS.

On a beaucoup parlé et l'on parle beaucoup encore de la sauvagerie des mœurs corses, et l'éternelle *vendetta* a donné matière à plus d'un voyageur et d'un romancier d'exercer son imagination. Certes, si l'on compare les mœurs du paysan corse aux mœurs élégantes et polies de la société parisienne, on trouvera une différence notable. Mais que cette comparaison s'établisse aussi pour la Haute-Loire, le Puy-de-Dôme, les Bouches-du-Rhône, et l'avantage restera encore à la Corse. Un ridicule assez commun à nos voyageurs parisiens, c'est de prendre Paris pour modèle en toute chose et de trouver mauvais que l'on ne soit pas servi dans une auberge de village comme au Rocher de Cancale. La Corse est certainement encore, au jour qu'il est, un pays exceptionnel, mais beaucoup moins exceptionnel qu'on veut bien le dire : elle se trouve en ce moment dans un état de crise entre les mœurs anciennes, qui se perdent tous les jours davantage, et les mœurs nouvelles, qui font de très-grands progrès. Dans cinquante ans, avant même peut-être, la physionomie physique et morale de ce pays aura complétement changé; et ce sera alors, nous croyons pouvoir l'affirmer, un des départements les plus avancés de la France. Car, si le Corse quitte ses vieilles mœurs pour en embrasser de nouvelles, il voudra avoir, en celles-ci, la dernière perfection. Pour ce qui est du moment présent, nous croyons être dans le vrai en soutenant que l'on a beaucoup trop exagéré le mal qui se commettait en Corse, et que l'on s'est beaucoup trop hâté de généraliser sur des faits qui pouvaient bien n'être que des exceptions. Nous ne voulons cependant pas nier l'existence malheureusement trop réelle de la passion de la vengeance, qui au fond n'est que l'exagération du sentiment du juste, mais qui n'en est pas moins une plaie terrible pour ce pays. Quoique cette passion se soit beaucoup modifiée, surtout dans les parties qui avoisinent les villes, néanmoins elle forme toujours le côté le plus saillant du caractère national. Nous croyons cependant que cela peut et doit changer rapidement, et qu'une administration intelligente et bien intentionnée peut, sans sortir des lois constitutionnelles, renouveler la face du pays et faire de la Corse un département aussi florissant et aussi civilisé que les départements du Nord.

Nous venons de donner une description géographique des parties les plus importantes de la Corse. Nous regrettons que l'espace dans lequel nous sommes obligé de nous renfermer ne nous permette point d'entrer dans de plus grands détails sur un pays où la nature est si riche, le soleil si beau, le ciel si pur, et dont les habitants ont des vertus antiques qui en font un peuple à part dans notre Europe civilisée. Le royaume de Corse est aujourd'hui un département français. La couronne souveraine qui faisait l'orgueil de Gênes, et l'autorisait à demander au Vatican les honneurs dus aux monarques, s'est effacée devant la glorieuse couronne de la France. La Corse ne regrette pas son passé : elle ne croit point avoir déchu en étant appelée à faire partie intégrante du plus beau royaume du monde, après celui du ciel (g). Lorsque la députation corse vint assurer Louis XV des sentiments qui ani-

(g) Grotius, *de Jure Belli et Pacis*, *Epist. ad Ludovicum XIII.*

maient le pays envers la France, l'évêque de Sagone, qui portait la parole, dit au roi : « La nation corse a donné dans les « siècles passés des preuves éclatantes « de constance et de valeur; elle se fera « une gloire dans les siècles à venir de « consacrer ces deux belles qualités au « service de son bien-aimé souverain et « de la nation la plus grande, la plus « brave et la plus polie de l'univers. « Tel fut toujours le désir de nos pères, « et les annales de votre monarchie le « prouvent d'une manière incontesta- « ble. »

La Corse n'a pas attendu des siècles pour remplir fidèlement ses promesses; elle a donné Napoléon à la France, et ses enfants ont versé glorieusement leur sang pour la patrie. En retour de ses services et de son dévouement, n'est-elle pas en droit de demander quelque chose? Son sol est vaste et fertile; ses forêts, peut-être les plus belles du monde, sont d'une richesse inappréciable; ses havres les plus rapprochés du continent et les plus sûrs de la Méditerranée; ses habitants, Français par le cœur et l'esprit autant que les plus chers enfants de la France. Pourquoi donc la négliger et l'abandonner ainsi? Si, depuis l'empire, on avait fait pour la Corse, pour cette terre qui ne cessera jamais d'être France, le dixième de ce qu'on a fait depuis quinze ans pour l'Algérie, elle serait aujourd'hui le pays le plus florissant de la Méditerranée et le grenier d'abondance de nos provinces du Midi. Espérons que, longtemps oubliée, la Corse attirera désormais les regards du gouvernement. Déjà des routes royales sillonnent l'île. Il ne reste plus pour assurer sa prospérité qu'à exécuter deux opérations également importantes, le desséchement des marais et l'exploitation des forêts (*h*). La première, si impérieusement réclamée par l'humanité, e appelant les populations des montagn dans la plaine, donnera des bras à l'a griculture et créera de nouvelles cité La seconde, en assurant la conservatio des forêts, permettra à la France de s passer des nations étrangères pou ses bois de construction, et la Cors pourra bien être alors ce que pensait l duc de Choiseul, *plus utile à la Franc que ne l'était ou ne l'aurait été le Ca nada*.

LIVRE Ier.

Depuis les temps les plus anciens jusqu'aux invasions des Sarrasins.

L'origine des peuples de la Corse comme celle de tous les peuples primitifs, est incertaine et ne saurait être fixé d'une manière positive. Le nom mêm de cette île, appelée (1) *Cyrnos* par les Grecs, est un sujet de controverse, qu

(*h*) Les marais sont le plus grand obstacle au développement de l'industrie agricole, et occasionnent une grande mortalité; ils infectent toutes les parties de l'île qui avoisinent la mer. Ils couvrent une superficie de terrain de 3,313 hectares et ont une hauteur moyenne de 6 mètres. Les plus considérables sont sur la côte de l'est : les étangs de Biguglia, de Diana, d'Urbino, de Palo, de Balistro, les marais del Sale et de Porto-Vecchio. — Sur la côte de l'ouest, l'étang de Taravo, les marais de Peró et de Chioni. Sur celle du nord-ouest et du nord : les marais de Galeria, Calvi et Saint-Florent. — On ne saurait se faire une idée des maladies qu'occasionne le séjour dans le voisinage de ces marais. Les laboureurs, qui sont obligés de travaille les plaines qui les avoisinent, s'estiment for heureux lorsqu'ils en sont quittes pour quel ques mois de fièvres. En 1829, le conseil de ré vision trouva, dans le seul canton de Venaco plus de trente fils de veuves dont les maris étaien morts pour avoir travaillé à Aléria. A Calvi et à Saint-Florent, les quatre cinquièmes des soldats sont pendant l'été hors d'état de faire le service.

(1) Aucun historien n'a jusqu'à ce jour donné une étymologie satisfaisante des noms de *Cyrnos* et de *Corse*. Les uns assurent que Cyrnus était un fils d'Hercule, qui donna son nom au pays que nous connaissons. Les autres, et Samuel Bochart est de ce nombre, prétendent que le nom de Cyrne voulant dire, en langue phénicienne, *couvert de forêts*, ce nom dut être imposé à la Corse d'aujourd'hui par les voyageurs phéniciens, qui furent frappés de la richesse de ses forêts. — Quant au nom de Corse, il y a également des historiens qui veulent qu'il ait été donné à la Corse par Corsus, fils d'Hercule; Bochart le fait dériver d'un mot phénicien, qui voudrait dire *cornue*, nom qui lui aurait été imposé à cause des nombreux promontoires qui s'avancent en pointe dans la mer, et des pics élevés qu'on aperçoit de loin, avant de l'atteindre. Filippini rapporte deux versions, que nous croyons devoir transcrire ici, pour faire voir jusqu'où peut aller la manie des étymologies. Voici la première : Une femme de Ligurie, appelée *Corsica*, ayant suivi un taureau qui se rendait à la nage dans une terre inconnue, fut rejointe par ses parents, qui, étant arrivés sur ses traces dans un pays de très-belle apparence, et où les pâturages étaient excellents, s'y établirent et appelèrent ce pays *Corsica*, du nom de la femme qui les y avait attirés. La seconde est qu'un neveu d'Énée appelé *Corsus*, ayant enlevé une nièce de Didon, appelée *Sica*, s'enfuit dans l'île à laquelle il donna le double nom de *Corsica*.

prouve l'impossibilité d'en donner une explication exacte. Toutefois, comme, en abordant l'histoire d'un pays, il est utile, ne serait-ce que pour satisfaire la curiosité, de connaître ce qui a été conjecturé ou écrit sur les premiers temps de son histoire, nous donnerons ici, d'une manière succincte, les diverses opinions relatives à l'origine des peuples de la Corse et aux temps qui ont précédé l'invasion romaine.

CHAPITRE Ier.

LA CORSE AVANT LES ROMAINS.

La tradition la plus accréditée chez les auteurs de l'antiquité, c'est que la Corse a été colonisée par les Phéniciens, qui se seraient en même temps établis en Sardaigne. Ils auraient été conduits dans ces deux îles par un fils de l'Hercule conquérant de l'Espagne et de l'Italie. C'est à cette époque que l'on fait remonter la fondation d'Aléria, qui a été, pendant longtemps, la plus considérable des villes de la Corse. Cependant, il est à présumer que les Phéniciens n'ont pas été les seuls étrangers colonisateurs de l'île; il faut admettre que les habitants de l'Italie et en particulier les Étrusques, à cause du voisinage, y ont envoyé de nombreuses colonies. Les peuples de la Grèce songèrent aussi à s'y établir. Hérodote rapporte qu'après la défaite de Crésus, Cyrus ayant chargé Harpage, son lieutenant, de faire la conquête de l'Ionie, celui-ci vint mettre le siége devant Phocée. Il ne demandait aux Phocéens que de le reconnaître pour maître; mais les Phocéens, redoutant l'esclavage, préférèrent abandonner leur ville. Ils s'embarquèrent de nuit, avec toutes leurs richesses, et se dirigèrent vers Chios. Ils demandèrent à acheter les îles OEnusses; et comme on ne voulut pas les leur vendre, ils firent voile pour la Corse, où, vingt ans auparavant, ils avaient bâti la ville d'Alalie. « Lors- « qu'ils furent arrivés en Cyrnos, ajoute « Hérodote, ils élevèrent des temples et « demeurèrent cinq ans avec les colons « qui les avaient précédés; mais, comme « ils ravageaient et pillaient leurs voi- « sins, les Thyrrhéniens et les Carthagi- « nois mirent en mer soixante vaisseaux. « Les Phocéens, ayant aussi, de leur « côté, équipé pareil nombre de vais- « seaux, allèrent à leur rencontre sur la « mer de Sardaigne. Ils remportèrent la « victoire, mais elle leur coûta cher, « car ils perdirent quarante vaisseaux, « et les vingt autres ne purent servir « dans la suite, les éperons ayant été « faussés. Ils retournèrent à Alalie, et, « prenant avec eux leurs femmes, leurs « enfants et tout ce qu'ils purent em- « porter du reste de leurs biens, ils « abandonnèrent l'île de Cyrnos, et « firent voile vers Rhegium. (1) »

Cette tentative de colonisation de la part des Grecs d'Ionie est la seule dont fasse mention Hérodote. Quant aux autres auteurs de l'antiquité, tels que Strabon, Pausanias, Pline l'Ancien, Diodore de Sicile, comme ils sont venus beaucoup plus tard et dans la période purement romaine, ils n'ont guère parlé des temps primitifs, et, s'il leur est arrivé de le faire, ce n'est évidemment que par tradition et d'une manière peu certaine. Aussi l'histoire de la Corse n'offre-t-elle rien d'intéressant et de véritablement historique jusqu'au temps où les Romains songèrent à la conquérir. A partir de cette époque, elle devient positive; et l'on trouve dans la tradition romaine les particularités qui la regardent.

CHAPITRE II.

EXPÉDITIONS DES ROMAINS DANS LA CORSE.

(494-591 de Rome.)

Au temps de la rivalité de Rome et de Carthage, la Corse eut à subir le sort des provinces méditerranéennes. Sa position avantageuse entre l'Italie et l'Afrique, la fertilité de son sol et la richesse de ses forêts, qui pouvaient être d'un si grand secours à une puissance maritime, la rendirent un objet de convoitise pour les deux peuples. On a dit que les Carthaginois la possédèrent très-longtemps; cependant, rien ne le fait présumer, et il est à peu près certain qu'ils n'y firent jamais d'établisse

(1) Hérodote, liv. I, § 156.

ment sérieux. Quant aux Romains, ils y firent huit expéditions, et livrèrent bien des combats avant de s'en rendre entièrement maîtres.

La première expédition romaine dont il soit fait mention est celle que le consul Lucius Cornélius Scipion fit en l'an 494 de Rome ; il y détruisit, dit Florus, la ville d'Aléria, et frappa ainsi de terreur les autres habitants (1). Cependant, cette terreur dont parle Florus n'amena aucun résultat pour les Romains, car le reste du pays ne se soumit point, et, tandis que le consul était occupé en Sardaigne, les Corses reprirent Aléria, d'où ils chassèrent les Romains. Ceux-ci avaient beaucoup trop à faire en ce moment chez eux pour songer à réparer leur défaite; mais, lorsqu'ils eurent conclu la paix avec les Carthaginois, ils se préparèrent de nouveau à envahir la Corse.

Ce fut environ vingt ans après la première expédition que le consul Caïus Licinius Varus, après avoir fait de grands préparatifs, se disposa à passer dans cette île. Comme l'impatience des Romains était très-grande, et que d'ailleurs le nombre de vaisseaux était insuffisant pour transporter toute son armée, le consul n'attendit pas d'avoir rassemblé tout son monde, et fit partir une première division, sous les ordres de son lieutenant Marcus Claudius Glica. Débarqué en Corse, à la tête de forces assez considérables, Glica crut pouvoir, sans attendre l'arrivée du consul, livrer le combat aux indigènes. L'issue de ce combat lui fut funeste. Enveloppé de toutes parts par les Corses, il éprouva une sanglante défaite, et il allait être taillé en pièces, lorsqu'il proposa aux Corses de traiter avec lui ; ceux-ci y consentirent. Mais ce traité, honteux pour les Romains, ne fut point approuvé par le consul, qui, arrivé quelque temps après, et ne voulant pas reconnaître ce qui avait été fait par son lieutenant, recommença les hostilités, battit les Corses en différentes rencontres, les obligea à se retirer dans les montagnes et soumit une grande partie du plat pays.

De retour à Rome, Licinius demanda les honneurs du triomphe, qui lui furent refusés. Quant à Marcus Claudius Glica, qui avait conclu le traité, le sénat le renvoya en Corse, en le mettant à la disposition des insulaires; il croyait par là réparer la violation faite au traité par Licinius Varus. Les Corses, n'ayant rien à reprocher à Glica, qui, pour sa part, avait observé les conventions, le renvoyèrent au sénat, disant qu'ils n'avaient point à venger sur un innocent l'injure faite par le consul. Le sénat comprit parfaitement la conduite des Corses; mais, persistant dans son système de considérer Claudius Glica comme seul coupable, ayant agi sans pouvoirs, il le condamna à mort, et son corps fut jeté aux gémonies (1).

Cependant, les Corses, se voyant attaqués sans motifs par les Romains, songèrent à leur créer des ennemis et à secouer leur joug.

La Sardaigne, ainsi que la Sicile, avait été cédée aux Romains par les Carthaginois; mais cette cession n'ayant pas été consentie par les peuples de ces îles, il existait un grand mécontentement parmi eux. Les Corses s'entendirent avec les Sardes, et les deux peuples se soulevèrent en même temps contre les Romains, qu'ils obligèrent à se renfermer dans les villes du littoral. A cette nouvelle, le consul Manlius Torquatus partit en toute hâte, avec une armée considérable, et comprima le soulèvement dans les deux pays. Toutefois, comme cette soumission n'était point complète, les Romains décidèrent qu'il serait fait contre ces deux peuples une expédition générale pour les soumettre entièrement.

Le consul Spurius Carvilius et le préteur P. Cornelius partirent, à la tête de troupes nombreuses. Le premier se rendit en Corse, le second en Sardaigne. Spurius Carvilius n'avait pas encore commencé ses opérations en Corse, lorsqu'il fut instruit du mauvais état de l'armée romaine en Sardaigne. Le préteur P. Cornelius venait d'y mourir de

(1) Florus. *Epist.* liv. 89.

(1) *M. enim Claudium senatus Corsis, quia turpem cum his pacem fecerat, dedit : quem ab hostibus non acceptum, in publica custodia necari jussit et factum ejus rescidit, libertatem ademit, spiritum extinxit, corpus contumelia carceris et detestanda ignominia gemoniarum scalarum nota fœdavit.* Valer. Max. lib. VI, cap. 3.

la peste, qui s'était déclarée dans son armée. Les Sardes, profitant du trouble qu'avait occasionné cette mort et de l'abattement des légions romaines, les avaient attaquées avec succès et étaient sur le point de les détruire entièrement. Si l'on voulait éviter la honte d'une défaite et sauver les restes de cette armée, il fallait voler immédiatement à son secours. C'est ce que fit sans hésiter Carvilius. Son arrivée releva le courage abattu des Romains et diminua la confiance des Sardes. Cependant ceux-ci firent bonne contenance vis-à-vis de l'armée consulaire; mais ils furent bientôt après battus et défaits complétement. Toutefois, les Romains ne se firent point d'illusion sur le succès qu'ils venaient d'obtenir; car, l'année suivante, ils envoyèrent dans ce pays une armée considérable, sous les ordres des consuls E. Lepidus et P. Malleolus. Les Sardes opposèrent comme de coutume une vive résistance, et ne furent point soumis; mais les Romains pillèrent leurs villes et en emportèrent un riche butin. Comme ils s'en retournaient sur leurs vaisseaux, ils furent assaillis par une affreuse tempête dans les mers de la Corse, et obligés de prendre terre dans cette île. Les Corses, instruits de ce qui s'était passé en Sardaigne, et s'attendant à être attaqués à leur tour, étaient sous les armes; ils profitèrent de la position critique des Romains, tombèrent tout à coup sur eux, en firent un grand carnage, et s'emparèrent de tout leur butin.

A la nouvelle de ce désastre, les Romains résolurent de tirer vengeance des peuples de la Sardaigne et de la Corse; et dès que les nouveaux consuls furent entrés en charge, ils reçurent ordre de faire voile vers ces deux îles.

M. Pomponius Mathus, qui avait déjà fait la guerre en Sardaigne et avait triomphé des Sardes, fut désigné pour la conquête de ce pays. L'autre consul, Caius Papirius, se rendit en Corse : ayant débarqué ses légions dans la partie nord-ouest de l'île, il trouva les Corses prêts au combat, dans un lieu que les Romains appelèrent le champ des Myrtes. L'engagement fut terrible. La discipline romaine triompha de la valeur tumultueuse des Corses. Vaincus dans la plaine, ceux-ci se retirèrent dans les montagnes. Le consul voulut les y poursuivre; mais, dès qu'il fut engagé avec son armée dans les gorges, il se vit attaquer de toutes parts. Ses soldats, harassés de fatigues et mourants de soif, tombaient sous les coups des indigènes. La défaite du consul était imminente s'il persistait à combattre. Il vit sa position, et jugea à propos d'offrir la paix. Quoique la position des Corses fût très-avantageuse et qu'ils eussent pu facilement anéantir l'armée romaine, ils écoutèrent néanmoins favorablement les propositions de Papirius et traitèrent avec lui.

Quelle était la nature de ce traité? c'est ce qu'on ignore. Quelques auteurs pensent, d'après la conduite tenue par les Romains vis-à-vis des Corses, qu'il eut pour résultat de les admettre au nombre des alliés de la république, et de les faire entrer dans la confédération du peuple romain, de sorte que Rome n'aurait exercé à leur égard qu'une sorte de protectorat. Ce qui semble confirmer cette opinion, c'est que, tant que dura la république, la Corse ne reçut ni préteur ni proconsul, ce qui n'avait pas lieu pour les provinces conquises. Quoi qu'il en soit, il paraît que le traité de Papirius convint aux Corses, car, pendant près de cinquante ans, ils vécurent en paix avec Rome. Ce ne fut que vers l'an 572 qu'ils se soulevèrent de nouveau pour des causes que l'on ignore complétement.

Marcus Pinarius, préteur de Sardaigne, reçut ordre de passer en Corse pour comprimer la révolte. Les Corses allèrent à sa rencontre, mais ils ne purent résister aux légions romaines, et furent entièrement défaits. Tite-Live rapporte (1) que deux mille des leurs restèrent sur le champ de bataille; les autres se soumirent, donnèrent des otages et s'engagèrent à payer une contribution de cent mille livres de cire (572).

Sept ans après cette soumission, il y eut un nouveau soulèvement. Le préteur de Sardaigne, Attilius Serranus, pensant pouvoir l'étouffer dans son principe, passa en Corse avec des troupes

(1) Tit. Liv. l. XL, c. 34,

insuffisantes; il ne put y obtenir aucun succès, et, comme son armée s'affaiblissait de jour en jour, il envoya demander du secours à Rome. Ce ne fut cependant que l'année suivante que C. Cicereus, ayant été nommé préteur de Sardaigne, fut chargé en même temps de soumettre la Corse. Cicereus se rendit d'abord en Sardaigne, y rassembla de nouvelles troupes, qui, jointes à celles qu'il avait amenées d'Italie, formèrent un corps d'armée considérable; puis il passa en Corse.

Les Corses, enhardis par leurs récents succès et par leur grand nombre, livrèrent bataille aux Romains. La victoire, longtemps indécise, se déclara pour ces derniers. Les vaincus perdirent, au dire de Tite-Live, sept mille hommes et près de deux mille prisonniers; ils demandèrent la paix, qui leur fut accordée, et ils durent payer une contribution de deux cent mille livres de cire (580) (1). Cette soumission des peuples de la Corse ne fut que provisoire; dix ans après ils se soulevèrent de nouveau. Soit que ce soulèvement fût plus considérable que les précédents, soit que les Romains voulussent en finir avec la Corse, ils envoyèrent dans cette île une armée consulaire sous les ordres de M. Terentius Talna (590). Cette fois encore le sort des armes favorisa les Romains; il paraît que la victoire remportée par Talna fut assez importante pour qu'on lui accordât les honneurs des prières publiques. En apprenant cette heureuse nouvelle, dit Valère-Maxime, Terentius Talna ressentit une joie si vive qu'il en mourut subitement (2).

Les Corses profitèrent de cette circonstance pour attaquer les Romains. Le sénat fut alors obligé d'envoyer dans l'île un capitaine d'une grande valeur, Scipion Nasica : on ignore entièrement quels furent les résultats qu'il y obtint et comment il se fit que les Corses rentrèrent sous l'obéissance romaine. L'absence de documents historiques nous laisse à cet égard dans la plus grande obscurité : ce que nous savons, c'est que les Corses, désormais soumis à la république, cessèrent de l'inquiéter par leurs continuels soulèvements (1).

(1) Tit. Liv. l. XLII, c. 7.

(2) *Marcus Terentius Talna consul, collega Tiberii Gracchi consulis, cum in Corsica, quam nuper subegerat, sacrificaret, receptis litteris decretas ei a senatu supplicationes nunciantibus, intento illas animo legens, caligine orta ante foculum, collapsus mortuus humi jacuit, quem quid aliud quam nimio gaudio enectum putemus.* Valer. Max., lib. IX, cap. 12.

CHAPITRE III.

LA CORSE ROMAINE.

(591 de Rome, 450 après J. C.)

Ce fut sous la domination paisible et incontestée de Rome que Marius et Sylla fondèrent, à des époques rapprochées l'une de l'autre, deux puissantes colonies, qui devinrent bientôt florissantes et fournirent à la métropole une partie des blés dont elle avait besoin. Marius fut le premier qui, vers l'an 660, envoya en Corse une colonie laquelle bâtit à l'embouchure du Gol[o] la ville de Mariana. Quelques années plus tard (673), Sylla, imitant Marius fit passer à Aléria un certain nombr[e] de vétérans et de citoyens romains, e[t] leur distribua, selon Florus, les terre[s] autrefois conquises (2). Cette périod[e] de l'occupation romaine paraît avoi[r] été la plus heureuse de la Corse dan[s] l'antiquité. Ses plaines étaient soigneu[se]ment cultivées, sa population nom[]breuse. Elle comptait, selon Pline trente-trois cités, dont plusieurs fai[]saient du commerce. Pendant de lon[]gues années elle jouit d'un calme parfai[t] mais les dissensions qui agitèrent l'em[]pire romain après la mort de Cés[ar] vinrent de nouveau la troubler.

Sextus Pompée, qui, à la tête d'un flotte considérable, dominait en maît[re] dans la Méditerranée, l'enleva à Octav[e] à qui elle était échue en partage (712 . Mettant à profit les bois de la Corse

(1) Ce que nous venons de raconter de résistance opposée par les Corses aux Romai[ns] nous a été transmis par les historiens de Rom[e]. Comme dans leurs récits ceux-ci ne s'occupe[nt] généralement que des faits qui ont motivé l[es] expéditions, dès que la lutte vient à cesser, ne parlent plus des peuples soumis. Aussi, partir de cette époque, n'est-il plus questi[on] de la Corse que par accident.

(2) Florus, *Ep.*, liv. 89

Sextus augmenta sa flotte et inquiéta tellement les triumvirs qu'il les obligea à traiter avec lui. Le gouvernement de la Sicile, de l'Achaïe, de la Sardaigne et de la Corse lui fut attribué : mais la trahison de Menedorus, son lieutenant, fit passer de nouveau la Corse à Octave et commença sa ruine (714).

La Corse suivit alors le sort du reste de l'empire jusqu'au moment où Othon et Vitellius se disputèrent le pouvoir. Dans cette circonstance, elle embrassa d'abord le parti d'Othon, comme le firent la Sardaigne et les autres îles voisines. « Mais la témérité du procurateur Decimus Pacarius, dit Tacite, faillit lui être funeste, témérité qui, « dans le choc d'une si grande guerre, « ne devait rien produire en résultat, « et qui fut fatale à lui-même. En effet, en haine d'Othon, il résolut « d'aider Vitellius des forces de la Corse : « vain secours, même s'il se fût réalisé. « Ayant convoqué les principaux de « l'île, il leur exposa son dessein. Claudius Phirricus, commandant des galères qui s'y trouvaient en station, « et Quinctus Certus, chevalier romain, osent le contredire ; il les fait « massacrer. Épouvantés de leur mort, « ceux qui étaient présents et toute cette « multitude sans expérience, disposée « à s'associer aveuglément à toutes les « frayeurs, prêtèrent serment à Vitellius ; mais, dès que Pacarius commença à faire des levées et à fatiguer « d'exercices militaires ces hommes « sans civilisation, détestant ce joug « inaccoutumé, ils considérèrent quelle « était leur faiblesse, que c'était une « île qu'ils habitaient, qu'ils étaient « loin de la Germanie et de la protection des légions, que la flotte avait « saccagé et dévasté des pays que protégeaient des cohortes et de la cavalerie. Leurs opinions changèrent « tout à coup. Sans recourir toutefois « à la force ouverte, ils choisirent un « moment propice à leur complot. Pacarius avait éloigné sa suite : il fut tué « dans son bain, nu et privé de tout « secours ; ils égorgèrent aussi ses intimes, et leurs têtes, comme celles « des ennemis, furent portées à Othon « par les meurtriers eux-mêmes ; ils ne « furent ni récompensés par Othon ni « punis par Vitellius, et, dans cette prodigieuse confusion de toutes choses, « ils restèrent oubliés au milieu de « plus grands criminels (1). »

Le parti d'Othon se maintint jusqu'à l'arrivée de Vespasien au pouvoir. La Corse suivit alors l'exemple du reste de l'empire, et il ne fut plus question d'elle jusqu'au partage qui eut lieu entre les enfants de Théodose ; elle fut comprise alors dans l'empire d'Occident.

CHAPITRE IV.

LA CORSE SOUS LES BARBARES.

(456-557 ap. J. C.)

Lorsque les Barbares commencèrent leurs irruptions en Italie, ce pays, par des raisons qu'il ne nous convient pas d'énumérer ici, se trouva sans défenseurs. Beaucoup de Romains, pensant, avec juste raison, être plus en sûreté en Corse que sur le continent, s'y réfugièrent avec leurs richesses (2). Ils furent en effet à l'abri des incursions, tant que les Barbares n'eurent point de moyens de transport ; mais dès qu'ils s'en furent procurés, les îles de la Méditerranée ne furent pas plus en sûreté que le continent.

Ce furent d'abord les *Vandales,* qui, sous les ordres de Genséric, n'ayant pu s'emparer de la Sicile, envahirent la Corse (458 après J. C.). Pendant soixante et dix-sept ans, ils occupèrent ce pays, à des époques diverses. Chassés d'abord par Ricimer, lieutenant de l'empereur Avitus, ils y retournèrent lorsque les troubles intérieurs de l'empire leur en fournirent l'occasion favorable (460). Chassés de nouveau (462) par Marcelin, gouverneur de la Sicile pour l'empereur d'Orient, ils revinrent à sa mort (469), et commirent de grandes cruautés envers les chrétiens orthodoxes. Enfin ils n'abandonnèrent définitivement ce pays que lorsque Cyrille, lieutenant de Bélisaire, les en expulsa entièrement (3).

(1) Tacite, *Hist.*, liv. II, Othon.
(2) Claudien, *de Bello getico.*
(3) Victor d'Utique raconte qu'Hunéric, roi des Vandales, cédant à l'influence des évêques ariens, exila en Corse un grand nombre d'évêques orthodoxes, les obligeant à couper des

Après les Vandales, les Grecs demeurèrent maîtres du pays pendant dix-huit ans ; ils joignirent le gouvernement de la Corse à celui de la Sardaigne, et toutes deux furent comprises dans la province d'Afrique. Puis, ce fut le tour des *Goths*. Totila, après s'être emparé des îles de l'Afrique, rassembla sa flotte et passa en Corse, où il s'établit, sans éprouver aucune résistance ; mais les victoires de Narsès firent repasser la Corse et la Sicile sous la domination grecque (559). Les *Lombards* tentèrent aussi à leur tour de s'en emparer ; ils prirent plusieurs villes, mais ils ne purent chasser entièrement les Grecs, qui, ayant reçu des secours, les obligèrent bientôt à se rembarquer.

CHAPITRE V.

LA CORSE SOUS LA DOMINATION BYZANTINE.

(557-754.)

La domination grecque, qui n'avait jamais été bien paternelle, devint à cette époque intolérable. Saint Grégoire le Grand rapporte que les habitants de la Corse étaient tellement accablés d'impôts de toute sorte, qu'ils avaient peine à y satisfaire en vendant leurs propres enfants, ce qui faisait qu'abandonnant cette île, ils s'en allaient chercher un refuge auprès des Lombards. « Quel tourment plus cruel, ajoute saint « Grégoire, auraient-ils pu souffrir « auprès des Barbares que de se voir « dans la nécessité de vendre leurs en-« fants (599) ? »

Malgré cette dure condition, la Corse resta encore au pouvoir des Grecs pendant longtemps ; elle n'essaya pas de se soustraire à ce joug de fer, et aucun événement remarquable ne s'y passa jusqu'à l'arrivée des Sarrasins. Ceux-ci abordèrent en Corse, pour la première fois, en l'an 713 ; ils y saccagèrent plusieurs villes et se retirèrent, emportant un riche butin. Les empereurs d'Orient, déjà bien affaiblis, ne purent opposer aux Sarrasins ni flotte ni armée. Ils avaient peine à contenir chez eux l'es-prit turbulent et indiscipliné des po-pulations diverses qu'ils gouver-naient. Leur position se compliqu-encore. Le pape, qui jusque-là avait r-connu leur suprématie, prétextant d-dissidences religieuses, se déclara ind-pendant et se mit sous la protection d-Pepin, roi des Francs. Celui-ci, voyan-dans ce protectorat un moyen de gran-deur, promit de l'assister et même d'aug-menter son territoire par l'adjonctio-de la Corse, dont il lui fit donation (754). Charlemagne confirma ce qu'avait fai-son père, et, comme il venait de détruir-l'empire des Lombards, sous prétext-que la Corse avait appartenu à ce peu-ple, il y envoya une flotte, pour en fair-la conquête dans l'intérêt du saint-siége. Mais le pape, ne pouvant défendre pa-lui-même la Corse contre les invasion-réitérées des Sarrasins, en laissa la pos-session à Charlemagne, se contentan-d'y réclamer les biens qui appartenaien-à l'Église.

LIVRE II.

Depuis les invasions des Sarrasins jusqu'au départ des Pisans.

CHAPITRE Ier.

INVASIONS DES SARRASINS. — LE PAPE. — EXPÉDITIONS DE CHARLEMAGNE.

(755-825.)

Les Sarrasins étaient, à cette époque, le fléau de la Méditerranée ; ils passaient de l'Afrique en Espagne, et de là faisaient des incursions continuelles sur les côtes des pays chrétiens. En l'an 806, ayant rassemblé des forces considérables, ils opérèrent une descente en Corse ; Pepin, roi d'Italie, envoya contre eux la flotte impériale. Les Barbares se hâtèrent de fuir. Toutefois ils ne purent le faire assez promptement pour éviter le combat, et ils furent entièrement défaits. L'année suivante, ils tentèrent une nouvelle expédition. « Alors, dit « Eginhard, Charlemagne envoya Bur-« chardt, comte de ses écuries, avec une « flotte, pour défendre la Corse contre les

bois pour ses vaisseaux. *Ob quam causam jussi estis in corsicanam insulam relegari, ut ligna profutura navibus dominicis incidatis.* Vict. utic., *de Persecut. Vand.*, cap. 3.

« Maures, qui avaient l'habitude, depuis « quelques annés, de l'envahir. Selon « leur coutume, les Sarrasins partirent « d'Espagne et abordèrent d'abord en « Sardaigne ; ils livrèrent bataille aux « Sardes, et, après avoir perdu beau- « coup de monde, ils allèrent directe- « ment en Corse. Là, ils engagèrent « un nouveau combat avec la flotte « commandée par Burchardt, perdirent « treize vaisseaux, un grand nombre « d'hommes, et furent mis en fuite (1). » Ces mauvais essais ne les rebutèrent point ; ils revinrent de nouveau, en 809, pendant la semaine sainte, saccagèrent la ville d'Aléria et n'y laissèrent que l'évêque et quelques vieillards.

L'année suivante (810), ils firent une nouvelle descente ; et comme ils n'éprouvèrent aucune résistance, ils soumirent à leur puissance une très-grande partie du littoral. Les Corses avaient fui les pays de la plaine et s'étaient réfugiés dans les montagnes, où ils bâtirent des villages dans des lieux naturellement fortifiés et d'où ils pouvaient facilement repousser un ennemi aussi audacieux : néanmoins, leur position était des plus tristes ; ils la firent connaître à Charlemagne, qui envoya à leur secours son fils Charles. Ce prince battit les Maures à Mariana, puis à Aléria. Ceux qui, échappés à ce carnage, se sauvèrent dans l'intérieur, furent massacrés par les habitants. Mais, à la mort de Charlemagne, les Sarrasins, profitant des circonstances, revinrent dans l'île, la ravagèrent entièrement et emmenèrent plus de cinq cents prisonniers. Comme ils s'en retournaient en Espagne, Irminger, comte de Lampourdan, leur tendit un piége à Majorque, les battit et leur enleva ces captifs (2).

CHAPITRE II.

DOMINATION DU COMTE BONIFACE, MARQUIS DE TOSCANE, ET DE BERANGER, DUC D'IVRÉE.

(828-1000.)

Comme nous venons de le voir, la Corse avait subi bien des vicissitudes depuis la chute de l'empire romain. Abandonnée par ceux qui en étaient les défenseurs légitimes, elle était devenue la proie des Barbares et avait suivi le sort des provinces de l'Italie. En dernier lieu, les Grecs l'avaient eue sous leur domination ; mais, n'ayant pu se maintenir dans l'exarchat de Ravenne, ils avaient été obligés de renoncer aux autres possessions, beaucoup moins importantes pour eux, et s'étaient retirés, abandonnant à qui les voudrait la Corse et la Sardaigne. En se déclarant empereur d'Occident, Charlemagne prit naturellement la Corse sous sa protection : tant qu'il vécut, sa grande puissance fut comme une égide salutaire pour ce pays ; mais à sa mort, son successeur comprit, malgré sa bonne volonté, que la Corse serait pour lui d'une très-difficile défense, à cause de l'éloignement et des occupations de l'intérieur. Il en confia alors le gouvernement à Boniface, marquis de Toscane. La valeur bien connue de Boniface, la proximité de ses possessions, le mettaient à même plus que tout autre de veiller à sa défense. Boniface ne tarda pas à entrer en lutte avec les Sarrasins, qu'il battit à plusieurs reprises. Pour arrêter leurs incursions, il fit construire à l'extrémité sud de l'île un fort qui aujourd'hui encore porte son nom. L'obscurité historique dans laquelle se trouve plongée cette époque du moyen âge nous laisse dans une grande ignorance sur ce que fit Boniface. Tout ce que nous savons, c'est que son fils Adalbert lui succéda dans le gouvernement de la Corse (846) ; qu'il combattit comme lui les Sarrasins, en fut vainqueur, et laissa à ses descendants le comté qu'il avait reçu de son père. Ce fut ainsi que la famille du comte Boniface posséda pendant près de cent ans la souveraineté de cette île et ne la perdit qu'à la mort de Lambert, dernier marquis de Toscane (931).

La Corse passa, à cette époque, à Béranger II, neveu de Béranger duc de Frioul. La famille de Béranger remplaça celle de Boniface : on sait peu de chose sur elle ; toutefois, on peut affirmer qu'Adalbert, fils de Béranger, lui succéda. Adalbert combattit Othon Ier, empereur d'Allemagne ; mais, ayant été

(1) Eginbard, *Annales regum francorum.*
(2) Eginhard, *Annales regum francorum.*

vaincu, il se retira en Corse, où Othon n'osa pas aller le chercher. Cependant, après la mort d'Adalbert et d'Othon Ier, Othon II fit faire une expédition contre la Corse, qu'il soumit et qu'il donna en fief à Hugues, fils d'Ubert, marquis de Toscane, autrefois dépossédé par Béranger II. Ce nouveau souverain survécut peu de temps à son investiture, et, à sa mort, les seigneurs, qui s'étaient depuis longtemps organisés, dans cette île comme sur le continent, en régime féodal, profitèrent de l'état d'anarchie dans lequel se trouvait le royaume pour se déclarer indépendants.

Il est nécessaire de dire ici deux mots de ces seigneurs.

CHAPITRE III.

DE L'ORGANISATION DU POUVOIR FÉODAL.

Nous avons vu que, depuis la chute de l'empire romain, la Corse, abandonnée pour ainsi dire à elle-même, avait cessé d'être administrée et avait été exposée aux envahissements des Barbares; que les Vandales, les Goths, les Lombards, les Grecs, les Sarrasins, les Francs, et en dernier lieu les Italiens, y avaient porté leurs armes dans des intérêts divers. Bien que tous ces peuples n'aient fait que passer sur cette terre, néanmoins il est à présumer, en raison du séjour que chacun d'eux y fit, qu'ils y laissèrent des traces de leur passage, et que plusieurs d'entre eux s'y fixèrent, en s'agglomérant aux habitants. Ceci est d'autant plus probable que l'on trouve aujourd'hui en Corse des usages qui sont particuliers à ce pays et qui n'ont aucune analogie avec ceux de l'Italie; des noms de villages étranges, et dont la signification pourrait peut-être se trouver dans les langues du Nord; des traditions, enfin, qui, pour être fabuleuses, n'en ont pas moins une donnée historique. L'on doit admettre, selon nous, que les établissements les plus considérables en ce genre durent se faire du septième au neuvième siècle, et principalement à l'époque des invasions sarrasines. On conçoit, en effet, que Charlemagne et Pepin, le pape et le comte Boniface, ayant besoin de secours pour aller combattre les Sarrasins, dı rent offrir des récompenses à ceux q se disposaient à les seconder : car motif religieux n'aurait pas suffi poı déterminer ces guerriers à quitter leı patrie et leur famille pour une entr prise aussi périlleuse. Or, les récon penses en ces temps-là consistaient dar les donations temporaires de fiefs, ave les titres qui s'y rattachaient.

Ce fut donc à cette époque que dı se former la féodalité de guerriers d nations diverses, qui s'attachèrent a sol, soit qu'ils eussent reçu des terre de leurs chefs, soit qu'ils les eusser occupées par la violence, soit, enfin qu'ils les eussent achetées. Mais cett féodalité ne fut pas l'œuvre d'un jour elle dut se former insensiblement e comme par alluvion. Si nous inclinon à croire qu'elle s'établit surtout d septième au neuvième siècle, c'est qu dans cette période d'anarchie eurc péenne, aucun souverain sérieux n régit la Corse, et que la terre y fut aban donnée pour ainsi dire au premier occu pant. C'est de cette époque que dat l'origine de certaines familles féodale qui s'opposèrent, pendant les siècle suivants, aux empiétements des sou verains étrangers que les vicissitude des temps appelèrent en Corse. C'es aussi à cette époque que l'on fait re monter l'arrivée en Corse de Hugue Colonna, le plus considérable des sei gneurs féodaux. Nous n'entrerons pa ici dans les discussions historiques qu'a soulevées la tradition existante encor sur ce guerrier. M. Grégori a très-bier prouvé (1) que Hugues Colonna e ses descendants ont pu coexister ave les seigneurs qui ont eu le titre de com tes de Corse. Que le marquis de Toscan ait reçu mission du roi de France d défendre la Corse contre les invasion des Sarrasins, qu'il ait pris le litre d *Tutor Corsicæ,* cela est hors de doute mais que lui ou ses descendants aien exercé une souveraineté réelle sur tou le pays, c'est là une chose fort probléma tique. La Corse n'était, en effet, pou les marquis de Toscane qu'une posses sion secondaire; rien n'indique qu'ils y aient jamais habité, ou du moins qu'il

(1) Filippini, *Istoria di Corsica*, t. II, p. de l'Appendice, édit. de Pise 1827.

y aient fait un long séjour. Cette absence presque continuelle laissa aux seigneurs qui les avaient précédés et à ceux qui arrivèrent avec eux dans le pays la facilité de s'établir sans contrôle supérieur. Il se forma, en dehors de leur action et de leur volonté, une puissance féodale à l'établissement de laquelle ils ne purent ni contribuer ni s'opposer : c'est cette puissance qui s'est trouvée tout organisée et très-forte au dixième siècle. Quant à Hugues Colonna, la tradition conservée dans le pays et rapportée par Filippini fixe son arrivée à l'expédition faite sous Charlemagne contre les Sarrasins. Alcuin nous a conservé à ce sujet un passage fort intéressant, que nous transcrivons ici : « Parmi les premiers « et plus intrépides capitaines de Charlemagne se trouvait le Romain Hugues Colonna, qui, quoique âgé à peine « de vingt ans, était fort estimé, à cause « de son courage, de la majesté de sa « personne et de sa prudence bien connue. Il commandait quatre mille cavaliers lorsque, se précipitant au plus « fort de la mêlée, il saisit dans ses « bras vigoureux le chef des Bavarois, « et alla le déposer en courant sous la « tente de Charlemagne, qui lui en fit « de grands éloges. A cause de ce fait « et d'autres services, rendus à ce « grand empereur, il en obtint pour lui « et ses successeurs l'île de Corse (1). »

A quelles conditions Hugues Colonna obtint-il la Corse? c'est ce que nous ignorons. Filippini rapporte qu'il en chassa les Sarrasins; qu'il fut maître de tout le pays, et que ses enfants furent la souche des seigneurs connus sous le nom de Cinarchesi, que nous verrons plus tard jouer un rôle fort important dans les annales du pays.

La féodalité s'établit en Corse sur divers points. Il y eut des seigneur dans l'intérieur du pays, il y en eu dans le Cap-Corse, à l'orient et à l'oc cident de l'île; mais la partie princi pale dans laquelle ils s'établirent fut l delà des monts (1). Ce pays, plus mon tagneux que le reste de l'île, et d'un ac cès difficile, leur offrait des position naturellement inexpugnables, sur les quelles ils bâtissaient leurs châteaux et l'on peut voir par ce qui reste encor de ces manoirs avec quel soin ils cher chaient les endroits isolés où la natur les mettait à l'abri d'un coup de main

Quant à ce qui est des lois auxquelle obéissaient ces seigneurs, il serait asse difficile de pouvoir les indiquer. Il es à présumer qu'ils suivaient certaine règles de convention qui établirent tan bien que mal une justice. Car on n saurait admettre qu'à cette époque d convulsion générale, alors que sur l continent les lois n'existaient pas, o se trouvaient varier à chaque localité il y eût une exception pour la Corse Si une législation devait dominer dan la généralité de ce pays, ce devait êtr la législation romaine, surtout celle d Bas-Empire, à cause des anciennes tra ditions du pays, et surtout du long sé jour qu'y avaient fait en dernier lie les Grecs.

Ce que nous venons de dire sur le seigneurs féodaux était nécessair pour l'interprétation de ce qui va sui vre. L'absence de documents histori ques (absence qui n'est pas à déplore uniquement pour la Corse) du sixième a neuvième siècle, laisse régner sur cett longue période une obscurité profonde et peut donner matière à plus d'un

(1) *Etenim inter proceres et strenuos duces Caroli, Ugo Columnæ Romanus, sane quam annorum viginti circiter, ob suam fortitudinem, corporis majestatem, et non ignotam prudentiam, semper veneratus fuit; quatuor millia equitum cum esset conductor, infra colluviem prosiliit, Ducem Bavarum inter validissimis brachiis accepisset, celeriter currens sub tentorio Caroli cum magna laude presentavit; quapropter quidem aliisque servitiis eidem M. imperatori præstitis, insulam Cyrni pro se et suis successoribus obtinuit.*

Alcuin, rapporté par Duchesne dans ses *Historiæ Francorum scriptores coetanei*, 3 v. in-f°; 1617.

(1) Depuis l'établissement du régime fé dal jusqu'au temps où la compagnie de Sain Georges eut abattu les puissantes familles d Leca et della Rocca, tout le pays du delà de monts fut soumis aux seigneurs féodaux. Il eut même un temps où une seule famille, cel du comte de Cinarca, fut seule maîtresse so veraine de tout ce pays. Puis, cette famille, s divisant en plusieurs branches, créa pour se membres divers fiefs, dont les plus importan furent ceux de Leca, della Rocca, d'Istria d'Ornano et de Bozi. Les seigneurs de ces fief appelés aussi Cinarchesi, appartenaient tous la famille Colonna, dont ils n'ont point cess de porter le nom.

En deçà des monts, les familles da Mare de Gentili possédaient les deux tiers du Ca Corse, ainsi que l'île de Capraja.

conjecture. Nous n'avons voulu, quant à nous, admettre que les choses probables et nous tenir, autant que possible, dans les données historiques qui concordent avec l'histoire générale du reste de l'Europe.

CHAPITRE IV.

ORGANISATION POPULAIRE — SAMBUCUCCIO D'ALANDO.

(1005-1012.)

A l'époque où nous sommes arrivés, c'est-à-dire au commencement du onzième siècle, les seigneurs, profitant de l'état d'anarchie dans lequel se trouvait le pays, commencèrent à se faire la guerre entre eux et à chercher à augmenter leur puissance. Le comte de Cinarca, le plus considérable des seigneurs féodaux, crut le moment favorable pour s'emparer de la suprématie de l'île. Il commença par faire la guerre à ses voisins, en soumit plusieurs, et, rassemblant ses forces, se prépara à de nouvelles conquêtes; mais le peuple, qui souffrait de ces déchirements intérieurs, s'opposa à ses empiétements. S'étant assemblé en diète générale à Morosaglia (1007), il nomma pour son général Sambucuccio, seigneur d'Alando, et homme généralement estimé. Sambucuccio, ayant réuni des forces considérables, marcha contre le comte de Cinarca, le battit et le força à rentrer dans ses domaines.

Sambucuccio, vainqueur du comte de Cinarca et des autres petits seigneurs, qu'il obligea à se tenir tranquilles chez eux, songea à donner au peuple, qui l'avait investi de l'autorité suprême, une organisation indépendante appropriée aux mœurs et aux besoins du pays. Il établit que chaque paroisse nommerait un *podesta*, qui, assisté des *pères de la commune*, en dirigerait les affaires. Les podestats d'une certaine circonscription nommaient à leur tour un magistrat chargé de faire les lois et les règlements. Les magistrats élus par les différentes circonscriptions étaient au nombre de douze, et formaient le conseil appelé des *Douze*. Les pères de la commune nommèrent aussi, sous le nom de *caporale*, un magistrat chargé de défendre les intérêts des faibles contre les empiétements ou la rapacité des forts. Cette organisation ne fut appliquée qu'à la Terre de Commune, ainsi appelée parce que les peuples qu'elle renfermait firent cause commune pour s'affranchir de la tyrannie des seigneurs (1). Quant aux autres parties de l'île, elles continuèrent à être gouvernées par leurs seigneurs.

CHAPITRE V.

MARQUIS DE TOSCANE.

(1012-1077.)

Cependant, les sages mesures prises par Sambucuccio ne purent préserver le peuple de l'anarchie. Soit que ces institutions fussent mal affermies, soit qu'elles ne répondissent point aux besoins généraux, elles ne furent guère en vigueur que durant la vie de Sambucuccio. A sa mort, le désordre recommença. Les barons voulurent profiter des circonstances pour reconquérir ce qu'ils avaient perdu. Alors le peuple, ne sachant ou ne pouvant se défendre, appela à son secours Malaspina, marquis de Massa et de Lunigiana, que l'on savait descendre d'Adalbert (1012). Malaspina saisit avec empressement l'occasion qui lui était offerte de reprendre en Corse l'ascendant qu'y avait eu sa famille. Il rassembla des troupes, et à peine arrivé marcha contre les seigneurs cismontains : ses succès furent rapides et décisifs. Il fit rentrer dans l'ordre les barons qui avaient pris les armes, et, après avoir battu le comte de Cinarca, l'obligea à quitter le pays.

Les marquis Malaspina gouvernèrent

(1) On n'est pas bien fixé aujourd'hui sur l'étendue de pays que renfermait autrefois la Terre de Commune; cependant Limperani, qui écrivait au temps de Paoli, ou la Terre de Commune jouait un rôle important, s'exprime à cet égard d'une manière très-précise. « Tout le pays, dit-il, qui s'étend en longueur des monts (la chaîne de montagnes du système transversal) jusqu'à Brando, et en largeur d'Aléria jusqu'à Calvi, fut appelé et s'appelle encore aujourd'hui *Terre de Commune.* »
Limper. *Istoria della Corsica*, t. I, p. 429.

la Terre de Commune jusque vers le milieu du onzième siècle, sans apporter aucun changement aux institutions créées par Sambucuccio. Leur action dans ce pays se bornait à un simple protectorat, délégué à un vicaire ou lieutenant. Cet état de choses permit aux seigneurs d'agir dans leurs domaines avec la même indépendance que s'il n'eût existé aucun souverain de l'île, et laissa également le clergé manœuvrer en faveur du saint-siége.

CHAPITRE VI.

LE PAPE. — LES PISANS.

(1077-1217.)

Depuis longtemps, les papes cherchaient à étendre leur pouvoir temporel et à augmenter leurs domaines. Grégoire VII, qui occupait à cette époque le trône pontifical, tout en voulant élever le pouvoir spirituel au-dessus du pouvoir temporel quel qu'il fût, ne négligeait aucune des occasions qui pouvaient enrichir l'Église et la rendre puissante. Il songea aux anciens titres des papes sur la Corse, et chercha à faire passer cette île sous sa domination. Ses émissaires l'ayant informé que les esprits étaient disposés en sa faveur, il s'empressa d'y envoyer Landolphe, évêque de Pise, chargé en apparence d'une mission purement spirituelle, mais au fond devant obtenir des peuples de ce pays leur soumission au saint-siége. Landolphe parcourut la Corse; il gagna les évêques et les seigneurs, chacun en particulier, puis il les convoqua en assemblée générale et les amena facilement à se déclarer sujets de l'Église (1077). Ceci se passait au temps du marquis Ruffe de Malaspina, qui paraît ne s'être point inquiété de ce changement. Quant à Grégoire VII, il témoigna sa reconnaissance à Landolphe, en lui donnant pour lui et ses successeurs l'investiture de l'île sous la réserve de la moitié des revenus. Bientôt après, Urbain II céda à l'église métropolitaine de Pise la souveraineté entière de l'île, moyennant une redevance annuelle (1091). Non content de la souveraineté temporelle, l'évêque de Pise Daïbert voulut avoir la souveraineté spirituelle : il obtint d'Urbain II que Pise serait érigée en archevêché, et que les évêques de la Corse en seraient suffragants (1098). Cet acte de complaisance de la part d'Urbain ayant éveillé la jalousie des Génois, ceux-ci se plaignirent amèrement à la cour de Rome, et Urbain II retira son bref pour éviter de plus grands malheurs (1098). Mais déjà la rivalité de Pise et de Gênes commençait à inquiéter l'Italie, et il était facile de prévoir qu'elle éclaterait violemment à la première occasion.

L'administration de Pise en Corse fut, pendant ce temps-là, toute paternelle. Elle s'occupa des améliorations nécessaires au pays, et permit aux exilés de rentrer dans leur patrie. Pierre, qui avait succédé à Daïbert dans l'archevêché de Pise, ayant résolu une expédition contre les Maures, qui infestaient la mer de Toscane, tira de la Corse une grande quantité de bois de construction, et, après avoir équipé une flotte considérable, il se dirigea vers les îles Baléares. Les Sarrasins avaient fait de l'île de Minorque leur lieu de retraite. La flotte pisane les y attaqua, et les détruisit complétement. En relatant cet événement, le cardinal Boson, qui accompagnait Pierre, dit que les Corses se battirent comme des lions (1114) (1).

Le succès des armes de Pise lui fit obtenir du pape Gélase II l'investiture des évêchés de la Corse, investiture qui à peu de distance fut confirmée par Calixte II. Cette nouvelle faveur excita plus que jamais la jalousie des Génois; ils se plaignirent vivement de la préférence accordée à Pise. Le pape assembla alors un concile pour juger la question, et sur sa décision le bref fut retiré. Pour éviter les troubles que ce privilége semblait toujours prêt à raviver, Innocent II érigea Gênes en archevêché et lui donna pour suffragants les évêchés de Mariana, Nebbio et Acci; ceux d'Aléria, Ajaccio et Sagona relevèrent de Pise (1133); mais cet arrangement n'amena point le résultat qu'on s'en était promis. Gênes se plaignit bientôt des pi-

(1) Boson, *Epist. fragmenta variarum*, apud Murat., *Rer. Ital. Script.*

rateries exercées par les corsaires sortis de Bonifacio, et, par un audacieux coup de main, elle s'empara de cette ville, qu'elle colonisa. Les Pisans firent tous leurs efforts pour reprendre à leurs rivaux ce poste important, mais ils ne purent y réussir. Honorius III intervint alors dans la querelle, et offrit de prendre en dépôt la ville de Bonifacio (1217) : on y consentit, et la paix fut conclue et solennellement jurée entre ces deux républiques.

CHAPITRE VII.

RIVALITÉ DE PISE ET DE GÊNES. — LE MARQUIS ISNARD MALASPINA.

(1217-1280.)

Cependant l'animosité qui régnait entre les deux peuples ne pouvait tarder à leur faire trouver un prétexte pour en venir de nouveau aux mains. La querelle des Guelfes et des Gibelins, qui agitait alors l'Italie, fut l'occasion qu'ils saisirent avec empressement. Les Pisans se déclarèrent Gibelins, et partant les Génois furent Guelfes. Tant que vécut Frédéric II, les Pisans trouvèrent en lui un puissant défenseur; mais à sa mort, il se forma une ligue des Génois, des Florentins et des Lucquois, qui tous jurèrent la perte de Pise. Attaqués par terre et par mer, les Pisans se virent obligés de céder une partie de leur territoire. Trop préoccupés de leurs intérêts personnels, ils ne pouvaient donner aux affaires de la Corse qu'une attention secondaire. Comme ils étaient Gibelins, ils avaient été naturellement excommuniés par le pape : cette circonstance avait encore indisposé contre eux tout le clergé de la Corse, et une très-grande partie de la population, qui en subissait l'influence. Les seigneurs avaient profité de ces mauvais vouloirs pour s'affranchir de l'autorité de Pise et reprendre leurs anciennes allures. Alors il y eut, comme au temps de Sambucuccio, une réunion des habitants de la Terre de Commune, qui proposa au marquis Isnard Malaspina de venir en Corse reprendre l'ancien pouvoir de ses aïeux (1269). Malaspina se rendit aux désirs de l'assemblée, et débarqua en Corse à la tête de quelques troupes : mais son arrivée ne changea guère la face des choses. Son autorité ne fut reconnue que dans la Terre de Commune; quant aux seigneurs, les uns demeurèrent indépendants et se défendirent les armes à la main; les autres se mirent sous la protection de Gênes.

CHAPITRE VIII.

LES PISANS. — LES GÉNOIS. — GIUDICE DELLA ROCCA.

(1280-1331.)

Il ne restait dans cette occurrence que très-peu de chances à la république de Pise de conserver sa domination; elle comprit néanmoins qu'elle devait tenter un dernier effort. Elle ramassa quelques troupes, équipa deux galères, et donna le commandement de cette petite armée à un noble corse, descendant des comtes de Cinarca, et qu'on appelait Giudice. Dans sa jeunesse, Sinucello, qui plus tard prit le nom ou le titre de Giudice, obligé de s'expatrier, avait pris du service chez les Pisans, et s'était fait remarquer par ses talents militaires autant que par ses vertus privées.

A peine débarqué en Corse (1280), il réunit ses parents, et rallia à lui tous ceux qui reconnaissaient encore l'autorité de la république de Pise; puis il marcha contre Arriguccio, qui s'était déclaré feudataire de Gênes. Arriguccio, vaincu, se retira auprès du seigneur de Saint-Antoine.

Les seigneurs opposés à Pise s'y rendirent également, et d'un commun accord ils demandèrent du secours à Gênes. Les Génois accueillirent leur demande avec empressement. C'était une excellente occasion de pouvoir s'établir en Corse, avec un motif plausible. Ils envoyèrent donc immédiatement à leur secours des troupes nombreuses, sous les ordres d'un général habile, Thomas Spinola. Tous les mécontents, tous ceux qui espéraient beaucoup dans la protection de Gênes, se groupèrent autour de l'envoyé de la république. Spinola crut devoir marcher d'abord sur le château de Cinarca, où s'était retranché Giudice. Malgré le grand nombre de troupes qu'il avait avec lui et la bonne volonté des seigneurs qui l'accompagnaient, il ne put réussir néanmoins à s'en emparer; bien plus, il tomba dans un piége que Giudice lui tendit, et fut complétement défait; ce qui lui ôta l'envie de tenter de nouvelles entreprises (1282). Cependant, quelques années plus tard, les Génois, ayant battu complétement les Pisans à la journée de la Méloria, songèrent à envoyer en Corse de nouveaux renforts. Déjà ils possédaient le fort d'Aléria, où les avait introduits la famille Cortinchi. Ils pensèrent que la soumission de l'île entière serait facile dans cette circonstance, et ils chargèrent Luchetto Doria de l'opérer. Mais Giudice, que les malheurs de Pise n'avaient point découragé, ne permit pas de réaliser ces espérances. Luchetto fut battu et obligé de se retirer. Quant à Giudice, il continua à soutenir avec succès les droits de Pise pendant longtemps encore; mais la rigidité de sa justice ayant indisposé contre lui quelques-uns de ses parents et même ses enfants, il fut livré par Salnèse, l'un d'eux, aux Génois. Ceux-ci l'embarquèrent pour Gênes, où il fut jeté dans la prison de la Malpaga, et y mourut quelque temps après, expiant ainsi le crime d'avoir défendu courageusement sa patrie et de s'être montré, pendant près d'un demi-siècle, l'ennemi constant des Génois (1312). « Giudice, dit Filippini, fut véritablement un des hommes les plus remarquables qui aient jamais existé dans l'île : il était plein de courage et habile dans les armes, très-capable de suivre ses entreprises, d'un excellent conseil, sévère exécuteur de la justice, très-généreux envers les siens et très-constant dans l'adversité. Quoiqu'on doive le louer de ces belles qualités, il ne fut point exempt des fragilités humaines; il se livra beaucoup à son amour pour les femmes, et fut d'un caractère altier; mais ces défauts disparaissaient devant ses belles qualités (1). »

(1) Filippini, *Istoria di Corsica*, t. II, p. 167.

LIVRE III.

Depuis l'acte de cession de 1347 *jusqu'à la compagnie de Saint-Georges.*

CHAPITRE Ier.

ÉTABLISSEMENT DE LA PUISSANCE GÉNOISE. — COMMENCEMENT DE LA LUTTE AVEC LES SEIGNEURS FÉODAUX. — ARRIGO DELLA ROCCA.

(1347-1372.)

La mort de Giudice ruina complétement le parti de Pise. Cette république, voyant qu'elle ne pouvait en aucune manière soutenir ses droits en Corse, en fit abandon à Gênes. Mais ce ne fut point en vertu de cette cession que les Génois devinrent maîtres de l'île. Les troubles qui suivirent la mort de Giudice avaient plongé le pays dans une anarchie complète. Pour faire cesser cet état de choses, les magistrats de la Terre de Commune, les caporaux et quelques seigneurs féodaux se réunirent en diète à Morosaglia et déférèrent, d'un commun accord, l'autorité suprême à la république de Gênes. Cet acte, dont malheureusement on a perdu la teneur, est du 12 août 1347. Il fut porté à Gênes par une députation et accepté, sans aucune modification, par le doge Jean Murta, assisté de son conseil. « Si nous avions, dit Limperani, le traité conclu alors entre les Corses et la république, nous pourrions voir si la diète générale des Corses concéda à la république de Gênes la souveraineté de l'île pour un temps illimité, ou si, au contraire, elle ne la lui céda que temporairement, ce qui était d'usage dans ce temps-là, ce qui paraît avoir été pratiqué par les Corses envers les Malaspina, et par les Génois eux-mêmes envers Robert, roi de Naples. Ce que nous disons n'est pas sans fondement, car nous verrons plus tard que la république perdit tout à fait son domaine sur la Corse, ce qui engagea de simples particuliers à le rechercher pour leur propre compte. Toutefois, quoique le texte du traité nous manque, nous pouvons bien croire que les priviléges et les exemptions dont ont joui les Corses, tout le temps qu'ils ont été gouvernés par la république, n'étaient que le résultat des conventions passées entre eux et les Génois. On ne saurait admettre, en effet, qu'ayant de se donner à la république, les Corses n'aient point stipulé les conditions qu'ils jugeaient nécessaires à un bon gouvernement, et que ces conditions n'aient été acceptées en termes fort clairs par les Génois. Nous avons, du reste, pour exemple les habitants de Calvi et de Bonifacio, qui ne se livrèrent à la république qu'après avoir vu leurs conditions acceptées. Parmi les nombreux priviléges dont jouissaient les Corses, nous dirons que les principaux étaient : 1° qu'ils ne devaient payer à l'État de Gênes qu'une somme de vingt sous par famille pour tout impôt ; 2° qu'ils devaient se régir par les lois contenues dans le code intitulé *Statuts de Corse;* 3° que le maintien des lois, la surveillance des priviléges et l'exécution de la justice devaient être réservés aux magistrats des *Douze* pour la partie cismontaine et des *Six* pour la partie du delà des monts ; qu'un membre de cette magistrature devait résider à Gênes, sous le titre d'orateur ou de député, pour représenter au sénat les besoins ou les griefs du peuple corse ; 4° que nul impôt direct ou indirect ne pouvait être établi sans le consentement des magistrats des *Douze* et des *Six*, qui représentaient la nation ; 5° que les Corses ne devaient payer le sel qu'un sou la livre ; 6° que le tribunal du syndicat devait être composé d'autant de Corses que de Génois (1). »

Boccanegra fut le premier gouverneur que les Génois envoyèrent dans l'île (1348). Il se conduisit sagement, rétablit l'ordre autant que cela se pouvait, et ramena à l'autorité de Gênes la plus grande partie de la population ; mais à son départ, qu'avaient nécessité les événements dont Gênes était le théâtre, les troubles recommencèrent (2).

Guillaume della Rocca, un puissant baron du delà des monts, jugeant le moment favorable pour soumettre ses voisins, marcha contre eux, en réduisit plusieurs, et ne fut arrêté dans sa course que par Ghilfuccio d'Istria. Après avoir éprouvé plusieurs défaites, Guillaume périt dans un combat contre ce seigneur. Son fils Arrigo entreprit alors de continuer l'œuvre de son père : il avait déjà avancé considérablement ses affaires, lorsque Tridano della Torre, envoyé de Gênes, arrivant dans l'île avec des forces imposantes, l'obligea, après plusieurs rencontres, à s'expatrier (1). Ce fut en Espagne qu'Arrigo alla chercher un refuge. Il était à peu près certain d'y être

(1) Limperani, *Istoria della Corsica*, t. II, liv. 12, p. 123.

(2) Vers cette époque, il se forma dans cette partie de la Corse que l'on appelle Carbini, une secte semi-religieuse, semi-philosophique, dont les membres prirent le nom de *Giovannali*. Filippini dit que les fondateurs de cette secte furent les deux frères Polo et Arrigo d'Attalà, et il ajoute : « Leur loi « portait que tout devait être commun entre « eux, les femmes et les enfants, comme les « autres choses ; peut-être voulaient-ils renou- « veler l'âge d'or, que les poëtes rapportent au « temps de Saturne. Ils usaient de certaines pé- « nitences à leur façon, et se réunissaient la « nuit dans les églises pour leurs cérémonies. « Après avoir rempli certains rites pleins de « superstition, ils éteignaient les lumières et se « livraient entre eux aux plus grands désor- « dres. *E con più modi sporchi e disonesti che « si sapevano imaginare, si prendevano pia- « cere l'uno con l'altro, cosi di maschi come di « femmine quanto loro aggradiva.* » Cette secte s'étendit considérablement au delà et en deçà des monts. Le pape, en ayant été informé et ayant examiné la doctrine des novateurs, les excommunia, les déclarant hérétiques ; puis il envoya en Corse un commissaire qui, ayant rassemblé des troupes et fait un appel aux Corses de bonne volonté, marcha contre les *Giovannali*, détruisit un château fort qu'ils avaient bâti dans la piève d'Alesani, et les défit en bataille rangée. Les Giovannali furent presque tous tués ; et, dès qu'on en découvrait un, il était aussitôt massacré.

V. Filippini, lib. III, p. 195.

(1) Quelque temps après l'arrivée de Tridano della Torre, une sanglante inimitié s'étant élevée entre deux hommes du peuple de la piève de Rogna, appelés, l'un Ristagnaccio, l'autre Caggionaccio, tout le deçà des monts fut bientôt embrasé, et chacun prit parti pour l'un ou pour l'autre. La famille Casta se déclara protectrice de Ristagnaccio, celle d'Altiani de Caggionaccio. Tridano, ayant rassemblé des forces imposantes, se dirigea sur la Casinca, où les deux partis étaient prêts à en venir aux mains. Les Caggionacci, croyant que Tridano favorisait leurs adversaires, l'assassinèrent, tandis qu'il se rendait à la Venzolasca. Les troubles continuèrent plus violents encore. Alors la république, voulant mettre un terme à ces désordres, envoya dans l'île deux gouverneurs, Lomellino et Tortorino (1370). Chacun de ces deux gouverneurs s'étant mis à la tête d'un parti et en soutenant les intérêts, il ne leur fut pas difficile d'arranger les affaires et de faire conclure la paix entre ces deux factions.

Voy. Filipp., t. II, liv. III, p. 199.

bien accueilli et d'en obtenir au besoin du secours. Nous allons dire pourquoi.

Jusqu'ici nous n'avons point parlé des prétentions de la maison d'Aragon, pour ne pas interrompre notre récit ; mais il est maintenant nécessaire, pour l'intelligence des événements qui vont suivre, d'entrer dans quelques détails à ce sujet. Nous avons dit que Pepin d'abord et plus tard Charlemagne avaient fait donation de la Corse au saint-siége. Quel droit avaient-ils de disposer ainsi d'une chose qui ne leur appartenait pas? Aucun, si ce n'est peut-être qu'ils regardaient la Corse comme faisant partie de l'empire d'Occident, auquel ils prétendaient avoir succédé. Toujours est-il que cette donation, à laquelle personne ne s'opposa, fut l'origine de vicissitudes sans nombre pour la Corse, et autorisa les papes à disposer de ce pays comme d'un fief qui leur appartenait. Il y a plus, une partie de la population de l'île s'étant donnée volontairement au saint-siége, sous Grégoire VII, ce fut en vertu de cette soumission volontaire que le pape concéda la souveraineté de l'île aux Pisans, et lorsque la puissance de Pise fut anéantie, le pape se regarda comme redevenu maître de ce pays. C'est sans doute dans cette confiance qu'en 1296 Boniface VIII, pour des motifs que nous ne pouvons apprécier aujourd'hui, donna à Jacques Ier, roi d'Aragon, la Sardaigne et la Corse, à la condition de se reconnaître pour ces deux fiefs vassal de l'Église. Cette donation fut encore confirmée par le pape Benoît XII à Pierre d'Aragon, petit-fils de Jacques. Ce prince n'ayant pu profiter des avantages qui lui avaient été faits par Boniface VIII, avait laissé à son fils, Alphonse, le soin de tenter la prise de possession de ces deux fiefs. Mais Alphonse vécut peu de temps, et Pierre son fils, poursuivant son entreprise, commença d'abord par la Sardaigne, et ne songea guère à la Corse d'une manière sérieuse que lorsqu'il entrevit qu'il pourrait y avoir un parti puissant. Ce fut même ce désir de se créer dans l'île des créatures avant d'y opérer une descente, qui l'engagea à accueillir d'une manière flatteuse Arrigo della Rocca, et à lui donner les secours avec lesquels il pût retourner en Corse.

A son arrivée, Arrigo reprit le château de Cinarca, défit les Génois dans toutes les rencontres, et soumit en quelques jours tout le pays à son autorité (1372). Les Génois, obligés de battre en retraite de toutes parts, ne purent conserver que les villes de Calvi et de Bonifacio. Ce succès presque inespéré du comte Arrigo était dû en grande partie à l'assistance qu'il avait trouvée dans les seigneurs ses alliés et dans l'enthousiasme du peuple. Pour reconnaître dignement la sympathie dont il avait été l'objet, Arrigo chercha à réparer les maux de l'administration génoise, et pendant quelques années il fut l'idole d'un pays auquel il avait su rendre une prospérité depuis longtemps inconnue. Mais, soit changement de sa part, soit inconstance des seigneurs ou du peuple, la bonne harmonie cessa tout à coup de régner, et Gênes fut sollicitée par les barons du Cap-Corse d'envoyer des troupes dans l'île pour pouvoir se soustraire à la domination d'Arrigo. La république s'empressa d'expédier les secours qu'on lui demandait ; mais les seigneurs révoltés ne purent, malgré cela, atteindre leur but : ils furent complétement défaits par Arrigo et redemandèrent encore des secours à Gênes.

CHAPITRE II.

LA MAONA. — ARRIGO DELLA ROCCA.

(1378-1389.)

Le gouvernement génois, trop préoccupé en ce moment de sa propre conservation, ne prêta qu'une oreille distraite à cette nouvelle demande : cependant quelques citoyens lui offrirent d'aller en aide aux seigneurs, à la condition d'avoir la Corse en fief. Le sénat accéda volontiers à cette proposition, et rendit un décret qui autorisait la compagnie de la *Maona*.

Cette compagnie se composait de cinq membres, appartenant aux familles les plus influentes et les plus riches de Gênes : c'étaient Leonello Lomellino, Giovanni da Magnara, Luigi Tortorino, Andrea Ficone et Cristoforo Maruffo. Son but était la soumission et l'exploitation de la Corse pour son propre compte (1). La *Maona* fit des préparatifs considérables, et partit pour sa destination. Quoique bien accueillis par les mécontents, qui étaient en grand nombre, les nouveaux gouverneurs n'obtinrent pas le succès qu'ils s'étaient promis. Le comte Arrigo les combattit avec des chances telles que, ne pouvant avancer leurs affaires, ils lui proposèrent, pour en finir, de faire partie de leur société. Arrigo consentit à cet accommodement, d'autant plus volontiers qu'on lui laisserait, disait-on, l'autorité sur les provinces du delà des monts. Mais comme il savait fort bien qu'il ne fallait point se fier aveuglément à ces promesses, il se tint sur ses gardes. Il ne tarda pas à s'apercevoir qu'on n'avait voulu que l'endormir dans la sécurité, et qu'on préparait contre lui un armement. Il n'attendit pas qu'on vînt l'attaquer; il fondit tout à coup sur les gouverneurs, et leur fit éprouver une sanglante défaite. Dès lors la guerre se poursuivit avec acharnement des deux côtés. La Corse fut partagée en deux camps. Les gouverneurs de la Maona, profitant de la division qui avait éclaté entre quelques barons ultramontains, s'emparèrent de la Cinarca et de la ville d'Ajaccio; mais Arrigo ne les laissa pas longtemps jouir de leur conquête. Il leur reprit en quelques jours la Cinarca et obligea Ajaccio à se rendre à discrétion.

Les affaires de la Maona déclinaient sensiblement; elle avait perdu un de ses membres dans un combat contre le comte; de plus, ses ressources étaient épuisées. Les gouverneurs résolurent d'abandonner la partie, et retournèren à Gênes, dégoûtés d'une entreprise qu leur avait été très-funeste (1380).

CHAPITRE III.

LA RÉPUBLIQUE DE GÊNES. — AR RIGO DELLA ROCCA. — LE COMT LOMELLINO (1380-1408).

La république se trouva dès lors ren trer naturellement dans ses droits; mai les mêmes causes qui l'avaient empêché d'envoyer, quelques années auparavant un secours direct en Corse, l'obligèren encore à laisser ses partisans combattr tout seuls. Les seigneurs qui avaien pris les armes contre Arrigo, et les ha bitants de la Terre de Commune qui le avaient soutenus durant le gouverne ment de la Maona, n'en continuèrent pa moins de combattre, comme ils l'avaien fait auparavant, en reconnaissant l'au torité de Gênes. Cependant Lomellino un des sociétaires de la Maona, ne tard pas à revenir dans l'île, avec le titre d gouverneur; mais cette nouvelle qualit ne le rendit pas plus heureux dans se entreprises. Il ne put, malgré ses efforts gagner du terrain, et, après dix année de séjour, il dut retourner à Gênes, laissant les affaires de la république auss peu avancées que le jour où il était arrivé (1391).

Le successeur de Lomellino, Jean-Baptiste Zoaglia, chercha tout d'abor à se rendre populaire; il y parvint e faisant respecter les droits de chacu et en rendant la justice avec impartialité. Lorsqu'il se crut sûr de l'affectio du peuple qu'il gouvernait, il march contre Arrigo, et, malgré la valeur e les talents militaires de ce dernier, i l'obligea à reculer, et enfin à quitter l pays. Toutefois, avant de s'embarquer Arrigo eut le temps de mettre de forte garnisons dans ses châteaux, et il persuada facilement aux siens que so absence ne serait pas longue. Comm on devait s'y attendre, il alla directement à la cour d'Aragon. Le roi Jea l'accueillit avec les mêmes égards qu son père l'avait fait quelques année auparavant; il lui donna les secour qu'il réclamait, et, deux mois après avoi quitté la Corse, il put y retourner ave

(1) L'auteur de la *Giustificazione* rapporte un paragraphe du contrat qui fut fait alors entre la république et les cinq feudataires à qui elle livrait la Corse. On peut y voir que la république se considérait comme relevant du saint-siége pour la souveraineté de la Corse: « Parimente han promesso detti feudatarii « co' loro vassalli affaticarsi per quanto pos- « sono al conquisto ed acquisto di detta isola, « e luoghi... e per l'acquisto, conquisto, e ripa- « razione, spendere lire quaranta mila di Ge- « nova in tre anni prossimi venturi. Ancora « il commune di Genova con buona fede, e a « tutto suo potere, darà aiuto, consiglio, e fa- « vore, che li detti feudatarii per suoi ambas- « ciadori, a sue proprie spese, ottengano la « confermazione della detta concessione del « feudo dal sommo pontefice romano. » *Giustificazione della rivoluzione di Corsica*, pag. 87. Corti, 1764.

des forces suffisantes pour en chasser ses ennemis. En très-peu de temps il vainquit Zoaglia et le fit prisonnier. Panzano, général habile, qui fut envoyé pour remplacer Zoaglia, éprouva une complète déroute auprès de Biguglia (1394). Arrigo soumit une seconde fois toute l'île à sa domination, à l'exception de Calvi et de Bonifacio.

Cependant, la république ne voulut pas rester sous le coup de ces échecs réitérés; elle rassembla de nouvelles troupes, et en confia le commandement à Raphael Montalto, qu'elle nomma en même temps son gouverneur.

Montalto rétablit les affaires de Gênes. A peine débarqué, il marcha contre Arrigo avec des troupes nombreuses, que grossissaient à chaque instant les mécontents. Après plusieurs combats, le comte Arrigo fut obligé d'abandonner la Terre de Commune, et, comme il se retirait au delà des monts, il mourut subitement à Vizzavona. Cette mort, que l'on attribua au poison de Gênes, mit fin à la guerre. Les seigneurs qui soutenaient le parti d'Arrigo se retirèrent chacun dans leurs fiefs. Son fils naturel, François della Rocca, traita avec les Génois, leur vendit ses domaines et fut nommé lieutenant général de la république pour la Terre de Commune (1401).

Pendant quelques années, la Corse sembla respirer. Mais ce repos ne pouvait être que passager, car les mêmes motifs de haine et de discorde existaient alors comme aux temps précédents. Ce qui manquait sans doute en ce moment, c'était un homme qui pût se mettre à la tête du parti anti-génois, comme l'avait fait le comte Arrigo. Il était facile d'entrevoir que du moment où cet homme-là se trouverait, la guerre recommencerait de nouveau. Quant à Gênes, subissant elle-même, à cette époque, le joug de l'étranger, elle était beaucoup trop préoccupée de sa position personnelle pour songer à ce qui se passait ailleurs.

Ce fut dans ces circonstances que Lomellino, que nous avons vu d'abord sociétaire de la Maona, puis gouverneur de la Corse pour la république, sollicita et obtint de Charles VI, roi de France, dont les troupes occupaient alors Gênes, la Corse comme fief, avec le titre de comte (1407). Mais il était dit que ce pays ne lui porterait pas bonheur. Sa conduite y fut d'ailleurs extravagante et despotique. Pour réparer ses anciennes pertes, il établit des impôts arbitraires et employa la force pour les lever, ce qui indisposa vivement les esprits. Le peuple n'aurait probablement pas supporté longtemps cet état de choses, et il aurait couru, comme toujours, aux armes, si un événement imprévu n'était venu lui offrir l'assistance dont il avait besoin. Lomellino était dans la plus grande sécurité, occupé à poursuivre ses projets, lorsqu'on vint lui apprendre que Vincentello d'Istria, seigneur du delà des monts, était débarqué dans l'île avec quelques troupes et des munitions.

CHAPITRE IV.

LA RÉPUBLIQUE DE GÊNES. — VINCENTELLO D'ISTRIA.

(1408-1419.)

Vincentello d'Istria, neveu du comte Arrigo, avait, fort jeune encore, quitté la Corse et pris du service auprès du roi d'Aragon, qui l'avait très-bien accueilli, à cause du souvenir de son oncle. Après s'être distingué dans l'armée de terre, il obtint du roi deux galères, qui, jointes aux vaisseaux que lui fournit le roi de Sicile et de Sardaigne, composèrent une petite flottille avec laquelle il inquiéta pendant plusieurs années les Génois, leur fit des prises considérables, et jeta l'épouvante dans leur marine. Tout en courant la mer, il ne perdait point de vue la Corse, et lorsqu'il sut que Lomellino était généralement détesté et que ses ressources étaient épuisées, il débarqua inopinément à Sagona, marcha sur le château de Cinarca, qui n'osa résister, traversa rapidement l'intérieur et s'empara de Biguglia, place importante, qui était depuis longtemps regardée comme la capitale de l'île. Alors il convoqua une consulte générale de l'île. On accourut de toutes parts à cette assemblée, et d'un commun accord Vincentello fut proclamé comte de Corse.

Sans perdre de temps, le comte Vincentello marcha sur Bastia, et l'obligea à se rendre. Lomellino, ne pouvant opposer aucune résistance avec les forces dont il disposait, avertit en toute hâte la république de sa fâcheuse position. André Lomellino, son frère, rassembla quelques troupes et accourut à son secours. La lutte recommença. Vincentello, blessé dans un combat, fut obligé de battre en retraite. Mais, s'étant bientôt rétabli, il reprit l'offensive, défit les Génois, et les obligea à abandonner toutes les conquêtes qu'ils avaient faites (1410). Le sénat, jugeant alors qu'il ne pourrait rien obtenir par les armes, essaya de changer de politique, et envoya dans l'île Raphael Montalto, qu'il savait y avoir des relations d'amitié avec des personnages influents. Le nouveau gouverneur chercha à se faire des partisans. Il ne lui fut pas difficile de mettre dans ses intérêts Jean d'Omessa, évêque de Mariana, avec lequel il était lié depuis fort longtemps, et qui jusque-là avait été un des plus forts appuis de Vincentello (1413).

La défection de Jean d'Omessa enleva à Vincentello une grande partie des provinces cismontaines, et l'obligea à aller chercher du secours auprès d'Alphonse d'Aragon. Mais, avant qu'il fût de retour, ses affaires s'améliorèrent. Abraham Campo-Fregoso remplaça Montalto en qualité de gouverneur. L'évêque de Mariana, qui n'avait embrassé le parti des Génois que par amitié pour Montalto, prit les armes contre eux, dès que celui-ci fut parti. Il tint la campagne pendant quelque temps contre Squarciafico, lieutenant de Campo-Fregoso; mais, malgré sa connaissance parfaite des lieux et son humeur guerrière, il se vit serrer de près et éprouva une entière défaite. Il ne se découragea pas néanmoins, et continua la lutte avec ardeur. Tandis que ces événements se passaient en deçà des monts, Vincentello débarquait dans la partie ultramontaine avec les secours que lui avait accordés Alphonse d'Aragon. L'évêque d'Omessa l'ayant instruit du danger dans lequel il se trouvait, Vincentello, oubliant le passé, vola à son secours, battit Squarciafico, et l'obligea à se rendre avec son armée. A peine avait-il défait ce général qu'André Lomellino débarqua en Corse avec de nouvelles troupes. Les seigneurs da Mare et Gentili, ennemis de Vincentello, allèrent se ranger du côté des Génois, qui s'avancèrent hardiment contre l'ennemi. Mais Vincentello était sur ses gardes, il laissa les ennemis s'engager dans l'intérieur, et prit position du côté de Morosaglia; puis, quand il les vit près de lui, il les attaqua avec fureur et les tailla en pièces. En apprenant cette défaite, Abraham Campo-Fregoso se porta en toute hâte vers Biguglia pour empêcher Vincentello de s'en emparer. Celui-ci l'avait prévenu, il pressait déjà cette ville lorsque l'on connut la marche des troupes génoises. Sans quitter le siége, Vincentello envoya deux de ses lieutenants, dont l'un était Giovanni della Grossa, l'annaliste de la Corse, à la rencontre des ennemis. Les troupes de Campo-Fregoso furent battues comme l'avaient été celles de Squarciafico et de Lomellino, et lui-même fut fait prisonnier. Biguglia se rendit. Bastia en fit autant, et les Génois, repoussés de toutes parts, n'eurent plus d'autres possessions que Calvi et Bonifacio (1419).

CHAPITRE V.

ARRIVÉE D'ALPHONSE D'ARAGON.

(1420.)

Les choses en étaient là lorsque Alphonse, roi d'Aragon, jugeant le moment favorable à la réalisation de ses projets, parut tout à coup dans les mers de la Corse à la tête d'une flotte considérable. Calvi, surpris inopinément par des forces supérieures, ne put opposer qu'une faible résistance, et fut obligé de se rendre. Il ne restait plus aux Génois que Bonifacio. Alphonse résolut de leur enlever ce dernier asile. Les barons ultramontains étaient venus se présenter à lui dès qu'ils avaient appris son arrivée, et l'avaient reconnu pour souverain de l'île; ce fut en leur compagnie qu'Alphonse se dirigea sur Bonifacio, qu'il attaqua par terre et par mer. Le siége de cette ville fut long et plein de péripéties. Son dévouement à la métropole fut admirable. Malgré les efforts des assiégeants, elle sut résister aux assauts répétés, à la famine et à l'épidémie. Alphonse, qui ne s'attendait pas à une défense aussi vive, et que d'autres intérêts appelaient à Naples, abandonna la conduite du siége à Vincentello, et se retira avec le regret de n'avoir pu mener à fin son entreprise. Il était temps d'ailleurs pour lui de quitter la Corse : la conduite imprudente de ses troupes avait excité un mécontentement général à Campoloro, et les paysans avaient pris les armes sous Mariano da Caggio pour s'opposer à la levée arbitraire des impôts. Calvi s'était également révolté et avait chassé sa garnison espagnole. De toutes parts il y avait comme une haine sourde contre les Aragonais. Vincentello et quelques autres barons soutenaient seuls les intérêts d'Alphonse. Le siége de Bonifacio continua à être poussé avec vigueur; mais des secours importants ayant pénétré dans cette ville, Vincentello se vit forcé d'abandonner le siége et de se retirer. Les choses se retrouvèrent alors au point où elles étaient avant l'arrivée d'Alphonse, c'est-à-dire que les Génois continuèrent à occuper Calvi et Bonifacio, et que Vincentello demeura maître du reste du pays.

CHAPITRE VI.

LE COMTE VINCENTELLO D'ISTRIA. — LES CAPORAUX. — LES SEIGNEURS.

(1420-1435.)

L'essai infructueux que venait de faire Alphonse de sa souveraineté convainquit le comte Vincentello qu'il ne pouvait faire de fondement sérieux sur cette puissance, et le porta à organiser la sienne avec des éléments nationaux. Les caporaux, comme nous l'avons vu, jouaient un rôle important en deçà des monts dans la Terre de Commune(1). Il crut opportun de s'en faire des partisans, et pour cela il leur attribua des

(1) Les caporaux ont joué un rôle très-important dans les vicissitudes politiques de la Corse, et l'on peut dire que leur esprit inquiet et turbulent, leur désir d'acquérir des richesses et de l'influence, n'ont pas peu contribué à faire naître ou à entretenir les troubles qui agitèrent le pays pendant plusieurs siècles.

Nous avons rapporté leur création à l'époque de l'émancipation des communes, sous Sambucuccio. Cependant nous devons avouer qu'il n'existe aucun texte précis à cet égard. Toutefois, comme on les voit déjà très-influents vers le milieu du onzième siècle, on doit présumer que leur création était antérieure à cette époque, et remontait aux premières années du siècle, c'est-à-dire à l'émancipation sous Sambucuccio.

Nous allons donner ici la traduction de deux passages qui font connaître dans quel but les caporaux furent institués et comment ils s'éloignèrent bientôt de l'esprit de leur institution. « On appelle caporaux, dit Ceccaldi, « en Corse et hors de Corse, ceux qui à la « guerre sont chefs de milices. Mais en Corse « on donna ce nom à ceux qui prenaient la dé- « fense des pauvres. Lorsqu'il était fait vio- « lence ou injustice à quelque pauvre homme, « ou à quelque pauvre femme, il allait au- « près du caporal, lui racontait ses raisons et « lui demandait son appui, et le caporal ve- « nait à son aide. Par la suite des temps et des « révolutions qui eurent lieu dans le pays, qui- « conque embrassait la cause du peuple ou se « déclarait en sa faveur et lui donnait assis- « tance, était appelé caporal, et chacun le te- « nait en grand respect, et les caporaux étaient « tellement estimés et honorés qu'ils étaient « presque considérés comme seigneurs de « vassaux. » Filippini, t. III, p. 48 de l'Appendice.

Giustiniani, dans son dialogue manuscrit sur la Corse, cité par M. Gregori, s'exprime ainsi :

« Nous avons en Corse une classe d'hommes « appelés caporaux, lesquels se glorifient d'être « gentilshommes, ce qui n'est point vrai; car, « quand bien même une partie d'entre eux des- « cendrait de quelque race de seigneurs ou gen- « tilshommes, néanmoins la plupart appartien- « nent au populaire. Ils furent institués pour « défendre les pauvres hommes et les oppri- « més contre les tyrans. Cependant, quand les « peuples prirent les armes pour l'extinction « de ces tyrans, les caporaux restèrent sim- « ples spectateurs et ne voulurent se mêler de « rien. Quelques-uns d'entre eux, c'est-à-dire « treize familles, furent pensionnés par le sei- « gneur Vincentello d'Istria, qui fut tyran de « l'île, et par la suite des temps, de défenseurs « qu'ils étaient ils sont devenus les oppres- « seurs des pauvres hommes; et leur méchan- « ceté est devenue si grande, que chacun dit « publiquement qu'ils sont la cause des maux « qui affligent notre île. On les accuse de sou- « tenir les meurtriers et les autres malfaiteurs, « de donner de mauvais conseils, de semer « partout la discorde et de chercher à tenir les « peuples dans la division et l'obéissance. Par- « tout ils usurpent les bénéfices ecclésiasti- « ques, et quand ils les ont possédés une fois, « il semble qu'ils se soient mariés avec eux, « et ils veulent les posséder perpétuellement, « *per fas et nefas.* » Et plus bas Giustiniani ajoute : « La seigneurie de Gênes devrait ap- « porter ses soins à corriger et à punir l'ar- « rogance, les prétentions, les maux et les « assassinats dont se rendent coupables beau- « coup de caporaux; car il est généralement

pensions sur le trésor national. Mais cette largesse ne put les attacher à sa cause. Les caporaux sentaient parfaitement qu'ils avaient beaucoup plus à gagner avec les Génois qu'avec lui, car les Génois avaient intérêt à ménager leur influence, seul appui qu'ils eussent alors dans le pays, et de cette position ils attendaient de grands avantages. Loin de se joindre à Vincentello, ils agirent dans des intérêts entièrement opposés, et firent entrer dans leurs vues quelques barons ultramontains, qui, comme Rinuccio de Leca et Polo della Rocca, étaient ennemis naturels de Vincentello. Simon da Mare, le plus puissant des seigneurs du Cap-Corse, nommé chef de la ligue, se mit aussitôt en campagne, et marcha sur Biguglia, où se trouvait Vincentello. Celui-ci, instruit du mouvement qui se préparait contre lui, et craignant pour sa province de Cinarca, confia la défense de Biguglia à Pierre de Bozzi, celle de Bastia à Jean d'Istria, et se porta immédiatement au delà des monts. Simon da Mare ne tarda pas à paraître devant Biguglia, qu'il tint assiégée pendant plusieurs mois. Cependant, voyant qu'il ne pouvait la réduire, il entra en pourparle avec Vincentello, et il fut conclu entr eux un traité par lequel le comte acco dait probablement aux seigneurs ligué contre lui une partie de ce qu'ils ré clamaient. Ce traité mit fin momenta nément aux hostilités.

Simon da Mare avait levé le siége de Bi guglia et les confédérés s'étaient séparés sans toutefois rompre la ligue qui le unissait, mais ajournant le momen d'agir à la première occasion favorable Cette occasion ne tarda pas à se pré senter. Le comte Vincentello, désireux d se maintenir toujours dans les bonne grâces du roi d'Aragon, résolut d'alle lui présenter ses hommages dans l'île d'Ischia, où il se trouvait en ce moment. Pour paraître convenablement, il fi construire trois galères aux frais du pays, sur lequel il leva arbitrairement un double impôt, sans consulter au préalable les caporaux, mandataires du peuple. Cette conduite indisposa vivement contre lui les esprits. Une dernière faute acheva de porter à son comble l'iritation générale. Vincentello enleva de force une jeune fille appartenant à une famille respectable de Biguglia. Les parents coururent aux armes; les caporaux et les seigneurs de la ligue se remirent de nouveau en campagne sous les ordres de Simon da Mare. En quelques jours, Biguglia tomba au pouvoir des confédérés.

Encouragé par ce succès, Simon da Mare envoya son fils, Charles da Mare, avec un corps nombreux de troupes, dans le delà des monts, où l'appelaient les seigneurs mécontents, et lui-même alla mettre le siége devant Bastia. A peine Charles da Mare était-il arrivé au lieu de sa destination, qu'il vit venir à lui une grande partie des seigneurs, qui reconnurent son autorité et profitèrent de sa présence pour reprendre leurs fiefs respectifs. La fortune commençait évidemment à se détourner du comte Vincentello. Il comprit qu'il ne pouvait en ce moment, réduit à la seule province de Cinarca, lutter avec ses nombreux ennemis, et il songea plus que jamais à aller trouver Alphonse d'Aragon.

Après avoir réglé ses affaires et laissé ses instructions à son fils Barthélemy, il

« reconnu qu'ils sont la cause de tous les dé-« sordres qui naissent dans l'île : elle devrait « leur enjoindre de rester chez eux à s'occuper « de leurs affaires, et leur défendre d'aller « comme ils le font tous les jours à Bastia, « gâter, par leurs petits présents et leurs men-« songes, le bon vouloir du gouverneur et des « autres officiers. »

Les caporaux furent chargés dans le principe d'élire les nobles-douze. On comprend que, pour faire cette élection, ils devaient être assez nombreux; cependant, lorsque le comte Vincentello crut de ses intérêts de stipendier les caporaux, ils ne devaient guère être plus de vingt, car le comte, en donnant des pensions à treize d'entre eux, avait dû s'assurer par ce nombre la majorité. Ces treize familles, dont les noms nous ont été conservés par Filippini, étaient les familles da Casta, da Campocasso, dalla Corbara, da Chiatra, da Matra, dalla Pastoreccia, dalla Casabianca, dal Pruno, dal Petricaggio, dall' Ortale, dalla Pancaraccia, da Omessa et da Luco. Plus tard, les anciennes familles de Cortinchi della Rebbia, della Campana, della Crocicchia, del piè d'Albertino, dell' Olmo, della Brocca, di Piobetta, del Lopio, et quelques autres encore, furent considérées comme des familles de caporaux, et concoururent à la nomination des *Douze*.

Il est bon d'observer que l'institution des caporaux ne fut appliquée qu'au deçà des monts, et spécialement à la Terre de Commune, et que jamais il n'y eut de caporaux dans la partie ultramontaine.

fit voile vers la Sicile avec deux galères bien armées. Comme il naviguait dans la mer de Sardaigne, une affreuse tempête sépara les deux bâtiments et en fit tomber un entre les mains de Colomban da Mare. La galère que montait le comte put se réfugier dans le port de Torre en Sardaigne. Là se trouvaient deux nobles corses, Jean d'Istria et son fils Vincentello, que la conduite du comte avait obligés à abandonner leur pays. L'arrivée de Vincentello éveilla chez eux des sentiments de haine, et ils eurent ensemble une vive altercation. Cependant, le comte ayant promis de rendre à Jean d'Istria le commandement de Bastia, la paix se rétablit entre eux, et, au lieu d'aller en Sicile, Vincentello fit voile vers Bastia pour remettre Jean d'Istria en son poste. Comme il était dans le port, attendant la réponse du capitaine de la place, survint tout à coup une galère génoise, commandée par Zacharie Spinola, qui attaqua la galère du comte avant qu'il pût se mettre en défense, le fit prisonnier et l'emmena à Gênes. A peine fut-il arrivé dans cette ville qu'on le traduisit devant le conseil des Huit, et il fut condamné, comme rebelle, à avoir la tête tranchée (1435).

CHAPITRE VII.

ANARCHIE SEIGNEURIALE. — LE COMTE POLO DELLA ROCCA. — SIMON DA MARE. — GIUDICE D'ISTRIA. — LES MONTALTO.

(1435-1438.)

La mort de Vincentello laissa Simon da Mare sans compétiteur sérieux; il ne tarda pas à s'emparer de Bastia et commença à faire lever les impôts; mais les seigneurs féodaux du delà des monts, voyant avec peine Simon da Mare jouir de la souveraineté de l'île, qu'ils regardaient comme devant leur appartenir, refusèrent l'impôt et se liguèrent contre lui. Giudice d'Istria, Polo della Rocca et Rinuccio de Leca entrèrent tous les trois en même temps en campagne. Simon da Mare, ne pouvant lutter avec d'aussi puissants adversaires, chercha à les diviser, et entraîna dans son parti Polo della Rocca. Les deux autres seigneurs, trouvant à leur tour la partie trop inégale, retournèrent dans leurs fiefs, Rinuccio de Leca après avoir traité avec Simon da Mare, Giudice n'ayant pas voulu le faire, parce qu'il avait d'autres espérances.

Le titre de comte de Corse se trouvait vacant depuis la mort de Vincentello Giudice envoya une ambassade auprès d'Alphonse d'Aragon pour en obtenir et ce titre et des secours. Alphonse trop occupé de ses propres intérêts dans ce moment, ne put envoyer à Giudice qu'une partie de ce qu'il demandait, et ce fut la moins coûteuse. Il lui expédia donc un diplôme de comte de Corse, témoignant le regret de ne pouvoir faire davantage, et lui promettant de prochains secours. Dès ce moment, Giudice se regarda comme comte de la Corse, se fit donner ce titre par ses vassaux, et passa dans la Terre de Commune pour se faire reconnaître. Mais dans ce pays comme dans le reste de la Corse, il ne put atteindre son but : on lui répondit que les Corses avaient l'habitude de nommer leur comte et non de le recevoir d'une main étrangère, et, pour lui enlever toute espérance, le peuple s'assembla en diète à Morosaglia, et nomma à l'unanimité Polo della Rocca comte et seigneur de la Corse.

Dès que Polo della Rocca se vit maître du pouvoir, il rompit avec Simon da Mare, lui déclara la guerre, et entra dans ses possessions du Cap-Corse, qu'il ravagea. Simon da Mare, n'osant résister à un ennemi qui lui était de beaucoup supérieur, s'embarqua pour Gênes, où il traita avec Jean et Nicolas Montalto, fils de Raphaël. Les conditions de ce traité étaient que l'on chercherait à soumettre la Corse et que l'on partagerait par moitié les conquêtes. Les Montalto firent des préparatifs assez considérables, et lorsqu'ils débarquèrent, les soldats de Simon da Mare s'étant joints à eux, ils purent entrer en campagne avec une armée imposante. Cependant le comte Polo leur aurait résisté avec avantage, s'il eût conservé toutes ses forces; mais les caporaux, espérant sans doute que les Montalto reconnaîtraient largement leurs services abandonnèrent tout à coup le comte pour se ranger dans leur parti. Cette défection, réduisant Polo della Rocca à ses propres forces, l'obligea à traiter avec Simon da Mare, auquel il céda Corté pour 200 écus, et il se retira dans son fief.

La retraite du comte Polo laissa les confédérés maîtres paisibles de la Terre de Commune. Mais les Montalto, jaloux de l'influence de Simon da Mare et se croyant sans doute assez forts, s'emparèrent de lui et le jetèrent en prison. Puis, aidés par quelques caporaux qu'ils avaient conservés dans leurs intérêts, ils s'emparèrent de Biguglia, de Bastia, de Corté, et appelèrent le peuple à leur prêter obéissance. Cette étrange prétention et la conduite qu'ils avaient tenue envers Simon da Mare soulevèrent l'indignation du peuple, qui, guidé par les caporaux, courut aux armes, et appela à son aide Rinuccio de Leca. Ils marchèrent tous alors contre Nicolas Montalto, qui se trouvait à Tessamone, l'attaquèrent et le défirent complétement (1438).

Les choses étaient en cet état lorsqu'un nouveau prétendant débarqua en Corse. Les Montalto n'avaient point reçu de la république une mission officielle. On les avait vus partir avec plaisir, parce que leur présence devait entretenir toujours en Corse l'idée de la puissance de Gênes; mais il ne leur avait été fourni ni vaisseaux, ni troupes, ni munitions, et on ne leur avait concédé aucun privilége. Aussi lorsque Thomas Campo-Fregoso fut réélu doge, il lui fut facile d'agir dans ses propres intérêts sans porter atteinte à ceux de la république.

CHAPITRE VIII.

LES FREGOSO. — LES CAPORAUX. — LE COMTE GIUDICE D'ISTRIA.

(1438-1443.)

Campo-Fregoso, voyant la possibilité d'acquérir la souveraineté de la Corse à sa famille, envoya dans ce pays son neveu Janus avec des troupes et de l'argent. La division des partis servit parfaitement les projets de Janus. Ni les Montalto ni Rinuccio de Leca n'osèrei marcher contre lui, et comme il n trouva aucun obstacle, il soumit la Te re de Commune. Passant ensuite dar le delà des monts, il s'empara du chi teau de Cinarca, que le fils de Vincer tello, Barthélemy d'Istria, réduit à se propres forces, ne put défendre et céd pour 1200 écus. Après ce succès, marcha contre les autres seigneurs féc daux, qui étaient divisés entre eux, le réduisit, et soumit ainsi en peu de temp toute l'île à sa puissance. Cependant comme il craignait que l'esprit d'indé pendance ou de nouveauté ne renversâ ce qu'il venait de faire, il voulut as surer ses conquêtes en affaiblissant le éléments de discorde. Il avait dès soi arrivée dépouillé de leurs États du Cap Corse les seigneurs da Mare et Gentili il songea alors à détruire les caporaux il commença par supprimer leurs pen sions, et fit emprisonner quelques-un des plus turbulents. Cette conduite éveilla la crainte des autres caporaux qui s'entendirent avec le comte Pol della Rocca et Rinuccio de Leca pou combattre un ennemi commun. Campo Fregoso, attaqué par les troupes nom breuses des confédérés, ne put opposei de résistance et fut obligé d'aller cher cher des secours à Gênes.

A son retour, Janus alla à la rencon tre des ennemis dans la plaine de Ma riana. Le comte Polo avait sous se ordres mille chevaux et quatre mill fantassins. Outre les troupes qu'il avai amenées de Gênes, Janus avait ave lui de l'artillerie. La lutte ne fut n longue ni sérieuse; les chevaux cor ses, effrayés du bruit du canon, com mencèrent à jeter le désordre dan l'armée, ce qui fit qu'il n'y eut pa même lieu à livrer bataille, et que l déroute des confédérés laissa la victoir incontestée à Janus. Cependant celui ci n'en jouit pas longtemps : les événe ments qui se passaient à Gênes ayan appelé au pouvoir le doge Adorno, le Montalto, ennemis de Campo-Fre goso, furent envoyés en Corse pour l combattre. Déjà au fait du pays et ayant conservé des relations, ils firen en très-peu de temps de grands progrès s'emparèrent de Biguglia et mirent l siége devant Bastia, où s'était renferm

Janus. Janus, sa mère et son frère tombèrent bientôt au pouvoir de l'ennemi, et furent jetés en prison. Mais ils ne tardèrent pas, par les soins de l'évêque d'Aléria, à recouvrer leur liberté et purent retourner à Gênes, lorsque, Giudice d'Istria ayant été reconnu comte par tout le pays, il ne leur resta plus d'espoir de ressaisir le gouvernement.

Giudice d'Istria, que nous avons vu nommé comte de Corse par le roi d'Aragon, avait été trouver ce prince et en avait obtenu des secours importants, avec lesquels il put enrôler des troupes et retourner en Corse. Les Montalto et Campo-Fregoso, le comte Polo et Rinuccio de Leca, les caporaux et les seigneurs da Mare, étaient aux prises en ce moment et se disputaient le pouvoir. L'arrivée de Giudice fut regardée comme une chose fort heureuse par le peuple, qui crut trouver en lui son soutien, et il fut d'un commun accord nommé comte par les caporaux et les populations de la Terre de Commune. A cette nouvelle, Jean Montalto se retira à Bastia, pensant bien qu'il lui serait difficile de se maintenir ailleurs, et Janus retourna à Gênes. Mais Giudice ne jouit pas longtemps du titre de comte ni du pouvoir que lui avait déféré le peuple. Son caractère orgueilleux lui suscita des ennemis. François et Vincentello d'Istria, écoutant les conseils de l'évêque d'Aléria, se révoltèrent contre lui, et, l'ayant surpris, ils le blessèrent et le jetèrent en prison (1443).

CHAPITRE IX.

LE PAPE. — LES GÉNOIS. — MARIANO DA CAGGIO, LIEUTENANT DU PEUPLE.

(1443-1447.)

L'évêque d'Aléria et une grande partie des caporaux, fatigués des continuelles fluctuations du pouvoir, et ne voulant subir ni le joug de Gênes ni celui des barons ultramontains, offrirent la souveraineté de leur pays au pape Eugène IV. Celui-ci accepta avec joie, et envoya dans l'île Monaldo Paradisi avec quelques troupes. Le général romain fut très-bien accueilli par les caporaux et cette partie de la population qui s'était volontairement donnée au pape. Mais les caporaux dissidents et Montalto, ayant réuni leurs forces, marchèrent contre lui en assez grand nombre pour qu'il n'osât s'aventurer à leur livrer bataille avant d'avoir reçu des secours de Rome. Dès que ceux-ci furent arrivés, Monaldo Paradisi s'avança contre Montalto et ses alliés, s'empara de plusieurs châteaux, fit quelques caporaux prisonniers, et en étant venu aux mains avec Montalto, le vainquit et l'obligea à fuir à Bastia, où il se renferma. Cette victoire amena à Paradisi la soumission de Vincentello et de François d'Istria, ainsi que celle des caporaux qui n'avaient pas voulu reconnaître jusque-là l'autorité du saint-siége. Il put alors lever des impôts et se payer des frais de la guerre. L'année suivante (1445), Paradisi, voulant réduire la Corse entière à l'obéissance du pape, marcha sur Calvi, qui était occupée par les troupes de la république. Raphaël de Leca, fils de Rinuccio, commandait cette ville. Dès qu'il vit approcher l'ennemi, il rassembla ses troupes, et, secondé par ses deux frères, jeunes gens pleins de courage, il fit une sortie tellement vigoureuse qu'il mit en complète déroute l'armée papale, et obligea son général à se sauver à Corté. Le pape, ayant appris cet événement, se hâta d'envoyer en Corse Jacques, évêque de Potenza, en remplacement de Paradisi, et lui donna mission de traiter de la paix. Arrivé à Biguglia, l'évêque de Potenza reçut la soumission des habitnats de la Terre de Commune et des caporaux, qui réclamèrent tout d'abord leurs pensions. L'évêque refusa de les leur payer. Alors ils le quittèrent très-mécontents, et appelèrent à eux Rinuccio de Leca. Rinuccio accourut, se mit à la tête de la ligue, dans laquelle il fit entrer Vincentello et François d'Istria, et vint assiéger l'évêque à Biguglia. Comme il poussait le siége avec vigueur, il fut tué dans une sortie que firent les habitants. Alors la ligue se dispersa, et chacun rentra dans ses foyers.

Cependant les troubles incessants qui agitaient le pays et qui étaient en grande partie l'œuvre des caporaux, fatiguant et épuisant le peuple, on résolut d'y mettre un terme, et pour cela on convoqua une diète générale à Morosaglia. La diète reconnut la souveraineté du pape, et nomma, pour opérer la soumission du pays à cette puissance, Mariano da Caggio lieutenant général.

Mariano da Caggio, homme plein de courage et de résolution, était l'ennemi déclaré des caporaux; son premier soin fut de les renverser. Non-seulement il les attaqua à la tête de forces considérables, les vainquit, rasa leurs tours, les mit en fuite, mais encore il abolit la dignité de caporal, et déclara à jamais infâme quiconque prendrait ce titre (1445).

Les caporaux, ainsi traqués, se jetèrent dans les bras de Gênes. Le doge Raphaël Adorno saisit avec empressement l'occasion qui s'offrait à lui de remplacer en Corse l'influence de Campo-Fregoso par celle de sa famille. Il se hâta donc d'envoyer dans ce pays son parent Grégoire Adorno à la tête d'un corps de troupes considérable. Dès son arrivée, Grégoire Adorno, auquel s'étaient joints les caporaux, marcha contre l'armée nationale, qui se trouvait du côté de Caccia; on en vint aussitôt aux mains, et l'armée génoise, complétement battue et mise en fuite, laissa son général prisonnier de l'ennemi. Mariano da Caggio aurait voulu pousser plus loin son avantage et attaquer immédiatement Corté, mais l'évêque de Potenza, jaloux du succès qu'il venait d'obtenir, l'en empêcha.

Sur ces entrefaites, Eugène IV envoya en Corse Mariano da Norcia, officier plein d'expérience, avec mission d'avancer les affaires de l'Église (1447). Mariano da Norcia commença par assiéger le château de Corté, dont il se rendit maître. Ce succès amena la soumission d'un grand nombre de dissidents. Jean Montalto, qui occupait Bastia, livra cette ville aux troupes pontificales, et Mariano da Caggio reconnut, avec le peuple de la Terre de Commune, l'autorité du commissaire du pape. Voyant la tranquillité rétablie dans le deçà des monts, Da Norcia résolut d'aller attaquer les barons ultramontains, après avoir mis une forte garnison dans Brando. Il s'empara bientôt de Baracini, de Bozio et de l'Orèse. Les seigneurs d'Ornano et d'Istria se soumirent : il ne restait plus à vaincre que le seigneur de Cinarca, Raphaël de Leca, qui n'avait jamais voulu reconnaître l'autorité du pape, lorsque l'on apprit la mort d'Eugène IV. Cet événement devant nécessairement amener quelque trouble dans les affaires de la Corse, Mariano da Norcia crut qu'il lui serait facile d'en profiter pour s'emparer du pouvoir; il quitta aussitôt le delà des monts, et vint dans la Terre de Commune avec François et Vincentello d'Istria; mais, craignant que ces deux seigneurs ne s'opposassent à ses desseins, il les fit jeter en prison. Il en usa de même envers l'évêque de Potenza, qui était à Biguglia. Cette conduite souleva l'indignation générale. Raphaël de Leca s'étant uni aux seigneurs de Bozzi, d'Ornano et d'Istria, marcha contre lui. Da Norcia se vit bientôt abandonné de tous ses partisans et obligé de chercher un refuge dans le fort de Brando, où étaient ses soldats dévoués.

CHAPITRE X.

LES CAMPO-FREGOSO. — LE ROI D'ARAGON.

(1447-1453.)

Cependant, l'année suivante, les Génois revinrent avec plus d'assurance. Nicolas V, successeur d'Eugène IV, craignant que la Corse ne fût un embarras pour le saint-siége, et voulant aussi être agréable aux Campo-Fregoso, ses compatriotes, qui étaient en ce moment au pouvoir, leur céda ses droits sur l'île de Corse. En même temps, il ordonna aux officiers pontificaux de remettre les places fortes aux mains des Génois et de retourner à Rome (1447).

Louis de Campo-Fregoso en quittant le pape se rendit en Corse, prit possession de Bastia, de Corté et de Biguglia, leva les impôts, distribua les emplois et retourna ensuite à Gênes rendre compte de sa mission (1448).

Les Corses virent avec peine ce changement. Ils espéraient jouir de quelque repos sous le gouvernement pacifique de l'Église, et d'ailleurs ils souffraient avec peine de se voir ainsi cédés sans leur consentement, comme un troupeau d'esclaves. Mariano da Caggio, qui avait toujours combattu pour l'Église, appela le peuple aux armes, mais cette levée de boucliers ne lui fut point profitable. Louis Campo-Fregoso envoya contre lui un habile capitaine, appelé Giovannone, qui le battit sur les bords du Golo, le chassa de la Venzolasca, où il s'était retiré, fit un grand nombre de prisonniers, et les obligea à se racheter par de fortes rançons.

Galeas Campo-Fregoso remplaça comme gouverneur son cousin Louis, que de plus grands intérêts appelèrent à Gênes. L'administration de ce jeune homme, guidé par l'évêque de Mariana, fut pendant quelque temps pleine de sagesse. Mariano da Caggio et les caporaux se soumirent. Cependant Galeas, ne croyant pas à la sincérité de cette soumission, s'assura du dévouement de Mariano da Caggio et résolut d'abattre les caporaux; mais ceux-ci, ayant mis le peuple dans leurs intérêts, purent opposer à Galeas et à Mariano des forces considérables et les obligèrent à traiter avec eux (1451). Sur ces entrefaites, un nouveau prétendant vint encore compliquer les affaires.

Antoine della Rocca, seigneur du delà des monts, ayant été trouver Alphonse d'Aragon, alors roi des Deux-Siciles, et ennemi déclaré des Génois, le pressa vivement de songer à ses droits sur la Corse et de les faire valoir. Alphonse, cédant à ce conseil, envoya en Corse quelques troupes sous les ordres de Jacques Imbisora, qu'il nomma son vice-roi. Antoine della Rocca n'eut pas de peine à réunir à l'expédition les seigneurs ses alliés; les confédérés allaient se mettre en marche, lorsque la mort du vice-roi vint jeter la discorde parmi eux. Les seigneurs corses reconnurent pour vice-roi le neveu de Jacques Imbisora. Cette préférence mécontenta les vieux officiers, qui, prétendant avoir des droits à cette distinction, ne voulurent plus servir et s'en retournèrent à Naples. Le nouveau vice-roi n'osa rien tenter avec les forces qui lui restaient; il demeura donc sur la défensive, attendant une occasion favorable ou des secours que le roi ne manquerait pas de lui envoyer.

La Corse se trouvait alors dans un singulier état : quatre pouvoirs différents se la disputaient, sinon en totalité, du moins en partie : 1° la république de Gênes possédait Calvi et Bonifacio ; 2° les Campo-Fregoso gouvernaient la Terre de Commune et possédaient Bastia, Biguglia, Saint-Florent et Corté; 3° les pays d'au delà des monts étaient gouvernés par les seigneurs, dont les uns étaient indépendants, les autres reconnaissaient l'autorité du roi d'Aragon; 4° enfin le Niolo et le Fiumorbo étaient sous la dépendance des seigneurs de Cinarca et du vice-roi d'Aragon. C'était, comme on le voit, beaucoup trop de souverains pour un pays si souvent ravagé par la guerre civile. Cependant on voulut encore essayer d'une nouvelle puissance. Une consulte générale, convoquée à Morosaglia, croyant remédier aux maux qui affligeaient le pays, décida qu'on se mettrait sous la protection de la compagnie de Saint-Georges (1).

(1) La compagnie ou banque de Saint-Georges fut créée à Gênes en 1407, dans le but de concentrer en une seule société les créances diverses que la république avait consenties à différentes compagnies ou à différents capitalistes, lorsque ayant besoin d'argent, elle leur avait aliéné une partie des revenus publics pour garantie de leur prêt et jusqu'à entier remboursement.

« L'administration de la banque, ou, comme on disait de la maison de Saint-Georges, fut fortement constituée, et d'abord les plus justes comme les plus sages principes en furent la base. On en fit une république financière représentative. La souveraineté en appartint légalement à l'universalité des actionnaires. Leur assemblée générale nommait les membres de leur gouvernement. Elle avait décrété sa charte; elle rejetait ou ratifiait les lois que lui proposaient les magistrats à qui elle avait confié le pouvoir exécutif dans son sein. Huit protecteurs élus temporairement composaient le sénat de Saint-Georges, à l'image de ces huit nobles auxquels l'État avait commis si longtemps le soin de ses finances. Sous eux, des magistratures inférieures se partageaient les détails de l'administration sociale; elles participaient au pouvoir public en ce sens que l'État, en aliénant ses gabelles, avait confié à la réunion de ses cessionnaires le droit d'en contraindre les débiteurs et de réprimer les contraventions. Le tribunal des protecteurs de la banque était une sorte de cour supérieure, sur les décisions de laquelle le gouvernement lui-même ne portait pas la main légèrement (*a*). »

Nous ne pouvons entrer ici dans de grands

(*a*) Histoire de la République de Gênes, par M. Émile Vincent, conseiller d'État, t. II, p. 151 et suiv.

Des députés furent envoyés à Gênes pour lui offrir la souveraineté (1453).

La compagnie voulut examiner les choses avant d'accepter. La république consentit à lui abandonner Calvi et Bonifacio; les Campo-Fregoso déclarèrent qu'ils renonçaient en sa faveur à leurs prétentions, et qu'ils se retireraient. La compagnie, voyant qu'elle n'aurait plus à combattre que la puissance plutôt nominale que réelle du roi d'Aragon et les barons ultramontains, que les rivalités de famille avaient beaucoup affaiblis, accepta l'offre qui lui était faite, et se prépara à envoyer en Corse un gouverneur.

LIVRE IV.

Depuis la compagnie de Saint-Georges jusqu'à l'occupation de la Corse par les troupes de Henri II, roi de France.

CHAPITRE PREMIER.

LA COMPAGNIE DE SAINT-GEORGES. — RAPHAEL DE LECA. — LE ROI D'ARAGON. — LES LEIGNEURS.

(1453-1461.)

Dès que la compagnie de Saint-Georges eut pris possession de son nouveau domaine, elle songea à éloigner tous ceux qui auraient pu partager sa puissance ; elle commença par attaquer les Aragonais. Ceux-ci, n'étant pas en force, et d'autre part étant mal secondés par les seigneurs, firent peu de résistance, et se rembarquèrent sur leurs vaisseaux.

Le départ des Aragonais laissa la compagnie de Saint-Georges seule maîtresse du pays, n'ayant plus en face d'elle que les barons ultramontains. Bien qu'elle eût résolu de les renverser, elle ne crut cependant pas le moment convenable pour le faire; elle voulut au contraire leur donner pleine confiance dans ses intentions; elle reconnut leurs fiefs et priviléges, et déclara ne vouloir se mêler en rien de l'administration de leurs domaines. En cela elle agit avec sagesse. En effet, si elle avait voulu attaquer immédiatement la puissance des barons, ceux-ci se seraient ligués entre eux pour lui résister, et la compagnie aurait peut-être éprouvé alors ce qu'avait éprouvé avant elle la république, une opposition opiniâtre, à laquelle aurait pris part sans aucun doute le reste du pays, tandis qu'en reconnaissant les fiefs et en respectant les priviléges, si elle attaquait plus tard les barons individuellement, on ne pourrait l'accuser de porter atteinte à l'institution féodale elle-même. Cependant, lorsque Doria, gouverneur de la Corse pour la compagnie, crut avoir attendu le temps nécessaire pour consolider sa puissance, il commença à mettre à exécution les projets tenus secrets, en attaquant Raphaël de Leca, seigneur de Cinarca, le plus puissant des barons féodaux. Raphaël avait accepté le nouvel ordre de choses, et n'avait résisté en aucune façon à l'établissement de la compagnie. La possession de nombreux domaines devait éloigner de lui tout esprit de trouble et d'agitation ; aussi ne songeait-il à rien moins qu'à chercher des ennemis à la compagnie, lorsque celle-ci fit courir le bruit que Raphaël ne cessait de solliciter le roi d'Aragon de venir prendre possession de la Corse. Comme nous l'avons dit ailleurs, les Aragonais n'étaient point aimés dans le pays, et l'idée que Raphaël les appelait souleva contre lui un grand mécontentement.

Doria, profitant de cette irritation qu'il avait secrètement fomentée, se mit en campagne contre Raphaël. Mais il n'eut pas lieu de s'applaudir de sa conduite, car le seigneur de Leca, non-seulement sut résister à ses ennemis, mais leur fit encore éprouver de très-grandes pertes. Sur ces entrefaites, le roi d'Aragon, apprenant la lutte qui venait de s'engager, envoya en Corse au secours de Raphaël huit galères chargées de troupes sous les ordres de Berlingero de Rillo, qu'il nomma son vice-

détails relativement à la compagnie de Saint-Georges, qui devint bientôt très-puissante. Le lecteur trouvera tous les renseignements nécessaires dans le consciencieux ouvrage de M. Vincent, d'où nous avons extrait le passage qui précède.

roi (1455). Alors les Génois redoublèrent d'efforts, mais ils furent battus de nouveau et obligés de se retirer devant les troupes réunies du comte et du vice-roi. Tout à coup Berlingero de Rillo reçut ordre de s'embarquer immédiatement avec ses troupes et de retourner auprès du roi. Cette retraite contrista beaucoup le seigneur de Leca, car elle le réduisait à ses propres forces devant un ennemi qui avait augmenté les siennes. Toutefois, il ne perdit pas courage, et résista avec la même énergie et le même succès : les Génois furent encore repoussés. Alors ils eurent recours à un autre moyen, qui fut celui de semer la division entre les seigneurs féodaux. Vincentello d'Istria fut le premier à se détacher du parti de Raphaël ; d'autres suivirent son exemple, si bien que le seigneur de Leca, se trouvant bientôt réduit aux seuls membres de sa famille, fut cerné de toutes parts, et périt héroïquement en se défendant dans son château de Leca (1457).

Quoique la mort de Raphaël ne fît pas cesser immédiatement la guerre, et que ses vassaux dévoués persistassent à combattre avec une opiniâtreté bien faite pour inquiéter les Génois, cependant elle amena un changement notable dans l'état des choses. Les seigneurs ultramontains, que la compagnie avait su gagner ou vaincre individuellement, voyant qu'ils ne pourraient désormais opposer une résistance sérieuse, résolurent de s'expatrier et d'aller chercher auprès du roi d'Aragon les secours nécessaires pour pouvoir combattre avantageusement les Génois. De ce nombre furent Giocante de Leca, Arrigo della Rocca, Orlando d'Ornano, Guillaume de Bozi et Giudice d'Istria. Mais Alphonse ne put leur accorder ce qu'ils demandaient, ayant besoin de toutes ses forces pour soutenir la guerre dans laquelle il était engagé. Alors ils rentrèrent en Corse, résolus à tenter un dernier effort ou à périr les armes à la main. L'appui qu'ils trouvèrent chez leurs vassaux fut assez considérable pour leur permettre de reprendre sur les Génois la plupart des châteaux qu'ils avaient perdus et soutenir la guerre avec avantage. Les choses parurent assez graves à la compagnie pour qu'elle jugeât à propo d'envoyer en Corse un nouveau gou verneur, Antoine Spinola, homme re nommé pour son adresse et sa fermeté Spinola, s'étant uni à Vincentello d'Istria, depuis longtemps allié des Génois commença par forcer les seigneurs dell Rocca à se rendre. Ceux de Bozi, d'Ornano, et Giudice, furent obligés d'e faire autant ; il ne restait plus à sou mettre que les seigneurs de Leca, qu s'étaient retranchés dans le Niolo, et qu les populations de Sia, Sevindentro Soroinsù, soutenaient de tous leur moyens. Spinola, voyant qu'il ne pour rait venir à bout de les soumettre pa les armes, voulut frapper les popula tions qui leur prêtaient assistance, e livra aux flammes tout le pays depui Sagona jusqu'à Calvi, ce qui le rendi désert, comme on le voit aujourd'hui Giocante et Vincent de Leca, fils d Raphaël, comprirent qu'ils ne pouvaien résister à un ennemi qui employait d tels moyens, et, pour éviter de plu grands malheurs, ils entrèrent en pour parler avec Spinola. Vincentello d'Istria se porta médiateur de la négocia tion. Il fut convenu que la compagni de Saint-Georges accorderait un par don général à tous ceux qui avaien pris les armes pour les Leca. Spinol invita les deux frères à se présente devant lui. Giocante, se méfiant à just titre du gouverneur, s'expatria sans s rendre à cette invitation. Son frèr Vincent, pour témoigner de la sincé rité de sa soumission, se présenta Spinola, qui, malgré la foi du traité lui fit trancher la tête. Antoine de l Rocca et un de ses fils, Arrigo e un fils du comte Polo, eurent le mêm sort.

Cette conduite, quelque odieus qu'elle fût, n'en atteignit pas moin son but, qui était d'arriver à la domi nation par la terreur. Les seigneur qui s'étaient laissé diviser, et qui n'a vaient pas compris qu'en abandonnan Raphaël ils abandonnaient leur propr cause, sentirent qu'il ne leur restai plus de salut que dans la fuite, et s'ex patrièrent. Vincentello d'Istria lui-m me, l'ami et le soutien des Génois crut prudent d'abandonner la Cors Par la retraite de tous ces seigneur la compagnie de Saint-Georges se trouva seule maîtresse absolue du pays (1460).

CHAPITRE II.

TOMASINO CAMPO-FREGOSO.

(1461-1464.)

Cette tranquillité dans la possession ne dura pas longtemps. Les troubles vinrent de Gênes elle-même. Ludovic Campo-Fregoso, ayant été nommé doge, profita de sa puissance pour faire revivre les droits de sa famille sur la Corse. Des émigrés, les uns étaient à Gênes, d'autres en Toscane. L'évêque d'Aléria, ami de Ludovic, se chargea de les voir et de traiter avec eux. On tomba facilement d'accord sur les résultats à obtenir. Chasser la compagnie de Saint-Georges, rétablir dans leurs fiefs les seigneurs qui concourraient à l'entreprise, proclamer Tomasino Campo-Fregoso, neveu du doge, comte de Corse, tel était le but des conspirateurs. Les chefs de cette nouvelle expédition étaient Giocante de Leca, Polo della Rocca, Vincentello d'Istria, l'évêque d'Aléria, auquel se joignit plus tard celui de Sagona, et plusieurs autres seigneurs. Ils ne tardèrent pas à se réunir et à opérer des descentes sur différents points. Leur arrivée éveilla les sympathies des populations, qui souffraient de la domination de la compagnie. La province de Cinarca se souleva tout entière. Le Fiumorbo et une partie des terres seigneuriales de la Rocca prirent également les armes. Thomas Campo-Fregoso étant arrivé sur ces entrefaites avec de l'argent et des munitions, et étant ainsi secondé par les seigneurs ses alliés, marcha contre les troupes de la compagnie, les battit, et se rendit maître de presque tout l'intérieur du pays (1462).

Thomas Campo-Fregoso, ayant été reconnu comte par les habitants de la Terre de Commune, gouverna paisiblement le pays pendant deux ans. Mais la révolution qui s'opéra bientôt à Gênes, et qui fit passer cette république sous la domination du duc de Milan, amena par contre-coup un changement dans le gouvernement de la Corse (1464).

CHAPITRE III.

SOUVERAINETÉ DU DUC DE MILAN. — SAMBUCUCCIO ET GIUDICELLO DA CAGGIO.

(1464-1479.)

Lorsque les affaires de Gênes le lui permirent, François Sforza envoya en Corse un de ses lieutenants pour faire passer cette île sous sa domination. L'envoyé du duc fut reçu avec enthousiasme; les Corses se soumirent volontiers à un prince qui passait pour juste et généreux. L'autorité du duc fut proclamée et acceptée de tous. Cet état de choses dura environ deux ans, et ne fut troublé que par un de ces accidents que la prudence humaine ne saurait prévoir.

Le général Cotta, commandant en Corse pour le duc de Milan, avait convoqué à Biguglia une assemblée générale de tous les habitants du pays, pour prêter hommage au nouveau duc Galeas-Marie Sforza. Dans ce grand concours d'individus, une rixe sanglante s'éleva entre quelques hommes de la suite des barons ultramontains et des habitants du Nebbio. Le vice-duc fit arrêter et punir les coupables. Les seigneurs, irrités de cet acte de souveraineté qui attaquait leurs priviléges, montèrent immédiatement à cheval, et, sans prendre congé du vice-duc, retournèrent dans leurs domaines. Cotta comprit parfaitement que ce départ précipité était une déclaration de guerre, et prit ses mesures en conséquence. Cependant les habitants de la Terre de Commune, redoutant plus que tous autres une conflagration dont ils auraient été les premières victimes, s'assemblèrent en consulte générale à Morosaglia et nommèrent pour lieutenant du peuple Sambucuccio d'Alando, descendant de ce Sambucuccio que nous avons vu figurer au commencement du onzième siècle.

Le premier soin du nouveau général fut de rendre un édit enjoignant à tout citoyen de déposer les armes dans l'espace de huit jours. Cette mesure eut les meilleurs résultats; les Corses qui s'étaient rangés du parti du lieutenant du duc l'abandonnèrent, et les seigneurs ultramontains retournèrent dans leurs Etats. Le général milanais, réduit à ses propres forces, n'osa rien tenter. Quant à Sambucuccio, il convoqua une nouvelle assemblée, proposa d'envoyer au duc de Milan une députation pour se plaindre de son lieutenant et lui soumettre l'adoption des statuts qui devaient désormais régler les droits de chacun. Ces propositions reçurent l'approbation générale. La députation fut très-bien accueillie par le duc Galeas-Marie, qui approuva les statuts soumis à son examen, révoqua Cotta et nomma à sa place Jean-Baptiste d'Amelia (1).

A son arrivée en Corse, le nouveau gouverneur voulut faire procéder immédiatement à la levée de l'impôt. Sambucuccio lui fit observer qu'il était beaucoup plus urgent de pacifier le pays, que les inimitiés particulières désolaient. D'Amelia ne tint aucun compte de cet avis, et fit commencer les opérations. Alors Sambucuccio se mit en campagne à la tête des habitants de la Terre de Commune, et autorisa publiquement le refus d'impôt. Le vice-roi n'avait pas assez de forces pour pouvoir résister à Sambucuccio; son autorité fut méconnue partout, et lui-même se vit obligé de se renfermer avec ses officiers dans les villes fortifiées. Une nouvelle assemblée générale eut lieu à Morosaglia. Sambucuccio d'Alando fut remplacé par Giudicello da Caggio, fils de Mariano, que nous avons vu jouer un rôle important au temps d'Alphonse d'Aragon. Malgré son activité, son énergie, et ses talents militaires, il ne put longtemps maintenir la tranquillité dans le pays. La guerre civile, ou, pour mieux dire, les dissensions particulières, encouragées par l'absence de toute autorité supérieure, et de plus fomentées par les caporaux, prirent un accroissement considérable. On essaya de différentes personnes pour rétablir l'ordre. Charles da Costa, Vinciguerra della Rocca, Colombano della Rocca, Charles della Rocca, furent tour à tour nommés lieutenants généraux du peuple dans les diférentes consultes qui eurent lieu de 1472 à 1476; mais ils ne purent, malgré leurs efforts, parvenir à rétablir l'ordre dans un pays que trop d'éléments de discorde agitaient.

(1) Le texte assez curieux des statuts approuvés par le duc Galeas Sforza a été mis au jour, pour la première fois, par Limperani, 1780, dans son *Istoria della Corsica*, t. II, p. 225.

Sur ces entrefaites, Thomas Campo-Fregoso, profitant de la mort du duc de Milan, fit une descente en Corse à la tête d'une petite armée.

Le gouverneur milanais, sortant alors de son immobilité, marcha contre lui, le battit et l'envoya prisonnier à Milan. Pendant qu'il était ainsi captif, Thomas intrigua auprès de la régente Bonne de Savoie pour se faire céder la Corse, et il parvint à son but. Mis en liberté, il partit immédiatement avec des instructions pour le gouverneur milanais, à qui la régente enjoignait de remettre à Thomas Campo-Fregoso toutes les places qu'il occupait au nom de son fils (1480).

CHAPITRE IV.

THOMAS CAMPO-FREGOSO. — JEAN-PAUL DE LECA. — APPIEN IV, PRINCE DE PIOMBINO. — LA COMPAGNIE DE SAINT-GEORGES.

(1480-1485.)

Ce fut de cette manière que Thomas Campo-Fregoso redevint de nouveau seigneur de la Corse. A son arrivée dans ce pays, il jugea à propos de chercher un allié naturel dans Jean-Paul de Leca, seigneur de Cinarca. Jean-Paul était à cette époque le plus puissant des barons ultramontains. Un double mariage conclu entre les enfants de Thomas et ceux de Jean-Paul les unit intimement. Cependant, malgré l'appui du seigneur de Leca, Thomas fut bientôt obligé, à cause de son despotisme, de se démettre du pouvoir en faveur de son fils Janus de Campo-Fregoso, et de quitter l'île (1481). Mais Janus lui-même, après être resté deux années au pouvoir, fut obligé de suivre l'exemple de son père, qu'il avait beaucoup trop imité dans sa conduite tyrannique (1483). En partant, il laissa pour commander à sa place Marcelin Farinole. Ce général continua l'œuvre commencée par les Fregoso, et se rendit tellement odieux que le peuple, ne pouvant plus supporter les maux dont il était accablé, se souleva et appela à son aide Rinuccio de Leca. En acceptant cette nouvelle position, Rinuccio comprit parfaitement qu'il ne pourrait avec ses forces et celles des insurgés résister aux Campo-Fregoso et à Jean-Paul. Aussi chercha-t-il un souverain qui, en le soutenant de ses armes, pût en imposer par le prestige de sa puissance. Ses relations d'amitié avec Appien IV, prince de Piombino, lui firent jeter les yeux sur lui. Appien accepta l'offre qui lui était faite, et envoya pour le représenter son frère, le comte Gherardo de Montagnana (1483). Une consulte tenue dans la plaine de Lago-Benedetto reconnut pour comte de Corse le prince de Piombino. Ses troupes marchèrent aussitôt contre Biguglia et Saint-Florent, dont elles s'emparèrent. En apprenant ces événements, les Campo-Fregoso, pensant que c'en était fait de leur puissance en Corse, cédèrent tous leurs droits à la compagnie de Saint-Georges (1485).

La nouvelle de ce traité, en même temps qu'elle excita l'indignation des populations, remplit de terreur le comte Gherardo. Craignant d'avoir à lutter contre la puissante association de Saint-Georges, il voulut abandonner la partie et rentrer en Toscane. Mais Rinuccio était trop compromis pour reculer ainsi sans coup férir; il voulut donc tenter le sort des armes, et décida Montagnana à attendre l'issue du combat qu'il allait engager avec Jean-Paul de Leca, allié de la compagnie, et qui avait déjà pris l'offensive. Montagnana attendit. Le combat s'engagea du côté du mont Saint-Antoine en Balagne; malgré les efforts de Rinuccio, Jean-Paul remporta une victoire complète. A cette nouvelle, le comte Gherardo se hâta de quitter la Corse, abandonnant ainsi les droits de son frère et les personnes qui avaient embrassé sa cause.

CHAPITRE V.

LA COMPAGNIE DE SAINT-GEORGES. — JEAN-PAUL DE LECA. — RINUCCIO DELLA ROCCA.

(1485-1511.)

Mathieu da Fiesco, gouverneur envoyé par la compagnie de Saint-Georges, ne tarda pas à débarquer dans l'île. Son premier soin fut de renouveler alliance avec Jean-Paul, et de reconnaître les seigneurs ultramontains comme indépendants dans leurs fiefs (1485). Il reprit sans trop de peine les places qu'avait occupées le comte Gherardo, et en peu de temps le pays se trouva jouir de quelque repos. Mais les intrigues de Janus vinrent bientôt troubler la tranquillité, qui semblait devoir être durable. Mécontent d'avoir cédé la Corse à la compagnie de Saint-Georges, il écrivit à Jean-Paul de se soulever contre elle; Jean-Paul ne manqua pas de prétextes pour colorer sa défection. Les gouverneurs de Saint-Georges, soupçonnant à juste titre Janus d'être l'auteur de cette levée de boucliers, se plaignirent au doge de sa conduite. Janus protesta de son innocence, et assura la compagnie de son dévouement. Cependant ses lettres furent interceptées; on y trouva la preuve manifeste de sa félonie. Le doge, indigné d'une telle conduite, le livra aux directeurs de la compagnie de Saint-Georges, qui le firent jeter en prison. Quant à Jean-Paul, comme il avait commencé les hostilités, le triste sort de Janus ne l'empêcha pas de les poursuivre; mais, trahi ou abandonné par une grande partie des seigneurs qui marchaient avec lui, et qu'avait su gagner le gouverneur génois, il lutta inutilement pendant près de deux ans contre les forces supérieures de la compagnie de Saint-Georges réunies à celles des seigneurs ses ennemis; et, cédant enfin à la fortune contraire, il capitula, abandonnant ses châteaux et ses domaines, à la condition de pouvoir se retirer en Sardaigne avec sa famille et quelques amis dévoués (1487).

La retraite de Jean-Paul, en détruisant le plus grand obstacle qu'eût rencontré jusque-là la compagnie, la mit à même de pouvoir reprendre l'idée qu'elle avait toujours nourrie de frapper les seigneurs féodaux et de détruire à jamais leur puissance. Rinuccio de Leca, parent de Jean-Paul, mais qui avait constamment combattu pour les Génois, fut le premier à s'apercevoir des mauvaises intentions de la compagnie à son égard; il ne voulut pas attendre de se voir attaqué dans ses domaines, et, ayant pris les armes, il invita Jean-Paul à venir combattre avec lui. Jean-Paul revint en effet. La lutte que ces deux seigneurs soutinrent contre la compagnie de Saint-Georges ne fut pas longue, mais elle fut pleine d'atrocité de la part du gouverneur génois. Rinuccio, fait prisonnier par la noire trahison d'un ancien ami, Filippino da Fiesco, alla mourir dans les prisons de Gênes, et Jean-Paul, privé d'un si puissant appui, fut obligé de s'expatrier une seconde fois (1489).

Ce ne fut que dix ans plus tard que Jean-Paul retourna de nouveau en Corse pour opérer un soulèvement. Cette fois, il fut vivement secondé, non-seulement par les populations de Vico et de Cinarca, qui lui étaient entièrement dévouées, mais aussi par celles de Niolo et par une partie de la Terre de Commune. L'insurrection prit un caractère tellement grave que la compagnie de Saint-Georges crut devoir envoyer dans l'île le général de Negri, qui y avait déjà commandé, et qui passait pour un général habile. De Negri sut attirer à lui une partie des caporaux et quelques seigneurs ultramontains, parmi lesquels figurait en première ligne Rinuccio della Rocca. Il sut également éviter une rencontre avec Jean-Paul tant que celui-ci eut une armée considérable; mais dès qu'il vit que la plupart de ceux qui s'étaient ralliés au seigneur de Leca l'avaient abandonné, soit pour retourner à leurs affaires, soit pour tout autre motif, alors il le harcela, le vainquit dans de petits combats, et l'obligea enfin à quitter la Corse une dernière fois.

De Negri, ayant ainsi triomphé de Jean-Paul, retourna tout glorieux à Gênes, et la compagnie de Saint-Georges, reconnaissante, lui éleva une statue (1501).

Cependant le départ de Jean-Paul n'amena point une soumission complète. Rinuccio della Rocca, qui avait si activement secondé le général de Negri contre Jean-Paul, se vit obligé, à cause des injustices dont il était la victime, de prendre les armes contre la compagnie. Mais il ne put lutter longtemps. Vaincu en différentes rencontres, il dut céder ses domaines de la Rocca à la compagnie, qui lui donna en échange une pension égale à ses revenus, et l'obligea à aller vivre à Gênes.

Cette humiliation exaspéra Rinuccio, qui préféra courir les chances d'une nouvelle guerre avec la compagnie (1503). Toutefois, avant de retourner en Corse, il alla en Sardaigne trouver Jean-Paul, qu'il supplia de se joindre à lui. Jean-Paul refusa de prêter son appui à un homme qui avait été la cause de sa ruine. Alors Rinuccio tenta seul l'entreprise. Il débarqua en Corse avec peu de ressources, mais il sut bientôt s'en créer. Pendant trois ans, il lutta avec des chances diverses contre les généraux de la compagnie, puis il fut obligé de céder et de se retirer une seconde fois (1506). Quelque temps après, profitant du mécontentement qu'avait soulevé l'administration génoise, il revint de nouveau dans l'île, livra plusieurs combats et périt glorieusement les armes à la main (1511) (1).

L'exil de Jean-Paul, la mort de Rinuccio de Leca et de Rinuccio della Rocca furent comme le signal de la chute lente, mais certaine, des maisons

(1) On peut se faire une idée de la sévérité avec laquelle les gouverneurs de la compagnie de Saint-Georges gouvernaient la Corse par le fait suivant :

Vers 1507, Nicolas Doria, gouverneur pour la compagnie de Saint-Georges, ayant obligé Rinuccio à traiter avec lui, voulut châtier la population du Niolo qui s'était toujours montrée dévouée aux seigneurs Cinarchesi. Il convoqua les habitants de cette piève, se fit remettre soixante otages pris parmi les principaux du pays, puis il signifia qu'ils eussent à se procurer d'autres demeures que celles du Niolo, qui à l'avenir ne pourrait plus être habité ni cultivé, et ceci pour les punir d'avoir prêté du secours aux seigneurs. Les Niolini se jetant aux pieds de Doria le prièrent de leur faire grâce; « mais l'implacable capitaine, ajoute Filippini, les engagea à se contenter de leur sort, leur disant que cette mesure était dans l'intérêt de tous, parce que, en changeant de pays, ils changeraient sans doute d'habitudes; de telle sorte que les Génois seraient débarrassés de toute inquiétude, et eux-mêmes, en habitant d'autres lieux, mèneraient une vie plus tranquille. Doria ayant ainsi manifesté sa résolution inébranlable, les Niolini, pleurant leur malheur, prirent leurs femmes, leurs enfants et ce qu'ils purent des choses les plus nécessaires, puis ils abandonnèrent le pays où ils étaient nés et allèrent se fixer en Corse, qui d'un côté, qui de l'autre; quelques-uns passèrent en Sardaigne, d'autres dans les maremmes de Rome et de Sienne, et même en d'autres lieux, selon que le destin les poussait. Après ce triste départ (et selon les ordres de Doria), les paysans voisins du Niolo démolirent toutes les maisons, abattirent les arbres et détruisirent tout ce qu'il pouvait y avoir. » Filipp., t. III, liv. v, p. 100 et suiv.

seigneuriales du delà des monts. Aucun homme remarquable ne surgit plus pour les relever. La compagnie de Saint-Georges eut toujours l'œil ouvert sur cette puissance, qui lui avait été si redoutable et avait failli lui devenir si funeste. Les mesures répressives et violentes qu'elle employa, aussi bien que l'esprit de rivalité qui régnait toujours entre les seigneurs féodaux, contribuèrent beaucoup à amortir l'humeur guerrière de la jeunesse et à lui faire accepter comme irremédiable l'ordre de choses que la compagnie avait préparé de longue main.

A partir de cette époque jusqu'à l'arrivée des Français, en 1553, il ne se passa dans les affaires intérieures de la Corse aucun événement de grande importance. La compagnie de Saint-Georges, ne rencontrant plus d'obstacle à sa marche, gouverna le pays d'abord avec sagesse, puis d'une manière tout à fait arbitraire, au gré des gouverneurs qu'elle y envoyait.

Puisque nous voilà arrivés au seizième siècle, et presque au moment de la lutte de Sampiero d'Ornano avec les Génois, il est nécessaire de dire deux mots de la législation que les Génois appliquèrent à la Corse, et dont la violation fut la source de tant de maux.

CHAPITRE VI.

DE L'ORGANISATION DE LA JUSTICE ET DES STATUTS.

On ne saurait dire d'une manière précise quelles furent les lois qui gouvernèrent la Corse jusqu'en 1347, époque à laquelle ce pays se donna, comme nous l'avons vu, à la république de Gênes. On doit présumer toutefois que ces lois devaient être un mélange de lois romaines et barbares, d'usages et de coutumes municipales et féodales tirant leur origine des peuples qui, à des époques diverses, avaient habité le pays. En 1347, la république fit rédiger des statuts qui eurent l'approbation des députés corses et qui différaient fort peu de ceux qui furent rédigés en 1453. Ces statuts avaient pour objet d'organiser les différentes juridictions et d'établir les règles par lesquelles la justice devait être appliquée.

La première juridiction était celle des podestats des pièves, dont le tribunal s'appelait *Arringo*. Chaque piève était administrée par deux *podestats* et deux *raggionieri* élus par le gouverneur, le vicaire, le capitaine du peuple et deux députés de chaque piève de la Terre de Commune. Leur charges étaient annuelles. Ils jugeaient des causes qui n'excédaient pas 10 livres. — La seconde juridiction était celle du conseil de la *Cour* ou de la *Banque :* c'était un tribunal d'appel qui siégeait à Biguglia; il se composait de douze citoyens libres appelés *buoni uomini,* qui devaient juger les affaires portées à leur tribunal. Ces juges étaient annuels et jugeaient par sections de six pendant un semestre seulement. Ils avaient 50 livres pour la durée de leurs fonctions et les deux tiers dans les condamnations. Ils étaient nommés à la pluralité des suffrages par le gouverneur, le vicaire du peuple, le capitaine du peuple et par deux députés de chaque piève. Le *vicaire du peuple* et le *capitaine du peuple,* élus comme les Douze, avaient également des fonctions annuelles ; ils recevaient 350 livres d'appointements, siégeaient dans le conseil et y avaient voix délibérative comme les juges. Le gouverneur pouvait, si bon lui semblait, siéger au tribunal de la Banque et prendre part aux délibérations.

Au-dessus de ces deux juridictions, et comme pour les reviser et les contrôler, il existait un autre tribunal appelé *Syndicat,* principalement établi pour juger la conduite des juges et officiers d'administration, espèce de cour de cassation chargée de décider si l'officier de justice soumis au syndicat (*sindicato*) avait violé la loi, ou indûment perçu des droits. La pénalité appliquée au fonctionnaire coupable était 100 livres d'amende, la perte de l'emploi et l'incapacité de servir l'État à l'avenir. La sentence rendue par lui était annulée : celle qui avait été obtenue par concussion était maintenue, mais en faveur du perdant, et c'est ce que l'on appelait *de vincta perduta*. Le corrupteur et son complice devaient, en outre des 100 francs d'amende, restituer ce qu'ils avaient pris indûment. La torture ne pouvait être appliquée que du consentement du conseil, excepté dans les cas criminels. Le syndicat était composé de douze membres, dont six devaient être Corses.

Les statuts étaient déposés chez ceux qui exerçaient la justice, particulièrement chez le vicaire du peuple. Il n'y avait de soumis à ces statuts que les provinces cismontaines; les provinces du delà des monts, ainsi que le Cap-Corse, soumis aux seigneurs, étaient régies par les règlements concernant les fiefs. Cet ordre de choses dura jusqu'au seizième siècle. A cette époque, Gênes, ayant abattu la puissance des seigneurs ultramontains, put s'établir d'une manière durable de l'autre côté des monts et y organiser son pouvoir. Cependant, elle fut obligée de reconnaître l'indépendance des fiefs, en ce qui touchait les droits de propriété et de justice; seulement elle se mêla de leur régime intérieur, ce qu'elle n'avait point fait jusque-là : elle établit que chaque piève comprise dans le fief avait droit d'élire un *podestat* juge des causes civiles d'un moindre intérêt. Plus tard (1614) elle décréta que toutes les causes civiles ou criminelles des fiefs seraient jugées en première instance par un *lieutenant*, nommé par les seigneurs des fiefs, ou par le gouverneur dans le cas où les seigneurs ne seraient pas d'accord sur la nomination; elle établit que l'on pouvait appeler du jugement du lieutenant au *tribunal des feudataires*, composé de tous les seigneurs, et de ce tribunal au gouverneur ou au commissaire à Ajaccio. —Les officiers du fief étaient, comme les autres officiers de justice, soumis au syndicat.

CHAPITRE VII.

ADMINISTRATION DE LA COMPAGNIE DE SAINT-GEORGES. — ÉMIGRATION. — INCURSIONS DES BARBARESQUES. — DÉSORDRES INTÉRIEURS. — GRIEFS DES CORSES CONTRE LA COMPAGNIE.

(1511-1553).

Dès que la compagnie de Saint-Georges se vit maîtresse absolue de la Corse, elle chercha à faire oublier aux peuples les seigneurs qui avaient si souvent soutenu leurs intérêts, et son administration fut, pendant quelques années, empreinte de sagesse. Mais bientôt les choses changèrent : n'ayant plus à redouter de soulèvements, ni d'opposition sérieuse, les magistrats se relâchèrent de leurs devoirs. La justice fut abandonnée : le caprice remplaça la loi; et les envoyés de Gênes, se laissant aller au caractère présomptueux et arrogant de leur nation, n'eurent plus que du mépris pour ceux qu'ils devaient gouverner. On attaqua les priviléges dont jouissait depuis longtemps le pays. Les Corses furent exclus du syndicat des juges ; on leur enleva les charges de greffiers, et on supprima les tribunaux des podestats ; mais, ce qui mit le comble à la mesure des maux présents fut l'impunité accordée aux meurtriers. La loi punissait de mort l'assassin ; mais la loi était éludée. Sous un prétexte d'humanité, on donnait au meurtrier du service dans l'armée, ou bien on l'envoyait à Gênes. Là il obtenait facilement la protection de quelque noble qui le faisait bientôt rentrer en Corse, où il ne pouvait plus être recherché pour le crime qu'il avait commis. Ce déni de justice fut la source de malheurs sans nombre. Les parents de la victime, autant pour éviter de nouvelles agressions que pour venger l'injure qui leur avait été faite, prenaient les armes et se faisaient justice eux-mêmes. On ne saurait croire, dit Limperani, combien cette impunité fit verser de sang, combien elle perdit de familles.

Les troubles intérieurs, suite naturelle d'une mauvaise administration, joints à un repos peu honorable, donnèrent lieu à des émigrations nombreuses de la part d'une ardente jeunesse, désireuse de trouver un élément à son activité. Filippini cite plusieurs Corses qui se distinguèrent à cette époque au service des puissances continentales. C'étaient : Pieretto d'Istria, Guglielmo dalla Casabianca, Pasquino da Sia, Giacomo dalla Fica, général des Florentins ; Jacques da Loppio, Baptiste de Leca, neveu de Jean Paul ; Charles Malerba ; Sampiero de Bastelica, Giocante dalla Casabianca, Teramo da Bastelica, Angelo-Santo de Levie, colonel au service de don Ferrand de Gonzague ; Barthélemy de Vivario, surnommé Télamon, général des galères de l'Église ; Jean-Baptiste de Bastia, mestre de camp de Pierre Strozzi, et Gasparino Ceccaldi, sergent général des Vénitiens.

Cependant, l'orateur ne cessait d'adresser des plaintes aux magistrats de Saint-Georges. Ces plaintes portaient sur la violation des lois et priviléges et sur l'étrange conduite que la compagnie elle-même tenait dans ces temps désastreux : elle semblait, en effet, avoir entièrement oublié la protection qu'elle devait à la Corse. Non-seulement elle négligeait l'administration intérieure de ce pays, mais elle le laissait exposé aux incursions journalières des Barbaresques, qui portaient de tous côtés l'épouvante et la dévastation. Soit incurie, soit préoccupation plus grande, elle ne faisait aucune attention aux plaintes qui lui étaient adressées. Comme la situation empirait chaque jour, l'orateur dut s'adresser à Octavien Fregoso, gouverneur de Gênes pour François Ier. Octavien obligea la compagnie à s'occuper des intérêts de la Corse. On arma aux frais de l'île trente galères et dix bâtiments d'une moindre importance. Le commandement de cette flottille fut donné à Frédéric Fregoso, archevêque de Gênes, « homme vraiment valeureux, dit Filippini, et digne d'être comparé à n'importe quel capitaine de l'antiquité. » La flotte parcourut d'abord les mers de la Corse, qu'elle nettoya complétement ; puis elle navigua vers l'Afrique, où elle combattit avec succès et rendit sûrs tous ces parages. Mais le désaccord s'étant mis entre le commandant de l'infanterie, qui était un Français, et l'archevêque, celui-ci le licencia et dut s'en retourner à Gênes. Alors les Barbaresques, délivrés de toute crainte, recommencèrent leurs incursions et les Corses se virent de nouveau exposés aux ravages pour l'éloignement desquels ils avaient fait de si grands sacrifices. Ils renouvelèrent leurs plaintes et leurs demandes. La compagnie de Saint-Georges résolut enfin de mettre un terme à de si grands maux, en préservant la Corse des attaques du dehors et en organisant l'administration à l'intérieur. Elle commença par fortifier Porto-Vecchio, refuge habituel des pirates barbaresques, et envoya une colonie d'habitants de F coni. Pour donner plus d'importance cet établissement, elle y plaça un magi trat dont relevaient les pièves voisines. I côte orientale étant ainsi garantie, c songea à la côte occidentale et Cal fut de nouveau fortifié (1544).

La compagnie envoya ensuite de commissaires pour rétablir l'ordre l'intérieur et aviser aux moyens de r médier aux maux d'une désastreuse a ministration. Troïlo de Negroni et Po Moneglia, personnages considérables Gênes, partirent, à cet effet, avec pleins pouvoirs. Leur conduite fut d' bord très-louable. Ils parcoururent eu mêmes le pays, reconnurent la justes des plaintes et y avisèrent. Ils firent r vivre les lois contre les meurtriers, punirent sévèrement les usuriers, au quels, dans ces temps calamiteux, l Corses s'étaient vus obligés de reco rir. En faisant leur tournée, ils arr vèrent à Porto-Vecchio, qu'ils trouv rent déjà dépeuplé à cause du mauva air. Comme cette position était très-in portante, leur premier soin fut d'avis au repeuplement, et ils chargèrent, e conséquence, les nobles-douze de cet opération ; mais ceux-ci s'en excusèren ne voulant pas envoyer à une mort ce taine aucun de ceux qui étaient soum à leur juridiction. Les commissaire irrités de ce refus, prétextèrent de ma versation dans les fonctions qu'i avaient occupées, pour les supprime et rendirent un décret qui, en abolissar la magistrature des nobles-douze, fa sait défense de les nommer à l'aveni

Ce décret irrita vivement les esprit car il faisait voir clairement qu'on e voulait aux priviléges du pays, puisqu par des mesures successives, on lui e levait peu à peu toutes ses garanties. L Corses comprirent alors que ce n'éta là qu'une conséquence du système adop depuis longtemps : ils récapitulèrent leu griefs : on avait supprimé les tribuna des podestats, exclu les indigènes d charges de greffiers, négligé la justice toléré de funestes habitudes qui avaie jeté le pays dans un état voisin de guerre civile. On avait aussi augmen considérablement le prix du sel, et co mis beaucoup d'autres attentats a franchises stipulées : enfin on venait dernièrement encore de supprimer l'institution populaire des nobles-douze. D'autre part, on ne faisait rien pour la Corse. Longtemps on l'avait laissée en proie aux déprédations des Barbaresques, et, lorsqu'on avait songé à combattre ce fléau, c'était à elle-même qu'on avait demandé l'argent nécessaire aux frais d'une guerre qui n'avait amené que de faibles résultats. Quant aux gouverneurs et aux autres officiers de la compagnie, ils ne semblaient préoccupés qu'à augmenter par toutes sortes de moyens leur fortune personnelle.

Ces réflexions avaient, comme nous l'avons dit, indisposé les populations contre la compagnie de Saint-Georges ; il était facile de prévoir qu'à la première occasion favorable il y aurait un soulèvement général contre elle. Les seigneurs n'existaient plus, au moins à l'état de puissance. Les caporaux avaient été gagnés au parti de la compagnie, ou tellement comprimés par elle, qu'ils ne pouvaient plus rien oser. Si les Corses avaient à espérer quelque secours, ce ne pouvait être évidemment que de l'extérieur; mais encore ils ne savaient point comment cela aurait lieu, lorsqu'un événement imprévu vint leur offrir l'occasion qu'ils désiraient.

LIVRE V.

Depuis l'arrivée des Français, sous le général de Thermes, jusqu'à leur départ, après le traité de Cateau-Cambrésis.

CHAPITRE PREMIER.

ARRIVÉE DE L'EXPÉDITION FRANÇAISE COMMANDÉE PAR LE GÉNÉRAL DE THERMES.—SUCCÈS DES FRANÇAIS. — INFLUENCE DE SAMPIERO. — SOUMISSION DE L'ILE.

(1553—1554).

La guerre venait d'éclater sur le continent plus violente que jamais entre l'Espagne et la France. Henri II avait envoyé une armée en Italie, sous le commandement du général de Thermes, déjà célèbre par son expédition d'Écosse. Les troupes françaises occupaient Sienne ; et on ne savait encore sur quel point elles se porteraient, car on parlait de la Toscane, de Naples et de la Sicile. Les Strozzi, chassés de Florence par les Médicis, sollicitaient vivement Henri II de faire l'expédition de Toscane, qu'ils lui montraient d'un succès facile. De son côté, le prince de Salerne affirmait que Naples était parfaitement disposée pour les Français ; et le duc de Somme parlait de la Sicile, où il avait de grandes intelligences. Mais, avant de tenter aucune entreprise, Henri II voulut s'assurer un point de refuge dans la Méditerranée pour sa flotte et celle du sultan, son allié, destinées toutes deux à jouer un rôle très-important dans les événements qui se préparaient.

Par sa proximité de l'Italie, par le grand nombre et la commodité de ses ports, la Corse fixa immédiatement son attention et celle de ses conseillers. Comme cette île appartenait aux Génois et que ceux-ci étaient les alliés de Charles-Quint, c'était continuer la guerre contre ce puissant empereur que de les attaquer et de leur enlever leurs possessions. Entre tous les projets proposés on s'arrêta donc tout d'abord à celui de la conquête de la Corse. Des ordres furent donnés, en conséquence, à Brissac, qui commandait alors en Piémont, pour les transmettre au maréchal de Thermes. Brissac expédia immédiatement vers Sienne Sampiero de Bastelica, colonel d'un régiment italien sous ses ordres. Dès que de Thermes connut la résolution de Henri II, il assembla un conseil de guerre à Castiglione de la Pescara, et fit connaître le parti auquel le roi s'était arrêté. Cependant, comme ses instructions lui laissaient une certaine latitude, il remit de nouveau en question le projet de la conquête de la Corse. La discussion s'établit à ce sujet et les avis furent partagés; mais de Thermes fit prévaloir l'opportunité de l'expédition de la Corse, qu'il savait dépourvue de moyens de défense et dont les habitants étaient très-bien disposés pour la France (1). D'ailleurs, indé-

(1) Altobello de' Gentili da Brando, officier de marine au service de la France et ami de Sam-

pendamment de l'intérêt général, qui commandait cette expédition, de Thermes était excité par le désir d'occuper son activité et d'échapper ainsi à l'influence du cardinal Hippolyte d'Este, ambassadeur extraordinaire du roi de France et gouverneur de Sienne. Il fut aussi vivement appuyé dans le conseil par Sampiero, qui avait en Corse beaucoup d'intelligences, et leur avis ayant prévalu, la guerre fut définitivement arrêtée. Seulement, comme le succès dépendait beaucoup de la promptitude et du secret de l'entreprise, il fut convenu que l'on ne ferait connaître aux troupes le but de l'expédition que lorsqu'on serait en mer. Puis, on s'occupa de l'organisation matérielle.

Le général de Thermes et le capitaine Paulin, baron de la Garde, amiral des galères du roi, étaient les chefs de l'expédition. Le premier devait commander les troupes de débarquement, le second appuyer l'expédition avec sa flotte, et former le siége des villes maritimes. Marchaient ensuite comme chefs de légions ou simplement de compagnies le duc de Somme, François Villa, mestre de camp, Maarbal, Jourdan et François, tous trois Orsini; Jean Vitelli, le colonel Giovanni da Torrino, don Charles Caraffa, Passotto Fantuzzi, Bernardino d'Ornano, le Calabrais Moreto, et enfin Valleron, avec ses six compagnies. De Thermes fit venir de Sienne quatre milles fantassins italiens et les compagnies de P. Strozzi et du comte Martinenghi, dont les chefs étaient absents, et auxquelles il joignit un assez grand nombre de volontaires italiens, désireux de combattre avec les Français, n'importe contre qui.

Avant de mettre à la voile, de Thermes et Paulin, pour s'attacher davantage les capitaines corses de l'expédition, leur distribuèrent les fiefs possédés par les Génois. On promit à Sampiero la seigneurie de Leca, à Bernardino et à Jean d'Ornano, son frère, celle de al Rocca, à Altobello et à Raphaël de' Ge tili de Brando les propriétés que p sédait le Génois Marchio Gentili à Si et à Petracorbaja. Les autres capit nes corses reçurent également des p messes de terres, selon leur importan personnelle.

Les choses étant ainsi ordonnées, flotte française, après avoir reçu à s bord les troupes destinées pour l'exp dition, appareilla, le 20 août 1553, Castiglione de Pescara et ne tarda p à arriver à l'île d'Elbe, où elle s'unit la flotte ottomane, commandée par Dr gut.

Le général de Thermes, voulant s'a surer de la disposition des esprits, se précéder d'une avant-garde, composée quelques vaisseaux sur lesquels se tro vaient le duc de Somme et les che corses les plus influents. Il pensait av juste raison qu'il valait mieux employ la persuasion que la force, si cela pouvait. L'avant-garde débarqua à l'A renella, tout près de Bastia, et aussit se mit en marche sur cette ville. Le gouverneurs génois, qui avaient mont une si grande imprévoyance dans tou ces événements, qu'ils auraient pu co naître, n'attendirent pas que les troup françaises eussent débarqué pour fu en toute hâte. Après avoir recommand à Alexandre de' Gentili de tenir ferm devant l'ennemi, ils s'étaient dirig vers Corté, laissant la ville au dépourv et dans l'impossibilité de résister. Ce pendant Gentili, qui commandait la plac fit les préparatifs nécessaires pour re pousser les ennemis. Mais il avait con tre lui la faiblesse de la position et l peur des habitants, qui ne redoutaien rien tant qu'une vive résistance à une a mée aussi puissante que celle du roi d France. Aussi, lorsque Sampiero, ayan escaladé les murs de la ville, y fut entr avec le duc de Somme, Gentili ne fu plus maître de la position et, se retiran devant des soldats révoltés, il se ren ferma dans la citadelle, qu'il fut obligé d rendre quelques jours après à de Ther mes.

La prise de Bastia, en même temp qu'elle confirma ce général dans l'es poir d'une conquête facile, lui fit senti de quelle utilité devaient être pour l succès de l'entreprise les officiers co

piero, avait parcouru quelque temps auparavant la Corse, et y avait fait de nombreux partisans à la France, sans éveiller toutefois les soupçons des commissaires génois, qui lui avaient fait connaître ingenument leurs forces et fait visiter leurs places.

ses qu'il avait avec lui ; car la prompte reddition de cette ville avait été due surtout à l'influence exercée sur le peuple et sur la garnison par Altobello et Sampiero. Quoiqu'il n'occupât dans l'armée expéditionnaire qu'un rang secondaire, Sampiero en était évidemment l'homme le plus important par son influence personnelle et par celle des parents de sa femme. On connaissait sa valeur, son amour ardent pour la patrie et sa haine invincible pour Gênes. Il n'en fallait pas davantage pour se concilier le respect et l'amour des populations.

Sampiero, né de parents obscurs dans le village de Bastelica, avait quitté la Corse fort jeune pour prendre du service en Italie. Il avait servi quelque temps dans les bandes noires de Médicis, et s'y était acquis une grande réputation de bravoure et de loyauté. Plus tard il était pssé au service de la France du temps de François Ier, et avait été nommé colonel d'une légion italienne. En 1552, à l'époque de la mort de Louis Farnèse, ses amis lui ayant fait entrevoir la possibilité de remplacer ce capitaine dans le commandement des troupes pontificales, Sampiero avait été à Rome, d'où il était bientôt revenu après avoir acquis la certitude qu'il ne pourrait réussir. A son retour il était passé par le Piémont, où il s'était entretenu avec César Fregoso, en ce moment proscrit de Gênes. Puis il était arrivé en Corse pour s'unir à Vannina, fille unique de François d'Ornano, seigneur fort riche et très-influent du delà des monts, que la réputation de Sampiero avait séduit. Le gouvernement génois, craignant que le voyage de Sampiero en Corse ne cachât un but politique et qu'il ne cherchât à seconder les projets des Fregoso sur la Corse, avait donné ordre au commissaire de Saint-Georges de l'arrêter. Celui-ci pria donc Sampiero de venir à Bastia pour conférer avec lui, et, dès qu'il fut dans cette ville, il le fit arrêter et voulut le mettre à mort. Mais François d'Ornano obtint qu'on ne déciderait rien avant son retour de Gênes, où il allait, disait-il, demander sa grâce à la compagnie de Saint-Georges. Une fois arrivé à Gênes, François d'Ornano fit connaître à Henri II l'arrestation arbitraire de Sampiero, et ce monarque expédia aussitôt un envoyé pour réclamer sa liberté. Force fut alors aux Génois de relâcher leur prisonnier, et Sampiero retourna en France emportant dans son cœur le souvenir d'une injure imméritée. La haine qu'il avait depuis longtemps vouée aux Génois le porta à seconder vivement les projets de Henri II sur la Corse et à lui démontrer combien il lui serait utile de s'emparer de ce pays. Comme nous l'avons dit, il fut un de ceux qui, dans le conseil de guerre de Castiglione, appuya le plus le général de Thermes, et, lorsque les troupes françaises eurent débarqué dans l'île, on put voir à l'enthousiasme que les populations manifestaient à son égard, de quel poids il serait dans la guerre présente.

Maître de Bastia, de Thermes songea au reste du pays, dont il voulut assurer l'entière soumission. Le moment était favorable. Les Corses, très-bien disposés pour la France, semblaient n'avoir d'autre désir que de se ranger sous ses drapeaux. Les Génois, abattus et dispersés, se cachaient ou fuyaient. On pouvait prévoir qu'en ce moment de surprise on rencontrerait peu de résistance ; mais il fallait se hâter et profiter des circonstances. De Thermes le comprit et fit immédiatement ses dispositions. Il expédia Sampiero et Valleron dans l'intérieur pour s'emparer de Corté. Dragut fut, avec la flotte ottomane, destiné au siége de Bonifacio, le capitaine Paulin, avec la flotte française, à celui de Calvi. Altobello de' Gentili resta à Bastia. Quelques autres capitaines, comme Pier' Antonio de Valentano, Giacomo della Casabianca, Francesco di Niolo, Achille Campocasso, etc., furent envoyés avec leurs compagnies pour soumettre les points moins importants, et de Thermes lui-même s'étendit avec le reste de l'armée du côté de Saint-Florent.

Sampiero n'était point encore arrivé à Corté que les habitants de cette ville, abandonnée par les gouverneurs génois, lui en envoyèrent les clefs. Revenant alors sur ses pas, il se dirigea avec Valleron du côté de Calvi, après avoir chargé Alexandre da Lento, habile homme de guerre et son ami particulier, de prendre possession de Corté.

En passant devant Porto-Vecchio Dragut s'était emparé de ce poste, puis il avait été mettre le siége devant Bonifacio. Quant à Paulin, retenu dans le Cap-Corse par les vents contraires, il avait fait la conquête de Giacomosanto da Mare, seigneur très-considérable de ce pays et qui devint bientôt un des plus fermes soutiens du parti français. De Thermes s'était dirigé sur Saint-Florent; à son approche le commandant du fort l'avait abandonné, et les habitants s'étaient hâtés d'envoyer au vainqueur les clefs de la ville. Dans l'intérieur des terres les choses allaient on ne peut mieux. Les capitaines que de Thermes avait expédiés opéraient des soumissions avec la plus grande facilité, et voyaient accourir une ardente jeunesse avide de combattre pour la France. La soumission de la Corse aux armes de Henri II s'opérait comme par enchantement. Les commissaires génois, fuyant de ville en ville, avaient été obligés de se réfugier chez François d'Ornano, qui, après les avoir accueillis avec les égards dus au malheur, leur avait facilité les moyens de passer à Calvi.

Le parti génois ainsi abandonné n'osait pas même opposer une résistance qui aurait irrité le vainqueur. Partout il cédait presque sans coup férir les positions les plus avantageuses. Les seules villes maritimes de Calvi, de Bonifacio et d'Ajaccio, semblaient ne vouloir céder qu'à la force. Calvi et Bonifacio, toutes deux colonies génoises, se préparèrent à une énergique résistance. Calvi, à cause de sa proximité de la France et de la bonté de son port, eût été d'un puissant secours à l'armée expéditionnaire; mais ses habitants étaient si peu disposés pour les Français, qu'ils avaient refusé de parlementer avec eux. On ne pouvait donc espérer se rendre maître de la ville qu'en en faisant un blocus exact. Paulin était arrivé devant ses murs avec ses galères et l'assiégeait du côté de la mer, tandis que Valleron et Sampiero l'assiégeaient du côté de la terre. Mais Paulin dut bientôt après aller à Marseille pour y chercher les armes et les munitions nécessaires au développement de la guerre; dès lors il fallut renoncer à l'espoir de s'emparer de Calvi, car la mer redevenant libre, les Génois ne tarderaient pas à y

introduire des secours. Bonifacio, sit
à l'extrémité de l'île, en face de la Sard
gne, ne pouvait être d'un grand secou
à cause de sa position, quand bien mê
on s'en emparerait prochainement,
qui d'ailleurs paraissait peu probabl
car cette ville résistait héroïquement a
efforts de Dragut. Ajaccio eût été
point important à occuper, mais l'e
nemi s'y était fortifié, et pour l'en ch
ser il fallait du temps. Ces difficult
n'échappèrent point à de Thermes, q
résolut de se passer de ces villes,
commença les fortifications de Sai
Florent, que son voisinage de la Fran
et l'excellence de son port devaient rend
très-précieux en tout temps pour l'arm
française.

Sur ces entrefaites, Sampiero aba
donna le siége de Calvi pour se port
diligemment sur Ajaccio, où les inte
ligences qu'il s'était ménagées lui fa
saient espérer un prompt succès.
peine était-il arrivé devant cette vill
que les portes lui en furent ouverte
et, comme il menait avec lui une fou
nombreuse et indisciplinée qu'il falla
récompenser de quelque manière, Aja
cio fut livré au pillage. Les marchan
génois, obligés de fuir, trouvèrent u
généreuse hospitalité chez les amis qu'i
avaient dans les villages, et Franço
d'Ornano lui-même fut le premier à do
ner l'exemple en accueillant le gouve
neur de la ville, Lamba Doria.

Maître d'Ajaccio, Sampiero songea
créer dans le delà des monts des perso
nes dévouées à la France. La compagn
de Saint-Georges avait, comme no
l'avons dit ailleurs, divisé la nobless
et en accordant certains priviléges s'éta
créé de nombreux partisans. Il falla
détruire son influence. Sampiero com
mença par distribuer les terres des G
nois à ceux qui lui étaient le plus dévoué
puis il nomma capitaines avec charge d
former des compagnies plusieurs mem
bres des familles d'Istria, d'Ornano et d
Bozi. Les uns acceptèrent avec joie leu
nomination; les autres, craignant d'i
riter un ennemi puissant, firent contr
fortune bon cœur, et, après quelque hé
sitation, se rangèrent du parti de
France.

Rassuré du côté d'Ajaccio, Sampier
se porta immédiatement à Bonifaci

Dragut, après avoir ravagé les environs de cette ville et lui avoir livré plusieurs assauts, n'avait pu s'en rendre maître. Les habitants opposaient une résistance d'autant plus opiniâtre que la religion leur faisait un devoir de repousser les infidèles. Les femmes se montraient aussi ardentes et aussi belliqueuses que les hommes; elles étaient comme eux constamment sur la brèche, et y périssaient glorieusement. Lorsque Sampiero arriva sous les murs de Bonifacio, Dragut venait de donner un assaut qui avait duré sept heures et lui avait coûté beaucoup de monde. Repoussé encore cette fois, il s'était retiré à quelque distance mécontent et presque découragé. Sampiero voulut amener le commandant Antoine del Cannetto à se rendre en lui représentant qu'il ne pouvait opposer une plus longue résistance aux armes de la France; mais celui-ci, espérant toujours recevoir des secours de Gênes et sachant bien ne pouvoir attendre merci de Dragut, repoussa ses propositions. Le siége se continuait donc comme auparavant sans qu'on pût en prévoir la fin, lorsque de Thermes expédia à Bonifacio Giacomosanto da Mare avec un certain Catacciuoli, qui avait été chargé par le sénat de Gênes d'introduire dans la ville de l'argent et d'annoncer un prochain secours. Trahi par un de ses guides, Catacciuoli avait été arrêté et amené à de Thermes. Ce général n'eut pas grande peine à lui faire changer de rôle, et il l'envoya avec da Mare pour engager les habitants de Bonifacio à se soumettre, leur annonçant que Gênes ne pouvait les secourir. Cette ruse réussit parfaitement. Les lettres dont Catacciuoli était porteur convainquirent le commandant de sa mission, il consentit à rendre la place à da Mare, à la condition que la ville serait préservée du pillage et que ses soldats pourraient aller à Bastia s'embarquer pour Gênes : ce qui fut accordé. Mais lorsque les Turcs virent défiler ces hommes qui leur avaient opposé une si énergique résistance, ils se précipitèrent sur eux et les massacrèrent impitoyablement. De plus, Dragut exigea qu'on lui livrât Bonifacio, ou qu'on lui payât une indemnité de vingt-cinq mille écus. On ne pouvait livrer au sac des Turcs une ville dont il fallait se concilier les habitants, et quant à la somme réclamée par Dragut, de Thermes se trouvait dans l'impossibilité de la compter; il promit cependant de la payer prochainement, et envoya son neveu en otage. Dragut partit alors pour l'Orient, peu satisfait de ses alliés, et mécontent d'une entreprise qui n'avait point réalisé ses espérances. Bonifacio reçut une bonne garnison, et on se mit à réparer les dommages qu'avait occasionnés l'artillerie des Turcs.

Comme on le voit, les affaires des Français avaient été jusque-là très-prospères. Ils étaient maîtres de Bastia, de Corté, d'Ajaccio, de Bonifacio et de Saint-Florent. L'intérieur du pays leur était presque entièrement soumis. Cette révolution s'était opérée en peu de mois. Les Génois, chassés de toutes parts, ne conservaient plus que Calvi. Mais de Thermes ne se faisait pas illusion sur sa position; il pensait que si les Génois, pris au dépourvu, n'avaient pu défendre leurs possessions, ils n'en chercheraient pas moins les moyens de les recouvrer. Aussi avisa-t-il aux moyens de défense les plus efficaces. Il poussa vivement les fortifications de Saint-Florent et d'Ajaccio, fit venir des troupes et des munitions de Marseille, changea les garnisons qui lui paraissaient suspectes, confirma les anciens capitaines corses dans leurs charges, en nomma de nouveaux, et prit une mesure d'ordre en internant sous de graves amendes plusieurs personnages influents dont il croyait la fidélité douteuse. Ces préparatifs étaient à peine terminés lorsque l'on apprit qu'une expédition génoise faisait voile vers la Corse.

CHAPITRE II.

EXPÉDITION GÉNOISE COMMANDÉE PAR ANDRÉ DORIA. — SIÉGE DE SAINT-FLORENT. — PRISE DE BASTIA. — PRISE DE SAINT-FLORENT.

(1553-1554.)

A la nouvelle de l'arrivée des Français en Corse, les Génois avaient été comme frappés de stupeur. Mais, revenant bientôt de leur premier étonnement, ils n'avaient plus songé qu'à ressaisir par

[library stamp]

les armes ce qui venait de leur échapper d'une manière si imprévue. La compagnie de Saint-Georges et la république s'unirent alors intimement. Les rivalités tombèrent tout à coup; il n'y eut plus qu'un intérêt, celui de Gênes, qu'un but, celui de la conquête de la Corse. Les commissaires, dont la négligence avait été si coupable, furent, à leur arrivée, jetés en prison. On déclara rebelles quinze des principaux moteurs de l'insurrection, en mettant leur tête à prix (1). Puis le sénat se hâta d'envoyer des ambassadeurs aux puissances amies pour réclamer leur assistance. Charles-Quint accueillit avec empressement la demande des Génois. Il s'engagea non-seulement à fournir des troupes, mais encore à payer la moitié des frais de la guerre. Le duc de Toscane, Cosme de Médicis, envoya environ trois mille hommes de troupes italiennes, et le gouverneur de Milan deux mille.

On fit à Gênes des préparatifs considérables, et, pour donner plus de solennité à l'expédition, André Doria, quoique nonagénaire, fut chargé du commandement en chef de l'armée. On lui adjoignit comme commandant en second Augustin Spinola, général très-renommé. Vistarino de Lodi fut nommé mestre de camp général de l'armée, et Chiappino Vitelli commanda les troupes de Florence. En outre, faisant taire son antipathie naturelle, Gênes distribua des charges de capitaines à plusieurs Corses de distinction, qui étaient réfugiés dans ses États et dont l'influence pouvait servir ses intérêts. Les uns, comme le colonel Angelo-Santo dalle Vie, Giordano da Pino, Giordano da Sarla, Alphonse et Hercule d'Erbalunga, eurent des compagnies effectives; d'autres, comme Alexandre de' Gentili, l'ancien commandant de Bastia, Mathieu et Sansonetto de Biguglia, Pier'Andrea de Belgodere et Marc'Antoine de Bastia, f rent nommés capitaines à la suite. L'a mée expéditionnaire, composée de troı pes allemandes, espagnoles et italienne se montait à douze mille hommes, saı compter la cavalerie. Spinola partit d' bord et alla débarquer trois mille hon mes d'avant-garde à Calvi. La flott portant le reste de l'armée et ayant son bord toutes les choses nécessaires une campagne de longue durée, mit à voile le 10 novembre 1553 et entra cir jours après dans le golfe de Saint-Fl rent. De Thermes, prévenu de son arr vée, avait avisé en toute hâte à la sûre de cette ville, la plus importante de l'î en ce moment. Il y avait renfermé en viron trois mille hommes de troup sous le commandement de Jourdan O sini; mais il n'avait pu la pourvoir d vivres et des munitions nécessaires un long siége.

André Doria, après avoir hésité que ques jours s'il n'irait pas d'abord att quer Ajaccio, débarqua tout son mond sans rencontrer aucun obstacle et établ son camp à quelques milles de la vill Augustin Spinola, qui en avait le com mandement, l'entoura de fossés, de p lissades et le garnit de pièces de cam pagne, qu'il dirigea contre Saint-Floren Les hostilités ne tardèrent pas à com mencer, sans toutefois amener de gr ves résultats. Dans un conseil de guer tenu par les Génois, on agita la questio de savoir s'il convenait de donner u assaut à la ville; mais la place ayai paru imprenable, on rejeta cette idée il fut convenu qu'on resserrerait le siég et qu'on empêcherait l'introduction d vivres dont on savait que la ville mai quait; de plus, on résolut d'employer er vers les Corses beaucoup de douceu afin de se concilier parmi eux le plus d partisans possible.

Cependant de Thermes cherchait d son côté à inquiéter les ennemis. E quittant Saint-Florent il s'était retiré Murato et s'y était fortifié. Il ava organisé des compagnies de partisaı qui harcelaient sans cesse les Génoi mais il ne pouvait rien pour Saint-Fl rent, et si Paulin n'arrivait pas av des renforts pour améliorer la positic des Français renfermés dans cette vill on pouvait prévoir que dans un tem

(1) La tête de Sampiero fut mise à prix pour 5000 écus (environ 30,000 f.) qu'il avait déposés à la banque de Saint-Georges. Altobello de' Gentili et Pier-Giovanni da Ornano ne furent taxés qu'à 500 écus. On offrit des prix divers pour Giacomosanto da Mare, Altobello, Grimaldo da Casta, Giacomo dalla Casabianca, Francesco da S. Antonio, Pier' Antonio da Valentano, Leonardo da Corté, Antonio di Mariano, Ambrogio de Bastia, Francesco et Bernardino d'Ornano et Alphonse da Leca.

assez rapproché ils seraient obligés de se rendre.

Pendant que le siége de Saint-Florent se poursuivait sans aucun événement remarquable, Doria résolut de s'emparer de Bastia, ville mal défendue et où les Génois comptaient encore beaucoup de partisans. Il y envoya donc à cet effet don Santo da Leva avec un bon nombre de troupes corses et espagnoles. A la vue de la flottille ennemie, Altobello de' Gentili, commandant de la place, voulut se renfermer dans la citadelle. Mais le capitaine gascon qui en avait la garde, ayant refusé de le recevoir, il se vit obligé d'abandonner la ville avec les siens et se retira à Furiani, où il se fortifia. Da Leva, ne rencontrant aucun obstacle, prit possession de la ville, et après sept jours de siége, obligea la citadelle à se rendre. Dès que Bastia fut au pouvoir des Génois, plusieurs familles qui avaient été internées par de Thermes dans les villages de l'intérieur, y rentrèrent, et augmentèrent ainsi le nombre des partisans de la république. Quant à de Thermes, quoique la perte de Bastia lui fût très-sensible, il la considéra cependant comme d'une importance secondaire tant que Saint-Florent tiendrait. Il fit donc tous ses efforts pour introduire des vivres dans cette ville, et parvint à la ravitailler pour quelque temps. Augustin Spinola, pour empêcher à l'avenir que les assiégés ne fussent ainsi secourus du côté de la terre, fit construire un fort qui commandait l'unique passage du côté des marais, et de cette façon empêcha toute communication entre les troupes du dedans et celles du dehors; puis il ordonna aux compagnies qui occupaient Bastia de déloger les Corses de Furiani; mais ceux-ci repoussèrent par deux fois leurs attaques, et les Génois se virent obligés de se tenir tranquilles.

Depuis l'arrivée de Doria les Français avaient changé de rôle et étaient obligés maintenant de se tenir sur la défensive. Cependant, quoiqu'ils n'eussent reçu aucun secours du dehors, quoique leur influence eût diminué au dedans par la réunion aux Génois de plusieurs familles de considération, néanmoins ils se trouvaient dans une position meilleure que leurs ennemis. Ceux-ci avaient perdu beaucoup de monde sans combattre. Le voisinage des marais avait occasionné une grande mortalité dans le camp. Les troupes étaient abattues, et il fut question un instant de lever le siége. Si de Thermes avait en ce moment attaqué l'ennemi, comme le lui conseillaient les capitaines corses, qui s'offraient à tenter seuls cette entreprise, il est probable qu'il l'aurait défait, ou tout au moins l'aurait obligé à se rembarquer. Mais, soit qu'il craignît une défaite, soit qu'il voulût attendre pour reprendre l'offensive l'arrivée de Paulin, il ne se rendit pas à cet avis.

Sur ces entrefaites les Génois reçurent un secours de quatre mille hommes de troupes espagnoles commandés par don Luys da Lugo. L'arrivée d'un renfort aussi considérable ranima les esprits. Les Génois reprirent courage et recommencèrent leurs attaques sur différents points; mais les chances furent encore diverses : des escarmouches, de petits combats, des surprises, et en somme aucun résultat sérieux. Cependant le siége touchait à sa fin. Doria reçut un nouveau secours de mille Allemands que lui amenait le comte de Lodron. Il en profita pour faire attaquer de Thermes à Murato. Obligé d'abandonner sa position, de Thermes s'enfuit à Lento, puis au Vescovato. Cette retraite précipitée fit comprendre à Jourdan Orsini qu'il n'avait plus aucun secours à attendre. Pendant longtemps il avait compté être secouru par l'amiral Paulin, ou par de Thermes, qu'il pensait devoir tenter un effort suprême; mais il voyait maintenant qu'il fallait renoncer à tout espoir de salut. Paulin avait bien essayé d'entrer dans le golfe, mais les vents contraires l'en avaient constamment empêché. Ne pouvant secourir directement Saint-Florent, il avait fait voile vers Bonifacio, où il avait combiné avec Sampiero une expédition sur Bastia pour faire diversion au siége et attirer là les forces des ennemis. La tempête avait encore cette fois déjoué ses projets.

Ainsi abandonné, Orsini n'ayant plus ni vivres ni munitions, après avoir supporté toutes les misères d'un long siége, se vit obligé de capituler. Il obtint de Doria des conditions honorables pour lui et les siens. Toutefois Doria déclara vouloir retenir les Corses qui se trouvaient parmi les assiégés. Cette clause faillit rompre les négociations. Orsini, prévoyant le sort qui serait réservé aux Corses s'ils tombaient au pouvoir d'un ennemi implacable, refusa d'abord de traiter sur ce pied. Il assembla un conseil de guerre, et exposa les conditions imposées par le général génois. Les Corses furent d'avis de les accepter, car ils voyaient l'impossibilité de résister plus longtemps, et ils ne voulaient pas, par leur refus, exposer leurs compagnons à une mort certaine : mais, sachant bien qu'ils ne devaient attendre merci des Génois, ils préférèrent s'abandonner aux caprices des flots que de s'en remettre à leur générosité. La plupart s'embarquèrent sur des esquifs, quelques heures avant la reddition de la ville, et parvinrent ainsi à se sauver; d'autres tentèrent une audacieuse sortie, et, se frayant un passage les armes à la main, purent également échapper à l'ennemi. Trente-trois Corses seulement furent pris dans la ville et envoyés par Doria aux galères. Saint-Florent se rendit le 17 février 1554.

CHAP. III.

CONSÉQUENCE DE LA PRISE DE SAINT-FLORENT. — AFFAIRE DE SILVARECCIO. — VICTOIRE DES GÉNOIS A MOROSAGLIA. — CORTE OCCUPÉ PAR LES GÉNOIS.

(1554.)

La prise de Saint-Florent, pour laquelle les Génois avaient fait de si grands sacrifices et qui leur avait coûté dix mille hommes de troupes aguerries, ne réalisa pas les espérances qu'ils en avaient conçues, et n'exerça sur la suite des opérations qu'une très-médiocre influence. Il est vrai que la partie découverte du pays qui se trouve entre Saint-Florent et Bastia, abandonnée par de Thermes et ne pouvant opposer d'ailleurs aucune résistance, se soumit immédiatement. Les Génois s'emparèrent aussi sans beaucoup d'efforts de San-Colombano, château du Cap-Corse, appartenant à Giacomosanto da Mare : mais là se bornèrent leurs exploits. Ils n'osèrent aller plus loin. Doria comprit parfaitement qu'avec les forces dont il disposait, il ne pouvait tenter de nouvelles entreprises. Il avait songé un instant à s'emparer d'Ajaccio, qui lui aurait ouvert une partie du delà des monts; mais il ajourna ce projet jusqu'au moment où les renforts qu'il avait envoyé demander à Gênes et à Naples seraient arrivés. Il se contenta pour le moment de faire prendre leurs quartiers aux troupes, et les laissa se reposer des fatigues d'un si long siége.

Spinola, qui avait le commandement en second de l'armée, s'établit avec l'Adolentado et ses Espagnols à la Venzolasca; le comte Lodron et ses Allemands au Vescovato; don Laurent Figueras alla au Borgo et à Mariana. Le reste des Espagnols fut caserné à la Penta, à Occagnano, à Sorbo, à San-Giacopo et à Loreto.

Les Génois se trouvèrent ainsi occuper le Cap-Corse, le Nebbio, la Casinca et une partie d'Ampugnani et de Casaconi. Cette occupation s'était faite sans éprouver aucune résistance. Car les Français, aussitôt après la prise de Saint-Florent, s'étaient retirés de ces lieux, laissant les habitants dans l'impossibilité de se défendre : aussi ces derniers n'avaient-ils osé s'opposer à l'armée victorieuse. Néanmoins, la conduite des Génois fut celle d'ennemis triomphants et cruels : ils pillèrent les maisons, ravagèrent les terres, livrèrent aux flammes des villages entiers et commirent des cruautés sans nom, pour obliger les malheureux habitants à leur donner de l'argent (1). Cette guerre de destruction, outre qu'elle était dans les mœurs du temps, et surtout dans l'habitude des bandes indisciplinées qui composaient l'armée génoise, était maintenant formellement commandée par Doria, qui, n'ayant pu ramener à lui les habitants par la douceur, pensait arriver à une soumission prochaine par une excessive sévérité. Les choses furent poussées si loin en ce genre, que Spinola lui-même dut faire des remontrances à l'Adolentado, général des Espagnols; mais cela ne changea en rien la conduite des soldats. « Si bien, dit Filippini, que les peuples, désespérant de la clémence des vainqueurs, se disposaient à

(1) Filipp. passim.

mourir plutôt que de se mettre à sa discrétion, ce qui fut d'un grand préjudice aux Génois. » Les Corses de ces provinces cherchèrent, en effet, à se venger comme ils purent; tantôt ils attaquaient et détruisaient un faible détachement, tantôt ils assommaient les pillards et les maraudeurs; de telle sorte que le vainqueur en fut réduit à veiller sur lui-même et à n'agir qu'avec prudence.

Tandis que Doria s'organisait ainsi, en attendant les troupes qu'il avait demandées, de Thermes se renfermait dans Corte, qu'il fortifiait. A la nouvelle de la prise de Saint-Florent, il avait quitté le Vescovato, prévoyant bien que l'ennemi ne tarderait pas à s'y montrer. Il était alors passé en Tavagna, et de là avait gagné Corte, où il s'était arrêté, expédiant Sampiero à Ajaccio, pour activer les fortifications de cette ville. Quant à lui, abattu, découragé, peu propre à soutenir une guerre de cette nature, il semblait fuir devant l'ennemi, cédant sans résistance le terrain qu'il aurait dû défendre pied à pied. Les capitaines corses qui avaient embrassé le parti de la France, et sur qui retombait maintenant tout le poids de la guerre, montraient beaucoup plus de courage et d'ardeur. Ils s'organisaient en partisans, attiraient les Génois dans des embuscades et leur faisaient éprouver des pertes qui, à la longue, devaient leur être très-sensibles. Cependant, impatientés de voir de Thermes perdre ainsi dans l'inaction un temps précieux, ils lui proposèrent de marcher à l'ennemi sous les ordres de Sampiero avant que les renforts qu'attendait Doria rendissent toute lutte impossible.

Dès le commencement de cette guerre, Sampiero avait pris dans l'armée royale une position fort importante. La réputation qu'il s'était faite sur le continent, la bravoure qu'il avait déployée maintes fois contre les Génois, la faiblesse ou l'incapacité du général en chef, tout concourait à augmenter sa valeur et à faire mettre en lui toutes les espérances. Quoique jaloux de cette influence, qui semblait le dominer, de Thermes se trouva néanmoins fort heureux, en ce moment, de reporter sur un homme de cette considération la responsabilité qui pesait sur lui. Il consentit donc volontiers à la demande des capitaines corses et donna l'ordre à Sampiero de se rendre à Corte avec les 800 fantassins italiens qu'il avait à Ajaccio.

Les Italiens, joints aux volontaires que les capitaines avaient rassemblés, formèrent environ cinq mille hommes qui se réunirent à Silvareccio, village d'Ampugnani. Sampiero prit le commandement en chef de cette petite armée et, résolu d'attaquer le comte Lodron qui campait au Vescovato, il alla s'établir non loin de ce village, ordonnant à Raphaël de Brando de s'embusquer au-dessous de Loreto, près de la Venzolusca, pour empêcher les Espagnols qui occupaient le village d'accourir au secours des Allemands; puis il se dirigea vers le Vescovato. Comme il en était à peu de distance, on vint lui dire que neuf enseignes génoises, parties de Bastia pour se rendre dans la Casinca étaient sur le point de traverser le Golo au-dessous de Lago Benedetto. Comprenant combien il lui importait d'empêcher la jonction de cette troupe avec les Allemands, il résolut aussitôt de l'attaquer. Il fit aussitôt rétrograder ses milices jusqu'à Carcarone, et, prenant avec lui un petit nombre de soldats d'élite, il se dirigea en toute hâte vers le Golo, espérant surprendre l'ennemi avant qu'il eût traversé la rivière.

Des neuf enseignes quelques-unes étaient déjà sur l'autre rive; les autres occupées à passer la revue ou à toucher leur paye, étaient dans une si grande sécurité, qu'elles avaient négligé de prendre les précautions les plus ordinaires et de placer des sentinelles. Sampiero arrivant à l'improviste, avec cinquante cavaliers qui seuls avaient pu le suivre dans sa marche forcée, tomba tout à coup au milieu des ennemis en criant *France!* et, frappant de tous côtés, il commença un horrible carnage. Ainsi attaqués, les Génois ne songèrent qu'à fuir. Spinola s'opposa en vain à cette panique, et, entraîné avec les fuyards, il ne dut lui-même son salut qu'à la vitesse de son cheval. Cent cinquante hommes restèrent sur le champ de bataille : un grand nombre, espérant se sauver à la nage, se noyèrent dans la rivière; quelques-uns échappèrent par la fuite à une mort certaine.

Cependant les compagnies qui avaient traversé le Golo avant l'arrivée de Sampiero, et qui étaient commandées par Giordan da Pino et par Louis de Brando, protégées qu'elles étaient par la rivière, firent plusieurs décharges de mousqueterie sur les troupes de Sampiero. Quelques hommes tombèrent morts ou blessés. Sampiero lui-même reçut un coup de feu à la cuisse, et cet accident obligea sa petite troupe à battre en retraite. Sampiero, placé sur un brancard, fut transporté d'abord à la Casabianca et quelques jours après à Ajaccio. Pendant ce temps Raphaël de Brando, attaqué par Lodron, crut prudent de ne point combattre, et ordonna à ses soldats de se débander, ce qu'ils firent en se sauvant en des directions diverses.

La déroute de Silvareccio humilia singulièrement l'orgueil de Spinola : renfermé dans le couvent de la Venzolasca, et ne pouvant, pour le moment, aller combattre l'ennemi, il s'en vengea en faisant éclater sa colère contre Casacconi. Sous prétexte que les habitants de cette piève ne l'avaient point prévenu de l'arrivée de Sampiero, il ordonna à Lodron de l'incendier. Tous les villages de Casacconi et une partie de ceux d'Ampugnani furent ainsi livrés aux flammes; on n'épargna ni les églises ni les tombeaux; et on frappa également les amis et les ennemis.

Cette rigueur des Génois envers des populations neutres et inoffensives irrita vivement les esprits contre eux. Ceux qui jusque-là s'étaient montrés indifférents, s'apercevant qu'on voulait réduire le peuple à la dernière misère, pour qu'il ne pût désormais troubler la tranquillité de la République, se jetèrent dans le parti de la France. Cependant Spinola, croyant avoir dompté ces populations par la terreur, et, voulant reprendre sa revanche de Silvareccio, résolut de passer dans le delà des monts et d'aller attaquer Ajaccio.

Instruit de ce projet, de Thermes chercha les moyens de s'y opposer. Comme Sampiero était alité, à cause de sa blessure, il chargea de ce soin Giacomosanto da Mare, qui venait d'arriver de France, où le roi lui avait fait le plus gracieux accueil. Sans perdre de temps, Giacomosanto choisit quarante jeunes gens des meilleures familles, qu'il nomma capitaines, avec charge de former leurs compagnies. Ceux-ci levèrent chacun cent hommes, et par ce moyen l'armée nationale se trouva en quelques jours renforcée de quatre mille hommes. Giacomosanto alla alors camper dans la plaine de Morosaglia, qui se trouve entre Ampugnani et Rostino, à peu de distance de la Casinca, où se trouvait encore l'armée génoise. Sachant l'ennemi si près de lui, Spinola donna ordre au comte Lodron d'aller le chasser de la position qu'il venait d'occuper.

La plaine de Morosaglia se trouve sur une éminence : pour y arriver il faut monter une colline. Les Allemands, après être descendus du mont Sant-Angelo, qui sépare la Casinca d'Ampugnani, se mirent donc à gravir cette colline. Mais les postes avancés du camp ayant donné l'alarme, quelques compagnies furent dépêchées pour forcer l'ennemi à rétrograder; elles ne purent y réussir; alors Giacomosanto se précipita avec tout son monde à l'encontre de l'ennemi, en criant : *A bas!* Les soldats de Lodron ne purent résister à une telle impétuosité; ils plièrent, et commencèrent à se sauver en désordre vers le mont Cotone. Là ils se formèrent de nouveau en ordre de bataille, et firent face à l'ennemi. Les Corses voulaient continuer à les poursuivre, mais Giacomosanto, craignant que les Espagnols ne vinssent à leur secours, fit sonner la retraite, et ramena tout son monde à Morosaglia. Pendant ce temps, de Thermes, à la tête de ses Gascons et des Italiens qu'il avait fait venir de Tallone, avait été camper à Orezza, pour être à même de secourir Giacomosanto.

En apprenant ce nouvel échec, Spinola ne se laissa point décourager. Il résolut d'aller attaquer les Corses avec toute son armée, décidé, dit Limperani, à vaincre ou à périr. Ayant donc fait venir de Bastia les munitions nécessaires, il partit de la Venzolasca avec le comte Lodron, les Espagnols, et une grande partie des Italiens, ne laissant, dans les casernements que les invalides et les soldats nécessaires à la garde des bagages. « Comme ils furent arrivés à Saint-Antoine de la Casabianca, on délibéra pour savoir de quel côté on commencerait à gravir la montagne, et d'un commun accord il fut décidé qu'il était convenable d'envoyer deux cents arquebusiers en éclaireurs sur la route que devait suivre le comte Lodron, pour tenir à distance les Corses, qui étaient sur leurs gardes en cet endroit, tandis que le gros de l'armée marcherait de l'autre côté du mont de Casaconi, persuadés qu'ils étaient de pouvoir arriver à la plaine de Morosaglia avant que les Corses se fussent aperçus de leur marche. Mais Giacomosanto, qui était instruit de tous les mouvements de l'ennemi, devinant ses projets, changea aussitôt ses dispositions, et prenant avec lui les Italiens et une grande partie des Corses, il marcha à l'ennemi (1). « Alors commença, dit Casoni, une terrible et sanglante mêlée, où les plus valeureux tombèrent les premiers et furent remplacés par d'autres; la mousqueterie porta la mort dans les rangs des deux côtés; mais, lorsque les agresseurs eurent avancé assez pour se trouver mêlés avec les Corses, on commença à l'arme blanche un affreux carnage. On combattait des deux côtés avec tant de vaillance, que la victoire demeurait indécise. Plusieurs fois les Corses perdirent leurs positions, et plusieurs fois ils les reprirent. Les Espagnols et les Allemands, quoique résolus à vaincre ou à mourir, et combattant corps à corps avec les ennemis, s'efforçant de prendre des positions avantageuses, étaient cependant obligés parfois de plier; et ils auraient certainement été culbutés, sans les exemples, les exhortations et les menaces de leurs capitaines. Spinola et Lodron méritèrent surtout des éloges dans c..tte circonstance; car ils allaient au plus fort de la mêlée pour animer les soldats. Ce fut donc au courage des capitaines que l'armée génoise dut la victoire. Les Corses, couverts de blessures et de sang, harassés par la fatigue du combat, commencèrent à plier, et finirent par se sauver par un côté de la colline qui n'avait point été suffisament gardé. Spinola ayant fait entourer le village de Morosaglia, où combattaient encore quelques soldats français, le prit d'assaut, et en fit massacrer les défenseurs; puis, se trouvant maître de tout le pays il ordonna de livrer aux flammes les villages et les hameaux des environs (1). »

(1) Limperani, t. II.

Quant à de Thermes, lorsqu'il apprit la défaite de Giacomosanto, il monta à cheval, gagna Tallone, où il laissa les Italiens, et se rendit ensuite à Ajaccio, abandonnant ainsi à la merci de l'ennemi les populations qui s'étaient montrées amies de la France. Augustin Spinola profita de ce départ et de la consternation et de l'abattement où cette défaite avait jeté les Corses pour leur faire sentir le poids de sa colère. « Ayant cru remarquer, dit Filippini, que c'étaient les peuples de ces montagnes, et non les Français, qui lui faisaient la guerre, il voulut en tirer une vengeance exemplaire, et fit brûler et ravager une partie des pièves de Rostino et d'Ampugnani et tout Orezza. » «Mais ce ne fut pas sans préjudice pour l'Office de Saint-George, parce qu'en définitive on ruinait un pays qui devait lui rester, et on lui aliénait plus que jamais les Corses, qui, en combattant pour les Français, soutenaient par eux-mêmes le plus grand poids de la guerre (2). » Après quoi il se retira à la Venzolasca avec les Espagnols; et Lodron alla prendre ses quartiers en Tavagne.

Cette victoire de Spinola et les rigueurs qui la suivirent découragèrent singulièrement les Corses. Ils se voyaient abandonnés, pour ainsi dire, par la France, qui ne leur envoyait pas même les munitions nécessaires. De Thermes cherchait bien à relever leur courage, en leur faisant espérer de prochains secours et en leur parlant de l'arrivée de la flotte ottomane. Mais ce n'était pas la première fois qu'il leur faisait de semblables promesses, et jamais elles ne s'étaient réalisées. Ce qu'ils voyaient clairement, c'étaient les progrès journaliers des Génois, qui occupaient déjà presque tout le deçà des monts, et qu'ils prévoyaient devoir se présenter devant Ajaccio d'un jour à l'autre.

Doria aurait bien voulu, en effet, tenter cette entreprise; mais, comme il pensait que le siége traînerait en longueur, il voulait attendre le résultat des

(1) Casoni, Annali della Republica di Genova, t. III, p. 78

(2) Idem, loco citato.

événements de l'Italie, où sa présence pouvait devenir nécessaire. Il ajourna donc à un moment plus favorable le siége d'Ajaccio; mais il donna des ordres pour qu'on s'emparât sans plus différer du château de Corte, qui devait le rendre maître de tout le deçà des monts. Comme la position de ce château était très-forte, on fit des préparatifs considérables pour l'attaquer. Visconte Cicala, capitaine génois au service de la marine d'Espagne, fut chargé de cette expédition. Il fit débarquer des canons à Calvi, et on les transporta à bras d'homme à travers les montagnes. En même temps, Spinola et Lodron, s'avançant, avec leurs troupes, par Campoloro, vinrent camper devant Corte. Tous ces grands préparatifs étaient bien inutiles; car, à peine quelques coups de canon furent-ils tirés sur le fort, que le capitaine Lachambre, qui le commandait, se rendit. La garnison, faite prisonnière, fut envoyée à de Thermes à Ajaccio. Quant à Lachambre, il alla à Calvi, d'où il s'embarqua pour la France. Les Génois, maîtres de Corte, en relevèrent les fortifications, et y mirent une garnison considérable. Spinola chargea Lodron d'aller dévaster une partie d'Alésani, et retourna ensuite à Bastia.

CHAPITRE IV.

DÉPART DE DORIA. — VICTOIRE DES CORSES A TENDA.

(1554-1555.)

Ce furent là les seuls événements de quelque importance qui se passèrent en Corse jusqu'à l'automne de cette même année 1554. A cette époque, la flotte ottomane s'étant montrée dans les mers de l'Italie, Doria fut appelé par la cour d'Espagne au secours des provinces menacées. Avant de partir, il ordonna les choses pour le temps de son absence, qu'il prévoyait devoir être de longue durée. Il laissa à Spinola le commandement en chef de l'armée. Le comte Lodron reçut ordre d'aller occuper Saint-Florent. Martin Bozzolo, avec six compagnies d'Italiens, fut chargé de la défense de Calvi; Nicolas Pallavicini et Horace Brancadoro avec onze compagnies, de celle de Bastia. Ayant ains réglé les choses, Doria partit pour C vita-Vecchia, emmenant avec lui l'infan terie espagnole.

L'infanterie espagnole formait, à vra dire, la force de l'armée d'occupation son départ laissa Spinola dépourvu d troupes suffisantes pour tenter de nou velles conquêtes. Cependant, comme i ne voulait point laisser croire que l départ de Doria affaiblissait en Cors la puissance génoise, il continua so système de rigueur, et envoya plusieur compagnies châtier ce qu'il appelait le rebelles. Giudicello Cortinco de la Rebbi de Bozio, soupçonné d'aimer le part français, fut tout à coup arrêté au mi lieu de sa famille. Ses parents et se amis coururent aux armes, et l'enle vèrent aux mains des Génois. Spinol envoya aussitôt des troupes pour ré primer une telle audace; mais de Ther mes, averti à temps, expédia Montes trucco au secours des gens de Bozi avec un fort détachement de Gascons On en vint aux mains; les Génois vaincus et obligés de fuir, crurent trou ver un refuge dans le Niolo; mais, re poussés par les habitants, ils furen presque tous massacrés par les Corses qui s'étaient mis à leur poursuite.

Encouragé par ce succès, et sachant bien que Spinola ne pouvait dispose de beaucoup de troupes, Montestrucco se mit à assiéger Corte, qu'il bloqua de manière à ce que l'on n'y pût introduire aucune espèce de vivres. Sornacone, qui y commandait, fit préveni Spinola de la fâcheuse position dans laquelle il se trouvait, et lui fit comprendre que, s'il n'était promptement secouru, il serait obligé de se rendre.

Le château de Corte était trop important pour que Spinola n'employât pas tous les moyens pour le sauver. Il résolut d'y envoyer des forces assez considérables pour le dégager entièrement. Il expédia en même temps des ordres à Lodron, à Spolverino, à Brancadoro, pour qu'ils se missent tous trois en marche vers le lieu menacé. Sur l'ordre de Spinola, Spolverino partit aussitôt de Calvi, à la tête de plusieurs compagnies. Brancadoro emmena de Bastia ses Italiens, auxquels se joignirent des volontaires corses. Quant à Lodron, il se refusa à marcher, prétextant le mauvais état de ses troupes, et disant d'ailleurs que Doria l'avait commis à la garde de Saint-Florent, et qu'il ne quitterait ce poste que sur un ordre de lui. Spinola dut dévorer cet affront du comte allemand, et le remplaça par Antoine Spinola. Il désigna comme commandant en chef de cette expédition Horace Brancadoro, un des plus habiles et des plus vaillants soldats de l'armée génoise.

Brancadoro alla se loger dans le Nebbio, tandis que Spolverino, parti de Calvi, s'arrêtait à Belgodere, attendant des nouvelles de Brancadoro pour opérer sa jonction avec lui.

Giacomosanto da Mare, qui se trouvait en ce moment en Balagne, fut averti du projet des ennemis. Mais, comme il n'avait que peu de monde avec lui, il n'osa s'opposer à la marche de Spolverino, et se retira à la Petrera de Caccia : de là il expédia plusieurs courriers demandant des renforts de tous côtés. Le premier à se rendre à son appel fut Montestrucco, qui accourut avec un corps assez considérable d'infanterie. Sans attendre davantage les troupes qui auraient pu arriver, Giacomosanto et Montestrucco résolurent d'aller attaquer à Belgodère Spolverino, avant qu'il se reunît à Brancadoro. Ils le surprirent, en effet, lui tuèrent beaucoup de monde; mais ils ne purent le chasser de sa position. Giacomosanto fit alors sonner la retraite, et retourna à la Petrera. Spolverino, regardant ce mouvement comme une fuite, écrivit à Brancadoro d'un ton victorieux de venir le rejoindre pour anéantir un ennemi qui avait montré si peu de valeur. Encouragé par ces paroles, Brancadoro s'avança en toute hâte vers Spolverino, qu'il rencontra à Urtaca ; puis ils marchèrent ensemble vers la Petrera, comptant y surprendre Giacomosanto; mais celui-ci avait quitté ce poste sans aucune importance, et était allé occuper les défilés qui avoisinent le pont d'Omessa. Ce fut là que vint le rejoindre Sampiero, avec environ 2,500 hommes. Quoiqu'il ne fût pas entièrement remis de sa blessure, de Thermes avait cru néanmoins devoir l'envoyer dans cette occasion importante; car il connaissait sa grande valeur comme homme de guerre et son influence sur ses compatriotes. En effet, dès que l'on sut que Sampiero était de cette expédition, il y eut un enthousiasme général, et il se fit un grand concours de volontaires qui brûlaient du désir de combattre sous lui. Sampiero prit alors le commandement en chef des troupes. Il laissa Giacomosanto à la tête de la cavalerie, confia l'infanterie française à Montestrucco, et se réserva le commandement des Corses à pied. Ses dispositions ainsi prises, il attendit de pied ferme l'ennemi, bien sûr de remporter sur lui une victoire complète.

Aussitôt que Brancadoro eut appris l'arrivée de Sampiero, il comprit qu'il ne pouvait lutter avec l'armée des Corses, et songea à battre en retraite. Il leva son camp de très-bonne heure, et, pour donner le change aux insulaires, il feignit d'ignorer leur présence, et se dirigea vers le Golo, comme si réellement il voulait aller au secours de Corte. Mais, arrivé au pied d'une colline qui le cachait aux Corses, il appuya rapidement à gauche, et commença sa retraite vers le Nebbio, abandonnant une partie de ses bagages pour être plus léger à la marche. Sampiero, instruit presque aussitôt de ce mouvement, donna immédiatement l'ordre de poursuivre l'ennemi. Il envoya en avant Giacomosanto avec sa cavalerie, fit prendre une route différente à Montestrucco, et s'avança lui-même du côté opposé vers le col de Tenda.

Giacomosanto fut le premier à rencontrer Brancadoro à l'église de Sainte-Marie de Pietralba. Il s'empara d'abord des bêtes de somme qui portaient les bagages; mais Brancadoro, dont les forces étaient beaucoup plus nombreuses, les reprit presque aussitôt, et continua sa marche, se hâtant d'atteindre la montagne, pour éviter Sampiero. Malgré sa marche rapide, il ne put y réussir, car à peine fut-il arrivé au sommet de Tenda, qu'il vit apparaître Sampiero avec ses Corses, et peu après Montestrucco, à la tête de l'infanterie française. Giacomosanto, qui marchait derrière lui, s'étendit alors, et le prit en queue. Dans cette fâcheuse position, l'armée génoise, resserrée de toutes parts, lutta quelques instants avec courage; mais, ne pouvant agir librement, elle fut en partie massacrée. Sept cents hommes restèrent prisonniers. De ce nombre furent Horace Brancadoro, général de l'armée, Alexandre Spolverino, le commissaire Polo Casanova, Antoine Spinola, Giordan da Pino et Marc Antoine Ceccaldi (18 septembre 1554).

Les Corses perdirent peu de monde dans cette brillante affaire; mais ils eurent à déplorer la mort de Giacomosanto da Mare, qui fut tué en poursuivant l'ennemi. Cette mort fut on ne peut plus regrettable. Giacomosanto da Mare, seigneur très-influent du Cap-Corse, avait donné au parti français des marques non équivoques de son dévouement et de son zèle. C'était à lui que l'on devait en partie la reddition de Bonifacio et surtout l'organisation des milices nationales, qui luttaient avec un si grand avantage contre les Génois depuis que la France avait cessé d'envoyer des secours dans ce pays. Dans un voyage récent qu'il avait fait à la cour, Henri II l'avait traité avec la plus grande bienveillance, et lui avait confirmé tous les priviléges que de Thermes et Paulin lui avaient accordés tout d'abord. Intrépide et plein d'énergie, il était, après Sampiero, l'homme de guerre le plus remarquable parmi les Corses, et l'on ne pouvait lui reprocher qu'une trop grande audace et une témérité souvent compromettante. Dans les circonstances présentes, alors que l'on avait si grand besoin de chefs expérimentés et influents, la mort de Giacomosanto était une perte sensible et presque irréparable; on ne tarda pas à s'apercevoir du vide qu'il laissait dans l'armée. Quant à Sampiero, il dissimula la douleur que lui causait ce triste événement, et fit rendre à Giacomosanto les derniers devoirs avec les honneurs dus à son rang.

CHAPITRE V.

POSITION FACHEUSE DES GÉNOIS. — PALLAVICINO REMPLACE SPINOLA. — JOURDAN ORSINI REMPLACE DE THERMES. — SIÉGE DE CALVI. — RETOUR DE DORIA. — DE THERMES PART POUR LA FRANCE.

(1555.)

La victoire des Corses au col de Tenda eut un grand retentissement. Corte se
rendit aussitôt. Spinola, effrayé et s'
tendant à être attaqué d'un momen
l'autre, envoya en toute hâte demau
des secours à Gênes. Lodron arrêta
travaux de démolition de Saint-Florent
chercha à s'y fortifier le mieux qu'il p
Si Sampiero, profitant de l'épouvai
dans laquelle se trouvait l'ennemi, s
tait porté immédiatement sur Bastia
s'en serait infailliblement emparé; L
dron, affamé dans Saint-Florent, n'a
rait pas tardé à se rendre, et les G
nois auraient été ainsi chassés de l'î
Mais Sampiero ne profita pas de s
avantage; il n'attaqua point Bastia,
lorsqu'il se présenta devant Saint Flore
qu'il croyait presque entièrement démo
il reconnut qu'il ne pourrait s'en emp
rer qu'avec de l'artillerie, dont il ma
quait. Alors il congédia ses volontair
et, ne gardant avec lui que l'infanter
française, il retourna à Ajaccio, où l'a
tendait Paulin, porteur de lettres du r
de France, qui l'appelait à la cour.

Nous avons vu que les Génois au com
mencement de cette année s'étaient en
parés de Saint-Florent, de Bastia et d
pays environnants; qu'enfin, par la pri
de Corte, ils occupaient tout le deçà d
monts. Jusqu'au départ de Doria i
s'étaient constamment tenus sur l'offe
sive, et avaient longtemps menacé le de
des monts. La défaite de Brancadoro a
col de Tenda leur fit perdre en un jo
le fruit de tant d'efforts : Ils étaient mai
tenant réduits à se renfermer dans l
places de Bastia, Saint-Florent et Calv
Leur rôle avait changé; partout i
étaient sur la défensive, et si la comp
gnie de Saint-Georges ne se hâtait de v
nir à leur secours, ils voyaient le mome
où il leur faudrait abandonner les de
nières places qu'ils occupaient.

La compagnie de Saint-Georges ne l
laissa pas long temps dans une si fâ
cheuse position; elle s'empressa d'exp
dier les troupes demandées par Spinol
Mais en même temps, ayant compr
que, dans les circonstances présentes,
ne lui était pas possible de tenir beau
coup de troupes en Corse, elle résol
de changer de système à l'égard des p
pulations, et commença par rappeler l
généraux qui s'étaient rendus odieux p
leurs rigueurs. Spinola et Lodron qui
tèrent la Corse. Nicolas Pallavicino, pe

sonnage considérable de Gênes, et très-connu pour la douceur de son caractère, remplaça Spinola, avec le titre de commissaire général. Dès son arrivée il montra une grande bienveillance à l'égard des populations, qu'avait désolées cette année de guerre et de dévastation. Comme la misère était très-grande, à cause de l'impossibilité où l'on avait été d'ensemencer les terres, il fit venir beaucoup de blé d'Italie, le fit vendre à très-bas prix, et permit à tout le monde sans distinction d'en acheter. Cette conduite pleine d'humanité fut appréciée par les Corses, qui lui en témoignèrent une grande reconnaissance, au point, dit Limperani, que le général Jourdan Orsini en conçut quelques inquiétudes.

En même temps que Pallavicino arrivait en Corse pour y remplacer Spinola, Jourdan Orsini y était venu de son côté remplacer de Thermes, qu'Henri II rappelait sur le continent, où il pensait qu'il lui serait plus utile.

Lorsque de Thermes arriva en Corse, il était déjà vieux : il n'avait ni l'ardeur ni l'enthousiasme qu'il fallait pour se concilier un peuple brave et naturellement indépendant. Habitué aux guerres du continent, où l'artillerie jouait dès alors un très-grand rôle, il ne comprit pas dès le principe le caractère de la guerre qu'il allait soutenir, et se laissa abattre par les premiers revers. A son arrivée, il lui avait été facile de surprendre des places sans défense et d'occuper un pays où les partisans de la France avaient tout préparé; mais, lorsque l'ennemi se présenta avec des forces imposantes, il sembla comme frappé de vertige. Il manqua de la prudence la plus vulgaire en laissant sans vivres trois mille hommes renfermés dans Saint-Florent, si bien que Jourdan Orsini, qui avait perdu peu de monde en combattant, fut obligé de se rendre au bout de deux mois pour ne point voir tant de braves gens mourir de faim. La prise de Saint-Florent le découragea considérablement. Il n'osa tenir devant l'ennemi, et, reculant de position en position, il sembla fuir plutôt que résister. Il est très-certain que si Sampiero, Altobello, Giacomosanto et les autres capitaines corses qui s'étaient dévoués à la France n'avaient pas tenu à honneur de soutenir le poids de la guerre et de réussir quand même, de Thermes aurait été obligé de quitter honteusement le pays. Il faut dire aussi qu'il avait été mal secondé par sa cour; qu'il n'en avait reçu que peu de secours, et que souvent il avait manqué des choses indispensables à la conduite de la guerre. Mais c'était justement à vaincre ces difficultés qu'il aurait dû s'appliquer. Il n'y a pas grand mérite à réussir, quand on a tout ce qu'il faut pour cela : l'habileté consiste à suppléer aux choses qui manquent en se créant des ressources. Sous ce rapport, de Thermes ne comprit pas sa position, et dans tout le courant de cette guerre il se montra plutôt savant ingénieur que général intelligent et habile.

Toutefois, de Thermes ne quitta pas la Corse dans ce moment. Par déférence pour son âge et ses services, Orsini lui laissa le commandement en chef de l'armée jusqu'à son départ, qui n'eut lieu qu'au mois de juin.

Comme Paulin se trouvait dans le port d'Ajaccio, avec une partie de la flotte royale, les généraux français résolurent d'aller attaquer Calvi par terre et par mer. Ils pensaient que cette attaque imprévue pourrait appeler en ce lieu les forces de Doria, et faire ainsi diversion au siége de Sienne, qui était étroitement resserrée par les troupes espagnoles, et dont la prise serait très-préjudiciable aux intérêts français. Mais cette tentative de leur part n'eut pas le succès qu'ils s'en étaient promis. Sienne, pressée par la faim, avait été obligée de se rendre le 21 avril 1555, et André Doria, prévenu par Martin Bozzolo de l'état alarmant dans lequel se trouvait Calvi, se hâta d'accourir à son secours. Sa présence était on ne peut plus nécessaire. Les murs de la ville, foudroyés depuis plusieurs jours par l'artillerie de Therme et d'Orsini, tombaient de toutes parts; la brèche était ouverte et les troupes se disposaient à l'assaut, lorsque l'on aperçut la flotte de Doria. Paulin, qui n'avait que vingt galères, sentant bien qu'il ne pourrait lutter avec les forces de l'amiral génois, fit voile aussitôt pour Ajaccio. Du côté de la terre, les généraux n'osèrent commander l'assaut, et se tinrent sur la défensive. Doria, jugeant la position des Français excellente, crut prudent de ne les point attaquer ; il se contenta de faire réparer les murs de la ville et de la pourvoir des vivres et des munitions dont elle avait besoin. Il essaya bien aussi une descente du côté de la tour de Spano, espérant que les populations se joindraient à lui ; mais, lorsqu'il vit qu'au lieu de le seconder, les habitants de la Balagne s'unissaient à Orsini pour attaquer les troupes qu'il avait fait débarquer, il s'empressa de reprendre le chemin de l'Italie, laissant plusieurs centaines de morts sur ce rivage inhospitalier. Rassuré de ce côté, et voyant qu'il n'avait à tenter aucune nouvelle entreprise, Jourdan Orsini retourna à Ajaccio, d'où Paulin et de Thermes venaient de partir pour la France (juin 1555).

CHAPITRE VI.

RETOUR DE PAULIN. — FLOTTE OTTOMANE. — SIÉGE DE CALVI ET DE BASTIA. — INCORPORATION DE LA CORSE À LA FRANCE. — TRAITÉ DE CATEAU-CAMBRESIS. — LES FRANÇAIS QUITTENT L'ILE.

(1555-1559.)

A peine Paulin était-il arrivé à Marseille, qu'il apprit que la flotte ottomane, qui, depuis quelque temps, parcourait la Méditerranée, était entrée dans la mer de Toscane. Les instructions données par le sultan à ses amiraux étaient d'agir de concert avec la flotte française et de faire ce qui pourrait être agréable à son royal allié le Padischa de France. Paulin, qui avait été instruit de ces dispositions, réunit ses galères, et fit voile vers la flotte des Turcs. Il la rencontra à la hauteur de Saint-Florent, et, d'un commun accord, il fut convenu qu'on irait attaquer Calvi du côté de la mer, tandis qu'Orsini, que Paulin avait fait prévenir en toute hâte, l'attaquerait du côté de la terre. Les choses se passèrent ainsi. Les Turcs débarquèrent leur artillerie, et commencèrent à battre en brèche les murailles, qui, malgré leur récente réparation, s'écroulèrent sous un feu aussi redoutable. Alors Orsini, voyant la brèche assez large, monta à l'assaut avec les Corses et les Français qu'il avait amenés. On se battit d'abord à coups d'arquebuse ; mais on en vint bien à l'arme blanche, et alors commença [illegible] terrible combat où on ne fit de quarti[er] ni d'un côté ni de l'autre.

Les habitants, mêlés à la garnison dirigés par Martin Bozzolo et Quilico S[pi]nola, commissaires de la compagnie [de] Saint-Georges, par le major de la pla[ce] Giustiniani, surnommé le Gregliett[o], par les patriciens génois Oberto Spinol[a], Baptiste Casanova et Pantaléo Silvag[o], qui tous payaient de leur personne, o[p]posèrent aux assaillants la plus gran[de] résistance. Ils avaient planté sur [le] rempart un énorme crucifix, comme s'i[ls] avaient voulu prouver par là, dit Cason[i], qu'ils soutenaient contre les Français [la] cause légitime de leur prince et contre l[es] Turcs la religion et l'intérêt commun d[u] christianisme. Mais ce qui, au fond, dou[]blait leurs forces et leur courage, c'éta[it] la conviction où ils étaient qu'il n'y ava[it] de salut pour eux que dans une résistanc[e] désespérée. Ils avaient présent à l'espri[t] le triste sort des habitants de Bonifa[]cio, qui, après s'être rendus, avaient ét[é] lâchement massacrés par les Turcs, e[t] c'était ce même Dragut, qui avait ain[si] violé la foi des traités, en la puissanc[e] duquel ils allaient tomber, s'ils succom[]baient ; car les Turcs, étant les plus nom[]breux, dicteraient nécessairement la loi et s'opposeraient à la clémence naturell[e] aux Français. Cette considération soutin[t] tellement leur courage, qu'après troi[s] heures de combat, les Français, ayan[t] perdu beaucoup de monde et voyan[t] qu'ils ne pouvaient avancer, tout cou[]verts de sang et de blessures, songèren[t] à la retraite.

Ce fut alors le tour des Turcs. San[s] donner aux assiégés le temps de respirer ils montèrent immédiatement à l'assaut et commencèrent l'attaque avec une ar[]deur et une impétuosité égale à cell[e] des Français. Mais les habitants les re[]çurent avec une si grande intrépidité e[t] déployèrent tant d'énergie qu'ils les obli[]gèrent bientôt à se retirer, laissant u[n] grand nombre des leurs sur la brèche Cassim Bassa, effrayé d'une si opi[]niâtre résistance, donna ordre de dé[]monter l'artillerie et de la rembarquer Les généraux français, surpris d'un[e] telle conduite, furent le trouver, et lu[i] représentèrent qu'il y allait de l'honneu[r] du sultan et du roi de France de s'emparer de la ville. Mais ils ne purent rien obtenir. Cassim trouva différents prétextes pour se retirer de devant Calvi; mais il offrit son concours pour la conquête de Bastia, qu'il estimait plus facile.

Orsini et Paulin, désespérés d'avoir à abandonner une entreprise aussi avancée, acceptèrent néanmoins les propositions de leurs infidèles alliés; car ils comprenaient que, réduits à leurs propres forces, ils ne pouvaient tenter un nouvel assaut. Ils se dirigèrent donc sur Bastia, et y arrivèrent presqu'au même temps, Orsini ayant pressé sa marche, pour ne pas laisser se refroidir la bonne volonté des Turcs. Paulin débarqua aussitôt son artillerie, et les Français commencèrent à attaquer vivement la ville. Mais ils durent bientôt renoncer à leur entreprise. Les Turcs à l'ancre sur leurs vaisseaux se refusèrent tout à coup à débarquer et à prendre part à l'action. Ils restèrent ainsi spectateurs immobiles plusieurs jours, pendant lesquels ils célébrèrent leur pâque. Puis ils cinglèrent vers l'Afrique, sans prévenir autrement les généraux français.

Les historiens ont donné des explications diverses de cette félonie des amiraux du sultan. Les uns l'attribuent aux sommes d'argent que les Génois leur auraient fait tenir en secret; d'autres pensent que ce fut là une vengeance de Dragut contre l'ambassadeur français à Constantinople, lequel, par son influence, avait fait nommer Cassim Bassa commandant général de la flotte, tandis que cet honneur lui revenait, à cause des services qu'il avait rendus au Grand Seigneur. Quoi qu'il en soit, ce brusque départ obligea Orsini et Paulin à renoncer à tout projet d'attaque : ils levèrent donc le siége de Bastia. Orsini retourna à Ajaccio et Paulin rentra à Marseille.

Dans la guerre de Corse l'alliance des Turcs nuisit aux Français beaucoup plus qu'elle ne leur fut utile. Les Turcs ne se conduisirent jamais envers eux comme de véritables alliés. Ils ne les secondèrent qu'à leur fantaisie. Si Dragut poussa vivement le siége de Bonifaccio, s'il s'obstina à prendre cette ville, c'est qu'il y allait autant de sa réputation que de ses intérêts. Il était, en effet, très-important pour lui de prouver à son début quelle était sa puissance, pour frapper l'esprit des populations qu'il aurait plus tard à rançonner. Mais on vit bien, lors de la reddition de la ville, quel prix il entendait retirer de son concours. Lorsqu'il revint pour la seconde fois avec Cassim Bassa, il se conduisit encore en vrai pirate, pillant indistinctement amis et ennemis et, massacrant ses alliés quand ils étaient en petit nombre. Cette conduite s'explique aisément. Dragut était musulman et corsaire. Ses alliés les Corses-Français étaient, aussi bien que les Génois, les ennemis de sa religion; à ce titre il devait les combattre, et quand il ne trouvait à piller qu'eux seuls, il le faisait, parce qu'il lui fallait bien s'indemniser d'une manière quelconque. Quant aux Corses, leurs idées religieuses et le souvenir des cruautés exercées par les pirates algériens leur faisaient éprouver une invincible répugnance pour cette alliance, qu'ils ne pouvaient accepter comme sincère. Aussi, ne se firent-ils jamais illusion à cet égard, et se tinrent-ils toujours sur leurs gardes, ce qui les empêcha souvent de tomber dans les piéges que leur tendaient ces infidèles alliés.

La conduite tenue par les Turcs devant Bastia prouva suffisamment aux généraux français qu'ils ne devaient plus compter sur leur assistance, et ce fut aussi la dernière fois qu'on les vit se mêler aux affaires des Corses. Leur présence et l'insuccès du siége de Calvi et de Bastia joint à la misère, conséquence naturelle de plusieurs années de guerre, avaient singulièrement refroidi l'ardeur enthousiaste des populations corses envers la France. Deux provinces, le Nebbio et la Balagne, fatiguées des ravages qu'elles avaient éprouvés et des dangers qui les menaçaient encore, dominées qu'elles étaient par les villes de Calvi et de Bastia, firent leur soumission à Gênes. Cet exemple pouvait être imité et devenir funeste aux intérêts français. Le retour de Sampiero vint fort heureusement ranimer les esprits et empêcher les défections qui se préparaient. Sampiero se mit immédiatement à parcourir les provinces, fit faire des rétractations, et réveilla les cœurs attiédis. Pour tenir en haleine ses soldats, il tenta de surprendre Calvi; mais il avait affaire à des ennemis vigilants et nombreux. Après une escarmouche assez meurtrière, il fut obligé de se retirer, et il retourna à Sainte-Marie d'Ornano attendre l'occasion propice pour reparaître sur la scène.

L'heureuse intervention de Sampiero ne rassura pas Orsini. Il voyait bien que les populations corses étaient fatiguées de la guerre, dont elles supportaient tout le poids. La misère était grande et générale. Il fallait nécessairement venir au secours de gens qui n'avaient pu et ne pouvaient encore cultiver leurs champs; il fallait faire au moins ce que faisait Gênes, et empêcher des populations dévouées de mourir de faim. De plus, il était nécessaire de donner aux Corses des garanties politiques, des institutions, des priviléges, qui les attachassent par la reconnaissance au pays pour lequel ils combattaient. Orsini comprit qu'il lui fallait aller exposer au roi de France toutes ces nécessités. Mais avant de partir, il voulut que les Corses eux-mêmes formulassent leurs demandes. Il convoqua une consulte à Corte, fit rédiger les statuts qui devaient être soumis à l'approbation du roi, et demanda qu'on nommât deux députés chargés d'aller avec lui porter au pied du trône ces humbles remontrances Jacques de la Casabianca et Léonard de Corte furent désignés pour accompagner Orsini, qui, après avoir réglé les choses pour le temps de son absence, fit voile avec eux pour Marseille.

Henri II reçut à merveille Orsini et les députés. Il accorda sans difficulté à peu près tout ce qui lui était demandé, combla de nouveaux honneurs Orsini, et le nomma son vice-roi dans l'île. Jacques de la Casabianca et Léonard de Corte obtinrent particulièrement pour eux certaines distinctions, et retournèrent dans leur pays heureux du succès de leur ambassade.

A son arrivée, Orsini apprit que pendant son absence les Génois avaient fait d'assez grands progrès, et que certains cantons se trouvaient ébranlés dans leur foi envers la France. Informés par leurs ambassadeurs des bonnes dispositions du roi d'Espagne, les Génois n'avaient voulu négliger aucune circonstance qui aur[illegible] pu leur être favorable, dans le cas d'u[illegible] éventualité quelconque. Ils avaient che[illegible] ché à se mettre bien dans l'esprit d[illegible] populations, en leur fournissant les [illegible] cours dont elles avaient besoin. Da[illegible] la prévision qu'à son retour Orsini te[illegible] terait contre eux quelque entreprise, [illegible] avaient pris de nouveau à leur solde [illegible] comte Lodron, et l'avaient expédié à Ba[illegible] tia avec peu de troupes, il est vrai, ma[illegible] lui donnant l'assurance que sous peu [illegible] recevrait six mille hommes. Lodron [illegible] signala tout d'abord par la prise de pl[illegible] sieurs forts et par l'incendie de quelqu[illegible] villages, ce qui frappa de terreur l[illegible] populations voisines de Bastia, qui cra[illegible] gnaient non sans fondement de voir r[illegible] nouveler le système de dévastation em[illegible] ployé quelque temps auparavant pa[illegible] Spinola.

Dans de semblables circonstance[illegible] Orsini sentit qu'il était très-importa[illegible] de faire connaître le résultat de so[illegible] voyage, afin d'arrêter le mal et de ratta[illegible] cher à la France ceux que les promess[illegible] de Gênes auraient pu en détacher. Il co[illegible] voqua donc une consulte générale au Ve[illegible] covato. Cette consulte était devenu[illegible] d'autant plus nécessaire, que la mésintel[illegible] ligence qui régnait entre lui et Sampier[illegible] commençait à diviser le parti françai[illegible] et menaçait de lui devenir funeste.

La consulte eut lieu le 15 septembr[illegible] 1557, sous la présidence de Sampiero. O[illegible] sini y prononça un discours très-habil[illegible] dont nous extrayons les passages suivant[illegible] «Sa Majesté a reçu vos ambassadeurs ave[illegible] la plus grande effusion. Elle a ensuit[illegible] examiné vos requêtes et les a fait exa[illegible] miner par son grand conseil, et on leu[illegible] a fait l'accueil que l'on fait aux demande[illegible] de fils bien-aimés. Sa Majesté vous [illegible] confirmé vos chapitres et vos ancienne[illegible] lois ainsi que vous le demandiez; elle vou[illegible] a également accordé vos autres demandes; et lorsqu'elle ne l'a point fait, ell[illegible] en a laissé la libre disposition à moi, so[illegible] lieutenant général. Cependant elle m'[illegible] dit que je ne dusse rien décider d'important sans consulter d'abord vos Douz[illegible] nouveaux et vieux. Vous procéderez don[illegible] à leur élection selon la coutume. Vou[illegible] devez remercier Dieu, mes chers amis de vous avoir fait naître à une époqu[illegible] où un roi aussi puissant que le nôtre vou[illegible] soustrait au joug de Gênes, qui vous gouvernait avec tant de hauteur. Et que pourrait jamais Gênes contre un si puissant monarque? Aujourd'hui vos affaires sont définitivement réglées. Le roi, pour vous enlever toute espèce de doute et pour ôter en même temps tout espoir aux Génois, a incorporé votre île à la couronne de France, ce qu'il n'a pas voulu faire pour d'autres provinces; et ç'a été une chose véritablement digne de remarque de voir l'accueil unanime qui a été fait à cette proposition par le grand conseil; exemple peut-être unique en ce genre. Cette incorporation vous attache intimement au royaume de France, et a comme conséquence, que le roi ne peut jamais vous abandonner, à moins qu'il n'abandonne sa couronne. Et ce n'est point là tout ce que ce monarque se propose de faire dans votre intérêt : ayant eu de vous de si grandes preuves de fidélité, et se souvenant des services que vous lui avez rendus dans la présente guerre, il a résolu de dépenser plutôt de son argent dans votre île que de vous en demander. Ainsi, si vous réfléchissez bien à votre position, vous n'avez aujourd'hui à envier le sort d'aucune des républiques libres; et il n'y a pas un pays en Europe aussi heureux que le vôtre, si vous savez apprécier les bienfaits que vous accorde maintenant votre roi et ceux qu'il est prêt à vous accorder dans l'avenir (1). »

Ce discours, religieusement écouté, produisit un grand effet. Les deux ambassadeurs Jacques de la Casabianca et Léonard de Corte, présents à la consulte, confirmèrent les bonnes dispositions du roi et de son grand conseil. Orsini obtint ce qu'il désirait. Les esprits se tournèrent alors vers la France; l'enthousiasme renaquit comme aux premiers jours, et les faiblesses qu'engendrent les longues souffrances furent à jamais éloignées.

Cependant, deux ans ne s'étaient pas encore écoulés depuis cette assemblée solennelle, que les destinées de la Corse changèrent de nouveau, et que ce peuple fidèle, qui ne pouvait être désormais séparé du grand royaume de France, était cédé par son royal protecteur aux Génois, ces dominateurs insolents et cruels, que l'abandon et la lutte devaient rendre à l'avenir implacables dans leur vengeance. On dit que Henri II eut grand regret à la cession de la Corse; mais qu'il dut néanmoins y consentir, à cause des intérêts majeurs qui l'y obligèrent. Il s'agissait, en effet, d'une paix générale, assise sur des alliances de famille; et Philippe II, roi d'Espagne, qui avait promis son assistance aux Génois, et qui peut-être aussi était jaloux de voir la Corse aux mains des Français, insista pour que cette île retournât à la république. Le roi de France dut céder. Par un article du traité de Cateau-Cambrésis, il s'engageait à retirer ses troupes de la Toscane et de la Corse. La Corse faisait retour à Gênes, sans que celle-ci pût rechercher ni inquiéter les partisans de la France, qui devaient être rétablis dans leurs propriétés.

La nouvelle de ce traité se répandit bientôt dans l'île. Orsini en fut instruit officiellement; mais, soit qu'il espérât que quelque événement politique en empêcherait l'exécution, soit qu'il crût qu'on pourrait faire changer ce qui concernait la Corse, il le tint caché; et lorsqu'on vint lui demander des explications à cet égard, il fut d'avis d'envoyer des députés en France pour s'assurer de la réalité des faits et prier au besoin le roi de changer d'avis.

Cette conduite était pour le moins imprudente; car Orsini savait bien que l'on ne change point ainsi un traité, surtout lorsqu'il tient à des intérêts aussi considérables; et la démarche qu'il conseillait aux Corses ne pouvait servir qu'à irriter encore davantage contre eux ceux qui allaient redevenir leurs dominateurs. Les députés furent très-bien accueillis par le roi, qui ne put que leur confirmer l'existence du traité; toutefois, il les assura de ses intentions bienveillantes, et leur dit qu'il avait expressément stipulé que les Corses conserveraient leurs franchises et qu'ils ne pourraient être molestés en aucune façon; que c'était enfin sous sa garantie que le traité avait eu lieu, et qu'il veillerait à sa rigoureuse exécution.

Les députés retournèrent en Corse,

(1) Filipp., t. IV.

[stamp]

n'ayant pu faire changer l'état des choses et détourner les malheurs qui menaçaient leur pays. Sur ces entrefaites, arrivèrent J.-B. Grimaldi et Christophe Saoli, commissaires génois, avec mission d'occuper les places au pouvoir des Français. Orsini les leur consigna; puis, ayant rassemblé tout son monde, il s'embarqua à Ajaccio, en compagnie de quelques familles corses qui préférèrent le suivre en France plutôt que de rester dans un pays qu'allaient dominer leurs mortels ennemis (7 nov. 1559).

En congédiant les ambassadeurs corses, François II les avait assurés de sa royale protection, et leur avait dit qu'il exigerait de la sérénissime république des garanties au maintien desquelles il veillerait. Il envoya en effet à Gênes M. de Boistaillé, son plénipotentiaire, lequel présenta au sénat une note où il exposait : « 1° Que beaucoup de Corses s'étant rendus en France, avec leurs familles, parce qu'ils ne se croyaient pas en sûreté sous le gouvernement génois, Sa Majesté le chargeait de prier ces illustres seigneurs de vouloir bien mettre de côté le souvenir des injures passées, de chérir les Corses et de les traiter avec autant de clémence que de justice, conformément aux capitulations; 2° que, d'après les stipulations de la paix, il désirait qu'on rendît leurs biens à ceux qui avaient pris les armes dans la dernière guerre; qu'on les déchargeât de toute condamnation, et que de ce nombre il désirait que fussent les Fieschi et les Fregoso, auxquels on ferait grâce en les relevant du bannissement et de la rébellion; que s'il s'élevait des contestations au sujet des biens, on dût mettre la chose en justice et nommer pour arbitre un prince comme la république de Venise ou tout autre; 3° que Sa Majesté ayant reçu de grands services du colonel Sampiero Corso, lequel, avant le commencement de la guerre, avait trois mille écus placés chez des particuliers de la république, aurait pour agréable que leurs seigneuries très-illustres lui fissent faire justice et rendre son argent; 4° que Sa Majesté désirait que les relations commerciales continuassent à avoir lieu entre ses sujets et ceux de la sérénissime république, et que, conformément aux capitulations, les prisonniers fusse[nt] rendus *sine mora* (1). »

Cette note, rédigée selon l'esprit [de] traité et entièrement conforme à la ju[s]tice, fut acceptée dans toute sa teneu[r]; mais, lors même qu'elle aurait été co[n]çue dans d'autres termes et qu'elle e[ût] renfermé quelque article onéreux, [la] république se serait empressée d'y sou[s]crire, tant elle avait hâte de redeven[ir] maîtresse de la Corse, car elle retira[it] de cette possession profit et honneu[r]. Les négociants y trouvaient un plac[e]ment assuré à leurs marchandises; e[ux] seuls avaient droit d'y trafiquer; quoique le pays fût pauvre, il consom[]mait néanmoins assez pour qu'ils y fi[s]sent d'assez beaux bénéfices. Quant [à] l'honneur, il était immense pour Gêne[s]. La Corse était un royaume : sa posse[s]sion donnait droit aux honneurs souv[e]rains près la cour de Rome, et la répu[]blique marchande se trouvait par là l'[é]gale des monarques de l'Europe. On n[e] doit donc pas s'étonner si elle désira[it] si fort ressaisir la Corse en vertu d'u[n] traité stipulé entre deux grandes pui[s]sances. Cependant, elle n'y pouva[it] croire; et, quoique la chose fût forme[l]lement écrite dans le traité de Cateau-Cambrésis, quoique M. de Boistail[lé] eût été envoyé à cet effet tout exprès [à] Gênes, elle ne se tint pour certaine d[u] fait que lorsque les commissaires qu'el[le] avait envoyés en Corse lui eurent expéd[ié] le procès-verbal de prise de possessio[n].

LIVRE VI.

Depuis la reprise de la Corse par le[s] Génois jusqu'au départ d'Alphons[e] d'Ornano.

CHAPITRE Ier.

CONDUITE DES AGENTS DE SAIN[T-]GEORGES. — IMPOT DE 3 p. 100 SU[R] LES TERRES ET CAPITATION DE 2[.] SOUS. — GASPARD DE L'OLIVA. — RÉDUCTION DE L'IMPOT. — NICOLA[S] CIBBA. — EXCURSIONS DES BARBA[]RESQUES.

(1559-1564.)

En rentrant en Corse la compagn[ie] de Saint-Georges trouva les popul[a]

(1) Fillip., t. IV, Documents inédits.

tions indisposées contre elle. Elle s'y attendait; mais, comme il n'aurait point été d'une sage politique de faire voir dès l'abord qu'elle gardait contre elles ressentiment de leurs défections passées et de leur hostilité présente, et qu'il fallait, d'autre part, tenir au moins pour le moment aux engagements pris envers le roi de France, elle cacha de son mieux sa mauvaise humeur, et ordonna à ses commissaires de se montrer affables et bienveillants. Leur premier soin fut donc de convoquer des assemblées dans les principales villes, d'y parler de l'oubli du passé, de la confiance dans le présent, et des bienfaits qui se préparaient pour l'avenir.

En attendant, les exilés rentraient, sur la foi des traités, et la compagnie, loin de les tourmenter, semblait, au contraire, vouloir se les attacher en leur faisant mille avances. Mais ce n'était là qu'un jeu, qui ne pouvait durer longtemps. Les Génois étaient trop pressés de jouir de leur nouvelle position et de retirer le fruit qu'ils en espéraient. Six mois s'étaient à peine écoulés depuis que les Français avaient quitté la Corse, que la compagnie, voulant mettre ses projets à exécution, y envoyait, avec une autorité illimitée, deux commissaires généraux, André Imperiale et Pellegro Rebuffo.

Comme l'avaient fait leurs prédécesseurs, les nouveaux commissaires convoquèrent une assemblée générale de la nation à Bastia, et, dans un discours préparé avec artifice, ils déclarèrent qu'il était important pour les mesures que comptait prendre ultérieurement la compagnie à l'égard de ses bien-aimés enfants, de connaître la valeur des fortunes particulières; que, par conséquent, il fallait que, dans un délai déterminé, chacun déclarât les biens qu'il possédait, de quelque nature qu'ils fussent, donnant à entendre que le fisc s'emparerait de tout ce qui n'aurait pas été déclaré.

Les Corses, ne soupçonnant pas l'objet d'une telle demande et n'y voyant aucun mal, comptant d'ailleurs se donner une plus grande importance en exagérant leurs possessions, déclarèrent minutieusement tout ce qu'ils avaient de biens productifs et improductifs. « Si bien, dit Filippini, que, dans toute la Corse, il n'y eut terre ni rocher, étang, marais, forêts, buisson, lieu sauvage, rien enfin qui ne reçût son estimation, et dans cette estimation on comprit des lieux qui, depuis que la Corse est habitée, n'ont jamais donné la valeur d'un denier et ne pourront jamais la donner dans les siècles à venir, car l'île étant montagneuse et stérile, la plus grande partie reste inculte; et cependant d'une manière ou de l'autre toute chose reçut son estimation (1). »

Dès que les commissaires eurent en main la déclaration des valeurs réelles ou fictives des biens de chacun, ils décrétèrent ces biens frappés d'un impôt extraordinaire de 3 p. 100, et de plus ils imposèrent une capitation de 20 sous. Cette mesure, qui leur parut très-adroite pour se rembourser des frais de la guerre, était on ne peut plus impolitique dans les circonstances présentes.

Les Corses n'étaient rentrés qu'à contre-cœur sous la domination de Gênes. L'administration équitable et paternelle des Français les avait habitués à un régime de douceur que la conduite des agents de Saint-Georges leur devait nécessairement faire regretter. Il s'y joignait de plus, dans les circonstances présentes, une considération qui aurait dû arrêter l'avidité des marchands génois. C'était que, depuis sept ans, la Corse n'avait cessé d'être occupée par des armées étrangères, qui avaient vécu à ses dépens, ravageant les terres, brûlant les maisons et les villages, et la réduisant à un tel état de misère, qu'elle ne pouvait subvenir à ses besoins les plus pressants. Au lieu donc de venir demander une somme aussi exorbitante à un peuple tout à fait épuisé, la compagnie de Saint-Georges aurait dû, imitant Henri II, l'exempter d'impôts pour un certain temps, et lui fournir en outre les moyens de pouvoir cultiver ses terres presque en friche. La mesure qu'elle prit, dans cette circonstance, fut à la fois odieuse et ridicule. Elle avait, par supercherie et en faisant de belles promesses, obtenu des Corses une déclaration exagérée des valeurs qu'ils possédaient, déclaration qu'elle savait inexacte, et elle venait leur dire,

(1) Filipp., t. IV.

avec une insolente ironie : « Puisque vous vous déclarez riches, payez selon votre richesse. » Si les Corses ne se fussent trouvés en ce moment si entièrement abandonnés, s'ils eussent pu seulement entrevoir la possibilité d'être secourus, il y aurait eu un soulèvement universel, et les Génois auraient été infailliblement chassés; mais ils comprirent qu'ils ne pouvaient compter, à l'heure présente, sur l'assistance de personne; ils ne coururent point aux armes, seulement ils déclarèrent formellement, et d'une voix unanime, qu'ils ne payeraient pas l'impôt.

Ce fut en vain que les commissaires Imperiale et Rebuffo firent tous leurs efforts pour calmer les esprits; ils terminèrent le temps de leur gouvernement sans avoir pu y parvenir. Gaspard de l'Oliva, qui leur succéda, était un homme adroit et insinuant. Dans l'assemblée qu'il convoqua pour son installation, il dit : « Que la seigneurie de Saint-Georges ayant fait de grandes dépenses pour les frais de la guerre, elle s'était vue obligée de frapper un impôt sur la Corse : que d'ailleurs ce n'était là qu'un impôt passager; qu'il ne serait prélevé qu'une seule fois; que la compagnie entendait dépenser en améliorations pour ce pays une partie des sommes qu'elle en retirerait. » On lui répondit que puisque les Génois avaient dépensé des sommes aussi considérables pour conserver le domaine de la Corse et qu'ils avaient le dessein d'en dépenser encore, c'était sans doute qu'ils l'estimaient d'une très-grande importance pour eux; que cette importance ne pouvait pas reposer sur la position financière du pays, qui était on ne peut plus déplorable, à cause des maux qui l'avaient affligé; qu'il n'y avait plus dans le pays ni blé, ni orge, ni seigle, ni bestiaux, ni vivres d'aucune espèce; que le laboureur manquait de semence pour féconder la terre; que les incendies avaient réduit les pauvres gens à aller, errant par les montagnes, mendiant leur vie et se nourrissant de racines; que ceux qui avaient échappé à de si grands désastres étaient eux aussi dans un tel état de misère, qu'il leur était impossible de faire aucun sacrifice; et que c'étaient là les motifs qui faisaient qu'il n'y avait personne en Corse qui p[...] payer l'impôt.

Gaspard de l'Oliva ne pouvait ri[...] opposer à d'aussi sages remontrance[...] Cependant, voulant remplir la missi[...] qui lui avait été confiée, il exposa l'ét[...] des choses à la compagnie de Sain[...] Georges, et demanda des forces suffisa[...] tes pour pouvoir agir. On lui envoya u[...] assez bon nombre de troupes : tout[...] fois, il hésita encore à employer la forc[...] qu'il prévoyait bien ne devoir poi[...] avoir le résultat que se proposait [...] compagnie. Il chercha d'autres moyen[...] et, s'adressant d'abord aux habitants d[...] Nebbio, qui, à cause de leurs dispos[...] tions amicales, avaient eu moins à sou[...] frir, il les supplia de payer l'impô[...] Quelques-uns se laissèrent séduire L[...] commissaire triomphait; il pensait qu[...] cet exemple entraînerait les autres[...] mais il n'en fut pas ainsi. Personne n'[...] mita les rares habitants du Nebbio q[...] s'étaient exécutés. Achille Campocass[...] d'une ancienne famille de caporau[...] exerçant une très-grande influence da[...] cette contrée, déclara que non-seulemen[...] il ne payerait pas l'impôt, mais qu'il s'[...] opposerait de toutes ses forces, et, joi[...] gnant l'action aux paroles, il se mit e[...] campagne pour exécuter son projet. O[...] chercha vainement à le ramener. L[...] commissaire, voyant qu'il ne pouvait l[...] vaincre, et redoutant qu'il ne devînt l[...] chef d'une insurrection menaçante, f[...] arrêter par surprise trente de ses parent[...] au nombre desquels était sa mère, et d[...] clara qu'il les ferait mettre à mort [...] Achille ne s'expatriait. Campocasso quitt[...] la Corse; mais son départ ne fit poin[...] changer l'état des choses. L'impôt fu[...] universellement refusé, et il se forma[...] dans l'intérieur de l'île, des réunions d[...] mécontents qui, ayant à leur tête de[...] hommes d'une grande résolution, don[...] nèrent beaucoup d'inquiétude au com[...] missaire génois. Celui-ci, en homme fi[...] et adroit qu'il était, voyant que l'on n[...] pourrait ni par la douceur ni par le[...] menaces arriver à faire payer l'impôt[...] convoqua à Bastia les nobles Douze, [...] les engagea à envoyer à Gênes une dé[...] putation pour en demander la réduc[...] tion. Les Douze acceptèrent avec em[...] pressement une ouverture qui leu[...] faisait espérer d'éviter ainsi de grand[...]

malheurs, et six députés partirent pour Gênes. Ils exposèrent à la compagnie de Saint-Georges l'état de misère où se trouvait ce pays, et comment il lui était matériellement impossible de fournir les sommes qu'on lui demandait. Les seigneurs de Saint-Georges, instruits d'autre part par leur commissaire, réduisirent notablement l'impôt. Ils fixèrent à trois écus la contribution la plus élevée, à trois livres les autres, et laissèrent le commissaire de Bastia libre de statuer sur ce qui regardait les veuves, les mineurs, les orphelins et les autres malheureux.

La réduction de l'impôt produisit un excellent effet; car elle eut pour résultat immédiat le rétablissement de la tranquillité, dont on avait si grand besoin. Gaspard de l'Oliva, qui avait ainsi terminé sans effusion de sang une question si importante, céda bientôt ses fonctions au gouverneur Nicolas Cibbà, et retourna à Gênes, emportant, dit Filippini, l'estime des Corses et ayant également bien mérité de la compagnie.

Nicolas Cibbà, d'une noble famille de Gênes, était un des membres de la compagnie de Saint-Georges. On lui confia des pouvoirs illimités, et son gouvernement fut indiqué comme devant durer deux ans. On l'avait revêtu d'une autorité considérable pour qu'il en imposât davantage au peuple, et pour qu'il pût ainsi agir avec plus de succès au milieu des circonstances difficiles qui semblaient devoir naître à chaque instant dans ce pays si mal disposé pour ses nouveaux maîtres. Cibbà convoqua, comme ses prédécesseurs, une assemblée d'installation. Elle fut plus nombreuse que d'habitude, et l'on y remarqua surtout grand nombre de personnes qui, dans la guerre passée ayant suivi le parti de la France, voulaient, par leur présence, donner au gouvernement génois une preuve de soumission; mais Cibbà ne se laissa point toucher par cette démonstration, qu'il ne croyait pas sincère. Il avait surtout pour mission de surveiller ceux qui avaient servi avec Sampiero, et que l'on supposait disposés à un nouveau mouvement. La compagnie de Saint-Georges épiait toutes les démarches de Sampiero; elle savait que, mécontent de la tournure qu'avaient prise les choses, il se disposait à rentrer en Corse, où il entretenait en attendant des relations avec ses anciens compagnons d'armes. Cibbà était d'ailleurs peu disposé à la clémence, et, suivant une marche entièrement opposée à celle de son prédécesseur, il montra bientôt son mauvais vouloir en agissant avec une si grande rigueur, que les haines assoupies se réveillèrent tout à coup, et que ceux qui auraient voulu se rallier en furent à jamais éloignés. Sous prétexte de former de nouvelles compagnies, il fit venir de Gênes des drapeaux, et manda ensuite à Bastia et à Ajaccio tous ceux qui lui paraissaient suspects, leur faisant savoir qu'il les avait choisis pour commander ces compagnies. Ne soupçonnant aucunement ce qui se tramait contre eux, et croyant à la sincérité du gouverneur, ils se rendirent tous à son invitation, et dès qu'ils furent arrivés au lieu du rendez-vous, ils se virent arrêtés et jetés en prison. Là on leur fit subir les plus cruels tourments pour leur arracher l'aveu de leurs relations avec Sampiero; et quand on vit qu'on ne pouvait venir à bout de leur constance, on leur fit payer des sommes d'argent, puis on les bannit en leur indiquant un lieu de résidence. « Roland d'Ornano, outre la corde, eut aussi le feu aux pieds; et comme on ne put lui trouver rien à reprocher, on l'envoya avec les fers aux mains et aux pieds à Gênes, où il fut mis une seconde fois à la torture; et comme il n'avouait encore rien, on le laissa en prison pendant trois ans, après quoi on le mit en liberté (1). »

Cette étrange conduite et cette sévérité contre des hommes non coupables jeta une grande frayeur dans les esprits. Les plus sensés comprirent que ce n'était là que le commencement des vengeances qu'allait exercer la compagnie sur ceux qui avaient embrassé le parti de la France. Ils résolurent donc de se soustraire à des ressentiments si funestes, et grand nombre s'exilèrent volontairement. D'autres, comme Barthélemy de Vivario, se jetèrent dans les bois, et firent à la compagnie de Saint-Georges une guerre de partisans contre laquelle

(1) Filipp., l. IV.

ses ruses et ses soldats vinrent toujours échouer.

De 1561 à 1564 les choses restèrent en cet état de méfiance mutuelle : les Génois exerçant des actes de rigueur, les Corses se tenant éloignés et évitant de tomber dans les piéges que leur tendait leur astucieux souverain. En 1561 la République, pour des motifs qui nous sont restés inconnus, voulut rentrer dans la possession de la Corse. La Compagnie de Saint-Georges fit tous ses efforts pour s'y opposer; elle ne put y réussir, et la République redevint maîtresse de la Corse. Ce passage d'une administration à une autre ne changea en rien l'état des choses, qui restèrent sur le même pied. Du pays et des améliorations annoncées, il n'en fut point question. On laissa même s'accroître la somme des maux présents. Les Génois, qui savaient si bien mettre à la torture un suspect, ne cherchaient point à défendre contre les incursions journalières des corsaires algériens le pays confié à leur garde. Ceux-ci faisaient à chaque instant des descentes sur les côtes. Ils enlevaient tout ce qu'ils trouvaient sous leur main, et emmenaient en esclavage hommes, femmes et enfants. Leur audace était devenue si grande, qu'ils ne s'en tenaient plus aux rivages de la mer. Ils s'avançaient à plusieurs lieues dans l'intérieur, attaquaient les villages, prenaient les bestiaux, les meubles, tout ce qu'ils trouvaient, et retournaient à leurs vaisseaux chargés de butin. Il fallait que les Corses songeassent eux-mêmes à leur défense, ce qu'ils faisaient avec une rare énergie lorsqu'ils s'apercevaient de la présence des corsaires; mais le plus souvent ceux-ci arrivaient au moment où on s'y attendait le moins, et la surprise, la frayeur et l'effroi qu'ils inspiraient, faisaient fuir les habitants et les laissaient maîtres du terrain. On peut voir cependant, dans Filippini, combien de fois ils furent repoussés par quelques paysans courageux, et combien des leurs trouvèrent la mort sur la terre qu'ils venaient ravager (1).

Quant au gouverneur génois, il ne prenait aucune mesure défensive, préoccupé qu'il était de soustraire la Corse à la nouvelle insurrection qui la menaçait. Depuis la conclusion de la paix, la Compagnie de Saint-Georges, comme nous l'avons dit, n'avait point perdu de vue Sampiero, et elle savait d'une manière certaine que cet illustre guerrier ne tarderait pas à tenter quelque chose en faveur de son pays. Elle veillait donc soucieuse et alarmée sur l'événement qui se préparait, lorsqu'elle apprit que Sampiero venait de débarquer, avec quelques compagnons, dans le port de Valinco (juin 1564).

CHAPITRE II.

SAMPIERO. — SES DÉMARCHES AUPRÈS DES PUISSANCES. — SON RETOUR. — BATAILLE DU VESCOVATO. — BATAILLE DE CACCIA. — SAMPIERO A VICO. — DÉFAITE DES CORSES A PIETRALBA. — AFFAIRES DE CASELLE — EXCURSIONS DE DORIA DANS LE DELA-DES-MONTS. — INCENDIE DE BASTELICA.

(1564.)

Lors du traité de Cateau-Cambrésis, Sampiero avait éprouvé une douleur profonde de voir ainsi ruinées en un seul jour toutes ses espérances. Six années d'une lutte constante, le sang versé dans tant de combats, les misères et les privations supportées avec patience et courage, tous ces efforts et toutes ces luttes, loin d'obtenir le résultat qu'il avait désiré, aboutissaient aujourd'hui à un état pire que le premier. Car on allait retomber sous le joug d'ennemis irrités des défections et saignants encore de leurs blessures. Sampiero connaissait trop bien les Génois pour croire à la sincérité des promesses qu'ils avaient faites à l'envoyé du roi de France. Il savait qu'ils pouvaient différer leur vengeance, mais qu'elle viendrait à son heure, implacable et cruelle comme elle l'avait toujours été. Il chercha dès lors à soustraire son pays au malheur qui le menaçait, Catherine de Médicis, appréciant sa valeur et l'attachement qu'il portait à sa famille, lui avait toujours témoigné de l'affection. Il s'adressa d'abord à elle, et la pria de lui prêter secours. Mais Catherine, liée comme elle l'était par le

(1) Filipp., t. IV, passim.

récent traité de Cateau-Cambrésis, et embarrassée d'ailleurs d'une tutelle remplie de difficultés, ne put lui donner l'assistance qu'il devait en attendre. Cependant, voulant le servir autant qu'elle le pouvait, elle s'adressa au roi de Navarre, qui, ayant à se plaindre de Philippe II, aurait pu le seconder. Antoine de Navarre avait des droits sur la Sardaigne, que détenait en ce moment le roi d'Espagne. Mais, faible comme il l'était vis-à-vis d'un si puissant et si redoutable voisin, il ne pouvait entrer en lutte avec lui et lui disputer par les armes ce que lui accordaient les traités. Il exposa sa position à Sampiero, et tous deux convinrent qu'il fallait chercher ailleurs quelque puissant allié. Leurs vues s'arrêtèrent naturellement sur l'empereur des Turcs, qui, par ses forces maritimes, pouvait parfaitement favoriser leurs projets. Le roi de Navarre donna à Sampiero des lettres très-pressantes pour le sultan, et Sampiero, laissant à Marseille Vanina, sa femme, avec le plus jeune de ses fils, partit pour Constantinople. Avant d'aller dans cette ville, il voulut sonder les beys d'Alger et de Tunis, dont la puissance à cette époque était très-considérable. A Alger, il fut admirablement accueilli par Barberousse, qui lui promit de l'aider autant qu'il le pourrait. Comme il était sur son départ, il apprit, par un bâtiment arrivé de Marseille, que les Génois avaient séduit Vanina et l'avaient déterminée à aller s'établir à Gênes.

Pour ne pas manquer le but de son voyage, Sampiero ne retourna point à Marseille; mais il y expédia en toute hâte son ami Antoine de Saint-Florent, et partit aussitôt pour Constantinople. Sa renommée l'avait devancé dans cette ville. Le sultan le reçut avec de grandes marques de distinction, lui promit de l'assister, et le combla de riches présents. Sampiero, ayant réussi au delà de ses espérances, revint bientôt à Marseille, où il sut d'Antoine de Saint-Florent comment sa femme, séduite par les agents génois, s'était laissée entraîner à quitter Marseille, avec son plus jeune fils, pour se rendre à Gênes, emportant ce qu'elle avait de plus précieux; comment aussi, prévenu de ce départ, il s'était mis à sa poursuite, l'avait rejointe à la hauteur d'Antibes et l'avait déposée entre les mains de l'archevêque, qui l'avait depuis envoyée à Aix, où elle se trouvait en ce moment. Cette nouvelle, à laquelle il n'avait pas voulu croire, attrista singulièrement Sampiero. Il partit immédiatement pour Aix, indécis encore sur ce qu'il ferait. Le parlement, instruit de son arrivée, fit savoir à Vanina qu'il la prenait sous sa protection, et qu'il la défendrait contre les violences de son mari. Vanina refusa cette assistance, et suivit Sampiero.

On dit que lorsque Sampiero se trouva dans sa maison de Marseille, et qu'il la vit dégarnie de tout ce qui l'ornait à son départ, il entra dans une grande colère, reprocha à sa femme d'avoir trahi ses serments, et la condamna à mourir. On ne peut guère savoir au juste comment les choses se passèrent. Ce qu'il y a de certain, c'est que Vanina mourut, et que, pour éviter les désagréments que ce meurtre pouvait lui occasionner, aussi bien que pour les affaires qui le préoccupaient, Sampiero se rendit immédiatement à la cour.

Son arrivée y causa d'abord quelque sensation. Mais Catherine de Médicis n'était pas femme à s'effrayer pour si peu; elle pardonna facilement à Sampiero sa vengeance, et le retint auprès d'elle le temps suffisant pour laisser assoupir cette affaire et aviser aux moyens de réaliser leur vengeance. Car elle voulait aussi, elle, jouer quelque bon tour aux Génois, qui, contrairement aux traités, tenaient toujours sous séquestre les biens des Fregoso, ses protégés, et n'avaient point encore rapporté le décret qui les bannissait. Sampiero, profitant de son séjour à Paris, écrivit à ses amis de Corse qu'ils travaillassent les esprits et qu'ils eussent bon espoir; aux Fregoso, que l'occasion était excellente pour se venger de leurs ennemis communs; au duc de Parme, pour lui demander des secours; au prince de Florence et de Sienne, pour lui offrir la souveraineté de la Corse, dont le voisinage lui serait très-utile. Il s'adressa ainsi à tous ceux qu'il pensait pouvoir le servir dans ses projets, et les choses semblaient aller selon ses désirs, lorsque des événements fâcheux vinrent tout à coup détruire ses espérances. Le roi de Navarre mourut;

et Soliman, occupé d'intérêts plus graves, ne put envoyer sa flotte dans la Méditerranée. Alors Sampiero, las d'attendre et de courir après la fortune, qui semblait lui échapper, résolut de retourner en Corse et de tenter avec ses propres forces la délivrance de son pays.

Lorsqu'il s'embarqua à Marseille, Sampiero n'avait avec lui qu'un petit nombre de compagnons dévoués, peu de munitions et quelques armes à feu. C'était bien peu pour tenter une si grande entreprise; mais il comptait sur le dévouement des populations et sur la haine qu'elles portaient aux Génois. Il débarqua avec sa petite troupe au port de Valinco, et marcha aussitôt sur le château d'Istria, dont il s'empara. Puis, sans perdre de temps, il se dirigea sur Corté, après avoir expédié des messagers à ses amis.

Nous avons dit que les Génois étaient au courant de toutes les démarches de Sampiero. Dès l'année précédente (1563), ils avaient fait instruire contre lui un procès criminel à la cour d'Ajaccio. On rappelait dans ce procès les bienfaits de la république à son égard; comment on lui avait, après le traité, rendu son argent, ses biens et même le fief d'Ornano, et comment, pour reconnaître cette longanimité de la république, il n'avait cessé de lui susciter des ennemis et de chercher par tous les moyens à lui enlever la Corse. La cour l'avait, sur ces motifs, déclaré rebelle, coupable du crime de lèse-majesté, et avait confisqué ses biens.

Les mesures préventives des Génois ne s'étaient pas arrêtées à Sampiero. Ils avaient englobé dans sa disgrâce ses amis, les avaient déclarés rebelles et avaient prononcé la confiscation de leurs biens. Dès qu'ils apprirent le retour de Sampiero, ils rendirent un décret qui fut affiché dans les principales villes de la Corse, et où on mettait à prix la tête de Sampiero et des principaux chefs de l'insurrection (1).

Ils ne s'arrêtèrent pas à ces dispositions, dont l'effet ne pouvait être qu'éloigné. Ils rassemblèrent autant de forces qu'ils purent, et mirent à leur tête un officier distingué de la république, qui partit avec un nombreux état-major.

A peine arrivé, le commandant supérieur envoya plusieurs compagnies vers Corté pour arrêter Sampiero dans sa marche; mais, saisis d'une frayeur que rien ne justifiait, ces soldats, apprenant que Sampiero s'avançait hardiment à leur rencontre avec une centaine d'hommes seulement, se retirèrent en toute hâte, « soit qu'ils craignissent, dit Casoni, la valeur de ce vieux capitaine et le soulèvement des populations, qui semblaient vouloir le suivre; soit encore, comme quelques-uns l'écrivent, qu'ils ne voulussent point terminer de si tôt la guerre, poussés par l'avidité de garder leurs charges et d'en toucher les appointements; ce qui se concevrait facilement des discours tenus par les capitaines, qui, en faisant sonner la retraite, disaient qu'ils n'étaient point venus en Corse pour terminer en une seule campagne leur engagement.

« Cette retraite des bandes génoises anima davantage Sampiero, et donna à ses armes le renom dont elles avaient besoin et qui est si nécessaire, dans les guerres civiles, pour attirer du monde autour de soi. Sampiero s'étant ensuite avancé jusqu'à Corté, s'empara de la ville; puis, descendant par les pièves de Bozio et d'Orezza, il en souleva les populations, et mit sens dessus dessous toute chose. Sans s'arrêter au nombre, il mettait tous ses soins à appeler auprès de lui les hommes les plus valeureux, ceux qui étaient les plus renommés et qui avaient en même temps le plus de partisans. De ce nombre furent d'abord Pierre du Pié d'Albertino, qui avait été envoyé par le commissaire Fornari lever des hommes pour la république, et Valère de la Casabianca, tous deux fort estimés dans cette

(1) Ce décret établissait ainsi les récompenses:
Pour Sampiero vivant, 4,000 écus d'or; pour le même mort, 2,000; avec libération d'un banni.
Pour Achille Campocasso vivant, 2,000 écus d'or; pour le même mort, 500; avec libération de deux bannis.
Pour Antoine de Saint-Florent vivant, 1,000 écus d'or; pour le même mort, 500; avec libération de deux bannis.
Pour Barthélemy de Vivario vivant, 300 écus d'or; pour le même mort, 200.
Pour Baptiste de la Pietra vivant, 200 écus d'or; pour le même mort, 100.
On peut lire dans Filippini les ignobles détails de la discussion qui s'éleva entre les Ornano et François Giustiniani à propos de la prime offerte par Gênes lors de la mort de Sampiero.

nation, qui met le plus haut prix au courage et à la hardiesse. Sampiero, en compagnie de ces hommes d'armes, alla à la Venzolasca, et, après s'être emparé de la tour de ce pays, défendue par un petit nombre d'arquebusiers, il se dirigea sur le Vescovato, gros village où habite l'évêque de Mariana. N'ayant rencontré aucune opposition, il y entra. Il resta d'abord assez longtemps sans voir paraître personne; car les villageois, par peur ou par ruse, s'étaient retirés dans leurs maisons. Enfin, les principaux du village se décidèrent à venir lui offrir l'hospitalité, et d'autres aussi, poussés par la curiosité, vinrent également sur la place. Lorsqu'il vit tout ce monde près de lui, il imposa silence, et fit un discours où, en rappelant son dévouement à la patrie, l'état malheureux du pays, les efforts que tous les bons citoyens devaient faire pour secouer le joug de Gênes, il finit par reprocher aux habitants leur peu de courage et leur froideur pour leurs intérêts communs. Les habitants s'excusèrent du mieux qu'ils purent, lui offrirent l'hospitalité, qu'il refusa, et, campant au milieu de la place, il passa la nuit en plein air pour faire voir qu'il ne voulait avoir aucun rapport avec des hommes qui avaient si peu d'amour pour leur pays (1). »

Cependant le gouverneur génois, ayant appris la retraite précipitée des troupes qu'il avait envoyées contre Sampiero, résolut de l'arrêter avec des forces considérables. Nicolas de Negri, à la tête d'un corps d'infanterie, de plusieurs escadrons de cavalerie et d'un grand nombre de Corses volontaires, marcha sur le Vescovato. Il entoura le village de manière à couper la retraite à Sampiero : il donna à Pierre-André da Casta le commandement des Corses, mit à la tête de la cavalerie François Giustiniani, et laissa Hector Ravaschiero à la tête des soldats étrangers. Gardant par devers lui un assez grand nombre de troupes, il occupa la grande route pour pouvoir agir plus librement. De son côté, Sampiero, voyant les dispositions de l'ennemi, se prépara à une vigoureuse défense; il plaça aux postes les plus importants ses meilleurs capitaines, Bruschino d'Orezza, Achille Campocasso et Pierre du Pié d'Albertino, se réservant d'accourir là où le danger serait le plus grand. Les habitants, voyant ces préparatifs de combat, se renfermèrent dans leurs maisons, ne voulant prendre aucune part à l'action qui allait s'engager.

« Au commencement l'assaut fut terrible et furieux, les Génois s'avançant hardiment pour entrer dans le village, et les Corses soutenant avec un égal courage leur attaque; mais, après deux heures d'un combat meurtrier, les Corses qui combattaient pour les Génois sous Pierre André da Casta se précipitèrent avec tant de fureur en avant, que ceux de Sampiero furent obligés de plier, et commençaient à se retirer, lorsque Sampiero, accourant, releva leur courage, et, se tournant vers l'ennemi s'écria : « C'est ainsi, ô Corses, que vous combattez votre patrie et ceux qui ne cherchent que votre bien. » Ces paroles produisirent un grand effet sur les hommes à qui il s'adressait; leur ardeur faiblit singulièrement, et les soldats de Sampiero reprirent leur avantage. D'un autre côté, le péril était aussi grand; car Bruschino, un des plus valeureux capitaines, ayant été tué, ses soldats en avaient éprouvé un grand découragement, si bien que les Génois, profitant de leur consternation, avaient poussé en avant et s'étaient emparés d'un poste éminent, près de l'église. Cet événement aurait pu être très-désavantageux aux Corses et donner aux Génois la victoire, si Sampiero, s'apercevant du désordre qu'il occasionnait, n'avait envoyé aussitôt de ce côté les frères Giudice et Louis da Casta, deux des plus vaillants hommes qu'eut alors la Corse. Ceux-ci attaquèrent l'ennemi avec tant d'impétuosité, qu'ils le chassèrent de sa position, et le tinrent à distance jusqu'à ce que Sampiero pût arriver les renforcer, et par une action bien que téméraire, cependant utile et nécessaire dans les circonstances présentes, mettre de son côté la victoire. Il combattait, d'un autre côté, avec un grand courage, et quoiqu'il fît merveille de son bras, néanmoins comme c'était un homme très-sensé, rempli de prudence et de sagesse, il comprit le danger dans lequel il se trouvait vis-à-vis d'un ennemi qui, recevant toujours des troupes fraîches,

(1) Casoni, t. III.

aurait fini par triompher, sinon par sa valeur du moins par le nombre, des défenseurs harassés. Alors, prenant une extrême résolution, il fit abattre une claire-voie qui le protégeait contre les ennemis, et, quittant la position avantageuse qu'il avait, il se précipita sur les soldats génois avec tant d'impétuosité, qu'il les obligea à lâcher pied après une courte résistance. Alors les troupes de la république qui combattaient sur divers points se mirent également à fuir, entraînées par cet exemple et à cause aussi de la lâcheté de leurs chefs et de la défection des Corses, qui favorisaient secrètement les desseins de Sampiero (1). »

Sampiero ne jugea point prudent de poursuivre l'ennemi. L'avantage qu'il venait d'obtenir était trop beau pour le compromettre, et il était plus que suffisant pour exciter l'enthousiasme et appeler autour de lui l'ardente jeunesse. Il fit rendre les derniers devoirs au malheureux Bruschino, qui, après des prodiges de valeur, était tombé percé de plusieurs balles; puis il alla à la Brocca, où vinrent s'offrir à lui beaucoup de jeunes gens d'Orezza, de Casinca et de Casaconi. Sa troupe montait environ à quatre cents hommes, lorsque, quittant la Brocca, il se dirigea sur la Petrera, de Caccia, où il fut rejoint par Lucius de la Casabianca à la tête d'environ cinq cents hommes qui l'avaient choisi pour leur capitaine.

Cependant, la république, avertie des événements qui venaient de se passer, et craignant beaucoup pour sa puissance, fit faire des levées considérables, arma des vaisseaux, et, en attendant que les secours qu'elle comptait envoyer fussent prêts, elle fit partir deux compagnies d'infanterie. « Dès qu'elles furent arrivées à Bastia, le commissaire les fit marcher au secours du camp, qui avait en outre été renforcé de deux compagnies de cavalerie. Nicolas de Negri, se trouvant ainsi à la tête d'une infanterie nombreuse, avec un assez bon nombre de chevaux, prit la route du Golo, pour rencontrer l'ennemi et pour tenter une seconde fois le sort des armes. Le combat eut lieu, dans le territoire de Caccia, dans un lieu très-avantageux aux Corses, la campagne étant en ce endroit très-inégale, remplie de collines d'arbres et de fourrés. On se batti pendant quelques heures, et, des deu côtés, on donna des preuves de gran courage. Mais, les Corses ayant, d tous les côtés, établi leur supériorit sur les soldats venus récemment d continent, ceux-ci se débandèrent e firent débander aussi les vieilles milice de la république. Les fuyards, se trouvant entourés de tous côtés par l'ennemi furent pour la plupart tués ou faits prisonniers. Nicolas de Negri fut tué dan le combat, ainsi qu'un grand nombre d capitaines génois et corses. Il périt environ trois cents hommes. On fit un bien plus grand nombre de prisonniers, qui furent très-courtoisement renvoyés par Sampiero à la république, après leur avoir fait jurer qu'ils ne porteraient plus les armes contre la Corse (1). »

Cette victoire porta au plus haut point l'enthousiasme national. On reprit quelque espoir de recouvrer la liberté perdue, et Sampiero fut universellement proclamé le père et le libérateur de la Corse.

De Caccia, Sampiero comptait aller en Balagne pour donner quelques jours de repos à ses troupes; mais, ayant reçu des lettres de Frédéric d'Istria et de Frédéric de Renno, qui l'invitaient à passer les monts parce que les populations n'attendaient que son arrivée pour se soulever, il changea de projet pour se porter sur Vico par la piève de Niolo.

A Vico, Sampiero trouva une réunion considérable de jeunes gens qui l'attendaient impatiemment pour se mettre à sa suite. Il n'avait pas besoin d'enflammer leur courage, ni de les exciter à combattre. Cependant, il crut devoir leur adresser une allocution chaleureuse, dans laquelle, rappelant la tyrannie exercée par les Génois, les promesses qu'ils avaient faites et qu'ils n'avaient jamais tenues, la sévérité de l'impôt sur un pays ravagé par tant de maux, il les engageait à soutenir avec vigueur la guerre, leur affirmant que les princes de l'Europe, voyant leur énergique résistance, ne les abandonneraient pas, et qu'ainsi par leur constance et leur courage, et avec la protection du ciel, qui

(1) Casoni, t. III, ibid.

(1) Casoni, loco citato.

ne manque jamais aux bonnes causes, ils triompheraient de leurs ennemis. Ce discours était accueilli avec enthousiasme, lorsque Jean-François Cristinacci, vieillard fort honoré et un des hommes les plus considérables du pays, prenant à son tour la parole, y répondit par quelques mots pleins d'un grand sens. Après avoir fait un éloge pompeux du mérite de Sampiero, il dit que la guerre qu'il se proposait de faire en Corse lui paraissait devoir être funeste au pays; que ce qui faisait le malheur et l'infériorité des Corses, c'étaient leurs divisions intestines, et que tant qu'elles dureraient, on ne pourrait compter remporter la victoire; qu'il y avait témérité à vouloir entreprendre la guerre sans troupes, sans munitions, sans ressources d'aucune espèce; qu'un grand roi comme le roi de France n'avait pu venir à bout de cette entreprise; que les Génois, au contraire, avaient tout ce qu'il fallait pour vaincre et lasser leur ennemi: des troupes, de l'argent, des vaisseaux; qu'ils s'étaient, il est vrai, mal conduits envers le pays, mais qu'il fallait éviter de les irriter davantage; car alors, si la guerre devenait malheureuse, ceux qui survivraient seraient on ne peut plus opprimés; qu'il déclarait ouvertement ne vouloir prendre aucune part au mouvement, et qu'il engageait l'illustre guerrier qui l'écoutait à abandonner une entreprise qui ne pouvait avoir qu'une issue malheureuse. Le discours de Cristinacci, quoique très-bien pensé, souleva un murmure général, et Sampiero dut interposer son autorité pour qu'il ne fût fait aucun mal à ce vieillard, qui avait exprimé avec franchise ses sentiments.

Sampiero ne séjourna pas longtemps à Vico. Il se mit de nouveau en campagne, décidé, cette fois, à s'emparer de quelque place forte pour donner plus de consistance à ses opérations. Ajaccio et Bonifacio étaient trop bien gardés pour songer à s'en emparer; il pensa que Porto-Vecchio serait d'un plus facile accès, et il se dirigea vers ce lieu, en laissant quelques troupes à la Mezzana et à Appietto pour tenir en respect la garnison d'Ajaccio. Porto-Vecchio se rendit après une courte résistance, et Sampiero reprit le chemin du Delà-des-Monts, où venait d'arriver Étienne Doria avec un corps considérable de troupes italiennes et allemandes.

Étienne Doria était envoyé par la république pour remplacer de Negri; il amenait avec lui une cavalerie nombreuse, commandée par André Centurione. Dès l'abord, il résolut de maintenir la guerre dans le Deçà-des-Monts, et commença par faire attaquer l'Algajola par Camille Cavallo, son mestre-de-camp, qui la livra aux flammes; puis il porta son camp au Vescovato, où il fit construire une tour. De son côté, Sampiero, instruit des mouvements de l'ennemi, rassembla toutes ses forces, et vint s'établir à la Penta, village très-voisin du Vescovato. Il avait avec lui beaucoup de monde, et il eût été impossible d'éviter longtemps une collision entre les deux armées; elle eut bientôt lieu. Les Corses, qui voyaient tous les jours la cavalerie génoise aller fourrager dans la plaine, demandèrent à grands cris à Sampiero de leur permettre de l'attaquer. Il s'y refusa d'abord, comprenant l'avantage que devaient avoir des troupes régulières sur cette masse indisciplinée; mais ceux-ci insistèrent tellement, que Sampiero, ne pouvant empêcher leur dessein, chargea Campocasso de soutenir avec sa cavalerie les efforts que tenteraient les volontaires. Il ordonna en même temps à Pier-Giovanni d'Ornano de seconder Campocasso. La rencontre eut lieu en un endroit appelé Pietralba. Les Corses entourèrent la cavalerie génoise avec une grande hardiesse. Campocasso chargea par deux fois l'ennemi avec ses cavaliers pour l'entamer; mais il ne put y réussir. Ornano, au lieu de le suivre et de charger comme lui, se tint immobile avec son corps, qui était le plus nombreux. Centurione, devinant la mésintelligence qui régnait entre les deux capitaines, tomba à son tour sur Campocasso, l'obligea à se retirer, et attaquant, ensuite l'infanterie, il la mit en déroute.

Ce léger succès, dû à la jalousie d'Ornano, qui aurait voulu commander en chef, suffit pour relever le courage abattu des Génois. Doria, profitant du bon effet qu'il avait produit, comme aussi des secours qu'il venait de recevoir de l'Espagne, résolut d'aller ravitailler le château de Corté, en prenant la route d'Aleria de préférence à celle de l'intérieur. Sampiero, qui avait l'œil à ses mouvements, se mit aussitôt en marche dans la même direction, mais à travers la Montagne. Les deux corps d'armée se rencontrèrent, et commencèrent à escarmoucher, dans Campoloro, en un lieu appelé le Caselle. Le combat dura plus de huit heures. Il s'agissait, pour les Génois, d'enlever un petit fort construit à la hâte par Sampiero. Ils y parvinrent; mais les Corses, animés par leur chef, le reprirent bientôt, et la lutte continua pleine d'audace des deux côtés; à la fin les Génois enlevèrent de nouveau le fort, et Sampiero, voyant ses troupes harassées de fatigue, ordonna la retraite. Après avoir délibéré en conseil, Doria, reconnaissant le danger qu'il y aurait à s'avancer ainsi entouré par l'ennemi, renonça à Corté, et rentra à Bastia, constamment harcelé par les Corses, qui, dans ces différents combats, lui tuèrent plus de sept cents hommes (29 novembre 1564).

De son côté, Sampiero, voyant Doria retourner sur ses pas renonçant ainsi à son entreprise, jugea à propos de ne point l'inquiéter davantage et d'aller s'emparer du château de Corté, dépourvu de moyens de résistance. Il s'arrêta d'abord au Vescovato : puis il passa à Orezza. Là il apprit que François Ceruscolo de Calvi, qu'il avait envoyé auprès de Cosme de Médicis, était débarqué à Aleria avec de la poudre et du plomb. Il alla alors à Antisanti, fit prendre ces munitions, et se dirigea sur Corté. J.-B. Spinola, qui commandait le fort, ayant perdu tout espoir d'être secouru, se rendit à vie sauve. Ce fut alors qu'Achille Campocasso, qui avait eu précédemment quelques différends avec Sampiero, le quitta sans mot dire, et envoya offrir ses services aux Génois. Ses propositions furent accueillies froidement; on lui fit dire que pour rentrer en grâce il fallait qu'il trouvât le moyen de faire mourir Sampiero. Campocasso, indigné d'une telle proposition, se retira dans le Nebbio, se tenant sur ses gardes, et attendant une occasion favorable pour recommencer les hostilités.

Cependant Doria ne pouvait rester longtemps inactif. Profitant de l'arrivé d'une flottille génoise qui lui avait amer des secours, il fit embarquer ses troup et se dirigea sur Porto-Vecchio. Son ir tention était de frapper un grand cou dans le Delà-des-Monts, et, s'il pouvait réussir, de ruiner Bastelica. Il pensa par là détacher de Sampiero les Corse qui, voyant que ce capitaine n'avait p défendre ni son village ni sa maison, n fonderaient plus sur lui leurs espéran ces. La garnison de Porto-Vecchio ne pu résister longtemps : elle se rendit à dis crétion. Doria en fit pendre les offi ciers et envoya les soldats aux galères. I s'empara également du château d'Istria abandonné nuitamment par ses défen seurs, des tours de Solenzara, d'Olmeto de Talavo et enfin de Sartène, où il mi bonne garnison; puis il se rembarqua pour Ajaccio avant de se diriger sur Bas telica. Dès qu'il eut les provisions qui lu étaient nécessaires, il partit pour ce vil lage. Sampiero, qui voyait bien où i voulait en venir, lui tendit une premièr embuscade près de Cauro et une autr près du pont de Bastelica; mais, bier qu'il courût de grands dangers dan l'une comme dans l'autre, Doria parvin à surmonter les difficultés qu'il rencon trait, et il entra enfin dans le village d Bastelica, qu'il livra aux flammes, aprè avoir fait démolir de fond en comble l maison de Sampiero. Il reprit ensuite le chemin d'Ajaccio, poursuivi toujour par les Corses. Son but étant atteint, i fit voile vers Bastia, où il arriva aprè avoir essuyé bien des fatigues (janv. 1565).

A peine Doria avait-il quitté Ajaccio, que Sampiero, retournant sur ses pas, alla mettre le siége devant Sartène, qui se rendit à discrétion; puis il s'empara du château d'Istria, dont la garnison fut passée par les armes; delà il partit pour le Deçà-des-Monts, où il pensait que sa présence serait plus nécessaire. En effet, Doria, renforcé par deux nouvelles compagnies de cavalerie que Philippe II avait permis aux Génois de lever en Sardaigne, s'était remis en campagne. Cette fois, il s'était porté en Tavagne et à Moriani, qu'il avait livrés aux flammes. Sampiero, accourant au secours de ces populations, attaqua les Génois, et les obligea à se retirer à la Paludela, après leur avoir fait essuyer des pertes considérables (avril 1565).

Pensant bien que l'ennemi n'oserait de si tôt tenter de nouvelles attaques, Sampiero reprit le chemin de l'intérieur; et, s'arrêtant à Piedicorte, il y convoqua une consulte générale. Cette consulte, composée des hommes les plus considérables du pays, fut très-nombreuse; on y nomma les Douze, et l'on désigna Antopadovano de Brando pour aller en ambassade à la cour de France demander des secours contre les Génois, qui n'avaient point observé les articles du traité de paix stipulé entre la France et l'Espagne.

CHAPITRE III.

NOUVELLES EXCURSIONS DE DORIA. — SYSTÈME DE PILLAGE ET D'INCENDIE. — AFFAIRE DE LA PETRERA. — RETRAITE DE LUMINANDA. — SECOURS ENVOYÉ A SAMPIERO. — VIVALDI ET FORNARI SUCCÈDENT A DORIA. — MORT DE SAMPIERO.

(1565-1567.)

Après avoir dissous la consulte, Sampiero, présumant que Doria, suffisamment reposé, tenterait quelque chose sur Caccia, s'était avancé de ce côté avec 800 hommes; mais comme il vit qu'il ne bougeait pas, il crut pouvoir passer dans le Delà-des-Monts, où les Génois obtenaient des succès du côté d'Ajaccio. Ce qui faisait que Doria se tenait tranquille à Bastia, c'était qu'il ne voulait agir qu'avec des forces imposantes qu'il attendait tous les jours de Gênes. Dès qu'elles furent arrivées, il se mit de nouveau en marche par la Serra de Tenda, et arrivant à Pietralba, il livra ce village aux flammes (mai 1565).

En apprenant cette nouvelle, Antoine de Saint-Florent, qui commandait dans ces contrées, se retira à la Petrera de Caccia, comme il en avait reçu l'ordre de Sampiero; mais il ne put s'y maintenir parce que Doria, survenant avec des forces supérieures, le délogea après un combat assez vif. Doria, poursuivant alors son avantage, fit brûler les maisons de Caccia; puis traversant le Golo, il alla en faire autant à Rostino et à la Casabianca, d'où il descendit au Vescovato pour donner quelques jours de repos à ses troupes fatiguées. Il voulait aussitôt après reprendre ses courses incendiaires du côté de Caccia; mais il reçut avis, pendant qu'il était encore à Vescovato, que des galères génoises allaient arriver à Bastia pour y prendre les troupes espagnoles que Philippe II rappelait en Lombardie. Il lui fallut renoncer dès lors à toute entreprise. Cependant, comme il voulait faire voir que le départ des Espagnols ne l'affaiblissait pas et qu'il pouvait toujours se venger des populations qu'il croyait hostiles à Gênes, il fit partir des troupes pour aller incendier les moissons de Moriani, et de Campoloro. Marc d'Ambiegna, qui campait sur le fleuve d'Alesani, le reçut vigoureusement; toutefois il dut céder, après une courte résistance, à un ennemi très-nombreux, et ne put l'empêcher d'avancer jusque vers le Fiumorbo, brûlant les moissons de Moriani, Petriggine, Vizzani, Antisanti et Vivario. Sampiero, qui avait été averti par Antoine de Saint-Florent de la marche de Doria sur Caccia, s'était hâté de revenir dans le Deçà-des-Monts, et s'était arrêté d'abord à Morosaglia pour observer l'ennemi. Lorsqu'il le vit se diriger par Campoloro, il ne douta plus que son intention ne fût de tenter quelque coup de main sur Corté, et, le suivant à une certaine distance, il alla d'abord camper à Tox et de là passa à Pancaraccia pour pouvoir lui tomber plus facilement dessus lorsqu'il se serait engagé dans l'intérieur des terres.

Mais Doria sut encore cette fois échapper au malheur qui le menaçait, et, revenant à marches forcées à la Padulella, il n'eut à soutenir que quelques combats de peu d'importance avec les Corses, qui le poursuivaient en tiraillant.

De la Padulella Doria envoyait presque tous les jours ses lieutenants faire des excursions et brûler des villages. Les Corses de Sampiero les attaquaient alors pour les empêcher de mettre leurs projets à exécution. Il y eut ainsi beaucoup d'engagements dans lesquels les chefs, pour animer leurs soldats, s'exposaient aux premiers rangs et couraient les plus grands dangers. C'est ce qui arriva souvent à Sampiero, et une fois entre autres dans un combat contre la cavalerie de Centurione, où il faillit être pris après avoir essuyé, pendant près d'une heure, le feu de l'ennemi (1).

Doria employa ainsi tout le mois de juillet 1565 à piller et à incendier le Deçà-des-Monts. Lorsque la moisson était sur l'aire égrenée et prête à être transportée, il envoyait ses soldats avec des bêtes de somme s'en emparer, puis il faisait incendier les villages. Filippini, sous les yeux de qui se passaient ces événements, et que l'on ne saurait accuser de partialité pour les Corses, rapporte que pendant le gouvernement de Doria cent vingt-trois villages furent ainsi livrés aux flammes. A cette époque, les Génois ruinèrent tellement le pays, qu'on voit encore aujourd'hui les traces de leurs dévastations. Ce système, loin de leur faire des partisans, ne servait qu'à leur aliéner les populations; mais ils se souciaient fort peu d'avoir l'amour des peuples, pourvu qu'ils les dominassent. Ils savaient que la terreur peut beaucoup sur des pauvres gens qui ont besoin de repos pour vivre, et ils atteignaient ainsi le but qu'ils se proposaient.

Fatigué de perdre son temps en de petites excursions, Doria voulut tenter une opération importante, et résolu cette fois à s'emparer du château de Corté, il fit venir de Calvi l'artillerie nécessaire au bombardement.

Sampiero, instruit de ce projet, mit une garnison suffisante dans Corté, et courut appeler aux armes les peuples de Bozio, d'Orezza et de Rostino, qui venaient d'éprouver récemment les ravages des Génois; en même temps il écrivit à Achille Campocasso, qui, oubliant son ressentiment, vint le rejoindre aussitôt, et prêta encore une fois son bras à la patrie. Sampiero, ayant ainsi réuni tout son monde, alla se poster à la Sretta d'Omessa, par où l'ennemi devait nécessairement passer. Lorsque Doria arriva en ce lieu, il y eut un combat long et meurtrier entre les deux armées. Toutefois, forçant le passage, il marcha rapidement sur Corté, bombarda le château pendant deux jours, et y entra le troisième, lorsque déjà pendant la nuit ses défenseurs l'avaient abandonné. — Sampiero, qui l'avai suivi et qui savait que son intentio était de retourner par Ostriconé, lu avait tendu une embuscade telle, qu'à dire même des auteurs génois il lui eû été impossible d'échapper à une destruc tion certaine. Mais Étienne Doria étai protégé par son bon génie, qui, cett fois, fut Fra Martino. Ce moine puni à cause de sa mauvaise conduit par Sampiero, avertit secrètement Do ria du danger qu'il courait; et celui-ci mettant à profit cet avertissement, chan gea aussitôt de route, et, passant pa Luminanda, arriva, après des fatigue inouïes, au Pont à la Leccia, d'où il ga gna Saint-Florent. Cette retraite fut plu désastreuse pour lui que n'aurait ét une sanglante bataille; car Sampiero s'étant aperçu que cette fois encore i lui échappait, s'était mis à sa poursuite le harcelant et l'obligeant à suivre un route affreuse où il perdit beaucoup d monde, presque tous ses bagages, e se vit obligé de faire fondre son argen terie, pour remplacer le plomb.

Les Génois venaient d'éprouver tro de pertes pour songer à recommence leurs attaques. Sampiero, parfaitemen rassuré de ce côté, licencia ses volontai res, et se rendit ensuite à Sainte-Luci de Bozio, où il convoqua une consulte

Le premier soin de l'assemblée fut d nommer de nouveaux commissaire pour aller, en compagnie d'Antonpado vano, demander des secours au roi d France. On s'occupa ensuite des chose les plus urgentes, et on décréta la le vée d'un impôt de trente sous par fa mille pour subvenir aux frais de l guerre. On confia à douze commissaire le soin de cette opération, qui ne ren contra aucun obstacle de la part de Corses et ne put être empêchée par le Génois.

Vers la fin de l'année, Étienne Doria ayant terminé le temps de son commandement, quitta la Corse, laissant de lui un triste souvenir aux populations qu'il avait ruinées par l'incendie Toutefois, pour être juste, il faut reconnaître qu'il ne faisait que suivre le instructions de Gênes. On doit mêm dire à son honneur que, contrairemen à l'esprit de ses prédécesseurs, et sur tout de ses successeurs immédiats, i

(1) Filipp., t. V, passim.

chercha, autant qu'il put, à décider par les armes la question de souveraineté. Loin d'éviter les combats, il allait toujours au-devant, se montrant aussi intrépide soldat que prévoyant général. Il eut à combattre contre Sampiero, un des meilleurs capitaines de l'Italie, s'en tira souvent avec honneur, et l'on peut dire que ce fut un d s plus habiles hommes de guerre que les Génois aient envoyés dans ce pays.

Tandis que Pierre Vivaldi, successeur de Doria, débarquait à Bastia, Antonpadovano et les autres ambassadeurs, envoyés près la cour de France, revenaient de leur mission, amenant avec eux Alphonse, fils aîné de Sampiero, et apportant dix mille écus et treize drapeaux sur lesquels on lisait ces mots : *Pugna pro patria*. Ces secours, quoique de peu de valeur, avaient néanmoins une grande importance; car ils témoignaient de l'intérêt que la France portait aux insurgés. Sampiero distribua les drapeaux à ses capitaines, et alla ensuite dans le Nebbio pour maintenir dans le devoir le peuple de cette contrée et surveiller en même temps les mouvements de l'ennemi. Toute l'année 1566 se passa sans événements remarquables : Vivaldi n'avait pas l'humeur guerrière de Doria. Cependant il essaya de déloger les Corses de certaines positions qu'ils occupaient, et, à cette occasion, il y eut différents combats dont les chances furent diverses. Mais Gênes, voyant que la guerre traînait en longueur, qu'elle y perdait ses hommes et son argent, craignant en outre que Sampiero ne parvînt à obtenir du continent les secours qu'il ne cessait de demander, voulut en finir d'une manière quelconque avec cet infatigable ennemi.

Il y avait dans l'armée génoise beaucoup de Corses qui servaient avec zèle la république. Les uns étaient des transfuges de Sampiero, comme Hercule d'Istria; d'autres, croyant dans leur intérêt de s'attacher aux Génois, avaient embrassé leur parti dès le commencement de la guerre. De ce nombre étaient trois frères, Antoine, François et Michel-Ange d'Ornano, parents de Vanina, et qui étaient peut-être désireux de venger sa mort. Pour les exciter davantage, les Génois leur promirent le fief d'Ornano, patrimoine des fils de Sampiero. Entraînés par leur haine et par l'appât d'une récompense aussi considérable, ils ourdirent un complot dans lequel ils firent entrer Hercule d'Istria, le moine Ambroise de Bastelica et Vittolo, écuyer de Sampiero. Il s'agissait de se débarrasser, par la trahison, de Sampiero, et de le faire tomber dans un guet-apens. A cet effet, on lui écrivit des lettres au nom de ses amis de la Rocca, par lesquelles on le prévenait que les populations de cette contrée se disposaient à passer sous l'autorité de Gênes. Sans perdre de temps, Sampiero, qui était à Vico, résolut de se porter dans la Rocca pour arrêter le mal à son commencement. Vittolo avertit aussitôt le moine Ambroise des dispositions de son maître, et lui indiqua la route qu'il suivrait. Le moine en fit part à ses complices, et les Ornano, Hercule d'Istria et Raphaël Giustiniani, capitaine de cavalerie, partirent aussitôt à la tête d'un escadron d'hommes résolus, et se dirigèrent sur Cauro. Sampiero suivait cette route sans se douter du piége qu'on lui avait tendu, lorsqu'arrivé en un lieu resserré et très-pierreux il fut assailli tout à coup par ses ennemis. Se voyant ainsi enveloppé et connaissant le danger qui le menaçait, il cria à son fils de se sauver; puis il se précipita sur Jean-Antoine d'Ornano, qu'il blessa à la gorge d'un coup de pistolet, et comme il mettait la main à l'épée, il reçut dans le dos un coup d'arquebuse qui le renversa de cheval. Aussitôt les Ornano et leurs compagnons se précipitèrent sur lui, lui coupèrent la tête et l'envoyèrent à Ajaccio au commissaire genois, François Fornari (17 janvier 1567).

Ce fut ainsi que mourut Sampiero, à l'âge de soixante-neuf ans. « Il était d'une haute stature, d'un aspect fier et martial, et d'humeur altière; doué de beaucoup d'intelligence et d'un esprit très-fin, il réunissait, ce qui se voit rarement, la vivacité de l'esprit à la solidité du jugement. Prompt à prendre un parti, ferme dans son exécution, résigné aux fatigues, intrépide dans le danger, il savait profiter de toutes les chances de la fortune et faisait tourner à son avantage les fautes de ses ennemis. Soutenant par sa propre valeur et sa sagesse le poids de la guerre, quoiqu'il n'eût ni vivres, ni munitions, ni argent, et qu'il n'eût sous ses ordres que des gens indisciplinés, il tint toujours à distance l'ennemi, et battit souvent les troupes aguerries commandées par de vieux capitaines (1). »

Sampiero est sans contredit l'homme le plus éminent qu'ait eu la Corse avant Paoli et Napoléon. Sorti des derniers rangs de la société, sans éducation, sans fortune, sans appui, jeté sur une terre étrangère, il força par son seul mérite la destinée, et, dans ce seizième siècle si fertile en hommes de guerre remarquables, il acquit la réputation d'un des premiers capitaines de l'Europe. La lutte qu'il soutint seul contre la puissante république de Gênes, bien que disproportionnée, mit au jour ses inépuisables ressources, et montra, dans toute son énergie, ce grand caractère du moyen âge où se réunissaient au même degré l'amour de la patrie et la haine de l'étranger (2).

CHAPITRE IV.

ALPHONSE D'ORNANO CONTINUE LA GUERRE. — GEORGES DORIA REMPLACE FORNARI. — IL TRAITE AVEC ALPHONSE. — DÉPART DE CE DERNIER.

(1567-1569.)

La mort de Sampiero ne mit point fin à la guerre, comme on aurait pu s'y attendre. Son fils, Alphonse, quoique à peine âgé de dix-huit ans, accepta sans hésiter le lourd fardeau de cette succession. Mais il fut facile de prévoir quelle serait l'issue de cette nouvelle lutte. Si Sampiero avec ses grands talents militaires, sa réputation incontestée, ses nombreuses relations à l'extérieur, son influence sur les masses, n'avait pu réussir dans son entreprise, comment son fils, san[s] précédents, sans ressources d'aucun[e] espèce, pourrait-il tenir au milieu de[s] obstacles sans nombre qu'allait soulever sur ses pas la politique génoise? Entr[e] un si jeune homme réduit à ses seule[s] forces et la sérénissime république, l[a] lutte ne pouvait être ni longue ni sé[-]rieuse; et si elle dura plus longtemp[s] qu'on ne l'avait prévu, c'est que les po[-]pulations, dévouées à Alphonse comm[e] elles l'avaient été à Sampiero, voyaien[t] bien qu'en lui seul résidait tout espoi[r] de délivrance, et s'y rattachaient ave[c] l'énergie du naufragé.

Reconnu général des Corses par les soldats de Sampiero, Alphonse reçut solennellement ce titre par acclamation du peuple à la consulte d'Orezza. Pendant deux ans encore, il lutta contre les troupes de la république. Une première fois, à Renno, son cousin Delfino remporta un avantage sur un détachement génois qu'il détruisit entièrement, et une autre fois lui-même fit éprouver, au même endroit, une défaite sanglante au commandant Giustiniani. Malgré ces succès, sa position et celle de ses partisans, au lieu de s'améliorer, devenaient tous les jours plus incertaine. L'intérieur du pays, livré aux dissensions intestines, se partageant en factions *Rouge* et *Noire*, se livrait tout entier à sa passion, négligeant pour elle les graves intérêts de la patrie. Le gouvernement génois, charmé de pouvoir ainsi donner de l'occupation aux esprits, encourageait ces dispositions aux discordes civiles, et appuyait tour à tour l'un ou l'autre parti. Cependant, fatigué des lenteurs de la guerre qu'il soutenait en Corse, plus fatigué encore des dépenses énormes qu'elle lui occasionnait, il comprit qu'il était de son intérêt de faire cesser une lutte qui, réduite même à de faibles proportions, finirait toujours par lui être très-onéreuse. Le parti de la modération et de la paix triompha dans le sénat; on remplaça Fornari par Georges Doria, auquel on confia des pouvoirs illimités.

Georges Doria, ancien militaire, d'un caractère sage et probe, avait été choisi exprès pour opérer une réconciliation. Il remplit sa mission avec prudence et bonheur; son premier soin en arrivant en Corse fut de publier une amnistie

(1) Casoni, t. II, liv. VII.

(2) Les Génois firent en quelque sorte son éloge par leurs réjouissances extraordinaires à sa mort. Fornari, gouverneur de Corse, et qui résidait à Ajaccio, n'eut pas plus tôt appris cette nouvelle, qu'il fit tirer tous les canons de la place. On fit des feux de joie dans les rues, on sonna toutes les cloches, on distribua des récompenses à tous les soldats du détachement qui rapportèrent quelques morceaux du corps de ce malheureux. *Histoire des révolutions de Gênes de Brequigny*, t. II, liv. IV.

générale pour le passé. La guerre avait épuisé les ressources et lassé les cœurs. On avait besoin de repos pour vivre. Des provinces entières vinrent faire leur soumission. Des chefs de parti qui avaient combattu sous Sampiero en firent autant. D'autres, mais en moins grand nombre, restèrent fidèles à leur général, décidés à suivre jusqu'au bout sa destinée. Cet empressement des populations à rentrer en grâce ne laissa pas que d'inquiéter Alphonse. Il voyait clairement, par les dispositions peu amicales des uns, par les défections journalières des autres, qu'il serait prochainement réduit à un petit nombre d'hommes dévoués avec lesquels il ne pourrait faire qu'une guerre de partisans. Georges Doria comprit parfaitement cette position; mais il pensa que si faible que devînt son ennemi, il serait toujours inquiétant et redoutable. Il résolut alors de l'engager à quitter la Corse, en lui faisant d'honorables conditions. L'évêque de Sagone fut chargé de cette délicate mission. Alphonse consulta ses capitaines; et comme ceux-ci furent d'avis d'accepter les ouvertures qui étaient faites, il fit remettre à Doria, par maître Simon de Calvi, une note qui renfermait les conditions suivantes:

1° Pardon absolu pour ce qui a pu être fait, durant la guerre jusqu'au jour présent, directement ou indirectement par Alphonse et ses partisans ou par d'autres; 2° faculté de pouvoir s'embarquer pour n'importe quel lieu de terre-ferme accordée aux hommes et aux femmes; 3° liberté de disposer des biens comme on l'entendra, pouvant les vendre ou les faire administrer; 4° retour à Alphonse du fief d'Ornano, et si le gouverneur ne peut accéder de son chef à cette demande, qu'il lui plaise s'interposer auprès de la république pour cet objet; 5° que la piève de Vico soit laissée à la libre disposition des contractants jusqu'à ce qu'ils puissent s'embarquer, et que nul ne puisse y venir armé; 6° que l'on accorde quarante jours aux contractants pour pouvoir arranger leurs affaires avant de s'embarquer; 7° qu'il leur soit permis d'emmener un cheval par homme et plusieurs chiens; 8° remise de leurs dettes à ceux qui se trouveraient en ce moment débiteurs du fisc; et, quant aux autres, qu'il leur soit accordé cinq ans pour pouvoir se libérer vis-à-vis de leurs créanciers, attendu la grande misère qui a existé; 9° que l'on mette en liberté François Marie de Corté, la femme et le fils du sieur Paul-Louis de Bozi, Chrestien de Saint-Pierre et autres; 10° qu'on pardonne toutes les injures reçues; 11° que l'on permette aux soldats français de s'embarquer avec les nationaux (1).

Ces conditions furent acceptées avec de légères modifications par Georges Doria, et des galères françaises étant arrivées sur ces entrefaites au port de Sagone, Alphonse s'embarqua pour la France, avec environ trois cents compagnons qui voulurent partager sa fortune. Arrivé à Marseille, il écrivit au duc de Guise et à Catherine de Médicis pour réclamer leur protection. Il fut très-bien accueilli à la cour, où les services de son père étaient encore présents à la mémoire de tous. Le roi Charles IX lui accorda, ainsi qu'à ses compagnons, des lettres de naturalité, reconnut ses titres de noblesse, et le nomma colonel du régiment corse qu'il prenait à sa solde (1569) (2).

LIVRE VII.

Depuis le départ d'Alphonse d'Ornano jusqu'à la révolution de Bozio en 1729.

CHAPITRE I.

CONDUITE DES GÉNOIS APRÈS LE DÉPART D'ALPHONSE D'ORNANO. — VIOLATIONS DES STATUTS. — ACCROISSEMENT DES MEURTRES. — LA VENDETTA. — DÉMORALISATION ET ÉTAT DÉPLORABLE DU PAYS.

(1569-1700.)

Le départ d'Alphonse d'Ornano, et les mesures remplies de sagesse prises

(1) Document inédit de la Bibliothèque royale, Filipp., t. V.

(2) Sampiero eut de Vanina, fille de François d'Ornano, deux fils, Alphonse et Anton-Francesco. Ce dernier mourut vers 1580, à Rome, assassiné dans une querelle qu'il eut avec un seigneur français. Il n'était point marié, et ne laissa pas de descendants.

Alphonse d'Ornano, nommé par Charles IX

par Georges Doria rétablirent la tranquillité dans le royaume. Les populations, fatiguées de tant de désastres et de souffrances, s'empressèrent de faire leur soumission, et pendant quelques années Gênes, assez fidèle observatrice des traités, sembla vouloir faire oublier sa conduite passée. Mais les choses ne durèrent pas longtemps en cet état, et l'avidité génoise reprit bientôt le dessus.

Toutefois le gouvernement, instruit par une dure expérience, n'osa plus attaquer de face un sujet si redoutable dans son indocilité; mais, poursuivant son but, qui était de tirer le plus grand parti qu'il pourrait de la Corse, il y employa les moyens détournés d'une politique astucieuse et rapace, si bien qu'au dix-huitième siècle il était arrivé à ses fins, et croyait n'avoir plus rien à redouter des populations qu'il avait, progressivement et sans trop leur faire sentir la pesanteur de sa chaîne, accoutumées à un joug asservissant.

Une des promesses les plus importantes de Georges Doria avait été le rétablissement des statuts auxquels on ne devait plus déroger sans le consentement de la nation légalement représentée. Les statuts étaient la loi écrite, au maintien de laquelle veillaient les Douze. En 1573, ils furent en effet revisés et acceptés par le sénat et les députés corses venus à Gênes à cette fin. Mais, dès 1581, on commença à y porter atteinte. Le gouverneur André Cataneo proposa aux Douze d'y apporter quelques changements; et comme ils s'y refusèrent, il publia un édit, déclarant inhabile à remplir les fonctions de garde (Massarius) tout individu né en Corse ou y habitant, ou s'y étant marié (1). Ce fut le commencement d'une série no interrompue de violations des statu ou des priviléges. En 1585, un autı gouverneur, Cataneo Marini, rend u décret par lequel aucun Corse ne pei remplir de fonctions judiciaires dans l lieu où il est né, dans celui où il s'es marié, ou bien encore dans celui où il des parents ou alliés jusqu'au quatrièm degré (1). Trois ans après, en 1588 Laurent Négroni déclare que nul Cors ne pourra remplir dans l'île les fonc tions de notaire, de greffier et mêm d'employé de greffier (2). En 1612, oı va plus loin, et un décret du sénat exclu des emplois de capitaine de la milic des villes d'Ajaccio, Bastia, Calvi Saint-Florent et Bonifacio, tout habi tant de ces villes, fût-il même Génois, e cela nonobstant les priviléges, lesquel sont par cela même révoqués; il ajout de plus que nul Corse ne pourra, dan le lieu de sa naissance, être nomm lieutenant, porte-drapeau, sergent, con cierge des forts ou des tours, et mêm caporal (3). En 1624, autre décret qu exclut les Corses de la charge de collec

colonel général des Corses, servit avec distinction sous ce roi et sous Henri III. Il fut un des premiers à reconnaître Henri IV, qui le tint en grande estime. Il fut successivement lieutenant général en Dauphiné, puis en Guyenne, et enfin fut nommé maréchal de France. Il mourut en 1610, à l'âge de soixante-deux ans, et fut enterré dans l'église des religieux de la Merci à Bordeaux. Il avait épousé la fille de Nicolas de Pontevèze, seigneur de Flassan, dont il eut plusieurs enfants, entre autres Jean-Baptiste d'Ornano, qui fut comme lui maréchal de France, et que Richelieu fit enfermer au château de Vincennes, où il mourut en 1626. La famille d'Alphonse d'Ornano s'éteignit en 1670.

(1) « Massarius aut monitionerius inaliquo ex prædictæ insulæ loco nemo possit eligi qui sit Corsus, natus, habitator aut uxuratus in ea ir sula. »

(1) « Nemo in illo loco Corsicæ, in quo natu est, aut habet uxorem, aut propinquos, siv affines Corsos, usque ad quartum gradum ii illo loco, aut in jurisdictionis illius loci possi eligi in jurisdicentem illius loci. »

(2) « Nulli Corso liceat n insula Corsicæ ad offi cia notariatus aut cancellariarum conferend post hæc eligi. »

(3) « Dux et senatus januensis

« Decreverunt et decernunt post hac remitt non posse in capitaneos militum pedestrium aı portum Bastiæ et Adjacii, et in locis Sancti Flo rentii, Calvi et Bonifacii aliqui qui sint eorun dum locorum respectivi etiam quod sint Januen ses, aut districtueles, aut filii Januensium similiter in dictis locis admitti pro militibu nequaquam possint aliqui Corsi, non obstanti bus quibuscumque concessionibus factis quæ prorsus revocantur injuncta pœna judicenti bus et officialibus secus facientibus 20. scuto rum auri. Similiter non possint admitti au eligi minusque approbari in locum tenentes signiferos, sargentes et caporales dictorum mi litum pedestrium aliqui in eis locis in quibu sunt nati. Pariter non possint in futurum elig aliquis Corsus, sive Corsi in caporales et cas tellanos castrorum et turrium et qui post ha eligentur nullo modo sint Corsi, minusqu eisdem Corsis cura aliqua dictorum castrorun et turrium conferri debet, sub quovis nomin et titulo : cum sic conveniat pro regimine con servatione et custodia ipsorum, et expedia pro bono publico et dignis ex causis. »

CAMBIAGI, t. II, passim.

teur d'impôts. En 1634, nouveau décret qui spécifie que les vicaires et les auditeurs devront être du continent, et qui remet aux Génois l'inspection des tours, qui jusque-là avait appartenu aux Corses. Ainsi se trouvèrent violés les statuts dont l'observance avait été solennellement promise.

Restait l'autorité des Douze. On la diminua insensiblement. Déjà, dès 1585, on leur avait retiré les fonctions de syndicateurs. En 1614, un décret du sénat déclara qu'ils n'enverraient plus d'orateur à Gênes, et que si les Corses avaient quelques réclamations à faire au sénat, ils devraient au préalable demander aux sérénissimes colléges l'autorisation de pouvoir nommer un procureur pour présenter leurs plaintes. On voulut également frapper dans leur dignité les seigneurs féodaux; et un décret de 1623 leur enleva l'antique privilége de rester tête couverte devant le gouverneur (1).

Ces mesures, qui, si elles avaient été prises d'ensemble, auraient pu occasionner quelque révolte, arrivant partiellement et, pour ainsi dire, en cachette, passaient inaperçues, et n'étaient vivement senties que par ceux qu'elles frappaient directement. Elles désorganisèrent le pouvoir en avilissant la magistrature populaire des Douze, et en faisant passer toutes les fonctions publiques entre les mains de sujets purement Génois, qui devinrent par là les arbitres souverains de la fortune publique. La fin du seizième siècle et tout le dix-septième se passèrent ainsi dans l'accroissement du pouvoir génois d'une part, et dans la décadence et l'anéantissement de la nation de l'autre. Ce fut dans cette période d'abâtardissement général que reprit naissance cette malheureuse passion de la *Vendetta,* dont les conséquences se font encore sentir de nos jours. Les Corses ont longtemps et justement reproché aux Génois leur perfide politique à cet égard, et c'est là une des principales causes qui les ont fait chasser de l'île.

Le premier inventeur de cette exploitation de sang fut le gouverneur Philippe Passano, qui, connaissant le penchant des Corses pour les armes, s'avisa en 1588 de vendre, sous le nom de patente, l'autorisation de porter un fusil. Le nombre des patentes fut d'abord petit; mais les rivalités et la jalousie s'en mêlant, il s'accrut bientôt d'une manière considérable, au point que sous Augustin Doria, en 1591, il était de plus de sept mille. Déjà, à cette époque, les meurtres s'étaient tellement multipliés, que le nouveau gouverneur crut devoir suspendre le port d'armes durant son administration. Ses successeurs, moins scrupuleux, le rétablirent et se procurèrent ainsi un revenu très-considérable. On peut voir dans les historiens qui ont parlé de cette période de l'histoire de la Corse, combien cette mesure fut funeste au pays, ce qu'elle engendra de maux, et avec quel soin barbare les agents de Gênes se plurent à l'entretenir.

La démoralisation ainsi introduite, et les habitants occupés à leurs vengeances particulières, les intérêts de la patrie furent abandonnés, et les gouverneurs purent se livrer en toute sécurité à l'arbitraire le plus absolu. C'étaient, pour la plupart, des patriciens ruinés et criblés de dettes que la république envoyait en ce lieu pour se refaire. Ils y arrivaient avec une suite nombreuse de pauvres hères, à qui ils distribuaient tous les emplois, et qui faisaient de leur mieux pour pouvoir, au bout de quelques années, se retirer bien repus dans leur chère patrie. La Corse devint la proie de tous ces agents faméliques, qui n'avaient qu'un seul but, celui de s'enrichir. Il n'y eut plus ni lois ni coutumes. Le bon plaisir et l'intérêt personnel des agents génois remplacèrent la justice, qui devint un mot vide de sens (1). Par une

(1) « Omnes nobiles Corsi, dum ad conspectum et præsentiam ipsius illustris gubernatoris essent, stare et morari detecto debeant et nudo capite, non obstante quavis concessione et previlegio cuique in hanc usque diem concesso, quod penitus tollitur et abrogatur. Per senatum, anno millesimo sexcentesimo vigesimo tertio, die tregesima martii. »

CAMBIAGI, t. II, p. 380.

(1) Le mémoire suivant, adressé par la Balagne, province des plus favorisées, démontre suffisamment quelle était la conduite des Génois à l'égard des populations qu'ils gouvernaient :

« Les habitants de la Balagne exposent au très-sérénissime sénat que le commissaire et les autres agents de Calvi s'arrogent une autorité beaucoup plus considérable que celle qui leur compète. Ils obligent notre province, contrairement à une foule de décrets, de porter à

usurpation inexplicable et tolérée par le sénat, les gouverneurs s'arrogèrent le pouvoir illimité de juger seuls en dernier ressort, et selon leur conscience bien informée (*ex informata conscientia*) toutes les causes civiles et criminelles. On comprendra facilement quel parti ils tiraient d'une si monstrueuse autorité. Les jugements devinrent comme le reste, une marchandise qui se vendait à celui, coupable ou victime, qui apportait la plus forte somme. Alors le juge, agissant selon les circonstances, laissait poursuivre l'instruction ou bien l'arrêtait par une ordonnance de *non procedatur*, et tout était dit. Ceux qui étaient ainsi lésés dans leurs droits, voyant qu'ils ne pouvaient obtenir justice, en appelaient à leurs propres forces, et décidaient par les armes leurs différends. Les violences et les meurtres se multiplièrent alors à l'infini; et le gouvernement génois battait des mains à ces luttes sanglantes, qui enrichissaient son trésor. Car il affermait le produit des causes criminelles; et pour n'éprouver aucune diminution dans son revenu, il fallait maintenir ce fermage de sang. On se refuserait à croire aujourd'hui à tant d'abus et d'iniquités, si les documents authentiques émanés même de Gênes n'étaient encore là pour les confirmer. Ainsi encouragés et fomentés, les meurtres s'accrurent rapidement. Ils étaient en moyenne de 1,500 par an; et l'on en compta 26,000 dans l'espace de trente ans, sous seize gouverneurs différents (1).

Comme nous venons de le voir, le dix-septième siècle a été une des époques les plus désastreuses de l'histoire de la Corse. A l'iniquité du gouvernement génois vinrent se joindre d'autres maux. La famine désola ce pays dans les années qui suivirent la retraite d'Alphonse d'Ornano, et réduisit ses habitants à se nourrir de glands et de racines sauvages. La peste, qui l'avait ravagée en 1578, se remontra en 1630. Ajoutez à cela les descentes des Barbaresques devenues presque journalières et très-redoutables; le paysan, obligé alors de fuir la plaine et d'aller comme l'oiseau de proie planter son nid sur les rochers des montagnes; l'agriculture négligée d'une manière déplorable, et les terres les plus fertiles redevenues en friche; les impôts et l'usure pressurant le peuple; les émigrations nombreuses des hommes de cœur, qui ne pouvaient souffrir paisiblement tant de misères, et vous n'aurez pas encore une idée complète de ce que fut la Corse pendant ce siècle qu'un historien moderne a appelé son siècle de fer.

Un seul événement remarquable vient rompre la monotonie douloureuse de cette longue période, c'est l'établissement, sur la côte occidentale de l'île, d'une colonie grecque dont les descendants se sont maintenus jusqu'à nous avec leur culte et leurs mœurs (2).

Calvi cent trente-cinq mines de blé en sus des cinq cents qu'elle doit fournir. Ils prennent les chevaux des pauvres gens pour faire transporter du bois dans la ville, et ne leur donnent aucun salaire. Pour la réception du blé on éprouve mille difficultés. Le blé n'est jamais bon, si un pot-de-vin n'a au préalable édifié le receveur sur sa qualité. Pour le mesurer, on se sert de boisseaux gigantesques. Le lieutenant d'Algajola se fait fournir, de sa propre autorité, trente-deux mines de blé à très-bas prix. Quand il perçoit les taxes, il grève contre l'habitude chaque paroisse de huit ou dix boisseaux d'orge et il prend cinq pour cent pour le change des monnaies, tandis qu'il ne doit prendre que deux et demi. Lorsque les officiers ont besoin de chevaux, ils les prennent de force et n'en payent jamais le louage. On continue à percevoir les impôts spéciaux pour l'orateur, pour le pont de Golo et pour la restauration de la tour de Lacciuola, quoique le pont soit achevé et que l'on n'ait pas encore songé à la tour. Les soldats à cheval font payer à la province ce qu'ils consomment dans les auberges. On a altéré les tarifs et les prix des munitions. On oblige les habitants de la Balagne à aller vendre à Bastia leur huile en détail, ce qui leur occasionne un très-grave préjudice. S'il vous meurt quelqu'un, ou qu'il vous arrive quelque autre événement imprévu, vous avez la visite de la communauté. Pour une seule cause, on prend plusieurs vacations, quoique les choses se passent dans un même lieu et dans un même temps. On fait des faux pour les assignations et les procédures, de manière que souvent un individu se voit condamné sans avoir été cité à comparaître. On oblige les podesta à verbaliser pour de simples querelles de mots afin de pouvoir poursuivre les disputeurs. Si on vous a arrêté injustement, il faut que vous payez pour votre mise en liberté. On torture avec une cruauté inouie les prisonniers pour leur extorquer de l'argent. — Pour ces causes et d'autres semblables nous implorons instamment la bonté de leurs seigneuries très-illustres de nous faire rendre justice. »

Mémoire présenté au sénat au nom de la province de Balagne, par Mathieu Proveduti, le 21 juin 1646. CAMBIAGI, t. II, p. 281.

(1) Rapport du P. Cancellotti, qui accompagna Pallavicini lors du désarmement en 1714.

(2) Les Génois avaient tenté à plusieurs reprises

CHAPITRE II.

ÉTABLISSEMENT DE LA COLONIE GRECQUE A PAOMIA.

(1676-1713.)

Vers 1670, les habitants de Maïna, province du Péloponèse, qu'on dit avoir été l'ancienne Sparte, et qui se trouve entre le golfe de Laconie et celui de Messène, résolurent d'émigrer pour se soustraire à la domination des Turcs, qui, maîtres de toute la Grèce, ne tarderaient pas à les forcer dans leurs montagnes. Ils chargèrent à cet effet Jean Stephanopoli, un des hommes les plus considérables de leur pays, d'aller en quête d'un lieu propice. Après avoir infructueusement parcouru plusieurs villes de l'Italie, Stephanopoli arriva enfin à Gênes, où il exposa au sénat l'objet de son voyage. Le sénat l'accueillit parfaitement, lui dit qu'il lui concéderait un spacieux pays appelé *Paomia*, sur la côte occidentale de l'île de Corse, et qu'il aiderait de tous ses moyens l'établissement de la colonie. De retour à Maïna, Stephanopoli, qui avait vu Paomia, détermina facilement ses compatriotes à quitter leur patrie. Les circonstances étaient on ne peut plus pressantes. Le sultan Amurat venait d'envoyer contre eux des forces considérables; ils ne pouvaient échapper plus longtemps au sort qui les menaçait. Ils dirent alors un éternel adieu à leur patrie, aux parents et aux amis qu'ils y laissaient; et, profitant de la présence d'un vaisseau français qui était dans le port de Vitilo, ils s'embarquèrent diligemment, au nombre de sept cent trente personnes.

Arrivés à Gênes dans les premiers jours de 1676, ils y séjournèrent deux mois, pendant lesquels leurs chefs établirent avec le gouvernement les conventions qui devaient régir la nouvelle colonie, et qui furent contenues dans le quatorze articles qui suivent :

1° La république de Gênes entend que la colonie grecque qui va s'établir en Corse soit soumise au souverain pontif en ce qui touche la religion, et qu'ell exerce le rite grec tel qu'il est en usag dans le domaine pontifical et dans le royaumes de Naples et de Sicile;

2° Qu'à la mort de l'évêque actuel des moines et des prêtres venus ave la colonie, ceux qui les remplaceron soient nommés par le pape ou par se délégués;

3° Que, suivant les sacrés canons et le conciles, le clergé grec soit soumis à l'évêque latin du diocèse de la colonie

4° A leur arrivée à Paomia, les colons devront bâtir des églises, des maisons pour leur habitation, et suivre les ordre du Régent que la république y entretiendra;

5° Lorsque la république en aura besoin, les colons devront la servir sur mer comme sur terre en fidèles sujets;

6° Les colons jureront fidélité et obéissance aux lois de la république, et s'engageront à payer exactement les impôts établis ou à établir;

7° La république assigne aux Grecs, à titre d'emphytéose, trois pays, savoir : Paomia, Revida et Salogna. Elle les leur concède pour eux et leurs descendants, à condition toutefois que les portions de terrain qui seront assignées à chaque colon soient par lui transmises en portions égales à ses enfants, sans distinction de garçon ou de fille. En cas de deshérence, la république rentrera de plein droit en possession du bien;

8° L'administration de Gênes s'oblige à fournir les matériaux pour construire les églises et les maisons, ainsi que le blé et le froment pour les semailles, à condition que ces avances lui seront remboursées avec exactitude dans le délai de six ans;

9° Chaque colon est libre d'avoir des fours, et des moulins à eau ou à vent;

10° La colonie pourra avoir, pour son usage ou sa commodité, des troupeaux de gros et menu bétail;

11° La république permet à chaque colon d'avoir chez lui des fusils et d'autres armes. Quant aux armes prohibées, il devra en donner connais-

de coloniser différents points de l'île. Ils avaient surtout porté leurs vues sur Porto-Vecchio, y avaient envoyé une colonie en 1544, et, plus tard, 1588, ils l'avaient donné en fief à Philippe Passano, gouverneur de l'île, pour en faciliter la colonisation. Passano, associé avec Spinola, y envoya en effet de nombreux colons; mais ceux-ci, comme leurs prédécesseurs, ne purent résister longtemps à l'effet du mauvais air, et périrent presque tous en quelques années.

sance au juge, selon les circonstances;

12° Le commerce de toute espèce de marchandise est libre, en payant toutefois à la république les droits établis;

13° Il est permis aux colons d'aller en course contre les Turcs sous pavillon de la république, à charge par eux de payer les droits consulaires et de se conformer aux règlements sur cette matière;

14° La république s'engage à transporter en Corse, sans frais, la colonie; mais elle entend être remboursée des dépenses qu'elle a déjà faites pour ledit voyage, et qui s'élèvent à mille pièces environ (1).

Gênes, 18 janvier 1676.

Les choses étant ainsi établies, les Grecs firent voile pour le lieu de leur destination, où ils arrivèrent le 14 mars 1676. Les commissaires génois tracèrent aux chefs les limites du territoire de la colonie, et ceux-ci partagèrent immédiatement les terres entre les colons, pour qu'ils pussent se mettre aussitôt à les cultiver. Les Génois leur fournirent aussi, selon les conventions, tout ce qui leur était nécessaire. On nomma pour régent de la nouvelle colonie Isidore Bianchi de Coggia; et ce choix fut très-sage. Car Bianchi était un homme fort influent dans cette contrée, et il pouvait protéger efficacement la colonie naissante que les Génois pensaient bien devoir rencontrer de sérieux obstacles de la part des pièves voisines.

Lorsque la république désigna à la colonie grecque le territoire de Paomia, elle manqua de prudence en ne vidant point au préalable la question de propriété. Les territoires de Paomia, Revida et Salogna étaient considérés par les pièves de Vico, Renno et la Piana, comme leur appartenant. Ces territoires, ravagés au quatorzième siècle par Antoine Spinola, lorsqu'il faisait la guerre aux seigneurs de Leca, étaient restés depuis lors incultes et déserts, la plus grande partie des habitants s'étant, à cette époque, retirés dans les pièves voisines. Si les anciens propriétaires n'avaient point depuis cultivé les terrains qui leur appartenaient, ils n'en avaient point pour cela abandonné la propriété, qu'ils considéraient entre eux comme communale. La république ne pouvait, parce qu'elle avait dépeuplé ces pays, les regarder comme siens; car la destruction et l'incendie ne furent jamais des titres de propriété. Elle disposait donc, dans ce moment, au profit des Grecs, d'une chose qui ne lui appartenait pas; et si les populations voisines se montrèrent, à plusieurs reprises, et contrairement à leur caractère, inhospitalières vis-à-vis des Grecs, c'est qu'elles voulurent par là protester contre l'usurpation de la république, usurpation qu'elles ne reconnurent jamais, et qui, en 1830 même, faillit être funeste aux émigrés établis en ces lieux depuis plus de cent cinquante ans. Toutefois, la colonie n'éprouva aucune résistance à son établissement. En moins de trente ans elle était parvenue à un état parfait de prospérité, et Limperani, qui la visita en 1713, raconte qu'il fut émerveillé de la beauté du pays, du développement de la culture, et de l'industrie des habitants (1).

(1) La pièce dont il est question devait être la *génovina* de 80 f.

LIVRE VIII.

Depuis la révolution de Bozio jusqu'au roi Théodore.

CHAPITRE Ier.

IMPOT DE DEUX SEINI. — SOULÈVEMENT DE BOZIO EN 1729. — DÉFAITE DES TROUPES DE FÉLIX PINELLI. — POMPILIANI, CHEF DES INSURGÉS. — SES SUCCÈS. — LE GOUVERNEUR VÉNEROSO. — GROPALLO ET CAMILLE DORIA.

(1700-1730.)

Les premières années du dix-huitième siècle se passèrent comme les précédentes sans aucune agitation sérieuse. Cependant il régnait dès lors comme une vague inquiétude qui faisait présager quelque prochain orage. Les impôts consentis par les Douze étaient très-

(1) Limperani, t. II.

lourds, et se trouvaient encore augmentés par une foule de contributions indirectes frappées à fantaisie par les gouverneurs et leurs agents (1). Le peuple, accablé de toutes les façons, ne pouvait plus suffire à ses nombreuses charges; il avait souvent réclamé auprès du sénat par l'entremise des Douze, mais ses plaintes étaient toujours demeurées sans effet. Les meurtres avaient pris une extension effrayante, qui menaçait de rendre déserts des villages entiers. Le malaise, devenu général, allait augmentant chaque jour.

Vers 1714, les Douze firent de nouveaux efforts pour remédier à de si grands maux. Ils députèrent à Gênes le P. Murati, savant jésuite, pour demander au sénat de mettre un terme à la sanglante tragédie qui se jouait sans intermède depuis plus d'un siècle. Murati représenta le triste état du pays, et supplia le sénat de jeter un regard de compassion sur un peuple voué à une entière destruction. Tout en reconnaissant le mal et le déplorant, le sénat ne prit aucune mesure pour l'arrêter. Il voyait bien que, dans l'état d'abâtardissement où il avait plongé la Corse, il n'avait plus rien à craindre pour sa puissance et qu'il pouvait se départir sans danger de la fatale maxime : diviser pour régner; mais il était retenu par l'idée d'être privé d'un revenu considérable en supprimant le port d'armes. Murati devina sa pensée et en fit part aux Douze, qui l'autorisèrent à consentir un nouvel impôt pour indemniser la république des pertes qu'elle allait éprouver. Le sénat ne fit plus d'objections, et l'on fixa à *deux seini* (13 s. 4 d.) par feu, la nouvelle contribution, qui ne devait être payée que pendant dix ans.

Alexandre Pallavicini fut alors envoyé en Corse, avec quatre missionnaires, pour présider au désarmement. Il obtint un plein succès. Les missionnaires parvinrent, par leur éloquence, au but qu'on s'était proposé, et le désarmement, opéré sans résistance, fut général et complet. Les bienfaits de cette mesure ne tardèrent pas à se faire sentir. La tranquillité renaquit comme par enchantement, et le pays jouit pour quelq temps d'une certaine prospérité. Ma cela ne fut pas de longue durée. L agents de Gênes, ne trouvant pas le compte à un état de choses qui les p vait d'un revenu considérable, se mire à vendre, d'abord en cachette, puis o vertement, des armes et des patentes. C retomba bientôt dans la même misèr Les Corses renouvelèrent leurs plai tes au sénat. Des commissaires fure envoyés de Gênes pour remettre l choses sur le pied convenu. Ils le firen mais dès qu'ils furent partis, les abus r commencèrent : on se plaignit de no veau, et de nouveaux commissaires f rent expédiés; mais les mesures moll ment prises par l'administration (Gênes restèrent encore sans effet. To tefois on continua à prélever l'imp avec une sévère exactitude. Le méco tentement devint alors universel, et fut facile de voir, à la sourde agitatic qui tourmentait les esprits, qu'il suff rait d'une étincelle pour exciter un en brasement général. Cette étincelle, pa tie de Bozio, parcourut bientôt toute Corse et y souleva un incendie que sérénissime république ne devait jama éteindre.

L'année 1728 avait été désastreu en Corse pour les récoltes. La misè y était très-grande. La républiqu sur la représentation des Douze, remise d'une partie de l'impôt annue Mais ses agents, ne tenant aucun comp de cette mesure, voulurent exiger l'in pôt dans sa totalité. Les esprits en f rent vivement irrités. Dans plusieu cantons, on résolut de ne point le paye Un événement en apparence insign fiant fit disparaître toute indécision cet égard, et détermina les populations le refuser d'un commun accord.

Vers la fin de 1729, le lieutenant d Corté fit savoir aux piéves de sa juri diction, qu'il se rendrait avec le co lecteur au couvent de Bozio pour toucher les impôts. Les paysans s'y ren dirent au jour indiqué; mais, comm il tardait à venir, ils s'en furent à leur travaux, remettant au lendemain le paye ment qu'ils avaient à faire. Un pauvr vieillard du village de Bustanica, appel Cardone, resta seul au couvent. L'agen génois étant arrivé sur ces entrefaites

(1) A Corté le lieutenant du gouverneur exigeait une certaine somme pour l'entretien de son aumônier.

Cardone s'empressa de lui payer sa contribution. Dans la monnaie qu'il lui remit se trouvait une pièce de deux liards appelée *moneta da otto*, que le lieutenant jugeant de mauvais aloi, refusa d'accepter; le vieillard se récria contre cette sévérité, dit qu'il lui était impossible de la remplacer, et le pria d'avoir égard à sa misère. Le lieutenant fut inflexible, et lui déclara que si, le lendemain, il ne rapportait pas la somme complète, il ferait vendre ses meubles. Cardone, irrité de tant de rigueur, reprit, plein de colère, le chemin de son village. Il rencontra le long de sa route les paysans de Bustanica, à qui il raconta sa mésaventure, ajoutant qu'il était incroyable de trouver tant de sévérité dans le prélèvement d'un impôt consenti pour la suppression des armes, qui se vendaient cependant publiquement. Il s'éleva ensuite contre les exactions, chaque jour plus nombreuses, des agents génois; il fut éloquent comme un homme convaincu, et, ses paroles excitant l'indignation générale, on résolut de refuser l'impôt des *deux seini,* ainsi que l'impôt ordinaire dont on avait été en partie exempté (1).

Le lieutenant, instruit de ce qui se passait, en prévint immédiatement le gouverneur Félix Pinelli, patricien orgueilleux qui prétendait que tout dût plier devant sa volonté. Pinelli expédia à Corté cinquante hommes avec ordre de châtier sévèrement ceux de Bozio. Mais le capitaine de cette compagnie, apprenant que le soulèvement était considérable, n'osa s'aventurer avec si peu de monde et retourna à Bastia, où Pinelli, furieux, le fit jeter en prison. L'événement de Bozio et la résolution prise par ses habitants ne tardèrent pas à être connus des cantons voisins. Ce fut comme une commotion électrique qui, en un instant, parcourut tout le pays. L'impôt fut généralement refusé. Pinelli comprit bien que ce refus allait devenir une chose très-grave, qu'on ne pourrait terminer que par la force. Au lieu d'attendre les troupes qu'on lui aurait envoyées de Gênes sur sa demande, il voulut agir immédiatement pour qu'on ne pût le soupçonner au dépourvu, ne réfléchissant pas qu'en des circonstances aussi critiques une défaite pouvait compromettre gravement les affaires de la république. Il envoya donc un collecteur avec deux cents hommes pour percevoir les impôts de Tavagna et Moriani, relevant directement de sa juridiction, lui enjoignant de vivre aux dépens de la population et de se faire payer les frais. Arrivé au Poggio-de-Tavagna, l'officier commandant déclara qu'il ferait payer double impôt aux récalcitrants. Cette présomption lui coûta cher. Les paysans ne firent d'abord aucune résistance. Ils semblèrent même accueillir avec déférence les soldats de Gênes. On les logea dans les maisons les plus aisées; mais, pendant la nuit, on les désarma, et le lendemain ils durent reprendre, un peu confus, le chemin de Bastia (27 janvier 1730).

L'insurrection prenait ainsi un caractère sérieux et commençait à devenir redoutable. Toutefois il lui manquait deux choses également importantes, à savoir : des chefs pour la diriger, et des armes pour combattre. Elle eut les uns et les autres.

Pompiliani du Poggio, qui avait été un des premiers à parler et à agir contre les exactions des Génois, devint le chef provisoire des insurgés. D'après ses conseils, une multitude assez considérable de paysans, munie de haches, de perches, d'échelles, et des armes enlevées aux Génois, se porta sur le fort d'Aléria pour s'y approvisionner. La garnison ayant refusé de se rendre, on monta à l'assaut. Les Génois furent massacrés, et les insurgés, pourvus d'armes et de munitions, se dirigèrent aussitôt sur Bastia.

Cette promptitude de mouvements surprit et alarma à la fois Pinelli. Il se renferma en toute hâte dans la citadelle, où se trouvait une assez forte garnison. A peine y était-il entré que les insurgés, arrivant par masses, occupèrent tumultueusement la partie de la ville appelée Terra-Vecchia. Pinelli, voyant le danger qu'il y aurait à laisser les insurgés maîtres de la ville, mais n'ayant pas assez de forces pour tenter une sortie, recourut aux moyens dilatoires, qui réussissent toujours auprès des masses inexpérimentées, et chargea l'évêque de Mariana d'aller

(1) Cambiagi, t. III, liv. XIII.

auprès des insurgés s'informer de leurs griefs, promettant d'y faire droit s'ils étaient justes. Pompiliani répondit à l'évêque médiateur que les Corses avaient pris les armes pour obtenir le redressement des torts qu'ils supportaient depuis longtemps. Il demanda qu'on diminuât l'impôt annuel; qu'on rétablît quelques-unes des anciennes salines; qu'on abolît l'impôt de deux seini; qu'on rendît à chacun les armes qu'on avait enlevées sous de vains prétextes; qu'on limitât à six mois la durée des procès; qu'on déclarât les Corses aptes aux emplois, et qu'on abolît enfin certaines magistratures arbitrairement établies.

L'évêque promit ses bons offices, et engagea Pompiliani à quitter la ville jusqu'à la conclusion du traité, pour lequel il demanda vingt-quatre jours. Les insurgés ayant abandonné Bastia, l'évêque remit à Pinelli les demandes des Corses et les expédia en même temps au sénat.

Pinelli, se croyant désormais hors de danger, se garda bien d'accorder aucune des demandes qui lui étaient faites. Il ne pouvait dans son orgueil se faire à l'idée de traiter avec des insurgés, il voulait les dompter par la force et leur faire éprouver toute sa haine. Il écrivit donc immédiatement à Gênes pour présenter la révolte sous les plus odieuses couleurs et demander au sénat des troupes pour châtier les rebelles. Mais le sénat connaissait Pinelli; il savait que c'était un caractère impatient et colère; il devina qu'il était la cause principale du désordre qui se manifestait en Corse, et au lieu de lui envoyer les secours qu'il réclamait, il songea à le remplacer en donnant à Jérôme Véneroso, son successeur, des pouvoirs fort étendus (avril 1730).

L'ex-doge Jérôme Véneroso avait déjà été gouverneur en Corse en 1707. Il s'y était fait connaître par un caractère droit et ferme, par un amour sincère de la justice et par une grande bienveillance pour les Corses. En quittant l'île, il avait emporté le regret de tous. On n'ignorait point cela à Gênes, et on venait de le choisir pour tenter les voies de la conciliation; car, dans les circonstances présentes, la république, prise au dépourvu, ne se trouvait point de moyens suffisants pour dompter par les armes ceux qu'elle appelait des rebelles. Le nouveau gouverneur arriva au moment où les Corses, irrités du manque de foi de Pinelli, marchaient de nouveau sur Bastia. Son nom suffit pour les arrêter dans leur entreprise. Le souvenir qu'ils avaient conservé de son administration leur faisait espérer que la république, en envoyant un homme de cette valeur, était disposée à traiter sur des bases équitables. Véneroso publia en effet un pardon général pour le passé, concéda toutes les demandes faites par Pompiliani, sauf celle qui concernait les armes; mais il déclara en même temps que les mesures qu'il consentait devraient être soumises à la ratification de la république. Cette dernière clause rendait parfaitement illusoire tout ce qui précédait. Pompiliani et les autres chefs le comprirent, et refusant de déposer les armes, ils publièrent une circulaire adressée aux populations de l'île, dans laquelle, rappelant sommairement les griefs de la nation contre Gênes, ils convoquaient une assemblée générale à Saint-Pancrace-de-Biguglia pour la formation d'un nouveau gouvernement. Cette résolution vigoureuse enleva à Véneroso tout espoir d'arrangement. Il vit très-bien qu'il n'y avait rien à faire pour lui dans le pays. Les sentiments du peuple étaient toujours les mêmes à son égard; on estimait au plus haut point son caractère, et chacun protestait de son dévouement à sa personne. Mais la mesure des maux infligés par Gênes débordait de toutes parts. On ne pouvait et on ne devait plus se fier à ses fallacieuses promesses. C'en était fait de sa domination; Véneroso le sentit et demanda son rappel.

Ses successeurs François Gropallo et Camille Doria reprirent le système de rigueur. Ils supprimèrent de nouveau la vente du sel et firent incendier Vico. Les esprits s'en aigrirent davantage; grand nombre de cœurs timides et irrésolus, qui jusque-là étaient demeurés fidèlement attachés à Gênes, se déterminèrent à embrasser le parti national. Bastia se vit de nouveau envahie par une multitude nombreuse et résolue. Les gouverneurs, bloqués dans la citadelle et incertains du sort qui les attendait, envoyèrent en négociateur vers les insurgés l'évêque d'Aléria. L'évêque promit beaucoup, pour voir les nationaux s'éloigner; il commença par faire rétablir la vente du sel et fit entendre que l'on ferait bientôt droit aux autres demandes; mais il s'était beaucoup trop avancé. Selon leur habitude, les gouverneurs, voyant le danger s'éloigner, refusèrent d'accorder ce qui avait été promis. Camille Doria, qui avait la direction des affaires militaires, fit fortifier Monseratto et Furiani, y mit une bonne garnison, et donna ordre à un fort détachement de partir d'Ajaccio pour aller s'emparer de Corté. Les insurgés, prévenus par les préparatifs faits aux environs de Bastia, étaient sur leurs gardes. Le détachement, attaqué du côté de Vivario, fut désarmé par les paysans et obligé de retourner sur ses pas.

CHAPITRE II.

CONSULTE DE SAINT-PANCRACE. — COLONNA-CECCALDI ET GIAFFERI GÉNÉRAUX DE LA NATION. — ARMISTICE. — CONSULTE A CORTÉ. — NOUVELLE ORGANISATION. — INSURRECTION DU NEBBIO ET DE LA BALAGNE. — DÉCISION DES THÉOLOGIENS.

(1730-1731.)

Ainsi, les hostilités recommençaient de la part des Génois. Les Corses s'aperçurent enfin que toutes les promesses de concessions faites jusque-là n'avaient pour but que de gagner du temps. Ils résolurent dès lors de reprendre leurs opérations et de les conduire avec vigueur. La consulte générale qui avait été indiquée à Saint-Pancrace-de-Biguglia eut lieu : on y délibéra sur la marche qu'on avait à suivre dans les circonstances présentes. La guerre aux Génois y fut décidée d'une voix unanime. André Colonna-Ceccaldi, personnage très-considérable de la Casinca, et Don Louis Giafferi de Talésani, qui avait fait partie quelques années auparavant du collége des Douze, y furent nommés généraux de la nation. On leur adjoignit, comme directeur des affaires ecclésiastiques, l'abbé Dominique Raffaëlli. Le choix de la consulte ne pouvait être meilleur : les nouveaux généraux étaie remplis de zèle pour la chose publiqu Ils avaient pour les Génois une de c haines profondes qui, nées lenteme et par une suite non interrompue d'i jures odieuses et criminelles, rende la vengeance comme instinctive et n cessaire à l'existence. Leur premier soi fut d'organiser les milices. Ils nomm rent un colonel par piève; un capitai et des officiers subalternes par paroiss Puis, d'un commun accord, ils résol rent de reprendre l'offensive. Tout fois, avant de commencer les hostilité ils députèrent vers Gropallo le curé d Furiani et un moine de la Chartreuse d Pise, pour demander le redresseme de leurs griefs. Gropallo se refusa faire aucune réponse; alors ils march rent sur Bastia, s'emparèrent du fo de Monseratto, des Capucins, ainsi qu des autres couvents fortifiés par le Génois, et pénétrèrent dans Terra-Ve chia, qu'ils occupèrent.

Lorsqu'ils virent la multitude de insurgés maîtres de la ville et se prépa rant à serrer de près la citadelle, le gouverneurs, qui jusque-là s'étaien montrés intraitables, devinrent beau coup plus humbles et recoururent d nouveau aux négociations. Malgré s répugnance très-légitime, l'évêque d'A léria se chargea encore une fois du rôl de médiateur. Il alla trouver les géné raux corses, qui déclarèrent ne vouloi déposer les armes qu'autant qu'on au rait fait droit aux demandes déjà formulées. L'évêque leur ayant fait observe que les pouvoirs des gouverneurs n s'étendaient pas jusque-là; que ces de mandes ressortaient nécessairement d l'autorité du sénat; qu'ils ne pourraien prendre que des mesures provisoires, e qu'il fallait, pour pouvoir agir, un suspension d'armes, pendant laquell on enverrait à Gênes des députés, le généraux se laissèrent persuader à consentir l'armistice et y mirent les conditions suivantes :

1° Pendant l'armistice, dont la duré est fixée à quatre mois, il sera permi à tout Corse d'entrer armé dans n'importe quelle ville ou lieu occupé par le Génois, à l'exception toutefois de Bastia;

2° On rétablira la vente du sel qui a été prohibée;

3° Les ports de mer seront librement ouverts aux bâtiments appartenant aux nationaux ou trafiquant pour leur compte;

4° La république ne pourra faire aucune réparation ni augmentation à ses fortifications dans l'île;

5° Les prisons seront ouvertes à tous les nationaux qui y sont renfermés.

Malgré la dureté de ces conditions, les gouverneurs y souscrivirent sans hésiter, tant ils jugeaient leur position difficile; et les Corses, satisfaits d'avoir humilié l'orgueil des Génois, abandonnèrent Bastia, pour s'occuper de la prochaine consulte.

On s'étonnera sans doute de voir les insurgés se retirer ainsi, à plusieurs reprises, de Bastia sans chercher à s'emparer de la citadelle ou tout au moins sans rester maîtres de la ville. Mais si on réfléchit, d'une part, que les milices nationales se composaient d'hommes ayant quitté leurs travaux des champs pour une expédition de courte durée, vivant à leurs propres frais et désireux de retourner à leurs affaires le plus vite possible, et d'autre part, qu'il n'était guère possible de s'emparer de la citadelle sans artillerie, on concevra facilement que les généraux préférassent abandonner la ville que de voir s'affaiblir leurs forces, en face de l'ennemi, par le départ journalier des volontaires.

Ces événements se passaient à la fin de 1730. L'armistice devait finir au 1er mai de l'année suivante. Ce laps de temps était nécessaire aux Génois comme aux Corses pour se préparer à la guerre; car les uns et les autres y étaient plus que jamais résolus; ils sentaient que c'était là une question d'affranchissement ou de servitude, de domination absolue ou d'abandon général. Les Corses manquaient de tout; ils n'avaient ni argent, ni armes, ni munitions, point d'appuis à l'extérieur: seulement quelques âmes généreuses, isolées et craintives, les favorisaient en leur envoyant les choses les plus nécessaires. Ils n'avaient donc à faire de fonds que sur eux-mêmes; ils s'y résignèrent avec ce courage et cette fermeté d'âme qui font entreprendre et exécuter les grandes choses.

La consulte indiquée par les généraux s'ouvrit à Corté le 9 février 1731; elle fut très-nombreuse, et dura huit jours. On y discuta les affaires les plus pressantes du pays; on y renouvela le serment de s'affranchir à jamais de la domination génoise. Ceccaldi et Giafferi y furent confirmés dans le généralat, et investis d'un pouvoir absolu; on y décréta que les pièves nommeraient des *consultorii*, c'est-à-dire des représentants aux consultes; qu'elles éliraient également des officiers pour la guerre. On renouvela les lois civiles, et on restreignit les lois criminelles à l'ancien statut; on établit une pénalité pour les simples délits, et on fixa à 20 sous par feu la capitation à payer pour se procurer des armes et des munitions. Ayant ainsi réglé les affaires principales, la consulte fut dissoute et prorogée à une époque qu'on fixerait ultérieurement.

Les mesures provisoires prises par les généraux leur faisaient concevoir une heureuse issue pour leur entreprise. Cependant ils voyaient avec peine plusieurs parties assez importantes de la nation, telles que le Nebbio et la Balagne se tenir dans une neutralité fâcheuse; ils craignirent qu'il n'y eût là-dessous quelque intrigue génoise, et pour déjouer toutes les manœuvres de leurs ennemis, ils résolurent de donner à l'insurrection un caractère de légalité morale qui lui manquait. Ils convoquèrent donc pour le mois d'avril, à Orezza, une consulte de tous les théologiens de l'île, pour résoudre la question de savoir si la guerre était permise; mais, avant que cette assemblée se fût réunie, la Balagne et le Nebbio s'étaient spontanément soulevés, et avaient attaqué l'Algajola et Saint-Florent, tandis que le capitaine Mathieu Stefanini, à la tête des habitants de Farinole, s'emparait de la tour de la Mortella. Les commissaires génois se plaignirent alors vivement à Ceccaldi et à Giafferi de cette infraction au traité. Mais Poletti d'Olmeta, qui assiégeait Saint-Florent, répondit aux envoyés des généraux que, n'ayant point concouru pour sa part à l'armistice, il ne se croyait pas obligé de s'y conformer, et que, par conséquent, il continuerait à attaquer une ville dont la garnison lui était hostile. Les habitants de la Balagne, qui assiégeaient l'Algajola, firent la même réponse; de plus ils s'emparèrent de la ville et en démolirent les maisons, tandis que la garnison se sauvait par mer à Calvi (1).

Pendant ce temps, les théologiens, convoqués comme nous l'avons dit, s'assemblèrent en congrès à Orezza; ils examinèrent la question de savoir si la guerre contre la république était légitime ou non. L'assemblée se prononça unanimement pour l'affirmative; elle déclara que, dans le cas où la république refuserait de faire droit aux réclamations du peuple, il était juste et nécessaire de lui faire une guerre défensive et offensive, déliant les peuples du serment de fidélité, si jamais il avait été prêté.

Cette décision fut prise au mois d'avril 1731.

Le 12 mai suivant, une nouvelle consulte générale eut lieu au couvent de Bozio. On y accourut de tous les côtés de l'île : le Delà-des-Monts comme le Deçà-des-Monts y envoyèrent leurs *consultorii*, qui délibérèrent d'abord sur les mesures à prendre dans les circonstances présentes. L'armistice était expiré : les Génois avaient mis à profit ce temps pour se préparer à la guerre; ils venaient d'envoyer dans l'île deux nouveaux commissaires extraordinaires, Fornari et Grimaldi; mais ce changement de gouverneur n'était fait que pour gagner du temps : leurs vaisseaux croisaient dans la mer de Toscane, et soumettaient à un rigoureux droit de visite tous les bâtiments abordant dans l'île. La faiblesse de Gênes était bien connue en Corse. Cette superbe république, considérablement déchue de son antique splendeur, ne pouvait plus rien par elle-même. Mais on n'ignorait point qu'elle cherchait ailleurs des auxiliaires qu'elle trouverait sans aucun doute; car ses patriciens étaient assez riches pour payer largement des mercenaires. Les exilés corses qui habitaient le continent avaient prévenu les généraux des intrigues des Génois. La consulte fut donc informée du danger qui menaçait le pays, et la guerre y fut résolue. Cependant, comme il s'agissait maintenant non-seulement de combat tre les Génois, mais aussi leurs aux liaires, quels qu'ils fussent, la consul voulut avoir l'assentiment du peupl Les délibérations secrètes des député ayant été closes la veille de la Pentecôt on célébra cette fête avec la plus grand pompe religieuse, et, après la bénédi tion, le prêtre don Antoine Mariani d Corté monta à la tribune élevée sur l place publique et harangua le peuple. I rappela brièvement les droits de la nation les injures des Génois, et les réclamation qui avaient été faites pour rétablir le anciens priviléges. Puis, s'adressant a peuple, il lui demanda s'il était d'avi de faire la guerre dans le cas où la ré publique refuserait d'accorder ce qu lui était réclamé. Le peuple répondi unanimement et par acclamation qu *oui;* qu'il voulait la guerre; qu'il la sou tiendrait de toutes ses forces, et y sacri fierait sa vie. Alors l'assemblée se sépara aux cris de Vive la patrie, *Evviva la patria.* On ne tira pas de coups de fu sil, dit le chroniqueur, parce qu'on gardait la poudre pour l'ennemi (1).

L'insurrection, comme on le voit avait gagné du terrain. Il ne restai plus aux Génois que les villes maritimes et dans quelques villages un petit nombre de partisans isolés et sans forc que le courant entraînait chaque jour

Aussitôt après la consulte, les généraux avaient voulu profiter de l'élan universel, pour pousser en avant les affaires de la nation et reprendre l'offensive. Mais, comme ils s'attendaient à voir les Génois venir en force pour les accabler, ils pensèrent qu'il était nécessaire d'aller chercher de l'appui sur le continent, et intéresser à la cause de l'insurrection quelque nation qui aurai avantage à posséder en Corse un ou plusieurs points maritimes. Giafferi et le chanoine Érasme Orticoni, un des hommes les plus éclairés et les plus dévoué de la nation, partirent à cet effet pour l'Italie. Le premier était chargé simplement des approvisionnements nécessaires à la guerre; le second avait missio d'aller d'abord à Rome offrir au pap la souveraineté de l'île, et, dans le cas o

(1) *Memorie delle Rivoluzione di Corsica M. SS.*, t. 1, p. 50 et suiv., de la bibliothèque du comte Colonna de Cinarea.

(1) *Memorie M. SS. delle Rivoluzione d Corsica.*

il la refuserait, de s'adresser à telle autre puissance qu'il jugerait convenable.

Tandis que ces deux chargés d'affaires allaient ainsi s'acquitter de leur mission, Colonna-Ceccaldi, qui était resté seul à la tête des affaires, envoyait à Bastia le piévan Aïtelli de Rostino, pour demander à Fornari une prolongation à l'armistice et lui exposer de nouveau les griefs de la nation. Fornari répondit à Aïtelli que la république ne pouvait traiter avec des rebelles, et qu'il fallait, avant tout, qu'ils déposassent les armes et se remissent entièrement à sa discrétion ; qu'elle était bonne mère, et qu'elle les traiterait avec indulgence.

La réponse de Fornari excita la plus vive indignation parmi les nationaux ; on résolut immédiatement d'aller bloquer Bastia. Pierre-Simon Ginestra, officier supérieur au service de Naples et qui venait d'arriver du continent, fut chargé du commandement en chef de l'armée assiégeante, tandis que Ciatten occuperait le Nebbio et resserrait Saint-Florent. Ginestra établit son quartier général à Cardo et occupa les couvents de Saint-Joseph, des Capucins et de Saint-François.

En voyant l'ennemi à leurs portes, les habitants de Bastia furent saisis d'une grande frayeur. Les commissaires génois cherchèrent autant qu'ils purent à relever leur courage. Ils les engagèrent à une vigoureuse défense, leur donnant à entendre que c'était là leur unique moyen de salut, en attendant l'arrivée des renforts qu'on préparait à Gênes. Ils persuadèrent également aux habitants de Lota de venir s'enfermer dans la ville, leur promettant une large indemnité pour les pertes qu'ils auraient éprouvées. Les Lotinchi, qui penchaient pour Gênes, se laissèrent facilement persuader, et vinrent prêter leur appui à la ville. Ginestra les somma de rentrer chez eux ; et comme ils s'y refusèrent, il envoya Antoine Buttafuoco et Ignace Aïtelli incendier leur village et dévaster leurs champs.

En même temps que Ginestra était venu mettre le siége devant Bastia, Luc d'Ornano et Jean-François Lusinchi, généraux du Delà-des-Monts, allaient mettre le siége devant Ajaccio. Le Delà-des-Monts avait envoyé ses députés à la consulte de Bozio. Il avait embrassé, comme le Deçà-des-Monts, la cause de l'indépendance et s'était organisé d'après les règlements délibérés dans la consulte.

Nous avons dit plus haut que les Génois, en établissant la colonie grecque à Paomia, avaient eu l'imprudence de ne pas décider au préalable la question de propriété. Les conséquences de cette faute se virent à cette époque. Les Corses voisins de la colonie profitèrent des premiers troubles pour l'attaquer à main armée. Les habitants du Niolo, ainsi que ceux de Vico, se présentèrent en grand nombre sur les terres des Grecs, et leur dirent qu'il leur fallait entrer dans la ligue de tous les peuples de la Corse contre les Génois. Les Grecs, qui n'avaient reçu que des bienfaits de Gênes, s'y refusèrent. On en vint aux mains. Les Grecs, bien armés, et d'ailleurs remplis de courage, repoussèrent d'abord les assaillants ; mais ne pouvant résister au grand nombre de leurs ennemis et n'étant point secourus par les Génois, ils durent céder, et fuyant leur nouvelle patrie, ils allèrent s'établir à Ajaccio, où les Génois les organisèrent aussitôt en milice. Après leur départ, les habitants de Vico entrèrent dans leur territoire et le ravagèrent entièrement.

Les généraux ne purent s'opposer à cet acte de vengeance et ne songèrent pas à en punir les auteurs ; ils avaient d'ailleurs d'autres soucis. Giafferi était de retour de son expédition. Il avait frété à Livourne un vaisseau français, et l'avait chargé des munitions qu'il avait achetées en Toscane avec l'argent emporté de Corse et celui des patriotes établis sur le continent. Mais ces approvisionnements, obtenus par tant de sacrifices, ne purent arriver à bon port. Le bâtiment, surpris par la croisière génoise dans les eaux de la Gorgone, fut obligé de se rendre. Les Corses qui s'y trouvaient furent faits prisonniers et les munitions envoyées à Bastia. Les Génois eurent bien soin de faire parvenir cette nouvelle aux généraux, qu'elle contrista beaucoup. Cependant les siéges de Bastia, Calvi et Ajaccio n'en furent pas moins poussés avec vigueur, et on pouvait espérer voir tomber la première de ces villes entre les mains des nationaux, lorsque les

Génois reçurent tout à coup les secours qu'ils attendaient depuis longtemps et qui devaient faire changer l'état des choses.

CHAPITRE III.

ARRIVÉE DES TROUPES ALLEMANDES SOUS LE BARON DE WACHTENDOCK. — AFFAIRE DE SAINT-PELLEGRINO. — ARMISTICE. — ARRIVÉE DU PRINCE DE WURTEMBERG; IL SOUMET LE DEÇA-DES-MONTS. — TRAITÉ DE PAIX. — DÉPART DE WURTEMBERG. — ARRESTATIONS DE GIAFFERI, AÏTELLI, RAFFAELLI ET CECCALDI. — RATIFICATION DU TRAITÉ. — LES ALLEMANDS QUITTENT LA CORSE.

(1731-1733.)

Dès le commencement de l'insurrection, la république avait songé à se procurer un appui étranger pour maintenir sa domination en Corse. Cependant comme elle était très-jalouse de sa possession, elle n'aurait voulu pour rien au monde la compromettre en appelant un allié qui aurait pu devenir un rival. Elle ne s'adressa donc point aux puissances maritimes, qui avaient un intérêt plus ou moins considérable à mettre le pied dans l'île; elle alla implorer l'empereur d'Autriche Charles VI, dont la valeur purement continentale ne lui faisait aucun ombrage. Charles VI accueillit parfaitement sa demande, et lui accorda l'assistance qu'elle réclamait, à des conditions toutefois très-avantageuses pour lui. Il mit à sa disposition huit mille hommes de troupes. La république s'engagea à les fournir de munitions de bouche et de guerre, à payer 30,000 florins par mois à titre de subside, et à donner une indemnité de cent écus pour chaque soldat mort ou déserteur (1). Les Génois reçurent les huit mille hommes que leur expédia le comte Daun, gouverneur de Milan; mais, croyant pouvoir soumettre les Corses avec peu de monde, ils n'en firent partir d'abord que quatre mille, tenant les autres en réserve.

Les Allemands, commandés par les

(1) Il s'agit ici de l'écu romain de 6 fr.

généraux de Wachtendock, Valdstein e Ristori, arrivèrent à Bastia le 10 aoû 1731. Le lendemain ils attaquèrent le assiégeants, les rompirent, et les obligé rent à la retraite.

La nouvelle de l'arrivée des Alle mands dans l'île y cause un gran étonnement. On ne pouvait comprendr comment une puissance aussi considé rable que l'Autriche prêtait son con cours à la république pour opprimer u peuple sans défense. Les Corses profes saient pour la maison d'Autriche un pro fond respect; ils n'auraient point voul porter les armes contre César; mai lorsqu'ils virent César venir les attaquer ils se défendirent du mieux qu'ils pu rent. La défaite des milices assiégeante ne découragea nullement les généraux Ils appelèrent aux armes la nation, e allèrent camper sur les coteaux de Fu riani.

D'un autre côté, Camille Doria, qu accompagnait Wachtendock, s'empress d'incendier le village de Cardo, et s portant ensuite à Canari, où habitai Alessandrini, il brûla sa maison et em mena prisonniers sa femme et ses en fants. Puis il marcha vers Saint-Florent tandis que Wachtendock allait s'empa rer de Saint-Pellegrino. Ciatten, qu commandait à Saint-Florent, où il avai arboré le drapeau d'Aragon (1), voyan qu'il ne pouvait défendre la place, l'a bandonna avant l'arrivée de l'ennemi, e se retira à Calenzana. Wachtendock s'empara de Saint-Pellegrino, qui se ren dit sans tirer un coup. Mais, quand il fu maître de ce fort, sa position devint très embarrassante. Les nationaux, qui l'a vaient suivi à distance, escarmouchant et lui tuant beaucoup de monde, lui cou pèrent tous moyens de retraite. Saint-Pellegrino était dépourvu de vivres, et les bâtiments génois qui portaient les subsistances de l'armée ne pouvaient aborder à cause du mauvais temps. Les soldats n'avaient ni pain ni eau. Wachtendock, se trouvant au dépourvu de toutes choses, proposa un armistice. Les généraux, qui craignaient, par une

(1) Les généraux avaient arboré à Saint-Flo rent et à Corté la bannière d'Aragon parce qu'ils avaient reçu, des patriotes de Livourne, l'assurance que la cour d'Espagne leur prêterait assistance.

trop vive résistance, d'irriter l'empereur, y consentirent. Il fut convenu que les hostilités cesseraient pendant deux mois; que les Corses exposeraient leurs raisons à l'empereur, et que l'on traiterait de la paix sous sa garantie.

Les griefs des Corses furent envoyés à Vienne. Mais avant que l'on connût la réponse qui leur était faite, les deux mois s'étaient écoulés, et les hostilités avaient recommencé par la défaite d'un corps nombreux d'Allemands qui allait relever la garnison de Saint-Pellegrino. Wachtendock se vit obligé alors de faire venir les quatre mille hommes qui étaient restés à Gênes, et il écrivit en même temps au comte Daun que les troupes dont il disposait pourraient bien être insuffisantes, car il avait à combattre des hommes qui ne connaissaient pas la peur (1).

La fin de l'année 1731 et le commencement de 1732 se passèrent sans événements bien remarquables. Il y eut différents combats entre les Austro-Liguriens et les Corses où les chances furent diverses et les résultats compensés. Le 2 février 1732, Camille Doria et le colonel de Vins, ayant voulu s'aventurer en Balagne et s'avancer jusqu'à Calenzana, y furent vigoureusement reçus par Ciatten, et obligés, après avoir perdu beaucoup de monde, de se retirer sous le canon de Calvi.

Cette défaite et le peu de succès qu'avaient obtenu jusque-là les armes impériales, déterminèrent la république à demander de nouvelles troupes à Charles VI, pour pouvoir agir avec plus de vigueur. Sur les ordres reçus de Vienne, le comte Daun fit partir pour Gênes un nouveau corps de quatre mille hommes commandés par le prince de Wurtemberg et le général Schimittau.

Les instructions du prince de Wurtemberg étaient d'arriver à un accommodement avec les insurgés. Aussi à peine fut-il débarqué, qu'il publia une amnistie générale, fixant à cinq jours le délai accordé pour déposer les armes. La proclamation de Wurtemberg était peu explicite; au fond elle demandait que les Corses se soumissent à la république sans stipuler aucune garantie : c'était exiger ce qu'ils avaient déjà refusé à Wachtendock, ce qu'ils étaient décidés à refuser toujours. Elle ne produisit aucun effet. P.-B. Rivarola, qui avait accompagné Wurtemberg en qualité de commissaire, profita de cette circonstance pour lui représenter qu'il serait honteux pour les armes impériales de traiter sans avoir vaincu. Cédant aux conseils de Rivarola, et encore plus à l'idée que les Corses seraient beaucoup plus traitables après une défaite, Wurtemberg résolut de recommencer la guerre. Il ordonna en conséquence aux généraux Wachtendock et Schimittau de marcher avec cinq mille hommes vers les hauteurs de Saint-Florent, où était campé Giafferi; au prince de Culembach d'aller avec cinq mille hommes attaquer Ceccaldi, qui se trouvait en Balagne; au général Waldstein de partir de Bastia avec deux mille hommes pour déloger les Corses établis au Vescovato. Quant à lui, à la tête d'environ sept mille hommes divisés en trois colonnes, il partit de Calvi pour défiler vers Corté, de manière à resserrer les Corses entre les troupes de Wachtendock et les hussards de Waldstein.

Ceccaldi et Giafferi, maîtres des hauteurs et des défilés, ne s'opposèrent pas à la marche des troupes austro-liguriennes; ils se contentèrent seulement de les harceler et de leur faire éprouver des pertes considérables. Les princes de Wurtemberg et de Culembach soumirent ainsi en apparence la Balagne, Wachtendock et Schimittau, une très-grande partie du Nebbio, tandis que Waldstein rejetait au delà du Golo les nationaux qu'il avait à combattre.

Wurtemberg ne s'exagéra pas le résultat de ces succès; il comprit parfaitement que les Corses ne se tenaient pas pour vaincus, et qu'il lui faudrait et plus de temps et plus de troupes qu'il n'en avait pour les soumettre réellement; il ne pouvait se dissimuler aussi que l'influence morale exercée par l'autorité de l'empereur était pour beaucoup dans le peu d'opposition qu'il venait de rencontrer à diverses reprises. Les Corses lui avaient fait savoir qu'ils avaient grand regret à combattre les armes de l'empereur. Ils avaient prié Charles VI de jeter un regard de commisération sur

(1) Cambiagi, t. III, liv. XIII.

eux, et avaient dépêché un député pour représenter leurs griefs; mais les intrigues des Génois avaient empêché jusque-là qu'on y eût égard. Cependant le prince de Wurtemberg ayant fait connaître au comte Daun sa position, et lui ayant en outre exposé qu'il lui faudrait de nouvelles troupes pour agir, celui-ci lui manda que l'empereur verrait avec plaisir un arrangement entre les Génois et les Corses, et qu'il le prendrait sous sa garantie. Wurtemberg ne demandait pas mieux que de terminer pacifiquement et avec gloire son expédition en Corse. Il s'empressa donc, par un édit du 1er mai 1732, de faire connaître à la nation les dispositions bienveillantes de l'empereur.

Les généraux Giafferi et Ceccaldi profitèrent de cette occasion pour assurer Wurtemberg qu'ils étaient parfaitement disposés à se soumettre aux volontés de Sa Majesté.

Dès lors les choses marchèrent à grands pas. Le 4 mai, les généraux assemblèrent un conseil des principaux de la nation, et il fut unanimement décidé de traiter de la paix. Jérôme Ceccaldi et quelques autres capitaines furent envoyés vers Wurtemberg pour opérer entre ses mains le dépôt des armes. Les soumissions des provinces commencèrent à arriver. Wurtemberg, voyant qu'il n'y avait plus qu'à s'entendre sur les conditions particulières, convoqua à Corté un congrès qui s'ouvrit le 10 mai. Les Corses y étaient représentés par André Colonna-Ceccaldi, par don Louis Giafferi, Simon Rafaëlli, le piévan Aïtelli, Charles Alessandrini et Évariste Piccioli; les Génois par les patriciens Camille Doria, François Grimaldi et Paul-Baptiste Rivarola; les Impériaux étaient : les princes de Wurtemberg, de Culembach et de Waldeck, le baron de Wachtendock et le comte de Ligneville.

Le prince de Wurtemberg ouvrit la séance par un discours où il se félicitait de pouvoir servir d'intermédiaire à une paix désirable et nécessaire à tous. Giafferi rappela les griefs de la nation qui l'avaient obligée à prendre les armes, et Rivarola protesta, au nom de la république, de son affection et de sa bienveillance envers les Corses; puis on discuta les différents articles, qui furent formulés séance tenante. En substance ils portaient :

1° Que la république accordait une amnistie générale pour tout ce qui avait pu être fait jusqu'au 1er juin 1731, et retirait l'expression de *rebelles* appliquée aux Corses;

2° Qu'elle faisait remise de l'impôt jusqu'au 1er janvier 1733;

3° Qu'elle accordait aux Corses, selon leur demande, un ordre de noblesse;

4° Qu'elle ne s'opposerait point à la nomination des nationaux aux évêchés;

5° Qu'elle autoriserait l'établissement des séminaires;

6° Qu'on rétablirait à Gênes l'orateur pour exposer les plaintes de la nation;

7° Qu'on créerait des promoteurs des arts et du commerce;

8° Que l'industrie de la soie serait exempte de tous droits pendant vingt-cinq ans;

9° Qu'il y aurait près de chaque tribunal un avocat des pauvres prisonniers;

10° Que les nobles Douze pourraient nommer un avocat pour assister au syndicat des magistrats et présenter les requêtes des pauvres qui auraient été lésés.

Ce règlement, quoique insuffisant, puisqu'il ne parlait ni de la réduction de l'impôt, ni de l'admission aux emplois civils, ni de la liberté commerciale, etc., fut cependant accepté par les commissaires de la nation comme une œuvre transitoire. Wurtemberg annonça qu'il allait le porter lui-même à la signature de l'empereur. En partant avec le plus grand nombre des troupes allemandes, il laissa le général Wachtendock chargé de recevoir la soumission des habitants, et lui enjoignit d'attendre, pour quitter l'île, l'avis de la ratification du traité par Charles VI.

Les embarras de cette longue guerre semblaient ainsi finis, et les généraux se félicitaient d'avoir mené à bien une si difficile entreprise, lorsqu'au milieu de la plus grande tranquillité Ceccaldi Giafferi, Rafaëlli et Aïtelli furent tout à coup arrêtés, conduits à Bastia, et de là expédiés à Gênes (1er juin 1732).

La nouvelle de cet attentat causa une stupeur générale, et remplit d'effroi ceux qui s'étaient montrés le plus dévoués aux intérêts de la patrie. On recourut d'accord à Wachtendock. Celui-ci s'excusa, disant que les chefs arrêtés étaient accusés de haute trahison. On écrivit alors au prince de Wurtemberg pour lui annoncer la violation du traité et réclamer sa garantie. On adressa une plainte respectueuse à l'empereur, et on pria le prince Eugène de Savoie d'intercéder auprès de lui. Ces démarches eurent un plein succès; malgré les instances des Génois, qui faisaient représenter à Charles VI la nécessité de sacrifier les chefs de l'insurrection pour assurer la tranquillité du pays, malgré l'or prodigué à la cour, l'empereur tint ferme, et, ratifiant le traité, obligea la république à mettre en liberté les quatre chefs arbitrairement arrêtés. Les Corses trouvèrent en cette circonstance un protecteur très-chaleureux dans le prince Eugène de Savoie, tandis que le prince de Wurtemberg, gagné, dit-on, par les riches présents que les Génois lui avaient faits, sembla oublier ses devoirs en abandonnant au ressentiment de ceux-ci les Corses qui avaient eu foi en sa parole (1).

Les démarches pour obtenir la mise en liberté des chefs et la ratification du traité avaient traîné environ un an. Dès que Wachtendock connut les intentions de l'empereur, il fit publier dans toute l'île l'édit de garantie. Il remit aux autorités genoises les places qu'il occupait, et, s'embarquant avec le reste de ses troupes, il quitta la Corse, où plus de trois mille Allemands avaient trouvé leur tombeau (15 juin 1733).

« L'expédition allemande fut en tout prejudiciable à ceux qui l'avaient sollicitée. Tant qu'elle dura, la présence de tels auxiliaires enleva toute réputation aux forces génoises et toute autorité aux magistrats. La Corse ne reconnaissait plus ceux-ci, et personne ne recourait à eux. Les généraux allemands faisaient des armistices auxquels la république était obligée de se conformer. Elle payait au complet la solde des troupes, dont, plus d'une fois, une partie avait été ramenée sur le continent. Quand, après le règlement publié, le prince de Wurtemberg partit et que les soldats sortirent de l'île, l'Autriche demanda quatre cent mille génuines (environ trois millions de francs) pour les frais de la guerre. Il fallut voter pour les chefs impériaux de larges récompenses. Les dépenses patentes n'étaient pas les seules à couvrir; et l'on assurait que sur les fonds expédiés dans l'île il se trouvait un mécompte de cinq millions de livres, resté inexplicable. A plusieurs époques de cette longue querelle, on voit percer le soupçon que parmi les causes qui la rendaient éternelle se trouvaient certains intérêts privés de gens qui faisaient mieux leurs affaires que celles de la république (1). »

(1) Cambiagi, t. III, liv. XIII.

(1) Vincens, *Hist. de la république de Gênes*, t. III, p. 841.

CHAPITRE IV.

MESURES PRISES PAR LES CORSES EN L'ABSENCE DE LEURS CHEFS. — HYACINTHE PAOLI LIEUTENANT GÉNÉRAL. — PALLAVICINI GOUVERNEUR GÉNOIS. — SA CONDUITE. — DÉFAITE DE GUILLARDI ET DE PETRICONI.

(1734.)

Lorsque le sénat, sur l'ordre formel de l'empereur Charles VI, se vit obligé de relâcher les quatre chefs qu'il détenait prisonniers à Savone, il les fit comparaître devant lui; et, après avoir reçu leur acte de soumission, il leur défendit de rentrer en Corse. Dans les circonstances où ils se trouvaient, les chefs ne firent aucune objection à cet ordre arbitraire; ils consentirent à ce que l'on exigeait d'eux, et quittèrent l'État de Gênes. Ceccaldi partit pour l'Espagne, où il fut nommé colonel. Raffaelli alla à Rome, où le pape lui donna la place d'auditeur au tribunal de Monte-Citorio. Aïtelli passa à Livourne, et y fut bientôt après rejoint par Giafferi, que les Génois avaient voulu s'attacher en lui assurant une pension.

De Livourne il ne fut point difficile à Giafferi et à Aïtelli de se mettre au courant de ce qui se passait en Corse, et d'y encourager une nouvelle insurrection. La conduite que le sénat avait tenue à leur égard avait été on ne peut plus im-

BIBLIOTHEQUE ROY

prudente. Les populations, irritées de la violation du traité garanti par l'empereur, irritées plus encore de l'arrestation arbitraire de chefs qu'elles aimaient et que l'on avait menacés de la mort, avaient résolu de se soustraire à jamais à une domination aussi tyrannique. Pour quelque temps encore elles dissimulèrent leur ressentiment; mais dès qu'elles apprirent que leurs chefs étaient en sûreté, elles commencèrent à s'agiter, et se préparèrent à une nouvelle révolte. D'un commun accord elles nommèrent pour leur général provisoire Hyacinthe de Paoli, qui avait déjà donné des preuves d'un zèle ardent pour les intérêts de la patrie. Paoli méritait bien la confiance que le peuple avait en lui : poëte, orateur, homme d'État, il avait déjà employé les ressources de son esprit au service de son pays, et avait en outre montré beaucoup de capacité militaire dans la guerre précédente. Comme il ne voulait pas supporter seul une aussi grande responsabilité, il s'adjoignit comme collègue un ardent et valeureux patriote de Rostino, Jean-Jacques Castineta, et appela aux armes les pièves de Rostino, d'Orezza et de Casacconi, que l'incertitude de l'avenir tenait toujours en éveil (janvier 1734).

Tandis que les insulaires se préparaient ainsi à recommencer la guerre, le gouvernement génois envoyait en Corse le sénateur Jérôme Pallavicini, en lui recommandant de traiter avec douceur un peuple qu'il savait disposé à venger l'insulte qu'on venait de lui faire. Le premier soin du nouveau gouverneur fut de s'assurer, par de magnifiques promesses, le concours de quelques personnes influentes des pays avoisinant Bastia. Puis, il voulut se rendre maître des hommes qui lui étaient désignés comme les chefs de la conspiration qui se tramait. Alessandrini fut arrêté tout à coup au milieu de sa famille, lorsqu'il ne donnait aucunement lieu à cette mesure de rigueur. Il n'était pas aussi facile de s'emparer des chefs de l'intérieur. Pallavicini essaya d'employer la ruse. Il leur écrivit de se rendre à Bastia pour exposer les motifs de leur mécontentement. Ils demandèrent un sauf-conduit, qui leur fut refusé; alors ils virent clairement qu'on en voulait à leur liberté; et, les soupçons s'étant bientôt changés en certitude, ils se réunirent en consulte à Rostino, où Paoli et Castineta firent déclarer rebelles et traîtres à la patrie ceux qui se rendraient à Bastia pour traiter avec le gouverneur.

Pallavicini, voyant que l'insurrection prenait consistance, voulut l'arrêter immédiatement. Il savait que les Corses n'avaient point d'armes, et il pensa qu'il suffirait d'agir promptement, et avec des forces suffisantes, pour s'emparer des chefs et éteindre d'un seul coup l'incendie prêt à s'allumer. Il expédia à Rostino, avec quatre cents hommes, le commandant Guillardi. Celui-ci divisa sa troupe en trois corps, comme il en avait reçu l'ordre; et, se réservant une colonne de deux cents hommes, il envoya les autres en avant. Les Corses étaient instruits de cette marche de l'ennemi; mais, comme ils n'avaient pas d'armes pour l'attaquer à découvert, ils attendirent qu'il se fût engagé dans des sentiers difficiles, et alors se ruant avec impétuosité sur lui, ils l'accablèrent, et le défirent entièrement. Guillardi apprit cette nouvelle, et eut à peine le temps de se renfermer, avec les deux cents hommes qui lui restaient, dans le couvent des franciscains de Rostino : il y fut immédiatement cerné par les Corses, armés des fusils qu'ils venaient d'enlever aux Génois, et, au bout de quelques heures d'une vive résistance, voyant qu'il ne pouvait tenir plus longtemps, il se rendit avec sa troupe, qui fut désarmée et renvoyée à Bastia. Le bruit se répandit alors que l'on avait trouvé sur Guillardi une liste contenant les noms des principaux patriotes que la république destinait à la mort; cette nouvelle, vraie ou fausse, produisit la plus grande sensation sur ces populations, très-portées à croire à l'implacable animosité de Gênes, et la révolte se propagea dans les pièves environnantes.

Cependant Pallavicini, humilié et furieux de la défaite de Guillardi, réunit les troupes des environs de Bastia pour essayer de nouveau de s'opposer aux progrès de l'insurrection, et expédia le lieutenant Petriconi à Ajaccio, pour prendre le commandement de deux cents Grecs qui devaient secourir le Château de Corte : et comme il savait que la nouvelle de la défaite de Guillardi allait parvenir à Gênes, il voulut en prévenir l'effet, en écrivant en ces termes au sénat : « Le Delà-des-Monts ne bougera pas « pour ces premiers mouvements. Le « Cap-Corse m'est entièrement dévoué, « à cause de son commerce maritime. « M. Pierre Casale me répond du Nebbio. Mes troupes invincibles tiendront dans l'obéissance les parties « qui avoisinent la mer. La garnison de « Corte en imposera à tout l'intérieur « du royaume (1). » Mais cette certitude de stabilité dont il assurait le sénat il ne la partageait pas lui-même ; il savait très-bien que Paoli et Castineta poussaient partout à la révolte, et la défaite récente des soldats envoyés à Rostino aurait dû lui faire tenir un langage moins superbe.

Castineta avait connaissance de l'expédition projetée par Pallavicini sur Corte ; il savait que les instructions de Petriconi étaient de passer par le Niolo pour se rendre dans cette ville. Il se porta donc en toute hâte dans cette piève, et, ayant appris que les Grecs, harassés de fatigue, prenaient quelque repos à Campotile, il précipita sa marche, tomba sur eux à l'improviste, en tua un grand nombre, laissa les autres se sauver ; puis, sans perdre de temps, se porta à Corte, qu'il serra vivement.

CHAPITRE V.

RETOUR DE GIAFFERI ET D'AÏTELLI. — OFFRE DE SOUVERAINETÉ FAITE A L'ESPAGNE. — ORGANISATION NATIONALE. — LA CORSE SE DÉCLARE INDÉPENDANTE ET DÉCRÈTE SA CONSTITUTION.

(1734-1735.)

Le sénat ne tarda pas à connaître ces événements. Pallavicini fut rappelé. Hughes Fieschi et P.-M. Giustiniani le remplacèrent. Ils avaient mission de traiter d'un arrangement ; car la république n'était pas en mesure de recommencer la guerre. L'empereur d'Autriche, qui la protégeait, ne pouvait lui prêter aucun secours, étant en ce moment occupé des affaires de la Pologne ; et elle ne savait où s'adresser ailleurs. Il était donc très-important pour elle d'arranger à l'amiable les nouvelles difficultés qui se présentaient.

Giafferi et Aïtelli venaient de rentrer en Corse : leur arrivée avait produit un grand enthousiasme. Corte s'était rendu, et plus de six cents personnes, assemblées en consulte dans cette ville, y avaient de nouveau proclamé Giafferi lieutenant général, et décidé de se mettre sous la protection de S. M. Catholique ; Orticoni avait été, dans ce but, envoyé en Espagne, et l'on avait arboré à Corte et dans les autres lieux la bannière d'Aragon.

Les nouveaux commissaires firent savoir à Giafferi qu'ils avaient mission de traiter de la paix. Après avoir consulté les principaux chefs, Giafferi répondit, « que, puisque la garantie impériale n'avait servi à rien, la nation ne traiterait désormais que sous la garantie des cours d'Espagne, de France et de Savoie. » Cette réponse confirma les commissaires dans l'idée que les Corses ne se laisseraient plus amuser par des paroles, et ils retournèrent à Gênes sans avoir rien avancé.

En attendant, Giafferi, profitant de la confiance qu'avait fait naître son retour, poussa autant qu'il put ses avantages, et réduisit les Génois à se renfermer dans les villes du littoral. Ces opérations eurent lieu dans le courant de 1734. La république se trouva à la fin de cette année, quant à ses possessions, exactement au même point où elle était avant l'arrivée des Allemands ; mais son influence morale s'était de beaucoup amoindrie, car il était évident pour tous qu'elle ne pouvait rien tenter désormais par elle-même. Cependant on s'attendait à la voir revenir bientôt, avec des forces supérieures, tenter de conquérir la souveraineté qui lui échappait. Ce fut dans cette prévision que Giafferi chercha les moyens d'organiser une résistance capable de soustraire son pays à une domination qu'il avait résolu de ne plus subir.

Le séjour de Giafferi à Livourne avait été utile à la cause nationale. Il avait éveillé en sa faveur les sympathies des Toscans, et avait pu, avec leur concours, faire passer dans l'île des armes et des

(1) Storia, ms., t. II.

munitions en assez grande quantité. Cédant à ses instances, beaucoup d'officiers corses qui servaient dans les différentes armées de l'Italie, étaient accourus se mettre à la tête des milices, et allaient donner à l'armée un caractère de régularité qui lui était nécessaire pour combattre les troupes disciplinées de la république. Il avait fait aussi l'acquisition de Sébastien Costa, avocat d'un grand talent établi à Gênes, et qui, pour être d'Ajaccio, commençait à éveiller les soupçons du sénat. C'était ainsi que Giafferi cherchait à réunir les hommes intelligents et éclairés, en même temps qu'il organisait les forces matérielles du pays, afin d'établir un gouvernement purement national, dans le cas où la république se montrerait par trop exigeante, et où le roi d'Espagne, à l'exemple du pape, refuserait la souveraineté de l'île, qui allait lui être offerte.

La proposition de souveraineté faite à l'Espagne n'était pas aventurée : depuis longtemps cette puissance avait témoigné sa sympathie pour la Corse; elle avait à son service beaucoup d'officiers de cette nation, et elle venait d'y faire lever un régiment par Barthélemy Seta de Bastelica. Dès les premiers mouvements insurrectionnels de 1729, le marquis de Silva, ambassadeur de S. M. Catholique en Toscane, avait protégé et secouru, autant qu'il avait pu, les insurgés; et, tout dernièrement encore, il avait donné à entendre à Giafferi que sa cour accepterait volontiers le protectorat de l'île s'il lui était offert. Ces considérations avaient déterminé la consulte du mois de mai 1734 à envoyer une ambassade au roi d'Espagne, pour lui offrir la souveraineté de l'île. Orticoni, Seta, Fabiani, Ciavaldini et Rivarola exposèrent aux ministres du roi l'objet de leur mission. Mais soit que l'Espagne craignît d'éveiller la jalousie des autres puissances de l'Europe, soit qu'elle se trouvât embarrassée de la guerre qu'elle avait alors à soutenir, elle refusa l'offre qui lui était faite, assurant toutefois les ambassadeurs qu'elle ne prêterait aucune assistance à la république.

Le résultat des démarches faites auprès de la cour d'Espagne n'était pas encore connu, lorsque Giafferi convoqua, au mois de janvier 1735, une assemblée générale de la nation à Corte. Chaque paroisse envoya son député. Giafferi, qui jusque-là était seul chef de la nation, demanda Hyacinthe Paoli pour collègue. J.-J. Castineta, Simon Fabiani de Santa-Reparata et Ange Lucioni furent nommés maréchaux de camp, ainsi que Giabiconi, qui fut spécialement préposé à la garde des côtes. Sébastien Costa, qui était récemment arrivé du continent, fut chargé de formuler les articles de la constitution qui devait régir le pays, et qui devaient être discutés dans une nouvelle assemblée, indiquée pour le mois de mars, au couvent d'Orezza.

Cette assemblée eut lieu, en effet, le 7 mars; elle fut très-nombreuse. Costa y lut le règlement du 30 janvier, dont on avait ajourné l'exécution en attendant le retour d'Orticoni. Ce règlement établissait la séparation définitive de la Corse d'avec Gênes, et contenait les bases de la constitution. En voici, au reste, le texte même :

1° Le royaume se met sous la protection de l'Immaculée conception de la bienheureuse Vierge Marie, dont on peindra l'image sur les armes et les drapeaux, et dont on célèbrera la fête et la veille de la fête par quelques décharges de mousqueterie et d'artillerie, conformément au règlement que la junte dressera à cet effet.

2° On abolit pour toujours tout ce qui reste encore du nom et du gouvernement de Gênes, dont on brûlera publiquement les lois et les statuts, à l'endroit où la junte établira son tribunal et au jour qu'elle déterminera, afin que chacun puisse assister à cette exécution.

3° Tous les notaires seront cassés en même temps, et réhabilités par la junte, dont ils dépendront à l'avenir par rapport à leurs emplois.

4° On frappera toutes sortes de monnaies au nom des primats, qui en détermineront la valeur.

5° Tous les biens et fiefs appartenant aux Génois, ainsi que les viviers, seront confisqués; et les primats en disposeront au profit de l'État.

6° Ceux qui ne prêteront pas respect et obéissance aux primats et à la junte de régence, qui censureront et tourneront en ridicule les titres qu'on donnera aux magistrats, de même que ceux qui ne voudront pas accepter les emplois qu'on leur offrira, seront traités comme rebelles, leurs biens confisqués et eux condamnés à perdre la vie.

7° Quiconque entrera en négociation avec les Génois ou excitera le peuple à désavouer le présent règlement sera puni de même.

8° Les généraux du royaume André Ceccaldi, Hyacinthe Paoli et don Louis Giafferi seront à l'avenir primats du royaume, et on leur donnera le nom d'Altesses Royales de la part de l'assemblée générale et de la junte.

9° On convoquera une assemblée générale du royaume, composée d'un député de chaque ville ou village, et qui portera le titre de Sérénissime. Douze de ces députés pourront, en cas de besoin, représenter tout le royaume, et auront pouvoir de délibérer sur toutes les occurrences, taxes et impositions, et d'en décider. On leur donnera le titre d'Excellences, tant dans l'assemblée que dans l'endroit de leur demeure, où ils commanderont avec un pouvoir subordonné aux primats et à la junte.

10° La junte sera composée de six personnes, qui feront leur résidences où on l'ordonnera. On leur donnera le titre d'Excellence, et l'assemblée générale les changera tous les trois mois, si elle le trouve convenable. Du reste, la convocation de cette assemblée ne se fera que par les primats.

11° On formera un conseil de guerre, qui ne sera composé que de quatre personnes, et dont les résolutions et les décisions unanimes seront approuvées par la junte.

12° On nommera de même quatre magistrats, avec le titre d'Illustrissimes, subordonnés à la junte, qui veilleront à faire régner l'abondance dans le pays et fixeront le prix des vivres.

13° Quatre autres magistrats seront élus avec le titre d'Illustrissimes et changés tous les trois mois, pour avoir soin des grands chemins et veiller à l'administration de la justice et à la conduite des agents de police.

14° On choisira un pareil nombre de magistrats, auxquels on donnera le même titre, pour la direction des monnaies.

15° On élira un commissaire général de guerre avec quatre lieutenants généraux qui commanderont à tous les soldats et officiers subalternes, et mettront en exécution les ordres du conseil de guerre.

16° La junte fera un nouveau code, qui sera publié dans l'espace de quinze jours, et dont les lois lieront tous les habitants du royaume.

17° On créera un contrôleur général, qui sera secrétaire et garde des sceaux, tant auprès des commissaires généraux qu'auprès de la junte, et dressera et scellera tous les décrets.

18° La junte donnera à tous les officiers, depuis le commissaire général jusqu'au dernier des soldats, les patentes personnelles sans lesquelles nul ne pourra, sous peine de mort, exercer sa charge.

19° Chaque membre de l'assemblée générale se choisira un auditeur, qui recevra de même ses patentes de la junte.

20° Enfin on créera aussi deux secrétaires d'État, avec le titre d'Illustrissimes, qui seront chargés du soin de prendre garde que la tranquillité du royaume ne soit point troublée par des traîtres, et auront le pouvoir de leur faire leur procès secrètement et de les condamner à mort.

21° Les lieutenants généraux, lorsqu'ils en seront légitimement empêchés, pourront se faire représenter, tant à l'assemblée que dans la junte.

22° On déclare par la présente que don François Raffaëlli et don Louis Ceccaldi, à leur retour dans le royaume, seront rétablis, le premier dans sa charge de président, le second, dans celle de lieutenant général, qu'ils occupaient avant leur départ.

CHAPITRE VI.

RETOUR DE PINELLI. — IL EST DÉFAIT. — ARMISTICE. — PINELLI EST REMPLACÉ PAR RIVAROLA. — SYSTÈME POLITIQUE DE CE DERNIER. — POSITION FACHEUSE DES INSULAIRES.

(1735-1736.)

Les nouveaux pouvoirs furent organisés d'après le règlement que nous venons de citer, et les opérations militaires recommencèrent; car les Génois, inquiets des mouvements de la Corse, s'étaient décidés à y faire passer les troupes dont ils pouvaient disposer. En Tavagna, les nationaux remportèrent un avantage signalé sur les troupes de la république; mais ils furent battus quelques jours après par le colonel Lorca et le major Marcelli, aux environs de Bastia. Ils reprirent bientôt leur revanche en massacrant plus de cinq cents Génois réunis à Biguglia, et en faisant un grand nombre de prisonniers. Cette victoire releva leurs affaires, qui se trouvaient en bonne voie, lorsque arriva dans l'île, comme gouverneur général de la république, le sénateur Félix Pinelli, ce même homme dont l'humeur altière avait donné lieu à l'insurrection de 1729.

Le choix de Pinelli, dans les circonstances présentes, était significatif. Personne ne s'y méprit; il ne s'agissait plus maintenant de traiter, mais de vaincre par toutes sortes de moyens. Le nom seul de cet homme inspirait l'épouvante. Il commença par publier un édit dans lequel il enjoignait aux habitants, qu'il appelait rebelles, de venir à Bastia faire acte de soumission à leur souverain légitime, les menaçant des peines les plus sévères s'ils n'obéissaient à ses ordres. Quelques esprits timides se laissèrent effrayer et se soumirent. Pinelli chercha à corrompre les autres par des promesses et de l'argent, et se ménagea des intelligences en Tavagna, à Moriani et à Campoloro. Lorsqu'il crut que tout était bien préparé, il envoya un corps de mille hommes pour soumettre entièrement Campoloro; mais avant d'arriver à sa destination cette troupe fut cernée, attaquée et battue à Moriani. A cette nouvelle Pinelli partit lui-même, à la tête de douze cents hommes, pour punir une si grande insolence. Paoli et Giafferi accoururent à leur tour, le mirent entre deux feux, et l'obligèrent à demander grâce, à proposer un armistice de deux mois. Les généraux accordèrent cet armistice, non par générosité, mais parce qu'ils n'avaient plus de munitions (24 sept. 1735).

Mais des deux côtés l'armistice fut mal observé, et on recommença les hostilités dès qu'on le put. La garnison d'Aleria ayant voulu faire une sortie fut taillée en pièces. Pinelli envoya son fils la secourir; mais les nationaux défirent ce jeune homme à Campoloro, et il dut se rendre avec près de cinq cents hommes. Accablé par ce malheur, le gouverneur offrit un nouvel armistice et proposa un échange de prisonniers, ce qui fut accepté (12 novembre).

Le sénat, mécontent de sa conduite, le rappela, et lui donna pour successeurs le marquis Impériale, qui s'excusa, et le chevalier Rivarola, qui se disposa à partir.

Le conseil de la nation crut que le moment était favorable pour traiter de la paix; ses ressources étaient épuisées; il voyait que la résistance devenait tous les jours plus difficile, et il craignait que sous peu elle ne fût impossible. Ainsi pressé, il envoya à Gênes deux députés pour faire des offres de paix. Mais le sénat rejeta cette proposition trop hautaine, et pressa le départ de Rivarola (1) (4 janv. 1736).

Sans changer le système suivi jusqu'alors, Rivarola s'appliqua beaucoup plus à isoler les insulaires qu'à les combattre. Il défendit tout commerce entre les marchands génois et les nationaux, et fit resserrer le blocus de l'île par les croisières de la république, de manière que les Corses se trouvèrent bientôt manquer des choses de première nécessité : ils durent faire du sel avec de l'eau de mer, qu'ils faisaient bouillir, et employèrent la moelle des roseaux pour faire des mèches.

Sur ces entrefaites, deux bâtiments débarquèrent à l'île Rousse des munitions de bouche et de guerre. La nouvelle s'en répandit dans l'île. On ignorait quelle main protectrice jetait ainsi des secours aux nationaux dans leur détresse. Rivarola, qui craignait l'intervention de quelque puissance continentale, fit aussitôt des offres de paix; mais les Corses s'en référèrent aux bases présentées au sénat, et Rivarola ne donna pas de suite à ses propositions.

Les munitions débarquées à l'île Rousse étaient un envoi de patriotes anglais, qui venaient ainsi généreusement au secours d'un peuple combattant pour sa liberté; elles permirent aux Corses de reprendre les hostilités. Aleria et la Paludella tombèrent en leur pouvoir. Ils trouvèrent à Aleria quatre canons, qu'ils allèrent planter devant Bastia. Calvi fut également assiégé. Mais les munitions furent bientôt épuisées, et l'on se vit de nouveau sans moyens de pousser la guerre. La consternation devint universelle, et les généraux eux-mêmes ne savaient comment ils sortiraient de la situation présente, lorsqu'un événement imprévu et presque merveilleux vint tout à coup changer l'état des choses.

(1) Cambiagi, t. III, p. 78.

LIVRE IX.

Depuis le roi Théodore jusqu'au départ de M. de Maillebois.

CHAPITRE PREMIER.

ARRIVÉE DU BARON DE NEUHOFF. — NOUVELLE CONSTITUTION. — LE BARON DE NEUHOFF EST ÉLU ROI. — IL ORGANISE LE ROYAUME. — SES SUCCÈS. — LES ORIUNDI. — ASSEMBLÉE DE CASACCONI. — ORDRE DE LA DÉLIVRANCE. — LES INDIFFÉRENTS. — THÉODORE VA A SARTÈNE. — IL S'EMBARQUE A ALÉRIA.

(1736.)

Le 12 mars 1736 un bâtiment portant pavillon anglais prit terre à Aléria; il avait à son bord un personnage inconnu, qui débarqua avec une suite de seize personnes, de l'argent, des armes et des munitions de bouche et de guerre. Xavier Matra le reçut chez lui avec la déférence due à un monarque, et prévint aussitôt les chefs de la nation de son arrivée. Le mystère dont s'entourait ce personnage, l'aisance et la grandeur de ses manières, les secours importants qu'il apportait (1), la majesté de sa personne et jusqu'à son costume semi-oriental, tout contribua à le faire considérer d'abord comme l'émissaire d'une grande puissance, qui, ne voulant point encore paraître sur la scène, l'envoyait ainsi préparer les voies à son établissement. Mais lorsque les chefs furent venus lui rendre hommage il se fit connaître pour le baron Théodore de Neuhoff.

Théodore Antoine baron de Neuhoff, originaire de la Westphalie, avait été, dans sa jeunesse, page de la duchesse d'Orléans; plus tard, il avait servi en Espagne, où il s'était marié. Revenu en France, il s'était attaché à la fortune de Law, et avait partagé les vicissitudes de grandeur et de misère de son patron. Depuis il avait parcouru l'Europe sans but déterminé, cherchant la fortune, qui se montrait rebelle, mais la poursuivant toujours avec la ténacité que donne la conviction d'une capacité incontestable, qui tôt ou tard doit triompher. Il se trouvait à Gênes lorsque Giafferi et ses compagnons y arrivèrent prisonniers. Il s'entretint à cette occasion avec quelques Corses, qui gémissaient sur le malheureux sort de leur patrie, et leur donna à entendre qu'il pourrait servir leur cause; mais Gênes n'étant pas un lieu très-bien choisi pour discuter des affaires de ce genre, on prit rendez-vous à Livourne. Le baron de Neuhoff ne tarda pas à s'y rendre, et fit part de ses projets au chanoine Orticoni, chargé des affaires diplomatiques de ses compatriotes. Il promettait d'obtenir de princes avec lesquels il était dans d'excellents rapports des secours de toute espèce, et s'engageait à chasser les Génois de l'île dans un très-bref délai. Mais il mettait pour condition à ses démarches que les Corses le choisiraient pour leur roi. Orticoni, ayant reconnu en lui un homme rempli de ressources, connaissant son monde, et bien capable de tenir une partie des promesses magnifiques qu'il faisait, consulta les chefs de la nation, qui lui laissèrent tout pouvoir de traiter; et il s'engagea en leur nom et au nom de la Corse à le reconnaître pour souverain le jour où, par un moyen quelconque, il parviendrait à la soustraire au joug des Génois. A partir de ce moment le baron de Neuhoff, tout occupé de sa fortune, ne prit aucun repos qu'il ne fût

(1) Cambiagi rapporte, t. III, p. 82, que la régence de Tunis fournit au baron de Neuhoff les secours qu'il apporta, et qui consistaient, selon lui, en 10 pièces de canon, 4,000 fusils, 10,000 sequins *gigliati*, une certaine quantité de demi-sequins et de quarts de sequins de Barbarie, 3,000 paires de souliers, 700 sacs de blé et beaucoup d'autres munitions de bouche et de guerre; la valeur totale de ces différents objets était d'un million d'écus, c'est-à-dire de six millions de livres. Cette évaluation, donnée par Cambiagi, nous paraît très-exagérée, et il est matériellement impossible que le baron de Neuhoff soit arrivé en Corse avec des valeurs pour six millions; car, cela étant, il n'aurait pas été obligé, huit mois après, d'aller en personne chercher de nouveaux secours; surtout si, comme le rapporte encore Cambiagi, il toucha 700,000 livres de contributions, frappées sur les villages environnant Bastia, et 2,400,000 liv. de quatre cents membres de l'ordre de la Délivrance (*Ibid.*, p. 112). On ne peut admettre que Théodore ait employé 9 millions dans l'espace de huit mois, et que les Corses aient trouvé ces sommes insuffisantes.

arrivé au but qu'il se proposait. Nous ne le suivrons pas dans ses courses aventureuses; nous nous contenterons de dire qu'il lui fallut dépenser beaucoup de génie pour arriver au résultat qu'il obtint, et qui consistait à se faire livrer, par des marchands, des sommes considérables contre l'échange, très-problématique, des produits d'une île qu'ils ne connaissaient même pas.

Comme on le voit, le baron de Neuhoff n'était pas tout à fait un étranger lorsqu'il arriva en Corse; on l'y avait perdu de vue, il est vrai, mais on refit bientôt connaissance, et les choses marchèrent et très-vite et très-bien.

Le baron de Neuhoff dit aux chefs de la nation qu'il n'avait cessé de s'occuper de leurs intérêts; que les secours qu'il apportait n'étaient qu'une très-faible partie de ceux qui allaient prochainement arriver; qu'il espérait voir sous peu les Génois chassés de l'île, et qu'alors la Corse, redevenue indépendante, se livrant au commerce, aux arts, à l'industrie, prendrait en Europe le rang qui était dû à ses nobles efforts. Il ne voulait, quant à lui, pour tout ce qu'il avait fait, pour tout ce qu'il était disposé à faire encore, qu'être reconnu roi de la Corse. Giafferi et Paoli trouvèrent ses prétentions fort légitimes : ils ne demandaient pas mieux que de lui donner une couronne en échange des secours qu'il pouvait procurer; ils pensaient avec raison que, puisqu'il leur était donné de faire un roi, ils pourraient aussi bien le défaire le cas échéant; ils protestèrent donc de leur reconnaissance et de celle de la nation pour les bienfaits du baron de Neuhoff, et lui déclarèrent qu'ils allaient poser sur sa tête la couronne qu'il ambitionnait. On partit alors pour Cervione. Le futur roi alla occuper le palais épiscopal, abandonné par monseigneur Mari, partisan dévoué des Génois, et l'on s'occupa immédiatement de la nouvelle organisation. Une assemblée générale de la nation, convoquée pour le 15 avril au couvent d'Alesani, délibéra sur les affaires présentes et discuta la constitution du royaume, dont les articles principaux furent ainsi arrêtés :

1° La nation reconnaît pour son roi le baron Théodore de Neuhoff. La couronne doit appartenir à ses descendants, garçons ou filles, et à leur défaut au parent qu'il désignera.

2° Dans le cas d'extinction, la nation recouvrera ses droits à la nomination d'un autre roi ou à la formation d'un gouvernement qui lui conviendra.

3° Le roi et ses successeurs exerceront dans sa plénitude l'autorité royale sous les conditions suivantes :

4° Il sera établi une diète de vingt-quatre membres les plus notables; seize seront du Deçà-des-Monts, huit du Delà. Trois membres de la diète résideront toujours à la cour. Le roi ne pourra, sans leur consentement, rien décider en matière d'impôts ou de gabelles, ni en matière de paix et de guerre.

5° Les dignités, charges et emplois de toute sorte appartiendront aux nationaux à l'exclusion de tout étranger.

6° Dès que la constitution sera publiée, tous les Génois qui habitent le royaume en seront chassés. La paix étant rétablie, il ne pourra y avoir dans le royaume d'autres troupes que les troupes corses, excepté celles qui forment la garde du roi et qu'il peut choisir comme il l'entend.

7° Il est défendu à tout Génois, quel qu'il soit, de séjourner ou de s'établir dans le royaume, et le roi lui-même ne peut lui en donner l'autorisation.

8° Les produits bruts ou industriels du pays ne seront soumis à aucun droit à leur sortie.

9° Tous les biens des Génois et des rebelles à la patrie, comme aussi ceux des Grecs établis à Paomia, seront confisqués.

10° Les contributions annuelles ne devront pas dépasser trois livres de monnaie courante pour chaque père de famille. Les demi-tailles et les impositions payées par les veuves seront abolies.

Le sel, que le roi fournira au peuple, ne pourra être vendu au delà de treize sous et demi de monnaie courante la mesure de vingt-deux livres.

11° Les villes du royaume conserveront leurs priviléges pour ce qui regarde l'économie de leurs vivres.

12° Il sera créé dans l'une des villes du royaume une université pour l'étude de la philosophie et des lois.

13° Le roi, pour donner plus d'éclat et de gloire au royaume, y créera un ordre de noblesse composé des hommes les plus considérables de l'île.

14° Tous les bois et toutes les campagnes demeureront la propriété des habitants, comme ils l'ont été par le passé, et comme ils le sont présentement, de manière que le roi ne pourra y avoir d'autres droits que ceux qu'y avait la république.

Le docteur Gaffori de Corte fut chargé de lire cette constitution au peuple assemblé, et il la porta ensuite à la signature du baron de Neuhoff, qui s'était rendu à cet effet à Alesani. Le baron de Neuhoff, ayant témoigné à Gaffori et aux chefs de la nation toute sa gratitude, signa la constitution, et jura sur l'Évangile de lui être fidèle. Après les solennités religieuses, les généraux placèrent sur sa tête une couronne de chêne et de laurier, et le proclamèrent roi de la Corse, en présence d'une foule immense, accourue de toutes parts pour cette cérémonie. Le peuple consacra par ses acclamations le nouvel élu, qui prit le nom de THÉODORE Ier.

Le premier soin de Théodore fut de songer à l'organisation militaire et civile de l'État qu'il était appelé à gouverner. Il nomma capitaines généraux et premiers ministres d'État Louis Giafferi et Hyacinthe Paoli, qu'il décora du titre de comtes; grand maréchal du palais Xavier Matra, qu'il fit marquis; lieutenant général et gouverneur de la Balagna, Gabiconi, avec le titre de comte; Simon Fabiani, capitaine de la garde royale; Ignace Arrighi de Corte, lieutenant général commandant la piève de Talcini; J.-J. Castineta, lieutenant général commandant la piève de Rostino. L'avocat Costa, créé également comte, fut nommé grand chancelier et garde des sceaux du royaume, et le docteur Gaffori secrétaire du cabinet de S. M. Il chargea les généraux de nommer les officiers inférieurs et de former les compagnies d'hommes d'armes. Costa fut également chargé de la nomination aux emplois dans l'ordre civil. — Les compagnies furent bientôt formées, et il se trouva plus d'hommes de bonne volonté que le besoin n'en requérait. Théodore passa une revue générale de ses troupes, qui se montaient à environ six mille hommes, et les envoya occuper les lieux qui formaient frontière avec les possessions génoises : il fit attaquer en même temps Porto-Vecchio et Sartène, qui se rendirent aussitôt, et par l'occupation de ces places il se trouva presque entièrement maître de la province de la Rocca (23 avril 1736).

Le succès que Théodore venait d'obtenir dans le Delà-des-Monts l'encouragea à pousser ses avantages et à agir avec vigueur dans le Deçà-des-Monts. Il se mit lui-même à la tête d'un corps nombreux de volontaires, et marcha sur Bastia, qu'il resserra étroitement, tandis que Ignace Arrighi assiégeait Saint-Florent, et Antoine Oletta l'Algajola. Arrivé devant Bastia, Théodore somma le marquis Rivarola de se rendre, le menaçant de sa juste colère s'il résistait à ses ordres. Rivarola répondit qu'il se moquait de ses menaces, et fit faire sur les assaillants une décharge d'artillerie qui les obligea à reculer leurs postes. Théodore, ne pouvant, avec ses fusiliers, forcer la ville, chercha à la priver des choses les plus nécessaires; il coupa les canaux qui lui amenaient l'eau, fit défense expresse de porter aux habitants aucune espèce de vivres, et mit à contribution les villages environnants, soupçonnés de sympathie pour les Génois. Pendant qu'il prenait ces mesures, qui étaient fort préjudiciables aux Génois, les généraux Arrighi et Oletta soumettaient le Nebbio, enlevaient aux habitants de Barbaggio et de Patrimonio les armes que leur avaient fournies les Génois, et défaisaient complétement les troupes suisses et génoises accourues pour soutenir leurs partisans.

Dès que la république avait appris l'arrivée en Corse du baron de Neuhoff, elle s'était empressée de publier un manifeste où elle le représentait comme un homme perdu de dettes, sans consistance ni honneur, n'ayant aucun appui, et étant venu en Corse pour y chercher une fortune qu'il n'avait pu trouver ailleurs. Au milieu d'allégations très-véridiques se trouvaient des imputations calomnieuses, auxquelles le ro Théodore crut devoir répondre par un manifeste où, à son tour, il n'épargnai point la sérénissime république; le Génois répliquèrent; Théodore répon dit encore; et cette guerre d'édits et d circulaires s'alluma plus ardente e plus passionnée que celle qui se faisai par les armes. Celles-ci cependant pros péraient du côté des Corses; la républi que, réduite à ses seules places mari times, qui souffraient beaucoup de ne pouvoir rien tirer de l'intérieur, chercha à combattre les Corses par les Corses, et elle offrit de larges récompenses à ceux qui voudraient se ranger de son parti.

Environ deux mille nationaux s'enrôlèrent sous ses drapeaux, et on leur donna le nom d'*Oriundi*. De tout temps les Génois ont compté des partisans en Corse. Mais à cette époque le nombre s'en accrut de tous ceux qui, ayant à craindre la sévérité des lois nationales et voulant échapper aux châtiments que leur conduite privée avait pu mériter, se jetèrent dans leur parti en haine de leurs ennemis personnels. Ces *Oriundi* étaient certainement des soldats très-utiles à la république; pleins d'audace et connaissant parfaitement les localités, ils faisaient à propos des sorties, ravageaient les campagnes, incendiaient les habitations et désolaient de toute manière le pays. Théodore, voyant la guerre impie que lui faisaient les Génois, usa de représailles envers eux, et n'épargna ni les personnes ni les choses de leurs partisans. Les *Oriundi*, étant débarqués à Calvi, se portèrent inopinément sur le village de Zilia, qu'occupaient les troupes de Simon Fabiani, qu'ils pensaient surprendre; mais ils trouvèrent, contre leur attente, les nationaux sur leurs gardes, et furent vivement repoussés. Dans une autre affaire qu'ils eurent, vers le même temps, à l'île Rousse, avec les troupes de Théodore, ils se laissèrent enlever une grande quantité de fusils, perdirent des caissons de poudre et d'argent, et eurent deux cents hommes faits prisonniers. Cependant, ces défaites ne découragèrent point Rivarola; il voulut tenter une entreprise hardie, mais qui devait couronner ses efforts si elle réussissait; il savait que Théodore était à Furiani; il ordonna à une forte colonne d'aller l'attaquer à l'improviste. Les Génois s'avancèrent hardiment; Théodore monta à cheval, et, se portant un des premiers contre l'ennemi, l'obligea bientôt à se retirer en toute hâte à Bastia; puis il se porta dans le Nebbio, qui, ayant reçu des armes de Rivarola, refusait de les rendre. Le châtiment qu'il infligea à cette piève fut sévère; mais il fut aussi d'un exemple salutaire pour celles qui auraient voulu l'imiter (17 juillet 1736).

Les succès obtenus par les troupes de Théodore avaient réduit les Génois aux seules villes du littoral : c'était là un bon résultat; mais un résultat insuffisant. En effet, tant que les Génois étaient maîtres des villes, et qu'ils pouvaient, par leurs croisières, arrêter les secours du dehors, les Corses n'étaient pas maîtres chez eux, et se trouvaient encore à la merci de leurs ennemis, pour les objets qu'il leur fallait nécessairement tirer du continent. Théodore avait bien cherché à monter quelques industries; il avait établi des tanneries, des fabriques d'armes, des salines; il avait fait des règlements très-libéraux pour encourager les étrangers à venir s'établir en Corse, et avait fait battre monnaie (1). Mais toutes ces industries et toutes ces mesures ne pouvaient avoir de résultat sérieux et sensible que dans l'avenir, et le présent était très-fâcheux. Les récoltes avaient été mauvaises; les munitions de guerre étaient épuisées; on était menacé de ne pouvoir conserver les avantages péniblement obtenus; les secours annoncés par Théodore n'arrivaient pas, et le peuple commençait à murmurer. Le roi crut alors nécessaire de convoquer une consulte générale des principaux habitants de l'île, dans le couvent de Casacconi (2 septembre). Il y renouvela ses promesses, rassura les députés sur l'avenir, et déclara que si les secours qu'il attendait n'étaient point arrivés à la fin du mois d'octobre il se démettrait de la couronne. En même temps, pour s'opposer autant

(1) Théodore fit frapper des monnaies d'argent et de cuivre; elles furent très-recherchées sur le continent et sont devenues aujourd'hui fort rares. Le cabinet des médailles de Paris possède plusieurs de ces pièces. L'écu d'argent, très-recherché sur le continent, du vivant même de Théodore, porte son effigie, ornée d'une longue perruque surmontée de la couronne royale; du côté de la nuque se trouvent trois chaînons entrelacés, dont le premier et le dernier sont brisés. La légende est *Theodorus rex Corsice*. Au revers de ce type, dans le champ, est l'image de la Vierge avec la date 1736; la légende est *Monstra te esse matrem*. Les pièces de cuivre portent sur une face, entre deux palmes réunies par le bas et surmontées d'une couronne, les lettres T. R., et, à l'exergue, la date 1736; dans le champ, au revers, *soldi cinge;* en deux lignes dans un cercle : PRO. *Bono. Publico. Ro.* CE.

que possible aux croisières génoises, il fit armer en course de grosses barques, leur donna des lettres de marque; et, rassuré sur les dispositions de ses sujets à son égard, il partit pour le Delà-des-Monts, qu'il n'avait point encore visité.

Dès qu'il fut à Porto-Vecchio, Luc d'Ornano, qu'il avait confirmé quelque temps auparavant dans son grade de capitaine général du Delà-des-Monts, vint le trouver avec une grande partie des principaux habitants de la Rocca, et l'engagea à passer à Sartène, où l'attendaient ses fidèles sujets. Ce fut dans cette ville que Théodore créa son ordre de chevalerie de *la Délivrance,* dont en moins de deux mois il y eut, au dire de Cambiagi, plus de quatre cents membres, qui versèrent au trésor mille écus chacun pour droits de chancellerie. Ce fut aussi dans cette ville que, cédant aux désirs des notables habitants, il créa une très-grande quantité de comtes et de marquis.

Théodore ne fit pas un long séjour dans le Delà-des-Monts, et des événements assez inquiétants l'obligèrent bientôt à retourner au centre de l'île. Pendant son absence il s'était opéré un changement dans l'esprit des habitants de ces provinces. Quelques personnages considérables, comme Hyacinthe Paoli, Aurèle Raffaëlli et le piévan Aïtelli, n'ayant point été satisfaits dans leur ambition, avaient profité du mécontentement général des populations, qui, inquiétées par les Génois, murmuraient de ne point voir arriver les secours annoncés, pour créer un parti qu'ils appelèrent des *indifférents*, parti neutre entre la république et Théodore, et qu'on supposait prêt à embrasser la cause du vainqueur (1). Théodore chercha à ramener les *indifférents* par la douceur; et lorsqu'il vit qu'ils persistaient dans leur résolution, il les déclara rebelles, et fit marcher contre eux ses troupes. Mais ses troupes furent battues, et Dieu sait ce qui serait advenu de la majesté royale, si Giafferi, intervenant à propos, n'eût, par son influence, arrêté l'orage prêt à éclater, et apaisé provisoirement les esprits. En bon prince, Théodore pardonna à ses sujets peu dociles, mais il comprit que sa position n'était plus tenable, et il résolut d'aller lui-même chercher les secours qu'il avait si longtemps promis, et que ses mandataires infidèles semblaient ne vouloir pas lui envoyer.

Il se rendit le 5 novembre à Sartène. Là, il convoqua une assemblée de ses principaux fonctionnaires et officiers, leur exposa qu'il était de toute nécessité qu'il se rendît en personne sur le continent pour accélérer l'arrivée des secours importants qui lui avaient été formellement assurés; il leur recommanda de rester unis entre eux, leur fit prêter serment de fidélité; et, après avoir publié un règlement où il confiait la régence du royaume aux marquis Hyacinthe Paoli, Louis Giafferi et Luc d'Ornano, il partit pour Aléria, escorté d'une suite nombreuse, et s'embarqua sur un bâtiment français avec le garde des sceaux Costa et son fils, Durazzo-Fozzani, le fils de Ceccaldi et quatre personnes à son service. A peine avait-il quitté le rivage de la Corse qu'il faillit être pris par un croiseur génois, qui, par respect pour le pavillon français, n'insista point pour visiter son bâtiment. Il débarqua à Livourne, déguisé en abbé, et partit aussitôt pour Florence, d'où il passa à Rome, puis à Naples, et s'y embarqua pour Amsterdam, laissant en Italie Costa et les autres Corses qui l'avaient suivit en leur promettant bientôt de ses nouvelles.

CHAPITRE II.

LES RÉGENTS DU ROYAUME CHERCHENT A TRAITER DE LA PAIX. — RÉPONSE DE RIVAROLA. — LE PEUPLE VEUT SOUTENIR LA GUERRE. — SUCCÈS DE CASTINETA. — MESURES PRISES PAR LA RÉPUBLIQUE CONTRE THÉODORE. — SA LETTRE AUX RÉGENTS. — MARI REMPLACE RIVAROLA. — SES SUCCÈS, SES DÉFAITES.

(1736-1737.)

Le départ de Théodore ressemblait trop à une fuite pour que les Corses pussent croire à son retour. Aussi eurent-ils alors la conviction qu'il aban-

(1) Cambiagi, t. III, liv. IX.

donnait pour toujours son royaume. Les chefs délégués par lui pour gouverner l'État en son absence en étaient tellement persuadés, qu'ils songèrent sérieusement à traiter avec les Génois pour apaiser les mécontentements du peuple, qui croyait avoir été mystifié par eux et dont le malaise allait toujours croissant. En effet, les *Oriundi* ne cessaient de ravager les campagnes, et répandaient le bruit que la république était prête à accueillir les Corses comme des enfants bien-aimés. On envoya donc quelques députés à Bastia pour traiter de la paix; mais Rivarola, sans daigner même les recevoir, leur fit dire qu'avant tout il fallait déposer les armes et s'en remettre au libre arbitre de la république. Voyant qu'ils ne pouvaient rien obtenir de raisonnable, ils quittèrent la ville; et, portant à leurs mandataires la réponse du gouverneur, ils les engagèrent à persister dans leur résistance. Le peuple alors, par un de ces changements qui font honneur à ses sentiments, déclara qu'il n'aurait jamais d'autre souverain que le roi Théodore.

On sut bientôt à Gênes le départ de Théodore, et la république s'empressa de faire publier une lettre anonyme dans laquelle, continuant son système de diffamation, elle injuriait le pauvre roi absent, et disait qu'il était parti pour aller demander du service à Naples (1er décembre).

Les régents répondirent à cette lettre, qui avait été répandue avec profusion, en taxant de calomnieuses les attaques des Génois, et en protestant de leur dévouement au roi (10 décembre).

Sur ces entrefaites, le chanoine Orticoni, ce zélé et savant patriote, débarqua à Porto-Vecchio avec plusieurs ecclésiastiques, qui venaient se mêler volontairement aux luttes que soutenaient pour la liberté leurs concitoyens. Leur arrivée sembla donner de nouvelles forces au parti national. J.-J. Castineta se mit en campagne avec quatre cents hommes seulement, et dévasta les habitations des partisans des Génois, à Borgo di Marana; de là, passant à Aléria, il ravagea les terres des Panzani de Zuani, dont l'attachement à la république était bien connu, et, revenant ensuite sur ses pas, il se mit à battre de nouveau la campagne aux environs de Bastia. Rivarola fit aussitôt sortir des troupes pour lui donner la chasse. Mais Castineta, qui s'attendait à ce mouvement des Génois, les attira dans une embuscade, et les tailla en pièces.

L'absence de Théodore n'empêchait pas, comme on le voit, les Corses de poursuivre leurs attaques et de tenir leurs ennemis confinés dans les villes. Cependant, les régents, voyant l'hiver s'approcher et voulant assurer le travail des champs et le pâturage des bestiaux, envoyèrent à Bastia une nouvelle députation pour demander un armistice. Rivarola fit répondre aux députés qu'il ne consentirait à une suspension d'armes qu'autant que les Corses, renonçant à demander la garantie de l'empereur, déposeraient les armes et se déclareraient rebelles. Les députés retournèrent pleins d'indignation vers les régents, qui, partageant leur colère, convoquèrent une assemblée générale à Corte, pour le 21 janvier 1737. L'assemblée fut unanime pour décider qu'il fallait verser jusqu'à la dernière goutte du sang national plutôt que d'accepter de telles conditions; qu'on ne devait reconnaître d'autre souverain que Théodore, et que pour soutenir convenablement cette résolution chaque piève aurait à armer le tiers de sa population.

La république sembla s'inquiéter d'une telle décision; elle prit à sa solde trois régiments suisses et se fit prêter trois millions par la compagnie de Saint-Georges; de plus, elle arma en course plusieurs bâtiments et mit à prix la tête de Théodore, de Costa père et fils, et de Michel Durazzo-Fozzani. La récompense qu'elle promettait pour l'assassinat de ces hommes, qu'elle déclarait criminels de lèse-majesté, était fixée par son décret à deux mille génuines (1).

Théodore eut connaissance de ce décret, et il se cacha si bien, pour échapper au poignard des sicaires alléchés par une si forte récompense, qu'on perdit entièrement ses traces. Cependant il trouva moyen de faire parvenir, vers la fin de janvier, une lettre aux régents dans laquelle il les engageait à soutenir ses droits, et leur faisait espérer les secours pro-

(1) Cambiagi, t. III, p. 125.

mis. Cette lettre, sans date de lieu ni d'année, et d'ailleurs excessivement vague, puisqu'elle ne fixait aucune époque, donna lieu à des interprétations diverses.

Les uns, pleins de confiance dans le monarque qu'ils s'étaient donné, se résignèrent à attendre patiemment son retour; d'autres pensèrent qu'il ne reviendrait pas. Ces deux opinions eurent leurs partisans, et on allait vider la question par les armes, lorsque André Ceccaldi, qui était en congé en Corse, et le chanoine Orticoni apaisèrent ces discussions et empêchèrent ainsi une effusion du sang. On chanta alors le *Te Deum*, et on ne songea plus qu'à combattre les Génois. Ceux-ci venaient de remplacer Rivarola par le sénateur Mari. Ce nouveau gouverneur n'était guère plus belliqueux que Rivarola; mais, comme il arrive toujours au commencement d'une administration, il voulut se signaler, et donna l'ordre aux garnisons de Calvi et de Bastia d'agir contre les nationaux. Aux environs de Calvi, les troupes royales qui formaient le siége de la ville furent battues, perdirent quelques hommes et un assez grand nombre de bestiaux (22 mai 1737). Un détachement génois parti de Bastia s'en fut le long de la mer jusqu'à Aléria, où, ayant trouvé des femmes et des enfants occupés au travail des salines, il en fit une affreuse boucherie.

Luc d'Ornano, informé trop tard de cet acte de barbarie, ne put en tirer vengeance immédiatement; mais un conseil de la nation, s'étant assemblé à Corte, décida que puisque les Génois avaient enfreint les lois de l'humanité il ne fallait plus avoir de pitié pour eux, et que tous ceux qui tomberaient entre les mains des nationaux seraient impitoyablement massacrés. Cette décision fut envoyée à Mari pour qu'il n'en ignorât, et Luc d'Ornano se mit à parcourir les côtes à la tête de six cents hommes, dévastant le pays et incendiant les maisons appartenant aux partisans de Gênes.

La république, inquiète de ces nouveaux mouvements, et n'ayant qu'un régiment suisse à envoyer en Corse, prit une résolution extrême, et fit un appel à tous ses condamnés par contumace, offrant de les gracier sous la condition qu'ils iraient combattre en Corse. On peut facilement imaginer ce que devait être cette troupe, presque entièrement composée de gens condamnés aux galères. Les Suisses mercenaires que la république avait engagés se plaignirent d'avoir à combattre en compagnie de tels hommes, et des rixes sanglantes s'élevèrent bientôt entre eux.

Cependant le gouverneur, voyant que les affaires n'avançaient pas, fit aux nationaux des ouvertures de paix, sur les bases du traité qui avait été garanti par l'empereur (1). Mais, quoique les Corses n'ignorassent pas que leur roi était prisonnier à Amsterdam, ils rejetèrent néanmoins ces ouvertures, et déclarèrent qu'ils ne reconnaîtraient jamais d'autre autorité que celle de Théodore. Ils firent mieux : se remettant en campagne, ils resserrèrent de toutes parts les Génois, et allèrent assiéger Bastia. Alors Mari, voulant faire diversion au siége, envoya seize cents hommes au golfe de Valinco pour ravager et incendier le Delà-des-Monts. Cette expédition atteignit en partie son but; mais Luc d'Ornano, étant accouru, lui tua beaucoup de monde, et l'obligea à se rembarquer à la hâte. Il en fut de même pour le détachement débarqué à Campo-More, et que le curé de Zicavo détruisit presque entièrement. En Balagne, Calenzana, soupçonné d'avoir des intelligences avec les Génois, fut incendié. La république avait partout le dessous.

CHAPITRE IV.

LA RÉPUBLIQUE DEMANDE DES SECOURS A LA FRANCE. — CONDITIONS DE CELLE-CI. — LES PROPOSITIONS FAITES PAR GÊNES AUX CORSES, SONT REJETÉES. — MÉMOIRE ENVOYÉ AU ROI DE FRANCE. — CONSULTE DE CORTÉ. — RÉSOLUTION DE SOUTENIR L'INDÉPENDANCE.

(1737.)

Par suite d'une politique défiante et méticuleuse, la république avait jusque-là hésité à demander du secours à une puissance étrangère. L'expérience qu'elle avait faite de l'intervention allemande

(1) Cambiagi, t. III.

n'avait pas été heureuse et lui avait coûté fort cher. Elle craignait les dépenses; car son trésor était obéré. Cependant elle vit bien qu'il n'y avait pas de temps à perdre, et qu'il fallait ou soumettre les révoltés ou renoncer à la Corse. Elle s'adressa alors à la France, et envoya comme plénipotentiaire à Paris le marquis de Brignole Sale pour traiter de cette affaire.

Le cardinal de Fleury, ministre des affaires étrangères, écouta favorablement la demande des Génois, et promit d'intervenir. Depuis quelques années l'attention de la France s'était portée sur les affaires de la Corse. Déjà, dès 1735, M. de Campredon, ambassadeur à Gênes, voyant les difficultés que la république éprouvait à rester maîtresse de la Corse, et craignant que quelque puissance, comme l'Espagne, l'Angleterre, la Sardaigne, et peut-être même le Portugal appuyé par l'empereur, ne vînt à s'en emparer tout à coup, avait proposé à son cabinet de se substituer à la puissance génoise. Ce projet, d'abord accueilli avec empressement, avait été bientôt après abandonné par le cardinal de Fleury, effrayé des difficultés qu'en présentait la réalisation. Ce n'était pas en effet chose facile d'amener Gênes à céder sa souveraineté sur la Corse. Bien que plusieurs voix se fussent déjà fait entendre à ce sujet dans les conseils de cette république, bien qu'il fût évident pour tous que c'était là une souveraineté très-embarrassante et qui devait échapper un jour ou l'autre, néanmoins l'orgueil national, habitué à cette longue possession, se serait révolté à l'idée d'abandonner une île qui procurait aux Génois des avantages honorifiques dont ils n'auraient l'équivalent nulle part. Si donc la république se refusait à céder ses droits à la souveraineté de l'île, il ne restait d'autre parti à prendre que celui de la force, et, dans les circonstances actuelles, rien n'eût été plus facile que de s'emparer de l'île. La présence de quelques soldats eût suffi pour que la France fût reconnue souveraine légitime du pays; mais le cardinal de Fleury n'avait point voulu se donner ce tort envers les Génois, et l'embarras d'une solution équitable lui avait fait renoncer au projet proposé par M. de Campredon (1). Cependant, lorsque le marquis de Brignole Sale vint, au nom de la république, demander l'intervention de la France, il n'hésita pas à l'accorder, car il y voyait un moyen d'entrer dans les affaires de la Corse, et suivant les principes de sa politique expectative, il pouvait espérer quelque chose des résultats de la guerre.

On convint aisément des bases du traité, qui fut signé le 19 septembre 1737.

La France ne faisait que prêter assistance à la république, dont la domination restait intacte en toute chose. Si on l'obligeait à donner la liberté ou à accorder des pardons, elle devait le faire dans la forme ordinaire de ses édits et règlements. La France n'était là que comme garant; mais elle exigeait que sa garantie fût stipulée, sans quoi elle refusait son concours. Elle devait travailler dans un intérêt commun de pacification, mais elle s'engageait à agir par les armes si elle n'y pouvait réussir. Ses troupes n'étaient pas mises sous les ordres des chefs militaires génois, pas même en contact avec les garnisons de la république: elles devaient avoir leurs quartiers séparés; seulement le général français devait s'entendre avec le gouverneur génois, qui restait chargé de fournir aux troupes le logement et les subsistances. La république s'engageait à payer à la France deux millions pour les frais. Le marquis de Brignole Sale proposa au cardinal de Fleury de faire intervenir dans ce traité l'empereur d'Autriche, puisqu'il avait été garant des règlements de 1734; mais l'empereur, occupé de sa guerre avec les Turcs, n'intervint que nominalement, et la France se chargea d'envoyer seule les troupes nécessaires (2).

Ces conditions une fois arrêtées et l'expédition sur le point de partir, la république publia un manifeste dans lequel elle annonçait que l'empereur et le roi de France s'étaient unis pour obliger les Corses à rentrer sous son obéissance. Elle pensait que cette nouvelle amènerait les insurgés à faire leur soumission, et alors elle aurait probablement remercié la France de sa bonne volonté et évité ainsi les dépenses considérables dans lesquelles elle allait

(1) Vincens, *Hist. de Gênes*, t. III, p. 345.
(2) Vincens, *Hist. de Gênes*, t. III, chap. IV.

s'engager. On dit même qu'elle fit faire aux chefs de la nation des propositions dont les principales étaient : 1° Qu'elle consentirait à ce qu'ils demeurassent armés et occupassent toutes les places de l'île à l'exception de Bastia, qu'elle se réservait ; 2° qu'elle consentirait également à ce que des cinq évêchés de la Corse quatre fussent occupés par des nationaux ; 3° enfin, qu'elle leur donnerait deux millions de livres à titre d'indemnité (1). Si elle en vint en effet à faire de telles propositions, on doit croire qu'elle craignait plus le remède que le mal, et qu'elle ne voyait qu'avec un œil jaloux l'intervention de la France.

Quoi qu'il en soit, les Corses n'en demeurèrent pas moins résolus à se défendre. Ils furent surpris et attristés à la fois d'apprendre que la France s'unissait à Gênes pour les accabler. Indépendamment des anciens souvenirs qui les rattachaient à cette puissance, ils avaient toujours montré le plus profond respect pour le roi de France, et lui avaient même offert la souveraineté de leur île. Cependant comme ils ne pouvaient douter des faits avancés par la république, ils s'empressèrent de faire parvenir au roi un mémoire dans lequel, exposant les griefs qui leur avaient mis les armes à la main contre la république, ils le priaient de se souvenir de ce qu'avaient fait ses ancêtres pour la Corse, et de jeter un regard de compassion sur elle. Pour que ce mémoire parvînt à sa destination, ils l'envoyèrent au brigadier Jérôme Boërio, leur chargé d'affaires à Venise, qui le fit tenir au cardinal de Fleury (9 novembre 1737).

En attendant le résultat de leurs démarches près la cour de France, les régents du royaume assemblèrent à Corte une consulte pour connaître l'opinion du pays et aviser selon les circonstances. La consulte se prononça unanimement pour Théodore et l'indépendance (27 décembre). En conséquence, les régents publièrent une circulaire par laquelle ils engageaient les peuples à demeurer fidèlement attachés à leur roi. Au commencement de l'année suivante ils firent imprimer au nom de tous les bons patriotes et répandre en Corse, comme sur le continent, une autre circulaire, dans laquelle ils disaient qu'il fallait se rattacher à Théodore par reconnaissance et par intérêt : par reconnaissance, à cause des secours qu'on en avait reçus et qu'on ne cessait d'en recevoir ; par intérêt, parce que les lois qu'il avait données au pays et les mesures qu'il avait prises assuraient à la Corse un bonheur qu'elle ne devait espérer dans aucune autre position. Les Corses n'avaient pas, à vrai dire, besoin de ces excitations de leurs chefs pour se raffermir dans leur fidélité au roi qu'ils s'étaient choisi : la haine qu'ils avaient pour la domination génoise suffisait pour les éloigner à jamais de la pensée de se soumettre à la république. Mais ils s'y confirmèrent plus que jamais, voyant que leurs chefs en qui ils avaient confiance les y engageaient. Ils résolurent donc unanimement de combattre les Génois et leurs auxiliaires, quels qu'ils fussent.

(1) Cambiagi, *Istoria di Corsica*, t. III, liv. XVII.

CHAPITRE V.

ARRIVÉE DE M. DE BOISSIEUX. — DÉPUTÉS A BASTIA ET OTAGES A MARSEILLE. — RETOUR DE THÉODORE. — PUBLICATION DU RÈGLEMENT DE PACIFICATION. — AFFAIRE DE BORGO ET DE LUCIANA. — NAUFRAGE DE QUATRE VAISSEAUX FRANÇAIS. — MORT DE M. DE BOISSIEUX.

(1738-1739.)

Sur ces entrefaites, l'expédition française, montant à trois mille hommes, arriva en Corse, sous les ordres du général comte de Boissieux (février 1738). On n'avait pas voulu lui donner une trop grande importance, pour ne point éveiller les susceptibilités des puissances rivales, et aussi parce que les Génois avaient dit que la présence seule des Français suffirait pour faire rentrer les insurgés dans leur devoir.

Les instructions données par la cour à M. de Boissieux étaient toutes pacifiques ; il devait chercher à ramener les esprits, et ne devait employer la force que lorsqu'il aurait épuisé les voies de la conciliation. Ce n'était pas là le compte des Génois. Puisqu'ils en étaient venus à solliciter une intervention étrangère, qu'ils regardaient comme très-onéreuse, ils voulaient en tirer tout le profit possible, et s'en servir pour inspirer aux Corses une terreur qui les empêchât de songer désormais à la révolte. Ce fut dans cette vue que le marquis Mari, commissaire de la république à Bastia, sollicita le général de Boissieux à commencer immédiatement les hostilités; mais M. de Boissieux résista à ces conseils, et voulut, avant d'agir, attendre les explications qu'il comptait recevoir des chefs insurgés. Ces explications ne se firent pas longtemps attendre.

Dès que Giafferi et Paoli connurent l'arrivée des troupes françaises, ils s'empressèrent de faire tenir au commandant de l'expédition des lettres par lesquelles ils protestaient de leur dévouement à la France, et déclaraient s'en remettre entièrement à ce qu'elle ferait, sauf toutefois le retour sous la domination génoise, qu'ils repoussaient de toutes leurs forces. Avant de rien entreprendre, de Boissieux envoya à sa cour un courrier porteur d'un mémoire ampliatif qui lui avait été envoyé par Paoli, et dans lequel étaient exprimés tous les griefs que les Corses articulaient depuis longtemps contre la république.

Tandis qu'à Paris on s'occupait d'arranger les affaires d'après les bases que l'on jugeait les plus convenables, M. de Boissieux fit savoir aux chefs de la nation qu'il serait opportun d'envoyer à Bastia des députés avec lesquels on s'entendrait plus facilement qu'on ne pouvait le faire par correspondance. Comme les Corses avaient pleine confiance dans le général français, ils s'empressèrent de satisfaire à son désir en lui envoyant le chanoine Orticoni, le docteur Gaffori, et Cuttoli qui représentait le Delà-des-Monts. De Boissieux accueillit parfaitement ces délégués, eut plusieurs conférences avec eux, et expédia au cardinal de Fleury de nouveaux courriers. La réponse qu'il en reçut fut qu'il fallait, avant toute chose, que les Corses se soumissent à une complète et parfaite obéissance vis-à-vis de Gênes; que c'était là ce qu'exigeait d'abord la France ; que cette déférence aux ordres du roi et à l'autorité légitime de la république serait très-bien vue à la cour, et mériterait aux peuples de la Corse le pardon qu'on était disposé à leur accorder. M. de Boissieux avait ordre en même temps d'exiger des otages qui répondraient de l'exécution des traités à intervenir. Il fit connaître aux généraux la dépêche qu'il venait de recevoir. Ceux-ci répondirent qu'ils étaient dans une profonde douleur de ne pouvoir obtempérer aux ordres du roi de France, qu'ils regardaient comme leur maître, mais qu'ils ne pouvaient consentir à se soumettre à la république, laquelle s'était toujours montrée infidèle à ses promesses et pleine de cruauté à leur égard; qu'il y avait entre Gênes et la nation Corse un abîme qui ne pouvait être franchi; ils suppliaient encore le roi de France de jeter sur eux un regard de miséricorde, et ne cachaient pas la résolution de verser jusqu'à la dernière goutte de leur sang plutôt que de consentir à redevenir les sujets d'un pouvoir aussi oppressif; car, disaient-ils, il vaut mieux mourir que de voir les désastres de la patrie, *melius est mori quàm videre mala gentis nostræ*. Cependant, pour donner une preuve de leur déférence envers le roi très-chrétien, ils envoyèrent les otages qu'il réclamait d'eux et qui étaient une garantie de leur bonne foi. Les plus importants de ces otages furent : Antoine Colonna, Antoine Buttafuoco, Philippe Costa, Alerius Matra, Giuliani et Paoli de Balagne et Gallone ; ils se rendirent d'abord à Bastia, puis on les expédia en France (août 1738).

Les six premiers mois du séjour des Français en Corse se passèrent ainsi en négociations diplomatiques. M. de Boissieux attendait de nouvelles instructions de sa cour, ainsi que le règlement que l'on était en train de rédiger. Ses relations avec les chefs de la nation avaient été jusque-là très-amicales; et il avait lieu de se louer de la franchise avec laquelle ils s'étaient ouverts à lui. Cependant, cette bonne harmonie ne tarda pas à être troublée. La nouvelle de la prochaine arrivée de Théodore en Corse réveilla les esprits en sa faveur. Mari insinua à M. de Boissieux que Paoli et Giafferi, sous des semblants de respect et de dévouement, cachaient l'intention de soutenir le roi qu'ils avaient choisi et de soulever la nation en sa faveur. M. de Boissieux prêta trop légèrement foi à ces discours. Quoique doué d'une certaine sagacité, il ne s'aperçut point de la ruse du commissaire génois, commença à se défier des Corses avec lesquels il traitait, et ne cacha pas les doutes qui étaient nés dans son esprit. Sur ces entrefaites, Théodore débarqua à Aléria avec quelques munitions, fit répandre un manifeste où il appelait à lui toutes les populations, et annonça l'arrivée d'un convoi considérable qui le suivait (15 septembre). L'empressement des populations ne répondit pas à son attente. Les régents qu'il avait nommés, étant en traité avec la France, lui firent savoir qu'il venait trop tard et qu'ils étaient aujourd'hui engagés dans d'autres intérêts. Ainsi abandonné par ses créatures, peu secondé par le peuple, qui ne croyait plus à ses promesses, mis au ban du royaume par une ordonnance de M. de Boissieux, qui déclarait traître et rebelle au roi tout individu qui lui prêterait secours, Théodore crut prudent d'abandonner la partie, et se rembarqua pour le continent.

Quoique cette apparition de Théodore ne fût point inquiétante et qu'elle dût, par son insuccès, prouver à M. de Boissieux que les généraux n'avaient point voulu la seconder, néanmoins il se laissa aller à croire ce que lui insinua le commissaire génois, qu'ils étaient sous main les fauteurs de Théodore, et que leur intention était de le reconnaître de nouveau pour souverain. Il en conçut encore une plus grande méfiance, et prit à Bastia des mesures pour prévenir toute attaque de leur part (1).

Il était encore sous ces fâcheuses impressions lorsqu'il reçut l'édit de pacification signé à Fontainebleau le 18 octobre, par le prince de Lichtenstein, au nom de l'empereur, et par M. Amelot au nom du roi de France, qui se portaient solidairement garants des articles qu'il renfermait. A peine l'eut-il entre les mains qu'il s'empressa de le publier selon les formes voulues, et donna quinze jours à toutes les provinces de la Corse pour s'y conformer.

Ce règlement n'était au fond que la reproduction de celui de 1733. L'envoyé génois à qui on en avait confié la rédaction avait su y laisser la porte ouverte à une foule d'interprétations qui devaient servir plus tard à la république. Les insurgés auraient pu cependant l'accepter dans sa teneur, sauf à recourir au roi de France lorsqu'ils le jugeraient violé par les Génois. C'était l'avis des chefs de la nation, qui convoquèrent immédiatement une consulte à Orezza, pour en donner connaissance au peuple et demander avis sur ce qu'il y avait à faire; mais tandis que les Corses se réunissaient ainsi, disposés à se soumettre à la volonté du roi, M. de Boissieux, qui ne pouvait comprendre que l'on hésitât et qu'on ne voulût accepter qu'après examen, alla établir un poste de quatre cents hommes au Borgo et à Luciana pour recevoir les armes des populations voisines. C'était là comme un commencement d'hostilités; car le terme indiqué pour l'acceptation du règlement n'était pas encore expiré, et le déploiement de la force dans cette circonstance pouvait être regardé comme une provocation.

La nouvelle de l'occupation de Borgo et de Luciana par les troupes françaises ou génoises (car on ne savait au juste lesquelles c'étaient) vint surprendre les Corses à l'assemblée d'Orezza; elle y produisit un effet très-fâcheux : on résolut de recourir aux armes et de repousser la force par la force. On courut en masse à Borgo; le poste français fut attaqué et sommé de se rendre. Le capitaine de Courtois, qui le commandait, fit bonne contenance, et eut le temps de prévenir M. de Boissieux de la position dans laquelle il se trouvait. M. de Boissieux accourut avec deux mille hommes, et M. de Courtois, qui, malgré ses pertes et le feu redoutable des assiégeants, avait tenu bon jusque-là, fut dégagé par ce mouvement du général; mais il lui fallut abandonner ses bagages et ses munitions, et la retraite sur Bastia s'opéra immédiatement. Les Français, ne connaissant pas les localités et attaqués par des ennemis invisibles, perdirent beaucoup de monde; ils purent cependant gagner la plaine de Biguglia, où, s'étant rangés en bataille, ils commencèrent des feux de peloton qui arrêtèrent la poursuite des Corses. Ils rentrèrent

(1) Jaussin, *Mémoires sur la Corse*, t. II, liv. II.

le 14 au soir, à Bastia, harassés de fatigue et presque découragés d'un échec auquel ils étaient loin de s'attendre. M. de Boissieux écrivit aussitôt à la cour ce qui venait de se passer, et pria le roi de lui nommer un successeur, car l'état de sa santé était déplorable, et ne lui permettait pas de suivre plus longtemps les opérations de la guerre.

L'événement de Borgo qui affligeait M. de Boissieux et l'expédition française contrista également beaucoup les généraux corses, qui n'avaient pu le prévoir ; car ils comprenaient parfaitement que la cour de France, irritée de l'affront qu'elle venait de recevoir, allait en tirer vengeance et s'engagerait plus avant dans la lutte. Ils publièrent à cette occasion un manifeste dans lequel ils cherchaient à excuser leur conduite, rejetaient sur l'imprudence de M. de Boissieux toute la responsabilité des événements, discutaient les articles du traité, et finissaient par en appeler à la clémence du roi.

Le cabinet de Versailles apprit avec surprise la résistance opposée à ses volontés. Un événement malheureux vint encore augmenter son irritation. Quatre vaisseaux français qui portaient des troupes à M. de Boissieux firent naufrage sur les côtes de la Corse. Les montagnards accoururent, et, selon la coutume barbare de presque tous les habitants des côtes, qui considèrent comme leurs épaves ce que la mer rejette sur le rivage pendant la tempête, ils dépouillèrent les malheureux naufragés et les emmenèrent prisonniers à Palasca. Il est vrai de dire que Paoli, ayant appris ce qui venait de se passer, s'était empressé de faire donner aux naufragés tout ce dont ils avaient besoin, leur avait fait restituer ce qu'on leur avait enlevé et les avait renvoyés à M. de Boissieux à Bastia; mais la cour, ayant appris cette nouvelle au moment où les esprits étaient vivement préoccupés de la défaite de Borgo, résolut de tirer vengeance de cette nouvelle injure, qu'elle regarda comme personnelle. Elle fit savoir à M. de Boissieux qu'elle lui donnait pour successeur M. de Maillebois, qui devait passer en Corse au printemps de l'année suivante, avec assez de troupes pour mettre les insurgés à la raison, et lui envoya de nouvelles instructions.

Lorsque M. de Boissieux reçut ces dépêches, il était déjà extrêmement malade, et les médecins désespérèrent bientôt de sa vie. La veille de sa mort, il fit venir Gaffori, Orticoni et Cuttoli, et leur signifia qu'ils allaient partir immédiatement pour l'Italie. Une felouque armée les attendait au port, et les transporta le même jour à Livourne. M. de Boissieux mourut le 2 février 1739. Il laissa peu de regrets chez les Corses, qui, sur ses promesses, lui avaient donné des otages qu'on traitait maintenant d'une manière assez cavalière. Mais le marquis Mari, qui, dans les derniers temps, avait su capter entièrement sa confiance et le faire agir à sa volonté, le regretta amèrement; il pensait avec juste raison qu'il ne pourrait avoir la même influence auprès de son successeur, et il eut lieu de voir bientôt que M. de Sasselange, lieutenant-colonel du régiment d'Auvergne, qui prit provisoirement le commandement des troupes, n'était pas d'humeur à suivre ses conseils.

CHAPITRE VI.

ARRIVÉE DE M. DE MAILLEBOIS, SUCCESSEUR DE M. DE BOISSIEUX. — SES PRÉPARATIFS. — DISPOSITIONS DES GÉNÉRAUX CORSES. — PROCLAMATION DE M. DE MAILLEBOIS.

(1739.)

Ainsi que l'on l'avait annoncé, M. de Maillebois arriva en Corse vers la fin de mars 1739. Il débarqua à Calvi avec une partie des troupes qui lui étaient confiées. Son premier soin fut de chercher à connaître le pays où il allait s'engager, d'en étudier les mœurs, et de voir les ressources qu'il pouvait lui offrir; car il n'ignorait pas que l'expédition de M. de Boissieux n'avait été si malheureuse que parce qu'il était resté dans la plus grande ignorance des hommes et des choses de la Corse. Il se trouvait à Calvi depuis quelques jours, lorsqu'on vint lui apprendre qu'un assez bon nombre de nationaux étaient réunis en observation au couvent d'Alziprato; il voulut lui-même pousser une reconnaissance en ce lieu; et pour inspirer une certaine terreur aux insurgés il ordonna à ses soldats de couper les oliviers des territoires de Montemaggiore et de Zilia. Les paysans s'opposèrent tant qu'ils purent à cette dévastation; mais ils ne purent empêcher les soldats de l'accomplir, et M. de Maillebois rentra à Calvi n'ayant perdu que peu de monde. Son séjour dans cette ville ne fut pas de longue durée : il en avait vu assez de la Balagne pour s'assurer qu'elle était d'une occupation facile. Il laissa à M. de Villemur le commandement de la ville, et le chargea de faire travailler aux routes, en attendant l'ordre qu'il lui enverrait de marcher à l'ennemi. Il s'embarqua ensuite pour Saint-Florent, d'où il se rendit à Bastia.

Dans ce court voyage, M. de Maillebois avait jugé, en observant la côte occidentale de Calvi au Cap-Corse, que le point important, pour s'emparer de ce pays, était de s'assurer des défilés qui en commandent l'entrée du côté de l'est, et s'était arrêté à l'idée de s'y essayer tout d'abord. Mais à son arrivée à Bastia il dut s'occuper avant tout de remettre un certain ordre dans l'administration, qui était en désarroi. Il fit fortifier la piève au-dessus de Saint-Florent, fit ouvrir des routes indispensables pour le passage des troupes et de l'artillerie, et fit les approvisionnements nécessaires pour la campagne. Les avant-postes des nationaux s'opposaient à ces différents travaux, en inquiétant par de continuelles escarmouches les soldats qui y étaient occupés; mais ils ne purent les empêcher, et M. de Maillebois se vit bientôt en état de commencer ses opérations. Comme il manquait de fourrages, il voulut aller s'en procurer en Casinca, et fit construire à Bastia un pont de bateaux, qui fut transporté par mer jusqu'à la Porrajola. Les insurgés, qui avaient été instruits de son projet, avaient pris position aux environs du pont en pierre, dont les accès sont très-difficiles, et ils s'attendaient à remporter une victoire complète, lorsque M. de Maillebois, qui avait bien prévu leur mouvement, fit jeter son pont de bois à une lieue environ au-dessous de leur position, y fit passer toute sa cavalerie, prit en Casinca les fourrages dont il avait besoin, et poussa jusqu'à Saint-Pellegrino, où il laissa M. de Larnage avec huit cents hommes. Cette prudence et cette habileté dans l'exécution déconcertèrent tant soit peu les insurgés, qui s'aperçurent qu'ils avaient affaire à un homme avec lequel il fallait compter.

Cependant les généraux ne désespérèrent point; pensant que M. de Maillebois commencerait son mouvement d'attaque par la Balagne et les Costières, comme avait fait le prince de Wurtemberg, ils portèrent toute leur attention de ce côté. Castineta et le docteur Paul-Marie Paoli furent chargés de la défense de la Balagne. Hyacinthe Paoli alla occuper Leuto et les Costières, tandis que Giafferi prenait position sur le Golo et se tenait prêt à lui porter secours.

On se préparait ainsi de part et d'autre aux combats. M. de Maillebois ayant, sur ces entrefaites, reçu le reste des troupes qu'il attendait et qui portaient son armée à un effectif de plus de douze mille hommes, résolut de marcher à l'ennemi; mais avant de commencer les hostilités, il voulut encore essayer des voies pacifiques, et publia la proclamation suivante :

« Sa Majesté ayant été informée que « quelques habitants de l'île, oubliant « ce qu'ils doivent à leur patrie, cher« chent à perpétuer les troubles, et que, « pour mieux réussir dans leurs perni« cieux desseins, ils ont usé de toutes « sortes de moyens pour cacher ou alté« rer le règlement que Sa Majesté a fait « de concert avec l'empereur pour la « pacification du pays; qu'ils ont même « affecté de répandre que la garantie « que Sa Majesté a stipulée en faveur « des Corses n'était ni réelle ni solide; « elle veut bien attribuer à cette sé« duction la témérité qu'ont eue quel« ques habitants de commettre des ac« tes d'hostilité sur ses troupes; mais « comme en même temps elle ne veut « pas confondre avec les coupables les « gens de bien qui gémissent sous la « tyrannie de quelques-uns de ceux qui « se sont arrogé l'autorité, Sa Majesté « nous a ordonné de faire connaître, « pour la dernière fois, qu'elle n'a d'au« tre vue que le bonheur et la tranquil-

« lité du pays, et de déclarer derechef « qu'elle se rend formellement garante « et en son nom de l'exécution de tous « les articles qui ont été ou qui seront « réglés par elle pour la pacification « de l'île; et en conséquence, nous ex- « hortons tous les habitants de prévenir « par une prompte obéissance les mal- « heurs dont ils sont menacés, faisant « savoir que dans le délai de quinze « jours, à compter de la date du présent « avertissement, nous recevrons sous « la protection du roi toutes les com- « munautés et tous les particuliers qui « viendront se soumettre à l'équité de « Sa Majesté; mais que passé ce temps « nous agirons par la force et suivant « les rigueurs de la guerre contre ceux « qui persisteront dans la révolte. »

CHAPITRE VII.

ENTRÉE DE M. DE MAILLEBOIS EN CAMPAGNE. — SES SUCCÈS EN BALAGNE ET DANS LE NEBBIO. — SOUMISSION DU DEÇA-DES-MONTS. — DÉPART DES CHEFS DES INSURGÉS.

(1739.)

Cette proclamation, répandue dans le Deçà-des-Monts, n'ayant produit aucun effet, M. de Maillebois fixa au 2 juin son entrée en campagne. Son plan était, comme l'avaient prévu les généraux corses, de s'emparer de tout le pays qui se trouve entre Saint-Florent et Caccia, du nord au midi, et entre la mer et le Golo, de l'ouest à l'est. Il se serait trouvé occuper ainsi la Balagne, le Nebbio et les Costières, et se serait par là assuré la soumission de la terre de Commune, qui, voyant l'ennemi si bien placé à sa porte, n'aurait osé résister.

En Balagne le maréchal de camp Duchatel commandait en chef et avait sous ses ordres M. de Villemur. Ainsi qu'il en avait reçu l'ordre, il attaqua, le 2 juin au matin, les villages d'Aregno, de Santa-Reparata et de Monticello. Castineta, qui défendait ces différents points, opposa une vive résistance; mais lorsqu'il apprit que M. de Villemur s'était emparé de Lavataggio et des Cattari il commença à battre en retraite. Saint-Antonino et le couvent d'Aregno, où s'était renfermé le docteur Paul-Marie Paoli, favorisés par leur position, résistèrent plus longtemps : ils ne se rendirent que le lendemain, lorsqu'ils eurent appris la soumission des autres villages, et fournirent les armes et les otages qu'on leur demanda. En deux jours la Balagne fut ainsi soumise. Dès le 2 M. Duchatel avait fait prévenir M. de Maillebois du succès qu'il avait obtenu, et cette nouvelle, répandue aussi parmi les nationaux des Costières, y avait fait sensation.

Les dispositions de M. de Maillebois étaient prises de manière que les nationaux, attaqués le même jour sur les différents points qu'ils occupaient, ne pussent se porter secours mutuellement : tandis que M. Duchatel forçait les postes de Balagne, les trois divisions aux ordres du maréchal de camp du Rousset, commandant l'avant-garde de M. de Maillebois, attaquaient simultanément les Costières par trois côtés différents; M. de Lussan, avec le régiment de la Sarre, se porta contre le mont de Tenda; le marquis de Crussol, avec le régiment de l'île de France, attaqua les hauteurs de Bigorno; et M. d'Avarey, avec le régiment de Nivernais, celles de Lento. M. de Lussan et le marquis de Crussol, après une première décharge de mousqueterie, forcèrent à la baïonnette les passages, et s'en rendirent maîtres. Quant à M. d'Avarey, qui se trouvait opposé à Hyacinthe Paoli, comme il éprouva plus de difficulté dans l'attaque, il la suspendit quelques heures pour mieux étudier le terrain. Dans cet intervalle Hyacinthe Paoli apprit que les hauteurs de Tenda et de Bigorno étaient déjà au pouvoir des Français, et qu'ils avaient également obtenu des succès en Balagne. Il jugea qu'il ne pouvait opposer de résistance sérieuse, car il allait être attaqué en flanc par M. de Crussol, et peut-être en queue par M. Duchatel. Il résolut dès lors de ne point combattre, et lorsque M. d'Avarey recommença l'attaque, il envoya vers lui le curé de Lento pour proposer sa soumission. M. d'Avarey en ayant référé à M. de Maillebois, celui-ci lui donna l'ordre de l'accepter. Le lendemain Hyacinthe Paoli fit faire le dépôt des armes, donna les otages, et se retira à Rostino, d'où il fit connaître à Giafferi les événements qui venaient de se passer.

Dans sa position, Giafferi ne devait plus songer à combattre; car il allait être resserré entre les troupes de M. de Maillebois et celles de M. de Larnage, qui occupaient la Casinca; il le comprit parfaitement, licencia une partie des hommes qui étaient avec lui, envoya sa soumission à M. de Larnage, et s'en alla trouver Paoli à Morosaglia.

Le succès obtenu par M. de Maillebois en si peu de temps lui fit présager qu'il ne tarderait pas à voir toute la Corse pacifiée. En effet, la soumission des deux chefs les plus importants fut d'un salutaire exemple pour ceux qui auraient voulu encore résister, et les populations de la terre de Commune s'empressèrent d'envoyer des députés offrir leur soumission. M. de Maillebois s'avança alors plus avant dans l'intérieur, et se rendit d'abord à Pastoreccia, où il reçut les abbés Zerbi, Astolfi, Rostini, et les deux fils de Dominique Rivarola; de là il alla au couvent de Morosaglia, où vint le trouver Hyacinthe Paoli avec son jeune fils Pascal. M. de Maillebois accueillit avec déférence et bonté un homme pour lequel il ne pouvait avoir que de l'estime; ils s'entretinrent longtemps ensemble des affaires du pays; et ils convinrent que pour assurer davantage la tranquillité et ôter tout prétexte aux calomnies des Génois les chefs les plus influents de l'île iraient habiter quelque temps l'Italie; qu'on leur délivrerait des passe-ports, et qu'ils seraient transportés à Livourne sur un bâtiment portant pavillon français. Paoli demanda quelques jours pour prévenir ses collègues et faire ses préparatifs. Peu après, Castineta, ayant appris les arrangements conclus par Paoli, se présenta à Corte, à M. de Maillebois, et tous les chefs, s'étant bientôt réunis dans cette ville, prirent congé de lui, et allèrent s'embarquer à la Padulella, sur des felouques de Caprara portant pavillon français. Les Corses qui se résignaient à abandonner ainsi leur patrie pour en assurer le repos étaient au nombre de vingt-deux, parmi lesquels on comptait Hyacinthe Paoli et son plus jeune fils, Pascal, âgé environ de quatorze ans; Giafferi et son fils; Castineta et ses frères; d Marc Pasqualini (1).

Le départ des chefs les plus influents l'apport des armes effectué par les pièv d'Orezza, Bozio, Alesani, Tavagna, Ca polaro, Moriani, etc., etc., qui donnère aussi leurs otages, assurèrent la soum sion du Deçà-des-Monts. Cependant resta pendant longtemps encore bandes de partisans, à la tête desquel se trouvaient Félix Cervoni de Sover Jules Noël d'Oletta et Muchione Lento, qui inquiétèrent souvent Français dans leurs marches, et leur rent éprouver des pertes sensibles. M Maillebois mit vainement tout en œu pour s'emparer de ces chefs obstin mais comme ce n'était là, après to qu'un incident peu considérable d cette guerre, il ne s'y arrêta pas aut ment, et passa dans le Delà-des-Mon où l'insurrection, entretenue par le ron Frédéric de Neuhoff, neveu Théodore, était toujours menaçante

CHAPITRE VIII.

M. DE MAILLEBOIS VA DANS LE DE DES-MONTS. — SOUMISSIONS. — SISTANCE DE ZICAVO. — POSIT FACHEUSE DES ZICAVESI. — LE SOUMISSION.

Tandis que M. de Maillebois était core à Corte, occupé à arranger les faires du Deçà-des-Monts, il avait ex dié à Ajaccio M. de Comeiras, major régiment de Bassigny, pour y recevoir soumissions des pièves du Delà-d Monts. La plupart de ces pièves, et tre autres celles de Vico, de Cina et d'Ornano, s'étaient empressées d rendre à l'invitation qui leur avait faite. Sartène les avait imitées; et I d'Ornano, après avoir fait sa soumiss à M. de Comeiras, avait été avec sa mille à Corte la renouveler à M. Maillebois, qu'il assura de son dévo ment, ainsi que de celui de l'Istr dont il répondait. Mais à côté de

(1) Paoli et Giafferi allèrent à Naples, où deux furent nommés colonels d'état-ma Quant à Castineta, il passa aussi au servic roi des Deux-Siciles, et fut nommé lieuten colonel du régiment corse qui se forma Lungone pour le compte de ce prince.

populations si bien disposées pour la France, tout Talavo, Carbini, Scopamène et une grande partie de la Rocca, où se trouvaient le baron de Drost et son cousin le baron Frédéric de Neuhoff, refusaient obstinément de se soumettre. Le foyer principal de l'insurrection était au gros village de Zicavo, dont le curé, partisan fanatique de Théodore, excitait les paysans à soutenir sa cause. M. de Maillebois, averti par de Comeiras de ce qui se passait, résolut d'aller lui-même essayer de son influence; et, s'il ne pouvait y réussir, d'obtenir par les armes la soumission.

N'ayant pu, après de nombreux efforts, amener les habitants de Zicavo à se soumettre, et craignant que cet exemple de rébellion ne fût imité par d'autres pièves, il se décida à marcher contre eux avec des forces imposantes. Il envoya M. Duchatel, qui l'avait accompagné, occuper Sartène et le couvent de Tallano, pour contenir le centre de la Rocca. Il ordonna à M. de Valence, qui était à Ghisoni, d'aller attaquer la Bocca-de-Verde et le village de Palneca, et ensuite d'aller camper à la Costa, village situé sur la gauche de Zicavo; enfin, à M. de Larnage, qui était à Bastelica, d'attaquer la Bocca-di-Lera, où étaient retranchés les habitants de Ciamanacce et de Tasso; tandis que lui-même, parti du couvent de Sainte-Marie d'Ornano, marcherait sur Frassetto pour les prendre en flanc.

M. de Larnage força la Bocca-di-Lera l'épée à la main, sans éprouver de grandes pertes, et fut rejoint par M. de Maillebois, qui descendit avec lui sur les bords du Talavo, et alla camper en face de Zicavo. M. de Maillebois expédia alors M. de Larnage vers M. de Valence, qui avait opéré son mouvement et que celui-ci trouva à la Costa; il l'informa que le général le chargeait d'attaquer le 20 au matin la gauche du village, dont M. de Lussan devait attaquer la droite, tandis que M. de Maillebois et lui le prendraient de front. Zicavo fut en effet attaqué d'après ces dispositions; mais il n'offrit aucune résistance. Ses habitants l'avaient abandonné pendant la nuit, pour se retirer sur la haute montagne de Coscione, et il n'y restait que quelques femmes et quelques vieillards. Le village fut pillé, et on incendia les maisons des principaux chefs, et entre autres celle du curé, qui fut complétement détruite.

M. de Maillebois aurait bien voulu attaquer les Zicavesi dans la retraite qu'ils s'étaient choisie; mais il dut y renoncer, à cause des difficultés que présentait l'accès des lieux. Il se borna donc à attendre l'effet que devait produire nécessairement leur séjour prolongé dans un lieu où ils manquaient de tout. Il n'attendit pas longtemps; la faim se fit bientôt sentir, et il fallut se rendre. Les principaux habitants du village, le curé en tête, vinrent faire amende honorable et se soumettre. M. de Maillebois eut des paroles sévères pour le curé, qui avait été le principal artisan de la révolte; il traita les autres avec humanité, exigea le dépôt des armes et les otages. Le curé, envoyé d'abord dans les prisons d'Ajaccio, fut bientôt après embarqué pour l'Italie, avec quelques autres meneurs. Quant au baron Frédéric, il tint encore quelque temps la campagne, vivant misérablement dans les bois, et cherchant à échapper aux poursuites dont il était l'objet. Plus tard, voyant sa cause désespérée, et étant à bout de ses forces, il fit parvenir sa soumission à M. de Larnage, et demanda des passe-ports, qui lui furent accordés.

Le curé et les principaux partisans de Théodore ayant quitté le royaume, la tranquillité se rétablit naturellement. Cependant M. de Maillebois crut devoir laisser, pendant quelque temps encore, un assez bon nombre de troupes dans ces contrées, sous le commandement de M. de Larnage. Il retourna ensuite à Ajaccio, où il s'occupa de l'organisation du régiment que la France prenait à sa solde sous le nom de *Royal-Corse*, et dont M. de Vence était déjà nommé colonel; puis il reprit le chemin de Bastia, pour s'entendre avec le commissaire génois sur les mesures qui devaient rendre la pacification certaine et durable.

CHAPITRE IX.

M. DE MAILLEBOIS A BASTIA. — SES DISCUSSIONS AVEC LE GOUVERNEUR MARI. — DEMANDES DES GÉNOIS AU SUJET DU RÈGLEMENT. — ADMINISTRATION DE M. DE MAILLEBOIS. — FORMATION DU RÉGIMENT ROYAL-CORSE ET D'UN AUTRE RÉGIMENT AU SERVICE DU ROI DES DEUX-SICILES.

(1739-1740.)

Pendant l'absence de M. de Maillebois, le marquis Mari avait administré les affaires du Deçà-des-Monts à sa fantaisie, et n'avait cessé de commettre les actes les plus arbitraires. Il n'était pas de vexations ni de tracasseries qu'il ne fît éprouver aux personnes qui s'étaient loyalement soumises. Pour lui, les Corses étaient toujours des rebelles qu'il fallait punir pour avoir osé résister à leur légitime souverain. Il en voulait surtout à ceux qui tenaient par les liens du sang ou par ceux de l'amitié aux chefs expatriés, et qu'il supposait prêts à prendre la défense de leurs compatriotes opprimés. Les prisons se remplirent de suspects. La femme de Castineta fut arrêtée chez elle, et bientôt après relâchée par l'intercession de l'abbé Rostini, dont le zèle pour ses concitoyens ne pouvait être arrêté par la haine persécutrice de Mari. Quand M de Maillebois fut arrivé à Bastia, il put apprécier par lui-même la conduite du commissaire génois, qui interdisait aux gens de la campagne les marchés de la ville, et les accablait de vexations de toute sorte. M. de Maillebois lui fit de sages remontrances, et à cette occasion il entra en correspondance avec lui sur le concours qu'il devait prêter à sa politique. Dans une de ses lettres il disait : « Je ne puis m'empêcher de vous demander si vous regardez comme vos « peuples ceux que l'armée du roi vous « soumet, ou si vous ne les regardez pas « comme tels, si vous voulez les détruire. Si vous les regardez comme des « hommes qui sont vos sujets, vous « devez leur donner les secours dont ils « ont besoin de toute manière pour leur « subsistance; et vous devez, en ministre sage, faire l'impossible pour « parvenir. J'ajouterai que si vous vc« lez les détruire, les armes du roi « sont point faites pour cet usage; « assurément je ne ferai pas massacı « de sang-froid ceux qui auront recoı « à sa protection et à sa garantie, aiı « qu'il m'a chargé de les en assurer (1) Mari répondait par des subtilités, alléguait ses instructions. Cependa M. de Maillebois, sans s'arrêter à ses o servations et à ses plaintes, reprit haute main dans les affaires, et son a ministration droite et ferme obtint to le succès qu'il devait en attendre. L Corses s'empressèrent d'obéir à ses (dres; et, loin de trouver des esprits ı belles, il s'étonna lui-même de la do lité avec laquelle ce peuple, à qui l Génois avaient fait une si détestal réputation, se conformait aux injon tions équitables qui lui étaient adre sées; ce qui lui fit dire : « J'ai trou « les Corses des démons, et j'en ai fa « des anges (2). »

Toutefois, les mesures prises par marquis de Maillebois ne pouvaie être que provisoires; maintenant que pacification était à peu près complèt il s'agissait d'établir un règlement qu sanctionné par la France, prévînt p sa sagesse les troubles auxquels ava jusqu'alors donné lieu l'administratic arbitraire des gouverneurs génois. I république travailla donc à ce règl ment, et le fit parvenir à M. de Ma lebois dans le commencement de l'ann 1740. Elle crut devoir le faire précéd de considérations générales dans le quelles elle demandait : 1° D'augment les impôts pour pouvoir entretenir u corps nombreux de troupes qui tie drait en respect les nationaux et les en pêcherait de se soulever de nouveau elle disait qu'augmenter les impôts éta un bienfait : car plus un peuple est in posé, plus il s'adonne à l'industrie, po suffire à ses charges; et qu'ainsi le Corses, défrichant leurs terres incultes y gagneraient eux-mêmes; 2° De décr ter la peine de mort contre les chefs de insurgés qui retourneraient dans l'île d'exiler leurs familles, et de confisque

(1) Vincens, t. III, chap. IV.
(2) *Memorie*, t. II.

leurs biens pour donner un salutaire exemple; 3° D'emprisonner et de confiner dans des forteresses tous les prêtres, moines et autres personnes reconnues partisans et fauteurs des chefs de la révolte; 4° D'indemniser avec les biens confisqués ceux qui s'étaient montrés sujets fidèles à leur prince, et avec le surplus d'établir des colonies grecques industrieuses et dociles; 5° De détruire entièrement Nocetta et Loretto, où avait commencé la révolte, et d'obliger les habitants à aller habiter la plaine, ce qui les rendrait moins hardis à l'avenir; 6° De détruire également les maisons, les bois et le couvent d'Alesani, où s'étaient tenues les consultes des insurgés, et où Théodore avait été élu roi; 7° De déclarer criminel quiconque ne dénoncerait pas le détenteur d'armes, et de l'égaler à l'homicide; 8° D'exiler les armuriers d'Orezza, après avoir détruit de fond en comble leurs maisons; 9° De faire des perquisitions chez les particuliers pour découvrir les correspondances et les écrits des insurgés; 10° De n'ordonner prêtres que ceux qui présenteraient à cet effet une autorisation de la république, laquelle, pour les besoins du ministère, fournirait des jésuites; 11° Enfin, d'exiler les habitants suspects et leurs familles, que Sa Majesté pourrait envoyer dans une de ses colonies d'outre-mer.

On comprend sans peine quel dut être l'étonnement du cabinet français en recevant de si sauvages propositions. Cependant il y répondit en les combattant, et déclara à la république que si elle n'apportait pas de notables changements à ce projet, elle pouvait être assurée de ne jamais posséder la Corse. La république ne se hâta pas de se ranger à cet avis, et les choses demeurèrent en cet état d'indécision jusqu'au départ des Français.

Toute l'année 1740 se passa sans apporter de changements notables à la position respective des Français et des Génois. M. de Maillebois continua à diriger d'une manière absolue l'administration du pays, et à ne prêter qu'une attention secondaire aux doléances de la république et de son commissaire. Il s'appliqua à réprimer les désordres qui suivent toujours les moments de troubles; fit poursuivre avec activité et punir sévèrement les bandits et ceux qui cherchaient à réveiller la révolte. Il s'occupa également de favoriser la levée des soldats qui devaient former le Royal-Corse. Le colonel de ce régiment et les officiers supérieurs étaient Français; mais les autres officiers, ainsi que les sous-officiers et soldats devaient être tous Corses. Les emplois de capitaine avaient été donnés en majeure partie aux otages transférés à Marseille, et qu'on avait rendus à la liberté dès les premiers succès de M. de Maillebois. Ces capitaines, personnages influents dans leurs provinces, s'étaient empressés, à leur retour en Corse, d'enrôler tous ceux qui, suspects aux Génois et peu rassurés par le pardon général, se tenaient dans un état d'alarme inquiétant pour la tranquillité publique. Dans le Decà-des-Monts, Arrighi, Buttafuoco, Carbuccia, Grimaldi, Orticoni, Marengo, Matra, Salicetti; dans le Delà-des-Monts, Colonna, Costa, Tavera, Ornano, emmenèrent ainsi un grand nombre d'hommes qu'aurait poursuivis plus tard la haine des Génois. M. de Maillebois, voyant par là diminuer les difficultés de l'occupation, laissa aux capitaines la faculté d'enrôler qui bon leur semblerait, et se débarrassa ainsi du soin de faire poursuivre des hommes qui, comme les Franzini de Croce d'Ampugnani, avaient déjà pris la campagne, et menaçaient de devenir redoutables, lorsque Colonna les enrôla dans sa compagnie.

Mais autant M. de Maillebois favorisait les engagements pour le Royal-Corse, autant aussi il persécutait ceux qui cherchaient à faire des recrues pour un régiment que le roi des Deux-Siciles avait pris à sa solde, et dont Castineta était lieutenant-colonel. Peut-être craignait-il que ces hommes, instruits au métier de la guerre, ne revinssent au premier mouvement en Corse, et n'apportassent à l'insurrection un appui dangereux. A Aleria, il fit pendre le patron d'une felouque napolitaine qui était venu pour recevoir quelques soldats, et il menaça de la même peine le capitaine Dominique Folacci de Bastelica, qu'il fit emprisonner à Corte. Cependant, le roi de Naples, instruit de cette conduite, se plaignit à l'ambassadeur de France, et le cabinet de Versailles ayant fait des observations à M. de Maillebois, il se relâcha de sa sévérité, et beaucoup de Corses purent encore quitter leur pays pour aller à Portolungone.

De cette façon beaucoup d'éléments de troubles disparurent: d'ailleurs quelques hommes considérables, comme le docteur Paul-Marie Paoli, l'abbé Rustini, Luc d'Ornano, qui, à la prière des chefs expatriés, étaient restés afin de protéger leurs concitoyens, employèrent toute leur influence pour ramener les esprits à l'obéissance de la France et rendre la tâche de M. de Maillebois plus facile.

CHAPITRE X.

GÊNES DEMANDE LE RAPPEL DES TROUPES FRANÇAISES. — RÉPONSE DU CABINET DE VERSAILLES. — RAPPEL DE M. DE MAILLEBOIS. — NOMINATION DE DEUX ÉVÊQUES CORSES. — DÉPART DE M. DE MAILLEBOIS.

(1740—1741.)

L'administration sévère, mais juste, de M. de Maillebois, et l'assurance qu'il avait donnée que la France interviendrait désormais dans les affaires du pays, avaient rétabli la tranquillité, et l'on pouvait considérer la Corse comme entièrement pacifiée. La république demanda alors à être rétablie dans les places fortes et à reprendre l'administration : elle y tenait d'autant plus, que le bruit s'était répandu que l'empereur d'Autriche allait, aux termes du traité dont il s'était rendu garant, envoyer six mille hommes pour occuper une partie de l'île; et comme on a pu le voir dans la conduite de Gênes, à différentes époques, dès qu'elle pensait n'avoir plus rien à craindre des Corses, elle commençait à redouter ses auxiliaires, et cherchait par tous les moyens possibles à s'en débarrasser; elle comptait, une fois maîtresse de l'île, remercier l'empereur de ses bons offices et lui déclarer qu'elle allait elle-même faire ses affaires. Mais le cabinet de Versailles répondit qu'il s'était engagé à pacifier la Corse, et que cette pacification ne lui paraissait pas complète; que d'ailleurs, le règlement dont la France s'était rendue garante n'étant pas encore arrêté, elle ne pouvait abandonner ainsi son œuvre inachevée.

La république n'insista pas; mais les événements dont l'Europe devint bientôt le théâtre la servirent mieux dans ses projets que n'auraient pu le faire ses notes diplomatiques. L'empereur Charles VI mourut dans l'automne de cette année 1740. Il ne fut plus dès lors question de l'intervention allemande, et la France vit bien que les embarras qu'allait faire naître la succession à la couronne impériale l'obligeraient à rappeler ses troupes. Comme cependant elle ne voulait pas abandonner tout à coup les peuples qu'elle avait pris sous sa protection, et que d'ailleurs il importait à ses intérêts de ne point laisser, dans les conjonctures présentes, une autre puissance s'emparer des ports de l'île, que les Génois étaient dans l'impossibilité de défendre, elle demanda à la république de lui fournir six pièces de canon pour la défense de Saint-Florent, et de lui laisser armer les autres ports. La république s'excusa en alléguant qu'elle ne pouvait accéder à ce qu'on lui demandait sans rompre la neutralité qu'elle voulait s'imposer dans la guerre présente, et qu'elle suffirait elle-même à la défense de ses ports. Le cabinet de France voulut bien se contenter de ces raisons, et informa M. de Maillebois, que le roi venait de nommer maréchal, qu'il serait bientôt rappelé, et que dès le mois suivant les troupes commenceraient à quitter la Corse.

M. de Maillebois mit à profit le peu de temps qui lui restait, pour rassurer les esprits, indiquer à M. de Villemur, qui devait lui succéder dans le commandement, la conduite qu'il avait à tenir, et donner aux Corses une nouvelle preuve de l'intérêt qu'il leur portait, en faisant nommer des nationaux aux évêchés devenus vacants.

Depuis cent cinquante ans il n'y avait pas eu en Corse d'évêque du pays. Les sièges épiscopaux avaient été continuellement occupés par des Génois, qui ne venaient jamais dans leurs diocèses et se contentaient de toucher à Gênes les rovenus de leurs évêchés. C'était là un des griefs principaux articulés contre la partialité de la république. Dans le règlement proposé par M. de Boissieux il avait été dit que la république ne s'opposerait pas à la nomination des sujets nationaux aux évêchés. M. de Maillebois voulut que cet article eût son exécution. Ayant appris que l'état de la santé de monseigneur Mari, évêque d'Aléria, était désespéré, il s'empressa de dépêcher à Rome son aide-de-camp, O'Sullivan, qui prit le prétexte d'aller rendre hommage à Jacques II, son souverain, afin de ne point éveiller les soupçons des Génois. Cet officier remit au cardinal de Tencin, ambassadeur de France, les dépêches pressantes de M. de Maillebois. M. de Tencin se hâta de faire les démarches nécessaires auprès du pape, qui lui promit d'être agréable au roi de France, et lorsque, après la mort de Mari, les Génois vinrent présenter leur candidat, le pape répondit qu'il s'était engagé vis-à-vis de la France. Les Génois mirent alors tout en œuvre pour le faire revenir sur sa décision, et, n'ayant pu y réussir, ils proposèrent un arrangement, qui consistait à nommer à l'évêché d'Aléria, dont le revenu était de 24,000 livres, un évêque génois, et à ceux de Nebbio et de Sagone, qui ensemble ne rendaient pas 16,000 livres, deux évêques corses. Comme la question d'argent n'était pas la plus importante, et qu'il fallait avant tout établir un précédent, M. de Tencin, craignant d'augmenter les difficultés par un refus, consentit à ce que voulait la république. Ainsi, on nomma à l'évêché d'Aléria monseigneur Curlo, évêque de Nebbio; à celui de Sagone, don Paul Mariotti de la Volpajula, confesseur du couvent de Torre-di-Specchio de Rome; enfin, à celui de Nebbio, le chanoine Romuald Massei de Bastia. M. de Maillebois apprit avant de partir l'heureux résultat de ses démarches; et il put voir, à la reconnaissance que lui témoignèrent les Corses, combien ils appréciaient la justice de la France. Malheureusement l'influence de cette puissance allait bientôt cesser; et il pré it que les choses qu'il avait cherché à mettre dans la bonne voie n'y resteraient pas longtemps. Il fit ses préparatifs, n'épargna pas ses conseils au marquis Spinola, qui avait remplacé Mari, et quitta la Corse, où il laissait des cœurs reconnaissants et attristés. Déjà plusieurs bataillons l'avaient précédé; il emmena avec lui une grande partie de ceux qui restaient, et ne laissa guère à M. de Villemur qu'environ quinze cents hommes (24 mai 1741).

LIVRE X.

Depuis le départ de M. de Maillebois jusqu'à l'arrivée de Paoli.

CHAPITRE PREMIER.

DÉPART DE M. DE VILLEMUR AVEC LE RESTE DES TROUPES FRANÇAISES. — LES CORSES REPRENNENT LES ARMES. — TENTATIVE INUTILE DE L'ÉVÊQUE D'ALÉRIA POUR RÉTABLIR LA PAIX. — RETOUR DE THÉODORE; IL SE REMBARQUE AUSSITÔT, POUR NE PLUS REVENIR.

(1741-1743.)

Le départ de M. de Maillebois était le signe certain de l'intention où était le cabinet français d'abandonner la Corse.

Au mois de septembre suivant, M. de Villemur fut rappelé et s'embarqua avec tout ce qui restait de troupes françaises.

Quoiqu'on s'attendît depuis longtemps à voir les Français quitter la Corse, on ne croyait cependant pas leur départ si prochain, et l'on se berçait de l'espoir de leur voir occuper au moins quelques places maritimes. Mais lorsque les vaisseaux vinrent chercher M. de Villemur et le reste des troupes, on ne put plus douter de l'abandon de la France, et les plaintes devinrent générales. Les provinces du Delà-des-Monts, comme celles du Deçà-des-Monts, envoyèrent des députés vers M. de Villemur pour lui représenter le fâcheux état dans lequel allait se trouver la Corse, désormais à la merci des Génois, qui, n'ayant plus rien à craindre du contrôle des Français, allaient se livrer à l'arbitraire le plus absolu. M. de Villemur écouta ces plaintes, et promit de les exposer à son gouvernement; mais il ne put s'engager davantage, et il partit avec la conviction qu'un nouveau soulèvement allait naître bientôt.

Les Corses ne tardèrent pas, en effet, à reprendre les armes contre la république. Ils avaient trop d'expérience pour se laisser aller à l'idée qu'elle pourrait changer de système et qu'elle exécuterait à la lettre le règlement présenté par M. de Boissieux. Ils prirent donc leurs mesures pour se maintenir dans l'indépendance. On fit prévenir tous les Corses qui étaient sur le continent des dangers qui menaçaient la patrie, et l'abbé Rostini fut dépêché à Naples vers Paoli et Giafferi pour les prier de revenir se mettre à la tête de la nation. Paoli, Giafferi, Salvini, Orticoni et tous les autres patriotes qui se trouvaient en ce moment en Italie, firent leurs efforts pour amener le roi de Naples et celui d'Espagne à leur prêter assistance; mais ils acquirent bien vite la conviction qu'il fallait renoncer à tout appui étranger, et ils prirent dès lors la résolution de ne chercher qu'en eux-mêmes les forces dont ils avaient besoin. Ils se préparèrent donc à rentrer dans leur patrie; et, en attendant, ils firent des provisions d'armes et de munitions.

Cependant l'insurrection éclatait en Corse dans la piève d'Ampugnani, et c'était encore à l'avidité des Génois qu'il fallait l'attribuer. Les Français avaient à peine quitté l'île, que le marquis Dominique Spinola voulut faire lever l'impôt de *deux seini*, cause originaire du soulèvement de 1729. Au lieu de charger les podestats des pièves de ce prélèvement, il expédia des escouades nombreuses de soldats avec ordre de vivre aux dépens des contribuables. L'impôt étant injuste, on refusa de le payer; et l'insolence des soldats de la république ayant porté le comble à l'exaspération des paysans, on courut déterrer quelques fusils soustraits au désarmement; on attaqua les Génois, on les défit et on se saisit de leurs armes.

Ce premier mouvement eut lieu à Croce d'Ampugnani vers la fin de décembre. En janvier 1742, on se réunit en consulte à Orezza. Spinola chercha à entrer en pourparlers, en attendant les troupes qu'il avait demandées à Gênes; il envoya savoir ce qu'on voulait : on lui dit qu'on voulait être déchargé de l'impôt de deux seini. Pour toute répons il déclara que cela ne se pouvait, qu'i fallait acquitter d'abord l'impôt, e qu'on aviserait ensuite. Les esprits s'er aigrirent encore davantage. Une nouvelle assemblée fut convoquée au couvent de Marcasso en Balagne. Monseigneur Curlo, évêque d'Aléria, fut prié d'y assister; c'était un homme de bien, qu gémissait de voir son gouvernemen agir avec tant d'imprévoyance. Il se proposa comme médiateur; on l'accepta et il fut autorisé à faire un arrangemen avec le gouverneur; mais celui-ci prétendit qu'il n'avait aucun pouvoir à ce égard.

En attendant, il levait des compagnies de volontaires, et cherchait à organise de nouveau les *Oriundi*. Toute l'anné 1742 et le commencement de 1743 se passèrent sans événement de quelqu importance. Les Corses manquaien d'armes et de munitions pour recommencer la guerre, et, de son côté, l république ne pouvait encore envoye les secours indispensables pour le combattre.

Vers la fin de janvier 1743, Théodore reparut en Corse. Il vint aborder à l'Île Rousse, sur un vaisseau anglais que lu avait fourni l'amiral Mathews; il fit des distributions d'armes et de munitions et répandit dans la Balagne une proclamation, où il engageait ses fidèles sujets à venir le trouver et à se range encore sous son drapeau. Cette proclamation, dans laquelle il traitait de rebelles Paoli, Giafferi, Orticoni et Salavini, dont le patriotisme n'était mi en doute par personne, loin d'obteni le succès qu'il en attendait, refroidit le peu d'enthousiasme qui aurait pu naître à son arrivée. Cependant, on se porta à bord de son vaisseau pour connaître les ressources dont il disposait. Théodore dit, comme toujours, qu'il était fortement appuyé par des puissances étrangères, qu'il allait disposer de moyens plus que suffisants pour réduire les Génois et rendre à la Corse la liberté qu'elle désirait; mais il refusa de faire connaître les souverains qui avaient promis de l'assister, ainsi que les traités qu'il disait avoir faits avec eux. Alors on lu répondit que l'on ne pouvait plus se fie à ses promesses ; qu'il avait trop abusé de ce moyen, et qu'on le recevrait à bras ouverts le jour où il viendrait avec autre chose que des paroles. Théodore vit bien que c'en était fait de sa couronne; il repartit pour Livourne, et ne reparut plus dans l'île (1).

CHAPITRE II.

CORTE TOMBÉE AU POUVOIR DES PATRIOTES. — ASSEMBLÉE TENUE DANS CETTE VILLE. — LES GÉNOIS ENVOIENT EN CORSE LE SÉNATEUR P.-M. GIUSTINIANI. — DÉCRET QU'IL PUBLIE. — PACIFICATION DE L'ÎLE.

(1741-1745.)

L'arrivée de Théodore avait éveillé la sollicitude du gouverneur génois. Quoiqu'il n'ignorât pas que cet aventurier ne pouvait disposer de grandes ressources, il craignait cependant quelque manifestation en sa faveur, et il songeait à se mettre à l'abri d'un coup de main; il ordonna à la garnison de Corte de se replier sur Bastia. Les Corses, instruits de ce mouvement, s'emparèrent aussitôt de la ville abandonnée, et y convoquèrent une assemblée pour le 27 avril. Cette assemblée décréta qu'à l'arrivée du nouveau commissaire qui devait remplacer Spinola, mort récemment à Bastia, on tenterait des moyens honorables pour arriver à un accommodement avec la république.

De leur côté, les Génois ne pouvant, dans les circonstances présentes, agir avec vigueur contre les Corses, se décidèrent à faire quelques concessions, et envoyèrent dans l'île comme gouverneur P.-M. Giustiniani, sénateur plein de mérite et d'un caractère très-conciliant. A son arrivée, le docteur Limperani d'Orezza alla lui présenter les demandes formulées dans l'assemblée du mois d'avril, et, après quelques discussions sans importance, Giustiniani publia le décret qui suit :

« La sérénissime république, en considération de la tranquillité de ses sujets du royaume de Corse, approuve et décrète ce qui suit :

« 1° Elle accorde un pardon général, avec la remise des tailles, prestations, subsides et autres impositions échues et non prélevées;

« 2° Elle permet de porter les armes, pourvu toutefois que l'on en paye le port;

« 3° Elle abolit l'impôt annuel des deux seini, établi pour la prohibition des armes;

« 4° Nul ne pourra être puni pour les armes prohibées qu'on trouvera sur lui ou dans sa maison;

« 5° On ne pourra augmenter les charges d'aucune espèce sans le consentement des douze nobles en exercice;

« 6° Nul ne pourra être emprisonné, ni subir d'autre peine, pour de simples soupçons, comme cela a eu lieu par le passé;

« 7° On donnera par la suite trois ou quatre évêchés aux nationaux; on leur conférera tous les bénéfices simples, dont quelques-uns pourront être appliqués à l'érection de nouveaux colléges (août 1744). »

Des concessions aussi larges indiquaient suffisamment le désir où était la république de vivre en paix avec les insurgés; et elle obtint ce qu'elle désirait, car jusque vers le milieu de l'année 1745, aucun incident ne vint troubler le repos de la Corse; mais à cette époque les inimitiés s'étant considérablement augmentées et menaçant de redevenir un fléau pour le pays, quelques zélés patriotes, à la tête desquels se trouvait l'abbé Venturini, voulurent remédier à de si grands maux en cherchant à rétablir la paix dans les familles divisées. Toutefois, afin qu'on ne pût donner à leur conduite, toute pacifique, une interprétation malveillante, ils envoyèrent demander au gouverneur la permission de parcourir le pays dans le but que nous avons indiqué. Soit que celui-ci

(1) De Livourne Théodore alla à Londres, où ses créanciers le firent mettre en prison. Il en sortit plus tard en vertu de l'acte d'insolvabilité, et vécut pendant plusieurs années assez misérablement. En 1753, Horace Walpole ouvrit en sa faveur une souscription, qui lui permit de vivre convenablement jusqu'à la fin de ses jours. Il mourut le 11 décembre 1756, et fut enterré dans le cimetière de Sainte-Anne de Westminster. On lui éleva un tombeau fort modeste, sur lequel on inscrivit, en anglais, une épitaphe qui rappelait sa destinée. Les deux dernières lignes portaient :

Le destin grava des leçons sur sa tête vivante;
Il lui donna un royaume et lui refusa du pain.

ne crût pas à la sincérité de la démarche qu'on le priait d'autoriser, soit qu'il craignît l'influence que pourraient acquérir les personnages qui auraient opéré les réconciliations, il refusa par deux fois son consentement. Alors ces zélés patriotes, qui n'avaient agi que par déférence pour le caractère de Giustiniani, qu'ils estimaient, résolurent de se passer de son autorisation; et ayant convoqué une assemblée à Corte ils en reçurent le titre de protecteurs de la patrie, avec mission de réconcilier les familles. Les Corses qui reçurent cette honorable marque de confiance de leurs concitoyens furent l'abbé Ignace Venturini, le docteur Gaffori et Alerius Matra. Ils se mirent aussitôt à l'œuvre, et le succès qu'ils obtinrent fut une compensation suffisante aux tracasseries qu'ils avaient éprouvées de la part du gouverneur génois. A leur voix, les inimitiés cessèrent tout à coup. Les pièves où la fureur de la vengeance était le plus enracinée retrouvèrent le calme qu'elles avaient depuis longtemps perdu; et les protecteurs, après une tournée de quelques mois, purent rentrer à Corte avec la conviction que leur œuvre, durable, conserverait à la patrie des enfants pleins de valeur et dont elle pouvait avoir besoin au premier jour (août 1745).

CHAPITRE III.

TENTATIVE DE LA SARDAIGNE POUR EXCITER DE NOUVEAUX TROUBLES EN CORSE. — ARRIVÉE DE RIVAROLA ET DE L'AMIRAL TAUNSHEND. — ILS SE RENDENT MAITRES DE BASTIA. — CETTE VILLE RETOMBE AU POUVOIR DES GÉNOIS. — RIVAROLA ÉCRIT A TURIN POUR DEMANDER DES SECOURS. — DÉCLARATION DU MINISTRE ANGLAIS. — LES GÉNOIS SONT CHASSÉS DE CORTE. — LES PATRIOTES ASSEMBLÉS DANS CETTE VILLE PROCLAMENT L'INDÉPENDANCE DE LA CORSE, ET EN CONFIENT LE GOUVERNEMENT A UNE SUPRÊME MAGISTRATURE, COMPOSÉE DE GAFFORI, MATRA ET VENTURINI.

(1745-1746.)

Le gouverneur Giustiniani avait refusé, comme nous l'avons dit, de sanctionner la démarche des protecteurs; mais il s'était borné à ce refus, et il n'avait pas cherché autrement à s'y opposer. De plus graves soucis le préoccupaient en ce moment; le bruit s'était répandu que la Sardaigne cherchait à s'emparer de la Corse, et toute son attention était portée de ce côté.

La Sardaigne, en effet, était en lutte avec la république à cause de cette longue et interminable affaire du Final, et elle devait nécessairement chercher tous les moyens de frapper son ennemie. Occuper la Corse ou bien y susciter des embarras à la république était chose trop naturelle pour qu'elle n'y songeât pas sérieusement. Elle avait à son service, en qualité de colonel d'un régiment corse, le comte Dominique Rivarola, patriote ardent et ennemi irréconciliable des Génois. Elle crut pouvoir s'en servir utilement dans ses intérêts. Rivarola se mit en rapport avec ses compatriotes, et il acquit bientôt la conviction que l'intervention du roi de Sardaigne serait favorablement accueillie dans un pays où l'on se serait fait turc plutôt que de devenir génois. Le roi de Sardaigne fit connaître aux cours de Londres et de Vienne l'intention où il était de prêter assistance aux insurgés de la Corse, qui pourraient ainsi occuper les Génois entrés dans la ligue formée par la France. Les deux cours répondirent qu'elles voyaient cette diversion avec plaisir, et l'amiral Taunshend, qui croisait dans la Méditerranée, reçut ordre d'appuyer avec sa flotte les opérations des Corses insurgés. En même temps le roi de Sardaigne expédia Rivarola avec quelques troupes et des munitions de bouche et de guerre.

Au moment où Taunshend arrivait devant Bastia, Rivarola était aux portes de cette ville, avec un corps nombreux de nationaux qui s'étaient ralliés à lui. Taunshend somma de se rendre le gouverneur Mari, qui avait succédé à Giustiniani; celui-ci s'y refusa, et l'amiral commença à bombarder la ville. Les habitants alors obligèrent Mari à se retirer, et ouvrirent leurs portes à Rivarola, qui occupa la forteresse et reçut par acclamation le titre de généralissime du royaume (nov. 1745).

Rivarola ne perdit point de temps; et profitant de la présence de la flotte an glaise, il s'empara de Saint-Florent, de Saint-Pellegrino et de quelques autres points maritimes moins importants. Gaffori et Matra, qui d'abord s'étaient montrés pleins de défiance à son égard et s'étaient refusés à le seconder, convaincus maintenant qu'il n'agissait que dans l'intérêt de la nation, lui prêtèrent l'assistance qu'il devait en attendre.

Cependant la position de Rivarola n'était rien moins que solide; il comprenait parfaitement que si la cour de Sardaigne ne lui envoyait de nouveaux secours, il ne pourrait tenir longtemps contre l'influence des Génois. Quoique Mari eût été obligé de se retirer à Calvi, il ne se regardait néanmoins pas comme battu, et, de loin, il engageait ses partisans de Bastia à se révolter contre le nouveau pouvoir. Bastia était au fond une ville trop génoise pour rester longtemps sous une autre domination que celle de la république; le 15 février 1746, une révolution y renversa le pouvoir de Rivarola; le drapeau de Gênes fut arboré sur la citadelle, et Mari rentra triomphant. Les partisans de Rivarola, livrés au gouverneur sur la promesse qu'on n'attenterait pas à leur vie, furent expédiés à Gênes et pendus, en partie, quelques mois après (1). Rivarola, qui se trouvait à Saint-Florent lorsqu'eut lieu cet événement, accourut mettre le siége devant Bastia; mais il dut bientôt après se retirer, à cause des secours que venait de recevoir Mari, et de la retraite de Matra, que celui-ci avait su gagner.

Retiré à Saint Florent, Rivarola écrivit au roi de Sardaigne et à ses alliés de venir à son aide; et, comme il n'en recevait point de réponse, il dépêcha son neveu, l'abbé Zerbi, pour représenter à la cour de Turin l'embarras dans lequel il était. Les ministres des différentes puissances résidant dans cette ville furent convoqués à cet effet; mais ils montrèrent peu d'enthousiasme pour soutenir la cause des insurgés. L'ambassadeur d'Angleterre déclara que pour sa part il ne donnerait aucun ordre à l'amiral de sa nation, parce que les Corses, désunis entre eux, montraient peu de zèle dans leur propre cause, et parce que la flotte britannique pouvait recevoir un meilleur emploi en croisant sur les côtes de France, de Naples, de Gênes et d'Espagne; qu'il en écrirait cependant à la cour pour savoir ce qu'il avait à faire à l'avenir; qu'en attendant il ne pouvait qu'engager les Corses à se soutenir par eux-mêmes jusqu'à ce que les puissances alliées vinssent à leur secours.

Cette réponse rapportée par Zerbi fut bientôt connue de toute la Corse. Jusque-là la guerre contre la république n'avait été soutenue que par les partisans de l'intervention sarde; elle le fut bientôt par les nationaux, mis en demeure de se défendre.

A Corte, le commandant génois, craignant une conspiration des habitants contre lui, fit tirer le canon contre les maisons de la ville et surtout contre la maison de Gaffori, qu'on lui avait désigné comme le chef de la conspiration. Gaffori courut aux armes, assiégea le commandant dans la forteresse, l'obligea à se rendre avec sa garnison, et lui permit de se retirer à Bastia (7 juillet 1746).

Le soulèvement de Corte détermina celui du centre de l'île. Une assemblée générale tenue dans cette ville, le 10 août, sous la présidence de Venturini, déclara la Corse indépendante, et nomma pour généraux et protecteurs du royaume Gaffori, Matra et Venturini. On forma, sous le nom de *suprême magistrature*, un conseil composé de douze notables personnages qui devaient, à tour de rôle et par tiers, assister chacun des généraux. On décréta que chaque piève élirait un auditeur pour juger les causes civiles, et un fiscal pour juger les causes criminelles. On confisqua, au profit de la nation et pour l'entretien des troupes, tous les biens possédés par les Génois.

CHAPITRE IV.

CONSULTE D'OREZZA. — DIVISIONS ENTRE LES PATRIOTES. — RIVAROLA S'EMPARE DE NOUVEAU DE BASTIA. — IL EN EST CHASSÉ ET FORCÉ DE SE RETIRER A SAINT-FLORENT, OU IL EST ASSIÉGÉ PAR LES GÉNOIS. — IL EST SECOURU

(1) Parmi ceux qui succombèrent ainsi étaient : le major Gentile, l'avocat Marcugo, Rossi, Casella, Sansonetti, Limperani, Guasco, Degiovanni, Raffalli, Morelli. Les autres furent jetés en prison, et n'en sortirent que longtemps après.

PAR L'AMIRAL BINGH, ET S'EMBARQUE POUR LA SAVOIE AVEC GIULIANI. — CONSULTE DE MURATO. — ARRIVÉE D'UN SECOURS DE QUINZE CENTS AUSTRO-SARDES COMMANDÉS PAR CUMIANA.

(1746-1748.)

Une nouvelle consulte fut encore tenue à Orezza le 15 novembre de cette même année 1746 : on y prit différentes mesures d'ordre public, et on informa Rivarola du résultat des délibérations, en l'engageant à aller en personne à Turin demander les secours nécessaires. Mais Rivarola, prévenu par ses amis que c'était là une occasion pour l'éloigner de la Corse, prétexta de ses infirmités, qui l'empêchaient d'entreprendre aucun voyage, et resta à Saint-Florent. Gaffori se formalisa de ce refus, et excita contre Rivarola un soulèvement auquel celui-ci fut obligé de résister par les armes.

On ne peut comprendre comment Gaffori et les autres chefs de l'intérieur se laissèrent aller dans cette circonstance à manifester ainsi leur ressentiment secret contre Rivarola. Ces funestes divisions faisaient à merveille les affaires de Gênes, qui en profitait pour attirer dans son parti les mécontents. Alerius Matra, ayant à se plaindre de Gaffori, accepta le titre de brigadier général de la république, et promit de servir ses intérêts. On chercha également à attirer les autres chefs en leur faisant des offres magnifiques ; mais on ne put les détacher du parti national, et alors on fit courir sur eux les bruits les plus étranges. Gaffori, Venturini et Rivarola n'eurent pas grand'peine à éclairer les nationaux sur les intrigues des Génois ; et ceux-ci, furieux d'avoir manqué leur coup, eurent recours à leur moyen favori, et promirent mille genuines de récompense à celui qui livrerait Rivarola mort ou vif.

L'année 1746 se passa ainsi sans avancer beaucoup les affaires des insurgés. Au mois de juillet 1747, Rivarola, s'étant ménagé des intelligences dans Bastia, s'empara de Terra-Vecchia, et en prévint aussitôt le roi de Sardaigne, en lui demandant des secours. Celui-ci ne put que lui manifester son contentement de le voir persévérer dans sa tâche ; toutefois, il lui expédia quelque munitions, et ne lui laissa pas ignore que la cour de Londres était peu disposée en faveur des Corses, à cause de leur divisions intestines. Rivarola fit de soi mieux pour se maintenir dans Bastia mais il dut bientôt céder aux forces supérieures de Mari, qui, ayant reçu u renfort d'Espagnols et de Français, l'obligea à se retirer dans Saint-Florent, o il alla l'assiéger avec quinze cents hommes (12 septembre 1747).

Dans cette position, Rivarola aurai bien pu tomber aux mains des Génois mais Giuliani, qui commandait en Balagne, accourut à son secours, et forç Mari à se retirer. En même temps, l'amiral anglais Bingh lui expédia de Savone des vaisseaux anglais pour le soutenir. Rivarola et Giuliani profitèrent de cette occasion favorable pour s'embarquer et aller en personne à la cour d Turin (22 octobre 1747).

Le roi de Sardaigne accueillit très bien les généraux corses, et leur fourni des munitions avec lesquelles Giuliani crut à propos de rentrer en Corse, laissant à Rivarola le soin de poursuivre ses démarches.

A son retour, Giuliani trouva les Corses dans la plus grande confusion ; les intrigues des Génois étaient parvenues à les désunir, et cet état de choses pouvant amener une ruine totale, il voulut y remédier : une consulte générale fut convoquée par lui à Murato ; elle dura trois jours, et fut très-animée. Matra, accusé publiquement de trahir la patrie, dut se justifier ; on voulut bien croire à ses protestations, mais pour mettre son zèle à l'épreuve on le chargea de lever mille hommes dans le Nebbio et la Balagne, et de punir avec la dernière rigueur ceux qui parleraient de traiter avec la république. En somme, le résultat de la consulte fut tel qu'on devait l'attendre d'une multitude qui n'avait d'autre intérêt que le bien public. On y décida de soutenir la guerre contre Gênes, en attendant les secours qui devaient arriver du continent (5 février 1748).

Sur ces entrefaites, Rivarola, qui, comme nous l'avons vu, était demeuré à Turin pour poursuivre plus activement son but, obtint des puissances alliées qu'elles feraient passer en Corse des hommes et des munitions. En effet, le 3 mai 1748 le général Cumiana y arriva avec quinze cents Austro-Sardes. Venturini, Gaffori, Matra, se réunirent immédiatement à lui, et tous ensemble allèrent assiéger Bastia. Spinola, qui y commandait, avait fait élever plusieurs bastions et fortifier les murs de la ville. Il repoussa avec vigueur les assiégeants, et les obligea, après quelques jours, à se retirer à Saint-Florent (28 mai 1748). On reconnut alors qu'on ne pourrait s'emparer de la ville sans de nouveaux secours; Gaffori se chargea d'aller les demander à la cour de Turin, et les généraux se partagèrent le commandement en attendant son retour. Cumiana resta à Saint-Florent avec ses Austro-Sardes; Matra alla à Aléria; Venturini à Corte, et Giuliani en Balagne. Quant au Delà-des-Monts, il n'y avait pas à s'en occuper, les Génois n'y ayant fait aucune démonstration hostile.

CHAPITRE VI.

LES GÉNOIS DEMANDENT DE NOUVEAU DES SECOURS A LA FRANCE. — ARRIVÉE DE M. DE CURSAY, A LA TÊTE DE DEUX MILLE FRANÇAIS. — CONCLUSION D'UN ARMISTICE. — DÉPART DES TROUPES AUSTRO-SARDES. — NOUVELLE PACIFICATION.

(1748-1751.)

L'inquiétude avait été très-grande à Gênes, lorsqu'on y avait appris l'arrivée des Austro-Sardes. La république était épuisée, et ne pouvait envoyer de secours. Le peuple se désolait, et criait dans les rues qu'il fallait prier le roi de France d'envoyer tous ses vaisseaux en Corse. Le sénat alla se jeter aux pieds du duc de Richelieu et implorer son assistance; le danger était imminent, car si les Génois venaient à être chassés de l'île, il était fort douteux qu'ils pussent y rentrer jamais. Richelieu eut pitié de Gênes; elle était l'alliée de la France, et il fallait la soutenir : il mit donc deux mille hommes à la disposition du général de Cursay, auquel il ordonna d'aller occuper les places de la Corse.

Les vaisseaux français parurent en vue de Bastia le jour où Cumiana allait tenter un nouvel assaut. Leur présence suffit pour faire renoncer le général piémontais à son entreprise, et M. de Cursay ne trouva plus les ennemis aux portes de la ville. Son premier soin fut de faire fortifier Bastia et de s'emparer de la Paludella. Ses troupes firent contre Barbaggio une tentative qui échoua. Bientôt après, Giuliani reprit Nonza, occupée par les Génois, et de Cursay, considérant que la paix générale était assurée par les préliminaires d'Aix-la-Chapelle, crut inutile de pousser plus loin les hostilités, et proposa aux Corses un armistice sous la garantie du roi de France. Cumiana, qui avait le commandement en chef de l'armée nationale, y consentit. L'armistice n'avait pas de durée limitée : il était subordonné aux événements du continent. Il fixait comme limites aux parties belligérantes le fleuve Tegina : l'intérieur de l'île demeurait dans le même état qu'auparavant (12 septembre 1748). Les choses restèrent en cet état jusqu'au mois de novembre. A cette époque, les troupes austro-sardes quittèrent la Corse, qui, aux termes du traité de paix signé par les puissances au mois d'avril de cette même année, faisait retour à la république.

Le roi de Sardaigne s'était empressé quelque temps auparavant de dépêcher Gaffori à ses compatriotes, pour les engager à se soumettre en attendant des jours meilleurs. Ceux-ci, loin de se rendre à cette invitation, adressèrent une demande au congrès de Vienne, pour être affranchis de la domination génoise; et lorsqu'il leur fut répondu que l'équilibre européen s'y opposait ils n'en persévérèrent pas moins dans la résolution de s'affranchir par les armes du joug de la république. Cependant leur position était difficile; car s'ils ne se soumettaient ils allaient avoir de nouveau à combattre les Français, auxiliaires des Génois.

M. de Cursay vit leur embarras, et comme il avait pu, depuis qu'il était en Corse, apprécier la loyauté et le courage de la nation, il s'intéressa vivement à sa cause, et chercha les moyens d'éviter une guerre imminente. Dans une première conférence, qu'il eut à Biguglia avec les chefs des insurgés, il les amena à accepter la médiation du roi de France; puis, peu de temps après, ayant reçu de sa cour une réponse satisfaisante aux dépêches qu'il lui avait adressées, il eut avec les mêmes chefs une seconde conférence à Corte, où il leur exposa les intentions bienveillantes du roi à leur égard, et les détermina à se soumettre à sa propre autorité. Comme les Corses avaient la plus grande estime pour le caractère honorable de M. de Cursay, ils n'hésitèrent pas à se confier à lui, et lui remirent la place de Saint-Florent, qu'ils avaient occupée après le départ de Cumiana, celle de Corte et les forts de l'île Rousse et de Saint-Pellegrino. L'intervention de M. de Cursay pouvait être très-utile à la république, et déjà il avait obtenu sans dépense et sans effusion de sang ce qu'elle n'aurait pu acquérir que par de grands sacrifices. Elle devait donc considérer comme très-avantageuse pour elle l'occupation par ses alliés de positions aussi importantes. Il en fut cependant autrement, et, prenant ombrage de l'influence qu'acquérait chaque jour M. de Cursay sur l'esprit des nationaux, elle se plaignit au cabinet de Versailles de ce qu'il traitait les affaires de la Corse sans la consulter et sans la faire intervenir. M. de Cursay reçut alors de nouvelles instructions, par lesquelles on lui déclarait que l'intention du roi était que les Corses retournassent sous la domination de la république. Il assembla aussitôt une consulte à Corte, y exposa les motifs d'intérêt général qui obligeaient Louis XV et les autres puissances à demander aux Corses de se soumettre à la république, et sut tellement captiver la confiance de l'assemblée, que Gaffori, Venturini et Giuliani, se levant spontanément, signèrent une feuille en blanc, et la lui remirent pour qu'il réglât lui-même les clauses de leur soumission.

CHAPITRE VII.

ADMINISTRATION DE M. DE CURSAY. — ARRIVÉE DE M. DE CHAUVELIN. — CONVENTION DE SAINT-FLORENT. — DIFFICULTÉS ENTRE M. DE CURSAY ET LE MARQUIS GRIMALDI. — M. DE CURSAY EST RAPPELÉ. — GAFFORI EST NOMMÉ GOUVERNEUR GÉNÉRAL. — IL EST ASSASSINÉ. — NOMINATION D'UNE NOUVELLE MAGISTRATURE SUPRÊME.

(1751-1755.)

M. de Cursay, qui avait dès lors tous les moyens d'arranger les affaires des Génois et des Corses, n'en abusa point; il établit les choses sur un pied d'équité utile aux deux partis; mais les Génois firent naître des difficultés, et il y eut même des rixes sanglantes entre leurs troupes et les Français. « Toutefois, M. de Cursay gouvernait l'île avec une grande sagesse. Il était affable, courtois et très-impartial. Aucun motif d'intérêt privé n'arrêtait son zèle pour le bien général. Il se faisait aimer des bons, craindre des méchants et estimer de tous; il apaisa toutes les inimitiés, et ne craignit point de mettre la main là où il pouvait établir la paix. Lorsqu'il voulut faire rétablir les routes, construire des ponts et faire d'autres travaux d'intérêt général, il vit accourir pour les exécuter les peuples qui jusque-là n'avaient jamais voulu s'en occuper. Il voulut aussi faire construire un port au Macinajo, et prit d'autres dispositions excellentes; mais lorsqu'il était au plus beau de son œuvre, il dut y renoncer, parce que la république, ne pouvant souffrir une influence qui l'empêchait d'exercer son despotisme, fit si bien auprès de M. de Chauvelin, ministre plénipotentiaire de sa majesté très-chrétienne à Gênes, qu'elle le détermina à passer en Corse pour y faire un règlement et en éloigner M. de Cursay et ses troupes (1). »

M. de Chauvelin arriva, en effet, en Corse le 8 juillet 1751. Il convoqua une assemblée générale à Saint-Florent, y parla de la nécessité, pour la Corse, de rentrer sous la domination génoise; et les esprits y étant préparés, on arrêta les conventions suivantes :

« 1° La république entretiendra dans les villes une garnison aux frais des communes du royaume.

« 2° Le commissaire général résidera à Bastia, et il aura la direction des affaires civiles et militaires.

(1) Cambiagi, t. III, liv. XX.

BIBLIOTHÈQUE ROYALE

« 3° Trois évêchés seront toujours attribués aux nationaux.

« 4° Les causes criminelles seront jugées à Bastia, avec l'assistance de neuf assesseurs corses.

« 5° Les causes civiles seront jugées par deux assesseurs, un génois, l'autre corse.

« 6° Tous les juges, podestats et autres employés seront corses.

« 7° Les nationaux pourront commercer avec toute puissance étrangère.

« 8° On pourra introduire dans l'île toutes les sciences et tous les arts. »

Après la signature de ce règlement, M. de Chauvelin retourna à Gênes, laissant à M. de Cursay le soin de s'entendre avec le marquis Grimaldi, commissaire de la république, sur l'exécution de cet acte. Mais des difficultés s'élevèrent bientôt entre eux à ce sujet, et M. de Cursay se retira à Ajaccio pour éviter de plus grandes discussions (janv. 1752); mais les esprits s'étaient déjà aigris. Grimaldi et M. de Cursay rompirent ouvertement. Les Français et les Génois prirent fait et cause pour leur chef respectif; on en vint aux mains, et la Corse fut divisée en deux camps. A Ajaccio, les Génois et leurs partisans, étant en très-grand nombre, mirent en danger les jours de M. de Cursay. Gaffori accourut à son secours, et les Génois ne purent rien faire contre les Français. Mais ils portèrent leurs plaintes à la cour de Versailles, et dénoncèrent M. de Cursay comme l'artisan de tous les troubles. Ils menèrent si bien leurs intrigues, qu'ils fut rappelé et envoyé prisonnier à Antibes (1). Le colonel Curcy, qui le remplaça, n'osa prendre aucune mesure contre les empiétements du gouverneur génois, et les Corses, se voyant abandonnés par le départ de M. de Cursay, résolurent de reprendre l'offensive.

Une assemblée fut à cette fin convoquée à Orezza; Gaffori y fut nommé seul gouverneur et général de la nation, et chargé de veiller au salut de la patrie. Comme le bruit s'était répandu que les Génois allaient occuper les présides, il rassembla quelques troupes, et se porta sur Corte, dont il s'empar[a]. Bientôt toute la Corse, à l'exception d[e] Bastia, Calvi, Saint-Florent et Bonifaci[o], fut au pouvoir des nationaux. L'insur[rection], organisée vigoureusement, e[t] menée par une main habile et ferme, était en ce moment on ne peut plus re[doutable]. Les Génois virent l'imminenc[e] du danger, et crurent s'y soustraire e[n] tramant la mort de Gaffori. Ils gagnè[rent] les Romei de Corte, ses ennemi[s] personnels, et firent entrer dans la cons[piration] son propre frère Anton Fran[cesco]. Le 3 octobre 1753, comme Gaf[fori] revenait d'une de ses propriétés, le[s] conjurés l'assassinèrent, et coururent s[e] réfugier à Bastia. Le frère de Gaffor[i] ne put cependant s'échapper, et quelque[s] jours après il fut roué vif.

La mort de Gaffori causa une douleu[r] profonde dans toute l'île. Une assemblé[e] générale fut convoquée à Corte pour l[e] 22 du même mois; on y célébra en grand[e] pompe les funérailles de l'un des plus illustres et des plus chers enfants de l[a] Corse; puis l'assemblée s'occupa des intérêts présents. Une nouvelle constitution fut décrétée, et l'exécution en fut remise à une suprême magistrature composée de Clément Paoli, Thomas Santucci, Simon-Pierre Frediani et le docteur Grimaldi.

Pendant deux ans la suprême magistrature exerça ses fonctions avec zèle et intégrité; mais ayant reconnu qu'il fallait, pour diriger avec succès les affaires du royaume, une unité d'action qui lui manquait, elle résolut de résigner son pouvoir entre les mains d'un seul chef. Ses yeux s'arrêtèrent sur Pascal Paoli, alors officier au service de Naples, et elle l'invita à revenir dans sa patrie, pour y prendre le lourd fardeau du gouvernement.

LIVRE XI.

De l'arrivée de Paoli à la prise de possession de la Corse par les Français.

(1755-1769.)

CHAPITRE PREMIER.

ARRIVÉE DE PAOLI. — IL EST PROCLAMÉ GÉNÉRAL DE LA NATION. — RÉVOLTE DE MARIUS EMMANUEL MA-

(1) M. de Cursay ne tarda pas à se justifier des calomnieuses accusations des Génois; et Louis XV, ayant reconnu son innocence, le nomma lieutenant général et gouverneur de Bretagne.

TRA. — SES SUCCÈS CONTRE PAOLI. — MATRA VA OFFRIR SES SERVICES AUX GÉNOIS.

(1755.)

Pascal Paoli, sur qui se portaient alors les espérances de ses concitoyens, était le plus jeune des fils d'Hyacinthe, qui l'avait emmené avec lui en exil, et l'avait élevé dans le culte de la patrie. Heureusement doué par la nature, le jeune Pascal mit à profit les leçons de ses habiles professeurs, et quand il fut appelé en Corse, il était parfaitement propre à entrer dans la vie politique. Il avait alors environ trente ans; il était d'une haute stature, d'une figure agréable et imposante, et d'une grande élégance de manières; aux qualités du corps il joignait un esprit vif et pénétrant, un jugement solide et une rare intelligence des hommes et des choses. A peine sorti de l'école militaire, il avait fait partie d'une expédition dans les Calabres, et s'y était fait remarquer par sa bravoure. Le vieil Hyacinthe avait toujours entretenu son fils aîné, Clément, des succès de Pascal, et lorsque le fardeau du pouvoir devint trop lourd pour lui et pour ses collègues, Clément sut habilement proposer son frère, qui, par cela même qu'il avait toujours été éloigné de la Corse, pouvait inspirer plus de confiance aux différents partis et imposer à tout le monde.

Sur l'invitation des chefs du gouvernement, Pascal Paoli se rendit en Corse au mois de juillet 1755. Un édit de la suprême magistrature, en date du 15 du même mois, puis une délibération de la consulte nationale de Saint-Antoine de la Casabianca lui conférèrent le titre de général avec des pouvoirs assez étendus. Paoli refusa d'abord cet honneur, s'excusant sur l'importance de la charge; on lui répondit qu'il y aurait plus de mérite à la remplir : il demanda un collègue; mais on avait fait une trop triste expérience du gouvernement partagé pour en vouloir encore, et on dut encore lui refuser.

Paoli, ne pouvant plus alors décliner l'honneur qui lui était offert se résigna de bonne grâce, et commença à prendre la direction des affaires. Assisté d'un conseil d'État consultatif, son premie soin fut de chercher à faire naître l tranquillité, en apaisant les *vendett* qui désolaient certains cantons. Il s mit en tournée à cet effet, s'informa de causes de discordes, ramena les esprit irrités, et parvint, par son éloquence e par la promesse d'une sévère justice, rétablir la tranquillité perdue. L'application rigoureuse qu'il fit des règlements à un de ses parents, qui s'étai rendu coupable d'un meurtre, fut d'u très-bon exemple; et dès que l'on vit qu la loi était assez forte pour punir le coupables, on ne songea plus à se fair justice soi-même; les inimitiés diminuèrent, et bientôt même on les vi cesser presque tout à coup.

Rassuré de ce côté, Paoli allait porte son attention sur les autres parties d gouvernement, lorsqu'il en fut distrai par la guerre personnelle que vint lu faire Marius-Emmanuel Matra.

D'une ancienne et très-influente fa mille de caporaux, Matra avait vu ave peine l'élévation de Paoli au généralat Il croyait que pour les services qu' avait rendus comme membre du gouvernement, pour sa bravoure incontes tée, et enfin à cause de la noblesse d sa maison, cet honneur lui était réservé ou tout au moins qu'il aurait pu le par tager. Mais la consulte ayant déclar qu'elle ne voulait qu'un chef, et so choix étant tombé sur Paoli, il avait conç contre celui-ci une haine d'autant plu violente, qu'il pouvait supposer que cett élection avait été faite pour l'écarter Retiré dans son village de la piève d Serra, il se préparait à la révolte, lorsqu Thomas Santucci d'Alesani, ancie membre du gouvernement, à qui Paol venait de refuser la grâce d'un coupa ble, alla le trouver, et lui offrit de le ver en sa faveur l'étendard de la révolt contre le nouveau chef. Matra accepta Santucci, les Colombani, les Cattoni les Pauzani et tous leurs adhérents, très nombreux depuis le Fiumorbo jusqu'à Orezza, se réunirent au couvent d'A lesani, et l'élurent pour leur général.

Cette rébellion, arrivant au commence ment d'un gouvernement encore mal as suré, pouvait avoir pour Paoli les con séquences les plus fâcheuses; il cherch donc à la comprimer tout de suite. D

Verde, ou il était, il marcha sur Alesani; mais Matra, qui était maître des défilés de Cortello et de Corniale, l'attaqua, lui tua beaucoup de monde, et l'obligea d'abord à se retirer à Campoloro, puis à gagner la Tavagna en passant par Moriani. Paoli, en attendant les secours qu'il avait envoyé quérir de toutes parts, expédia le capitaine Piazzole, à la tête d'un assez bon nombre de fusiliers, pour s'emparer du couvent d'Orezza; mais encore cette fois Matra, qui occupait ce poste, tailla en pièces les soldats envoyés contre lui, et Piazzole ne se sauva qu'avec peine.

La position de Paoli devenait critique. Si son ennemi, moins confiant dans ses forces, se fût porté immédiatement contre lui, il aurait pu être facilement vaincu; il vit le danger, et, cherchant à gagner du temps, il envoya proposer à Matra de suspendre les hostilités et d'en appeler de leur différend à une consulte générale. Matra refusa, persuadé qu'une consulte ne voudrait pas d'un citoyen qui recourait aux armes pour se faire nommer général. En attendant, les populations de la terre de Commune, averties du danger qui menaçait leur général, accouraient à son secours. Bientôt Paoli se vit à la tête d'environ trois mille hommes, et il marcha contre Matra, lequel, abandonnant Orezza, se retira successivement à Alesani, en Serra, et enfin à Aleria. De là, tandis que les paolistes incendiaient ses propriétés et celles de ses amis, il appelait aux armes tous ses partisans de Rogna, de Castello et d'Aleria. Lorsqu'il se crut assez fort, il marcha de nouveau sur Orezza; mais les Ciavaldini gardaient les défilés, et il ne put pénétrer dans cette piève. Il essaya une attaque contre le couvent; il fut encore repoussé, et, Paoli étant accouru avec son monde, il dut se replier sur Aleria.

Jusque-là Matra n'avait agi que pour son propre compte; c'était une querelle à vider entre lui et Paoli, un intérêt personnel, augmenté de celui des mécontents, toujours nombreux au commencement d'une nouvelle administration, et dans un pays où l'indépendance individuelle rendait très-difficile l'application régulière et homogène du gouvernement. La défaite qu'il venait d'éprouver, l'incendie de ses propriétés et de celles de ses amis l'exaspérèrent, et le portèrent à demander à un pouvoir étranger la force qui lui manquait. Il s'embarqua donc pour Bastia avec sa famille et ses amis, et alla auprès du gouverneur génois réclamer l'assistance dont il avait besoin pour poursuivre sa vengeance (septembre 1755).

CHAPITRE II.

GÊNES FOURNIT A MATRA DES SECOURS EN ARGENT ET EN SOLDATS. — IL EST VAINCU ET TUÉ AU COUVENT DE BOSIO. — GÊNES DEMANDE DES SECOURS A LA FRANCE. — ARRIVÉE DE M. DE CASTRIES.

(1755-1756.)

Le commissaire génois, voyant dans ces divisions des nationaux un moyen de rétablir la puissance de la république, fit le meilleur accueil à Matra, et l'engagea à aller lui-même adresser sa demande au sénat. Matra obtint à Gênes tout ce qu'il voulut, et il ne tarda pas à venir à Aleria recommencer la guerre (janvier 1756).

Pendant son absence, Paoli l'avait déclaré rebelle, ainsi que ses partisans; et, comme il prévoyait qu'il reviendrait bientôt avec des forces imposantes, il avait pris ses mesures pour le combattre. Dès qu'il fut informé de son retour, il alla camper à Calviani; mais comme il vit que Matra ne bougeait pas, il laissa au camp Valentini et Piazzole, et s'en alla à Pietra di Verde. Peu après, Matra, ayant reçu huit cents hommes de troupes de Bastia, sortit du fort à l'improviste avec cette troupe et une assez grande quantité de paysans qu'il avait recrutés, et marcha rapidement sur Verde pour y surprendre Paoli. Celui-ci, prévenu du danger qui le menaçait, et ne pouvant opposer de résistance avec le peu de monde qu'il avait, songea à se retirer à Corte, et précipita sa marche de ce côté. Arrivé au couvent de Bosio, il pensa que l'ennemi n'oserait le poursuivre jusque-là, et qu'il pourrait y attendre en sûreté Valentini, qui devait avoir quitté Calviani pour prendre Matra en queue. Mais à peine s'était-il renfermé dans le couvent qu'on vit apparaître Matra avec tout son monde;

le couvent fut bientôt cerné de toutes parts, et pour hâter la prise de Paoli on commença à mettre le feu aux portes. La position des assiégés était on ne peut plus critique. Ils ne pouvaient opposer de résistance à un ennemi dix fois plus nombreux. L'incendie allait gagner l'intérieur du couvent et les étouffer, quand tout à coup on entendit résonner le cornet sur les hauteurs de Sermano et la fusillade s'engager entre les troupes des capitaines Valentini et Clément, accourant au secours de leur général, et celles de Matra. Le combat fut court et très-meurtrier; on dit que Matra y fit des prodiges de valeur; mais ayant reçu un coup de feu au genou, la terreur se mit dans ses troupes, qui prirent la fuite, laissant leur capitaine à la merci du vainqueur. Matra, ainsi abandonné, fut achevé d'un coup de fusil; et Paoli, délivré d'un redoutable ennemi, fit retomber sa colère sur ses partisans, qui furent jetés en prison ou envoyés en exil (mars 1756).

L'infructueuse tentative de Matra contrista quelque peu la république, qui en avait espéré un meilleur résultat. Craignant que le succès remporté par Paoli ne le portât à attaquer les villes du littoral, elle se hâta d'en faire augmenter les fortifications; enfin, comme le bruit s'était répandu que les Anglais avaient le projet de s'emparer de quelques-unes de ces villes, elle pria la France d'y envoyer des troupes pour les défendre dans cette éventualité; et la France, qui avait intérêt à ce que les Anglais ne prissent point pied en Corse, ne se fit pas prier : elle y envoya trois mille hommes sous le commandement de M. de Castries (novembre 1756).

CHAPITRE III.

M. DE VAUX, SUCCESSEUR DE M. DE CASTRIES. — DÉPART DES TROUPES FRANÇAISES. — LES HOSTILITÉS RECOMMENCENT.

(1756-1760.)

L'arrivée des troupes françaises donna quelque inquiétude à Paoli; ne voulant pas s'en rapporter à ce qui se disait généralement, que ces troupes n'étaient venues que pour s'opposer aux tentatives que pourraient faire les Anglais, i envoya un député au comte de Vaux qui avait remplacé M. de Castries, pou connaître la vérité. M. de Vaux répondi que le roi portait un grand intérêt au Corses; qu'il avait reçu l'ordre d demeurer entièrement neutre entr eux et les Génois, et qu'il ne devai agir que contre les Anglais. Cette déclaration rassura Paoli; bientôt d'excel lents rapports s'établirent entre lui et le Français, et ils se maintinrent tant qu ceux-ci séjournèrent dans l'île.

Dès le commencement de son généralat, Paoli s'était employé à réorganiser l'administration, qu'il avait trouvé en très-mauvais état. Déjà, en 1756, i avait régularisé les impôts et établi de directeurs des finances; en 1758 il publi de nouvelles lois sur le commerce, qu établissaient des rapports équitables en tre les habitants des présides et ceu de l'intérieur; mais lorsqu'il vit que le Bastiais, loin d'être reconnaissants de c qu'il avait fait pour eux, intriguaien contre lui dans le Cap-Corse, il défen dit, sous des peines très-graves, aux ha bitants de l'intérieur tout trafic ave eux, et fit fortifier Furiani pour les teni en respect.

En 1759 les Français remirent au Génois les places qu'ils occupaient, e retournèrent en Provence. Le marqui Grimaldi, commissaire génois, crut alor le moment opportun pour attaque Furiani, qui l'inquiétait. Il vint l'assié ger avec deux mille hommes, le bom barda pendant quarante jours, et aprè l'avoir réduit en cendres, il command l'assaut, qui fut repoussé. Il ne fut pa plus heureux dans une seconde attaque et fut obligé de rentrer à Bastia, d'o il fut rappelé par la république, qui re nonçait à toute idée de conquête.

Paoli profita du départ de Grimald pour relever Furiani de ses ruines. I chercha aussi à s'emparer de Bastia e de Saint-Florent au moyen des intelli gences qu'il avait avec Serpentini et le Gentili; mais ces tentatives échouèrent et les choses en restèrent là.

CHAPITRE IV.

ARRIVÉE D'UN VISITEUR APOSTOLI QUE EN CORSE. — PAOLI DÉLIVR

DES LETTRES DE MARQUE CONTRE LES GÉNOIS ET FAIT BATTRE MONNAIE. — LA RÉPUBLIQUE ENVOIE DES COMMISSAIRES AUX CORSES.

(1760-1761.)

Sur ces entrefaites, l'arrivée en Corse d'un visiteur apostolique, chargé par le pape de rétablir l'ordre dans l'administration ecclésiastique, excita au plus haut point la colère des Génois. Depuis longtemps les Corses demandaient au saint-siége d'envoyer un prélat pour remédier aux abus qui s'étaient introduits; mais les Génois avaient, par leurs intrigues, arrêté l'effet de cette demande. Cependant Paoli parvint à déterminer Clément XII; la république s'irrita vivement de cette atteinte portée à ses droits, et elle publia un édit par lequel elle faisait défense à ses sujets d'obéir à l'envoyé de Rome, et offrait 6,000 écus de récompense à celui qui le livrerait entre ses mains (avril 1760). La querelle entre le pape et la république s'envenima alors au point que le pape menaça de l'excommunier. En attendant, monseigneur d'Angelis, évêque de Ségni, le visiteur apostolique envoyé par Rome, vivement secondé par Paoli, commença à remettre les choses sur un bon pied, sans s'inquiéter des récriminations et des injures qui lui étaient adressées de Gênes.

De son côté, Paoli poursuivait le cours de ses améliorations; comme les Génois empêchaient par leurs croisières l'arrivage des marchandises destinées à la Corse, il essaya d'enlever cet obstacle en créant une marine pour les combattre, et offrit des lettres de marque aux nationaux et aux étrangers qui voudraient aller en course contre eux (20 mai 1760). Plus tard, il créa une commission sanitaire, dont la vigilance rassura les habitants des côtes contre les dangers des débarquements fortuits. Peu de temps après avoir repoussé une nouvelle attaque des Génois contre Farinole, il commença à faire battre monnaie; et comme on manquait d'argent, il fit un appel à tous les vicaires forains, qui lui envoyèrent tous les objets de quelque valeur qu'ils avaient dans leurs églises, ne se réservant que les choses absolument indispensables. Nonza fut relevée, et un lieutenant de la nation y résida pour maintenir le Cap-Corse (septembre 1760).

Au commencement de l'année suivante Paoli se mit en tournée dans le pays, pour voir par lui-même dans quel état étaient les affaires civiles et criminelles. Sa présence leva beaucoup de difficultés, et il eut à s'applaudir du succès de ses visites. Sous son administration sévère et uniforme les affaires de la nation prenaient une tournure qu'elles n'avaient jamais eue. L'intérieur était pacifié; les tours de Girolato et de l'Imbuto étaient tombées au pouvoir des Corses, et Saint-Pellegrino, bloqué de toutes parts, ne devait pas tarder à être pris; sur mer, les corsaires donnaient la chasse aux bâtiments marchands de Gênes, et faisaient souvent des prises importantes. La république, craignant que les Corses ne parvinssent, par leurs seules ressources, à s'organiser de manière à rendre sa puissance désormais impossible, décida de traiter avec eux. Elle expédia, à cet effet, avec pompe à Bastia une commission de six sénateurs pour faire des propositions d'arrangement. L'édit que publia cette commission était très-convenable; mais les Corses, si souvent trompés, ne voulurent entendre à aucune proposition, et dans deux consultes tenues, le 11 et le 14 mai, en Vescovato, ils déclarèrent qu'ils ne traiteraient que lorsque la république aurait entièrement évacué l'île. Après un séjour de quatre mois, les commissaires, voyant l'impossibilité d'arriver à un résultat satisfaisant, retournèrent à Gênes, pour y rendre compte de leur mission.

CHAPITRE V.

LA GUERRE RECOMMENCE. — ANTOINE MATRA SOULÈVE CONTRE PAOLI LES ENVIRONS D'ALÉRIA. — IL EST BATTU ET FORCÉ DE S'ENFUIR. — UNE JUNTE DE GUERRE PERMANENTE EST CRÉÉE. — ALERIUS MATRA, ENVOYÉ PAR LES GÉNOIS DANS LES ENVIRONS D'ALERIA, OBTIENT QUELQUES SUCCÈS, PUIS EST BATTU ET FORCÉ DE FUIR.

(1761-1762.)

La république, résolue alors à recommencer la guerre, chargea Antoine Matra d'aller soulever Aleria, afin d'appeler Paoli de ce côté. Matra, s'étant uni à Martinelli de Fiumorbo, fit révolter Aleria, Castello et une partie de la piève de Serra. Nicodème Pasqualini, qui y commandait, obligé de fuir devant l'insurrection, se réfugia à Luani, où Matra vint l'attaquer. Mais l'arrivée subite de Clément Paoli le força à se retirer. Comme il avait des intelligences à Vivario, il s'y porta rapidement, espérant pouvoir pénétrer jusqu'à Corte et s'emparer de cette ville. Mais, arrivé à Venaco, il trouva le lieu bien fortifié et l'ennemi sur ses gardes; alors il rétrograda vers Noceta, où Édouard Ciavaldini l'attaqua à la tête des nationaux. Le combat fut très-vif; Matra y déploya beaucoup de courage, et les nationaux, obligés de fuir, se retirèrent en désordre, laissant sur le terrain plusieurs hommes tués, entre autres leur commandant, Ciavaldini. Matra, mettant à profit la victoire qu'il venait de remporter, s'avança jusqu'à Piedicorte. Mais Paoli, occupé au siége du Macinajo, courut à sa rencontre; et, soutenu par son frère et par Serpentini, il parvint à le déloger du couvent de Sainte-Marie, où il s'était fortifié, et l'obligea à prendre la fuite.

De retour à Corte, Paoli y assembla une consulte. Les troubles que Gênes faisait naître devenant très-inquiétants et exigeant une active surveillance, on décréta la création d'une junte de guerre permanente, et on chargea tous les magistrats de rechercher les suspects et d'agir contre eux avec rigueur (juin 1762).

De son côté, la république, malgré la défaite d'Antoine Matra, n'abandonna pas le projet d'entretenir la guerre civile en Corse; et ce fut encore sur un Matra qu'elle jeta ses vues pour réaliser son projet.

Alerius Matra, que nous avons vu figurer comme un des chefs de la nation du temps de Gaffori, avait quitté la Corse pour passer au service de la Sardaigne en qualité de colonel. La république, pensant tirer un grand profit de l'influence qu'il avait conservée dans son pays, ainsi que de ses talents militaires, lui fit des offres magnifiques pour l'engager à servir ses *intérêts*, et l'envoya immédiatement en Corse. Alerius opéra, en effet, quelques soulèvements à Tavagna et à Castello; mais là se bornèrent pour le moment ses opérations; et la rigueur qu'on employa envers ses partisans vaincus, ôta aux indifférents toute envie de les imiter (septembre 1762). Toutefois, au commencement de l'année suivante il se mit en campagne avec le major Bustoro, et alla soulever Aleria. Il occupa Tallone, Antisanti, Zalana, Matra jusqu'à la montagne de Verde, et fit éprouver quelques défaites à Buttafuoco et à Serpentini. Mais Paoli ayant rassemblé tout son monde pour courir sur lui, il jugea à propos de ne point l'attendre, et se retira à Bastia. Ce fut la dernière fois que les Matra cherchèrent à soulever les pays avoisinant Aleria. Paoli pardonna aux hommes qu'ils avaient égarés, et la tranquillité commença à renaître dans cette contrée si longtemps agitée.

CHAPITRE VI.

TRAITÉ DE COMPIÈGNE. — M. DE MARBŒUF ARRIVE EN CORSE AVEC SIX BATAILLONS. — ACCUEIL QU'IL REÇOIT DE PAOLI ET DES CORSES. — PROSPÉRITÉ DE LA CORSE SOUS L'ADMINISTRATION DE PAOLI.

(1762-1768.)

Le dernier essai que venait de faire la république lui démontra suffisamment son impuissance. Elle comprit qu'il lui fallait à tout prix avoir un auxiliaire pour conserver les villes qui lui restaient, et elle pressa les négociations qu'elle avait entamées auprès de la cour de France. Le 7 août 1764, son ambassadeur signa à Compiègne un traité par lequel le roi de France s'engageait à faire occuper par ses troupes, pendant quatre ans, les villes du littoral et à garantir les conditions d'une pacification éventuelle. Le roi de France devait entretenir ses troupes; mais la république devait leur fournir le logement, le chauffage et le fourrage. Les Français étaient parfaitement indépendants de la république, qui ne pouvait avoir de troupes d'aucune espèce là où ils tiendraient garnison. Pour ce service, la république n'avait plus rien à prétendre sur les subsides échus ou à échoir, que la

France s'était engagée à lui payer. Les troupes françaises devaient garder une neutralité parfaite entre les nationaux et les Génois. En conséquence de ce traité, la France envoya en Corse six bataillons sous le commandement du comte de Marbœuf, qui débarqua d'abord à Ajaccio, où il laissa M. de la Tour-du-Pin comme commandant en chef, et alla mettre des garnisons à Calvi, à Saint-Florent et à Bastia.

Paoli avait été instruit à l'avance, par ses amis, du traité qu'avait fait la république. Quoiqu'il y vît une atteinte portée aux droits de la nation, qui, sans l'occupation française, se serait infailliblement emparée de toutes les places et aurait entièrement chassé les Génois, il fit cependant un très-bon accueil aux troupes françaises, dès qu'il sut qu'elles devaient rester neutres, et ouvrit les marchés où elles purent s'approvisionner. Il convint avec M. de Marbœuf d'un règlement à observer des deux côtés pendant la durée de l'occupation, et la bonne harmonie ne cessa de régner entre ses troupes et celles du roi de France. Quant aux Génois, leur rôle devint dès ce moment entièrement passif; la présence des Français amoindrissant encore, s'il était possible, leur influence, et préparant, pour ainsi dire, leur retraite. De 1764 à 1768, époque à laquelle les Français devaient évacuer la Corse, il n'y eut d'autre événement militaire que la prise de l'île de Capraja par les Corses. Cette île, autrefois dépendance de la Corse comme fief des seigneurs da Mare, appartenait depuis longtemps aux Génois, qui l'avaient fortifiée. Les Corses, ne pouvant, à cause de la présence des Français, rien entreprendre contre les Génois dans leur île, tentèrent de porter la guerre ailleurs, et firent passer cinq cents hommes à Capraja, sous le commandement d'Achille Murati. Les Génois, prévenus de cette invasion, employèrent tous les moyens possibles pour ruiner l'expédition; ils envoyèrent des bâtiments de toute grandeur avec des troupes de débarquement pour empêcher les Corses de s'emparer du fort. Mais Murati prit si bien ses mesures, qu'ils ne purent jamais toucher terre, et durent assister de loin à la reddition, d'ailleurs honorable, du commandant de la place, Bernardo Ottone (mai 1767).

Ce succès des nationaux les rendit plus confiants dans leurs forces et leur fit entrevoir, à l'expiration du traité, leur libération certaine. Les rôles, comme on le voit, avaient changé. L'administration intelligente et ferme de Paoli avait renouvelé la face du pays. On ne se contentait plus maintenant d'une guerre défensive; on allait attaquer les mortels ennemis de la Corse hors de l'île. Les Génois, épuisés de toute façon, commençaient à craindre sérieusement cette puissance, à laquelle ils ne pouvaient s'opposer. Leur domination en Corse était à jamais perdue s'ils en étaient réduits pour la défendre à leurs propres forces. Dans cette occurrence difficile, ils ne pouvaient plus songer à de moyens termes, il fallait se résoudre à abandonner une possession si glorieuse et jusque-là si chèrement achetée; cependant, accoutumée à triompher par la lenteur et la complication de sa politique, la république se reposait sur son ambassadeur à Paris du soin de trouver quelque moyen dilatoire, pour conserver encore pendant quelque temps les Français dans l'île, lorsque sa conduite imprudente dans l'affaire des jésuites précipita la marche des événements.

CHAPITRE VII.

LES GÉNOIS ACCUEILLENT LES JÉSUITES CHASSÉS DE FRANCE. — COMMENCEMENT D'ÉVACUATION DE LA PART DES TROUPES FRANÇAISES. — LES GÉNOIS CÈDENT AU ROI DE FRANCE LEURS DROITS SUR LA CORSE. — PAOLI PROTESTE CONTRE CETTE CESSION, ET APPELLE AUX ARMES LA NATION TOUT ENTIÈRE. — ARRIVÉE DE M. DE CHAUVELIN AVEC DES FORCES CONSIDÉRABLES. — M. DE CHAUVELIN EST REMPLACÉ PAR LE COMTE DE VAUX. — DÉFAITE DES CORSES A PONTENOVO. — PAOLI S'EMBARQUE POUR L'ANGLETERRE.

(1768-1769.)

Les jésuites, chassés de France par édit du parlement, chassés en même temps de l'Espagne, trouvèrent un asile auprès des Génois, qui les transportèrent sur leurs vaisseaux dans les villes de la Corse. Le ministère français trouva inconvenante cette conduite d'un allié pour lequel il avait fait de grands sacrifices, s'en plaignit hautement au sénat, et envoya à M. de Marbœuf l'ordre d'évacuer les places de la Corse. Déjà les Français avaient quitté Ajaccio, où les Corses s'étaient immédiatement introduits; ils avaient quitté Calvi et allaient ainsi abandonner toute l'île, lorsque la république parvint à calmer l'indignation de la France, et lui proposa de lui céder ses droits sur la Corse.

M. de Choiseul prêta l'oreille à cette proposition. La situation avantageuse de la Corse, si voisine des côtes de France, les ressources que l'on pouvait tirer de ses forêts, la fertilité et l'excellence de son sol, tout le porta à considérer cette acquisition comme très-importante; et il pensa qu'elle pourrait compenser pour la France la perte récente du Canada. Alors, sans s'inquiéter autrement des droits imprescriptibles des nationaux, sans réfléchir que lui-même, les considérant comme indépendants, avait naguère parlé de traiter avec eux, il accepta l'offre qui lui était faite par la république, et signa avec son ambassadeur, Dominique Sorba, le 15 mai 1768, un traité assez ambigu, par lequel le roi de France se substituait aux droits de la république de Gênes sur l'île de Corse, mais s'engageait néanmoins à lui remettre les places qu'il occuperait, le jour où la république l'indemniserait des frais qu'il aurait faits pour les acquérir.

Ce traité, d'abord tenu secret, fut bientôt connu de Paoli; il s'en indigna, et appela ses concitoyens aux armes : mais avant qu'il eût pris une mesure générale, avant même l'expiration du traité de 1764, les hostilités commencèrent de la part de M. de Marbœuf, qui fit attaquer et occuper une partie du Nebbio et tout le Cap-Corse (juillet 1768). Alors Paoli assembla une consulte générale de la nation, y exposa l'état des affaires, et proposa de protester, par une énergique résistance, contre les injustes prétentions de la France. La consulte fut unanime pour se range[r] de l'avis de son chef, et tous les citoyen[s] de seize à soixante ans furent décrété[s] propres au service de la guerre.

Sur ces entrefaites, le marquis d[e] Chauvelin, général en chef de l'armé[e] expéditionnaire, arriva à Bastia ave[c] des forces assez considérables. Le[s] opérations furent poussées avec plu[s] de vigueur; la Casinca fut envahie aprè[s] un sanglant combat au pont de Golo Dans le Nebbio, Furiani fut occupé pa[r] les Français, qui en avaient fait u[n] monceau de ruines. Mais quelques jour[s] après les Français perdaient presqu[e] tous ces avantages; Clément Paoli re[-]prenait la Casinca sur M. d'Arcambal le capitaine Calle s'emparait de Murato que défendait le général Grand-Maison lui faisait beaucoup de prisonniers, et lu[i] enlevait ses bagages et ses munitions Mais le fait d'armes le plus remarqua[-]ble eut lieu auprès de Borgo, gros vil[-]lage du Nebbio, qu'occupait le colone[l] de Luvre avec sept cents hommes Paoli, voulant chasser l'ennemi de cett[e] position et l'obliger à se renferme[r] dans Bastia et le Cap-Corse, donna or[-]dre à ses capitaines de s'en emparer. D[e] son côté, M. de Chauvelin, comprenan[t] combien il lui importait de conserve[r] cette position, et de réparer en mêm[e] temps les échecs qu'il venait d'éprou[-]ver, sortit de Bastia avec toutes le[s] troupes dont il pouvait disposer, et s[e] porta vers Borgo du côté de Marana tandis que M. de Grand-Maison opére[-]rait le même mouvement en partan[t] d'Oletta. Paoli, qui avait deviné le plan d[e] M. de Chauvelin, chargea son frère Clé[-]ment d'arrêter la marche de M. de Grand[-]Maison, et se porta lui-même, avec se[s] compagnies régulières et ses miliciens au-dessous de Borgo. M. de Chauveli[n] ne tarda pas à arriver et à commence[r] l'attaque. Des deux parts on se batt[it] avec un grand courage : trois fois le[s] Français cherchèrent à entamer le[s] Corses, et trois fois ils furent vivemen[t] repoussés. Le combat dura plusieur[s] heures et fut très-sanglant; enfin M. d[e] Chauvelin, voyant qu'il avait perd[u] beaucoup de monde et désespérant d[e] pouvoir forcer les retranchements, don[-]na le signal de la retraite. M. de Luvre n'ayant pu être dégagé, fut obligé d[e] se rendre avec sa garnison. Les Français perdirent beaucoup de monde dans cette sanglante journée, et eurent grand nombre de blessés (septembre 1768).

La défaite des Français à Borgo eut pour résultat de les restreindre aux places qu'ils occupaient, et de les empêcher d'essayer de pénétrer dans l'intérieur. M. de Chauvelin écrivit à sa cour pour avoir de nouvelles troupes, et ne laissa pas ignorer que la conquête lui paraissait difficile. On lui envoya dix bataillons, avec lesquels il put s'emparer de Morato; mais quelque temps après les Corses reprirent ce village, ainsi que celui de Barbaggio, et M. de Chauvelin faisant connaître au roi le peu de succès qu'il obtenait, on décida de le remplacer et d'employer les moyens nécessaires pour soumettre le pays (décembre 1768).

Le comte de Vaux, dont les talents militaires avaient été appréciés dans la guerre d'Allemagne, et qui avait déjà servi en Corse sous M. de Maillebois, fut nommé général en chef de l'armée d'occupation; on lui fournit tout ce qu'il demanda, et il arriva en Corse au printemps de 1769, avec des forces considérables.

Paoli, convaincu qu'il n'y avait plus à traiter diplomatiquement des affaires de son pays, voulut opposer la plus vive résistance, quoiqu'il comprît que, réduit à ses propres forces, il ne pourrait lutter longtemps; mais il espérait que les cabinets européens, intéressés à ce que la France ne prît pas une trop grande extension dans la Méditerranée, finiraient par se mettre de la partie. Il assembla une consulte au couvent de Casinca, le 26 avril 1769; la résolution de résister jusqu'à la dernière heure y fut prise à l'unanimité, et le premier tiers d'une levée en masse fut appelé sous les armes.

M. de Vaux prit sagement ses mesures; il concentra presque toutes ses forces dans le Nebbio, où Paoli avait établi son quartier général et rassemblé ses milices. Il pensait, non sans raison, que s'il parvenait à écraser les troupes ainsi réunies de son adversaire, le reste du pays ne tiendrait pas longtemps, et qu'il arriverait au résultat obtenu, quelques années auparavant, par M. de Maillebois, dans l'affaire de Leuto.

L'attaque commença de la part des Français le 13 mai. Pendant deux jours il n'y eut guère que des escarmouches; mais le troisième M. de Vaux fit attaquer vivement Paoli dans sa position de Murato, et l'obligea à se retirer au delà du Golo. Paoli alla s'établir à Rostino, confiant à Gaffori le soin de défendre Leuto, et à Giocante Grimaldi celui de défendre Canevaggia, deux positions par lesquelles l'ennemi aurait pu pénétrer dans l'intérieur; mais ces deux officiers ne s'acquittèrent pas loyalement de la mission qu'ils avaient reçue; ils se hâtèrent de céder le terrain à l'ennemi sans combattre. Les autres milices laissées par Paoli pour défendre les gorges avoisinant Pontenovo, poussées par les Français, qui se précipitaient des hauteurs, voulurent passer le pont; mais elles en furent empêchées par ceux à qui la défense en était confiée. Le désordre et la confusion se mirent alors dans leurs rangs. Les Français en profitèrent pour les écraser, et ils leur firent éprouver une déroute complète (9 mai).

Cette défaite jeta le découragement dans l'âme de Paoli; il comprit que c'en était fait de la nationalité corse, et il résolut d'abandonner la partie. Il aurait bien pu résister encore avec les troupes que conservaient ses fidèles capitaines; mais c'eût été descendre au rôle de chef de partisans, après avoir été le chef admiré de toute une nation, et, d'ailleurs, les moyens de défense allaient devenir très-difficiles: les honneurs et les grades offerts par la France lui avaient concilié grand nombre de partisans, qui de toutes parts s'empressaient de faire leur soumission. Le Deçà-des-Monts fut, pour ainsi dire, soumis en quelques jours. Dans le Delà-des-Monts, Abbatucci tenait encore, et n'était point d'avis de se soumettre; mais Paoli ne voulut pas appeler de nouvelles rigueurs sur sa patrie, et être une cause de ruine: il se dirigea sur Vivario, de là gagna Porto-Vecchio, et il s'y embarqua sur un vaisseau anglais, avec son frère et environ trois cents hommes, qui voulurent partager son exil.

CONCLUSION.

M. DE VAUX PUBLIE UNE AMNISTIE. — SOUMISSION PRESQUE COMPLÈTE DE LA CORSE. — M. DE MARBŒUF EST NOMMÉ GOUVERNEUR. — RÉVOLUTION FRANÇAISE. — LA CORSE EST DÉCLARÉE PARTIE INTÉGRANTE DU TERRITOIRE FRANÇAIS. — PAOLI EST RAPPELÉ DE SON EXIL, ET NOMMÉ COMMANDANT GÉNÉRAL DES GARDES NATIONALES DE LA CORSE. — DISSENSIONS CIVILES. — PAOLI, APPELÉ A LA BARRE DE LA CONVENTION, REFUSE D'OBÉIR. — IL EST MIS HORS LA LOI, APPELLE AUX ARMES SES COMPATRIOTES, ET DEMANDE DU SECOURS AUX ANGLAIS. — L'AMIRAL HOOD DÉBARQUE DEUX MILLE HOMMES DEVANT SAINT-FLORENT. — LES FRANÇAIS ÉVACUENT L'ILE — ASSEMBLÉE GÉNÉRALE DE CORTE. — OFFRE DE LA SOUVERAINETÉ DE L'ILE A GEORGE III, QUI ACCEPTE, ET NOMME SIR GILLERT ELLIOT VICE-ROI DE LA CORSE. — MÉCONTENTEMENT DE PAOLI. — IL RETOURNE EN ANGLETERRE. — EXPULSION DES ANGLAIS. — LA CORSE EST DE NOUVEAU RÉUNIE A LA FRANCE.

(1769-1796.)

Le départ de Paoli simplifia beaucoup l'œuvre de soumission entreprise par M. de Vaux. Celui-ci publia une amnistie générale, et offrit des passe-ports à ceux qui voudraient passer sur le continent; cette conduite noble et digne servit plus que le succès des armes à amener une soumission à peu près complète. Néanmoins, il y eut encore, comme au temps de M. de Maillebois, quelques bandes de partisans qui refusèrent de se soumettre; mais on les traqua tellement, qu'elles cessèrent bientôt d'être inquiétantes.

M. de Vaux s'occupa alors de l'organisation intérieure. La Corse fut considérée comme pays d'État. Elle conserva, en attendant qu'on pût lui donner des lois, ses statuts civils; et quant aux lois criminelles, elles furent établies avec une rigueur qui rappelait le code noir. D'ailleurs, comme le régime militaire régit l'île pendant longtemps encore, l[es] officiers généraux y administrèrent [la] justice arbitrairement; on rappelle en[-]core aujourd'hui avec terreur les san[-]glantes exécutions du général Sionvill[e].

M. de Marbœuf, qui succéda à M. [de] Vaux dans le gouvernement de la Cors[e], chercha à y encourager l'industrie, et [à] faire des travaux de routes et de dess[è]chements, dont on retrouve encore d[es] traces. Il établit une colonie aux P[o]rettes, fit faire une route royale de Ba[s]tia à Corte et de Bastia à Saint-Floren[t] et employa une fortune considérable [à] représenter dignement la France. [Il] gouverna la Corse pendant près de di[x-]huit ans, et y mourut quelque temp[s] avant 1789.

La révolution française, qui deva[it] ébranler le monde ancien, eut son rete[n]tissement en Corse; elle y fut accueilli[e] avec enthousiasme par une jeuness[e] ardente et naturellement portée vers le[s] idées libérales; mais elle y trouva un[e] forte opposition de la part des noble[s] dont le gouvernement de Louis XV avai[t] reconnu les titres, et de tous ceux qui[,] par position, tenaient à l'ancien ordr[e] de choses. Cependant on n'eut point [à] déplorer les funestes désordres qui s[e] manifestèrent ailleurs. L'administratio[n] s'y organisa comme sur le continent, e[t] on s'y conforma en tous points aux dé[-]crets de l'Assemblée constituante. E[n] 1790, deux événements également re[-]marquables transportèrent de joie l[a] nation corse : le premier fut le décre[t] de l'Assemblée constituante qui décla[-]rait la Corse partie intégrante du ter[-]ritoire français; le second fut le rappe[l] de Paoli.

Paoli, qui vivait en exil depuis 1769, fu[t] reçu au milieu des acclamations géné[-]rales de la France, qui honorait en lu[i] un des martyrs de cette liberté dont l[e] règne allait commencer. Une députa[-]tion alla le chercher à Londres, et l'ac[-]compagna jusqu'en Corse, où il rentr[a] en qualité de lieutenant général des gar[-]des nationales du pays. L'année suivant[e] (1791), il était nommé lieutenant généra[l] commandant la division. Son nom n'avai[t] rien perdu de son ancien prestige; il re[-]prit bientôt sur les populations de l'in[-]térieur toute l'influence qu'il avai[t] exercée autrefois; mais il trouva une op[-] position sérieuse dans les hommes qui, comme Buttafuoco, Rossi, Gaffori, Perretti, s'étaient fait une position sous le gouvernement de Louis XVI, et dans cette ardente et fougueuse jeunesse, qui, se jetant à corps perdu dans le mouvement révolutionnaire, voulait tout entraîner avec elle, et ne comprenait pas que l'on pût examiner et réfléchir. Les Arena, les Salicetti, les Bonaparte, d'abord partisans effrénés de Paoli, se révoltèrent bientôt contre lui, et le traitèrent de despote. Il y eut d'injustes accusations portées de part et d'autre, et les commissaires envoyés en Corse pour examiner les choses et rétablir la tranquillité, se passionnant à leur tour pour le parti ultra-républicain, ne firent qu'augmenter le désordre. Sur ces entrefaites, l'issue malheureuse de l'expédition de Sardaigne donna lieu à des plaintes graves et assez fondées sur la conduite qu'avait tenue Paoli dans cette circonstance. Le député Salicetti l'accusa formellement de vouloir détacher la Corse de la France, et il fut mandé à la barre de la Convention, avec le procureur général syndic, Pozzo-di-Borgo, pour se justifier.

Paoli avait trop l'expérience des révolutions pour s'aventurer ainsi au milieu d'ennemis puissants. Il s'excusa sur son grand âge, allégua ses infirmités, se justifia des accusations portées contre lui, et resta en Corse, où il se trouvait plus en sûreté qu'à la barre de la Convention. Cette assemblée le déclara alors traître à la patrie, le mit hors la loi, et ordonna au conseil exécutif d'employer les forces de terre et de mer pour mettre l'île à l'abri d'une invasion étrangère. Paoli avait compris que son refus équivalait à une déclaration de guerre, et il avait pris ses mesures en conséquence. Son influence sur les populations de l'intérieur était toujours aussi grande. Il savait qu'il pouvait compter sur elles pour arrêter provisoirement les forces qu'enverrait contre lui la république. Les intelligences qu'il s'était ménagées avec l'amiral Hood, commandant en chef la flotte britannique dans la Méditerranée, le rassuraient complétement sur l'avenir. A sa voix, toute la Corse fut sur pied. Les républicains, resserrés dans les villes de Bastia, Saint-Florent et Calvi, et commandés par l'inhabile Lacombe Saint-Michel, ne purent plus communiquer avec l'intérieur. Ajaccio et Bonifacio étaient occupées par les paolistes. Les partisans de la France, menacés dans leur existence, et voyant toute lutte impossible, se hâtèrent d'émigrer (novembre 1793).

Le 2 février 1794, l'amiral Hood débarqua deux mille hommes aux environs de Saint-Florent, dont il put ainsi former le blocus. Il envoya en même temps ses vaisseaux assiéger Calvi et Bastia. Lacombe Saint-Michel, après avoir confié le commandement de Saint-Florent au général Gentili, celui de Calvi à Raphaël Casabianca, et celui de Bastia aux adjudants généraux Franceschi et Contaud, était parti pour la France. Saint-Florent se rendit, après avoir résisté autant que possible; Bastia capitula ensuite; enfin, Calvi tint jusqu'au 20 juillet, et, à partir de cette époque, les Anglais, unis aux paolistes, ne rencontrèrent plus d'obstacles, et occupèrent tous les points de la Corse.

Paoli en se mettant en état de révolte contre la Convention, avait eu soin d'introduire au conseil général du département ses créatures les plus dévouées, afin de les faire agir selon ses vues. Le 12 septembre 1793, une délibération de ce conseil décida que, la patrie étant en danger, une convocation générale des députés des communes était indispensable pour proposer les moyens de sauver le pays. Cette assemblée devait s'entendre par ses délégués avec le général Paoli sur ce grave sujet, et le conseil général délibérerait ensuite. Les choses se passèrent ainsi; et, comme on pouvait le prévoir, il fut décidé qu'on se mettrait sous la protection de la Grande-Bretagne. Paoli, chargé de cette négociation, écrivit officiellement à sir Gilbert Elliot, membre du parlement et conseiller d'État de sa majesté britannique, pour offrir la souveraineté de la Corse à Georges III. Sir Gilbert Elliot répondit, au nom de son souverain, qu'il acceptait provisoirement cette offre (21 avril 1794).

Une assemblée générale des représentants des communes s'ouvrit à Corte le 10 juin 1794; elle y prononça la séparation de la Corse d'avec la France, et déclara vouloir s'unir à la Grande-Bretagne; on discuta et on arrêta ensuite les différents articles d'une constitution fort libérale, par laquelle la Corse, soumise à la Grande-Bretagne, en était cependant indépendante et devait être gouvernée par un vice-roi. Cette constitution fut envoyée à Londres pour être soumise à la sanction royale; Georges III l'accepta dans sa teneur, et nomma pour son vice-roi dans l'île, sir Gilbert Elliot.

Cette nomination contraria beaucoup Paoli, qui s'attendait, dit-on, à être choisi par le roi; mais, indépendamment de ce motif personnel qui a pu exister, il y en avait un autre, qui était celui de voir le gouvernement d'un pays, où il y avait alors un si grand nombre d'éléments de discorde, aux mains d'un homme qui ne le connaissait pas et qui allait se laisser circonvenir par des influences de toute sorte.

Ce mécontentement de Paoli se manifesta par sa retraite des affaires et par l'isolement dans lequel il affecta de vivre. On insinua à Elliot qu'il serait dangereux de laisser ainsi bouder sous sa tente un homme d'une si grande influence. Elliot écrivit en conséquence à sa cour, et Georges III invita gracieusement Paoli à se rendre à Londres, où on saurait apprécier et récompenser ses services. C'était un ordre d'exil donné par un monarque reconnaissant. Paoli ne pouvait hésiter; il obéit, et abandonna pour la seconde et dernière fois sa patrie (octobre 1795).

L'administration anglaise dura deux ans, et fut signalée par des fautes énormes, dont la plus considérable fut, sans contredit, d'éloigner un homme comme Paoli. Malgré l'or répandu à pleines mains, malgré les places et les honneurs, il y eut toujours des troubles et des soulèvements.

Un an après le départ de Paoli, le général Bonaparte, vainqueur des Autrichiens en Italie, prépara une petite expédition pour reprendre la Corse, où il avait déjà envoyé des émissaires; et il en confia le commandement au général Gentili. Il n'est peut-être pas d'exemple dans l'histoire d'une facilité semblable à celle avec laquelle quelques soldats français occupèrent des places garnies d'une forte artillerie et défendues par beaucoup de soldats. On eût dit que les Anglais, saisis d'une terreur panique, craignaient de manquer leurs vaisseaux, tant leur précipitation à s'embarquer était grande. En quelques jours toute la Corse fut soumise par les généraux Gentili et Casalta, aidés des officiers Bonnelli, Subrini, Barbane, etc. Les chefs principaux du parti anglais s'étaient embarqués sur les vaisseaux qui emmenaient les troupes.

Gentili crut devoir publier un pardon général, et le commissaire ordonnateur Miot, chargé de réorganiser l'administration, fit paraître la proclamation suivante : « Chargé des instructions spé« ciales du Directoire, je vous porte en « son nom des paroles de paix. Je vous « annonce que son unique désir est de « vous attacher à la grande famille dont « vous avez été trop longtemps sépa« rés, et de vous faire oublier le plus « promptement possible les maux in« séparables de l'anarchie sous laquelle « vous avez gémi (novembre 1796). »

Ainsi que l'annonçait Miot, tout fut oublié. L'administration française fut réorganisée; on ne parla plus des Anglais, ou on ne se souvint d'eux que pour vanter leurs largesses.

Miot resta deux ans en Corse; appréciant les malheurs qui avaient désolé ce pays, il le dota de règlements privilégiés, et l'exempta de droits de régie. A son départ, la Corse fut de nouveau partagée en deux départements comme elle l'avait été en 1793 : celui du *Golo* et celui du *Liamone*. Ces deux départements ont été réunis en un seul en 1811.

Ici finit pour nous l'histoire de la Corse. Des événements remarquables s'y sont passés vers la fin de la République et sous l'Empire; mais ces événements appartiennent à l'histoire générale de la France, dont la Corse n'a plus été séparée depuis 1796.

TABLE DES MATIÈRES.

LIVRE VI.

DEPUIS LA REPRISE DE LA CORSE PAR LES GÉNOIS JUSQU'AU DÉPART D'ALPHONSE D'ORNANO.

LIVRE VII.

DEPUIS LE DÉPART D'ALPHONSE D'ORNANO JUSQU'A LA RÉVOLUTION DE BOZIO EN 1729.

LIVRE VIII.

DEPUIS LA RÉVOLUTION DE BOZIO JUSQU'AU ROI THÉODORE.

LIVRE IX.

DEPUIS LE ROI THÉODORE JUSQU'AU DÉPART D[E] M. DE MAILLEBOIS.

LIVRE X.

DEPUIS LE DÉPART DE M. DE MAILLEBOIS JUSQU'A L'ARRIVÉE DE PAOLI.

LIVRE XI.

DE L'ARRIVÉE DE PAOLI A LA PRISE DE POSSESSION DE LA CORSE PAR LES FRANÇAIS.

FIN DE LA TABLE DES MATIÈRES.

BIBLIOTHÈQUE ROYALE I

LA CORSE
1845
Cap Corse
Rogliano
Luri
Nonza
Brando
St. Martino-di-Lota
Bastia
St. Florent
Ile-Rousse
Algajola
Oletta
Calvi
Belgodere
Lama
Murato
Borgo
Olmi-et-Capella
Campitello
Calenzana
Castifao
Campile
Vescovato
Morosaglia
T. Galeria
Mt. Cinto
Mt. Albano
la Porta
Pero
St. Laurent
St. Nicolao
Omessa
Piedicroce
Calacuccia
Cervione
Valle d'Alesani
Corte
Pietra di Verde
G. de Porto
Evisa
Mt. Rotondo
Moita
la Piana
Soccia
Serragio
Vezzani
Vico
Salice
T. Diana
Mt. Doro
Sari
Bocognano
Aleria
Sarrola-et Carcopino
Prunelli di Fiumorbo
T. Feno
Alata
Bastelica
AJACCIO
Zicavo
Santa Maria et Siche
Is. Sanguinaires
Urbalacone
T. de Solenzara
Petreto
Serra-de-Scopamene
T. Capo-Muro
Conca
Levie
Ste. Lucie
G. de Valinco
Sartène
Porto Vecchio
T. d'Olmeto
G. de St. Manza
Bonifacio
BOUCHES OU DÉT. DE BONIFACIO
SARDAIGNE

Lemaitre direxit

Dolmen de la vallée du Cavurra.

Menhirs, dits Stantare du Rezzanese.

Lemaître direxit

Tour de Capitello.

Imp. Lemercier

Souterrain dit Sala reale, à Aloria.

2. Corse.

Auber Lemaître

B.R

Eglise saint Michel, à Murato

Atelier Lemaire

1. 2. 3. plan et fenêtre de l'Eglise de saint Michel à Murato.
4. plan de l'Eglise de sainte Christine à Cervione.

Petit Fort à Aleria.

www.ingramcontent.com/pod-product-compliance
Ingram Content Group UK Ltd.
Pitfield, Milton Keynes, MK11 3LW, UK
UKHW020147250726
13967UKWH00002B/914